湖南省环境监测优秀技术论文集

罗岳平　主编

中国环境出版社・北京

图书在版编目（CIP）数据

湖南省环境监测优秀技术论文集/湖南省环境监测中心站编．—北京：中国环境出版社，2015.5

ISBN 978-7-5111-2378-7

Ⅰ．①湖… Ⅱ．①湖… Ⅲ．①环境监测—湖南省—文集 Ⅳ．①X83-53

中国版本图书馆 CIP 数据核字（2015）第 085871 号

出 版 人 王新程
责任编辑 田 怡
封面设计 彭 杉

出版发行 中国环境出版社
（100062 北京市东城区广渠门内大街 16 号）
网　　址：http://www.cesp.com.cn
电子邮箱：bjgl@cesp.com.cn
联系电话：010-67112765（编辑管理部）
发行热线：010-67125803，01067113405（传真）

印　　刷 北京市联华印刷厂
经　　销 各地新华书店
版　　次 2015 年 5 月第 1 版
印　　次 2015 年 5 月第 1 次印刷
开　　本 787×1092 1/16
印　　张 39
字　　数 950 千字
定　　价 120.00 元

编　委　会

主　编：罗岳平

副主编：毕军平　田　耘

编　委：（按姓氏笔画排序）

甘　杰　刘荔彬　朱日龙　朱　颖　邢宏霖　宋冰冰

张　艳　陈一清　周耀明　胡华勇　胡树林　殷文杰

秦迪岚　黄河仙　彭英湘　曾欢欣　童若辉　廖岳华

潘海婷

前　言

近几年来，湖南省环境监测系统以能力建设为抓手，在硬件装备、机构设置、人才队伍、技术水平等方面全方位提升。特别是各级监测站坚持“技术立站”的发展方针，高度重视环境监测技术科研工作，并从机制上激励监测人员多出成果、多发论文、多发高质量的论文，从而使全省监测系统呈现出你追我赶、齐头并进的良好态势。

2014 年 4 月，湖南省环境保护厅组织开展全省环境监测优秀技术论文及监测分析报告评选活动，进一步推动了监测技术研究，激发了论文写作热情。本轮评选共收到论文 130 篇。为了推动环境监测技术交流，共享研究成果，湖南省环境监测中心站决定摘选其中的 54 篇获奖论文，并从百余篇省站技术人员发表的论文中筛选 38 篇一道集结成册。本论文集涵盖了环境管理，大气环境，水环境，土壤，农村与生态环境，重金属监测分析，有机物监测分析，其他监测分析和应急与在线监测八个领域，供环境监测系统同仁参阅与学习。

环境监测科学研究是促进环境监测工作不断深化，增强环境监测服务环境管理、执法监督和经济建设的能力，提高监测工作质量和效率的重要基础。希望本论文集的出版能进一步激发环境监测技术人员的创新意识，积极凝练成果，撰写出更多更优秀的监测技术论文，带动监测系统整体水平的提升，为环境监测事业的发展插上腾飞的翅膀。

编委会

2014 年 12 月

目　录

环境管理

大气环境

水 环 境

土壤、农村与生态环境

重金属监测分析

有机物监测分析

其他监测分析

应急与在线监测

环境管理

长株潭城市群环境污染与经济增长的关系研究

曾欢欣　秦迪岚　骆芳　张虹　罗岳平
（湖南省环境监测中心站，长沙 410014）

摘　要：利用长株潭城市群最近十年的经济与环境数据，建立了该区域主要污染物排放与经济增长的计量关系模型。结果表明，长株潭城市群环境污染与经济增长的关系符合环境库兹涅茨曲线，除汞为U形曲线外，二氧化硫、化学需氧量、镉等其他7项指标均呈倒U形，且绝大部分指标已越过环境库兹涅茨曲线的转折点，表明长株潭城市群已进入经济与环境协调发展的有序阶段。环境政策的有力实施是促进长株潭城市群经济与环境协调发展最重要的保障。

关键词：环境污染；经济增长；环境库兹涅茨曲线；长株潭城市群；环境政策

Study on the Relationship between Environmental Pollution and Economic Growth in the Changsha-Zhuzhou-Xiangtan Urban Agglomeration

Zeng Huanxin　Qin Dilan　Luo Fang　Zhang Hong　Luo Yueping
（Hunan Environment Monitoring Center，Changsha 410014，China）

Abstract: Based on the economic and environmental data in the Changsha-Zhuzhou-Xiangtan urban agglomeration in recent ten years，models of the main pollutant discharges in relation to economic growth were established. These relationships conformed to the features of Environmental Kuznets Curve. The curves all exhibited reversed U type except that the curve for mercury was U type. Most pollutant emissions have passed the turning point，which indicated that the Changsha-Zhuzhou-Xiangtan urban agglomeration had been in an ordered period in which economy was growing harmoniously with environment. The powerful implementation of environmental policies was the key factor for ensuring harmonious development of environment and economy.

Key words: environmental pollution; economic growth; environmental Kuznets curve; environment policy

长沙、株洲、湘潭三市地处湖南省中部偏东位置，市区中心相距30～50 km，构成天然的“金三角”。自20世纪50年代起，长沙、株洲、湘潭三市就为实现三城牵手而不懈努力。2007年12月14日，国务院批准长株潭城市群为全国环境友好型和资源节约型社会建设综合配套改革试验区，长株潭城市群正在成为国家促进中部崛起一体化的战略支点和湖南省发展的核心增长极，其全面发展迎来了千载难逢的历史机遇。

在“两型社会”建设过程中，三市不仅在空间上相向对接规划、建设，而且提出了交通同网、能源同体、信息同享、生态同建、环境同治的“五同”一体化目标[1]。这些措施都将促进区域经济的快速增长以及人民生活水平的迅速提高，但由此带来的潜在环境问题不容忽视。客观地分析长株潭城市群经济增长与环境污染的关系，对于指导产业结构调整、确定重点环保工程、制定环境政策等具有非常重要的现实意义[2]。

本文以长株潭城市群最近 10 年环境污染与经济增长的关系为研究内容，以环境库兹涅茨曲线为研究工具，探讨主要污染物排放量随经济增长的趋势，分析环境污染加重或得到有效控制的原因，并提出长株潭城市群“两型社会”建设应采取的环境对策。

1 研究区概况

长沙、株洲、湘潭三市是湖南省经济、文化、科技最发达的地区。2006 年，三市以占全省 13.3%的国土和 19.2%的人口，创造了全省 37.7%的 GDP[3]；2007 年，这一比例上升到 40.9%。三市城镇化率 55.04%，比全省平均水平高 12.89%。三市城镇固定资产投资和社会消费品零售总额分别占全省的 46.4%和 42.8%[4]。

目前，三市范围内对地表水水质影响较大的工业企业主要集中在清水塘和竹埠港两个工业园区，包括钢铁、有色、化工、机械、造纸等废水类型。据统计，长株潭核心区 2006 年排放的工业废水总量为 1.43 亿 t，主要污染物有 COD、氨氮、砷、镉、汞、铅等。同期，排放的城镇生活污水总量为 2.47 亿 t，主要污染物是 COD 和氨氮。农村地区以面源污染为主，特别是农村生活污染源的 COD 和氨氮排放量分别占农村污染源的 95%和 94%。该地区的大气污染主要来自钢铁、电力、冶炼、化工等行业，主要污染物包括二氧化硫、烟尘和工业粉尘等。

2 长株潭城市群经济增长与主要污染物排放计量模型分析

2.1 计量模型构建

根据 1997—2007 年长株潭城市群环境污染总体情况，选取影响该区域环境质量的烟尘、二氧化硫、化学需氧量、氨氮、砷、镉、汞、铅八种污染物为关键因子，以其排放量代表环境污染水平，同时以长株潭城市群人均生产总值代表经济发展状态，进行二次曲线回归模拟，构建反映经济增长与环境污染水平的计量模型，拟合结果见图 1 至图 8。

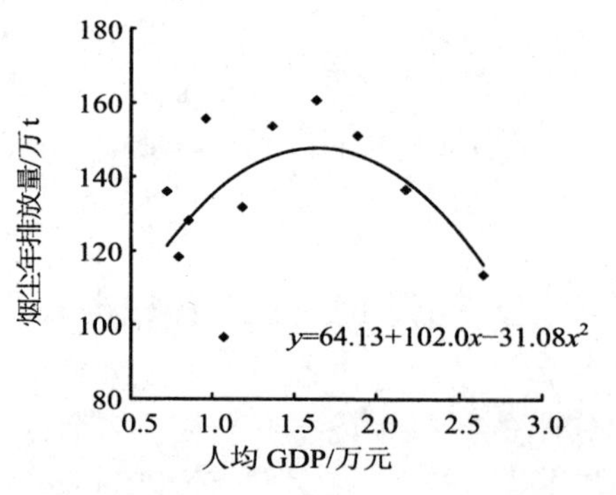

图 1 烟尘年排放量与人均 GDP 拟合曲线

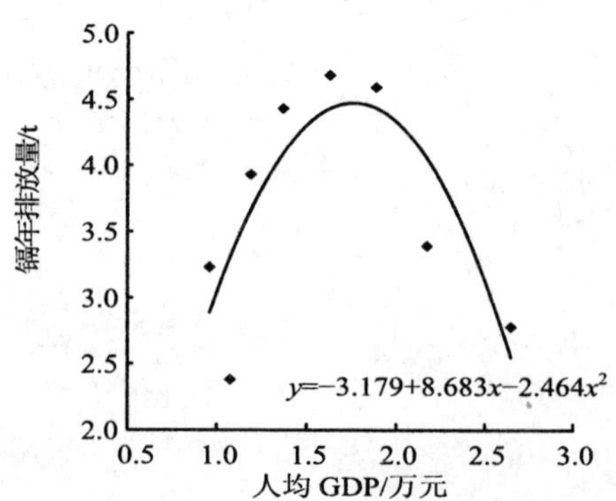

图 2 镉年排放量与人均 GDP 拟合曲线

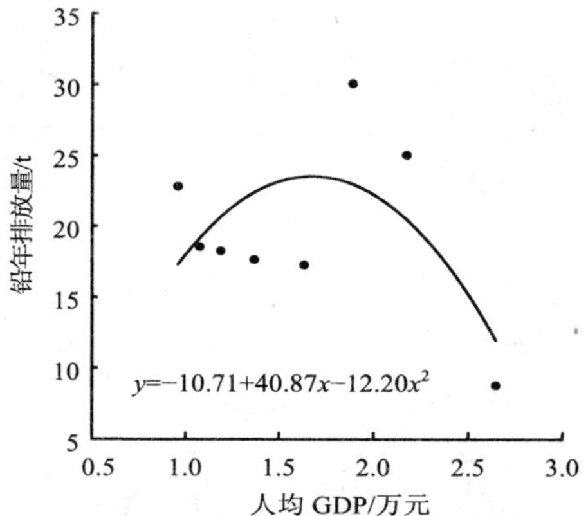

图 3　铅年排放量与人均 GDP 拟合曲线

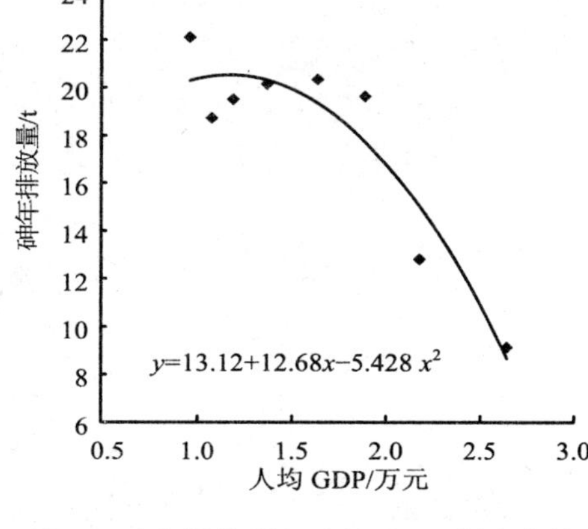

图 4　砷年排放量与人均 GDP 拟合曲线

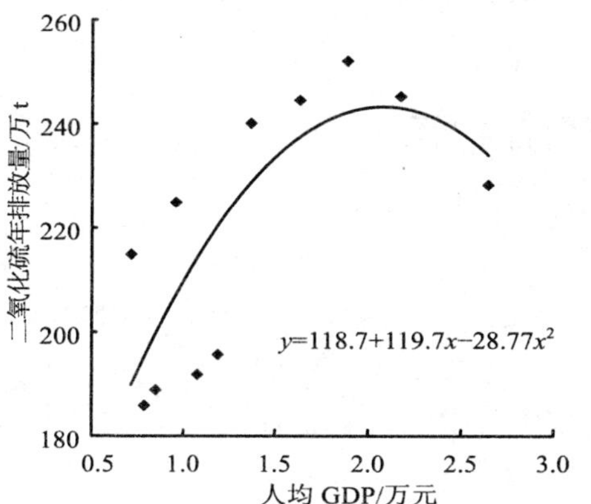

图 5　二氧化硫年排放量与人均 GDP 拟合曲线

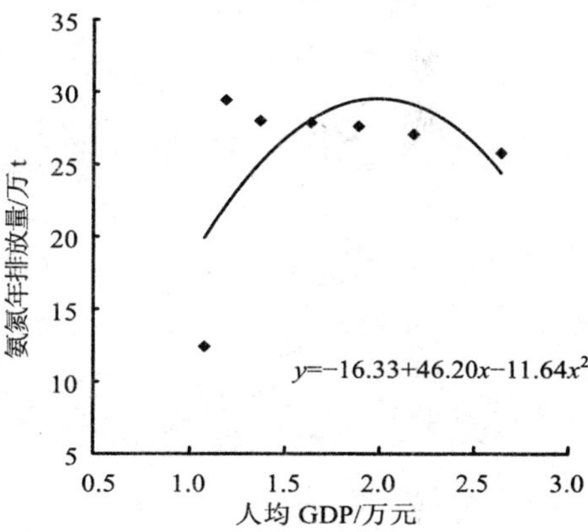

图 6　氨氮年排放量与人均 GDP 拟合曲线

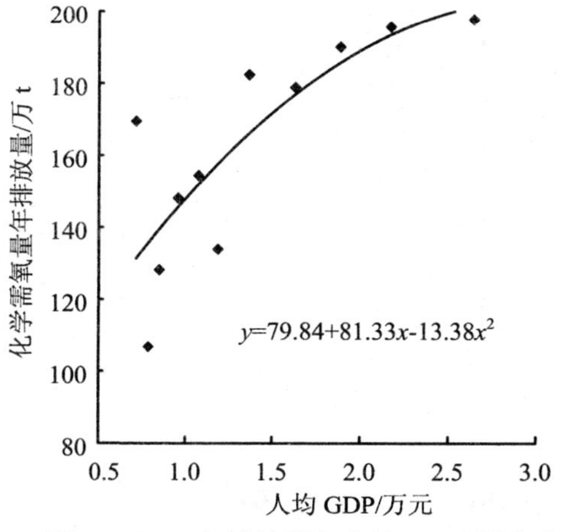

图 7　COD 年排放量与人均 GDP 拟合曲线

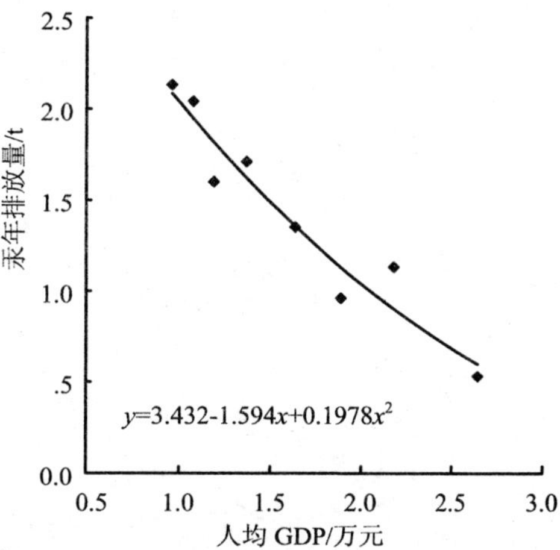

图 8　汞年排放量与人均 GDP 拟合曲线

2.2 计量模型特征分析

计量模型曲线显示，长株潭城市群主要污染物与经济增长之间的关系符合库兹涅茨曲线，二氧化硫、烟尘、化学需氧量、氨氮、砷、镉和铅 7 项指标是倒 U 形曲线，而汞为 U 形曲线。从曲线形状看，烟尘、镉和铅的排放量与经济增长的关系曲线呈典型的倒 U 形，在经济增长初期，三种污染物的排放量随着人均 GDP 的增长而上升，分别在 2004 年、2005 年和 2006 年人均 GDP 为 1.641 万元、1.762 万元和 1.675 万元时排放量达到最高峰值，此后开始转折，GDP 虽然继续增长，但排放量呈下降趋势，而且下降速度较快。砷、二氧化硫和氨氮三种污染物的环境库兹涅茨曲线也出现了转折点，特别是砷排放的转折点出现得较早，在 2002 年前后，而二氧化硫和氨氮排放量的转折点均出现在 2006 年，目前仍呈下降趋势。化学需氧量的环境库兹涅茨曲线虽然呈倒 U 形，但现仍处于倒 U 形曲线的前半段，排放量还在增长，预计在人均 GDP 达到 3.039 万元时出现转折，若按 GDP 年均增长 8%计算，转折点将出现在 2009 年左右。汞是受调查的八种主要污染物中唯一呈 U 形曲线的物质，目前处于 U 形曲线的前半段，即下降阶段，根据曲线计算，其在人均 GDP 达到 4.029 万元时可能转为上升，若按 GDP 年均增长 8%计算，上升的转折点可能出现在 2012 年左右。

3 影响长株潭城市群环境库兹涅茨曲线特征的原因分析

企业生产水平和环境政策是影响环境库兹涅茨曲线形状的重要因素。在企业生产能力低、环保意识薄弱阶段，污染物排放量增长；而当企业发展到一定规模，污染治理设施完备后，产值快速增长，但污染物排放量反而下降。企业的污染物排放量既受生产工艺限制，也受社会政策及其实施机制的影响。在不同的经济发展阶段，环境政策和政策实施机制都会有所变化，环境保护的成效也会受到影响，最终驱动环境库兹涅茨曲线形状发生演变。完善、适宜的环境政策和有力的政策实施机制可以有效降低污染物排放量，改善环境质量[5,6]。从长株潭城市群环境库兹涅茨曲线的实际情况看，在 2000 年前，无论企业还是地方政府，都片面追求 GDP 增长，而忽视对污染的治理，因此，几种污染物的排放量随 GDP 增长而增加。到 2000 年，长株潭城市群的人均 GDP 已达到 0.980 8 万元，但环境污染也带来了明显的社会危害，有关环境问题的公众投诉越来越多。有鉴于此，2000 年，长株潭城市群开展了“零点行动”。一些规模小、污染严重的企业被关、停、并、转，而规模企业的“三同时”执行率明显提高，从而使 2001 年的各种污染物排放量明显下降，特别是烟尘排放量从 2000 年的 15.6 万 t 锐减至 2001 年的 9.7 万 t。2006 年，株洲清水塘地区镉污染问题被暴露，环保部门采取了更为严厉的管理措施，另外，“三年减排行动计划”持续实施，也是长株潭城市群 2006 年后各种污染物排放量进一步下降的原因。

长株潭城市群的化学需氧量目前仍处在库兹涅茨 U 形曲线的前半段，但增速明显放缓。究其原因，该城市群的冶炼比较发达，基本上用完了重金属环境容量，但整体上看，该城市群的经济总量并不大，其他产业还有较大发展空间，尽管采取了严格的治理措施，但达标排放的生产废水仍会使化学需氧量总量增加。此外，生活污水是长株潭城市群化学需氧量的重要来源。近几年来，长株潭地区城市化进程比较快，城市人口急剧增加，而污水处理厂建设滞后。随着湖南省污水处理厂三年建设方案的落实，长株潭城市群的生活污水处理水平将大幅提高，化学需氧量可实现 2009 年转为下降的预期。

汞是几种主要污染物中环境库兹涅茨曲线唯一呈U形的，其出现的可能原因：一是排放总量并不大，目前的排放量只有1t左右；二是汞的毒性大，社会关注度高，在地表水中检出后，很快就迫于社会压力而采取治理措施，因此控制较好；三是从地域上看，以前的涉汞企业集中在株洲，其年排放量已从2000年的2.1t降到了2007年的0.13t，而湘潭在2006年新增了部分涉汞企业，增加排放量0.40t，使三市总量增加，直接导致库兹涅茨曲线呈U形。

总体而言，企业受利润驱使，不会主动进行环境治理。因此，在产业发展初期，各种治理技术和监管措施还未完善，污染物的排放量较大。然而，随着环境污染危害的显现，执行了较为严格的环境政策，污染物排放量急剧增长的趋势被遏制。未来，如果在长株潭城市群坚持执行严格的环境保护政策，则已经转为下降和即将转为下降的污染物指标会按库兹涅茨曲线所表征的规律下降，另外，像汞这样预期转为上升的指标将不会出现转折期，或转折期延后。

4 结论与对策

本文通过对长株潭城市群主要污染物排放与人均GDP关系曲线的拟合与特征分析，揭示了1997—2007年长株潭城市群环境污染与经济增长之间的关系。分析表明，长株潭城市群主要污染物与经济增长之间存在库兹涅茨曲线相关关系，除汞为U形外，二氧化硫、化学需氧量、镉等其他7项指标均呈倒U形，且已有6项指标越过了环境库兹涅茨曲线的转折点，呈逐年下降的趋势，而化学需氧量也接近转折点，表明长株潭城市群已经走上经济与环境协调发展的有序时期。由长株潭城市群环境库兹涅茨曲线特征原因分析表明，有效的环境政策是长株潭城市群走上经济与环境合谐发展道路的关键性因素。为进一步建设好“两型社会”，打造宜居长株潭城市群，实现区域环境与经济、社会全面、协调和可持续发展，建议进一步开展以下环境保护工作：

（1）切实转变经济增长方式。根据资源合理利用与社会经济可持续发展的需要，将长株潭城市群核心区划分为优化、重点、限制和禁止开发区，实行分区控制，制定不同的环境政策；推行以循环经济为核心的经济发展模式，探索建设长株潭循环经济城市群，在流域内普遍推行清洁生产，启动化工、冶金、建材等行业的“零排放”试点示范工程；实行严格的环境准入和退出政策，限制高耗能产业外延扩张，禁止发展高污染产业，大力发展机械制造、电子信息、生物制造等资源能源消耗低、环境污染少的工业产业和第三产业。

（2）强化工作机制。建立健全环境同治协调机制，环保、发改委、经委、建设、监察等部门加强协调配合，共同推进长株潭环境同治工作；建立目标责任考核机制，落实城市出境水质负责制和责任追究制度；创新监督执法体制，以环境保护法规为依据，统一执法标准和程序，通过大案要案的惩处树立环保工作的权威。

（3）建立健全公众参与机制。利用广播、电视、网络等相关媒体，为公众参与长株潭城市群的环境整治提供广泛的平台；在媒体上及时、客观发布环境治理政策和环境信息，提高公众的知情权；加强舆论和社会监督，在部门间和城市间努力营造一种互信、互谅、互评的工作氛围，形成加强环境保护工作的合力。

参考文献

[1] 张萍．长株潭城市群发展报告（2008）：区域经济一体化政策研究．北京：社会科学文献出版社，2008．

[2] 刘晓丽，方创琳．城市群资源环境承载力研究进展及展望．地理科学进展，2008，27（5）：35-42．

[3] 湖南省统计局．湖南省统计年鉴 2007．北京：中国统计出版社，2006．

[4] 湖南省统计局．湖南省统计年鉴 2008．北京：中国统计出版社，2006．

[5] 穆红莉．北京市环境库兹涅茨曲线特征分析．生态经济，2008（1）：366-368．

[6] 彭立颖，童行伟，沈永林．上海市经济增长与环境污染的关系研究．中国人口·资源与环境，2000（3）：186-194．

此文章刊登于《生态经济：学术版》2010 年第 1 期

论开展主要环境质量指标浓度考核

田 耘[1] 曹小敏[2] 罗岳平[1]
（1. 湖南省环境监测中心站，长沙 410014；
2. 长沙环境保护职业技术学院，长沙 410004）

摘　要：针对现行环境质量考核体系中存在的问题，选取主要的环境质量考核指标，提出逐步推行浓度值考核的设想，并对比分析该考核办法与现行比例考核办法的优劣。

关键词：环境质量；指标；浓度；考核

Discussions on the implement of main Environmental Quality Index Concentration Assessment

Tian Yun[1] Cao Xiaomin[2] Luo Yueping[1]
（1.Hunan Environmental Monitoring Center，Changsha 410004;
2.Changsha Environmental Protection Vocational College，Changsha 410004）

Abstract： In order to solve the problems on environmental quality assessment system，main environmental quality assessment indices were selected and viewpoint of the gradual implemention of main environmental quality index assessment was put forward. The advantages and disadvantages of the main environmental quality index concentration assessment and proportion assessment were also compared.

Key words： Environmental quality；index；concentration；assessment

根据《国家环境保护“十一五”规划》（以下简称《“十一五”规划》），环境质量考核地表水劣V类水质的比例（＜22%）、七大水系国控断面好于III类的比例（＞43%）以及环保重点城市空气质量好于II级标准的天数超过 292 天的比例（＞75%）三项指标（以下简称“比例考核”）[1]。从《“十一五”规划》的实施情况看，随着我国污染减排工作取得突破性进展，三项考核指标均已提前达到既定目标，环境质量进一步好转[2]。

综观“十一五”期间，我国污染控制施行的是主要污染物排放总量控制政策，但面对严峻的环境形势，污染减排还难以确保全国范围内的环境质量同步改善。此外，现行的《城市环境综合整治定量考核》（“城考”）中尚未针对各级地方政府提出环境质量指标量化考核，导致地方政府保护辖区内环境的主动性不够，《环境保护法》中强调的地方政府对辖区环境质量负责的要求无法落到实处。针对此现象，环保部会同发改委、财政部等部委于 2009 年制定了《重点流域水污染防治专项规划实施情况考核暂行办法》，要求对重点流域的断面水质指标和水污染防治项目指标进行考核。此举首开了重点流域环境质量考核体系的先河，为实行主要环境质量指标量化考核奠定了基础。鉴于此，在总结《“十一五”规划》的实施经验的基础上，需要我们积极探索环保新道路，深入探讨主要环境质量考核指标体系，力求科学反映环保工作取得的成效。

1 主要环境质量考核指标的选取

总量控制目标与环境质量改善之间的关系有着不确定性（受面源污染广，总量控制因子与部分地区主要污染因子对应关系不强等因素的影响），未来环境保护趋势要以改善环境质量为着力点，以削减总量为重要抓手，逐步增加环境质量目标的内容，将地方政府环境质量改善绩效纳入考核体系，实行总量控制和环境质量约束双考核模式。根据这一思路，对环境质量改善绩效的考核，宜引入主要环境质量指标浓度值考核办法（以下简称“浓度考核”）。根据近年来我国环境质量状况和主要污染物排放情况，我国地表水主要污染指标是高锰酸盐指数和氨氮两项。化学需氧量指标是污染指数，不适用相对较洁净的地表水，且与高锰酸盐指数有一定关联性，故不作为主要环境质量考核指标。大气环境中主要污染物二氧化硫和可吸入颗粒物应列为主要环境质量考核指标。指标值的具体改善幅度，应在总体把握宏观环境质量目标的基础上，自下而上分析和测算，以 3～5 年为一个周期进行考核。

2 环境质量指标浓度值考核的可行性

比较环境质量指标浓度值考核与比例考核两种办法，浓度值考核有以下明显的优势：

2.1 浓度值考核精准、定量，能科学反映地方环保工作的成效，可操作性更强

比例考核宏观、定性地反映全国主要水体和环保重点城市的大气环境质量状况，表述形式直观，易被广大群众理解和接受；但这种办法是基于水质类别或空气质量等级进行评价，反映的是水体或大气污染物处于特定浓度区间的状况（类别和等级）。然而现阶段我国许多重点流域或地区水质长期处于Ⅴ类或劣Ⅴ类，尤其是缺水地区，水质类别短期内难以发生根本性变化，比例考核就不能精确灵敏地反映环保工作的成效。此外，我国环保重点城市空气质量优于Ⅱ级标准天数超过 292 天的比例在“十一五”期间持续上升，到 2009 年已达到了 91.5%[4]，远高于《“十一五”规划》中确定的目标，进一步上升的空间十分有限，若今后继续推行比例考核，会在很大程度上掩盖环保工作的成效，也面临着数据统计方面的瓶颈。

在主要环境质量指标浓度值小幅度变化而不会导致水质类别或大气质量等级发生改变的背景下，实行浓度考核可及时在监测数据上灵敏、精准地反映主要环境质量指标的变化趋势；另外则有利于根据各地经济社会发展、自然条件、环境容量等现实差异，提出“共同但有差别”考核目标，避免全国范围内“一刀切”和工作压力不均衡，有利于各地制定切合实际的考核目标，在未来深入推进环境质量考核工作时具有更强的可操作性。

2.2 浓度值考核不依赖于环境质量评价体系的变化，能使考核的实施和各环境质量评价体系的修订并行不悖

以大气环境为例，我国大气环境已进入区域性、复合型污染阶段，臭氧、$PM_{2.5}$ 和挥发性有机物等污染物尚未纳入环境空气标准，导致依据现行的环境空气评价体系作出的评价结论与公众的直观感受存在较大的差异。如广州和上海，2008 年两城市全年空气质量优

良的天数达到 345 天和 328 天，远高于 292 天的控制目标，但灰霾天数也分别达到 110 天和 150 天，参考美国环保标准评价，达标率不足 50%。为此，亟须修订和完善环境空气质量评价体系（如评价标准、评价因子等）。

比例考核是以现行的环境质量标准为基础的，若调整空气质量评价体系却仍继续沿用现行的比例考核方法，势必会带来“指标-标准-考核”之间的混乱，甚至可能会得出部分城市环境空气质量恶化的结论，带来负面社会影响，降低环保部门的公信力。改用浓度值考核，更多关注投向环境质量指标浓度值的变化，考核工作独立于环境质量评价体系，今后其修订和变更不对考核工作的连续性造成影响，真正做到了考核工作与评价体系的修订两条腿走路，并行不悖。

2.3 浓度值考核能有效认定环境保护的责任主体，有利于调动地方政府加强环境保护工作的积极性

比例考核可以反映全国环境质量整体状况，但不能指示局部地区的环境质量的变化，因而导致地方政府对辖区内环境质量负责的约束力缺失。只要环境保护工作的成效不能对官员政绩形成硬约束，地方政府盲目追求 GDP 增长速度的冲动就得不到有效遏制，环境保护工作容易被边缘化。实行浓度值考核，通过设置符合地方实际的浓度削减值，迫使环境质量考核成为时刻悬在地方政府头上的“达摩克力斯之剑”，成为关乎官员政绩和乌纱帽的硬约束指标，地方政府就会更关注当地环境保护工作，从而增强改善环境质量的源动力。

2.4 浓度值考核与总量减排密切联系，有助于构建总量减排考核和质量考核并重的综合性考核体系

总量减排考核的是全国自上而下分解的 COD 和 SO_2 削减量，而比例考核反映的是全国范围内地表水的类别和大气质量综合等级，两者之间没有必然的关联性。但引入浓度值考核指标，就能方便地与总量减排约束性指标紧密结合起来，逐步建立总量减排和环境质量改善的关系，真实反映的减排绩效，有利于实现以总量减排为主要手段，环境质量改善为落脚点的终极目标。这样也有助于逐步构建总量减排考核和环境质量考核并重的综合性评价体系，为今后实施质量约束、总量指导的考核模式打下基础。

2.5 浓度值考核、环境质量约束体现了环境保护工作的终极目标

提高环境质量是环境保护工作的出发点和落脚点，是建设社会主义生态文明，落实科学发展观的本质要求。环境保护的根本目的就是改善环境质量，保障人民群众身体健康，使其在良好的环境中生产、生活。因此，环境质量的量化考核坚持浓度考核、质量约束是大势所趋，真正体现了环境保护工作的终极目标。

3 实施浓度考核的前提和亟须解决的问题

随着全国环境监测系统监测网络和技术的日益完善，实施浓度值考核的条件已经基本具备，但还有一些亟待解决的关键问题需要进一步研究，特别是对今后监测工作提出了更高要求。

（1）应根据各地主要污染物的差异，因地制宜地提出相应的考核目标，确保浓度值考核的科学性。

（2）针对可能出现的不可预见情况，充分考虑水文、气象、极端环境事件（地震、洪水、干旱等）、上下游关系、经济结构等因素导致的考核指标值波动，提高浓度值考核的客观和准确性。

（3）分析全国各地主要环境质量指标浓度值在较长的时间跨度内的趋势，为考核工作确定科学合理的基数。

（4）开展前期研究和基础工作，如优化和调整监测点位（断面），调查天然本底值等，基于各地污染情况的差异自下而上确定考核目标，不搞“一刀切”，确保考核方案的合理性和可操作性。

（5）现行管理模式下，数据较为敏感，干扰监测数据准确性的因素较多，质量保证和质量控制手段尚未完全到位，为保障考核工作的公平、公正，需要加强制度建设，形成有效的核查机制。

4 结语

实施主要环境质量指标浓度值考核具有精准化的特点，并相对独立于环境质量评价体系，可真实、客观反映环保工作成效，落实地方政府保护环境的责任，符合我国环境保护工作的发展方向。但推行主要环境质量指标浓度值考核需要做大量的前期调查和研究工作，特别是对环境监测管理体制、技术水平提出了更高要求，机遇与挑战并存。

参考文献

[1] 国家环境保护总局. 国家环境保护十一五规划. 2006.

[2] 环境保护部. 2008 年中国环境状况公报. 2009.

[3] 环境保护部. 2010 年全国环境监测工作现场会参阅材料. 2010.

此文章刊登于《中国环境监测》2011 年第 4 期

试析加强环境监测、监察业务联动的意义、内容和措施

罗岳平　黄钟霆　骆 芳　周湘婷
（湖南省环境监测中心站，长沙 410000）

摘　要：环境监察和环境监测是环境保护工作的重要组成部分，监察体现了环保工作的权威性，监测则保证了环保工作的科学性。全面论述加强环境监察监测联动的重要意义，从思想和技术方面探讨加强环境监察监测联动的可行方法，对如何建立科学的环境监察与环境监测联动机制，快速、准确查处环保违法行为具有一定的指导意义。

关键词：环境监察；环境监测；联动机制；环保违法行为

Meaning and Effectiveness of Strengthening the Linkage between Environmental Inspection and Environmental Monitoring

Luo Yueping　Huang Zhongting　Luo Fang Zhou　Xiangting
（Hunan Provincial Environmental Monitoring Center，Changsha 410014）

Abstract：Environmental inspection and environmental monitoring are the most important part of environmental protection. Theauthority can be reflected through law enforcement of supervision while the scientificity will be ensured by monitoring during environmental work. A comprehensive discussion of significance for linkage between environmental inspection and monitoring was introduced，and a series of feasible method were investigated from the view of ideological and technology，which has the guiding significance for establishing scientific linkage mechanism between the environmental inspection and monitoring as well as the way of how to treat the illegal behavior quickly and accurately.

Key words：environmental inspection；environmental monitoring；linkage mechanism；illegal behavior

监测、监察部门作为环境保护行政主管部门的两个重要工作机构，分别在技术支撑、环境执法方面发挥着巨大作用，也是环境保护行政主管部门一直以来重点建设的两支队伍[1,2]。监察体现了环保工作的权威性，监测则保证了环保工作的科学性。监测、监察虽然是环保工作相对独立的两个方面，但因为部分工作对象相同、工作目标一致、工作手段接近而天然不能分割，加强两者业务联动，不仅可以提高效率，而且可以增强环境执法的准确性和公正性、提高环境监测数据的有效性和权威性。

1 加强环境监测、监察业务联动的重要意义

环境保护是一项系统工程，涉及面广、专业门类多，内设机构紧密配合、形成工作合力应为题中之义。监测、监察业务要以更大的力度联动，其必要性表现在以下几个方面。

首先，环境监察要以环境监测为基础，两者联动能使环境监察准确掌握依法裁量的尺度。监察执法中，除了一些肉眼能见的排污水、排废气等直接违法现象，还有些违法排污行为需要借助仪器或者分析数据识别。无论何种违法排污，都应根据环境监测部门出具的监测报告进行监察处罚。由于违法排污行为具有瞬时性和不可逆性，只有监测和监察并行，才能保证有效地取存违法证据。紧急状态下，监察人员应在有摄像记录的情况下采集样品，及时就近送有资质的监测部门进行分析。有环境监测作为技术支撑，监察执法很大程度上避免了随意性、增强了权威性。

其次，环境监测数据必须得到有效应用。如果环境监测数据被束之高阁、游离于环境管理需要之外，那么开展的监测活动越多，浪费越大[3]。监测达标的结果，应录入数据库，进行排放规律的分析和研究；监测超标的结果，应立即移送监察部门，监察部门根据获得的线索展开查处。监察部门除了要加强对污染企业的主动巡查，还应根据监测结果和数据，有意识地加大对部分污染企业的监察力度，提高工作的针对性和有效性。

最后，监测、监察业务联动是降低成本、提高效率的有效手段。监测、监察部门应该信息共享、紧密配合。监测部门通过监测数据发现非法排污的，监察部门应立即跟进、重点巡查，对污染企业进行惩治和监督。同时，对于监察部门发现的违法企业，监测部门应加大监督性抽测频次。两部门通过整合监测、监察信息，及时掌握企业生产及排污情况，实行等级管理，对列入黑名单的经常违法超标排污企业予以重点打击，有效提高工作效率。

监测、监察业务联动的核心价值在于，环保系统内两个工作关联度较高的部门，基于共同的管理目标，分别发挥各自的职能优势，共享信息、互相渗透、紧密配合，构建完整的取证、处罚、监督工作流程，实现对污染企业最严格的管理。

2 环境监测、监察业务联动的基本内容

监测、监察业务联动的关键在于沟通、协调，以促进资源整合，提高工作效能。

2.1 提高认识，转变观念，增强联动的自觉性

环境监测、监察工作虽然各有侧重，但监管污染企业这项任务是一致的。在这个交叉领域，联动的条件最成熟，也最容易实现成果共享。若监测不到位，监察就不能发现深层次问题，不利于执法；若监测数据不被利用，则不利于监测部门在污染企业中权威形象的树立。这些可能导致监察失去监测数据的支撑，使超标违法排污企业既不忌惮被监测，也不服从监察处罚，违法排污行为无法被有效遏制、惩处。监测、监察业务联动，既是规范环保执法的需要，也是提高监测地位的需要。

监测、监察业务联动关键在于两部门互相信任，加强前期交流，使两者在工作时间和工作内容方面高度融合、联合行使好监管污染企业的职能，避免重复劳动，除此之外并不额外增加工作量。

2.2 加强学习，拓展能力，提高联动工作水平

监测、监察业务联动不仅要在理念上给予认同，更要在行动上转化成工作实绩。监测、

监察业务联动的水平，取决于监测、监察两部门人员的专业水平。监察人员应该持证上岗，掌握布点、采样及样品保存技术和现场快速分析方法。由监察人员采集的样品经过后续有资质实验室完成分析后，形成一条完整、有效的证据链，具备第三方公正地位，监测结果完全适用于处罚。监测人员则要加强法律法规、生产工艺等方面的培训，现场工作时除了做好样品采集等本职工作，还有能力检查工况和污染敏感环节、进行生产记录等，尤其是能够快速锁定污染物来源、指出生产管理中存在的缺陷。

部分地区监测、监察人员编制数较少，同时出动存在困难[4]。在这种情况下，监测、监察人员交叉培训、互相持证尤为必要。监察人员持证开展现场工作，监测人员在培训考核后取得环境监管执法证后，才能有资格进入生产区域进行检查。

监测、监察人员素质越高，业务能力越全面，联动效果就越好。在联动初期可以进行大规模出动演习，使每个人都能从不同侧面、不同细节处贡献联动方案，形成稳定工作模式后，再分散行动，并保持对联动方案的持续、动态改进。

2.3 合理分工，整体规划，有序推进联动工作

监测、监察业务联动，虽然强调互补，但厘清主体责任仍是必要的。坚持各司其职的原则，特别是对监测结果，要完全依赖实验室分析。目前，现场快速分析方法尚未纳入计量认证体系，就快速分析原理和技术路线而言，其准确度在短期内是无法达到实验室水平的。因此，现场定性判断后，确证分析要在实验室内完成。对于分析技术方面的联动，监察应立足于形成 pH、溶解氧等简单理化指标的工作能力，PDV6000、便携式 GC-MS 等专业化的现场监测设备则宜由监测人员操作。

在没有监察人员在场的情况下，对存在的肉眼可见的违法问题，可由监测人员照相或摄像并保留时间等信息，尽快移交给监察部门处理。监测人员应接受监察知识培训，全面掌握有效取证应注意的事项和技巧。

监测、监察人员能够同时在现场是最好的工作模式，但受各种因素的限制，两者经常不能同步配合。由于监测的计划性较强，一般情况下，先由监测部门将工作方案交给监察部门，监察部门根据需要派人参加前期工作。监测部门可能同时展开几个现场监测，监察部门可安排 1～2 个工作人员分别专职负责。

对环境污染纠纷调处及环保监督突击联合执法检查，监察部门应提前与监测部门联系，在做好保密工作的基础上，由双方安排相关人员共同进行现场检查和采样监测。

2.4 改进手段，共建平台，全力提升执法效率

目前，监测和监察部门都意识到信息化的重要性，并分别着手研发各自的信息化系统。这些系统在一定程度上可以实现环境监测、监察单方面的信息化。但是，要提高环境执法效率，就应该优化信息辅助手段，使信息系统由单一封闭研发向多元综合开发转变。监测、监察部门共建信息平台，将监察部门的排污收费、环境投诉、行政处罚信息与监测部门的环境统计、验收监测、监督管理监测、在线监测等信息有机结合起来，建立覆盖全空间全区域的环境执法管理系统。

以对国控重点污染源执法为例，在目前模式下，环境执法人员到达现场后，只能根据现场情况和个人经验对污染源进行核查，可能导致对污染源的了解不透，从而使环境违法事件不能得到及时查处。通过环境执法管理系统的建设，执法人员可以在现场直接从系统中调阅污染源的验收监测信息（包括环评情况、审批要求、试生产信息、工艺、特征污染

物、排污口规范化、总量情况等）、监督性监测信息（各季度日常监管数据）、办证监测信息（排污许可证监测等）以及环境投诉信息等，有助于准确、高效地对该污染源进行执法。

3 加强环境监测、监察业务联动的措施

3.1 加强统一领导，在行政层面将环境监测、监察融为一体

环境监测数据虽然也为环境统计、污染防治等环境管理工作服务，但时效性最强的、最现实的应用还是在于监察，监测能最大限度地服务于监察，有赖于直接调度。对环境监测和监察的统一领导，可以减少协调工作量，最有效地将监测与监察工作结合起来。

3.2 加强制度设计，促进环境监测、监察业务联动

环境监测、监察业务联动能够顺利实施，有赖于制度保证。监察内容清单上要包含监测项目，这是全面监察的必然要求，吸收企业专职监测人员、同级监测站和下级监测站技术人员参与工作把监察内容填写完整，从制度上促进联动。对污染企业开展监督性监测，在监测计划单上设计监察会签栏，提高监督性监测的针对性、目的性。监测和监察部门共同参与、联合设计的工作方案，具有更高的水平和成效。

3.3 清除成见，打破壁垒，环境监测、监察业务自觉联动

监测与监察部门由于身份的差异，工作经费来源的不同，一直各自独立工作，所带来的资源浪费是巨大的。监测与监察部门应该摒弃门户之见，基于共同的目标安排有关技术骨干对接工作，组建联合工作组，其结果必然促使监管水平与力度跃上新台阶。

3.4 建立环境监测、监察会商机制，推动联动工作持续发展

定期或不定期召开环境监测、监察工作会商会，相互交流经验，培养配合意识，共同讨论，寻找破解难题的方法。

参考文献

[1] 王美香，张永军．环境监测与环境监察的职能分析．黑龙江环境通报，2010，34（1）：27-29.

[2] 《中国环境报》特约评论员．论“两大体系建设”．中网环境监测，2006．22（3）：1-7.

[3] 环保部监测司．“十二五”环境监测工作手册．北京：中国环境科学出版社，2012.

[4] 环境保护部环境监察局．环境监察．北京：中国环境科学出版社，2009.

此文章刊登于《环境监控与预警》2012 年第 3 期

大气环境

污染减排对湖南省城市降水和环境空气质量的影响分析

廖岳华　许晶　张虹
（湖南省环境监测中心站，长沙 400014）

摘　要：本文以 2005—2008 年湖南省二氧化硫、烟尘和工业粉尘减排情况以及城市环境空气质量监测数据为基础，分析了大气污染减排对湖南省城市降水和城市环境空气质量的影响，阐述了大气污染减排取得的环境效益，为湖南省下一步的污染减排和环境管理政策及措施的制定提供了依据。

关键词：污染减排；　酸雨；　空气质量

Effect of pollution abatement on the urban precipitation and ambient air quality in Hunan Province

Liao Yuehua　Xu Jing　Zhang Hong
（Hunan Provincial Environmental Monitoring Center，Changsha 410014）

Abstract：Effect of air pollution abatement on the urban precipitation and ambient air quality in Hunan Province was analyzed on the basis of the reduction of sulfur dioxide，soot and industrial dust emission，as well as urban ambient air quality monitoring data from 2005 to 2008 in Hunan Province. Results showed that air pollution emission abatement led to reduce of acid pollution and improvement of overall air quality in Hunan Province.

Key words：air pollution abatement；acid rain；ambient air quality

“十一五”以来，湖南省环境保护管理部门以污染物排放总量控制为主线，将二氧化硫和可吸入颗粒物污染控制作为全省大气污染控制工作的重点，实施了一批重点治理项目，关停了一批小火电项目和废气污染源，全省空气质量有较大改善。本文通过对 2005—2008 年湖南省二氧化硫、烟尘和工业粉尘减排情况与城市环境空气质量监测数据的综合分析，探讨了大气污染减排对城市降水和城市空气质量的影响，阐述了大气污染减排取得的成效，为下一步减排政策和措施的制定提供依据。

1　2005—2008 年湖南省大气主要污染物减排情况

由于受特定的地形和气候条件以及以燃煤为主要能源等因素的影响，湖南省是我国酸雨和空气污染较为严重的地区之一[1-4]。为加强酸雨和大气污染防治，确保实现污染物“十一五”减排目标，近年来湖南省环境保护主管部门通过严格环境准入，有效控制增量；推进综合治理，大力削减存量；依法关停淘汰，坚决调整总量等措施，狠抓工程减排、结构减排和管理减排。

截至 2008 年年底，全省共计完成二氧化硫减排项目 810 个，其中二氧化硫工程减排项目 287 个、结构减排项目 498 个、管理减排项目 25 个。2005 年湖南省二氧化硫排放总量为 91.93 万 t，其中工业二氧化硫排放量 75.50 万 t，生活二氧化硫 16.43 万 t[5]。2005—2008 年湖南省二氧化硫排放及变化统计情况[5]如图 1 所示。从图 1 可看出，2005—2008 年湖南省生活二氧化硫排放量基本保持在 16.4 万 t/a 左右的水平，变化甚微；但是，除 2006 年比 2005 年排放略有增加外，工业二氧化硫的减排力度较大，2007 年、2008 年全省工业二氧化硫排放总量分别降为 73.94 万 t、67.61 万 t。从排放总量上看，2007 年、2008 年相比 2005 年分别减少了 1.6%和 8.6%。

同时，空气主要污染物烟尘和工业粉尘的减排成效也很显著。2005—2008 年湖南省烟尘和工业粉尘排放统计情况[5]见图 2。图 2 显示，2005—2008 年湖南省生活烟尘、工业烟尘及工业粉尘排放量均逐年大幅减少。2005 年湖南省生活烟尘、工业烟尘及工业粉尘的排放量分别为 45.26 万 t、8.62 万 t 和 76.87 万 t，2008 年三者分别减少了 24.3%、21.7%和 27.9%。

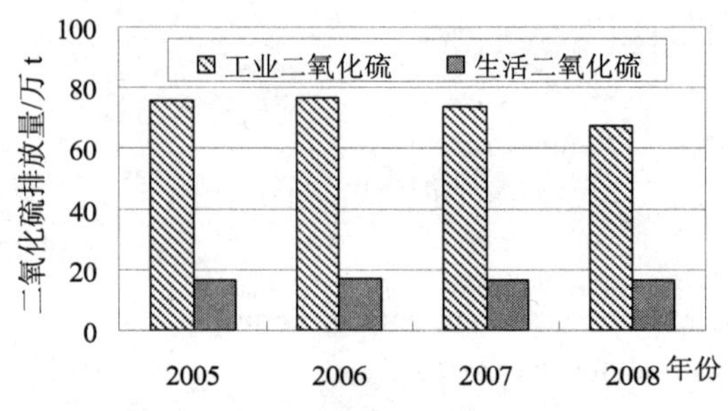

图 1 2005—2008 年湖南省二氧化硫排放情况

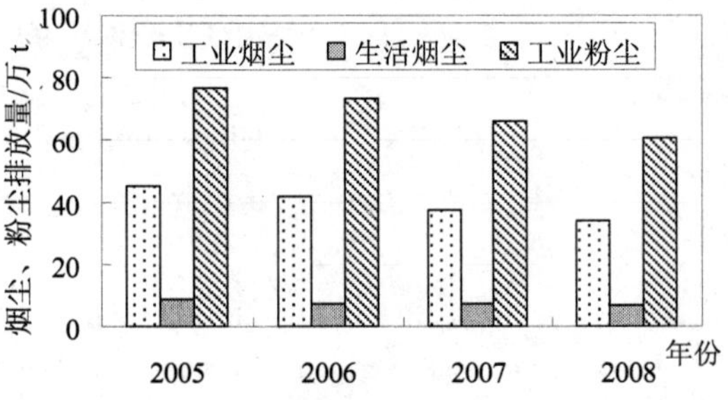

图 2 2005—2008 年湖南省烟尘、粉尘排放情况

2 酸雨污染改善情况

湖南是全国酸雨污染较为严重的地区之一[3,4]。14 个地级市除邵阳和永州市外，其他 12 个市州都被划为全国酸雨污染控制区[6]。实施《国家酸雨和二氧化硫污染防治“十一五”规划》以来，湖南省的酸雨防治工作取得了一定成效，酸雨污染有所减轻。

2.1 酸雨频率

资料显示[7]，2005 年湖南省 14 个市州平均酸雨频率为 72.6%，2006 年酸雨发生频率为 75%，比 2005 年略有升高；2007 年和 2008 年我省酸雨频率均明显降低，2008 年为 64.5%，较 2005 年下降了 8.1 个百分点（见图 3）。由此可见，2006 年二氧化硫排放量比 2005 年增多，2006 年全省酸雨频率比 2005 年亦有所升高。也就是说，根据监测结果计算出的酸雨发生频率与二氧化硫减排量有较好的对应关系，即二氧化硫排放增加，全省酸雨频率升高；二氧化硫排放减少，则全省酸雨频率降低。

2005 年酸雨频率大于 50%的城市有 11 个，即长沙、株洲、湘潭、衡阳、邵阳、常德、张家界、益阳、娄底、怀化和吉首；2008 年酸雨频率大于 50%的有长沙、株洲、常德、张家界、怀化、娄底和吉首 7 个城市，较 2005 年减少了 4 个。酸雨频率大于 50%的区域面积比例，从 2005 年的 73.3%减少到 2008 年的 48.1%，下降了 25.2 个百分点[7]。

2.2 降水酸度

2005 年湖南省城市降水 pH 年均值为 4.84，2006 年有较大下降，2007 年和 2008 年则分别上升为 4.97 和 4.93，升幅约 0.1 个 pH 单位（见图 4）。

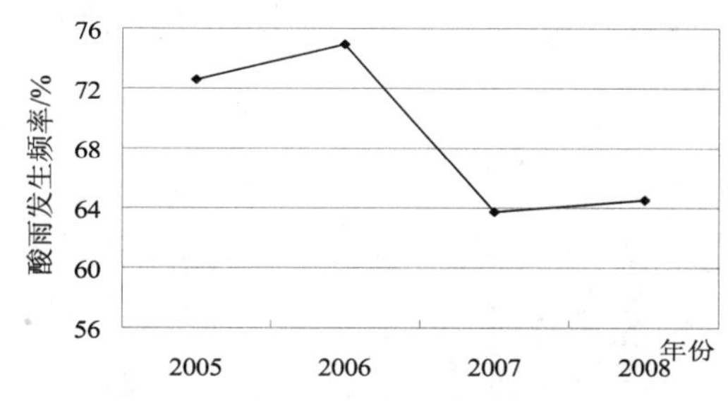

图 3　2005—2008 年湖南酸雨频率变化情况

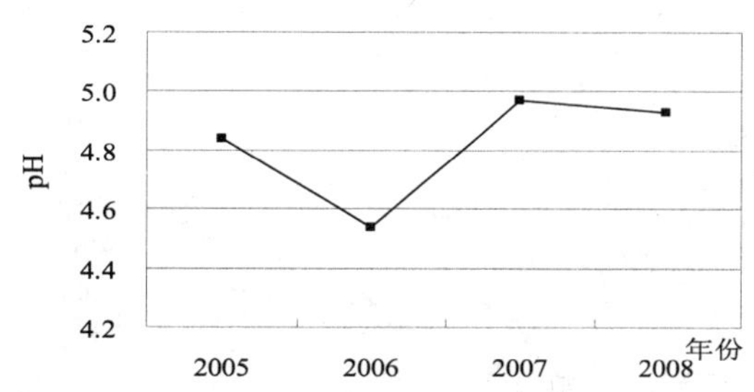

图 4　2005—2008 年湖南城市降水 pH 年均值变化

2.3 酸雨区面积变化

湖南省土地面积为 21.18 万 km^2，约占全国土地总面积的 2.3%[8]。除 2006 年全省 14 个地州市全部为酸雨区外，2005 年、2007 年、2008 年湖南省的酸雨区面积基本稳定，约占全省的 80%（见图 5）。但是，酸雨污染的空间分布发生了变化，2005 年 14 个市州中，永州和郴州城市降水 pH 年均值大于 5.6，2007 年降水 pH 年均值大于 5.6 的城市为衡阳和郴州，而 2008 年则为永州和衡阳。同时，重酸雨区的面积呈逐渐减少趋势（见图 6）。2005 年重酸雨区（降水 pH 年均值<4.5 的地区）有长沙、株洲、衡阳、常德、张家界和怀化 6 个城市，2006 年为长沙、株洲、常德和张家界 4 市，2007 年为长沙和常德市，2008 年有长沙、常德和怀化市为重酸雨区，重酸雨区所占全省面积比例由 2005 年的 44.2%降低为 2008 年的 18.0%，减少了 26.2 个百分点。

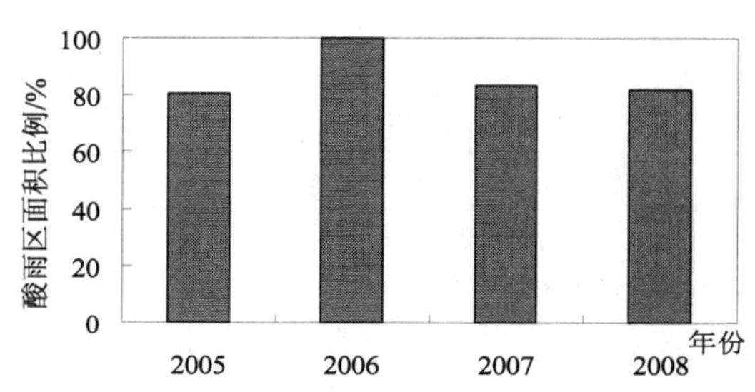

图 5　2005—2008 年湖南酸雨区所占面积比例变化

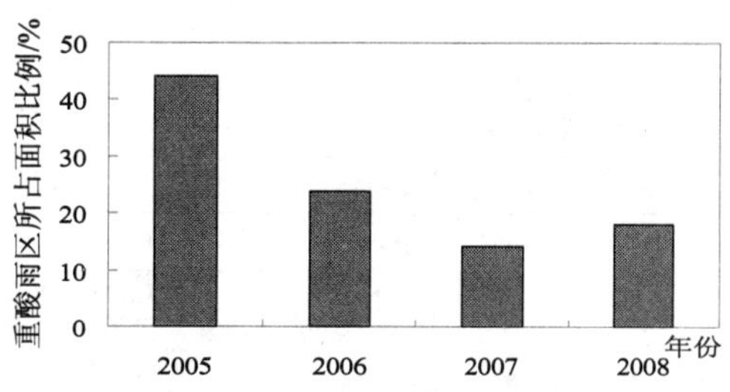

图 6　2005—2008 年湖南重酸雨区面积比例变化

3 城市环境空气质量改善情况

3.1 二氧化硫污染

图 7 显示，2005—2008 年湖南省城市环境空气中 SO_2 年均浓度除在 2007 年略有升高外，总体上基本保持稳定。2006 年、2008 年 SO_2 年均浓度分别为 0.050 mg/m^3、0.051 mg/m^3，与 2005 年（0.051 mg/m^3）基本持平，均达到国家二级标准（0.060 mg/m^3）[7]。然而，各市州二氧化硫污染状况有较大差别（见图 8）。2005 年长沙、株洲、湘潭和常德市空气中 SO_2 年均浓度超过国家空气质量二级标准限值，2006 年 SO_2 年均浓度超标的有长沙、株洲和湘潭市，2007 年长沙、株洲、湘潭、衡阳、邵阳、岳阳和常德市超标，2008 年超标的是株洲、湘潭和常德市。

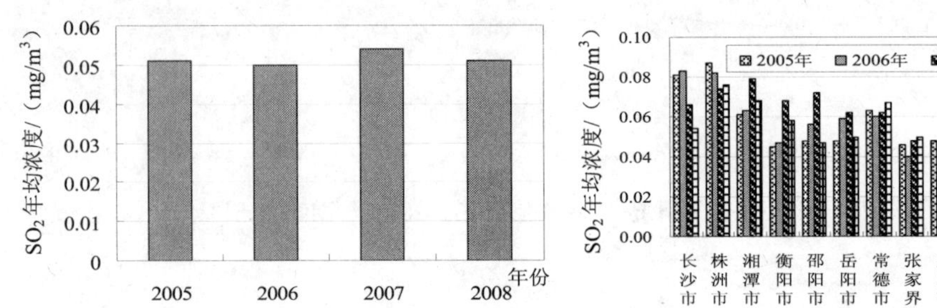

图 7 2005—2008 年湖南空气 SO_2 年均浓度变化 图 8 2005—2008 年湖南各城市空气 SO_2 浓度变化

3.2 可吸入颗粒物污染

2005—2008 年湖南省城市空气中可吸入颗粒物污染总体上有所减轻，全省年均浓度持续下降（见图 9）。2005 年全省年均浓度为 0.094 mg/m^3，2008 年为 0.081 mg/m^3，降幅达 13.8%。2005 年空气中可吸入颗粒物年均浓度超过国家空气质量二级标准的有长沙、湘潭、岳阳、常德、邵阳和益阳市，2006 年超标的有长沙、株洲、湘潭、岳阳和常德市，2007 年超标的有长沙、株洲、湘潭、岳阳和常德市，2008 年超标的有株洲、湘潭、岳阳和常德市，超标城市较 2005 年减少了 2 个[5]。各地级以上城市具体情况详见图 10。

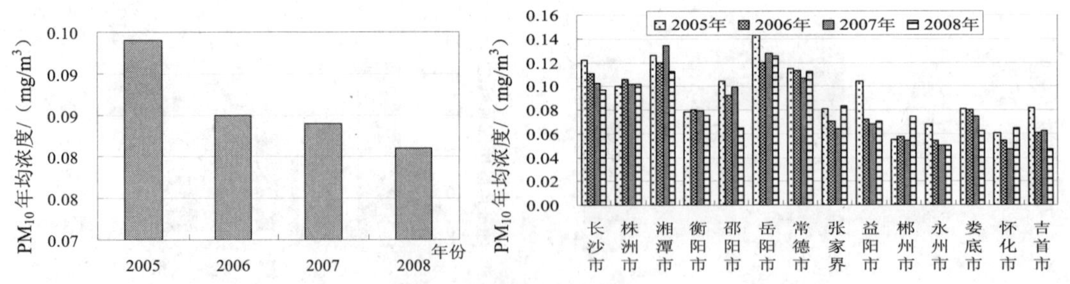

图 9 2005—2008 年湖南空气 PM_{10} 年均浓度变化 图 10 2005—2008 年湖南省各城市 PM_{10} 浓度变化

3.3 二氧化氮

2005—2008 年湖南省城市空气二氧化氮年均浓度在 0.028～0.031 mg/m^3，优于国家二级标准（0.08 mg/m³）。但是，长沙、株洲、岳阳、邵阳、张家界和怀化城市空气中二氧化氮浓度呈逐年持续升高趋势仍需引起高度重视。

3.4 空气污染综合指数

资料表明[5]，2005—2008 年湖南省城市空气污染综合指数总体上逐步降低（见图 11）。2005 年空气污染综合指数为 2.153，2006 年、2007 年和 2008 年分别为 2.055、2.072 和 2.056。这表明随着二氧化硫、可吸入颗粒物等空气主要污染物的减排，湖南省城市环境空气质量总体上呈现不断改善的趋势。

3.5 空气质量平均优良率

资料显示[5]，2005—2008 年湖南省城市空气质量平均优良天数比例稳步增加。图 12 显示，2005 年全省空气质量优良率为 89.8%，2008 年上升为 93.6%，较 2005 年提高了 3.8 个百分点，表明全省城市空气质量总体上呈现不断改善的趋势。

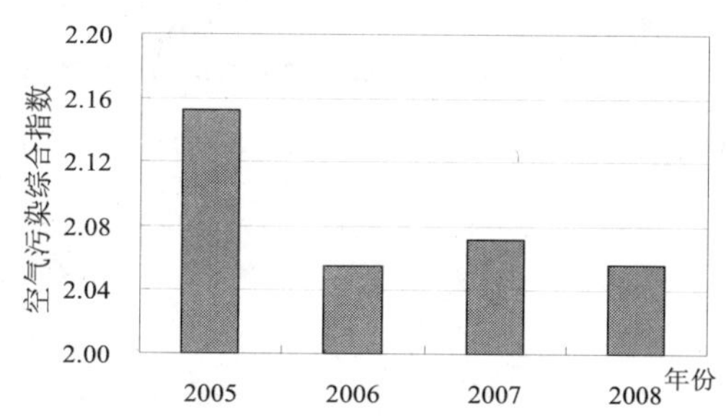

图 11　2005—2008 年湖南城市空气污染综合指数变化

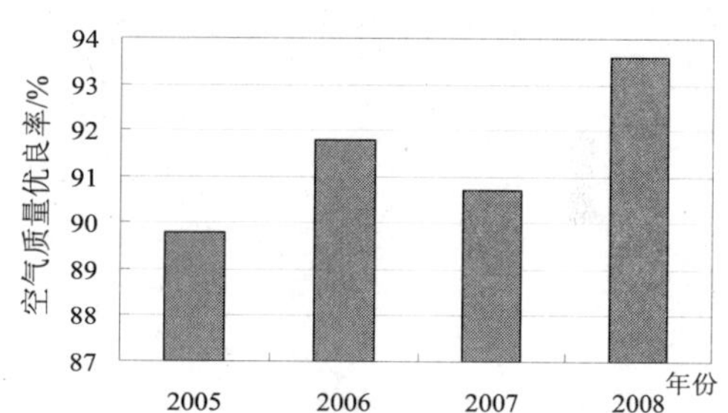

图 12　2005—2008 年湖南城市空气质量优良率变化

另外，2005—2008 年湖南省各城市空气轻微污染以上天数总体上逐年减少。2005 年湖南全省 14 个地级以上城市空气轻微污染以上天数总计为 522 天，2006 年为 419 天，2007 年为 475 天，2008 年减少为 324 天，相比 2005 年减幅达 37.9%。导致湖南城市空气污染的主要超标因子为可吸入颗粒物和二氧化硫，2005—2008 年以可吸入颗粒物为首要污染物的污染天数占空气轻微污染以上总天数的比例均为 90%左右，而以二氧化硫为首要污染物的污染天数从 2005 年的 55 天减少到 2008 年的 25 天。由此也表明，湖南省的二氧化硫减排成效较为明显，二氧化硫污染得到了有效控制。

4　结论

近年来，湖南省环境保护管理部门努力按照科学发展观要求，以项目为依托，大力强化结构减排、狠抓工程减排、严格管理减排。2005—2008 年，湖南省共计完成二氧化硫、烟尘及粉尘减排项目 810 个，2008 年实现了在 2005 年的基础上减排二氧化硫 7.91 万 t、烟尘 12.85 万 t、工业粉尘 16.33 万 t。监测结果表明，大气污染减排取得了明显成效，主要表现为全省酸雨发生频率逐步降低，降水酸度有所下降，重酸雨区的面积大幅减少；全省城市空气中二氧化硫浓度基本稳定，可吸入颗粒物浓度持续下降，可吸入颗粒物污染得到有效控制；城市空气质量平均优良天数比例稳步增加，城市环境空气质量总体上有明显改善。

参考文献

[1] 蒋益民，曾光明，张现宝，林玉鹏. 湖南省酸雨的主要特点与酸雨污染防治对策. 湖南大学学报（自然科学版）. 2001，26（3），78-82.

[2] 张龚，曾光明，蒋益民，刘鸿亮. 湖南省酸雨变化特征、现状及成因分析. 环境科学研究. 2003，16（5），14-17.

[3] 中国环境保护部. 2007 年中国环境状况公报.

[4] 侯青，赵艳霞. 2007 年中国区域性酸雨的若干特征.气候变化研究进展. 2009，5（1），7-11.

[5] 湖南省环境保护局. 2005、2006、2007、2008 年湖南省环境统计公报.

[6] 万小卓，许晶. 湖南省酸雨变化趋势预测分析及其防治对策. 环境科学与技术. 2005，28，91-92.

[7] 湖南省统计局. 2008 年湖南统计年鉴. 中国统计出版社. 北京 2008，P12.

此文章刊登于《环境科学与技术》2010 年第 7 期

湖南省城市环境空气质量变化与防治对策研究

许晶　廖岳华
（湖南省环境监测中心站，长沙　410014）

摘　要：本文以 2000—2009 年湖南省主要城市环境空气监测数据为基础，对全省大气污染因子二氧化硫（SO_2）、二氧化氮（NO_2）、可吸入颗粒物（PM_{10}）近 10 年的监测数据进行统计，对大气环境质量状况与变化趋势进行分析，提出控制大气污染的技术、经济、管理等方面的对策措施。

关键词：环境空气；监测现状；变化趋势；对策研究

Study on Recent Detection，Variation Trend and Countermeasure of Air Environmental Inspection in Hunan Province

Xu Jing　Liao Yuehua
（Hunan Provincial Environmental Monitoring Center，Changsha 410014）

Abstract：Based on air environmental quality monitoring data of the main cities in Hunan province from 2000 to 2009，count statistics data of monitoring the main factors，such as Sulfur Dioxide（SO_2），Nitrogen Dioxide（NO_2）and Airborne Particulate Matters（PM_{10}），of air pollution over the last ten years were carried out，and the variables trend of atmosphere environment quality was analyzed，and the countermeasures to control the atmosphere pollution in technology，economics and management was proposed .

Key word：environmental atmosphere；present detection；variations trend；countermeasure

1　前言

湖南位于长江以南，纬度偏低，为大陆性特征明显的中亚热带季风性湿润气候，风向随季节变化明显，静风频率高，平均风速小，大气稳定度高，逆温持续时间长，靠近地面产生的污染物不容易扩散，也容易产生酸雨。全省大气环境质量状态存在鲜明的冬春高、夏秋低的季节差异。空间上，经济活跃、人口密集城区污染程度更高。秋冬季节“积累型”空气严重污染出现频次多，对健康影响大，公众反映强[1]。本文按照《环境空气质量标准》GB 3095—1996 中的Ⅱ级标准对全省大气环境环境质量变化进行分析，主要对大气污染因子二氧化硫（SO_2）、二氧化氮（NO_2）、可吸入颗粒物（PM_{10}）近 10 年来的变化进行分析，并对控制大气污染的技术、经济、管理等方面对策措施进行研究。

表 1 主要大气污染物浓度划分国家标准

污染物	时间段	浓度标准/（mg/m^3）		
		一级	二级	三级
SO_2	年平均	0.02	0.06	0.10
	日平均	0.05	0.15	0.25
NO_2	年平均	0.04	0.04	0.08
	日平均	0.08	0.08	0.12
TSP	年平均	0.08	0.20	0.30
	日平均	0.12	0.30	0.50
PM_{10}	年平均	0.04	0.10	0.15
	日平均	0.05	0.15	0.25

*引自环境标准汇编（1983—2004）48 页

2 全省空气自动监测概况

至 2009 年年底，全省 14 个市（州）共已布设 67 个空气监测点位，其中自动监测点位 47 个（含湘潭 1 个对照点），手动监测点位 21 个（含 9 个对照点）。全省各级监测站对省控 67 个大气监测点位进行例行监测，监测项目为二氧化硫、二氧化氮、可吸入颗粒物。各城市空气监测点位数量及自动监测站布设情况见表 2。

表 2 全省环境空气质量监测空气自动监测站基本情况

城市	自动监测	分析方法			设备生产厂家	
		SO_2	NO_x	PM_{10}	SO_2\ NO_x	PM_{10}
长沙	7	紫外荧光法	化学发光法	微振荡天平法	澳大利亚 ECOTECH	美国安谱公司
株洲	1	紫外荧光法	化学发光法	β射线法	沈阳东宇大西比	沈阳东宇大西比
	4	紫外荧光法	化学发光法	β射线法	河北先河	河北先河
湘潭	3	紫外荧光法	化学发光法	β射线法	沈阳东宇大西比	沈阳东宇大西比
	3	紫外荧光法	化学发光法	β射线法	北京中晟泰科	北京中晟泰科
衡阳	2	长光程差分光谱法	长光程差分光谱法	β射线法	安徽铜陵	安徽铜陵
邵阳	1	紫外荧光法	化学发光法	β射线法	杭州大地安科	杭州大地安科
岳阳	3	紫外荧光法	化学发光法	β射线法	河北先河	河北先河
	2	紫外荧光法	化学发光法	β射线法	沈阳东宇大西比	沈阳东宇大西比
	1	紫外荧光法	化学发光法	β射线法	武汉天虹	武汉天虹
常德	2	紫外荧光法	化学发光法	β射线法	沈阳东宇大西比	沈阳东宇大西比
	1	紫外荧光法	化学发光法	β射线法	杭州大地安科	杭州大地安科
张家界	2	紫外荧光法	化学发光法	β射线法	沈阳东宇大西比	沈阳东宇大西比
	1	长光程差分光谱法	长光程差分光谱法	β射线法	安徽铜陵	安徽铜陵
益阳	2	长光程差分光谱法	长光程差分光谱法	β射线法	安徽铜陵	安徽铜陵
郴州	3	长光程差分光谱法	长光程差分光谱法	β射线法	安徽铜陵	安徽铜陵

城市	自动监测	分析方法			设备生产厂家	
		SO_2	NO_x	PM_{10}	SO_2\ NO_x	PM_{10}
永州	2	长光程差分光谱法	长光程差分光谱法	β 射线法	安徽铜陵	安徽铜陵
		紫外荧光法	化学娄光法	β 射线法	沈阳东宇大西比	沈阳东宇大西比
怀化	3	长光程差分光谱法	长光程差分光谱法	β 射线法	安徽铜陵	安徽铜陵
娄底	2	长光程差分光谱法	长光程差分光谱法	β 射线法	安徽铜陵	安徽铜陵
吉首	2	长光程差分光谱法	长光程差分光谱法	β 射线法	安徽铜陵	安徽铜陵
合计	47					

全省除长沙市配置进口仪器外，其余各市（州）配置的均为国产仪器。主要有 7 种品牌：安徽铜陵系列（16 套）、沈阳大西比系列（10 套）、澳大利亚 ECOTECH+美国安谱系列（7 套）、河北先河系列（7 套）、北京中晟泰科（3 套）、杭州大地安科系列（2 套）、武汉天虹系列（1 套）。

全省现有品牌中，除安徽铜陵系列仪器运用长光程差分光谱分析 SO_2、NO_x 外，其余品牌仪器均运用紫外荧光法分析 SO_2，化学发光法分析 NO_x；除长沙市进口仪器采用微振荡天平法外，其余品牌均利用 β 射线法分析 PM_{10}。

全省各地市站按照《环境空气自动监测技术规范》和国家环境监测总站的相关要求，对空气自动监测系统制定了完善的运行、校检及维护制度，并严格执行[2]。各地市多次参加国家环境监测总站的标样考核，合格率为 100%。

3 全省环境空气变化趋势

根据 2000—2009 年的监测结果，全省环境空气中主要污染物 SO_2 年均值范围为 0.044～0.062 mg/m^3，NO_2 的年均值范围为 0.028～0.033 mg/m^3，PM_{10} 年均值范围为 0.074～0.133 mg/m^3，（TSP 年均值范围为：0.182～0.209 mg/m^3），三项主要污染物的年均值变化很小，空气质量相对较稳定。空气质量优良率呈逐年增加趋势，空气质量稳定中有所改善（见表 3）。

表 3　2000—2009 年全省 SO_2、NO_2、PM_{10} 浓度监测结果比较

年份		2000	2001	2002	2003	2004	2005	2006	2007	2008	2009
SO_2	年均值/（mg/m^3）	0.054	0.058	0.061	0.062	0.059	0.051	0.050	0.053	0.051	0.044
	测点日均值超标率/%	5.77	7.91	9.60	7.09	6.69	5.04	4.08	2.94	1.91	0.74
NO_2	年均值/（mg/m^3）	0.030	0.030	0.031	0.033	0.029	0.029	0.030	0.028	0.031	0.029
	测点日均值超标率/%	0.56	0.13	0.31	1.61	0.10	0.12	0.13	0.22	0.16	0.07
PM_{10}	年均值/（mg/m^3）	0.208	0.209	0.133 0.182	0.120	0.115	0.094	0.085	0.084	0.081	0.074
	测点日均值超标率/%	16.40	16.89	25.44	22.22	24.07	15.32	12.35	12.20	9.45	6.69

年份	2000	2001	2002	2003	2004	2005	2006	2007	2008	2009
综合污染指数	2.320	2.380	2.547	2.659	2.493	2.153	2.058	2.072	2.056	1.827
空气质量优良率/%	83.4	77.2	77.6	77.1	80.3	89.8	91.8	90.7	93.6	95.7

备注：2001 年和 2002 年加粗数据为总悬浮颗粒物监测数据；年均值为全省 14 个地市数据汇总结果。

3.1 全省大气中 SO_2 变化趋势

统计结果表明，2000—2003 年湖南省 SO_2 浓度逐年上升，2003 年以后 SO_2 浓度总体出现下降，2005 年以后全省 SO_2 年均值相对稳定。测点日均值超标率范围 0.74%～9.60%，其中 2002 年超标率最高，2009 年超标率最低（见表 3）。

2000—2009 年，全省城市 SO_2 年均浓度平均值除 2002 年和 2003 年略超过二级标准外，其他年份均达标；10 年间，2000—2003 年达标城市数略有下降[3]，2004—2009 年逐年略有上升；14 个城市中，岳阳、益阳、郴州、永州和娄底 5 个城市各年的年均值均达到国家二级标准；株洲 10 年的年均值则均未达标，其中长沙 2000—2002 年、株洲 2000—2004 年的年均值超过国家三级标准（见图 1）。

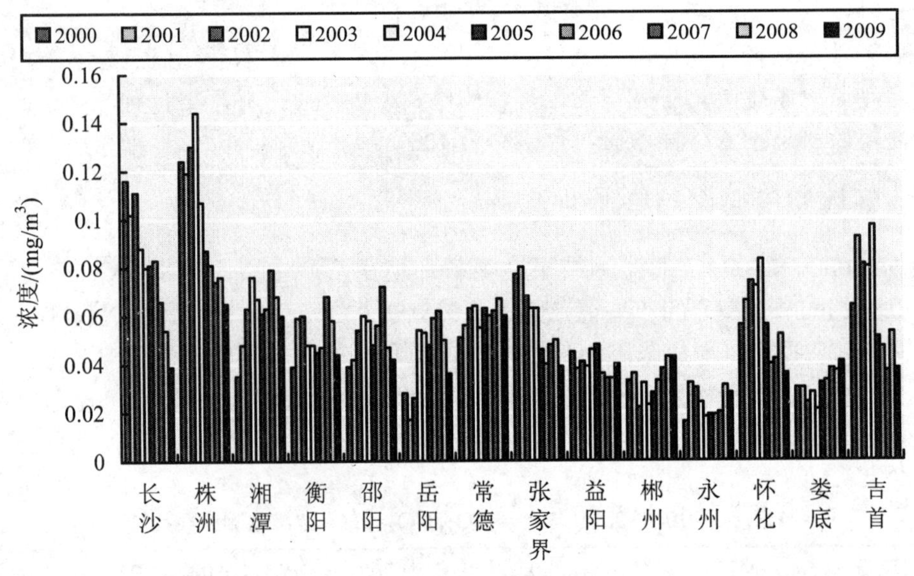

图 1 2000—2009 年全省各城市 SO_2 年均浓度比较

3.2 全省大气中 NO_2 变化趋势

统计结果表明，2000—2003 年全省 NO_2 浓度逐年上升，2004—2005 年持平，2006 年 NO_2 浓度稳中有升，测点日均值超标率范围 0.07%～1.61%，其中全省 NO_2 浓度 2002 年超标率最高，2009 年超标率最低。2005—2009 年，长沙、株洲、岳阳和张家界 4 个城市空气中 NO_2 浓度基本呈逐年持续升高趋势应引起重视（见图 2）。

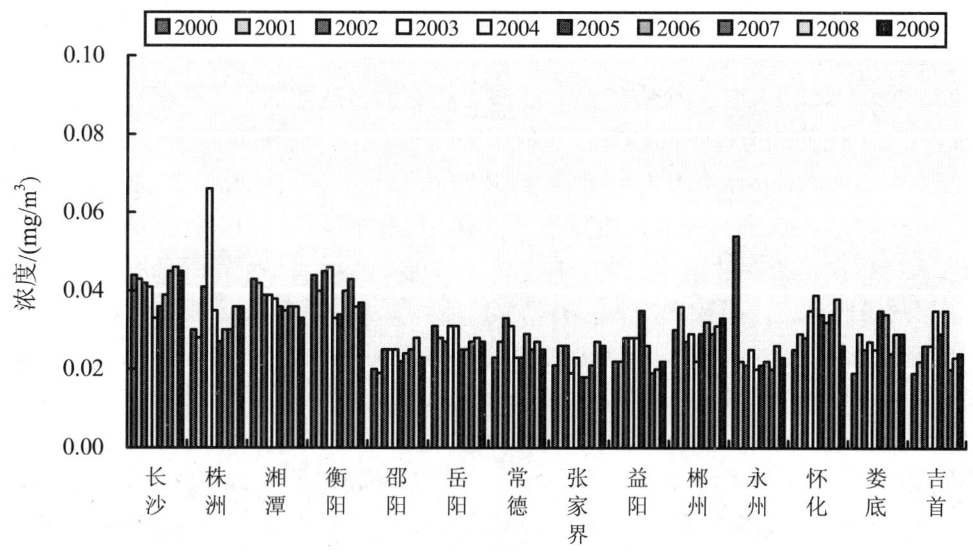

图 2　2000—2009 年全省各城市 NO_2 年均浓度比较

3.3 全省大气中 PM_{10} 变化趋势

统计结果表明，2000—2009 年全省 PM_{10} 浓度逐年下降，测点日均值超标率范围 6.69%～25.44%，其中全省 PM_{10} 浓度 2002 年超标率最高，2009 年超标率最低。（见表 3）10 年间颗粒物年均浓度达标城市数呈波动变化，2003 年和 2004 年为 10 年来达标城市数最低的年度，只有 3 个和 4 个城市达标。2005 年以后则有明显上升，2005 年达标城市数为 8 个[3]，2006 年和 2007 年达标城市数为 9 个，2008 年达标城市数达到 10 个，2009 年达标城市数达到 12 个，颗粒物污染得到有效改善。14 个城市中，郴州、永州和怀化 3 个城市各年的年均值均达到国家二级标准。（见图 3）

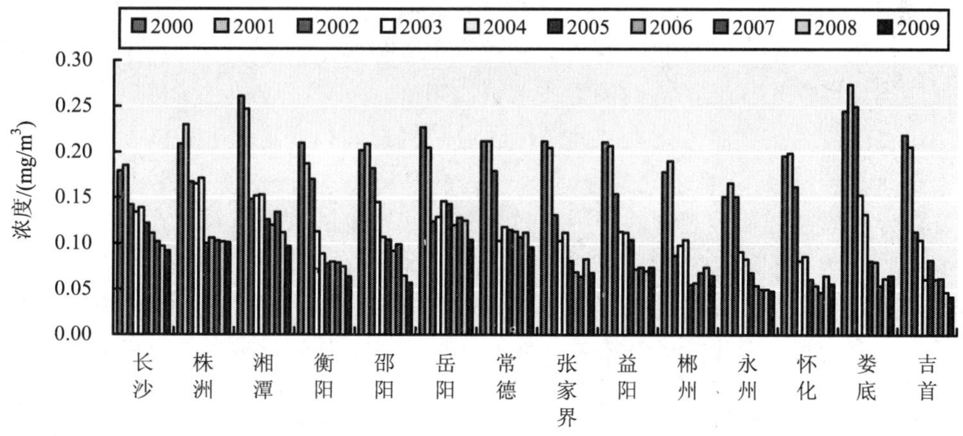

图 3　2000—2009 年全省各城市 PM_{10} 年均浓度比较

注：①2000 年和 2001 年为 TSP 数据，2003—2009 年为 PM_{10} 数据。②2002 年衡阳、邵阳、常德、永州、怀化和娄底 6 个城市为 TSP，其他 8 个城市为 PM_{10} 数据。

4 对策研究

2000—2009 年 10 年中，全省资源、能源消耗量的迅速增加，工业化、城镇化、农业产业化进程的加快使环境保护面临着巨大的压力。环境保护管理部门以污染物排放总量控制为主线，将 SO_2 和 PM_{10} 污染控制作为全省大气污染控制工作的重点，实施了一批重点治理项目，关停了一批小火电项目和废气污染源，SO_2 浓度稳中有降。随着燃煤锅炉逐渐被取代，大气污染严重企业关迁改调，再加上从 2004 年起实行建筑施工扬尘污染控制强制规定，加强道路扬尘污染控制，PM_{10} 的排放量逐渐减少。但在城市周边的城乡结合区域，绿地面积小，路面状况差，许多路段仍为土路，过往车辆将泥土带入城区，全省城市基础设施建设、旧城改造、商业开发活动非常活跃，产生了大量的建筑扬尘，形成了较严重的扬尘污染。

要控制 PM_{10} 和 SO_2 的污染，必须从多方面采取综合控制的对策及措施，概括如下：

（1）不断探索增加环境容量的新路子，充分运用经济手段改变区域环境容量的分配和超容量发展经济的局面，推行容量与总量的双重控制。环境容量是一种客观存在的有价资源，它和能源、矿产、森林、土地等资源一样，是经济发展的重要支撑性资源。必须有效地管理这种资源，在减少污染物排放的基础上，还要通过管理和技术的手段有效增加城市的环境容量[4]。

（2）实行政府环境空气质量责任目标管理，将城市空气质量优、良天数占全年的百分比纳入环境质量责任目标考核体系，在产业结构调整和城市规划中切实考虑环境保护的要求，将改善城市环境空气质量作为城市建设和发展的重要目标和任务，大力改善辖区环境质量。

（3）进一步抓好煤改清洁能源、公交、出租、长途客运车辆油改液化天然气和压缩天然气工作，因地制宜地开发新能源和可再生资源改善能源结构，优化资源配置，充分利用清洁能源技术，强化扬尘治理工程，改善城市环境质量。

（4）控制扬尘污染。针对城市地区施工扬尘和道路扬尘污染较重的情况，进一步完善建设工程现场环境保护标准，防治扬尘要求更加明确，加大扬尘执法力度，对车辆遗撒、垃圾暴露等违法行为进行严厉查处，提高市区道路机扫面积和道路冲刷面积，有效降低城市空气中颗粒物的浓度。

（5）充分发挥在线监控装置的作用和效果。在线装置的安装运行，在一定程度上既提高了环境监管的效率，同时在科学管理的基础上，能够保证所监控污染物的实时排放情况。但在执行进程中要逐步完善在线装置的瞬时浓度与排放总量之间的量化计算公式和计算方法，开发出多项目、多指标的污染物在线监控装置，并加强比对、校标工作等，以保证在线监测系统出具准确的数据。同时，为保证在线装置的客观性和公证性，必须要探索一条防止人为因素影响污染物真实排放情况的技术手段和有效途径[5]。

5 结论

2000—2009 年，全省城市环境空气的主要污染物是 PM_{10} 和 SO_2，监测数据显示，PM_{10} 污染基本呈下降趋势，SO_2 浓度呈波动式下降且基本稳定。全省大力强化结构减排，狠抓工程减排，城市空气质量优良率稳步增加，城市环境空气质量总体上有明显改善。

参考文献

[1] 邓小红，宋仲容，李晓. 重庆市主城区大气环境质量变化分析及对策研究.中国环境监测 2007,（3）：85-88.

[2] 黄颖彬. 张家界市空气污染现状、成因及对策研究. 黑龙江环境通报，2008，（1）：23-25.

[3] 湖南省环境质量报告书（2001—2005 年）. 湖南省环境保护局.

[4] 陈魁. 天津市空气质量时间变化规律及相关性分析. 中国环境监测，2007，（2）：50-53.

[5] 梁富生. 改善山西大气污染现状的对策措施初探. 中国环境监测，2007，（4）：65-67.

此文章刊登于《环境科学与管理》2011 年第 1 期

衡阳市区大气环境质量现状变化趋势及评价

张艺[1] 王芳芳[2]

（1.衡阳市环境监测站，衡阳 421151；2.汕头大学理学院，汕头 515063）

摘 要：本文以衡阳市“十一五”期间的大气监测资料数据为依据，通过对衡阳市区大气环境中 SO_2、NO_2 和 PM_{10} 这三项主要大气污染物的年平均浓度变化趋势进行分析和评价，同时以 2010 年衡阳市区各测点综合污染指数为基准，得出“十一五”期间衡阳市区大气污染物主要是 PM_{10}，环境空气质量总体良好，各污染物有降低趋势但并不明显。最后分析其污染原因并给出相应对策。

关键词：衡阳市；空气质量；变化趋势；对策

前言

近年来，我国经济飞速发展，人民的物质生活水平迅速提高，但人民的生活环境却每况愈下。环境空气质量的好坏与人体健康息息相关，特别对人口密集的城市来说，空气污染物不易稀释和分散，局部空气污染物浓度不断提高，对人身心健康有很大影响。衡阳市位于湖南省中南部，湘江中游，面积 15 310 km^2。据 2011 年调查，衡阳城市建成区面积达到 128 km^2，中心城区户籍人口 138 万，步入了中国特大城市行列。2010 年第六次中国人口普查[1]结果显示衡阳市常住人口 714.146 2 万，其中中心城区户籍人口 138 万人，占全省总人口比重为 10.87%。因此对衡阳市区的空气质量的监测对人民生活水平的提高有重大意义。本文以“十一五”期间衡阳市区大气监测资料数据为依据，结合当地的社会经济发展状况、自然环境的变化，以及环保方面的重大举措，对近来衡阳市市区范围内 SO_2、NO_2 和 PM_{10} 这三项主要大气污染物的变化特征及其原因进行分析，总结出衡阳市在治理大气污染方面的成功经验，并提出相应的防治对策和建议，为进一步加强大气污染治理工作提供科学依据。

1 监测方法

1.1 监测点的布设

按照人口和功能区的划分原则[3]，2010 年度衡阳市城区设四个常规空气监测点，分别为衡阳市仪表厂（手工测点）、珠晖区环保局（自动站）、市环境监测站（自动站）、衡阳化工总厂（手工测点）。

1.2 监测项目及分析方法

主要监测项目及其分析方法分别为 SO_2（甲醛吸收-副玫瑰苯胺分光光度法，GB/T 15262—94）、NO_2（Saltzman 法，GB/T 15435—95）、PM_{10}（大气飘尘浓度测定方法，GB 6921 —86），根据《环境监测技术规范》（空气部分）关于数据统计有效性的规定，SO_2、

NO_2日均浓度每日连续采样至少 18 h；PM_{10}日均浓度每日连续采样至少 12 h，每月至少有均匀分布的 12 个有效日均值。总计全年获 SO_2有效日均浓度值 1 113 个，NO_2有效日均浓度值数据 1 114 个，PM_{10}获有效日均浓度值数据 1 110 个（以上均未包括对照点和新增点）。

1.3 空气质量的评价

采用空气综合污染指数对衡阳市区空气质量进行评价，以 2010 年为例，选择 SO_2、NO_2和 PM_{10}三种污染物计算综合污染指数。以国家《环境空气质量标准》（GB 3095—1996）[4]的二级标准为评价标准，即年均值 SO_2 为 0.06 mg/m^3，NO_2 为 0.08 mg/m^3，PM_{10} 为 0.10 mg/m^3。空气综合污染指数的数学表达式如下：

$$P = \sum_{i=1}^{n} P_i$$

$$P_i = C_i/S_i$$

式中，P——空气综合污染指数；

P_i——污染物 i 的分指数；

C_i——污染物 i 的年平均值；

S_i——污染物 i 的环境空气质量二级标准浓度；

n——大气污染物项目数。

2 结果与讨论

2.1 大气污染物污染现状

2.1.1 SO_2污染现状

“十一五”期间，衡阳市 SO_2的年均值在 0.041～0.058 mg/m^3，五年年均值均达到环境空气质量国家二级标准。年均值最小的一年出现在 2009 年，5 年间的全市日均值超标率在 1.6%～11.4%。“十一五”期间，衡阳市 SO_2浓度总体呈逐渐下降趋势。详见图 1。

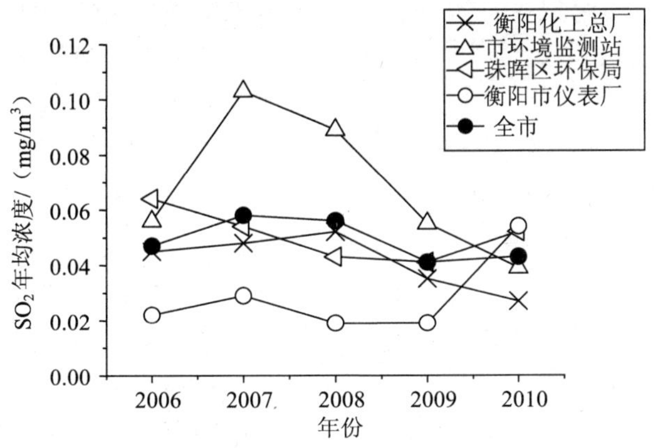

图 1 “十一五”期间衡阳市年均 SO_2浓度变化趋势

由图 1 我们可以看出，全市的 SO_2 的浓度在“十一五”期间波动较大，在 0.019～0.103 mg/m^{3}范围内，市环境监测站在 2007 年 SO_2浓度达到最大值 0.103 mg/m^3，出现超标。除珠晖区环保局在 2007 年度 SO_2浓度有所减少外，其他测点都较上年度或多或少有所增加。整体来说，所有监测点在 2009 年度的 SO_2浓度都达到最小值，而在 2010 年有所升高，特别是衡阳市仪表厂升高到 0.054 mg/m^3，这与 2010 年城市建设发展迅速，而忽视环境的保护有非常紧密的联系。

2.1.2 NO_2 污染现状

“十一五”期间，衡阳市城区二氧化氮的年均值在 0.036～0.046 mg/m^3，全部达到环境空气质量国家二级标准。年均值最大的一年出现在 2007 年，而 2008 年为这 5 年间最低。5 年中全市二氧化氮日均值超标率在 0.5%～2.3%，其中 2009 年、2010 年连续两年均无超标情况出现。

“十一五”期间，二氧化氮除在 2007 年有一个反常的升高外，整体呈逐渐下降趋势，详见图 2。

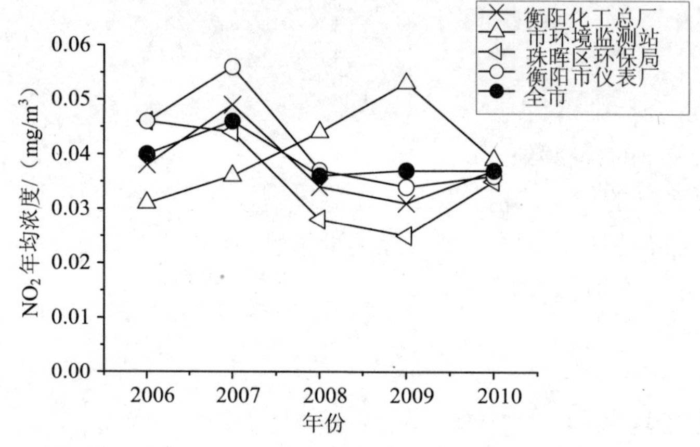

图 2 “十一五”期间衡阳市年均 NO_2 浓度变化趋势

由图 2 可知，全市的 NO_2 的浓度在“十一五”期间波动不大，集中在 0.025～0.056 mg/m^3 浓度范围内，除市环境监测站浓度在 2006—2009 年逐年增加，其他监测站都有所降低，但在 2010 年各监测站都达到 0.037 mg/m^3 左右的浓度。衡阳市仪表厂在 2007 年度 NO_2 浓度达到最大值 0.056 mg/m^3。

2.1.3 PM_{10} 污染现状

“十一五”期间，衡阳市城区空气可吸入颗粒物浓度年均值在 0.069～0.094 mg/m^3，全部达到环境空气质量国家二级标准。年均值最大的一年出现在 2007 年，而 2009 年为这 5 年间最低。5 年中全市日均值超标率在 2.8%～9.8%。

“十一五”期间，可吸入颗粒物年均值在 0.080 mg/m^3 上下窄幅波动，在 2007 年年均值达到最大，2008 年、2009 年呈下降趋势，但 2010 年呈上升趋势，详见图 3。

由图 3 可知，全市的 PM_{10} 浓度在“十一五”期间波动较大，在 0.035～0.133 mg/m^3 浓度范围内，衡阳化工总厂和衡阳市仪表厂的 PM_{10} 整体浓度较高，变化较大，均有升高后降低的趋势，分析应该与其 2007 年扩大工业化生产，向大气环境排放的污染物迅速增加，随后又控制排放，从而 PM_{10} 浓度有所减低有密切关系。市环境监测站与珠晖区环保局的整体浓度较低，呈减低趋势，这与该监测站严格控制排放物有关。

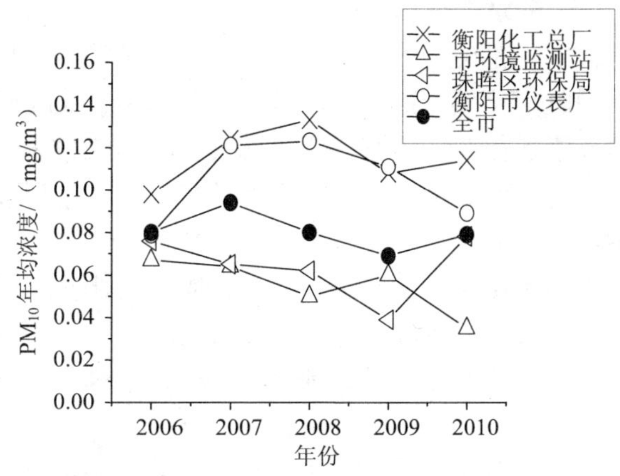

图 3 “十一五”期间衡阳市年均 PM_{10} 浓度变化趋势

2.1.4 综合污染指数评价

2010 年衡阳市区各测点综合污染指数评价。

衡阳市城区各测点空气综合污染指数评价结果列于表 1。

空气污染综合指数说明，城区污染最严重的测点是衡阳市仪表厂，其次是珠晖区环保局。城区最主要的大气污染物为 PM_{10}，其次是 SO_2，最后是 NO_2。

表 1 2010 年衡阳市城区各测点空气综合污染指数统计值

测点	污染物分指数 P_i 值			综合指数	指数排序
	SO_2	NO_2	PM_{10}		
衡阳化工总厂	0.45	0.463	1.14	2.053	3
市环境监测站	0.65	0.488	0.35	1.488	4
珠晖区环保局	0.867	0.438	0.78	2.084	2
衡阳市仪表厂	0.9	0.45	0.89	2.24	1
污染物系数排序	2	3	1		

2.2 全市空气污染物分布特征及变化趋势

“十一五”期间衡阳市城区主要空气污染物年均值分布特征见表 2。

衡阳市城区空气环境中 SO_2、NO_2、PM_{10} 年平均值自“十一五”期间的年际变化趋势经 Spearmun 秩相关系数检验（显著性水平为 0.05），计算得出 r_s 值在−0.60～−0.50，计算结果表明，SO_2、NO_2、PM_{10} 均呈下降趋势，但无显著意义，见表 2。

表 2 “十一五”衡阳市城区各污染物年均值趋势判断

项目	2006	2007	2008	2009	2010	r_s	W_p	比较	趋势判断
SO_2（mg/m^3）	0.047	0.058	0.056	0.041	0.043	−0.60	0.9	$\|r_s\| < W_p$	下降，但不明显
NO_2（mg/m^3）	0.040	0.046	0.036	0.037	0.037	−0.50	0.9	$\|r_s\| < W_p$	下降，但不明显
PM_{10}（mg/m^3）	0.080	0.094	0.080	0.069	0.079	−0.60	0.9	$\|r_s\| < W_p$	下降，但不明显

2.3 影响衡阳市区空气质量原因分析

（1）改革开放以来特别是“十一五”期间，衡阳市的经济、人口、交通迅猛增长，城市面貌发生巨大变化的同时，伴随着向大气环境排放的污染物也迅速增加。

（2）较特殊的地理气象条件增加了空气飘尘和降尘的污染概率。衡阳冬春时季干燥少雨，常有暖冬，干燥的空气加重了 TSP、PM_{10}的污染。冬天昼夜温差大，低空常出现逆温层，空气污染物扩散困难，因而冬季出现大气污染的概率较大。

（3）工业和能源结构的不尽合理导致大气污染加重。衡阳火电、冶金、水泥、陶瓷等高耗能的气型污染企业比重较大，能源消耗又以煤炭为主，许多能耗大户至今脱硫除尘措施不能正常运行，有些企业连消烟除尘设施都严重不足，很难甚至不可能做到国家要求的达标排放。

（4）以汽油（柴油）为动力的机动车快速增长，构成了城市空气污染的另一个重要来源。“十一五”期间，汽车工业发展较快，机动车的社会拥有量大幅增加，城市又是机动车的集散地，汽车尾气污染日益严重。因此富含大量 CO、NO_x、碳氢化合物等有害成分的机动车尾气是导致城市街区空气污染的重要原因。

（5）城市空气中颗粒物成分复杂，来源众多，多年来对煤烟的治理，使得扬尘污染对造成城市空气中颗粒物污染的影响凸显出来。

3 污染防治对策与建议

（1）深入持久地开展资源（能源）节约活动，加快城市能源结构调整，推广电、天然气、液化气等清洁能源的使用，切实减少污染物的排放总量，从源头上控制污染。

（2）推行清洁生产，通过产业结构调整，加快以节能降耗、综合利用和污染治理为主要内容的技术改造，加大环保投入，对重点行业和能耗大户强制燃煤脱硫与烟气治理，控制工业污染。

（3）采取包括技术在内的各种措施，控制汽车尾气污染和生活面源污染。

（4）植树造林、栽花种草、绿化城乡、净化空气。

（5）加强环境空气监测能力建设，努力强化现场应急监测能力和环境质量监测能力，用更先进的手段开展环境监测工作，提高对空气污染的监控能力和水平，为空气污染防治提供有效、及时的技术支持和服务。

4 小结

通过对衡阳市“十一五”期间 SO_2、NO_2 和 PM_{10} 三种污染物的变化趋势分析，得出各污染物均有下降趋势，但有个别测点有较大波动。2010 年的空气综合污染指数显示 PM_{10} 是衡阳市区的主要空气污染物，其次是 SO_2，最后是 NO_2，衡阳市仪表厂是污染最严重的测点。通过对全市污染物分布特征分析可知，全市 SO_2、NO_2、PM_{10} 浓度基本保持稳定，并呈下降趋势。由此，我们分析了影响衡阳市区空气质量的原因，并做出了对应的防治对策和建议。

参考文献

[1] 衡阳市统计局. 衡阳市第六次全国人口普查主要数据公报. 2010.

[2] 王亚非，姚建. 灰色系统 GM（1，1）与多元回归分析耦合用于拉萨市大气 NO_2 的预测. 环境科学与管理，2006，（7）：186-188.

[3] 国家环保总局. 空气和废气监测分析方法（第四版）.北京：中国环境科学出版社，2003.

[4] 国家环境保护总局. GB 3095—1996.环境空气质量标准. 1996.

此文章刊登于《绿色科技》2011 年第 11 期

关于郴州市环境空气质量现状及成因的分析

徐庆利
（郴州市环境监测站，郴州 423000）

摘　要：文章对郴州市区 2001—2010 年城市空气质量状况进行归纳和分析，得出郴州市区大气污染因子二氧化氮、二氧化硫和可吸入颗粒物的变化趋势，并分析了大气污染物的来源；提出了加强节能减排等一系列大气污染防治对策与建议。

关键词：空气质量；二氧化氮；二氧化硫；可吸入颗粒物

Analysis of environmental air quality Present Situation and causes of Chenzhou City

Xu Qingli
（Environmental Monitoring Station of Chenzhou City，Chenzhou 423000）

Abstract：The article summarized and analyzed the air quality status of Chenzhou city from 2001 to 2010．The result shows that changing trend of the air pollution gene，such as nitrogen dioxide，sulfur dioxide and respirable particulate matter，and analyzed the sources of the air pollutants．meanwhile the article offers some strategies and suggestions about enhancing energy saving and a series of air polution preventing and controling．

Key words：air quality；nitrogen dioxide；sulfur dioxide；respirable particulate matter

空气是人类赖以生存的重要物质基础，随着人类社会工业化的发展，城市污染源的增多，向大气中排放的废气也在增多，时常会危及人们的健康乃至生命安全，大气环境保护问题越来越受到人们的关注。一座城市的空气质量主要由两方面决定：一是污染源的排放及分布状况；二是气象条件对污染物扩散的影响。不同的城市有不同的发展和大气污染情况。郴州地处南岭山脉与罗霄山脉交错、长江水系与珠江水系分流地带，属中亚热带季风性湿润气候区。2001—2010 年郴州市国内生产总值逐年递增[1]，2010 年达到 1 081 亿元。通过对郴州市区 2001—2010 年城市空气质量状况数据[2]的归纳和分析，得出郴州市区空气质量变化趋势，并提出相应的污染防治对策，为空气污染治理提供参考。

1　郴州市区城市空气质量状况

城市空气质量的好坏反映了城市空气的污染程度，它是依据空气中污染物浓度的高低来判断的。空气污染的污染物主要有：二氧化硫、二氧化氮、可吸入颗粒物等。通过对郴州市区 2001—2010 年城市空气质量状况数据的归纳和分析，得出郴州市区大气污染变化趋势如下。

1.1 二氧化硫变化趋势

二氧化硫年均值浓度范围在 0.022～0.043 mg/m^3，低于《环境空气质量标准》GB 3095—1996 二级标准 0.06 mg/m^3，但总体变化呈递增趋势（如图 1 所示），从 2002 年的 0.022 mg/m^3 递增到 2008 年的 0.043 mg/m^3，进入 2009 年之后呈现递减趋势。郴州市空气污染因子二氧化硫主要来自于工业锅炉和商业炉灶等，受冬季采暖和不利于扩散等条件的影响，表现为冬季浓度最高，夏季最低，春季、秋季居中的特征，具有明显的季节变化规律。

1.2 二氧化氮变化趋势

郴州市区二氧化氮年均值浓度变化范围为 0.022～0.032 mg/m^3，低于《环境空气质量标准》(GB 3095—1996）二级标准 0.10 mg/m^3。其污染主要来自工业锅炉和机动车尾气等，目前全市机动车保有量约 6 万辆，虽远低于长沙的机动车保有量，但城区平均每辆机动车二氧化氮的年排放量远高于长沙的同比排放水平，在一定程度上造成二氧化氮浓度值上升。从图 1 可以看出，空气环境中二氧化氮浓度出现稳中有升的趋势，可能与逐年递增的机动车所产生的尾气污染有关。

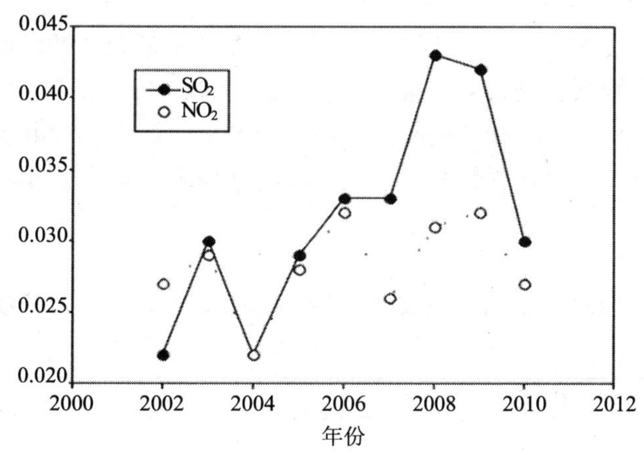

图 1　2002—2010 年二氧化硫和二氧化氮年均浓度变化趋势图

1.3 可吸入颗粒物变化趋势

2001—2010 年可吸入颗粒物为首要污染物，污染负荷比平均占 50%左右（二氧化硫和二氧化氮各占 25%左右）。工业生产过程中排放出大量的烟尘粉尘，车辆行驶中引起的扬尘，大规模的基础设施和市政的露天施工，地面裸露都是造成可吸入颗粒物污染的主要原因。年均值浓度变化呈递减趋势，从 2001 年的 0.190 mg/m^3 递减到 2010 年 0.064 mg/m^3，最低值出现在 2005 年，为 0.057 mg/m^3，均低于《环境空气质量标准》GB 3095—1996 二级标准值 0.20 mg/m^3。

2 郴州市空气环境质量污染防治对策

2.1 制定节能减排的新能源政策

根据2005—2010年郴州市能源消费量（标准量）的统计数[1,3-7]可知（见表1），郴州市以煤炭为主的能源结构在短期内不可能得到改变，在能源政策和经济政策上进行相应的调整，可促进能源结构优化，控制大气污染。

表1 2005—2010年郴州市部分能源消费量（标准量）

单位：万t（标准煤）

年份	煤	石油	液化石油气	电力	其他能源	合计*
2005	493.38	57.24	3.38	59.07	0.87	643.38
2006	518.08	62.89	4.15	62.31	9.13	688.68
2007	560.59	67.43	3.98	79.16	32.72	771.39
2008	5641.26	80.94	10.39	76.97	6.03	745.46
2009	570.38	126.69	6.26	88.44	6.85	838.29
2010	560.28	157.82	12.53	104.18	3.63	881.71

注：合计*，包括所有能源指标的消费量；其他能源指标消费量详见参考文献1和参考文献3-4。

（1）提高低能耗技术密集型产业比例，限制高能耗小型企业的发展。

2005—2010年，煤炭消费总量占能源消耗总量的71.5%，而第二产业的煤炭消耗量占煤炭消费总量的80.1%（见表2），因此，不停运转的工业锅炉，对市区污染物总量具有一定贡献率。限制高能耗小型企业的发展，提高低能耗技术密集型产业比例，可改善郴州城市空气质量。

表2 2005—2010年煤炭终端消费量和总消费量情况（标准量）

单位：万t（标准煤）

年份	第一产业	第二产业	第三产业	生活消费	煤
2005	22.09	402.12	39.16	30	493.38
2006	22.45	421.99	41.42	32.22	518.08
2007	24.99	460.87	41.68	33.06	560.59
2008	26.53	439.75	41.39	33.58	541.26
2009	28.98	444.83	57.28	39.29	570.38
2010	37.00	427.94	59.94	35.41	560.28

（2）降低煤炭消耗比例，提高清洁能源和优质能源的比重，形成以电力、液化石油气、天然气多种能源相结合的能源结构，积极发展太阳能、风能等新生能源。

2.2 加大对大气污染源及重点污染源的治理力度

（1）对超标排放污染物的单位，依法责令其限期治理，对逾期完不成治理任务的，依法责令其关闭、停业或转产。

（2）加强监督管理，尤其加大对排污大户的监管，安装污染源在线监测系统，及时掌控排污情况。

（3）对不符合国家产业政策、影响生态环境、有环境风险的项目，严格执行“环保一票否决制度”。

2.3 加强二次扬尘污染控制

（1）减少裸露地面面积。街道两侧裸露的地面是产生扬尘的重要原因之一，种植绿色植物和铺设方砖可起到防尘固沙功效，建议增加城区绿化面积，减少裸露地面积。

（2）加强车辆运输管理。运输车辆会引起尘土飞扬，在一定程度上使可吸入颗粒物瞬时升高。因此，运送各种建筑材料、垃圾、渣土的车辆必须安装遮盖和防护措施，防止建筑材料、垃圾和尘土撒落、飞扬和流逸；而且运输车辆，必须冲洗干净，严禁带泥上路，形成新的扬尘。

（3）加强对城市建设单位环保监管力度。城市建设单位在施工过程中，如果未采取行之有效的防护手段，会产生大量沙砾尘、水泥尘，使工地变成了一个大的污染源。因此各级环保部门在对建筑施工办理各类环保许可证时，不仅要严格执行“三同时”制度，更应加大对企业的防尘宣传，大力提倡新工艺、新方法。例如，对市区房屋拆迁过程全面实行围挡和湿式作业，建筑施工实行工地围栏、城区外搅拌、工地内覆盖，车辆进出设卡清洗，对煤炭、粉煤灰、渣土、砂石、垃圾、水泥、白灰等易产生扬尘物质实施封闭运输，减少人为扬尘的产生。

2.4 加强机动车尾气污染管理

目前，郴州市机动车保有量以每天 74 辆的速度递增，研究表明，城市中每辆小轿车年排放的废气总量超过车身重量的 3 倍。因此，加强机动车尾气污染管理已刻不容缓。

（1）加大汽车尾气治理。对排气检测合格的机动车发放机动车排放合格证和标志，做到每车一证一贴，并建立机动车排放污染档案。建议公安部门将机动车环保合格标志纳入日常监管内容，凡是无环保合格标志的，不予年检，不准上路行驶，并依法对无证及超标车辆进行处罚。

（2）积极发展清洁燃料车。推广使用乙醇汽油，提倡出租车安装天然气燃料装置，减少低号汽油使用。

（3）积极开展和响应“无车日”、“公务用车每周少开一天”等环保活动。

2.5 提升城市生态绿化水平

郴州是“林中之城”，随着城市范围的扩大，市区和郊区不仅要保护好现有植物，更要有计划地对裸露地带进行绿化造林，逐步扩大绿化面积，这不仅能防风、防尘、调节气候，而且能净化空气，同时植物会吸附多种大气污染物，使郴州市天更蓝，市民呼吸到更加清新的空气。

3 结论

（1）2001—2010 年，郴州市二氧化氮和二氧化硫稳中上升的变化趋势源于工业的快速发展、饮食业的剧增和机动车辆的增多等。

（2）从郴州市可吸入颗粒物逐年递减的趋势可知，郴州市从 1997 年开始实施的“环保世纪行”工程成效显著。但仍须鼎力保护和改善城市环境空气质量，进一步加强生态建设，以构建人与自然和谐共生、适宜居住创业的生态城市和环境友好型城市。

参考文献

[1] 郴州市统计局.郴州统计年鉴（2010）.
[2] 郴州市环境保护局.郴州市环境质量状况公报（2001—2011）.
[3] 郴州市统计局.郴州统计年鉴（2005）.
[4] 郴州市统计局.郴州统计年鉴（2006）.
[5] 郴州市统计局.郴州统计年鉴（2007）.
[6] 郴州市统计局.郴州统计年鉴（2008）.
[7] 郴州市统计局.郴州统计年鉴（2009）.

此文章刊登于《中国人口资源与环境》2012 年

清洁活动中产生的室内 VOCs 污染及其化学反应研究

朱舟　傅鹏
（长沙市环境监测中心站，长沙 410001）

摘　要：清洁活动可能对室内空气质量造成影响。在通常状况下，仅仅使用清洁产品或空气清新剂，产生的乙二醇醚、甲醛、颗粒物是不会超过健康指南或空气质量标准的；然而，在某些条件下，比如在 O_3 和 NO_2 存在的情况下，各污染物之间可能发生各种各样的化学反应，这些反应严重地影响了室内空气质量，造成室内人员的健康损害。本文旨在说明日常的清洁工作也可能导致某些污染物的吸入暴露，影响室内空气质量。

关键词：室内空气污染；清洁活动；化学反应；挥发性有机物（VOCs）

Reseach of VOCs Pollution and Its Chemical Reaction Indoor by Cleaning Behavior

Zhuzhou　Fupeng

Abstract: Cleaning behavior may cause indoor air pollution. Under ordinary circumstances, exposures to 2-butoxyethanol, formaldehyde, and secondary organic aerosol are not expected to be as high as guideline values solely as a result of cleaning product or air freshener use. However, the chemical reaction will occur amongthe pollutants when O_3 and NO_2 exist simultaneously. This reaction can severely impact the indoor air quality and produce someadverse effects on human health. The results of this study provide important information for understanding the inhalation exposures to certain air pollutants that can result from the use of common household products, and affect indoor air quality.

Key Words: indoor air pollution; cleaning behavior; chemical reaction; VOCs

清洁产品或空气清新剂中含大量 VOCs，很多都是被认为是有毒空气污染物（TACs），如：乙二醇醚、烃类（苯、甲苯）、羰基化合物、氯化物等，这些 VOCs 的吸入暴露可能给人体带来的感官刺激甚至健康损害，如急性呼吸道损害、哮喘、敏感症等[1-3]。然而，有关 VOCs 暴露研究表明[4]，正常情况下，室内 VOCs 浓度大多低于其健康阈值，不足以导致现在城市居民中频繁出现的室内空气质量问题。因此，本文将研究转向清洁活动时，室内空气中可能产生的化学反应，从而导致的“二次污染”，以解释“病态”建筑物问题和预测室内某种污染物的暴露情况。

1 反应条件

（1）氧化物。室内空气中存在 O_3 和 NO_x 等无机气态污染物，这些物质主要来自于室外，但也有其室内污染源，如消毒器、影印机。O_3、NO_x 在光照的情况下可生成·OH、NO_3·，这些强氧化性物质促进了室内大部分的化学反应。

（2）紫外线。太阳光直射入室内，带来了紫外线；白炽灯的荧光部分含有很弱的紫外线；荧光灯含线光谱和连续光谱，有较强的紫外辐射。

（3）热量。室内存在着多个热源，如烹饪和取暖。

（4）反应表面。与室外相比，室内的比表面积要大很多（大概为 300 m^2/m^3），这为反应提供了更多的反应场所，如建材、家具、墙壁、管道、毛皮、衣服、空气中的颗粒物等。值得一提的是室内表面上容易形成一层气—水分界面，很多的化学反应在分界面上发生。分子动态模拟显示，·OH 在这个界面上可 6 倍富集，O_3 可 10 倍富集，有机物也会出现同样的情况（如萘）[5]，这促进了气—水分界面的化学反应。

2 主要的化学反应

2.1 与 O_3 的反应

清洁产品和空气清新机成分中含不饱和的 C 键的成分和 O_3 反应非常快，是二次污染物的主要来源之一。研究显示[6]，室内环境中 O_3 和 C—C 双键化合物反应可能的途径是：生成不稳定的初级臭氧化物，接着快速分解形成羰基化合物和 Griegee 双自由基，Griegee 双自由基继续通过各种途径可分解为酮类、醛类、OH 自由基等。清洁产品和空气清新机成分中有很多含有 C—C 双键，其中大部分是萜烯（如 *α*-蒎烯、*d*-苯烯、月桂烯）或者萜烯相关的化合物（如里那醇、*α*-萜品醇、乙酸里那酯），由于萜类有着良好的溶解能力和香味，往往在清洁用品中大量使用。

2.2 与·OH 和 NO_3·的反应

活性 VOCs 可以和室内环境中存在的·OH 和 NO_3·自由基发生化学反应而产生二次污染物，反应形成了有机过氧自由基 RO_2·和烷氧自由基 RO·。室内环境中·OH 自由基最初是由 O_3 和烯烃反应生成的，NO_3·则是 O_3 和 NO_x 反应生成的[7]。

2.3 主要氧化反应产物

不饱和清洁产品、空气清新机组分和 O_3、NO_3·、·OH 反应产生的主要二次污染物种类有：臭氧化物、羰基氧化物、R·、RO·、RO_2·、HO_2·、H_2O_2、环氧化物、酮类、过氧醛、醛类、碳酰基硝酸盐、多功能团有机氧化物、二次有机气溶胶等[8]。

短期存在高活性化合物还包括过氧醛和臭氧化物，而很多氧化产物是稳定的化合物，带有一个或多个含氧官能团（-C=O、-C-OH、-COOH、-C-NO_2），这些反应产物在室内环境中能够长时间的存在（特别是当产物吸附在室内表面上）。有些低蒸汽压的产物，在空气中分成气体和悬浮颗粒物形式，从而导致了室内二次有机气溶胶（SOA）的增加，增加的质量可能达到 10～100μg/m^3[9]。

3 化学反应对污染物暴露的影响

本文将通过下面一个假设的室内环境条件，对比化学反应对污染物浓度的影响。

假设：在住宅内进行清洁活动，一个小时使用了 50g 的清洁产品，产品的 1%是挥发性污染物，在 1 h 内按照一个不变的挥发率完全散发到空气中（也就是说排放速度为 500 mg/h）；另外住宅体积为 300 m^3，通风率为 0.7 h^{-1}，室内空气充分混合，各地点的浓度相同，污染物不被吸附或降解，没有化学反应，唯一通过通风去除。在这种条件下清洁产品使用产生的污染物浓度曲线如图 1，曲线分为两段：1 h 前，浓度时间变化关系式为：

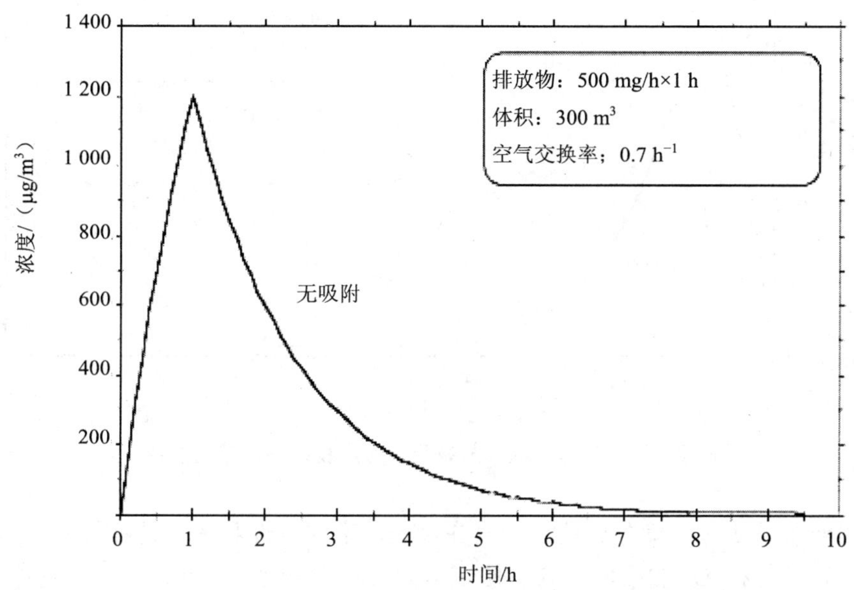

图 1　清洁产品一次排放的假设浓度曲线（不考虑反应）

$$\mathrm{d}C/\mathrm{d}t = E - P \times C$$

其中 C 为污染物浓度（mg/m^3），E 为排放率［mg/（$m^3 \cdot h$）］，P 为通风率（h^{-1}）。

解方程得：

$$C = K - K \times \exp(-P \times t)$$

其中 K 为常数，在这个假设中 K=2.382。C 和 t 成正比例增长，当 t=1 时，也就是排放的结束时，浓度为峰值，约为 1.2 mg/m^3。

1 h 后，浓度的衰减率等于空气交换率，则浓度变化曲线为：

$$\mathrm{d}C/\mathrm{d}t = -P \times C$$

解方程得：

$$C = K \times \exp(-P \times t)$$

在此例中 K=2.411。

对于一个从产品使用开始在建筑内待了 10 h 的人来说，污染物的总暴露量是浓度的时间积分，分段计算结果为 2 380μg/（m^3·h）。摄入量为总暴露浓度和呼吸率的乘积，假设呼吸率为稳定的 0.5 m^3/h，则摄入量为 1 190μg。

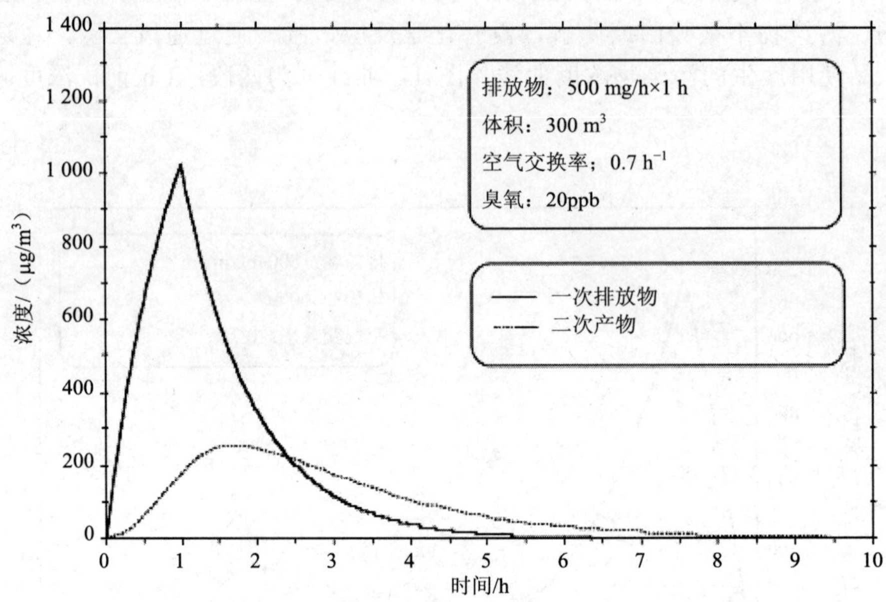

图 2 清洁产品一次排放物及二次产物的假设浓度曲线

图 2 阐明了反应对浓度分布曲线的潜在影响，室内条件和图 3 是一样的，不同的是考虑了挥发性有机物和 O_3 的反应，其中假定室内 O_3 的浓度是 20ppb，二级速率常数 k 为 $5.2\times10^{-6}ppb^{-1}s^{-1}$（和 O_3/苯烯速率常数接近）。图 4 有两条曲线，挥发性组分浓度曲线和一种假定产物浓度曲线，假设一个反应物分子消耗则产生一个产物分子，两者的分子量相同，没有吸附。则对于一次排放物浓度符合下面公式：

1 h 前，

$$dC/dt = E - C\times(P+k\times[O_3]\times3\ 600)$$

代入各参数，解微分方程得：

$$C=K-K\times\exp(-1.07\times t)$$

此处 K=1.577，1 h 后，

$$dC/dt = -C\times(P+k\times[O_3]\times3\ 600)$$

代入各参数，解微分方程得：

$$C = K\times\exp(-1.07\times t)$$

此处 K=2.97，挥发性组分浓度峰值出现在排放时期的结尾处（t = 1），经过计算，挥发性组分的浓度峰值约为 1 020μg/m^3，而无反应无吸附的例子中这个值约为 1 200μg/m^3（见图 3）。另外一条曲线是反应产物，其浓度符合下面公式：

1 h 前，

$$C = 1.557\times\exp(-1.07t) - 2.380\times\exp(-0.7t) + 0.823$$

1 h 后，

$$C = 2.4\times\exp(-0.7t) - 2.97\times\exp(-1.07t)$$

求导可得产物的峰值（250μg/m^3）出现在排放结束后约 45 min，清洁工作开始后 1.72 h。这种滞后反映了反应所需时间，还说明了即使是排放结束，挥发性组分浓度开始下降，反应仍在继续，因此，二次产物比初级挥发性组分更加持久稳定。清洁开始后 6 h，即排放结束后 5 h 后，产物的浓度仍然有其峰值的 12%。

甲醛是 O_3 和清洁产品中挥发性组分反应生成的一种明确的产物。图 4 模拟的反应中，甲醛的产率为 10%，则这个反应造成的进入室内空气的甲醛的最高浓度为 5.6μg/m^3。二级有机气溶胶（SOA）同样是 O_3 和很多组分反应已知的产物，假定其产量是总量的 20%，平均分子量为 150g/mol，则进入空气的 SOA 的最大浓度为 56μg/m^3。

4 反应产物对人体的影响

室内化学反应生成的二次污染物比其前体更具刺激性，因为这些污染物极性、水溶性更高，且通常带有气味和酸性。有些氧化产物有极低的嗅觉阈值，如某些不饱和的醛类阈值低于 50ppt，而很多醛类和羰基酸的阈值在低 ppb 当量范围。很多清洁产品成分的反应产物都被确定或者估计有刺激性（如醛、过氧化物、氢过氧化物、二次臭氧化物、羧基和二羧基酸），丙烯醛和甲醛都造成眼部刺激，被归纳为 TACs，其 1 h 急性暴露参考浓度（RELs）分别为 0.19μg/m^3 和 94μg/m^3。研究显示，暴露于实际浓度的 O_3/苯烯的反应产物会导致眨眼频率的提高[10]；短期暴露 α-蒎烯和 d-苯烯的氧化产物混合物可导致鼻子功能受损[11]；另外，比较只有 O_3（或只有苯烯）和 O_3/苯烯混合的房间发现，后者给人体感知带来了极大的负面影响[12]。

乙醛、甲醛、丙烯醛和戊二醛可能对人体的呼吸系统产生长期的损害，其慢性暴露参考浓度分别为 9μg/m^3、3μg/m^3、0.06μg/m^3、0.08μg/m^3。国际癌症研究机构（IARC）经过研究得出结论：甲醛是致癌物质，其他一些氧化产物（如丙烯醛、有机硝化物和 SOA）被怀疑是致癌物质[13]。同时，那些短期存在、高化学活性的自由基（如·OH、HO_2·、RO_2·）也值得关注，一方面，这些自由基由于太容易反应而不能进入呼吸管道的深处；另外一方面，如果吸入 α-萜品烯这种和 O_3 反应非常快的物质，则可能在呼吸道内产生自由基的混合物。但是因为这些自由基很难检测到，经常在室内空气的采样和分析中被忽略。总的来说，O_3 引发的室内化学反应产物对人体健康造成了极大的影响，然而，健康损害和这些产物暴露之间的因果关系还有待进一步的研究。

5 结论

（1）清洁品可能导致空气污染，因为这些产品中含有大量的 VOCs，而其中就有被认为是有毒空气污染物（TACs）的有机物如乙烯基乙二醇醚，这种有机物通常作为清洁产品中的溶剂，在清洁房间时可能导致人们直接暴露，因此应当受到关注。

（2）室内环境中存在的化学活性物质可导致更多的污染暴露，化学反应将无毒的一次排放物转化为可能带来健康风险的二次污染物。萜烯是一种来自于植物油的挥发性有机物，因为具备很好的溶解能力和舒适的气味，萜烯在清洁产品中大量使用。有些萜烯和一些相关的有机物能与臭氧迅速的反应，反映产物有羟基自由基，从而导致了一系列的反应，并产生甲醛等氧化物以及自由基。这个反应同样导致了一些气态的物质转化为有机颗粒物，并导致更大的健康风险。

（3）室内空气污染暴露浓度受很多方面的影响，主要有污染物组分的排放、室内通风扩散条件、吸附条件以及一些人为因素（如清洁频率、时间等）。因此使用 VOCs 组分含量较少的清洁剂，注意建筑物通风，对口鼻有效的防护都能够减少有害气体的摄入。

参考文献

[1] Cohle，SD，Thompson，W，Eisenga，BH，et al. Unexpected death due to chloramine toxicity in a woman with a brain tumor [J]. Forensic Science International，2001，124（2）：137-139.

[2] L.Henderson，D.Brusick，F.RatPan，and G.Veenstra. A review of the genotoxicity of ethylbenzene[J]. Mutation Research-Reviews in Mutation Research，2007，635（2-3）：P.81-89.

[3] TJ.Atklnson，A review of the role of benzene metabolites and mechanisms in malignant transformation：Summative evidence for a lack of research in nonmyelogenous cancer types[J].International Journal of Hygiene and Environmental Health，2009. 212（1）：P.l-10.

[4] Wolkoff P，Clausen PA，Jensen B，et al. Are we measuring the relevant indoor pollutants[J]. Indoor Air，1997，7：92- 106.

[5] Roeselova M，Vieceli J，Dang LX，et al. Hydroxyl radical at the air-water inter-face[J]. J AmChemSoc，2004，126：16308- 16309.

[6] Weschler，C.，Wolkoff，P. and Glasius，M.（2008）：Indoor-outdoor relations：Chemical reactions I，II In：Proceedings of 11th International Conference on Indoor Air Quality and Climate，Sections：Mo 10T3，Mo13T3，Copenhagen，Denmark.

[7] Orlando，JJ，Tyndall，GS，Wallington，TJ. The Atmospheric Chemistry of Alkoxy Radicals [J]. Chemical Review，2003，103（44）：4657-4689.

[8] Kroll，JH，Donahue，NM，Cee，VJ，et al. Gas-phase ozonolysis of alkenes：Formation of OH from anti carbonyl oxides [J]. Journal of the American Chemical Society，2002，124（29）：8518–8519.

[9] Fan，Z，Lioy，P，Weschler，C，et al. Ozone-initiated reactions with mixtures of volatile organic compounds under simulated indoor conditions [J]. Environmental Science & Technology，2003，37（9）：1811-1821.

[10] Klenø，J and Wolkoff，P. Changes in eye blink frequency as a measure of trigeminal stimulation by exposure to limonene oxidation products，isoprene oxidation products and nitrate radicals [J]. International Archives of Occupational and Environmental Health，2004，77（4）：235-243.

[11] Laumbach，RJ，Fiedler，N，Gardner，CR，et al. Nasal effects of a mixture of volatile organic compounds and their ozone oxidation products [J]. Journal of Environmental and Occupational Medicine，2005，47（11）：1182-1189.

[12] Sleiman，M，Conchon，P，Ferronato，C，et al. Photocatalytic oxidation of toluene at indoor air levels

（ppbv）：Towards a better assessment of conversion，reaction intermediates and mineralization[J]. Applied Catalysis B-Environmental，2009，86（3-4）：159-165.

[13] Tamás，G，Weschler，CJ，Tøftum，J，et al. Influence of ozone-limonene reactions on perceived air quality [J]. Indoor Air，2005，16（3）：68–178.

此文章刊登于《湖南城市学院学报》2012 年第 3 期

污染减排对长沙市空气质量的改善

董晓钢 彭 珂

（长沙市环境监测中心站，长沙 410001）

摘　要：根据 2001—2011 年长沙市空气质量监测数据，结合“十一五”长沙市污染减排工作进展，评价分析长沙市城区空气质量现状、变化趋势及影响因素。“十一五”期间，长沙市城区空气中可吸入颗粒物、二氧化硫等主要污染指标明显下降，城区空气质量逐年改善，污染减排成效显著。

关键词：空气质量；变化趋势；污染减排；长沙市

Air quality improvement due to pollution reduction in Changsha City

Dong Xiaogang　Peng Ke

（Changsha Environmental Monitoring Centre，Changsha 410001）

Abstract： this paper assessed the status，trends and influencing factors of air quality in Changsha City according to the monitoring data of 2001-2011，also it reviewed the progress of the 2006-2010 pollution reduction work in Changsha City. It was found that during 2006-2010，in urban areas，the respirable particulate matter，sulfur dioxide and other major pollutants in the air have decreased significantly；the air quality has been improved year by year，indicating that pollution reduction in Changsha achieved remarkable results.

Key words： air quality；variation trend；pollution reduction；Changsha City

1　引言

污染减排是调整经济结构、转变经济发展方式、改善环境质量、解决区域性环境问题的重要手段。“十一五”期间，长沙市以建设资源节约型、环境友好型社会为目标，将控制城区煤烟型污染、机动车尾气污染和扬尘污染作为大气污染防治的主要任务，努力削减主要污染物排放总量，污染减排工作取得显著成效，城区空气环境质量明显改善。

依据国家环境空气质量标准[1]对长沙市城区空气中主要污染物二氧化硫、可吸入颗粒物、二氧化氮进行评价，采用 Daniel 趋势检验的 Spearman 秩相关系数[2]分析 2001—2011 年空气污染物年际变化趋势，评估污染减排对长沙市空气质量改善的作用，为持续改善长沙市空气质量提出对策与建议。

2 长沙市空气质量现状

2.1 监测概况

长沙市区现设空气自动监测点 8 个，分别为火车站、雨花区环保局、湖南师大、伍家岭、马坡岭、高开区、经开区、天心区。主要监测项目为二氧化硫、二氧化氮、可吸入颗粒物。

2.2 监测结果

2011 年长沙市城区环境空气中二氧化硫、二氧化氮、可吸入颗粒物年日均值分别为 0.040 mg/m^3、0.047 mg/m^3、0.083 mg/m^3，环境空气质量为二级，符合国家二类环境空气质量功能区标准要求；全年空气质量优良天数 341 天，空气质量优良率 93.42%，空气中首要污染物为可吸入颗粒物。监测结果见表 1。

表 1 2011 年长沙市城区空气质量监测结果

统计指标	日均值浓度范围/（mg/m^3）	年日均值/（mg/m^3）	日均值超标率/%
二氧化硫	0.001～0.159	0.040	0.10
二氧化氮	0.003～0.137	0.047	0.30
可吸入颗粒物	0.004～0.401	0.083	7.80

3 长沙市空气质量年际变化趋势

3.1 可吸入颗粒物

2001—2011 年，城区空气中可吸入颗粒物年均值范围在 0.082～0.146 mg/m^3，日均值超标率在 7.8%～38.9%。2001—2007 年可吸入颗粒物年均值未达到环境空气质量二级标准，2008—2011 年可吸入颗粒物年均值符合环境空气质量二级标准。2011 年与“十五”、“十一五”初期相比，可吸入颗粒物年均值分别下降 43.2%、24.5%（见图 1）。Spearman 秩相关系数检验结果表明，2001—2011 年长沙市城区空气中可吸入颗粒物年均值在 95%可信水平（N=11）呈显著下降趋势（见表 2）。

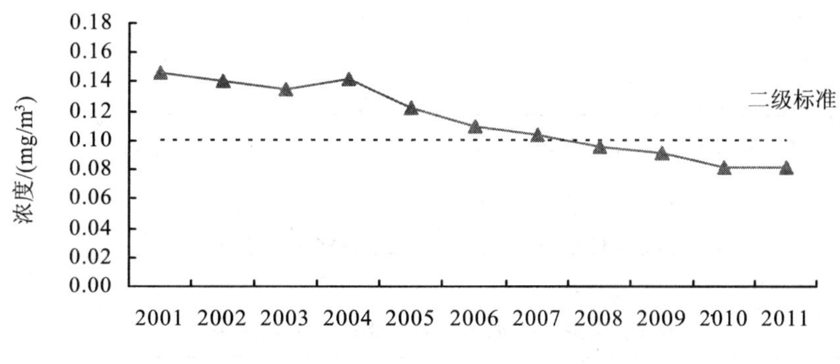

图 1 长沙市城区空气中可吸入颗粒物浓度变化

3.2 二氧化硫

2001—2011 年，城区空气中二氧化硫年均值范围在 0.039～0.129 mg/m³，日均值超标率在 0.1%～32.8%。2001—2007 年二氧化硫年均值未达到环境空气质量二级标准，2008—2011 年二氧化硫年均值符合环境空气质量二级标准。2011 年与“十五”、“十一五”初期相比，二氧化硫年均值分别下降 69%、51.2%（见图 2）。秩相关系数检验结果表明，2001—2011 年长沙市城区空气中二氧化硫年均值在 95%可信水平（*N*=11）呈显著下降趋势。

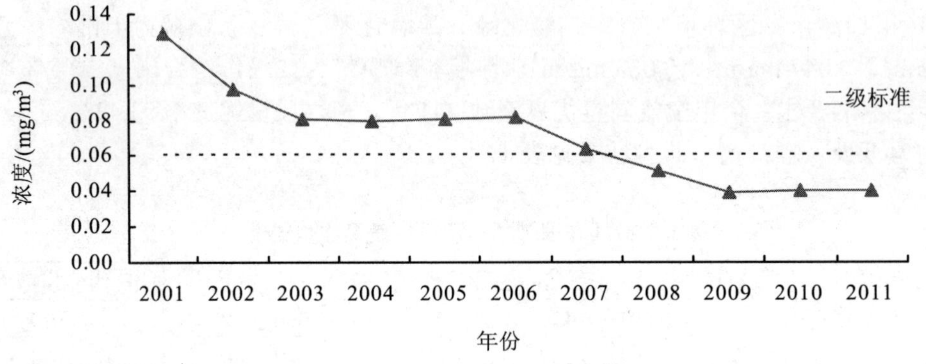

图 2 长沙市城区空气中二氧化硫浓度变化

3.3 二氧化氮

2001—2011 年，城区空气中二氧化氮年均值在 0.033～0.047 mg/m³ 变化，均符合环境空气质量二级标准。2011 年与“十一五”初期相比，二氧化氮年均值上升 20.5%（见图 3）。秩相关系数检验结果表明，2001—2011 年长沙市城区空气中二氧化氮年均值在 95%可信水平（*N*=11）呈上升趋势。

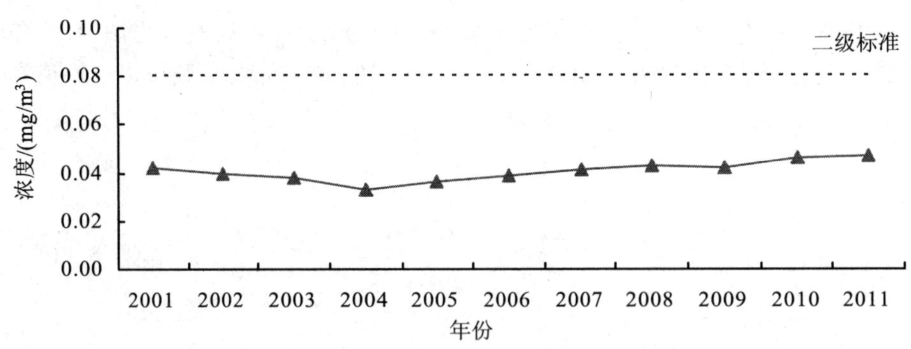

图 3 长沙市城区空气中二氧化氮浓度变化

表 2 主要污染指标年际变化趋势检验结果

污染指标	r_s	W_p	比较	趋势判断
可吸入颗粒物	−0.964		$\|r_s\|>W_p$	下降，明显
二氧化硫	−0.882	0.564	$\|r_s\|>W_p$	下降，明显
二氧化氮	0.682		$\|r_s\|>W_p$	上升，明显

3.4 空气污染指数（API）

按中国环境监测总站《城市空气质量日报技术规定》（总站办字[2000]026 号）评价空气污染程度，长沙市城区近十年空气污染指数统计结果见表 3。

统计结果表明，长沙市城区空气质量优良天数逐年增加，近三年空气质量优良率稳定在 90%以上。2011 年与“十一五”初期相比，空气质量优良率提高 16.71 个百分点，城区空气质量明显改善。

表 3 长沙市空气污染指数统计

年份	空气污染指数分布日数					空气质量优良率/%
	Ⅰ级	Ⅱ级	Ⅲ级	Ⅳ级	Ⅴ级	
2002	15	207	133	5	5	60.82
2003	28	217	114	4	2	67.12
2004	10	209	147	0	0	59.84
2005	21	224	120	0	0	67.12
2006	26	254	85	0	0	76.71
2007	30	272	63	0	0	82.74
2008	52	277	36	1	0	89.89
2009	69	264	31	0	1	91.23
2010	89	249	27	0	0	92.60
2011	76	265	24	0	0	93.42

4 长沙市空气质量变化原因分析

4.1 二氧化硫变化原因分析

长沙市能源结构以煤为主，城区空气中二氧化硫主要来源于工业生产和居民生活用燃煤。

“十五”初期，由于城区二氧化硫排放量处于较高水平，空气中二氧化硫年均值超过环境空气质量三级标准，二氧化硫污染较重。为防治大气污染，改善城市环境空气质量，“十五”期间，长沙市分两个阶段落实大气污染控制措施，全面开展大气污染综合治理，主要措施是：市区三环线范围以内禁止燃用高污染燃料，禁止新建、扩建燃煤设施，4t 以下燃煤锅炉及饮食服务行业炉灶全部改烧清洁能源。两阶段长沙市累计拆除燃煤锅（窑）炉 800 多台，大小烟囱 500 多座，对 159 台大型燃煤锅炉进行了综合整治，累计拆除饮食服务业燃煤炉灶 7 000 多个。通过这些措施，城区二氧化硫排放量大幅削减，城区空气中二氧化硫浓度开始逐年下降，“十五”末期城区空气中二氧化硫年均值稳定在 0.081 mg/m^3。

“十一五”期间，长沙市在“十五”大气污染综合治理的基础上继续加大投入，通过实施电厂燃煤脱硫工程、拆除燃煤锅炉、改烧清洁能源、关闭机砖生产线等措施，大力削减二氧化硫排放，拆除或改烧清洁能源 2 100 蒸 t，拆除烟囱 358 根，改造燃煤锅炉 382 台，削减二氧化硫排放量 2.1 万 t，长沙市污染减排工作取得了重要进展。自 2008 开始，长沙市城区空气中二氧化硫年平均浓度已符合环境空气质量二级标准要求，城区空气质量得到明显改善。

2001—2011 年长沙市城区二氧化硫排放量与年平均浓度的关系见图 4。由图可见，二者的变化趋势基本一致。

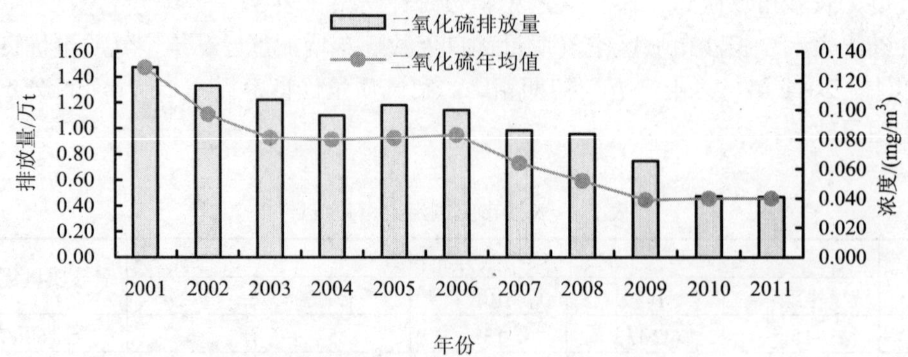

图 4 长沙市城区二氧化硫排放量与年均值关系

4.2 可吸入颗粒物变化原因分析

可吸入颗粒物是影响长沙市城区空气质量的首要污染物，主要来源于城市建设与土地开发过程中产生的地面扬尘、工业和生活燃煤烟尘、机动车尾气[3]。“十五”初期，由于市政建设工程多，分布面广，建筑施工和道路扬尘污染严重，可吸入颗粒物污染问题较突出。为此，长沙市在治理工业和生活燃料燃烧废气，大幅削减烟尘排放量的同时，针对城市建设工地采取扬尘污染防治专项行动，强化建设工程施工现场和渣土运输过程的管理，确保基建工地施工过程环保措施到位，实现建设工地裸土全绿化或全覆盖。经过多年的努力，长沙市扬尘污染控制取得明显成效：城区空气中可吸入颗粒物年均值由 2001 年的 0.146 mg/m^3 下降至 2011 年的 0.083 mg/m^3，下降幅度达 43.2%。

5 持续改善长沙市空气质量的对策

5.1 转变经济发展模式，优化产业结构

长沙是国家级“两型社会”试验区之一，国家“十二五”规划确定的重点开发区域，应当尽快建立促进资源节约、环境友好的政策体系和经济体制，优化产业结构，发展绿色经济、低碳经济、循环经济，着力建设资源化、能源化和零排放企业、园区、社区和城区。

5.2 加大节能减排力度，实施可持续发展战略

应当继续推进节能减排工作，全面落实重点项目的污染减排，确保“十二五”污染减排任务的完成。大力推广使用清洁能源，加强新能源的开发与应用，持续改善长沙市能源结构。

5.3 强化管理措施，持续治理扬尘污染

扬尘是长沙市城区空气中可吸入颗粒物的首要因素，治理扬尘是控制可吸入颗粒物污染的关键。长沙市扬尘污染防治应建立长效机制，加强执法力度，对城区建设工地、渣土运输线路及弃渣场地实行全程监管，实现“全覆盖清洗汽车、全封闭运输渣土、全围挡施工建设、全过程控制扬尘”，从根本上解决城区扬尘污染问题。

5.4 限制城区机动车过快增长，控制尾气污染

机动车尾气污染物排放量对空气中二氧化氮浓度水平有显著影响[4]。近十多年来，长沙市城区空气中二氧化氮年平均浓度虽然符合环境空气质量二级标准要求，但呈逐年上升趋势，而同期长沙市机动车保有量一直保持快速增长，2011 年已达 114 万辆，比 2001 年净增 91.4 万辆[5]。长沙市机动车保有量的快速增长，不仅使城区交通拥堵现象日趋严重，也加重了机动车尾气污染。机动车尾气的排放高度靠近人体呼吸带，对人体健康带来直接影响，机动车尾气污染已成为城市大气环境最突出、最紧迫的问题之一。因此，应根据长沙市的交通容量，加强机动车管理，限制城区机动车过快增长，对现有机动车应增加检测手段，从严整治超标排污车辆，控制尾气污染物排放。

6 结论

“十一五”期间，长沙市通过全面落实污染减排各项措施，强化城市环境管理，城区主要废气污染物排放量大幅削减，扬尘污染得到有效控制，长沙市城区空气中可吸入颗粒物、二氧化硫等主要污染指标显著下降，城区空气质量处于近十多年来最好水平，污染减排成效显著。

“十二五”期间，长沙市应继续强化污染减排，加大落后产能淘汰力度，促进经济发展模式转变，全面推进“两型社会”、城乡生态一体化和宜居城市建设，推动经济与环境协调发展，持续改善城市环境质量。

参考文献：

[1] GB 3095—1996.环境空气质量标准.

[2] 国家环境保护局.环境质量报告书编写技术规定.北京：国家环境保护局，1991.

[3] 芮冬梅，陈建江，冯银厂.南京市可吸入颗粒物（PM_{10}）来源解析研究. 环境科学与管理，2008，33（4）：56-61.

[4] 闫静，王文川，杨枏，等.浅析成都市机动车保有量的增加对大气污染物中二氧化氮浓度的影响. 四川环境，2012，31（1）：38-40.

[5] 长沙市统计局. 长沙统计年鉴. 北京：中国统计出版社，2011.

此文章刊登于《环保科技》2012 年第 4 期

加权马尔科夫的灰色残差修正模型在酸性降水 pH 值预测中的应用

罗坤[1] 陶丽平[1] 黄银华[2]
（郴州市环境监测站，郴州）

摘 要：酸雨的 pH 值受酸性离子和碱性离子的影响比较大，这些影响因子之间存在多重相关性，用一般的方法难以达到预测精度。本文在灰色系统理论的基础上，通过引入马尔科夫理论，提出了一种基于马尔科夫灰色残差修正模型。该模型弥补了灰色预测模型在预测结果的精确性和可信任性方面表现出的固有缺陷。实例表明该方法在提高组合预测精度上具有可行性。

关键词：酸雨；降水 pH 值；灰色模型；马尔科夫链；残差修正

Abstact: Acidic ions and alkaline ions have a significant impact on pH of acid rain，it is difficult to predict the pH of acid rain accurately with the general method. In this paper， based on Gray System theory and Markov theory，Gray Markov residual modified model was used in predicting pH of acid rain successfully . The results showed that the method could improve prediction accuracy effectively.

1 引言

酸雨污染是一个严重的环境问题。降水酸度的变化预测是环境科学研究的一个重要方向。酸雨 pH 值预测的核心问题是精确预测的数学模型的建立。目前应用较多的是灰色系统 GM（1，1）模型。改模型计算方法简便、所需样本数据少，适用于波动不大的系统对象，但对于随机波动性较大的数据序列拟合较差，在酸性降水 pH 值预测中该模型预测精度较低[1-4]。研究者发现马尔科夫适合预测随机波动大动态过程，在存在多重相关性影响因子的酸性降水 pH 值预测中马尔科夫能有效提高预测精度。

鉴于上述原因，本文将在残差灰色模型的基础上，引入马尔科夫链对酸雨 pH 值的未来残差进行修正，同时运用马尔科夫状态转移矩阵判断残差预测值在 $k>n$ 时的符号[5-6]。运用长沙地区近年来酸性降水 pH 值检测值对加权马尔科夫的灰色残差修正模型在酸性降水 pH 值预测进行验证，实例研究表明，该方法同时综合了灰色预测模型和马尔科夫链的优点，弥补了灰色理论本身所具有的缺陷，方法简单可靠，具有很好的实用性。

2 马尔科夫链基本原理

对离散空间 E 中的随机序列 $\{X_t, t=1,2\cdots\}$，若对于任意的非负整数 n、l、k 及任意的非负整数 $t_1,t_2,\cdots,t_l(t_1<t_2<\cdots<t_l)$ 及 $i_{t_1},i_{t_2},\cdots,i_{t_l},i_n,i_{n+k}(n>t_l)$ 满足：

$$p\{X_{n+k}=i_{n+k} \mid X_{t_1}=i_{t_1},X_{t_2}=i_{t_2},\cdots,X_{t_l}=i_{t_l},X_n=i_n\}$$
$$=p\{X_{n+k}=i_{n+k} \mid X_n=i_n\} \tag{1}$$

则随机序列$\{X_t,t=1,2\cdots\}$即为马尔科夫链。

设系统的状态有 n 个，系统在t_m时间处于状态 i 的条件下，在下一时间t_m+1转为状态 j 的概率为 p_{ij}，则称 p_{ij} 为一步转移概率。将 p_{ij} 依序排列，构成了一步转移概率矩阵 $P=(p_{ij})_{n\times n}$。一步转移概率矩阵具有以下性质：

$$P_{ij}(m)\geq 0 \qquad i,j\in E \tag{2}$$

$$\sum_{j\in E}P_{ij}(m)=1 \quad i\in E \tag{3}$$

同理，系统从t_m时间的状态 i，经过 k 步转移到时间t_m+k的状态 j 的概率为 p_{ij}，则 $p_{ij}(k)$称为 k 步转移概率。k 步转移概率矩阵为$P(k)=(p_{ij}(k))_{n\times n}$。已知$X_t$的分布，则可推知：$X_{t+k}=X_t\cdot P^k$。

3 加权马尔科夫灰色残差修正模型

3.1 基于加权马尔科夫链的残差修正

原始数据列与预测数列之差为残差，记为$q^{(0)}(k)$。

$$q^{(0)}(k)=x^{(0)}(k)-\hat{x}^{(0)}(k)\text{，}k\leqslant n \tag{4}$$

令

$$\varepsilon^{(0)}(k)=\left|q^{(0)}(k)\right| \tag{5}$$

残差序列$\varepsilon^{(0)}$可定义为：

$$\varepsilon^{(0)}=(\varepsilon^{(0)}(1),\varepsilon^{(0)}(2),\varepsilon^{(0)}(3),\cdots,\varepsilon^{(0)}(n)) \tag{6}$$

使用灰色模型预测法[7]，建立关于$\varepsilon^{(0)}$的灰色预测模型，得到预测残差序列$\hat{\varepsilon}^{(0)}(k+1)$。

令

$$Y(k)=\frac{\varepsilon^{(0)}(k)}{\hat{\varepsilon}^{(0)}(k)}\text{，}\ k=0,1,2\cdots n \tag{7}$$

为残差的灰拟合精度指标[8]。

运用马尔科夫链的无后效性，对灰拟合精度指标的波动规律进行分析，来修正残差灰色 GM（1，1）模型预测结果，提高预测精度。加权马尔科夫链预测理论[8-9]可以提高随机波动性大的数据序列的预测精度。

3.1.1 灰拟合精度指标 Y(k)状态划分

本文采用的是均值-均方差分级法，任一状态表示为：

$$E_i \in [\otimes_{1i}, \otimes_{2i}], \quad i = 1, 2, \cdots, m \tag{8}$$

其中 $\otimes_{1i} = Y(k) + A_i$，$\otimes_{2i} = Y(k) + B_i$，式中 E_i 表示第 i 种状态，$\otimes_{1i}$ 和 $\otimes_{2i}$ 分别表示第 i 种状态的下界和上界，A_i 和 B_i 是根据待预测的数据而定的常数。

3.1.2 构造状态转移概率矩阵

它是根据状态划分标准确定各时段的灰精度指标 $Y(k)$所对应的状态。由状态 E_i 经过 k 步转移到状态 E_j 的灰拟合精度指标 $Y(k)$样本次数记为 $M_{ij}^{(k)}$，则由状态 E_i 经过 k 步转移到 E_j 转移概率为

$$p_{ij}^{(k)} = \frac{M_{ij}^{(k)}}{M_i}, \quad i, j = 1, 2, \cdots, m \tag{9}$$

这样可得 $m \times m$ 阶状态转移概率

$$P^{(k)} = \begin{bmatrix} p_{11}^{(k)} & p_{12}^{(k)} & \cdots & p_{1m}^{(k)} \\ p_{21}^{(k)} & p_{22}^{(k)} & \cdots & p_{2m}^{(k)} \\ & & \vdots & \\ p_{m1}^{(k)} & p_{m2}^{(k)} & \cdots & p_{mm}^{(k)} \end{bmatrix}$$

3.1.3 计算各阶自相关系数 r_k（$k \in E$），确定各滞时的马尔科夫链的权重

为正确反映各阶（各种步长）对马尔科夫链预测值的影响权重，采用 $Y(k)$ 各阶自相关系数反映权值大小，即

$$r_k = \frac{\sum_{l=1}^{n-k}(Y(l) - \bar{Y})(Y(l+k) - \bar{Y})}{\sum_{l=1}^{n}(Y(l) - \bar{Y})^2} \tag{10}$$

式中，$\bar{Y} = \frac{1}{n}\sum_{k=1}^{n} Y(k)$，$Y(l)$ 为第 l 时的灰拟合精度指标，r_k 表示第 k 阶自相关系数。

对各阶自相关系数做规范化处理

$$\omega_k = \frac{|r_k|}{\sum_{k=1}^{m}|r_k|}, \quad k \leqslant m \tag{11}$$

将它们作为各种步长的马尔科夫链的权重，m 为按预测需要计算的最大阶数。

3.1.4 灰拟合精度指标状态的加权马尔科夫链预测

以前一年的残差预测灰拟合精度指标所对应的状态为初始状态 E_i，结合其相应的转移概率矩阵的行向量即可预测出该年灰预测精度指标的状态转移概率向量，

$$p_i^{(\omega)}=\left(p_{i1}^{(\omega)},p_{i2}^{(\omega)},\cdots,p_{i3}^{(\omega)}\right),\quad i\in E \tag{12}$$

由 m 阶状态转移概率向量形成的矩阵，称为 m 阶加权状态转移概率矩阵。

将同一状态的各预测概率加权和作为灰预测精度指标值处于该状态的转移概率，即

$$p_i=\sum_{k=1}^{m}\omega_k p_i^{(k)},\quad i\in E \tag{13}$$

$\max\{p_i,i\in E\}$ 所对应的状态即为该年灰预测精度指标的加权马尔科夫预测状态。

3.1.5 灰精度指标预测及残差的确定

确定预测年的灰精度指标后，采用状态概率线性插值法计算具体灰预测精度指标值 $\hat{Y}(n+1)$，有

$$\hat{Y}(n+1)=\otimes_{1i}\times\frac{p_{i-1}}{p_{i-1}+p_{i+1}}+\otimes_{2i}\times\frac{p_{i+1}}{p_{i-1}+p_{i+1}} \tag{14}$$

根据前文预测的残差值 $\hat{\varepsilon}^{(0)}(n+1)$，可还原计算

$$\tilde{\varepsilon}^{(0)}(n+1)=\hat{Y}(n+1)\cdot\hat{\varepsilon}^{(0)}(n+1) \tag{15}$$

式中，$\tilde{\varepsilon}^{(0)}(n+1)$ 即为第 $n+1$ 年修正后的残差值。这样可得到经过残差修正后的灰色预测模型

$$\tilde{x}^{(0)}(k+1)=\hat{x}^{(0)}(k+1)+m(k+1)\tilde{\varepsilon}^{(0)}(k+1) \tag{16}$$

式中，$m(k+1)$ 为符号函数

$$m(k+1)=\begin{cases}1 & x^{(0)}(k+1)-\hat{x}^{(0)}(k+1)\geqslant 0\\ -1 & x^{(0)}(k+1)-\hat{x}^{(0)}(k+1)<0\end{cases} \tag{17}$$

当 $k\geqslant n$ 时，$m(k+1)$ 的值成为了提高灰色预测精度的关键。

3.2 基于马尔科夫链的残差符号的判定

为了正确求得在 $k\geqslant n$ 时，$m(k+1)$ 的值，文中继续引入马尔科夫过程。

假令残差的符号为正的时候，定义为状态 1；残差的符号为负的时候，定义为状态 2。这样，可得到从状态 i 到状态 j 的一步状态转移矩阵 $P'=\begin{bmatrix}p'_{11} & p'_{12}\\ p'_{21} & p'_{22}\end{bmatrix}$，其中 $p'_{ij}=\dfrac{M'_{ij}}{M'_i}$，

$i,j=1,2.$，M_i' 为残差在状态 i 中的数目，M' 为从状态 i 转移至状态 j 的数目，P' 可通过从预测对象中估计出来。

定义初始状态 $p'^{(0)}=[p_1'^{(0)},p_2'^{(0)}]$，$p_1'^{(0)}$ 为状态 1 的可能值，$p_2'^{(0)}$ 为状态 2 的可能值。

通过 n' 转变后的状态值为 $p'^{(n')}=p'^{(0)}P'^{n'}$，这里 $p'^{(n')}=\left[p_1^{(n')},p_2^{(n')}\right]$，则 $n+n'$ 年的残差符号为：

$$m(n+n')=\begin{cases}1 & p_1^{(n')}\geqslant p_2^{(n')}\\ -1 & p_1^{(n')}<p_2^{(n')}\end{cases},\quad n=1,2,\cdots. \tag{18}$$

4 算列分析

为了测试改进模型，本文采用文献[7]提供的长沙市 1996—2001 年大气降水监测数据（见表 1），采用本文的预测模型对该长沙市今后酸性降水 pH 值进行预测。

将表 1 中年份 1996—2001 重新编号为 1、2、2……11、12，对应酸性降水 pH 值作为模型输入的原始数据。

表 1　长沙市 1996—2001 年酸性降水 pH 值

年份	1996	1997	1998	1999	2000	2001
序号	1	2	3	4	5	6
pH 值	3.60	3.65	3.61	3.62	3.66	3.70

对原始数据进行平滑处理,然后利用 GM（1，1）模型对 pH 值进行预测，得到初步预测结果 $\hat{x}^{(0)}(k)$。通过初步预测结果得到残差值 $q^{(0)}(k)$ 及残差序列值 $\varepsilon^{(0)}(k)$。再利用 GM（1，1）模型，通过 1996—2001 年的残差样本序列预测 2003—2007 年的残差初值 $\hat{\varepsilon}^{(0)}(k)$。同时根据残差的符号确定 2003—2007 年各年符号状态。预测结果见表 2。

表 2 初步预测结果

序列	年份	实际 pH 值	$\hat{x}^{(0)}(k)$	$q^{(0)}(k)$	$\varepsilon^{(0)}(k)$	符号状态
1	1996	3.60	3.60	0	0	2
2	1997	3.65	3.618	-0.032	0.021	1
3	1998	3.61	3.633	0.023	0.023	2
4	1999	3.62	3.648	0.028	0.028	2
5	2000	3.66	3.663	0.003	0.003	2
6	2001	3.70	3.678	-0.022	0.022	1
7	2002	—	3.693	—	—	—

序列	年份	实际 pH 值	$\hat{x}^{(0)}(k)$	$q^{(0)}(k)$	$\varepsilon^{(0)}(k)$	符号状态
8	2003	—	3.698	—	—	—
9	2004	—	3.712	—	—	—
10	2005	—	3.733	—	—	—
11	2006	—	3.751	—	—	—
12	2007	—	3.764	—	—	—

其预测结果对照表3，表中分别给出了真实值和部分预测值，本文选取相对误差E_R和平均绝对百分误差E_{MAP}2项误差指标对表中的两种预测方法进行比较。

$$E_R = \frac{\hat{Y}_i - Y_i}{Y_i} \times 100\%$$

$$E_{MAP} = \frac{1}{N}\sum_{i=1}^{N}\left|\frac{\hat{Y}_i - Y_i}{Y_i}\right| \times 100\%$$

表 3 预测年真实值与预测值比较表

年份	真实值	灰色预测模型[7]		马尔科夫灰色残差修正预测模型	
		预测值	相对误差/%	预测值	相对误差/%
1997	3.65	3.63	0.5	3.62	0.8
1998	3.61	3.65	1.1	3.63	0.5
1999	3.62	3.66	1.1	3.65	0.8
2000	3.66	3.67	0.3	3.66	0
2001	3.70	3.69	0.3	3.68	0.5
平均绝对百分误差		0.66		0.52	

由表 3 可知：基于马尔科夫链的灰色残差修正预测模型最大相对误差为 0.8%，最小相对误差为 0，平均绝对百分误差为 0.52；灰色预测模型[7]最大相对误差为 1.1%，最小相对误差为 0.3，平均绝对百分误差为 0.66。因此，基于马尔科夫链的灰色残差修正预测模型比灰色预测模型[7]的预测精度高。采用本文所提的方法对 2003—2007 年的降水 pH 值进行预测，结果见表 4。

表 4 长沙市 2003—2007 年降水 pH 值预测值

年份	2003	2004	2005	2006	2007
pH 值	3.70	3.72	3.74	3.76	3.78

从表 4 可以看出，长沙市的酸雨程度逐年有所改善，但是仍属于较强酸性降水。因此，其酸雨的治理刻不容缓。

5 小结

（1）运用长沙地区近年来酸性降水pH值检测值对加权马尔科夫的灰色残差修正模型在酸性降水pH值预测进行验证，实例研究表明，该方法综合了灰色预测模型和马尔科夫链的优点，预测精度高，方法简单，具有很好的实用性。

（2）长沙市的酸雨程度虽然逐年有所改善，但是仍属于较强酸性降水，其治理刻不容缓。

参考文献

[1] 王文圣，熊华康，曹宏伟．酸雨 pH 预测的偏最小二乘回归模型．四川环境，2003，22（6）：77-80.

[2] 许凤华，李述山．基于改进的偏最小二乘回归的酸雨 pH 值预测．山东科技大学学报（自然科学版），2006，25（3）：110-111.

[3] 毛端谦，刘春燕，廖富强．BP 神经网络在降水酸度预测中的应用．环境与开发，2001，16（3）：35-36.

[4] 刘耀林，刘艳芳，张玉梅．基于灰色马尔科夫链预测模型的耕地需求量预测研究 ．武汉大学学报，2004，7（29）：575-579.

[5] 王金艳．加权马尔可夫模型在公路货运量预测中的应用．数学的实践与认识，2009，39（9）：162-167.

[6] 顾海燕．加权马尔科夫链在降水丰枯状况预测中的应用．黑龙江水专学报，2003（4）:100-105.

[7] 张龚，蒋益民，曾光明．GM（1，1）模型在酸性降水 pH 值预测中的应用．重庆环境科学，2003，25（11）：121-123.

[8] 姜翔程，陈森发．加权马尔科夫 SCG（1，1）C 模型在农作物干旱受灾面积预测中的应用．系统工程理论与实践，2009，9（29）：179-186.

[9] 王金艳．加权马尔可夫模型在公路货运量预测中的应用．数学的实践与认识，2009，39（9）：162-167.

此文章刊登于《科技资讯》2013 年第 24 期

长株潭城市群区域臭氧浓度统计规律研究

彭庆庆[1,2,3] 罗岳平[1,2] 田耘[1,2] 金红红[1,2] 周湘婷[1,2] 揭霄[1,2]
（1. 湖南省环境监测中心站，长沙 410019；
2. 国家环境保护重金属污染监测重点实验室，长沙 410019；
3. 湖南大学环境科学与工程学院，长沙 410019）

摘　要：在 2013 年 2 月、5 月、6 月和 7 月对长株潭三市的 O_3 浓度进行监测，并对监测数据进行统计分析。结果表明，O_3 浓度的季节性变化明显，夏季 O_3 浓度显著升高；受人类活动强度的影响，休息日的 O_3 浓度比工作日高；O_3 的空间分布差异显著，郊区浓度比城区高，工业城市的 O_3 浓度比普通城市高；在夏季，O_3 更容易成为城市环境空气首要污染物。

关键词：O_3；环境监测；时空分布；空气污染

The statistical analysis of ozone concentration in the region of Changsha、Zhuzhou and Xiangtan

Peng Qingqing[1,2] Luo Yueping[1,2] Tian Yun[1,2] Jin Honghong[1,2]
Zhou xiangting[1,2] Jie xiao[1,2]
(1 Hunan Province Enviromental Monitoring Central Station;
2 State Environmental Protection Key Laboratory of Monitoring for Heavy Metal Pollutants)

Abstract:: The O_3 concentration of Changsha-Zhuzhou-Xiangtan was monitored during the period of Feb，May，June，July in 2013. The monitoring statistic data was analyzed. The results show that seasonal change of O_3 concentration is obvious， and in summer it significantly rises. It is influenced by the human activity intensity，because in the weekend the O_3 concentration is higher than weekday. The spatial distribution of O_3 significantly differs since concentration of the suburban is higher than that of urban and industrial city is higher than ordinary city. In the summer，O_3 is more likely to be primary air pollutants of the urban.

Key words: ozone；enviromental monitoring；temporal and spatial distribution；air pollution

1 引言

工业发展和城市扩张已对环境造成诸多负面效应，伦敦烟雾事件和洛杉矶光化学事件等是惨痛教训[1-4]。O_3 作为一种重要的温室气体，是酸雨形成过程中的重要氧化剂，而且具有强的腐蚀性和毒性。因此，高浓度的地面 O_3 增加城市出现光化学烟雾的频率，影响人体健康，导致农作物减产，并对生态环境造成严重的危害[5-8]。

现阶段，发展中国家对气态污染物的关注主要集中在与工业等相关的颗粒物（PM_{10}，

$PM_{2.5}$)、SO_2、NO_2 等[9]，往往忽略 O_3，从而掩盖了 O_3 浓度的升高所带来的负面效应。中国处于高速发展期，随着工业规模不断扩大，汽车保有量持续增加，在大量使用各种燃料、油品、有机涂料的过程中，大气中的 NOx、可挥发性有机物（VOC）等的浓度不断增加，从而使大气边界层中 O_3 浓度的不断升高。这种现象在城市尤为明显，导致城市环境不断恶化，加强相关研究尤为迫切。

目前，国内外对 O_3 浓度的时空变化特征进行了一系列研究。如 Jenkin 对英国 O_3 的时刻分布研究表明，O_3 浓度随着纬度的增加而降低，夏季整体的 O_3 浓度最高，短期的高 O_3 污染与 VOC 和 NOx 排放量密切相关[10]。王雪梅等对广州地区 O_3 浓度的研究发现，晴天浓度较阴天高，远郊的 O_3 浓度高于市区浓度。这些对 O_3 浓度的研究主要集中在单个城市范围内，同时研究多个城市并对其进行对比分析的研究甚少，对不同月份首要污染物类别比例变化的报道也鲜见[13]。有鉴于此，本文以长株潭三市为目标范围，研究 O_3 的时空分布特征，并分析在月、日和小时等不同时间分辨率下 O_3 浓度的变化规律，同时探讨城市类型对 O_3 浓度的影响。

2 实验方法

2013 年 2、5、6 和 7 月，在长株潭地区不同点位对 O_3 浓度进行监测，时间分辨率为 1 h。仪器采用（请列出仪器型号等信息）。监测点位的分布详见图 1。

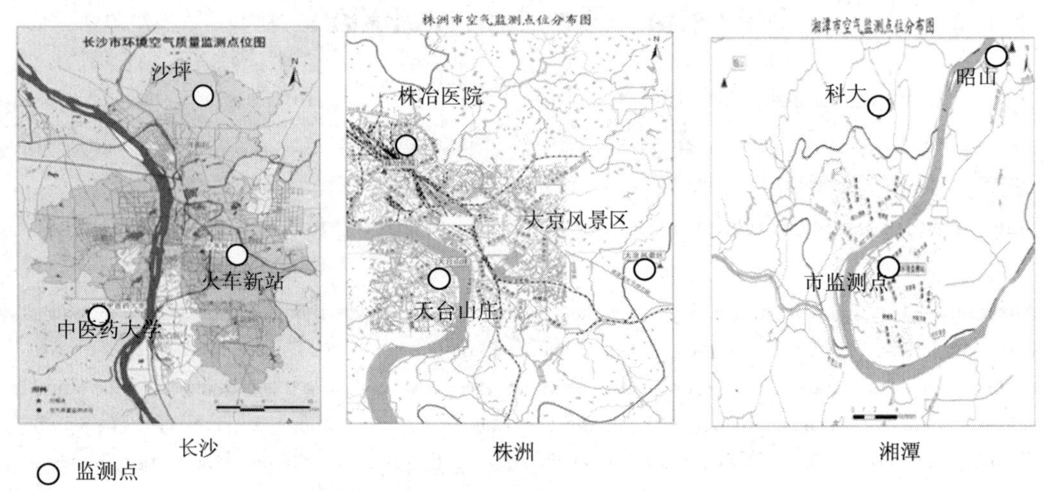

图 1　O_3 监测点分布情况

3 结果分析

3.1 O_3 浓度的月变化特征

3.1.1 O_3 月均浓度的变化情况

O_3 在夏季的浓度明显高于冬季（见图 2）。2013 年 2 月，长株潭三市的 O_3 月均值为 13.7μg/m^3；到了 5 月，O_3 的月均值升至 96μg/m^3，浓度增幅高达 600%。从 5 月到 7 月，随着长株潭地区气温进一步增高，O_3 浓度值相应增加，月均值变化幅度为 18μg/m^3。在 7 月，长株潭三市已完全进入盛夏，O_3 月均值达到最高值 114μg/m^3，比 2 月 13.7μg/m^3 的水平增长了 732%。O_3 浓度在长株潭三市的这种季节变化规律与其他类似研究结论一致[10-12]。

进入夏季后，气温升高，光照加强，汽车尾气、石油化工等排放的 NO_x 和挥发性有机化合物（VOCs），在高温、强光辐射作用下，经过一系列复杂的光化学反应，在近地面生成臭氧并累积。此外，晴热天气使污染物易反应，而且夏季云量稀薄，大气扩散条件好，紫外线的穿透能力比较强，氧气在地球大气层外表面短波紫外线照射下，会生成更多的臭氧。由于上述多种原因，O_3 浓度在夏季是比较高的。

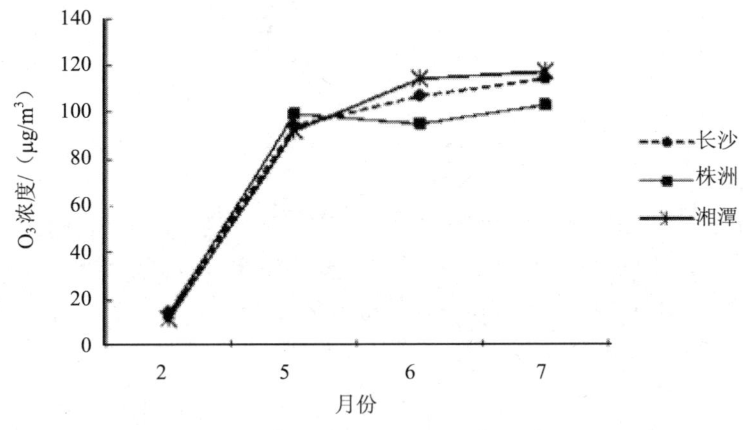

图 2　O_3 浓度的月变化规律统计

3.1.2　O_3 作为首要污染物的变化情况

2013 年 5 月、6 月和 7 月，臭氧作为首要污染物的频次逐月增加。从图 3 可以看出，5 月，长沙、株洲、湘潭三市 O_3 作为首要污染物的天数分别为 7 天、10 天和 12 天；6 月，分别增加到 8 天、11 天和 16 天；到了 7 月，分别高达 14 天、13 天和 22 天。气温越高，增长幅度越明显。南京等城市情况类似，进入夏天后，臭氧取代 $PM_{2.5}$ 和 PM_{10}，成为城市环境空气的首要污染物。

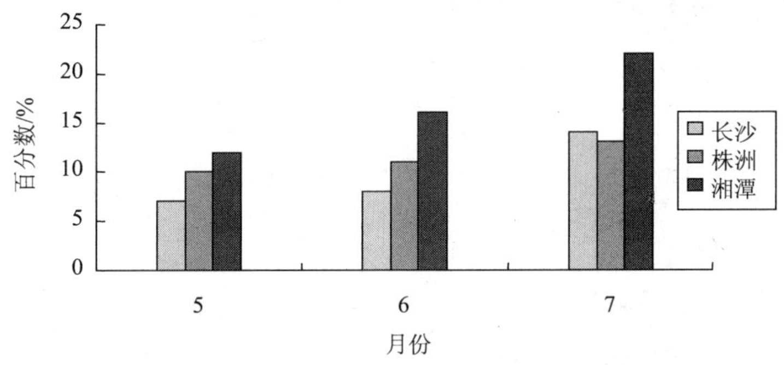

图 3　长株潭 5 月，6 月，7 月 O_3 为首要污染物频次分布

3.2 O_3 浓度的日变化特征

3.2.1　不同月份 O_3 浓度的日变化规律

图 4 为株洲市所有监测站点在 2013 年 2 月、5 月、6 月和 7 月 O_3 的每日平均浓度值。从中可以看出，2 月的浓度值最低，而 5 月、6 月和 7 月三个月的浓度值基本持平。

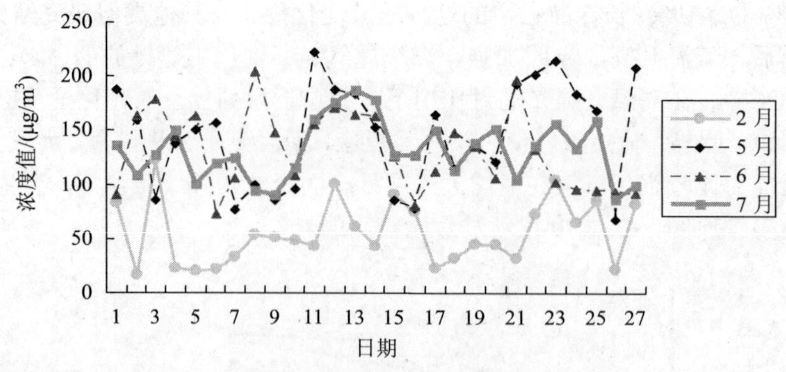

图 4 株洲 O_3 日均浓度变化

4 个月份的 O_3 日均浓度变化趋势类似，O_3 浓度的升高与降低趋势吻合较好。此外，从图 4 还可以看出，不同月份 O_3 浓度的日均浓度变化比较剧烈，这可能与温度的日均值变化比较剧烈有关，还可能与产生 O_3 的源的散发浓度有关。

3.2.2 O_3 浓度的 24 h 变化特征

图 5 为长沙火车新站（商业区）、沙平（对照点）和湘潭市监测站（商业区）、昭山（郊区）4 个站点在 2013 年 7 月 17 日 O_3 浓度的 24 h 变化曲线。从图中可以看出，在经历持续高温干旱后，O_3 在夜间的浓度很低。早晨 7 点左右，O_3 浓度开始升高，上午 12—13 点，出现第一个峰值，此后略有降低，但仍维持在较高水平，下午 5—7 点，再出现第二个峰值，然后 O_3 浓度开始快速下降，到了午夜 12 点，O_3 浓度只有最高时的 37%～69%。

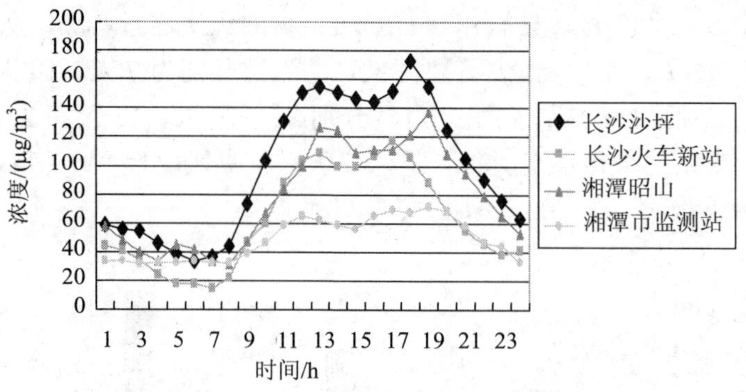

图 5 商业区和对照点在 7 月 17 日 O_3 日浓度变化

在高温的夏天，O_3 浓度的昼夜差别很大，早晨 7 点至晚上 7 点，这 12 h 的 O_3 浓度值为另外 12 h 的 1.9～3 倍。上午 11 点到下午 5 点，是一天中 O_3 浓度最高的时段，基本对应于一天中光照最强、温度最高的时段。

3.2.3 O_3 浓度在工作日与非工作日的差别

以长沙、湘潭两市为例，分别选取一个非工作日（2013 年 7 月 7 日）和一个工作日（7 月 5 日），分析 O_3 浓度在这两天的差别，结果如图 6 所示。

从长沙、湘潭两市 2013 年 7 月 5 日监测数据看，在这个工作日的昼间，从上午 9 时开始，O_3 浓度开始大幅度升高，最高浓度出现在下午 13 时和 14 时，分别达到 91μg/m³ 和 79μg/m³。一直到下午 18 时，O_3 浓度变化微小，持续较高浓度。随后，O_3 浓度开始下降，最低值出现在清晨的 6 时，分别为 21μg/m³ 和 26μg/m³。非工作日的 O_3 浓度变化规律明显差异。

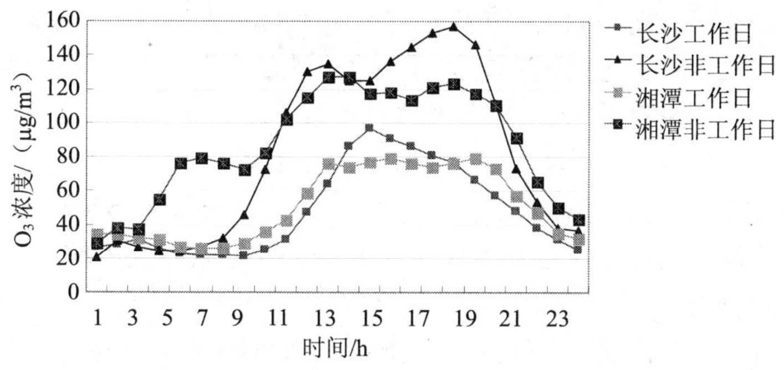

图 6 工作日、休息日 O_3 浓度日变化

2013 年 7 月 7 日，两市的 O_3 浓度变化出现双峰值。从上午 7 时开始，O_3 浓度显著升高，到上午 11 时，达到昼间第一个峰值，浓度分别为 135.1μg/m³ 和 127.2μg/m³。随后，O_3 浓度缓慢下降，但到下午 14 时，O_3 浓度迅速回升，至下午 17 时，达到昼间第二个峰值，浓度分别为 157.3μg/m³ 和 123.5μg/m³。此后，O_3 浓度随着光化学反应变慢而降低，且下降速度比工作日更快，到午夜 23 时左右，降至全天最低水平，浓度分别为 20.3μg/m³ 和 28.8μg/m³。

不管是在长沙市，还是在湘潭市，非工作日白天的 O_3 浓度均远高于工作日，夜间则相当。究其原因，是在 2013 年 7 月，长株潭地区已持续高温干旱，工作日，不得已开车行动一下；而到了非工作日，惧于高温，市民一般不愿出门，排放的汽车尾气等消耗 O_3 的污染物更少，因而环境空气中 O_3 的浓度高于工作日。

3.2.4 O_3 日变化特征的稳定性

2013 年 7 月 17 日、18 日和 19 日，连续 3 天在长沙市火车新站点以小时为分辨率监测 O_3 浓度的变化，结果详见图 7。从中可以看出，O_3 浓度的日变化浓度的规律相对稳定，虽然浓度绝对值有差异，出现峰值的时间略有漂移，但高、低浓度分布时间段基本一致，浓度升降曲线高度吻合，既反映了监测数据真实、可靠，也表明 O_3 浓度变化是具有稳定规律的。

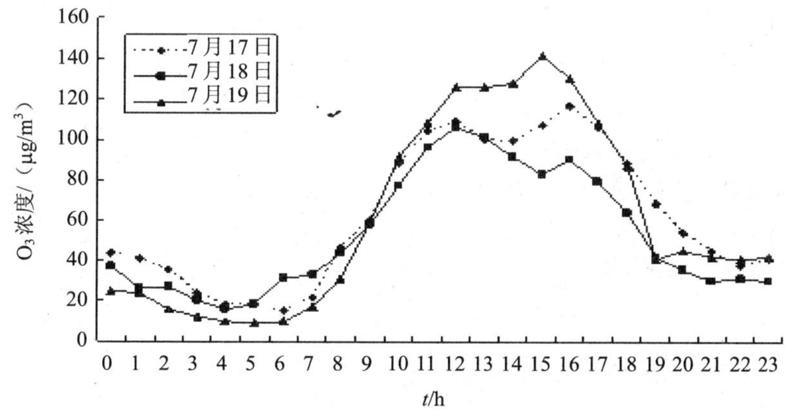

图 7 长沙火车新站点 7 月 17 日，18 日，19 日 O_3 浓度变化

3.3 O_3浓度的空间分布特征

表 1 和表 2 为长沙、湘潭两市不同监测点在 2013 年 7 月 7 日的日均浓度分布情况。从表中可以看出，不同监测点的 O_3 浓度差别是较大的。在长沙市，沙坪对照点，O_3 浓度最高；湖南中医药大学位于文教区，O_3 浓度次之；地处商业区的火车新站的 O_3 浓度最低，且低于对照点 22%。湘潭市的 O_3 浓度分布规律类似，洁净地区的科大和昭山点位的 O_3 浓度较高，而位于城中的市监测站点位的 O_3 浓度明显偏低。由此可见，城郊的 O_3 浓度较城区高。原因可能与 3.2.3 同，即在持续高温干旱天气下，城区人类活动产生较大量消耗 O_3 的污染物，发生复杂的光化学反应后，空气中剩余的 O_3 浓度低于城郊。其他气候条件下的 O_3 浓度分布规律则有待进一步观测。

从图 5 还可看出，不管是在城区还是城郊，O_3 浓度随时间的变化基本是同步的。城区城郊 O_3 浓度的差别主要在白昼，夜间都比较低，表明白昼高温、强辐射条件下发生的复杂光化学反应是 O_3 剩余浓度的影响是很大的。

表 1　7 月 7 日长沙市各监测点位的 O_3 日均浓度　　单位：μg/m³

时间	长沙市各监测点位名称			全市平均值
	火车新站	湖南中医药大学	沙坪	
7 月 7 日	76	94	98	89

表 2　7 月 7 日湘潭市各监测点位的 O_3 日均浓度　　单位：μg/m³

时间	湘潭市各监测点位名称			全市平均值
	市监测站	科大	昭山	
7 月 7 日	53	103	90	82

4 结论

通过对长株潭地区 2 月、5 月、6 月、7 月 O_3 的浓度统计分析可以得出以下主要结论：

（1）O_3 在不同月份的浓度差异较大，这主要是由温度的高低造成的。温度越高则 O_3 的浓度越高，反之亦然。

（2）一天中 O_3 的浓度峰值一般发生在下午时间段，因此此时的地面的温度达到最大值，从而造成 O_3 的浓度高；工作日与周末 O_3 浓度日变化具有一定差异，周末的浓度较高，这主要是由于大气颗粒物对太阳辐射的削弱造成的。

（3）O_3 浓度的空间分布并不均匀，郊区的 O_3 浓度较城区高，这与大气颗粒物浓度也具有一定关系；工业城市的 O_3 浓度高于非工业城市。

（4）温度对城市的首要污染物种类具有显著影响。温度升高，则 O_3 成为首要污染物的可能性越大。

（5）研究结果对指导城市环境的优化具有重要意义。

参考文献

[1] Bell M，David D. Reassessment of the London fog of 1952：novel indicators of acute chromic

consequences of acute exposure to air pollution. Environmental Health Perspectives，2001，109（S3）：389-394.

[2] Hackney JD，Linn WS，Buckley RD，et al. Studies in Adaption to Ambient Oxidant Air Pollution：Effects of Ozone Exposure in Los Angeles Residents vs. New Arrivals. Environmental Health Perspectives，1976，18：141-146.

[3] Gryaros A，Forsberg B，Katsouyanni K et al. Acute Effects of Ozone on Mortality from the "Air Pollution and Health：A European Approach" Project. American Journal of Respiratory and Critical Medicine，2004，170：1080-1087.

[4] Brook RD，Brook JR，Urch B，et al. Inhalation of Fine Particulate Air Pollution and Ozone Causes Acute Arterial Vasoconstri-ction in Healthy Adults. Circulation. 2002，105：1534-1536.

[5] Sarkar A，Agrawal SB. Evaluating the response of two high yielding Indian rice cultivars against ambientand elevated levels of ozone by using open top chambers. Journal of Environmental Management，2012，95：519-524.

[6] Pattenden S，Armstrong B，Milojevic A，et al. Ozone，heat and mortality：acute effects in 15 British conurbations. Occupa tional and Environmental Medicine，2010，67：699-707.

[7] Avnery S，Mauzerall DL，Liu JF，et al. Global crop yield reductions due to surface ozone exposure：1. Year 2000 cropproduction losses and economic damage. Atmospheric Environment，2011，45：2284-2296

[8] 白月明，王春乙，刘玲，等. O_3浓度增加对油菜影响的诊断试验研究. 应用气象学报，2002，13（3）：364-370.

[9] Hao JM，Wang LT. Improving Urban Air Quality in China：Beijing Case Study. Journal of the Air & Waste Management Association，2005，55：1298-1305.

[10] Jenkin ME. Trends in ozone concentration distributions in the UK since 1990：Local，regional and global influences. Atmospheric Environment，2008，42：5434-5445.

[11] Barrero MA，Grimalt JO，Canton L. Prediction of daily ozone concentration maximain the urban atmosphere. Chemometrics and Intelligent Laboratory Systems，2006，80：67-76.

[12] Rietebuch O，Strassburger A，Emeis S，et al. Nocturnal secondary ozone concentration maxima analysed by sodar observations and surface measurements. Atmospheric Environment，2000，34：4315-4329.

[13] 王雪梅，韩志伟，雷孝恩. 广州地区臭氧浓度变化规律研究. 中山大学学报，2003，42（4）：106-109.

[14] 殷永泉，单文坡，纪霞，等. 济南市区近地面臭氧浓度变化特征. 环境科学与技术，2006，29（10）：49-52.

此文章刊登于《环境科学与管理》2014年第3期

高温干旱天气下长株潭地区 $PM_{2.5}$ 的变化规律研究

周湘婷[1,2] 蒋敏[1,2] 罗岳平[1,2] 田耘[1,2] 甘杰[1,2] 彭庆庆[1,2]
(1. 湖南省环境监测中心站，长沙 410019；
2. 国家环境保护重金属污染监测重点实验室，长沙 410019)

摘　要：以湖南省长株潭地区 24 个环境空气质量监测国控点数据为基础，对 2013 年 6—8 月持续高温干旱天气条件下，长株潭地区城市 $PM_{2.5}$ 浓度的日、月变化规律，以及点位差异性分布等进行分析。结果表明，进入夏季持续高温干旱天气后，$PM_{2.5}$ 质量浓度较冬季显著下降。受人为活动影响，位于商业区的监测站点的 $PM_{2.5}$ 较其他站点高；不同城市 $PM_{2.5}$ 的日变化规律基本一致，呈双峰型；夏季 $PM_{2.5}$ 上午出现最高值的时间比冬季提前 1 小时左右，商业区站点的 $PM_{2.5}$ 最高值出现的时间较其他类型站点早 1～2 h。非工作日 $PM_{2.5}$ 的峰值出现在夜间和凌晨，而工作日则出现在上午 9—11 点。

关键词：$PM_{2.5}$；长株潭地区；变化规律；持续高温干旱天气

Study on the Variation of $PM_{2.5}$ under hot and droughty weather conditions in Chang-Zhu-Tan area

Zhou Xiangting[1,2] Jiang Min[1,2] Luo Yueping[1,2] Tian Yun[1,2] Gan Jie[1,2] Peng Qingqing[1,2]
(1. Hunan Province Environmental Monitoring Center，Changsha 410019; 2. State Environmental Protection Key Laboratory of Monitoring for Heavy Metal Pollution，Changsha 410019)

Abstract: Based on the automatic data of 24 state-controlled monitoring sites of city ambient air quality in Chang-Zhu-Tan urban of Hunan Province，this paper analyzed daily and monthly variation of $PM_{2.5}$ mass concentration，and the distribution in different sites in Chang-Zhu-Tan urban from June to August in 2013. The results showed that the concentration of $PM_{2.5}$ decreased significantly in perpetually hot and droughty weather in summer than that in winter. Influenced by human activity，the $PM_{2.5}$ mass concentration of commercial sites was higher than that of other sites. The daily variation of $PM_{2.5}$ mass concentration was relatively consistent in different cities，which was double-peak type. The peak mass concentration of $PM_{2.5}$ in summer morning was about 1 h earlier comparing with that in winter. In addition，the peak mass concentration of $PM_{2.5}$ in commercial sites was 1～2 h earlier than that in other sites. In the weekend，the peak mass concentration of $PM_{2.5}$ reached in the midnight or the wee hours，while at 9-11 am in working days.

Key words: $PM_{2.5}$; Chang-Zhu-Tan areas; Variation; perpetually hot and droughty weather

2013 年 6—8 月，我国东中部地区出现了历史罕见的连续高温干旱天气，尤其是湖南省长沙市，35℃以上的高温天气连续了 39 天，时长居全国第一位。持续高温干旱期间，湿度低，大气扩散条件较好，城市大气能见度高。但持续高温干旱天气下，太阳辐射强度大，光化学反应活跃，增加 $PM_{2.5}$ 来源[1]。另外，高温干旱导致大气边界层升高，有利于近地面污染物的稀释和扩散[2]。总体上，进入高温季节后，$PM_{2.5}$ 浓度下降[3-6]。

持续高温干旱天气是一种珍贵的研究资源，为了分析在这种特殊条件下城市 $PM_{2.5}$ 的变化规律，依托湖南省长株潭地区环境空气常规监测站点，在不同时段进行跟踪监测，从而全面分析 $PM_{2.5}$ 的污染特征，为进一步研究持续高温干旱条件下 $PM_{2.5}$ 的污染过程和形成机理提供基础和科学依据。

1 概况

目前，在长株潭地区共布设有 24 个环境空气监测点位，其中长沙市 10 个，株洲和湘潭市各 7 个。长沙的沙坪、株洲的大京风景区和湘潭的韶山分别为对照点。长沙城区基本已无工业企业，株洲工业较湘潭发达。经济总量、人口数量与密度排序，长沙市＞株洲市＞湘潭市。截至 2012 年年底，长株潭三市汽车保有量分别为 136 万、63 万和 47 万辆。本文研究时段为 2013 年 6—8 月。因为持续高温干旱天气，市民活动呈现鲜明的时段特征；白天户外人少，而到了夜间，人的活动更频繁、活跃。特别是年轻人喜欢宵夜，露天烧烤、大排档在夜市遍地可见，成为重要的 $PM_{2.5}$ 污染来源。

2 研究方法和主要内容

长株潭三市环境监测机构都能稳定运行环境空气自动监测站，坚持日常维护和定期质控校准，数据实时传输到湖南省环境监测中心站数据库进行审核和评价。本文从数据库中选取代表性强、数据又效率较高的站点开展分析研究。

2.1 $PM_{2.5}$的月变化情况

分别统计长株潭三市在 2013 年 6 月、7 月和 8 月 $PM_{2.5}$ 的月均浓度值，以及 $PM_{2.5}$ 在该月作为首要污染物的天数比例，并选取 2 月作为冬季典型月份进行比较。

2.2 $PM_{2.5}$的点位差异性

在长沙和湘潭市选取有代表性的不同功能区站点，分别统计其在 2013 年 6 月、7 月和 8 月的月均值，分析不同功能区站点 $PM_{2.5}$ 的月均浓度差异。

以 2013 年 7 月 1 日上述监测站点监测数据为基础，分析不同功能区站点 $PM_{2.5}$ 的小时浓度差异和 24 h 变化规律。

2.3 $PM_{2.5}$的日变化规律

以湘潭市 6 个监测站点为研究对象，比较其在 2013 年 2 月 15 日和 7 月 4 日 $PM_{2.5}$ 的小时浓度日变化情况。

选择 7 月 9 日工作日和 7 月 14 日非工作日，分析长沙火车新站和湘潭市监测站两个站点 $PM_{2.5}$ 的小时浓度日变化情况。

7 月 17 日、18 日和 19 日连续 3 天跟踪监测长沙火车新站 $PM_{2.5}$ 的小时浓度，分析 $PM_{2.5}$ 的小时浓度变化规律的稳定性和重现性。

3 结果与讨论

3.1 $PM_{2.5}$的月变化规律

长株潭三市 2013 年 2 月、6 月、7 月和 8 月 $PM_{2.5}$ 月均浓度统计结果表明，进入持续高温干旱天气后，$PM_{2.5}$ 月均浓度显著下降（见表 1）。2013 年 2 月，三市的 $PM_{2.5}$ 浓度都超标。6 月，长株潭三市已入夏，$PM_{2.5}$ 浓度显著下降，7 月和 8 月，$PM_{2.5}$ 月均浓度都低于《环境空气质量标准》(GB 3095—2012）年均值标准。感官上，持续高温干旱的天气下，晴空万里，能见度高。究其原因，高温条件下，由于天气炎热，市民开车外出的次数减少，厨房烹调也相对简单，同时，燃煤量减少[6]，以及其他生产生活方式的改变，导致一次排放的颗粒物产生量减少。从气象条件来看，虽然高温条件能加速活性物质光化学反应生成 $PM_{2.5}$，但大气水平扩散和垂直扩散条件好，总体利于 $PM_{2.5}$ 的及时扩散，很难在大气中累积，使 $PM_{2.5}$ 浓度保持低值。

表 1　2013 年 2 月、6 月、7 月和 8 月 $PM_{2.5}$ 的月均值　　单位：$\mu g/m^3$

月份	长沙	株洲	湘潭
2 月	145	91	129
6 月	40	35	37
7 月	27	25	27
8 月	34	34	34

在持续高温干旱条件下，$PM_{2.5}$ 污染程度变轻还体现在其作为首要污染物天数比例的变化方面。从图 1 可以看出，2013 年 2 月，长株潭三市环境空气以 $PM_{2.5}$ 为首要污染物的天数占 85%以上，而 6—8 月进入持续高温干旱天气后，随着臭氧污染的显现，三市 $PM_{2.5}$ 作为首要污染物的天数最高比例为 30%，一般不超过 20%，最低仅 3.2%。

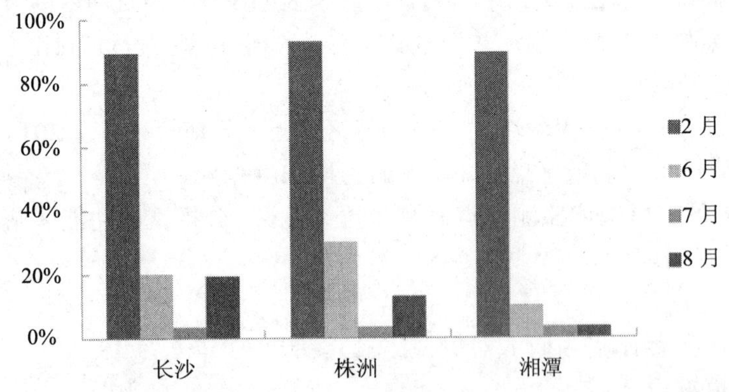

图 1　$PM_{2.5}$ 在 2013 年 2 月、6 月、7 月和 8 月作为首要污染物天数的比例

3.2　$PM_{2.5}$的点位差异性分布

在长沙市，沙坪为对照监测点，火车新站点位地处繁华的商业区，湖南师范大学站点则位于文教区。比较这 3 个站点在 2013 年 6 月、7 月和 8 月的 $PM_{2.5}$ 月均值，从表 2 可以

看出，沙坪站点的 $PM_{2.5}$ 浓度值最低，而位于商业区的火车新站点位的 $PM_{2.5}$ 浓度值最高，设在文教区的湖南师范大学站点的 $PM_{2.5}$ 浓度值居中。由此可见，即使在高温干旱的天气里，人群在聚集区的活动水平对 $PM_{2.5}$ 污染仍起主导作用[7]。

表 2 2013 年 6—8 月长沙市不同功能区监测站点 $PM_{2.5}$ 月均值

单位：μg/m³

点位名称	沙坪（对照点）			火车新站（商业区）			湖南师大（文教区）			全市均值		
时间	6 月	7 月	8 月	6 月	7 月	8 月	6 月	7 月	8 月	6 月	7 月	8 月
月均值	35.1	26.3	29.9	39.2	27.9	37.5	37.0	27.5	31.5	38.0	27.0	34.0

在湘潭市，由于对照点周边线路改造，电压不稳定，导致监测数据不完整，故选取位于商业区的市监测站点位和位于文教区的湖南科技大学点位进行比较。其变化趋势和长沙市类似（见表 3），人群聚集地区的 $PM_{2.5}$ 污染水平较高。

表 3 2013 年 6—8 月湘潭市不同功能区点位 $PM_{2.5}$ 月均值

单位：μg/m³

点位名称	监测站（商业区）			科大（文教区）			全市均值		
时间	6 月	7 月	8 月	6 月	7 月	8 月	6 月	7 月	8 月
月均值	39.4	29.4	34.3	37.8	24.6	32.4	40.0	27.0	34.0

选取长沙市沙坪、火车新站和湖南师大，湘潭市市监测站、湘潭科大 5 个监测站点，研究 2013 年 7 月 1 日上述点位 $PM_{2.5}$ 24 h 均值变化情况。从图 2 可以看出，5 个站点的 $PM_{2.5}$ 浓度变化规律吻合度较高。每天上午和夜间都出现一个小峰值，分别在 11—13 点和 19—21 点之间。由于长沙、湘潭市上下班高峰期分别为 8—9 点和 17—19 点，$PM_{2.5}$ 的峰值一般滞后于上述人类密集活动时段约 2～3 h。此现象与其他文献报道值相吻合[3]。特别是两个位于文教区的站点，$PM_{2.5}$ 变化趋势高度吻合，上午 11 点左右达到最高值，此后浓度下降，到夜间 19—21 点，又出现一个小高值，可能与学生的作息规律相关联。

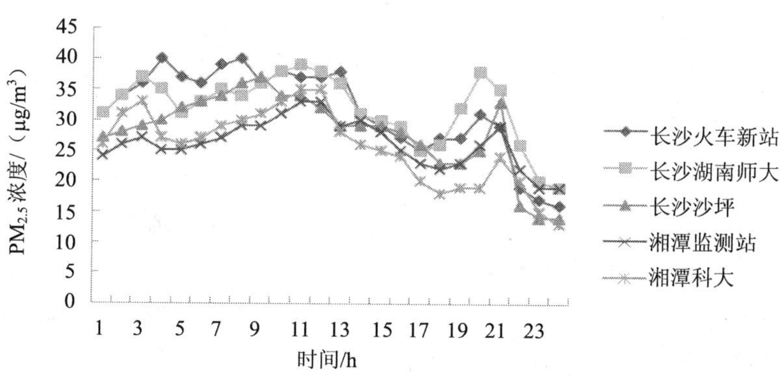

图 2 2013 年 7 月 1 日长沙和湘潭市不同功能区点位 $PM_{2.5}$ 的小时均值

3.3 $PM_{2.5}$的日变化规律

以 2013 年 2 月 15 日和 7 月 4 日为例，湘潭市 6 个站点的 $PM_{2.5}$浓度以小时为分辨率的变化情况见图 3 和图 4。比较两组监测结果发现，在冬季的 2 月 15 日，$PM_{2.5}$浓度出现最高值的时间较高温天气的 7 月 4 日晚 1 h 左右。在冬季，$PM_{2.5}$达到高值后维持了较长时间，下午 14—18 点时间段浓度虽有所下降，但仍高于夜间凌晨后。此外，6 个站点的 $PM_{2.5}$浓度比较接近，污染特征的点位差别不大。

从图 4 中可以看出，在持续高温干旱天气下，$PM_{2.5}$在不同功能区站点的监测值相差较大。总体上，上午的峰值出现在 9—10 点，另一个小峰值出现在 21—23 点。主要是受点位周边局部活动水平的影响。

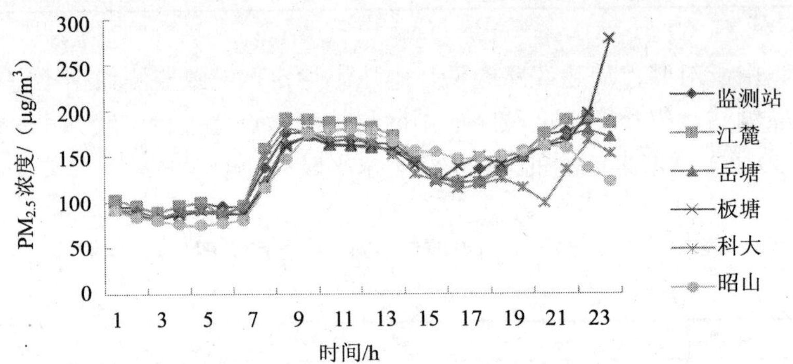

图 3　2013 年 2 月 15 日湘潭市 6 个站点 $PM_{2.5}$的日变化

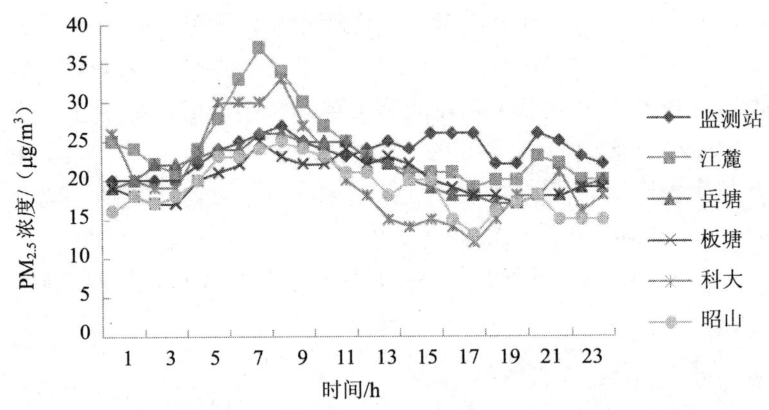

图 4　2013 年 7 月 4 日湘潭市 6 个站点 $PM_{2.5}$的日变化

持续高温干旱天气下，$PM_{2.5}$浓度在工作日与非工作日的差别也很大。从图 5 可以看出，在工作日的 7 月 9 日，长沙和湘潭 2 个监测站点的 $PM_{2.5}$浓度都很低，夜间 21 点后有所上升，可能与夜市污染有关。而到了非工作日的 7 月 14 日，$PM_{2.5}$的峰值出现在夜间或凌晨。在工作日 $PM_{2.5}$的高值一般出现在上午 9—11 点时段，在非工作日，却出现了低值。分析其原因，在非工作日，市民作息时间推迟，特别是经历持续高温干旱后，多在相对凉爽的夜间出来活动，而到了第二天，一般晚起，上午就没有出现像工作日那样的 $PM_{2.5}$高值。通过两组数据比较，在持续高温干旱天气下，可以发现人类活动对 $PM_{2.5}$浓度的影响是较大的，甚至完全改变其变化规律。但在北京，观察到的结果完全相反[8]。可能是在长株潭地区，市民的周末活动集中在城区等，而在北京，市民到周末习惯于出城活动，空城后，$PM_{2.5}$浓度比工作日要低。

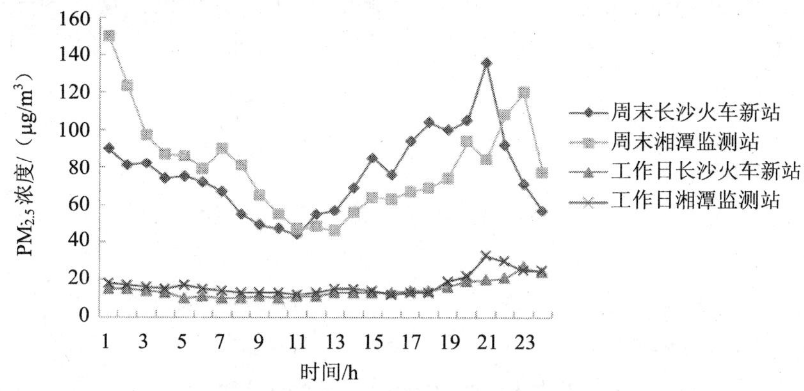

图 5　长沙和湘潭市周末、工作日 $PM_{2.5}$小时均值日变化

7 月 17 日、18 日和 19 日，长沙市连续 3 天持续高温干旱，气象条件稳定。选择长沙市火车新站点位跟踪监测，结果详见图 6。从中可以看出，在连续 3 天时间里，$PM_{2.5}$浓度的变化规律基本一致，呈双峰形。凌晨，$PM_{2.5}$浓度开始缓慢升高，上午 7—9 点，达到第一个峰值，之后开始下降，到了下午 6 点以后，$PM_{2.5}$浓度再次攀升，至晚上 8 点，又出现一个小峰值，此后，$PM_{2.5}$浓度下降。根据监测结果，$PM_{2.5}$在持续高温干旱天气里，浓度和变化规律相对稳定，既反映了跟踪监测技术可靠，数据可信，也反映了 $PM_{2.5}$浓度的变化有规律可寻，可以根据变化规律制订针对性强的防治措施。

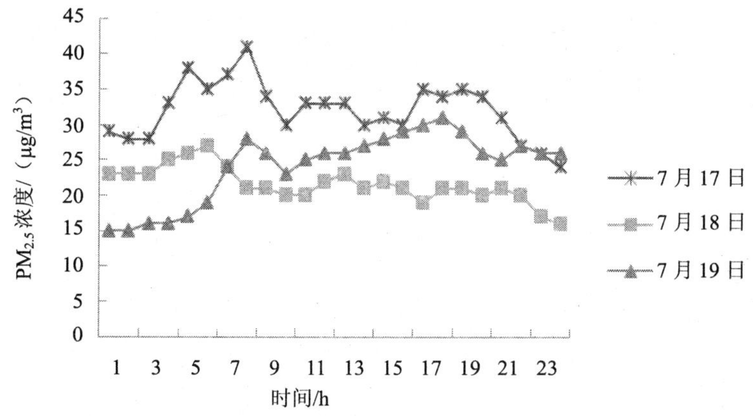

图 6　2013 年 7 月 17 日、18 日和 19 日长沙火车新站点位 $PM_{2.5}$的日变化

4 小结

对长株潭三市 2013 年 2 月、6 月、7 月和 8 月 $PM_{2.5}$的浓度进行了统计分析，结果表明，冬季 $PM_{2.5}$的浓度较高，为主要的首要污染物。夏季持续高温干旱天气条件下，$PM_{2.5}$

的浓度显著下降。$PM_{2.5}$点位差异性分布分析表明，商业区的站点人群聚集，$PM_{2.5}$的绝对值较其他站点高，且最高浓度值出现的时间要早 1～2 h。对比冬、夏两季 $PM_{2.5}$浓度日变化特征，发现冬季 $PM_{2.5}$浓度出现最高值的时间较夏季晚 1 小时左右。在持续高温干旱天气下，$PM_{2.5}$ 浓度的日变化规律基本一致，呈双峰形，上午的峰值出现在 9—10 点，另一个小峰值出现在 21—23 点。非工作日 $PM_{2.5}$的峰值出现在夜间或凌晨，而工作日出现在上午 9—11 点。

参考文献

[1] 宋宇，唐孝炎，张远航，等. 夏季持续高温天气对北京市大气细粒子（$PM_{2.5}$）的影响. 环境科学，2002，23（4）：33-36.

[2] 云慧，何凌燕，黄晓锋，兰紫娟，李响，曾立武. 深圳市 $PM_{2.5}$化学组成与时空分布特征.环境科学，2013，34（4）：1245-1251.

[3] Ye B M，Ji X L，Yang H Z，et al.. Concentration and chemicalcomposition of $PM_{2.5}$ in Shanghai for a 1-year period [J].Atmospheric Environment，2003，37（4）：499-510.

[4] 李穗，温健，邝俊侠，等. 广州市区 $PM_{2.5}$的时间变化.环境科学与管理，2011，36（7）：48-52.

[5] 邱玉瑾，邱玉珺. 我国西北典型大城市大气可吸入颗粒物浓度分布特征. 中国环境监测，2010，26（3）：65-68.

[6] 马雁军，刘宁微，王扬锋，洪也，张云海，刘庆鹜. 沈阳及周边城市大气细粒子的分布特征及其对空气质量的影响. 环境科学学报，2011，31（6）：1168-1174.

[7] 周涛，汝小龙，等. 北京市雾霾天气成因及治理措施研究. 华北电力大学学报（社会科学版），2012，（2）：12-16.

[8] 刘大锰，黄杰，高少鹏，等. 北京市区春季交通源大气颗粒物污染水平及其影响因素. 地学前缘，2006，13（2）：228-233.

此文章刊登于《四川环境》2014 年第 4 期

长沙市城区典型交通路口 PM_{10} 和 $PM_{2.5}$ 污染特征研究

廖岳华[1,2] 邹辉[1,2] 肖辰畅[1,2] 罗岳平[1,2] 刘礼[3] 陈阳[4] 周湘婷[1,2]
（1. 湖南省环境监测中心站，长沙 410014;
2. 国家环境保护重金属污染监测重点实验室，长沙 410014;
3. 湖南省财政厅，长沙 410001;
4. 湘潭大学化学化工学院，湘潭 411105）

摘　要：利用车载环境空气质量监测系统对长沙市城区典型交通路口的近地面空气质量进行了实时监测。结果表明，在监测时段（14：00–20：00）内，该监测点环境空气中 PM_{10} 的小时质量浓度范围在 0.097～0.222 mg/m^3，平均值 0.163 mg/m^3；$PM_{2.5}$ 的小时质量浓度范围在 0.050～0.158 mg/m^3，平均值 0.103 mg/m^3。$PM_{2.5}/PM_{10}$ 比值在 48.1%～76.6%，平均值 62.4%。PM_{10} 与 $PM_{2.5}$ 质量浓度在星期一相对较低，星期二有所升高，星期三至周末总体上保持基本稳定。在监测时段 PM_{10} 与 $PM_{2.5}$ 小时质量浓度呈现先降后升的变化规律，即 14：00—15：00，PM_{10} 与 $PM_{2.5}$ 质量浓度相对较高，16：00 左右降至最低，从 17：00 开始逐渐升高，20：00 达到峰值。PM_{10} 和 $PM_{2.5}$ 的质量浓度变化与车流量和车速密切相关，温度、相对湿度和风速等气象因素对 PM_{10} 和 $PM_{2.5}$ 质量浓度的变化影响也较显著。

关键词：PM_{10}；$PM_{2.5}$；污染特征；交通路口；长沙市

Pollution characters of PM_{10} and $PM_{2.5}$ at typical traffic crossing in Changsha city.

Liao Yuehua　Zou Hui　Xiao Chenchang　Luo Yueping
Liu Li　Chen Yang　Zhou Xiangting
（1 Hunan Province Environmental Monitoring Centre，Changsha 410014;
2 State Environmental Protection Key Laboratory of Monitoring for Heavy Metal Pollutants，Changsha 410014;
3 Department of Finance of Hunan Province，Changsha 410001;
4 College of chemistry and chemical engineering，Xiangtan University，Xiangtan 411105）

Abstract: The ambient air quality in surface at typical traffic roads in Changsha was monitored using in-vehicle automatic monitoring system. Results showed that the mass concentration hour means of PM_{10} and $PM_{2.5}$ in ambient air at the monitored site ranged from 0.097 to 0.222 mg/m^3 with the average value of 0.163 mg/m^3 and from 0.050 to 0.158 mg/m^3 with the average value of 0.103 mg/m^3，respectively. $PM_{2.5}/PM_{10}$ ranged from 48.1% to 76.6% with the average value of 62.4%. Within the studied week，the mass concentration of PM_{10} or $PM_{2.5}$ at the sampling site was relatively lower on Monday，then gradually increased from Tuesday，and showed no significant difference between Wednesday and weekend. Furthermore，during the monitoring period，the mass concentrations hour means of PM_{10} or $PM_{2.5}$ was relatively higher between 14：00 and 15：00，and reached the minimum value at about 16：00，then gradually increased from 17：00 and reached the maximum value at 20：00. In addition，results indicated that the change of PM_{10} or $PM_{2.5}$ mass concentration was closely related to the traffic volume and speed. The ambient temperature，relative humidity and wind speed also had a significant impact on the mass concentration hour means of PM_{10} and $PM_{2.5}$.

Key words: PM_{10}；$PM_{2.5}$；pollution characters；traffic crossing；Changsha

1 引言

长沙市是我国环保重点城市之一。按照 2012 年新颁布的《环境空气质量标准》（GB 3095—2012）评价，2013 年一季度，长沙市的空气质量较差，达标率甚至低于 74 个纳入统计范围环保重点城市 44.4%的平均水平，特别是 3 月，空气污染由重到轻排名，长沙市位列第 22 位[1]。10 月 21—28 日，在包括直辖市、省会城市及计划单列市的 36 个城市中，长沙市更是连续 7 天上榜空气质量最差的 10 大城市之列，$PM_{2.5}$ 是首要污染物[2]。$PM_{2.5}$ 来源复杂，主要包括燃煤、机动车排放、建筑尘、扬尘、生物质燃烧、二次硫酸盐和硝酸盐及有机物等[3]。长沙市作为国家“两型社会”综合配套改革试验区的核心区和国家级节能减排示范城市，“十一五”以来，煤炭消耗量逐年下降，工业废气达标排放[4]。陈建华等[5]对北京市崇文门路口的 TSP、PM_{10} 和 $PM_{2.5}$ 进行了手工采样监测，罗娜娜等[6]对北京市三环主道路的 PM_{10} 和 $PM_{2.5}$ 进行了采样监测；李婷等[7]利用空气质量自动监测研究了广州市海珠区交通干线附近 $PM_{2.5}$ 污染特征，朱倩茹等[8]也利用大气环境自动监测平台对广州市交通路口的 $PM_{2.5}$ 污染特征和影响因素进行分析。上述研究结果均表明，机动车排放对环境空气中的颗粒物污染有较大贡献。截至 2013 年 8 月，长沙市机动车拥有量已达 150 万台[9]，根据北京和广州等地的监测结果推测，机动车排放对长沙市空气中 $PM_{2.5}$ 的影响是很大的，但目前尚无研究报道。为填补这方面的空白，作者利用车载空气质量监测系统于 2013 年 12 月 2—7 日对长沙市典型交通路口的近地面空气质量进行实时监测，分析 PM_{10} 和 $PM_{2.5}$ 的质量浓度特征及其变化规律，并探讨两者与车流量、气象因子及时间的相互关系，以期为采取合理措施改善城市大气环境质量提供依据和参考。

2 研究方法

2013 年 12 月 2—7 日长沙市天气晴朗，气温在 10～25℃。在人群和机动车辆活动最为频繁的时段（14：00—20：00），选择长沙市城区的具有典型意义的交通节点——韶山南路潇湘晨报路口（具体位置见图 1），利用车载空气质量监测系统（环境应急监测车上配备武汉宇虹环保产业有限公司的 TH- 2000PM_b 大气颗粒物浓度监测仪、TH–2001 型化学发光法氮氧化物分析仪、TH–2002 紫外荧光法二氧化硫分析仪、TH–2003 型紫外吸收法臭氧分析仪和 TH–2004 红外吸收法一氧化碳分析仪）进行环境空气污染物质量浓度以及风速、风向、相对湿度、温度、大气压等各种气象参数的在线监测，同时采用人工计数法统计车流量。设备采样头离主干道的水平距离约 6 m，距地面高度 4 m。TH–2000 PM_b 大气颗粒物浓度监测仪采样流量为 16.7L/min，每 5s 记录一组数据，24 h 精度为±1μg/m^3，1 h 平均精度为±2μg/m^3，实时分辨率达 0.1μg/m^3。

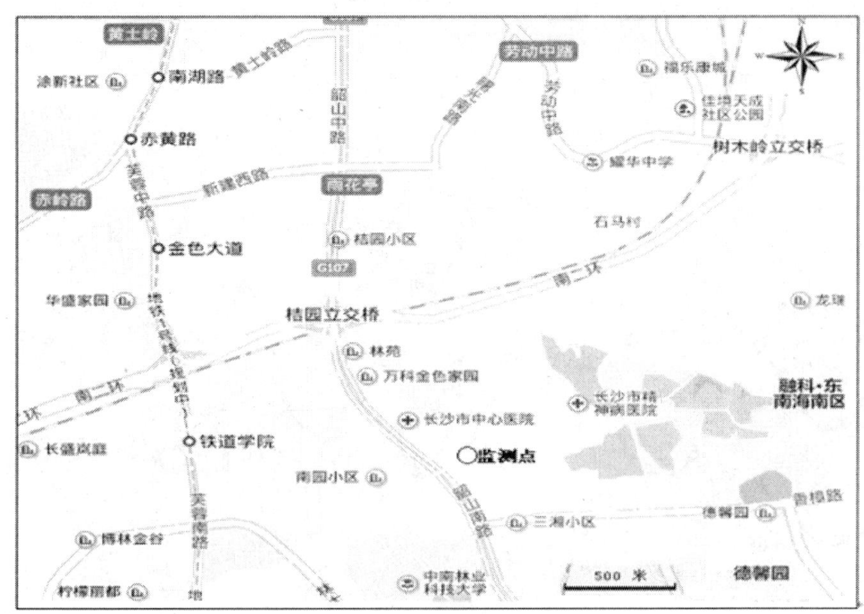

图 1　自动监测点的位置示意图

3 结果与讨论

3.1 PM_{10} 与 $PM_{2.5}$ 的质量浓度

韶山路是贯穿长沙城区南北的一条重要交通干道，监测点附近车流量大（通常在 5 000～9 000 辆/h），周边是人口较多的成熟的商业、居民混合区，但无大型工业企业和建筑施工工地。从周围环境分析，监测点的 $PM_{2.5}$ 污染主要源于机动车排放、交通扬尘和外界输入。有效监测时间为 39 h，对其均值进行统计，结果表明，PM_{10} 的小时质量浓度范围在 0.097～0.222 mg/m^3，平均值 0.163 mg/m^3；$PM_{2.5}$ 的小时质量浓度范围在 0.050～0.158 mg/m^3，平均值 0.103 mg/m^3。观测结果与北京、广州、邯郸等城市的情况较为一致。例如，2005 年 3 月 17 日，北京市前门 PM_{10} 与 $PM_{2.5}$ 小时质量浓度分别在 0.08～0.16 mg/m^3 和 0.03～0.12 mg/m^3[10]；2010 年 11 月 3—9 日，广州市海珠区一个交通干线路口环境空气中 $PM_{2.5}$ 的小时质量浓度为 0.04～0.19 mg/m^3 [8]。而在 2012 年 8 月—11 月，邯郸市一个文教居民混合区环境空气中 $PM_{2.5}$ 的小时质量浓度为 0.045～0.17 mg/m^3，PM_{10} 的小时质量浓度为 0.075～0.360 mg/m^3 [11]。武汉市城区大气中 $PM_{2.5}$ 的质量浓度平均值为 127±48.7μg/m^3[12]；而深圳市城区 $PM_{2.5}$ 的质量浓度存在着显著的季节差异，在冬季白天 $PM_{2.5}$ 的 12 h 平均质量浓度为 104.0μg/m^3，夜间为 99. 3μg/m^3[13]。由此可见，长沙市环境空气中的 PM_{10} 和 $PM_{2.5}$ 质量浓度处于全国中等水平。和中国大部分城市类似，长沙市 PM_{10} 和 $PM_{2.5}$ 污染比较严重。

3.2 PM_{10}与$PM_{2.5}$质量浓度的小时变化特征

2013 年 12 月 2—7 日 14：00—20：00 时间段，监测点环境空气中 PM_{10}和 $PM_{2.5}$质量浓度的小时变化情况如图 2 所示。

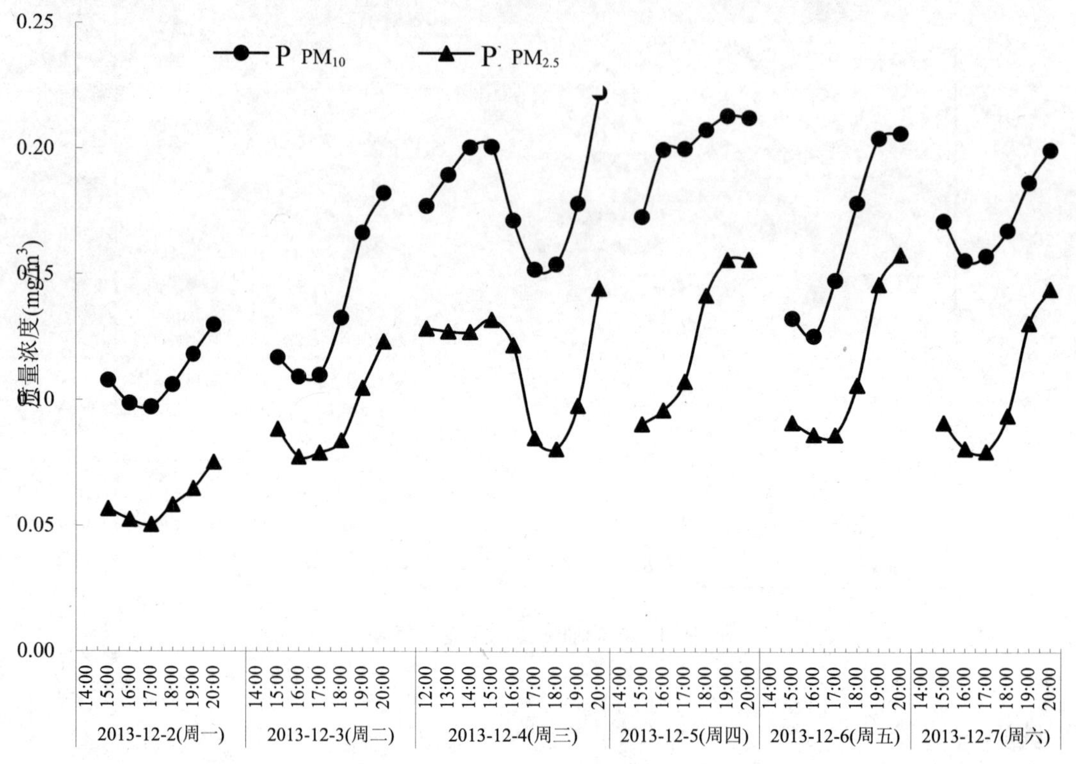

图 2 监测点 PM_{10}与 $PM_{2.5}$质量浓度的小时变化情况

从图 2 可知，2013 年 12 月 2—7 日连续 6 天，该监测点位 PM_{10}与 $PM_{2.5}$质量浓度在 14：00—20：00 时间段的小时变化趋势基本一致。整体上看，14：00—20：00，PM_{10}与 $PM_{2.5}$小时质量浓度呈现先降后升的变化规律。14：00—15：00，PM_{10}与 $PM_{2.5}$的质量浓度相对较高；16：00 左右，PM_{10}与 $PM_{2.5}$的质量浓度降至最低；从 17：00 开始，PM_{10}与 $PM_{2.5}$的质量浓度逐渐升高，20：00 达到峰值。这个变化趋势与在北京[10]、广州[7,8]和邯郸[11]等市观测到的结果比较一致。

3.3 PM_{10}与$PM_{2.5}$ 质量浓度的周变化特征

图 2 显示，12 月 2 日（星期一），监测点环境空气中 PM_{10}与 $PM_{2.5}$的质量浓度相对较低，12 月 3 日（星期二）有所升高，此后几天，PM_{10}与 $PM_{2.5}$的质量浓度总体上保持基本稳定，并未观测到周末（12 月 7 日为星期六）PM_{10}或 $PM_{2.5}$质量浓度迅速升高的“周末效应”[14]现象，而与刘大锰等[10]在北京前门研究获得的结果一致，即工作日所测得的 PM_{10}和 $PM_{2.5}$质量浓度比周末高。究其原因，本研究中选定的监测点位在周末的人群活动及车流量较工作日并无显著变化，北京前门附近周末的人流量和车流量比工作日还要明显减少[10]。但李婷等[7]在广州市中心城区开展研究时，路口周末的车流量和人流量较工作日明显增加，因而观测到周末 PM_{10}和 $PM_{2.5}$质量浓度升高的现象。由此可见，人流量和车流

量对路边近地面 PM_{10} 和 $PM_{2.5}$ 的质量浓度产生直接影响。

3.4 $PM_{2.5}$ 占 PM_{10} 的比例

大量研究表明，对人体健康的损害与较多暴露于 $PM_{2.5}$ 密切相关。$PM_{2.5}/PM_{10}$ 的比值越大，则颗粒物的毒害越大[15,16]。2013 年 12 月 2—7 日，监测点位 $PM_{2.5}/PM_{10}$ 的比值变化情况见图 3。

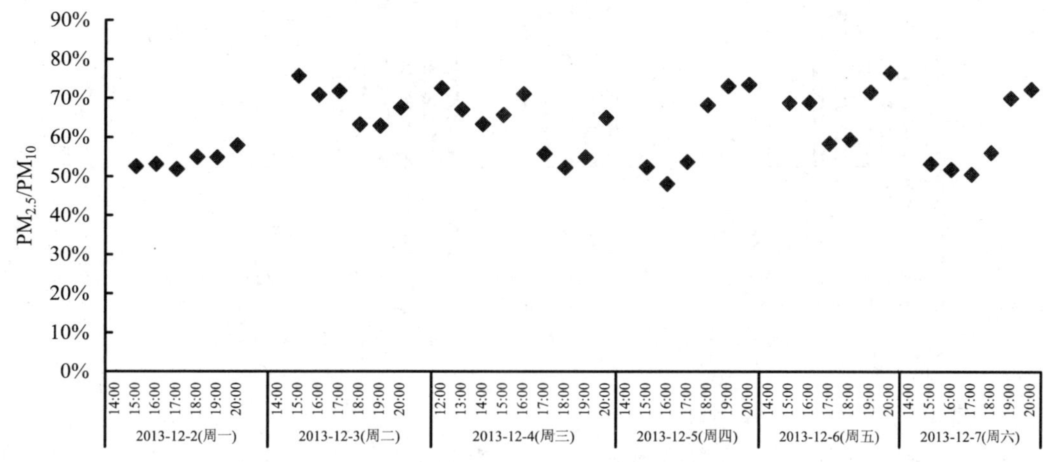

图 3 监测点 $PM_{2.5}$ 与 PM_{10} 比值的变化情况

图 3 显示，在监测时段，$PM_{2.5}/PM_{10}$ 的比值在 48.1%～76.6%波动，平均值为 62.4%，与重庆主城区 $PM_{2.5}/PM_{10}$ 处于 52%～85%，平均值 66%的研究结果比较吻合[17]，但与城区常规空气质量监测站点的 $PM_{2.5}/PM_{10}$ 比值[11,18,19]相比较，则交通干线附近的 $PM_{2.5}/PM_{10}$ 比值变化范围要窄，平均值相对高一些。例如，邯郸市文教居民混合区测得的 $PM_{2.5}/PM_{10}$ 在 19.3%～89.6%波动，平均值 49.4%[11]。济南市教学和生活区测得的 $PM_{2.5}/PM_{10}$ 在 23.6%～89.5%，平均值 46.9%[19]。出现这种现象的主要原因在于，与城区常规空气质量监测站点相比，交通干线附近的 $PM_{2.5}$ 污染来源通常更单一和相对稳定，空气的稀释缓冲作用相对较小，污染物扩散相对缓慢，直接反映机动车排放对路边近地面环境空气质量的影响[5]。从图 3 可以看出，进入下午交通晚高峰后，$PM_{2.5}/PM_{10}$ 的比值明显上升，机动车对 $PM_{2.5}$ 质量浓度增高的推动作用非常明显。

3.5 PM_{10} 与 $PM_{2.5}$ 质量浓度的影响因素

3.5.1 车流量的影响

监测点位地处交通干道近侧，监测时段的车流量的变化情况如图 4 所示。

根据图 4 的统计结果，在监测时段，该点位的车流量在 5 460～8 820 辆/h，每天 17：00—18：00 的车流量都在 7 500 辆/h 以上，19：00 以后车流量明显减少。目测还发现，14：00—17：00，该路段的机动车车速较快，而 17：30—18：30 是交通最为拥堵的时段。结合图 2 可以看出，PM_{10} 和 $PM_{2.5}$ 的质量浓度变化与车流量和车速是密切相关的。14：00—15：00，该点位 PM_{10} 与 $PM_{2.5}$ 的质量浓度相对较高，与 12：30 和 14：00 左右由于上（下）班或上（下）学造成的交通小高峰相关。15：00—16：00，该点位的车流量相对较小，车速较快，PM_{10} 和 $PM_{2.5}$ 的质量浓度相对较低。进入 17：00—19：00 交通晚高峰时，该点位的车流量最大，车速相对很慢，PM_{10} 和 $PM_{2.5}$ 的质量浓度较高。

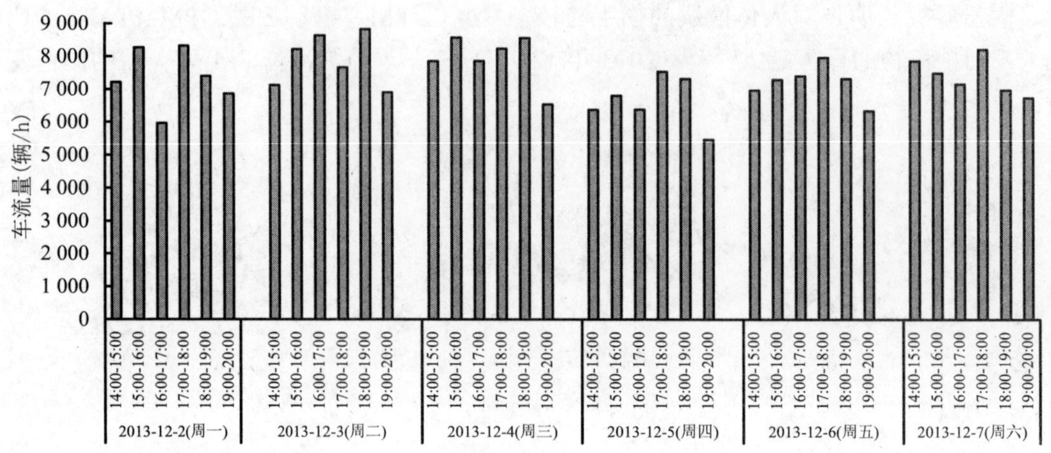

图 4 监测点位监测时段车流量的变化情况

3.5.2 气象因素的影响

本次监测期间，长沙市天气晴朗，无降水。监测时段内，大气压在 101.12～102.74 kPa，平均值为 101.47 kPa，各时刻的大气压变化幅度很小。因此，只考察温度、湿度和风速等气象因素对 PM_{10} 和 $PM_{2.5}$ 质量浓度的影响。

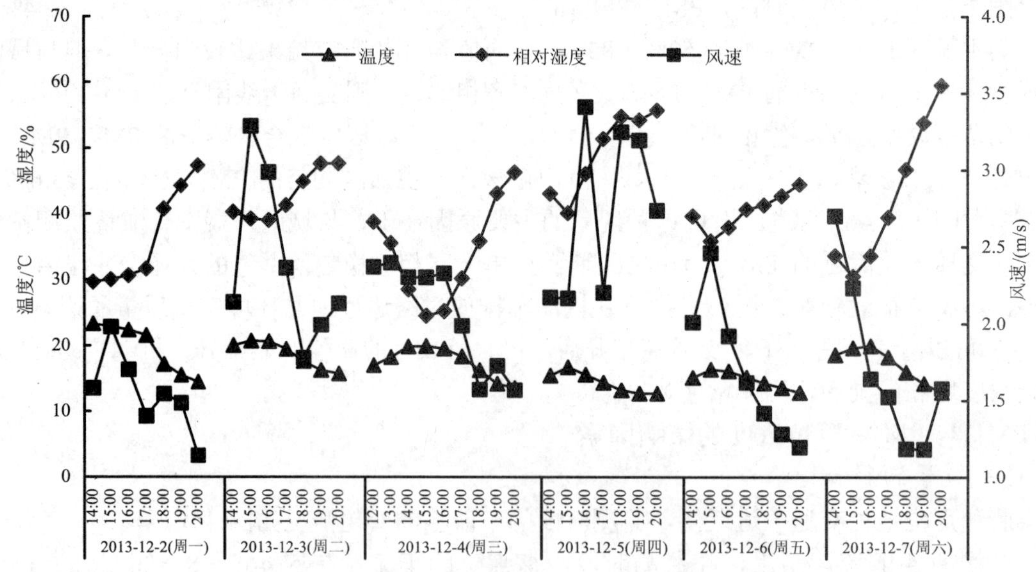

图 5 监测点位监测时段内温度、湿度和风速的变化情况

图 5 显示，监测时段内，该监测点位的温度在 12.7～23.3°C。14：00—15：00，温度相对较高，15：00 以后温度逐渐降低。相对湿度的变化范围为 24.6%～59.5%，14：00—16：00 相对湿度较低，17：00 以后相对湿度逐渐增大。监测点位的风速在 1.14～3.41 m/s，平均值为 2.02 m/s，18：00—20：00 风速相对较小。

结合图 2、图 4 和图 5 可以看出，气象因素对 PM_{10} 和 $PM_{2.5}$ 质量浓度变化的影响较显著。14：00—16：00，温度相对较高，相对湿度较小，而风速相对较大，各种气象条件有利于空气污染物的扩散，故监测点位 PM_{10} 和 $PM_{2.5}$ 的质量浓度相对较低。16：00 以后，温度下降，风速逐渐降低，相对湿度逐渐增大，有利于气体转换为粒子，阻止分子扩散[20,21]，从而使监测点位的 PM_{10} 和 $PM_{2.5}$ 质量浓度逐渐升高。在监测时段内，相对湿度与 PM_{10} 和 $PM_{2.5}$ 质量浓度的小时变化呈现出较好的正相关关系，研究结论与罗娜娜等[6]在北京市西三环道路和隋珂珂等[22]在北京市奥林匹克体育中心站的观测结果基本一致。

4 结论

2013 年 12 月 2—7 日 14：00—20：00，利用车载环境空气监测系统对长沙市城区具有典型意义的韶山南路潇湘晨报交通路口的环境空气质量进行监测，得到以下结论：

（1）监测点位环境空气中 PM_{10} 的小时质量浓度范围在 0.097～0.222 mg/m^3，平均值 0.163 mg/m^3；$PM_{2.5}$ 的小时质量浓度范围在 0.050～0.158 mg/m^3，平均值 0.103 mg/m^3。$PM_{2.5}/PM_{10}$ 在 48.1%～76.6%之间波动，平均值 62.4%。

（2）12 月 2 日（星期一）PM_{10} 与 $PM_{2.5}$ 质量浓度相对较低，12 月 3 日（星期二）有所升高，12 月 3—7 日总体上保持基本稳定。14：00—20：00，PM_{10} 与 $PM_{2.5}$ 小时质量浓度呈现先降后升的变化规律。14：00—15：00，PM_{10} 与 $PM_{2.5}$ 质量浓度相对较高；16：00 左右降至最低；从 17：00 开始逐渐升高，20：00 达到峰值。

（3）监测点 PM_{10} 和 $PM_{2.5}$ 的质量浓度变化与车流量和车速密切相关。12：30 和 14：00 左右，因上（下）班或上（下）学造成的交通午高峰导致该点位 PM_{10} 与 $PM_{2.5}$ 的质量浓度在 14：00—15：00 相对较高；15：00—16：00，该点位的车流量相对较小，车速较快，PM_{10} 和 $PM_{2.5}$ 的质量浓度相对较低；17：00—19：00 为交通晚高峰，该点位的车流量最大，车速相对缓慢，PM_{10} 和 $PM_{2.5}$ 的质量浓度较高。

（4）气象因素对 PM_{10} 和 $PM_{2.5}$ 质量浓度变化的影响较显著。14：00—16：00，温度相对较高，相对湿度较小，风速相对较大，PM_{10} 和 $PM_{2.5}$ 质量浓度相对较低；16：00 以后，温度和风速逐渐降低，相对湿度逐渐增大，PM_{10} 和 $PM_{2.5}$ 质量浓度逐渐升高。相对湿度与 PM_{10} 和 $PM_{2.5}$ 小时质量浓度的变化具有较好的正相关性。

参考文献

[1] 杨杰妮. 湖南将出台八大措施治理雾霾 倡导绿色交通出行.

[2] 人民网. 一周全国空气质量排行榜长沙石家庄最差.

[3] 宋宇，唐孝炎，方晨，等. 北京市大气细粒子的来源分析. 环境科学，2002，23（6）：11-16.

[4] 长沙市环境保护局. 2012 年度长沙市环境质量报告书.

[5] 陈建华，王玮，刘红杰，等. 北京市交通路口大气颗粒物污染特征及其影响因素. 环境科学研究，2005，18（2）：34-38.

[6] 罗娜娜，赵文吉，晏星，等. 交通与气象因子对不同粒径大气颗粒物的影响机制研究. 环境科学，2013，34（10）：741- 748.

[7] 李婷，刘永红，朱倩茹，等. 广州市交通干线附近颗粒物污染特征. 环境科学研究，2013，26（9）：935-941.

[8] 朱倩茹，刘永红，徐伟嘉，等. 广州 $PM_{2.5}$ 污染特征及影响因素分析. 中国环境监测，2013，29（2）：15-21.

[9] 匡滢，袁雨田. 长沙机动车已近 150 万辆 车辆故障引发拥堵增多.

[10] 刘大锰，黄杰，高少鹏，等. 北京市区春季交通源大气颗粒物污染水平及其影响因素.地学前缘，2006，13（2）：228-233.

[11] 张普，谭少波，王丽涛，等. 邯郸市大气颗粒物污染特征的监测研究. 环境科学学报，2013，33（10）：2679-2685.

[12] 成海容，王祖武，冯家良，等. 武汉市城区大气 $PM_{2.5}$ 的碳组分与源解析. 生态环境学报，2012，21（9）：1574-1579.

[13] 戴伟，高佳琪，曹罡，等. 深圳市郊区大气中 $PM_{2.5}$ 的特征分析. 环境科学，2012，33（6）：1952-1957.

[14] Forster P.M.，Solomon S. Observations of a weekend effect in diurnal temperature range. Proceedings of the National Academy of Sciences of the United States of America，2003，100（2）：11125-11230.

[15] Baulig A，Sourdeval M，Meyer M，et al. Biological effects of atmospheric particles on human bronchial epithelial cells：comparison with diesel exhaust particles. Toxicology in Vitro，2003，17（5/6）：567-573.

[16] Kanakidou M，Seinfeld J H，Pandis S N，et al. Organic aerosol and global climate modelling：a review. Atmospheric Chemistry and Physics，2005，5：1053-1123.

[17] 潘纯珍. 重庆主城区交通环境颗粒物污染特征研究. 重庆：西南农业大学，2005.

[18] 滕恩江，胡伟，吴国，魏复盛，等. 中国四城市空气中粗细颗粒物元素组成特征. 中国环境科学，1999，19（3）：238-242.

[19] 周学华，王哲，郝明途，等. 济南市春季大气颗粒物污染研究. 环境科学，2008，32（7）：1894-1898.

[20] 王宗爽，付晓，王占山，等. 大气颗粒物吸湿性研究. 环境科学研究，2013，26（4）：341-349.

[21] Xiao Zhimei，Zhang Yufen，Hong Shengmao，et al. Estimation of the main factors influencing haze，based on a long-term monitoring campaign in Hangzhou，China. Aerosol and Air Quality Resarch，2011，11（7）：873-882.

[22] 隋珂珂，王自发，杨军，等. 北京 PM_{10} 持续污染及与常规气象要素的关系. 环境科学研究，2007，20（6），83-86.

此文章刊登于《四川环境》2014 年第 4 期

湖南省长株潭城市群环境空气质量易超标指标变化规律研究

罗岳平[1,2] 田耘[1,2] 甘杰[1,2] 金红红[1,2] 彭庆庆[1,2] 周湘婷[1,2]
（1. 湖南省环境监测中心站，长沙 410019；
2. 国家环境保护重金属污染监测重点实验室，长沙 410019）

摘 要：根据长株潭 24 个环境空气质量监测国控点数据，分析了 CO、SO_2、NO_2、O_3、PM_{10}和$PM_{2.5}$常规六项污染物不同月份的变化规律，并对首要污染物 O_3和 $PM_{2.5}$不同时期、不同时段的变化规律以及达标状况进行了分析。研究结果表明：$PM_{2.5}$和 O_3浓度的季节性变化大，O_3浓度夏季高、冬季低，$PM_{2.5}$则正好相反；在一天当中，昼间的 $PM_{2.5}$浓度低于夜间；在城市之间，长沙市$PM_{2.5}$的日均浓度和 O_3浓度明显高于株洲和湘潭市。上述结论将为制定相应的防治措施提供参考依据。

关键词：环境空气质量；变化规律；常规六项污染物；$PM_{2.5}$；O_3

The Studies of Regulation Patterns of Easily Exceeded Indces of Ambient Air Quality in Chang-Zhu-Tan urban

Luo Yueping[1,2] Tian Yun[1,2] Gan Jie[1,2] Jin Honghong[1,2] Peng Qingqing[1,2] Zhou Xiangting[1,2]
1. Hunan Province Environmental Monitoring Cerner，Changsha 410014;
2. State Environmental Protection Key Laboratory of Monitoring for Heavy Metal Pollutants，Changsha 410014）

Abstract: Based on the monitoring data of environmental air quality about 24 national - controlling monitoring sites in Chang-zhu-tan urban. The regular patterns of six conventional pollutants（CO、SO_2、NO_2、O_3、PM_{10} and $PM_{2.5}$）were studied. In addition，the primary air pollutions -O_3 and $PM_{2.5}$ in different periods and different time of the regular pattern and standard compliance were also researched. The results indicated that the concentrations of $PM_{2.5}$ and O_3 changed significantly with seasons. The concentration of O_3 in summer was much higher than that in winter. On the contrary，concentration of $PM_{2.5}$ was high in winter and low in summer.The concentration of $PM_{2.5}$ was lower in daytime than that in night. From the perspective of spatial distribution，the concentration of $PM_{2.5}$ and O_3 were much higher in Changsha than that in Zhuzhou or Xiangtan.These studies could provide reference for formulating prevention measures of air pollution in future.

Key words: ambient air quality；regulation pattern；six conventional pollutants；$PM_{2.5}$；O_3

环境空气污染是我国当前面临的较为严重的环境问题之一，城市环境空气质量的恶化，导致能见度下降，易引发呼吸系统、心血管系统疾病[1,2]，直接危害人民群众的健康，引起公众的广泛关注，因而加强大气污染防治的呼声高，要求高，应予以高度重视。

开展和研究城市环境空气质量监测，了解城市环境空气质量的变化规律[3-4]，并分析导致城市环境质量恶化的主要原因，是防治城市大气污染的基础性工作。本文以湖南省长株潭城市群为例，研究了易超标环境空气质量指标的时间和空间变化规律，并对成因进行了初步分析。

1 研究区域概况

长株潭城市群位于湖南省中东部，包括长沙、株洲、湘潭三市，是湖南省经济发展的核心，占湖南省近60%的GDP。长沙、株洲、湘潭三市沿湘江呈“品”字形分布，两两相距不足40 km，结构紧凑。由于社会经济的高速发展，区域大气污染较严重，“十二五”期间，长株潭被列入国家大气污染联防联控重点区域即“三区十群”之一。

2 研究方法

长株潭城市群从2013年1月1日起正式按《环境空气质量标准》(GB 3095—2012)开展环境空气质量监测，新增了$PM_{2.5}$、CO和O_3三项指标。三市共布设24个环境空气自动监测点位获得的自动监测数据中，选取有典型意义的小时日均值或月均值进行规律分析。

2.1 研究指标的选择

以监测数据完整性较好的株洲市为例，选择性地分析6项月际变化大且易超标的项目作为研究指标。

2.2 研究指标的日变化规律分析

2013年1—2月，长株潭城市群出现了严重的灰霾天气，其中2月城市环境空气质量达标率仅58.3%，而进入夏季后，城市环境空气质量明显好转，达标率升至86.7%，以大气污染严重的2月1日和质量良好的6月10日为例，选取长株潭三市的$PM_{2.5}$和O_3这两项指标的监测数据分析日变化规律。

2.3 研究指标的月变化规律分析

分析统计长株潭三市2013年1—6月的$PM_{2.5}$和O_3月均值，分析其浓度变化趋势。

2.4 研究指标的空间差异性分析

以气象条件相对均匀、稳定的1月14日和6月10日为例，分别统计长株潭三市的$PM_{2.5}$和O_3日均值，分析空间差异性。

3 结果与讨论

3.1 研究指标的确定

从株洲市2013年1—6月的监测数据看，6项环境空气质量指标均存在较明显的月际变化趋势（见图1至图3）。由于CO是较为稳定的惰性污染物，不易发生化学变化，其月际变化相对小且长期远低于标准限值，是比较安全的城市环境空气质量指标；SO_2和NO_2的浓度波动较大，但基本上不会超标；而PM_{10}、$PM_{2.5}$和O_3浓度的月际变化大，且存在比较严重的超标现象。鉴于$PM_{2.5}$和O_3是最常见的首要污染物（见图4），本研究主要分析这两项指标的时间和空间变化规律[5-7]。

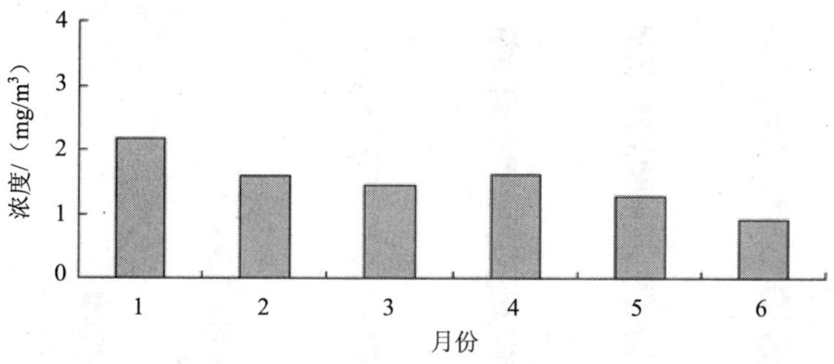

图 1 株洲市 2013 年 1—6 月 CO 质量浓度月均值变化

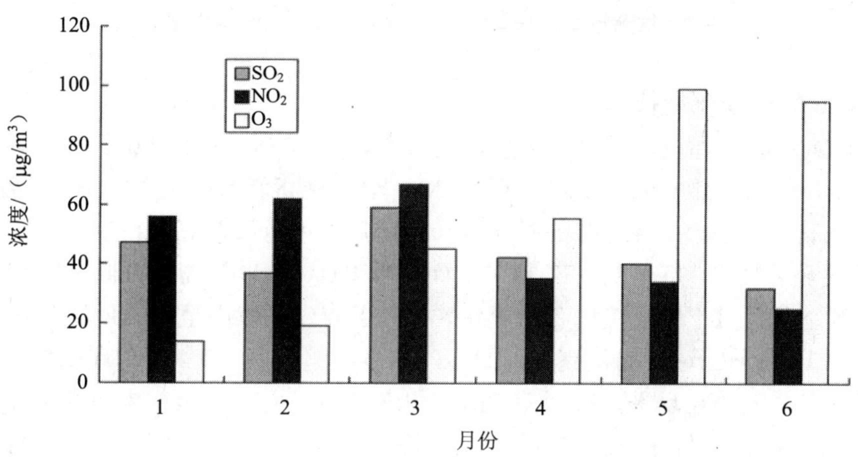

图 2 株洲市 2013 年 1—6 月 SO_2、NO_2 和 O_3 质量浓度月均值变化

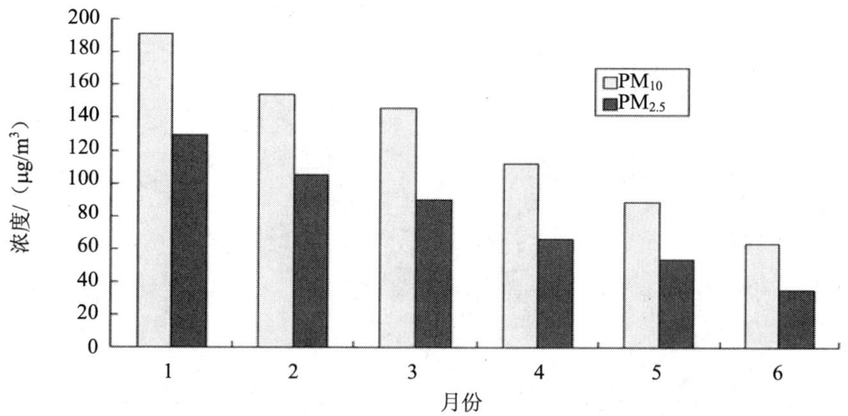

图 3 株洲市 2013 年 1—6 月 PM_{10} 和 $PM_{2.5}$ 质量浓度月均值变化

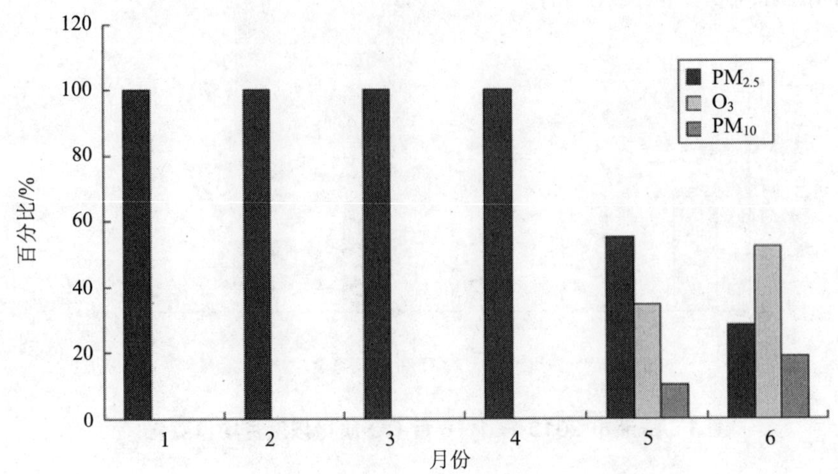

图4 株洲市 2013 年 1—6 月首要污染物的比例变化

3.2 $PM_{2.5}$ 和 O_3 的日变化规律

$PM_{2.5}$ 和 O_3 在冬季和夏季的日变化规律是有所差别的（图 5 和图 6）。就 $PM_{2.5}$ 而言，在冬季和夏季，最高值都出现在凌晨。冬季 $PM_{2.5}$ 浓度最高值出现在 2 点左右，到 10 点左右才降到全天最低水平，下降持续的时间较长，随后浓度持续升高，特别是到了 18 点以后，$PM_{2.5}$ 浓度显著增大，持续到午夜 12 点。而夏季 $PM_{2.5}$ 浓度最高值大概出现在 5—6 点，此后浓度持续下降，且下降速度比冬季更快，到 10 点左右就降至全天最低水平，转而持续升高至下午 14 点前已达昼间最高值，此后，浓度缓慢下降，持续到午夜 12 点。

不管是在冬季还是在夏季，昼间的 $PM_{2.5}$ 浓度均低于夜间。24 h 内最低 $PM_{2.5}$ 浓度出现在上午 9—11 点时间段，而最高 $PM_{2.5}$ 浓度出现在凌晨 0—5 点时间段。而它们在夜间都有高值出现，主要是由于夜间易发生逆温，使地面产生的颗粒物不易扩散而积累所致。

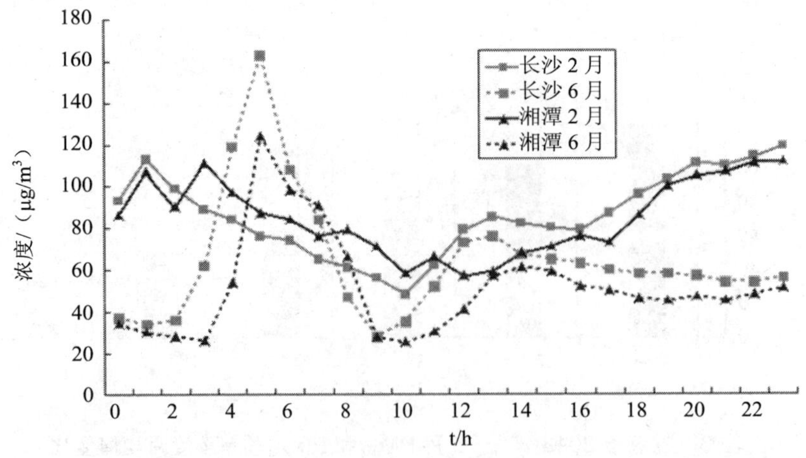

图5 $PM_{2.5}$ 单日变化规律（2 月 1 日和 6 月 10 日）

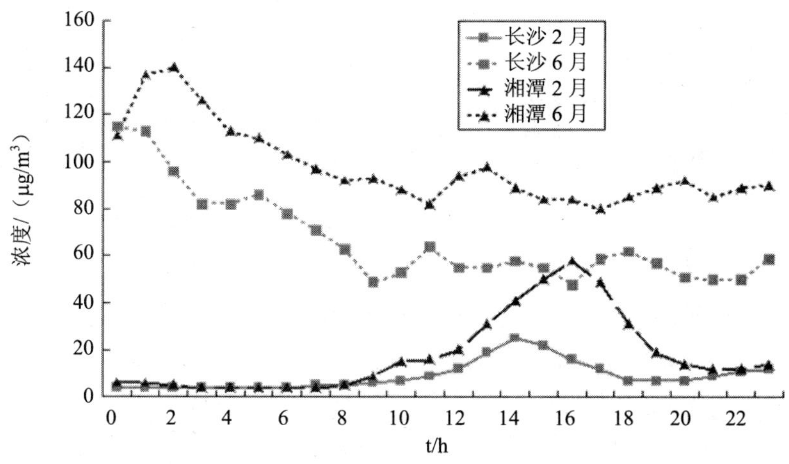

图 6　O_3 单日变化规律（2 月 1 日和 6 月 10 日）

O_3 在冬季和夏季的日变化规律完全不同。冬季，夜间的 O_3 浓度比较低，上午 9 点以后开始增高，到下午 13—16 点时间段出现最高值，此后开始下降。总体上，在冬季，昼间 O_3 的浓度相对稳定，而昼间呈马鞍型变化规律，峰值明显。

在夏季，O_3 的最高浓度出现在夜间，夜间的平均浓度也明显高于昼间。O_3 最高浓度出现在凌晨 0—2 点时间段，随后开始下降，上午 9—11 点降至最低，中午 9—13 点升至昼间最高值，再有所下降，并呈无规律的波浪式变化。

3.3 $PM_{2.5}$ 和 O_3 浓度的月变化规律

$PM_{2.5}$ 和 O_3 浓度的月际变化规律比较明显（图 7 和图 8）。$PM_{2.5}$ 的浓度在冬季较高，进入夏季后，浓度显著降低。从 2013 年 1 到 6 月，$PM_{2.5}$ 浓度逐月下降。2013 年 6 月，长株潭三市的 $PM_{2.5}$ 月均值 37μg/m^3，较 1 月 165μg/m^3 的水平下降了 346%。$PM_{2.5}$ 夏季浓度最低主要因为区域大气的扩散输送能力较强，再加上降水等清除作用；$PM_{2.5}$ 春季浓度较高是因沙尘天气多、空气干燥；在冬季，取暖燃煤，排放大量的颗粒物等污染物，再加上逆温、小风等不利于大气扩散输送的气象条件，导致的 $PM_{2.5}$ 浓度高。

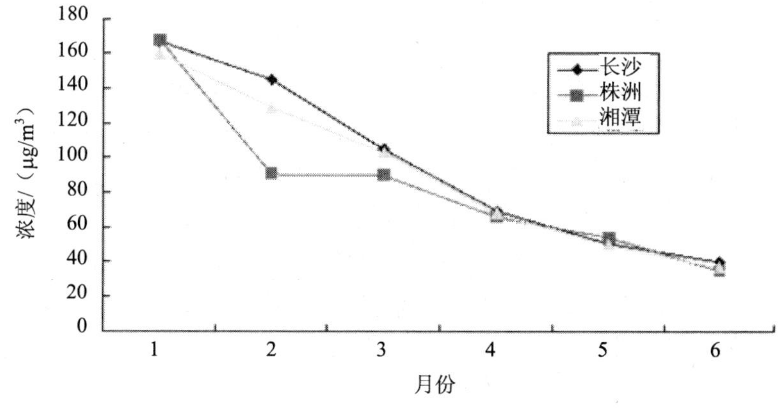

图 7　长株潭 $PM_{2.5}$ 月变化规律

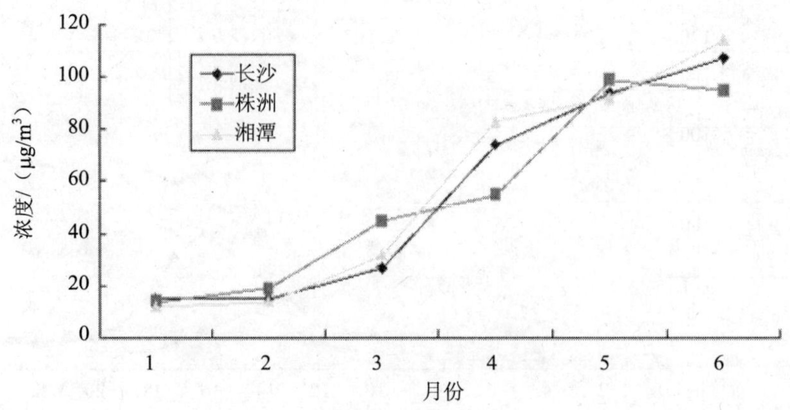

图 8 长株潭 O_3 月变化规律

O_3浓度呈现与 $PM_{2.5}$完全相反的月际变化规律。从 2013 年 1 月到 6 月，O_3浓度逐月增高。2013 年 1 月，长株潭三市的 O_3 月均值为 $14\mu g/m^3$，到了 6 月，O_3 的月均值高达 $105\mu g/m^3$，升高了 650%。3 月到 5 月，是长株潭地区气温由低到高变化最剧烈的时期，O_3浓度值随气温的升高快速攀升，变化幅度高达 25μg/（m^3·月）。

长株潭三市同步监测所反映的 $PM_{2.5}$和 O_3浓度在冬、夏季的变化规律高度一致，即在寒冷、盛行北风和西北风的冬季，$PM_{2.5}$浓度高，而 O_3浓度低；长株潭三市的春季短暂，很快就过渡到盛行南风和东南风的夏季，$PM_{2.5}$浓度低，而 O_3浓度显著升高。

3.4 $PM_{2.5}$和 O_3浓度的空间分布规律

比较长株潭三市 2013 年 1 月 14 日和 6 月 12 日的监测数据，如表 1、表 2 和表 3 可以发现明显的区域分布特征。长沙是三市中经济总量最大、人口最密集的城市，无论是在冬季还是夏季，$PM_{2.5}$的日均浓度都高于株洲和湘潭市，而株洲和湘潭两市的 $PM_{2.5}$浓度水平接近。但分开比较，三个城市内部各监测点的 $PM_{2.5}$浓度相差还是很大，尤其是三市处于城郊的点位，$PM_{2.5}$的浓度最低。由此可见，城市空气中的 $PM_{2.5}$是典型的城市病，与城市人的生产生活密切相关。

表 1 长沙市各点位 $PM_{2.5}$、O_3 日均值

时间	污染项目/$\mu g/m^3$	长沙市各点位									城市平均值
		经开区环保局	高开区环保局	马坡岭	湖南师范大学	雨花区环保局	伍家岭	火车新站	天心区环保局	湖南中医药大学	
1月14日	O_3	21	17	20	16	21	16	13	13	31	19
	$PM_{2.5}$	226	207	221	196	255	243	255	210	168	220
6月12日	O_3	128	153	139	—	147	142	117	110	136	134
	$PM_{2.5}$	38	45	43	—	45	49	45	40	44	44

表 2 株洲市各点位 $PM_{2.5}$、O_3 日均值

时间	污染项目/（$\mu g/m^3$）	株洲市各点位						城市平均值
		株冶医院	市监测站	火车站	天台山庄	市四中	大京风景区	
1 月 14 日	O_3	32	21	16	12	20	7	18
	$PM_{2.5}$	168	182	229	178	150	134	174
6 月 12 日	O_3	101	127	125	150	125	—	126
	$PM_{2.5}$	31	35	34	29	36	—	33

表 3 湘潭市各点位 $PM_{2.5}$、O_3 日均值

时间	污染项目/（$\mu g/m^3$）	湘潭市各点位						城市平均值
		市监测站	江麓	岳塘	板塘	科大	昭山	
2 月 1 日	O_3	12	12	24	14	18	18	16
	$PM_{2.5}$	178	198	182	176	180	160	179
6 月 12 日	O_3	32	138	97	74	105	78	83
	$PM_{2.5}$	43	42	40	40	41	36	40

冬季，长株潭三市空气中的 O_3 浓度分布相对均匀，且浓度比较低，平均不超过 $20\mu g/m^3$。从图 7 可知到了春季，城市环境空气中的 O_3 显著升高，但无论城市间，还是城市内各测点，浓度变化幅度较大，分布特征不明显。但从 6 月 12 日三市各测点的 O_3 浓度来看，工业和生活最密集的火车新站、株冶医院和是监测点均为该市 O_3 浓度最低的点之一，原因在于这些点位消耗 O_3 的前驱体较多，致使 O_3 浓度降低。总体上，长沙市的 O_3 浓度略偏高，和湘潭市的浓度接近。O_3 的产生和消亡机理比较复杂，导致这种分布无规律的原因有待进一步研究。

4 结语

本文通过对长株潭的 CO、SO_2、NO_2、O_3、PM_{10} 和 $PM_{2.5}$ 六项污染物不同月份的变化规律研究发现，CO 浓度值远低于标准限值；SO_2 和 NO_2 的浓度也基本上不会超标，但波动较大；而 PM_{10}、$PM_{2.5}$ 和 O_3 浓度的月变化大，且存在比较严重的超标现象，是最常见的首要污染物。通过对首要污染物 O_3 和 $PM_{2.5}$ 日变化规律、月变化规律以及空间差异性研究发现，$PM_{2.5}$ 浓度逐月降低，在冬季较高，夏季浓度显著降低，但无论是冬季还是夏季，最高值都出现在凌晨；而 O_3 浓度逐月增高，在冬季 O_3 的夜间浓度比较低，最高浓度出现在夜间。总体来说。长沙市 $PM_{2.5}$ 的日均浓度和 O_3 浓度明显高于株洲和湘潭市，这可能与人口密集以及经济发展水平密切相关。

参考文献

[1] Andreae M. O.，Talbot R. W.，Berresheim H.，et al. Precipitation chemistry in central Amazonia. Journal of Geophysical Research，1990，95（D10）：16987-16999.

[2] 辩海，韩素芹，张裕芬，等. 天津市大气能见度与颗粒物污染的关系. 中国环境科学，2012，32（3）.

[3] 牛彧文，何凌燕，胡敏，等. 深圳冬、夏季大气细粒子及其二次组分的污染特征. 中国科学 B 辑，

2006，36（2）.

[4] 王荟，王格慧，黄鹂鸣，等，南京市大气中 PM_{10}、$PM_{2.5}$ 日污染特征. 三峡环境与生态，2003，25（5）.

[5] 王雪梅，韩志伟，雷孝恩. 广州地区臭氧浓度变化规律研究. 中山大学学报（自然科学版），2003，42（4）.

[6] 殷永泉，单文坡，纪霞，等. 济南大气臭氧浓度变化规律. 环境科学，2006，27（11）.

[7] 殷永泉，单文坡，纪霞，等. 泰山顶与济南市大气臭氧浓度变化规律研究. 环境污染与防治，2005，27（9）.

此文章刊登于《环境科学与管理》2014 年第 4 期

气象因素对长沙市 $PM_{2.5}$ 周期性变化规律的影响分析

陈阳[1,2,3] 曾钰[1,2] 张琴[1,2] 彭庆庆[1,2,4] 罗岳平[1,2,3] 李蔚[5]
（1.湖南省环境监测中心站，长沙 410019；2.国家环境保护重金属污染监测重点实验室，长沙 410019；3.湘潭大学化工学院，湘潭 411105；4.湖南大学环境科学与工程学院，长沙 410012；5.湖南省气象台，长沙 410118）

摘　要：本文以长沙市 10 个城市环境空气自动监测站点 2013 年的历史监测数据为基础，分析了 $PM_{2.5}$ 质量浓度的周期性变化规律，并采用非参数分析（Pearson 相关性）法，研究了气象因素对长沙市 $PM_{2.5}$ 质量浓度周期性变化的影响。结果表明，$PM_{2.5}$ 日均质量浓度在不同季节的绝对值和变化周期都相差很大。总体上，$PM_{2.5}$ 在冬季的浓度高于夏季；$PM_{2.5}$ 质量浓度的变化周期在 3～8d。在 2013 年 4 个典型月份内，温度和风速与 $PM_{2.5}$ 质量浓度负相关，而湿度和气压与 $PM_{2.5}$ 质量浓度正相关，相关系数分别为−0.573、−0.395、0.519 和 0.440。$PM_{2.5}$ 周期性变化与区域内大气环境容量相关，而大风、降雨等强对流天气是终结 $PM_{2.5}$ 变化周期的主要环境因素。

关键词：$PM_{2.5}$；气象因素；周期性；环境容量

Study on the influence of meteorological factors on $PM_{2.5}$ periodic variation in Changsha City

Chen Yang[1,2,3] Zeng Yu[1,2] Zhang Qin[1,2] Peng Qingqing[1,2,4]
Luo Yueping[1,2,3] Li Wei[5]
(1.Hunan Environment Monitoring Centre, Changsha 410019; 2.National Environmental Protection Key Laboratory of Heavy Metal Pollution Monitoring, Changsha 410019; 3.Xiangtan University Chemical Engineering College, Xiangtan 411105; 4.Hunan University Environmental Science and Engineering College, Changsha 410012; 5.Hunan Meteorological Observatory, Changsha 410118)

Abstract:: Based on the data of 10 ambient air quality automatic monitoring sites in Changsha city, this paper analyzed the periodic variation of mass concentration of $PM_{2.5}$ and the influence of meteorological factors on the cyclical variation by using non-parametric analysis (Pearson correlation) method.The results indicated that the absolute value and cyclical variation of the daily average mass concentration of $PM_{2.5}$ varied in different seasons. Generally, the $PM_{2.5}$ concentration in winter was higher than that in summer and the variation period was 3～8d.It showed that the mass concentration of $PM_{2.5}$ had negative correlation with temperature and wind speed, while positive correlation with humidity and atmospheric pressure in four typical months of 2013. The correlation coefficient were −0.573, −0.395, 0.519 and 0.440 respectively. The cyclical change of $PM_{2.5}$ was related to the regional atmospheric environmental capacity, while high winds, rains and other severe convective weather were the major environmental factors to end the cyclic variations of $PM_{2.5}$.

Key words: $PM_{2.5}$; meteorological factors; periodically; environmental capacity

1 前言

我国城市大气污染日益严重，特别是细颗粒物（$PM_{2.5}$）浓度上升，严重影响人体健康，相关研究非常活跃。较长期观测结果表明，湖南省长沙市城区环境空气中的 $PM_{2.5}$ 质量浓度的变化具有一定的周期性。在这个周期内，$PM_{2.5}$ 质量浓度从最低点开始，逐渐增高，直至达到最高浓度值，受环境因素影响后，质量浓度突降，进入下一个变化周期。本研究利用该市 2013 年 10 个站点的自动监测数据，对 $PM_{2.5}$ 质量浓度的周期性变化规律进行分析，并探讨其与气象因素的关系，以期为制定科学的城市环境空气污染防治对策提供依据。

2 研究地区的地理和气象背景

长沙市位于湖南省东部偏北，湘江下游和长浏盆地西缘，其地域范围为东经 111°53′～114°15′，北纬 27°51′～28°41′。城区处于从丘陵向平原的过渡地带，西侧为低山区，东北侧为花岗岩低山丘陵地带，东侧和东南侧为红岩丘岗。长沙市地处北亚热带，受季风环流影响明显，夏季受低纬度海洋暖湿气团影响，湿度大，天气酷热，历年极端气温高于 43℃；冬季受西伯利亚冷气团影响，频现雨雪冰霜天气；春季处在冷暖气流的过渡地带，西伯利亚气团和热带海洋气团互有进退，是锋系及气旋活动最盛的时期，造成阴湿梅雨天气；秋季以西伯利亚气团占主导地位，为全年最宜人的秋高气爽的天气。

3 研究方法

3.1 自动监测和气象数据的获取

长沙市从 2013 年 1 月 1 日起按新《环境空气质量标准》（GB 3095—2012）开展环境空气质量自动监测。在城区共布设有 10 个监测站点，分别是经开区环保局、高开区环保局、马坡岭、湖南师范大学、雨花区环保局、伍家岭、火车新站、天心区环保局、湖南中医药大学、沙坪。$PM_{2.5}$ 自动监测仪器都采用热电公司 SHARP5030 产品。对自动监测仪产生的数据，采取一点多发的方式，相关业务部门都可查阅。本研究所用数据从 2013 年历史数据库中获取。

用于研究目的的气象数据均由湖南省气象台提供，都是已面向公众发布的历史数据。

根据季节的气象划分法，通常以公历 3—5 月为春季，6—8 月为夏季，9—11 月为秋季，12 月至次年 2 月为冬季。从长沙市实际的地理气候特征来看，春秋极为短暂，夏冬两季漫长，因而选取 1 月、3 月、7 月、11 月作为冬、春、夏、秋四季的典型月份，以其为基础，对长沙市 $PM_{2.5}$ 周期性变化进行研究。

3.2 数据统计方法

3.2.1 $PM_{2.5}$的日均质量浓度的统计

统计计算长沙市 10 个监测站点在 2013 年研究时段的 $PM_{2.5}$ 日均质量浓度，并在 2013 年 12 月统计株洲、湘潭两市的 $PM_{2.5}$ 日均质量浓度作比较分析。

3.2.2 气象参数的统计

统计长沙市 2013 年研究时段的气象参数（温度、风速、气压、湿度）的日均值。

3.2.3 相关性统计分析

选取能够分别代表四季主要特征的典型月份（1 月、3 月、7 月、11 月），采用 IBM 公司 SPSS19.0 软件对 $PM_{2.5}$ 绘制变化曲线，并分析 $PM_{2.5}$ 质量浓度与各气象参数的 Pearson 相关性。

4 结果与讨论

4.1 $PM_{2.5}$的日均质量浓度变化规律

4.1.1 $PM_{2.5}$ 日均质量浓度在 2013 年 12 月的变化情况

统计长株潭三市在 2013 年 12 月每天的 $PM_{2.5}$ 日均质量浓度，结果详见图 1。从图中可以看出，三市的 $PM_{2.5}$ 日均质量浓度变化规律高度一致，这与三市地理位置邻近、区域污染特征相似有关，也反映了自动监测数据质量准确、可靠。总体来看，在冬季，长株潭三市 $PM_{2.5}$ 日均质量浓度的变化周期为 5～8 天，即每 5～8 天会出现一个峰值，此后 $PM_{2.5}$ 的质量浓度迅速下降，然后以或快或慢的累积速度上升，达到另一个峰值，再进入下一个变化周期。

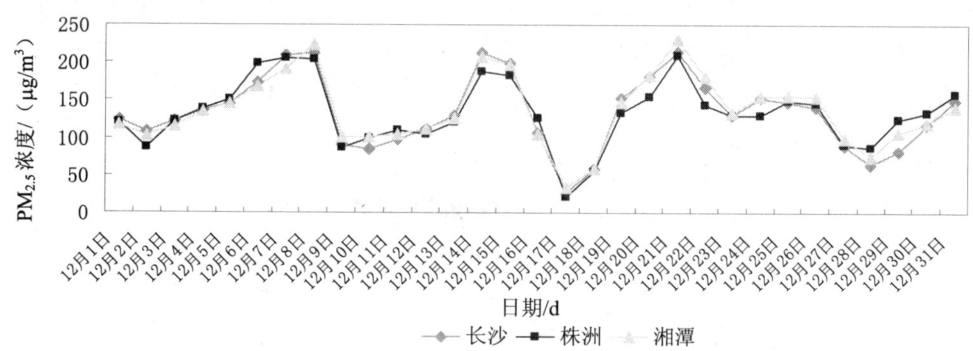

图 1 长株潭三市 2013 年 12 月 $PM_{2.5}$ 日均浓度周期性变化规律

4.1.2 长沙市 $PM_{2.5}$ 日均质量浓度变化周期的季节性差异

分别统计长沙市在 2013 年 1 月、3 月、7 月和 11 月的 $PM_{2.5}$ 日均质量浓度，结果详见图 2。从图中可以看出，在冬季（1 月），$PM_{2.5}$ 日均质量浓度整体较高，且波动比较剧烈，变化周期比较短；进入春季（3 月）以后，$PM_{2.5}$ 的日均质量浓度明显下降，且日间变化相对平缓，变化周期延长到 7～8d；而在夏季（7 月），只出现一个较为明显的峰值，日均质量浓度较长时间维持较低水平且相对稳定；秋季（11 月）来临后，$PM_{2.5}$ 的日均质量浓度又开始升高，且变化幅度比较大，变化周期和冬季相当，平均 7d 左右。由此可见，$PM_{2.5}$ 的日均质量浓度在不同季节的绝对值和变化周期都相差很大，夏季 $PM_{2.5}$ 的日均质量浓度

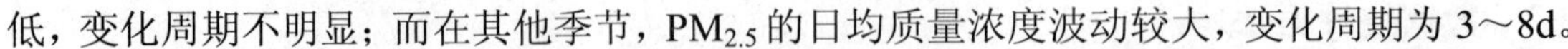

低，变化周期不明显；而在其他季节，$PM_{2.5}$的日均质量浓度波动较大，变化周期为3～8d。

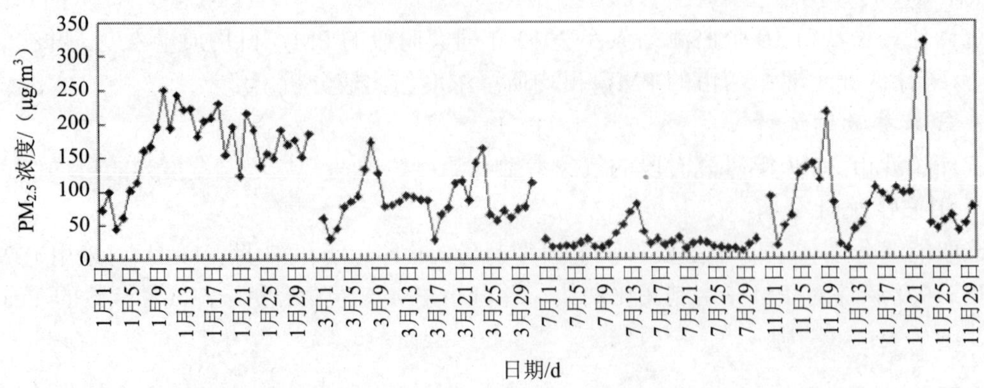

图2 长沙市2013年4个典型月份$PM_{2.5}$日均质量浓度变化情况

4.2 $PM_{2.5}$质量浓度与气象因素的相关性分析

研究表明，$PM_{2.5}$质量浓度不仅与污染源强和分布相关，同时与气象条件密切相关[1]。气象条件影响$PM_{2.5}$的稀释和扩散[2]，从而决定了$PM_{2.5}$的积累水平。

4.2.1 $PM_{2.5}$质量浓度与气温的关系

绘制长沙市2013年4个典型月份$PM_{2.5}$日均质量浓度与温度同步变化的曲线，结果详见图3。从图中可以看出，在2013年的4个典型月里，气温和$PM_{2.5}$日均质量浓度的变化幅度都较大。计算4个月内123个样本的Pearson相关系数，结果表明，$PM_{2.5}$日均质量浓度与温度负相关，相关系数−0.573，处于显著相关水平，表明气温升高可以起到降低$PM_{2.5}$质量浓度的作用[3]，其可能的机理在于，地表温度升高，太阳辐射增强，大气湍流加强，混合层的高度也会随之增加，有利于降低大气稳定度，促进$PM_{2.5}$的稀释和扩散[4]。

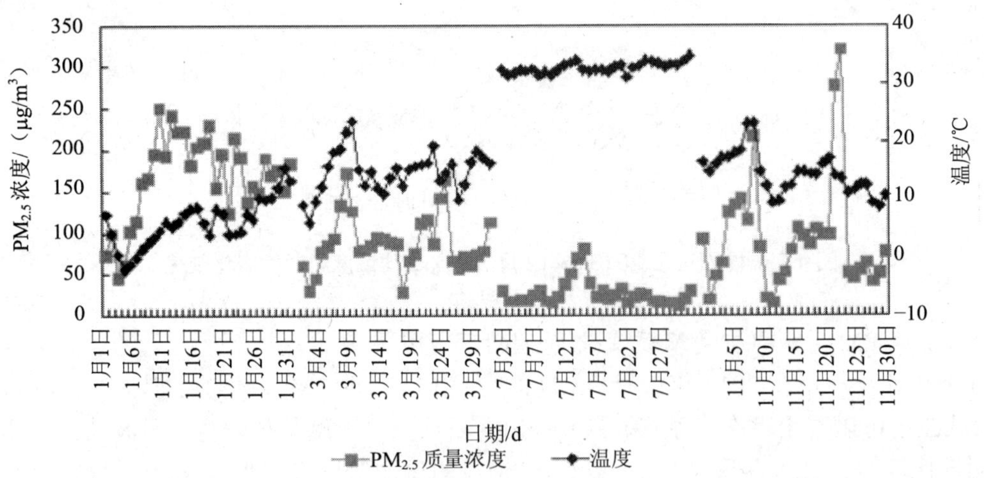

图3 长沙市2013年4个典型月份的$PM_{2.5}$日均质量浓度与温度的同步变化情况

4.2.2 $PM_{2.5}$质量浓度与风速的关系

绘制长沙市2013年4个季度典型月份$PM_{2.5}$质量浓度与风速同步变化的曲线，结果详见图 4。从图中可以看出，在 2013 年的 4 个典型月里，城区风速较大时，$PM_{2.5}$ 的质量浓度相对较低；而风速较小时，$PM_{2.5}$ 的质量浓度相对较高。计算 4 个月内 123 个样本的 Pearson 相关系数，结果表明，$PM_{2.5}$ 的质量浓度与风速负相关，相关系数-0.395，处于显著相关水平。一般认为，风速越大越有利于 $PM_{2.5}$ 水平扩散。在风速越大的情况下，单位时间内 $PM_{2.5}$ 被输送的距离越远，与空气的混合也越充分，从而使单位体积空气中的 $PM_{2.5}$ 含量越低[5]。风速小，大气湍流程度也越小[6]，$PM_{2.5}$ 输送和扩散程度低，发生降低城市环境空气质量的累积。

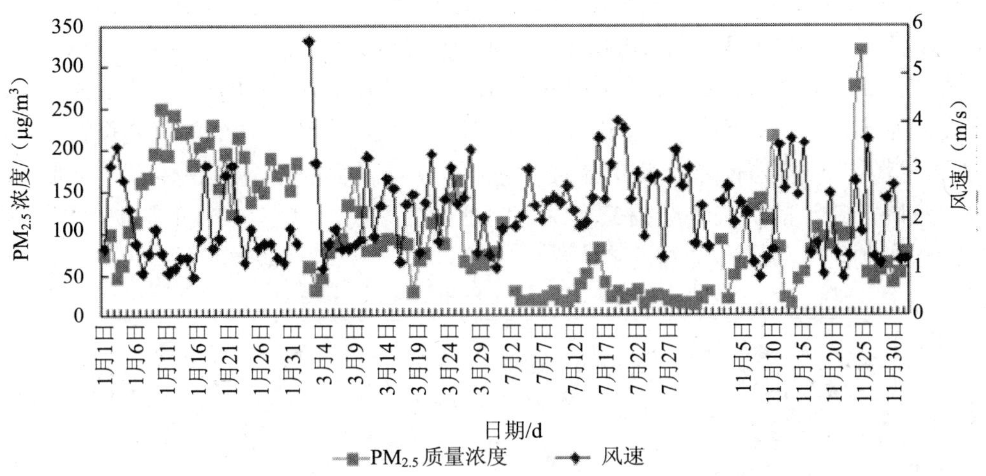

图 4　长沙市 2013 年 4 个典型月份的 $PM_{2.5}$ 日均质量浓度与风速的同步变化情况

4.2.3 $PM_{2.5}$ 质量浓度与气压的关系

绘制长沙市 2013 年 4 个典型月份 $PM_{2.5}$ 质量浓度与气压同步变化的曲线，结果详见图 5。从图中可以看出，在 2013 年的 4 个典型月份里，气压总体变化不大，在 990～1 030 hPa

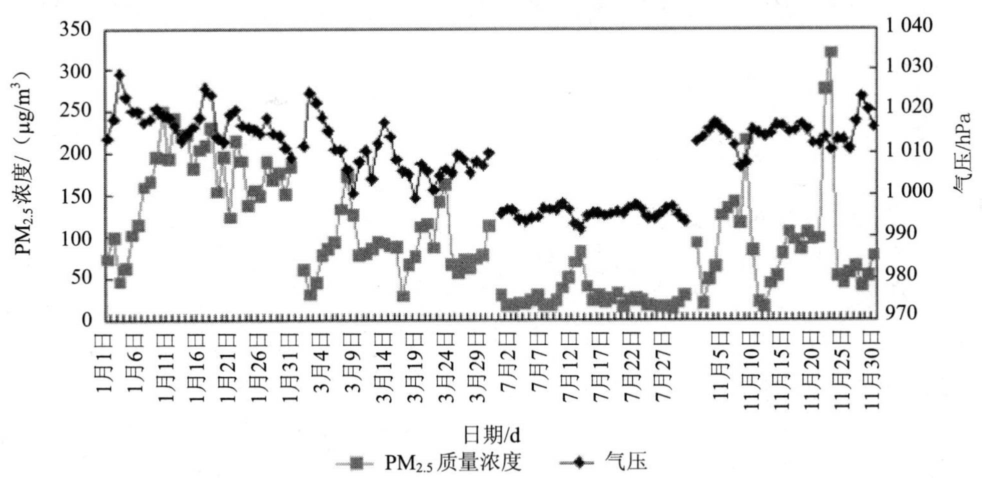

图 5　长沙市 2013 年 4 个典型月份的 $PM_{2.5}$ 日均质量浓度与气压的同步变化情况

范围内波动。计算 4 个月内 123 个样本的 Pearson 相关系数，结果表明，$PM_{2.5}$ 的质量浓度与气压正相关，相关系数 0.519，处于显著相关水平。究其原因，高气压会使大范围空气下沉，且易形成逆温层，阻止 $PM_{2.5}$ 垂直扩散；而低气压时，大气一般处于不稳定状态，有利于 $PM_{2.5}$ 扩散[7]。对长沙市，1 月主要受西伯利亚高压和蒙古高压影响，天气稳定少变，尤其是在寒潮来临时易形成逆温层，使 $PM_{2.5}$ 质量浓度居高不下。但在 7 月，副热带高压减弱，易出现强对流天气，有利于 $PM_{2.5}$ 稀释[8]，从而维持在较低浓度水平。

4.2.4 $PM_{2.5}$ 质量浓度与相对湿度的关系

绘制长沙市 2013 年 4 个典型月份 $PM_{2.5}$ 质量浓度与相对湿度同步变化的曲线，结果详见图 6。计算 4 个月内 123 个样本的 Pearson 相关系数，结果表明，$PM_{2.5}$ 质量浓度与相对湿度正相关，相关系数 0.440，处于显著相关水平。高相对湿度对 $PM_{2.5}$ 污染的不利影响主要表现在两个方面。一方面，近地面层空气相对湿度大，表明近地面层稳定度高，不利于 $PM_{2.5}$ 垂直扩散；另一方面，在一定的温度条件下，相对湿度增加易形成雾，既不利于 $PM_{2.5}$ 的扩散、沉降，悬浮的雾滴还会捕获空气中的烟尘悬浮物、汽车尾气和其他气态污染物，促使二次粒子的转化生成，加重污染[9-10]。

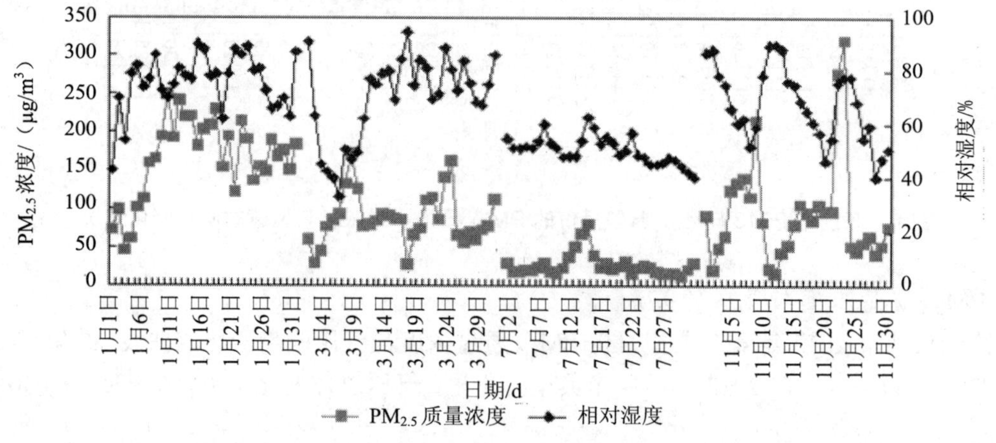

图 6 长沙市 2013 年 4 个典型月份的 $PM_{2.5}$ 日均质量浓度与相对湿度的同步变化情况

综上所述，在统计时段内，考察的温度、风速、气压和湿度 4 个气象因素都与 $PM_{2.5}$ 质量浓度显著相关，表明在分析 $PM_{2.5}$ 污染水平及其变化特征时必须综合考虑气象条件的影响。

4.3 $PM_{2.5}$ 质量浓度周期性变化的原因分析

4.3.1 $PM_{2.5}$ 质量浓度周期性变化的理论分析

在特定的城市范围内，环境空气系统是一个完整而开放的体系。首先，这个系统既有边界，但又相对模糊。其中，地表边界，也就是下垫面和地理四至范围是相对固定的；大气层也有边界的概念，但由于气温、气压等因素的影响会使得边界上升或下压，从而改变大气环境容量，是最重要的控制性边界。其次，这个系统的物质交换非常频繁、更新快，以 $PM_{2.5}$ 为例，主要的输入包括地表污染源直接排放，二次反应生成和外部长距离输入，输出则主要是垂直或水平扩散，两者平衡的结果，决定了城市环境中 $PM_{2.5}$ 的积累速率[11]。

对一座城市，在大多数情况下或者大部分时间内，$PM_{2.5}$ 的积累量超过输入量。因此，在这个区域内，从一个变化周期的起点开始追踪，最初的 $PM_{2.5}$ 是最低的，随后开始累积，质量浓度越来越高，若出现强对流天气，如刮风、下雨和降雪等，该区域内的 $PM_{2.5}$ 通过垂直或水平扩散等途径大量输出，剩余的 $PM_{2.5}$ 随即下降到很低的浓度，从而为下一个 $PM_{2.5}$ 浓度变化周期准备了环境容量，如此周而复始。形象地讲，就是向一个看似没有边，实则有界的空气罐内，不断注入 $PM_{2.5}$，一段时间后又借助自然力量最大限度地清除，再注入新的 $PM_{2.5}$，这就是 $PM_{2.5}$ 质量浓度发生周期变化的必然性。但在不同时期，环境容量变化、$PM_{2.5}$ 累积速度不同、气象条件等发生变化，则变化周期长短不同，这方面又存在较大的偶然性。

夏季，对任何区域，大气环境容量是最大的，同时，盛行南风或东南风，相对洁净，稀释作用强，此外，温度高，光照强，$PM_{2.5}$ 扩散渠道通畅，多种因素综合作用的结果，在夏季，$PM_{2.5}$ 质量浓度整体偏低，处于小幅波动状态，变化的周期性不明显。而在其他季节，大气环境容量变小，特别是 $PM_{2.5}$ 的扩散水平下降，必然在相对封闭的大气空间里发生累积，表现出较明显的周期性变化特征，周期长短取决于边界限定的环境容量、大气扩散条件、$PM_{2.5}$ 排放强度等。总体来看，天气越多变，变化周期就越短。长沙市属典型的亚热带季风气候，四季分明，累积天数在 3～8d。而在我国北方部分地区，$PM_{2.5}$ 污染面广，春冬季节局部天气静稳，逆温层低，大气环境容量小，特别是污染连片，水平方向得不到新风的稀释，$PM_{2.5}$ 持续累积，从而使环境空气质量一直处于恶化状态。

4.3.2 $PM_{2.5}$ 变化周期的终结因素分析

$PM_{2.5}$ 质量浓度的一个变化周期结束时，质量浓度实测值一般会骤然下降。统计长沙市 2013 年 4 个典型月份 $PM_{2.5}$ 质量浓度骤降日的气象条件，结果详见表 1。

表 1 $PM_{2.5}$ 质量浓度骤降日的气象条件统计表

骤降日期（月.日）	累积天数 / 累积天数占总天数比例	主要的气象变化
（1.2）（1.3）	2 / 3.92%	降雨、降雪、大风
（1.10）（1.11）（1.27）（1.28）（1.29）（1.30）（3.16）（3.17）（7.20）（7.21）（11.23）（11.24）	12 / 23.53%	降雨
（1.14）（1.15）（1.18）（1.19）（1.20）（1.21）（7.7）（7.8）（7.28）（7.29）（11.1）（11.2）	12 / 23.53%	大风
（1.22）（1.23）（1.24）（1.25）（1.26）（3.1）（3.2）（3.8）（3.9）（3.10）（3.21）（3.22）（3.24）（3.25）（3.26）（7.14）（7.15）（7.16）（7.17）（7.18）（9.9）（9.10）（9.11）（11.27）（11.28）	25 / 49.02%	降雨、大风

根据表 1 的统计结果，$PM_{2.5}$ 环境质量浓度骤降时，一般伴随着大风、降雨或降雪天气。由此可见，终结一个 $PM_{2.5}$ 质量浓度变化周期的主要因素是气象条件。理论上分析，在一个短的变化周期内，$PM_{2.5}$ 排放源强是不会发生显著变化的，因为人类的生产、生活具有连续性，$PM_{2.5}$ 质量浓度骤然下降，更多的是输出途径发生变化的结果，如大风促使 $PM_{2.5}$ 水平扩散，带来的清洁空气也产生稀释效应；降水则通过沉降作用而将 $PM_{2.5}$ 转移至地表径流。

逐一对应分析气象条件变化与 $PM_{2.5}$ 质量浓度的升降，结果发现，两者变化并不完全同步，$PM_{2.5}$ 质量浓度变化往往滞后于气象因素改变，出现这种现象，主要的原因可能是天气发生变化后，清除 $PM_{2.5}$ 存量有个过程，滞后时间与天气变化剧烈程度、当前 $PM_{2.5}$ 质量浓度等因素有关，而这种滞后特征在一定程度上降低了两者的相关系数。

5 结论

（1）$PM_{2.5}$ 的日均质量浓度在不同季节的绝对值和变化周期都相差很大。总体上，$PM_{2.5}$ 在冬季的浓度高于夏季，质量浓度的变化周期在 3～8d。

（2）$PM_{2.5}$ 质量浓度与气象条件密切相关。温度和风速与 $PM_{2.5}$ 质量浓度负相关，而湿度和气压与 $PM_{2.5}$ 质量浓度正相关，相关系数分别为−0.573、−0.395、0.519 和 0.440。

（3）$PM_{2.5}$ 质量浓度周期变化与区域大气环境容量相关，大风、降雨、降雪等强对流天气是终结 $PM_{2.5}$ 变化周期的主要环境因素。

参考文献

[1] 廉丽姝，高军，靖束炯. 城市大气污染特征及其与气象因子的关系——以济南、青岛市为例.环境污染与防治，2011，5（5）：22-26.

[2] 文一章，孙在，邓川，付志民. 杭州市下沙地区 $PM_{2.5}$ 浓度监测与分析. 中国计量学院学报，2012，3（9）：279-283.

[3] 李军，孙春宝，等. 气象因素对北京市大气颗粒物浓度影响的非参数分析. 环境科学研究，2009，12（6）：663-669.

[4] 孙向明，彭勇刚. 深圳市近年空气质量与气象条件的关系. 广东气象，1007-6190（2005）03-0001-02.

[5] 魏玉香，童尧青，银燕，陈魁. 南京 SO_2、NO_2 和 PM_{10} 变化特征及其与气象条件的关系. 大气科学学报，2009，030（6）：451-457.

[6] 潘本锋，赵熠琳，李健军，王瑞斌.气象因素对大气中 $PM_{2.5}$ 的去除效应分析.环境科技，2012，12（6）：41-44.

[7] 刘爱霞，韩素芹，姚青，等. 2011 年秋冬季天津 $PM_{2.5}$ 组分特征及其对能见度的影响. 气象与环境学报，2013，29（2）：42-47.

[8] 孙玖玲，等. 天津城区秋季 $PM_{2.5}$ 质量浓度垂直分布特征研究. 气象，2008，10（10）：60-66.

[9] 李宗恺，潘云仙，孙澜桥. 空气污染气象学原理及应用. 北京：气象出版社，1985：557-569.

[10] 刘淑梅，杨泓，傅朝，邵志宏. 兰州市冬春两季 PM_{10} 重度污染的气象条件分析研究. 环境科学与技术，1003-6504（2008）05-0080-04.

[11] 杨义彬. 成都市大气污染及气象条件影响. 四川气象，2004，3（9）：40-43.

此文章刊登于《四川环境》2014 年第 6 期

城市环境空气中 $PM_{2.5}$ 和 NO_2 浓度的相关性研究

罗岳平[1,2] 陈阳 戴春皓 郭卉[1] 刘孟佳[1,2,3] 金红红[1] 周湘婷[1]
（1. 湖南省环境监测中心站，长沙 410014；2. 国家环境保护重金属污染监测重点实验室，长沙 410014；3. 湘潭大学化工学院，湘潭 411105；4. 湖南农业大学资源环境学院，长沙 410128）

摘 要：以湖南省长沙市为研究区域，对城市环境空气中的 $PM_{2.5}$ 和 NO_2 浓度进行自动监测，并对数据进行相关性分析。结果表明，$PM_{2.5}$ 和 NO_2 浓度的季节性变化大，且两者的变化规律一致，均为冬季＞秋季＞春季＞夏季；在一天内，NO_2 浓度的最低值一般出现在午后，但 $PM_{2.5}$ 浓度的最低值、峰值出现时间不确定；就功能区分布而言，NO_2 浓度最高值出现在商业区，而 $PM_{2.5}$ 浓度分布的区域规律不明显。$PM_{2.5}$ 与 NO_2 浓度变化以正相关为主，$PM_{2.5}$ 浓度高时，NO_2 浓度高；反之亦然，两者容易产生叠加污染。总体上，冬、秋季节为 $PM_{2.5}$ 和 NO_2 主要控制季节。

关键词：城市环境空气质量；$PM_{2.5}$；NO_2；相关性分析

Correlation analysis of concentrations of $PM_{2.5}$ and NO_2 in city ambient air

Luo Yueping[1,2] Chen Yang Dai Chunhao Liu Mengjia[1,2,3] Guo Hui[1]
Jin Honghong[1] Zhou Xiangting[1]
(1.Hunan Province Environmental Monitoring Center，Changsha 410019; 2.State Environmental Protection Key Laboratory of Monitoring for Heavy Metal Pollutants，Changsha 410019； 3. College of chemistry and chemical engineering，Xiangtan University，411105； 4.Colleage of Resources and environment Hunan Agricultural University，Changsha 410128)

Abstract: The Changsha city of Hunan province was selected to monitor automatic by the concentrations of $PM_{2.5}$ and NO_2 in ambient air. The correlation relationship between $PM_{2.5}$ and NO_2 was also analyzed. The results showed that the concentrations of $PM_{2.5}$ and NO_2 changed significantly with seasons. The results showed that the seasonal changes of $PM_{2.5}$ and NO_2，the concentration of large，seasonal variation，as winter ＞ autumn ＞ spring ＞ concentration in summer；in all day，the lowest concentration of NO_2 generally appeared in the afternoon，the peak $PM_{2.5}$ concentration，low values were not obvious；in different functional areas，the highest concentration of NO_2 was in the business district，the $PM_{2.5}$ rule was not obvious. $PM_{2.5}$ and NO_2 concentration changed in positive correlation，the higher concentration of $PM_{2.5}$，concentration of NO_2 was high，and vice versa，both easy to produce pollution overlay. On the whole，winter and autumn were the main seasons controlling $PM_{2.5}$ and NO_2.

Key words: city air quality；$PM_{2.5}$；NO_2；correlation analysis

空气环境作为城市生态系统的重要组成部分，受到人类经济社会活动的强烈影响。随着城市迅猛发展，我国城市大气环境污染加剧[1-5]，已成为威胁城市居民健康和城市环境安全的主要因素。长株潭地区目前是我国中部发展最快的地区之一，特别是长沙市，经济总量大，城市扩张快，在秋冬季节，已观察到明显的灰霾天气，群众反映强烈。研究表明，排放到大气中气体可以通过复杂的物理化学过程转化成粒子，成为$PM_{2.5}$中的二次粒子[6-7]，例如由NO_x生成的硝酸盐。为明确城市环境空气中$PM_{2.5}$和NO_2的浓度相关性，本研究利用长沙市10个自动监测站点2013年1—12月的历史数据，分析大气环境中$PM_{2.5}$和NO_2的浓度关系，探讨两种大气污染物是否存在叠加环境风险，以期为制定科学的城市空气环境污染治理对策提供依据。

1 材料与方法

1.1 监测点位设置

在长沙市共设置10个常规监测点位，分别是经开区环保局、高开区环保局、马坡岭、湖南师范大学、雨花区环保局、伍家岭、火车新站、天心区环保局、湖南中医药大学、沙坪，连续自动监测，数据通过VPN通道同时发送中国环境监测总站、湖南省环保厅和长沙市环保局，数据有效性主要由省、市两级审核。

1.2 仪器设备和数据获取

长沙市的$PM_{2.5}$自动监测仪器主要采用SHARP5030、Thermo5030型号的产品，NO_2自动监测仪器采用Thermo42i、ECOTECH9840型号的产品。本文统计分析数据从该市自动监测数据库中随机选取，主要保证所选数据在一天内是完整且有效的，不带任何倾向性。相关性分析使用EXCEL2010软件。

2 结果与分析

2.1 长沙市$PM_{2.5}$和NO_2的总体污染特征

2.1.1 $PM_{2.5}$与NO_2浓度的四季变化规律

长沙市城区$PM_{2.5}$与NO_2浓度在四季典型月份的平均值统计结果见表1。从表中可以看出，$PM_{2.5}$和NO_2浓度的季节性变化规律明显，总体上，平均值由高到低依次是冬季>秋季>春季>夏季。虽然$PM_{2.5}$与NO_2浓度均值的季节性变化规律一致，但$PM_{2.5}$浓度的变化幅度明显高于NO_2。

表1 长沙市$PM_{2.5}$与NO_2浓度在四季典型月份的平均值统计结果

月份	1月		4月		7月		10月	
质量指标	$PM_{2.5}$	NO_2	$PM_{2.5}$	NO_2	$PM_{2.5}$	NO_2	$PM_{2.5}$	NO_2
长沙	148	68	71	53	27	28	133	52

2.1.2 $PM_{2.5}$与NO_2浓度的日内变化规律

在2013年1月、4月、7月和10月分别选取1天，作$PM_{2.5}$与NO_2浓度的24 h变化曲线，结果如图1所示。由图1可以看出，NO_2浓度的日最低值均出现在午后14时左右，主要是这个时段的太阳辐射最强，NO_2作为二次污染的主要前体物参与光化学反应而被消耗，监测到的浓度最低。$PM_{2.5}$ 浓度在日内的变化没有稳定规律。在污染严重的冬季，日最低值出现在交通活动较强烈的早高峰阶段；在污染中等的秋季，日最低浓度出现在午后；在污染较轻的夏季，日内浓度变化幅度很小，不确定最低浓度出现的时间。

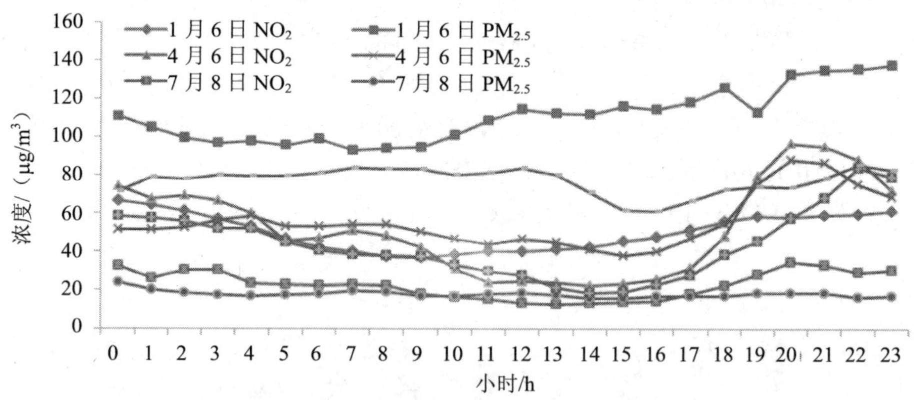

图 1 长沙市 $PM_{2.5}$ 与 NO_2 浓度在典型日内的 24 h 变化情况

2.1.3 $PM_{2.5}$ 与 NO_2 浓度的空间分布规律

选取 3 个不同类型的功能区监测站点，即火车站（商业区）、湖南中医药大学（文教区）、雨花区环保局（混合区），分别统计其在 2013 年 1 月、4 月、7 月和 10 月典型日的 $PM_{2.5}$ 与 NO_2 浓度均值，并分析 2 项指标分布的空间差异性。从表 2 可以看出，商业区的 $PM_{2.5}$ 和 NO_2 浓度总体最高，混合区次之，而文教区的最低。由此可见，$PM_{2.5}$ 与 NO_2 浓度分布的空间规律较明显，尤其是 NO_2，区域差异性分布的规律非常稳定，春、秋、冬季，在商业区的浓度明显高于其他功能区。而位于文教区的湖南中医药大学站点，NO_2 产生源少，无论在哪个季节，监测到的浓度都是最低的，春、秋、冬季尤为明显，但在夏天，因为 NO_2 整体水平不高，浓度差值相对较小。

根据表 2，NO_2 的区域分布规律较 $PM_{2.5}$ 稳定，究其原因，NO_2 的产生和消亡过程相对简单，高温和强光照有利于其发生光化学转化，故而夏、秋浓度低、冬、春季节则有所累积。相反，$PM_{2.5}$ 的贡献源比较复杂多样，且受气象条件影响大，其动态变化过程存在很多不确定因素，虽然变化趋势明确，但例外情况也不少见。

表 2 长沙市不同功能区站点 $PM_{2.5}$ 和 NO_2 浓度的日均值 单位：μg/m³

时间	监测指标	火车新站（商业区）	湖南中医药大学（文教区）	雨花区环保局（混合区）
01 月 02 日（冬季）	$PM_{2.5}$	112	94	105
	NO_2	72	47	62
04 月 12 日（春季）	$PM_{2.5}$	101	80	100
	NO_2	106	45	76
07 月 24 日（夏季）	$PM_{2.5}$	27	30	23
	NO_2	33	28	35
10 月 02 日（秋季）	$PM_{2.5}$	107	123	100
	NO_2	64	39	49

2.2 $PM_{2.5}$与NO_2浓度的相关性分析

2.2.1 $PM_{2.5}$与NO_2浓度在不同功能区的日相关性

重污染条件下不同污染物往往容易形成叠加污染。图 2 和图 3 选取 2013 年 10 月 6 日和 12 月 21 日长沙市两次重污染天气，分析 10 个自动监测站点 $PM_{2.5}$与NO_2日均浓度的变化趋势。从图 2 和图 3 可以看出，在$PM_{2.5}$污染重的点位，NO_2浓度也较高。如 2013 年 12 月 21 日，长沙市多个自动监测点位，包括马坡岭、经开区、天心区等的$PM_{2.5}$浓度超过 200μg/m^3，其NO_2浓度也超过 100μg/m^3，有叠加污染现象。分别计算$PM_{2.5}$与NO_2在两天的相关性，10 月 6 日的回归方程为 y=0.757 3x+144.5，相关系数 R^2=0.276 6；12 月 21 日的回归方程为 y=0.277x+194.71，相关系数 R^2=0.1443。

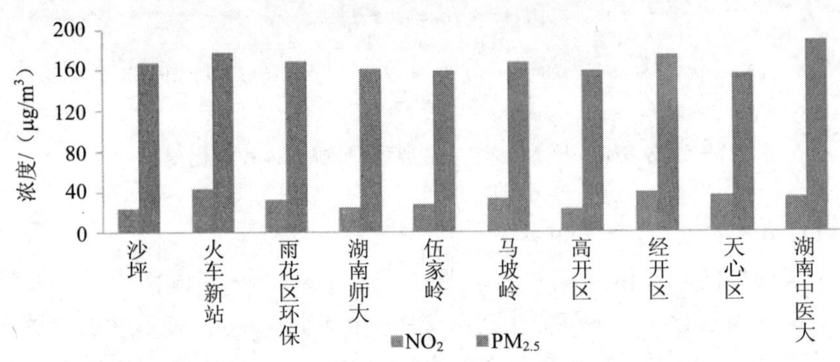

图 2 长沙市 10 个自动监测点位在 10 月 6 日的$PM_{2.5}$与NO_2日均浓度

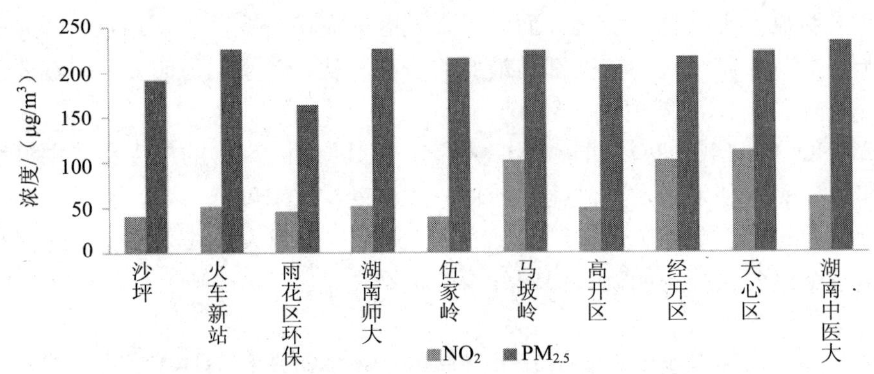

图 3 长沙 10 个自动监测点位在 12 月 21 日的$PM_{2.5}$与NO_2日均浓度

2.2.2 $PM_{2.5}$与NO_2日均浓度变化的相关性

长沙市 2013 年 1 月、4 月、7 月和 10 月$PM_{2.5}$与NO_2日均浓度在月内的变化趋势见图 4。从图中可以看出，$PM_{2.5}$与NO_2日均浓度基本同步变化，特别是在 7 月，$PM_{2.5}$与NO_2的日均浓度都相当低，变化最同步。1 月，两项空气质量指标的回归方程为 y=0.237 5x+28.046，相关系数 R^2=0.466 3，结果见图 5。同样计算 4 月、7 月和 10 月的回归方程和相关系数，结果分别为：

$$y=0.435\,4x+20.006,\ R^2=0.401\,1;$$
$$y=0.123\,2x+24.503,\ R^2=0.162\,7;$$
$$y=0.174\,1x+28.958,\ R^2=0.217\,1。$$

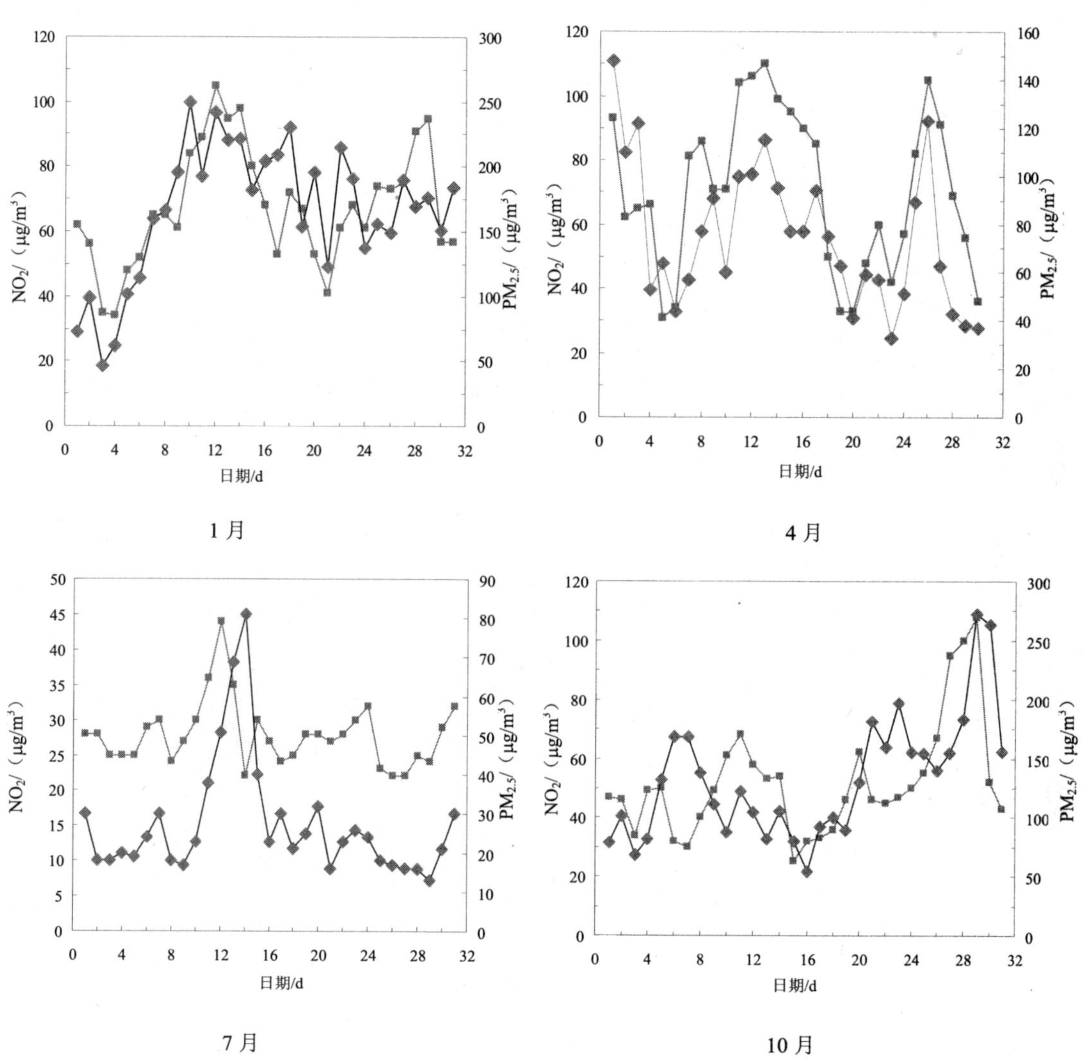

图 4 长沙市 2013 年 $PM_{2.5}$ 与 NO_2 日均浓度的变化趋势

2.2.3 $PM_{2.5}$ 与 NO_2 月均浓度变化的相关性

以 2013 年全年为时间统计尺度，以月均 $PM_{2.5}$ 与 NO_2 浓度为考核指标，分析两者的相关性，结果见图 6。由图 6 可以看出，$PM_{2.5}$ 与 NO_2 日均浓度成正的线性相关性，相关性显著。

2.2.4 $PM_{2.5}$ 与 NO_2 浓度变化的相关性分析

本文从多个角度统计分析了 $PM_{2.5}$ 与 NO_2 浓度变化的相关性。结果表明，在不同统计条件下，两者的相关性差别较大，但总体来看，两者变化以正相关为主，也就是 $PM_{2.5}$ 与 NO_2 容易产生叠加污染，$PM_{2.5}$ 浓度高时，NO_2 浓度也高；反之，NO_2 浓度升高时，$PM_{2.5}$

污染相应也重。

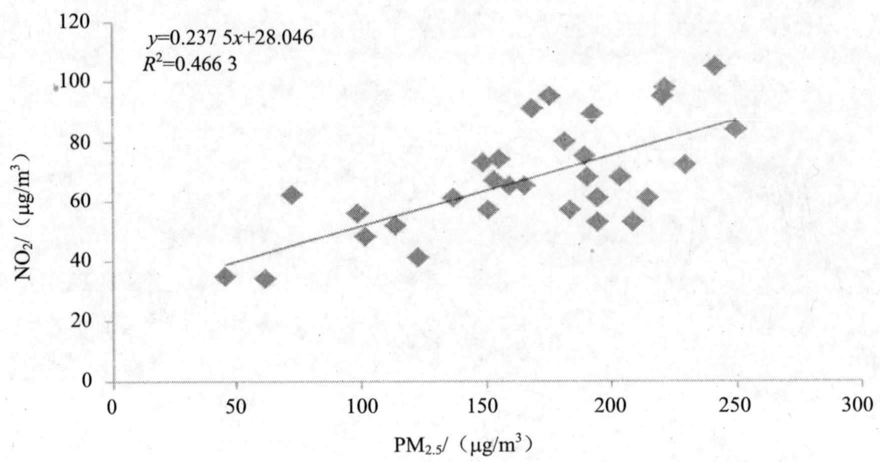

图 5 长沙市 2013 年 1 月 $PM_{2.5}$ 与 NO_2 日均浓度变化的相关性分析

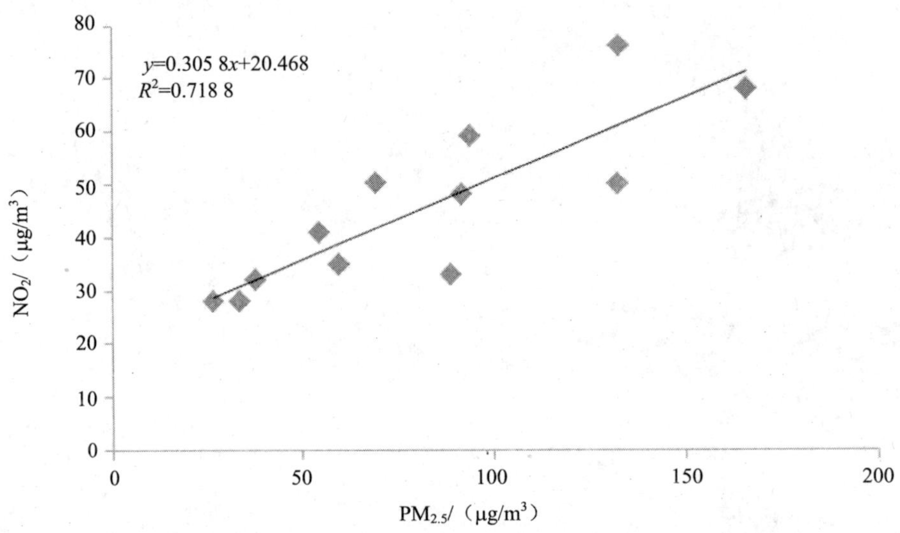

图 6 长沙市 2013 年 $PM_{2.5}$ 与 NO_2 月均浓度的相关性分析

$PM_{2.5}$ 与 NO_2 污染同时发生，主要与污染来源有关[8]。人类活动，特别是燃烧化石燃料，如煤和石油等，产生 NO_2 等污染物，在不利环境和气象条件下，滞留于近地面大气中，一次直接污染物和二次气溶胶污染物并存，推动 $PM_{2.5}$ 浓度升高[9]。由此可见，$PM_{2.5}$ 与 NO_2 污染本质上存在一定的包含关系，NO_2 及其生成的二次污染物是 $PM_{2.5}$ 的组成部分之一，NO_2 浓度升高，必然带动 $PM_{2.5}$ 浓度升高，因此两者的浓度变化表现为正相关。但从资料数据看，NO_2 及其生成的二次污染物占 $PM_{2.5}$ 的比重还不是很大，一般在 10%以下[10]。因此，NO_2 会直接推高 $PM_{2.5}$ 浓度，然而受贡献量偏低的影响，推动效果不是很明显，故而相关系数 R^2 的数值整体偏低。

根据统计分析结果，长时间尺度或$PM_{2.5}$与NO_2浓度较高时，两者的相关性较强，全年的相关系数为0.718 8，1月的相关系数为0.466 3，而7月仅0.162 7。由此可见，$PM_{2.5}$与NO_2浓度基本是同步变化的，特别是在某些季节，NO_2是$PM_{2.5}$的重要贡献者，要降低$PM_{2.5}$含量，必须削减NO_2排放量。

3 结论

$PM_{2.5}$与NO_2作为城市环境空气中最常见的两类首要污染物，通过统计分析其自动监测数据，可得出以下主要结论：

（1）$PM_{2.5}$和NO_2作为典型的季节性污染物，在不同月份的浓度差异较大，冬、春季浓度高，而夏季相对较低。总体来说，冬、春季是防$PM_{2.5}$和NO_2污染的主要季节。

（2）在一天内，NO_2浓度与太阳辐射有一定关联性，太阳辐射强则NO_2浓度低，而$PM_{2.5}$浓度出现极值的时间不确定。

（3）NO_2浓度分布呈明显的区域特征，商业区站点的NO_2浓度明显高于其他站点，而$PM_{2.5}$没有表现出明显的地域分布规律。

（4）由于$PM_{2.5}$与NO_2的来源有一定的关联性，总体来看，两者的浓度变化以正相关为主，即$PM_{2.5}$与NO_2容易产生叠加污染，$PM_{2.5}$浓度高时，NO_2污染也重，而NO_2浓度升高，推动$PM_{2.5}$的浓度相应增加。因此，在控制$PM_{2.5}$污染时，需关注对NO_2污染的治理。

参考文献

[1] NorbertEnglert. Fine particles and human health-a review of epidemiological studies. Toxicology Letter，2004，149：235-242.

[2] Johnson，D. L.，D. R. Anderson，S. P. McGrath. Soil microbial response during the phytoremediation of a PAH contaminated soil. Soil Biology and Biochemistry，2005，37（12）：2334- 2336.

[3] Escalante- Espinosa，E.，M. E. Gallegos，E.Favela-Torres，et al. Improvement of the hydrocarbon phytoremediation rate by Cyperus laxus Lam. inoculated with a microbial consortium in a model system [J]. Chemosphere，2005，59（3）：405-413.

[4] Breivik K，Gioia R，Chakraborty P，et al.Are reductions in industrial organic contaminants emissions in rich countries achieved partly by export of toxic wastes . Environmental Science and Technology，2011，45（21）：9154-9160.

[5] Nizzetto L，Perlinger J A. Climatic，biological and land cover controls on the exchange of gas-phase semivolatile chemical pollutants between forest canopies and the atmosphere. Environmental Science and Technology，2012，46（5）：2699-2707.

[6] Vlckova K，Hoffman J. A comparison of POPs bioaccumulation in Eisenia fetida in natural and artificial soils and the effects of aging . Environmental Pollution，2012，160（1）：49-56.

[7] Guo Y Y，Huo X，Wu K S，et al. Carcinogenic polycyclic aromatic hydrocarbons in umbilical cord blood of human neonates from Guiyu，China. Science of the Total Environment，2012，（427/428）：35-40.

[8] 张菊，苗鸿，欧阳志云，王效科. 近20年北京市城近郊区环境空气质量变化及其影响因素分析. 环境科学学报，2006，26（11）：1886-1892.

[9] 陶俊，张仁健，董林，等. 夏季广州城区细颗粒物 $PM_{2.5}$ 和 $PM_{1.0}$ 中水溶性无机离子特征.环境科学，2010，31（7）：1417-1425.

[10] Tan J H，Duan J C，He K B，et al. Chemical characteristics of $PM_{2.5}$ during a typical haze episode in Guangzhou. J Environ Sci，2009，21：774-781.

此文章刊登于《环境科学与管理》2014 年第 10 期

常德市环境空气质量评价及污染原因分析

袁 皓

（湖南省常德市环境监测站，常德 415003）

摘 要：2013 年常德市城区主要大气污染物的监测数据表明，常德市环境空气质量达标率相比 2012 年有所下降。利用空气污染综合指数评价法和污染物负荷系数评价，确定首要污染物为可吸入颗粒物。造成颗粒物浓度上升的主要原因有：产业结构转型升级步伐缓慢、城市汽车保有量的上升、市政施工建设、不利的气象条件的影响等。建议管理部门鼓励企业改用清洁能源，出台相关机动车尾气排放管理办法，加强建筑施工的扬尘监管等，以防治大气污染。

关键词：常德市；空气质量；评价；污染原因

21 世纪以来，常德市社会经济高速发展，生产力不断提高，经济增长的同时各类污染物的排放对城市的环境空气质量造成了一定的影响。近来年常德市不断加大环保投入，积极推进环境综合整治，大力开展节能减排，加强生态环境保护，使得城市环境空气质量总体保持稳定。但是空气中的颗粒物污染形势仍然严峻，常德市的空气首要污染物为可吸入颗粒物，目前城市建设、土地利用、道路交通等非工业污染已成为可吸入颗粒物的主要来源。本文对常德市环境空气质量现状进行评价，分析主要污染来源，对大气污染防治提出相应对策。

1 2013 年常德市空气质量现状

1.1 监测方法与结果

按照《环境空气质量监测规范（试行）》[2]的相关规定和技术要求，环境空气质量监测项目为二氧化硫、二氧化氮、可吸入颗粒物。市城区二氧化硫、二氧化氮、可吸入颗粒物的监测采用 24 h 连续自动采样，频次按照国家《环境空气质量标准》[2]GB 3095—1996 的数据统计有效性规定执行。

评价标准：依国家《环境空气质量标准》GB 3095—1996 二级标准以及《环境质量报告书编写技术规定》[3]中有关推荐标准执行。

2013 年常德市城区全年共监测 365 天，有 271 天的空气质量达优良，占全年天数的 74.2%，比上年下降 21.4 个百分点。二氧化硫的年平均值为 0.047 mg/m^3，二氧化氮年平均值为 0.027 mg/m^3，可吸入颗粒物的年平均值为 0.119 mg/m^3，二氧化硫、二氧化氮均达到国家二级标准，可吸入颗粒物超过了国家二级标准，超标倍数为 0.19。与上年度相比，二氧化硫、二氧化氮年平均值有所下降，可吸入颗粒物年平均值有所升高。见表 1。

表 1　2012—2013 年常德城区空气污染物年均浓度统计

测点名称	二氧化硫年均值/（mg/m^3）		二氧化氮年均值/（mg/m^3）		可吸入颗粒物年均值/（mg/m^3）		空气质量达标率/%	
	2012 年	2013 年	2012 年	2013 年	2012 年	2013 年	2012 年	2013 年
常德市城区	0.049	0.047	0.029	0.027	0.082	0.119	95.6	74.2

1.2 城市环境空气质量评价

采用空气综合污染指数评价法，综合污染指数是各项空气污染物的单项污染指数之和，可用于评价城市空气质量总体状况、季节变化及市内各测点空气污染程度的比较。空气综合污染指数数值越大，表示空气污染程度越严重；单项污染物的分指数（如 P_{SO_2}、P_{NO_2}）越大，其对综合污染指数的贡献越大，对空气污染程度的影响越大。空气污染指数的数学表达式为：

$$P=\sum_{i=1}^{n} P_i \qquad P_i=C_i/S_i$$

式中，P —— 空气综合污染指数；

P_i —— i 项空气污染物的分指数；

C_i —— i 项空气污染物的年均浓度值；

S_i —— i 项空气污染物的环境质量标准限值；

n —— 计入空气综合污染指数的污染物项数。

计算出各项污染物分指数和空气综合污染指数后，再计算各项污染物的负荷系数，最大者为首要污染物。污染物负荷系数计算公式如下：

$$f_i=P_i/P \qquad P=\sum_{i=1}^{n} P_i$$

式中，f_i —— 污染物 i 的负荷系数；

P_i —— i 项空气污染物的分指数；

P —— 空气综合污染指数。

2013 年常德市城区计入空气综合污染指数的项目为二氧化硫、二氧化氮和可吸入颗粒物，空气综合污染指数计算结果见表 2，空气污染物负荷系数比见图 1。

表 2　2013 年常德城区空气综合污染指数统计

测点名称	二氧化硫分指数	二氧化氮分指数	可吸入颗粒物分指数	综合污染指数（P_3）
市城区	0.783	0.338	1.19	2.311
污染负荷比	33.9%	14.6%	51.5%	100%

从污染分指数来看，各分指数的排列顺序为：$P_{PM_{10}}>P_{SO_2}>P_{NO_2}$，污染负荷比分别为：可吸入颗粒物 51.5%，二氧化硫 33.9%，二氧化氮 14.6%。其中可吸入颗粒物污染负荷比最高，由此可见可吸入颗粒物是我市环境空气中的首要污染物，对城市环境空气质量的产

生较大影响。

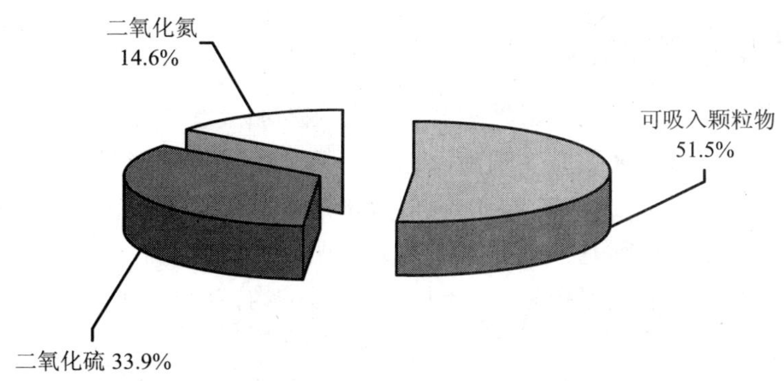

图 1　市城区空气污染物污染负荷比较

从各季节的污染指数来看：$P_{冬}$ 2.68＞$P_{秋}$2.54 ＞$P_{春}$1.81＞$P_{夏}$1.52。说明我市城区空气质量第一季度（冬）污染最为严重，第四季度（秋）次之，第二季度（春）和第三季度（夏）污染较轻。这符合我市的气候、气象条件以及环境空气污染物的扩散规律。见表 3，图 2。

表 3　2013 年常德城区空气综合污染综合指数季节变化统计

污染指数	冬（1—3 月）	春（4—6）	夏（7—9）	秋（10—12）
P_{SO_2}	1.23	0.73	0.60	1.13
P_{NO_2}	0.38	0.27	0.29	0.40
$P_{PM_{10}}$	1.07	0.81	0.63	1.01
P	2.68	1.81	1.52	2.54

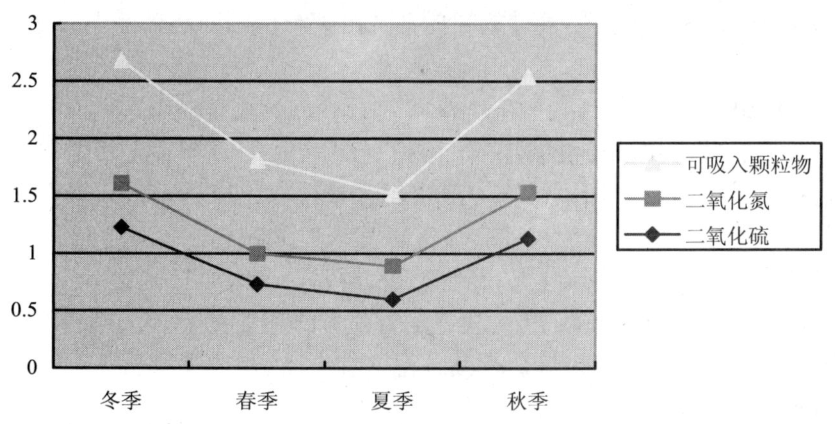

图 2　2013 年常德城区空气综合污染指数季节变化图

2013 年常德市城区环境空气污染季节变化为：第一季度污染最为严重，第四季度次之，第二、第三季度污染较轻。原因一是由于冬季低温天气，燃煤供暖的排放量增加；二是由于冬季气温低受闭合低压控制，地面风速低，雾气多，湿度大，形成逆温层，不利于污染物扩散。这是污染物排放量的季节变化及影响其扩散转化的气象因素综合作用的结果。

2 影响空气质量原因分析

从自然因素来看，特殊的地形地貌和气候条件，加上季节变化，对市城区空气质量产生了一定影响。常德市城区北有太阳山、花山、河洑山绵延围挡，南有德山阻隔，属于中间低、南北高的盆地城市，导致城市静风现象增多，阻碍了大气污染物向城区外围扩散，加重了城区大气污染。特别是一到冬季，因为气温低、风速低、湿度大、雾气多，出现低空气温比高空气温更低的逆温现象，抵制了大气污染物扩散与稀释，这也是冬季城区空气质量相对较差的重要原因。

从人为因素来看，尚不合理的城市能源结构、产业结构、工业布局，以及不当的生产生活方式，成为影响城市空气质量的主导因素。就目前对城市空气质量的影响程度看，有以下几种主要的大气污染源：

2.1 燃煤锅炉污染

前几年，我市对大气环境保护圈内的燃煤锅炉进行过专项整治，拆除、改造了一批高污染的燃煤锅炉。但由于种种原因，在市城区高速公路环线再外延一公里的范围内，仍有大小燃煤锅炉 98 台，总容量达 356 蒸 t，年煤炭消耗量在 50 万 t 以上。初步估算，若上述锅炉每天运行 12 h，就会消耗燃煤 1 620t，总排硫量 32.4t，排放烟尘 24.3t，对城市空气造成严重污染。

2.2 机动车尾气污染

随着市城区机动车保有量和车流量的逐年增加，机动车污染问题日显突出。目前，市城区汽车保有量为 66 890 台，摩托车保有量为 31 392 台，如果加上外地入城车辆，每天活动在市城区的各类汽车就有 67 500 台左右。机动车尾气排放大量的一氧化碳、碳氢化合物、氮氧化物，占到市城区污染物总量的 20%以上。再加上我市还没有正式启动机动车尾气检测和发放环保标志，不少尾气排放超标甚至报废车辆频繁活动在中心城区，其尾气污染程度更高。

2.3 施工扬尘污染

近年来，随着城市建设力度的加大，城市施工项目明显增多，道路管网建设、房屋拆迁、建筑材料堆放、建筑垃圾运输等产生了大量扬尘，成为可吸入颗粒物和细颗粒物的重要来源。据住建部门统计，目前市城区正规报建的在建工地达 153 个，总建筑面积 415 万 m^2，另外还有六七十个未正常报建的工程项目。这里面有相当部分建筑企业的扬尘防控措施没有同步跟上，有的施工工地仍在实行敞开式作业，有的工地建筑材料裸露堆放，有的垃圾运输车没有采取密闭措施，行驶过程中尘土飞扬。

2.4 餐饮油烟污染

几乎所有餐饮服务单位和居民户都存在油烟污染问题，这方面的社会投诉也越来越多。这个问题本来可以通过安装油烟净化器来缓解。但由于餐饮油烟净化器只能管一阵，不能长期使用，且价格偏高，餐馆和居民都不大愿意安装使用。目前市城区餐饮服务单位安装油烟净化装置的不到 1/4，安装了能保持正常运行的也不多，基本上都是直接排放油烟。另外，露天烧烤所产生的油烟也都是直接排放，对空气质量的影响不可忽视。

2.5 黏土砖瓦厂污染

黏土砖瓦厂也一直是政府整治的重点，近年来累计关停大气环境保护圈内的砖瓦厂 42 家，对改善空气质量起到了积极作用。但由于执法不到位，且新型环保砖因质量价格无优势从而难以迅速替代黏土砖，导致保护圈内仍有部分黏土砖瓦厂在加足马力生产。据有关部门统计，在高速公路环线再外延一公里范围内，目前仍有 13 家黏土砖瓦厂，其中鼎城区 8 家，常德经开区 5 家，年生产黏土红砖 1 亿块以上，尽管大多位于城郊，但由于大气污染物在区域间传递和扩散，严重影响了市城区空气质量。

3 改善空气质量的对策及建议

（1）鼓励企业改用清洁能源，减少煤炭、重油等重污染燃料的使用。在燃煤锅炉集中的工业园区，可考虑建设集中供热系统，用高效率、燃煤质量高、环保设施完善的锅炉取代小型燃煤锅炉。

（2）建议政府出台相关机动车尾气排放管理办法，加强机动车排气污染防治监管能力建设，大力发展公共交通，鼓励开发、推广使用环保机动车及优质车用燃油、清洁能源，淘汰环保检验不合格的车辆。

（3）加强建筑施工的扬尘监管，对工地的围挡、覆盖、洒水、车辆冲洗情况严格监督，加强渣土运输企业资质审核和作业考核，建立退出机制，提高清洁化运输水平。

（4）控制生活污染，强化对餐馆油烟等污染的控制。建议城区内的餐饮单位安装油烟净化装置，并保持正常运行，减少大气污染物排放。

4 结语

2013 年，常德城区的环境空气质量不容乐观，空气质量达标率较 2012 年有较大幅度的下降，可吸入颗粒物年均值超过了《空气环境质量标准》GB 3093—96 中二级标准评价。其主要原因：一是产业结构转型升级步伐缓慢，发展模式依然粗放，清洁能源的使用不够普及，给环境空气质量带来巨大压力。二是城市化进程带来空气污染压力。城市汽车保有量逐年提升，交通拥堵期间汽车长时间处于怠速状态，加大了尾气排放量。三是市政建设道路、建筑施工扬尘等也加剧了空气污染。四是不利的气象条件的影响，静风、逆温现象增多，空气流动性差，不利于污染物的扩散，弱化了对空气污染物的削减，导致了空气质量的下降。

参考文献

[1] 环境保护部. 环境空气质量标准. 北京：中国环境科学出版社，2012.

[2] 国家环保总局. 环境空气质量监测规范（试行）. 北京：中国环境科学出版社，2007.

[3] 环境保护部. 环境质量报告书编写技术规定. 2012.

[4] 曹春英. 城市区域空气质量监测与治理. 辽宁石油化工大学学报，2007（02）.

此文章刊登于《中国科技纵横》2014 年第 11 期

城市环境空气中 PM_{10} 和 $PM_{2.5}$ 浓度分布的均匀性研究

周湘婷[1,2] 刘孟佳[1,2,3] 罗岳平[1,2] 刘礼[4] 郭卉[1,2] 彭庆庆[1,2] 蒋敏[1,2] 杨仁斌[3]

（1.湖南省环境监测中心站，长沙 410019；2.国家环境保护重金属污染监测重点实验室，长沙 410019；3.湖南农业大学资源环境学院，长沙 410128；4.湖南省财政厅，长沙 410015）

摘　要：以长沙市为研究区域，对城市环境空气中的 PM_{10} 和 $PM_{2.5}$ 浓度进行自动监测，并对浓度分布的均匀性分析。结果表明，在一天的 4 个典型时刻，以及日内，$PM_{2.5}$ 浓度的分布总体上较 PM_{10} 均匀；但从月内日均值及 2013 年 1—10 月的月均值变化情况看，$PM_{2.5}$ 浓度的变异系数总体高于 PM_{10}，表明 $PM_{2.5}$ 在长时间尺度上的分布较 PM_{10} 更不均匀；就功能区分布而言，PM_{10} 和 $PM_{2.5}$ 浓度分布的均匀性没有明显的区域差异，两者的变化幅度与功能区类型没有必然联系。

关键词：城市环境空气；长沙市；均匀性；PM_{10}；$PM_{2.5}$

Uniformity Analysis of Distribution of PM_{10} and $PM_{2.5}$ Concentrations in Urban Ambient Air

Zhou Xiangting[1,2] Liu Mengjia[1,2,3] Luo Yueping[1,2] Liu Li[4] Guo Hui[1,2] Peng Qingqing[1,2] Jiang Min[1,2] Yang Renbin[3]

（1.Hunan Province Environmental Monitoring Center，Changsha，410019；2.State Environmental Protection Key Laboratory of Monitoring for Heavy Metal Pollution，Changsha，410019；3. College of Resources & Environment，Hunan Agricultural University，Changsha，410128；4. Hunan Province Department of Finance，Changsha，410015）

Abstract：Based on the city of Changsha，the concentrations of PM_{10} and $PM_{2.5}$ in ambient air were monitored automatically，and their uniformity was also analyzed. The results indicated that the distribution of $PM_{2.5}$ concentration was more uniform than that of PM_{10} in four typical moments of a day and within a day. However，from the perspectives of daily average concentrations in a month and monthly average of first 10 months in 2013，the coefficient of variation of $PM_{2.5}$ concentration was higher than that of PM_{10} as a whole. Thereforethe ditribution of $PM_{2.5}$ concentration was more nonuniform than that of PM_{10} in long timescale. In addition，with regard to the distribution of funcitional area，there was no significant difference between PM_{10} and $PM_{2.5}$ Thus，there is/was? no necessary connection between the range of change and the types of funcitonal area.

Key words：urban ambient air；city of Changsha；uniformity；PM_{10}；$PM_{2.5}$

PM_{10}和 $PM_{2.5}$是城市环境空气污染防治的重点[1,2]，尤其是 $PM_{2.5}$富含有毒有害物质，通过呼吸道深入到细支气管和肺泡后，带来人体免疫力下降、神经毒性、呼吸道疾病等一系列健康影响[3]。有鉴于此，我国于 2012 年 3 月增设了环境空气中 $PM_{2.5}$浓度限值标准，同时收严了 PM_{10}浓度限值标准[4]。

目前，国内外已较多开展 PM_{10}和 $PM_{2.5}$浓度特征及其来源分析等方面的研究[5,6]。一般认为，$PM_{2.5}$在大气环境中分布较均匀[7,8]，其监测点位可少设。然而，从理论上分析，$PM_{2.5}$浓度的升高与人类活动密不可分，而人类活动强度在时空上是明显不同的，$PM_{2.5}$浓度相应地会有地区和时段差异。本文以长沙市 10 个监测站点 2013 年 1—10 月的自动监测数据为基础，从不同时间尺度和功能区角度分析了 PM_{10}和 $PM_{2.5}$浓度分布的均匀性，从而丰富对 $PM_{2.5}$分布特征的认识。

1 研究区域概况

长沙市位于长江以南，湖南省的东部偏北。作为省会城市，长沙市是全省政治、经济、文化中心，更是中南地区重要的交通和航运中心，经济总量及人口密度大。长沙市的四季分明，春末夏初多雨，夏末秋季易旱，暑热期长，冬季期短而多雨。2013 年以来，长沙市的灰霾污染现象时有发生，已引起群众广泛关注，治霾面临较大压力。

2 数据来源及统计分析

2.1 PM_{10}和 $PM_{2.5}$的浓度监测

PM_{10}自动监测采用美国热电公司 rp-1400 和 TE-1405 监测仪，$PM_{2.5}$自动监测仪器采用热电公司 SHARP5030 监测仪，设备提供的数据输出接口类型为 RS232。统计分析数据从 2013 年 1—10 月自动监测数据库中随机选取，主要保证所选数据在一天内是完整且有效的，一般应为阴或晴天。

2.2 统计分析

2.2.1 PM_{10}和 $PM_{2.5}$浓度在日内典型时刻的均匀性分析

选择长沙市 10 个监测站点，分别在 1 月 1 日、4 月 12 日、7 月 2 日和 10 月 2 日，统计其在 05：00，14：00，18：00 和 20：00 4 个典型时刻的 PM_{10}和 $PM_{2.5}$浓度及其标准差和变异系数。

2.2.2 PM_{10}和 $PM_{2.5}$浓度在日内的均匀性分析

以长沙市火车新站监测站点为例，在四季典型月份（1 月、4 月、7 月、10 月）各选 1 天，统计 PM_{10}和 $PM_{2.5}$浓度以小时为分辨率的变化情况，计算标准差和变异系数。

2.2.3 PM_{10}和 $PM_{2.5}$浓度日际间的均匀性分析

以长沙市火车新站监测站点为例，在四季各选 1 个典型月份（1 月、4 月、7 月、10 月），统计 PM_{10}和 $PM_{2.5}$浓度在月内每天的日均值，计算标准差和变异系数。

2.2.4 PM_{10}和 $PM_{2.5}$浓度月际间的均匀性分析

以长沙市火车新站监测站点为例，统计 PM_{10}和 $PM_{2.5}$浓度在 2013 年 1—10 月每个月的月均值浓度，计算标准差和变异系数。

2.2.5 PM_{10}和 $PM_{2.5}$浓度在不同功能区的均匀性分析

在长沙市城区选择 4 种功能区的监测站点各 1 个，分别统计其在四季典型月份（1 月、

4 月、7 月、10 月）某一天的 PM_{10} 和 $PM_{2.5}$ 日均浓度，计算标准差和变异系数。

3 结果与讨论

3.1 PM_{10} 和 $PM_{2.5}$ 浓度在日内典型时刻的均匀性

长沙市 10 个城市环境空气自动监测站点的 PM_{10} 和 $PM_{2.5}$ 浓度在四季典型时刻的监测结果及其标准差和变异系数详见表 1。从表 1 可以看出，总体上，PM_{10} 浓度在典型时刻的标准差和变异系数都显著高于 $PM_{2.5}$。只有在 7 月 2 日 20：00，$PM_{2.5}$ 浓度的变异系数超过 PM_{10}。究其原因，在晴热干燥的 7 月，$PM_{2.5}$ 浓度整体水平较低，较小的浓度绝对值波动都会导致显著的相对值偏离，从而使变异系数升高。就日内典型时刻的浓度水平分布而言，PM_{10} 浓度的标准差和变异系数较 $PM_{2.5}$ 大，故 $PM_{2.5}$ 较 PM_{10} 分布均匀。

表 1 长沙市 PM_{10} 和 $PM_{2.5}$ 浓度在四季典型时刻的变化幅度

监测指标		PM_{10}				$PM_{2.5}$			
均匀性参数		变化范围/（μg/m³）	均值/（μg/m³）	标准差/（μg/m³）	变异系数/%	变化范围/（μg/m³）	均值/（μg/m³）	标准差/（μg/m³）	变异系数/%
每日 05：00	01 月 01 日	28～149	84.00	39.97	47.58	48～106	69.10	17.65	22.55
	04 月 12 日	81～212	138.10	45.21	32.74	85～137	107.80	16.54	15.34
	07 月 02 日	9～58	27.70	13.04	47.07	8～35	16.70	7.20	43.09
	10 月 02 日	68～199	130.60	42.44	32.50	73～124	92.90	15.62	16.82
每日 14：00	01 月 01 日	24～95	61.00	23.31	38.21	21～50	36.20	10.85	29.97
	04 月 12 日	42～138	92.70	28.81	31.08	35～60	47.40	9.36	19.75
	07 月 02 日	26～188	53.20	51.38	96.58	9～35	15.20	7.18	47.22
	10 月 02 日	82～172	136.30	34.60	25.39	70～117	87.90	13.87	15.78
每日 18：00	01 月 01 日	46～172	112.60	45.10	40.05	38～104	62.40	21.16	33.90
	04 月 12 日	46～167	103.80	42.97	41.40	39～64	47.00	7.18	15.28
	07 月 02 日	33～103	58.70	23.94	40.79	11～35	17.10	6.69	39.13
	10 月 02 日	62～205	161.60	38.95	24.11	103～142	119.10	12.21	10.25
每日 20：00	01 月 01 日	48～367	160.30	103.20	64.38	42～222	101.50	58.13	57.27
	04 月 12 日	46～248	126.20	55.43	43.93	45～99	59.10	15.25	25.80

<table>
<tr><td colspan="2">监测指标</td><td colspan="4">PM_{10}</td><td colspan="4">$PM_{2.5}$</td></tr>
<tr><td colspan="2">均匀性参数</td><td>变化范围/（μg/m³）</td><td>均值/（μg/m³）</td><td>标准差/（μg/m³）</td><td>变异系数/%</td><td>变化范围/（μg/m³）</td><td>均值/（μg/m³）</td><td>标准差/（μg/m³）</td><td>变异系数/%</td></tr>
<tr><td rowspan="2">每日 20：00</td><td>07 月 02 日</td><td>25～67</td><td>40.20</td><td>12.32</td><td>30.64</td><td>11～35</td><td>18.30</td><td>7.89</td><td>43.11</td></tr>
<tr><td>10 月 02 日</td><td>69～194</td><td>138.00</td><td>39.84</td><td>28.87</td><td>111～139</td><td>123.30</td><td>9.19</td><td>7.45</td></tr>
</table>

3.2 PM_{10}和$PM_{2.5}$浓度在日内的均匀性

对长沙市火车新站，从四季典型月份（1 月、4 月、7 月、10 月）随机选取 1 天，作 PM_{10} 和 $PM_{2.5}$浓度以小时为分辨率的变化情况，结果详见图 1 和图 2。如图所示，PM_{10} 和 $PM_{2.5}$浓度在不同季节的绝对值变化较大，夏季浓度较低，而在春、秋、冬季，PM_{10} 和 $PM_{2.5}$ 的污染都较重。

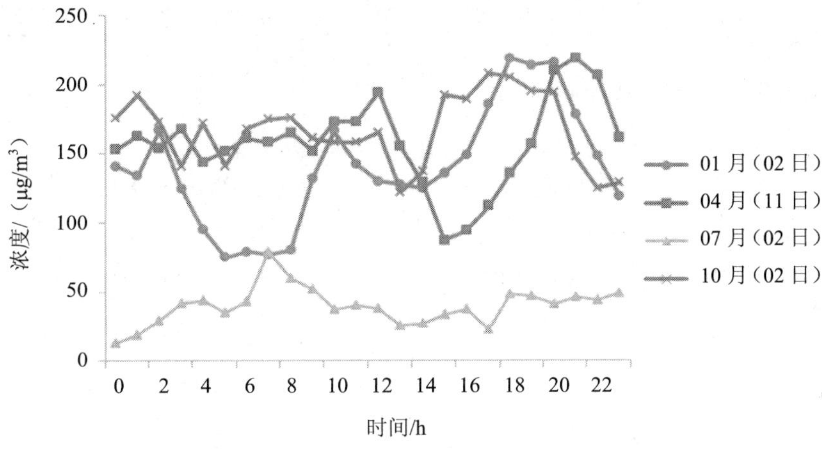

图 1 长沙市火车新站 PM_{10} 四季日内变化情况

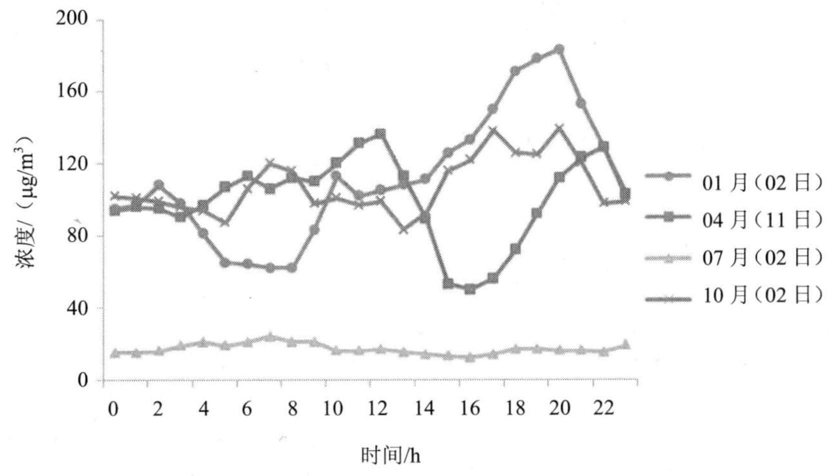

图 2 长沙市火车新站 $PM_{2.5}$ 四季日内变化情况

四季不同日内，PM_{10} 和 $PM_{2.5}$ 浓度以小时为分辨率的变化情况见表 2。根据表 2，在 PM_{10} 和 $PM_{2.5}$ 日均浓度都较高的 1、4 和 10 月，以日内 24 h 为统计尺度，PM_{10} 浓度的标准差都明显高于 $PM_{2.5}$，但两者的变异系数相当。而在 PM_{10} 和 $PM_{2.5}$ 日均浓度都较低的 7 月，PM_{10} 浓度的标准差和变异系数显著高于 $PM_{2.5}$，表明 $PM_{2.5}$ 的日内小时浓度随时间的变化幅度较小。

表 2 长沙市火车新站监测站点四季典型月份 PM_{10} 和 $PM_{2.5}$ 浓度日内变化幅度

日期	1 月 2 日		4 月 11 日		7 月 2 日		10 月 2 日	
监测指标	PM_{10}	$PM_{2.5}$	PM_{10}	$PM_{2.5}$	PM_{10}	$PM_{2.5}$	PM_{10}	$PM_{2.5}$
变化范围/（μg/m³）	75～219	62～183	87～210	50～136	13～79	12～24	125～208	83～139
平均值/（μg/m³）	140.00	111.58	157.33	99.96	39.71	17.04	166.63	107.25
标准差/（μg/m³）	42.38	35.66	32.00	23.45	13.78	2.99	25.32	15.37
变异系数/%	30.27	31.96	20.34	23.46	34.70	17.52	15.19	14.34

3.3 PM_{10} 和 $PM_{2.5}$ 浓度的日间均匀性

以长沙市火车新站为例，统计其在四季典型月份（1 月、4 月、7 月、10 月）PM_{10} 和 $PM_{2.5}$ 浓度每天的日均值，结果详见图 3 和图 4。如图所示，PM_{10} 和 $PM_{2.5}$ 的日均浓度变化幅度都较大，特别是在 1 月，PM_{10} 和 $PM_{2.5}$ 日均浓度的变化非常剧烈，而在 7 月，PM_{10} 和 $PM_{2.5}$ 的日均浓度变化比较平缓且无明显变化周期，与陈丹青等[9]在广东汕头等 3 市监测到的结果不一致。

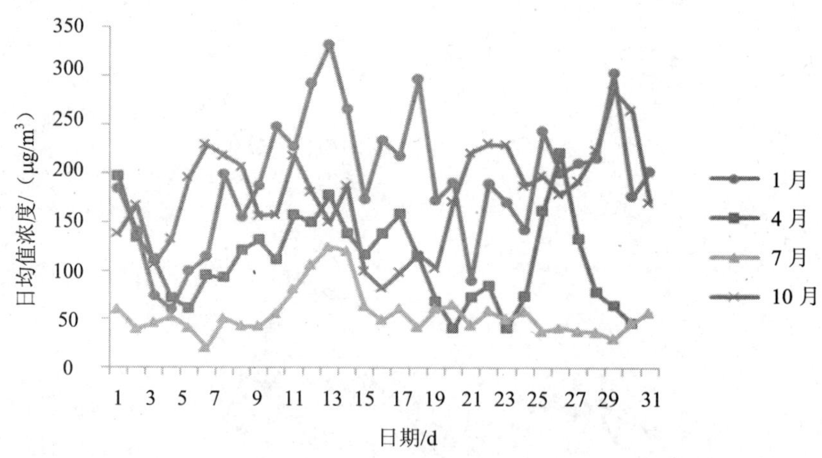

图 3 长沙市火车新站 PM_{10} 四季典型月份日均值变化情况

从浓度变化幅度看，不管是在哪个月份，PM_{10} 浓度变化的标准差都高于 $PM_{2.5}$（见表 3），特别是在夏季，$PM_{2.5}$ 浓度变化的标准差显著低于 PM_{10}。在 1 月和 4 月，PM_{10} 与 $PM_{2.5}$ 浓度的变异系数相近；而在 7 月和 10 月，PM_{10} 浓度的变异系数显著低于 $PM_{2.5}$。特别是在夏季，$PM_{2.5}$ 的日均浓度较低，变异系数高。于建华等[10]认为北京市的 $PM_{2.5}$ 浓度在不同时间上分布均匀，但从本文分析数据看，在长时间尺度上，$PM_{2.5}$ 和 PM_{10} 浓度的变化特征都较明显。

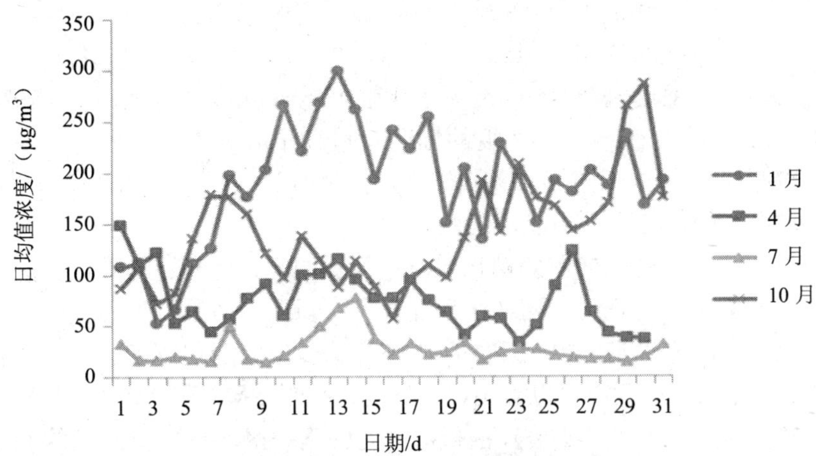

图 4 长沙市火车新站 $PM_{2.5}$ 四季典型月份日均值变化情况

表 3 长沙市火车新站 PM_{10} 和 $PM_{2.5}$ 浓度在四季典型月份日间变化幅度

月份	1 月		4 月		7 月		10 月	
监测指标	PM_{10}	$PM_{2.5}$	PM_{10}	$PM_{2.5}$	PM_{10}	$PM_{2.5}$	PM_{10}	$PM_{2.5}$
变化范围/（μg/m³）	60～332	53～299	41～221	37～148	21～124	15～77	82～285	82～286
平均值/（μg/m³）	185.33	185.17	110.63	77.67	59	29.04	165.63	123.75
标准差/（μg/m³）	69.47	65.33	40.58	28.03	26.1	16.84	46.8	39.66
变异系数/%	37.48	35.28	36.68	36.09	44.24	57.98	28.25	32.05

3.4 PM_{10} 和 $PM_{2.5}$ 浓度的月际均匀性

作长沙市火车新站 PM_{10} 和 $PM_{2.5}$ 浓度在 2013 年 1—10 月的月均值变化图（见图 5）。从图中可以看出，2013 年 1—10 月，PM_{10} 的浓度整体上高于 $PM_{2.5}$，两者在 10 个月内的变化趋势基本一致，最低值均出现在盛夏的 7 月，而冬季 1 月的月均浓度最高，与郭清彬等的研究结论一致[11]。

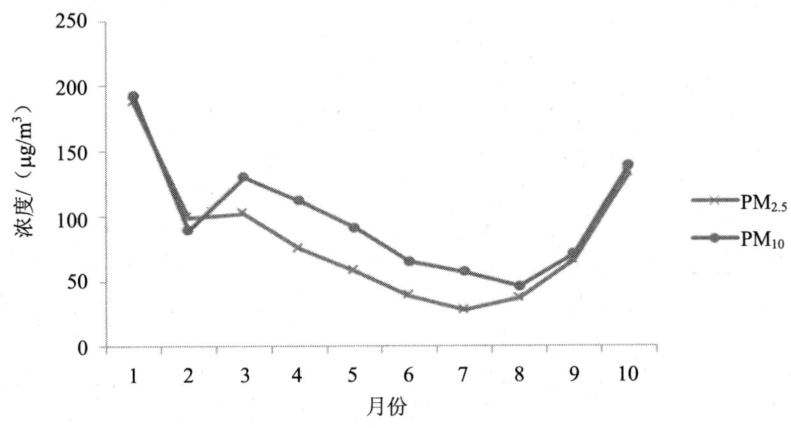

图 5 长沙市火车新站 PM_{10} 和 $PM_{2.5}$ 浓度在 2013 年 1—10 月月均值的变化情况

2013 年 1—10 月，长沙市火车新站站点的 PM_{10} 月均浓度的变化范围为 46～193μg/m³，浓度均值 99.55μg/m³，标准差 40.73μg/m³，变异系数 40.92%；而 $PM_{2.5}$ 月均浓度的变化范围为 28～187μg/m³，浓度均值 86.45μg/m³，标准差 46.51μg/m³，变异系数 53.79%。总体上，在 2013 年的前 10 个月，$PM_{2.5}$ 月均浓度的标准差和变异系数都高于 PM_{10}，表明从长时间尺度上分析，$PM_{2.5}$ 的变化幅度更大，分布比 PM_{10} 更不均匀。

3.5 PM_{10} 和 $PM_{2.5}$ 浓度在不同功能区的均匀性

在长沙市选取不同功能区的监测站点各一个（对照点：沙坪；商业区：火车新站；文教区：湖南中医药大学；混合区：雨花区环保局），统计其在四季典型月份（1 月、4 月、7 月、10 月）某天（随机确定）PM_{10} 和 $PM_{2.5}$ 小时浓度值的变化范围，并计算标准差和变异系数，结果详见表 4。从表中可以看出，不同功能区的 PM_{10} 和 $PM_{2.5}$ 小时浓度变化没有稳定规律。在 2013 年 1 月 2 日（冬季），位于混合区的雨花区环保监测站点的 PM_{10} 和 $PM_{2.5}$ 的浓度变化幅度较大，而位于文教区的湖南中医药大学监测站点的 PM_{10} 和 $PM_{2.5}$ 的浓度变化幅度最小。在 2013 年 4 月 7 日（春季），位于混合区的雨花区环保监测站点和位于文教区的湖南中医药大学监测站点的 PM_{10} 的浓度变化幅度较大，位于文教区的湖南中医药大学监测站点和位于混合区的雨花区环保监测站点的 $PM_{2.5}$ 的浓度变化幅度较大，而作为对照点的沙坪监测站点的 PM_{10} 和 $PM_{2.5}$ 的浓度变化幅度最小。在 2013 年 7 月 14 日（夏季），作为对照点的沙坪监测站点和位于文教区的湖南中医药大学监测站点 PM_{10} 和 $PM_{2.5}$ 的浓度变化幅度较大，而位于混合区的雨花区环保监测站点的 PM_{10} 和 $PM_{2.5}$ 的浓度变化幅度最小。在 2013 年 10 月 9 日（秋季），位于文教区的湖南中医药大学监测站点和位于混合区的雨花区环保监测站点的 PM_{10} 和 $PM_{2.5}$ 的浓度变化幅度较大，而位于商业区的火车新站监测站点和作为对照点的沙坪监测站点的 PM_{10} 和 $PM_{2.5}$ 的浓度变化幅度较小。

表 4 PM_{10} 和 $PM_{2.5}$ 在四季典型月份日内小时浓度在不同功能区的变化幅度

监测指标		PM_{10}				$PM_{2.5}$			
均匀性情况		变化范围/(μg/m³)	均值/(μg/m³)	标准差/(μg/m³)	变异系数/%	变化范围/(μg/m³)	均值/(μg/m³)	标准差/(μg/m³)	变异系数/%
沙坪（对照点）	01 月 02 日	56～214	118.38	47.31	39.97%	36～141	80.67	32.97	40.87
	04 月 07 日	52～119	90.13	20.05	22.25%	35～72	46.75	10.67	22.83
	07 月 14 日	48～191	99.67	39.16	39.29%	36～158	83.71	32.92	39.32
	10 月 09 日	20～233	110.33	52.01	47.13%	71～220	106.83	42.54	39.82
火车新站（商业区）	01 月 02 日	75～219	140.00	41.49	29.63%	62～183	111.58	34.91	31.29
	04 月 07 日	63～181	92.96	25.90	27.86%	35～109	57.25	16.82	29.39
	07 月 14 日	69～205	119.88	37.14	30.98%	44～136	76.54	21.49	28.08
	10 月 09 日	49～280	156.29	65.34	41.80%	59～224	120.63	47.79	39.62
湖南中医药大学（文教区）	01 月 02 日	107～218	146.38	30.19	20.62%	61～157	93.68	28.11	29.96
	04 月 07 日	80～239	139.04	41.24	29.66%	45～158	62.63	28.01	44.73
	07 月 14 日	67～212	114.13	42.26	37.03%	44～175	95.71	36.04	37.65
	10 月 09 日	52～292	182.46	85.05	46.61%	37～248	127.71	75.76	59.32
雨花区环保（混合区）	01 月 02 日	41～172	95.58	39.79	41.63%	47～194	105.08	45.06	42.88
	04 月 07 日	63～236	118.75	45.33	38.17%	33～118	57.42	20.96	36.51
	07 月 14 日	71～172	113.33	26.28	23.19%	48～111	76.17	17.22	22.61
	10 月 09 日	23～281	142.79	69.53	48.69%	55～231	107.13	51.40	47.98

综上所述，在不同季节，位于不同功能区的监测站点的 PM_{10} 和 $PM_{2.5}$ 小时浓度的变化幅度没有明显的规律性。位于混合区的雨花区环保监测站点的 PM_{10} 和 $PM_{2.5}$ 浓度变化整体是最大的，该站点地理位置较高，周围都是交通干线，并存在学校食堂油烟、居民生活等影响。夏季，该站点的 PM_{10} 和 $PM_{2.5}$ 浓度是最稳定的，究其原因，进入 7 月后，高校放假，学校食堂油烟和 1 万多名学生其他生活的影响变小，而夏季高温和强光辐射也有助于化学反应消除机动车尾气带来的影响，从而使该站点的 PM_{10} 和 $PM_{2.5}$ 浓度波动较小。由此可见，PM_{10} 和 $PM_{2.5}$ 浓度既取决于城市背景浓度，局地排放影响也很显著。

3.6 PM_{10} 和 $PM_{2.5}$ 浓度分布均匀性的总体评价

从长沙市 10 个监测站点 2013 年 1—10 月的监测数据看，PM_{10} 和 $PM_{2.5}$ 浓度始终处于变化状态。在一天的 4 个典型时刻，$PM_{2.5}$ 的浓度分布较 PM_{10} 均匀；在一天之内，$PM_{2.5}$ 小时浓度的波动幅度也较 PM_{10} 小，特别是在夏季，$PM_{2.5}$ 浓度在一天之内相对稳定。但放大统计时间尺度，比较 PM_{10} 和 $PM_{2.5}$ 浓度在 2013 年 1 月、4 月、7 月、10 月内每天的变化情况，则 PM_{10} 浓度波动的标准差都高于 $PM_{2.5}$，而 $PM_{2.5}$ 浓度的变异系数总体高于 PM_{10}；统计 PM_{10} 和 $PM_{2.5}$ 在 2013 年 1—10 月的月均值变化，$PM_{2.5}$ 浓度的标准差和变异系数都高于 PM_{10}，表明 $PM_{2.5}$ 在长时间尺度上的分布较 PM_{10} 更不均匀。从功能区分布看，PM_{10} 和 $PM_{2.5}$ 没有明显的区域性差异，其变化幅度与功能区类型没有必然联系。

根据不同时间尺度分析结果，在小时间尺度上，$PM_{2.5}$ 的浓度分布相对均匀，但放大时间尺度统计，$PM_{2.5}$ 浓度的变化幅度更大，且在水平分布上没有规律性。之所以出现这种现象，与 $PM_{2.5}$ 的来源和构成有关。对自然本底状态的 $PM_{2.5}$，因为风力等的长期混合，分布可能是相对均匀的；但在人口稠密的城区或工业区，人为来源的 $PM_{2.5}$ 量很大，两者叠加在一起，占主导地位的是人为源的 $PM_{2.5}$。在这些地区，人为活动的变化，推动着 $PM_{2.5}$ 浓度值发生波动。由于人类活动存在不确定性，排放的 $PM_{2.5}$ 是连续不均匀的，时空差异大，$PM_{2.5}$ 的浓度分布也就无规律可循。人为来源的 $PM_{2.5}$，总体上可分为两类，一类是惰性的，如黏土颗粒等，和自然来源的 $PM_{2.5}$ 构成了城市的背景 $PM_{2.5}$ 浓度；另一类是活性的，在高温、强辐射条件下，通过各种反应，发生形态转化而被削减。在夏季，人为来源的活性 $PM_{2.5}$ 的含量降到最低，监测到的总 $PM_{2.5}$ 浓度也是全年最低的，并且相对稳定。但在其他季节，活性 $PM_{2.5}$ 的释放和累积水平不同，总 $PM_{2.5}$ 浓度随之变化，表现为不同季节的 $PM_{2.5}$ 浓度变化幅度较 PM_{10} 还要大。

大量研究表明，$PM_{2.5}$ 占到 PM_{10} 的 60%～75%[12,13]。因此，从理论上分析，$PM_{2.5}$ 是推动 PM_{10} 浓度发生变化的主要动力，特别是在工业发达地区，$PM_{2.5}$ 的主导作用会更强，PM_{10} 浓度在时空上分布不均匀，也反证了主要贡献成分 $PM_{2.5}$ 浓度始终是存在时空差异的。正常情况下，PM_{10} 与 $PM_{2.5}$ 应同步波动，但因为 PM_{10} 成分同样有惰性与活性之分，波动幅度会有所不同。绝大多数观测结果与这个理论预期是相符的[13,14]。

我国中东部地区，人类活动来源 $PM_{2.5}$ 的排放量是巨大的，完全有别于国外近乎自然状态的 $PM_{2.5}$ 分布。因此，国外的 $PM_{2.5}$ 可能是区域性问题，而在中国，人为排放已改变 $PM_{2.5}$ 的分布格局，首先是排放源周边的 $PM_{2.5}$ 浓度升高，进而通过混合等作用向外部扩散，推动大范围的 $PM_{2.5}$ 浓度上升。

鉴于 $PM_{2.5}$ 浓度分布的不均匀性，国外提出的可以减少监测点位的原则在中国并不适用，宜 PM_{10} 与 $PM_{2.5}$ 同时监测，并进一步分析这两项指标的相关性，深入探讨 $PM_{2.5}$ 的来源，为防治 $PM_{2.5}$ 污染提供技术支撑。

4 结论

（1）根据长沙市 10 个点位 2013 年 1—10 月的自动监测数据，PM_{10} 与 $PM_{2.5}$ 浓度在不同时间尺度上的变化幅度都较大。日内时刻，PM_{10} 浓度的变异系数为 24.11%～96.58%，$PM_{2.5}$ 的变异系数为 7.45%～47.22%；日内，PM_{10} 小时浓度的变异系数为 15.19%～34.70%，$PM_{2.5}$ 则为 14.34%～31.96%；在四季典型月份，PM_{10} 日际浓度的变异系数为 28.25%～44.24%，$PM_{2.5}$ 则为 32.05%～57.98%；2013 年 1—10，PM_{10} 月际浓度的变异系数为 40.92%，$PM_{2.5}$ 则为 53.79%。

（2）总体来看，在短时间尺度内，如一天的典型时刻或日内小时变化，$PM_{2.5}$ 浓度分布的均匀性较 PM_{10} 强，特别是在夏季，$PM_{2.5}$ 浓度在一天之内相对稳定；但放大时间尺度，统计日均或月均值，$PM_{2.5}$ 浓度的变异系数总体高于 PM_{10}，表明 $PM_{2.5}$ 在长时间尺度上的分布较 PM_{10} 更不均匀。

（3）从功能区分布看，PM_{10} 与 $PM_{2.5}$ 没有明显的区域性差异，其变化幅度与功能区类型没有必然联系。

（4）在人类活动剧烈的地区，$PM_{2.5}$ 是推动 PM_{10} 浓度发生变化的主要动力，PM_{10} 与 $PM_{2.5}$ 浓度基本同步变化。由于 $PM_{2.5}$ 浓度分布的均匀性并不是很强，减少监测点位的理由不充分，宜 PM_{10} 与 $PM_{2.5}$ 两个指标同时监测。

参考文献

[1] Harrison，R.M.，Stedman，J.，Derwent，D. New directions：why are PM_{10} concentrat ionsin Europe not falling. Atmos. Environ，2008，42，603-606.

[2] Brook RD，Rajagopalan S，Pope III CA，Brook JR，Bhatnagar A，Diez-Roux AV，et al. Particulate matter air pollution and cardiovascular disease：an update to the scientific statement from the American Heart Association. Circulation 2010，121：2331-2378.

[3] 张仁健，徐永福，韩志伟. ACE-Asia 期间北京 $PM_{2.5}$ 的化学特征及其来源分析. 科学通报，2003，48（7）：730-733.

[4] 中华人民共和国国家标准 空气环境质量. GB 3095—2012.

[5] Shao WW，Fu RD，Jie N，et al. Exposures to PM2.5 components and heart rate variability in taxi drivers around the Beijing 2008 Olympic Games. Science of the Total Environment，2011，409：2478-2485.

[6] Hanna Boogaard，Gerard P.A. Kos，Ernie P. Weijers，et al. Contrast in air pollution components between major streets and background locations：Particulate matter mass，black carbon，elemental composition，nitrogen oxide and ultrafine particle number. Atmospheric Environment，2011，45：650-658.

[7] Y. Cheng，K.F. Ho，S.C. Lee，et al. Seasonal and diurnal variations of PM_{10}，$PM_{2.5}$ and PM_{10} in the roadside environment of Hong Kong. China Particuolo-gy，2006，4（6）：312-315.

[8] M. Jaoui，T. E. Kleindienst，J. H. Offenberg，et al. SOA formation from the atmospheric oxidation of 2-methyl-3-buten-2-ol and its implications for $PM_{2.5}$. Atmos. Chem. Phys.，2012，12：2173-2188.

[9] 陈丹青，师建中，肖亮洪，等. 粤东三市 $PM_{2.5}$ 和 PM_{10} 质量浓度分布特征. 中山大学学报（自然科学版），2012，51（4）：73-78.

[10] 于建华，虞统，魏强，等. 北京地区 PM_{10}和 $PM_{2.5}$质量浓度的变化特征. 环境科学研究，2004，17（1）：45-47.

[11] 郭清彬，程学丰，侯辉，等. 冬季大气中 PM_{10}和 $PM_{2.5}$污染特征及形貌分析. 中国环境监测，2010，26（4）：55-58.

[12] 王荟，王格慧，黄鹂鸣，等. 南京市大气中 PM_{10}，$PM_{2.5}$日污染特征. 重庆环境科学，2003，25（5）：54-56.

[13] 黄鹂鸣，王格慧，王荟，等. 南京市空气中颗粒物 PM_{10}与 $PM_{2.5}$污染水平. 中国环境科学 2002，22（4）334-337.

[14] PM Zhang WJ，Sun Yl，GuoJH，et al. Characteristics and seasonal variations of PM_{10}，$PM_{2.5}$ and TSP in Beijing . Proceedings：Indoor Air 2005，1626-1630.

此文章刊登于《环境监测管理与技术》2015 年

长株潭地区 2013 年第四季度环境空气质量状况及其与气象条件的关联性分析

罗岳平　陈阳　李蔚　彭庆庆　张琴　周湘婷　葛飞

（1.湖南省环境监测中心站，长沙 410019;
2.国家环境保护重金属污染监测重点实验室，长沙 410019;
3.湘潭大学化工学院，湘潭 411105；4.湖南省气象台，长沙 410118;
5.湖南大学环境科学与工程学院，长沙 410012）

摘　要： 以湖南省长株潭三市为研究区域，分析其在 2013 年第四季度的城市环境空气质量状况，并与上年同期进行对比，同时研究 $PM_{2.5}$ 质量浓度和 AQI 值与气象条件的相关性。结果表明，PM_{10} 和 $PM_{2.5}$ 是长株潭三市的主要大气污染物；2013 年第四季度，长株潭三市在 11 月的空气质量最好；总体上，三市中，湘潭市的空气质量最差，而三市 2014 年第四季度的环境空气质量较上年同期明显下降，复合污染特征越来越明显。$PM_{2.5}$ 质量浓度和 AQI 值与气象条件都有一定的相关性，尤其是与能见度显著负相关，与风速、湿度和气压微弱负相关，而与温度微弱正相关。与上年同期相比，长株潭三市在 2013 年第四季度的气温偏高，湿度较小，平均风速小，气象条件不利于大气污染物扩散。因此，尽管三市的污染治理力度大，减排成效明显，但城市环境空气质量反而较上年同期下降。在大气环境容量基本利用殆尽的情况下，不利于气象条件随时可能直接诱发严重的大气污染问题。

关键词： 长株潭地区；空气质量；$PM_{2.5}$；气象条件；关联性分析

Study on the city ambient air quality in Chang-Zhu-Tan areas in the fourth quarter of 2013 and correlation analysis between air quality variation and meteorological conditions

Abstract: Taking Chang-zhu-tan urban city of Hunan Province as the study area，the city ambient air quality in the fourth quarter of 2013 was analyzed and compared that in the same period last year，while the correlation between the mass concentration of $PM_{2.5}$，AQI values and meteorological conditions was also explored The results indicated that PM_{10} and $PM_{2.5}$ were the major air pollutants in the three cities and the air quality in November was the best in the fourth quarter of 2013.Generally，Xiangtan City had the worst air quality in the three cities. The ambient air quality of Chang-zhu-tan areas decreased evidently than that in last year and the characteristics of complex air pollution became more obvious. It showed that the mass concentration of $PM_{2.5}$ and AQI values had certain relevance with meteorological conditions and especially had significant negative correlation with visibility，weak negative correlation with wind speed，humidity and atmospheric pressure，and weak positive correlation with temperatures. Compared that in the same period last year，the high temperatures，low humidity and average wind speed in the fourth quarter of 2013 were not conducive to the proliferation of atmospheric pollutants. Therefore，decline of the city ambient air quality was observed in Chang-Zhu-Tan areas even though good efforts had been made in pollution control and remarkable success had been achieved. In the context of depleting basic use of atmospheric environmental capacity，unfavorable weather conditions may induce serious air pollution problems directly at any time.

Key words： chang-zhu-tan district；air quality；meteorological conditions；correlation analysis；$PM_{2.5}$

1 前言

2013 年 7—9 月，湖南省长株潭三市的城市环境空气质量状况良好，达标天数比例 88.8%；超标天数 31 天，超标天数比例 11.2%，其中轻度污染占 10.1%，中度污染占 1.1%，无重度污染和严重污染天气。而国庆节后，城市环境空气质量明显下降，灰霾天气不断出现。根据 2013 年第四季度监测数据，长株潭三市的平均达标天数为 55 天，达标天数比例仅为 19.9%；超标天数 221 天，超标天数比例高达 80.1%。特对此时间段的空气质量状况进行研究，并分析其与气象条件的关系，以期丰富对灰霾天气的认识，并为有效防治灰霾天气提供技术支撑。

2 研究方法

2.1 分析数据的获取

长株潭三市从 2013 年 1 月 1 日起正式按新《环境空气质量标准》（GB 3095—2012）开展环境空气质量自动监测。其中，长沙市共布设 10 个监测站点，株洲和湘潭市各 7 个监测站点。自动监测 PM_{10} 的仪器，长沙市主要采用 TE1400 型号的产品，株洲和湘潭市采用 Metone1020 型号的产品；三市 $PM_{2.5}$ 自动监测仪器都采用热电公司 SHARP5030 型号的产品；三市 SO_2 和 NO_2 自动监测仪器分别采用 EC9850 和 EC9841 型号的产品；O_3 自动监测仪器均采用 EC9810 型号的产品，CO 自动监测仪器主要采用 EC9830 型号的产品，设备提供的数据输出接口类型为 RS232。

本研究所用气象数据均由湖南省气象台提供的面向公众发布的历史数据。

2.2 数据统计方法

（1）统计计算长株潭三市在 2013 年第四季度的 PM_{10}、$PM_{2.5}$、NO_2、SO_2、O_3 和 CO 六项环境空气质量指标的城市日均浓度值、每日环境空气质量 AQI、月均值和月达标率等，根据结果分析三市在 2013 年第四季度环境空气质量的变化规律。

（2）统计计算长株潭三市 2013 年第四季度和去年同期城市环境空气质量老三项达标率，并将 SO_2、NO_2 和 PM_{10} 浓度的月均值与上年同期比较。

（3）统计长株潭三市 2013 年第四季度的 $PM_{2.5}$、AQI、气象参数（能见度、温度、湿度、气压、风速）日均值，分析气象参数对 $PM_{2.5}$ 浓度和 AQI 变化的影响。

2.3 相关性分析方法

采用 SPSS19.0 软件对 $PM_{2.5}$、AQI 绘制变化曲线，并分析 $PM_{2.5}$ 质量浓度、AQI 与各气象参数的相关性。

3 结果与分析

3.1 长株潭三市 2013 年第四季度的城市环境空气质量状况

3.1.1 6 项环境空气质量指标的月均值

表 1 列举了长株潭三市 2013 年第四季度六项环境空气质量指标的监测结果。从表中可以看出，除 PM_{10} 和 $PM_{2.5}$ 两项指标外，其余四项指标都达标，特别是 CO 浓度值整体较低。进入 11 月以后，O_3 浓度明显下降；相反，NO_2 和 SO_2 浓度呈增高趋势，就三市而言，SO_2 和 NO_2 在 12 月的浓度均值在第四季度是最高的。

PM_{10} 和 $PM_{2.5}$ 是长株潭三市 2013 年第四季度的主要大气污染物，特别是 $PM_{2.5}$，绝对值高，占 PM_{10} 的比例大。在第四季度，11 月的环境空气质量是最好的，PM_{10} 和 $PM_{2.5}$ 的浓度值都相对低。三市中，湘潭市的环境空气质量最差，其 PM_{10} 和 $PM_{2.5}$ 的绝对浓度值最高。

表 1 长株潭三市 2013 年第四季度六项环境空气质量指标的月均值

城市	月份	监测指标					
		PM_{10}/（μg/m^3）	$PM_{2.5}$/（μg/m^3）	SO_2/（μg/m^3）	NO_2/（μg/m^3）	CO/（mg/m^3）	O_3/（μg/m^3）
长沙市	10 月	138.9	132.5	37.8	52.0	1.311	116.7
	11 月	103.8	94.2	31.9	58.6	1.330	50.4
	12 月	113.0	133.2	51.6	75.6	1.612	46.4
株洲市	10 月	146.4	121.2	50.0	53.6	1.163	119.7
	11 月	125.4	93.3	59.6	53.1	1.231	54.4
	12 月	162.3	132.5	74.8	67.9	1.388	41.4
湘潭市	10 月	209.5	139.3	53.4	55.8	1.192	129.6
	11 月	161.2	94.7	49.1	61.3	1.318	62.6
	12 月	200.5	136.1	67.3	77.5	1.434	55.5

3.1.2 AQI 值和达标率

表 2 列举了长株潭三市 2013 年第四季度环境空气质量 AQI 的变化范围、均值和月达标率等情况。从表中可以看出，三市 AQI 的变化幅度是较大的。根据 AQI 均值，2013 年第四季度，三市在 11 月的空气质量最好，湘潭市的空气质量最差，与 PM_{10} 和 $PM_{2.5}$ 浓度判断结果一致，反映了 PM_{10} 和 $PM_{2.5}$ 浓度对城市环境空气质量状况的主导作用。尽管长株潭三市单项污染物的月均浓度在 2013 年第四季度的地区差别很大，但 AQI 月均值的地区差别不大，而月间差别比较明显。

无论用新标准还是老标准评价，湘潭市在第四季度各个月的环境空气质量达标率均最低。在 2013 年其他季节，基本上也是此种地域分布规律，这可能与湘潭市的城市管理水平相对较差等因素有关。

表 2　长株潭三市 2013 年第四季度环境空气质量 AQI 值及达标率情况

城市	月份	统计指标			
		AQI 变化范围	AQI 均值	达标率/%	
				老三项评价	新标准评价
长沙市	10 月	74～322	172	61.3	6.5
	11 月	35～370	125	76.7	43.3
	12 月	45～264	174	90.3	9.7
株洲市	10 月	70～307	159	58.1	19.4
	11 月	34～353	124	66.7	43.3
	12 月	32～260	173	48.4	6.5
湘潭市	10 月	79～447	178	48.4	6.5
	11 月	35～375	126	50.0	40.0
	12 月	50～280	177	25.8	6.5

3.2　长株潭三市 2013 年第四季度的城市环境空气质量与上年同期比较

3.2.1　达标率比较情况

表 3 反映的是长株潭三市 2013 年第四季度城市环境空气质量按老三项评价，达标率与上年同期比较的情况。从表中可以看出，三市在 2013 年第四季度各月的环境空气质量达标率均较上年同期明显下降，最高降幅达到 54.8%。出现这种现象的原因，一是城市环境空气质量确实恶化了，感官上也能体验得到，空气能见度差，到处灰蒙蒙，市民反映强烈；二是实施新标准监测后，技术水平提高了，结果更准确、可靠；三是实行了严格的质量管理后，行政干预的可能性下降，数据的真实性提高了。由此判断，表 3 反映出来的较大降幅并不表明城市环境空气质量在短期内有如此严重的恶化，这与上年同期基数太高也有关系。

表 3 长株潭三市 2013 年第四季度城市环境空气质量达标率与上年同期比较结果

时间		城市名称		
		长沙市	株洲市	湘潭市
月份	年份	老三项评价达标率/%	老三项评价达标率/%	老三项评价达标率/%
10 月	2012 年	80.6	93.5	80.6
	2013 年	61.3	58.1	48.4
变化幅度/%		−19.3	−35.4	−32.2
11 月	2012 年	93.3	96.7	93.3
	2013 年	76.7	66.7	50.0
变化幅度/%		- 16.6	−30.0	−43.3
12 月	2012 年	93.5	83.9	80.6
	2013 年	90.3	48.4	25.8
变化幅度/%		- 3.2	−35.5	−54.8

3.2.2 污染指标浓度的变化情况

表 4 反映的是长株潭三市 2013 年第四季度 SO_2、NO_2 和 PM_{10} 浓度的月均值与上年同期浓度的比较结果。从表中可以看出，SO_2 的浓度有升有降，以升为主；而 PM_{10} 的浓度都是增高，且增幅相当大，尤其以湘潭市为最；NO_2 的浓度也呈增高趋势，特别是 12 月的增幅最大。由此可见，长株潭三市的复合污染特征越来越明显，NO_2 等污染指标的浓度值升高是城市环境空气质量下降的主要原因。

表 4 长株潭三市 2013 年第四季度 SO_2、NO_2 和 PM_{10} 三项指标的月均值与上年同期浓度的比较

时间		城市名称								
		长沙市			株洲市			湘潭市		
月份	年份	SO_2/（μg/m³）	NO_2/（μg/m³）	PM_{10}/（μg/m³）	SO_2/（μg/m³）	NO_2/（μg/m³）	PM_{10}/（μg/m³）	SO_2/（μg/m³）	NO_2/（μg/m³）	PM_{10}/（μg/m³）
10 月	2012 年	30.0	50.8	115.7	45.4	40.1	101.3	67.9	35.2	114
	2013 年	37.9	52.1	139.1	52.0	56.7	141.7	55.9	54.2	196.2
变化幅度/（μg/m³）		7.9	1.3	23.4	6.6	16.6	40.4	−12.0	19.0	82.2
11 月	2012 年	32.9	55.7	96.9	54.5	40.4	96.9	76.4	25.8	99
	2013 年	31.1	57.5	104.0	62.4	56.4	128.5	47.3	60.1	159.6
变化幅度/（μg/m³）		−1.8	1.8	7.1	7.9	16.0	31.6	−29.1	34.3	60.6
12 月	2012 年	35.3	52.8	90.7	65.7	39.5	103.9	64	34.8	118.1
	2013 年	51.4	75.2	113.1	71.8	70.7	158.4	66.1	74.6	194.2
变化幅度/（μg/m³）		16.1	22.4	22.4	6.1	31.2	54.5	2.1	39.8	76.1

3.3 $PM_{2.5}$ 质量浓度与气象条件的相关性

前面的研究表明，PM_{10} 和 $PM_{2.5}$ 是导致城市环境空气质量下降、AQI 值升高的主要污染指标，尤其是 $PM_{2.5}$，质量浓度高，破坏作用大。下面以长沙市的 $PM_{2.5}$ 为关键指标，分析其污染状况与气象条件的相关性。

3.3.1 $PM_{2.5}$ 质量浓度对能见度的影响

图 1 是长沙市 2013 年第四季度 $PM_{2.5}$ 的质量浓度与能见度同步变化的曲线。从图中可以看出，在 2013 年第四季度，长沙市的大气能见度变化范围为 2～25 km。当能见度在 2～10 km 范围内时，$PM_{2.5}$ 的质量浓度在 100～350μg/m³；当能见度在 10～25 km 范围内时，$PM_{2.5}$ 的质量浓度在 20～100μg/m³。根据 Pearson 相关系数计算结果，两项指标的相关系数为−0.507，在 0.01 置信度水平下显著负相关，表明 $PM_{2.5}$ 的质量浓度越高，能见度越低。究其原因，主要由于细小颗粒物对光线有折射、散射和吸收作用，颗粒物的增加会导致大气透明度降低，使大气能见度下降[1−2]。由此可见，分析 $PM_{2.5}$ 的质量浓度与气象条件的相关性具有典型意义。

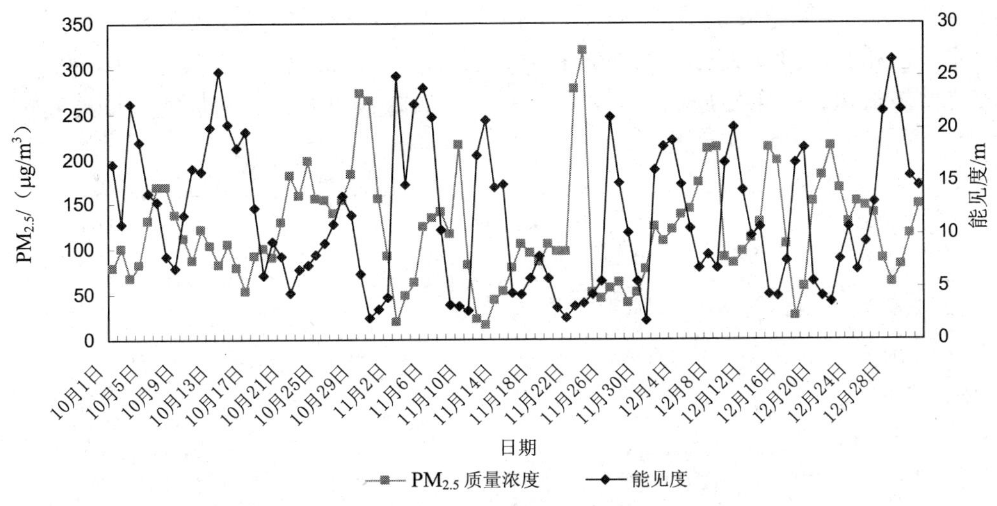

图 1 $PM_{2.5}$ 质量浓度与能见度的关系

3.3.2 温度对 $PM_{2.5}$ 质量浓度的影响

图 2 是长沙市 2013 年第四季度温度与 $PM_{2.5}$ 质量浓度同步变化的曲线。从图中可以看出，从季初到季末，温度呈逐渐下降趋势，而 $PM_{2.5}$ 的质量浓度呈不规则的周期性变化，总是从较低的质量浓度开始，经历长短不同的积累周期后，达到最高值，然后回落到最低值。在这个振荡周期中，$PM_{2.5}$ 的最高、最低质量浓度，以及变化周期长短存在不确定性。根据 92 个样本的 Pearson 相关系数计算结果，温度与 $PM_{2.5}$ 的质量浓度正相关，相关系数为 0.091，处于微弱相关水平。

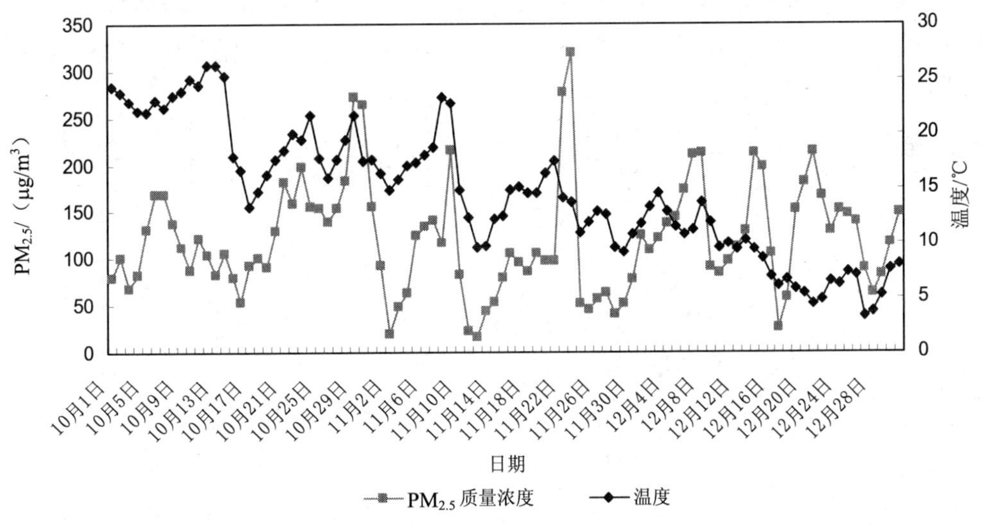

图 2 温度与 $PM_{2.5}$ 质量浓度的关系

3.3.3 湿度对 $PM_{2.5}$ 质量浓度的影响

图 3 是长沙市 2013 年第四季度湿度与 $PM_{2.5}$ 质量浓度同步变化的曲线。从图中可以看出，在 2013 年第四季度，长沙市的相对湿度变化范围在 35%～90%。根据 92 个样本数的

Pearson 相关系数计算结果，湿度与 $PM_{2.5}$ 的质量浓度负相关，相关系数为−0.048，处于微弱相关水平。相对湿度增大可起到降低 $PM_{2.5}$ 的作用[3]，湿度达到 80%以上后，$PM_{2.5}$ 的质量浓度维持较低水平，主要原因是雨水对 $PM_{2.5}$ 的清除效果明显，雨后能维持几天较高的湿度。

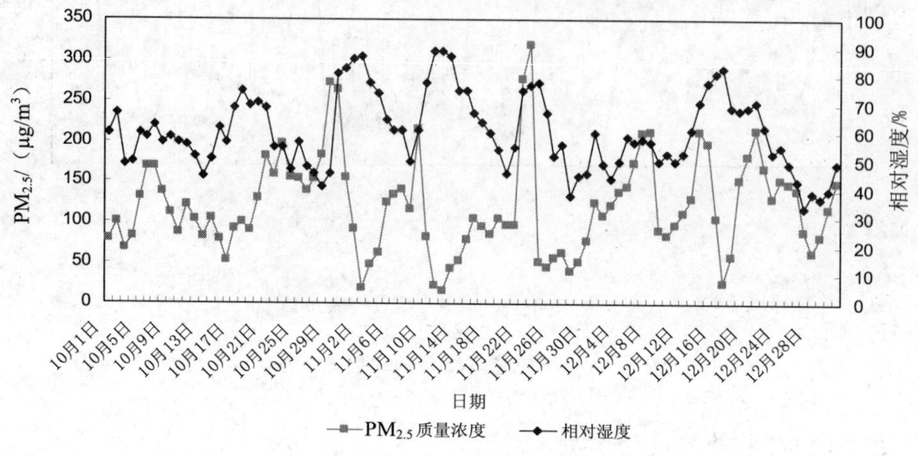

图 3 湿度与 $PM_{2.5}$ 质量浓度的关系

3.3.4 风速对 $PM_{2.5}$ 质量浓度的影响

图 4 是长沙市 2013 年第四季度风速与 $PM_{2.5}$ 质量浓度同步变化的曲线。从图中可以看出，在 2013 年第四季度，长沙市的风速较大时，$PM_{2.5}$ 的质量浓度相对较低；而风速较小时，$PM_{2.5}$ 的质量浓度则相对较高，表明风速越大越有利于大气污染物水平扩散，而长时间的微风或静风会抑制污染物的扩散，使其在近地面层发生聚集而恶化环境空气质量[4]。但从长时间跨度看，风速与 $PM_{2.5}$ 的质量浓度的 Pearson 相关系数也只有−0.125，处于微弱相关水平。

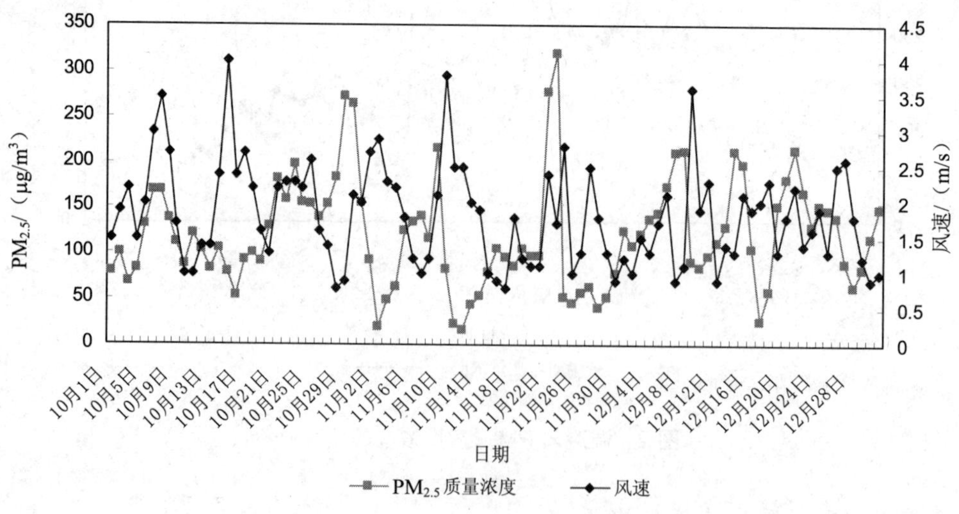

图 4 风速与 $PM_{2.5}$ 质量浓度的关系

3.3.5 气压对 $PM_{2.5}$ 质量浓度的影响

图 5 是长沙市 2013 年第四季度气压与 $PM_{2.5}$ 质量浓度同步变化的曲线。从图中可以看出，在 2013 年第四季度，长沙市的气压变化不大，在 1 005.9～1 024.6 hPa 范围内。总体上，气压低时，$PM_{2.5}$ 的质量浓度相对高。这是由于在低气压场天气形势下容易出现静风现象，而且多有低云出现，阻挡 $PM_{2.5}$ 垂直扩散，从而使近地面 $PM_{2.5}$ 的质量浓度增大；而高气压情况下，空中存在下沉气流，城市地面周边则存在由城市中心向外的气流，气流将城市中的污染物向周边地区扩散，降低了城市被污染的程度[5]。根据 92 个样本的 Pearson 相关系数统计结果，气压与 $PM_{2.5}$ 的质量浓度负微弱相关，相关系数为−0.113。

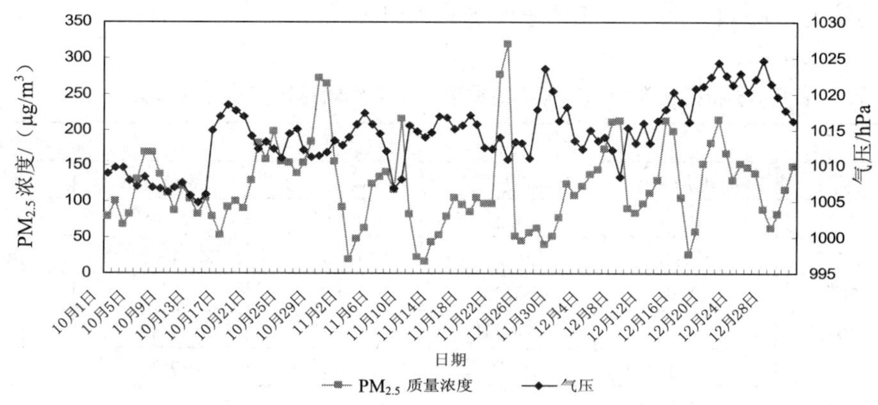

图 5 气压与 $PM_{2.5}$ 质量浓度的关系

3.4 AQI 与气象条件的相关性

长沙市 2013 年第四季度的环境空气 AQI 与气象条件的 Pearson 相关性见表 5。从表中可以看出，与 $PM_{2.5}$ 质量浓度一样，AQI 与能见度显著负相关，与温度微弱正相关，而与风速、湿度和气压微弱负相关。有所差别的是，风速与 $PM_{2.5}$ 质量浓度的相关系数比其与 AQI 的相关系数大了一倍多，表明风速对 $PM_{2.5}$ 质量浓度的影响超过对 AQI。分析其原因，AQI 是一项综合指标，$PM_{2.5}$ 质量浓度只是其中的一部分，由于风速对其他监测指标的影响有没对 $PM_{2.5}$ 质量浓度显著，导致 AQI 对风速变化的响应没有 $PM_{2.5}$ 质量浓度灵敏。

从短期看，$PM_{2.5}$ 质量浓度、AQI 与风速等气象因素的相关性比较明显，风速、气象因素等增大，$PM_{2.5}$ 质量浓度、AQI 下降幅度较大。但放大统计尺度，相关性变得很微弱。出现这种现象的原因，可能是大量平稳的气象因素所起的缓冲作用，如果只选择气象条件变化较大的天数来统计，则会获得另外一种结论[6-7]。

表 5 AQI、$PM_{2.5}$ 质量浓度与各气象因素的 Pearson 相关系数

	Pearson 相关性	温度	湿度	风速	气压	能见度
AQI	相关系数	0.073	−0.046	−0.053	−0.099	−0.510**
	显著性（双侧）	0.491	0.663	0.613	0.348	0.000
$PM_{2.5}$	相关系数	0.091	−0.048	−0.125	−1.113	−0.507**
	显著性（双侧）	0.386	0.646	0.236	0.282	0.000

注：**表示在 0.01 水平（双侧）上显著相关，样本数 92 个。

3.5 长株潭三市 2013 年第四季度的气象条件及其与城市环境空气质量变化的关系

表 6 反映的是长株潭三市 2013 年第四季度 5 项气象条件与上年同期的比较结果。从表中可以看出，长株潭三市 2013 年第四季度的气象条件总体不如上年同期，主要表现在气温偏高，湿度比较小，特别是平均风速较小。根据前面的相关性分析结果，相比较而言，2013 年第四季度的气象条件更不利于大气污染物扩散，这也是 2013 年三市大气污染治理力度很大，减排成效明显，但城市环境空气质量反而下降的直接原因。由此可见，在大气环境容量基本利用殆尽的情况下，不利气象条件随时可能诱发严重的城市环境空气污染问题。进一步减排，控制单位面积容量利用强度，是防治大气污染的根本途径。大气污染物减排目标的确定，必须考虑不利气象条件的影响[8]。

表 6 长株潭三市 2013 年第四季度气象条件的月均值与上年同期比较

时间		气象条件				
月份	年份	能见度/km	温度/℃	湿度/%	风速/（m/s）	气压/hPa
10 月	2012	10.65	19.54	72.03	1.95	1 009.73
	2013	12.18	20.26	65.92	1.97	1 010.60
11 月	2012	10.59	11.78	79.85	1.80	1 012.07
	2013	10.08	14.21	72.32	1.82	1 014.17
12 月	2012	9.11	5.76	79.74	2.23	1 016.70
	2013	12.38	8.06	63.03	1.71	1 017.34

4. 结论

本文对湖南省长株潭三市 2013 年第四季度的环境空气质量状况进行了分析，并研究了其与气象条件的相关性。结果表明，PM_{10} 和 $PM_{2.5}$ 是长株潭三市的主要大气污染物，三市在 11 月的空气质量最好，湘潭市的空气质量最差；对比上年同期老三项评价结果，三市在 2013 年第四季度各月的环境空气质量达标率均明显下降，特别是 NO_2 浓度呈增高趋势，复合污染特征越来越明显。$PM_{2.5}$ 质量浓度和 AQI 值与气象条件的相关性研究表明，$PM_{2.5}$ 质量浓度和 AQI 值与能见度显著负相关，与温度微弱正相关，而与风速、湿度和气压微弱负相关。2013 年第四季度，长株潭三市气温偏高，湿度较小，平均风速小，气象条件不利于大气污染物扩散。因此，虽然三市大气污染治理力度很大，减排成效明显，但城市环境空气质量反而下降。确定大气污染物减排目标，必须考虑不利气象条件影响。

参考文献：

[1] 刘爱霞，韩素芹，姚青，等. 2011 年秋冬季天津 $PM_{2.5}$ 组分特征及其对能见度的影响. 气象与环境学报，2013，29（2）：42-47.

[2] 潘本锋，汪巍，李亮，李健军，王瑞斌. 我国大中型城市秋冬季节雾霾天气污染特征与成因分析.环境与持续发展，2013，1（1）：33-36.

[3] 潘本锋，赵熠琳，李健军，王瑞斌. 气象因素对大气中 $PM_{2.5}$ 的去除效应分析. 环境科技，2012，25（6）：41-44.

[4] 马雁军，刘宁微，王扬峰，等. 沈阳及周边城市大气细粒子的分布特征及其对空气质量的影响. 环境

科学学报，2001，31（6）：1168-1174.

[5] 刘淑梅，杨泓，傅朝，邵志宏. 兰州市冬春两季 PM_{10} 重度污染的气象条件分析研究. 环境科学与技术，2008，31（5）：80-83.

[6] 孙向明，彭勇刚. 深圳市近年空气质量与气象条件的关系. 广东气象，2005，3：1-3.

[7] 廉丽姝，高军靖，束炯. 城市大气污染特征及其与气象因子的关系——以济南、青岛市为例环境污染与防治，2011，33（5）：22-26.

[8] 王宏，林长城，蔡义勇，赵卫红. 福州市空气质量状况时空变化及其与天气系统关系. 气象科技，2008，36（8）：480-484.

此文章刊登于《上海环境科学》2015 年第 6 期

长沙市灰霾天气与气象因子相关性研究

傅鹏　许雄飞　朱奕　朱舟
（长沙市环境监测中心站，长沙　410001）

摘　要：根据长沙市 2013 年 $PM_{2.5}$ 的逐日质量平均浓度、气象地面和高空观测数据，采用 SPSS 方法，分析了长沙市灰霾天气发生与气象因子的关系。结果表明：长沙市区的灰霾日以西北风向为主，$PM_{2.5}$ 浓度与风速、降水呈显著负相关，与相对湿度、大气压、平均气温相关不明显。风速越小越不利于大气污染物的扩散，在没有降水的情况下，风速达到 3.5 m/s 以上，空气质量才有好转；弱降水对污染物的浓度不会有明显的影响，降水量在 5 mm 以下时，污染物的浓度不会有明显的下降，但强降水对空气有净化作用明显，在不同季节，不同时段，不同天气形势下降水的稀释作用不同；长沙秋冬季边界层稳定性概率高达 80%以上，这种稳定层结构是长沙市区各种大气污染源不易扩散的重要因素之一。

关键词：灰霾；气象因子；监测分析

The research for the relativity between dust-haze and meteorological factors in Changsha

Fu Peng　Xu Xiongfei　Zhu Yi　Zhu zhou

(Changsha Environmental Monitoring Station，Changsha 410001)

Abstract：According to daily quality average density of $PM_{2.5}$ and the meteorological observed data of ground and air，we analyze the relativity between dust-haze and meteorological factors in Changsha by the method of SPSS. The analysis results indicate that there are always northwester blowing in the dust-haze days of Changsha urban area. There is an abvious negative negative correlation between $PM_{2.5}$ density and wind velocity and rainfall，no significant correlation with relative humidity，barometric pressure and mean temperature. The slower the wind velocity is，the harder atmospheric pollutant can spread. Without precipitation，air quality would't improve unless wind speed exeeds 3.5 meter per second. Light rainfall won't produce a noticeable effect to the density of atmospheric pollutant，which won't cut down if precipitation is less than 5 mm. But heavy rainfall can apparently clean up the atmosphere and improve air quality. The dilution effects of rainfall will change in different season，different period and different weather situations.　In the autumn and winter，the boundary layer of Changsha has an 80 percent chance of being stable. This stable structure is one important element that urban atmospheric pollutant can not spread easily.

Key words：dust-haze；meteorological factors；monitoring analysis

近年来，随着工业生产的发展和城市人口的迅速增长，城市大气污染日趋严重，这使人民的健康受到了严重的威胁[1-2]，因此我们在发展生产的同时迫切需要保护和改善环境。对一个地区而言，空气污染物浓度主要受污染源排放和气象条件的影响，而在污染源变化相对稳定的情况下，污染物浓度的大小则主要取决于污染气象条件[3-5]。在不同气象条件下，同一污染源排放所造成的地面污染物浓度可相差几十倍乃至几百倍。气象条件与空气质量的关系十分密切[6-7]，为了改善长沙市地区的空气质量，我们很有必要分析灰霾天气与气象因素相关性，揭示灰霾与气象条件、颗粒物等大气污染物之间的内在关系，为建立和完善灰霾污染监测预报预警体系提供科学依据。

1 定义与评价方法

灰霾是一种大量极细微的干尘粒等均匀地浮游在空中，使水平能见度小于 10 千米的对视程造成障碍的现象[8]。大量极细微的干尘粒用环境术语就是 $PM_{2.5}$，因各地污染情况、气象条件不同，各地环保部门对灰霾日的鉴定也有一定的差别，长沙市环境监测中心站根据国家环境保护部推荐的灰霾污染日判别标准（试行），即 $PM_{2.5}$ 小时浓度值＞75ug/m ^{3}，$PM_{2.5}/PM_{10}\geq60\%$，能见度≤5 千米这种状况持续 6 小时及以上可鉴定为灰霾日。根据以上条件，长沙市 2013 年灰霾日为 112 天。灰霾日主要出现在 1—3 月以及 10—12 月，占全年灰霾天数的 89.3%。

本文采用的数据资料包括空气质量监测数据和气象数据，空气质量资料为 2013 年 1 月 1 日—2013 年 12 月 31 日长沙市 9 个国控监测点 $PM_{2.5}$ 的质量平均浓度，气象资料为同期长沙市气象局地面与高空观测资料。文中的空气质量等级采用国家环保部制定的《环境空气质量指数（AQI）技术规定》HJ 633—2012，空气质量分为Ⅵ级，Ⅰ级为优，Ⅱ级为良，Ⅲ级为轻度污染，Ⅳ级为中度污染，Ⅴ级为重度污染，Ⅵ为严重污染。

2 空气质量状况

2.1. 长沙市 2013 年空气质量概况

长沙市 2013 年全年空气质量优的日数为 44 天，占全年总日数的 12.05%，空气质量良好的日数为 153 天，占全年总日数的 41.92%，空气质量轻度污染的日数为 81 天，占 22.19%，空气质量中度污染的日数为 33 天，占 9.04%，空气质量重度污染的日数为 50 天，占 13.70%，空气质量严重污染的日数为 4 天，占 1.10%，Ⅲ级轻度污染以上天数共有 168 天，其中首要污染物为 $PM_{2.5}$ 的天数 163 天，占 97.02%。逐月空气质量为Ⅲ级以上的日数（空气污染日数）见图 1。

可见，10 月空气污染日数最多，为 29 天，1 月和 12 月空气污染日数为 28 天，3 月空气污染日数为 21 天，5—9 月空气质量比较好，其中 6 月仅有 1 天污染日，8 月没有出现空气污染日。

2.2 $PM_{2.5}$ 浓度逐月变化特征

长沙市 2013 年 $PM_{2.5}$ 年均值浓度为 83μg/m ^{3}，浓度最低值为 23 μg/m ^{3}，出现在 9 月 24 日，最高值为 370 μg/m ^{3}，出现在 11 月 23 日。各月平均浓度为 27～166 μg/m ^{3}（见图 2），其中 7 月平均浓度最低，8 月为次低，1 月平均浓度最高，10 月和 12 月为次高。

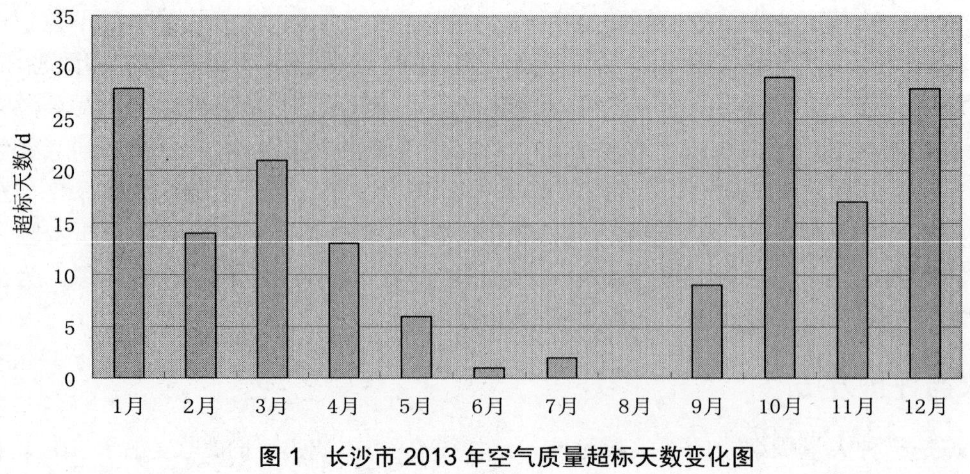

图 1　长沙市 2013 年空气质量超标天数变化图

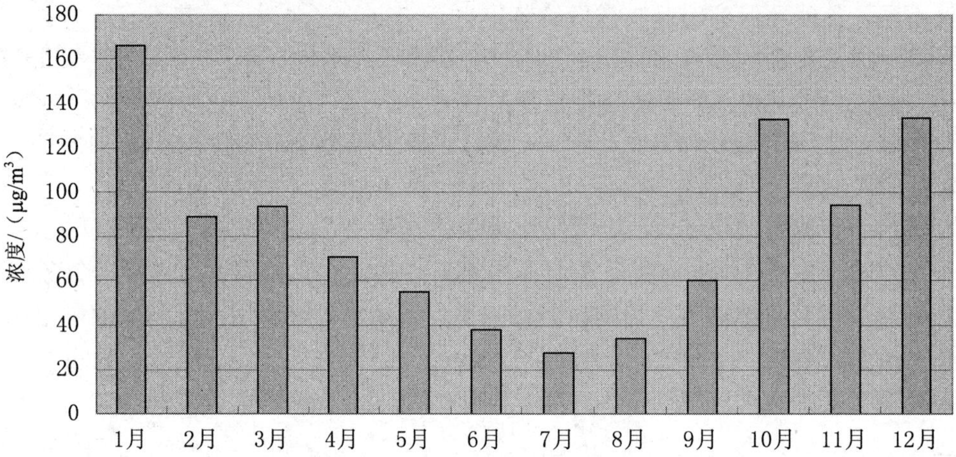

图 2　长沙市 PM 2.5 逐月平均浓度变化图

3　PM2.5 浓度变化与气象因子关系

根据长沙市 2013 全年空气质量数据统计，灰霾日主要出现在 1—3 月以及 10—12 月，利用 SPSS 软件，分别对 1—3 月和 10—12 月 $PM_{2.5}$ 日平均浓度对同一时间的气象因子进行相关系数分析，结果如表 1。从表中可以看出，$PM_{2.5}$ 日平均浓度与风速和降水量呈显著负相关，并通过显著性检验，与相对湿度、大气压、平均气温相关不明显。

表 1 $PM_{2.5}$ 日平均浓度与气象因子相关系数

$PM_{2.5}$ 浓度	风速	相对湿度	大气压	降水量	平均气温
1—3 月	−0.419**	−0.004	0.214*	−0.376*	−0.128
10—12 月	−0.369*	−0.217*	−0.07	−0.411**	−0.239*

注：**表示通过 0.01 显著性检验，*表示通过 0.05 显著性检验。

3.1 $PM_{2.5}$浓度变化与风向风速的关系研究

风向、风速对大气污染物扩散起着很重要的作用，风向决定着污染物输送的方向，风速决定着对污染物扩散的能力，从图 3 中可以看出，2013 年长沙市地面风向平均频率，以 NW 和 SE 为主，其中 WNW 占 26.0%，NNW 占 11.8%，NW 占 10.1%，SE 占 9.0%，SSE 占 5.8%，ESE 占 4.9%，在污染比较严重的 1—3 月、10—12 月，其中 NW 上升到 63.7%，SE 只占 7.7%，在空气质量很好的 6—8 月，NW 占 18.5%，SE 成为主导风向，占 64.5%。

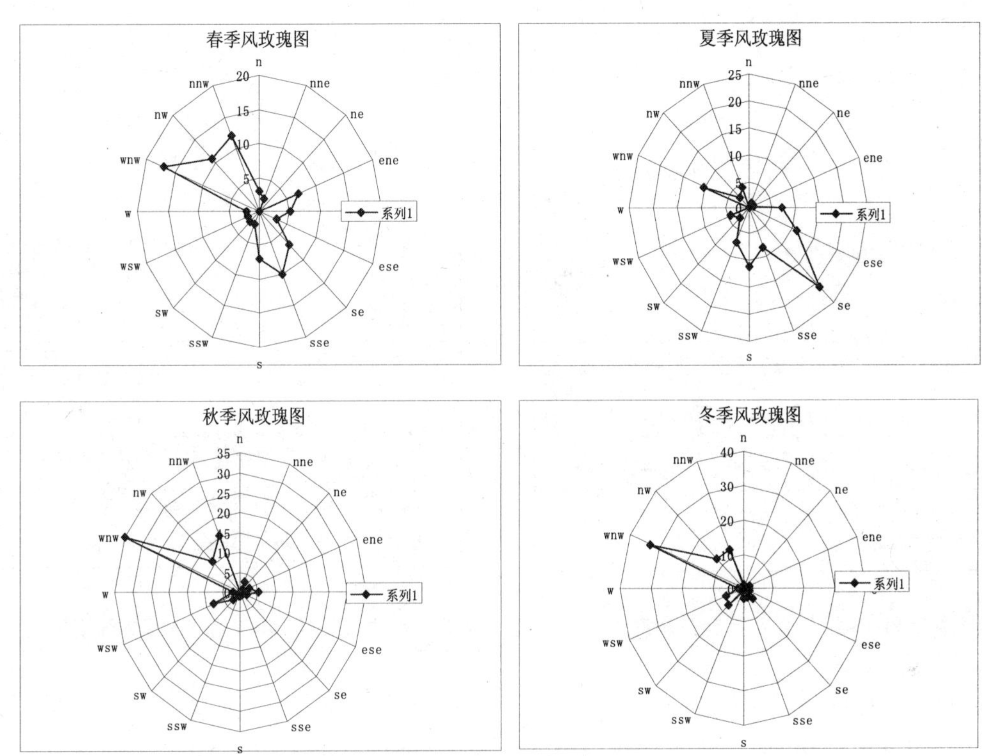

图 3　长沙市 2013 年风四季玫瑰图

气象因素不仅影响颗粒物的稀释扩散，还与周边地区污染物的中远距离输送有密切关系[9]。为了更好地结合气象资料了解大气颗粒物的传输过程，利用美国国家海洋和大气管理局空气资源实验室（NOAA Air Resources Laboratory）的 HYSPLIT 模型[10]进行了气流高度为 500 m 的 168 h 后向轨迹分析（Backward Trajectory Analysis），以了解长沙市夏季非灰霾期和冬季灰霾期大气颗粒物运移轨迹。

图 4 显示从 2013 年 7 月 8 日零点开始往前溯源 168 h 得到 2013 年夏季非灰霾日 500 m 高度的后向气团轨迹。当日所到达长沙的气团，主要来源于偏南方向。根据轨迹水平分量的长短判断气团移动速度，多条后向轨迹距离长，代表风速较大，大气处在不稳定状态下，有利于污染物的垂直和水平扩散。同时从南部海面传输来的暖湿气团带来了丰富的水汽，形成的降水对颗粒污染物起到了冲刷和稀释扩散作用。

图 5 较为直观地描述了 2013 年 1 月灰霾期间长沙市大气气流运动轨迹。2013 年 1 月 7 日至 1 月 19 日空气质量连续 13 天达到Ⅴ级重度污染，从 2013 年 1 月 20 日零点开始往前溯源 168 h，多条后向轨迹反演表明，500 m 高度的冬季灰霾气团移动轨迹分别主要从西

北和东北部方向，经内陆省份最终达到长沙地区。加上气团携带了大量北方省市的浮尘和秸秆焚烧产生的污染物，受此影响，污染物难以扩散，这表明除了本地的污染排放外，外来污染物输入性污染也是导致长沙大气污染的来源之一。

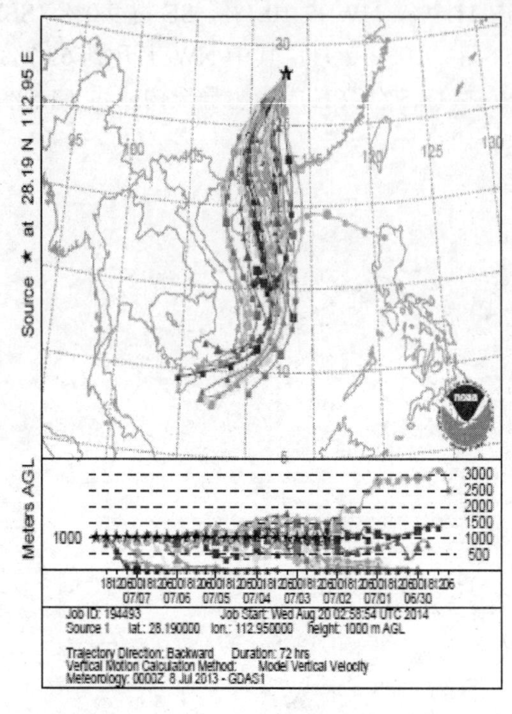

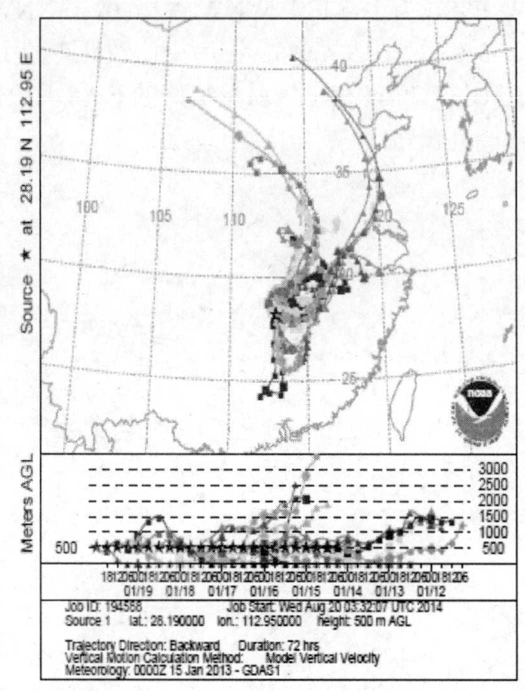

图 4 长沙市 2013 年 7 月 8 日非灰霾期间后向轨迹　图 5 长沙市 2013 年 1 月 20 日灰霾期间后向轨迹

长沙市区地面平均风速为 1.97 m/s，春季平均风速 1.98 m/s，夏季平均风速 2.33 m/s，秋冬季平均风速 1.68 m/s。其中春季静风或小风（0 m/s＜风速＜1.5 m/s）的频率为 36.1%，夏季为 11.9%，秋冬季为 46.3%。选取连续出现灰霾的 10 月 4 日到 10 月 30 日为例，这一时期没有降水，风速就就决定了污染物的扩散能力，10 月 4 日—10 月 14 日，日平均风速在 0.8～2.5 m/s，10 月 15 日、16 日两天平均风速达到 3.5 m/s，16 日的空气质量才从连续 12 天的超标污染转为良。10 月 17 日—10 月 30 日，日平均风速又在 0.7～ 2.7 m/s，空气质量又连续 16 天污染。

$PM_{2.5}$ 浓度变化与风向风速有明显的相关性。长沙市区的灰霾日以西北风向为主。$PM_{2.5}$ 浓度与风速呈显著负相关，风速越小越不利于大气污染物的输送，特别是静风时非常不利于大气污染物的扩散，容易造成当地空气质量污染，进而形成霾，风速大和湍流强时稀释扩散速度快，污染物浓度就低。在没有降水的情况下，风速达到 3.5 m/s 以上，空气质量才有好转。

3.2 $PM_{2.5}$ 浓度变化与降水量的关系研究

表 2 为长沙市 2013 年各月分级降水日统计，长沙市 2013 年降水天数为 122 天，其中降水量在 0.1～1.0 mm 的降水天数占总降水天数的 27.9%，在 1.0～5.0 mm 的降水天数占 30.3%，在 5～10 mm 的降水天数占 13.1%，在 10 mm 以上的降水天数占 28.7%。

一般研究表明降水对清除大气中的污染物质起着重要的作用，有些污染气体能溶解在水中，同时降水过程还可以起到清除颗粒物的作用。$PM_{2.5}$ 浓度变化与降水量有明显的相关性。长沙市 $PM_{2.5}$ 浓度与降水量呈显著负相关。2013 年灰霾天气严重 10 月、11 月、12 月降水天数分别为 2 天、9 天、4 天，2013 年 9 月 29 日—10 月 30 日连续 32 天没有降水，整个 10 月有 29 天空气污染达到轻度污染以上，且 10 月 29 日、30 日出现Ⅵ级严重污染天气。而污染严重的 1 月降水天数有 11 天，但其中 10 天降水是在 5 mm 以下，说明降水量在 5 mm 以下时，污染物的浓度不会有明显的下降。2013 年 11 月 11 日、12 日，降水分别达到 27.7 mm、59.1 mm，空气质量从前几天的中、重度污染迅速变为优，说明强降水对空气有净化作用，能改善空气质量，污染物浓度迅速下降。同样在空气质量很好的 7 月、8 月降水天数仅有 1 天和 3 天，可见降水对污染物浓度的影响比较复杂，不同季节，不同时段，不同天气形势下的降水的稀释作用不同。

表 2 长沙市 2013 年分级降水日统计

	1 月/d	2 月/d	3 月/d	4 月/d	5 月/d	6 月/d	7 月/d	8 月/d	9 月/d	10 月/d	11 月/d	12 月/d
0.1～1.0 mm	4	5	4	5	5	2	0	0	3	1	3	0
1.0～5.0 mm	6	7	4	5	3	4	0	0	4	1	2	1
5.0～10 mm	1	2	3	1	4	1	1	0	1	0	0	2
≥10 mm	0	4	4	6	5	4	0	3	4	0	4	1

3.3 $PM_{2.5}$ 浓度变化与低空逆（等）温的关系研究

大气稳定度是影响空气污染的气象因素之一，它代表大气垂直扩散能力的强弱。不稳定类天气有利于大气污染物垂直扩散，而大气层结构稳定则不利于低层污染物的扩散，对城区空气质量产生不利影响。逆温层越厚，逆温强度越大，大气稳定度越强。

表 3 长沙市区全年 08 时/20 时出现低空（0～3 km）逆温情况统计

月份	8 时			20 时		
	逆温日数/d	平均厚度/m	逆温平均强度/（℃/100 m）	逆温日数/d	平均厚度/m	逆温平均强度/（℃/100 m）
1	28	762	0.97	26	458	0.58
2	25	658	1.25	25	345	0.75
3	23	464	1.94	22	287	1.28
4	18	329	1.01	18	264	0.85
5	14	290	1.22	17	311	1.12
6	6	290	0.98	4	222	0.84
7	0	0	0	0	0	0
8	1	255	1.18	2	228	0.78
9	16	265	1.49	18	227	0.69
10	23	201	1.36	22	214	0.95
11	17	289	1.02	12	231	0.83
12	24	375	0.95	17	245	1.16

长沙市冬季逆温有明显的日变化特征，一般在傍晚 19 时形成，平均厚度 100 m 左右，强度较小。随着时间的增加，逆温层的厚度增大，强度加强，到次日 5～7 时厚度达到 500 多米，强度可达 2 ℃/100 m。9 时以后逆温层的厚度逐渐变薄，强度减弱，在 11 时左右消失。稳定层结一般出现在 19：00 到次日 09：00，该时段正是空气污染高峰时段，与空气污染日变化相吻合。

对长沙市区 2013 年灰霾日期间 08 时/20 时出现低空逆温进行统计表明（见表 3），在出现霾日的 112 d 中，共有 94 d 08 时/20 时出现逆温，占霾日的 83.9%。霾日时低空逆温层的月平均厚度介于 201～762 m，平均为 380 m，1 月的平均厚度最大，逆温层月平均强度介于 0.58～1.94℃/100 m，平均为 1.22 ℃/100 m，3 月的平均逆温强度最大。对比分析 2013 年 08 时与 20 时霾日期间的低空逆温情况，可以看出，全年低空逆温发生频率在 50% 以上，1—4 月和 9—12 月出现低空逆温频率高达 80%，明显比其他月份较高，7 月、8 月很少出现低空逆温情况。

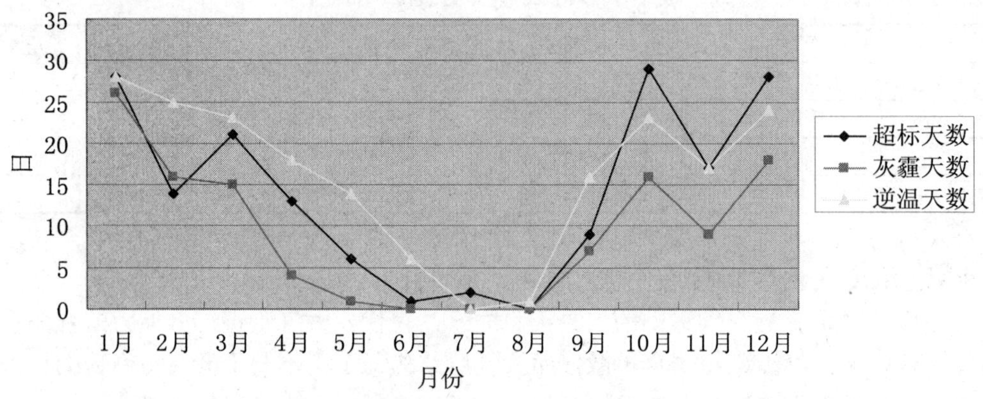

图 6 长沙市逐月空气质量超标天数、灰霾天数及低空逆温天数对比图

从图 6 可以看出，长沙市每月的低空逆温天数与灰霾天数有很大的相关性，近地面逆温的变化对大气污染有着直接的影响。

4 结论

（1）根据长沙市 2013 全年空气质量数据统计，灰霾日主要出现在 1—3 月以及 10—12 月，$PM_{2.5}$ 日平均浓度与相对湿度、大气压、平均气温相关不明显。

（2）$PM_{2.5}$ 浓度变化与风向风速有明显的相关性。长沙市区的灰霾日以西北风向为主，$PM_{2.5}$ 浓度与风速呈显著负相关，风速越小越不利于大气污染物的输送，特别是静风时非常不利于大气污染物的扩散，容易造成当地空气质量污染，进而形成霾，风速大和湍流强时稀释扩散速度快，污染物浓度就低。统计 2013 年长沙市空气质量与风速相关性发现，在没有降水的情况下，风速达到 3.5 m/s 以上，空气质量才有好转。

（3）$PM_{2.5}$ 浓度变化与降水量有明显的相关性。$PM_{2.5}$ 浓度与降水量呈显著负相关。在秋冬季最长连续无雨期间，易出现严重污染天气。统计发现，降水量在 5 mm 以下时，污染物的浓度不会有明显的下降。但强降水对空气有净化作用，能改善空气质量，降水对污染物浓度的影响比较复杂，不同季节，不同时段，不同天气形势下的降水的稀释作用不同。

（4）灰霾天气发生与低空逆温密切相关，近地面逆温的变化对大气污染有着直接的影响。长沙市区全年边界层稳定的概率占了 50%，尤其是秋冬季稳定性概率高达 80%以上。这种稳定层结构是长沙市区各种大气污染源不易扩散的重要因素之一。

参考文献

[1] WU D，TIE XX，LI C C，et al. An extremely low visibility event over the Guangzhou region：A case study. tmosp-Aheric Environment，2005，39（35）：6568-6577.

[2] 白志鹏，蔡斌彬，董海燕，等. 灰霾的健康效应.环境污染与防治，2006，28（3）：198-201.

[3] 孟燕军，王淑英，赵习方. 北京地区大雾日大气污染状况及气象条件分析. 气象，2000，26（3）：40-43.

[4] 赵庆云，张武，王式功. 空气污染与能见度及环流特征的研究.高原气象，2003，22（4）：393-396.

[5] 张夏琨，王春玲，王宝鉴. 气象条件对石家庄市空气质量的影响.干旱气象，2011，29（1）：42-47.

[6] 郑庆锋，史军. 上海霾天气发生的影响因素分析.干旱气象，2012，30（3）：367-373.

[7] 孙银川，缪启龙，李艳春，等. 银川市空气质量动力预测系统及预测结果分析. 干旱气象，2006，24（2）：89-94.

[8] 中央气象局. 地面气象观测规范. 北京：气象出版社，2003.21-27.

[9] 朱奕，傅鹏，龙加洪，等. 长沙城区 PM_{10} 和 $PM_{2.5}$ 的污染特征及气象因素溯源. 环境科学与管理，2013，38（11）：57-62.

[10] Air Resources Laboratory - HYSPLIT Hybrid Single Particle Lagrangian Integrated Trajectory model.

长沙市城区 PM_{10} 和 $PM_{2.5}$ 中苯并[*a*]芘的污染状况研究

瞿白露　付鹏　吴银菊
（长沙市环境监测中心站，长沙 410001）

摘　要：目的　了解长沙市环境空气中存在于颗粒物中的苯并[*a*]芘的污染状况，分析其对人体的危害。方法 测定长沙市区内 $PM_{2.5}$ 和 PM_{10} 以及其所含苯并[*a*]芘的含量，并分析其相互之间的关系。结果　采样点位在采样期间的 $PM_{2.5}$ 和 PM_{10} 以及其所含苯并[*a*]芘的含量均有超过环境质量标准二级浓度限值的时段。结论　长沙市环境空气中存在苯并[*a*]芘污染，它的含量与其结合的颗粒物质量浓度存在相关性。

关键词：苯并[*a*]芘；PM_{10}；$PM_{2.5}$

Study on Benzo[*a*]Pyrene Pollution Status in urban area of Changsha

Qu Bailu　Fu Peng　Wu Yinju
（Chang Sha Environmental and Monitoring Central Station，Changsha 410001）

Abstract：Objective To understand benzo[*a*]pyrene pollution in particulate matter and analyze their effect on human health in Changsha city. Method To determine the concentration of PM_{10}，$PM_{2.5}$，B[*a*]P in PM_{10} and $PM_{2.5}$ in Changsha city，to analyze their relationship between each other. Results PM_{10}，$PM_{2.5}$，benzo[*a*]pyrene in particulate matter exceeded second standard of the air quality standards during the sampling. Conclusion：Benzo[*a*]pyrene pollution existed in environmental air of Changsha.It was found that the concentration of B[*a*]P was correlation with the concentration of combianted particulate matters.

Key Words：Benzo[*a*]pyrene；PM_{10}；$PM_{2.5}$

随着工农业的迅速发展和人口的不断增长，大气中有机物的污染日益严重。环境空气中有机污染物多吸附在大气颗粒物上，特别是一些多环芳烃几乎全部能吸附在小于 5μm 的细粒径颗粒物上，在空气中不易沉降，极易进入人类的呼吸系统，造成人体健康危害[1]。多环芳烃类物质中包括有强致癌作用的苯并[*a*]芘，它主要来自汽车尾气、沥青工业、燃料的不完全燃烧等[2]，在空气中较为稳定，浓度与其他多环芳烃化合物具有一定相关性，是大气颗粒物中具有代表性的污染物之一。为进一步探究长沙市内颗粒物中苯并[*a*]芘的污染状况，我们对长沙市火车站采样点位进行了半年的颗粒物样品采集，并用超声波法提取和液相色谱测定了样品中的苯并[*a*]芘，对数据进行了系统分析和研究。

1 材料与方法

采样器采用 Themer Fisher 颗粒物采样器；玻璃纤维滤头；KQ-250V 型超声波清洗器（昆山市超声仪器有限公司）；LC-20AT 高效液相色谱仪（日本岛津公司）配 SUPELCO™ LC-PAH 专用柱（25cm×4.6 mm×5μm）；医用注射器；微量注射器；离心管；剪刀；镊子等。苯并[a]芘标准液：100 mg/L（Accustandard）；甲醇为色谱纯；水为二次蒸馏水，经高效液相色谱空白实验无干扰峰存在方可使用。

2 实验部分

2.1 采样

采样点设在火车站某大楼顶层，属于商业、交通、居民混合区，按环境功能区划分为二类区，离地面 15 m，于 2011 年 11 月至 2012 年 4 月连续 6 个月对点位的细颗粒物（$PM_{2.5}$）、可吸入颗粒物（PM_{10}）进行采集。

2.2 颗粒物浓度的测定

连续 24 h 采样，运用微振荡天平法每 1 h 测定一次 $PM_{2.5}$ 和 PM_{10} 质量浓度，计算 24 h 平均值。

2.3 $PM_{2.5}$ 和 PM_{10} 中苯并[a]芘的提取和测定

每个样品用 5 ml 的甲醇于超声波发生器中提取 10 min，过滤后由高效液相色谱仪测定。

色谱条件：流动相∶甲醇∶水=90∶10 保持 60 min；流速：1.0 ml/min；荧光检测器：激发波长为 286 nm、发射波长为 430 nm；色谱柱：SUPELCO™ LC-PAH 25cm×4.6 mm，5μm。

2.4 统计方法

相关资料运用 Excel 软件输入，用 SPSS 统计软件对结果进行分析。

3 结果与讨论

3.1 总体情况

长沙市 $PM_{2.5}$ 和 PM_{10} 的质量浓度及 $PM_{2.5}$ 和 PM_{10} 中苯并芘的含量见图 1 和图 2。由图可见长沙市火车站监测点位苯并[a]芘浓度含量、$PM_{2.5}$、PM_{10} 都有超过《环境空气质量标准》（GB 3095—2012）时段。颗粒物质量浓度在 11 月、3 月和 4 月，超出二级标准限值 24 小时平均值的天数较多。苯并[a]芘在 11 月平均值浓度远超过其他月份，达到 6.3ng/m^3，这主要和 11 月雨水少，使得污染物气溶胶在空气中停留时间加长不利于其自然扩散、稀释造成。可见环境空气中苯并[a]芘污染状况已较为严重。

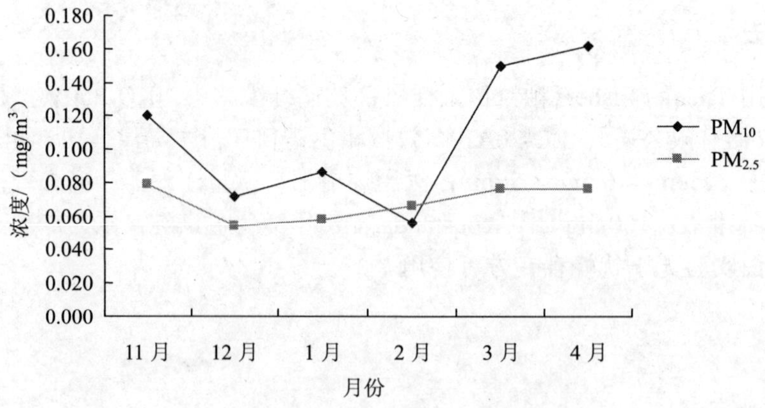

图 1 PM_{10}、$PM_{2.5}$ 质量浓度变化趋势

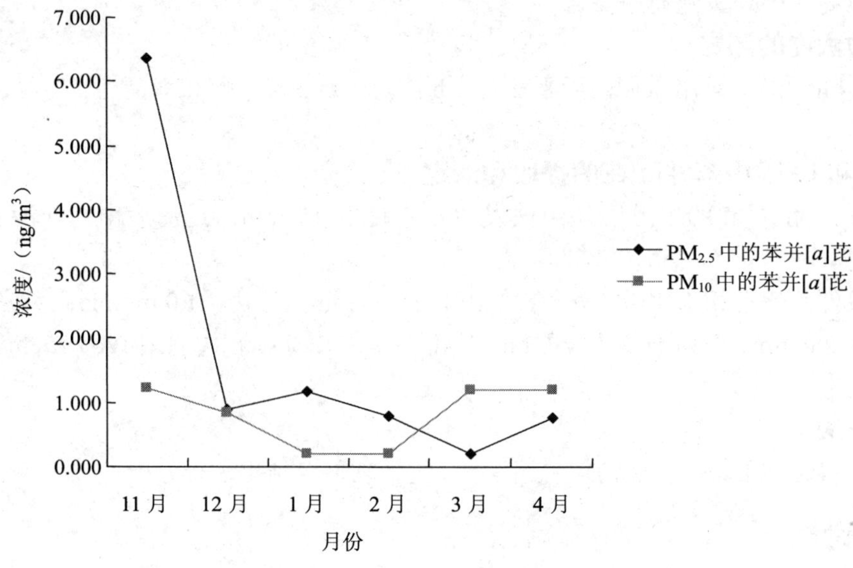

图 2 PM_{10}、$PM_{2.5}$ 中苯并[*a*]芘浓度变化趋势

3.2 相关分析

将空气中苯并[*a*]芘与其所吸附的颗粒物之间作简单的相关性分析，结果见表 1。从相关系数矩阵可知，苯并[*a*]芘的浓度与其对应的吸附颗粒均存在一定的相关性。PM_{10} 与 PM_{10} 吸附的苯并[*a*]芘之间相关系数 r=0.811，$PM_{2.5}$ 与 $PM_{2.5}$ 吸附的苯并[*a*]芘之间相关系数 r=0.423。进一步分析，将 PM_{10} 与 PM_{10} 吸附的苯并[*a*]芘浓度数据和 $PM_{2.5}$ 与 $PM_{2.5}$ 吸附的苯并[*a*]芘浓度数据作交叉表分析。结果如表 2、表 3。两组数据的 ϕ 值都大于 0.6，证明 PM_{10} 与 PM_{10} 吸附的苯并[*a*]芘的浓度和 $PM_{2.5}$ 与 $PM_{2.5}$ 吸附的苯并[*a*]芘浓度具有紧密的相关性。

表 1 各污染指标之间的相关系数矩阵表

项目	$PM_{2.5}$苯并[a]芘	PM_{10}苯并[a]芘	$PM_{2.5}$	PM_{10}
$PM_{2.5}$苯并[a]芘	1.000	0.324	0.423	0.061
PM_{10}苯并[a]芘	0.324	1.000	0.666	0.811
$PM_{2.5}$	0.423	0.666	1.000	0.746
PM_{10}	0.061	0.811	0.746	1.000

表 2 对称度量（$PM_{2.5}$及其吸附的苯并[a]芘）

		值	近似值（Sig.）
按标量标定	φ	2.236	0.224
	Cramer's V系数	1.000	0.224
有效案例中的 N		6	

表 3 对称度量（PM_{10}及其吸附的苯并[a]芘）

		值	近似值（Sig.）
按标量标定	φ	1.732	0.263
	Cramer's V系数	1.000	0.263
有效案例中的 N		6	

3.3 各污染物浓度与天气因素的关系

将各污染物参数的浓度与采样温度和降水量进行比对分析，发现在降水量丰沛的时期，苯并[a]芘的含量较雨水量少时要低很多。在春、冬两季节，气温低于 20℃的情况下，颗粒物浓度随气温的上升有所增加。经过统计分析，得到各污染物与天气因素的关系，如表 4 所示。其中 $PM_{2.5}$及其吸附的苯并[a]芘与降水量有较好的负相关性，表明雨水量越多，污染物浓度越低；PM_{10}中的苯并[a]芘、$PM_{2.5}$、PM_{10}与气温有很好的相关关系，这表明在一定的温度范围内，温度升高会使污染物的浓度增加。

表 4 各污染因子与天气因素的相关矩阵表

	$PM_{2.5}$苯并[a]芘	PM_{10}苯并[a]芘	$PM_{2.5}$	PM_{10}	平均气温	平均降水量
PM2.5 苯并[a]芘	1.000	0.324	0.423	0.061	- 0.113	- 0.531
PM 10 苯并[a]芘	0.324	1.000	0.666	0.811	0.639	0.166
$PM_{2.5}$	0.423	0.666	1.000	0.746	0.679	- 0.529
PM_{10}	0.061	0.811	0.746	1.000	0.895	- 0.001
平均气温	- 0.113	0.639	0.679	0.895	1.000	0.092
平均降水量	- 0.531	0.166	- 0.529	- 0.001	0.092	1.000

4 结论

长沙是中国南方重要的交通枢纽，至 2011 年止，长沙市机动车保有量已突破 100 万辆，其中六成为汽车，经计算每 6.6 人就拥有一辆机动车。机动车的增加，造成了大气中有机物污染日益严重的状况，机动车尾气排放给环境带来的污染问题日趋严重。本次实验结果显示，采样点位在采样期间的 PM_{10} 和 $PM_{2.5}$ 以及其所含苯并[*a*]芘的含量的质量浓度均有超过国家环境空气质量二级标准（GB 3095—2012）的时段，长沙市内环境空气质量状况不容乐观。机动车尾气排放是环境空气中 $PM_{2.5}$、PM_{10}、苯并[*a*]芘的重要来源之一，应引起关注。

本次研究发现，苯并[*a*]芘的浓度与其所结合的颗粒物 PM_{10}、$PM_{2.5}$ 均具有相关性，这证明苯并[*a*]芘的确在颗粒物上得到了富集，且在更细小的颗粒物上富集更多。由于 PM_{10} 可进入人的呼吸系统和肺泡，而更小的 $PM_{2.5}$ 则可达到细支气管壁直接影响气体交换，富含有毒有害物质的颗粒物对人体能构成直接危害。另外，存在于 $PM_{2.5}$ 中的苯并[*a*]芘与降水量存在负相关性，这说明降水可以起到空气净化的作用；存在于 PM_{10} 中的苯并[*a*]芘、PM_{10}、$PM_{2.5}$ 与温度存在相关性，表明在温度上升过程中，有机污染物容易释放，气溶胶颗粒物也更易产生了，但由于温度上升越多，羟自由基也越多，它可与污染物分子快速反应来降解消除污染物，所以在极热的夏天反而污染情况并不是最严重的时期。

颗粒物是各种有毒有害有机污染物的载体，一般来说，粒径越小，表面积越大，吸附的污染物越多，除呼吸暴露外，吸附在颗粒物上以干湿沉降方式进入水体土壤等环境介质及其生态系统中，也会通过食物链进入人体，从而对人类健康造成影响[3]。全国很多城市已相继对颗粒物中的苯并[*a*]芘作了相关报道[4–5]，长沙目前没有此类报道，本文旨在对颗粒物中存在的苯并[*a*]芘的污染状况及其危害性作研究，对未来环境空气中的有机污染物防治提供数据支持和理论依据。

参考文献

[1] 王志鳞，邹道忠，严燕萍. 上海市大气颗粒有机污染物的测定. 上海环境科学，1995，14（7）：34-37.

[2] 焦荔，包贞，洪盛茂，等. 杭州市大气细颗粒物 $PM_{2.5}$ 中多环芳烃含量特征研究. 中国环境监测，2009，25（1）：67-70.

[3] 张枝焕，卢另，贺光秀，等. 北京地区表层土壤中多环芳烃的分布特征及污染源分析. 生态环境学报，2011，20（4）：668-675.

[4] 刘钰，魏全伟，王路光，等. 河北省大气 PM_{10} 中多环芳烃的污染特征及苯并[*a*]芘等效毒性评价.环境与健康杂志.2009，26（10）：908-910.

[5] 彭希珑，何宗健，刘小真，等. 南昌市大气细粒子 $PM_{2.5}$ 中多环芳烃的污染特征及源解析. 南昌大学学报（理科版）：2009，33（5）：499-503.

常德市环境空气中 PM_{10} 与 $PM_{2.5}$ 污染特征及其相关性分析

许晓莉
（常德市环境监测站，湖南常德 415000）

摘 要：通过对常德市不同功能区、不同季节空气中的颗粒物为主要研究对象，从 2013 年 12 月到 2014 年 5 月的半年时间内同步采集 PM_{10} 与 $PM_{2.5}$ 样品进行监测，分析 PM_{10} 与 $PM_{2.5}$ 时空分布与变化规律及其相关性，为准确把握其污染现状、主要污染来源及有效地控制其污染提供科学技术依据。

关键词：颗粒物；PM_{10}；$PM_{2.5}$；污染特征；相关性

近年来，常德市环境空气质量中的首要污染物均为可吸入颗粒物（PM_{10}），随着新标准《环境空气质量标准》（GB 3095—2012）在全国的逐步实施，作为 113 个环境保护重点城市，我市自去年开始开展细颗粒物（$PM_{2.5}$）的监测工作以来，环境空气中的首要污染物就变为了 $PM_{2.5}$。由此可见，PM_{10}、$PM_{2.5}$ 在常德市的环境空气质量污染中扮演着主角的地位。本文通过对常德市不同功能区、不同季节的空气中的颗粒物为主要研究对象，从 2013 年 12 月到 2014 年 5 月的半年时间内同步采集 PM_{10} 与 $PM_{2.5}$ 样品进行监测，分析 PM_{10} 与 $PM_{2.5}$ 时空分布与变化规律及其相关性，为准确把握其污染现状、主要污染来源及有效地控制其污染提供科学技术依据。

1 PM_{10}、$PM_{2.5}$ 的概述及其主要环境影响

1.1 述语与定义

PM_{10} 是指环境空气中空气动力学当量直径小于等于 10μm 的颗粒物，也称可吸入颗粒物；$PM_{2.5}$ 是指环境空气中空气动力学当量直径小于等于 2.5μm 的颗粒物，也称细颗粒物；从以上定义可以看出，$PM_{2.5}$ 是 PM_{10} 组成中的一部分。由于粒径的不同，其表现出的物理化学性质以及对环境的危害影响都具有显著差别。$PM_{2.5}$ 由于粒径较小，质量较轻，能长时间飘浮于空气中，能够经过远距离的传输进而造成大范围的污染影响。

1.2 对人类健康的影响

颗粒物的粒径越小，其比表积越大，因而成为了许多有毒污染物的载体。细小颗粒物中的主要成分为碳黑、有机物、铵盐、硫酸盐、硝酸盐、重金属等。PM_{10}、$PM_{2.5}$ 均能进入人的呼吸系统，尤其是 $PM_{2.5}$ 能直接进入人的肺泡中，通过气血交换，影响人的呼吸系统、心血系统，导致哮喘病、心血管病、高血压等。据有关研究显示，$PM_{2.5}$ 每升 10μg/m^3，高血压、心血管发病率升高 8%。此外，由于细颗粒物携带的细菌菌毒、致癌物长期作用

于人体，将导致肺癌。美国有一项长达 26 年调查表明，当 $PM_{2.5}$10μg/m^3 时，肺癌的发病率上升 15%～27%。日本在长达 8 年的调查研究表明，当 $PM_{2.5}$10μg/m^3 时，肺癌的发病率上升 24%。

1.3 对能见度的影响

张素敏[2]等人运用 SPSS11.5 软件研究空气污染与大气能见度的关系，其研究结果表明，空气中颗粒物的质量浓度与大气能见度之间有较好的负相关。研究还发现，$PM_{2.5}$ 降低大气能见度的能力更强，是大气能见度降低的最主要原因。当颗粒物的直径与可见光波的波长接近时，颗粒物对光的散射消光能力增强，而可见光的波长范围为 0.28～0.39μm，正是 $PM_{2.5}$ 的主要组成成分的粒径。

此外还有由于能见度的降低，而产生的一些譬如对公众心理健康、交通安全等间接的社会不利影响。

2 PM_{10}、$PM_{2.5}$ 的现状监测概况

按照《环境空气质量监测规范（试行）》的相关规定和技术要求，在市城区共布设四个监测点位，其对应的功能区如表 1：

表 1 采样点基本情况表

采样点位	功能区	采样位置及其环境条件
常德市环境监测站	居民区	监测楼楼顶，周围无明显污染源
常德市技术监督局	交通商业区	办公楼楼顶，周围人流、车流量较大
常德市第二中学	工业区	教学楼楼顶，位于沅江岸边
白鹤山	效区	村民二楼楼顶，位于城市近效区

监测时间为 2013 年 12 月至 2014 年 5 月，每天连续 24 h 自动监测；采用的监测分析方法为 β 射线法；使用的监测仪器为 7201 型 β 射线法悬浮颗粒物分析仪。

3 监测结果及污染特征分析

3.1 PM_{10}、$PM_{2.5}$ 质量浓度的空间变化规律分析

选取冬季污染较重典型日均值进行分析。

表 2 各监测点位的 2014 年 1 月 4 日的日均浓度值统计表

监测点位	白鹤山	市监测站	市二中	市技术监督局
功能区	郊区	居民区	工业区	交通商业区
PM_{10} 日均质量浓度/（mg/m^3）	0.127	0.196	0.249	0.270
$PM_{2.5}$ 日均质量浓度/（mg/m^3）	0.117	0.168	0.176	0.195
$PM_{2.5}/PM_{10}$	0.92	0.86	0.71	0.72

无论是从 PM_{10} 还是 $PM_{2.5}$ 的日均质量浓度来看，市城区颗粒物的污染程度为：交通商业区＞工业区＞居民区＞郊区。这同时也反映颗粒物的污染程度与人类活动的剧烈程度有着莫大的关联。交通商业区由于人口密集、人流车流量大、汽车尾气的排放等，因而是城区污染最严重的地段，大于工业区，而工业区又大于居民区和郊区。

而从 $PM_{2.5}/PM_{10}$ 来看，郊区与居民区的比值较高，工业区与交通商业区的比值较低。这说明郊区与居民区中的可吸入颗粒物中细颗粒物比重较高，空气的颗粒物污染主要是由于细颗粒物长时间滞留和远距离输送造成的，与本区域内的人类活动关系不密切。而工业区与交通区由于交通运输扬尘、物料装卸以及其他的工业、商业活动的影响，粗颗粒占的比重相对升高。

3.2 PM_{10}、$PM_{2.5}$ 质量浓度值的日变化规律分析

选取同一点位不同季节（市技术监督局测点冬季、夏季）典型代表日小时均值进行分析。

表 3 2014 年 1 月 4 日至 5 日 $PM_{2.5}$、PM_{10} 小时均值统计表（冬季） 单位：mg/m^3

时间	12：00	14：00	16：00	18：00	20：00	22：00	24：00	02：00	04：00	06：00	08：00	10：00
PM_{10}	0.272	0.250	0.187	0.247	0.270	0.216	0.218	0.182	0.236	0.272	0.303	0.234
$PM_{2.5}$	0.195	0.135	0.098	0.168	0.189	0.168	0.127	0.130	0.196	0.216	0.236	0.178

表 4 2014 年 5 月 28 日至 29 日 $PM_{2.5}$、PM_{10} 小时均值统计表（夏季） 单位：mg/m^3

时间	12：00	14：00	16：00	18：00	20：00	22：00	24：00	02：00	04：00	06：00	08：00	10：00
PM_{10}	0.157	0.232	0.197	0.193	0.173	0.125	0.068	0.057	0.059	0.082	0.086	0.101
$PM_{2.5}$	0.128	0.140	0.136	0.135	0.086	0.082	0.034	0.017	0.032	0.039	0.059	0.068

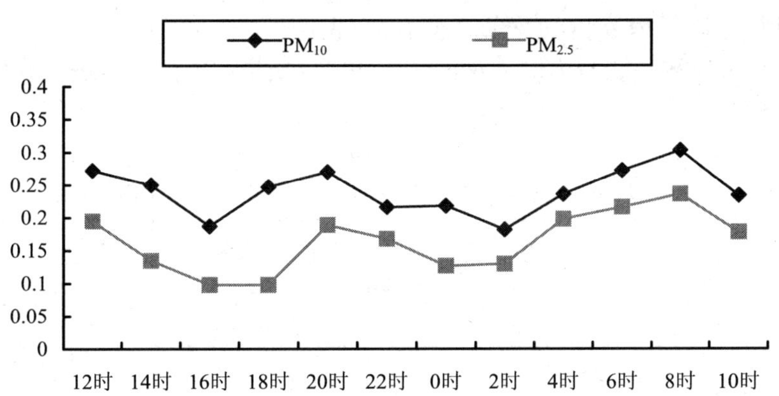

图 1 冬季典型代表日小时均值折线图

从以上折线图可以看出，在不同的季节，PM_{10}、$PM_{2.5}$ 质量浓度值由于气象条件和人类活动的影响，呈现出不同的日变化特性。在冬季，PM_{10}、$PM_{2.5}$ 质量浓度最低值出现在下午 16 时，之后随着污染物的慢慢积累，浓度呈上升趋势，在晚间 20 时左右达到较高值，夜间随着人类活动的减少而略呈下降趋势，但又由于冬季夜间温度较低，在静风频率较高

的条件下易出现逆温现象，夜间污染物的浓度不易扩散，而慢慢积累，在凌晨 6—8 时，出现一天中的最高值，即污染最严重时刻。之后随着日间近地面气温升高，大气扩大散条件较好，污染物浓度开始下降，浓度折线呈现二起二伏的性状。

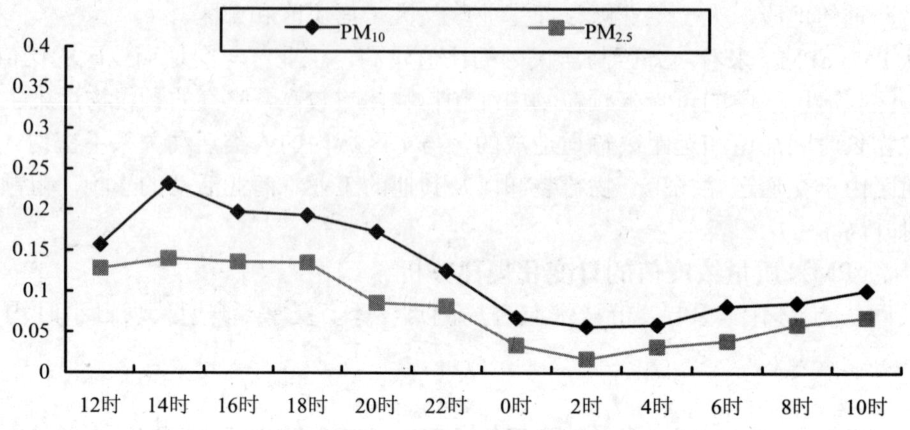

图 2 夏季典型代表日小时均值折线图

在夏季，由于大气扩散条件较好，很少有逆温现象，PM_{10}、$PM_{2.5}$ 质量浓度值在人类活动剧烈的白天远高于夜间，污染最严重时刻出现在下午 14 时左右，之后随着人类活动的减少而呈现下降趋势，在次日凌晨 2 点左右出现一天中的最低值，之后，再随着人类活动的慢慢增加而呈现上升趋势。

此外，从以上折线图也可以看出 PM_{10}、$PM_{2.5}$ 质量浓度值均在相同的时刻达到一天中的最高值与最低值，其上升或下降的趋势基本同步，这说明 PM_{10}、$PM_{2.5}$ 具有良好的正相关关系，表明其基本受相同的污染来源影响。

3.3 PM_{10}、$PM_{2.5}$ 质量浓度值的季节性变化规律分析

以常德市环境监测站测点为例，对 PM_{10}、$PM_{2.5}$ 质量浓度月均值进行分析，其月均值统计数据见表 5：

表 5 常德市环境监测站 PM_{10}、$PM_{2.5}$ 质量浓度月均值统计表 单位：mg/m^3

项目	2013.12	2014.1	2014.2	2014.3	2014.4	2014.5
PM_{10}	0.225	0.197	0.146	0.088	0.060	0.110
$PM_{2.5}$	0.161	0.154	0.120	0.059	0.044	0.068

从以上数据可以看出，常德市城区颗粒物的污染程度冬季明显大于夏季。这是由于在冬季静频率高，降雨少，而常德市城区正处于大范围的路改工程施工期，故颗粒物的污染较为严重，随着我市路改工程的完成，也随着夏天雨季的到来，降雨量和降雨频率增高，空气质量略有改善。

此外，$PM_{2.5}$ 质量浓度月均值随着 PM_{10} 质量浓度月均值增高而增高、降低而降低。PM_{10}、$PM_{2.5}$ 质量浓度月均值也呈现良好的正相关性。

4 小结

常德市地处湖南省西北部，三面环山、一面临水，受独特的地理地形及气候条件、及工业、交通、商业、生活等活动的影响，PM_{10}、$PM_{2.5}$的污染呈现着明显的季节变化规律。在污染程度上，冬季污染最重；在不同的季节，污染程度的日变化规律也不同，在冬季，污染最重时刻出现在早上，而在夏季，污染最重时刻出现在下午。无论是对比分析PM_{10}、$PM_{2.5}$的小时均值、日均值还是月均值，PM_{10}、$PM_{2.5}$的质量浓度均呈现出较好的正相关性。

参考文献

[1] 史军，崔林丽. 长江三角洲城市群霾的演变特征及影响因素研究. 中国环境科学，2013，33（12）：2113-2122.

[2] 张素敏，王赞红，张荣英，等. 石家庄大气能见度变化特征及其大气颗粒物碳成分的关系. 河北师范大学学报.2008，32（6）：825-829.

水 环 境

湘江长沙段饮用水水源保护区持久性有机污染物调查及防治对策

田 耘 陈一清 万小卓 王盛才
（湖南省环境监测中心站，长沙 410014）

摘 要：采用 W a te rs - C18 固相萃取柱预处理水样，建立了 7 种痕量持久性有机污染物的固相萃取—气相色谱—电子捕获（SPE-GC–ECD）分析测试方法。方法的回收率均在 8 210%～10 514% 的范围内，相对标准偏差（RSD）小于 515%。采用该方法对湘江长沙段饮用水水源保护区 5 个监测断面的水样进行分析和调查。研究发现，除饮用水水源保护区下游断面六氯苯和 *o'*,*p'*-DDT 未检出外，其他断面所测的 POPs 均有检出，且浓度在 0.127～2.127ng/L 范围内。针对 POPs 的污染现状，提出了相应的防治对策。

关键词：持久性有机污染物；固相萃取；调查；饮用水水源保护区

Investigations and Control Measures on Seven Persistent Organic Pollutants in Protected Region of Dr in king Water Source of Xiang jiang in Chang sha

Tian Yun Chen Yiqing Wan Xiaozhuo Wang Shengcai
(Hunan Province Environm en tal Mon ito ring Cen tre，Changsha 410014)

Abstract：A me thod ba sed on so lid phase extraction coupled with gas chrom a tography- e lec tron cap ture de tector（SPE-GC-ECD）ha s been deve lop ed for the de te rm ina tion of seven p e rsisten to rgan ic po llu tan ts u sing Wa ters - C18 so lid p ha se extrac tion co lum n fo rpretrea ting water samp le s. The recove rie s of th is m e thod ranged fo rm 8 210%～10 514%，and the re la tive standa rd devia tion s（RSD）< 8% we re ob se rved. W a te r samp le s from five samp ling site s in p ro tec ted region of d rink ing wa te r sou rce of X iangjiang in Changsha we re ana lyzed. A t down stream samp ling site of the region，hexach lo robenzene and *o'*,*p'*-d ich lo rod ip henyltrich lo roe thane were nonde tectable，whileat othe r samplin gsites，all the PO P s were de tec table with concen tra tion s ranging from 0127～2127 ng/L. R e levan t con tro l m ea su re s we re offe red to reduce the po llu tion of POPs.

Key words：persistent organic pollutants；solid phase extraction；investigation；protected region of drinking water source

持久性有机污染物（POPs）是一组兼具环境持久性、生物累积性、长距离迁移能力和高毒性的有机污染物。能造成人体内分泌系统紊乱，破坏生殖和免疫系统并诱发癌症和神经系统疾病，对人类健康和环境构成严重威胁[1]。2001 年 5 月，联合国环境署在斯德哥尔摩通过了《斯德哥尔摩公约》（以下简称《公约》），公布了首批 12 种受控 POPs，2009 年 5 月该组织将受控物质增加到 21 种，足见国际社会对 POPs 污染的高度重视。

作为一个化学品生产和使用大国，我国曾经工业化生产过 DDT、毒杀酚、六氯苯、氯丹、七氯和多氯联苯等。且 DDT、六氯苯等 POPs 仍在少量生产和使用，尽管环境中大多数 POPs 的浓度在逐年递减，但由于其降解时间长且具有累积性，对我国环境仍然构成潜在的危害。

现阶段，水体中 POPs 的监测分析尚缺乏国家标准方法。已有的研究报道主要采用固相萃取法[3]、固相微萃取法[4]、液相微萃取法[5]、搅拌棒固相萃取法[6]等。在这些方法中，固相萃取法因具有消耗溶剂少、富集倍数高、回收率高和可实现自动化等优点而备受关注。同时，现有的国家标准针对几种有机氯农药液-液萃取前处理方法存在有机溶剂消耗量大，富集倍数有限的不足，已不能适应现阶段水体中 POPs 的超痕量分析[7]。以往针对我国水环境中 POPs 存在水平的报道基本集中在江河表层的沉积物[8-14]，水体中研究工作报道得相对较少[15-17]，分析对象多集中在 DDT 类和 HCHs 类，而针对《公约》名单中公布的 POPs 研究较少。因此，建立一种准确、灵敏的 POPs 分析检测方法，来调查和监测该类物质在湘江长沙段饮用水水源保护区中的残留浓度和分布情况，全面摸清污染现状具有十分重要的意义。

湘江是长江七大支流之一，也是长沙市饮用水的主要来源。近年来流域内社会经济的快速发展，湘江长沙段的有机污染状况不断加剧，威胁着长沙市几百万人口的饮用水安全。同时，湖南省是一个农业大省，农业生产中曾广泛使用的杀虫剂残留对饮用水仍构成潜在威胁，有关湘江流域和洞庭湖流域土壤中 POPs 残留的分析报道证实，POPs 杀虫剂曾被广泛使用[18,19]。因此，防治 POPs 污染，保证长沙市民喝上放心的饮用水迫在眉睫。正因为 POPs 杀虫剂曾被广泛使用，本次重点分析研究杀虫剂中 7 种持久性有机污染物。

本研究以 7 种 POPs 为研究对象，采用固相萃取为预处理方法，建立了准确、灵敏的气相色谱—电子捕获（GC-ECD）分析方法；调查分析了湘江长沙段饮用水水源保护区 5 个监测断面 POPs 的浓度及分布；提出了相应的防治对策。

1 实验部分

1.1 仪器与试剂

试剂：正己烷，甲醇（Ted ia，USA）；POPs 标样 购自国家标准物质研究中心（浓度均为 100μg/ml）。

仪器：岛津 GC-2010（ECD 检测器（63Ni），分流/不分流进样，自动进样器）；ASPECXL4 型 Gilson 全自动固相萃取仪；TTL-DCII 型氮吹仪；对我国环境仍然构成潜在的危害[2]。Sep-Pak Vac600 型 Waters-C18 固相萃取小柱（500 mg）；DB-5 石英毛细管气相色谱柱（30 m×0125μm i.d. ×015μm filmthickness）。

1.2 仪器分析条件

进样口温度 240℃；检测器温度 300℃；柱温 100℃→20℃/min→180℃（2 min）→5℃/min→250℃（10 min）；载气流速 2 ml/min；分流比 10∶1；尾吹 20 ml/min；进样体积 1μl。

1.3 水样预处理

采集 5L 水样，立即加入 15 mg 抗坏血酸来去除水样中残留的余氯，置于 4℃下避光保存。固相萃取柱先后分别用 5 ml 正己烷、10 ml 甲醇和 10 ml 纯水活化。准确量取 2L 水样，用浓盐酸调节其 pH 值小于 2，并加入 5 ml 甲醇，充分混匀后以 10 ml/min 的流速通过固相萃取柱。待水样全部通过固相萃取柱后，先氮吹进行干燥，之后在离心机中以 3 600r/min 的转速离心 5 min 充分除去固相萃取柱中残余的水分。采用正己烷作淋洗剂，以 115 ml/min 的速度洗脱待测物质，收集洗脱液，在 30℃下氮吹浓缩至约 0.15 ml，用正己烷定容至 1 ml 待分析用。

1.4 采样断面的选取

本实验共选取 5 个监测断面，覆盖了整个湘江长沙段饮用水水源保护区，从上游往下依次是坪塘（断面 1）、猴子石（断面 2）、橘子洲（断面 3）、五一桥（断面 4）和傅家洲（断面 5）。每个断面取三个采样点，在枯水期（12 月 15 日）采集水样进行分析。

2. 结果与讨论

2.1 方法验证

本实验采用外标法定量，如表 1 所示，所有物质具有较好的线性关系，相关系数均在 0.199 5 以上，可以满足 POPs 的定量分析需要。取 5 份空白水样，分别在 0.101μg/L 和 0.11μg/L 的添加水平下做 5 次平行分析，计算各自的加标回收率和相应的标准偏差。分析结果表明，7 种 POPs 的回收率均在 8 210%～10 514%的范围内，相对标准偏差（RSD）在 317%～515%。

表 1 POPs 气相色谱分析的线性方程、相关系数和检测下限

POPs 名称	线性方程	相关系数	检测下限/（ng/L）
六氯苯	$y = 9\times10^6 x + 556\,078$	0.199 91	0.110
七氯	$y = 6\times10^6 x + 57\,728$	0.199 97	0.115
艾氏剂	$y = 8\times10^6 x + 582\,176$	0.199 81	0.115
环氧七氯	$y = 7\times10^6 x + 554\,805$	0.199 81	0.115
狄氏剂	$y = 6\times10^6 x + 499\,253$	0.199 73	0.125
异狄氏剂	$y = 3\times10^6 x + 90\,850$	0.199 97	0.130
o′,p′-DDT	$y = 1\times10^6 x + 64\,848$	0.199 90	0.160

注：检测下限以三倍倍噪比加以计算。

2.2 实际样品分析

图 1 为最佳色谱条件下，断面 3 水样中 7 种 POPs 的气相色谱分离图。从图 1 可以看到，所有物质能在 18 min 内实现基线分离，各色谱峰峰形较好。

从表 2 中可以看到，六氯苯和 *o′,p′*-DDT 在断面 5 未检出，检出率均为 80%。而在其他断面，所有的已测 POPs 均有检出，浓度在 0.127～2.127ng/L，检出率为 100%。由于湘江流域人口占全省总人口的 50%以上，沿岸分布着占全省工业生产总值 80%以上的工业，湘江承担着相当多的点源和面源污染。因此可以推断，POPs 在湘江长沙段饮用水水源保护区中的超痕量分布，可能源于 POPs 通过 20 世纪湘江沿岸的工业污染源废水排放、蒸发

—湿沉降而引入水体中所致；还由于农业生产中曾使用过的 POPs 杀虫剂通过农田地表径流、农田排水和地下渗漏等方式进入湘江，这些物质在水环境中至今尚未完全降解[12]。同时，由于 POPs 疏水性强，在水中的溶解度很低，它们容易吸附于水体中的悬浮物颗粒，进而与沉积物中的有机质和矿物质发生一系列的物理化学反应进入沉积物，也可在底层沉积物中的生物体内发生富集，经食物链到各级生物乃至人体中，最终的结果也导致水体中的含量显著降低。根据地表水环境质量标准（GB 3838—2002），集中式生活饮用水地表水中环氧七氯的标准限值分别为 0.12μg/L。国家生活饮用水标准（GB 5479—2006）中规定七氯、六氯苯和总 DDT 的限值分别为 0.14μg/L、1μg/L、1μg/L。同时，世界卫生组织在饮用水水质标准（第二版）中规定艾氏剂和狄氏剂指标值均为 0.103μg/L。上述 POPs 在长沙市饮用水水源地几个断面的含量均远低于已有的国家或国际标准，尚未对饮用水安全构成明显的威胁。然而，由于 POPs 具有生物累积性，其在生物体内累积至一定浓度后经食物链到达人体，并将对人体造成严重危害。因此，仍存在潜在的环境风险。从图 2 中，可以进一步对 POPs 在各个断面的浓度进行比较和分析：从上游的坪塘至下游的傅家洲，POPs 的浓度均呈现缓慢下降的趋势；仅在橘子洲断面，所有 POPs 的浓度均要略高于其他断面。这可能源于进入枯水期后，由于江心橘子洲的存在，该地方水流流速和流量都相对较小，POPs 的迁移、转化相对较慢，在一定程度上得以富集。同时，橘子洲历史上长期存在大面积的农田，农业方面因素可能也对该断面的 POPs 有部分贡献。上述 POPs 中，七氯和狄氏剂的浓度最高，在几个断面均达到了约 2ng/L；而由于艾氏剂能够较快地转化为狄氏剂，狄氏剂在环境中的实际含量要比其单独的使用量高。

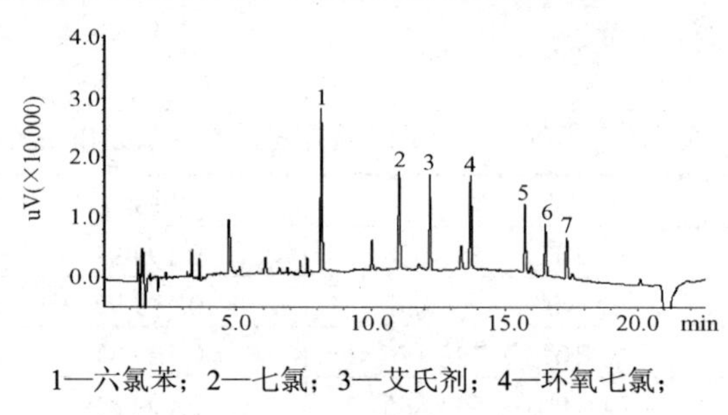

1—六氯苯；2—七氯；3—艾氏剂；4—环氧七氯；

5—狄氏剂；6—异狄氏剂； 7—o',p'-DDT

图 1 断面 3 水样中 7 种 POP s 的气相色谱分离图

表 2 五个断面 POPs 的组成及含量 单位：ng/L

测定物质	断面 1	断面 2	断面 3	断面 4	断面 5
六氯苯	0.48	0.39	0.57	0.32	ND*
七氯	2.12	2.01	2.27	1.91	1.82
艾氏剂	0.38	0.27	0.51	0.22	0.24
环氧七氯	0.65	0.61	0.77	0.53	0.52
狄氏剂	2.1	2.01	2.22	1.92	1.89
异狄氏剂	0.98	0.88	1.09	0.80	0.71
o',p'-DDT	1.08	0.98	1.21	0.90	ND*

注：*ND 表示未检出。

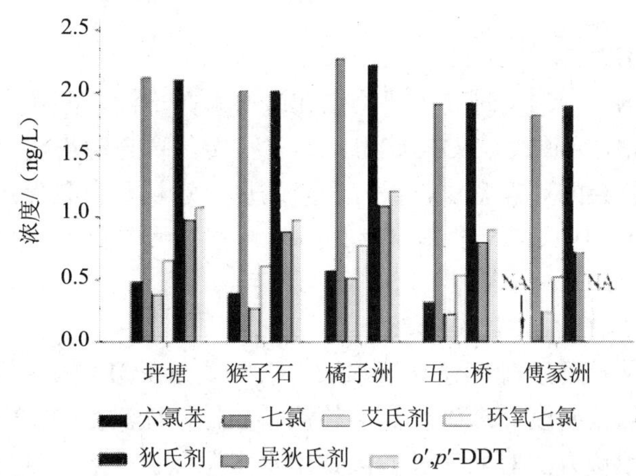

图 2 湘江长沙段饮用水水源保护区中 POPs 浓度及分布图

3 防治建议

从调查结果可以看到，湘江长沙段饮用水水源保护区中 POPs 的含量均远低于国家环境质量标准，污染程度很小。然而，其痕量、广泛的分布以及生物累积、持久难降解的特性也同时说明污染防治任重道远，还存在很多挑战。鉴于此，应采取积极的措施，逐步削减、控制和淘汰这些危险品。针对湘江长沙段饮用水水源保护区中 POPs 的防治，特提出以下建议：

3.1 开展 POPs 的分布和污染源状况调查

近年来，我国关于 POPs 的研究才刚起步，而针对湖南省湘江水环境中 POPs 的污染情况的调查更是尚未开展。因此，一方面需要对湘江水环境（水相、悬浮颗粒物和沉积物）进行深入调查分析，全面了解 POPs 的分布和污染现状；另一方面需要投入一定的人力、财力和物力，就 POPs 及潜在 POPs 的生产、使用、库存等进行深入调研，查明 POPs 的来源和向环境中排放情况。

3.2 鼓励研发替代品，确保生产和生活需要

湖南是一个农业大省，在农业方面历史上曾大规模使用有机氯农药。应在政策、资金上积极推动和加快无毒害替代物的研制和应用。开发出价格低廉、性能优质、全过程无污染的替代产品是解决 POPs 污染的关键，否则除了已经产生污染需要几十年、上百年的时间去除，还有源源不断的新污染物排放，造成相当严重的恶性循环。

3.3 加大投资，开展痕量/超痕量检测

开发针对环境中痕量 POPs 的先进采样技术与设备，建立能与国际接轨的环境中痕量/超痕量监测技术、质量保证和质量控制体系。加强监测队伍的能力建设，提高环境监测分析技术水平，以期对环境中痕量/超痕量的 POPs 能达到有效的监测。

3.4 开展降解技术科学研究

POPs 类有机污染物毒性大、难以生物降解，在自然界中存在的时间长，易在生物体内富集滞留，环境中残留的 POPs 用现有环境技术很难处理。随着中国加入《公约》，研究开发有效降解 POPs 的新方法具有越来越重要的意义，应积极整合和组织湖南省内的科研

力量进行相关的研究。

3.5 加大宣传教育力度

到目前为止，我国对 POPs 研究主要集中在政府有关部门、高校和研究机构，缺乏公众参与，甚至许多人根本不知道 POPs。为此，将宣传教育与污染防治相结合将形成强大的社会效应，提高全社会的环保意识，提升公众的风险意识和自我保护意识，掌握一些具体做法，了解远离 POPs 污染的一些基本常识，从日常生活中减少 POPs 污染。

4 结论

采用固相萃取为前处理手段，建立了水质中 7 种痕量 POPs 的气相色谱—电子捕获分析测定方法。分析方法精密度和准确度高，检测下限低，能满足 POPs 污染水体中的常规监测分析的需要。采用该方法对湘江长沙段饮用水水源保护区 5 个断面中 7 种 POPs 进行分析调查，结果表明，除六氯苯和 *o′,p′*-DDT 在个别断面未能检出外，其他断面所测的 POPs 均有检出，浓度在 0.127～2.127ng/L。鉴于 POPs 污染防治的难度大，应从多个方面积极开展防治工作。

参考文献

[1] 谢武明，胡勇有，刘焕彬，许振成. 持久性有机污染物（POPs）的环境问题与研究进展. 中国环境监测，2004，20（4）：58-61.

[2] 李国刚，李红莉. 持久性有机污染物在中国的环境监测现状. 中国环境监测，2004，20（4）：53-60.

[3] Brondi SHG，FC. Spoljaric，Lancas FM，U ltratraces analysis of organochlorine pesticides in drinking water by so lid phase extraction coupled with large volume injection/gas chromatography/mass spectrometry. J. Sep. Sci，2005，28：2243- 2246.

[4] J únior J L R，Ré2Popp i N， Determina tion of organoch lo rine pesticides in ground samp le s u sing so lid2 p ha se m ic roextrac tion by gas ch rom a tograp hy2e lec tron cap tu re de tec tion . Ta lan ta，2007，72：1833-1841.

[5] Co rtada C，V ida l L，Te jada S，Romo A，Cana ls A，Determination of o rganoch lo rine p e stic ide s in comp lex m a trice s by single2d rop m ic roextrac tion coup led to ga s ch rom a tograp hy - m a ss sp ec trom e try. Ana l. Ch im.A c ta，2009， 638：29 - 35.

[6] Gro ssi P，Olivares I R B，de Freita s D R，L anca s F M，A nove l H S-SB SE system coupled with gas ch rom a tography and m a ss sp ec trom e try fo r the ana lysis of o rganoch lo rine p e stic ide s in water samp le s. J. Sep. Sc i，2008，31：3630 - 3637.

[7] van L eeuwen S P J，de Boe r J，A dvances in the gas ch rom a tograp h ic dete rmination of persisten to rganic pollutants in the aquatic environment. J Ch rom a togr A，2008，1186：161 - 182.

[8] Wang T Y，L u Y L，Zhang H，Shi Y J，Contamination of persisten to rganic pollu tants（POPs）and relevant management in China. Environ Inter，2005，31：813 - 821.

[9] 丘耀文，周俊良，等. 大亚湾海域多氯联苯即有机氯农药研究. 海洋环境科学，2002，21（1）：46-51.

[10] 袁旭音，王禹，等. 太湖沉积物中有机氯农药的残留特征及风险评价. 环境科学，2003，24（1）：121-125.

[11] 麦碧娴，林峥，等. 珠江三角洲地区河流和珠江口的表层沉积物中有机污染物研究. 环境科学学报，2000，20（2）： 192 - 197.

[12] H e M，W ang H，L in C，Q uan X，Guo W，Yang Z，D istribu tion of persisten t o rganoch lo rine residues in sed im en ts from the Songhua jiang R ive r， no rthea st Ch ina. Enviro. Tech，2008，29（3）：303 - 314.

[13] L iu M，Yang Y，Xu S，Hou L，L iu Q，O u D，J iang H，Pe rsisten t o rgan ic po llu tan ts（PO PS）in in te rtida l su rface sed im en ts from the Yangtze E stua rine. J. Coa sta l. research，2004，43（spiss）：162 - 170.

[14] Fu J M，M a i B X，Sheng G Y，Zhang G，，W ang X M，Pe rsisten t o rgan ic po llu tan ts in environm en t of the Pea rl R ive r Delta，China：an ove rview. Chemo sp he re，2003，52：1411 - 1422.

[15] Zhou R B，Zhu L Z，Chen Y Y，L eve ls and sou rce of o rganoch lo rine p e stic ide s in su rface wa te rs of Q ian tang R ive r，China. Environ. Mon it. A sse ss，2008，136：277 - 287.

[16] Doong R，L ee S，Lee C，Sun Y， Wu S，Charac te riza tion and compo sition of heavy m e ta ls and p e rsisten to rgan ic po llu tan ts in wa te r and e stua rine sed im en ts from Gao - p ing R ive r，Taiwan. M arine Pollu tion Bulletin，2008，57：846 - 857.

[17] Zhang Z. L，Hong HS，Zhou J L，H uang J，Yu G，Fa te and a sse ssm en t of p e rsisten to rgan ic po llu tan ts in wa ter and sed iment from M in jiang R ive r E stua ry，Sou thea st China. Chemo sp he re，2003，52：1423 -1430.

[18] 陈一清，李倦生，吴小平，胡军，黄懿. 湘江流域土壤中有机氯农药的残留规律. 环境学研究，2008，21（2）：63 - 67.

[19] 陈一清，李倦生，吴小平，胡军，黄懿. 洞庭湖流域土壤中有机氯杀虫剂的残留规律研究. 中国环境监测，2008，24（3）：74 - 78.

此文章刊登于《中国环境监测》2010 年第 1 期

Adsorptive removal of As（III）by Biogenic Schwertmannite from Simulated As-contaminated Groundwater

Yuehua Liao[1,2] Jianru Liang[1] Lixiang Zhou[1]

(1. Department of Environmental Engineering，College of Resources and Environmental Sciences，Nanjing Agricultural University，Nanjing，210095，China;

2. Hunan Province Environmental Monitoring Centre，Changsha 410014，China)

Abstract： Arsenic contaminated groundwater threatens the health of millions of people worldwide. The removal of arsenic in groundwater by adsorption is considered to be the most promising technology because it can be cost-effective and easy to handle. However，the conventional absorbents exhibit a poor selectivity and low adsorption capacity for As especially for As (III). Here we report synthesis of biogenic schwertmannite by A. ferrooxidans and its role and mechanism in adsorption for As（III）. The hedge-hog like schwertmannite formed through oxidation of ferrous sulfate by A. ferrooxidans cells for 72 h are aggregative spheroid particles with a diameter of approximately 2.5 μm and can be expressed as $Fe_8O_8(OH)_{4.42}(SO_4)_{1.79}$. As（III）in simulated groundwater can be effectively removed by biogenic schwertmannite with a maximum adsorption capacity of 113.9 mg g^{-1} and the optimal pH is in the range of 7–10. The As（III）removal is hardly affected by the competing anions often observed in groundwater unless the mole concentration of PO_4^{3-} and SO_4^{2-} in groundwater are 75 or 750 times higher than arsenite，respectively. The mechanism of As(III)adsorption on biogenic schwertmannite involves ligand exchanges between As（III）species and surface hydroxyl group and sulfate. In addition，As（III）-sorbed biogenic schwertmannite exhibits no mineralogy phase change even after ageing at pH 6.0 and 8.5 for 90 d.

Key words： acidithiobacillus ferrooxidans；schwertmannite；biosynthesis；arsenite；adsorption；ligand exchange

1 Introduction

Tens of millions of people worldwide routinely consume groundwater that has unsafe arsenic levels (Smith et al.，2000). Long–term uptake of arsenic contaminated water can lead to a number of serious illnesses (Roberts，et al.，2004). In natural water，arsenic presents mainly in inorganic forms with two predominant species：arsenate [As（V）] and arsenite [As（III）] (Smedley and Kinniburgh，2002). Generally，arsenate（i.e. $H_2AsO_4^-$，$HAsO_4^{2-}$）is the main anion in aerobic surface water，whereas arsenite（i.e. H_3AsO_3，$H_2AsO_3^-$）is the primary species in groundwater（Smedley and Kinniburgh，2002；Oremland and Stolz，2003），and greater concern is required for the removal of As(III) from groundwater due to its higher toxicity (Korte and Fernando，1991；Smedley and Kinniburgh，2002）.

Among the current treatment processes for arsenic removal, adsorption is considered to be the most promising technology because it can be cost-effective, easier and safer to handle, and more versatile (Dambies, 2004; Jang et al., 2006; Mohan and Pittman Jr, 2007). However, activated alumna and iron (III) –based conventional adsorbents exhibit many limitations due to low adsorption capacity for arsenic and/or also preferably adsorbing As(V) efficiently instead of As(III)(Raven et al., 1998; Lin and Wu, 2001). Schwertmannite, a recently recognized poorly crystalline iron oxyhydroxysulfate often formed from iron– and sulfate– rich mine drainage (Bigham et al., 1990, 1994) or from bioleaching environment (Liao et al., 2009), has been found to be an efficient scavenger of arsenic from waters in acid mine drainage (AMD) streams (Duquesne et al., 2003; Fukushi et al., 2003; Regenspurg and Peiffer, 2005). In some case, the extremely high arsenic concentration in acid mine effluents has been attenuated to background level by incorporation into schwertmannite (Fukushi et al., 2003), suggesting that schwertmannite is a potentially excellent adsorbent for arsenic removal from contaminated water. Duquesne et al.(2003)have reported that authigenic schwertmannite is capable of scavenging As (III) in heavily contaminated acid waters. Moreover, Burton et al. (2009) have found that schwertmannite suspension synthesized via H_2O_2 oxidation of $FeSO_4$ sorbed 379 $mmol_{As\ (III)}\ mol_{Fe}^{-1}$ at pH 9.0, implying that schwertmannite would play an important role in the treatment of As (III) –contaminated groundwater.

Although schwertmannite can be synthesized by adding ferric chloride/nitrate to sodium/potassium sulfate solutions or via H_2O_2 oxidation of $FeSO_4$ solution, it usually appears as very fine particle or is required to be dialyzed in cellulose membranes over about 30 days and then freeze-dried (Bigham et al., 1990; Regenspurg et al., 2004), which is a time-consuming work in terms of the preparation of adsorption material. Biosynthesis of schwertmannite by *Acidithiobacillus ferrooxidans* (*A. ferrooxidan*s) has been conducted and proved to be an alternative approach for the preparation of schwertmannite within short reaction time (Liao et al., 2009). However, little information on the effect and mechanism of the removal of As (III) from groundwater by biogenic schwertmannite is available, although Paikaray et al. (2010) have studied the removal of As (III) from acidic waters using biotic schwertmannite. Furthermore, schwertmannite is a metastable phase and has been found to transform into better crystallized goethite over timescales of weeks to months (Bigham et al., 1996), and the increase of pH will favor the transformation of schwertmannite into goethite(Regenspurg et al., 2004; Schwertmann and Carlson, 2005; Jönsson et al., 2005). Generally, groundwater is often characterized by a higher pH of 7～8.5. It is as yet unclear for the stability of biogenic schwertmannite before and after As (III) sorption under groundwater surroundings, although arsenic incorporated into chemically synthetic schwertmannite has been shown to retard or significantly inhibit the transformation into goethite (Fukushiet al., 2003; Regenspurg and Peiffer, 2005).

Therefore, the objectives of the present study are to investigate As(III)adsorption behavior and mechanism of As (III) removal from simulated groundwater using biogenic schwertmannite prepared through oxidation of ferrous sulfate by *A. ferrooxidan*s cells and to examine the stability of As（III）–sorbed biogenic schwertmannite in solution at groundwater pH.

2 Experimental section

2.1 Preparation of biogenic schwertmannite adsorbent

Biosynthesis of schwertmannite through oxidation of ferrous sulfate by *A. ferrooxidans* LX5 cell suspensions was reported in detail elsewhere（Liao et al., 2009）. Briefly, 10 ml of freshly prepared *A. ferrooxidans* LX5 cell suspensions with bacterium density of about 2.5×10^8 cells ml^{-1} were introduced into 500 ml Erlenmeyer flask containing 240 ml of ferrous sulfate solution with Fe^{2+} initial concentration of 0.144 M. The flasks were incubated at 180 rpm and 28℃ in a reciprocal shaker and the precipitates formed in the flasks were harvested by filtering through a Whatman No.4 filter paper, washed with deionized water, and dried at 50 °C. The mineralogy phase of the dried precipitate was identified to be schwertmannite by X–ray diffraction and its chemical formula was calculated on the basis of Fe and sulfate content according to methods proposed by Bigham et al.（1994）. The morphology features of the biogenic precipitates were observed using field emitting scanning electron microscope.

2.2 Arsenite adsorption kinetics

Preliminary experiments showed that there were no difference for As（III）adsorption capacity of biogenic schwertmannite which formed by different reaction time. Therefore, schwertmannite which appeared as small spheroids with a diameter of approximately 2.5 μm formed after reaction for 72 h was used in subsequent batch experiments. The trial for arsenite adsorption kinetics was performed with freshly collected groundwater from well（No. 3201140120）at Nanjing City, Jiangsu Province, P.R. China spiked by As（III）solution prepared by dissolving dehydrated arsenic oxide（As_2O_3）in deioned water. The chemical compositions of the groundwater from well（No.3201140120）were summarized in Table 1. In a 500 ml capped conical flask, 250 ml of As（III）solution with an initial arsenic concentration of 1.0 mg/L was mixed with 62.5 mg of dried biogenic schwertmannite. After the pH of the schwertmannite suspension was adjusted to 7.5 by dropwise addition of 0.1M NaOH or 0.1 M HCl, the flask was placed in a reciprocating shaker at 25 ± 0.2°C and 180 rpm. An aliquot of 5 ml suspension was withdrawn from the flask with a syringe after shaking for 5, 10, 20, 30, 40, 50, 60, 90, 120, 180, and 240 min, respectively. The sampled suspension was immediately filtered through a 0.45μm filter membrane for arsenic analysis. The sorbed-As（III）was calculated from the difference between initial total As（III）and arsenic in equilibrium solution. A control without the addition of biogenic schwertmannite adsorbent was also carried out to determine possible As（III）sorption taken place on experimental apparatus. It was found that there was no detectable As sorption in the control experiment.

2.3 Arsenite adsorption isotherms

Arsenite adsorption isotherms were conducted by adding 10 mg of biogenic schwertmannite to 100 ml capped conical flasks each containing 40 ml solution consisting of 0.01 M NaCl as background electrolyte and 1.0～60 mg/L of initial As（III）. The suspension was adjusted to pH 7.5 according to the method mentioned above. All flasks were shaken for 240 min in a reciprocating shaker at 180 rpm and 15, 25, and 35 ± 0.2 °C, respectively. After 240 min, the solution was filtered through a 0.45μm membrane and determined for arsenic. The solid phase was collected and dried at 50 °C for subsequent stability experiments.

2.4 Solution pH effect on As (III) adsorption

In another series of batch experiments, 10 mg of schwertmannite adsorbent was added to a 100 ml capped conical flask containing 40 ml of the solution consisting of 1.0 mg/L of initial As (III) and 0.01M NaCl. The solution pH was adjusted to desired values ranging from 3 to 11. Freshly collected water from well (No. 3201140120) provides the groundwater matrix for a final set of batch experiments. All flasks were shaken in a reciprocating shaker at 25 ± 0.2 °C and 180 rpm. After shaking for 240 min, aliquots of the samples in the flasks were withdrawn, filtrated and determined for arsenic in equilibrium solution.

2.5 Competing anion effects on As (III) adsorption

A series of 10 mg schwertmannite adsorbent were added to 100 ml capped conical flasks containing 40 ml of arsenite solution in the absence and presence of Cl^-, NO_3^-, SO_4^{2-} and PO_4^{3-}. The initial As (III) concentration was 1.0 mg/L and the competing anions prepared from sodium salt were 0, 0.001, 0.01 and 0.1 M. The pH of the suspension was adjusted to 7.5. According to the procedure mentioned above, all flasks were shaken in a reciprocating shaker and then filtered for determination of arsenic in equilibrium solution.

2.6 Stability of As (III) –sorbed biogenic schwertmannite in neutral and alkaline surroundings

One gram of As (III) –sorbed schwertman-nite (dry matter basis, prepared through As (III) adsorption experiment as described above) with an As (III) content of 9.24 wt% was added to 1 L of deionized water and then ultrasonicated for 10 min at 50 J/s in a capped PVC bottles for proper dispersion. The suspension pH was adjusted to 6.0 and 8.5 by dropwise addition of 0.1 M NaOH, respectively. The bottles were placed in dark room at 25 ±1 °C with periodically shaking manually for 1 min and pH adjustment once everyday in the beginning and every second day after two weeks. The suspension was incubated for 90 days. At a given ageing time, the suspension was sampled with a syringe and filtered through a 0.45-μm membrane, the supernatant was analyzed for arsenic and the solid phase was dried at 50 °C and examined by XRD analyses.

2.7 Methods for characterization and analysis

The mineralogy phases of adsorbent were determined by powder X–ray diffraction (XRD) using a D/Max–3A diffractometer (Rigaku Rotaflex, Japan) with Cu Kα radiation (40 kV and 150 mA) (Bigham et al., 1996; Regenspurg et al., 2004) . Samples were scanned from 10° to 80° 2θ with continuous scans at a rate of 1° 2θ/min. Diffraction patterns were analyzed with PDF database (ICDD, 1997) . The morphology of adsorbent was examined by a Hitachi S-4800 field emission-scanning electron microscope (FE-SEM) operated at 20.0 kV accelerating voltage. For the pH measurements an Orion 720 A+ pH meter with a combination pH electrode was used (with a resolution of 0.001 pH unit) . The schwertmannite adsorbent or As (III) –sorbed schwertmannite was dissolved in 6 M HCl, then Fe and SO_4^{2-} content was measured by a colorimetric procedure using 1, 10–phenanthroline and ion chromatography (Dionex 320, USA), respectively. The determination of total arsenic and of As (III) species was performed by hydride generation atomic fluorescence spectrophotometry with a detection limit of 0.01 μg/L (AFS–PF6, Puekinje General Instrument Corp., Beijing).

3 Results and Discussion

3.1 Characterization of biogenic schwertmannite

Oxidation of 0.144 M ferrous sulfate by *A. ferrooxidans* LX5 cell suspensions results in the formation of large quantity of iron precipitates. XRD patterns (see Fig. S1, Supplementary material) for the precipitates formed within different timescales, namely 3～216 h, displays poor crystallinity with eight broad peaks, suggesting that they are pure schwertmannite particles. However, SEM images given in Fig. 1 show that schwertmannite particles formed after reaction for different times vary greatly in size and in morphology. For example, schwertmannite particles formed after incubation for 1 h are small spheroids with a diameter of approximately 500 nm and stick together. Samples formed after reaction for 5 h are spheroidal particles with a diameter of about 600 nm and aggregate more tightly. Although the precipitates obtained for 10 h of reaction exhibit no remarkable changes in size and morphology compared with those collected after reaction for 5 h, the schwertmannite particles seem not to stop growing in size because the diameter of the spheroid particles formed after incubation for 72 h are observed to be as wide as 2.5 μm. According to the contents of iron and sulfur in schwertmannite which formed after reaction for 72 h, its chemical formula could be expressed as $Fe_8O_8(OH)_{4.42}(SO_4)_{1.79}$. Moreover, the characteristic "hedge-hog" (Bigham et al., 1994; Jönsson et al., 2005) for schwertmannite are observed to occur in the products after reaction for 72 h. After reaction for 168 h, the schwertmannite particles are balls with a diameter of 4 μm and aggregate to form much larger particles. However, the size and morphology of schwertmannite particles formed after reaction for 216 h are the same as those obtained after reaction for 168 h. To our knowledge, the phenomenon of schwertmannite growth in acidic sulfate– rich solution involving *A. ferrooxidans* is reported for the first time.

Fig.1 SEM images of biogenic schwertmannite formed through $FeSO_4$ oxidation after reaction for different times.（a）3 h;（b）5 h;（c）10 h;（d）72 h;（e）168 hand（f）216 h.

3.2 Adsorption kinetics

It is shown in the present study that no detectable oxidation of As（III）occurred during the sorption experiments，which consistent with findings by Burton et al.（2009）. As shown in Fig. 2，the removal of As（III）by schwertmannite is considerably fast during the initial period of adsorption. For example，after adsorption for 5 and 10 min，the removal efficiency of As（III）is 49.1% and 76.0%，respectively，while removal efficiency of 89.6% and 95.4% is obtained after adsorption for 30 and 60 min，respectively. After 240 min，99.1% of the maximum adsorption takes place，thus 240 min is adequate for As（III）to reach adsorption equilibrium on schwertmannite. Adsorption solely due to electrostatic processes is usually very rapid on the order of seconds（Pierce and Moore，1982），therefore，findings that the adsorption of As（III）on the biogenic schwertmannite is on the order of hours may indicate a specific adsorption or formation of a chemical bond between the As（III）species and the adsorbent（Pierce and Moore，1982；Loukidou et al.，2004）.

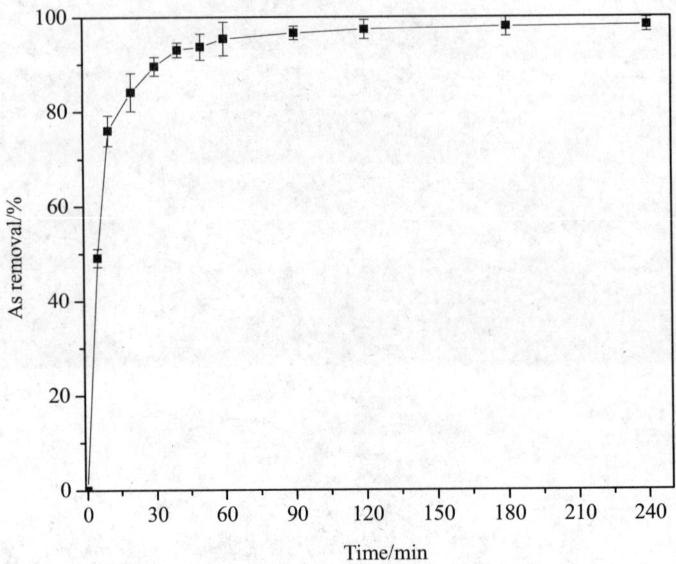

Fig. 2 Kinetics of As（III）removal by biogenic schwertmannnite.（Experimental conditions：pH 7.5，schwertmannite 0.25 g L^{-1}，initial As（III）1.0 mg L^{-1}，at 25 ± 0.2 °C and 180 rpm）

3.3 As（III）adsorption isotherms by schwertmannite

As（III）adsorption isotherms at different temperature are given in Fig. 3. It shows that the adsorption capacity of schwertmannite for As（III）increases with the increase of temperature，indicating an endothermic adsorption process. The equilibrium adsorption isotherm data at various temperatures are fitted using Freundlich（eq. 1）and Langmuir（eq. 2）adsorption equations：

$$q = K_F\ C^{1/n} \tag{1}$$

$$q = \frac{q_m K_L C}{1 + K_L C} \tag{2}$$

where K_F and n are the Freundlich constants，C（mg/L）is the equilibrium solute（As）concentration，q_m(mg/g)is the maximum adsorption capacity，q(mg/g)is the amount of adsorbed As（III），and K_L is the Langmuir constant. The results of fitting Freundlich and Langmuir equations to isotherm curves are listed in Table 1. As can be seen from Table 1，high correlation coefficients suggest that both Freundlich and Langmuir model are suitable for describing the adsorption behavior of on schwertmannite at pH 7.5. While Paikaray et al.（2010）have found that the sorption mechanisms of As（III）on schwertmannite at pH 3 are governed by multilayer processes as indicated by highly non linear Freundlich adsorption isotherms. Calculated from the Langmuir equation，the maximum adsorption capacity in the present study is found to be 113.9 mg As（III）per g of schwertmannite at pH 7.5 and 25 °C，which is much greater than that of activated alumina with 3.48 mg/g（Lin and Wu，2001）and even recently reported iron based adsorbents with 99.6 mg/g（Guo and Chen，2005），while it is much lower than that reported by Burton et al.（2009），the latter may be ascribed to the differences in synthetic methods and in schwertmannite particle sizes，i.e.～400 nm（Regenspurg et al.，2004）vs 2.5 m compared with the present study.

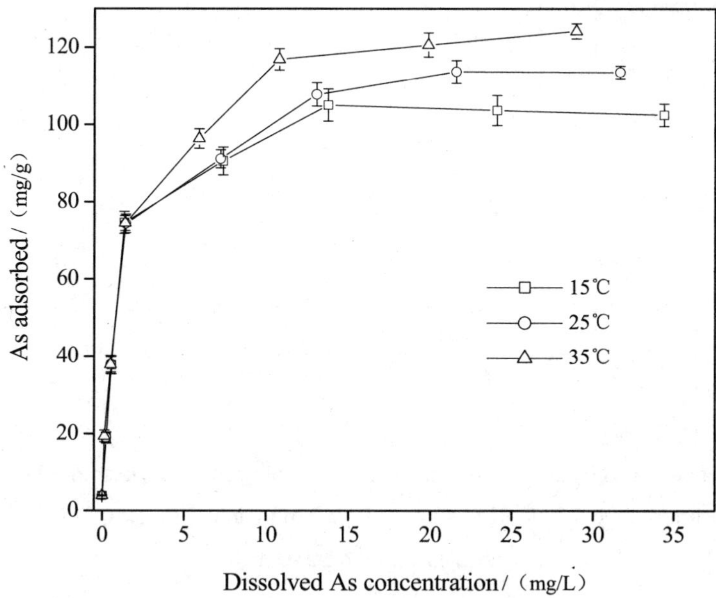

Fig. 3 As（III）adsorption on biogenic schwertmannite as a function of equilibrium As concentration in the solution at 15，25 and 35°C，respectively. Experimental conditions：schwertmannite adsorbent 0.25g/L in 0.01 M NaCl，pH 7.5，equilibrium time 240 min

Table 1. Langmuir and Freundlich adsorption isotherm parameters for As（III）on the biogenic schwermannite at different temperature [a]

Temp/℃	R^2	Langmuir constants q_m/（mg/g）	K_L/（L/mg）	R^2	Freundlich constants K_F	n
15	0.995 3	110.8	1.223	0.918 1	71.89	7.832
25	0.997 2	113.9	0.9677	0.923 1	72.62	7.273
35	0.991 5	122.5	0.7696	0.934 4	73.77	6.098

[a] Experimental conditions: schwertmannite 0.25 g/L in 0.01 M NaCl，pH 7.5，180 rpm，equilibrium time 240 min.

3.4 pH effect on As（III）adsorption

Removal of As（III）in solution with pH ranging from 3 to 11 through adsorption onto biogenic schwertmannite is shown in Fig. 4. It is observed that As（III）adsorption on schwertmannite increases with the increase of solution pH in the range of 3～9. The maximum removal of As（III）occurs at around pH 7～9 in which the removal percentage was more than 98%.

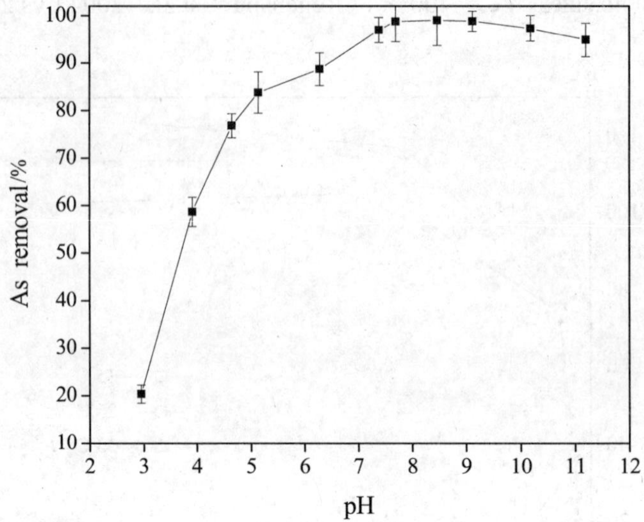

Fig. 4 Effect of solution pH on As（III）adsorption on biogenic schwertmannite. Experimental conditions：schwertmannite 0.25 g/L；initial As（III）1.0 mg/L in 0.01M NaCl；25 ± 0.2 °C and 180 rpm equilibrium time 240 min.

However，As（III）adsorption by biogenic schwertmannite decreases sharply when solution pH＞10. The arsenite adsorption curves obtained here are similar to those observed in the previous studies involving iron-based adsorbents. For example，Pierce and Moore（1982）reported that the amount of arsenite sorbed by amorphous iron hydroxide reached a maximum value at pH 7. Goldberg and Johnston（2001）found that arsenite adsorption on amorphous oxides increased with increasing pH and reached an adsorption plateau around pH 8. Raven et al.（1998）observed that the maximum adsorption of As（III）on two–line ferrihydrite occurred at approximately pH 9. Moreover，the optimal pH value for arsenite adsorption on iron-containingorderedmeso-porouscarbon（FeOMC）and bead cellulose loaded with iron oxyhydroxide was found to be 6.0～9.5（Gu et al.，2007）and 7～9（Guo and Chen，2005），respectively. Burton et al.（2009）also found that high pH favored the sorption of As（III）on schwertmannite and As（III）sorbed most significantly at pH 9.0 than that at pH 3.0. Apparently，the maximum adsorption of As（III）on biogenic schwertmannite can be achieved in a wider range of pH compared with the above–mentioned adsorbents. The pheno menon of the pH-dependent As（III）sorption onto schwertmannite has great potential signific ance in engineering application. Because the pH of natural groundwater is often in the range of 6–8.5（Guo and Chen，2005），therefore the pre–adjustment of pH is not needed for the As-contaminated groundwater when schwert mannite is applied in the removal of As（III）.

In the pH ranges from 7 to 9，the predominant As（III）species are neutral H_3AsO_3 and deprotoned $H_2AsO_3^-$（p*K*a = 9.2）（Wood et al.，2002）. The point of zero charge pH（pHpzc）of the biogenic schwertmannite is determined to be 5.4 by electrokinetic measurement method（data not shown）. Therefore，the surface of schwertmannite is negatively charged at pH 7～9. In the present study, maximum adsorption of As (III) on schwert-mannite occurred in the pH range of 7–9 indicate a specific adsorption process instead of a purely electrostatic adsorption process (Pierce and Moore, 1982) .

3.5 Effects of competing anions on As (III) adsorption

Effects of the common competing anions in groundwater including Cl^-, NO_3^-, SO_4^{2-} and PO_4^{3-} at different concentration (i.e. 0, 0.001, 0.01 and 0.1 M) on As (III) removal by schwertmannite are illustrated in Fig. 5. The presence of monovalent nitrate or chloride at various concentrations (i.e. 0~0.1 M) show hardly any impact on the As (III) adsorption on schwertmannite, as indicating that the As(III)removal efficiency remained above 98% under the experimental condition with an initial As (III) concentration of 1.0 mg/L and schwertmannite dose of 0.25 g/L.

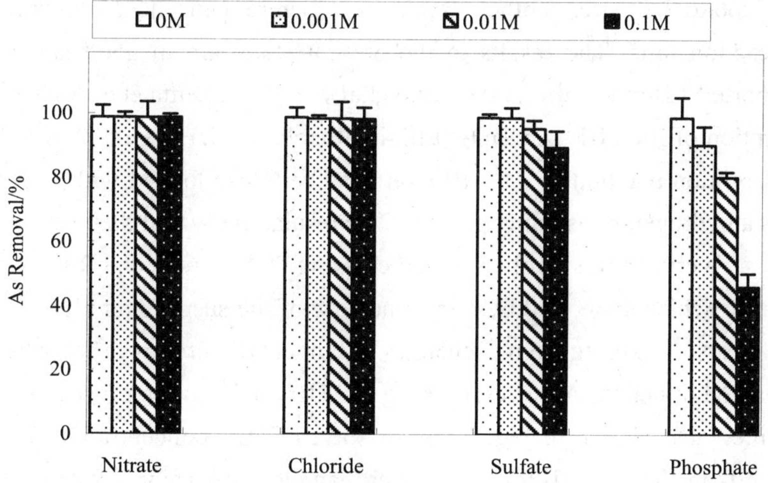

Fig. 5 Effect of competing anions on As (III) removal by schwertmannite
(Experimental condition: Schwertmannite 0.25g/L, As (III) 1.0 mg/L, pH 7.5, 180 rpm and 25 ± 0.2 °C, equilibrium time 240 min)

However, the As (III) removal is observed to decrease slightly to 95.4% when the bivalent sulfate concentration is as high as 0.01 M, whereas it decreases to 89.6% when the sulfate concentration increases to 0.1 M in which molar ratio of S to As is 750: 1. Unlike nitrate and sulfate, the presence of trivalent phosphate significantly decreases the As(III)removal efficiency from 90.1% to 80.4% when the concentration of phosphate increases from 0.001 to 0.01 M in which molar ratio of P to As is from 750 : 1 to 75 : 1, while it reduces to 46.2% when phosphate concentration reached 0.1 M. In fact, the concentrations of SO_4^{2-} and PO_4^{3-} in natural groundwater are often much lower than those designed in the present trial (Katsoyiannis and Zouboulis, 2002). Therefore, these ubiquitous anions at limited contents in natural groundwater should not exhibit any significant inhibition on arsenic removal by schwertmannite. Results of the effects of competing anions on As (III) adsorption on schwertmannite indicate a favored affinity of schwertmannite surface with phosphate and arsenite compared to sulfate, nitrate and chloride, which is in agreement with results obtained by Dzombak and Morel (1990), who have investigated the bonding affinities of different anions for surface complexes with hydrous ferric oxides. The results further implies that As (III) is adsorbed as an inner–sphere complex on schwertmannite adsorbent surface.

3.6 Mechanism for As (III) adsorption by biogenic schwertmannite

Variations of solution pH and SO_4^{2-} concentration during As (III) adsorption on biogenic schwertmannite are studied and shown in Figure 6. pH of the schwertmannite suspension free of As(III)(i.e. 0.25 g/L of schwertmannite in 0.01 M NaCl)maintains at 7.52～7.55 throughout the experiment, whereas pH of the schwertmannite suspension with addition of initial As (III) of 40 mg/L varies evidently during As(III)adsorption process. For example, the pH in schwertmannite suspension shifts quickly from initial 7.55 to 7.60 after As(III)adsorption for 30 min, then drops linearly from 7.60 to 7.57 after another 30 min, and then remains at 7.57 on the whole within the subsequent reaction time. The results in the present study are in good agreement with those previously reported (Dutta et al., 2004; Guo et al., 2007). Dutta et al. (2004) have observed that the adsorption of As (III) on TiO_2 at basic pH releases OH^-. Guo et al. (2007) have also found that adsorption reaction of As (III) on bead cellulose loaded with iron oxyhydroxide at alkaline pH is a hydrogen-consuming process. The results imply that the mechanism of As (III) adsorption on schwertmannite involves ligand exchange (Anderson and Rubin, 1981; Dixit and Hering, 2003), which supported by minor increase of the suspension pH (assuredly not from experimental errors) resulting from exchanges of tunnel OH^- groups in schwertmannite with the negatively charged or neutral As species during As (III) adsorption process.

Meanwhile, it is shown in Fig. 6 that dissolved SO_4^{2-} concentration remains constant at about 19.1 mg/L in the As (III) -free schwertmannite suspension (0.25g/L) throughout the experiment. However, SO_4^{2-} concentration in the schwertmannite suspension of 0.25 g/L increases linearly from initial 19.1 to 22.8 and 25.8 mg/L after As (III) (initial As (III) of 40 mg/L) adsorption for 5 and 10 min, respectively, and then slightly increases to 26.8 mg/L after adsorption for 60 min. Subsequently, it increases very slowly and reaches a plateau at approximately 27.1 mg/L within 240 min, indicating the occurrence of As (III) adsorption equilibrium on schwertmannite. It is interesting to note that the release kinetic of SO_4^{2-} is found to be in well accordance with that of As (III) adsorption on schwertmannite, suggesting that exchange reactions between SO_4^{2-} and As(III)species is involved during As(III)adsorption onto schwertmannite. The As(III)/SO_4^{2-} exchange coefficient(the moles of desorbed SO_4^{2-} per mole of sorbed arsenic)is calculated to be 0.16, which are in good agreement with results by Burton et al.(2009)who have also found that As(III)species exchange for SO_4^{2-} from abiotically produced schwertmannite occurred with an As (III) /SO_4^{2-} exchange coefficient of 0.17 at pH 7.1.

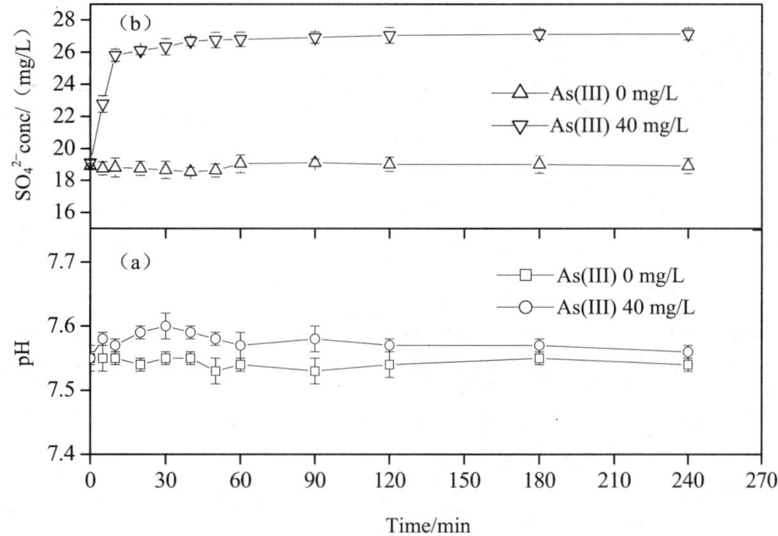

Fig. 6 Variations of pH (a) and SO_4^{2-} (b) during As (III) adsorption on schwertmannite (Experimental conditions: shwertmannite 0.25 g/L, [As (III)]$_{initial}$ =0 or 40 mg/L, pH 7.5, at 180 rpm and 25 ± 0.2 °C, equilibrium time 240 min) .

It is generally accepted that schwertman-nite has a tunnel structure akin to that of akaganéite(β-FeOOH)and about one-third of its SO_4^{2-} is adsorbed on its surface, and the rest are located in the tunnel structures (Bigham et al., 1994) . When As (III) adsorption reaches equilibrium in the present study, the amount of SO_4^{2-} released to solution is 51.9% of the total SO_4^{2-} content in the biogenic schwertmannite, indicating that not only the surface–adsorbed but also the tunnel SO_4^{2-} participated in exchange reactions with As (III) . That is to say, consistent with findings by Burton et al. (2009), the present study suggest that As (III) have incorporated into the schwertmannite structure by exchanging for the tunnel SO_4^{2-}.

3.7 Stability of As (III) -sorbed biogenic schwertmannite

The stability of As (III) -sorbed biogenic schwertmannite with an As (III) content of 9.24 wt% is examined at 25 ±1 °C and at pH 6.0 and pH 8.5 for 90 d, respectively. No phase other than schwertmannite and no changes of XRD patterns for schwertmannite after As (III) adsorption are detected ((see Fig. S2, supplementary material), suggesting that As (III) -sorbed biogenic schwertmannite exhibits no mineralogy phase change when aged in solution at groundwater pH for 90 d. Furthermore, no detectable oxidation of As (III) occurred during the stability experiment and the arsenic released from As (III) -sorbed schwertmannite is determined to be below 2 μg/L (data no shown) .

Schwertmannite is known to be metastable with respect to better crystallized goethite (Bigham et al., 1996), but the transformation to goethite has been found to be significantly inhibited by sorbing As (V) (Fukushi et al., 2003; Regenspurg and Peiffer, 2005) . The fact that no mineralogy phase change are observed for As (III) -sorbed biogenic schwertmannite after ageing at ambient temperature at pH 6.0 and pH 8.5 for 90 d indicates that As（III）–sorbed biogenic schwertmannite here is more stable than those previously reported. This phenomenon could be attributed to，to some extent，the higher content of SO_4 in the biogenic schwertmannite with a chemical formula of $Fe_8O_8(OH)_{4.42}(SO_4)_{1.79}$ than those in the chemically synthetic or natural schwertmannite with a formula ranging between $Fe_8O_8(OH)_6SO_4$ and $Fe_8O_8(OH)_{4.5}(SO_4)_{1.75}$（Bigham et al.，1994；Jönsson et al.，2005；Schwertmann and Carlson，2005），because it has been reported that the increase of SO_4 content significantly decreases the transformation rate into goethite（Bigham et al.，1996；Regenspurg et al.，2004）. Therefore，the role and characteristics of biogenic schwertmannite is of significance in the engineering application for the removal of arsenic in groundwater.

Recently，Weber et al.（2010）reported temperature dependence and coupling of iron and arsenic reduction and release during flooding of a contaminated soil because flooding induced the development of anoxic conditions. In future，it is also worthy to assess possible reduciable dissolution of As-borne biogenic schwertmannite.

4 Conclusions

A hedge-hog like schwertmannite with a diameter of approximately 2.5 μm through oxidation of ferrous sulfate by *A. ferrooxidans* cells was synthesized and its chemical formula can be expressed as $Fe_8O_8(OH)_{4.42}(SO_4)_{1.79}$. As（III）in simulated groundwater can be effectively removed by biogenic schwertmannite with a maximum adsorption capacity of 113.9 mg/g and the optimum pH for As（III）adsorption is in the range of 7～10. The As（III）removal is hardly affected by the competing anions，such as Cl^-，NO_3^-，SO_4^{2-} and PO_4^{3-}，often observed in groundwater unless the mole concentration of PO_4^{3-} and SO_4^{2-} in groundwater are 75 or 750 times higher than As，respectively. Results indicate As（III）have incorporated into the schwertmannite structure by exchanging for the tunnel SO_4^{2-} and As（III）adsorption on biogenic schwertmannite involves ligand exchanges between As（III）species and surface hydroxyl group and sulfate. In addition，the biogenic schwertmannite and As（III）-sorbed biogenic schwertmannite in this study have been found to be stable even under weakly alkaline conditions.

Acknowledgment

This work described in this paper was supported by the National Natural Science Foundation of China（No. 40930738）.

References

[1] Anderson，M.A.，Rubin，A.J.，1981. Adsorption of inorganics at solid-liquid interfaces. Ann Arbor Science Publishers，Inc.

[2] Bigham，J.M.，Carlson，L.，Murad，E.，1994. Schwertmannite，a new iron oxyhydro xysulfate from pyhäsalmi，Finland，and other localities. Mineral Mag. 58，641-648.

[3] Bigham，J.M.，Schwertmann，U.，Carlson，L.，1990. A poorly crystallized oxyhydroxysul-fate of iron formed by bacterial oxidation of Fe（II）in acid mine waters. Geochim Cosmochim Acta. 54，2743-2758.

[4] Bigham，J.M.，Schwertmann，U.，Traina，S.J.，Winland R.L.，Wolf，M.，1996. Schwertmannite and the chemical modeling of iron in acid sulfate waters. Geochim. Cosmochim. Acta. 60，2111-2121.

[5] Burton，E.D.，Bush，R.T.，Johnston，S.T.，Watling，K.M.，Hocking，R.K.，Sullivan，L.A.，Parker，G.K.，2009. Sorption of Arsenic（V）and Arsenic（III）to Schwertmannite. Environ. Sci. Technol. 43，9202-9207.

[6] Carlson，L.，Bigham，J. M.，Schwertmann，U.，Kyek，A.，Wagner，F.，2002. Scavenging of As from acid mine drainage by schwertmannite and ferrihydrite：A comparison with synthetic analogues. Environ. Sci. Technol. 36，1712-1719.

[7] Dixit，S.，Hering，J.G.，2003. Comparison of arsenic（V）and arsenic（III）sorption onto iron oxide minerals：implications for arsenic mobility. Environ. Sci. Technol. 37，4182-4189.

[8] Duquesne，K.，Lebrun，S.，Casiot，C.，Bruneel，O.，Personné，J.C.，Leblanc，M.，Elbaz- Poulichet，F.，Morin，G.，Bonnefoy，V.，2003. Immobilization of arsenite and ferric iron by Acidithiobacillus ferrooxidans and its relevance to acid mine drainage. Appl. Environ. Microbiol. 69，6165-6173.

[9] Dutta，P.K.，Ray，A.K.，Sharma，V.K.，Millero，F.J.，2004. Adsorption of arsenate and arsenite on titanium dioxide suspensions. J. Colloid Interface Sci. 278，270-275.

[10] Dzombak，D.A.，Morel，F.M.M.，1990. Surface complexation modeling. Hydrous ferric oxides. John Wiley and Sons，New York.

[11] Fukushi，K.，Sasaki，M.，Sato，T.，Yanase，N.，Amano，H.，Ikeda，H.，2003. A natural attenuation of arsenic in drainage from an abandoned arsenic mine dump. Appl. Geochem. 18，1267-1278.

[12] Goldberg，S.，Johnston，C.T.，2001. Mechanisms of arsenic adsorption on amorphous oxides evaluated using macroscopic measurements，vibrational spectroscopy，and surface complexation modeling. J. Colloid Interface Sci. 234，204-216.

[13] Gu，Z.，Deng，B.，Yang，J.，2007. Synthesis and evaluation of iron-containing ordered mesoporous carbon（FeOMC）forarsenic adsorption. Micropor. Mesopor. Mater. 102，265–273.

[14] Guo，X.，Chen，F.，2005. Removal of arsenic by bead cellulose loaded with iron oxyhydroxide from groundwater. Environ. Sci. Technol. 39，6808-6818.

[15] Guo，X.，Du，Y.，Chen，F.，Park，H.S.，Xie，Y.，2007. Mechanism of removal of arsenic by bead cellulose loaded with iron oxyhydroxide（β-FeOOH）：EXAFS study. J. Colloid Interface Sci. 314，427-433.

[16] ICDD. 1997. Powder Diffraction File. International Center for Diffraction Data，Newtown Square.

[17] Jang，M.，Min，S.H.，Kim，T.H.，Park，J.K.，2006. Removal of arsenite and arsenate using hydrous ferric oxide incorporated into naturally occurring porous diatomite. Environ. Sci. Technol. 40，1636-1643.

[18] Jönsson，J.，Persson，P.，Sjöberg，S.，Lövgren，L.，2005. Schwertmannite precipitated from acid mine drainage：phase transformation，sulfate release and surface properties. Appl. Geochem. 20，179-191.

[19] Katsoyiannis，I.A.，Zouboulis，A.I.，2002. Removal of arsenic from contaminated water sources by sorption onto iron-oxide-coated polymeric materials. Water Res. 36，5141-5155.

[20] Korte，N.E.，Fernando，Q.，1991. A review of arsenic（III）in groundwater. Crit. Rev. Environ. Control. 21，1-39.

[21] Liao，Y.，Zhou，L.，Bai，S.，Liang，J.，Wang，S.，2009. Occurrence of biogenic schwertmannite in sludge bioleaching environments and its adverse effect on solubilization of sludge-borne metals. Appl. Geochem. 24，1739-1746.

[22] Liao，Y.，Zhou，L.，Liang，J.，Xiong，H.，2009. Biosynthesis of schwertmannite by Acidithiobacillus ferrooxidans cell suspensions under different pH condition. Mater. Sci. Eng. C. 211-215.

[23] Lin，T.-F.，Wu，J.-K.，2001. Adsorption of arsenite and arsenate within activated alumina grains：equilibrium and kinetics. Water Res. 35（8），2049-2057.

[24] Loukidou，M.X.，Zouboulis，A.I.，Karapantsios，T.D.，Matis，K.A.，2004. Equilibrium and kinetic modeling of chromium（VI）biosorption by Aeromonas caviae. Colloids Surfaces A：Physicochem. Eng. Aspects. 242，93-104.

[25] Mohana，D.，Pittman Jr.，C.U.，2007. Arsenic removal from water/wastewater using adsorbents-A critical review. J. Hazard. Mater. 142，1-53.

[26] Oremland，R.S.，Stolz，J.F.，2003. The ecology of arsenic. Science 300，939-944.

[27] Paikaray，S.，Göttlicher，J.，Peiffer，S.，2010. Removal of As(III) from acidic waters using schwertmannite：Surface speciation and effect of synthesis pathway，Chemical Geology，doi：10.1016/j.chemgeo.2010.08.011.

[28] Pierce，M.L.，Moore，C.B.，1982. Adsorption of arsenite and arsenate on amorphous iron hydroxide. Water Res. 16，1247-1253.

[29] Raven，K.P.，Jain，A.，Loeppert，R.H.，1998. Arsenite and arsenate adsorption on ferrihydrite：kinetics，equilibrium，and adsorption envelopes. Environ. Sci. Technol. 32，344-349.

[30] Regenspurg，S.，Brand，A.，Peiffer，S.，2004. Formation and stability of schwertmannite in acid mining lakes. Geochim. Cosmochim. Acta. 68，1185-1197.

[31] Regenspurg，S.，Peiffer，S.，2005. Arsenate and chromate incorporation in schwertmannite. Appl. Geochem. 20，1226-1239.

[32] Roberts，L.C.，Hug，S.J.，Ruettimann，T.，Khan，A.W.，Rahman，M.T.，2004. Arsenic removal with iron(II) and iron(III) in waters with high silicate and phosphate concentrations. Environ. Sci. Technol. 38，307-315.

[33] Schwertmann，U.，Carlson，L.，2005. The pH-dependent transformation of schwertmannite to goethite at 25°C. Clay Miner. 40，63−66.

[34] Smedley，P.L.，Kinniburgh，D.G.，2002. A review of the source，behavior and distribution of arsenic in natural waters. Appl. Geochem. 17，517-568.

[35] Smith，A. H.，Lingas，E. O.，Rahman，M.，2000. Contamination of drinking-water by arsenic in Bangladesh：A public health emergency. Bull. World Health Organ. 78，1093 -1103.

[36] Weber，F.-A.，Hofacker，A.F.，Voegelin，A.，Kretzschmar，R.，2010. Temperature dependence and coupling of iron and arsenic reduction and release during flooding of a contaminated soil. Environ. Sci. Technol.

44，116-122.

[37] Wood, S.A., Tait, C.D., Janecky, D.R., 2002. A Raman study of arsenite and thioarsenite species in aqueous solution at 25°C. Geochem.Trans. 3，31-39.

该文发表在 Chemosphere 2011 年第 3 期

洞庭湖区污染控制区划与控制对策

秦迪岚[1] 黄哲[2] 罗岳平[1] 毕军平[1] 肖辰畅[1] 黄懿[1] 易敏[1]
（1. 湖南省环境监测中心站，长沙 410014；
2. 国家林业局中南调查规划设计院，长沙 410014）

摘 要：实行分区的污染控制与管理是开展洞庭湖区污染综合防治的有效措施。基于洞庭湖区主要污染物来源分析和污染控制区划原则，对洞庭湖区的污染控制区划进行了探讨，并根据各分区污染负荷特征提出了相应的分区控制措施。结果表明：洞庭湖区主要污染物氮、磷和 COD_{Cr} 主要来源于农业面源和城镇生活污染。洞庭湖区可划分为中心城市污染控制区、平原农业综合整治区和山地丘陵生态保育区 3 个污染控制区。中心城市污染控制区以城镇生活和工业点源污染为主，平原农业综合整治区以农田径流和养殖业污染为主，山地丘陵生态保育区以畜禽养殖和农田径流污染为主。针对各区污染特征提出了相宜的污染控制对策，可为洞庭湖区污染防治工作提供帮助。

关键词：洞庭湖区；污染特征；控制区划；防治措施

Pollution Control Regionalization and Countermeasures in Dongting Lake Area

Qin Dilan[1] Huang Zhe[2] Luo Yuepin[1] Bi Junpin[1] Xiao Chenchang[1] Huang Yi[1] Yi Min[1]
（1.Hunan Province Environmental Monitoring Centre，Changsha 410014;
2.Central South Forest Inventory and Planning Institute of SFA，Changsha 410014）

Abstract: To control and manage pollution by regions is effective for comprehensive pollution prevention and cure in Dongting Lake Area. Based on the analysis of the main pollutants sources in Dongting Lake Area and the regionalization principles of pollution control，pollution control regionalization in Dongting Lake Area was discussed and the corresponding countermeasures were put forward according to pollution load features of different regions. The results show that the main pollutants including nitrogen，phosphorus and COD_{Cr} are mostly from agricultural surface source pollution and municipal pollution. According to characteristics of the research area，Dongting Lake Area can be divided into three pollution control zones，i.e.，pollution control zone of central cities，comprehensive improvement zone of plain agriculture and ecological conservation zone of mountain-hill. The main pollutants in the above three control zones are mostly from municipal and industrial point sources pollution，farmland runoff and breeding pollution，and livestock breeding and farmland runoff pollution，respectively. The corresponding control strategies proposed on the basis of analysis of pollution features of different division zones will be very helpful for environmental pollution prevention and treatment in Dongting Lake area.

Key words: dongting Lake Area；pollution characteristics；control regionalization；prevention and cure measures

洞庭湖区地处“两带”（长三角和珠三角经济带）和“两区”（长株潭城市群和武汉城市群综合配套改革试验区）之间，是湖南省“3+5”城市群建设的重要组成部分[1]。近年来，在“两带”、“两区”建设的辐射带动下，洞庭湖区社会经济飞速发展，城镇化进程加快，污染排放量越来越大，尤其是造纸、纺织与农业面源的污染，给洞庭湖水环境带来了巨大的负荷。根据湖南省环境质量统计数据，2008 年洞庭湖各监测断面水质均劣于水域功能标准，V 类以上水质达 79%，氮磷污染严重；东洞庭湖自然保护区核心区“大、小西湖”出现富营养化，富营养化水域面积达五万多亩，东洞庭湖及洞庭湖出口评价为轻度富营养，较往年的中营养状态下降了一个级别，富营养化问题开始凸显。开展污染物来源、构成和入河量的定量分析以及对污染关键源区的空间识别是进行湖泊治理的重要前提[2−6]。中南林业科技大学开展了洞庭湖湿地污染物的来源分析，但在污染负荷的空间识别及污染控制区划等方面缺少深入研究[7,8]. 洞庭湖区地域广阔，地貌类型复杂，不同区域间社会经济发展程度、产业布局和污染物产生源等差异较大，而这些因素是造成污染负荷空间变异大的重要原因[9,10]。因此，开展洞庭湖区污染关键源区的空间识别及控制区划，是因地制宜地开展控制策略研究的关键。目前，有关环境污染控制区划的研究并不多见。多数国家并不强调综合性的区划研究，在少量相关研究中，着重针对某种污染源对流域的影响开展具体的区划研究[11−14]。我国则采用区域划分法或类型划分法对五里湖流域[15]、九龙江流域[10]、于桥水库流域[16]和汉阳[17]等少数地区进行过流域或城市非点源和农村环境[18]污染控制区划的相关研究，为有针对性地控制环境污染提供了科学依据。目前，针对洞庭湖区的综合性污染控制区划研究还未见报道。笔者以洞庭湖生态安全保障思路与理念为依据[19]，在洞庭湖区主要污染物来源分析的基础上，采用分区污染控制的原则，分析了洞庭湖区氮、磷和 COD_{Cr} 等主要污染物的来源和污染负荷空间分布特点，提出了相应的分区控制措施。

1 研究区域及研究方法

1.1 研究区域概况

洞庭湖位于长江中游荆江段南岸，居处湖南省东北隅，比邻湖北省，是我国第二大淡水湖，接纳湘、资、沅、澧“四水”，吞吐长江，是长江流域极为重要的调蓄滞洪区、国际重要湿地、我国重要的淡水资源储备地及著名的“鱼米之乡”。洞庭湖区是指以洞庭湖为中心的广大河、湖冲积—淤积平原和环湖岗丘及外围低山区。在行政区划上，该区以洞庭湖为中心，覆盖岳阳、常德、益阳三市范围 20 个县（市），土地面积达 45 410 km^2，2008 年底人口 1 625 万人，占全省总人口的 24%。洞庭湖区是我国重要的商品粮、棉、麻和水产品生产基地，区域内轻纺、食品、造纸、外贸、港口、旅游、石油化工等行业发达。2008 年，洞庭湖区生产总值 2 667 亿元，占全省的 24%，粮、棉、油和水产品产量分别占全省的 31%、91%、92%和 50% [20]。

1.2 研究方法

1.2.1 污染源调查与统计方法

对洞庭湖区主要污染源和环境特征进行调查，包括工业企业、城镇生活、农村生活、农田径流、畜禽养殖和水产养殖等主要类型。农业面源主要包括种植业和养殖业污染[3]，种植业污染主要指农田污染，养殖业污染包括畜禽养殖和水产养殖污染。调查基准年为 2008 年。各类污染源入湖量计算方法如下[3,21,22]：

工业污染物入湖量=（工业污染物排放量－污水处理量）×入河系数 （1）

城镇生活污染物入湖量=（城镇人口数×城镇生活排污系数－污水处理厂处理量）×入河系数 （2）

农村生活污染物入湖量=（农村人口数×农村生活排污系数）×入河系数 （3）

农田污染物入湖量=农田面积×农田排污系数×修正系数×入河系数 （4）

畜禽养殖入湖量=（畜禽个体日产粪量×畜禽粪中污染物平均含量×粪入河系数+畜禽个体日产尿量×畜禽尿中污染物平均含量×尿入河系数）×饲养期×饲养数 （5）

水产养殖入湖量=养殖增产量×水产养殖排污系数 （6）

等标污染负荷入湖量=$\sum_{i}$（污染物 i 的入湖量/污染物 i 的环境质量标准限值）（7）

污染源调查的相关统计数据采用 2008 年湖南省环境统计数据，结合湖南省统计年鉴以及各相关部门资料。污染排污系数和入河系数参照文献[23]、第一次全国污染源普查产排污系数手册及《湖南省地表水环境容量核定》确定。

1.2.2 污染控制区的划分原则

根据洞庭湖区经济社会发展规划和污染控制总体要求，按以下原则进行控制区划分：

（1）社会经济发展水平相近性原则。社会经济发展程度、城镇化水平与产业结构布局和规模决定着环境改造、生态破坏的性质和程度，影响着环境保护的方向和对策。

（2）地貌类型相近性原则。地貌因素影响土地利用类型、强度与植被状况，与径流的形成过程和迁移途径密切相关。

（3）控制目标相近性原则。相近来源、相近入湖方式的污染物，采用相近的控制方式。

（4）可持续性原则。控制区划分应具有前瞻性，应为地区生态建设、生态保护和资源开发提供指导，促进地区可持续发展。

2 结果与讨论

2.1 洞庭湖区污染控制区划

洞庭湖区地域广阔，地貌类型复杂，江湖自然联通，社会经济发展程度、产业结构布局、污染物的产生源和入湖途径等具有明显的地域性差异，因地制宜地分区规划并选取合理的控制技术是进行污染控制的关键。根据洞庭湖区的社会经济发展状况、污染分布特征、地貌结构和污染控制目的，按照湖区控制区划分的原则和控制重点，以洞庭湖天然湖体为中心，按辐射状将洞庭湖区划分为中心城市污染控制区（Ⅰ区），平原农业综合整治区（Ⅱ区）和山地丘陵生态保育区（Ⅲ区）3 个污染控制区。利用 GIS 软件将分区结果进行表征，具体区划图见图 1，各区的分布范围、面积、人口、地理特征和社会经济状况见表 1。

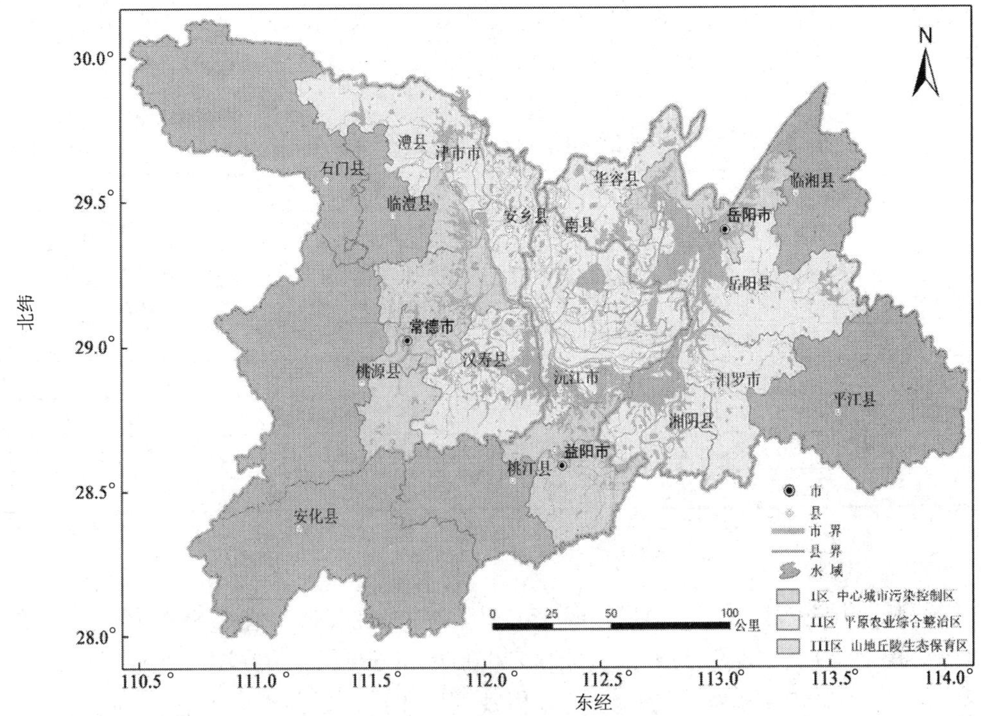

图 1 洞庭湖区污染控制区划图

（注：地图来源于中国环境监测总站）

表 1 洞庭湖区污染控制区的特征

污染控制区		包括的行政单位	面积/km^2	人口/($\times10^4$)	地理特征[24]	社会经济状况
I 区	中心城市污染控制区	常德市区、岳阳市区、益阳市区、津市市	6 503	403	以平原和岗地为主	主要工业区，人口密度大
II 区	平原农业综合整治区	南县、华容县、安乡县、澧县、沅江市、汉寿县、湘阴县、岳阳县、汨罗市	16 428	676	以平原和岗地为主	农业大区，种植业发达，渔业发达
III区	山地丘陵生态保育区	临湘市、桃源县、桃江县、石门县、平江县、安化县、临澧县	22 479	546	以丘陵和山地为主	湖区最大的畜产区，林业、采矿业发达

2.2 洞庭湖区污染源特征

2.2.1 洞庭湖区污染源特征分析

（1）洞庭湖区污染源构成。

2008 年，洞庭湖区主要污染物 COD_{Cr}、总磷和总氮的入湖量分别为 323 351t、6 913t 和 59 049t。COD_{Cr} 主要来源于城镇生活、工业和畜禽养殖污染，三者共占入湖总量的 72%，3 类污染源入湖比例基本持平；总磷主要来源于畜禽养殖、农田径流和城镇生活污染，三者共占入湖总量的 83%，尤以畜禽养殖污染最重，占入湖总量 48%；总氮主要来源于畜禽养殖、城镇生活和农田径流污染，三者共占入湖总量的 81%，其中畜禽养殖污染居于首位，详见表 2。

表 2 洞庭湖区主要污染源构成

污染源类别	COD_{Cr}		总磷		总氮	
	入湖量/（t/a）	比例/%	入湖量/（t/a）	比例/%	入湖量/（t/a）	比例/%
工业源	85 439	26	114	2	4 358	7
城镇生活源	87 977	27	1 124	16	17 622	30
畜禽养殖	59 378	18	3 347	48	22 469	38
水产养殖	55 429	17	951	14	5 533	9
农田径流	31 088	10	1 268	18	7 834	13
农村生活源	4 040	1	108	2	1 232	2
合计	323 351	100	6 913	100	59 049	100

（2）工业污染特征。

2008 年，洞庭湖区共有工业企业 2 477 家，创造工业产值 2 899 亿元，排放废水 27 723×10^4 t，COD_{Cr}和氨氮排放量分别为 120 067t 和 6 598t。洞庭湖区产业以造纸、纺织、石油化工、食品和机械等为主导，COD_{Cr}和氨氮排放量位于前五名的行业列于表 3。从中可见，洞庭湖区 COD_{Cr}的排放集中在造纸、纺织、化工制造、农副产品和食品加工这五个行业。其中，造纸业 COD_{Cr}排放量占总量的 73%，居各行业之首。2006 年 12 月，湖南省政府开展洞庭湖区造纸企业污染整治工作，关停了 234 家造纸企业[25]，洞庭湖水质明显改善，到 2008 年，洞庭湖各监测断面 COD_{Cr}已全部达标。然而，目前造纸业 COD_{Cr}的排放仍遥居各行业之首，造纸业污染治理仍面临较大的压力。氨氮的排放主要集中在化工制造业，占总量的 47%。

表 3 2008 年洞庭湖区主要工业行业污染物的排放情况

行业名称	企业数/家	工业废水排放量/（×10^4 t/a）	主要污染物的排放量/（t/a）	
			COD_{Cr}	氨氮
造纸业	96	10 966	87 572	189
纺织业	52	2 004	10 369	50
化工制造业	91	4 725	5 292	3 082
农副产品加工业	86	362	2 824	141
食品制造业	26	568	2 386	404
洞庭湖区总计	2477	27 723	120 067	6 598

注：数据来源于 2008 年湖南省环境统计数据。

（3）城镇生活污染特征。

2008 年，洞庭湖区城镇人口有 660 万人，排放生活污水 40 300×10^4 t，COD_{Cr}、总磷和总氮排放量分别为 157 942t、1 975t 和 27 703 t。湖区生活污水处理设施严重不足，大部分生活污水未经处理直接排放。正常运行的集中式污水处理厂仅 4 家，分布于岳阳市区、常德市区、益阳市区和临湘市，处理能力为 70%～86%，但由于污水收集管网等配套设施不完善，实际处理量仅为 7 975×10^4 t，湖区平均生活污水处理率低于 20%。

（4）农业面源污染特征。

洞庭湖区是我国重要的禽畜养殖和淡水水产基地，养殖业发达。湖区 2008 年肉猪出栏 1 711 万头，牛存栏 107 万头[20]，畜禽排泄物利用率低，流失入洞庭湖的 COD_{Cr} 59 378 t、总磷 3 347 t、总氮 22 469 t，氮磷污染居各类污染源之首。近年来，湖区渔业发展迅速，水产品产量逐年增加，2008 年产量达 89×10^4 t，占全省的 50%[20]，高密度养殖及抗生素药物滥用，对洞庭湖水环境产生了不利影响。洞庭湖区是我国重要的商品粮、棉和麻生产基地，耕地面积 10 556 km^2，占全省的 26%。湖区年化肥施用量为 72.5×10^4 t，农药使用量约 2.2×10^4 t，分别占全省的 32%和 36%[20]，单位面积化肥农药施用量均超过全省平均水平，2008 年流失 COD_{Cr} 31 0885 t、总磷 12 684 t、总氮 78 343 t，农田污染问题不容忽视，尤其是磷污染。

2.2.2 洞庭湖区污染负荷空间分布特征

考察洞庭湖区主要污染源的空间分布状况，辅以 GIS 技术表征，如图 2 所示，各地区污染贡献有别，污染负荷分布显现了明显的空间差异性. 表现在：工业和城镇生活污染主要分布在中心城市污染控制区，水产养殖污染主要分布在平原农业综合整治区，畜禽养殖和农田径流污染主要分布在山地丘陵生态保育区和平原农业综合整治区。

洞庭湖区污染负荷分布的空间差异性与各地区的社会经济状况和自然特征密切相关。中心城市污染控制区是湖区社会经济发展水平最高的地区，区内的岳阳、常德和益阳市区是洞庭湖区的核心城市。该区城镇人口密度大，城市化率达 64%，远高于湖区 41%的城市化水平[20]；工业较发达，四个城市均为新兴工业城市，工业产值占湖区的 56%[20]，尤其是岳阳市区，拥有巴陵石化和岳阳纸业等一批大型企业，形成石化、造纸和电力等 9 大支柱产业集群，工业已成为该市经济发展的增长极[26]。体现在污染负荷上，由图 2 可见，洞庭湖区的城镇生活和工业点源污染主要源于该区，特别是三个核心城市的生活污水排放量最大，城镇生活污染负荷远高于其他地区，岳阳市区工业污染亦高居湖区之首。该区农业面源污染相对不突出。

平原农业综合整治区为洞庭湖冲积平原区，土壤肥沃，水网密织，具备优越的农业和渔业生产条件，是典型的农业大区，种植业、渔业和畜牧业均较发达，沅江、湘阴等 4 个水产品基地县全分布在该区。2008 年该区粮、棉、油、麻、猪肉和水产品产量均居各区之首，占湖区的 46%～81%[20]。因此，该区农业面源污染问题相当突出，如图 2 所示，农田径流和水产养殖污染位居三区之首，尤其是水产养殖污染占湖区的 68%，以沅江市、华容县和湘阴县等水产量最高的地区污染最重。

山地丘陵生态保育区地处环洞庭湖丘陵地带，耕地和林地面积大，是湖区最大的畜产区和林产区，牛、羊肉产量分别占湖区的 57%和 74%，林业产值占 54%。其中安化、桃源和平江是湖区最大的肉牛养殖县，三县 2008 年牛存栏数占到湖区的 43%，特别是桃源县，耕地面积居全省第一位，是湖区最大的粮、油和肉产区，农业产值最高[20]。因此，从污染负荷上来看，如图 2 所示，该区以畜禽养殖和农田径流污染为主，桃源县、平江县和安化县畜禽污染最重，桃源县农田径流污染也很突出。然而，山地丘陵生态保育区仍以传统农业为主，经济发展较落后，其中安化和平江是国家级贫困县，石门是省级贫困县，城市化率仅为 30%，工业和城镇生活污染都很轻。此外，该区矿产和林地资源丰富，但存在矿产资源粗放开发、乱采滥掘以及林木乱伐等现象，诱发的地质灾害和生态环境破坏明显加剧，矿山污染和水土流失等问题不容忽视[27]。

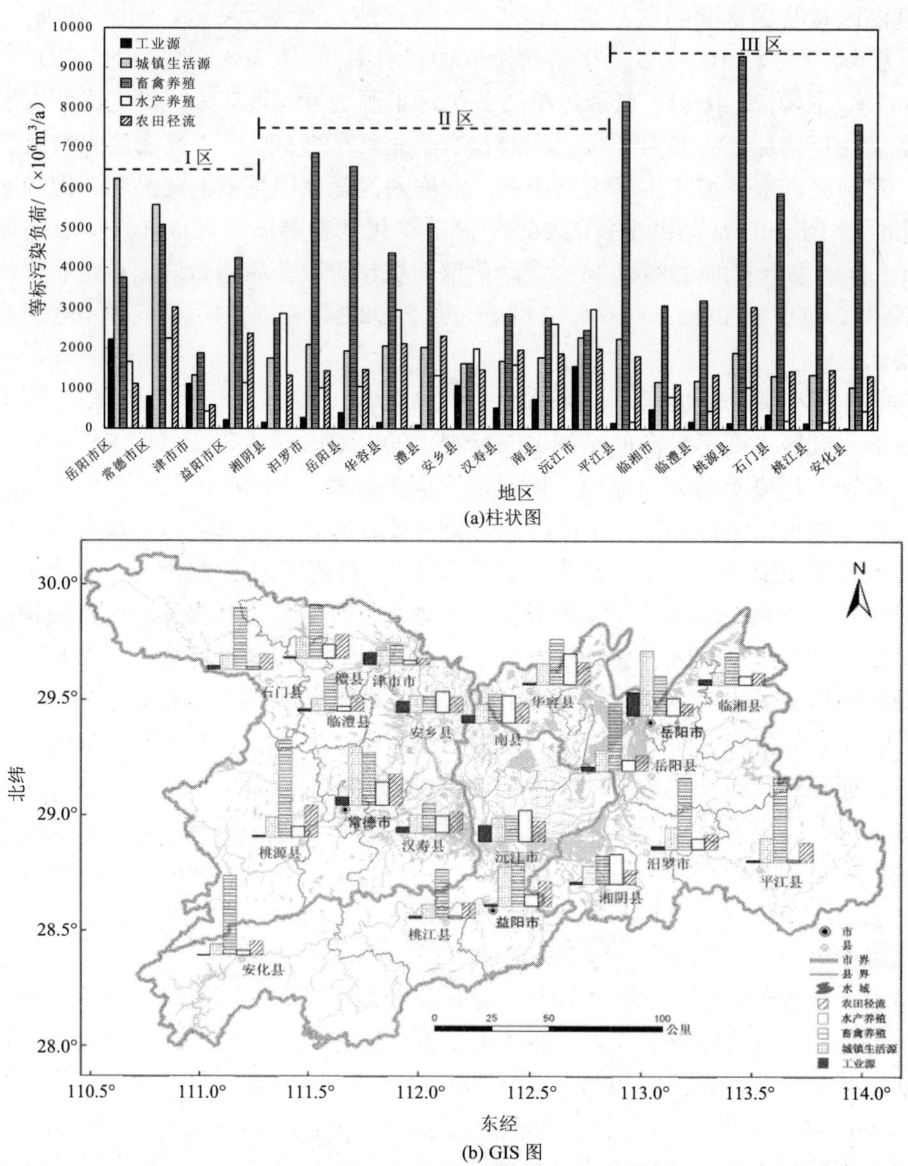

(a)柱状图

(b) GIS 图

图 2 2008 年洞庭湖区主要污染源等标污染负荷入湖量地区分布图

2.3 洞庭湖区污染分区控制对策

2.3.1 中心城市污染控制区

加快城镇污水处理设施建设。加快生活污水处理厂和配套设施建设，增加脱氮除磷工艺，完善主城区雨污分流管网体系，提高污水处理深度和效率；建设中水回用网络，提高水资源利用率；开展污水处理厂污泥的资源化或无害化处置。

强化工业污染防治。以岳阳市区和津市市等地区为重点，加强造纸、纺织和化工等主要污染行业的治理，淘汰能耗高、污染重的小企业和落后工艺设备，加快建立高技术、低能耗的工业产业体系。抓好“林纸一体化”循环经济试点示范工作，推进循环经济的发展.大力促进清洁生产，扶持企业建设节能减排、污染物“零排放”和污水回用工程，实现源头预防和全过程污染控制。

2.3.2 平原农业综合整治区

加强农业面源综合整治。探索土地流转新思路，推进农业标准化建设和产业化经营，推动农业现代化转型。大力发展生态农业，合理利用湖洲、水面、平原等湿地资源，构建粮、棉、油、渔、麻、芦苇、林综合生态农业模式。实施“沃土工程”和“肥药减量增效工程”，优化用肥结构，提倡畜禽粪便等有机肥，推广秸秆还田综合利用；科学施药，推广高效、低毒、低残留农药；确保沿湖周边 2 km 内禁止或限制使用农药和化肥。开展农村环境综合整治，综合利用农业有机固废，改善人居环境。

加强水产养殖污染防治。建立健全水产养殖法规和许可证制度，制定渔业用水排放标准，加强对养殖环境、饲料、渔药和养殖用水排放等的全面管理，禁止在洞庭湖投肥养殖及投毒捕鱼。全面规划养殖区域，评估环境影响，确定养殖容量。优化养殖结构，推广混养、轮养等立体养殖和生态养殖方式，推广生态营养饲料，减小残饵污染。加强养殖废水净化和资源化利用，以沅江市和湘阴县为示范点，构建生态、低耗的循环水养殖系统，养殖废水经人工湿地净化后作为养殖或灌溉用水循环利用。

2.3.3 山地丘陵生态保育区

加强畜禽养殖污染防治。引导畜牧业从传统散养向规模化、集约化转变，推进畜禽规模场和生态养殖小区建设。推广集中治污，实施规模化养殖场排污许可、排污申报和排放总量控制制度。以“减量化、无害化、资源化”为原则加强对畜禽排泄物的处理，在桃源和安化等县建立“畜禽养殖零排放基地”，实施清洁生产及农牧结合的生态治理，推广“畜禽—果园”、“畜禽—鱼塘”和“畜禽—生化池”等生态模式，发展绿色食品，实现畜禽养殖污染物综合利用。

加强矿区生态环境整治和林地恢复。实施矿区总体规划环境影响评价，优化矿区总体布局；提高新建矿山企业的环境准入门槛；加强现有和闭坑矿山环境保护与恢复，严格执行矿区生态环境破坏责任追究制，坚决关停对环境破坏大的矿山企业，并加强对关闭矿山尾矿库和退化土地的整治，改善矿区生态环境整体质量。加强林地恢复，控制水土流失，以坡改梯为主要方式治理 25 度以下坡耕地，对 25 度以下不宜耕种及 25 度以上坡耕地或中度及以上侵蚀区实行退耕还林；在丘岗开发中，避免不分坡度和土质，深挖全垦破坏植被；在荒山造林、迹地更新和疏残林改造中，禁止陡坡全垦和毁林造林，避免新的水土流失。

3 结论

（1）洞庭湖区可划分为中心城市污染控制区，平原农业综合整治区和山地丘陵生态保育区 3 个污染控制区。

（2）洞庭湖区 COD_{Cr} 主要来源于城镇生活、工业和畜禽养殖污染，三者共占入湖总量的 72%；总磷主要来源于畜禽养殖、农田径流和城镇生活污染，三者共占入湖总量的 83%；总氮主要来源于畜禽养殖、城镇生活和农田径流污染，三者共占入湖总量的 81%；畜禽养殖的氮磷污染均居首位。

（3）洞庭湖区污染的分布具有明显的空间差异性：中心城市污染控制区以城镇生活和

工业点源污染为主；平原农业综合整治区以农田径流和养殖业污染为主；山地丘陵生态保育区以畜禽养殖和农田径流污染为主，另有矿山污染和水土流失问题。

（4）洞庭湖区各污染控制区需采取不同的污染防治对策：中心城市污染控制区需加快城镇污水处理设施建设及强化工业污染防治；平原农业综合整治区以加强农业面源综合整治和水产养殖污染防治为重点；山地丘陵生态保育区需加强畜禽养殖污染防治以及开展矿区生态环境整治和林地恢复。

参考文献

[1] 周训芳. 长株潭“两型社会”建设与洞庭湖湿地管理体制创新. 中国地质大学学报：社会科学版，2009，9（4）：30-34.

[2] 孟伟. 中国流域水环境污染综合防治战略. 中国环境科学，2007，27（5）：712-716.

[3] 张利民，刘伟京，尤本胜，等. 太湖流域漕桥河污染物来源特征. 环境科学研究，2009，22（10）：1150-1155.

[4] QU J H，FAN M H. The current state of water quality and technology development for water pollution control in china [J]. Crit Rev Env Sci Tec，2010，40：519-560.

[5] 武周虎，慕金波，谢刚乔，等. 南四湖及入出湖河流水环境质量变化趋势分析. 环境科学研究，2010，23（28）：1167-1173.

[6] GUNES K. Point and nonpoint sources of nutrients to lakes –ecotechno logical measures and mitigation methodologies – case study. Ecol Eng，2008，34（2）：116-126.

[7] 何介南，康文星，袁正科. 洞庭湖湿地污染物的来源分析. 中国农学通报，2009，25（17）：239-244.

[8] 席宏正，康文星. 洞庭湖湿地总氮总磷输入与滞留净化效应研究. 灌溉排水学报，2008，27（4）：106-109.

[9] GOETZ R U，ZILBERMAN D. The dynamics of spatial pollution：the case of phosphorus runoff from agricultural land. J Econ Dyn Control，2000，24（1）：143-163.

[10] 黄金良，洪华生，张珞平. 基于 GIS 和模型的流域非点源污染控制区划. 环境科学研究，2006，19（4）：119-124.

[11] PRAVDIĆ V. The chemical industry in the Croatian Adriatic region：identification of environmental problems，assessment of pollution risks，and the new policies of sustainability. Sci Total Environ，1995，171（1-3）：265-274.

[12] Zhang Y L，BARTENB P K. Watershed forest management information system（WFMIS）. Environ Modell Softw，2009，24（4）：569-575.

[13] Leone A，RIPA M N，BOCCIA L，et al. Phosphorus export from agricultural land：a simple approach. Biosyst Eng，2008，101（2）：270-280.

[14] ZUQUETTE L V，PALMA J B，PEJON O J. Methodology to assess groundwater pollution conditions（current and pre-disposition）in the São Carlos and Ribeirão Preto regions，Brazil. Bull Eng Geol Environ，2009，68（1）：117-136.

[15] 年跃刚，李英杰，宋英伟，等. 太湖五里湖非点源污染物的来源与控制对策. 环境科学研究，2006，19（6）：40-44.

[16] 张淑荣，陈利顶，傅伯杰. 于桥水库流域农业非点源磷污染控制区划研究. 地理科学，2004，24（2）：

232-237.

[17] 杨柳，马克明，郭青海，等. 汉阳非点源污染控制区划. 环境科学，2006，27（1）：31-36.

[18] 段华平，朱琳，孙勤芳，等. 农村环境污染控制区划方法与应用研究. 中国环境科学，2010，30（3）：426-432.

[19] 湖南省环境保护科学研究院，中国环境科学研究院. 洞庭湖生态安全保障方案（详本）. 北京：中国环境科学研究院，2010：59.

[20] 湖南省统计局. 湖南省统计年鉴 2009. 北京：中国统计出版社，2009.

[21] 颜润润，程炜，逄勇. 苏南运河污染特征及治理对策研究. 人民长江，2009，40（21）：66-70.

[22] 孟伟. 流域水污染物总量控制技术与示范. 北京：中国环境科学出版社，2008：26-52.

[23] 袁正科. 洞庭湖湿地资源与环境. 长沙：湖南师范大学出版社，2009：267-268.

[24] 董明辉，朱有志，庄大昌. 洞庭湖区湿地生态旅游资源保护与开发研究. 资源科学，2001，23（5）：82-86.

[25] 谭剑. 洞庭湖治污启示. 瞭望，2007，27：40-41.

[26] 于来山. 扬长避短话调整——岳阳市优化经济结构的实践与思考. 求是，2003，16：58-59.

[27] 姜加虎，黄群. 洞庭湖生态环境承载力分析. 生态环境，2004，13（3）：354-357.

此文章刊登于《环境科学研究》2011 年第 7 期

洞庭湖水质及营养状况变化趋势分析

熊剑[1] 黄代中[2] 田琪[2]

（1 岳阳市环境监测中心 岳阳；2 洞庭湖生态环境监测中心）

摘 要：根据 1983—2011 近 30 年来的水质监测数据，利用综合营养状态指数法（TLI）对洞庭湖水质及营养状况的变化趋势进行分析。氮、磷等营养盐是洞庭湖水体营养状况的主要影响因子，长期监测中总氮（TN）浓度呈现波动上升的总体趋势，浓度在 0.83～2.03 mg/L，2000—2011 年，东洞庭湖和南洞庭湖 TN 浓度明显高于 1986—1999 年（$P<0.001$），在空间分布上，洞庭湖 TN 浓度高低顺序为东洞庭湖＞南洞庭湖＞西洞庭湖。1986—1999 年多次暴发洪水，湖区水体中总磷（TP）污染严重，表明 TP 主要受面源污染影响，1995—2011 年全湖 TP 浓度长期维持稳定水平，且明显高于 1990—1994 年（$P<0.001$）；全湖 TP 在空间上差异较小。2007 年政府开展周边企业污染整治，对 TP、高锰酸盐指数（COD_{Mn}）和透明度（SD）都有改善，但维持时间短，控制湖泊水体富营养盐化不仅要限制外源性营养盐排放，还必须进行内源营养盐的治理。近几年来，洞庭湖水体营养状况不容乐观（TLI 在 47.2～51.9），逼近 1998 年前后 30 年来历史最差水平。虽然洞庭湖水质处于向富营养化转化过程中，但硅藻大规模生长繁殖的可能性大于蓝藻。

关键词：洞庭湖；水体富营养化；水华

Changes of water quality and nutrient condition in Dongting Lake

Abstract: According to the near 30 years' monitoring date of Dongting Lake during 1983 to2011, we evaluated the water condition and characterized the evolution trend with used TLI. Nitrogen and phosphorus were the major influent factors to the water nutrient condition. In long-term mornitoring the concertation of total nitrogen（TN）was between 0.83～2.03 mg/L and seemed to increase with fluctuated trend. TN in east and south lake between 2000 and 2011 was significantly higher than itself between 1986 and 1999（$P<0.001$，$P=0.002$）. The order of TN in different part of Dongting Lake was east＞south＞west. Total phosphorus（TP）of the lake increased significatly between 1986 and 1999 indicated that it was mostly affected by area pollution source.During 1995 to 2011 TP stayed in a same level and was significantly higher than from 1990—1994（$P<0.001$）.There was little spacial difference in the lake.The goverment's intervene in 2007 improved transparency（SD）and removed TP and chemical oxygen demand（COD_{Mn}）in the water in short-term，which meaned that to control eutrophication in shallow lakes must take both external loading of nutrient and internal loading into consideration.Last years，the nutrient condition of Dongting Lake was not in a optimistic state（TLI between 47.2 and 51.9），next to the worst condition among 1998 in 30 years' history.Though Dongting Lake is still in eutrophication，diatom bloom outbreaking will be more possible than blue algae.

Key word: dongting Lake；eutrophication；algae bloom

洞庭湖承纳湘、资、沅、澧四水，吞吐长江，属于长江中下游浅水型湖泊[1]。它是我国第二大淡水湖，不仅储存着宝贵的淡水资源，还是多种鸟类、鱼类等水生动物的栖息地和许多水生植物的生长栖息地，其中不乏东方白鹳、黑鹳、鲥鱼和中华鲟等国家级珍稀保护物种。洞庭湖不仅有长江洪水径流调节作用，更具有十分丰富的生物多样性资源。全国五大淡水湖泊中，同在长江中下游的太湖、巢湖均已出现水体富营养化，部分湖区甚至暴发蓝藻水华[1-3]。洞庭湖虽未暴发蓝藻水华，但水质现状也不容乐观，湖泊整体呈中—富营养水平，处于富营养化的发展中。目前，洞庭湖长期水质状况与变化趋势研究的相关报道还较少。对洞庭湖的水质作出全面评价，并预测未来的变化趋势，为洞庭湖的水体生态环境保护提供理论基础，具有十分重要的意义。

1 材料与方法

1.1 洞庭湖生态因子的长期监测

洞庭湖生态环境监测中心建站已 30 余年，从 1983 年起就有较完整的水质环境监测数据。由于水位变化、国控断面改变等客观原因，对监测断面的选择先后作出了一些调整。为从整体角度叙述，将全湖所有断面划分成三个湖区：西洞庭湖、南洞庭湖和东洞庭湖。其中西洞庭湖包括 3～7 和 13～19 共 12 个断面，南洞庭湖包括 1～2、8～9 及 20～24 共 9 个断面，东洞庭湖包括 10～12 和 25～27 共 6 个断面，监测频率多为每月 1 次，少数年份只监测 1 月、5 月、9 月（分别代表枯水期，平水期和丰水期）。从 2002 年以来，断面的选择已基本固定（见图 1），主要包括西洞庭湖区的坡头、沙河口、南嘴、小河嘴和蒋家嘴断面，南洞庭湖区樟树港、万家嘴、万子湖、虞公庙和横岭湖断面，东洞庭湖区鹿角、东洞庭湖、东洞庭湖出口和岳阳楼断面，共 14 个断面，监测频率为每月 1 次。监测的指标在逐年增多，包括透明度（SD）、总氮（TN）、总磷（TP）、叶绿素 a（Chl-a）和高锰酸盐指数（COD_{Mn}）等富营养化基本参数，以及水生生物、常见离子、气象条件等。样品的采集、分析等指标的测试均按照《水与废水监测（第四版）》[4]进行。

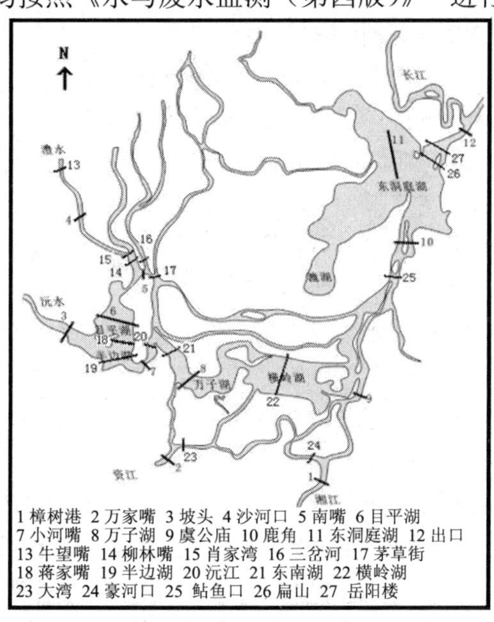

图 1 洞庭湖监测断面图

1.2 数据处理

对每个断面的各项水质数据取年度算术平均值，再将所有断面划分到各自相应的湖区，算出算术平均值即为湖区各项指标的年度平均值。利用 sigmaplot 12.0 和 SPSS 13.0 软件分别对数据作绘图和分析处理，使用 one-way 单因素方差分析统计分析，$P<0.05$ 为显著水平。选用综合营养状态指数法（ΣTLI）来评价洞庭湖水质状况，以 SD、TN、TP、COD_{Mn} 和 Chl-a 为基础进行计算评价[5]，计算公式为：

$$\text{TLI}=\sum_{j=1}^{m} W_j \text{TLI}(j)$$

式中，TLI —— 综合营养状态指数；

TLI（j）—— 第 j 种参数的营养状态指数；

W_j —— 第 j 种参数的营养状态指数的相关权重。

简化后的计算公式为：

①TLI（SD）=10（5.118−1.94lnSD）

②TLI（TN）=10（5.453+1.694lnTN）

③TLI（TP）=10（9.436+1.624lnTP）

④TLI（COD）=10（0.109+2.661lnCOD）

⑤TLI（Chl-a）=10（2.5+1.086lnChl-a）

其中，TLI（j）值为各指标的 TLI 值，lnSD 为透明度（m）的自然对数，lnTP、lnTN、lnCOD 和 lnChl-a 分别为为各指标浓度（mg/L）的自然对数。综合营养状态指数法采用 0～100 一系列数值对水体营养状态进行分级：TLI＜30 为贫营养；30≤TLI≤50 为中营养；TLI＞50 为富营养，其中 50＜TLI≤60 为轻度富营养，60＜TLI≤70 为中度富营养，TLI＞70 为重度富营养。

2 结果

2.1 洞庭湖三个湖区水质的长期变化趋势

1986—2011 年，洞庭湖 TN 浓度呈波动上升的总体趋势，浓度在 0.83～2.03 mg/L（见图 2）。2000—2011 年，东洞庭湖和南洞庭湖 TN 浓度明显高于 1986—1999 年（$P<0.001$，$P=0.002$），2011 年 TN 浓度达到峰值；西洞庭湖在时间序列上无明显变化。在空间分布上，洞庭湖 TN 浓度呈现东洞庭湖＞南洞庭湖＞西洞庭湖。1988 年、1994 年、1995 年、1996 年、1998 年和 1999 年等，洞庭湖先后经历多次洪水期[6]，TN 浓度出现两次峰值（1995 年和 1999 年）和三次谷值（1988 年、1994 年和 1999 年）。

与 TN 不同，洪水期对洞庭湖水体 TP 浓度影响显著（见图 2），在 1988 年洪水期 TP 污染严重，浓度范围为 0.320～0.473 mg/L，严重超标；三个湖区 TP 浓度从 1995—1999 年均开始上升，其中西洞庭湖在洪水期 TP 浓度上升明显，在 1988 年、1996 年、1998 年和 1999 年均达峰值。1995—2011 年全湖 TP 维持平稳状态，且明显高于 1990—1994 年（$P<0.001$）。2007 年，政府开展洞庭湖周边造纸企业污染整治，TP 浓度出现较明显下降，但维持时间短，2008 年又开始回升。在空间上，三个湖区 TP 浓度无明显差异。

与 TP 相似，2007 年前后 COD_{Mn} 和 SD 也呈现相同变化趋势（见图 2），2007—2008 年全湖 COD_{Mn} 浓度呈现下降趋势，但维持时间同样较短，2009 年即出现反弹。1983—2001

年，西洞庭湖的有机物浓度略要高于南洞庭湖和东洞庭湖，除此之外，洞庭湖水体COD_{Mn}在空间上基本没有差异，整体来看，洞庭湖有机物浓度维持较低水平，在2～4 mg/L，达Ⅱ类水质标准（GB 3838—2002）。SD从2006年开始逐年上升，到2008年达到峰值，但2009—2011年又开始下降。与TN变化趋势相似，全湖水体SD从1991—2011年整体也呈现波动上升趋势，但2001—2011年，东洞庭湖水体SD始终保持相对稳定，并处于全湖最低水平，明显低于西洞庭湖和南洞庭湖（$P<0.001$，$P=0.002$）。

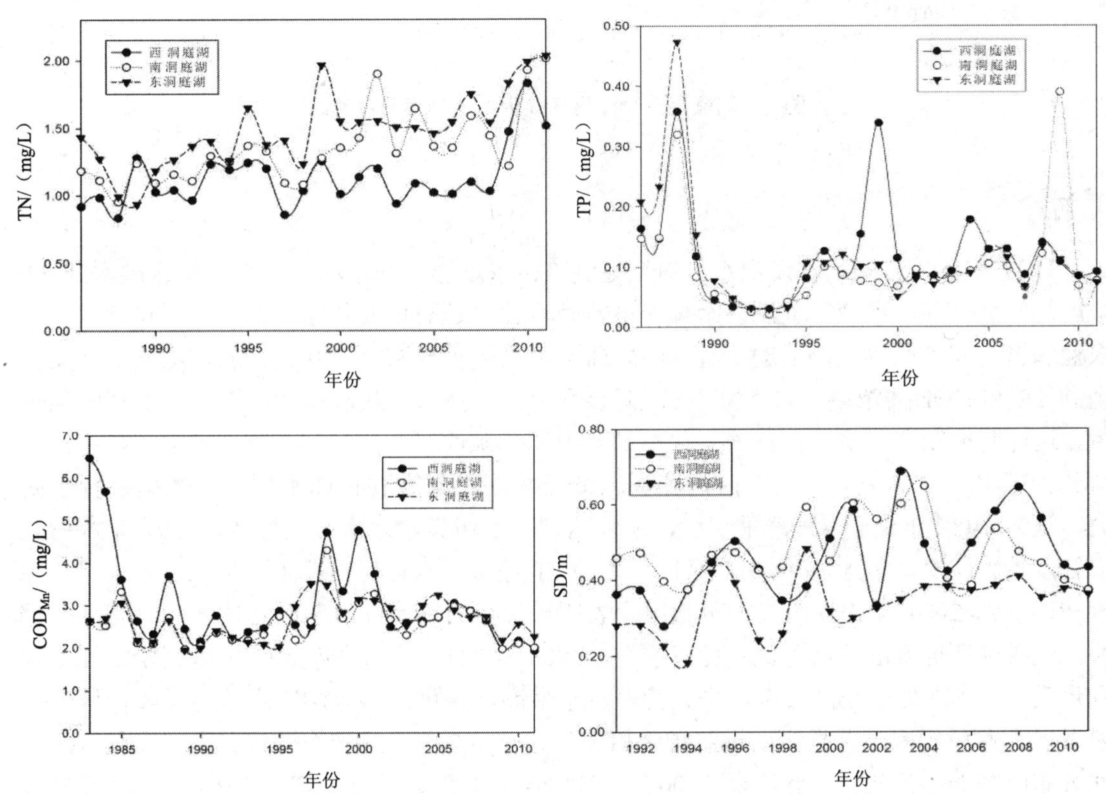

图2　洞庭湖三个湖区水体总氮（TN）、总磷（TP）、透明度（SD）及高锰酸盐指数（COD_{Mn}）长期变化趋势

2.2 洞庭湖营养状态的时空变化

洞庭湖TLI在长期监测中呈现有增有减变化趋势（见图3），1991—2000年呈现波动上升状态，其中1997—2000年东洞庭湖和西洞庭湖先后处于轻度富营养化状态，TLI值在50.7～52.9；2001—2004呈现下降趋势，2005—2007年相对保持稳定并处于较低水平，2008年开始反弹并至今维持在较高水平。在空间分布上，1991—2000年，各湖区TLI大小顺序为：东洞庭湖＞西洞庭湖＞南洞庭湖。2001—2007年，东洞庭湖仍一直处于全湖最高水平，但西洞庭湖与南洞庭湖差异不大。2008—2011年，各湖区均呈现中营养—富营养水平，TLI值在47.2～51.9，其中东洞庭湖2008—2010连续三年处于轻度富营养化，南洞庭湖2009年处于轻度富营养化，西洞庭湖2010年也达到轻度富营养化。

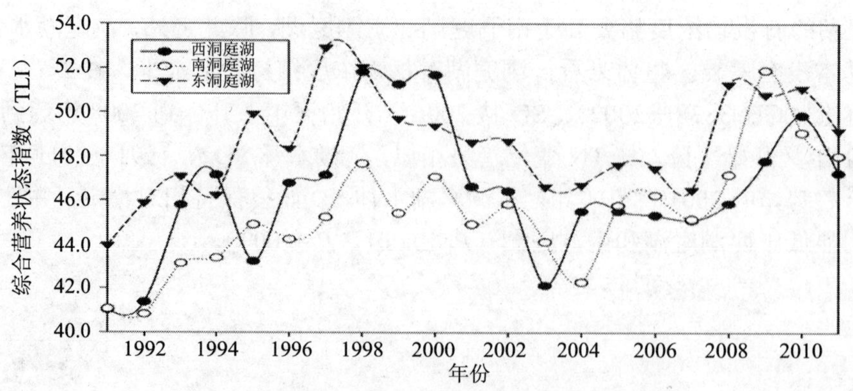

图 3 洞庭湖三个湖区 TLI 值的长期变化趋势

3 讨论

1988—1999 年多次暴发洪水，对洞庭湖 TP 浓度影响非常明显，基本每次洪水期 TP 浓度均明显升高，致使部分湖区水体轻度富营养化，这可能是由于周边存在水产养殖业、农业和畜禽养殖业等生产活动，造成湖区面源污染较重导致[7]。2007 年的环境整治行动使全湖 TP 和 COD_{Mn} 浓度明显下降，SD 明显升高，水体营养状况得到改善，但维持时间较短，这说明控制湖泊水体富营养盐化不仅要限制外源性营养盐排放，还必须进行内源营养盐的治理 [1]。申锐莉等[7]利用内梅罗水污染指数法对洞庭湖长期水质监测数据进行了研究，认为 1988 年由于 TP 严重超标，水体达到严重污染，之后开始好转，1991 年水体处于轻度污染状况，而到 1999 年后又同样因为 TP 超标，水体再次严重污染状态，之后开始好转，直到 2004 年出现污染加重状况。表明虽然本研究时间范围与上述研究只有部分重叠，但两种评价方法的结论比较相互吻合。2000—2011 年，东洞庭湖 TN 浓度始终处于全湖最高，而 SD 处于全湖最低水平且营养水平最高，这可能跟该湖区座落的岳阳市城镇快速发展、人口急增、人类活动日益频繁相关，这一结果与王伟等[8]人对洞庭湖水体氮的空间分布研究的结论相符。近年来（2008—2011 年），洞庭湖又出现向富营养化发展的趋势，全湖水体 TLI 又呈现上升的状态，东洞庭湖水体从 2008—2010 年连接出现轻度富营养化，TP 保持稳定并相对处于较低水平（0.06～0.10 mg/L），但却明显高于 1990—1994 年，TN 长期处于波动上升状态，2008—2011 年已达 1.68～2.03 mg/L，因此洞庭湖水质营养状况近来明显恶化，有追平 1998 年暴发大洪水时期趋势。与许多湖泊一样，N、P 等营养盐是洞庭湖水体营养状况是否向富营养化转变的主要影响因子。

目前，洞庭湖整体水体呈现中营养水平，而参考国内外研究文献可以发现，洞庭湖水体中的 N、P 浓度实际已具备水体发生富营养化的条件，与鄱阳湖一样面临水体富营养化的风险[9]。英国国家环境总署规定，在静止水体中，总磷浓度为 0.086 mg/L 即为富营养化的临界值[10]，秦伯强[1]在总结暴发蓝藻水华的富营养化湖泊研究资料发现水体中营养盐浓度范围大致接近，即 TN 在 1～10（20）mg/L，TP 在 0.01～0.1（0.2）mg/L。洞庭湖虽然仍处于富营养化进程当中，但短期内暴发蓝藻水华的可能性非常小；相比之下，硅藻大规模生长繁殖的潜在可能性较大。首先，研究历史文献[11,12]可知，1993—1997 年，洞庭湖浮游藻类量以硅藻为主，年平均数量为 1.02×10^5 个/L，占总数的 54.77%；2004—2006 年仍以硅藻为优势类群，年平均数量 9.67×10^4 个/L，占总数 60.32%。硅藻在长期监测过程中一直是洞庭湖各个湖区的优势类群，主要优势属有直链藻、舟形藻和小环藻等；其次，长江中下游其他湖泊不同，洞庭湖在地理形态上与江河较为相似，属于河流型湖泊，狭长的湖区为硅藻的生长繁殖提供了独特的水动力学条件。国内外模拟水动力条件研究表明[13,14]，水动力对湖泊生物群落演替起重要作用，在湖泊与河流中，天然水体混合的加剧会导致优势藻种类从上浮性的蓝藻转变为绿藻和硅藻。再者，从长江最大支流汉江中下游区域已多次暴发硅藻水华的研究资料来看，殷大聪等[15]认为，流速偏低（0～0.7 m/s）和适宜的气候条件（2～15℃）再加足够的营养盐浓度是水华频发的主要诱导因子，上述条件，洞庭湖在某些时期内均可以满足[11]。因此，在未来监测工作中，在现有基础上尽快构建起硅藻大规模生长繁殖的预警模型日益显得尤为重要。

参考文献

[1] 秦伯强. 长江中下游浅水湖泊富营养化发生机制与控制途径初探. 湖泊科学，2002，14（3）：193-202.

[2] 朱广伟. 太湖富营养化现状及原因分析. 湖泊科学，2008，20（1）：21-26.

[3] 殷福才，张之源. 巢湖富营养化研究进展. 湖泊科学，2003，15（4）：377-384.

[4] 国家环保总局. 水和废水监测分析方法. 4 版. .北京：中国环境科学出版社，2002.

[5] 王明翠，刘雪芹，张建辉. 湖泊富营养化评价方法及分级标准. 中国环境监测，2002，18（5）：47-49.

[6] 湖南省政协经济科技委员会. 三峡工程与洞庭湖关系研究. 长沙：湖南科学技术出版社，2002：201.

[7] 申锐莉，鲍征宇，周旻，等. 洞庭湖湖区水质时空演化（1986—2004 年）. 湖泊科学，2007，19（6）：677-682.

[8] 王伟，卢少勇，金相灿，等. 洞庭湖沉积物及上覆水体氮的空间分布. 环境科学与技术，2010，33（12F）：6-10.

[9] 王毛兰，周文斌，胡春华. 鄱阳湖区水体氮、磷污染状况分析. 湖泊科学，2008，20（3）：334 -338.

[10] UK Environmental Agency. Environmental ISSUES series-aquatic eutrophication in England and Wales.UK Environmental Agency Consultative Report，December 1998.

[11] 李利强，张建波.洞庭湖浮游植物群落结构及与水质营养状况的关系.贵州环保科技，1999，5（2）：8-11.

[12] 田琪，陈政.洞庭湖浮游植物群落结构调查与分析.内陆水产，2007，1（8）：30-32.

[13] 陈伟明，陈宇炜，秦伯强，等.模拟水动力对湖泊生物群落演替的实验。湖泊科学，2000，12（4）：343-353.

[14] Reynolds C S，Wiseman S W，Godfrey B M，et al. Some effects of artificial mixing on the dynamics of phytoplankton populations in large limnetic enclosures [J].Journal of Plankton Research，1983，5：203-234.

[15] 殷大聪，黄薇，吴兴华，等.汉江水华硅藻生物学特性初步研究。长江科学院院报，2012，29（2）：6-10.

此文章刊登于《湖泊流域生态建设与可持续发展第二届中国湖泊论坛论文集》2012 年

湘江长沙段浮游藻类动态监测与水质评价

胡芳 刘桢

（长沙市环境监测中心站，长沙 410001）

摘 要：以湘江猴子石段为研究对象，测定浮游藻类总数，分类，同时检测地表水相关理化指标。结果表明，湘江长沙段全年以硅藻为优势种，藻类繁殖高峰出现在每年春秋枯水季节。湘江长沙段水体尚未出现富营养化，但藻类大量生长会引起水质下降和水处理困难，具有一定健康风险。枯水季节应加强水体藻类监测。

关键词：湘江长沙段；浮游藻类；水质评价

Dynamic Monitoring and Water Quality Assessment of Phytoplankton in Xiangjiang River of Changsha

Hu Fang Liu Zhen

（Changsha Environment Monitoring Center，Changsha 410001）

Abstract：Study on the Houzishi of Xiangjiang，determine the total number of phytoplankton，classification，and detection related physical and chemical indicators. The results show that，the Bacillariophyta is the predominant algal population，algae peaked in the dry season each spring and autumn. Xiangjiang River of Changsha of water eutrophication has not yet appeared. However，algal growth may cause deterioration of water quality and water treatment difficulties，has some health risks. Algae monitoring Dry season water should be strengthened in dry season.

Key words：Xiangjiang River of Changsha；phytoplankton；water quality

湘江，又称湘水，干流发源于广西临桂县海洋坪龙门界，是长江中游南岸重要支流，也是湖南省境内最大的河流，流域面积 9.46 万 km^2，全长 856 km，历年平均径流量 722 亿 m^3。在长沙市境内长 74 km，过境年均流量 692.5 亿 m^3，是居民生活用水和工业用水的重要水源，同时又是沿岸生活污水和工农业废水的纳污水体。长沙水资源总量虽然比较丰富，但时空分布不均，存在季节性缺水。枯水季节湘江水富营养化严重，藻类丰富。再加上近十几年来，沿岸工农业及生活污水的直接排放，湘江长沙段水质恶化逐年加重，市民用水质量受到影响。为探讨湘江藻类的发生发展规律，我们对浮游藻类及相关理化指标进行长期监测，以期更全面的评价水质，为相关部门制定相关防治措施提供科学依据。

1 材料与方法

1.1 测定内容

以湘江长沙段饮用水国控断面为研究对象，在猴子石饮用水水源取水口处采集水源水，测定藻细胞总数、种类鉴定，同时测定水温、pH、总磷（TP）、总氮（TN）、化学需氧量等水质指标。

1.2 样品采集和处理

使用中科院水生生物研究所生产的浮游植物采集网（25 号筛绢网）、改良式北原采水器（容积 2.5 L）采集水样，经鲁哥氏液固定后带回实验室。固定后的样品经沉淀、浓缩、定容后用 0.1 ml 计数框在显微镜下分类、计数[1−3]。另采一份水样供理化分析用。

1.3 测定方法

藻细胞计数用目镜视野法，藻类分类按《中国淡水藻类——系统、分类及生态》，理化指标按《水和废水监测分析方法》(第四版)，总氮采用碱性过硫酸钾消解紫外分光光度法测定，总磷采用钼酸铵分光光度法测定。

2 结果与讨论

2.1 水体中浮游藻类密度的季节变化及数量构成

从 2010—2011 年对水源水藻类密度和种类分布进行连续性监测，分析表 1 可见，湘江长沙段浮游藻类主要由硅藻、绿藻、隐藻构成，这 3 个门占全年观测藻类的 90.37%以上。硅藻在全年都是绝对优势种，所占比例为 51.52%～61.40%。夏季因温度升高，绿藻也有一定的生长，但由于营养条件的限制，仍以硅藻占优。隐藻数量不多，但对温度和光照的适应性很强，4 个季节都有一定的生长。

表 1 2010—2011 年湘江猴子石段藻类密度变化和数量构成

时间	数量（1.00×10^4 个/L）	占比例/%			
		硅藻	绿藻	隐藻	其他
2010.04	40.54	60.19	23.88	6.30	9.63
2010.06	41.18	59.26	25.76	5.99	8.99
2010.08	41.03	56.30	29.44	5.48	8.78
2010.10	76.96	61.40	22.02	7.80	8.78
2010.12	32.78	56.62	27.16	7.63	8.59
2011.02	19.81	51.52	32.91	7.98	7.59
2011.04	41.36	61.23	23.17	6.72	8.88

藻类密度的季节变化趋势是每年有两个明显的藻类生长高峰，一个在 3—4 月，这个时段湘江仍处于枯水季节，温度回暖，藻类短时间内大量生长。另一个在 10—11 月，湘江汛期已过，流速减小，光照充足，藻类数量达到最高而后迅速下降。

2.2 浮游藻类种类鉴定和主要构成

从藻类群落的多样性角度看，随水体富营养化程度的加重，湘江藻类污染状况亦随之加快，藻细胞种类减少，污染指示种类增多。2010 年全年监测的样品经初步种类鉴定分属

8 门，各门主要构成和优势种见表 2。

表 2 湘江猴子石段浮游藻类主要构成

藻门	藻 属	优势种
硅藻门	直链藻属、小环藻属、冠盘藻属、等片藻属、脆杆藻属、针杆藻属、布纹藻属、美壁藻属、舟形藻属、桥弯藻属、异极藻属	颗粒直链藻、梅尼小环藻、尖针杆藻
绿藻门	塔胞藻属、衣藻属、盘藻属、实球藻属、空球藻属、团藻属、弓形藻属、四角藻属、小球藻属、纤维藻属、月牙藻属、卵囊藻属、盘星藻属、栅藻属、韦斯藻属、十字藻属、集星藻属、丝藻属、鼓藻属	针形纤维藻、四尾栅藻、河生集星藻
隐藻门	隐藻属、蓝隐藻属	卵形隐藻
蓝藻门	平裂藻属、席藻属、颤藻属、鱼腥藻属	
黄藻门	黄丝藻属	
甲藻门	多甲藻属	
金藻门	鱼鳞藻属	
裸藻门	裸藻属	

2.3 湘江长沙段水质理化监测

藻类生长受氮磷污染、温度、pH 影响最为严重，表 3 显示湘江猴子石段水质为 pH 7.78～7.89，属中性到微碱性，此范围适合多种藻类生长。总氮平均为 1.49～3.62 mg/L、总磷平均为 0.05～0.09 mg/L，按我国地表水环境质量标准基本项目标准限值，二类水限值为总磷在 0.1 mg/L 以下、总氮在 0.5 mg/L 以下。据此标准，总磷符合二类水限值标准，但总氮严重超标。此外，对其他理化指标枯丰水期的变化进行比较，结果无显著性差异。这表明按现有的饮用水卫生标准，藻类生长对湘江作为饮用水水源的功能影响不大。可见，湘江长沙段水体目前的污染主要表现为有机污染，丰富的营养盐为水中浮游植物的生长提供物质基础。

表 3 2010—2011 年湘江猴子石段理化指标监测值

时间	PH	总磷/（mg/L）	总氮/（mg/L）	化学需氧量/（mg/L）
2010.04	7.79	0.09	3.32	2.6
2010.06	7.80	0.08	2.49	2.4
2010.08	7.83	0.05	1.49	1.8
2010.10	7.89	0.08	2.31	2.0
2010.12	7.81	0.08	3.00	2.0
2011.02	7.76	0.09	3.62	2.3
2011.04	7.78	0.09	3.21	2.5

2.4 藻类监测与水质评价

对浮游藻类进行动态监测的目的是评价饮用水水源的水质和安全性，综合以上分析，本研究认为可从以下几个方面评价水质。

2.4.1 指示种类的评价

对水体中藻类做种类鉴定，以种类组成和优势种群的变化来评价污染，例如属何种污染程度指示种类、是否产毒、是否有异味、是否易堵塞滤池等。湘江硅藻中数量最多的是颗粒直链藻，其次是梅尼小环藻。小环藻在水质评价中属 α-β 中度污染的指示生物；颗粒直链藻属容易堵塞滤池的藻类，如有大量生长，会影响水厂的生产。硅藻一般无毒，但数量较多时会影响水体的感观和臭味。蓝藻虽然数目较少，但检出的颤藻、席藻为中污性指示生物。绿藻门中的栅藻是常见的淡水种类，属 β-中污类指示种类。

2.4.2 生物量的评价

对于浮游藻类生物量，目前我国普遍采取以＜30×10^4 个/L 为贫营养，在（30~100）$\times10^4$ 个/L 之间为中营养，大于 100×10^4 个/L 作为富营养型的标准。本次监测中，除 2 月水温过低使得水体出现贫营养，其余月份水体均为中营养。

3 结论

湘江长沙水源水理化指标尚好，但春秋枯水季节藻类密度较大，水质下降，藻类大量生长，具有一定健康风险，要加大监测力度。湘江水体尚未出现富营养化，但总氮污染较为严重，解决的根本途径是限制污染物的排放，特别是含磷、含氮污染物的排放，从而控制藻类污染，保证居民的饮用水水源。

参考文献

[1] 胡鸿钧，魏印心. 中国淡水藻类——系统、分类及生态. 北京：科学出版社，2006.

[2] 梁象秋，方纪祖，杨和荃. 水生生物学（形态和分类）. 北京：中国农业出版社，1995.

[3] 章宗涉，黄祥飞. 淡水浮游生物研究方法. 北京：科学出版社，1991.

此文章刊登于《环境科学与管理》2012 年第 2 期

基于环境基尼系数的洞庭湖区水污染总量分配

秦迪岚[1,2] 韦安磊[3] 卢少勇[4] 罗岳平[1,2] 廖岳华[1,2] 易敏[1,2] 宋冰冰[1,2]

（1.湖南省环境监测中心站，长沙 410014;
2.国家环境保护重金属污染监测重点实验室，长沙 410014;
3.西北大学城市与环境学院，西安 710127;
4.中国环境科学研究院湖泊环境研究中心国家环境保护湖泊污染控制重点实验室，北京 100012）

摘 要：从社会、经济和自然资源系统的整体效益出发，构建了基于基尼系数的水污染负荷公平分配评价指标体系，并且以贡献系数作为判断不公平因子的依据，结合 GIS 技术分析洞庭湖区不公平因子分布的空间差异性；利用基尼系数最小化模型，制订洞庭湖区基于公平性的水污染物总量分配方案。研究表明：2008 年湖区基于 GDP 和基于土地面积的氮磷污染负荷基尼系数均大于 0.2，超过了基尼系数合理限值，湖区氮磷排放在经济和自然资源方面存在不公平现象；在湖区 3 个大型污染控制区中，Ⅰ区和Ⅲ区分别具有最小的氮磷土地面积贡献系数和绿色贡献系数，是湖区不公平性特征最为显著的 2 个区域；在优化分配所得的 2020 年湖区各单位相对于 2008 年的总氮排放削减方案中，Ⅰ区削减率最高，达 8.18%，岳阳市市区削减量最大，为 865.00 t/a；在相应的总磷排放削减方案中，Ⅲ区削减率最高，达 9.45%，华容县削减量最大，为 78.45 t/a。

关键词：基尼系数；贡献系数；污染负荷分配；不公平因子

Total Water Pollutant Load Allocation in Dongting Lake Area based on the Environmental Gini Coefficient Method

Qin Dilan[1,2] Wei Anlei[3] Lu Shaoyong[4] Luo Yuepin[1,2] Liao Yuehua[1,2] Yi Min[1,2] Song Bingbing[1,2]

（1.Hunan Province Environmental Monitoring Centre，Changsha 410014;
2.State Environmental Protection Key Laboratory of Monitoring for Heavy Metal Pollutants，Changsha 410014;
3.College of Urban and Environmental Sciences，Northwest University，Xi'an 710127;
4.State Environmental Protection Key Laboratory for Lake Pollution Control Research Center of Lake Environment，Chinese Research Academy of Environmental Sciences，Beijing 100012）

Abstract：The equitable and reasonable allocation of total permitted pollution discharge is the key to the total water pollutant load control. A specific assessment system of the water pollutant load allocation based on the environmental Gini coefficient method was established by taking the whole benefit of the social， economic and natural resources into account. And the spatial distribution characteristics of the unfair factors in Dongting Lake area were also analyzed through selecting the contribution coefficient as a judge for unfair factors and via GIS technique. Additionally，the total load allocation program for water pollutants in Dongting Lake area was proposed according to the minimized model of Gini coefficient. The research found the Gini coefficients of total nitrogen load and total phosphorus based on GDP and land area were more than 0.2，a limitation which a reasonable Gini coefficient should be not more than. These higher Gini coefficients implied unfair pollutant discharge in the lake area. In addition，there were unfair features in different parts of the lake area. Among three larger pollution control zones，Zone I and Zone III offered the least nutrient contribution coefficients and the least green contribution coefficient，respectively，which implied the most significant unfair features presenting in Zone I and Zone III. To change the unfair status，the minization of Gini coefficients led to an optimization of pollutant discharge allocation of 2020 based on the data of 2008. In the optimized strategy of total nitrogen discharge，Zone I would have the largest reduction rate of 8.18% among all the three larger pollution control zones，and Yueyang City would have the biggest reduction amount of 865.00 t/a among all the 20 administrative units of the lake area. For the total phosphorus discharge，Zone III would have the largest reduction rate of 9.45%，and Huarong Country would have the biggest reduction amount of 78.45 t/a.

Key words： Gini coefficient；contribution coefficient；pollutants load allocation；unfair factor

洞庭湖是我国第二大淡水湖，近年随着洞庭湖区（以下简称湖区）工业化、城镇化和农业产业化的推进，污染排放量越来越大，尤其是农业面源与城镇生活污染，给洞庭湖水环境带来了巨大的负荷。2008 年洞庭湖各监测断面Ⅴ类以上水质达 78.6%，氮磷污染重，东洞庭湖自然保护区核心区“大、小西湖”富营养化水域面积达 500 hm^2 以上，富营养化问题开始凸显[1]。故对湖区实施氮磷总量控制已成为实现洞庭湖水环境保护的迫切需求。

水污染物总量控制是我国实施水污染防治的重要措施，而制订科学、合理的总量分配方案是实施水污染物总量控制的技术关键[2-4]。在水污染物总量分配中，公平与效率是两个重要的原则[5-6]。以效率优先为原则的污染负荷分配常以追求经济最优为目标，曾为污染负荷分配研究的主流[7-9]，但因其片面强调整体经济效益而忽视个体合理要求，导致分配不公，影响总量控制顺利实施。近年基于公平原则的水污染物总量分配成为热点，常用方法有等比例分配法[10-11]、按贡献率削减分配法[12]、多目标加权平均法[13]、博弈论[14]、基尼系数法[5,15]等。其中，等比例分配法和贡献率削减分配法使用简单，但缺乏科学性和公平性；多目标加权平均法、博弈论考虑因素较全面，但不同程度受主观影响，实用性较差。基尼系数最初用于经济学领域分析居民收入分配的均衡性，吴悦颖等[15]将其引入污染负荷分配并提出基于基尼系数的水污染负荷分配法，后续一些学者将该法用于水污染总量分配，效果较好[16-18]。作为评价污染物排放合理性、公平性的基尼系数法，不仅可为污染物总量控制分配提供依据，也可为衡量区域经济的可持续发展提供参考。

笔者通过综合考虑社会、经济与自然资源等因素，构建环境基尼系数评价指标体系，对湖区氮磷污染负荷现有分配的公平性进行评估，并且以贡献系数判断污染物排放的不公平因子及其分布的空间差异；应用基尼系数最小化模型制订湖区基于公平性的水污染物总量分配方案。

1 研究区域及研究方法

1.1 研究区域概况

湖区是指以洞庭湖为中心的河、湖冲积-淤积平原和环湖岗丘及外围低山区。在行政区划上，该区以洞庭湖为中心，覆盖岳阳、常德、益阳 3 市范围 20 个市（县）。根据湖区社会经济发展规划和污染控制总体要求，将湖区分为 3 个区：Ⅰ区（中心城市污染控制区）、Ⅱ区（平原农业综合整治区）和Ⅲ区（山地丘陵生态保育区）。Ⅰ区包括常德市区、岳阳市区、益阳市区和津市市；Ⅱ区包括南县、华容县、安乡县、澧县、沅江市、汉寿县、湘阴县、岳阳县和汨罗市；Ⅲ区包括临湘市、桃源县、桃江县、石门县、平江县、安化县和临澧县[1]。湖区土地面积 45 410 km^2，2008 年底人口 1 625×10^4 人，地区生产总值（GDP）2 667×10^8 元，是我国重要的商品粮、棉、麻和水产品生产基地。2008 年自湖区排入洞庭湖总氮 59 049 t，总磷 6 913 t。

1.2 研究方法

1.2.1 基尼系数的基本内涵

基尼系数由意大利经济学家基尼根据洛伦茨曲线提出，用于分析国民收入分配特别是居民户间收入分配的均衡性和差异度[19]。由于基尼系数可直观反映不同收入居民在收入分配中所处位置及分配公平的大致程度，在国际上应用广泛[20-22]。基尼系数计算见图 1，设实际分配曲线（即洛伦茨曲线）与绝对平等分配曲线间的面积为 A，实际分配曲线右下方面积为 B，则基尼系数可由 $A/(A+B)$ 表示[15]。洛伦茨曲线弧度越大，则基尼系数越大，分配越不平等[23-24]。

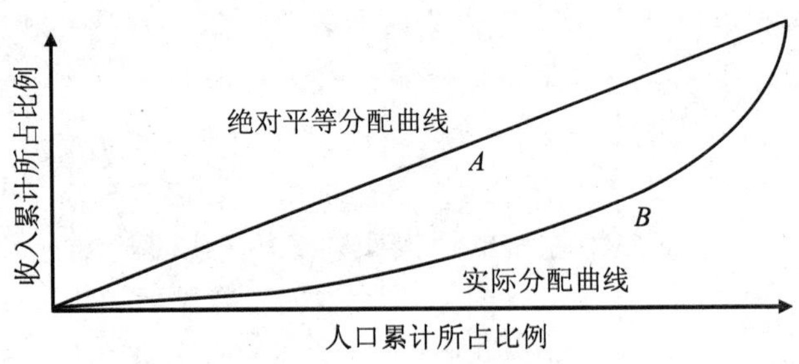

图 1 洛伦茨曲线示意[15]

1.2.2 环境基尼系数

将基尼系数引入污染排放的公平性中，可作如下假设：若排放一定比例的污染物，贡献了相同比例的 GDP，或一定比例的人口，排放了相同比例的污染物，则污染物排放分配绝对平均。可见环境基尼系数的内涵与基尼系数基本一致。关于基尼系数合理范围的选取，经济学上常把 0.4 作为收入分配差距的警戒线，小于 0.4 认为分配合理。在收入分配评价中，因社会发展的局限性，人均收入分配不可能完全均衡，基尼系数在 0～0.2 的可能性很小。与基尼系数应用于经济问题不同，在环境问题中如区域间针对评价指标无资源冲突、无不平等前提，环境基尼系数可能趋于 0[25]。吴悦颖等[15]在对七大流域水污染物总量分配方案评估与谢刚等[26]对南水北调东线山东段 COD_{Cr} 总量分配方案评价中，都把基尼系数合理范围界定为 0～0.2，该文亦如此定。

1.2.3 环境基尼系数评价指标的筛选

影响区域水污染物总量分配的因素有：①社会因素，包括人口、人口增长率、大专及以上人口比率等；②经济因素，包括 GDP、地区人均收入水平、居民人均消费水平等；③自然因素，包括土地面积、水资源量和水质现状等. 评价所选因素应较好地反映区域社会、经济和自然属性，与环境污染密切相关，可量化并可获得准确数据。其中人口—污染排放量基尼系数可反映人均排污量差异；GDP—污染排放量基尼系数可反映创造单位 GDP 所排放污染物量的差异；土地面积与地表径流、污染物的净化能力以及非点源污染相关，影响着地区人口增长、工业发展和经济增长的程度。这 3 项指标可作为社会、经济和自然资源三方面的代表性指标，构成基尼系数计算中的指标体系。

1.2.4 环境基尼系数计算与评价方法

以湖区行政分区为基本单元计算环境基尼系数. 将各市（县）按单位各指标所承载的污染负荷递增排序，计算各市（县）各指标累积比例和污染负荷累积比例，以污染负荷累积比例为纵坐标，各指标累积比例为横坐标，绘制洛伦兹曲线图；采用梯形面积法计算环境基尼系数，公式如下[28]：

$$G_j = 1 - \sum_{i=1}^{n} \left(X_{ij} - X_{i-1j}\right)\left(Y_i + Y_{i-1}\right) \tag{1}$$

式中，j —— 人口、GDP 和土地面积 3 个指标编号；

i —— 行政分区编号，i=1，2，…，n（n 为行政分区数）；

G_j —— 基于指标 j 的基尼系数；

X_{ij} —— 第 i 个行政分区指标 j 的累积比例，%；

Y_i —— 第 i 个行政分区排放或分配污染物量的累积比例，%。

当 i=1 时，$X_{i-1j}=0$，$Y_{i-1}=0$。

1.2.5 贡献系数

贡献系数是指地区评价指标（GDP、人口或土地面积）贡献率与污染物排放量贡献率的比值，其计算公式[27]：

$$CC_j = \left(M_{ij}/M_j\right)/\left(W_i/W\right) \tag{2}$$

式中，CC_j —— 基于指标 j 的贡献系数；

M_{ij} —— 第 i 个行政分区指标 j 的值；

M_j —— 湖区指标 j 的值；

M_{ij}/M_j —— 第 i 个行政分区指标 j 的贡献率；

W_i —— 第 i 个行政分区的污染物排放量；

W —— 湖区污染物排放总量；

W_i/W —— 第 i 个行政分区污染物排放量的贡献率。

当指标 j 为 GDP、人口和土地面积时，CC_j 分别代表经济贡献系数（又称绿色贡献系数 GCC）、人口贡献系数和土地面积贡献系数。若贡献系数 $CC_j>1$，表明指标 j 的贡献率大于污染物排放贡献率，相对较公平；若 $CC_j<1$，表明污染排放贡献率大于指标 j 的贡献

率，公平性较差，CC_j越小，公平性越差。3 项指标贡献系数的平均值称为平均贡献系数，可在一定程度上反映综合考虑社会、经济和自然资源三方面因素后的公平性。

环境基尼系数反映污染负荷分配的内部公平性，表现在一定单元内部。而贡献系数不同，若其中某内部单元的经济贡献率低于其污染排放量占总量的比例，或污染排放量占总量的比例高于其人口比重，则侵占了其他单元的分配公平性；相反则是对其他单元公平性的贡献。因此贡献系数表现的是控制单元间的外部影响，可作为分辨外部公平性的依据[27]。

1.2.6 基尼系数最小化模型

以各指标基尼系数总和最小为目标函数，设各行政分区分配的污染负荷为决策变量，在污染物总量削减目标、各指标现状基尼系数和各行政分区削减比例上下限的约束条件下优化求解，确定最优分配方案[16]。

目标函数：

$$\min F = \sum_{j=1}^{3} G_j \tag{3}$$

总量削减约束：

$$\sum_{i=1}^{n} W_i = (1-q)\cdot\sum_{i=1}^{n} W_{0(i)} \tag{4}$$

各指标现状基尼系数约束：

$$G_j \leqslant G_{0(j)} \tag{5}$$

各市（县）基于现状的削减比例约束：

$$P_{i0} \leqslant \frac{W_{0(i)} - W_i}{W_{0(i)}} \leqslant P_{i1} \tag{6}$$

式中，F —— 各指标基尼系数的总和；

$W_{0(i)}$ —— 第 i 个行政分区污染负荷现状值，t/a；

q —— 目标总量削减率，%；

$G_{0(j)}$ —— 指标 j 基尼系数现状值；

P_{i1}、P_{i0} —— 分别为行政分区污染负荷削减率的上、下限，%。

2 结果与讨论

2.1 洞庭湖区排污现状公平性分析

排污现状公平性分析是实行基于公平原则的水污染物总量分配的前提。利用基尼系数可反映分配不公平程度的特性，用于评价湖区水污染负荷分配的公平性。以湖区 20 个市（县）为对象，以总氮与总磷污染负荷为控制因子，选取人口、GDP 和土地面积为评估指标，基于基尼系数法评估湖区排污现状的公平性。分别针对总氮与总磷，将各市（县）按单位人口、GDP 和土地面积所承载的污染负荷量递增排序；同时，分别计算各指标和污染负荷的累积比例，绘制基于各评估指标的洛伦茨曲线（见图 2）。按照环境基尼系数算法计算，得出各指标的现状基尼系数 $G_{0(j)}$（见表 1）。由表 1 可知，基于人口—氮磷污染负荷的基尼系数最小，低于 0.2，分配处于合理范围内，说明湖区不同地区人均负荷的氮磷污染物量较均衡；而基于 GDP—氮磷负荷和土地面积—氮磷负荷的基尼系数超过了 0.2 的警戒线，说明从经济和自然资源角度看，湖区氮磷污染物排放不够均衡，存在不公平因素，需优化分配。

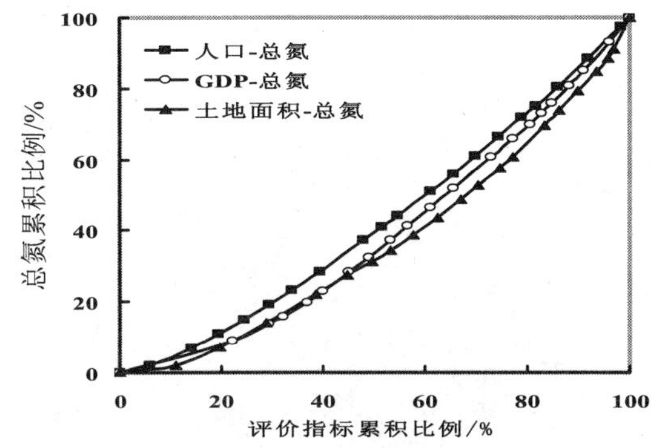

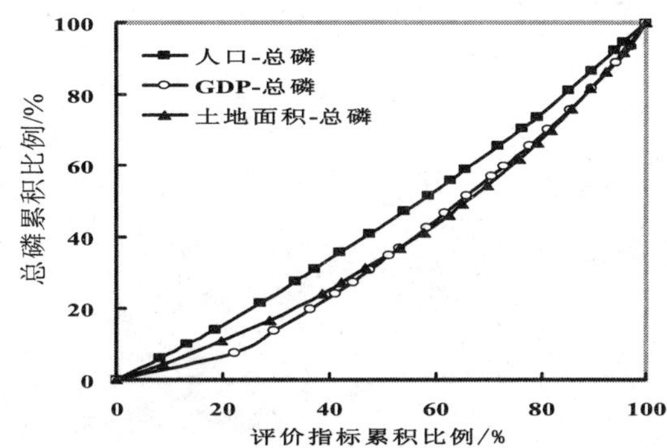

图 2　洞庭湖区各指标氮磷污染负荷洛伦茨曲线

表 1　洞庭湖区各指标的基尼系数

项目	总氮				总磷			
	人口	GDP	土地面积	合计	人口	GDP	土地面积	合计
现状基尼系数	0.154 3	0.227 2	0.271 5	0.653 0	0.096 6	0.239 5	0.219 7	0.555 8
优化基尼系数	0.130 3	0.216 7	0.257 8	0.606 6	0.071 1	0.232 2	0.218 0	0.521 3
减小幅度	0.024 1	0.009 6	0.012 8	0.046 4	0.025 5	0.007 3	0.001 7	0.034 5

2.2　洞庭湖区排污不公平因子及分布特征

环境基尼系数可反映区域排污差距的大小，而通过计算贡献系数能进一步掌握排污差距的构成特点，弄清湖区各市（县）对总体差距的贡献，找出造成排污差距的主要不公平因子，并且为后续评估总量优化分配方案的合理性提供参考依据。选取基尼系数超过警戒线的 GDP 和土地面积 2 个指标，分别计算湖区各市（县）的贡献系数，以贡献系数为依据，借助 GIS 空间分析技术，考察不公平因子分布（见图 3）。从 2008 年湖区氮磷污染负荷绿色贡献系数分析，常德市区、益阳市区和湘阴县氮磷绿色贡献系数，安化县氮绿色贡献系数，岳阳市区和临湘市磷绿色贡献系数均大于 1。其中常德市区氮磷绿色贡献系数均最大。这些地区主要集中在中心城市污染控制区，表现为绿色发展模式。而其他市（县）氮磷绿色贡献系数均小于 1，其中安化县磷绿色贡献系数小于 0.50，是引起不公平的主要因子。从土地面积贡献系数分析，岳阳市区、津市市、华容县、南县、汨罗市、益阳市区、安乡县、湘阴县、常德市区、澧县、临澧县、沅江市氮磷土地贡献系数均小于 1，是引起不公平的主要因子。其中岳阳市区氮磷土地贡献系数和津市市氮土地贡献系数小于 0.50，说明这些地区单位土地面积排污量较大。将各市（县）按总氮平均贡献系数排序为津市市＜岳阳市区＜汨罗市＜临澧县＜安乡县＜华容县＜南县＜桃源县＜沅江市＜岳阳县＜澧县＜平江县＜临湘市＜湘阴县＜石门县＜汉寿县＜桃江县＜益阳市区＜常德市区＜安化县；按总磷平均贡献系数排序为汨罗市＜津市市＜南县＜华容县＜临澧县＜沅江市＜安乡县＜岳阳县＜岳阳市区＜澧县＜桃源县＜湘阴县＜安化县＜临湘市＜益阳市区＜汉寿县＜平江县＜桃江县＜石门县＜常德市区。

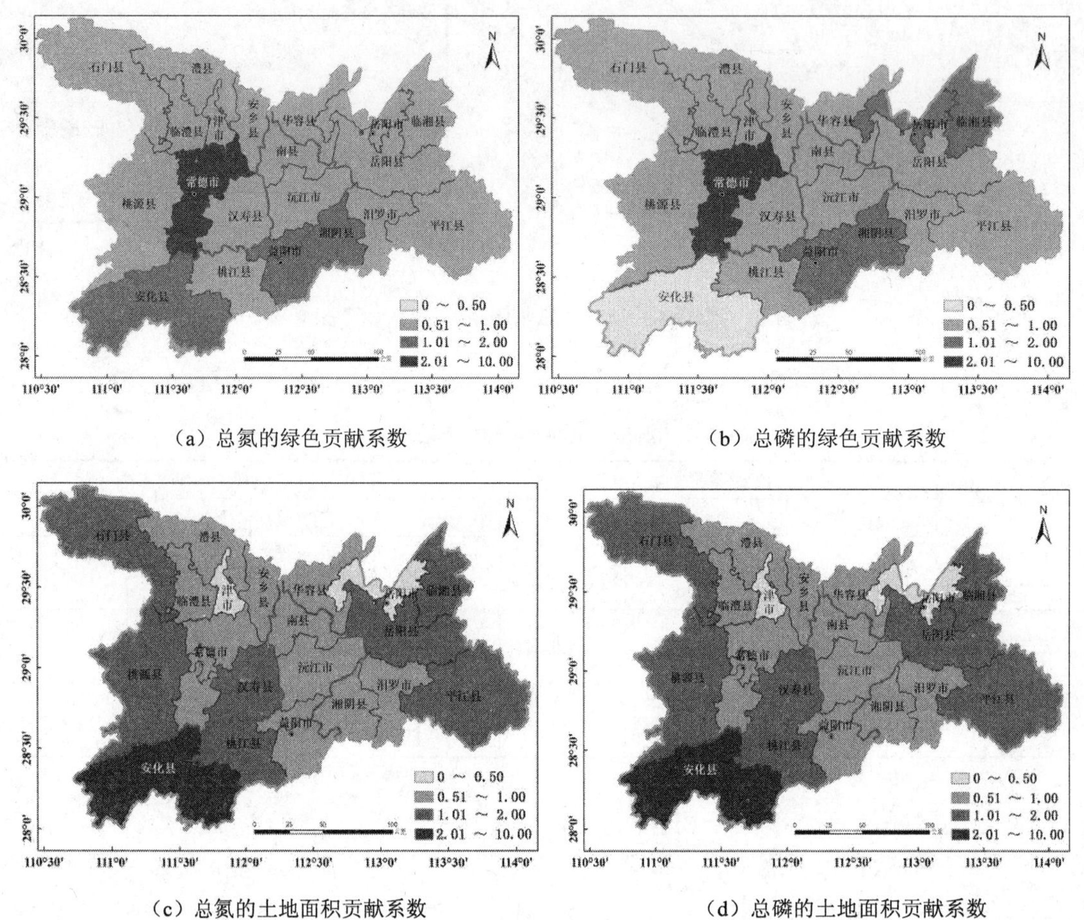

（a）总氮的绿色贡献系数　　（b）总磷的绿色贡献系数

（c）总氮的土地面积贡献系数　　（d）总磷的土地面积贡献系数

注：底图来源于中国环境监测总站。

图3　洞庭湖区贡献系数分布

以污染控制区划为基本统计单元，计算湖区3个污染控制分区的贡献系数，以考察各分区贡献系数的空间差异性（见表2）。Ⅰ区氮磷绿色贡献系数位居湖区之首，而土地面积贡献系数较低，约为0.50；Ⅱ区贡献系数较均衡，在0.82～0.88；Ⅲ区绿色贡献系数最小，而土地面积贡献系数最大。可见湖区基于GDP的不公平因子主要集中在山地丘陵生态保育区，而基于土地面积的不公平因子主要集中在中心城市污染控制区。各分区贡献系数的差异表现了其经济、自然资源与排污状况的差异。Ⅰ区土地面积为6 503 km^2，仅占湖区面积的14.3%，人口密度大，2008年为619人/km^2，是湖区社会经济发展水平最高的地区，区内的岳阳、常德和益阳市区是整个湖区的中心城市，目前已形成以石化、食品、纺织等产业为主导的工业体系，2008 年创造 GDP 854×10^8 元，占湖区的 38.4%，人均 GDP 达 2.12×10^4 元[29]，居 3 区之首。从贡献系数看，该区绿色贡献系数大于 1.5，居湖区之首，说明其经济贡献率大于氮磷污染负荷占全湖区的比例，为绿色发展模式；但该区土地面积贡献系数较低，说明单位土地面积排污量较大，人地矛盾较突出，须控制排污总量。II 区土地面积为 16 428 km^2，占湖区总面积的 36.2%，2008 年人口密度为 411 人/km^2。该区自然资源禀赋，土壤肥沃，水网密织，为典型的农业大区，2008 年 GDP 833×10^8 元，占湖区的 37.4%，人均 GDP 1.23×10^4 元[29]。该区各项社会经济指标均处于湖区平均水平，而各项贡献系数均接近于 1，较均衡。III 区地域广阔，土地面积为 22 479 km^2，占湖区总面积的 49.5%；2008 年人口密度仅 243 人/km^2，为全湖区最低。该区仍以传统农业为主，经济发展较落后，有 3 个国家或省级贫困县；2008 年该区创造 GDP 540×10^8 元，占湖区的 24.2%，人均 GDP 仅 0.99×10^4 元[29]。III 区土地面积贡献系数为全湖区最大，而绿色贡献系数最小，说明该区虽然单位土地面积排污量较小，但其创造单位 GDP 所排放氮磷污染物的量最高，是引起湖区污染物排放不公平性的主要因子，应尽快调整产业结构，提高资源利用率，减少污染排放，走可持续发展的道路。

表 2　湖区各污染控制区的贡献系数

污染控制区	GDP		土地面积	
	总氮	总磷	总氮	总磷
I 区	1.53	1.76	0.57	0.66
II 区	0.88	0.85	0.85	0.82
III 区	0.75	0.71	1.52	1.44

2.3　洞庭湖区总量优化分配

根据湖区污染控制目标[30]，到 2020 年，洞庭湖的氮磷入湖污染负荷量小于或等于水环境容量。以 2008 年排污数据为基准，根据污染负荷演变趋势预测和洞庭湖水环境容量，确定湖区总氮削减量为 3 938 t/a，总磷削减量为 506 t/a。结合区域经济发展水平和实际承受能力，同时为确保削减目标实现，确定各市（县）总量基于现状的削减率上、下限设定为 P_{i1}=20%、P_{i0}=1%。

按照基尼系数最小化模型，利用 Matlab 工具软件对模型求解，得到在人口、GDP 和土地面积基尼系数总和最小且 3 项指标基尼系数都小于现状值的情况下，湖区各市（县）总氮和总磷污染负荷的分配量（见表 3）。由表 3 可见，对于总氮负荷，中心城市污染控制区削减率最高，其中岳阳市区削减量为全湖区最高，占削减总量的 21.97%，是总氮重点削减地区。对于总磷负荷，平原农业综合整治区削减率最高，区内的华容县削减量为全湖区最高，占削减总量的 15.52%，是总磷重点削减地区。最终分配方案并非污染负荷量越大削减量越多。湖区头号排污大户常德市区总氮现状污染负荷占总量的 8.81%，而削减量仅占总削减量的 1.32%；同为排污大户的岳阳市区，其总氮现状污染负荷占总量的 8.77%，削减量却占总削减量的 21.97%，比常德市区高出 20%. 这是因为虽然两地的排污量接近，但无论从人口、经济还是土地面积等指标来比较，岳阳市区单位指标所负荷的总氮污染负荷都高于常德市区；从贡献系数上比较，常德市区总氮平均贡献系数为 1.40，在湖区处于最高水平，而岳阳市区仅为 0.63，是主要的不公平因子，因此两地的削减率差异较大。将各市（县）按总氮削减率排序为津市市＞岳阳市区＞临澧县＞汨罗市＞华容县＞桃源县＞安乡县＞岳阳县＞南县＞石门县＞平江县＞澧县＞桃江县＞沅江市＞临湘市＞汉寿县＞安化县＞湘阴县＞益阳市区＞常德市区；按总磷削减率排序为华容县＞津市市＞汨罗市＞岳阳县＞临澧县＞沅江市＞安化县＞桃源县＞南县＞益阳市区＞石门县＞汉寿县＞临湘市＞平江县＞澧县＞湘阴县＞岳阳市区＞桃江县＞常德市区＞安乡县。各市（县）氮磷污染负荷削减率的递增次序与平均贡献系数的递减次序基本一致，即平均贡献系数小的地区（主要不公平因子）需削减的污染负荷多一些。因此，通过基尼系数最小化模型的优化分配，综合考虑了区域社会、经济和资源等多种客观因素，分配方案充分表现了公平性原则。

表 3　洞庭湖区各市（县）总氮和总磷削减方案

污染控制分区	行政区	总氮			总磷		
		现状负荷量/(t/a)	削减量/(t/a)	削减率/%	现状负荷量/(t/a)	削减量/(t/a)	削减率/%
Ⅰ区	岳阳市区	5 180.4	865.0	16.70	424.68	9.73	2.29
	常德市区	5 200.9	52.0	1.00	521.31	5.52	1.06
	津市市	1 535.6	262.3	17.08	145.02	22.71	15.66
	益阳市区	2 847.2	28.8	1.01	415.9	24.12	5.80
	小计	14 764.1	1 208.1	8.18	1 506.91	62.08	4.12
Ⅱ区	湘阴县	2 299.3	23.2	1.01	302.1	6.95	2.30
	汨罗市	3 212.8	436.8	13.60	397.06	61.41	15.47
	岳阳县	3 157.3	263.2	8.34	382.86	58.91	15.39
	华容县	3 190.4	405.1	12.70	392.27	78.45	20.00
	澧县	3 087.4	80.9	2.62	369.02	10.22	2.77
	安乡县	2 305.3	201.8	8.75	237.06	2.43	1.03
	汉寿县	2 433.9	41.4	1.70	284.55	10.72	3.77
	南县	2 521.9	115.2	4.57	318.26	18.9	5.94
	沅江市	2 901.2	50.5	1.74	350.14	38.77	11.07
	小计	25 109.5	1 618.1	6.44	3 033.32	286.76	9.45
Ⅲ区	平江县	4 034.7	140.8	3.49	408.34	11.94	2.92
	临湘市	1 901.9	32.4	1.70	219.57	8.21	3.74
	临澧县	1 970.1	299.0	15.18	208.33	30.14	14.47
	桃源县	4 774.5	470.7	9.86	511.52	44.52	8.70
	石门县	2 954.2	104.2	3.53	303.63	13.33	4.39
	桃江县	2 273.6	52.2	2.30	271.87	4.92	1.81
	安化县	1 266.3	13.0	1.03	449.54	43.73	9.73
	小计	19 175.3	1 112.4	5.80	2 372.8	156.79	6.61

采用基尼系数最小化模型对各项指标基尼系数优化的结果见表 1。各指标基尼系数优化后都有不同程度的削减，更趋合理和公平。对于总氮，基尼系数变化幅度最大的指标是人口，减小 0.024 1，最小的是 GDP，减小 0.009 6；对于总磷，基尼系数变化最大的指标是人口，减小 0.025 5，最小的是土地面积，减小 0.001 7。优化后的基尼系数并未全部低于警戒水平，这与削减总量、削减率上、下限约束以及分配模型目标函数的设计有关。削减总量越大，削减率上、下限设置越宽，基尼系数削减幅度就越大。但是总量控制应遵循“循序渐近、逐步改善”的原则，削减总量和削减率上、下限要根据区域排污状况、污染控制目标、环境保护规划和实际承受能力等确定，不能为了追求基尼系数降低而不切实际地将污染负荷一次性削减到位。另一方面，污染负荷分配模型目标函数的设计也是影响基尼系数优化程度的重要因素。基于基尼系数最小化的污染负荷分配模型是以综合基尼系数最小、全局最优为目标，并且约束各指标基尼系数均小于现状值，而未要求优化单个基尼系数。如需进一步优化单个基尼系数，可根据不同评价指标对分配重要性和影响程度的差异，为各项指标设置不同的权重。但过分强调单个指标基尼系数优化，易忽略对全局的考虑，影响方案整体的合理性。此外，还可采用弹性约束，适当放松“各指标基尼系数均小于现状值”的约束，将处于合理水平的基尼系数的约束设成不超过临界阈值，则处于警戒线以上的基尼系数在优化后可能进一步降低，但最终分配是否全局最优还有待考察。故今后需在目标函数结构设计方面进一步深入研究。

3 结论

（1）洞庭湖湖区各市（县）2008 年氮磷污染物排放在经济水平和自然资源状况方面存在着不公平现象，需要优化分配. 基于 GDP 的总氮和总磷污染负荷基尼系数分别为 0.227 2 和 0.239 5，基于土地面积的总氮和总磷污染负荷基尼系数分别为 0.271 5 和 0.219 7，均超出了基尼系数的合理值范围（0～0.2）.

（2）中心城市污染控制区和丘陵山地污染控制区为洞庭湖湖区不公平性特征最为突出的 2 个区域。中心城市污染控制区氮磷土地面积贡献系数最小，分别为 0.57 和 0.66，表明其单位土地面积排污量较大，需严格控制排污总量。山地丘陵控制区的氮磷绿色贡献系数最小，分别为 0.75 和 0.71，表明其单位 GDP 的排污量较大，需尽快调整经济发展模式.

（3）通过基尼系数最小化模型，可实现洞庭湖区各市（县）2020 年氮磷入湖排放量的优化分配，结果表明：对于总氮排放，湖区中心城市污染控制区削减率最高，达 8.18%，岳阳市市区削减量最大，为 865.00 t/a；对于总磷排放，平原农业综合整治区削减率最高，达 9.45%，华容县削减量最大，为 78.45 t/a。

参考文献

[1] 秦迪岚，黄哲，罗岳平，等.洞庭湖区污染控制区划与控制对策.环境科学研究，2011，24（7）：748-755.

[2] 孟伟，张楠，张远，等.流域水质目标管理技术研究：I.控制单元的总量控制技术.环境科学研究，2007，20（4）：1-8.

[3] Zhang Yue，Wang Xiaoyan，Zhang Zhiming，et al.Multi-level waste load allocation system for Xi’an-Xianyang Section，Weihe River.Procedia Environmental Sciences，2012，13：943-953.

[4] 赵永宏，邓祥征，吴锋，等.乌梁素海流域氮磷减排与区域经济发展的均衡分析.环境科学研究，2011，24（1）：110-117.

[5] SUN Tao，ZHANG Hongwei，WANG Yuan，et al.The application of environmental Gini coefficient（EGC）in allocating wastewater discharge permit：the case study of watershed total mass control in Tianjin，China. Resources，Conservation and Recycling，2010，54（9）：601-608.

[6] YANDAMURI S R，SRINIVASAN K，BHALLAMUDI S M.Multiobjective optimalwaste load allocation models for rivers using nondominated sorting genetic algorithm-II. Journal of Water Resources Planning and Management，2006，132（3）：133-143.

[7] CHO J H，SUNG K S，HA S R.A river water quality management model for optimising regional wastewater treatment using a genetic algorithm.J Environ Manage，2004，73（3）：229-242.

[8] REHANA S，MUJUMDAR P P.An imprecise fuzzy risk approach for water quality management of a river system.J Environ Manage，2009，90（11）：3653-3664.

[9] MOSTAFAVI S A，AFSHAR A.Waste load allocation using non-dominated archiving multicolony ant algorithm.Procedia Computer Science，2011，3：64-69.

[10] BRILL E D，LIEBMAN J C，REVELLE C S.Equity measures for exploring water quality management alternatives.Water Resour Res，1976，12（5）：845-851.

[11] TAKYI A K，LENCE B J.Chebyshev model for water-quality management. Journal of Water Resources Planning and Management，1996，122（1）：40-48.

[12] JOSHI V，MODAK P.Heuristic algorithms for waste load allocation in a river basin.Water Sci Technol，1989，21（8/9）：1057-1064.

[13] DENG Yixiang，ZHENG Binghui，FU Guo，et al.Study on the total water pollutant load allocation in the Changjiang（Yangtze River）Estuary and adjacent seawater area.Estuarine Coastal and Shelf Science，2010，86（3）：331-336.

[14] KAMPAS A，WHITE B.Selecting permit allocation rules for agricultural pollution control：a bargaining solution. Ecological Economics，2003，47（2/3）：135-147.

[15] 吴悦颖，李云生，刘伟江.基于公平性的水污染物总量分配评估方法研究.环境科学研究，2006，19（2）：66-70.

[16] 王媛，牛志广，王伟.基尼系数法在水污染物总量区域分配中的应用.中国人口·资源与环境，2008，18（3）：177-180.

[17] 肖伟华，秦大庸，李玮，等.基于基尼系数的湖泊流域分区水污染物总量分配.环境科学学报，2009，29（8）：1765-1771.

[18] 李如忠，舒琨.基于基尼系数的水污染负荷分配模糊优化决策模型.环境科学学报，2010，30（7）：1518-1526.

[19] BOSI S，SEEGMULLER T.Optimal cycles and social inequality：what do we learn from the Gini index？.Research in Economics，2006，60（1）：35-46.

[20] SUBRAMANIAN S V，KAWACHI I.Income inequality and health：what have we learned so far？.Epidemiol Rev，2004，26（1）：78-91.

[21] SUBRAMANIAN S V，KAWACHI I.Whose health is affected by income inequality？a multilevel interaction analysis of contemporaneous and lagged effects of state income inequality on individual

self-rated health in the United States.Health Place，2006，12（2）：141-156.

[22] WILKINSON R G，PICKETT K E.Income inequality and population health：a review and explanation of the evidence.Soc Sci Med，2006，62（7）：1768-1784.

[23] DRUCKMAN A，JACKSON T.Measuring resource inequalities：the concepts and methodology for an area-based Gini coefficient. Ecological conomics，2008，65（2）：242-252.

[24] WHITE T J.Sharing resources：the global distribution of the ecological footprint. Ecological conomics，2007，64（2）：402-410.

[25] 刘耀，吴仁海，廖瑞雪. 大气污染物总量分配公平性评价研究. 环境科学与管理，2007，32（9）：159-162.

[26] 谢刚，彭岩波，李必成，等. TMDL 计划与小流域污染综合治理思路的研究：以南水北调东线山东段治污为例. 农机化研究，2006（5）：189-192.

[27] 王金南，逯元堂，周劲松，等. 基于 GDP 的中国资源环境基尼系数分析. 中国环境科学，2006，26（1）：111-115.

[28] JACOBSON A，MILMAN A D，KAMMEN D M.Letting the（energy）Gini out of the bottle：lorenz curves of cumulative electricity consumption and Gini coefficients as metrics of energy distribution and equity. Energy Policy，2005，33（14）：1825-1832.

[29] 湖南省统计局. 湖南省统计年鉴 2009. 北京：中国统计出版社，2009.

[30] 湖南省环境监测中心站. 洞庭湖水污染综合防治研究. 长沙：湖南省环境监测中心站，2011：55.

此文章刊登于《环境科学研究》2013 年第 1 期

洞庭湖20年水质与富营养化状态变化

黄代中[1] 万群[2] 李利强[1] 汪铁[1] 卢少勇[3] 欧伏平[1] 田琪[1]

（1. 湖南省洞庭湖生态环境监测中心，岳阳 414000;
2. 岳阳市环境监测中心，岳阳 414000;
3. 中国环境科学研究院，国家环境保护湖泊污染控制重点实验室，湖泊工程技术中心，北京 100012）

摘　要：利用近20年数据监测资料，系统分析了洞庭湖水质与富营养状态的时空变化特征。结果表明，受流域社会经济发展等因素的综合影响，洞庭湖整体水质呈下降趋势，富营养化日趋严重，东洞庭湖的富营养程度稍高于西洞庭湖和南洞庭湖。洞庭湖水体主要污染物为TN和TP，其年平均值变化范围分别为1.08～1.93 mg/L和0.026～0.203 mg/L。洞庭湖水体中ρ（Chla）与ρ（TN）显著正相关，浮游植物数量与ρ（TN）、ρ（TP）显著正相关，与最大流量显著负相关。2007年洞庭湖流域造纸企业污染整治后，洞庭湖水体中ρ（COD_{Cr}）降低，但ρ（TN）、ρ（TP）仍呈上升之势，浮游植物数量显著增加。洞庭湖水体富营养化治理应以控制面源污染为重点。

关键词：洞庭湖；水质；富营养化

Changes of water quality and eutrophic state in recent 20 years of Dongtinghu Lake

Huang Daizhong[1] Wan Qun[2] LiLiqiang[1] Wang Tie[1] Lu Shaoyong[3] Ou Fuping[1] Tian Qi[1]

（1.Ecological and Environmental Monitoring Center of Dongting Lake of Hunan，Yueyang 414000;
2.Yueyang Environmental Monitoring Center，Yueyang 414000
3.Key Laboratory of Environmental Protection of Lake Pollution Control，Lake Engineering Technology Research Center，Chinese Research Academy of Environmental Science，Beijing 100012）

Abstract: Temporal and spatial trends of water quality and eutrophic level in Dongtinghu Lake were analyzed using monitoring data in recent 20 years. The results showed that，by the combined effects of the socioeconomic development，water quality deteriorated with eutrophication，and eutrophic level in east Dongtinghu Lake was more serious than that in west and south Dongtinghu Lake. Total nitrogen and total phosphorus were major pollutants in the lake，their annual average varied from 1.08 to 1.93 mg/L and from 0.026 to 0.203 mg/L，respectively. A significantly positive relationship bettween Chlorophyll a concentration and total nitrogen content was found in the water phase. Phytoplankton quantity was positively related to total nitrogen and total phosphorus，and negatively related to maximum water flow. Although chemical oxygen demand in water phase decreased after remediation of the paper-making enterprises in 2007, concentrations of total nitrogen and total phosphorus were still on an upward trend, and phytoplankton abundance had significant increases. Our results suggest that eutrophication control in Dongtinghu Lake should pay more attention to non-point pollution.

Key words: Dongtinghu Lake; water quality; eutrophication

洞庭湖为湖南省第一大湖，全国第二大淡水湖，是承纳湘、资、沅、澧四水和吞吐长江的过水性洪道型湖泊，有沟通航运、繁衍水产和改善生态环境等多种功能，在湖南省和长江水系的生态与经济等方面十分重要。洞庭湖区是湖南省主要造纸、石化轻工及纺织工业基地，部分在全国举足轻重，每天都有大量废水产生[1]。近年来，洞庭湖水体的主要污染物为总氮（TN）、总磷（TP）[2−3]。水体污染较重，污染类型已由以往的工业污染为主转变为多元化污染（工业、农业、生活和血防药物污染），且自 2003 年起，工业污染比重下降，农业面源和城市生活污染比重上升。洞庭湖流域的研究集中在水环境容量或泥沙淤积[4−6]、重金属污染[7−9]和血吸虫防治[10−13]等方面，虽然已有水质评价[14]的研究，但研究年限较短，不足以全面体现洞庭湖水质变化特征。根据生态安全评估的需求，该文基于多年来的监测数据，分析洞庭湖富营养化时空变化与成因，以期在此基础上能充分认识洞庭湖水质水生态的发展趋势，为生态安全评估提供数据基础，为洞庭湖污染防治及富营养化控制提供依据。

1 材料与方法

1.1 洞庭湖简介

洞庭湖天然湖泊面积 2 691 km^2，另有内湖面积 1 200 km^2；洪道面积 1 013 km^2，受堤防保护面积 11 094 km^2，流域面积 25.7×10^4 km^2，涉及湘、鄂、黔、渝、桂、粤 6 省。湖体形状呈近似“U”字形，岳阳站水位 33.50 m 时（黄海基面），湖长 143.00 km，最大湖宽 30.00 km，平均湖宽 17.01 km，最大水深 23.5 m，平均水深 6.39 m，相应蓄水量 167×10^8 m^3。三峡建设之前，洞庭湖水循环周期约 18.2 d。

1.2 数据收集

所有水质数据来源于湖南省洞庭湖生态环境监测中心。由于水位变化、国控断面改变等客观原因，监测断面先后进行了一些调整。2002 年监测断面基本固定，共设有 14 个监测断面，即 4 个入湖口断面、9 个湖体断面和 1 个出湖口断面，具体如下：西洞庭湖湖区的小河嘴、目平湖和南嘴断面；东洞庭湖湖区的鹿角、东洞庭湖和岳阳楼断面；南洞庭湖湖区的万子湖、横岭湖和虞公庙断面；洞庭湖出湖口的出口断面。另外湘江、资江、沅江和澧水的入湖口亦均有入湖控制断面。洞庭湖水质监测断面分布见图 1。每个监测断面设左、中、右 3 条垂线，分别采表层（0.5 m）水样。常规水质指标监测频率 1991—1994 年为 1 年 4 次（3 月、6 月、9 月、12 月），1995—2004 年为 1 年 3 次（1 月、5 月、9 月），2005—2011 年为每月一次；浮游植物监测频率 1991—1993 年为 1 年 4 次（3 月、6 月、9 月、12 月），1994—2011 年为 1 年 3 次（1 月、5 月、9 月）。水质采样于月初进行。2010 年洞庭湖周边城市人口及经济数据来自岳阳市、益阳市和常德市“十一五”环境质量报告书。

1.3 测定及评价方法

水位据塔尺测定，流量采用智能手持测流仪测定。TN、TP、Chla、COD_{Mn}、COD_{Cr}和透明度等监测项目均根据《地表水环境质量标准》[15]或《水和废水监测分析方法》（第四版）[16]推荐的方法进行分析。浮游植物种类及数量采用室内镜检鉴定。湖泊营养状态评价指标为ρ（TN）、ρ（TP）、ρ（COD_{Mn}）、ρ（Chla）和透明度 5 项指标，采用《湖泊（水库）富营养化评价方法及分级技术规定》[17]中的综合营养状态指数（ΣTLI）评价方法与标准。

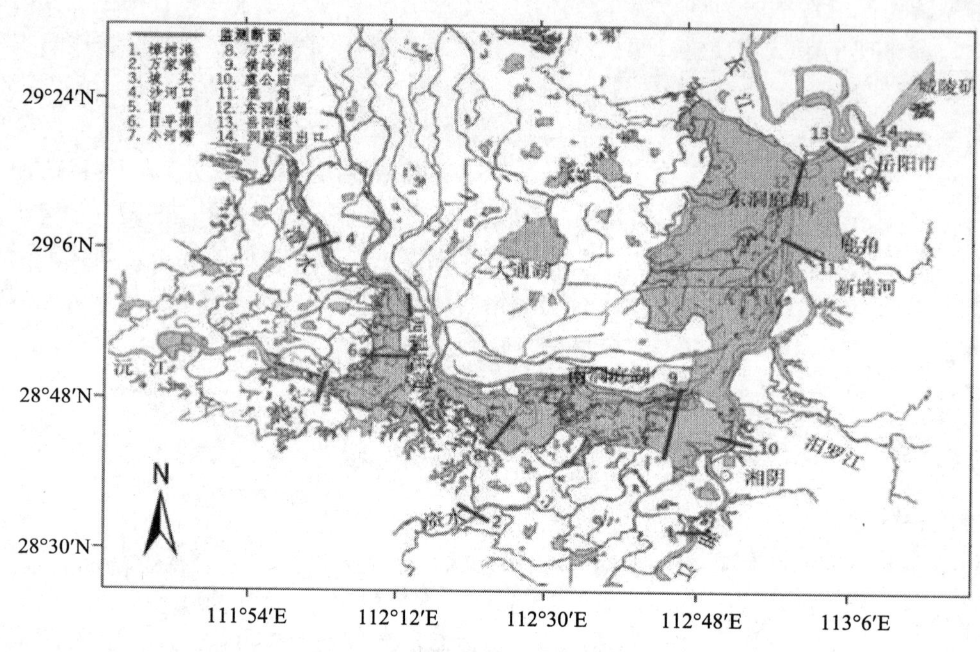

图 1 洞庭湖水质监测断面分布

注：底图来自文献[18]。

1.4 数据分析

采用 SigmaPlot 10.0 软件作图，采用 SPSS 13.0 软件进行数据统计。相关性用 Pearson 相关系数表示，差异性比较用单因素方差分析。各水质指标的年变化趋势以年度算术平均值进行比较，季节变化以季度算术平均值进行比较。季节变化划分为：春季 3—5 月；夏季 6—8 月；秋季 9—11 月；冬季 12 月—翌年 2 月。

2 结果与讨论

2.1 水位和流量年变化

1990—2011 年，洞庭湖区城陵矶站最小流量为 750～2 200 m^3/s，最大流量为 10 100～43 500 m^3/s（见图 2）；该站点监测到最低水位为 18.77～20.84 m，最高水位为 29.42～35.94 m（见图 3）。水位的最高值出现在 20 世纪 90 年代末期，此后水位呈波动式下降。多种人类活动（如建坝、筑堤、开垦、水产养殖等）致使洞庭湖泥沙沉积速率增加[19-20]，蓄水量严重减少。三峡蓄水对洞庭湖水位产生了较大的影响，模拟研究表明 2003—2009 年 5 次蓄水均使城陵矶水位下降，2006 年和 2009 年降幅最大[21]。

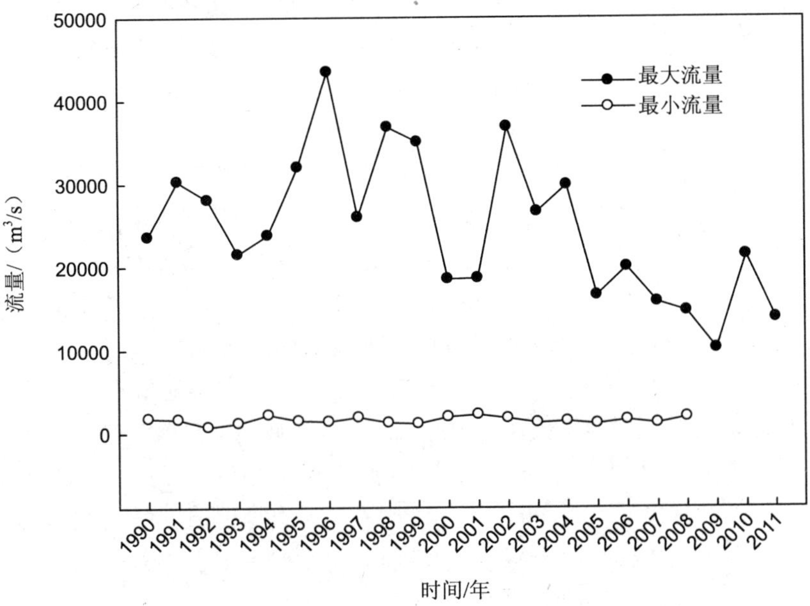

图 2　洞庭湖区城陵矶站流量年变化趋势

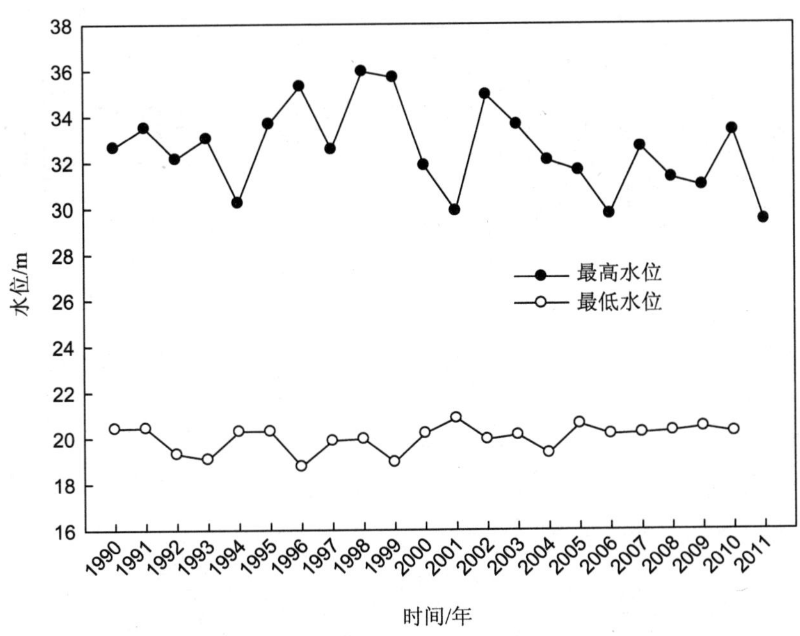

图 3　洞庭湖区城陵矶站水位年变化趋势

2.2 环境特征参数的年变化

ρ（TN）、ρ（TP）是影响洞庭湖水体营养化的主要营养指标，二者一直维持较高的水平[见图 4（a）.（b）]，ρ（TN）、ρ（TP）总体呈上升趋势，20 世纪 90 年代中期后全湖 ρ（TN）、ρ（TP）超标，成为洞庭湖水质恶化和水体营养化程度加剧的重要因子。洞庭湖水体中的 TN 和 TP 主要来源于畜禽养殖、农田径流和城镇生活污染[22]。ρ（TN）的波动较大（0.21～4.35 mg/L），存在明显的区域性，而且自 1998 年以来，一直在 1.50 mg/L 上下波动，2010 年接近 2 mg/L。入湖河水中 ρ（TN）最高，表明水系上游的氮流失是洞庭湖氮污染的重要来源之一。ρ（TP）在洞庭湖中分布较均匀，无明显的区域性[23]。自 1996 年以来，ρ（TP）一直在 0.1 mg/L 上下波动，2009 年超过 0.2 mg/L。ρ（Chla）在 21 世纪初期较低，2010 年达最高，总体波动较大（0.11～49.62 mg/m^3），平均值为（2.36±3.18）mg/m^3[见图 4（c）]。透明度呈锯齿形波动，无明显变化趋势[见图 4（d）]，ρ（Chla）较低。湖水中 ρ（COD_{Cr}）呈上升趋势，2007 年达到峰值后下降（见图 5）。2007 年，湖南省环境保护局对洞庭湖流域内 234 家造纸企业进行了综合整治，显著降低造纸业带来的入湖 COD_{Cr} 负荷，这对洞庭湖水体 ρ（COD_{Cr}）的降低有重要贡献：湖中 ρ（COD_{Cr}）在 2007 年后降低，在 2009 年达最低，但 2010 年和 2011 年又有所回升，可能是流域社会经济持续快速发展造成的工业污染、农业面源污染及湖内沉积物释放等[24]所致. 这与 2000 年太湖流域整治后几年内的变化情况类似 [25]。

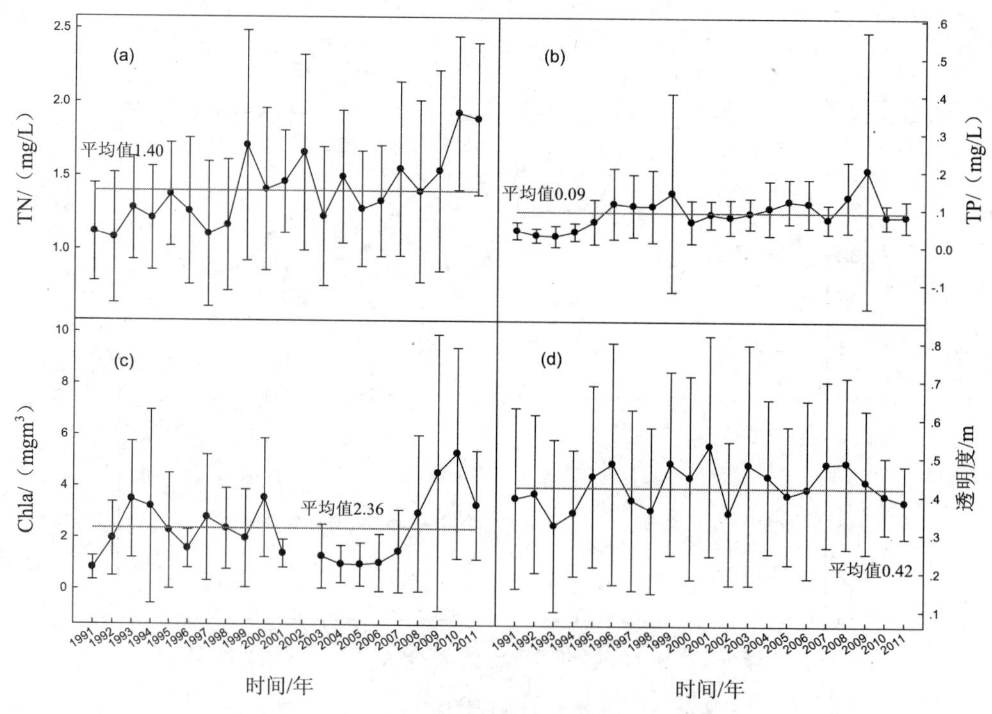

图 4　洞庭湖水体中环境特征参数的年变化趋势

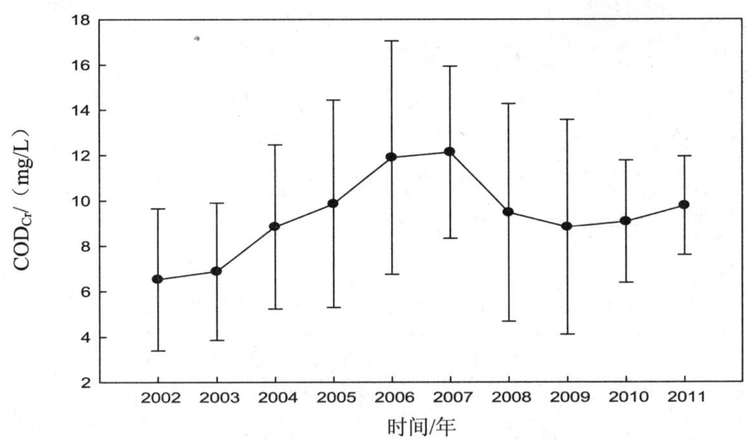

图 5 洞庭湖水体中化学需氧量（COD_{Cr}）的年变化趋势

2.3 环境特征参数的季节变化

2006—2011 年，洞庭湖水体中秋季 ρ（TN）较低（见图 6）；ρ（TP）和 ρ（Chla）无明显季节变化；而透明度冬季较高。主要原因是透明度主要取决于水文条件及含沙量等，而洞庭湖冬季处于枯水期，水流量及速度相对较低。

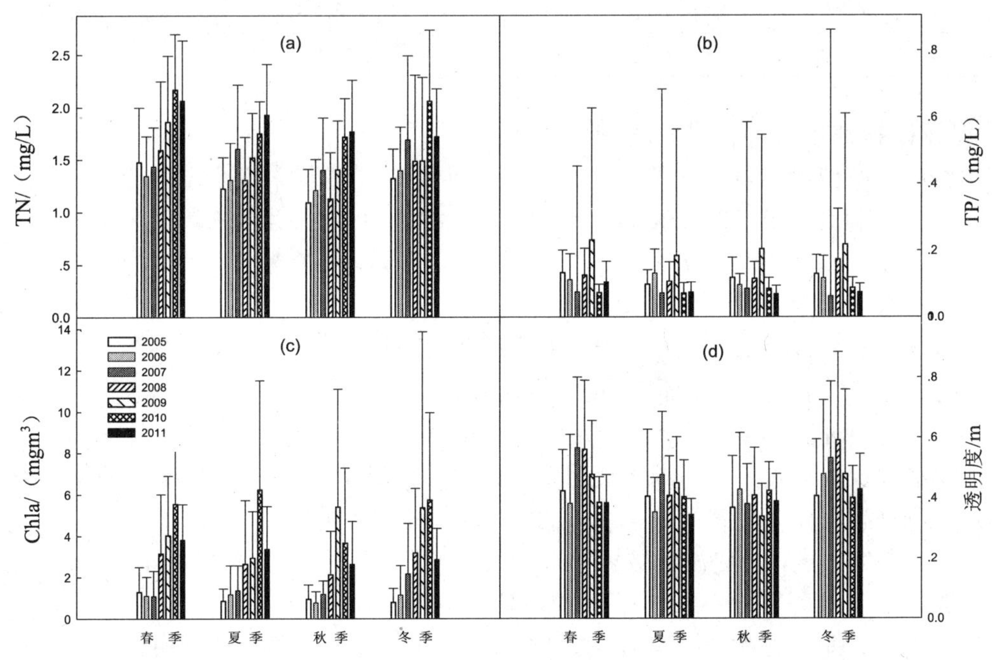

图 6 洞庭湖水体环境特性参数的季节变化

2.4 富营养变化趋势

由洞庭湖及其 3 个湖区主要富营养指标 ρ（TP）、ρ（TN）、ρ（COD_{Mn}）、ρ（Chla）和透明度计算 ΣTLI。结果表明，近年来尽管洞庭湖全湖长期稳定处于中营养水平，但全湖 ΣTLI 总体上呈上升趋势（见表 1）。东洞庭湖的 ΣTLI 呈上升趋势，其中，2008—2010 年 ΣTLI 超过 50，呈轻度富营养。南、西洞庭湖近十年以来的 ΣTLI 一直在 40～50 波动，属中营养。东洞庭湖区的 ΣTLI 高于南和西洞庭湖区，可能是因为岳阳市（湖南北部政治、经济、文化中心）坐落于东洞庭湖区，其国内生产总值及单位面积生产总值较高（见表 2），与另外 2 个湖区比，人类活动频繁，生产生活导致大量污染物进入周边[26]。

表 1　2003—2011 年洞庭湖的综合营养状态指数（ΣTLI）

年份	2003	2004	2005	2006	2007	2008	2009	2010	2011
西洞庭湖	43.3	45.5	45.9	45.6	45.0	46.0	47.7	49.6	46.8
南洞庭湖	44.5	43.7	46.3	47.1	45.9	47.8	48.5	49.4	48.0
东洞庭湖	46.6	46.7	47.6	47.5	46.5	51.3	50.8	51.1	49.1
全湖	44.8	45.5	46.6	46.8	45.8	48.7	49.0	50.1	48.0

表 2　2010 年洞庭湖周边城市人口及经济比较

城市	代表湖区	人口/10^4 人	生产总值/10^8 元	单位面积人口总量/（人/km^2）	单位面积生产总值/（10^4 元/km^2）
常德	西洞庭湖	614	1 450	337	797
益阳	南洞庭湖	471	712	389	588
岳阳	东洞庭湖	556	1 539	371	1 026

2.5 浮游植物数量及种类组成的变化

洞庭湖浮游植物数量呈现总体上升趋势（见图 7），多年来 3 个湖区浮游植物数量无明显差异。东洞庭湖 2007—2008 年浮游植物生物量增量大，2008 年东洞庭湖湖心断面浮游植物生物量高达 $13.7\times10^5\ L^{-1}$，已出现轻度富营养化，伴随全湖浮游植物数量增加，2009—2011 年该湖区生物量明显减少。

洞庭湖以前一直处于中营养水平，主要因三峡工程建设前，其属过水性湖泊，年径流量大，湖水泥沙含量高，水循环周期短，仅为 18.2 d，这一独特水文情势使洞庭湖 TP、TN 等滞留系数小，对富营养化发展有一定的抑制作用[27]。三峡工程运行后，洞庭湖来水来沙减少，湖水含沙量降低[28-30]，湖水透明度增大；水位变幅缩小，换水周期延长，水环境相对稳定，洞庭湖水体环境容量减小[31]，TP、TN 等滞留系数增大，浓度相对增高；而流域社会经济在持续发展，洞庭湖流域多年来也面临国内许多湖泊流域面临的污染治理强度不够的问题；以上因素等的综合作用下对洞庭湖的富营养化有促进作用。

洞庭湖丰、平、枯水期，硅藻门、绿藻门、蓝藻门、隐藻门在所有调查时段均能发现，硅藻门分布较广，其数量相对较多，常见属种有舟形藻、冠盘藻、针杆藻、直链藻等。绿藻门种类属较多，常见属种有栅藻、纤维藻、十字藻、盘星藻、实球藻、衣藻、弓形藻、集星藻等。蓝藻门种类及数量相对较少，常见属种有平裂藻、颤藻、蓝纤维藻。

隐藻门属种仅发现隐藻属与蓝隐藻属，后者生物量很少，只在少数时段、个别断面检出，而前者生物量较大，且呈全湖性分布。甲藻门多甲藻属、裸藻门裸藻属较常见，但数量不大，金藻门、黄藻门、甲藻门与裸藻门的其他种类属均不常见，且数量很少。洞庭湖常见属种中成为优势种的有硅藻门的舟形藻、冠盘藻、针杆藻、直链藻，绿藻门的栅藻，隐藻门的隐藻，甲藻门的多甲藻和裸藻门的裸藻。东、南洞庭湖水域优势种群以硅藻门和隐藻门种属为主，西洞庭湖水域则以硅藻门、隐藻门、绿藻门、裸藻门和甲藻门种属占优。1995—1997 年，洞庭湖浮游植物量以硅藻为主，时空分布上均占优；其次为绿藻和蓝藻，其他各门藻类数量均很低，尤其是裸藻、甲藻和金藻，三门藻类总数量占藻类总数的不足 1%[32]。隐藻大多分布在有机质丰富水体中，数量多时可形成水华[33]。2006 年以来，隐藻在洞庭湖多个监测断面成为优势种，表明洞庭湖水质较以前明显恶化，这与水化学指标变化所得结果一致。

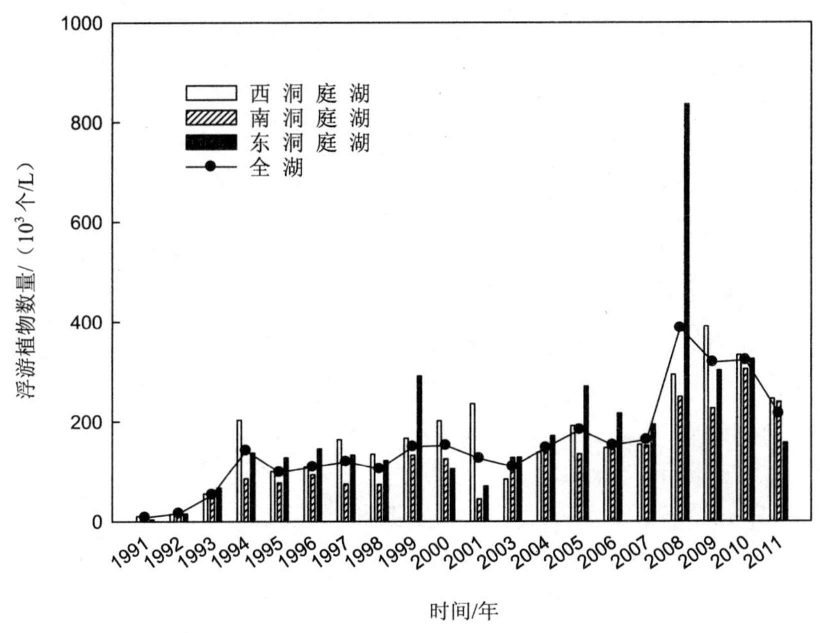

图 7　洞庭湖水体中浮游植物数量的年变化趋势

从水体各环境因子之间的相关性分析结果（见表 3）可见，ρ（Chla）与 ρ（TN）呈显著正相关（$P<0.05$）；浮游植物数量与 ρ（TN）、ρ（TP）呈显著正相关（$P<0.01$），与最大流量呈显著负相关（$P<0.01$）。湖水中 ρ（TN）和 ρ（TP）较高，ρ（TN）/ρ（TP）平均值为 18，湖水 ρ（TN）、ρ（TP）已满足藻类生长需求，不会成为藻类生长的限制因子。洞庭湖长期稳定在中营养水平与其特定的水文相关，致使浮游生物数量及生物量较长江中下游其他大中型湖泊低[34]。

表 3 洞庭湖水体各环境因子的相关分析

项目	ρ（TN）	ρ（TP）	ρ（Chla）	ρ（TN）/ρ（TP）	ρ（COD_{Mn}）	透明度	浮游植物数量	最大流量
ρ（TP）	0.247							
ρ（Chla）	0.496*	0.034						
ρ（TN）/ρ（TP）	−0.069	−0.868**	0.203					
ρ（COD_{Mn}）	−0.041	0.020	−0.252	0.019				
透明度	0.143	0.393	−0.345	−0.496*	0.230			
浮游植物数量	0.614**	0.616**	0.553*	−0.443	−0.084	0.231		
最大流量	−0.261	−0.172	−0.311	−0.013	−0.602	−0.074	−0.575**	
最高水位	−0.088	−0.002	−0.051	−0.070	−0.624	−0.051	−0.311	0.799**

注：**为极显著相关，$P<0.01$，*为显著相关，$P<0.05$。

3 结论

（1）洞庭湖水体中ρ（TN）、ρ（TP）处于震荡期，整体呈恶化之势。ρ（TN）自 1998 年以来，一直在 1.50 mg/L 上下波动，2010 年接近 2 mg/L；自 1996 年以来，ρ（TP）一直在 0.1 mg/L 上下波动，2009 年超过 0.2 mg/L。近些年洞庭湖流域经济快速发展，而且三峡运行导致长江三口入洞庭湖的水量减少，且水含沙量下降，最大水量和最高水位呈波动式下降。在以上因素等的综合作用下洞庭湖的ρ（TN）、ρ（TP）波动式上升，浮游植物数量迅速增加，富营养化指数波动式上升。

（2）3 个主要湖区中，东洞庭湖污染较重，2008—2010 年东洞庭湖处于轻度富营养水平，西、南洞庭湖在中营养水平，2011 年略为好转，三湖区均处于中营养水平。由于洞庭湖水体中 TN 和 TP 主要来自畜禽养殖、农田径流和城镇生活污染，2007 年政府对洞庭湖流域造纸企业污染整治后，全湖水体ρ（COD_{Cr}）下降，但ρ（TN）、ρ（TP）并未下降。洞庭湖藻类生长与ρ（TN）、ρ（TP）关系密切，防治洞庭湖水体富营养化应重视面源污染问题。

参考文献

[1] 黄金国. 洞庭湖区湿地资源开发中的生态环境问题及对策. 水土保持通报，2003，23（1）：73-75.

[2] 郭建平，吴甫成，熊建安. 洞庭湖水体污染及防治对策研究. 湖南文理学院学报：社会科学版，2007，32（1）：91-94.

[3] 申锐莉，张建新，鲍征宇，等. 洞庭湖水质评价（2002—2004 年）. 湖泊科学，2006，18（3）：243-249.

[4] Dai Shibao，Yang Shilun，Zhu Jun，et al.The role of Lake Dongting in regulating the sediment budget of the Yangtze River.Hydrology and Earth System Sciences，2005，9（6）：692-698.

[5] Zhang Jiqun，Xu Kaiqin，Yang Yonghui，et al.Measuring water storage fluctuations in Lake Dongting，China，by Topex/Poseidon satellite altimetry.Environmental Monitoring and Assessment，2006，115（1-3）：23-27.

[6] Li Jingbao，Yin Hui，Chang Jiang，et al.Sedimentation effects of the Dongting Lake area[J].Journal of GeographicalSciences，2009，19（3）：287-298.

[7] Yao Zhigang.Comparison between BCR sequential extraction and geo-accumu-lation method to evaluate metal mobility in sediments of Dongting Lake，Central China.Chinese Journal of Oceanology and Limnology，2003，26（1）：14-22.

[8] Qian Y，Zheng M H，Gao L，et al.Heavy metal contamination and its environmental risk assessment in surface sediments from Lake Dongting，People's Republic of China.Bulletin of Environmental Contamination and Toxicology，2005，75（1）：204-210.

[9] Yao Zhigang，Bao Zhengyu Gao Pu.Environmental assessments of trace metals in sediments from Dongting Lake，central China[J].Journal of China University of Geosciences，2006，17（4）：310-319.

[10] BoothM，Guyatt H L，Li Y S，et al.The morbidity attributable to Schistosoma japonicum infection in 3 villages in Dongting Lake region，Hunan Province，PR China.Tropical Medicine & International Health，1996，1（5）：646-654.

[11] Ross A G，Li Yuesheng，Sleigh A S，et al.Epidemiologic features of Schistosoma japonicum among fishermen and other occupational groups in the Dongting Lake region（Hunan Province）of China.The American Journal of Tropical Medicine and Hygiene，1997，57（3）：302-308.

[12] Liu Jinming，Zhu Chunxia，ShiYaojun，et al.Surveillance of Schistosoma japonicum infection in domestic ruminants in the Dongting Lake region，Hunan Province，China.Plos One，2012，7（2）：1-5.

[13] Raso G，Li Yuesheng，Zhao Zhengyuan，et al.Spatial distribution of human Schistosoma japonicum infections in the Dongting Lake region，China.Plos One，2009，4（9）：1-10.

[14] 张婷，李德亮，许宝红，等. 西洞庭湖区养殖水体浮游植物调查与水质评价. 水生态学杂志，2009，2（5）：12-18.

[15] 国家环境保护总局. 地表水环境质量标准. GB 3838—2002.北京：中国环境科学出版社，2002.

[16] 国家环境保护总局. 水和废水监测分析方法. 4 版. 北京：中国环境科学出版社，2002.

[17] 中国环境监测总站. 湖泊（水库）富营养化评价方法及分级技术规定. 北京：中国环境科学出版社，2001.

[18] 万群，李飞，祝慧娜，等. 东洞庭湖沉积物中重金属的分布特征、污染评价与来源辨析. 环境科学研究，2011，24（12）：1378-1384.

[19] Du Yun，Cai Shuming，Zhang Xiaoyang，et al.Interpretation of the environmental change of Dongting Lake，middle reach of Yangtze River，China，by 210Pb measurement and satellite image analysis.Geomorphology，2001，41（2-3）：171-181.

[20] Xiang L，LuX X，Higgitt D L，et al.Recent lake sedimentation in the middle and lower Yangtze basin inferred from 137Cs and 210Pb measurements. Journal of Asian Earth Sciences，2002，21（1）：77-86.

[21] 黄群，孙占东，姜加虎. 三峡水库运行对洞庭湖水位影响分析. 湖泊科学，2011，23（3）：424-428.

[22] 秦迪岚，黄哲，罗岳平，等. 洞庭湖区污染控制区划与控制对策. 环境科学研究，2011，24（7）：748-755.

[23] 杨汉，黄艳芳，李利强，等. 洞庭湖的富营养化研究. 甘肃环境研究与监测，1999，12（3）：120-122.

[24] Yang Bo，Liu Yupeng，Ou Fuping，et al.Temporal and spatial analysis of cod concentration in East Dongting Lake by using of remotely sensed data.Procedia Environmental Sciences，2011，10：2703-2708.

[25] 钱益春，何平. 1998—2006年太湖水质变化分析. 江西农业大学学报，2009，31（2）：370-374.

[26] 王伟，卢少勇，金相灿，等. 洞庭湖沉积物及上覆水体氮的空间分布. 环境科学与技术，2010，33（12F）：6-10.

[27] 张建明，余建青，刘妍.洞庭湖富营养评价指标分析及富营养化评价.内陆水产，2006，2：43-44.

[28] DAI Shibao，YANG Shilun，ZHU Jun，et al.The role of Lake Dongting in regulating the sediment budget of the Yangtze River.Hydrology and Earth System Sciences，2005，9（6）：692-698.

[29] XU Kehui，MILLIMAN J D.Seasonal variations of sediment discharge from the Yangtze River before and after impoundment of the Three Gorges Dam.Geomorphology，2009，104（3/4）：276-283.

[30] CHANG Jiang，LI Jingbao，LU Dianqing，et al. The hydrological effect between Jingjiang River and Dongting Lake during the initial period of Three Gorges Project operation.Journal of Geographical Sciences，2010，20（5）：771-786.

[31] Li Jinbao，Qin Jianxin，Wang Kelin，et al.The response of environment system changes of Dongting Lake to hydrological situation.Acta Geographica Sinica，2004，59（2）：239-248.

[32] 李利强，张建波. 洞庭湖浮游植物调查与水质评价. 江苏环境科技，1999，12（4）：14-16.

[33] 章宗涉，黄祥飞. 淡水浮游生物研究方法. 北京：科学出版社，1991：52-53.

[34] 窦鸿身，姜加虎. 洞庭湖. 合肥：中国科学技术大学出版社，2000.

此文章刊登于《环境科学研究》2013年第1期

洞庭湖水环境健康风险评价

张光贵
（湖南省洞庭湖生态环境监测中心，岳阳 414000）

摘　要：为研究洞庭湖水环境污染对人体健康产生的危害风险，根据 2009—2011 年洞庭湖水质监测数据，采用美国环境保护署（USEPA）推荐的水环境健康风险评价模型，对洞庭湖通过饮用水途径引起的水环境健康风险进行了评价。评价结果表明：由毒性物质所致健康危害的个人年总风险在 $1.37\times10^{-5}\sim3.06\times10^{-5}a^{-1}$，平均为 $1.84\times10^{-5}a^{-1}$，低于美国环境保护署（USEPA）推荐的最大可接受风险水平 $1\times10^{-4}a^{-1}$；毒性物质总健康风险主要来自 As；水环境健康风险呈现出东洞庭湖、南洞庭湖＞西洞庭湖的空间分布和丰水期＞枯水期＞平水期的水期变化特征；水环境健康风险污染物 As 主要来源于湘江，因此，加强湘江流域重金属特别是 As 的污染治理是降低洞庭湖水环境健康风险的有效途径。

关键词：水环境；健康风险评价；洞庭湖

Water environmental health risk assessment of Dongting Lake

Zhang Guanggui
(Dongting Lake Eco-Environmental Monitoring Center of Hunan Province，Yueyang　414000)

Abstract：To study the risk of Dongting Lake water pollution on human health，based on the water quality monitoring data of Dongting Lake from 2009 to 2011，we assessed the potential health risk of Dongting Lake through drinking employing the model for water environmental health risk analysis recommended by USEPA. The results show that the total health risk caused by toxic substances to the individual person per year are $1.37\times10^{-5}\sim3.06\times10^{-5}a^{-1}$，average $1.84\times10^{-5}a^{-1}$，which less than the maximum acceptable level $1\times10^{-4}a^{-1}$ recommended by USEPA. The total health risk of toxic substances mainly from As，on the spatial distribution，the water environment health risk of East Dongting Lake and South Dongting Lake ＞ West Dongting Lake，while on the time distribution，high water period ＞low water period ＞ normal water period. The water environment health risk pollutant As mainly from the Xiangjiang River，therefore，stricter governing of heavy metals in Xiangjiang River basin，especially As，is an effective way to reduce the water environmental health risk of Dongting Lake.

Key words：water environment；health risk assessment；Dongting Lake

洞庭湖是我国第二大淡水湖，作为目前长江中游荆江段唯一与长江干流直接相通的湖泊，洞庭湖具有调蓄、饮用等重要生态功能，多年平均径流量 3 126 亿 m^3[1]，约占长江多年平均径流量的 1/3，是洞庭湖区乃至长江中下游人民重要的生活饮用水水源和我国重要的淡水资源储备地，其水质的好坏直接影响洞庭湖区乃至长江中下游人民群众的身体健康。尽管目前洞庭湖水质尚可，然而随着洞庭湖流域社会经济的迅速发展，洞庭湖水质呈总体下降趋势[2]，因此开展洞庭湖水环境健康风险评价研究具有十分重要的意义。

健康风险评价是一种把污染物与人体健康联系起来，进而判断环境是否安全的评价方法[3]，水环境健康风险评价是20世纪80年代后兴起的健康风险评价的重要组成部分，是建立水体污染与人体健康定量联系的一种评价方法，其目的是通过水体污染物危害鉴定、污染物暴露评价和污染物与人体的剂量—反应关系分析等定量评估水体污染物对人体健康危害的潜在风险[4]，由美国率先提出，20世纪90年代开始在我国得到应用[5]。目前，我国水环境健康风险评价研究主要是针对河流和水库，而对大型湖泊进行水环境健康风险评价研究的还不多见，就以往洞庭湖水环境研究而言，主要是从环境污染的角度出发，侧重于洞庭湖水质污染的来源、现状与变化趋势以及营养水平等方面的研究[6-9]，与人体健康联系较少。本文利用2009—2011年洞庭湖10个断面的水质监测数据，采用美国环境保护署（USEPA）推荐的水环境健康风险评价模型，对洞庭湖水环境健康风险进行评价，以期为洞庭湖水环境风险管理提供科学依据。

1 材料和方法

1.1 研究区概况

洞庭湖位于湖南省北部、长江中游荆江南岸，北接长江松滋、太平、藕池三口，南纳湘、资、沅、澧四水，经城陵矶汇入长江，湖体呈近似“U”字形，总流域面积25.72万km^2，集水面积104万km^2[6]，水位33.50 m时（岳阳站，黄海基面），湖长143.00 km，最大湖宽30.00 km，平均湖宽17.01 km，湖泊面积2 625 km^2，最大水深23.5 m，平均水深6.39 m，相应蓄水量167亿m^3。受泥沙淤积、筑堤建垸等自然和人类活动的影响，洞庭湖现已明显地分化为西洞庭湖、南洞庭湖和东洞庭湖3个不同的湖泊水域。洞庭湖为一典型的过水性湖泊，其水流方向大致为西洞庭湖→南洞庭湖→东洞庭湖→长江[6]，年内水位变幅大，洪枯水情突出，汛期入湖径流量占全年的74.6%，呈现出洪水一大片、枯水一条线的湿地景观，一般12月至次年2月为枯水期，5—9月为丰水期，其余月份为平水期。

1.2 水环境健康风险评价模型

污染物质通过饮用水进入人体后，其引起的健康风险主要包括基因毒性物质（致癌物）健康风险和躯体毒性物质（非致癌物）健康风险，其计算公式分别为：

$$R_c=\sum R_{ci}=\sum[1-\exp(-D_i \cdot Q_i)]/70 \quad (1)$$

$$R_n=\sum R_{ni}=\sum(D_i/RFD_i)\times 10^{-6}/70 \quad (2)$$

式中，R_{ci} —— 基因毒性物质i通过饮用水途径产生的年平均致癌风险，a^{-1}；

R_{ni} —— 躯体毒性物质i通过饮用水途径产生的年平均健康风险，a^{-1}；

D_i —— 毒性物质i的单位体重日均暴露剂量，$mg \cdot kg^{-1} \cdot d^{-1}$；

Q_i —— 基因毒性物质i通过饮用水途径产生的致癌强度系数，$(mg \cdot kg^{-1} \cdot d^{-1})^{-1}$；

RFD_i —— 躯体毒性物质i通过饮用水途径摄入的参考剂量，$mg \cdot kg^{-1} \cdot d^{-1}$；

70 —— 人类平均寿命，a。

毒性物质通过饮用水途径对人体的日均暴露剂量（D_i）按下式计算：

$$D_i = 2.2 \times C_i / 70 \tag{3}$$

式中，2.2 —— 成人每日平均饮水量，L；

C_i —— 饮用水体中各污染物质的实测浓度，mg/L；

70 —— 人均体重，kg。

假定各污染物质对人体健康危害的毒性作用不存在拮抗或协同关系，则污染物质通过饮用水途径对人体产生的总健康风险 $R_{总} = R_c + R_n$。

1.3 研究区水质监测数据

根据国际癌症研究中心（IARC））对化学物的分类，属于 1 类（对人体致癌性证据充分）和 2 类 A 组（对人体致癌性证据有限，但对动物致癌性证据充分）的化学物质为化学致癌物，其他为非致癌化学有毒物质（非致癌物）。依此分类，2009—2011 年，洞庭湖水体检测出的危害人体健康的毒性物质主要有基因毒性物质（致癌物）As、Cd 和躯体毒性物质（非致癌物）NH_3-N、氟化物，其各监测断面（见图 1）的三年平均值统计见表 1。

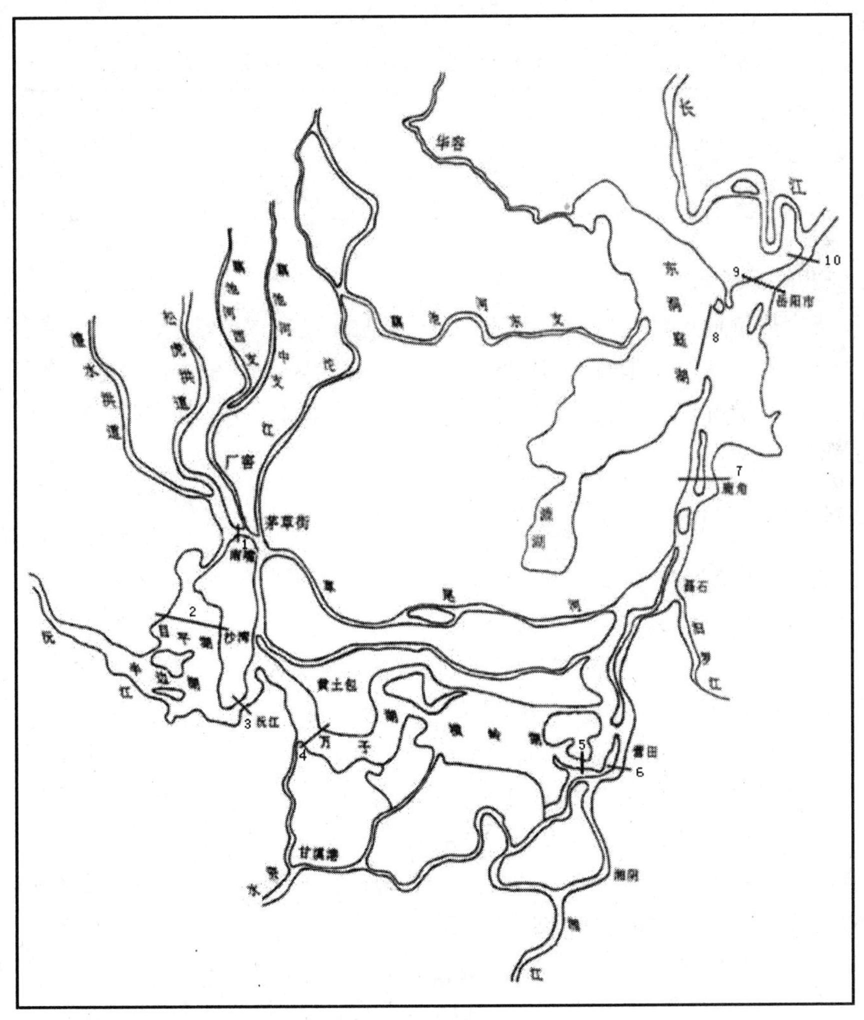

1—南嘴；2—目平湖；3—小河嘴；4—万子湖；5—横岭湖；6—虞公庙；7—鹿角；

8—东洞庭湖；9—岳阳楼；10—洞庭湖出口

图 1　洞庭湖水质监测断面

表 1 洞庭湖水质监测数据 单位：mg/L

监测项目	西洞庭湖			南洞庭湖			东洞庭湖			
	南嘴	目平湖	小河嘴	万子湖	横岭湖	虞公庙	鹿角	东洞庭湖	岳阳楼	洞庭湖出口
As	0.002 4	0.002 0	0.002 1	0.002 0	0.002 6	0.004 5	0.003 0	0.002 7	0.002 8	0.002 9
Cd	0.000 06	0.000 07	0.000 07	0.000 07	0.000 08	0.000 12	0.000 07	0.000 06	0.000 06	0.000 06
NH_3-N	0.284	0.234	0.196	0.198	0.224	0.391	0.346	0.348	0.392	0.364
氟化物	0.22	0.17	0.17	0.17	0.20	0.30	0.24	0.28	0.24	0.24

注：数据来源于 2009 年、2010 年和 2011 年《湖南省洞庭湖水环境质量监测年报》。

1.4 模型参数的选择

模型中基因毒性物质（致癌物）的致癌强度系数和躯体毒性物质（非致癌物）饮水暴露的参考剂量均参照美国环境保护署（USEPA）标准，具体见表 2。

表 2 基因毒性物质致癌强度系数和躯体毒性物质的参考剂量

基因毒性物质	Q_i/（$mg \cdot kg^{-1} \cdot d^{-1}$）$^{-1}$	躯体毒性物质	RFD_i/（$mg \cdot kg^{-1} \cdot d^{-1}$）
As	15	NH_3-N	0.97
Cd	6.1	氟化物	0.06

1.5 评价标准的确定

水环境风险评价通过建立人体健康与环境污染的关系，定量描述各种环境污染物对人体健康造成的危害及其发生概率，其结果与国际推荐的风险水平对比，使风险管理国际化。考虑到我国的实际情况，本研究选取美国环境保护署（USEPA）推荐的最大可接受风险水平 $1\times10^{-4}a^{-1}$ 作为评价标准[10]。

2 结果与讨论

2.1 水环境健康风险评价结果

洞庭湖水环境健康风险评价结果见表 3。

从表 3 可以看出，As 由饮用水途径所致健康危害的个人风险在 1.35×10^{-5}～$3.03\times10^{-5}a^{-1}$ 之间，平均为 $1.82\times10^{-5}a^{-1}$，占总健康风险的 98.9%，Cd 由饮用水途径所致健康危害的个人风险在 1.64×10^{-7}～$3.29\times10^{-7}a^{-1}$ 之间，平均为 $1.97\times10^{-7}a^{-1}$，基因毒性物质由饮用水途径所致健康危害的个人风险 As＞Cd；NH_3-N 由饮用水途径所致健康危害的个人风险在 9.07×10^{-11}～$1.81\times10^{-10}a^{-1}$ 之间，平均为 $1.38\times10^{-10}a^{-1}$，氟化物由饮用水途径所致健康危害的个人风险在 1.27×10^{-9}～$2.24\times10^{-9}a^{-1}$ 之间，平均为 $1.67\times10^{-9}a^{-1}$，躯体毒性物质由饮用水途径所致健康危害的个人风险氟化物＞NH_3-N。

躯体毒性物质由饮用水途径所致健康危害的个人年风险很小，在 1.36×10^{-9}～$2.43\times10^{-9}a^{-1}$ 之间，平均为 $1.81\times10^{-9}a^{-1}$，仅为总健康风险的 0.01%，低于荷兰建设和环境保护部推荐的可忽略风险水平[10]。

表 3 洞庭湖水环境健康风险评价结果（a^{-1}）

水域断面		R_{cAs}	R_{cCd}	$R_{nNH3\text{-}N}$	$R_{n\,氟化物}$	R_c	R_n	$R_{总}$
西洞庭湖	南嘴	1.62×10^{-5}	1.64×10^{-7}	1.31×10^{-10}	1.65×10^{-9}	1.63×10^{-5}	1.78×10^{-9}	1.63×10^{-5}
	目平湖	1.35×10^{-5}	1.92×10^{-7}	1.08×10^{-10}	1.27×10^{-9}	1.37×10^{-5}	1.38×10^{-9}	1.37×10^{-5}
	小河嘴	1.41×10^{-5}	1.92×10^{-7}	9.07×10^{-11}	1.27×10^{-9}	1.43×10^{-5}	1.36×10^{-9}	1.43×10^{-5}
南洞庭湖	万子湖	1.35×10^{-5}	1.92×10^{-7}	9.16×10^{-11}	1.27×10^{-9}	1.37×10^{-5}	1.36×10^{-9}	1.37×10^{-5}
	横岭湖	1.75×10^{-5}	2.19×10^{-7}	1.04×10^{-10}	1.50×10^{-9}	1.77×10^{-5}	1.60×10^{-9}	1.77×10^{-5}
	虞公庙	3.03×10^{-5}	3.29×10^{-7}	1.81×10^{-10}	2.24×10^{-9}	3.06×10^{-5}	2.43×10^{-9}	3.06×10^{-5}
东洞庭湖	鹿角	2.02×10^{-5}	1.92×10^{-7}	1.60×10^{-10}	1.80×10^{-9}	2.04×10^{-5}	1.96×10^{-9}	2.04×10^{-5}
	东洞庭湖	1.82×10^{-5}	1.64×10^{-7}	1.61×10^{-10}	2.10×10^{-9}	1.83×10^{-5}	2.26×10^{-9}	1.83×10^{-5}
	岳阳楼	1.88×10^{-5}	1.64×10^{-7}	1.81×10^{-10}	1.80×10^{-9}	1.90×10^{-5}	1.98×10^{-9}	1.90×10^{-5}
	洞庭湖出口	1.95×10^{-5}	1.64×10^{-7}	1.68×10^{-10}	1.80×10^{-9}	1.97×10^{-5}	1.96×10^{-9}	1.97×10^{-5}
全湖平均		1.82×10^{-5}	1.97×10^{-7}	1.38×10^{-10}	1.67×10^{-9}	1.84×10^{-5}	1.81×10^{-9}	1.84×10^{-5}

由毒性物质所致健康危害的个人年总风险主要来自 As，在 1.37×10^{-5}～$3.06\times10^{-5}a^{-1}$，平均为 $1.84\times10^{-5}a^{-1}$，均低于美国环境保护署（USEPA）推荐的最大可接受风险水平 $1\times10^{-4}a^{-1}$。孙树青等[5]在 2006 年评价湘江干流水环境健康风险时得出毒性物质由饮用水途径所致健康危害的个人风险 As 最大，秦普丰等[11]对湘江湘潭段、刘丽等[12]对湘江株洲段进行水环境健康风险评价时得出了同样的结论。

2.2 水环境健康风险的空间分异

不同湖区水环境健康风险分别见表 4、图 2。

表 4 不同湖区水环境健康总风险

湖区	西洞庭湖	南洞庭湖	东洞庭湖	全湖
$R_{总}$（$10^{-5}a^{-1}$）	1.48	2.07	1.94	1.84

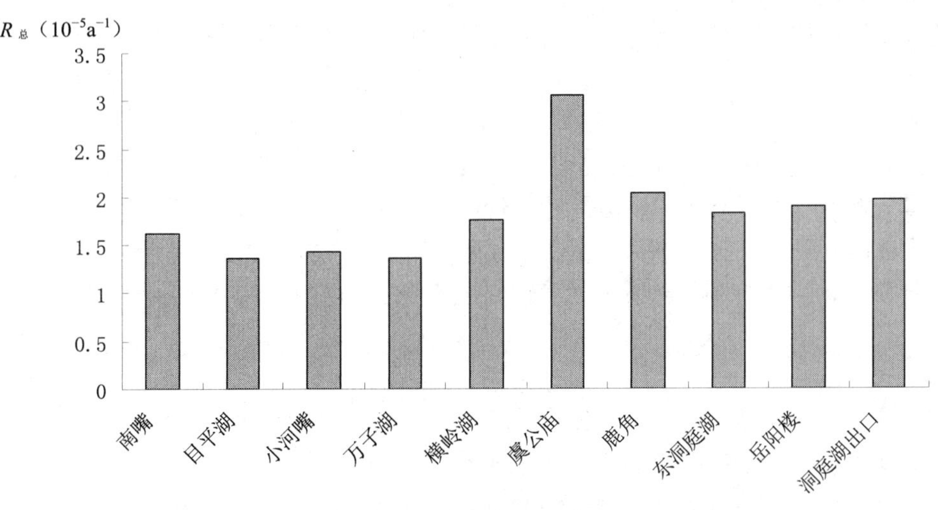

图 2 洞庭湖水环境健康总风险的空间分布

从表 4、图 2 可以看出，洞庭湖水环境健康总风险表现为东、南洞庭湖＞全湖＞西洞庭湖，总体上呈现出从上游到下游风险逐渐增加的趋势，除东洞庭湖断面外，从虞公庙到洞庭湖出口断面的 $R_{总}$值均大于全湖平均值，全湖以南洞庭湖虞公庙断面的 $R_{总}$值最大，为 $3.06\times10^{-5}a^{-1}$，是全湖平均值的 1.66 倍。

2.3 水环境健康风险的水期分异

不同水期水环境健康风险见表 5。

表 5 不同水期水环境健康总风险

水期	枯水期	平水期	丰水期	全年
$R_{总}$（$10^{-5}a^{-1}$）	1.90	1.71	1.97	1.84

从表 5 可以看出，洞庭湖水环境健康总风险表现为丰水期＞枯水期＞全年＞平水期，表明洞庭湖水环境健康风险受汛期入湖径流影响较大。尽管丰水期水量大，湖泊水体自净能力强，然而丰水期污染物入湖量也大，再加上受长江洪水的顶托，污染物相对富集，造成洞庭湖丰水期水环境健康风险较高。

2.4 水环境健康风险的主要来源

相关研究结果表明，除湖区自身工业、农业和居民生活污染外，洞庭湖水体污染物主要来源于入湖河道[13]。湘江是湖南省第一大河流，自南向北经虞公庙汇入东洞庭湖。2011 年湖南省环境状况公报显示，As、NH_3-N 等是湘江流域的主要污染物，受入湖河流湘江的影响，从虞公庙到洞庭湖出口水域 As、NH_3-N 等污染物浓度明显偏高，导致该水域水环境健康风险明显增大。杨忠芳等的研究结果表明[14]，由于湘江流域分布着各种矿化作用形成的铅锌矿、钨锡矿、铜矿和其他多金属矿，造成水体中 As 等含量较高，湘江 As 的入湖年通量为 961.43t，占湘资沅澧四水入湖年通量的 63.16%，其中溶解态占 84.42%。可见，湘江是虞公庙到洞庭湖出口水域水环境健康风险的主要来源。

2.5 对水环境管理的启示

上述水环境健康风险评价结果表明，洞庭湖主要水环境健康风险污染物为 As，然而洞庭湖各监测断面 As 不大于 0.004 5 mg/L，小于《地表水环境质量标准（GB 3838—2002）》中的 I 类标准值 0.05 mg/L，不到 I 类标准值的 1/10，采用《地表水环境质量评价办法（试行）》对洞庭湖水质进行评价，As 并非主要污染物。尽管两种评价体系在方法上存在一定的差异，其结果不可以直接比较，但两种评价结果的差异仍可以说明：仅仅根据水质监测参数对水质进行分等定级评价不足以真正揭示水体中各污染物对人体健康的潜在危害。因而采取何种方法评价湖泊水环境质量并直接反应水体污染对人类健康的潜在危害，值得进一步研究。

3 结论

（1）洞庭湖由毒性物质所致健康危害的个人年总风险在 1.37×10^{-5}～$3.06\times10^{-5}a^{-1}$，平均为 $1.84\times10^{-5}a^{-1}$，低于美国环境保护署（USEPA）推荐的最大可接受风险水平 $1\times10^{-4}a^{-1}$。毒性物质总健康风险主要来自 As。

（2）洞庭湖水环境健康风险呈现出东洞庭湖、南洞庭湖＞西洞庭湖的空间分布和丰水期＞枯水期＞平水期的水期变化特征。

（3）洞庭湖水环境健康风险污染物 As 主要来源于湘江，因此，加强湘江流域重金属特别是 As 的污染治理是降低洞庭湖水环境健康风险的有效途径。

（4）在水环境健康风险评价过程中，未考虑除饮用水途径以外的其他暴露途径，如皮肤接触和吸入等，因此，本研究所得的风险值应小于实际存在的风险值。

参考文献

[1] 窦鸿身，姜加虎. 洞庭湖. 合肥：中国科学技术大学出版社，2000，3-10.

[2] 饶建平，易敏，符哲，等. 洞庭湖水质变化趋势的研究. 岳阳职业技术学院学报，2011，26（3）：53-57.

[3] 李祥平，齐剑英，陈永亨，等. 广州市主要饮用水水源中重金属健康风险的初步评价. 环境科学学报，2011，31（3）：547-553.

[4] 邹滨，曾永年，Benjamin F.Zhan，等. 城市水环境健康风险评价. 地理与地理信息科学，2009，25（2）：94-98.

[5] 孙树青，胡国华，王勇泽，等. 湘江干流水环境健康风险评价. 安全与环境学报，2006，6（2）：12-15.

[6] 张敏，张伟军. 洞庭湖水质状况分析与水环境保护研究. 长江工程职业技术学院学报，2011，28（4）：16-18，23.

[7] 卜跃先，陆强国，谭建强. 洞庭湖水质污染状况与综合评价. 人民长江，1997，28（2）：40-43.

[8] 黄代中，万群，李利强，等. 洞庭湖近 20 年水质与富营养化状态变化. 环境科学研究，2013，26（1）：27-33.

[9] 李正最，谢悦波. 洞庭湖富营养化支持向量机评价模型研究. 人民长江，2010，41（10）：75-78.

[10] 倪彬，王洪波，李旭东，等. 湖泊饮用水水源地水环境健康风险评价. 环境科学研究，2010，23（1）：74-79.

[11] 秦普丰，雷鸣，郭雯. 湘江湘潭段水环境主要污染物的健康风险评价. 环境科学研究，2008，21（4）：190-195.

[12] 刘丽，秦普丰，李细红，等. 湘江株洲段水环境健康风险评价. 环境科学与管理，2011，36（4）：173-176.

[13] 何介南，康文星，袁正科. 洞庭湖湿地污染物的来源分析. 中国农学通报，2009，25（17）：239-244.

[14] 杨忠芳，夏学齐，余涛，等. 湖南洞庭湖水系 As 和 Cd 等重金属元素分布特征及输送通量[J]. 现代地质，2008，22（6）：897-908.

此文章刊登于《湿地科学与管理》2013 年第 4 期

湘江流域湘潭段水体中氨氮变化趋势的研究

徐　欣
（湖南省湘潭市环境保护监测站，湘潭　411104）

摘　要：对湘江流域湘潭段 2001—2010 年近 10 年来氨氮的污染状况、变化趋势、污染原因等进行分析。结果表明：2001—2010 年，湘江湘潭段的氨氮污染虽有起伏变化，但仍显显著上升趋势，2007 年发展至顶峰，随后逐年下降；涟水湘潭段的氯氛污染值自 2006 年起呈不显著下降趋势；从 2008 年开始湘江流域湘潭段氨氮年均值未再超标。

关键词：氨氮；污染；湘潭；湘江流域

Change of Ammonia--Nitrogen pollution in Xiangtan section of Xiang Jiang Valley

Xu Xin
（Xiangtan city environmental protection monitoring station of Hunan Province，
Xiangtan 411104）

Abstract：The comprehensive analysis was made to the pcllution of ammonia-nitrogen in Xiangj iangRivexbasin of pollution condition and change trend in the latest 10 years. The results show that thepollution of ammonia-nitrogen in Xiangj iang River basin despite ups and downs rise trend，but still has significant thanges 07 development topeak，then gradually decreased；Ammonia-nitrogen pollution in Xiangtan Section of Lianshui Rivel were not significantdecline since 2006；Ammonia-nitrogen pollution in Xiangtan section of Xiangj iang River basin aerage not to exceedbid since 2008.

Key words：NH-N；pollution；Xiangtan section；Xiangjiang Valley

前言

湘潭湘江流域主要包括湘江湘潭段和涟水河湘潭段，其中湘江自衡阳进入湘潭县流经 19 km 后，由东北到西南，又由西南折向东北在市区内呈牛角弯状，贯穿湘潭市区，最后从易家湾进入长沙市，湘江湘潭段全长 42 km；涟水河自湘潭县河口镇汇入湘江。湘江流域湘潭段是湘潭市工、农业用水水源和排涝河道，也是区内各类污水的重要通道。其中就有氨氮污染的危害[1-3]，以有机态氮和无机态氮的形式存在。无机态氮主要是氨氮、亚硝酸盐氮和硝酸盐氮；有机态氮在微生物作用下转换成氨氮，在有氧条件下，经亚硝酸菌作用转化为亚硝酸态氮，再经硝酸菌作用进一步转化为硝酸态氮。如果长期饮用此种含亚硝酸盐的水，水中的亚硝酸盐将和蛋白质结合形成亚硝胺，这是一强致物质，对人体健康极为不利[4]。超标会影响城市饮用水水源的取水水质及河流的水生生态与环境[5-10]。通过对氨氮在地表水中污染现状、变化趋势及污染源分布原因进行较全面的调查分析，提出水环境中氨氮容量及总量控制指标，制定氨氮污染防治规划，将有利于提高地表水及饮用水水源水质，为湘江流域污染综合防治和环境的改善提供科学依据。

1 湘江流域湘潭段氨氮污染变化趋势

1.1 湘江湘潭段氨氮污染趋势分析

根据 2001—2010 年 10 年来的水质监测数据统计，计算每年湘江湘潭段监测断面氨氮含量的平均值，分析氨氮含量在近十年间的变化趋势如图 1 所示。从图 1 可以看出 2001 — 2010 年，湘江湘潭段的氨氮污染虽有起伏变化但仍呈显著上升趋势。2001—2007 年氨氮年均值逐年上升，于 2007 年发展至顶峰，2007 年年平均值为 1.03 mg/L，超标率为 38.89%，随后开始逐年下降。“十一五”期间氨氮成为湘江湘潭段首要污染指标，而“十五”期间湘江湘潭段首要污染指标是汞和镉。

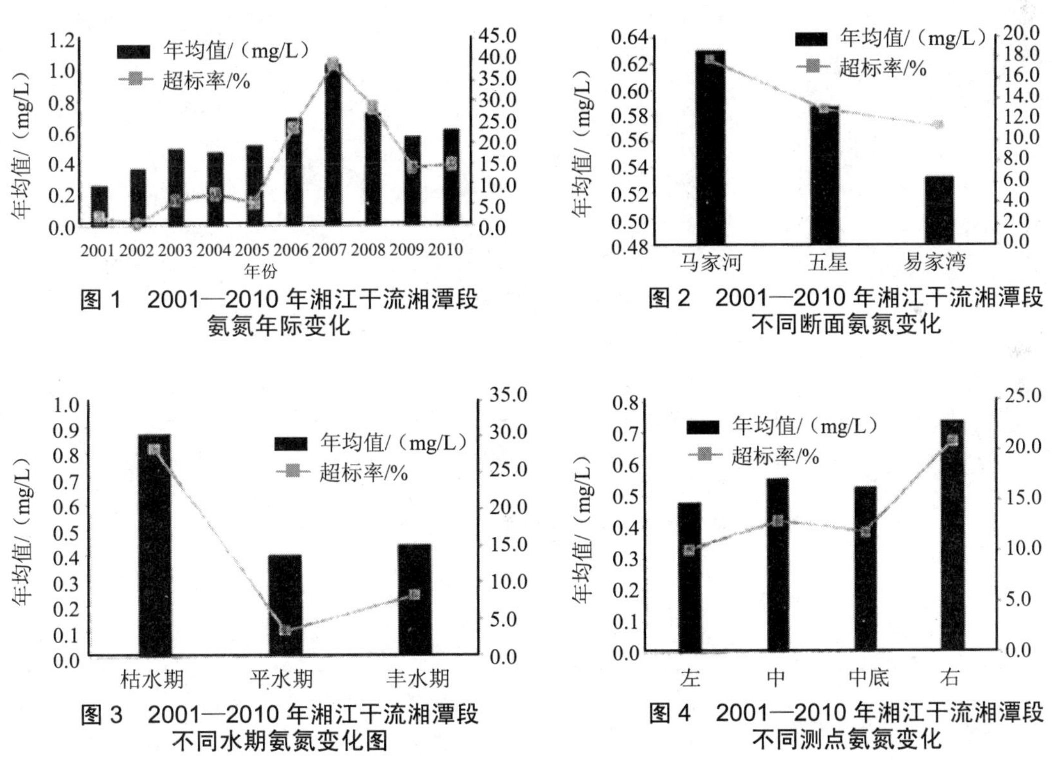

图 1 2001—2010 年湘江干流湘潭段氨氮年际变化

图 2 2001—2010 年湘江干流湘潭段不同断面氨氮变化

图 3 2001—2010 年湘江干流湘潭段不同水期氨氮变化图

图 4 2001—2010 年湘江干流湘潭段不同测点氨氮变化

湘江湘潭段氨氮污染从入境断面至出境断面沿程逐步降低，见图 2。湘江湘潭段枯水期氨氮污染明显高于其他两个水期，而在平水期水量明显小于丰水期的状况下，丰水期的氨氮污染反而稍高于平水期，见图 3。湘江湘潭段右测点的氨氮污染最重，而左测点污染最轻，见图 4。趋势分析表明：湘江湘潭段氨氮年均近十年来总的趋势是显著上升，2007 年发展至顶峰，随后逐年下降。随着“污染减排”工作和“蓝天—碧水工程”

的开展，湘潭市完成了氨氮污染重点企业的整治，湘潭市氨氮主要污染源之一的湘潭碱业公司的氨氮排放量由过去的 4t/d 下降到现在的 1t/d；另外河西污水处理厂的截流工程、湘潭钢铁有限公司的中水回用工程、湘乡皮革工业的污染整治、湘潭碱业有限公司的淡液蒸馏处理工程、金天能源的氨水吹脱工程等指标的建设和运行监督，削减了湘江和涟水氨氮的污染。"十一五"期间，新建湘潭县污水处理厂、湘乡市污水处理厂、韶山市污水处理厂、市河东污水处理厂、市河西污水处理厂二期（九华管网工程）5 座城市污水处理厂及配套管网建设，处理能力达到 26 万 t/d，城市污水集中处理率由 2005 年的 1.15% 上升到 75.4%，减少氨氮排放 1 000t。因此，湘江湘潭段和涟水湘潭段的氨氮年均值从 2008 年开始未再出现超标。

1.2 涟水湘潭段氨氮污染趋势分析

"十一五"期间，涟水湘潭段首要污染指标是氨氮，其年均值呈显著下降趋势，2006—2007 年污染较严重，2006 年氨氮年均值达劣Ⅴ类标准，2007 年达Ⅳ类标准，随后三年水质明显改善均达到Ⅲ类标准，见图 5。涟水湘潭段自上而下 4 个断面中，夏梓桥断面氨氮污染负荷最重；其次是文家滩、西阳渡口；下游涟水桥断面污染负荷最轻，见表 1。

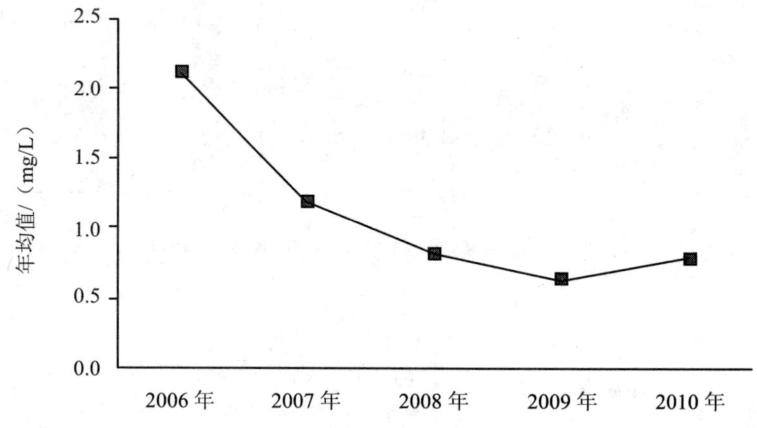

图 5 涟水湘潭段氨氮年际变化（2006—2010 年）

表 1 2006—2010 年涟水湘潭段氨氮浓度变化情况

年度	西阳渡口	夏梓桥	文家滩	涟水桥	全河段
2006	1.70	2.56	2.28	1.91	2.11
2007	0.950	1.18	1.14	1.45	1.18
2008	0.860	1.07	0.780	0.540	0.813
2009	0.770	0.894	0.420	0.310	0.599
2010	0.680	1.05	0.640	0.690	0.765
五年平均值	0.992	1.35	1.05	0.980	—
负荷比/%	22.7	30.9	24.0	224	—

2 湘江流域湘潭段氨氮污染原因分析

2.1 生活和农业是湘江湘潭段氨氮污染的主要原因

根据 2010 年湘潭市污染源普查结果显示，城镇生活源和农业源的氨氮排放量分别占到了全市总量的 52%和 37%，由此可见，氨氮主要来自于生活污染和农业污染（见图 6）。氨氮污染指数的急剧上升说明湘江流域在此期间随着经济和社会的发展，人们消费水平的提高，城市人口的增加，城市生活污水污染日趋严重，同时农业污染也在加剧。

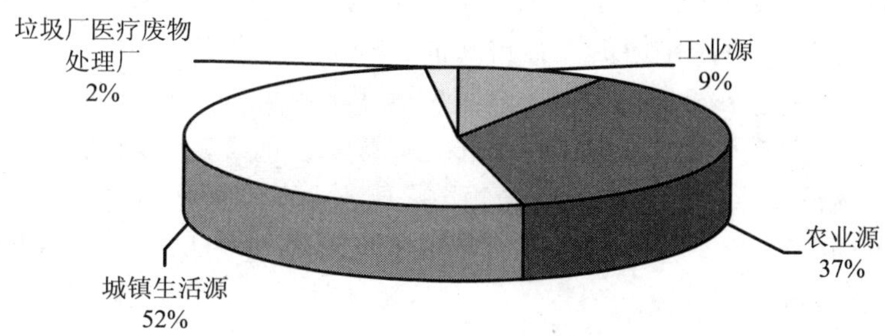

图 6　2010 年湘潭市氨氮污染源分布比例

湘潭市城镇人口由 2001 年的 103.77 万人增加到 2010 年的 140.72 万人，年均增长 3.7 万人，生活污水排放量由 2001 年的 7 575 万 t 增长到 2010 年的 10 273 万 t。生活污水排放量逐年增加，与之不对应的是湘潭市的污染处理设施建设的滞后，致使大量生活污水直接排入湘江流域。

湘潭市自然社会条件较好，农业发达特别是实行生产承包责任制以来，农药化肥的使用量大大增加。据统计，农药化肥使用量每年大约递增 6%，有机肥的使用量大量减少，而化肥的利用率只有 30%，使大量氮（磷）有机物进入水体。另外，随着经济的发展，家禽养殖等面源污染不断上升，致使水体氨氮等污染十分突出。

2.2 湘江湘潭段上游氨氮污染负荷较重

通过分析近 10 年来的湘江湘潭段氨氮沿程变化可知；入境断面马家河的污染负荷比为 35.0%，污染最重；控制断面五星为 34.1%，污染次之；出境断面易家湾为 30.9%，污染最轻。氨氮污染从入境断面至出境断面沿程均呈逐步下降趋势，由此可知湘江湘潭段上游氨氮污染较重。形成这种特征有以下几个原因：一是地理位置所致。湘潭市地处重工业城市下游，上游城市化工、冶炼厂的长期大量超标排污和冶炼、化工厂渣场的渗漏以及生活废水的排放对湘潭市和下游城市饮用水安全造成了极大的影响。同时湘潭市与上游城市相距较近，从其工业区主要排污口到湘潭市马家河断面仅有 4 800 m。由于两断面之间距离较近，直接影响到湘潭市马家河断面的水质，使湘潭市氨氮本底值较高。二是湘江流经湘潭市距离较短。湘江湘潭段径流长度较短，造成水体自净作用体现不明显，加上湘潭市五星断面上游有湘钢的焦化口和炼铁口两大排污口，以及易家湾断面上游接纳了竹埠港新材料工业区、湘潭锰业集团的废水及湘潭市的大部分生活污水和农业用水，从而导致湘江湘潭段三个断面氨氮污染程度既接近又呈逐步下降趋势。

2.3 湘江右测点较其他测点污染较重

这种污染特征与湘潭市镉污染特征相似。主要是由湘潭市特定的工业布局决定的，霞湾、湘钢、竹埠港地区等工业污染源位于湘江右岸，废水排入湘江是造成右岸水质最差的主要原因。

2.4 涟水湘潭段氨氮污染较重

涟水湘潭段氨氮污染呈现出明显的中游污染重、上游污染次之、下游污染最轻的沿程变化特征。形成这种特征的主要原因有：一是湘潭市工业氨氮两大排放大户碱业公司、金宏泰均分布于涟水沿岸，其排放量分别占全市工业氨氮排放量的 27.2%和 14.7%，位居全市第 1 位和第 3 位。特别是涟水中游的夏梓桥断面受碱业公司影响最大。二是涟水中游的夏梓桥和文家滩断面分别位于湘乡市两大工业集中区下游。夏梓桥断面位于湘乡市市中心和主要工业区下游，受纳了大量城市生活污水和工业废水；而文家滩断面受纳了湘乡皮革工园的工业废水，因此涟水水中游氨氮污染较重。三是涟水在湘潭境内先后收纳了娄底市、湘乡市及沿途乡镇的生活污水。四是涟水沿途乡镇畜牧水产业发达，占到全市总体排放量的 60%以上，农业源污染不可小视。

3 防治对策

根据上述分析，提出如下对策：

（1）加快建设城市生活污水处理厂，提高城市生活污水处理率，是改善城市水环境的基本战略。

（2）建立污染源、入河排污口、排污总量分配的一一对应关系。把好污染源和入河排污口的关口，严格控制污染物入河流量。

（3）考虑到氨氮的削减比较困难，要求具有配套的脱氮工艺才可实现污水处理。建议对全市重点工业废水排放单位实施全过程控制管理。确保全市工业废水污染物排放量有较大下降。

（4）既要充分尊重水环境容量，即水环境的承载能力，又要合理利用水环境的自净能力，降低治污成本，促进经济的快速发展。

（5）减少农药、化肥的使用量，防治农业面源污染。加强对农药生产、销售和使用的管理，大力推广生物农药防治技术，尽量减少化学农药的使用量，尤其是高毒性农药的使用量，减少农药对水域的污染和水生动植物的危害。提高化肥利用率，避免多余化肥的流失，提倡多施有机肥、生物肥。通过种植豆科作物、绿肥来培肥地力，减少化肥使用量，从而减少使用化肥带来的氮、磷等富营养化物质对水域的污染。

（6）以“水污染物排放量—入河量—迁移扩散条件—水环境质量变化”为主线，做好污染源、水环境质量的监测、调查、统计工作，结合水文水情，及时报告和预报水环境变化、发展趋势。

参考文献

[1] Srinivasanr，Engel B A.A spalial decisionon svstemfor assessing agriculltural non-point source pol-lution.Water Resources Butlletin，1994，30（3）：441-452.

[2] Johnes PJ.Evaluation and management of theimpact of landuse on the nitrogen and phosphorus loaddelivered to surface waters；the export coefficient model-ing approach Journal of Hydrology，1996，183（3/4）；323-349.

[3] Erickson RJ.An evaluation of mathematicalmodels for the effects of pH and temperature on amino-nia toxicity to aquatic organisms. Water Research，1985，19（8）；1047-1058.

[4] 陈小威，刘文华，文新宇，等. 湘江株洲段氨氮污染变化趋势及规律研究. 中国环境监测，2012. 1（28）：17-19.

[5] 危俊婷，万军明. 内河涌氨氮污染的特征及其来源的研究. 中国环境监测，2006. 22（2）：62-64.

[6] Ankley G T，Schubauer BERICAN M K，MONSON PD. Influence of pH and hardness on toxicityof ammonia to the amphipod H yalella azteca.C anadi-an Journal of Fisheries and Aquatic Sciences. 1995，52（10）：2078-2083.

[7] 刘辉，张学洪，陆燕勤，等. 降雨径流对桂林桃花江水中氨氮和总磷的影响. 桂林工学院学报，2006，26（1）：23-27.

[8] 程红光，郝芳华，任希岩，等. 不同降雨条件下非点源污染氮负荷入河系数研究环境科学学报，2006，26（3）：392-397.

[9] 邬伦，李佩武. 降雨—产流过程与氮、磷流失特征研究. 环境科学学报，1996，16（1）：111-115.

[10] 闫振广，滥伟，刘征涛，等. 我国淡水生物氨氮基准研究. 环境科学，2011，32（6）：1564-1570.

此文章刊登于《中国环境管理》2013 年第 5 期

湘江干流沉积物中铅和镉的污染特征与评价

陈一清 黄钟霆 毕军平 易敏 黄河仙

摘 要：2007—2011 年连续 5 年采集了湘江干流水体沉积物，测定了沉积物样品中铅、镉的含量，同时对霞湾港沉积物中铅和镉的形态进行了分析，并利用地积累指数法和次生相与原生相比值法分别对沉积物中铅和镉的污染状况及生态风险进行了评价。结果表明：湘江水体沉积物中铅和镉的含量较高，其中松柏断面水体沉积物中的铅和镉最高；湘江霞湾港水体沉积物中镉以有机质和硫化物结合态为主；湘江松柏断面的地积累指数在时间上呈上升趋势，霞湾断面、马家河断面和昭山断面的地积累指数在时间上呈弱下降趋势，但松柏断面和霞湾断面沉积物中铅和镉的地积累指数较高，达到 6 级以上极强污染水平；生态风险评价结果显示，在湘江霞湾港沉积物中镉具有相对较高的生态风险指数，其潜在的生态风险应该引起重视。

关键词：湘江；沉积物；重金属；污染特征；生态风险

Pollution Characteristics and Assessment of Pb，Cd in the Sediments of Xiangjiang

Abstract：The sediment from and Xiangjiang River were collected in 2007—2011. Their heavy metals （Pb，Cd）concentrations were determined，chemical forms were analyzed，and pollution level and ecological risk were evaluated by the medhods of geolodical index （I_{geo}）and ratio of secondary to protogenic（RSP）. The results showed that the Cd，Pb mean concentrations in the sediments is comparatively higher，the highest is the Cd，Pb concentrations in the sediments of Songpo；The main chemical speciation of Cd in the sediments were carbonate combined and Fe-Mn oxides combined. $I_{geo\ of\ Cd\cdot Pb}$ pollution degrce was very strong，Cd had high ecological risk index in Xiawan，the potential risk should be attached more importance to.

Key words：Xiangjiang；Sediment；heavy metal；Pollution Characteristics；Ecological risk

水体中的重金属由于物理、化学、生物的作用，从水相转到固相，储存于沉积物中，故沉积物中重金属得到明显富集[1]。沉积物既是重金属污染物的汇聚地，又是对水质有潜在影响的次生污染源[2]，有关研究[3-6]已经表明重金属的不同形态表现出不同的生物毒性和环境行为。湖南是有色金属之乡，湘江流域存在有衡阳水口山、株洲冶炼厂等大、中型有色金属采选冶炼企业，其排入湘江的工业废水含有大量的铅、镉等重金属。对湘江流域重金属的污染防治始于 20 世纪 80 年代，对沉积物中的重金属已有一些研究[7-11]。

本研究对湘江干流水体沉积物中重金属铅和镉进行总量分析，并对霞湾港沉积物中重金属进行铅、镉的形态分析，探讨了湘江干流水体沉积物中重金属的污染分布特点及来源，采用地积累指数[12]和次生相比值[13]对其进行了评价。

1 材料与方法

1.1 布点与采样

在湘江干流共布设绿埠头、松柏、霞湾、马家河和昭山 5 个监测断面，绿埠头在永州境内，位于湘江上游；松柏在衡阳境内，位于湘江中上游、水口山工业区下游；霞湾在株洲境内，在株洲清水塘工业区的下游；马家河位于湘潭，距霞湾下游约 8 km 处，为株洲市与湘潭市的交接断面；昭山位于长沙境内，为湘潭市与长沙市的交接断面。监测点位见图 1。在 2007—2011 年连续 5 年，每年 1 次对选择的监测点位进行采样，在每个采样点周围 10 m×10 m 内用掘式采泥器采集河流沉积物表层 0～5cm 泥样，在同一个采样点采集 2～3 次，混合均匀后密封带回实验室处理。

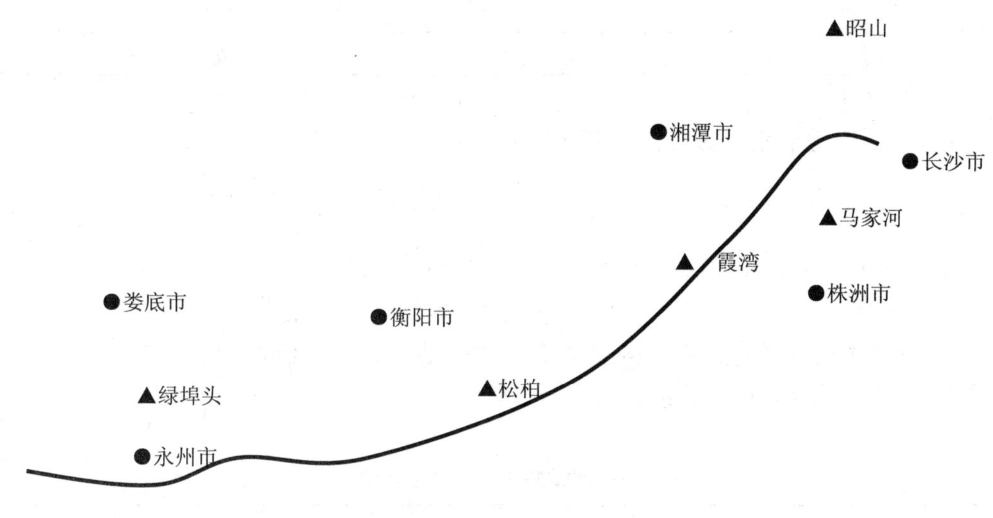

图 1 采样点分布示意图

1.2 沉积物样品的消解与测定

在实验室内，将采集的沉积物样品常温风干后，除去沙石、贝壳、动植物碎片等异物，混合均匀，用玛瑙研钵研细过 0.15 mm，用四分法缩分得到沉积物样品，保存待分析。

1.2.1 重金属铅、镉总量消解与测定

称取沉积物样品 1.000g，置于用 HNO_3 溶液洗过的聚四氟乙烯坩埚中，采用铁板沙浴加热，HNO_3-HF-$HClO_4$ 法消解，消解后，转移至 25 ml 容量瓶中定容，采用原子吸收分光光度法测定。

1.2.2 重金属铅、镉的形态前处理与测定

铅、镉的形态分析采用 Tessier[14]连续提取法逐级提取金属可交换态、碳酸盐结合态、铁锰氧化态、有机质—硫化物结合态、残渣晶格结合态。各形态的镉和总镉定容后，采用原子吸收分光光度法测定。

1.3 质量保证与质量控制

（1）每年采集样品时，尽量保持采样点位一致。

（2）采样时沉积物一般要装满抓斗，向上提时如发现样品流失过多必须重采。

（3）样品采集后及时记录，粘贴标签，妥善保存，交实验室处理。

（4）样品分析过程中为防止引入干扰离子，造成偶然误差，避免样品与金属器皿直接接触，所用聚四氟乙烯和玻璃容器、量具均事先用30%的 HNO_3 溶液浸泡过夜，并用去离子水冲洗后低温干燥。

（5）分析时进行全程序样品空白、平行样分析和加标回收。

1.4 评价标准与评价方法

1.4.1 地积累指数法

评价基准值见表1，来源于《湘江污染综合防治研究报告》。

表1 湘江河流沉积物重金属元素的背景值 单位：mg/kg

元素	铅	镉
背景值	22	0.24

评价方法采用地积累指数法，计算公式如下：

$$I_{geo}=\log_2^{C_n \div (1.5\times B_n)}$$

式中，C_n —— 元素 n 在小于 2 μm 沉积物中的含量；

B_n —— 黏质沉积岩（普通岩）中该元素的地球化学背景值；

1.5 —— 考虑了各地岩石差异可能引起的变动而取的系数。

I_{geo} 值与重金属污染水平关系见表2。

表2 地积累指数 I_{geo} 与污染程度分级

I_{geo}	≤0	0～1	>1～2	>2～3	>3～4	>4～5	>5
级数	0	1	2	3	4	5	6
污染程度	无	无～中	中	中～强	强	强～极强	极强

1.4.2 采用次生相与原生相的比值法

残渣态作为重金属存在于矿物晶格中的化学形态，一般不具有生物可利用性，对环境无影响称为原生相态，其他形态能被生物利用被称为次生相态。用次生相态与原生相态的比值来评价沉积物潜在污染状况。计算方法如下：

$$P=M_{sec}/M_{prm}\times 100\%$$

式中，P —— 污染强度；

M_{sec} —— 沉积物次生相中的重金属含量；

M_{prm} —— 原生相中的重金属含量。

$P\leqslant 100$ 为无污染；$100 < P \leqslant 200$ 为轻度污染；$200 < P \leqslant 300$ 为中度污染；$P > 300$ 为严重污染。

2 结果及分析

2.1 沉积物中铅、镉的含量水平及形态分析

2.1.1 沉积物中铅、镉的含量水平

2007—2011 年湘江干流沉积物中铅和镉的平均值见表 3。从表 3 中可以看出湘江干流沉积物中铅、镉的含量在湘江中游松柏、霞湾和马家河断面较高，最高点出现在松柏江段，分别超过湘江沉积物背景值的 64.0 倍和 518 倍。

表 3 湘江干流 2006—2011 年沉积物监测结果平均值

监测断面	铅（mg/kg）/超背景值倍数（倍）	镉/（mg/kg）/超背景值倍数（倍）
永州绿埠头	62.8/2.85	8.99/37.6
衡阳松柏	1407/64.0	124.3/518
株洲霞湾	396.2/18.0	48.30/201
湘潭马家河	128.2/5.83	63.26/264
长沙昭山	69.0/3.14	1.035/4.31
湘江沉积物背景值	22	0.24

表 4 湘江干流与其他水体沉积物重金属含量比较

水体名称	重金属含量/（mg/kg）	
	铅	镉
珠江沉积物重金属含量平均值[15]	59.4	0.34
珠江广州段沉积物重金属含量平均值[16]	102.6	1.7
中国湖泊沉积物重金属含量平均值[17]	38.0	1.7
湘江沉积物重金属平均值	377.9	43.4

2.1.2 湘江沉积物中铅、镉的形态分析

为了解湘江沉积物中铅和镉的形态，对株洲清水塘工业区废水排放水体霞湾港沉积物中铅和镉进行形态分析测定，其结果如表 5 和表 6 所示。

由表 5 和表 6 可知，在老霞湾和新霞湾江段，铅的残渣晶格结合态分别占总铅量的 57.9%和 92.6%、铅的有机质及硫化物结合态分别占总铅量的 41.8%和 7.01；镉的残渣晶格结合态分别占总镉量的 26.5%和 34.4%，镉的有机质及硫化物结合态分别占总残渣的 73.3%和 65.3%。以残渣晶结合态存在的重金属较为稳定，一般情况很少有溶解态进入水中，对水环境污染的可能性较小；以有机质和硫化物结合态存在的重金属易于甲基化，具有较强的毒性，也可以生成易挥发的有机金属代谢物，造成对水体的严重污染[18-19]。

表 5 湘江霞湾港河道沉积物中的铅形态分布

采样点	金属态	碳酸盐结合态	铁锰氧化态	有机质及硫化物结合态	残渣晶格结合态
老霞湾/%	0.10	0.10	0.10	41.8	57.9
新霞湾/%	0.12	0.12	0.12	7.01	92.6

表 6　湘江霞湾港河道沉积物中的镉形态分布

采样点	金属态	碳酸盐结合态	铁锰氧化态	有机质及硫化物结合态	残渣晶格结合态
老霞湾/%	0.19	0.00	0.02	73.3	26.5
新霞湾/%	0.30	0.00	0.02	65.3	34.4

2.2 地积累指数法评价

用地积累指数计算公式计算湘江沉积物中铅、镉的 Igeo 值，用 Igeo 值表征湘江沉积物中铅、镉的时间变化趋势和沿程分布特征。

湘江干流与其他水体重金属含量比较见表 4。从表 4 中可以看出，湘江干流沉积物中铅、镉的平均含量均高于珠江、珠江广州段和中国湖泊沉积物中的平均含量。

2.2.1 沉积物中铅、镉的时间变化趋势

永州绿埠头位于湘江上游，因此没有对其沉积物中的重金属每年进行监测。衡阳松柏、株洲霞湾、湘潭马家河和长沙昭山断面沉积物中铅、镉的时间变化趋势图见图 1～图 4。

因为受采样时水流的影响、河道中挖沙船挖沙作业的影响以及每年对沉积物采样时采样点位不确定的影响，各个监测断面沉积物中铅、镉的含量变化幅度较大，但是，从总的变化趋势看，衡阳松柏断面沉积物中的铅、镉是呈上升趋势的，株洲霞湾、湘潭马家河和长沙昭山断面沉积物中铅、镉是呈弱下降趋势的。

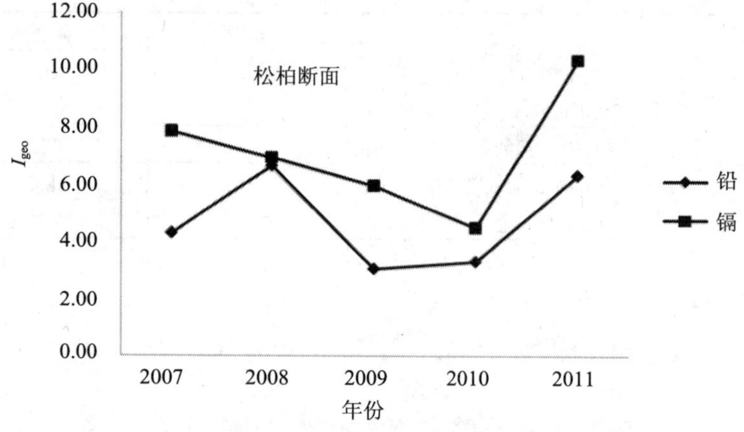

图 1　松柏断面沉积物中铅和镉的年际变化趋势图

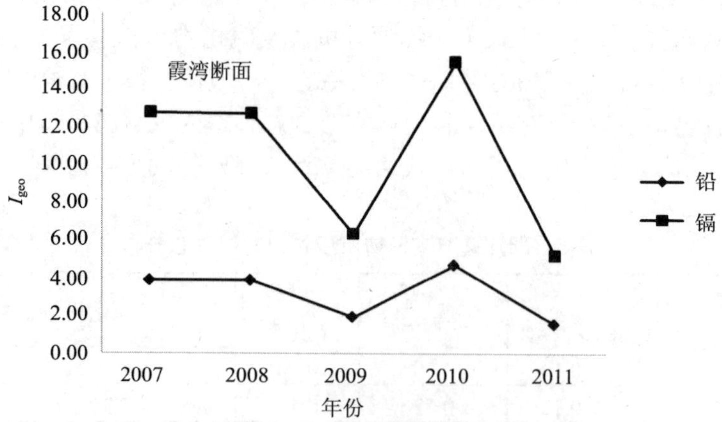

图 2　霞湾断面沉积物中铅和镉的年际变化趋势图

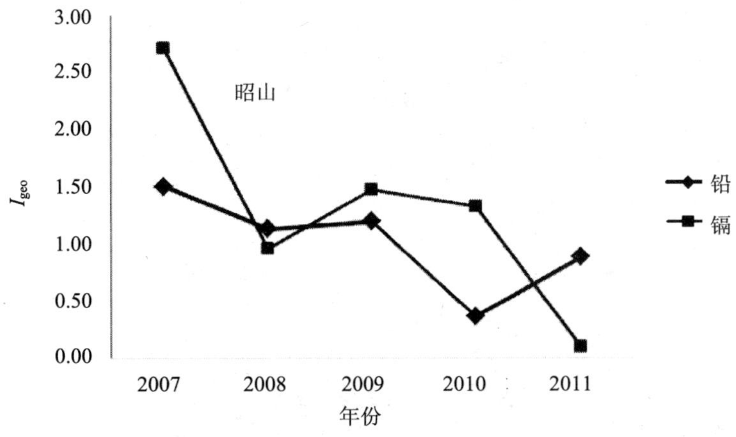

图 3 马家河断面沉积物中铅、镉的年际变化趋势图

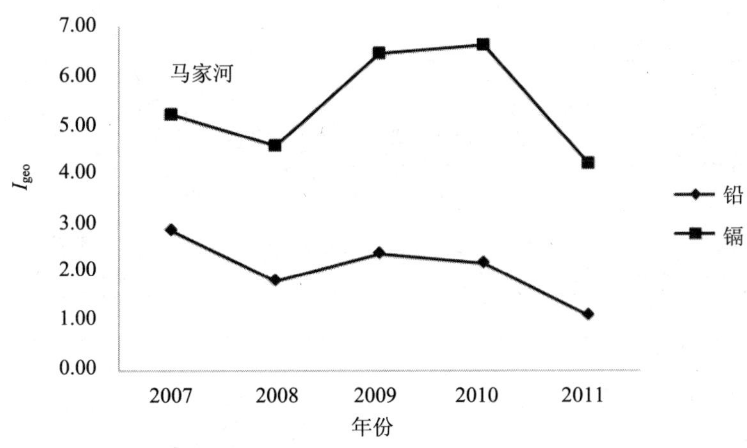

图 4 昭山断面沉积物中铅、镉的年变化趋势图

2.2.2 沉积物中铅、镉的沿程分布特征

按照 Igeo 值从高到低的排序可以看出湘江干流沉积物中铅、镉的分布为：铅是松柏＞霞湾＞马家河＞昭山＞绿埠头；镉是松柏＞马家河＞霞湾＞昭山＞绿埠头（见图 5）。这与衡阳松柏断面和株洲霞湾断面分别位于衡阳水口山铅锌冶炼工业区和株洲清水塘工业区株洲冶炼集团有色冶炼排放废水中含有大量的铅、镉等重金属有直接联系。

衡阳水口山和株洲清水塘是湘江边上的两大工业基地，其中水口山有色金属集团有限公司是集有色金属采矿、选矿、冶炼、加工、贸易于一体的大型国有企业。株洲清水塘工业区是国家“一五”、“二五”期间重点建设的以有色冶炼、化工、建材、火力发电等重化工为主的重工业基地。因此，这两个有色重金属冶炼工业基地和其他企业是湘江干流重金属污染的主要来源。据统计，湘江干流五大城市向湘江排放的重金属污染物约 88.86t/a，衡阳、株洲位列榜首，重金属排放量分别为 72.24t/a、9.32t/a，其中铅和镉的排放量也是衡阳位列第一位，株洲位列第二位。

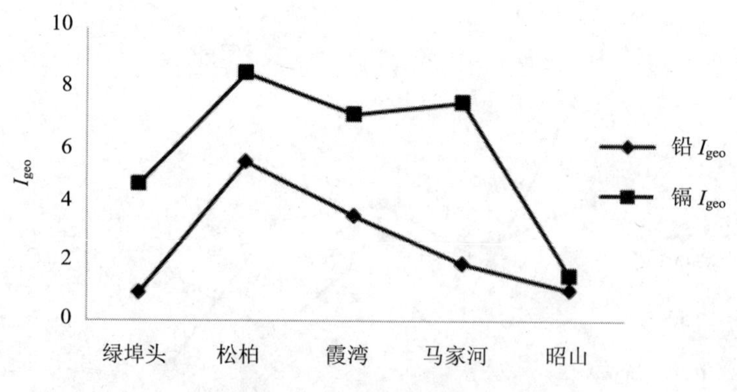

图 5 铅和镉的变化趋势图

2.3 次生相与原生相比值法评价

用次生相与原生相比值法计算公式计算出沉积物中铅和镉的污染程度见表 7。从表 7 可以看出铅次生相与原生相比值较小，生物可利用性较低，对水环境造成的污染不大。镉的次生相与原生相比值较大，容易受到外部环境条件的改变发生变化，对水体造成二次污染[18]。

表 7 湘江霞湾港河道沉积物中的铅形态分布

采样点	次生相与原生相比值/污染程度	
	铅	镉
老霞湾	72.7/无污染	277/中度污染
新霞湾	8.0/无污染	191/轻度污染

3 结论

（1）湘江干流松柏、霞湾和马家河江段沉积物中铅和镉的含量较高，最高值出现在松柏江段，分别超过湘江沉积物背景值的 63.0 倍和 517.1 倍，与其他河流、湖泊相比，湘江干流沉积物中铅、镉的平均含量均高于珠江、珠江广州段和中国湖泊沉积物中的平均含量。

（2）从对沉积物重金属铅和镉的形态分析看，在新、老霞湾港铅以残渣晶格结合

质和硫化物结合态为主，占总量的 73.3%～65.3%，有机质和硫化物结合态的重金属对水系生态系统会构成潜在的威胁。

（3）地积累指数法评价结果为，2007—2010 年湘江沉积物中铅、镉的 I_{geo} 值在松柏断面、霞湾断面、马家河和昭山断面呈下降趋势；但是在沿程分布特征上表现为水口山和清水塘工业区下游断面松柏和霞湾沉积物中铅和镉的 I_{geo} 值最高，达到了 6 级以上极强污染水平。受水流和采砂活动的影响，距霞湾港下游约 8 km 处的马家河江段沉积物中铅、镉的 I_{geo} 值亦相当高。

（4）通过次生相与原生相比值计算的结果表明沉积物中铅的污染较小，对环境的影响不大，而镉随着环境的变化会释放到水体中造成污染。

（5）本研究表明重金属冶炼行业的废水排放对水体的污染是长期累积的，有相当部分

最终富集在沉积物中，因此应以工业区污染治理为重点，突出抓好铅、镉、汞、砷等重金属排放大户的治理，并在项目、资金、投融资等方面予以保证。加大对落后生产工艺、设备的淘汰力度，加大污染物达标排放的执法监督力度。水质中的重金属由于物理、化学、生物的作用，从水相转到固相，储存于沉积物中，故沉积物中重金属含量较高，可以反映水环境受重金属污染的程度，故应加强对沉积物重金属的例行监测。

参考文献

[1] 弓晓峰，陈春丽，周文斌，等. 潘阳湖沉积物中重金属污染现状评价. 环境科学，2006，27（4）：732-736.

[2] 吕文英，汪玉娟，刘国光. 北江沉积物重金属污染特征及生态危害评价. 中国环境监测，2009，25（3）：69-72.

[3] Pacifico R.，Adamo P.，Cremisini C.et al. A Geochmical Analytical Apporach for the Evaluation of Heavy Metal Distribution in Lagoon Sediments. J Aoils Sediments，2007，7（5）：313-325.

[4] Martin C. W.，Heavy metal concentrations in floodplaln surface soils，Lahn River，Cermany，Environmental Geology，1997，30：119-225.

[5] Krupadam R. J.，Sarin R.，and Anjaneyulu Y. Distribution of Trace metals and Organic matter in the Sediments of Godavriestuary of Kakinada Bay，East Coast of India. Water，Air，and Soil Pollution，2003，150：299-318.

[6] 闭向阳，马振东，任利民，等. 长江（湖北段）沉积物中微量元素的分布特征及镉的形态. 环境化学，2005，24（3）：206-264.

[7] 唐文清，曾荣英，冯冰兰，等. 湘江（衡阳段）河流沉积物中重金属潜在生态风险评价. 环境监测管理与技术，2008，20（5）：25-27.

[8] 李彩霞，李彩亭，瞿云波，等. 湘江衡阳段水质污染现状及对策分析. 环境保护科学，2007，33（6）：31-34.

[9] 黄钟霆，罗岳平，周振，等. 湘江霞湾港沉积物的含量镉分布研究. 环境污染与防治，2009，31（7）：56-58.

[10]黄钟霆，罗岳平，周振，等. 湘江霞湾港沉积物的铅含量与分布研究. 环境科学与管理，2009，34（6）：34-36.

[11] 刘俊，等. 湘江大源渡枢纽沉积物中镉、铅的污染特征及其潜在生态风险评价. 中国环境监测，2011，27（6）：9-13.

[12] Muller G. index of geoaccumlation in sediments of the Rhine Rhine river. Geojournal，1969，2（3）：108-118.

[13] 陈静生，董林，邓宝山，等. 铜在沉积物各相中分配的实验模拟研究——以鄱阳湖为例. 环境科学学报，1987（2）：140-149.

[14] Tessier A，Campbell P G C，Bisson M. Sequential extraction procedure for the speciation of particulate trace metals.Analytical Chemistry，1979，51（7）：844-851.

[15] 刘芳文，颜文，王文质，等. 珠江口沉积物重金属污染及其潜在生态危害评价. 海洋环境科学，2002，21（3）：34-38.

[16] 王海，王春霞，王子健. 太湖表层沉积物有害重金属的形态分析. 环境化学，2002，21（5）：430-435.
[17] 滑丽萍，华珞，高娟，等. 中国沉积物的重金属污染评价研究. 土壤，2006，38（4）：366-373
[18] 牛红义，吴群河，陈新庚. 珠江（广州河段）表层沉积物中重金属的生态风险研究. 水生生物学报，2008，32（6）：802-810.
[19] 袁浩，王雨春，顾尚义，等. 黄河水系沉积物重金属赋存形态及污染特征. 生态学杂志，2008，27（11）：1966-1971.

此文章刊登于《中国环境监测》2014 年第 2 期

洞庭湖浮游植物增长的限制性营养元素研究

李利强[1] 黄代中[1] 熊剑[2] 张屹[1] 田琪[1] 何英[2] 余建清[1] 王琦[2]
（1. 湖南省洞庭湖生态环境监测中心，岳阳 414000；
2. 岳阳市环境监测中心，岳阳 414000）

摘 要：近 20 年水质监测资料表明，洞庭湖水体富营养化日趋严重。洞庭湖水体主要污染物为氮和磷，而营养盐储存形态及其含量对浮游植物生长的影响在洞庭湖尚未见报道。2011 年 9 月至 2012 年 8 月对洞庭湖浮游植物生物量及主要营养盐储存形态与含量进行监测，同时利用藻类增长的生物学（NEB）评价方法对限制浮游植物增长的营养盐进行了研究，并分析了浮游植物生物量与各营养元素之间的相关性。结果表明：洞庭湖主要污染物总氮（TN）和总磷（TP）的年平均值分别为 1.90 mg/L 和 0.093 mg/L，溶解态无机氮（DIN）平均占 ρ（TN）比重为 87%，溶解态总磷（DTP）平均占 ρ（TP）比重为 70%。洞庭湖水体中，DIN 是 TN 的主要贡献者，且不同形态 DIN 的贡献大小依次为 ρ（NO_3^--N）＞ρ（NH_4^+-N）＞ρ（NO_2^--N）；磷形态组成中，TP 主要以溶解反应性磷（SRP）存在。春季洞庭湖水体中 ρ（TN）、ρ（TP）较高，这一结果可能源于春季水源污染。洞庭湖水体中 ρ（Chl *a*）与氮显著正相关，与磷显著负相关。NEB 实验结果表明氮对洞庭湖浮游植物生长有明显的促进作用，其幅度随氮浓度的增加而加强，而磷对浮游植物的生长影响不大，有时出现抑制作用，硝态氮与磷之间不存在交互作用。因此，氮可能是洞庭湖浮游植物增长的主要限制性营养因子，这一研究暗示在洞庭湖富营养化控制过程中应特别注重氮的控制。

关键词：洞庭湖；浮游植物；营养限制；氮；磷

Nutrient limiting phytoplankton growth in Dongting Lake

Li Liqiang[1] Huang Daizhong[1] Xiong Jian[2] Zhang Yi[1] Tian Qi[1] He Ying[2] Yu Jianqing[1] Wang Qi[2]
（1. Ecological and Environmental Monitoring Center of Dongting Lake of Hunan，
Yueyang 414000;
2. Yueyang Environmental Monitoring Center， Yueyang 414000）

Abstract： Water quality monitoring data in recent two decades in Dongting Lake showed that its eutrophication level had increased seriously. Nitrogen and Phosphorus were the major pollutants in the lake. However， the effects of composition and concentration of nutrients on phytoplankton growth in Dongting Lake has not been reported yet. The biomass of phytoplankton，forms of main nutrients and their concentrations in Dongting Lake were investigated from September， 2011 to August， 2012. Nutrient enrichment bioassay（NEB）and the correlation analysis between biomass of phytoplankton and nutrient concentration were used to detect its limiting nutrient. The results showed that the annual average concentrations of TN and TP in the lake were 1.90 mg/L and 0.093 mg/L，respectively. Dissolved inorganic nitrogen（DIN）accounted for 87% of TN on average，while dissolved total phosphorus（DTP）accounted for 70% of TP on average. DIN was the major contributor to TN. In addition，the contribution of different forms of DIN to TN was sequenced as ρ（NO_3^--N）>ρ（NH_4^+-N）>ρ（NO_2^--N）. Soluble reactive phosphorus（SRP）was the major contributor to TP. Due to spring non-point source pollution，concentrations of TN and TP were higher in spring. In the water column，chlorophyll *a*（Chl *a*）concentration was positively related to nitrogen，and negatively related to phosphorus. The results of NEB experiment showed that addition of nitrogen could obviously boost phytoplankton biomass，and its effects increased with the continuous addition of nitrogen. While phosphorus addition did not affect phytoplankton growth. On the contrary，it sometimes inhibited growth of phytoplankton. There were no effects of interactions between nitrate and phosphorus. In summary，nitrogen was the nutrient limiting phytoplankton growth in Dongting Lake. More attention should be paid on nitrogen during the control of eutrophication in Dongting Lake.

Key words: Dongting Lake；phytoplankton；nutrient limitation；nitrogen；phosphorus

洞庭湖为湖南省第一大湖，全国第二大淡水湖，是承纳湘、资、沅、澧四水和吞吐长江的过水性洪道型湖泊，有沟通航运、繁衍水产、调蓄长江和改善生态环境等多种功能。洞庭湖区是湖南省主要造纸、石化轻工及纺织工业基地，部分在全国举足轻重，每天都有大量废水产生（黄金国，2003）。相关研究表明，洞庭湖的 TN、TP、悬浮物和总大肠菌群是洞庭湖的主要污染因子，其中 TN 和 TP 尤为突出（米红州等，2004；DU 等，2001；徐开钦等，2004）。洞庭湖水体 N、P 污染加剧，富营养化日趋严重，致使洞庭湖生态系统中生物多样性降低。据水产部门观测调查，近 10 年来，短鲚鱼、铜鱼、黄尾鱼、针鱼、鲟鱼、白鲟鱼等 15 个品种已经少见或基本灭绝；银鱼、黄鱼产量明显减少；其次是常规鱼类品种退化（庄大昌等，2003）。

针对富营养化发生过程与机制，国内外已有一些研究报道，但是机理目前尚未完全明了（秦伯强，2002；李文朝，1997；PHILIPS 等，1999）。因地理条件、点源面源营养输入、沉积物性质、微生物群落结构及藻类群落组成等因素影响，各湖泊浮游植物生长繁殖的限制性营养元素及形态差异较大（QUIBLIER 等，2008；BECKER 等，2010）。藻类增长的生物学实验（Nutrient Enrichment Bioassay，NEB）是一种有效检测浮游植物营养盐限制的主要研究方法，能找出水体中浮游植物增长限制性营养元素，可以有效地进行预测、控制藻类增殖，该方法已经广泛地应用于湖泊与海洋的限制营养因子研究（吴雪峰等，2010；张亚克等，2011；ELSER 和 Kimmel，1986）。基于室内营养添加实验的结果发现，N、P 都可以成为淡水藻类生长的限制因子（Henry 等，1984；Zhou 等，2009）。同一湖泊不同季节时，藻类生长的限制因子也可能不同。在冬春季，太湖浮游植物生物量和生长速率随磷增加而显著增加，与氮无关，表明浮游植物生长的磷限制；但是，在夏秋季水华期，氮是主要限制营养因子（Xu 等，2010）。洞庭湖氮、磷污染严重，入湖 TN、TP 总量分别为 59 049 t/a 和 6 913 t/a（秦迪岚等，2011）。水体氮、磷污染势必影响洞庭湖浮游植物生物量及群落结构。营养盐赋存形态及其浓度与浮游植物生物量增长的偶联关系如何等科学问题在洞庭湖少有研究。本项目在了解洞庭湖浮游植物生物量及主要营养盐形态组成与其含量的年变化基础上，通过 NEB 实验确定洞庭湖浮游植物增长的限制性营养元素，可为洞庭湖水污染治理及富营养化防治提供理论依据。

1 材料与方法

1.1 水样采集

洞庭湖常规水质监测断面分布见图 1。每个监测断面设左、中、右 3 条垂线，分别采表层（0.5 m）水样。水质采样于月初进行。

NEB 实验于 2011 年 9 月和 2012 年 5 月在东洞庭湖采集表层水 80 L 作为实验水样。每次采集水样后测定生物化学指标，具体环境特征参数见表 1。采集实验水样时现场测定水体透明度、水温和 pH 等指标，实验室分析 TN、TP、氨态氮（NH_4^+-N）、硝态氮（NO_3^--N）、SRP、溶解氧（DO）和叶绿素 a（Chl *a*）等指标，以确定实验水样初始营养物浓度和浮游植物初级生产力水平。

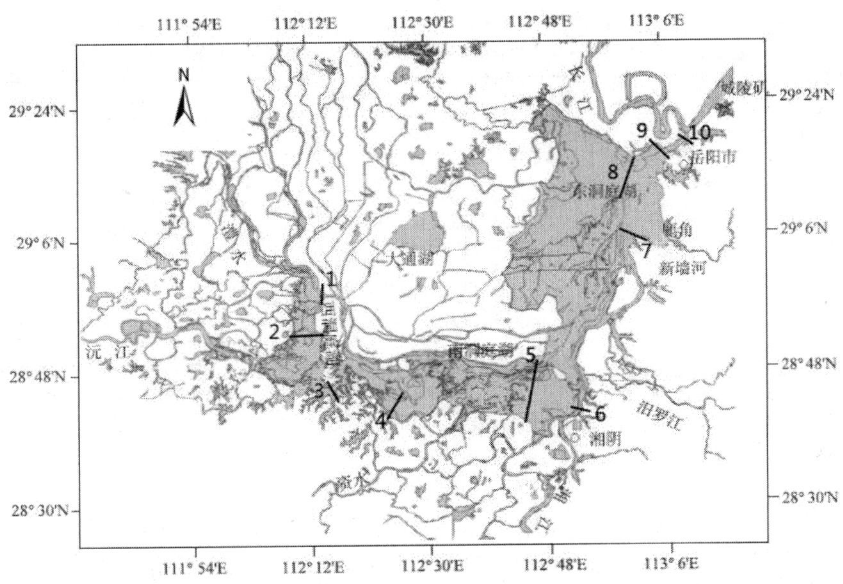

1—南嘴；2—蒋家嘴；3—小河嘴；4—万子湖；5—横岭湖；6—虞公庙；7—鹿角；8—东洞庭湖；9—岳阳楼；10—洞庭湖出口

图 1 洞庭湖水质监测断面分布

表 1 东洞庭湖水体环境特征参数

时间	ρ（TN）/（mg/L）	ρ（TP）/（mg/L）	ρ（NH_4^+-N）/（mg/L）	ρ（NO_3^--N）/（mg/L）	ρ（SRP）/（mg/L）	ρ（DO）/（mg/L）	ρ（Chl *a*）/（mg/m^3）	pH	透明度/cm	水温/℃
2011 年 9 月	2.1	0.134	0.145	1.96	0.045	5.5	4.08	7.7	38	27
2012 年 5 月	1.98	0.1	0.144	1.56	0.037	6.3	1.55	7.64	37	20

1.2 研究方法

NEB 实验不需对培养水样进行灭菌、过滤和添加藻种等处理，而是直接利用水体中原始的生态群落进行培养，可实际反映不同时期生物群落的水体添加营养盐后对浮游植物增长的影响。经形态鉴定，2011 年 9 月和 2012 年 5 月东洞庭湖原水样中浮游植物均以硅藻为主，优势种为针杆藻（*Synedra* sp.）、菱形藻（*Nitzschia* sp.）和小环藻（*Cyclotella* sp.）。直接量取 1 L 水样分装到 1 L 锥形瓶中在实验条件下培养，每个营养盐水平做 6 个平行样，培养 10 天后，一部分锥形瓶水样取样测定各指标，另一部分培养 20 天后测定水样中各指标。实验条件为温度 25℃；光照 4 000 Lx；光暗时间比 12∶12。以原湖水 TN 和 TP 作为初始营养物水平，以初始营养物水平的 0.5 倍、1.0 倍和 2.0 倍添加营养盐，添加方案见表 2（张亚克等，2011）。添加方式为一次性添加，以磷酸二氢钾（KH_2PO_4）、硝酸钾（KNO_3）和氯化铵（NH_4Cl）为添加营养盐。

表 2 浮游植物增长实验营养盐添加方案

倍数	0	0.5*P	1*P	2*P
0	原湖水	√	√	√
0.5*NO	√	√		
1*NO	√		√	
2*NO	√			√
0.5*NH	√			
1*NH	√			
2*NH	√			

注：表中*表示倍数；NO 为添加 NO_3^--N；NH 为添加 NH_4^+-N；P 为添加 PO_4^{3-}-P。

1.3 测定方法

TN、TP、Chl *a*、NH_4^+-N、NO_3^--N、亚硝态氮（NO_2^--N）等监测项目均根据《水和废水监测分析方法》（国家环境保护总局，2002）推荐的方法进行分析。DIN 为 NH_4^+-N、NO_3^--N 和 NO_2^--N 之和。溶解态总磷（DTP）用过 0.45 μm 滤膜后的水样测定，实验步骤与 TP 一致。SRP 用钼蓝比色法测定（MURPHY 和 RILEY，1962）。颗粒态磷（PP）为 TP 与 DTP 的差值，溶解态有机磷（DOP）为 DTP 与 SRP 的差值。

1.4 数据处理

为了能够消除不同时期原湖水带来的差异（吴雪峰等，2010；张亚克等，2011），采用相对比较系数法表示添加营养物对浮游植物生长的影响：

$$D_T=\left(\frac{A_T}{A_C}-1\right)\times 100\%$$

式中，D_T —— 某营养物添加组与对照组的比较系数；

A_T —— 某营养添加组 ρ（Chl a）；

A_C —— 对照组 ρ（Chl a）。

采用 SigmaPlot 10.0 软件作图，采用 SPSS 13.0 软件进行数据统计。相关性用 Pearson 相关系数表示，营养添加组与对照组之间的显著性差异性比较用单因素方差分析（LSD）。

2 结果与分析

2.1 水体营养盐及 Chl *a* 逐月分布特征

洞庭湖水体中 ρ（TN）较高，月平均值变化范围为 1.53～2.21 mg/L，1—4 月 ρ（TN）高于其他月份，均超过 2 mg/L（见图 2）。ρ（NO_3^--N）年平均值为 1.38 mg/L，月平均值介于 1.17～1.60 mg/L；ρ（NH_4^+-N）年平均值为 0.23 mg/L，月平均值介于 0.06～0.56 mg/L；ρ（NO_2^--N）年平均值为 0.039 mg/L，月平均值介于 0.016～0.058 mg/L。洞庭湖水体中 TN 以溶解态无机氮为主，ρ（DIN）占 ρ（TN）比重在 71.3%～98.7%，且溶解态无机氮中 ρ（NO_3^--N）＞ρ（NH_4^+-N）＞ρ（NO_2^--N）。

ρ（NO_3^--N）在当年 11 月至次年 3 月较高，ρ（NH_4^+-N）在 4 月出现最高峰，两者均在夏季含量相对较低。

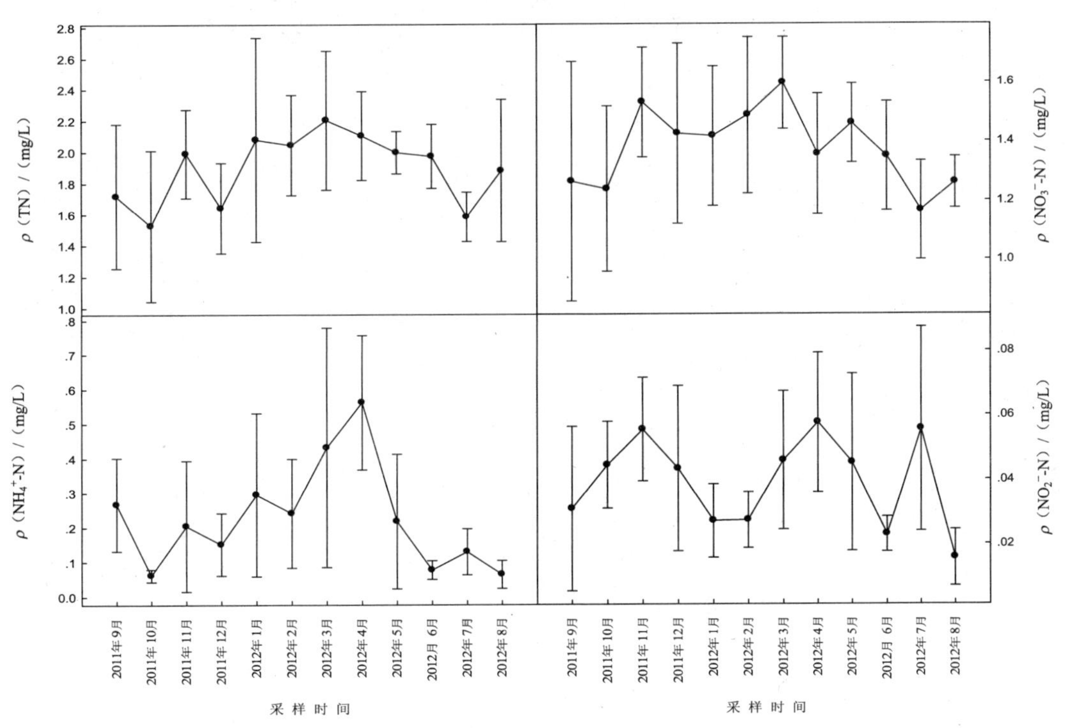

图 2 洞庭湖水体中氮含量月变化

ρ（TP）年平均值为 0.093 mg/L，月平均值变化范围为 0.054～0.129 mg/L，ρ（TP）于 3—4 月相对较高，8 月最低（见图 3）。洞庭湖水体中磷以溶解态磷为主，ρ（DTP）占 ρ（TP）比重范围为 60%～85%。磷形态组成中，ρ（SRP）＞ρ（PP）＞ρ（DOP）。ρ（SRP）月变化趋势与 ρ（TP）基本一致，均在春季相对较高。

洞庭湖水体中 ρ（Chla）较低，年平均值仅 2.49 mg/m^3，月均值介于 1.43～4.11 mg/m^3 之间。ρ（Chla）于 7 月和 9 月较高，春季相对较低（见图 4）。

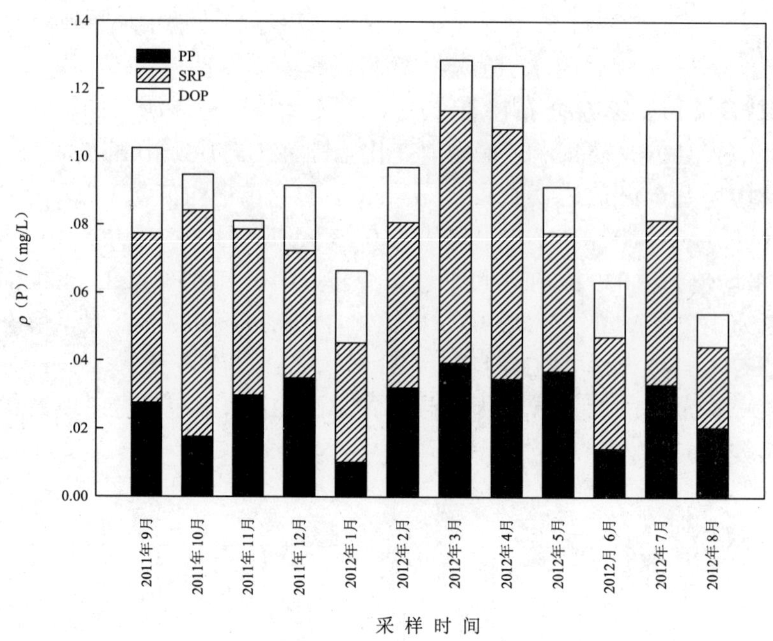

图 3 洞庭湖水体中磷含量月变化

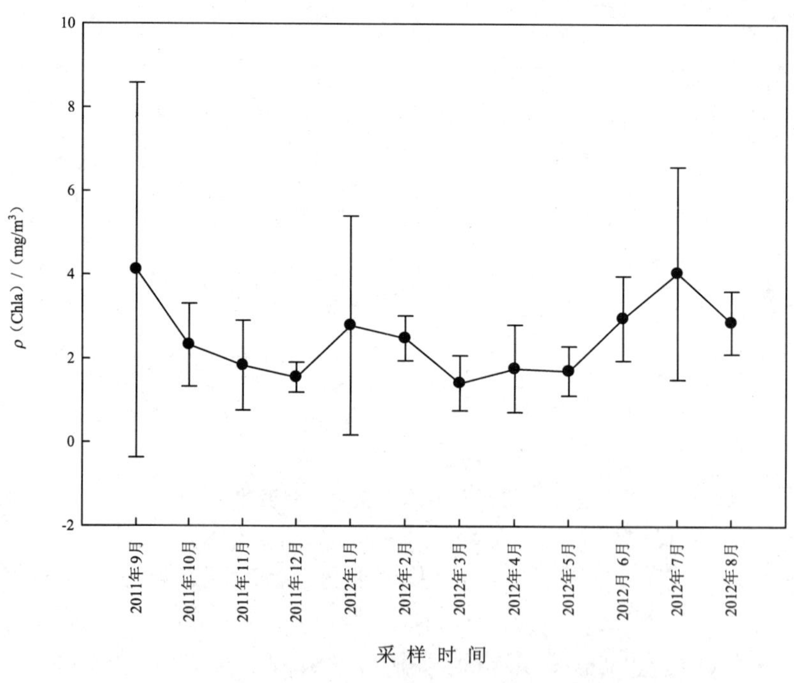

图 4 洞庭湖水体中 Chla 月变化

2.2 添加不同营养盐对洞庭湖浮游植物生物量的影响

为能消除不同时期原湖水带来的差异，采用相对比较系数方法表示添加不同营养元素浮游植物生物量与对照的差值，其中对照组结果均表达为 0%（张亚克等，2011），NEB 实验结果如图 5、图 6 所示。2011 年 9 月，添加营养盐后浮游植物生物量较对照有不同程度的增加（除 0.5*P 外），实验后期浮游植物生物量高于实验前期，其中，添加 2*NH 实验后期相对比较系数最高，达 677%。2012 年 5 月，营养盐添加后浮游植物生物量相对比较系数低于 2011 年 9 月，且大多数处理中实验前期浮游植物生物量高于实验后期，添加 2*NH 实验前期相对比较系数最高，达 385%。

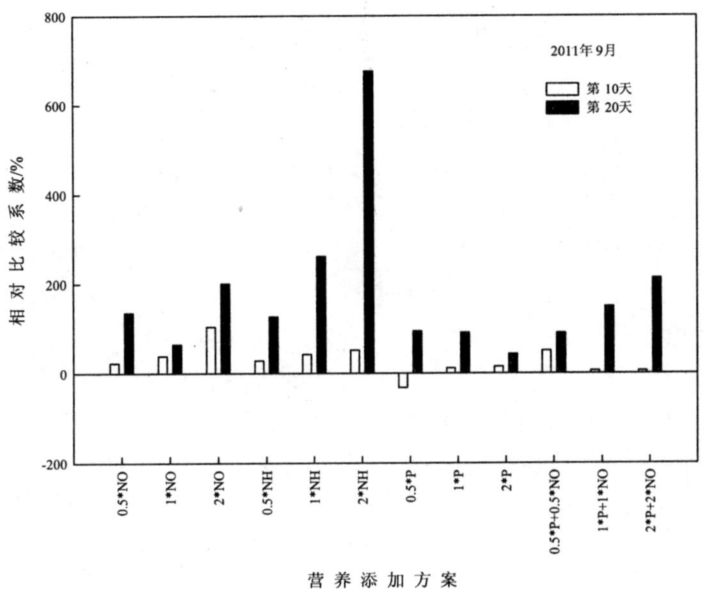

图 5　2011 年 9 月 NEB 实验分析

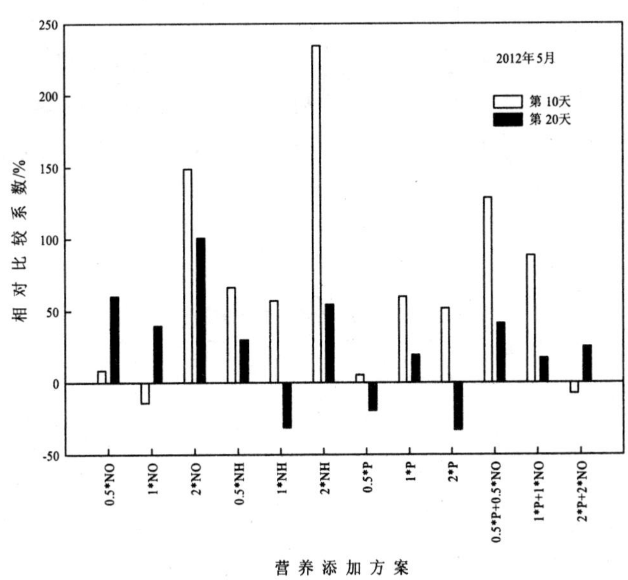

图 6　2012 年 5 月 NEB 实验分析

3 讨论

3.1 营养盐来源

TN、TP 是影响洞庭湖水体富营养化的主要营养指标，二者一直维持较高的水平，20 世纪 90 年代中期后全湖 TN、TP 超标，成为洞庭湖水质恶化和水体营养化程度加剧的重要因子（黄代中等，2013）。ρ（TN）波动较大，存在明显的区域性，而且自 1998 年以来，一直在 1.50 mg/L 上下波动。ρ（TP）在洞庭湖中分布较均匀，无明显的区域性（杨汉等，1999）。春季洞庭湖水体中 ρ（TN）、ρ（TP）较高，可能源于春季面源污染。洞庭湖水体中的 TN 和 TP 主要来源于畜禽养殖、农田径流和城镇生活污染（秦迪岚等，2011）。据监测，水体中溶解态无机氮平均占 ρ（TN）的比重为 87%，溶解态总磷平均占 ρ（TP）的比重为 70%，且大多数氮以硝态氮形式存在，大多数磷以磷酸盐为主，这说明氮、磷的来源与化肥使用有密切联系（朱广伟，2009）。受流域社会经济发展等因素的综合影响，洞庭湖整体水质呈下降趋势，富营养化日趋严重。

3.2 浮游植物增长的营养限制因子

2011 年 9 月单独添加 NH_4-N 对浮游植物生长具有明显的促进作用，方差分析结果显示添加 1*NH 和 2*NH 均与对照有显著性差异（$P<0.05$，表 3）；单独添加 NO_3^--N 和单独添加 P 对浮游植物生长有一定的促进作用，单独添加 P 有时出现抑制作用；添加 P 和 NO_3-N 与单独添加 NO_3-N 结果相当，P 和 NO_3-N 不存在交互作用。2012 年 5 月高氮组平均 ρ(Chla) 与对照有显著性差异（$P<0.05$，表 3）。两次 NEB 实验表明氮对洞庭湖浮游植物生长有明显的促进作用，且促进作用随氮浓度的增加而加强，氮是洞庭湖浮游植物增长的主要营养限制性因子，而磷对浮游植物生长影响不大，有时出现抑制作用，硝态氮与磷之间不存在交互作用。洞庭湖水体中浮游植物 ρ（Chla）与营养盐的相关性结果见表 4，2011 年 9 月 ρ（Chla）与 ρ（NH_4^+-N）显著正相关，2012 年 5 月 ρ（Chl a）与 ρ（TN）、ρ（NO_3^--N）和 ρ（NO_2^--N）显著正相关，两次采样水体中 ρ（Chla）均与 ρ（TP）显著负相关，这与 NEB 实验结果一致。洞庭湖水体中 TN 以溶解态无机氮为主，溶解态营养盐更易被浮游植物吸收利用，浮游植物对氨态氮的利用优于硝态氮和亚硝态氮。洞庭湖浮游植物量以硅藻为主，时空分布上均占优；其次为绿藻和蓝藻，浮游植物生长亦可能受一些微量元素影响，如 Si、Fe、Mn 等。

表 3 NEB 实验结果方差分析[平均 ρ（Chla）]

时间	分析项目	与对照组的平均差	P 值 Sig.
2011 年 9 月	2*NO	11.397	0.029
	1*NH	12.148	0.041
	2*NH	29.663	0.006
2012 年 5 月	2*NO	5.601	0.005
	2*NH	4.178	0.001
	0.5*P +0.5*NO	4.257	0.04

注：表中仅列出与对照组有显著差别的分析项目。

表 4 洞庭湖水体中 Chla 与营养盐的相关性分析

时间	TN	NH_4^+-N	NO_3^--N	NO_2^--N	TP	SRP	PP	DOP	TN：TP
2011 年 9 月	−0.705*	0.714**	−0.810*	−0.385	−0.583*	−0.581*	−0.012	−0.404	−0.288
2012 年 5 月	0.924**	0.011	0.736**	0.735**	−0.613*	−0.393	−0.489	0.186	0.767**

注：**显著性水平为 0.01；*显著性水平为 0.05。

4 结论

（1）洞庭湖水体主要污染物为 TN 和 TP，其月平均值变化范围分别为 1.53～2.21 mg/L 和 0.054～0.129 mg/L。洞庭湖水体中 TN 以 DIN 为主，ρ（DIN）占 ρ（TN）比重在 71.3%～98.7%，且 DIN 中 ρ（NO_3^--N）$>\rho$（NH_4^+-N）$>\rho$（NO_2^--N）。磷形态组成中，ρ（DTP）占 ρ（TP）比重范围为 60%～85%，ρ（SRP）$>\rho$（PP）$>\rho$（DOP）。大多数氮以硝态氮形式存在，大多数磷以磷酸盐为主，而且春季洞庭湖水体中 ρ（TN）、ρ（TP）更高，这说明氮、磷的来源与化肥使用有密切联系。

（2）藻类增长生物学评价实验表明，氮是洞庭湖浮游植物增长的主要营养限制因子，添加氮（尤其是氨态氮）能明显促进浮游植物生物量增加，且促进作用随氮浓度的增加而加强，添加磷对浮游植物生长影响不大，有时出现抑制作用。洞庭湖水体中 ρ（Chla）与氮显著正相关，与磷显著负相关。这些研究结果表明洞庭湖富营养化控制过程中应特别注重氮的控制。

参考文献

[1] Becker V，Caputo L，Ordonez J，et al. 2010. Driving factors of the phytoplankton functional groups in a deep Mediterranean reservoir. WaterResearch，44（11）：3345-3354.

[2] Du Y，Cai S M，Zhang X Y，et al. 2001. Inteprretation of the environmental change of Dongting Lake，middle reach of Yangtze River，China，by 210Pbmeasurement and satellite image analysis. Geomorphology，41：171-181.

[3] Elser J J，Kimmel B L. 1986. Alteration of phytoplankton phosphorus status during enrichment experiments：implications for interpreting nutrient enrichment bioassay results. Hydrobiologia，133（3）：217-222.

[4] Henry R，Tundisi J G，Curi P R. 1984. Effects of phosphorus and nitrogen enrichment on the phytoplankton in a tropical reservoir（Lobo Reservoir，Brazil）. Hydrobiologia，118（2）：177-185.

[5] Murphy J，Riley J P. 1962. A modified single solution method for determination of phosphorus in natural waters. Analytic Chimica Acta，26（1）：1-36.

[6] Philips G，Bramwell A，Pity J，et al. 1999. Practical application of 25 years' research into the management of shallow lakes. Hydrobiologia，136：61-76.

[7] Quiblier C，Leboulanger C，SANE S，et al. 2008. Phytoplankton growth control and risk of cyanobacterial blooms in the lower Senegal River delta region. Water Research，42（4-5）：1023-1034.

[8] Xu H，Paerl H W，Qin B Q，et al. 2010. Nitrogen and phosphorus inputs control phytoplankton growth in

eutrophic Lake Taihu，China. Limnology and Oceanography，55（1）：420-432.

[9] Zhou G J，Bi Y H，Zhao X M，et al. 2009. Algal growth potential and nutrient limitation in spring in Three-Gorges reservoir，China. Fresenius Environmental Bulletin，18（9）：1642-1647.

[10] 国家环境保护总局. 水和废水监测分析方法. 4 版. 北京：中国环境科学出版社，2002.

[11] 黄代中，万群，李利强，等. 洞庭湖 20 年水质与富营养化状态变化. 环境科学研究，2013，26（1）：27-33.

[12] 黄金国. 洞庭湖区湿地资源开发中的生态环境问题及对策. 水土保持通报，2003，23（1）：73-75.

[13] 李文朝. 浅水湖泊生态系统的多稳态理论及其应用. 湖泊科学，1997，9（2）：97-104.

[14] 米红州，莫多闻，苏成. 洞庭湖演变趋势探讨. 地理研究，2004，23（1）：78-86.

[15] 秦伯强. 长江中下游浅水湖泊富营养化发生机制与控制途径初探. 湖泊科学，2002，14（3）：193-202.

[16] 秦迪岚，黄哲，罗岳平，等. 洞庭湖区污染控制区划与控制对策. 环境科学研究，2011，24（7）：748-755.

[17] 吴雪峰，程曦，李小平. 淀山湖浮游植物营养限制因子的研究. 长江流域资源与环境，2010.19（3）：292-298.

[18] 徐开钦，林诚二，牧秀明，等. 长江干流主要营养盐含量的变化特征—— 1998—1999 年日中合作调查结果分析. 地理学报，2004，59（1）：118-124.

[19] 杨汉，黄艳芳，李利强，等. 洞庭湖的富营养化研究. 甘肃环境研究与监测，1999，12（3）：120-122.

[20] 张亚克，梁霞，方焰星，等. 淀山湖浮游藻类增长的氮磷限制性营养研究. 环境化学，2011，30（10）：1743-1750.

[21] 朱广伟. 太湖水质的时空分异特征及其与水华的关系. 长江流域资源与环境，2009，18（5）：439-445.

[22] 庄大昌，丁登山，董明辉. 洞庭湖湿地资源退化的生态经济损益评估. 地理科学，2003，23（6）：680-685.

此文章刊登于《生态环境学报》2014 年第 2 期

城市生活污染对浏阳河长沙城区段水质的影响

廖岳华　吴文晖　肖辰畅　邢宏霖　罗岳平
（湖南省环境监测中心站，长沙，410014）

摘　要：对浏阳河长沙城区段的水质现状和污染来源进行了调查。结果表明，浏阳河河水流经长沙城区后，氨氮和总磷浓度分别升高了 9.49 倍和 7.75 倍，但铁、锰和高锰酸盐指数等其他监测指标无显著变化。浏阳河长沙城区段的污染主要是由于区域内生活污水直接排入和污水处理厂尾水排入导致清污比例严重失调引起的，城市生活污染对浏阳河长沙城区段水质下降的贡献最大。此外，湘江长沙综合枢纽工程库区回水的顶托作用对浏阳河长沙城区段水质也有一定影响。

关键词：城市生活污染　浏阳河　水质　污染源

Effects of Urban Living Pollution on Water Quality of Changsha Urban Section of Liuyang River

Liao Yuehua　Wu Wenhui　Xiao Chenchang　Xing Honglin　Luo Yueping
（Hunan Province Environmental Monitoring Centre，Changsha，410014）

Abstract：Water quality and pollution source of Changsha urban section of Liuyang River were investigated. Results showed that the concentration of ammonia nitrogen and total phosphorus was respectively increased by 9.49 times and 7.75 times，but the iron，manganese and permanganate index had no significant change in Liuyang River after flowing through the area of Changsha city. The pollution of Changsha urban section of Liuyang River is mainly due to the serious imbalance of the proportion of water and wastewater，which caused by direct discharge of rural domestic sewage and tail water from the sewage treatment plant，urban living pollution was the biggest contributor to the water quality decline of Changsha urban section of Liuyang River；In addition，the rise of water level influenced by the Xiangjiang Changsha comprehensive hub project reservoir also had effect on the quality of Changsha urban section of Liuyang River.

Key words：Urban living pollution　Liuyang River　water quality　pollution source

随着城市内河在城市经济社会发展中发挥着日益重要的功能[1,2]，城市内河的污染与治理亟须得到人们更多的关注[3–5]。作为长沙市内河之一的浏阳河，因一曲《浏阳河》而闻名中外。多年的监测结果表明，浏阳河上、中游水质优良，而下游长沙城区段的水质多为Ⅳ类～劣Ⅴ类，氨氮、总磷、高锰酸盐指数、铁和锰等监测指标的超标倍数和超标频率相对较高[6]，对其下游的饮用水水源地和湘江长沙综合枢纽主库区的水质安全构成潜在威胁。但到目前为止，尚未有人对该河段水质状况和污染来源进行过系统调查研究。为掌握浏阳河长沙城区段的水质现状，查明污染原因，揭示城市生活污染对城市内河水质的影响规律，笔者于 2013 年 7 月对浏阳河长沙城区段开展了水污染专项调查，在榔梨至三角洲断面之间布设了 10 个水质监测断面，并对其区间的 15 个排污口进行了采样监测，深入分析了监测断面/点位的水质状况，探讨了浏阳河长沙城区段水质污染来源。

1 基本情况

浏阳河是湘江下游东侧重要的一级支流，为长沙市境内最大的湘江支流，起源于罗霄山脉西麓的浏阳市境内的大围山，有大溪河和小溪河两个源流。源头至大溪河小溪河交汇处的高坪乡双江口河段为上游，双江口至镇头镇河段为中游，下游从镇头镇起始，最后于长沙城北的开福区三角洲汇入湘江，全长 234 km，流域面积 4 665 km^2。环保部门在浏阳河上、中游布设了浏阳市三水厂和韩家巷 2 个市控断面及株树桥水库 1 个省控断面，下游布设了榔梨、黑石渡和三角洲 3 个省控断面。

2 调查方法

本次调查从长沙县榔梨镇陶公庙所在的浏阳河段起始，乘船顺河而下，调查沿河废水排放情况并采集断面水样。沿途经芙蓉区、雨花区，至开福区三角洲，调查的河段长度约为 35 km。除现有的榔梨、黑石渡和三角洲 3 个省控断面外，按照均匀布设断面的原则，在标志性地理位置以及在有较大溪流汇入处下游约 100 m 的河段布设 7 个监测断面；在沿河岸的废水排放口布设监测点位，按照《地表水和污水监测技术规范》（HJ/T 91—2002）进行采样监测，以手持式 GPS 记录监测断面/点位的经纬度。监测断面/点位布设情况详见图 1。

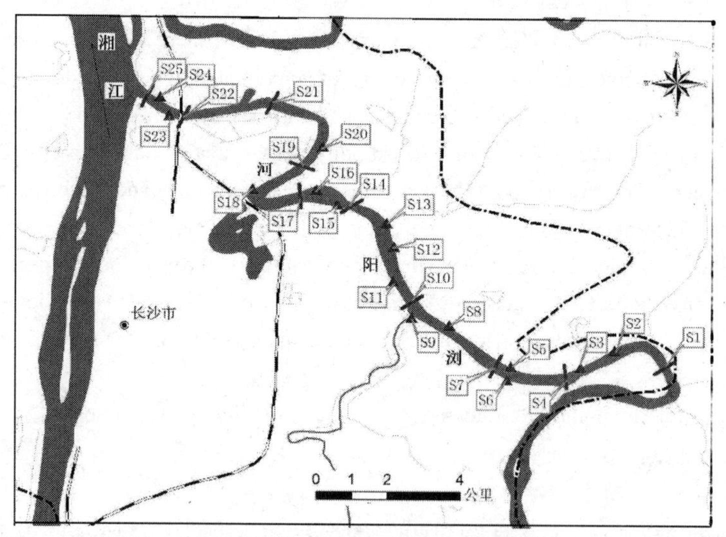

图例：S1—榔梨;S2—黎托排污口;S3—大学城排污口;S4—大学城排污口下游;S5—红旗路北排污口;S6—红旗路南排污口;S7—红旗路排污口下游;S8—东岸乡排污口;S9—花桥污水厂排口;S10—圭塘河入浏阳河口;S11—圭塘河入浏阳河口下游;S12 —长善垸污水厂排口;S13—杨家湾撇洪渠;S14—菜科所排污口;S15—万家丽桥下游;S16—万家丽桥下游排污口;S17—南二环桥下;S18—三角塘泵站排口;S19—黑石渡;S20—三一大道桥下排污口;S21—洪山桥下 S22—铁路桥下;S23—金霞污水厂排口;S24—开福区污水厂排口;S25—三角洲

图 1 浏阳河长沙城区段水质监测断面/点位示意图

根据浏阳河长沙城区段的历史监测数据[6]，选择超标频率较高的指标作为本次调查监测的项目，对地表水断面，监测指标为氨氮、总磷、铁、锰、高锰酸盐指数 5 项；对入浏阳河的废水排放口，监测指标为氨氮、磷酸盐、铁、总锰、化学需氧量 5 项。此外，为了保证监测结果的可靠性，按照技术规范要求采集了平行密码样和现场空白样。采样时，按照《地表水和污水监测技术规范》（HJ/T 91—2002），加入相应保存剂；带回实验室后，尽快完成水样分析。样品的分析测试方法执行《水和废水监测分析方法》（第四版 增补版）。

3 水质评价标准

地表水监测断面执行《地表水环境质量标准》（GB 3838—2002）；入浏阳河的废水排放口（以下简称排污口）测点执行《污水综合排放标准》（GB 8978—1996）一级标准，其中铁参照《地表水环境质量标准》（GB 3838—2002）中表 2 标准。各因子的相应标准限值详见表 1。

表 1 水质评价标准 单位：mg/L

标准限值	氨氮	总磷	磷酸盐（以 P 计）	铁	锰	总锰	化学需氧量	高锰酸盐指数
地表水（III类）	1.0	0.2	—	0.3	0.1	—	—	6
排污口废水	15	—	0.5	0.3*	—	2.0	60	—

备注：排污口监测点位的铁参照《地表水环境质量标准》（GB 3838—2002）中表 2 标准。“—”表示未监测。

4 结果与讨论

4.1 浏阳河长沙城区段的水质状况

4.1.1 浏阳河长沙城区段地表示水质的定性评价

本次调查所采集的 10 个地表水断面的水样均无色澄清。监测结果表明，铁路桥下断面和三角洲断面的氨氮分别超标 0.10 倍和 1.00 倍，分别属于Ⅳ类和Ⅴ类水质；其余 8 个地表水断面的氨氮浓度均达到III类水质标准。

黑石渡、铁路桥下和三角洲 3 个断面的总磷分别超标 0.60 倍、0.10 倍和 0.75 倍，分别属于Ⅴ类、Ⅳ类和Ⅴ类水质；其余 7 个断面的总磷均达到III类水质标准。

大学城排污口下游、红旗路排污口下游、圭塘河入浏阳河口下游和万家丽桥下游 4 个断面存在铁超标，超标倍数分别为 0.11 倍、0.56 倍、0.46 倍和 0.23 倍。

10 个地表水断面的锰和高锰酸盐指数等指标均未超标。

综上所述，本次监测的浏阳河长沙城区段所设的 10 个地表水断面中，Ⅰ～III类水质占 70%，且劣Ⅴ类水质比例为 0。根据《地表水环境质量评价方法（试行）》（环办[2011]22 号）中的河流水质定性评价分级方法，浏阳河长沙城区段的水质为轻度污染。

与深圳的布吉河化学需要量和氨氮超标严重[3]，福州的白马河、晋安河和光明港河水体为中度污染[4]相比，浏阳河长沙城区段的污染相对较轻。

4.1.2 浏阳河长沙城区段污染物的沿程变化

本次监测的浏阳河长沙城区段的氨氮、总磷、铁、锰浓度的沿程变化如图 2 和图 3 所示。

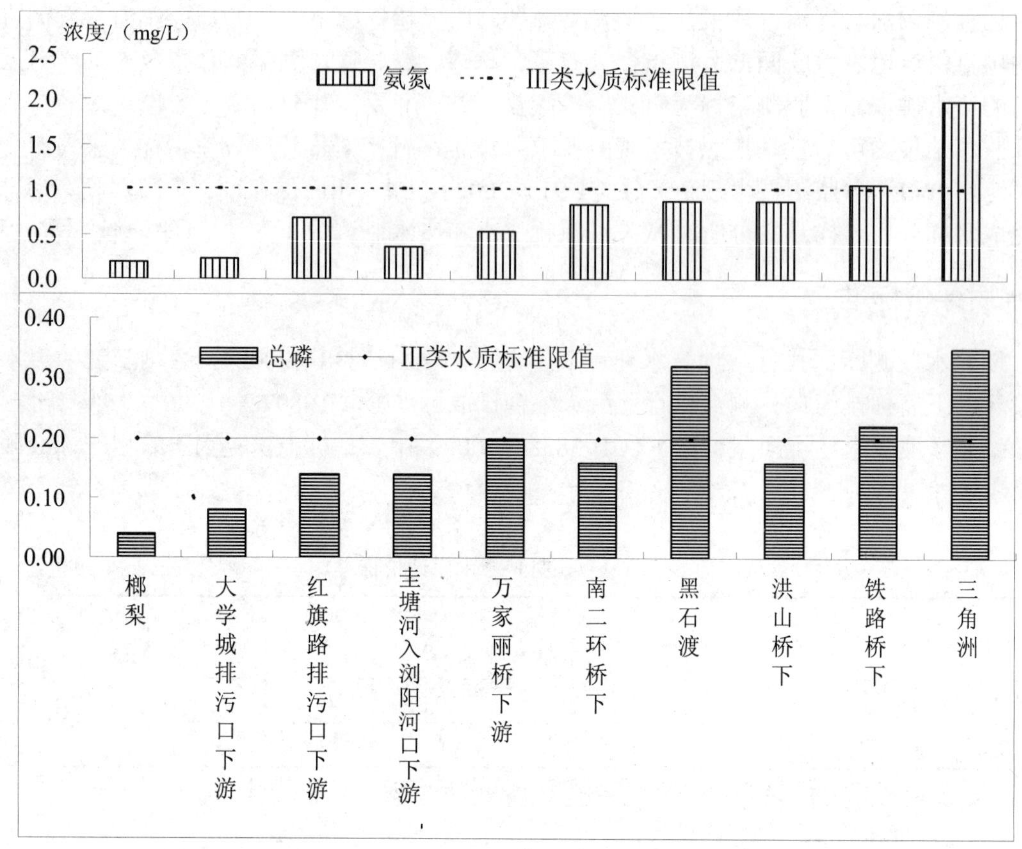

图 2 浏阳河长沙城区段沿程各监测断面氨氮和总磷浓度变化

从图 2 可看出，从浏阳河长沙城区段的榔梨断面开始至三角洲断面止，沿程氨氮浓度总体上呈逐步上升趋势，上升幅度较大的区段是大学城排污口下游—红旗路排污口下游、圭塘河入浏阳河口下游—南二环桥下、铁路桥下—三角洲，尤其是铁路桥下—三角洲断面区段升幅最大，三角洲断面的氨氮浓度比铁路桥下断面高出约 0.9 倍。浏阳河流经长沙城区段后，终点三角洲断面的氨氮浓度较起点榔梨断面升高了 9.49 倍。

总磷浓度的沿程变化趋势与氨氮基本一致，即从榔梨到南二环桥下，总磷浓度基本上呈缓慢递增趋势；南二环桥下—黑石渡，总磷浓度升高 1 倍；至洪山桥下断面，总磷浓度又急降至南二环桥下断面的水平；洪山桥—三角洲，总磷浓度又急剧升高，升幅达 1.19 倍。浏阳河流经长沙城区段后，终点三角洲断面的总磷浓度较起点榔梨断面升高了 7.75 倍。

本次监测的浏阳河长沙城区段沿程断面的铁、锰浓度变化见图 3。

图 3 显示，铁、锰浓度的沿程变化趋势基本一致。上游的榔梨至红旗路排污口下游区段，铁和锰浓度逐渐上升，随后逐渐下降，至南二环桥下断面降至最低，然后又逐渐上升，到铁路桥下断面后，再次降低。沿程各断面中，只有大学城排污口下游、红旗路排污口下游、圭塘河入浏阳河口下游和万家丽桥下游 4 个断面的铁超标，所有断面的锰均未超标。沿程各断面的铁、锰浓度变化幅度表明，大学城排污口下游—红旗路排污口下游区段的污水排入，对浏阳河长沙城区段的铁超标贡献最大。

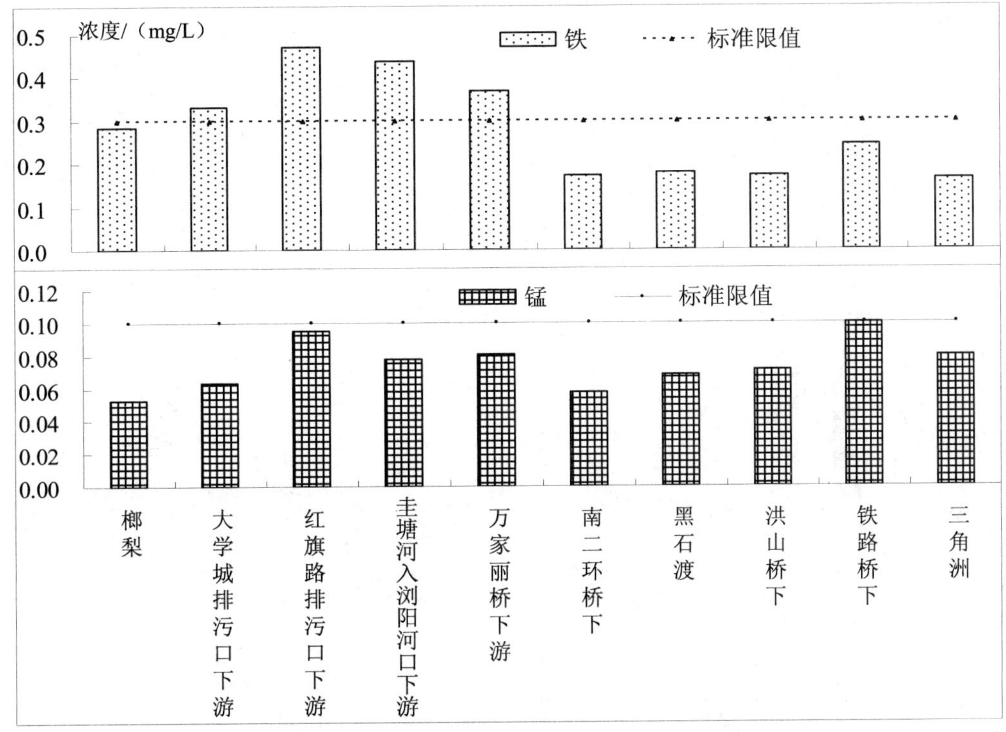

图 3 浏阳河长沙城区段沿程监测断面的铁、锰浓度变化

此外，本次监测发现，所有断面的高锰酸盐指数均优于地表水 II 类标准。

与浏阳河类似，深圳布吉河河水也属于典型的耗氧性有机污染，但其化学需氧量和氨氮严重超标，氮素污染是布吉河水质最突出的问题[3]。然而，福州的内河白马河、晋安河和光明港河除氨氮污染较重外，还存在 Cd、Pb 等重金属污染[4]。

4.2 浏阳河长沙城区段排污口水质状况

调查发现，浏阳河长沙城区段的椰梨至三角洲断面之间，共有 15 个较大的污水排放沟渠汇入。该 15 个排污沟渠汇入浏阳河处的水量大小不一，但水质普遍较黑臭。监测结果表明，15 个排污口的氨氮均达到《污水综合排放标准》（GB 8978—1996）的一级标准；但有 9 个排污口的磷酸盐超标，超标严重的是三一大道桥下排污口、金霞污水处理厂排污口、黎托排污口、大学城排污口、红旗路南排污口和花桥污水处理厂排污口，超标倍数分别为 3.20 倍、2.80 倍、2.40 倍、1.90 倍、1.50 倍和 1.24 倍；有 10 个排污口的铁超标，超标相对严重的是黎托排污口、大学城排污口和东岸乡排污口，超标倍数分别为 1.5 倍、1.5 倍和 1.4 倍；有黎托排污口、大学城排污口和三一大道桥下排污口 3 个排污口的化学需氧量超标，最大超标 1.36 倍；其他监测指标均达标。各排污口的磷酸盐和铁的监测浓度详见图 4。

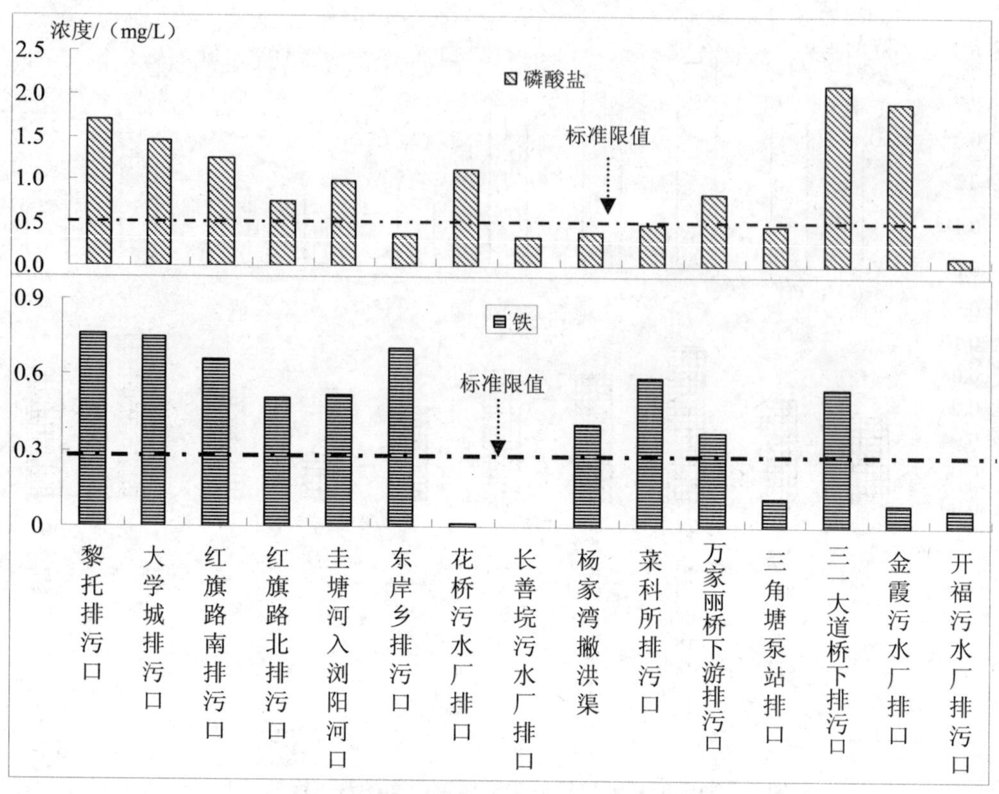

图 4 浏阳河长沙城区段各排污口的主要污染物浓度比较

4.3 浏阳河长沙城区段水体污染原因分析

作为“两型社会”综合配套改革试验区的核心区域和国家级节能减排示范城市，近年来，长沙市强化两型发展导向，将能耗、水耗、主要污染物排放量、清洁生产等指标纳入新型工业化考核体系，真正把“资源节约、环境友好”落实到产业发展的各个环节，工业污染物完全达标排放，生态环境质量不断改善，先后获得“国家园林城市“、“中国十佳休闲宜居生态城市”等称号。根据本次监测结果，结合长沙市工业企业及现场调查情况分析，浏阳河长沙城区段总磷（磷酸盐）、氨氮、铁和化学需氧量超标的主要原因是：

4.3.1 区域内城乡生活污水的直接排入

芙蓉区的东岸片区和大学城片区、雨花区的环保科技园和黎托乡谭阳洲地区等区域面积约 300 km^2，近百万人口，但未完全实现截污。尤其是浏阳河杨家山片区，原属农村地区，随着城市进程化的加快，已发展成为城区或近郊，但城市主、次、支干道尚未全面建成，排水管网系统暂未完善，仍保留农村排水体系；杨家山附近 1 000 m 范围内从南往北分布着 5 个农村雨污合流排水系统，分别是东岸乡砂嘴子泵站排口、罗溪港泵站排口、杨家湾撇洪渠、临山撇洪渠、朝正垸泵站排口，这 5 个排口均为芙蓉区和开福区农村雨污合流明渠排水系统，排水总量约 20 万 t/d。其中，杨家湾撇洪渠虽为农村明渠排水系统，但每天约有 12 万 t 经过经开区污水净化中心处理的达标尾水排入该明渠，排水量大，约占 5 个排口日排水总量的 60%以上。

此外，浏阳河支流圭塘河沿途有畜禽养殖，且途经红星蔬菜批发市场，蔬菜批发市场内有屠宰场及生鲜批发市场，这些污水均直接排向圭塘河，再从圭塘河直接汇入浏阳河。现场调查发现，浏阳河沿途除了上述 15 个较大的集中排污口之外，各监测断面之间，还有多个分散排放的小污水沟渠向浏阳河排入污水。

4.3.2 污水处理厂尾水集中排放影响

区域内 10 个较大污水处理厂的尾水均排向该段浏阳河，如长善垸污水处理厂尾水排放口和三角塘泵站排口分别为长善垸污水处理厂、湘湖污水处理厂达标尾水排放口。长善垸污水处理厂日处理污水约 16 万 t，纳污范围西至车站路、东北至浏阳河、东南至圭塘河、南至石坝路，涉及芙蓉区、开福区和雨花区，约 37 km^2 范围；湘湖污水处理厂日处理污水约 14 万 t，纳污范围西至芙蓉路，北至八一路，东至车站北路，南至雨花亭，涉及芙蓉区和雨花区，约 10 km^2 范围。由于集中排放的污水处理厂排污口数量大、分布集中，即使各个污水处理厂均达标排放，但由于污染物排放总量大，而浏阳河上游来水流量较小，总磷（磷酸盐）、氨氮等污染物进入浏阳河之后的累积浓度依然较高，导致各断面氨氮和总磷浓度超标。

4.3.3 浏阳河清污比严重失调

浏阳河上游的株树桥水库饮水工程投用后，浏阳河长沙城区段的上游来水水量大幅下降，支流圭塘河已基本无清水补充，河水的稀释自净能力大大降低。尤其在枯水期，浏阳河上游来水较少，平均流量仅 7 m^3/s，而浏阳河长沙城区段污水处理厂排放的废水达 14 m^3/s，即浏阳河长沙城区段清污比仅 1∶2，远低于常规清污比（一般不低于 3∶1），严重影响河段正常生态功能。

4.3.4 湘江长沙综合枢纽工程库区回水顶托影响

湘江长沙综合枢纽工程蓄水后，湘江长沙段水位 9—12 月比去年同期分别抬高 3.4 m、1.12 m、1.5 m、4.46 m。此顶托影响导致浏阳河下游特别是长沙城区段水位抬升，流速减缓，污染扩散能力减弱。

4.3.5 浏阳河长沙城区段沿途基本无涉铁工业污染源，浏阳河长沙城区段铁超标，主要原因是区域内的土壤含铁量较高，且土壤呈酸性造成的

5 结论

本次调查结果表明，流经长沙城区后，浏阳河水的氨氮和总磷浓度分别升高了 9.49 倍和 7.75 倍，但铁、锰和高锰酸盐指数等指标无显著变化。浏阳河长沙城区段的污染主要是由于区域内生活污水直接排入和污水处理厂尾水排入导致清污比例失调引起的，城市生活污染是浏阳河长沙城区段水质下降的最大贡献者。此外，湘江长沙综合枢纽工程库区回水顶托作用对浏阳河长沙城区段水质下降也有一定影响。要改善浏阳河长沙城区段水质，需要加大上游下泄清水量，更主要的是截污，正常运行污水处理厂。如果不采取强有力的措施，浏阳河长沙城区段的水质在短期内难有明显改善。

参考文献

[1] 胡敏杰，宋立中. 国内外城市内河旅游研究评述. 地理科学进展，2012，31（10）：1399-1406.

[2] 向力力. 发挥水优势 做好水文章 打造宜居利居乐居的山水名城. 湖南水利水电，2013，1：1-6.

[3] 焦燕. 南方典型重污染城市内河河水联合生物处理技术研究. 哈尔滨：哈尔滨工业大学，2010.
[4] 江硕. 福建主要河流及福州城市内河水污染特征研究. 福州：福建农林大学，2012.
[5] 田艳，邓超冰，廖平德，等. 南宁城市内河沉积物中 SVOCs 的分布与风险评价. 中国环境监测，2013，29（4）：11-14.
[6] 湖南省环境保护厅. 2006—2010 年湖南省环境质量报告书. 长沙：湖南省环境保护厅，2011.

此文章刊登于《中国环境监测》2014 年第 4 期

洞庭湖表层沉积物有机质和营养盐污染特征与生态风险

张光贵
（湖南省洞庭湖生态环境监测中心，岳阳 414000）

摘 要：为揭示洞庭湖表层沉积物 OM 和营养盐的空间分布特征和生态风险，分别于 2012 年 2 月和 2013 年 4 月采集了该湖具有代表性的 9 个点位的表层沉积物，测定了其 OM、TN 和 TP 的含量。结果表明，洞庭湖表层沉积物中 OM 在 1.48%～4.22%，平均值为 2.06%，TN 在 382～2 217 mg/kg，平均值为 1 340 mg/kg，TP 在 142～716 mg/kg，平均值为 294 mg/kg，与国内其他湖泊（水库）相比，洞庭湖表层沉积物中 OM 和 TN 含量处于中等水平，且近 30 年来呈增加趋势，其内源负荷不容忽视；洞庭湖表层沉积物中 OM 和 TN 的空间分布相似，总体表现为南洞庭湖区＞东洞庭湖区＞西洞庭湖区，TP 总体表现为东洞庭湖区＞西洞庭湖区＞南洞庭湖区；C/N 在 6.1～14.8，平均值为 10.2，从生物沉积角度而言，洞庭湖表层沉积物 OM 主要来源于浮游动物与浮游植物；洞庭湖表层沉积物 OM 和营养盐存在较低生态风险，其中营养盐生态风险来自 TN。

关键词：有机质；营养盐；空间分布；生态风险；洞庭湖；表层沉积物

Pollution Characteristics and Ecological Risk of Organic Matter and Nutrient in Surface Sediments from Dongting Lake

Zhang Guanggui
(Dongting Lake Eco-Environmental Monitoring Center of Hunan Province，Yueyang 414000)

Abstract: In order to explore the spatial distribution characteristics and ecological risk of OM and nutrient in surface sediments from Dongting Lake，sediment samples at 9 representative sampling stations were collected in February of 2012 and April of 2013，and contents of OM，TN and TP in sediment of each station were measured. The results show that：the contents of OM are 1.48%～4.22%，average 2.06%，the contents of TN are 382～2 217 mg/kg，average 1 340 mg/kg，the contents of TP are 142～716 mg/kg，average 294 mg/kg，compare with other lakes（reservoirs）in China，the contents of OM and TN of Dongting Lake are in the middle level，and they are in the increase tread for nearly 30 years，their endogenous load should not be ignored；on the spatial distribution，OM and TN are similar，the average contents of them are South Dongting Lake＞East Dongting Lake＞West Dongting Lake，while the average content of TP is East Dongting Lake＞West Dongting Lake＞South Dongting Lake；the C/N ratios are 6.1～14.8，average 10.2，from the point of biological deposition，the OM in surface sediments from Dongting Lake predominantly originates from zooplankton and phytoplankton；OM and nutrient in surface sediments from Donging Lake have lower ecological risk，ecological risk of the nutrient is from TN.

Key words: organic matter; nutrient; spatial distribution; ecological risk; Dongting Lake; surface sediments

近年来湖泊富营养化问题日益严重，成为国内外十分关注的环境问题之一。一般情况下，湖泊沉积物充当营养物质的“汇”，但其吸附和接纳能力是有限度的，当超过其负荷时，累积在其中的营养物质则在一定条件下释放到上覆水中，沉积物转成水体污染的“源”[1]，严重影响湖泊上覆水体的质量[2−5]。因此，沉积物能间接反映出水体污染情况[6−9]，研究沉积物中营养物质的含量及其分布特征对控制湖泊水体富营养化和生态系统状况有重要指导意义。

洞庭湖是目前长江中游荆江段唯一与长江干流直接相通的湖泊，具有调蓄、饮用、渔业、灌溉、航运、调节湖区气候、旅游和生物多样性保护等重要生态功能。随着洞庭湖流域社会经济的迅速发展，氮、磷整体超标，水体富营养化日益严重，水质呈总体下降趋势[10−11]。尽管近年来有学者针对洞庭湖沉积物有机质和营养盐开展了相关研究，如易文利等[12]对洞庭湖等长江中下游浅水湖沉积物中有机质及其组分的赋存特征进行了研究，王伟等[13]对洞庭湖沉积物及上覆水体氮的空间分布进行了研究，王雯雯等[14]对洞庭湖沉积物不同形态氮赋存特征及其释放风险进行了研究，王岩等[15]对洞庭湖沉积物及其上覆水体氮磷的时空分布与水体营养状态特征进行了研究，但对洞庭湖沉积物中有机质和营养盐生态风险评价研究尚不多见。本研究通过对洞庭湖表层沉积物中有机质（OM）、总氮（TN）、总磷（TP）含量的测定，分析了 OM 和营养盐的空间分布特征，并对其潜在生态风险进行了评价，以期为了解和掌握洞庭湖富营养化内源污染状况、防治洞庭湖水体富营养化提供参考和依据。

1 材料与方法

1.1 研究区概况

洞庭湖位于湖南省北部、长江中游荆江南岸，北接长江松滋、太平、藕池三口，南纳湘、资、沅、澧四水，经城陵矶汇入长江，湖体呈近似“U”字形，总流域面积 25.72 万 km^2，集水面积 104 万 km^2，水位 33.50 m 时（岳阳站，黄海基面），湖长 143.00 km，最大湖宽 30.00 km，平均湖宽 17.01 km，湖泊面积 2 625 km^2，最大水深 23.5 m，平均水深 6.39 m，相应蓄水量 167 亿 m^3，是我国第二大淡水湖。受泥沙淤积、筑堤建垸等自然和人类活动的影响，洞庭湖现已明显地分化为西洞庭湖、南洞庭湖和东洞庭湖 3 个不同的湖泊水域。洞庭湖为一典型的过水性洪道型湖泊[16]，兼具河流与湖泊双重属性，其水流方向大致为西洞庭湖→南洞庭湖→东洞庭湖→长江[17]。

1.2 样品采集

分别于 2012 年 2 月和 2013 年 4 月，采用抓斗式采泥器采集洞庭湖表层沉积物样品，采样深度约 0～10 cm，每个采样点采集 3 个平行样品现场混匀，装入封口袋，4℃保存。采样点的布设参考了洞庭湖水质常规监测断面，共设置 9 个采样点，其中西洞庭湖区 3 个，分别是南嘴（S1）、蒋家嘴（S2）和小河嘴（S3），南洞庭湖区 3 个，分别是万子湖（S4）、横岭湖（S5）和虞公庙（S6），东洞庭湖区 3 个，分别是鹿角（S7）、东洞庭湖（S8）和洞庭湖出口（S9），所有采样点采用便携式 GPS 定位，采样点位置见图 1。

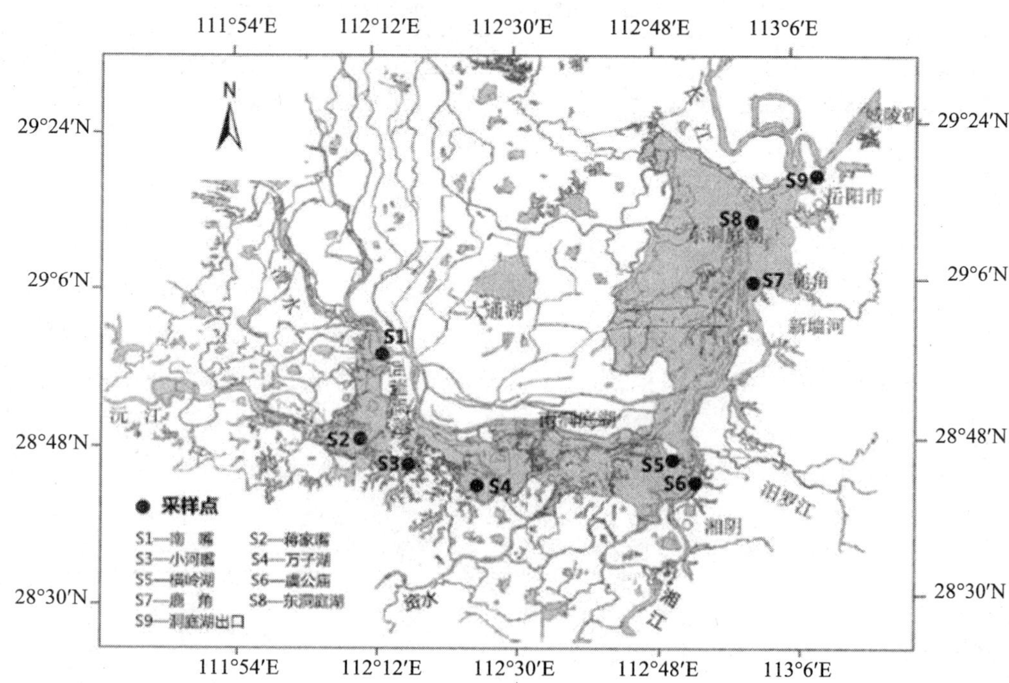

图 1 洞庭湖采样点分布

1.3 样品处理及分析

所采沉积物样品经冷冻干燥后去除各种杂质，再经玛瑙研钵研磨处理后过 100 目尼龙筛，分装于塑料袋中密封以待测。

OM 浓度的测定用定量的标准重铬酸钾—硫酸溶液，在加热的条件下，使沉积物样品中的有机碳氧化，多余的重铬酸钾用硫酸亚铁标准溶液滴定，根据消耗的重铬酸钾量计算总有机碳（TOC）量，再乘以系数 1.724，即为沉积物样品中 OM 浓度[18]；TN 浓度采用半微量开氏法测定；TP 浓度采用氢氧化钠碱熔-钼锑抗分光光度法测定。为保证分析的准确性，实验每个样品设置 2 个平行样，平行分析误差＜5%，取平均值为结果。

2 结果与讨论

2.1 沉积物中有机质和营养盐的含量

洞庭湖表层沉积物中 OM、TN、TP 的监测结果见表 1。由表 1 可知，洞庭湖表层沉积物中 OM 在 1.48%～4.22%，平均值为 2.06%，变异系数为 0.31；TN 在 382～2 217 mg/kg，平均值为 1 340 mg/kg，与王雯雯等[14]的研究结果相近，变异系数为 0.35；TP 在 142～716 mg/kg，平均值为 294 mg/kg，变异系数为 0.49。

表 1 洞庭湖表层沉积物 OM 和营养盐监测结果统计

项目	样本数	最小值	最大值	平均值	标准差	变异系数
OM/%	18	1.48	4.22	2.06	0.64	0.31
TN/（mg/kg）	18	382	2217	1340	472	0.35
TP/（mg/kg）	18	142	716	294	143	0.49

与国内其他湖泊（水库）相比（见表 2），洞庭湖表层沉积物中 OM 的平均含量高于鄱阳湖、太湖、洪泽湖和天鹅湖，低于乌梁素海、长寿湖、青海湖和程海，与巢湖相当；TN 的平均值高于太湖、巢湖、洪泽湖和天鹅湖，低于乌梁素海、长寿湖、天目湖、青海湖和程海，与鄱阳湖相等；TP 的平均含量较低，与天目湖接近。由此可见，洞庭湖表层沉积物中 OM 和 TN 含量在国内湖泊（水库）处于中等水平，位居我国五大淡水湖泊之首，其内源负荷不容忽视。

表 2 不同湖库表层沉积物 OM 和营养盐含量对比

湖泊（水库）	OM/%	TN/（mg/kg）	TP/（mg/kg）	参考文献
鄱阳湖	1.59	1 340	460	[19]
太湖	1.28	860	560	[20]
巢湖	2.13	1 022	605	[21]
洪泽湖	1.36	1 020	580	[6]
乌梁素海	3.85	1 960	560	[22]
重庆长寿湖	2.80	2 256	622	[2]
天目湖	—	2 598	323	[23]
青海湖	5.13	1 800	471	[24]
程海	4.76	2 060	613	[24]
天鹅湖	1.99	850	350	[25]
洞庭湖	2.06	1 340	294	本研究

与 1985 年的研究结果[26]相比，OM 和 TN 分别上升了 63.5%和 21.6%，TP 下降了 65.1%，表明近 30 年来洞庭湖表层沉积物中 OM 和 TN 等内源负荷呈增加趋势。有研究结果表明，每年入湖的大量泥沙是洞庭湖水体 TP 的重要来源[27]，洞庭湖表层沉积物中 TP 的下降可能与三峡工程运行后入湖泥沙的大量减少有关，三峡运行期（2003—2011 年）洞庭湖年均入湖泥沙量为 1 911.2 万 t，比三峡蓄水前（1999—2002 年）减少了 72%[28]。

2.2 沉积物中有机质和营养盐的空间分布

不同点位表层沉积物中 OM 的含量见图 2，由图 2 可知，OM 以南洞庭湖区的万子湖（S4）最高，为 2.87%，东洞庭湖区的东洞庭湖（S8）最低，为 1.53%，最大值与最小值的比值为 1.88，空间分布差异较小，西洞庭湖区、南洞庭湖区和东洞庭湖区沉积物中 OM 的平均值分别为 1.79%、2.43%和 1.96%，总体表现为南洞庭湖区＞东洞庭湖区＞西洞庭湖区。

不同点位表层沉积物中 TN 和 TP 的含量见图 3。由图 3 可知，TN 以南洞庭湖区的万子湖（S4）最高（1 818 mg/kg），西洞庭湖区的南嘴（S1）最低（868 mg/kg），最大值与最小值的比值为 2.09，空间分布差异较小，西洞庭湖区、南洞庭湖区和东洞庭湖区沉积物中 TN 的平均值分别为 1 264 mg/kg、1 458 mg/kg 和 1 297 mg/kg，总体表现为南洞庭湖区＞东洞庭湖区＞西洞庭湖区，与 OM 的空间分布相似，但与王伟等的研究结果刚好相反[13]；TP 以东洞庭湖区的东洞庭湖（S8）最高（488 mg/kg），南洞庭湖区的横岭湖（S5）最低（204 mg/kg），最大值与最小值的比值为 2.39，空间分布差异较大，西洞庭湖区、南洞庭湖区和东洞庭湖区沉积物中 TP 的平均值分别为 295 mg/kg、262 mg/kg 和 326 mg/kg，总体表现为东洞庭湖区＞西洞庭湖区＞南洞庭湖区。

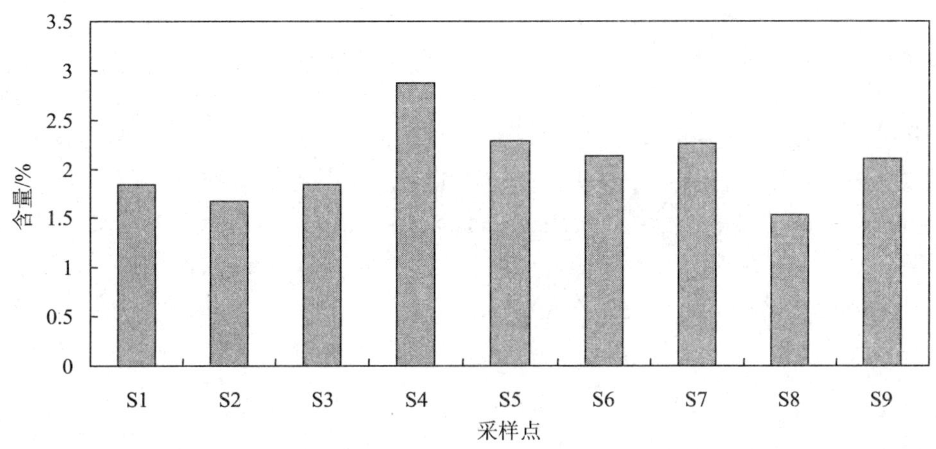

图 2　不同点位表层沉积物中 OM 的含量

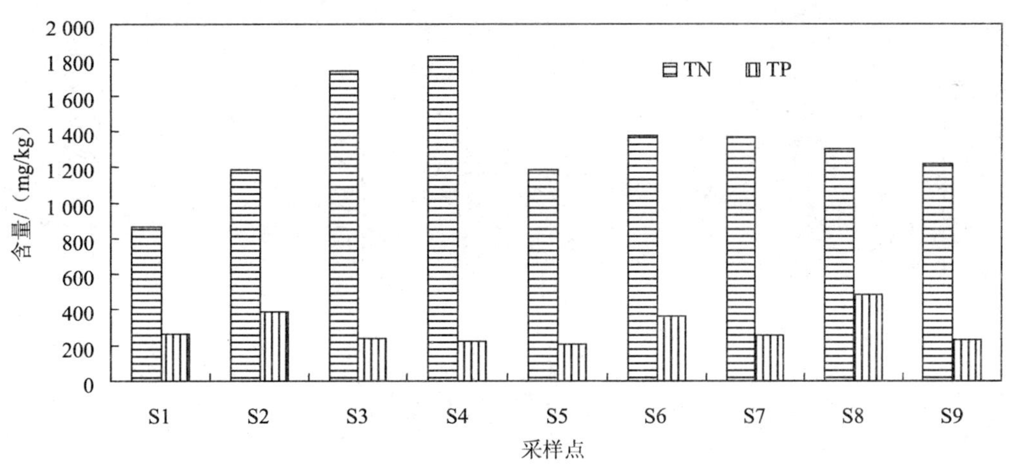

图 3　不同点位表层沉积物中 TN 和 TP 的含量

洞庭湖沉积物中营养物质的空间分布与其水文特征有关。从总体上看，由于西洞庭湖区离出湖口较远，受出湖口长江水流顶托的影响小，营养物质相对不易沉积，而东、南洞庭湖区离出湖口较近，受出湖口长江水流顶托的影响较大，营养物质相对容易沉积，因而沉积物中营养物质含量较高。万子湖（S4）所在水域水面开阔，水流相对缓慢，以湖泊性质为主，营养物质易于沉积，且沉积物粒径偏细，因而 OM 和 TN 相对较高；相反，南嘴（S1）所在水域属淞澧洪道，河道平直，水流较快，以河流性质为主，主要接纳含沙量较高的长江三口和澧水来水，营养物质不易沉积，且沉积物粒径偏粗，因而营养物质含量相对较低。东洞庭湖（S8）所在水域地处东洞庭湖区西部，受藕池东支河泥沙淤积和湘江洪道水流顶托的影响[29]，相对封闭，水动力学条件较弱，从而有利于水体中营养物质特别是磷的沉积，致使沉积物中 TP 相对较高。此外，万子湖（S4）沉积物中 OM 和 TN 较高可能受到其上游沅江市区城镇生活污染和沅江纸业有限责任公司等企业长期排污的影响，小河嘴（S3）沉积物中 TN 较高可能与其上游蒋家嘴镇工业与生活污水排放有关[30]，蒋家嘴（S2）沉积物中 TP 较高可能源于其上游来水沅江水体 TP 含量较高 [31]。

2.3 沉积物中的 C/N 比值

洞庭湖性属过水性吞吐型湖泊，其沉积物以碎屑沉积为主，其次是生物沉积，碎屑沉积主要源于洞庭湖流域水土流失以及工业、农业和生活污水的排放。有研究结果表明，洞庭湖氮、磷主要来源于入湖河道与生活污染，二者占总量的95%以上[32]。从生物沉积而言，湖泊沉积物中 C/N 在一定程度上可以反映 OM 的来源，因为生物种类不同，C/N 不同。高等植物的 C/N 为 14～23，水生生物为 2.8～3.4，浮游动物与浮游植物为 6～13，藻类为 5～14[33]。相关资料[34-36]表明，许多湖泊表层沉积物中的 C/N 为 6～14。洞庭湖表层沉积物 C/N 空间分布见图 4。由图 4 可见，洞庭湖表层沉积物中 C/N 变化范围为 6.1～14.8，平均为 10.2，78%的比值介于 6～13，表明洞庭湖表层沉积物 OM 主要来源于浮游动物与浮游植物。

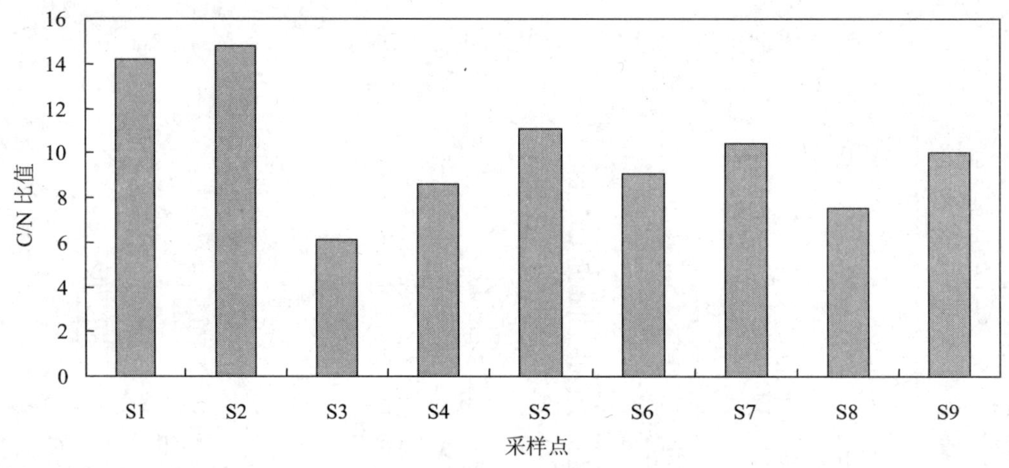

图 4 洞庭湖表层沉积物中 C/N 的空间分布

3 生态风险评价

水体沉积物中污染物质重新释放进入水体会形成二次污染，对环境具有潜在和持久的危害，其含量水平决定了对水生生物的危害程度和性质[37]。目前国内尚无系统的针对湖泊沉积物中 OM 和营养盐生态风险的评价标准。本研究以加拿大安大略省为保护和管理淡水水生环境沉积物质量指导值[38]为标准进行潜在生态风险评价，评价结果见表 3，其中 LEL 为最低效应水平，该水平是大多数底栖生物的耐受含量，SEL 为严重影响水平，在此含量下，污染物质可能对底栖生物产生不利影响。当污染物质含量小于 LEL 时，则认为其无生态风险；当污染物质含量在 LEL～SEL 时，则认为其具有较低生态风险；当污染物质含量在大于 SEL 时，则认为其具有较高生态风险。

表 3 沉积物 OM 和营养盐生态风险评价结果

污染物	标准值		点位比例/%			风险等级
	LEL	SEL	<LEL	LEL～SEL	>SEL	
OM/%	1.724	17.24	22.2	77.8	0	较低
TN/（mg/kg）	550	4 800	0	100	0	较低
TP/（mg/kg）	600	2 000	100	0	0	无

由表 3 可见，全湖 100%的点位 TN 在 LEL～SEL，为低生态风险；77.8%的点位 OM 在 LEL～SEL，为低生态风险，22.2%的点位 OM 小于 LEL，为无生态风险；100%的点位 TP 小于 LEL，为无生态风险。可见，洞庭湖表层沉积物中 OM 和营养盐存在一定的生态风险，但风险较低，其中营养盐生态风险来自 TN。

4 结论

（1）洞庭湖表层沉积物中 OM 在 1.48%～4.22%，平均值为 2.06%，TN 在 382～2 217 mg/kg，平均值为 1 340 mg/kg，TP 在 142～716 mg/kg，平均值为 294 mg/kg。与国内其他湖泊（水库）相比，洞庭湖表层沉积物中 OM 和 TN 含量处于中等水平，且近 30 年来呈增加趋势，其内源负荷不容忽视。

（2）洞庭湖表层沉积物中 OM 和 TN 的空间分布相似，总体表现为南洞庭湖区＞东洞庭湖区＞西洞庭湖区，TP 总体表现为东洞庭湖区＞西洞庭湖区＞南洞庭湖区。

（3）从生物沉积角度而言，洞庭湖表层沉积物中 C/N 变化范围为 6.1～14.8，平均为 10.2，78%的比值介于 6～13，表明洞庭湖表层沉积物 OM 主要来源于浮游动物与浮游植物。

（4）洞庭湖表层沉积物 OM 和营养盐存在较低生态风险，其中营养盐生态风险来自 TN。

参考文献

[1] 叶华香，臧淑英，肖海丰，等.扎龙湿地表层沉积物营养盐空间分布特征及评价.自然资源学报，2013，28（11）：1966-1976.

[2] 卢少勇，许梦爽，金相灿，等.长寿湖表层沉积物氮磷和有机质污染特征及评价.环境科学，2012，33（2）：393-398.

[3] 黄丽娟，常学秀，刘洁，等.滇池水—沉积物界面氮分布特点及其对控制蓝藻水华的意义.云南大学学报（自然科学版），2005，27（3）：256-260.

[4] Ting D S，Appan A. General characteristics and fractions of phosphorus in aquatic sediments of two tropical reservoirs. Water Science and Technology，1996，34（7-8）：53-59.

[5] Zhou Q X，Gibson C E，Zhu Y M. Evaluation of phosphorus bioavailability in sediments of three contrasting lakes in China and the UK.Chemosphere，2001，42（2）：221-225.

[6] 余辉，张文斌，卢少勇，等.洪泽湖表层底质营养盐的形态分布特征与评价.环境科学，2010，31（4）：961-968.

[7] Hu W F，Lo W，Chua H，et al. Nutrient release and sediment oxygen demand in a eutrophic land-locked embayment in Hong Kong.Environ Intern，2001，26（5/6）：369-375.

[8] Wang S R，Jin X C，Zhao H C，et al. Phosphorus release characteristics of different trophic lake sediments under simulative disturbing conditions.J Hazard Mater，2009，161（2/3）：1551-1559.

[9] Varjo E，Liikanen A，Salonen V P，et al. A new gypsum-based technique to reduce methane and phosphorus release from sediments of eutrophied lakes：gypsum treatment to reduce internal loading.Water Res，2003，37（1）：1-10.

[10] 黄代中，万群，李利强，等.洞庭湖近 20 年水质与富营养化状态变化.环境科学研究，2013，26（1）：27-33.

[11] 饶建平，易敏，符哲，等.洞庭湖水质变化趋势的研究.岳阳职业技术学院学报，2011，26（3）：53-57.

[12] 易文利，王圣瑞，金相灿，等.长江中下游浅水湖沉积物中有机质及其组分的赋存特征.西北农林科技大学学报（自然科学版），2008，36（5）：141-148.

[13] 王伟，卢少勇，金相灿，等.洞庭湖沉积物及上覆水体氮的空间分布.环境科学与技术，2010，33（12F）：6-10.

[14] 王雯雯，王书航，姜霞，等.洞庭湖沉积物不同形态氮赋存特征及其释放风险.环境科学研究，2013，26（6）：598-605.

[15] 王岩，姜霞，李永峰，等.洞庭湖氮磷时空分布与水体营养状态特征.环境科学研究，2014，27（5）：484-491.

[16] 李有志，刘芬，张灿明.洞庭湖湿地水环境变化趋势及成因分析.生态环境学报，2011，20（8-9）：1295-1300.

[17] 张敏，张伟军.洞庭湖水质状况分析与水环境保护研究.长江工程职业技术学院学报，2011，28（4）：16-18，23.

[18] 金相灿，屠清瑛.湖泊富营养化调查规范.2 版.北京：中国环境科学出版社，1990：219-230.

[19] 王圣瑞，倪栋，焦立新，等.鄱阳湖表层沉积物有机质和营养盐分布特征.环境工程技术学报，2012，2（1）：23-28.

[20] 袁和忠，沈吉，刘恩峰，等.太湖水体及表层沉积物磷空间分布特征及差异性分析.环境科学，2010，31（4）：954-960.

[21] 王永华，刘振宇，刘伟，等.巢湖合肥区底泥污染物分布评价与相关特征研究.北京大学学报：自然科学版，2003，39（4）：501-506.

[22] 张晓晶，李畅游，张生，等.乌梁素海表层沉积物营养盐的分布特征及环境意义.农业环境科学学报，2010，29（9）：1770-1776.

[23] 贺冉冉，高永霞，王芳，等.天目湖水体与沉积物中营养盐时空分布及成因.农业环境科学学报，2009，28（2）：353-360.

[24] 李青芹，霍守亮，昝逢宇，等.我国湖泊沉积物营养盐和粒度分布及其关系研究.农业环境科学学报，2010，29（12）：2390-2397.

[25] 高丽，宋鹏鹏，史衍玺，等.天鹅湖沉积物中营养盐和重金属的分布特征.水土保持学报，2010，24（4）：99-102.

[26] 隋桂荣.太湖表层沉积物中 OM、TN、TP 的现状与评价.湖泊科学，1996，8（4）：319-324.

[27] 杨汉，黄艳芳，李利强，等.洞庭湖的富营养化研究.甘肃环境研究与监测，1999，12（3）：120-122.

[28] 胡光伟，毛德华，李正最，等.三峡工程运行对洞庭湖与荆江三口关系的影响分析.海洋与湖沼，2014，45（3）：453-461.

[29] 杜耘，薛怀平，吴胜军，等.近代洞庭湖沉积与孕灾环境研究.武汉大学学报（理学版），2003，49（6）：740-744.

[30] 郭建平，吴甫成，熊建安.洞庭湖水体污染及防治对策研究.湖南文理学院学报（社会科学版），2007，32（1）：91-94.

[31] 杨胜.沅江干流怀化段总磷污染成因分析与防治对策.硅谷，2011，（5）：121.

[32] 卜跃先，苏绍眉.洞庭湖氮、磷平衡研究.人民长江，2002，33（3）：23-25.

[33] 蔡金榜，李文奇，刘娜，等.洋河水库底泥污染特性研究.农业环境科学学报，2007，26（3）：886-893.

[34] 沈丽丽，何江，吕昌伟，等.哈素海沉积物中氮和有机质的分布特征.沉积学报，2010，28（1）：158-165.

[35] Talbot M R. A review of the palaeohydrological interpretation of carbon and oxygen isotopic ratios in primary lacustrine carbonates.Chemical Geology：Isotope Section，1990，80（4）：261-279.

[36] Meyers P A，Ishiwatari R. Lacustrine organic geochemistry：an overview of indicators of organic matter sources and diagenesis in lake sediments.Organic Geochemistry，1993，20（7）：867-900.

[37] 郭掌珍，张渊，李维宏，等.汾河表层沉积物中营养盐和重金属的含量、来源和生态风险.水土保持学报，2013，27（3）：95-99.

[38] CCME. Sediment quality guidelines for the protection of aquatic life.Winnipeg：Canadian Council of Ministers of the Environment，2002.

土壤、农村与生态环境

衡阳松江工业园土壤重金属的污染研究

彭友娣[1,2] 邱国良[1,2] 蒋慧丽[1,2] 王艳萍[1,2]
（1.衡阳市环境监测站，衡阳 421001；2.衡阳市环境科学研究所，衡阳 421001）

摘　要：为了研究衡阳松江工业园土壤重金属的污染特征，采集了该园区及其周边土壤 23 个样品，测定了土壤中　重金属 Cu，Pb、Cd、Zn、As、Hg 的含量，并采用地累积指数法和潜在生态危害指数法对土壤重金属污染程度进行了评价。结果表明：松江工业园土壤中 Cu、Pb、Cd、Zn、As、Hg 的平均含量分别为 63.0 mg/kg、323 mg/kg、9.21 mg/kg、373 mg/kg、19.7 mg/kg、0.287 mg/kg，均高于全国土壤元素背景值和湖南省土壤元素背景值；Cd、Pb、Zn　分别处于严重、中度、偏中度污染，土壤重金属污染程度的排序为 Cd＞Pb＞Zn＞Hg＞Cu＞As，表明衡阳松江工业园土壤重金属具有很强的潜在生态危害。

关键词：土壤；重金属污染；地累积指数；潜在生态危害指数；衡阳松江工业园

Study on the Soil Heavy Metal Pollution in Songjiang Industrial Park of Hengyang City

Peng Youdi[1,2] Qiu Guoliang[1,2] Jiang Huili[1,2] Wang Yanping[1,2]
（1. Hengyang Environmental Monitoring Station，Hengyang 421001;
2. Hengyang Environment Scientific Research Institute，Hengyang 421001）

Abstract: For the purpose of studying the contamination characteristics of soil heavy metals in Songjiang Industrial Park of Hengyang City，a survey is conducted. Contents of heavy metals（Cu，Pb，Cd，Zn，As and Hg）in the soil of 23 sites in the park and surrounding area are analyzed and measured. Geo-accumulation index and potential ecological risk index are employed to assess the pollution degree of heavy metals in the soil. The results show that the average contents of Cu，Pb，Cd，Zn，As and Hg are 63.0 mg/kg，323 mg/kg，9.21 mg/kg，373 mg/kg，19. 7 mg/kg and 0. 287 mg/kg，respectively，and that they are higher than the background values of Hunan Province and the rest of the nation. The pollution assessment shows that the order of pollution degree of heavy metals is Cd＞Pb＞Zn＞Hg＞Cu＞As，and that the contamination status of Cd，Pb and Zn are serious，moderate and partially moderate，respectively. Soil heavy metal pollution has a strong potential ecological harm in Songjiang Industrial Park.

Key words: soil；heavy meta pollution；geo-accumulation index；potential ecological harm index；Songjiang Industrial Park of Hengyang City

引 言

重金属具有毒性和持久性不易被微生物降解，容易在土壤和植物体内积累。矿产资源的开采和冶炼过程中产生的尾矿废水废气烟尘废渣，可对周围土壤产生严重的影响，造成重金属污染并通过“土壤—植物—人”[1]途径进入人体，严重危害人体健康[2-4]，目前国内外学者对矿区和冶炼区土壤重金属污染状况进行了大量的研究[5-7]。

湖南省是有色金属之乡，2011 年 3 月《湘江流域重金属污染治理实施方案》成为我国第一个获国务院批准的重金属污染治理试点方案，其中衡阳的水口山松江地区被列为湘江流域重金属污染治理的重点区域。近年来，一些学者[8-14]对水口山周边地区的土壤蔬菜和农作物的重金属污染特征进行了研究，但对松江地区土壤重金属污染状况的研究鲜见报道，而在松江地区的金盆白竹竹子等村目前已发现儿童血铅超标，鉴于此，本文以松江工业园区内部及其园区边界外 1 km 左右的土壤为研究对象，通过样品采集和分析研究了重金属元素的含量水平以及重金属元素之间的相关性，并应用地累积指数法和潜在生态危害对园区重金属污染程度进行了评价，旨在为该工业园区土壤的污染治理和生态修复提供科学依据。

1 研究区土壤样品采集与评价方法

1.1 研究区概况

松江工业园位于衡阳市衡南县松江镇东经 112°33'32.3"～12°33'50.3"，北纬 26°35'48.5"～26°36'50.2"，地处湖南省东南部南濒湘江中游与常宁市松柏镇及水口山矿务局隔江相望距衡阳市区仅 37 km 成土母质起源于第四纪红土土壤类型为红壤气候上属亚热带季风气候年均气温 17.8℃年降雨量：1 268.8 mm 左右。园区内主要有隆丰冶炼化工有限公司鼎力铅业有限公司衡阳百赛化工实业有限公司及佳顺化工林潮冶炼等一些小化工小冶炼企业主要生产粗铅电解铅氧化锌和硫酸锌等产品园区内每年废水排放中含 745 kg 铅、130 kg 砷、90 kg 镉（折纯），其中：废水重金属排放量最大的污染企业为隆丰冶炼（主要产品氧化锌）和鼎力铅业主要污染物为铅（Pb）、砷（As）、镉（Cd）；废气排放量最大的污染企业为鼎力铅业和佳顺化工（主要产品氧化锌）均为铅锌冶炼行业．固废排放量最大的污染企业则为佳顺化工隆丰冶炼鼎力铅业等其中佳顺化工的废气废渣烟尘排放量均为工业园区之首。

1.2 土壤样品采集和预处理

2011 年 5 月在松江工业园区内部及其周边地区按网格法均匀布设调查点位根据现场情况确定 10 m×10 m 的采样区域，视面积、土壤组成均匀程度和地势实际情况选用蛇形对角线梅花形等方法布设 5 个点采集 5 个样品再把这 5 个样品混合成 1 个样品。采用 GPS 精确定位。土壤采样深度为 0～20 cm。每个样品约重 2 km，共采集 23 个样品（见图 1）。

土壤样品采回实验室后置于阴暗通风避光处自然风干除去土壤中混杂的石块动植物残体等采用四分法将样品破碎过 100 目筛装瓶并贮存于干燥器中备用。

1.3 土壤样品分析

土壤样品主要测定 Cu、Pb、Zn、Cd、Hg 和 As6 种重金属元素的总量，其测定方法分别为：①Hg，土样采用硫硝混 V_2O_5 法消煮。用冷原子吸收测汞仪（ZYC-H 型）检测；

②As，土样采用 H_2SO_4-HNO_3-$HClO_4$ 法消煮，用原子荧光仪（AFS-81O）检测；③Cu、Pb、Zn 和 Cd，土样采用王水-HF-$HClO_4$ 法消煮，用原子吸收仪（日立 Z-2000）检测。试验中采用土壤标准物质 FSS]进行质量控制同时作全程空白试验不少于 10%的平行样。

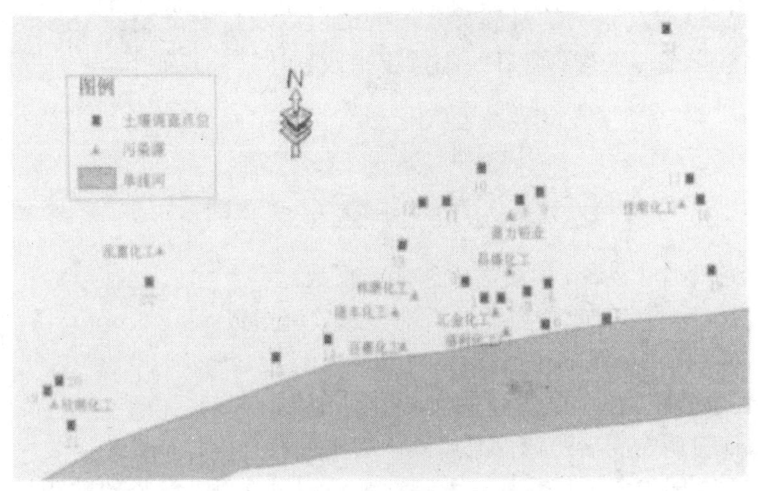

图 1　研究区采样点布设示意图

14　评价方法

1.4.1　地累积指数法

地累积指数（GeO-accumulation index）由德国海德堡大学沉积物研究所 Muller 教授提出。是一种研究水环境沉积物中重金属污染的定量指标[15]，其计算公式如下。

$$I_{geo}=\log2C_i/(kB_i) \tag{1}$$

式中，I_{geo} —— 地累积指数；

C_i —— 土壤重金属元素 i 的实测浓度，mg/kg；

B_i —— 所测土壤重金属元素 i 的环境背景值，mg/kg，本研究取湖南省土壤元素背景值[16]；

k —— 考虑到造岩运动可能引起背景值波动而设定的常数一般易取 1.5。

根据地累积指数的大小可将沉积物中重金属污染程度划分为 7 个等级见表 1。

表 1　地累积指数的污染分级

地累积指数	污染等级	级别	地累积指数	污染等级	级别
$I_{geo}\leqslant0$	清洁	0	$3<I_{geo}\leqslant4$	偏正污染	4
$0<I_{geo}\leqslant1$	轻度污染	1	$4<I_{geo}\leqslant5$	重污染	5
$1<I_{geo}\leqslant2$	偏中度污染	2	$I_{geo}>5$	严重污染	6
$2<I_{geo}\leqslant3$	中度污染	3			

1.4.2 潜在生态危害指数法

L.Hakanson[17]提出的潜在生态危害指数法是目前应用较多的评价沉积物中重金属生态危害的方法。该方法从沉积学角度对沉积物中重金属污染进行评价，并利用沉积物中重金属相对于工业化以前沉积物的最高背景值的比值以及将重金属的生态效应环境效应与生物毒性系数联系起来，可得到潜在生态危害指数其计算公式如下。

$$E_r^i = T_r^i \times C_f^i (\text{其中} C_f^i = C_i / C_n^i) \tag{2}$$

$$R_i = \sum_{i=1} E_r^i = \sum_{i=1} T_r^i \times C_f^i = \sum_{i=1} T_r^i \times C_i / C_n^i \tag{3}$$

式中，E_r^i —— 沉积物重金属 i 的潜在生态危害指数；

R_i —— 沉积物中多种重金属的总潜在生态危害指数；

C_r^i —— 第 i 种重金属的污染指数；

C_i —— 表层沉积物中重金属 i 的实测值，mg/kg；

C_n^i —— 计算所需的参照值，采用湖南省土壤背景值，mg/kg；

T_r^i —— 重金属的毒性系数反映其毒性水平和生物对其污染的敏感程度，其中 Cu、Pb、Cd、Zn、As、Hg 的 T_r^i 分别取 5、5、3、1、10、40。

表 9 给出了沉积物中重金属污染程度及潜在生态危害程度的划分标准。

表 2 重金属污染程度及潜在生态危害程度的等级划分标准

C_f^i 值范围	单个污染物污染程度等级	E_r^i 值范围	单个污染物生态危害程度等级	R_i 值范围	总潜在生态危害程度等级
C_f^i <1	轻微	E_r^i <40	轻微	R_i<150	轻微
1≤ C_f^i <3	中等	40≤ E_r^i <80	中等	150≤R_i<300	中等
3≤ C_f^i <6	强	80≤ E_r^i <160	强	300≤R_i<600	强
C_f^i ≥6	很强	160≤ E_r^i <320	很强	R_i≥600	很强
		E_r^i ≥320	极强		

1.5 数据统计与分析

本文采用 Excel 进行数据处理。并采用 SPSSl7.0 软件进行研究区重金属元素之间的相关性分析。

2 评价结果与讨论

2.1 研究区土壤重金属元素的含量

研究区土壤重金属元素含量的测定结果见表 3。由表 3 可以看出：研究区各重金属污染物的均值和含量范围分别是 Cu 为 63.0（25.9～142）mg/kg、Pb 为 323（58.0～707）mg/kg、Cd 为 9.21（1.04473.7）mg/kg、Zn 为 373（174～129）mg/kg、As 为 19.7（1.93～54.8）mg/kg、Hg 为 0.287（0.08 2～0.784）mg/kg；与全国土壤元素背景值和湖南省土壤元素背景值相比。研究区土壤重金属 Cu、Pb、Cd、Zn、As、Hg 的含量分别是全国土壤元素背景值的 2.79 倍、12.4 倍、95.0 倍、5.03 倍、1.76 倍、4.42 倍，是湖南省土壤背景值的 2.31

倍、10.9 倍、73.1 倍、3.95 倍、1.25 倍、2.47 倍，其中重金属 Cu、Pb、Cd、Zn、As、Hg 的含量最高值分别是全国土壤元素背景值的 6.28 倍、27.2 倍、760 倍、17.4 倍、4.89 倍、12.1 倍，是湖南省土壤元素背景值的 5.20 倍、23.8 倍、585 倍、13.7 倍、3.49 倍、6.76 倍。可见，松江工业园区土壤中的重金属 Cu、Pb、Cd、Zn、Hg、As 出现明显的的富集特征。且富集程度的排序为 Cd＞Pb＞Zn＞Hg＞Cu＞As，尤其是 Cd 的富集程度最高，污染最严重，Pb 次之。

变异系数反映了总体样本中各采样点的平均变异程度。由表 3 中的变异系数可以看出：重金属 Cu、Pb、Cd、Zn、As、Hg 的变异系数偏大均等于或大于 0.49，说明研究区重金属 Cu、Pb、Cd、Zn、As 和 Hg 的分布不均匀，受外界干扰比较大，这可能是因为研究区冶炼化工企业所采用的生产原料和生产工艺不同，因而产生的重金属污染物也不同[18]；Cd 的变异系数高达 1.63，说明与当地有色金属冶炼密切相关，存在明显的点源特征，这与雷鸣等[9]、郭朝晖等[19]的研究结果基本一致。

表 3 研究区土壤重金属元素的含量测定结果 单位：mg/kg

重金属元素	最小值	最大值	算术平均值	标准差	变异系数	全国土壤元素背景值[16]	湖南省土壤元素背景值
Cu	25.9	142	63.0	30.78	0.49	22.6	27.3
Pb	58.0	707	323	208.6	0.65	26.0	29.7
Cd	1.04	73.7	9.21	15.02	1.63	0.097	0.126
Zn	174	1291	373	243.6	0.65	74.2	94.4
As	1.93	54.8	19.7	12.75	0.65	11.2	15.7
Hg	0.082	0.784	0.287	0.172	0.60	0.065	0.116

2.2 研究区土壤重金属元素之间的相关性分析

根据研究区重金属污染特性，对 Cu、Pb、Cd、Zn、As、Hg 6 种重金属元素之间进行相关性分析。其结果见表 4。由表 4 可以看出：Cu、Pb、Hg 两两之间存在显著正相关性，而 Cu 与 Cd 之间存在极显著正相关性表明土壤重金属元素之间表现为复合污染或具有同源性；Zn、As 和其他元素不存在相关关系。

表 4 研究区重金属元素之间的相关性分析

重金属元素	Cu	Pb	Cd	Zn	As	Hg
Cu	1					
Pb	0.443*	1				
Cd	0.676**	0.093	1			
Zn	0.397	0.205	0.289	1		
As	0.233	0.395	0.115	0.020	1	
Hg	0.616**	0.507*	0.126	0.066	0.340	1

注：“*” 和 “**” 分别表示双侧检验在 0.05 和 0.01 水平上显著相关。

2.3 研究区土壤重金属污染程度评价

2.3.1 地累积指数法评价

采用地累积指数法对研究区土壤重金属污染程度进行评价其结果见表 5，由表 5 可以看出；研究区内 As 的污染程度为清洁，未受到污染，Cu 和 Hg 为轻度污染，Zn 为偏中度污染，Pb 为中度污染，Cd 为严重污染土壤重金属污染程度表现为 Cd＞ Pb＞Zn＞Hg＞Cu＞As；从地累积指数最小值看 Cd 所有点位均达到了中度污染以上，研究区地雾积指数平均值为 1.17，重金属污染程度总体上为偏中度污染。其中 Cd 污染最严重的点位是 9 号，地累积指数为 8.607，靠近鼎立铅业有限公司其次是 14 号地累积指数为 6.789，靠近隆丰冶炼化工有限公司这两家企业是该工业园区内主要污染源企业币鼎力铅业废水中 Cd 的排放量占整个工业园区 Cd 排放总量的 65.1%。

表 5 研究区土壤重金属地累积指数法的评价结果

I_{geo}	Cu	Pb	Cd	Zn	As	Hg
最小值	−0.661	0.381	2.460	0.297	−3.609	−1.805
最大值	1.794	3.988	8.607	3.189	1.218	2.172
平均值	0.621	2.858	5.607	1.397	−0.258	0.722

2.3.2 潜在生态危害指数法评价

根据式（2）和式（3）研究区土壤中重金属的潜在生态危害指数 E_r^i 和总潜在生态危害指数R_i 的计算结果见表 6。由表 6 可以看出，从单个重金属潜在生态危害指数E_i 来进行评价，研究区土壤中 Cd 的平均潜在生态危害程度为极强，Hg 的潜在生态危害程度达到了强，Pb 为中等，Cu、Zn、As 则为轻微，且 6 种重金属元素潜在生态危害程度由大到小的排序为 Cd＞H g＞Pb＞As＞Cu＞Zn，与地累积指数法单项重金属评价结果基本一致（Zn 除外 7n 的毒性系数小）；从多种重金属总潜在生态危害指数R_i 来进行评价研究区土壤值的变化范围为 330.51～17 721.89，均值为 2 374.32，R_i 值中 Cd 的贡献比例最大这主要是由于研究区土壤中 Cd 的总量远高于背景值以及其毒性水平较高所致而从R_i 的均值看，Cd 的贡献比例为 92.4%，Hg 为 4.2%，Pb 为 2.3%。总体而言研究区土壤重金属总潜在生态危害程度等级为很强。

表 6 研究区土壤重金属潜在生态危害指数法的评价结果

	潜在生态危害指数 E_r^i						R_i
	Cu	Pb	Cd	Zn	As	Hg	
最小值	4.74	9.76	247.62	1.84	1.23	28.28	330.51
最大值	26.01	119.02	17 547.62	13.68	34.90	270.34	17 721.89
平均值	11.55	54.5	2193	3.95	12.5	98.8	2 374.32

3 结论

（1）松江工业园区土壤重金属元素含量分析结果表明，园区土壤中 Cu、Pb、Cd、Zn、As、Hg 的平均含量分别为 63.0 mg/kg、323 mg/kg、9.21 mg/kg、373 mg/kg、19.7 mg/kg、

0.287 mg/kg，高于全国土壤元素背景值和湖南土壤元素背景值，其中 Cd、Pb、Zn、Hg、Cu、As 分别为湖南土壤背景值的 73.1 倍、10.9 倍、3.95 倍、2.47 倍、2.31 倍、1.25 倍，而 Cd 的富集程度最为严重，As 相对较轻。

（2）通过松江工业园区土壤重金属元素之间的相关性分析可知，园区土壤中重金属 Cu、Pb、Hg 两两之间存在显著正相关性。Cu 与 Cd 之间存在极显著正相关性表明它们之间可能存在相同的来源。

（3）采用地累积指数法对松江工业园区土壤中重金属污染程度进行评价，结果表明园区土壤污染程度总体上为偏中度污染。6 种重金属污染程度的排序为 Cd＞Pb＞Zn＞Hg＞Cu＞As，其中 Cd 表现为严重污染，Pb 为中度污染，Zn 为偏中度污染，Cu 和 Hg 为轻度污染，As 为清洁。

（4）采用潜在生态危害指数法对松江工业园区土壤中重金属污染程度进行评价。结果表明，园区土壤中的 6 种重金属潜在生态危害程度的排序为 Cd＞Hg＞Pb＞As＞Cu＞Zn，多种重金属总潜在生态危害程度等级为很强。

参考文献

[1] 杨胜香，易浪波，刘佳，等.湘西花垣矿区蔬菜重金属污染现状及健康风险评价.农业环境科学学报，2012，31（1）：17-23.

[2] Moles，N.R.，D.Smyth，C.E.Mather，et a1. Dispersion of cerussite-rich railings and plant uptake of heavy metals at histori cal lead mines near Newtownards，Northern Ireland. Applied Earth Science，2004，113：21-2 6.

[3] Wilson，B.，B.Lang，F.B. Pyatt.The dispersion of heavy metals in the vicinity of Britannia Mine，British Columbia，Canada. Ecotoxicology and Environmental Safety，2005，60（3）：269-276.

[4] Sobanska，S.，B.Ledesert，D.Deneele，et a1.Alteration in soils of slag particles resulting from lead smelting. Earth and Planetary Sciences，2000，331（4）：271-278.

[5] 王利军，卢新为，荆淇，等. 宝鸡长青镇铅锌矿冶炼厂周边土壤重金属污染研究. 农业环境科学学报，2012，31（2）：325-330.

[6] 项萌，张国平，李玲，等. 广西铅锑冶炼区土壤剖面及孔隙水中重金属污染分布规律. 环境科学，2012，33（1）：266-272.

[7] 王新，周启星，任丽萍. 矿区农产品质量及土壤一岩石界面重金属行为特性的研究. 农业环境科学学报，2004，23（3）：459-463.

[8] 周航，曾敏，刘俊，等. 湖南 4 个典型工矿区大豆种植土壤 Pb Cd Zn 污染调查与评价. 农业环境科学学报，2011，30（3）：476-481.

[9] 雷鸣，曾敏，郑袁明，等. 湖南采矿区和冶炼区水稻土重金属污染及其潜在风险评价. 环境科学学报，2008，28（6）：1212-1220.

[10] 郭朝晖，宋杰，陈彩，等. 有色矿业区耕作土壤、蔬菜和大米中重金属污染. 生态环境，2007，16（4）：1144-1148.

[11] 何谈，廖柏寒，曾敏，等. 湘南 4 个矿区稻田 As 污染状况的初步调查. 生态毒理学报，2007，2（4）：470-475.

[12] 郭朝晖，朱永宫. 典型矿冶周边地区土壤重金属污染及有效性含量. 生态环境，2004，13（4）：553-555.

[13] Wei，C.Y.，C.Wang，L.G.Yang.Characterizing spatial distribution and sources of heavy metals in soils from mining-smelting activities in Shuikoushan，Hunan Province，China. Journal o/Environmental Science，2009，21（9）：1230-1236.

[14] 颜昌林，杨俊衡，王光惠．衡阳市主要农作物及耕作土重金属污染现状研究.安全与环境工程，2009，1G（G）：54-57.

[15] Muller，G.Index of geoaccumulation in sediments of the Rhine River. Geojournal，196 9，2（3）：108-118.

[16] 国家环保总局，中国环境监测站．中国土壤元素背景值．北京：中国环境科学出版社，1990：87-90，330-378.

[17] Hakanson，L.An ecological risk index for aquatic pollution control：A sedimentological approach．Water Research，1980，14（8）：975-1001.

[18] 刘德鸿，王发园，周文利，等．洛阳市不同功能区道路灰尘重金属污染及潜在生态风险．环境科学，2012，33（1）：253-259.

[19] 郭朝晖，肖细元，陈同斌，等．湘江中下游田土壤和蔬菜的重金属污染．地理学报，2008，63（1）：3-11.

此文章刊登于《安全与环境工程》2013 年

湖南省重点生态功能区县域生态环境质量考核探索与实践

毕军平 罗岳平 易敏

摘 要：湖南省以实施国家重点生态功能区中央转移支付资金项目为契机，切实统一地方政府部门认识，出台一系列制度，强化各部门联动，狠抓生态环境监测能力建设，借用现场核查手段，严把数据审核关，全省考核组织工作不断加强，环境监管能力显著提升，数据报告质量逐年提高。

关键词：国家重点生态功能区；考核；湖南

为维护国家生态安全，中央财政设立国家重点生态功能区转移支付资金，其目的是引导地方政府加强生态环境保护工作力度，提高县级政府的基本公共服务保障能力，促进县域经济社会可持续发展。考核工作就是监测与评价县域生态环境质量，统计资金分配与使用情况，测算转移支付资金使用效果，为下一年度转移支付资金奖惩提供科学依据。这是国家保护推动生态环境保护的一项重要措施，也是环保部门、财政部门及其他相关部门协同合作的一项开创性工作。湖南省按照国家统一部署，结合本省实际情况，积极开展了大量探索与实践。

1 全省重点生态功能区现状

湖南省主要有两类国家重点生态功能区，涉及 7 个市州共 24 个县区。10 个县为南岭山地森林及生物多样性生态功能区，主要实施珠江、湘江等水源涵养功能。14 个县区为武陵山区生物多样性与水土保持生态功能区，主要实施生物多样性维护。这些县区绝大部分地处该省偏远山区，45.8%的县属国家扶贫开发工作重点县，66.7%的县属国家集中连片特殊困难地区。在实施生态转移支付之初，不仅经济落后，基础条件差，生态环境监管能力更是普遍差距特别明显，很多县区监测能力基本上处于空白，严重制约了考核工作的开展。

经过三年多的持续努力，全省各级政府、环保及相关部门以重要生态功能区转移支付资金项目为契机，以县域生态环境质量考核工作为抓手，精心组织，周密部署，积极推动县域生态环境保护工作。全省考核组织工作不断加强，环境监管能力显著提升，数据报告质量逐年提高。

2 主要做法

2.1 切实统一认识，考核工作迅速迈向正轨

考核工作开始启动时，地方政府及其相关部门对国家下拨的转移支付资金认识模糊，目的不明，用途不清。许多县区还把此项资金当作其他财政划拨收入，分配随意。省环保厅和财政厅利用全省县域生态环境质量考核工作会议、部门会议及现场检查等机会，下大

力气宣传政策，扭转地方政府及其相关部门的认识误区。各地方政府原先只重点考虑转移支付资金中的民生保障与政府基本公共服务支出，现逐步重视生态建设与环境保护支出，与2010年不到20%的支出相比，2012年全省生态建设与环境保护支出达到54%，总体呈现明显加大趋势；各级政府已将考核工作经费纳入常规预算，各县区基本都安排了30万元左右的工作经费。考核工作尤其得到了省环保厅的高度重视，该厅认为考核工作是推动县区生态环境监测、监察事业发展良好的机遇，在多次会议和多种场合都明确要求各级环保部门要牢牢把握机遇，借力造势。各级环保部门以此为契机，与总量减排、国家三级环境监测站达标建设、绿色湖南建设等重点工作结合起来，通过考核大力推动县域生态环境持续改善。

2.2 注重制度设计，考核工作规范性全面强化

为了更好地推动县域生态环境质量考核工作规范化，在遵循国家统一要求的前提下，湖南省结合实际，先后出台了一系列规范性文件。省环保厅和财政厅联合制定了《湖南省国家重点生态功能区县域生态环境质量考核评估暂行办法》，将生态环境保护情况与考核工作组织情况共同纳入省级评估体系，考核评估结果直接与各地财政转移支付和生态工程项目资金分配挂钩；下发了《关于加强国家重点生态功能区县域环境监测工作的通知》《关于县域生态环境质量考核县环境空气自动监测站建设有关问题的通知》《关于做好国家重点生态功能区考核县环境监测能力建设项目实施的通知》等一系列文件，就监测工作的开展、监测能力建设、监测经费保障等提出了具体要求。通过几年考核工作实践，全省从组织管理、资料准备、自查自报、数据质量审核、环保基本能力和基础工作等方面形成了相应的管理制度，考核工作进一步规范。

2.3 强化部门联动，考核工作机制逐步健全

县域生态环境质量考核工作考核对象是县区政府，涉及政府多个部门，需要政府和相关部门的整体联动。各县在当地政府组织下，均成立了以县长为组长、分管副县长为副组长、相关部门主要负责人为成员的考核工作领导小组，领导小组下设办公室，负责组织协调和工作实施。考核工作任务细化分解到部门，各有关部门按照职责分工完成好部门任务，工作机制进一步理顺。各级环保部门切实加强考核工作组织机构建设，全省在省、市、县逐步建立了一支考核工作专业技术队伍和管理队伍，重点抓好考核工作；市州环保部门还积极协调，对辖区内还不能承担考核日常环境监测工作的县区，主动服务，暂时由市州监测站协助监测；各级环保部门牢牢把握机遇，以考核工作为契机，大力推动县域生态环境保护工作和环境保护能力建设，尤其是环境监测、监察等能力建设，在县域范围内积极建立完善的环境监测体系。财政部门不断加大支持力度，各县区基本都为考核工作安排了专项工作经费，并且将考核工作经费纳入了财政常规预算，建立了经费长效保障机制。相关部门各司其职，整体联动，认真开展各项指标的统计和填报。全省形成了由被考核县政府—市州环保部门—省环境监测中心站—省厅监测处的逐级报送、审核工作模式，层层把关，发现问题及时反馈，考核机制逐步健全。

2.4 狠抓能力建设，考核工作基础不断加强

考核工作对县区环境监测提出了较高的要求，这些县区监测能力相对薄弱，技术人员、仪器设备、实验室场地缺乏，无法完成考核要求的日常监测工作，市州监测站工作任务也很重，不可能长期协助。针对这种情况，该省加大了对考核县区监测能力建设的倾斜和投

入，力争用 3 年左右的时间，所有县区日常监测要从原先依靠或部分依靠市州站，达到独立完成所有日常监测任务的标准。前几年，省里利用国家减排资金，仅给部分县配备了少量的监测仪器设备。宁远县、辰溪县、嘉禾县、石门县、花垣县、新田县、桑植县、汝城县等不等不靠，从县增量资金中安排一部分，专门加强监测基础能力建设。2012 年省财政厅还从国家重点生态功能区转移支付增量资金中，专项安排 3 000 万元用于县区环境监测能力建设，每县区平均 120 万元左右。经过这几年的持续建设，全省 24 个县区环境监测站设备按国家三级站标准配备率均达到 95%以上，仪器配置基本达到监测标准要求，部分工矿企业较多的县重点污染源监督性监测得到进一步加强；建设了大气自动监测站 25 个，每县区均有 1 个以上大气自动监测站。仪器设备安装调试正式运转后，县区环境监测站将基本能独立承担并满足考核的日常监测工作要求。目前已有 6 个县环境监测站通过了国家三级监测站标准化建设达标验收，今年底，除永定区、武陵源区和个别县外，绝大部分县将可实现达标验收。各地严格按照《国家重点生态功能区县域地表水、空气自动监测点位（断面）布设规定》的技术要求，合理确定环境监测点位（断面）和重点监测企业，完善环境监测工作计划，安排人员力量，按照考核工作的要求开展监测工作。

2.5 借力现场核查，考核工作体系日趋完善

为了大力推动考核工作开展，掌握被考核县的真实情况，提高各县区填报数据的准确性和真实性，为今后考核工作的常规化打好基础，根据国家有关考核的技术规范及工作方案要求，结合审核工作中发现的主要问题，充分发挥现场核查这个手段的效果，认真开展现场核查，每次现场核查的目标明确，组织严密，重点突出，带着问题，现场办公。每年数据上报前后，省环保厅、财政厅联合开展省级核查，形成了统一规范的核查程序，三年期间基本完成了两轮现场核查，还有个别县区进行了多次核查。在首轮现场核查中，我们重点提高各县对考核工作重要性的认知度，督促解决工作经费与监测能力建设经费，规范日常监测工作；第二轮现场核查中，我们重点核查各县生态环保措施及涉及生态环境的重点（大型）工程，引导县域生态环境质量的改善与提高。通过现场核查，确实解决工作推进中碰到的不少问题，各县区重视程度明显提高，数据填报质量不断提高，大部分县区转移支付资金投入生态环境保护的比例逐渐提高。真正做到了核查与不核查效果显著不同，两轮核查比一轮核查后也有明显进步。工作中遇到困难主动申请现场核查的县区不断增多，考核工作借助现场核查取得了明显的成效。

2.6 严把数据审核关，考核工作质量明显提高

除了严格遵守县自查、市审查、省汇总与核查的时间节点外，我省还重点抓住考核工作质量要求不放松，认真落实各个环节的技术审核。一是抓技术培训，努力提高技术队伍水平。对各市、县组织了多次集中技术培训，指导各考核县区进行环境监测和数据填报。同时还特别加强了省考核技术组成员的内部培训，在全省数据填报期间，省考核技术组成员内部每周均抽出了一下午时间学习与交流。有关市州也自行组织辖区内相关技术人员，开展了人员内部培训。二是抓跟踪指导，努力将问题消灭在工作过程中。省考核技术组针对填报过程中问题多且集中的特点，建立了 5 项制度，已经坚持实施了两年，效果比较明显：一是在线值班制度，针对县市技术咨询和提问，利用网络平台及时回复，准确解答；二是对等回答制度，下面提出的问题，有些是能确定回答的，有的暂时不能确定，由技术组商定后回答，确保统一的标准，保证技术问题不管问到哪个技术人员，解答口径都一致；

三是对口沟通制度。专人收集汇总疑点难点问题，由技术负责人统一请示汇报，做好与省厅、总站的沟通交流；四是区域负责制度。将考核县区分成3片，技术组每组2人包干1片，各项工作责任到组，包干到底；五是定期调度制度。数据填报期间，每周对各县的数据填报及上报情况实行周调度，平时例行监测工作进度实行定期调度，每年编写《考核工作动态》8期左右，及时通报和跟进工作进展情况。通过严把数据审核关，原先报表及资料完整性、数据逻辑性、数据合理性、指标变化的充分性等出现的不少问题，现在已经明显减少，上报国家数据审核一次通过率很高，今年湖南省考核工作组织管理评价全部为“中等”及以上，评价为“好”的比例达80%。

3 存在的困难与建议

生态环境质量监测与评价比较复杂，涉及的问题比较多，这必须逐步完善和解决。当前比较急需考虑的问题主要有两方面：一是生态环境质量如何有效改善。考核最终目的就是改善和提高生态环境质量，生态环境质量的改变是一个比较缓慢的过程，如何通过工程的实施逐步实实在在改善环境质量，而不是简单数字的变化，还得省级及以上技术组进行认真思考。二是考核的基础数据的日常监测规范。日常监测的质量如何保证，如何让县(区)环境监测尽快形成能力，包括机构、人员数量、技术素质和工作水平等还需进一步加强，这些都需要我们今后进行大量思考，进行持续地不懈地努力。

此文章刊登于《环境保护》2014年第12期

基于遥感技术监测湖南省农田动态变化研究

肖杰[1,2] 廖秀英[3] 王婷[3] 黄河仙[1,2] 易敏[1,2] 胡树林[1,2]
（1. 湖南省环境监测中心站 长沙 410014；
2. 国家环境保护重金属污染监测重点实验室 长沙 410014；
3. 湖南科技大学建筑与城乡规划学院 湘潭 411201）

摘 要：利用地理信息系统与遥感技术，对湖南省农田用地的空间格局进行了定量分析。结果表明，2000～2010年，湖南省农田主要分布在湘中地区；农田面积持续下降，以水田和旱地减少为主，园地呈现小幅度上升；农田流转幅度较大，具有明显的双向转化特征，但以转出为主，主要流转入城镇，转入来源主要为灌丛。

关键字：农田，GIS，RS，湖南省

Research on the cultivated land use changes in Hunan Province based on the Remote Sensing

Xiao Jie　Liao Xiuying　Wang Ting
（1. Hunan Environmental Monitoring Center，Hunan，Changsha 410014;
2. State Environmental Monitoring Centre，Hunan，Changsha 410014;
3. Hunan University of Science and Technology，Hunan，Xiangtan 411201）

Abstract: The spatial pattern of cultivated land in Hunan was analyzed based on GIS and RS technology.The results showed that with the economic growth and social development，from 2000 to 2010，cultivated land mainly is distributed in the middle of the Hunan；there is a continued decline in farmland ecosystem area，the main distribution area of farmland ecosystem is paddy and upland，and the plot had risen a bit；Farmland ecosystem has dramatic changes，which is led by the roll-out and turned into town，but it has the obvious characteristics of bidirectional transformation，it mainly diverted from the shrub.

Key words: cultivated land；GIS；RS；Hunan Province

随着城镇化建设的加速，越来越多的土地被开发，农田迅速减少，这意味着对粮食安全产生较大的威胁，因此对于农田的保护工作也变得十分紧迫[1-2]。近年来，如何减少耕地资源流失、实现土地高效利用已受到政府和学界的高度关注，目前学者的研究往往侧重于农田数量的变化，忽略了农田用地的空间格局以及景观特征的研究[3-4]。本文以湖南省作为研究区域，采用了RS、GIS等技术，通过空间数据库、转移矩阵等分析方法对湖南省农田用地的空间分布、流转量、流转方向等进行了初步研究，为合理利用农田、采取土地整理措施等提供参考[5–6]。

1 研究区域概况

湖南省位于长江中游，地处东经 108°47′～114°15′，北纬 24°39′～30°08′，土地面积 211 800 km^2。全省辖 13 个市、1 个自治州、122 个县（市、区）。湖南地貌以山地、丘陵为主，全省三面环山，形成从东南西三面向北倾斜开口的马蹄形状。湖南属中亚热带季风湿润气候，气候条件比较优越，适宜作物生长。湖南物产富饶，是著名的“鱼米之乡”。全省农田面积 378.8 万 hm^2，约占全国农田总面积的 3.1%。20 世纪 50 年代以来，湖南省耕地总量变化经历了一个由短期增长到持续减少的波动变化趋势，人均耕地则呈明显递减趋势。

2 数据处理

2000 年、2005 年选用 TM 数据，2010 年选用环境一号卫星数据作为影像数据源。通过 ERDAS、ENVI、ArcGIS 等遥感与 GIS 软件，对遥感数据进行大气校正、正射校正、几何校正、图像融合以及图像增强等图像处理，并提取湖南省不同时期不同土地利用类型数据（见图 1 和图 2）。将研究区域的土地利用类型分为森林、灌丛、草地、湿地、农田、城

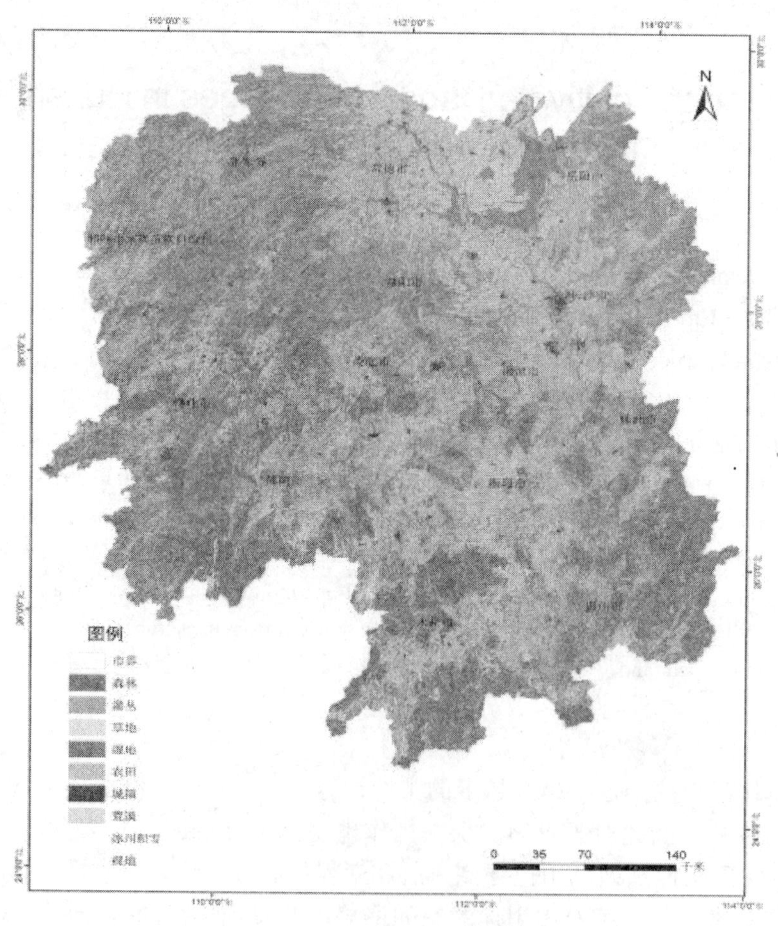

图 1　2000 年湖南省土地利用类型

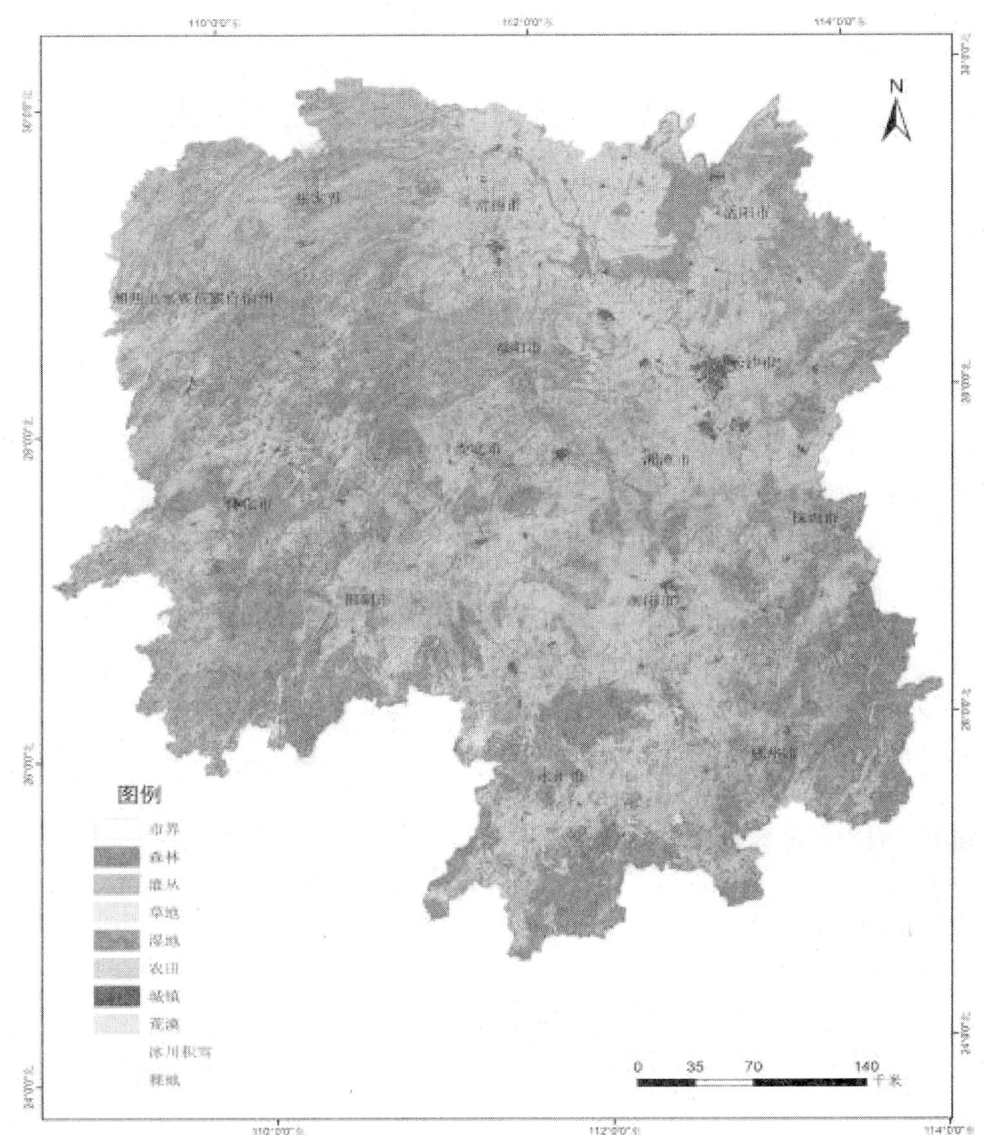

图 2 2010 年湖南省土地利用类型

镇和裸地 7 个一级分类，农田进一步分为耕地和园地 2 个二级分类。在 GIS 技术和景观软件支持下，对研究区农业用地变化量、转移量、转移方向的空间格局变化和景观格局等采用农业用地变化、转移矩阵、平均斑块面积等分析方法进行了初步研究。

3 湖南省农田动态变化特征

3.1 湖南省农田用地总体特征

利用 ArcGIS 功能中的统计功能和空间数据库等，从土地利用类型图（见图 1 和图 2）中得到湖南省 3 个年份各土地利用类型面积数据（见表 1）。

表 1 2000—2010 年湖南省土地利用面积变化

类型	2000 年		2005 年		2010 年	
	面积/km^2	比例	面积/km^2	比例	面积/km^2	比例
森林	87 402.9	41.00%	87 387.2	41.00%	87551	41.10%
灌丛	42 220.8	19.80%	42 041.0	19.70%	41898.7	19.60%
草地	4 193.5	2.00%	4 210.8	2.00%	4239.9	2.00%
湿地	8 185.5	3.80%	8 200.2	3.80%	8230.9	3.90%
农田	6 5252	30.60%	64 729.6	30.40%	63959.2	30.00%
城镇	5 485.2	2.60%	6 184.7	2.90%	6893.5	3.20%
裸地	472.0	0.20%	458.4	0.20%	438.6	0.20%

从表 1 中可以看出，研究区的农田面积逐渐减少，在国土面积中所占的比例由 2000 年的 30.6%减少到 2010 年的 30.0%。在 2000—2010 年，森林生态系统面积变化呈现波动，草地生态系统、湿地生态系统和城镇生态系统呈持续增加趋势；灌丛生态系统、农田生态系统、裸地生态系统呈持续减少趋势，10 年间分别减少了 322.1 km^2、1 292.8 km^2、33.4 km^2。总体来看，农田主要分布在湘中地区，以洞庭湖平原及丘陵、衡阳盆地为主，湘西山区的农田零星分布于河谷地区和山前地带。农田面积最大的地级市是常德，为 7 825.2 km^2，其次是衡阳、永州和怀化，分别为 7 466.7 km^2、7 155.3 km^2 和 6 267.2 km^2，而农田面积比例最高的是衡阳，占全市总面积的 48.6%，其次是常德、湘潭和益阳，其面积比例分别为 42.7%、38.6%和 36.9%。

3.2 湖南省农田用地数量变化特征

土地利用数量变化主要通过农田不同类型的面积及其所占比例进行分析，从遥感数据中获得湖南省 3 个年份各农田各类型面积数据（见表 2）。

表 2 2000—2010 年湖南省农田用地面积变化

I 级	II 级	III 级	2000 年		2005 年		2010 年	
			面积/km^2	比例	面积/km^2	比例	面积/km^2	比例
农田	耕地	水田	35 703.9	54.70%	35 339.8	54.60%	35 006.3	54.80%
		旱地	28 058.6	43.00%	27 891.9	43.10%	27 397.3	42.80%
	合计		63 762.5	97.70%	63 231.7	97.70%	62 403.5	97.60%
	园地	乔木园地	210.2	0.30%	213.3	0.30%	222.7	0.30%
		灌木园地	1 279.3	2.00%	1 284.5	2.00%	1 333	2.10%
	合计		1 489.5	2.30%	1 497.9	2.30%	1 555.7	2.40%

农田主要类型为耕地和园地，其中耕地所占比例在 97%以上。从表 2 可以看出，2000—2010 年，农田面积持续下降，以水田和旱地减少为主，分别减少了 697.6 km^2、661.3 km^2，而园地则增加了 66.2 km^2。2000—2005 年，耕地减少幅度大，其中水田的减少幅度较大，园地增加幅度小，园地种灌木园地增加幅度较大。2005—2010 年，耕地减少幅度较前五年有所增大，其中以旱地的减少为主，园地增加幅度较前五年也有所提升，其中以灌木园地的增加为主。从区域分布来看，2000—2010 年，水田增加最多的是常宁市，增长了 5.7 km^2，减少最多的是长沙县，减少了 32.6 km^2，旱地增加最多的是长沙县，

增长了 9.6 km^2，减少最多的是苏仙区，减少了 33.9 km^2，乔木园地增加最多的是汝城县，增长了 4.0 km^2，减少最多的是洪江市，减少 3.8 km^2，灌木园地增加最多的是茶陵县，增长了 7.5 km^2。

3.3 湖南省农田用地转移特征

根据 2000 年、2005 年、2010 年 3 个年份的土地利用类型矢量图，统计出各土地利用类型间的转换数据（见表 3）。

从表 3 可以看出，在这十年中，湖南省农田流转较为活跃，虽以转出为主，但具有明显的双向转化特征。2000—2010 年，农田转变为其他类型与其他类型转变为农田占总变化面积的比例分别为 58.2%和 13.9%，可以看出农田生态系统类型转出转入都有较高的比例，其中转出的比例远高于转入的比例；2000—2005 年农田转变为其他类型与其他类型转变为农田占总变化面积的比例分别为 53.6%和 21.2%；2005—2010 年农田转变为其他类型与其他类型转变为农田占总变化面积的比例分别为 60.7%和 14.3%。

表 3　2000—2010 年湖南省土地利用类型转移矩阵　　单位：km^2

2010 \ 2000	森林	灌丛	草地	湿地	农田	城镇	裸地
森林	87 005.4	22.6	64.4	28.7	105.0	161.8	15.3
灌丛	110.3	41 696.3	29.4	17.2	224.8	137.5	5.4
草地	16.8	25.7	4097.8	3.8	13.7	35.0	0.6
湿地	23.4	6.0	1.6	8 089.4	32.9	31.3	1.0
农田	361.4	139.6	38.8	76.8	63 554.4	1 037.1	45.2
城镇	0.4	0.4	0.3	1.8	4.0	5 479.0	0.0
裸地	33.8	8.3	7.7	13.2	25.6	12.4	371.0

过去 10 年，湖南省农田转入来源主要为灌丛，占该时段变化总面积的 7.7%；转出的方向主要为城镇，占该时段变化总面积的 35.5%。

4　结论

（1）2000—2010 年，研究区农田主要分布在湘中地区，其中大多数分布于洞庭湖平原及丘陵、衡阳盆地，湘西山区的河谷地区和山前地带也零星分布少量农田。农田面积最大的地级市是常德，其次是衡阳、永州和怀化，而农田面积比例占国土面积比重最高的是衡阳，其次是常德、湘潭和益阳。

（2）农田主要类型为耕地和园地，以耕地为主。2000—2010 年，研究区农田面积持续下降，以水田和旱地减少为主，园地呈现小幅度的上升。从空间格局来看，耕地中的水田主要分布在长沙、湘潭、岳阳和衡阳，而旱地主要集中在常德，全省其他各地均有分布，园地面积多呈现零散分布状况。

（3）2000—2010 年，研究区土地利用类型发生了较大变化，主要表现为耕地转化为城镇、耕地转化为森林、灌丛转化为耕地，而农田流转行为活跃，虽以转出为主，但具有明显的双向转化特征，其中农田生态系统转入来源主要为灌丛，转出的方向主要为城镇。

参考文献

[1] 郑华伟. 农地利用集约度评价及其空间差异分析——以四川省为例. 当代经济管理，2010，32（7）：52-55.

[2] 刘毅华. 珠江三角洲农业用地数量变化及其可持续利用对策——以南海市为例. 国土与自然资源研究，2003，34（3）：34-37.

[3] 陈利燕，周迎红，方元，等. 广州市番禺区农业用地流转变化分析. 湖北农业科学，2012，51（16）：3458-3459，3467.

[4] 吴志峰，匡耀求，黄宁生，等. 基于 GIS 的广州市耕地资源多样性与破碎度分析. 农业系统科学与综合研究，2004，20（4）：258-260.

[5] 汪朝辉，王克林，熊艳，等. 湖南省耕地动态变化及驱动力研究.长江流域资源与环境，2004，13（1）：53-59.

[6] 陈红，吴世新，冯雪力. 基于遥感和 GIS 的新疆耕地变化及驱动力分析. 自然资源学报，2010，25（4）：614-624.

此文章刊登于《湖南农业科学》2014 年第 16 期

特色农产品生产基地土壤镉生态风险评价

秦迪岚　郭倩　朱颖　罗岳平　毕军平　黄懿　胡树林　林海兰
湖南省环境监测中心站，国家环境保护重金属污染监测重点实验室，长沙 410019

摘　要：以某省主要特色农产品生产基地为典型研究区域，在对土壤中重金属镉污染状况调查监测的基础上，分析了土壤镉的含量及污染特征，并采用地质累积指数法和潜在生态危害指数法对土壤镉污染进行了生态风险评价。结果表明：主要特色农产品生产基地土壤镉含量均值略高于全省土壤环境质量均值，超标率为 23.7%；地质累积风险和潜在生态风险整体上分别属 1 级轻度污染和 I 级低值水平，生态风险程度较低，但镉含量空间分布不均，局部地区生态风险较高，存在安全隐患。

关键词：土壤；镉；地质累积指数；潜在生态危害指数；生态风险

Ecological Risk Assessment of Cadmium in Soils of Characteristic Agricultural Products Bases

Qin Dilan　Guo Qian　Zhu Ying　Luo Yueping　Bi JunPing　Huang Yi
Hu Shulin　Lin Hailan
(Hunan Province Environmental Monitoring Centre，State Environmental Protection Key Laboratory of Monitoring for Heavy Metal Pollutants，Changsha 410019)

Abstract: Based on the investigation and monitoring of the pollution status of cadmium in soils of characteristic agricultural products bases，the concentrations and pollution characteristics of cadmium in soils were analyzed，as well as the ecological risk assessment of cadmium in soils were discussed with the methods of geoaccumulation index and potential ecological risk index. The results show that the average content of cadmium in soils of characteristic agricultural products bases was slightly above that in the soil environment of the whole province. The concentrations of 23.7% soil samples exceeded the standard value. The entire geoaccumulation risk and the potential ecological risk of characteristic agricultural products bases belonged to Grade 1 (low pollution) and Grade I (low level) respectively. The entire ecological risk was low，but the spatial distribution of Cd content was non-uniform. There were still high ecological risks in some bases，which would be potential environment safety hazards.

Key words: soils；cadmium；geoaccumulation index；potential ecological risk index；ecological risk

涉重金属企业“三废”的排放以及污水灌溉、污泥农用、化肥的不合理施用导致重金属在土壤中积累，农产品产地也面临着重金属污染带来的环境问题。土壤中的重金属无法降解，会向农产品可食部分转移，进而通过食物链危害人体健康。特别是近年来发生的“镉米”风波把农田土壤镉污染问题推到了社会舆论的风口浪尖，土壤重金属污染所带来的环境问题日益受到人们的关注[1,2]，因此，开展全省典型农产品生产基地土壤镉污染风险评价，对防治农田土壤镉污染，提高农产品质量，保障人民身体健康有着十分重要的意义。目前，针对农田土壤重金属污染的生态风险评价成为研究的热点[3–7]，但研究区域大多集中在污染源附近的小尺度范围[6–10]，而对省级层面主要农产品生产基地土壤重金属生态风险评价工作鲜有报道。本文在对某省主要特色农产品生产基地土壤中重金属镉污染状况调查监测的基础上，开展土壤镉的含量特征分析，并采用地质累积指数法和潜在生态危害指数法对土壤镉污染进行生态风险评价及比较，旨在了解全省主要特色农产品生产基地土壤镉污染特征及生态风险现状，为农田土壤镉污染治理和农业生产的可持续发展提供参考依据。

1. 研究方法

1.1 研究区概况

研究区为我国某省，该省地理位置优越，河网密布，水系发达，气候温和，雨量充沛，农业发达，农产品种类丰富，产量充足。该省矿产资源丰富，以矿产资源开发和生产加工为对象的冶金、化工和建材等行业发达。由于历史上对有色金属矿山的掠夺式开采，有色金属采选、冶炼行业的粗放式发展和工艺水平相对落后，以及区域工业布局的不合理等原因，部分土壤受到重金属污染。

1.2 特色农产品生产基地的选择原则

典型特色农产品生产基地的选择主要遵循以下几个原则：①重点选取地处城郊、规模较大的特色农产品基地；②在农产品品种的选择上遵循多样化的原则，特别关注省内的优势农产品；③在地域上尽量涵盖各地级行政区；④关注具有品牌影响力的特色农产品生产基地。

1.3 样品的布点与采集

土壤样品点位布设根据 HJ/T 166—2004《土壤环境监测技术规范》[11]的相关要求，采用网格法布点，网格尺寸一般按 1 km×1 km 设定，土壤类型相同、地形平坦的基地网格大些，点位少些。土壤样品采集混合样，以梅花形法采样。监测点位确定后，在 50 m×50 m 采样区域内采集 5 个分点的混合样，采样深度为 0～20 cm，采样量为 5 kg。

1.4 样品的制备与分析

根据 HJ/T 166—2004《土壤环境监测技术规范》要求，经风干、研磨、过筛和分样等步骤制备土壤样品，电热消解后，以石墨炉原子吸收分光光度法[12]和火焰原子吸收分光光度法[13]测定 Cd 的含量。

1.5 生态风险评价方法

生态风险评价是指是一个通过收集、组织和分析信息，估计不利效应在非人类有机体、群落和生态系统水平发生的可能性的过程[14]。常用的重金属污染生态风险评价方法主要有地质累积指数法和潜在生态风险指数法。

1.5.1 地质累积指数法

地质累积指数法由德国海德堡大学的 G. Muller 于 1969 年提出，被广泛用于研究沉积物和土壤中重金属污染的定量指标。地质累积指数法综合考虑了人为污染因素、环境背景值和由于自然成岩的影响而导致背景值变动的因素。计算公式如下[15]：

$$I_{geo} = \log_2 \frac{C}{kB} \tag{1}$$

式中，I_{geo}——地质累积指数；

C——实测重金属含量，mg/kg；

B——当地沉积岩重金属含量背景值，mg/kg；

k——考虑到成岩作用可能引起背景值波动而设定的常数（一般 k=1.5）。

地质累积指数的分级标准与污染程度的划分见表 1。

表 1 地质累积指数分级评价标准

等 级	I_{geo}	污 染 评 价
0	$I_{geo} \leqslant 0$	清洁
1	$0 < I_{geo} \leqslant 1$	轻度污染
2	$1 < I_{geo} \leqslant 2$	偏中污染
3	$2 < I_{geo} \leqslant 3$	中度污染
4	$3 < I_{geo} \leqslant 4$	偏重污染
5	$4 < I_{geo} \leqslant 5$	重度污染
6	$I_{geo} > 5$	严重污染

1.5.2 潜在生态危害指数法

潜在生态危害指数法是瑞典科学家 Hakanson 于 1980 年根据重金属性质及环境行为特点，从沉积学角度提出来的对土壤或沉积物中重金属污染进行评价的方法。潜在生态危害指数法不仅考虑土壤重金属含量，而且将重金属的生态效应、环境效应与毒理学联系在一起，采用具有可比的、等价属性指数分级法进行评价。计算公式如下[16]：

$$C_f = \frac{C}{C_n} \tag{2}$$

$$E_r = T_r \times C_f \tag{3}$$

式中，C_f——某种重金属的污染系数；

C——沉积物/土壤中某种重金属的实测浓度，mg/kg；

C_n——沉积物/土壤中该重金属的参比值，本文取土壤镉环境质量二级标准值，mg/kg；

E_r——潜在生态危害指数；

T_r——重金属的毒性响应系数，Cd 为 30。

潜在生态危害指数的分级标准与污染程度的划分见表 2。

表 2 土壤潜在生态风险评价分级

等 级	E_r	风险程度
I	$E \leqslant 30$	轻值
II	$30 < E \leqslant 60$	中等

等 级	E_r	风险程度
Ⅲ	$60 < E_r \leq 120$	可观
Ⅳ	$120 < E_r \leq 240$	高值
Ⅴ	$E_r > 240$	极高

2 结果与讨论

2.1 土壤镉污染特征分析

全省共调查了 25 个特色农产品基地，布点 197 个，涉及的农产品种类包括柑桔、茶叶、烤烟、黄花菜、百合、葡萄、莲子、生姜、猕猴桃、苏伦葛头、香米、香柚和香芋等。采样点土壤类型包括潮土、红壤、黄壤、黄棕壤、山地草甸土、石灰土、紫色土和水稻土等，以水稻土、红壤和黄壤居多，分别占 20.8%、18.8%和 15.7%。特色农产品基地土壤样品中镉的含量范围为 0.01～2.3 mg/kg，均值为 0.21 mg/kg，是全省土壤环境质量均值（0.19 mg/kg）的 1.1 倍，变异系数较大，为 98.4%，最大值是最小值的 767 倍。各特色农产品基地土壤中镉的含量状况如图 1 所示，均值在 0.03～0.91 mg/kg，镉含量均值最高的前五个基地依次为：基地 17＞基地 10＞基地 11＞基地 9＞基地 6，其中，基地 17 均值是全省土壤环境质量均值的 4.79 倍，44%基地的均值低于全省土壤环境质量均值。

依据 GB 15618—1995《土壤环境质量标准》[17]所规定的土壤环境质量二级标准对特色农产品生产基地土壤镉的污染程度进行评价，超标率为 23.7%，其中超标倍数在 3 倍以内的占 20.3%，为轻微至轻度污染，3.4%的点位污染较重，主要位于基地 17、基地 10 和基地 12，污染最重的点位超标 7.7 倍，位于基地 17。据调查，这些基地周边无明显重金属污染源，基地 17 土壤镉污染主要是长期提取附近江水灌溉所致，而其他基地污染主要源于化肥的长期施用和远距离大气飘尘。

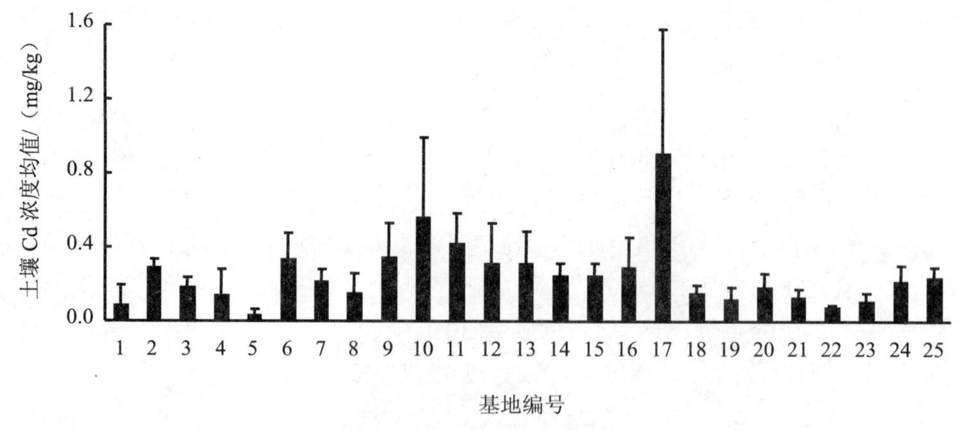

图 1 各特色农产品生产基地土壤 Cd 含量

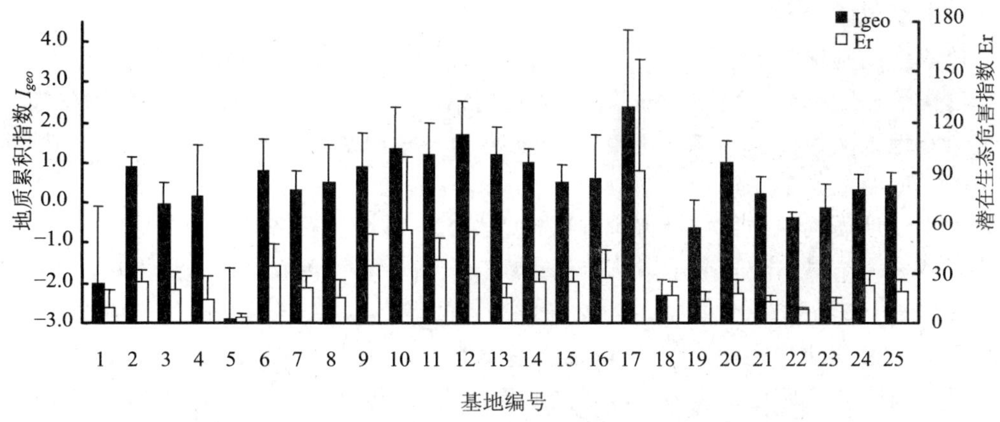

图 2 各特色农产品生产基地土壤 Cd 地质累积指数及潜在生态危害指数

2.2 地质累积污染评价

依据地质累积指数公式（1）计算各调查点位土壤镉的地质累积指数 I_{geo} 值，并进行统计分析。其中，土壤镉含量背景值 B 取采样点所在行政区域土壤镉环境背景值的均值，范围在 0.058～0.117 mg/kg。特色农产品基地土壤镉地质累积指数范围为−4.13～4.35，均值为 0.42。各基地土壤镉地质累积指数如图 2 所示，均值在−2.91～2.38，其中，28%的基地 I_{geo} 均值小于 0，I_{geo} 均值最高的前五个基地依次为：基地 17＞基地 12＞基地 10＞基地 11＞基地 13，排列次序与根据镉含量均值的排序结果相差较大。

依据土壤地质累积指数分级评价标准（见表 1），对特色农产品基地土壤镉的地质累积程度进行风险评价，评价结果如图 3 所示。地质累积指数等级反映了土壤对镉的富集程度。从整体来看，全省主要特色农产品基地土壤镉的地质累积程度属 1 级轻度污染。其中，29.4%土壤样点的风险处于 0 级清洁水平，未受污染；地质累积指数处于 1 级和 2 级的土壤样点分别占 38.1%和 25.4%，分别属轻度和偏中污染；4.1%土壤样点属 3 级中度污染；还有 3.0%土壤样点在 4 级偏重污染以上，主要分布于基地 17、基地 10 和基地 12，风险程度最高的点位达 5 级重度污染，位于基地 17。由于各基地土壤镉背景值范围为 0.058～0.117 mg/L，背景含量不高，可以判断高污染风险主要来源于人为污染因素。

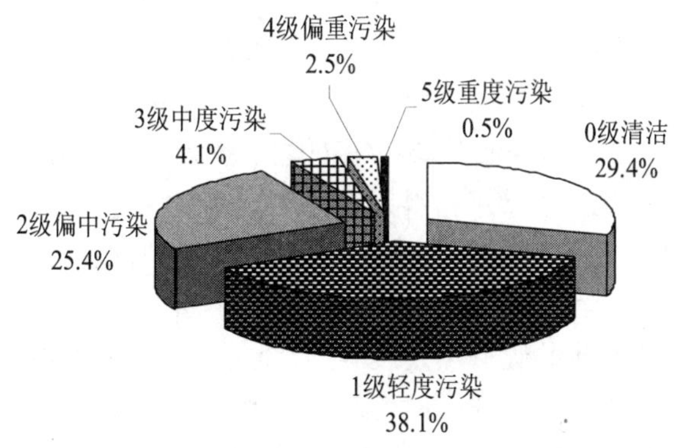

图 3 特色农产品生产基地土壤 Cd 地质累积风险评价

2.3 潜在生态风险评价

特色农产品基地土壤镉潜在生态风险指数范围为 1.0～230，均值为 19。各特色农产品基地土壤镉潜在生态风险指数如图 2 所示，均值在 3.2～91，潜在生态风险指数均值最高的前五个基地依次为：基地 17＞基地 10＞基地 11＞基地 9＞基地 6，排列次序与根据镉含量均值的排序结果完全一致。

依据土壤地质累积指数分级评价标准（见表 2），对特色农产品基地土壤镉的潜在生态风险进行评价，结果如图 4 所示。从整体来看，全省主要特色农产品基地土壤镉的潜在生态风险程度属 I 级低值水平。其中，76.6%土壤样点的潜在生态风险处于 I 级低值水平，18.8%土壤样点处于 II 级中等水平，仅有 4.6%土壤样点处于 III 级可观水平以上，主要分布于基地 17、基地 10 和基地 12，风险程度最高的点位为 IV 级高值水平，位于基地 17。

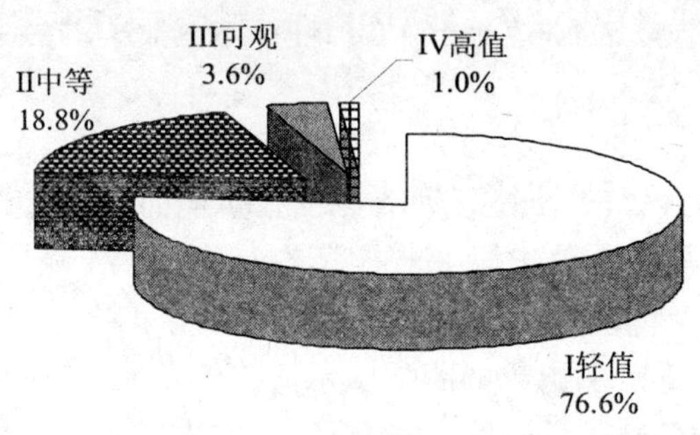

图 4　特色农产品基地土壤 Cd 潜在生态风险评价

2.4 评价结果的比较和讨论

从对全省主要特色农产品基地整体的生态风险程度评价来看，地质累积程度属 1 级轻度累积，潜在生态风险属 I 级低值水平，说明研究区土壤镉含量较背景值有增高，呈现正累积，且主要来源于人为污染因素，但尽管如此，依据镉的毒性程度判断，整体生态风险水平仍然较低。从对各个基地生态风险程度的评价结果来看，两种评价方法结果存在较大差异。主要表现在以下两个方面：

（1）风险程度最高的五个基地中有两个基地不一致，而且排列次序也相异，但依据潜在生态危害指数法的排列次序与依据土壤镉含量均值的排列次序吻合较好。

（2）依据 GB 15618—1995《土壤环境质量标准》二级标准，特色农产品基地土壤镉的达标率为 76.3%，但基于地质累积指数法的评价仅有 29.4%的样点处于 0 级清洁水平，而基于潜在生态危害指数法的评价则有 76.6%的样点处于 I 级低值水平，由此可见，潜在生态危害指数法评价结果与土壤二级标准达标率较为吻合。

这是由评价方法的自身特点决定。潜在生态危害指数法由于考虑了重金属元素的毒性，更侧重于从生物和人的角度进行评价；而地质累积指数法主要考虑重金属元素相对于自然本底值的富集性，更侧重于从自然角度评价[18]。由于农田土壤质量关系着农产品食品安全和人类健康，在进行生态风险评价时应充分考虑重金属污染物的毒性效应，因而潜在生态风险指数法更适合。本次调查结果显示，极少数基地土壤存在较高的生态风险，但农作物中镉的含量特征及迁移转化规律还需进一步调查研究。

3 结论

（1）全省主要特色农产品生产基地土壤镉含量略高，空间分布不均，局部地区镉含量较高，存在安全隐患。全省主要特色农产品生产基地土壤镉含量均值为 0.21 mg/kg，略高于全省土壤环境质量均值，超标率为 23.7%，局部地区镉含量较高，最高达 2.3 mg/kg，超标 7.7 倍。

（2）全省主要特色农产品生产基地土壤镉地质累积风险整体上属 1 级轻度污染，但局部地区地质累积风险较高。其中，29.4%土壤样点未受污染；63.5%土壤样点的地质累积风险属 1～2 级轻度—偏中污染；7.1%土壤样点属 3 级以上中度—重度污染；风险程度最高的点位达 5 级重度污染。

（3）全省主要特色农产品生产基地土壤镉潜在生态风险整体上属 I 级低值水平，但局部地区潜在生态风险较高。其中，76.6%土壤样点的潜在生态风险处于 I 级低值水平，18.8%土壤样点处于 II 级中等水平，4.6%土壤样点处于 III 级可观水平以上，风险程度最高的点位为 IV 级高值水平。

参考文献

[1] 黄小妹，吴长龙，梁欣然.构建中国特色和谐生态模式.南京理工大学学报（社会科学版），2012，25（1）：22-27.

[2] 雷鸣，曾敏，廖柏寒，等.某矿区土壤和地下水重金属污染调查与评价.环境工程学报，2012，6（12）：4687-4693.

[3] 曹会聪，王金达，张学林.吉林黑土中 Cd、Pb、As 的空间分布及潜在生态风险.中国环境科学，2007，27（1）：89-92.

[4] 陈迪云，谢文彪，宋刚，等.福建沿海农田土壤重金属污染与潜在生态风险研究.土壤通报，2010，41（1）：194-199.

[5] 李瑞琴，于安芬，白滨，等.甘肃中部高原露地菜田土壤重金属污染及潜在生态风险分析.农业环境科学学报，2013，32（1）：103-110.

[6] 黄治平，张克强，徐斌，等.猪场废水灌溉农田土壤重金属污染及风险评价.环境科学与技术，2008，31（9）：132-137.

[7] 姜苹红，马超，向仁军，等.株洲典型功能区土壤重金属污染及其生态风险.环境科学与技术，2012，35（6I）：379-384.

[8] 涂常青，温欣荣，张镜，等.硫化铜矿区周边农田土壤重金属污染及其生态危害评.土壤通报，2013，44（4）：987-992.

[9] 李军辉，卢瑛，张朝，等.广州石化工业区周边农业土壤重金属污染现状与潜在生态风险评价.土壤通报，2011，42（5）：1242-1246.

[10] 李晓雪，卢新卫，任春辉，等.宝鸡二电厂周边农田土壤重金属污染特征及评价.干旱地区农业研究，2012，30（2）：220-224，254.

[11] HJ/T 166—2004. 土壤环境监测技术规范.

[12] GB/T 17141—1997，土壤质量 铅、镉的测定 石墨炉原子吸收分光度法.

[13] 中国环境监测总站.土壤元素的近代分析方法.北京：中国环境科学出版社，1992.

[14] 邓飞，于云江，全占军.区域生态风险评价研究进展.环境科学与技术，2011，34（6G）：141-147.
[15] 张连凯，杨慧，杨永亮，等.秦皇岛河口及附近水域沉积物砷分布特征及生态风险评价.环境科学与技术，2013，36（1）：146-151.
[16] 潘静芬.舟山本岛河流沉积物重金属污染特征与评价. 环境科学与技术，2012，35（12J）：96- 99.
[17] GB 15618—1995，土壤环境质量标准.
[18] 吴文星，李开明，汪光，等.沉积物重金属污染评价方法比较——以潭江为例.环境科学与技术，2012，35（9）：143-149.

此文章刊登于《环境科学与技术》2015 年第 4 期

乙氧氟草醚在土壤中的吸附行为研究

李照全 方平
（岳阳市环境监测中心，岳阳 414000）

摘　要：研究了除草剂乙氧氟草醚在 5 种土壤中的吸附行为，结果表明，土壤对乙氧氟草醚有很强的吸附作用。乙氧氟草醚在不同性质的土壤中，吸附量不同，土壤 pH 是影响该农药在土壤中吸附的主要理化性质，乙氧氟草醚在土壤中的吸附符合 Fruendlich 方程，吸附能力大小顺序为：黑龙江黑土＞湖南河潮土＞山东褐土＞海南砖红壤＞湖南红壤。乙氧氟草醚在土壤中的吸附反应自由能为 14.52～16.27 kJ/mol，表明乙氧氟草醚在土壤中的吸附以物理作用为主。

关键词：乙氧氟草醚；土壤；吸附

Adsorption behavior of Soil to Oxyfluorfen

Li Zhaoquan　Fang Ping
（Yueyang Environmental Monitoring Station，Yueyang 414000）

Abstract: The adsorption behavior of five kinds of soil to oxyfluorfen was studied. The results showed that soils had strong adsorption to oxyfluorfen. The amount of oxyfluorfen adsorbed by soils was different in the soils with different properties.Soil pH was the main physicochemical property affecting adsorption of the pesticide in soil.The isotherm data fitted to the Frenundlich equation，The adsorption ability of oxyfluorfen in soil successively was Heilongjiang black soil > Changsha alluvial soil > Qingdao cinnamon > Brick red soil of hainan > Henan cinnamon.The free energy of sorption（△G）ranged from 14.52 kJ/mol to 16.27 kJ/mol，which indicated the adsorption of soil to Oxyfluorfen mainly is a physical action.

Key words: oxyfluorfen；adsorption；soil

农药在土壤中的吸附、解析是影响农药在土壤中的存在状况、迁移转化规律以及向大气挥发趋势的重要环境化学行为之一，也是影响农药环境安全性评价的重要因素之一[1-4]。乙氧氟草醚是美国罗姆—哈斯公司开发的二苯醚类除草剂，是一种高效、低毒、低残留、选择性、水旱田兼用、广谱苗前苗后触杀型除草剂[5]，是目前广泛用于稻田杂草防治的主要除草剂之一。目前国内有关该农药在土壤中吸附的研究尚未见报道。笔者就乙氧氟草醚在 5 种不同土壤中的吸附行为及其与土壤理化性质的相关性进行了研究，旨在为评价乙氧氟草醚对土壤、地下水的危害的可能性提供参考。

1 材料与方法

1.1 供试土壤

供试土壤为河潮土、红壤、褐土、砖红壤、黑土。供试土壤理化性质见表 1。

表 1 5 种供试土壤的理化性质

土壤类型	有机质含量（OM）/%	阳离子交换容量（CECcmol/kg）	pH 值
湖南红壤	1.74	15.69	5.27
湖南河潮土	1.66	12.32	6.43
海南砖红壤	2.29	18.10	5.38
山东褐土	2.25	16.67	6.88
黑龙江黑土	3.65	23.09	7.15

1.2 药品与试剂

乙氧氟草醚标准品，纯度为 97%，由黑龙江远征化工农药有限责任公司提供，用前配制为 500 mg/L 的正己烷溶液，于冰箱中 0～4℃保存，使用时采用梯度稀释法配制成所需浓度。正己烷、丙酮、石油醚均为分析纯。

1.3 样品检测条件

Agilent Technologies-7890A 气相色谱仪（美国安捷伦公司，带有电子捕获检测器），HP-5 毛细柱（30.0 m×320 μm×0.25 μm），进样量：1μl；进样品温度：240℃；检测器温度：300℃；柱温：220℃；流速：5.0 ml/min；补偿流：45.0 ml/min。乙氧氟草醚的保留时间为 3.7 min 左右。

1.4 试验设计

1.4.1 吸附平衡时间

称取五种供试土壤样品各 5.00 g 于 50 ml 离心管内，加入 5.0 mg/L 的乙氧氟草醚溶液 20 ml，再加入 0.05 mol/L $CaCl_2$ 水溶液 5.0 ml，盖好后摇匀，依次放入水浴恒温振荡机上进行振荡，保持温度在 25±1.0℃。设计振荡时间为每隔两小时取次样（2 h、4 h、6 h、8 h、10 h、12 h、14 h、16 h、18 h、20 h、22 h、24 h）。按时取下离心管，放入转速为 3500 r/d 的高速离心机离心 15 min 后取出离心管。准确移取上清液 10 ml，转入 250 ml 分液漏斗中，并加入 20 ml 氯化钠 10%溶液，再用 40 ml、30 ml、20 ml 的石油醚萃取 3 次，收集上层有机相，在旋转蒸发仪上浓缩至近干（40℃），用正己烷定容至 5.0 ml，待 GC-ECD 检测。

1.4.2 吸附实验

称取五种供试土壤样品各 5.00 g 于 50 ml 离心管内，加入 0.05 mol/L 的 $CaCl_2$ 水溶液 5.0 ml，再加入不同浓度的乙氧氟草醚溶液 20 ml，其浓度分别为 0.5 mg/L、1.0 mg/L、2.0 mg/L、5.0 mg/L、10.0 mg/L，盖好后摇匀，依次放入水浴恒温振荡机上进行振荡，保持温度在 25±1.0℃，振荡时间为 24 h。按时取下离心管，放入转速为 3 500 r/d 的高速离心机离心 15 min 后取出离心管。准确移取上清液 10 ml，转入 250 ml 分液漏斗中，并加入 20 ml 氯化钠 10%溶液，再用 40 ml、30 ml、20 ml 的石油醚萃取 3 次，收集上层有机相，在旋转蒸发仪上浓缩至近干（40℃），用正己烷定容至 5.0 ml，待 GC-ECD 检测。

2 结果与分析

2.1 吸附平衡时间的确定

图 1 列出了乙氧氟草醚在 5 种供试水稻土中的吸附平衡曲线。其中 C_s 表示乙氧氟草醚在土壤中吸附量，t 表示吸附时间。图 1 表明，5 种土壤对乙氧氟草醚的吸附速率均较快，吸附作用在 10～16 h 达到平衡。吸附平衡时水稻土中乙氧氟草醚的量远远大于水中的量，表明土壤对乙氧氟草醚的吸附能力较强。为了保证实验结果的可靠性，本实验统一采用 24 h 作为吸附平衡时间。

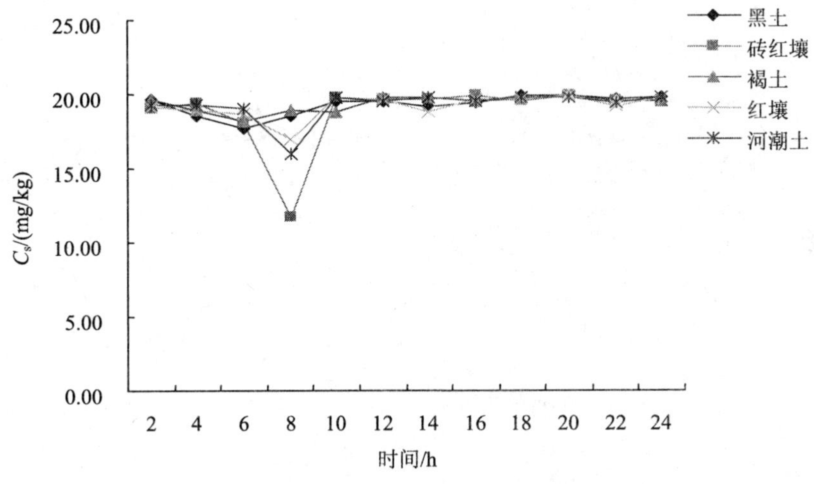

图 1　乙氧氟草醚的吸附平衡曲线

2.2 吸附等温线

图 2 是乙氧氟草醚在 5 种土壤上的吸附等温线。结果表明，乙氧氟草醚在 5 种土壤上的吸附均能很好地符合 Freundlich 方程，表 2 给出了乙氧氟草醚在土壤中吸附的 Freundlich 方程参数。一般认为吸附常数 K_f 代表吸附的程度与强弱。由图 2 和表 2 可以发现，乙氧氟草醚在 5 种土壤上的吸附容量差别较大，按吸附量大小顺序依次为：黑龙江黑土＞湖南河潮土＞山东褐土＞海南砖红壤＞湖南红壤。

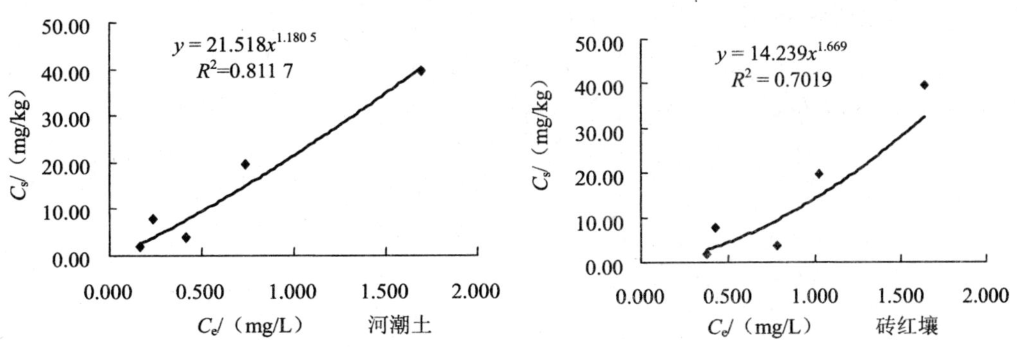

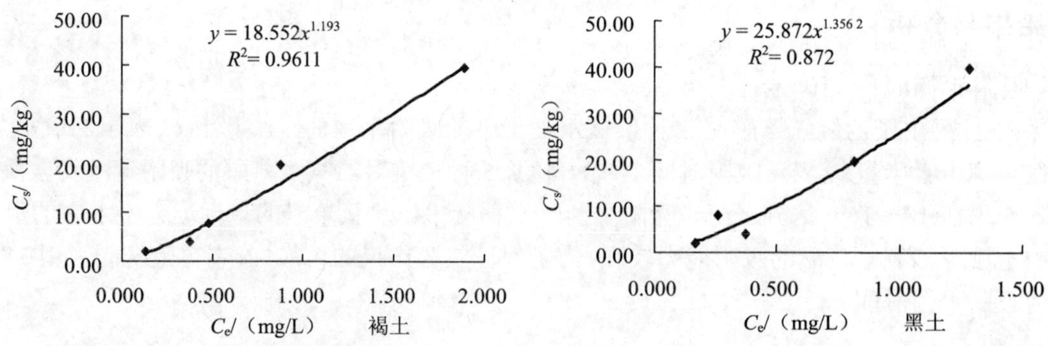

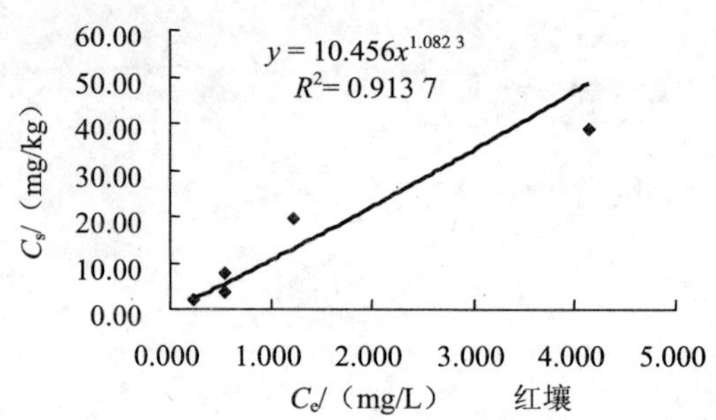

图 2 乙氧氟草醚在 5 种土壤中的吸附等温线

表 2 乙氧氟草醚在 5 种土壤中吸附的 Freundlich 方程参数

土壤类型	K_f	$1/n$	r
红壤	10.456	1.082	0.956
河潮土	21.518	1.181	0.901
砖红壤	14.239	1.669	0.838
褐土	18.552	1.193	0.980
黑土	25.872	1.356	0.934

2.3 乙氧氟草醚在土壤上的吸附自由能

有机质吸附常数（K_{OM}）是指单位有机质含量所对应的吸附常数，即 K_{OM}=（K_f/OM）×100，其值基本上不随土壤的性质发生改变，因此可用 K_{OM} 来表示有机污染物在水—土壤环境中的迁移趋势。由吸附反应自由能的变化（ΔG）可推测有机污染物在土壤中的吸附机制，当吸附自由能小于 40 kJ/mol 时为物理吸附，反之则为化学吸附[6-8]，其与 K_{OM} 的关系式为：$\Delta G = -\mathrm{RT}\ln K_{OM}$，由表 3 可知，求出乙氧氟草醚在 5 种土壤上的吸附自由能为 14.52～16.27 kJ/mol，均小于 40 kJ/mol，表明乙氧氟草醚在土壤中的吸附以物理作用为主。

表 3　乙氧氟草醚在土壤上的吸附自由能（25℃）

土壤类型	K_{OM}	△G/（kj/mol）
红壤	601.15	14.52
河潮土	1296.39	16.27
砖红壤	621.83	14.60
褐土	824.44	15.24
黑土	708.77	14.90

2.4 土壤理化性质对乙氧氟草醚的影响

将表 1 中的土壤理化性质与 K_f 值进行单因子回归分析，求得它们之间的线性关系，如表 4，由表 4 可知，5 种供试土壤中的吸附系数 K_f 与土壤 pH 相关系数为 0.904 1，达到显著水平；吸附系数 K_f 值与有机质含量和阳离子交换容量的相关系数较小，未达到显著水平，说明土壤 pH 对乙氧氟草醚在 5 种供试土壤中的吸附能力影响较大，供试土壤的有机质含量和阳离子交换容量对乙氧氟草醚在土壤中的吸附能力影响较小。

表 4　乙氧氟草醚在土壤中的吸附参数（K_f）与土壤理化性质间的相关性

供试土壤性质	相关方程（Y=AX+B）	相关系数（r）
有机质含量（OM%）	$K_f = 49447x + 6.6661$	0.654 1
土壤阳离子交换容量/（cmol/kg）	$K_f = 0.5964x + 7.885$	0.388 8
pH 值	$K_f = 6.3473x - 21.365$	0.904 1

3 结论

（1）乙氧氟草醚在 5 种土壤中的吸附平衡时间为 10～16 h，其吸附过程符合 Freundlich 吸附等温式。

（2）不同类型的土壤对乙氧氟草醚的吸附能力差异较大，土壤的理化性质是影响乙氧氟草醚的吸附的主要因素。

（3）通过算出吸附反应自由能为 14.52～16.27 kJ/mol，表明乙氧氟草醚在土壤中吸附以物理作用为主。

（4）不同类型的土壤对乙氧氟草醚的吸附能力差异较大，土壤的理化性质是影响乙氧氟草醚的吸附的主要因素，土壤的理化性质对农药的吸附作用的影响程度大小排序为：pH 值＞OM%＞CEC。

参考文献

[1] 刘维屏，季 瑾.农药在土壤中归宿的主要支配因素——吸附和脱附.中国环境科学，1996，16（1）：25-30.

[2] 戴树桂，王菊先，王义. 2,4,6-三氯酚在模型水生生态系统中的归宿.环境化学，1994，13（6）：510-518.

[3] 郭荣波，陈吉平，张青，等.五种不同类型土壤中有机化合物土壤吸附系数的预测.色谱，2004，22（1）：57-60.

[4] 丁言斌，宋卫华，王连生，等. 批量平衡法研究芳香族酮类化合物在东北黑土中的吸附.环境化学，

2000，19（4）：330-334.
[5] 范莲生. 二苯醚类除草剂乙氧氟草醚.农药，2000，39（2）：39-40.
[6] 杨成武，安凤春，莫汉宏.单甲醚在土壤中的吸附.环境化学，1995，14（5）：431-435.
[7] 卢颖，韩朔睽.除草剂苯噻草胺在土壤中的吸附.环境化学，2000，19（6）：513-517.
[8] 胡枭，樊耀波，王敏健.影响有机污染物在土壤中的迁移、转化行为的因素.环境科学进展，1999，7（5）：14-22.

霞湾港周边土壤中重金属污染成因及污染形态分析

文新宇 娄涛 郭霞 杨华 赵敏
（株洲市环境监测中心站，株洲 412000）

摘 要：本文以株洲市清水塘霞湾港地区土壤中重金属污染为调查对象，运用克里格插值法，绘制了霞湾港周围土壤重金属分层设色图，通过对土壤与底泥中重金属的相关性分析，确定污染原因。最后通过重金属形态分析，确定可能带来的污染损害。

关键词：重金属；污染成因；形态分析

Abstract: This paper focus on the survey for the heavy metal pollution in soil, with the help of kriging method to draw the heavy metals hypsometric map in soil of Xiawan district in Qingshui Area of Zhuzhou City, through comparison with the analysis of the form of heavy metals in the soil and mud in Old Xiawan, we can determine the cause of pollution, through the analysis of the form of the heavy metals, we can define the potential pollution damage.

Keyword: heavy metal; cause of pollution; the analysis of the form

土壤重金属污染是当今最重要的环境问题之一。近年来，土壤污染已引起了公众和各级政府的广泛关注，特别是冶炼、化工、采矿等工业生产带来的“三废”、污染灌溉及农药化肥的不合理使用加重了土地的重金属污染。[1-2]据统计，近 50 年中，排放到全球环境中的 Cr 2.2 万 t、Cu 93.9 万 t、Pb 78.3 万 t、Zn 135 万 t，其中大部分进入了土壤，致使世界各地土壤出现不同程度的重金属污染，而且日趋严重，已经引起了环境科研工作者的注意。地质统计学在 20 世纪 70 年代以来被广泛用于矿床内矿石的品味的精确估计，但是近 20 年来，也被广泛用于土壤科学和环境科学。[3]本研究就拟用该学科成果，运用克里格插值法，对重金属的含量进行空间分析，试图找到污染的来源。

霞湾港是株洲市的主要排污港，霞湾港发源于市区西北部的干旱塘，自北向南流经清水塘区汇入湘江，全长约 6 km，宽度 4～10 m，流域面积 11.8 km^2，年均流量 4.3 m^3/s，沿途主要接纳清水塘工业区废水入港，石峰区清水、响石岭、铜塘湾办事处的生活污水排入该港，芦淞区建设（部分）、贺家土办事处污水经霞湾污水处理厂处理后也排入该港。清水塘工业区为湘江流域最重要的工业区，工业以有色冶炼、化工等重工业为主，工业结构性污染严重。自 20 世纪 50 年代以来，由于历史原因，清水塘工业区的工业企业大多超标排放废水、废气，工业固体废物未有效处置，尤其是废水、废气、废渣中的镉、铅、汞、砷等重金属对霞湾港造成严重污染，长年累积于底泥中，目前已成为港水主要的重金属污染来源。据测算，霞湾港接纳了株洲市污染总负荷的 68.2%，同时该港也是湘江的污染源头之一。

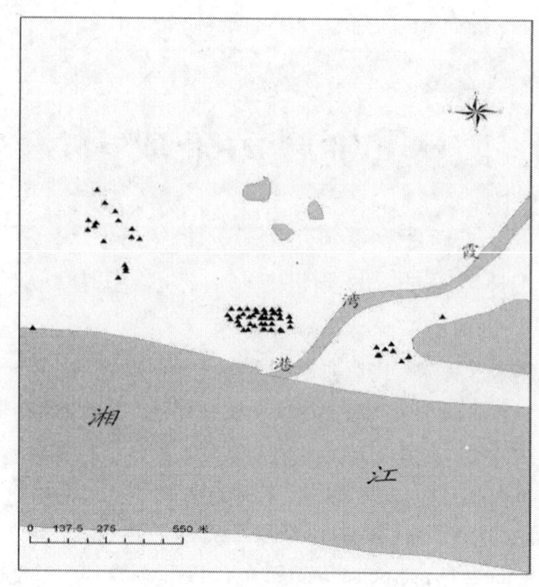

图 1　土壤采样点位图

1 材料与方法

1.1　土样采集

依据国家农田土壤环境质量检测技术规范（NY/T 395—2000）和国家土壤环境监测技术规范（H J/T 166—2004），在霞湾港周边区域内的农田布设采样点共 78 个，其中菜地采样点 54 个，水田采样点 24 个，主要设置在霞湾港试验田周围，同时在湘江边采取了两个对照点。均采取 0～20 cm 耕层土样，并用 GPS 系统对每个采样点进行精确定位。采样点布置见图 1。

1.2 样品处理

土壤样品经室内自然风干去除残渣后，采用四分法缩分至 100 g 左右，在玛瑙研磨机内研磨至全部过 100 目尼龙网筛，装入自封袋保存备用。样品在电热板上加 HNO_3-$HClO_4$-HF 进行完全消解、定容。以火焰原子吸收法，运用日立-Z2000 测定 Pb、Cu、Zn 全含量，以石墨炉原子吸收法测定 Cd 全含量，相同样品采用王水浸提—原子荧光法，运用海光 9700 原子荧光仪测定 As 全含量。采用 1∶2.5 的水土质量比，电位法测定 pH 值。

采用改进 BCR 方法（四步法）[3]对土样中重金属 Cd、Cu、As、Pb、Zn 进行连续提取，以测定土壤中各重金属水溶态、弱酸态、可还原态、可氧化态和剩余残渣态的含量。

1.3 评价标准与方法

1.3.1　评价标准

以国家土壤环境质量标准（GB 15618—1995）二级标准（见表 1）作为评价标准，分析评价霞湾港周边土壤土壤重金属的污染现状。[7]

表 1　国家土壤环境质量标准（GB 15618—1995）二级标准　　单位：mg/kg

pH 值范围	Cd	Cu	Pb	Zn	Hg
pH＜6.5	0.30	50	250	200	0.30
6.5＜pH＜7.5	0.60	100	300	250	0.50
pH＞7.5	1.00	100	350	300	1.00

土壤环境质量评价采用单项污染指数法，计算公式为：

$$P_{ip}=\frac{C_i}{S_{ip}} \tag{1}$$

式中，P_{ip} —— 土壤中污染物i的单项污染指数；

C_i —— 调查点位土壤中污染物i的实测浓度的平均值；

S_{ip} —— 污染物i的《土壤环境质量标准》（GB 15618—1995）的二级标准[4]。

根据 P_{ip} 的大小对污染物的土壤污染程度进行分级（见表 2）。

表 2　土壤污染单项指数评价结果分级

等级	P_{ip} 值大小	污染评价
Ⅰ	$P_{ip}\leqslant 1$	无污染（清洁）
Ⅱ	$1<P_{ip}\leqslant 2$	轻微污染
Ⅲ	$2<P_{ip}\leqslant 3$	轻度污染
Ⅳ	$3<P_{ip}\leqslant 5$	中度污染
Ⅴ	$P_{ip}>5$	重度污染

超标率计算公式为：

$$\varphi_i = n_{ip} / n_{i0} \tag{2}$$

式中，φ_i —— 污染元素i的超标率；

n_{ip} —— 污染元素i的所有调查点中污染指数 $P_{ip}>1$ 的个数；

n_{i0} —— 污染元素i的所有调查点的个数。

重金属累积指数计算公式为：

$$P_i = C_i / S_i \tag{3}$$

式中，P_i —— 重金属元素 i 的累积指数；

C_i —— 各地不同土地利用方式下土壤中重金属元素 i 实测浓度的平均值；

S_i —— 当地土壤中重金属元素i的背景值。

2 结果与讨论

2.1 实验地重金属分布特征

根据在实验地采集的土壤分析结果，根据不同地区土壤的重金属含量统计分析结果，得到表 3。本研究以文献记载的京津唐地区作为参照。[5]

表 3　不同地区彩度土壤重金属含量统计分析

地区	重金属	均值/（mg/kg）	标准偏差	变异系数	国家二级标准/（mg/kg）	单项污染指数	超标率/%	地方背景/（mg/kg）	累积指数
京津唐	Hg	0.05	0.03	0.49	0.50	0.02～0.11	0	0.07	0.7
	Cd	0.14	0.09	0.64	0.30	0.12～0.77	0	0.12	1.2
	Pb	16.66	10.20	0.61	300	0.01～0.11	0	24.60	0.7
	Cr	54.5	17.43	0.32	200	0.12～0.38	0	29.80	1.8
	As	8.84	3.39	0.38	30	0.08～0.68	0	7.09	1.2
	Cu	29.2	10.50	0.36	100	0.16～0.50	0	18.70	1.6
霞湾	Hg	1.24	1.06	0.86	0.50	0.40～15.2	95.2	0.13	9.54
	Cd	27.9	113.7	1.29	0.30	11.4～393	100	0.144	194
	Pb	669.4	365.5	0.55	300	0.52～11.4	94.9	31.0	21.6
	Cr	85.1	21.3	0.25	200	0.07～0.74	0	72.1	1.18
	As	91.8	118.9	1.29	30	1.16～37.0	100	16.4	5.60
	Cu	99.6	46.1	0.46	100	0.36～4.10	23.1	28.3	3.52

表 3 是京津唐地区和湖南省株洲市清水塘霞湾地区的土壤重金属含量的统计分析表，从两地的土壤含量结果来看，京津唐地区的 Hg、Cd 和 Cu 分别有 1 个、3 个和 2 个点超标，其他的大部分调查点都为清洁点。而霞湾地区除 Cr 之外的重金属（含砷）超标率都比较高，特别是镉和砷超标率达到了 100%。从累积指数来看，霞湾地区的累积指数除了 Cr 之外，大多在 5 倍以上，特别是 Cd 的累积系数达到了 194，这说明霞湾地区的土壤中重金属有着明显的累积效应。

2.2 试验田周边土壤重金属含量空间分布

为了找出霞湾地区土壤中的重金属来源，采用 Arcgis 9.3 空间运算，运用克里格插值法，将不同元素的含量和空间位置，得到了图 2 至图 7。[4]从空间位置来看，土壤中重金属含量较高都集中于霞湾港的右侧，汞的含量最高区域在霞湾入江口的东北方向。根据现场勘查的情况和卫星图片的叠加，得到了图 8。从图 8 中，我们可以清晰地看到含量较高的位置正是老霞湾港所在的位置，此处为老霞湾港的入江处，地势低洼，根据铅和镉的含量来看，很可能是老霞湾港的污水倒灌引起周边土壤收到了污染。

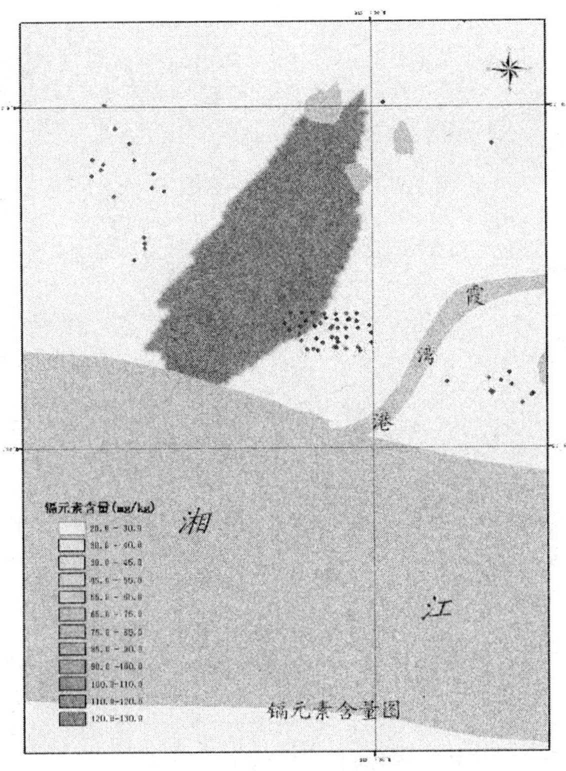

图3 土壤中镉元素分层图

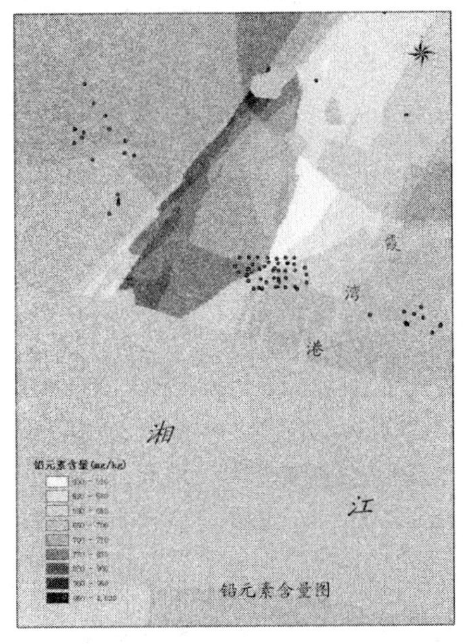

图4 土壤中铅元素分层图

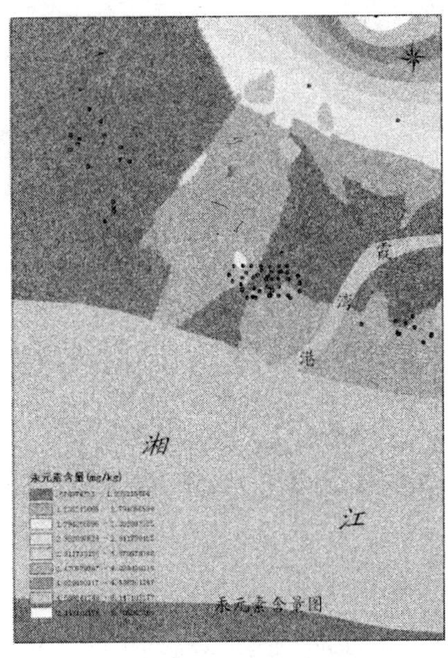

图5 土壤中汞元素分层图

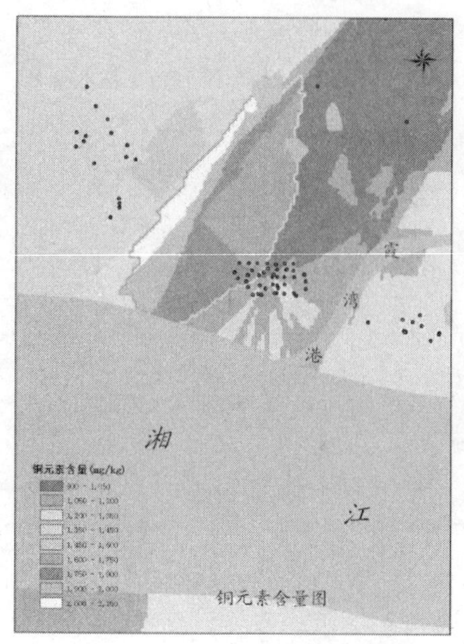

图 6 土壤中铜元素分层图

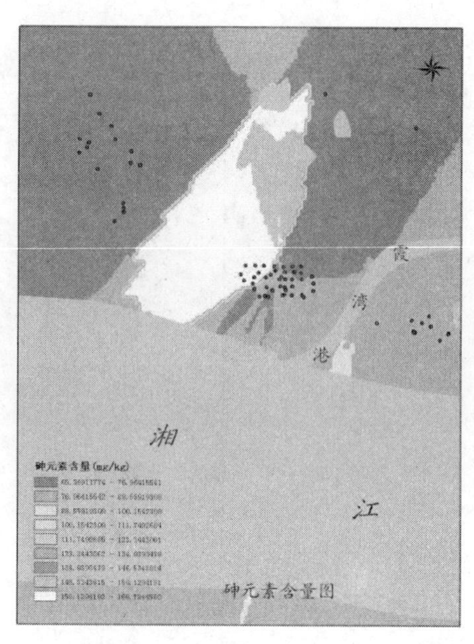

图 7 土壤中砷元素分层图

图 8 土壤中镉元素含量分层和谷歌地图叠加图

为了证实该结论，在老霞湾港底泥中进行了布点，共布设 18 个点位，将分析结果与周边土壤中重金属含量进行相关性分析，结果见表 4。分析结果表明，Cd、Cu、As、Pb 等重金属在土壤环境中的分布存在相互关系。为探讨该地区的土壤中重金属之间的分布特征，以及土壤中重金属和港水中的重金属含量之间的关系。从表 4 的结果可以看出，土壤中 Cd 和 Pb 的含量与港水底泥中的重金属呈显著相关关系，与其他元素的相关性则较差，未达到显著关系，而在同期采样的底泥中，土壤中港水底泥中的镉则和其他元素存在显著相关，底泥中 Cd、As、Cu、Pb 则存在不同程度的复合污染。其原因与港水中的重金属含量较高有关。

2.3 试验田周边土壤重金属形态分析

随机选取试验田周边土壤样品 21 份，采用常规分析方法对其进行基本理化性质检测，采用 BCR 法对其中的重金属 Cd、Pb、Zn、Cu、As 进行连续提取和分析，检测各个元素水溶态、弱酸态、可还原态、可氧化态和残渣态的百分含量。分析结果表明，用该法提取的不同形态的土壤重金属对周围植物的可给性顺序为：水溶性＞可交换性＞有机结合性＞残渣态。[5]

2.3 试验田周边土壤重金属形态分析

随机选取试验田周边土壤样品 21 份，采用常规分析方法对其进行基本理化性质检测，采用 BCR 法对其中的重金属 Cd、Pb、Zn、Cu、As 进行连续提取和分析，检测各个元素水溶态、弱酸态、可还原态、可氧化态和残渣态的百分含量。

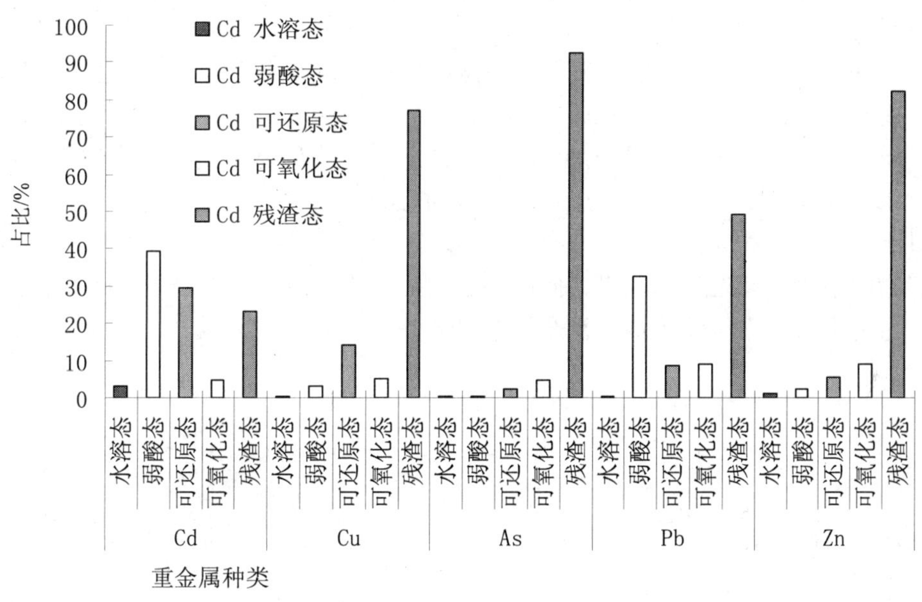

图 9　霞湾港地区土壤中镉及其他重金属形态分布

土壤中 Cd 主要以弱酸态和可还原态存在，并以弱酸态占主导地位，百分比分别达到了 39.5%和 29.4%，残渣态含量也高于可氧化态、水溶态含量，分别达到了 23.3%、3.2%和 4.6%，说明该区域内 Cd 的生物可给性及污染程度已经相当严重，土壤中其余几种金属和砷的含量主要是以残渣态和弱酸态存在，对周围作物及人的危害较轻，Cu、As、Pb 和 Zn 的弱酸态含量较高，说明除 Cd 以外，其余几种重金属的活性较低。

表 4 土壤中镉与其他重金属以及老霞湾港底泥中重金属含量的相关性分析

样品类型	项 目	As	Cu	Pb	Zn
土壤样品	Spearman 系数	0.058	−0.135	0.721	−0.012
	显著性水平	0.795	0.715	0.013*	0.942
	数据量	41	41	41	41
港水底泥	Spearman 系数	0.725	0.658	0.786	0.617
	显著性水平	0.024*	0.018*	0.021*	0.092
	数据量	24	24	24	24

3 结论

（1）霞湾地区的土壤重金属含量超过国家二级标准，当地土壤受到了重金属的污染。

（2）该地区的土壤重金属污染程度与霞湾港的距离成反比，越靠近港水的土壤，受到的重金属污染的程度越高。

（3）土壤中重金属 Cd 的赋存形态顺序为：弱酸态＞可还原态＞可氧化态＞残渣态＞水溶态，而 Cu、As、Pb 和 Zn 则以残渣态为主。

（4）土壤中 Cd 和 Pb 的含量与港水底泥中的重金属呈显著相关关系，说明这两种重金属来自港水，可能是港水溢满，造成周边土壤的污染。

通过土壤的采样和分析，本研究找到了该地区土壤污染的规律，特别是找到了土壤中重金属和底泥中重金属之间的联系，同时为以后的生物修复工作的开展做了很好的准备，进一步的研究将根据本试验田周边重金属含量的高低，选取实验地，并为以后的修复做好准备。

参考文献

[1] Singh OV，Labana S，Pandey G. Phytoremediation an overview of matallicion decontamination from soil. Applied Microbiology and Biotechnology，2003，61：405-412.

[2] 吴大付，吴艳兵，任秀娟，等. 我国重金属污染土壤的利用研究. 资源开发与市场，2010，26（1）：63-65.

[3] 王学军，李本纲，陶澍，等. 土壤微量金属含量的空间分析. 北京：科学出版社，2004：61-62.

[4] 宋小冬，钮心毅 地理信息系统实习教程. 北京：科学出版社，2007：88-92.

[5] 李鹏，李晔，曾璞，等. 某冶炼厂周边农田土壤重金属污染状况分析与评价.安徽农业科学，2011，39（2）：863-865，876.

[6] Jefferson M. The law of the primate city. Geographical Review，1939，29（4）：226-232.

[7] 国家环境保护局. 土壤环境质量标准（GB 15168—95）. 北京：中国标准出版社，1995.

[8] 席晋峰，俞杏珍，周立祥，等，不同地区城郊用地土壤重金属含量特征比较. 土壤，2011，43（5）：769-775.

重金属监测分析

正交试验优化石墨炉原子吸收法测定环境水样中钒

陈任翔[1] 贺丰炎[1] 李山红[1] 李文霞[2]
（1. 湘潭市环境保护监测站，湘潭 411104；
2. 张家界市环境监测站，张家界 427000）

摘 要：文章通过正交试验，优化石墨炉法的通带宽度、灯电流、灰化温度、原子化温度等条件，从而达到提高方法的检出限、精密度、准确度的目的，方法的线性 r 大于 0.999，满足测定环境水样中钒的实际需要。

关键词：正交试验；优化；石墨炉原子吸收法；环境水样；钒

In Orthogonal Experiment Optimization to GAAS Determination Vanadium of Eonvironment Sample

Chen Renxiang[1] He Fengyan[1] Li Shanhong[1] Li Wenxia[2]
（1. Xiangtan Environmental Monitoring Station，Xiangtan 411104;
2. Zhangjiajie Environmental Monitoring Station Zhangjiajie 427000）

Abstract: Through the orthogonal experiment，by optimizing the conditions of GAAS which containedslit width，lamp current，ashing temperature，atomization temperature and SO on，The article acquired theaim to enhance the detection limit，precision，accuracy of the method．However，the value of linear ofr in the method was also greater than 0.999 and had satisfied the real need of determination of alumin environmental water sample．

Key words: orthogonal experiment；optimize；GAAS；environment s ample；vanadium

钒具有生物活性，是人体所必需的微量元素之一，钒可减少龋齿发病率，对造血过程有一定的积极作用，并减弱合成胆固醇的作用，使血管收缩，增强心室的收缩力，还有降低血压的作用。钒常作用合金钢的添加剂和化学工业中的催化剂使用，因此钢铁、石油、化工、染料、纺织等工业废水中钒含量较多，对地表水、地下水、土壤往往造成污染[1]。地表水浓度为 1～10 μg/L，钒的测定方法有石墨炉原子吸收法、钽试剂萃取分光光度法、催化极谱法。《水和废水监测分析方法》中规定的方法 GB/T 14673—93 和 GB/T 5750.6—2006 所指定的仪器条件和参数不一致，且方法的检出限分别为 50 和 10 μg/L，不适宜低浓度地表水的测定[1-2]，文章旨在通过正交试验统一、优化分析仪器条件参数，主要对通带宽度、灯电流、灰化温度、原子化温度等条件进行优化试验，应用通过正交试验优化后的石墨炉法具有较好的检出限、精密度、准确度，满足环境水样对钒的分析要求。

1 试验部分

1.1 仪器与试剂

Z-5000 原子吸收分光光度计（日本日立公司）；

钒空心阴极灯（HL-1，河北衡水宁强光源厂）；

钒标准使用液：500 mg/L 购于国家环境标准样品研究所，浓标液用 1%的硝酸逐级稀释至 1.00 μg/ml；

钒质控样品：0.296±0.021 mg/L

（GSBZ 50029-94-203503）；

硝酸、盐酸均为优级纯试剂（GR）；

实验用水为超纯水 18MΩ。

1.2 试验步骤

1.2.1 样品的前处理

根据《地表水环境质量标准》和环境监测技术的要求，对地表水采集后自然沉降 30 min，取上层非沉降部分加硝酸酸化至 0.2%直接喷样测定[3]；对复杂混浊的废水样品，取摇匀样品 100 ml 加 5 ml 浓硝酸于电热板上加热消解至 10 ml 左右，再加 5 ml 硝酸继续消解至近干，用 0.2%硝酸定容待测，并同时进行空白试验。废水样品保存用硝酸或盐酸酸化 pH＜2。

1.2.2 仪器条件优化试验

配制 50μg/L 的标准溶液 50 ml，进样量为 20 μg/L 选用通带宽度、灯电流、灰化温度、原子化温度四个因素作四因素三水平正交实验以优化仪器分析条件（因素水平表见表 1），仪器温升程序见表 2，以钒的吸光度作统计分析评价（试验结果见表 3）。

表 1 正交试验因素水平表

水平	因素			
	A 通带宽度/nm	B 灯电流/mA	C 灰化温度/℃	D 原子化温度/℃
1	0.2	10	800	2 600
2	0.4	12	900	2 700
3	1.3	14	1 000	2 800

表 2 Z-5000 原子吸收光度计仪器温升程序

阶段	开始/结束温度/℃	温升/保持时间/s	载气流量/（ml/min）
干燥	80/140	40/0	200
灰化	/	20/0	200
原子化	/	0/5	30
清洗	2 800/2 800	0/4	200
冷却	0/0	0/17	200

表 3 四因素三水平正交试验数据列表

因素	通带宽度/mm	灯电流/mA	灰化温度/℃	原子化温度/℃	吸光度/abs	RSD/%
1	0.2	10	800	2 600	0.042 4,0.046 3,0.051 1 均值：0.046 6	9.5
2	0.2	12	900	2 700	0.059 1,0.059 3,0.060 1 均值：0.059 5	0.9
3	0.2	14	1 000	2 800	0.076 4,0.076 0,0.075 8 均值：0.076 1	0.4
4	0.4	10	900	2 800	0.075 7,0.078 0,0.084 7 均值：0.079 5	6.0
5	0.4	12	1 000	2 600	0.030 6,0.039 6,0.041 0 均值：0.037 1	15
6	0.4	14	800	2 700	0.065 1,0.065 3,0.069 3 均值：0.065 3	6.0
7	1.3	10	1 000	2 700	0.059 8,0.061 5,0.064 1 均值：0.061 8	3.6
8	1.3	12	800	2 800	0.071 2,0.069 1,0.072 9 均值：0.071 1	2.7
9	1.3	14	900	2 600	0.039 9,0.039 1,0.036 6 均值：0.038 5	4.5
K1	0.182 2	0.187 9	0.183 0	0.122 2		
K2	0.181 9	0.167 7	0.177 5	0.186 6		
K3	0.171 4	0.179 9	0.175 0	0.226 7		
k1	0.060 7	0.062 6	0.061 0	0.040 7		
k2	0.060 6	0.055 9	0.059 2	0.062 2		
k3	0.057 1	0.060 0	0.058 3	0.075 6		
R	0.003 6	0.006 7	0.002 7	0.034 9	A181C1D3	

2 结果与讨论

2.1 通带宽度的影响

从表 3 中的 R 值可以看出影响试验吸光度值的主次因素依次为原子化温度、灯电流、通带宽度、灰化温度，通带宽度影响所占的权重约为 7.5%。通过扫描发现在 318.4 nm 处无其他干扰峰。通过优化试验选择的通带宽度虽然是 0.2 nm，但为了增强落在检测器上的能量，尽可能使用较宽的通带以降低检测器的噪声，从而提高信噪比、改善检出限和提高测量低浓度样品的准确性，因此该方法选用通带宽度为 1.3 nm。

2.2 灯电流的影响

从表 3 中的 *R* 值可以看出，灯电流影响所占权重有 14%左右，优化试验的结果是选择灯电流为 10 mA。灯电流过低，放电不稳定，光谱输出稳定性差，从而导致分析结果精密度变差，灯工作电流过大，放电也不稳定，而且会引起谱线变宽，从而导孜灵敏度下降，灯寿命也会缩短[1]。在进行试验 7、8、9 时，发现在灯电流为 10 mA 时，基线信噪比仍较大，而使用灯电流为 12、14 mA 时信噪比大大改善。因此本方法选择灯电流为 12 mA。

2.3 灰化温度的影响

从表 3 中的 *R* 值可以看出，灰化温度影响所占权重只有 5.6%，优化试验的结果是选择灰化温度为 800℃。灰化的目的主要排除其他元素的干扰。对于较为清洁的环境水样（地表水、水源水、地下水）而言，因各种物质的含量一般都较低、干扰因素少，可以选择较低的灰化温度，从而保证钒在灰化过程中不会损失。对较为复杂的工业废水，因其他元素含量高、干扰较为严重，可选择较高的灰化温度以减少其影响。该方法选择优化试验的结果。

2.4 原子化温度的影响

从表 3 中的 R 值可以看出，原子化温度影响所占权重 73%，优化试验的结果是选择原子化温度为 2 800℃试验结果表明：对吸光度值的影响最主要因素是原子化温度，原子化温度为 2 600℃时，原子化温度低，原子化效率明显偏低，从而影响方法灵敏度和稳定性。方法 GB/5750.6—2006 所规定的原子化温度为 2 600℃不适合[2]。为提高方法灵敏度和检出限，本方法原子化温度选用优化试验的结果。

2.5 标准系列的绘制

分别准确移取 1.00 tzg/L 钒标准工作溶液 0.00 ml、1.00 ml、2.00 ml、3.00 ml、4.00 ml、5.00 ml，于 50 ml，容量瓶中，用 0.2%硝酸定容摇匀与样品同时应用如表 2、表 4 所示仪器条件测试。此标准系列为 0.0 μg/L、20.0 μg/L、40.0 μg/L、60.0 μg/L、80.0 μg/L、100 μg/L。在不同时间内以表 2、表 4 所示仪器分析条件对标准系列进行测定，曲线回归方程（3 次）A=0.001 64C+0.002 5，相关系数 r 大于 0.999。

2.6 方法的检出限

表 4 Z-5000 原子吸收光度计测钒仪器条件

元素	波长/nm	通带宽度/mm	灯电流/mA	灰化温度/℃	原子化温度/℃
钒	318.4	1.3	12	800	2 800

表 5 方法的精密度和回收率

样品（n=6）	测定值ρ/（mg/L）	标准加入量ρ/（mg/L）	测定总量/ρ/（mg/L）	相对标准偏差/%	回收率/%
湘江水 1#	0.003 3	0.004 0	0.006 9	4.2	90
湘江水 2#	0.003 0	0.010 0	0.012 7	3.8	97
湘江水 3#	0.004 2	0.020 0	0.023 4	2.2	96
化工废水 1#	0.230	0.050 0	0.073	2.7	100
化工废水 2#	0.450	0.025 0	0.045	2.3	106
化工废水 3#	0.940	0.025 0	0.074	1.9	108
配制标样（0.025 mg/L）	0.025	—	—	3.2	—
配制标样（0.025 mg/L）	0.050	—	—	4.0	—
钒质控水样（203503）（0.296±0.021）	0.300	—	—	42	—

注：回收率的方案为：取化工废水 1#、2#、3#水样 10 ml、5 ml、5 ml 分别 50 μg、2.5 μg、2.5 μg 钒标液，经处理后定容至 100 ml 测试。

表 6 全程序空白测定值

全程序空白 测量结果/Abs	SD
0.002 0，0.001 7，0.001 8，0.002 0，0.001 8，0.001 8，0.002 4，0.001 8，0.001 6，0.001 6 0.001 9，0.002 4，0.002 3，0.002 4，0.001 8，0.002 2，0.002 1，0.002 0，0.002 2，0.002 1	0.000 3

在如表 2、表 4 所示仪器分析条件下，对全程序空白样品 20 次平行测定（结果见表 6），求得空白值的标准偏差 *s* 为 0.000 3，以国际纯粹和应用化学联合会（IUPAC）对检出限作出的规定[5]，取 *K*=3，置信水平为 90%，测得方法的最低检出限为 0.001 mg/L。

2.7 精密度试验

取不同地点地表水、不同厂家废水、配制标样、质控水样共 9 份，按 1.2.1 方式对样品进行前处理后平行测定 6 次（结果见表 5），地表水相对标准偏差为小于 4.2%，废水相对标准偏差小于 2.7%，质控水样的相对标准偏差为 4.2%，满足《水和废水监测分析方法》中实验室质控指标体系的要求。

2.8 准确度试验

用标准样品钒质控水样：0.296±0.021 mg/L。（GS：BZ50029-94-203503）（国家环境标准样品研究所）测定 6 次，测定值在±1S 范围之内，准确度满足要求；取地表水和废水样共 6 个做加标回收率实验（废水加标量为样品的 0.5～2 倍），加标回收率在 90%～108%（结果见表），满足《水和废水监测分析方法》中实验室质控指标体系的要求。

2.9 小结

该方法斜率受热解石墨管使用次数影响大，每批次样品分析应进行光控升温程序，以保证标准系列和样品准确，钒灯应预热 30 min 以上保证能量输出稳定，不同仪器可能稍有区别可用正交法取得最佳条件。应用 Z-5000 原子吸收分光光度计在表 4 的条件下分析地表水和工业废水方法的检出限、精密度、准确度满足环境监测的要求。

参考文献

[1] 国家环保总局水和废水监测分析方法编委会编. 水和废水监测分析方法. 4 版，北京：中国环境科学出版社，2002，395.

[2] GB/5750—2006. 生活饮用水卫生规范.

[3] GB 3838—2002，地表水质量标准.

[4] 长江水环境化学元素研究系列专著编辑委员会. 水环境化学元素研究方法. 1 版，武汉：湖北科学技术出版社，1992，53.

[5] 中国环境监测总站环境水质监测质量保证手册编写组. 环境水质监测质量保证手册. 2 版. 北京：化学工业出版社，1994，228-229，300.

[6] 陈任翔，刘可，杨力. 微波消解—石墨炉原子吸收测定土壤中钒.环境监测管理与技术，2008，20（3）：50-51.

此文章刊登于《广东化工》2010 年第 1 期第 37 卷总第 20 期

环境水体中铅的快速测定方法研究

甘杰　陈一清　万小卓　黄懿
（湖南省环境监测中心站，长沙 410014）

摘　要：研究在六次甲基四胺缓冲溶液的介质中，乙醇存在下，铅与甲基百里香酚蓝的快速显色反应体系。显色反应生成一种蓝色络合物，其最大吸收波长为 605 nm。在优化的实验条件下，铅含量在 0～10.0 mg/L 范围内符合比尔定律，方法检出限为 0.2 mg/L。对实际样品进行分析，结果令人满意。

关键词：铅；甲基百里香酚蓝；快速测定；分光光度法

Abstract: In$(CH_2)_6N_4$ buffer medium，the rapid color reaction system of Lead（Ⅱ）with methyl thymol blue（MTB）in the presence of ethanol has been studied. The reaction form a blue complex，which has a maximum absorption wavelength at 605 nm. Under the best condition，beer's law is obeyed in the range of 0～10.0 mg/L for PbⅡ. The limit of detection is 0.2 mg/L . The results for the actual samples are satisfactory.

Key words: Lead；methyl thymol blue；rapid determination；Spectrophotometry

铅是一种蓄积性毒物，是水污染监测控制的重要指标之一，在《水和废水监测分析方法》（第四版）[1]中关于重金属铅的测定有两种 A 类方法分别是双硫腙分光光度法[2-4]和火焰原子吸收法[5-11]。在双硫腙分光光度法中，需用到大量剧毒的氰化钾掩蔽干扰离子，有毒的三氯甲烷做萃取剂多次萃取，因而对环境造成极大的污染，此外操作麻烦、费时；而火焰原子吸收法需使用到大型的火焰原子吸收仪，样品需送交实验室检测，所需时间长，并对实验条件提出了较高的要求和限制。

为满足环境执法、环境应急监测等特殊场合的要求，本文建立了一种以甲基百里香酚蓝作为显色剂，快速测定铅的分光光度法。通过优化实验条件，应用于实际水样的检测，结果令人满意。

1 实验部分

1.1 主要仪器和试剂

（1）主要仪器：DR/4000 可见分光光度计（美国哈希公司）。

（2）主要试剂：铅标准溶液：20.0 mg/L，取 10.0 ml 500 mg/L 的铅标准溶液，用蒸馏水稀释定容于 250 ml 容量瓶中。

甲基百里香酚蓝（MTB）：1.0 g/L，称取 MTB 0.50 g 于烧杯中，加水溶解，移至 500 ml 容量瓶中，加水定容。

六次甲基四胺缓冲溶液：40 g/L，称取六次甲基四胺 20 g 于烧杯中，加适量水，加浓盐酸 4.0 ml，加蒸馏水稀释，定容至 500 ml。

邻菲啰啉：1.5 g/L，称取邻菲啰啉 0.375 0 g 于烧杯中，加少量水和 4 滴浓盐酸溶解后，移至 250 ml 容量瓶中，加水定容。

氟化铵：2.0 g/L，称取氟化铵 0.4 g 于烧杯中，加水溶解后定容至 200 ml，移至塑料瓶中保存。

1.2 实验方法

于 25 ml 比色管中，准确加入一定量铅标准溶液，依次加入 2.0 g/L 氟化铵 2.0 ml，1.5 g/L 邻菲啰啉 3.0 ml，1.0 g/L MTB 溶液 2.0 ml，40 g/L 六次甲基四胺缓冲溶液 4.0 ml，无水乙醇 3.0 ml，用水稀释至刻度，摇匀，于 605 nm 波长处，用 2 cm 比色皿，以试剂空白为参比测定吸光度。

2 实验结果与讨论

2.1 吸收光谱

按照实验条件，配制 Pb—MTB 体系的溶液，以不加 Pb 的 MTB 作为试剂空白，在波长 350~650 nm 范围内测定其吸光度，其相应的吸收曲线如图 1 所示。由图可知，试剂空白的最大吸收峰位于 440 nm，而 Pb—MTB 络合物的在 605 nm 出现一特征峰（如下图 2 所示）。实验选用 605 nm 为测定波长。

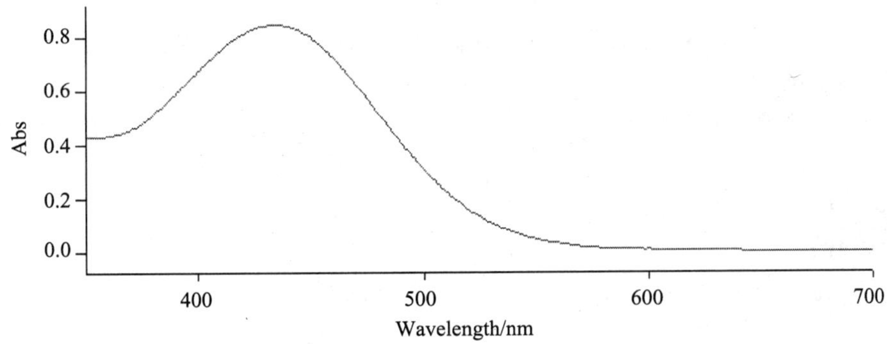

图 1 试剂空白 MTB 的吸收光谱图

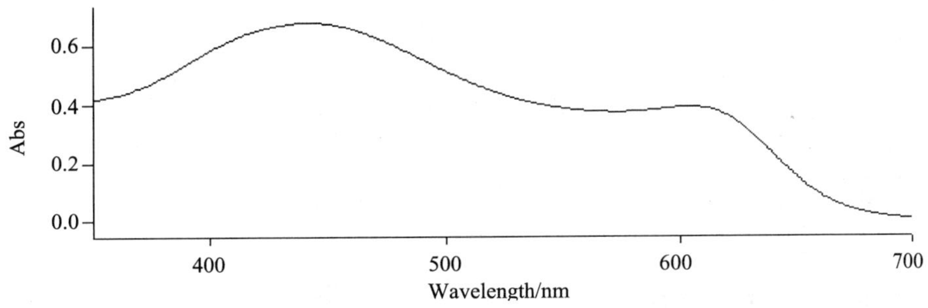

图 2 Pb—MTB 络合物的吸收光谱图

2.2 pH 值对显色效果的影响

本法通过浓氨水和硝酸调节体系的 pH 值，考察了 pH 从 2.0～12.0 的显色效果。结果发现 pH 为 6 时，铅络合物显色稳定，强度高。因此选用六次甲基四胺作为缓冲溶液，调节体系的 pH 值为 6。

2.3 显色剂用量的影响

为使铅试剂显色完全，应保证体系中显色剂过量。按照实验方法，保持其他条件不变，只改变甲基百里香酚蓝（MTB）溶液的用量，结果如图所示，在 605 nm 处，吸光度 A 值随 MTB 溶液用量的增加而增大，当 MTB 用量在 1.5～2.0 ml 时，显色体系的吸光度 A 值最大而且稳定，当 MTB 用量大于 2.0 ml 时体系吸光度 A 变化不大。本法选择 1.0 g/L MTB 溶液的用量为 2.0 ml。

2.4 显色温度及稳定性

实验考察了 5℃、10℃、20℃、25℃、30℃、40℃、50℃等温度对 Pb—MTB 络合显色反应时间及强度的影响。结果发现，20～40℃效果最好，因此实验温度确定为室温。Pb—MTB 络合物在室温下 5 min 后即显色完全，并可稳定 12 h。

2.5 工作曲线、线性范围和检出限

在最佳实验条件下，以 605 nm 为测定波长，分别移取不同量 20.0 mg/L 铅标准溶液进行测定。结果表明，铅的浓度在 0～10.0 mg/L 范围内，浓度与吸光度呈良好的线性关系，得到线性回归方程和相光系数为：

$$A=0.101\,2\,C+0.026\,4 \qquad r=0.999\,5$$

式中 A 为吸光度，C 为铅的浓度（mg/L），r 为相关系数，方法检出限为 0.2 mg/L。

2.6 共存离子的干扰

针对实际水样中的共存离子可能对本法产生的干扰进行了研究，并选用邻菲啰啉和氟化铵做掩蔽剂进行共存离子掩蔽，对 2.0 mg/L 铅进行测定，当相对误差≤±5%时，下列离子允许量（以 mg/L 计）为：Ca（Ⅱ）、Mg（Ⅱ）（1000）；Zn（Ⅱ）（100）；Cu（Ⅱ）（50）。

2.7 加标回收

用清洁水样考察了加标回收率，结果较好，如表 1 所示。

表 1 加标回收测定结果

序 号	清洁水样测得含铅量/（mg/L）	加入铅标准溶液的量/（mg/L）	测得总量/（mg/L）	回收率[a]/%
1	0.20	0.50	0.68	96
2	0.20	1.00	1.22	102
3	0.20	2.00	2.14	97

注：a 回收率=（测得总量−样品测得值）/加入量（%）

2.8 质控样比对

通过质控样分析，对方法的可靠性进行了考察，结果如表 2 所示，测得平均值在质控范围内，证明了方法的可行性。此外，将每一个样品在一个工作日内重复分析 6 次，得到相对标准偏差在 1.3%～3.2%，结果令人满意。

表 2 质控样比对结果

序号	质控样测得值/（mg/L）	RSD/%（n=6）	测得平均值/（mg/L）	质控范围/（mg/L）
1	0.73 0.75 0.78 0.73 0.72 0.77	3.2	0.75	0.756±0.032
2	0.90 0.94 0.88 0.91 0.94 0.92	2.5	0.92	0.912±0.033
3	0.95 0.98 0.96 0.98 0.96 0.96	1.3	0.96	0.996±0.046

3 小结

本方法具有简单，快速，稳定等优点，络合物在室温下 5 min 后即显色完全，并可稳定 12 h，适合环境执法、环境应急监测等特殊场合的要求，方法检出限为 0.2 mg/L，低于污水中总铅 1.0 mg/L 的最高允许浓度。质控样，实际样品加标回收结果均令人满意。

参考文献

[1] 国家环保总局. 水和废水监测分析方法. 4 版. 北京：中国环境科学出版社，2002.

[2] 石邦辉，孔祥生，康云华. 双硫腙分光光度法测定水中微量铅的改进. 中华预防医学杂志，2003，25（4）：57.

[3] 付宇红. 双硫腙分光光度法测铅的改进. 云南环境科学，1997，16（2）：61.

[4] 阮伯龙. 双硫腙双波长分光光度法测定水中微量铅的改进. 环境与健康杂志，1989，13（2）：27.

[5] 吴同华. 用萃取火焰 AAS 法测定汽车道旁树叶中铅含量. 新疆环境保护，1999，21（1）：61.

[6] 程永华，李青彬. Amberlite XAD-2000 树脂固相萃取富集-火焰原子吸收法测定水中痕量铅. 分析试验室，2008，32（10）：111.

[7] 祝美云，李厚强，柳艳霞. 水中铅的辅助雾化火焰原子吸收法测定. 中国公共卫生，2006，75（2）：123.

[8] 刘鸣. 火焰原子吸收法测定清洁水中痕量铜铅锌镉-高效富集. 环境科学与技术，2006，21（s1）：58.

[9] 张召香，淦五二，何友昭. 氢化物发生辅助雾化火焰原子吸收法测定水中铅. 分析测试学报，2003，20（5）：70.

[10] 张秀尧. 在线流动注射螯合树脂预富集石英缝管增敏火焰原子吸收法测定水中痕量铅. 分析化学，2000，9（12）：1493.

[11] 苏庆平，张仕鹏，李芳. 液膜富集—火焰原子吸收法测定水中痕量铅. 矿物岩石，1999，19（1）：99.

此文章刊登于《光谱实验室》2010 年 01 期

王水消解—原子荧光法测定土壤中的硒

杨力　戴晖　徐晓宇　蒋武
（湖南省湘潭市环境保护监测站，湘潭 411104）

摘　要：样品经（1+1）王水于沸水浴中加热消解，用氢化物发生－原子荧光法测定土壤中硒的含量。对测定的影响因素：HCl 浓度、KBH_4 浓度及共存离子的干扰等试验条件作了研究并予以优化。荧光强度与硒的质量浓度在 30μg/L 以内呈线性关系，方法的检出限（3s/b）为 0.1μg/L，方法的相对标准偏差（n =6）小于 5%，应用此法对标准物质 ESS-3 和土壤样品进行分析，测得硒的回收率在 90%～110%。

关键词：王水消解；原子荧光法；　硒；　土壤

AFS Determination of Selenium in Soil

Dai Hui
（Xiangtan Environmental Monitoring Station，Xiangtan 411104）

Abstract：AFS was applied to the determination of selenium in soil.Sample was digested with mixed solution of conc，HNO_3.conc.HCl（1+1）heated in boiling water for 1 h.Influential factors，including amount of potassium borohydrid added，HCl added，and interferences of coexisting ions were stuided and optimized.Linnear relationship between the fluorescence intensity and mass concentration of Selenium was obtained in the range within 30μg/L，with detection limit（3s/b）of 0.1μg/L，Value of RSD（n=6）of the method found was less than 5%.The proposed method was applied to the analysis of standard materrial（ESS-3）and soil samples，and values of recovery found were ranged from 90% to 110%.

Key words：AFS；selenium；Soil

1　前言

硒是参与机体物质能量代谢和人体生长发育所必需的微量元素之一，其生化作用与它的浓度密切相关，适量硒能增强机体免疫力并有抗癌作用。但如果生物吸收过量的硒，则可能导致硒供应过剩而引起中毒甚至死亡。因此硒对分析化学、环境科学、生命科学、食品和医药卫生都具有极其重要的作用。而测定硒的技术也越来越被各行各业的分析工作者所重视。本文采用王水消解处理样品[1]，并与硝酸—高氯酸电热板消解法[2]进行对比，用氢化物发生—原子荧光法测定土壤中硒的含量，消除干扰，优化测试条件，取得了较满意的结果。该方法操作简便，适合快速测定大批量土壤样品。

2 实验部分

2.1 仪器

AFS－830 双道原子荧光光度计（北京吉天仪器有限公司），硒高性能空心阴极灯。

2.2 工作条件

基于灯电流、光电倍增管负高压、载气流量、屏蔽气流量、原子化器高度和反应介质等对分析灵敏度、精密度和准确度影响很大，所以对仪器工作条件进行了优化，最佳工作条件为：负高压 270V，灯电流 80 mA，原子化器高度 8 mm，载气流量 400 ml/min，屏蔽气流量 1 000 ml/min，分析信号为峰面积，读数时间 10 s，延迟时间 2 s。

2.3 试剂

硒标准溶液：100 mg/L（中国环境保护局标样研究所购买），使用时，用 10%的盐酸逐级稀释成 50 μg/L 的使用液。

氢氧化钠溶液（5 g/L）：称取 1 g 氢氧化钠溶于纯水中，稀释至 200 ml。

硼氢化钾溶液（20 g/L）：称取硼氢化钾 4.0 g 溶于 200 ml 5 g/L 的氢氧化钠溶液中，混匀。

载流：5%盐酸溶液，取 50 ml 浓盐酸，用纯水稀释至 1 000 ml。

三氯化铁溶液（Fe^{3+}10 mg/ml）：称取 4.83 g $FeCl_3 \cdot 6H_2O$ 溶于 100 ml 水中。

EDTA 溶液（0.05 mol/L）：称取 9.31 g EDTA 溶于 500 ml 水中。

硫脲（100 g/L）：称取 10.0 g 硫脲加约 80 ml 纯水，加热溶解，冷却后，稀释至 100 ml。

所用试剂纯度盐酸为工艺超纯，其余为分析纯，测定用水为去离子水或同等纯度的水。

2.4 样品前处理

2.4.1 （1+1）王水沸水浴消解法

称取经风干、粉碎、过 100 目筛的样品 0.500 g 于 50 毫升比色管中，用少量水湿润，加（1+1）王水 10 ml，摇匀后，于沸水中加热 1 小时，其间摇动一次，使样品变成灰白色，（若样品很难消解，增加加热时间）冷却后，加 5.0 ml 三氯化铁溶液，定容至 50 ml。同时做空白实验。

2.4.2 硝酸—高氯酸电热板消解法

称取经风干、粉碎、过 100 目筛的样品 0.500 g 于聚四氟乙烯烧杯中，加浓硝酸 10 ml，2.5 ml 高氯酸，摇匀，盖上表面皿，放置过夜，次日，于低温电热板上加热，至冒白烟，蒸至近 1 ml 左右，取下冷却。加入 6 mol/L HCl 溶液 15 ml，煮沸 2 min，冷却后，加 5.0 ml 三氯化铁溶液，定容至 50 ml。同时做空白实验。

2.5 校准曲线和样品测定

分别吸取 50 μg/L 的硒标准使用液 0.00 ml、1.00 ml、2.00 ml、3.00 ml、4.00 ml、5.00 ml 于 25 毫升比色管中，用纯水定容至 10 ml，此时标准溶液系列中硒浓度分别为 5.00 μg/L、10.00 μg/L、15.00 μg/L、20.00 μg/L、25.00 μg/L。取消解好的样品上清液 10.0 ml（视样品浓度高低，取适量样品）于比色管中。分别往样品、空白及标准溶液管中加入 2 ml HCl，摇匀，放置半小时后上机分析。仪器开机预热半小时，设定好各项参数，依次对标准溶液及样品进行测量，计算结果。

3 结果与讨论

3.1 样品消解体系的选择

用两种消解方法处理同一土壤样品和质控样 ESS-3，并同时做加标试验。测定结果见表 1。

表 1 两种消解法处理样品测定结果 单位：mg/kg

样 品	样品测定值		标准加入量	测定总量		回收率/%	
	电热板法	王水消解法		电热板法	王水消解法	电热板法	王水消解法
ESS-3	0.175	0.188	0.250	0.398	0.425	89	94
土壤样品	0.237	0.259	0.250	0.458	0.498	88	96

从表 1 可见，两种处理方法测定标准样品 ESS-3（保证值为 0.19±0.03）都在合格范围内，样品测定两方法之间相对标准偏差小于 10%，无显著性差异，这说明两种方法都能将土壤样品中的硒完全消解出来。用 HNO_3-HClO_4 消解法消解样品，温度不好控制，高氯酸难以赶尽，而且易发生炸溅，造成被测物质损失，故回收率低一些。王水消解沸水浴加热方法更方便，温度控制在 100℃左右，没有溅出，所以回收率高、精密度好，易于操作，且适用于分析大批量的样品。

3.2 HCl 浓度的选择

HCl 浓度的选择不应只在纯溶液中选择，应考虑土壤消解液成分复杂，有各种干扰因素，干扰情况与选用的酸度有关。我们选用 10μg/L Se 标准溶液，加入主要干扰元素 20 mg/L Cu 和 300 mg/L Ni 进行酸度试验，并同时加入 Fe^{3+}抑制干扰[3]。试验结果为，HCl 浓度在 1 mol/L、2 mol/L、3 mol/L、4 mol/L、6 mol/L 时，硒标准溶液对应的荧光强度为 455、812、835、857、832。结果表明 HCl 浓度在 2～6 mol/L 时，信号较稳定。因土壤消解液中已含酸，考虑节约成本，易于操作，故本法选用 2 mol/L HCl 浓度。

3.3 KBH4 浓度的影响

由于 KBH_4 浓度对硒的测定有明显的影响，因此本试验采用 5 g/L、10 g/L、15 g/L、20 g/L、30 g/L、50 g/L 的 KBH_4 作浓度试验，试验结果得出，KBH_4 浓度低时，还原能力不够，荧光强度值低，随 KBH_4 浓度增大，荧光强度值逐渐增大。当 KBH_4 浓度为 10～20 g/L，荧光强度基本不变，KBH_4 浓度进一步增加而荧光强度却下降，这是由于高浓度的 KBH_4 与酸反应产生大量氢气，稀释了待测元素氢化物浓度，造成荧光强度下降，本试验采用 KBH_4 浓度为 20 g/L。

3.4 共存离子的干扰及消除

氢化物发生－原子荧光法的优点之一就在于大量的基体元素不能进入原子化器，因而不仅光谱干扰少，而且化学干扰也低，但土壤中成分复杂，还是存在一些干扰元素。据文献[3-6]报道 K、Na、Ca、Mg、Al、Sr、及 F、Cl、NO_3^-、SO_4^{2-}、PO_4^{3-}不干扰测定，重金属的某些元素如：Fe、Co、Mn、Cr、Zn 等不干扰测定，能形成氢化物的元素如：Bi、Hg、Sb、As 在 0.5 mg/L 浓度下不干扰测定。主要干扰元素有 Cu 和 Ni。针对这两种干扰元素选用加 EDTA、加 Fe^{3+}和加硫脲消除干扰，在 10.0 μg/L Se 标准溶液中，加入主要干扰元素 20 mg/L Cu 和 300 mg/L Ni，在 HCl 浓度为 2 mg/L 的条件下，加入掩蔽剂，试验结果见表 2。

表 2　三种掩蔽剂消除干扰结果

掩蔽剂种类	Se 标准溶液浓度/（μg/L）	测定值/（μg/L）
未加掩蔽剂	10.0	0.13
EDTA	10.0	4.64
Fe^{3+}	10.0	10.16
硫脲	10.0	13.12

由表 2 可见，EDTA 有一定的掩蔽作用，但干扰离子的浓度高，效果不理想。硫脲掩蔽使测定结果偏高，其原因有待进一步探究。加 Fe^{3+}掩蔽效果最好，测定误差小于 2%，Fe^{3+}还能掩蔽其他一些干扰离子[3,4]。本试验选用加 Fe^{3+}来消除干扰。

3.5 校准曲线线性范围及检出限

按试验条件对标准系列溶液进行测定，硒的质量浓度在 0～30 μg/L 与荧光强度呈线性关系，对空白溶液连续测定 11 次，检出限（3s/b）为 0.1 μg/L。若称取土壤样品 0.5 g，消解定容到 50 ml，土壤样品中硒的检出限为 0.1 mg/kg。

3.6 样品测定及回收率试验

按试验方法对 ESS-3 标准物质（标准值 0.19±0.03）和土壤样品进行测定，同时进行加标回收试验。结果表 3。

表 3　土壤样品分析结果

样　品	测定值/（mg/kg）	标准加入量/（mg/kg）	测定总量/（mg/kg）	回收率/%	RSD/%
ESS-3 标准物质	0.186	0.250	0.425	95	3.5
土壤样品 1	0.161	0.250	0.401	96	4.9
土壤样品 2	0.449	0.500	0.925	95	/
土壤样品 3	0.763	1.00	1.68	91	/

4　结论

综上所述，用王水消解沸水浴加热处理土样，操作较简单，需要的时间短，消解程度好掌握，克服了电热板消解的烦琐、消解程度难控制的弊端。用氢化物发生－原子荧光法测定土壤中的硒，精密度高、准确性好、干扰少、操作简便，将其作为实际工作中的测定方法，方便、快捷、可靠。

参考文献

[1]　李连仲. 岩石矿物分析. 3 版. 北京：地质出版社，1991：109-113.

[2]　魏复盛，王惠琪. 土壤元素的近代分析方法. 北京：中国环境科学出版社，1992.

[3] 张锦茂，范凡，任萍. 氢化物发生—原子荧光法测定岩石中痕量硒的干扰及消除. 岩矿测试，1993，12（4）：264-267.

[4] 徐宝玲. 氢化物—原子荧光法测定硒时元素的干扰及其消除. 分析化学，1985，13（1）：29.

[5] 刘乐君. 氢化物发生—原子荧光光谱法测定痕量硒. 企业技术开发，2003（4）：9-12.

[6] 张立新，陈志勇，周新青. 氢化物发生原子荧光法在测定土壤中浸出硒、总硒的应用. 中国环境监测. 2006（2）：29-31.

此文章刊登于《环境研究与监测》2010 年第 2 期

水浴消解—原子荧光光谱法同时测定土壤中的砷和汞

彭浩　尹冬勇　周艳红
（娄底市环境监测站，娄底 417000）

摘　要：目的：建立原子荧光光谱同时测定土壤中砷和汞的方法。方法：王水水浴消解土壤样品，在最佳仪器、反应条件下同时测定其中的砷和汞。结果：检出限：As：0.087 ng/ml，Hg：0.006 5 ng/ml。线性范围：As：0～20 ng/ml，相关系数 0.999 9；Hg：0～4 ng/ml，相关系数 0.999 6。精密度：测定 10 ng/ml As、2 ng/ml Hg 混合标准试液得到的标准精密度（RSD），砷 1.6%、汞 2.7%。样品加标回收率：As：95.5%～101.4%，Hg：92.5%～102.0%。结论：该方法具有较高的灵敏度、准确度、精密度和较低的检出限，满足了土壤样品中砷和汞的同时测定要求，同时也适合于食品、生物材料等样品的测定。

关键词：水浴消解；原子荧光光谱；同时测定；土壤；砷；汞

土壤监测中砷、汞是重点监测的元素。目前检测土壤砷的国家标准方法是二乙二基二硫代氨基甲酸银分光光度法（GB/T 17134—1997）[1]和硼氢化钾—硝酸银分光光度（GB/T 17135—1997）[1]，检测汞的国家标准方法是冷原子吸收分光光度法（GB/T 17136—1997）[2]。这 3 种方法在操作上砷、汞测定需用不同的试剂进行处理，用不同的设备检测，操作较烦琐，而所需化学试剂较多，检测的灵敏度、检测限、重现性等无法满足当前检测质量控制的要求。就土壤样品而言，以往采用的前处理方法多为 HNO_3-$HClO_4$-H_2SO_4 敞开式全分解消解体系[3]，消解周期长，试剂浪费严重，人员工作强度大。

采用 AFS-2202E 双道原子荧光仪，用氢化物发生-原子荧光光谱技术[4-5]检测砷、汞。土壤试样的前处理工作也进行了相应改进，采用更为高效的王水—水浴消解分析方法[5]，实验表明王水体系消解土壤，砷、汞的溶解较完全，其待测液可同时用于砷、汞的测定。本方法经过大量实践，该方法有检测限低，灵敏度高，重现性好，省时、高效等特点，特别适合大批量土壤样品的分析，下面就相关内容作具体阐述。

1 材料与方法

1.1 仪器与试剂

1.1.1 仪器及器材

AFS-2202E 原子荧光光谱仪（北京海光仪器厂）；原子荧光用砷、汞特种空心阴极灯；可调恒温电热水浴锅（最大可调温度 100℃），25 ml 比色管。

所有玻璃器具每次使用前于 20%盐酸溶液中浸泡 24 h 以上，自来水冲净后，蒸馏水及二次蒸馏水清洗。

1.1.2 试剂

所有用水均为二次蒸馏水，酸为优级纯，其余试剂为优级纯或分析纯。

硼氢化钾溶液（2%）：称 10 g KBH_4，用 0.8% KOH 进行溶解，用纯水定容至 500 ml。

盐酸溶液（20%）：20 ml 浓盐酸中加入 80 ml 纯水。

混合酸消解液：HCl＋HNO_3 按（9∶1）的比例混合而成。

硫脲（5%）＋抗坏血酸（50%）混合溶液：称 25 g 硫脲，溶于少量水，微热溶解；称 25 g 抗坏血酸，溶解水中，两液混合，定容于 500 ml 容量瓶中。临用时配制。

砷（1 000 mg/L）、汞（1 000 mg/L）标准贮存溶液，国家标准物质研究中心。

砷、汞混合标准使用溶液：将砷、汞标准贮备溶液逐级稀释成每毫升相当于 0.5 μg As、0.1 μgHg。

1.2 试样处理

称取 0.200 0 g 试样于 25 ml 比色管中，加入 3 ml 混合酸消解液，振荡后置于沸水浴中分解 1 h（中途摇动 2～3 次），取下冷却。加入 5%硫脲＋5%抗坏血酸混合溶液 5 ml，摇匀后，用含 5.0 g/L 酒石酸的 30 mol/L HCl 稀释至刻度，澄清后。在与绘制标准工作曲线相同的条件下测定。

1.3 试样测定

1.3.1 仪器条件

灯电流：砷灯 60 mA、汞灯 20 mA；PMT 负高压 280V；原子化器高度 9 mm；氩气流速：载气 400 ml/min、屏蔽气 1 000 ml/min；测量方式：标准曲线法；读数方式；延迟时间 1 s、读数时间 10 s。

1.3.2 标准系列配制

吸取砷、汞标准混合使用溶液于 50 ml 比色管中，配制成标准系列含 As 0 ng/ml、0.5 ng/ml、2.5 ng/ml、10 ng/ml、15 ng/ml、20 ng/ml，Hg 0 ng/ml、0.1 ng/ml、0.4 ng/ml、1 ng/ml、2 ng/ml、3 ng/ml、4 ng/ml，加入 5%硫脲＋5%抗坏血酸的混合溶液 10 ml，再用 5%HCl 定容，混匀，放置 30 min 后待测。

1.3.3 测定

设置仪器最佳测定条件和参数，分别测定标准系列和试样溶液中砷、汞的荧光强度，根据标准曲线或仪器自动计算砷、汞的含量。

1.3.4 计算

试样中砷、汞的含量按公式（1）计算

$$X = \frac{S \times V \times 1\,000}{m} \tag{1}$$

式中，X——试样中砷或汞的含量（以 As 或 Hg 计），mg/kg；

S——试样处理溶液中 As 或 Hg 的浓度，ng/ml；

V——试样处理溶液总体积，ml；

m——土壤样质量，g。

2 结果与讨论

2.1 仪器工作条件选择

仪器工作条件的选择试验在含砷 10 ng/ml、汞 2 ng/ml、5%HCl、硫脲（5%）、抗坏血酸（5%）反应体系中进行，硼氢化钠溶液（2%）做还原剂，5%HCl 做载流。

2.1.1 空心阴极灯灯电流

灯电流的大小与待测元素检出的荧光强度、背景信号有密切的关系，在一定范围内灯电流越大，灵敏度越高，荧光信号越强，但灯电流过大会造成工作曲线弯曲，并且会降低空心阴极灯的使用寿命。本试验中灯电流试验范围：砷 20～80 mA，汞灯 5～50 mA，其试验结果见图 1。

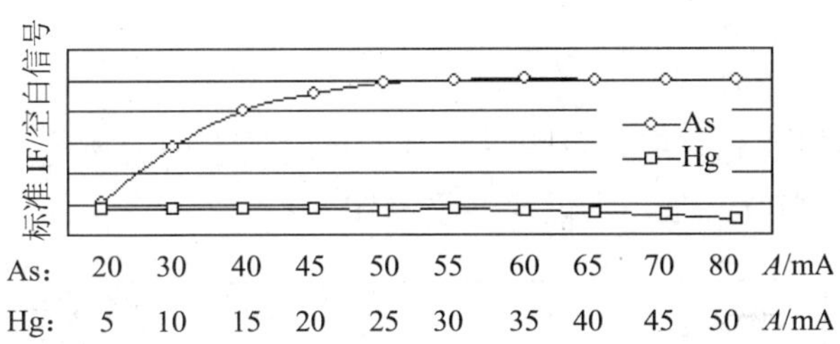

图 1 砷、汞灯灯电流与荧光强度/背景信号的关系

如图 1 所示，砷空心阴极灯灯电流 20～50 mA 时，荧光强度/背景信号比值逐渐增加，50～80 mA 时比值相对稳定，本文选用 60 mA。汞荧光强度/背景信号在汞灯灯电流 30～50 mA 时呈减小趋势，在 5～30 mA 比较稳定，本文选用 20 mA。

2.1.2 光电倍增管负高压

PMT 负高压的高低与检出的荧光强度、背景信号水平有密切的关系，在一定范围内 PMT 负高压越高，灵敏度越高，荧光信号越强。文中 PMT 负高压试验范围 200～320V，其试验结果见图 2。

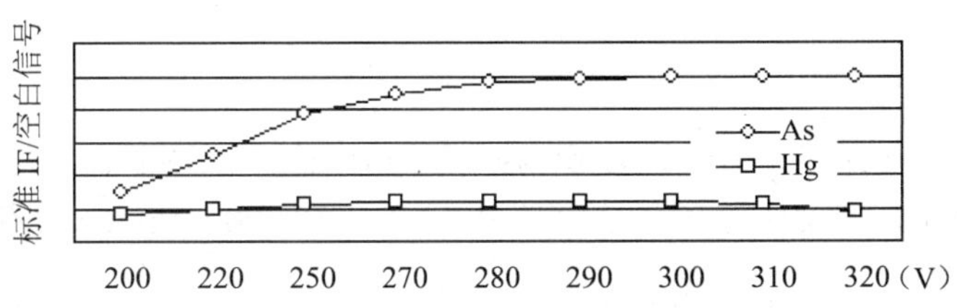

图 2 PMT 负高压与砷、汞荧光强度/背景信号的关系

如图 2 所示，PMT 负高压大于 270V 时，砷荧光强度/背景信号比值基本恒定；在 270～300V 范围汞荧光强度/背景信号比值出现平台。选用 270～300V 均可达到砷、汞的测定要求，本文选用 280V。

2.1.3 原子化器高度

原子化器高度与待测元素的荧光信号的摄取有关，过高过导致灵敏度和测定精密的下降，过小将导致气相干扰，并使空白信号增高。原子化器高度选择范围 5～12 mm，其试验结果见图 3。

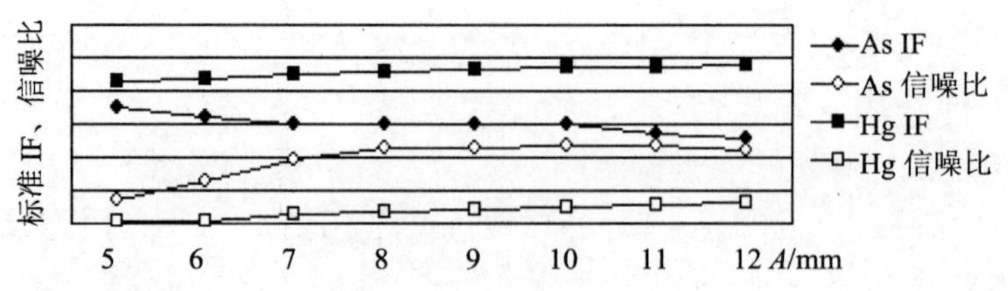

图 3 原子化器高度与砷、汞荧光强度关系

如图 3 所示，原子化器高度在 7～10 mm 范围内，砷的荧光强度出现平台。在 5～12 mm 时汞的荧光强度有不太明显的增大趋势，但信噪比明显增强。故原子化器高度选用 8～10 mm 为佳，本文选用 9 mm。

2.1.4 载气流速

载气流速与测得的荧光强度、背景信号有一定的关系，流速越大，信号水平越低。载气流速试验范围 300～700 ml/min，试验结果见图 4。

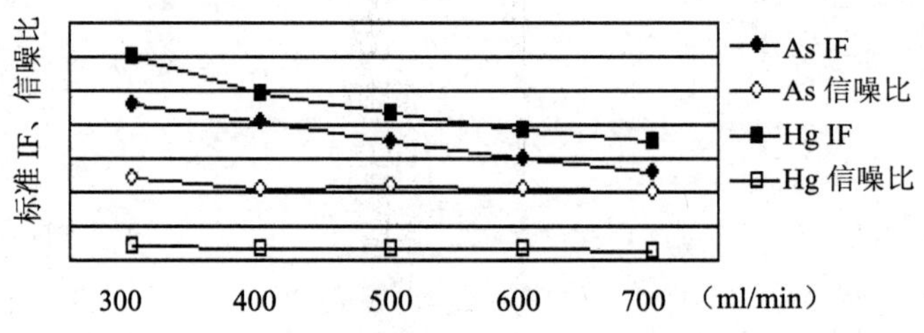

图 4 载气流速对砷、汞荧光强度的影响

如图 4 所示，砷、汞的荧光强度、信噪比随载气流速的增加而减小，但载气流速过小，氢—氩焰不够稳定，本试验选择载气流速为 400 ml/min。

以上食品条件是在本方法的线性范围内选择的，如改变线性范围，仪器条件可在选择范围内适当调整。

2.2 反应介质条件选择

气态物发生条件选择体系含 10 ng/ml 砷、2 ng/ml 汞。仪器条件：灯电流，砷 60 mA、汞 20 mA；PMT 负高压 280V；原子化器高度 9 mm；载气 400 ml/min、屏蔽气 1 000 ml/min。

2.2.1 硼氢化钠浓度

硼氢化钠作为体系中气态物发生的还原剂，对方法的灵敏度、准确度和稳定性有非常大的影响。浓度过高，产生过多的氢，灵敏度会降低，并引起液相、气相干扰；而过低气态物难以形成。硼氢化钠浓度试验范围 0.5%～3.0%，结果见图 5。

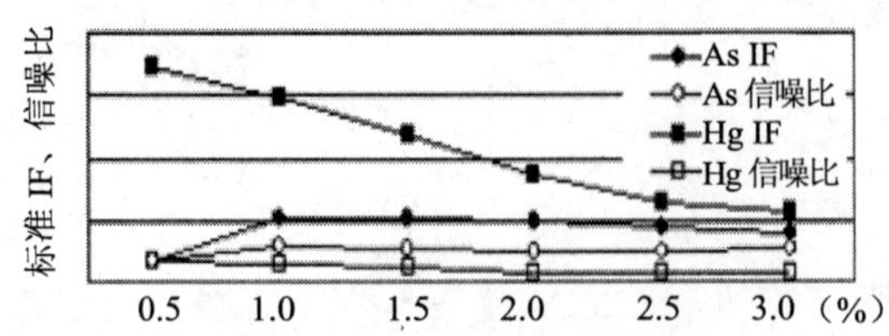

图 5 硼氢化钠浓度对砷、汞荧光强度的影响

由图 5 可见，硼氢化钠浓度对汞气态物的发生影响很大，在试验范围内汞的荧光强度、信噪比随浓度增加均显著降低；浓度在 1.0%～2.5%范围内砷的荧光强度相对稳定，1.0%～3.0%范围内信噪比也相对稳定。综合砷和汞荧光强度、信噪比、灵敏度等因素，硼氢化钠浓度可选用 1.0%～2.5%，本文选用 2.0%。

2.2.2 酸度

气态物发生需要适当的酸度，本试验中酸度选择范围 1%～9% HCl，其试验结果见图 6。

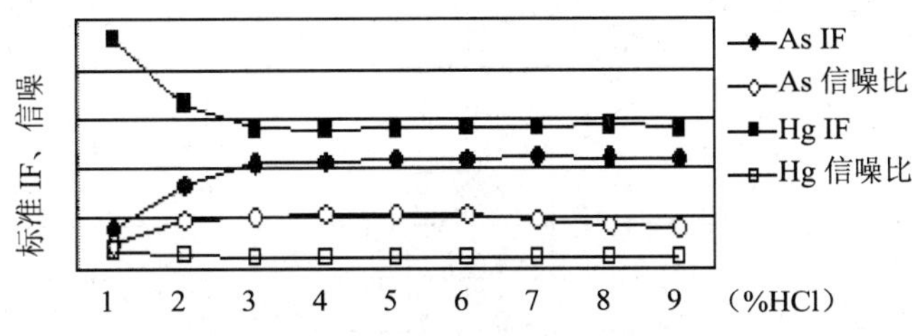

图 6 酸度对砷、汞荧光强度的影响

如图 6 所示，酸度在 1%～3% HCl 时，砷的荧光强度随浓度增加显著增强，汞荧光强度、信噪比显著降低。在 3%～9% HCl 砷、汞的荧光强度和汞信噪比趋于稳定；而在 3%～9%范围砷信噪比出现平台区。所以砷氢化物发生适宜酸度范围 3%～9% HCl、汞气态物发生适宜酸度 5% HCl。本试验采用 5% HCl。

以上的氢化物发生条件适用于任意浓度的砷、汞。

2.3 砷、汞标准曲线及线性范围

原子荧光光谱法有比较宽的线性范围，在拟定的测定条件下对此进行了试验。标准系列含 As 0 ng/ml、0.5 ng/ml、2 ng/ml、5 ng/ml、10 ng/ml、15 ng/ml、20 ng/ml，含 Hg 0 ng/ml、0.1 ng/ml、0.4 ng/ml、1 ng/ml、2 ng/ml、3 ng/ml、4 ng/ml 按 1.3.2、1.3.3 节的方法测定其荧光强度，并进行回归分析。砷：相关系数 0.999 9、回归方程：IF=209.11℃＋24.92；汞：相关系数 0.999 6、回归方程：IF=1 222.69℃−2.13，试验结果见表 1。

表 1 砷、汞线性范围试验结果

As 浓度/（ng/ml）	0	0.5	2	5	10	15	20
As IF 值	1.21	113.56	453.24	1 104.3	2 116.3	3 179.8	4 184.13
Hg 浓度/（ng/ml）	0	0.1	0.4	1	2	3	4
Hg IF 值	3.52	128.27	501.23	1 240.0	2 405.8	3 578.0	4 967.16

2.4 检出限

根据本仪器给定的检出限测定程序，连续测定标准空白溶液和标准系列的荧光信号，自动计算出本方法的检出限，砷 0.087 ng/ml、汞 0.006 5 ng/ml。

2.5 准确度

以加标回收率表示，分别在红壤、棕壤、黑壤的试样中，按最终定容后试样液中含砷标准 2 ng/ml、5 ng/ml、10 ng/ml，汞标准 0.4 ng/ml、1 ng/ml、2 ng/ml 加入标准溶液，分别按 1.2 节、1.3 节的方法处理，测定其砷、汞含量。其回收率砷 95.5%～101.4%、汞 92.5%～

102.0%，结果见表 2。

表 2 回收率试验

试样	本底均值/（ng/ml）		加标量/（ng/ml）		测定值/（ng/ml）		回收率/%	
	As	Hg	As	Hg	As	Hg	As	Hg
红壤	8.56	2.04	2	0.4	10.47	2.41	95.5	92.5
			5	1	13.59	3.01	100.6	97.0
			10	2	18.46	3.99	99.0	97.5
棕壤	5.33	2.86	2	0.4	7.28	3.24	97.5	95.0
			5	1	10.40	3.88	101.4	102.0
			10	2	15.20	4.71	98.7	92.5
黑壤	2.68	1.23	2	0.4	4.61	1.62	96.5	97.5
			5	1	7.59	2.17	98.2	94.0
			10	2	12.34	3.24	96.6	100.5

2.6 精密度

2.6.1 标准测定精密度

根据本仪器设计的精密度测定功能，连续测定 10 ng/ml 砷、2 ng/ml 汞标准试液的荧光信号，其相对标准偏差（RSD）砷：1.6%、汞：2.7%。

2.6.2 试样测定精密度

取红壤、棕壤、黑壤试样，分别按 1.2 和 1.3 的方法处理，测定其荧光强度，连续做 6 天，每天 1 次。砷的相对标准偏差（RSD）在 1.7%～4.2%；汞的相对标准偏差（RSD）在 3.1%～7.8%。

2.7 干扰实验

本文就土壤样品中常见的部分共存离子和可形成氢化物的部分离子进行了干扰情况的试验，在含 10 ng/ml 砷、2 ng/ml 汞标准试液中加入被测试干扰离子，测定其荧光强度，并与未加干扰离子的标准比较。500μg/ml Ca^{2+}、Fe^{3+}、50 g/ml Mn^{2+}、Cu^{2+}、Cr^{3+}；10μg/ml Mg^{2+}、Zn^{2+}、Pb^{2+}、Se^{4+}、Sn^{4+}、Al^{3+}、Cd^{2+}、Sb^{4+}；3% HNO_3（V/V）对砷、汞的测定未发现有干扰存在，也未发现汞、砷彼此相互干扰。

参考文献

[1] 鲁如坤. 土壤农业化学分析方法. 北京：中国农业科技出版社，2004.

[2] 刘凤枝. 农业环境监测实用手册. 北京：中国标准出版社，2002.

[3] 魏复盛，王惠琪. 土壤元素的近代分析方法. 北京：中国环境科学出版社，2001.

[4] 吴成，于清. 氢化物发生-原子荧光法同时测定土壤中砷和汞. 农业环境与发展，2003（2）：40-41.

[5] 陈力，周梅媚，唐党朋. 土壤中砷的原子荧光法测定. 上海环境科学，2001.11（5）：46-49.

此文章刊登于《湖南人文科技学院学报》2010 年第 2 期

阳极溶出伏安法快速测定地表水中镉

朱日龙[1] 胡军[1] 易颖[1,2] 潘大为[3,4] 谭杰[1] 潘海婷[1]
（1. 湖南省环境监测中心站，长沙 410014;
2. 湘潭大学化工学院，湘潭 411105;
3. 中国科学院烟台海岸带研究所，烟台 264003;
4. 湖南大学化学生物传感与计量学国家重点实验室，长沙 410082）

摘 要：本文利用阳极溶出伏安法采用 PDV6000 重金属快速分析仪测定了水体中的镉。结果表明其分析结果与传统的原子吸收法相比没有显著性差异。通过数理统计 *t* 检验发现，该仪器方法没有引起明显的系统误差。检测下限低至 0.002 mg/L，其精密度以及准确度均能满足地表水重金属快速定量检测需要。该仪器携带方便，检测快速，分析一个样品所需时间仅为 5 min，特别适合用于野外现场和应急场合的监测。

关键词：阳极溶出伏安；快速分析；重金属；*t* 检验；监测

PDV 6000 portable analyzer for rapid determination of Cadmium in environmental water

Zhu Rilong[1] Hu Jun[1] Yi Ying[1,2] Pan Dawei[3,4] Tan Jie[1] Pan Haiting[1]
（1. Hunan Province Environmental Monitoring Centre，Changsha 410014;
2. College of Chemical Industry Engineering，Xiangtan University，Xiangtan 411105;
3. Yantai Institute of Coastal Zone Research，Chinese Academy of Sciences，Yantai 264003;
4. State Key Laboratory of Chemo/Biosensing and Chemometics，Hunan University，Changsha 410082）

Abstract：A rapid determination of heavy metal in environmental water was carried out by dint of PDV 6000 portable analyzer，using anodic stripping voltammetry. Results showed that there were no evident system error for the instrumental methods after *t* test and no significant difference comparing with the atomic absorption spectrophotometry. The precision and accuracy can satisfy the need of rapid quantitative detection for heavy metal in surface water，and the lower detection limit was 0.002 mg/L. It was shown that the instrumental method was suitable for monitoring on field or in emergency situation，because of the short analysized time（only 5 min）and convenient carrying.

Key words：anodic stripping voltammetry；rapid determination；heavy metal；*t* test；monitoring

1 前言

重金属通过各种途径进入水体后，带来严重的环境危害，其毒性大，易被生物富集并产生生物放大效应，直接威胁人类健康和水生态系统的安全。近年来，各地重金属污染事件频发，带来了较大的社会影响，同时对重金属的快速监测技术提出更高要求[1]。通过对重金属的快速分析，为环境突发性事故的科学处置提供技术支撑。正是在这样的背景下，人们对水体重金属快速分析技术的研究非常活跃。如袁斌等根据二苯碳酰二肼分光光度法测定铬的原理，研制了一种快速检测水中重金属铬的试纸，检测范围在 0～100 mg/L [2]。李吉生等采用水质应急监测仪器，通过方法对照工作，建立了对水中铜的应急监测的快速分析方法[3]。北京普析通用有限责任公司利用便携式快速水质检测仪实现了对废水中六价铬的测定，获得满意的效果[4]。温晓东等以钨丝原子化器和小型化电荷耦合器件（Charge CoupLed Device，CCD）检测器为主要部件，组装了适合于野外现场分析的便携式钨丝电热原子吸收光谱分析仪[5]。

然而，基于比色法、分光光度法或原子吸收法原理的分析技术操作比较复杂，需要对样品进行预处理，受影响因素多。阳极溶出伏安法是一种十分灵敏的痕量分析方法，灵敏度高，分辨率好，可以同时测定多种金属，而且价格低廉，操作简便[6-8]。Sadik 等认为电化学及生物传感器是重金属快速分析未来的发展方向[9]。本文利用阳极溶出伏安原理采用 PDV6000 重金属快速分析仪（美. MTI.）实现对水体中重金属镉（Cd）的快速分析。

2 实验部分

2.1 仪器与试剂

PDV6000 重金属快速分析仪（美. MTI.），石墨炉原子吸收分光光度计（美.瓦里安公司），KQ2200 型超声波清洗器（昆山超声仪器有限公司），超纯水器（艾柯公司）。

所有分析与测试均采用三电极体系，工作电极为汞膜电极，辅助电极为 Pt 电极，参比电极为 Ag/AgCl（1 moL/L KCl）。所有电位均相对于 Ag/AgCl 电极电位。

硝酸为优级纯，实验用水为去离子水，支持电解液为 MTI 公司提供，除一次性容器外，所有器皿均用超声波清洗。

2.2 溶液配制

标准贮备溶液：移取 1 ml Cd 标样（编号：GBW（E）080119）到 500 ml 容量瓶中，用 1% HNO_3（体积比）稀释至刻度线，得到浓度为 0.200 mg/L 的 Cd 标准贮备溶液。

人工合成水样：移取 10 ml 体积 Cd 质控样（编号：201415）加入 250 ml 容量瓶，用 1% HNO_3 稀释至刻度线，得到浓度为 0.301 mg/L 的 Cd 质控水样。再依次移取 1.7 ml、2.5 ml、3.3 ml、5.0 ml、7.5 ml、10 ml 移至 250 ml 容量瓶，用现场采集的湘江地表水（湘江猴子石大桥断面）稀释至刻度线，编号依次为：001#、002#、003#、004#、005#、006#。

2.3 操作流程

（1）用打磨布将金电极打磨至光滑，清洗后将电极放入电极架并与仪器连接，开启仪器，运行 VAS 软件，选择 Instrument 菜单下的 Condition Electrode 命令，在金电极表面镀上一层均匀而极薄的汞膜。汞离子溶液为 MTI 公司配置的汞液，电镀时间为 3～4 min，将制备好的汞膜电极清洗备用。

（2）调用 Instrument 菜单的 Initiate Run 命令，对样品进行测试。富集电位为−1 000 mV，富集时间 180 s，扫描速度 500 mV/s。

（3）调用 Analysis 菜单下的 CacuLate Results 命令进行结果分析，选择峰电流或者峰面积作为响应信号。

3 结果与分析

3.1 标准曲线绘制

分别移取 0.125 ml、0.250 ml、0.500 ml、1.00 ml、2.00 ml、3.00 ml、4.00 ml 0.200 mg/L 的 Cd 标准贮备溶液至分析杯，依次加入 9.88 ml、9.75 ml、9.5 ml、9 ml、8 ml、7 ml、6 ml 去离子水，然后加入 10 ml MTI 通用电解液得到浓度分别为 0.001 25 mg/L、0.002 50 mg/L、0.005 0 mg/L、0.010 0 mg/L、0.020 0 mg/L、0.030 0 mg/L、0.040 0 mg/L 的系列标准溶液。图 1 为不同 Cd 浓度扫描的伏安曲线，在−600 mV 附近出现 Cd 的溶出峰，并且随着浓度的升高，峰电流与峰面积逐渐增加。

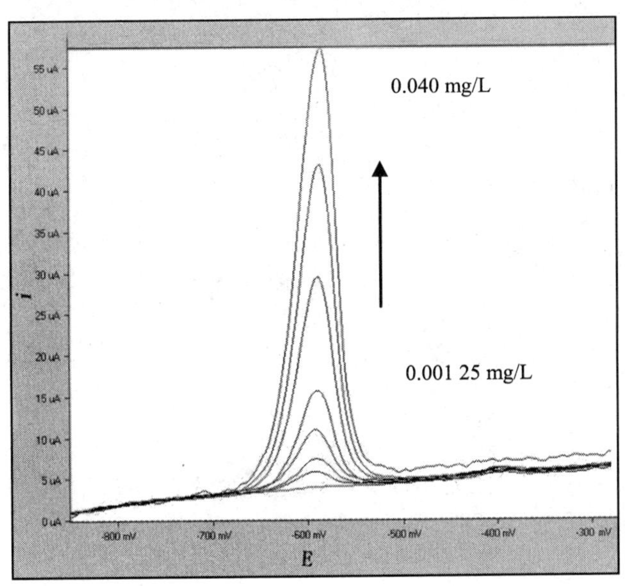

图 1 溶出伏安曲线随 Cd 浓度变化图

图 2 为分别采用峰电流和峰面积作为响应信号的标准曲线。可以看到 Cd 浓度在 0.001 25～0.040 mg/L 范围内与阳极溶出峰的峰电流和峰面积都呈良好的线性关系，相关系数都在 0.999 以上，采用峰电流作为信号的线性较为好些。此外，标准曲线截距接近 0，可以认为直线过零点，在野外现场和应急场合进行分析测定时直接采取单标定量法，同时对于高浓度的样品进行稀释后测定，测定结果利用 VAS 软件直接给出，分析一个样品所需时间仅为 5 min。

按 EPA-SW-846 中的定义（D.L=3.14SD），平行做七次空白样，得出该仪器方法的检出限为 0.001 mg/L。另外，为了使待测水样的背景基线与空白样的接近，同时增加待测水样的电导率，进行测试时需要加入 MTI 通用电解液作为支持电解质，待测水样至少需稀释一倍以上，因此仪器的实际最低检测浓度为 0.002 mg/L。根据《地表水环境质量标准基本项目标准限值》(GB 3838—2002),Ⅲ类水的 Cd 项目标准是≤0.005 mg/L,故采用 PDV 6000 可以满足地表水 Cd 项目的定量分析。

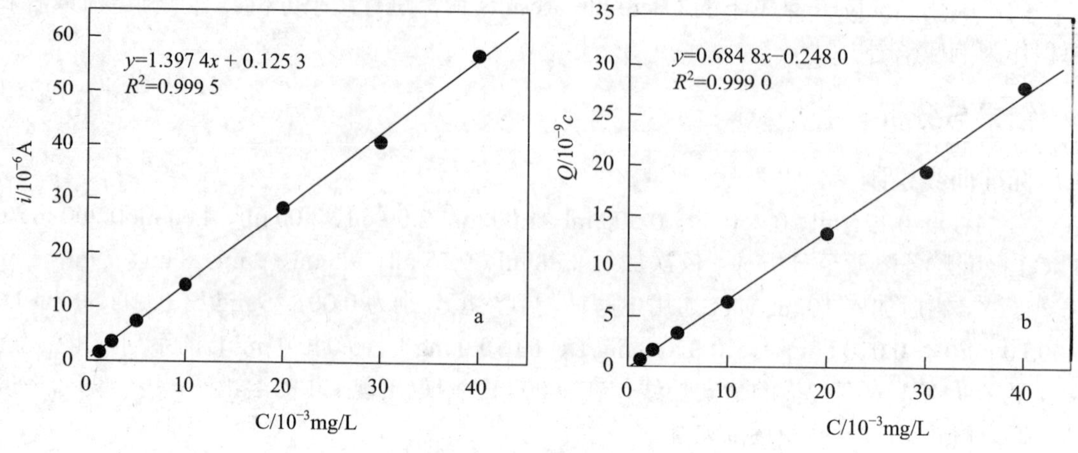

图 2 Cd 浓度与峰电流(a)和峰面积(b)的关系曲线

3.2 精密度分析

移取 1 ml 0.200 mg/L 的 Cd 标准贮备液进入分析杯后,依次加入 9 ml 去离子水和 10 ml MTI 通用电解液,得到 0.010 0 mg/L 的 Cd 标准溶液。平行测定 20 次,平均值为 0.010 3 mg/L,测定的 RSD 为 8.93%,表明该仪器方法具有较好的精密度。采用 t 检验,对平均值与标准值进行比较:

$$n = 20, f = n - 1 = 19$$

$$\bar{x} = 0.010\,3,\ s = 0.000\,919$$

$$t = \frac{|\bar{x} - \mu|}{s}\sqrt{n} = \frac{|0.010\,3 - 0.010|}{0.000\,919}\sqrt{20} = 1.46$$

查表可得 $t_{0.05,\ 19} = 2.09$,$t < t_{0.05,\ 19}$,因此可以认为平均值与标准值之间不存在显著性差异,该仪器方法没有引起明显的系统误差。

3.3 加标回收

分别移取 0.8 ml、1 ml、3 ml 的 Cd 质控水样(浓度为 0.301 mg/L)加入三个 150 ml 烧杯中,再加入 100 ml 的湘江地表水。分别对这三个试样进行加标回收测定,结果见表 1,从中可以看出,Cd 的加标回收率在 80.60%～117.60%。由此可见,该方法结果较为准确、可靠,完全可以满足现场快速分析的需要。

表 1 加标回收率

原含量/(mg/L)	加入量/(mg/L)	测得总量/(mg/L)	回收量/(mg/L)	回收率/%
0.003 17	0.002	0.005 52	0.002 35	117.6
0.006 39	0.005	0.011 87	0.005 48	109.6
0.002 55	0.002	0.004 16	0.001 61	80.6

3.4 与传统标准方法的比对

为了进一步验证该方法的准确性，我们与传统的原子吸收法进行了比较。由于实际地表水的 Cd 浓度远低于该仪器方法的检出下限，因此采用人工合成水样进行实际水样的测定，分别采用 PDV6000 和石墨炉原子吸收分光光度计进行分析，数据结果见表 2。

表 2 人工合成水样 Cd 测定的比对结果

	PDV6000 测定值/（mg/L）	石墨炉原子吸收测定值/（mg/L）	误差/%
001#	0.002 375	0.002 012	18.04
002#	0.002 994	0.003 528	15.14
003#	0.005 017	0.004 702	6.70
004#	0.007 166	0.005 975	19.93
005#	0.011 09	0.009 496	16.79
006#	0.012 67	0.012 233	3.57

可以看到 PDV6000 和石墨炉原子吸收两者的测定结果的相对误差在 20%以内，表明两种方法结果基本一致。以石墨炉原子吸收测定值为横坐标，PDV6000 测定值为纵坐标作图，发现 PDV6000 的测定值比石墨炉原子吸收的测定值略高（见图 3）；拟合斜率为 1.089 5，非常接近 1，表明两组数据联系紧密，没有显著性差异。由此可见，采用 PDV6000 快速测定水中的 Cd 是准确、可靠的。

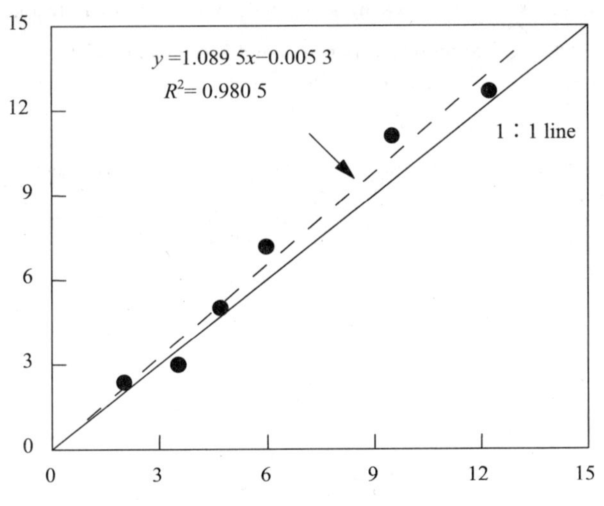

图 3 PDV6000 和石墨炉原子吸收拟合图

4 结论

采用美国 MTI 公司生产的 PDV6000 重金属快速分析仪检测水中的 Cd，Cd 浓度在 0.001 25～0.040 mg/L 范围内与阳极溶出峰的峰电流和峰面积都呈良好的线性关系，相关系数都在 0.999 以上。

测定的 RSD 为 8.93%，表明该仪器方法具有较好的精密度；加标回收率在 80.60%～

117.60%，可以满足现场快速分析的需要。通过数理统计 *t* 检验发现，该仪器方法没有引起明显的系统误差。

PDV6000 和石墨炉原子吸收两者的测定结果的相对误差在 20%以内，两种方法结果基本一致。

参考文献

[1] 李国刚，万本太. 中国环境监测科技发展需求分析. 中国环境监测，2004，20（6）：5-8.

[2] 段博，袁斌，松吕. 试纸法快速检测水中重金属. 工业水处理，2008，28（10）：68-70.

[3] 李吉生，姚清晨，韩慧君. 水中铜的应急监测分析方法与常规分析方法的比较研究. 环境工程，2001，19（4）：48-50.

[4] 陈连明，李东明. 应用便携式快速水质检测仪测定废水中的六价铬. 现代仪器，2008（9）：36-38.

[5] 温晓东，吴鹏，何艺桦，等. 便携式钨丝电热原子吸收光谱仪测定水样中铜、铬、铅和镉. 分析化学，2009，37（5）：772-775.

[6] 陈恺，谢少艾，贾金平. 液/液界面电化学法在环境监测中的应用进展. 环境监测管理与技术，2005，17（3）：10-13.

[7] 刘保启，王玉春，胡孝忠，等. 同时测定癌症病人血液中锌镉铅铜的微分脉冲阳极溶出伏安法. 分析测试学报，2003，22（3）：84-86.

[8] 朱鸣鹤，丁永生，郑道昌，等. 二阶微分阳极溶出伏安法测定纯水中痕量常见重金属. 大连海事大学报，2005，31（1）：66-68.

[9] Sadik O A，Wanekaya A K，Andreescu S. Advances in analytical technologies for environmental protection and public safety[J]. Journal of Environmental Monitoring，2004（6）：513-522.

此文章刊登于《环境监测管理与技术》2010 年第 4 期

氢化物原子荧光法测定废水中砷和硒

杨力 徐晓宇 戴晖
（湖南省湘潭市环境保护监测站，湘潭 411104）

摘 要：建立双道氢化物发生-原子荧光法同时测定废水中砷和硒的方法，对测定的影响因素：样品前处理及共存离子的干扰、预还原剂用量的选择、盐酸浓度、硼氢化钾浓度等试验条件作了研究并予以优化。在最佳条件下，方法的相对标准偏差（n=6）小于10%，砷、硒加标回收率分别为95%～98%和90%～95%，标准物质的测定与标准值相符。

关键词：氢化物原子荧光法；废水；砷；硒

HGAFS Determination of Arsenic and Mercury in the waste water

Yang Li Xu Xiaoyu Dai Hui
（Xiangtan Environmental Monitoring Station，Xiangtan 411104）

Abstract: To establish the simultaneous determination of Arsenic and Mercury in the waste water by hydride generation atomic fluorescence spectrometry（HGAFS）.Influential factors to the determination，including sample pretreatment，and interferences of coexisting ions，amount of reducing agent，amount of potassium borohydrid added and HCl added，ect were stuided and optimized.Working conditions in this assay，The RSD（n=6）of the method was less than 10%.The recovery rates ranged of Arsenc from 95% to 98%，Mercury from 90% to 95%.The detecting results for standard materials were very much close to the reference values.

Key words: Hydride generation atomic fluorescence spectrometry；the waste water；Arsenic；Mercury

砷是人体非必需元素，元素砷的毒性较低而砷的化合物均有毒性，三价砷化合物比五价砷化合物毒性更强。砷的污染主要来源于采矿、冶金、化工、化学制药、农药生产、纺织、玻璃、制革等部门排出的“三废”。硒是参与机体物质能量代谢和人体生长发育所必需的微量元素之一，其生化作用与它的浓度密切相关，适量硒能增强机体免疫力并有抗癌作用。但如果生物吸收过量的硒，则可能导致硒供应过剩而引起中毒甚至死亡。硒的污染主要来源于硒矿山开采、冶炼、炼油、精炼铜、制造硫酸及特种玻璃等行业[1]。氢化物发生原子荧光法是测定清洁水中砷硒的好方法之一，但工业废水成分复杂，干扰因素多，给测定带来较大的误差。本文通过优化水样前处理方法和实验条件，消除干扰，建立氢化物发生原子荧光法测定废水中砷、硒的分析方法，该方法能快速、准确地测定废水中砷、硒。

1 实验部分

1.1 仪器

AFS-830 双道原子荧光光度计（北京吉天仪器有限公司），砷、硒高性能空心阴极灯。

1.2 工作条件

基于灯电流、光电倍增管负高压、载气流量、屏蔽气流量、原子化器高度和反应介质等对分析灵敏度、精密度和准确度影响很大，所以对仪器工作条件进行了优化，最佳工作条件为：负高压 270V，砷灯电流 40 mA，硒灯电流 80 mA，原子化器高度 8 mm，载气流量 400 ml/min，屏蔽气流量 1 000 ml/min，分析信号为峰面积，读数时间 10 s，延迟时间 1.5 s。

1.3 试剂

砷标准溶液：100 mg/L（中国环境保护局标样研究所购买），使用时，用 10%的盐酸逐级稀释成 200μg/L 的使用液。

硒标准溶液：100 mg/L（中国环境保护局标样研究所购买），使用时，用 10%的盐酸逐级稀释成 50μg/L 的使用液。

氢氧化钠溶液（5 g/L）：称取 1 g 氢氧化钠溶于纯水中，稀释至 200 ml。

硼氢化钾溶液（20 g/L）：称取硼氢化钾 4.0 g 溶于 200 ml 5 g/L 的氢氧化钠溶液中，混匀。

载流：5%盐酸溶液，取 50 ml 浓盐酸，用纯水稀释至 1 000 ml。

三氯化铁溶液（Fe^{3+}10 mg/ml）：称取 4.83 g $FeCl_3·6H_2O$ 溶于 100 ml 水中。

硫脲+抗坏血酸溶液：称取 5.0 g 硫脲加约 80 ml 纯水，溶解后加入 5.0 g 抗坏血酸，稀释至 100 ml。

所用试剂纯度盐酸为工艺超纯，其余为分析纯，测定用水为去离子水或同等纯度的水。

1.4 样品前处理及测定

取 50 ml 废水样于 100 ml 锥形瓶中，加入 HNO_3-$HClO_4$（4+1）5 ml，于电热板上加热至冒白烟后，取下冷却，再加 5 mlHCl（1+1）加热至黄褐烟冒尽，冷却后用水转移到 50 ml 容量瓶中，定容至刻度。同时做空白实验。取 10 ml 消解后的样品于 25 ml 比色管中，分别往样品、空白及标准溶液中加入 0.5 ml 三氯化铁溶液，摇匀，再加 2 ml 浓盐酸，1 ml 硫脲抗坏血酸溶液，混匀。放置 15～20 min。以 20 g/L 硼氢化钾溶液作为还原剂，5%盐酸溶液作载流，按照优化的仪器工作条件测定荧光强度，根据标准工作曲线计算样品含量。

2 结果与讨论

2.1 仪器条件选择

同时测定废水中的砷、硒，仪器条件以单独测定砷、硒的条件为基础，同时考虑废水中硒的浓度较低，砷的测定较稳定、灯的寿命、仪器的稳定性等多种因素，经试验选择仪器条件为：负高压 270V，砷灯电流 40 mA，硒灯电流 80 mA，原子化器高度 8 mm，载气流量 400 ml/min，屏蔽气流量 1000 ml/min，分析信号为峰面积，读数时间 10 s，延迟时间 1.5 s。在此条件下砷、硒测定响应值较高且仪器稳定。

2.2 样品前处理及干扰的消除

氢化物发生原子荧光法的干扰主要有液相干扰和气相干扰，溶液中的干扰是由于干扰成分优先还原成其他价态或金属，它能引起共沉淀，吸附氢化物并使其接触分解以致使氢化物发生减慢或完全停止。气相干扰是由于挥发性氢化物引起的，一般是指可形成氢化物元素之间在传输及原子化过程中的相互干扰。氢化物发生原子荧光法测定废水水样，必须进行前处理，消除干扰。水样经 HNO_3-$HClO_4$ 消解后，可消除硫化物等还原性物质和部分有机物的干扰，但金属离子的干扰不能消除。该方法的主要干扰离子有 Cu^{2+}、Co^{2+}、Ni^{2+}、Ag^{+}、Hg^{+}，其他常见阴阳离子没有干扰[1]。10 mg/LCo、15 mg/LHg、0.5 mg/LAg、1 000 mg/LFe^{3+}等在加入硫脲+抗坏血酸后，没有干扰[2]。废水中 Co^{2+}、Ag^{+}、Hg^{+}浓度都不高，在此浓度以下。本试验重点针对 Cu^{2+}、Ni^{2+}的干扰进行试验[3][4]，在 20 μg/L As 10 μg/L Se 标准溶液，加入主要干扰离子 100 mg/LCu 和 300 mg/LNi，分别加入不同的掩蔽剂，试验结果见表 1。

表 1　不同掩蔽剂消除干扰结果

掩蔽剂种类	As 标准溶液浓度/（μg/L）	As 测定结果/（μg/L）	Se 标准溶液浓度/（μg/L）	Se 测定结果/（μg/L）
硫脲+抗坏血酸	20.0	29.5	10.0	0.13
EDTA	20.0	25.8	10.0	4.64
三氯化铁	20.0	20.9	10.0	10.16
铁氰化钾	20.0	28.0	10.0	1.23

由表 1 可见，硫脲+抗坏血酸和铁氰化钾基本不能消除的干扰，EDTA 有一定作用，但效果不理想，加三氯化铁掩蔽效果最好，能同时消除测定砷硒的干扰，本试验选用加入三氯化铁消除干扰。

2.3 预还原剂用量的选择

废水中的砷主要以 As（Ⅴ）和 As（Ⅲ）存在，硒以 Se（Ⅳ）和 Se（Ⅵ）存在，为使 As（Ⅴ）转化成 As（Ⅲ）、Se（Ⅳ）转化成 Se（Ⅵ），需加入一定体积的硫脲+抗坏血酸溶液作预还原剂，同时硫脲+抗坏血酸还能起掩蔽作用。以 20 μg/L As 10 μg/L Se 标准溶液，加入主要干扰元素 100 mg/LCu 和 300 mg/LNi 进行试验，并同时加入 Fe^{3+}，分别加入不同体积的硫脲+抗坏血酸溶液，测定荧光强度。试验得出，加 1 ml 硫脲+抗坏血酸溶液，已能足够还原样品，多加荧光强度基本不变，本试验选用加入 1 ml 硫脲+抗坏血酸溶液。

2.4 盐酸浓度的选择

盐酸浓度的选择不应只在纯溶液中选择，应考虑废水中成分复杂，有各种干扰因素，干扰情况与选用的酸度有关，适当增加酸度可较好地克服某些金属的干扰。我们选用 20 μg/L As 10 μg/L Se 标准溶液，加入主要干扰元素 50 mg/LCu 和 300 mg/LNi，并同时加入 Fe^{3+}抑制干扰[3]，加入不同体积的盐酸，测定荧光强度。试验结果表明，当加入盐酸体积为 1～3 L/ml 时，荧光强度最大且稳定。因样品中已加酸处理，考虑节约成本，易于操作，故本试验选用加入 2 ml 盐酸。

2.5 硼氢化钾浓度的选择

硼氢化钾浓度对砷、硒的测定有明显的影响，且硼氢化钾的浓度愈大俞容易引起液相干扰。因此本试验采用 5 g/L、10 g/L、15 g/L、20 g/L、30 g/L、50 g/L 的硼氢化钾作浓度试验，试验结果得出，测定砷、硒在硼氢化钾浓度低，还原能力不够，荧光强度值低，随硼氢化钾浓度增大，荧光强度值逐渐增大。当硼氢化钾浓度为 15～20 g/L，荧光强度基本不变，硼氢化钾浓度进一步增加而荧光强度却下降，这是由于高浓度的硼氢化钾与酸反应产生大量氢气，稀释了待测元素氢化物浓度，造成荧光强度下降，本试验选择硼氢化钾的浓度为 20 g/L 可满足同时测定砷、硒的条件。

2.6 样品测定及回收率试验

按试验方法对测定环境标样研究所的标准样品和实际水样进行测定，同时进行加标回收试验。结果见表 2、表 3。

表 2 标准物质的测定

测定项目	编号	标准值	测定值
As/（μg/L）	202247	50.3±3.4	51.5
Se/（μg/L）	203709	11.2±1.1	10.8

表 3 样品测定结果

样品名称	测定项目	测定平均值/（μg/L）	RSD/%	加标量/（μg/L）	回收率/%
污水厂废水	As	20.8	3.2	20.0	95
	Se	0.8	9.1	2.5	90
钢铁厂废水	As	24.1	2.4	20.0	98
	Se	1.6	8.7	2.5	95
化工厂废水	As	60.8	2.6	40.0	95
	Se	5.6	2.6	2.5	92

3 结论

综上所述，氢化物发生-双道原子荧光法同时测定废水中的砷、硒，通过适当的前处理，能消除绝大部分干扰，此方法操作简便，灵敏度高，干扰离子少，能快速、准确地测定废水中砷、硒，同时测定砷、硒，又可减少工作量，提高工作效率，同时又节约成本，值得推广。

参考文献

[1] 国家环境保护局水和废水监测分析方法编委会. 水和废水监测分析方法. 4 版. 北京：中国环境科学出版社，2003：109-113.

[2] 王文林，戴晖，杨力. 氢化物发生-原子荧光光谱法测定土壤中砷. 理化检验—化学分册，2009（6）：669-673.

[3] 张锦茂，范凡，任萍. 氢化物发生-原子荧光法测定岩石中痕量硒的干扰及消除. 岩矿测试，1993，12（4）：264-267.

[4] 徐宝玲. 氢化物-原子荧光法测定硒时元素的干扰及其消除. 分析化学.1985，13（1）：29.

此文章刊登于《环保科技》2010 年第 4 期

微波消解—原子荧光光谱法同时测定土壤中痕量砷和汞

甘杰 许晶 余江 黄懿 胡军 罗岳平
（湖南省环境监测中心站，长沙 410014）

摘　要：硝酸-过氧化氢体系微波消解土壤样品，原子荧光光谱法同时测定砷和汞。对消解体系以及灯电流、载气流量、屏蔽气流量等仪器条件进行了优化。在优化的实验条件下，采用原子荧光光谱测定砷和汞的检出限分别为 0.02 μg/L 和 0.01 μg/L，线性范围分别为 0～40 μg/L 和 0～4 μg/L，两元素的加标回收率在 92%～102%，相对标准偏差砷为 0.9%～3.1%，汞为 1.5%～3.4%。

关键词：微波消解；原子荧光光谱法；土壤；砷；汞

Microwave Digestion-Determination of Arsenic and Mercury in Soil by Atomic Fluorescence Spectometry

Gan Jie　Xu Jing　Yu Jiang　Huang Yi　Hu Jun　LuoYueping
（Hunan Environmental Monitoring Center，Changsha 410014）

Abstract: A technique was established to measure As and Hg in soil.After microwave digestion with nitric acid and hydrogen peroxide system，As and Hg were analysed by atomic fluorescence spectrometry.The digestion system，Lamp current，flow capacity of carrying gas and flow capacity of shield gas were optimized. Under the optimal condition，the detection limit is 0.02 μg/L for As and 0.01 μg/L for Hg. The calibration curve ranging of As and Hg from 0 to 40 μg/L and from 0 to 4 μg/L were shown to be linear，respectively.The recoveries of these elements range from 92% to 102%，RSD were in the range from 0.9% to 3.1% for As and 1.5% to 3.4% for Hg separately.

Key words: microwave digestion；atomic fluorescence spectrometry；soil；Arsenic；mercury

土壤是构成生态系统的基本要素之一，是国家最重要的自然资源之一，也是人类赖以生存的物质基础。土壤环境状况不仅直接影响到国民经济发展，而且直接关系到农产品安全和人体健康。

由于砷、汞可通过食物链在生物体内富集，进而危害人体健康，因此土壤中砷和汞的测定是环境监测的重要项目。目前检测土壤砷的国家标准方法是二乙基二硫代氨基甲酸银分光光度法（GB/T 17134—1997）和硼氢化钾-硝酸银分光光度法（GB/T 17135—1997），检测汞的国家标准方法是冷原子吸收分光光度法（GB/T 17136—1997）。这三种方法在测定砷、汞的操作上需用不同的试剂浸提，不同的设备检测，操作较烦琐，而所需化学试剂较多，检测的灵敏度、检出限、重现性等无法满足当前检测质量控制的要求。为此，人们对砷、汞的测定方法不断改进[1-4]。微波消解作为一种实验室制样技术以其节能、省时、污染少等特点，日趋广泛地应用于实际样品的预处理[5]。本文尝试采用微波消解方法，对土壤样品进行溶样处理，所得试液中砷、汞用双光道原子荧光光谱法同时进行测定，通过对实验条件进行优化，获得了满意的结果。

1 实验部分

1.1 仪器与试剂

1.1.1 仪器

AFS-230E，双光道原子荧光光度计（北京科创海光仪器公司），砷、汞空心阴极灯（北京有色金属研究总院），智能消解器（湖南金蓉园仪器设备有限公司），ETHOS1 型微波消解仪（意大利 MILESTONE 公司），电子天平（精度：0.000 1 g）

1.1.2 试剂

砷标准贮备液：100 0 mg/L，汞标准贮备液：100 0 mg/L，均由国家标准物质研究中心提供；砷标准使用液：100 0 μg/L，用去离子水将砷标准贮备液逐级稀释至 1 000 μg/L 使用液；汞标准使用液：100 μg/L，用去离子水将汞标准贮备液逐级稀释至 100 μg/L 使用液；10%硫脲-抗坏血酸溶液：称取 10 g 硫脲（A.R.）和 10 g 抗坏血酸（A.R.）于 150 ml 小烧杯中，加水至 100 ml，低温加热溶解，临用前现配；2%硼氢化钾-0.5%氢氧化钾溶液：称取 10 g 硼氢化钾（A.R.）和 2.5 g 氢氧化钾（A.R.），用水溶解并定容至 500 ml，临用前现配；5%硝酸（*V*/*V*）：50 ml 硝酸加入 1 000 ml 水中，混匀；硝酸、过氧化氢等实验所用试剂均为优级纯，水为去离子水。

1.2 土壤样品的预处理

将采集的土壤样品（一般不少于 500 g）混匀后用四分法缩分至约 100 g。缩分后的土样经风干后，除去土样中沙石和动植物残体等异物，用玛瑙棒研压，通过 2 mm 尼龙筛以除去 2 mm 以上的砂砾，混匀。用玛瑙研钵将通过 2 mm 尼龙筛的土样研磨至全部通过孔径 0.149 mm 尼龙筛，混匀后备用。

1.3 土壤样品微波消解

称取样品约 0.5 g（精确至 0.000 1 g）于消解罐中，分别加入 6 ml HNO_3, 2 ml H_2O_2，拧紧罐盖，进行消解。设定控制压力为 400 kPa，微波消解程序为 200W 120 s，300W 300 s，400W 480 s。消解结束后待冷却取出消解罐，转移至聚四氟乙烯坩埚中，置于消解器上蒸发至近干，冷却后转移至 25.0 ml 比色管中，定容至刻度；同时做空白。

1.4 样品的测定

1.4.1 仪器条件

见表 1。

表 1 原子荧光仪器条件

元素 Element	光电倍增管负高压（*V*）High voltage of PMT	原子化器高度/nm	灯电流/mA	载气流量/（ml/min）	屏蔽气流量/（ml/min）
Hg	290	9	5	400	1000
As			40		

1.4.2 工作曲线的绘制

砷汞混标使用液的配制：吸取 1 000 μg/L 砷标准使用液 25 ml，100 μg/L 汞标准使用液 25 ml 于 250 ml 容量瓶中，用去离子水定容。此时砷汞的含量分别为 100 μg/L 和 10 μg/L。

分别吸取混标 0 ml、1 ml、2 ml、4 ml、10 ml、20 ml 于 50 ml 比色管中，加入 3 ml 硝酸，用去离子水定容。此时砷、汞的浓度见表 2。

表 2　标准系列浓度

As/（μg/L）	0	2	4	8	20	40
Hg/（μg/L）	0	0.2	0.4	0.8	2.0	4.0

1.4.3 样品测量

依次准确吸取标准系列和样品上清液 8 ml 于原子荧光的自动进样杯中，依次加入 2 ml 硫脲-抗坏血酸混合溶液，摇匀放置 30 min 后测定。

2　结果与讨论

2.1 消解方法的选择

土壤中富含大量矿物质，各成分的物理化学性质差异也很大，选择合适的消解方法对获得准确的实验结果起着关键性的作用。微波消解是通过微波辐射引起的内加热和吸收极化作用所达到较高温度和压力，使消解速度大大加快，消解效率大大提高，并减少了氧化剂的用量，同时样品消解是在密闭容器中进行，避免了样品挥发所带来的损失。

微波消解，用硝酸和过氧化氢消解样品，过氧化氢分解所产生的氧非常有利于消解有机质，但由于此体系能导致瞬间压力上升，一般控制其用量不超过 4.0 ml，本文选用过氧化氢 2.0 ml。盐酸对汞有稳定作用，样品长时间放置需加入其稳定，但盐酸中砷含量高，无法降低测量砷的空白值，因此选用硝酸体系。样品消解后静置 8 h，取上清液测量，48 h 后汞的含量开始降低，因此建议在样品消解后两天内测量。

2.2 干扰及消除

根据文献[6,7]，1 000 倍的 A1（Ⅲ）、Ba（Ⅱ）、Be（Ⅱ）、Ca（Ⅱ）、Cd（Ⅱ）、Cs（Ⅰ）、Fe（Ⅱ）、Fe（Ⅲ）、Ga（Ⅲ）、In（Ⅲ）、K（Ⅰ）、La（Ⅲ）、Li（Ⅰ）、Mg（Ⅱ）、Mn（Ⅱ）、SiO_3^{2-}、Zn（Ⅱ）等不干扰 As 的测定；20 倍的 Pb 和 30 倍的 Sn 对测定砷无干扰。Co（Ⅱ）、Ni（Ⅱ）、Cr（Ⅵ）、Au（Ⅲ）、Hg（Ⅱ）对测定砷有干扰，加入 2.0 ml 硫脲（10%）不仅可将砷（Ⅴ）还原为砷（Ⅲ），而且可消除大多数共存离子的干扰。金、银、锑、铋、硒、碲对测汞有影响，考虑到土壤中以上物质的含量甚微，用低浓度的硼氢化钾做载流可大大降低其干扰，故可认为在选定条件下对测定汞无干扰。

2.3 工作曲线、线性范围和检出限

在优化的实验条件下，测定标准系列，仪器自动绘制标准曲线，As 和 Hg 的浓度在 0～40 μg/L 和 0～4.0 μg/L 范围内，浓度与荧光值呈现良好的线性关系，得到线性回归方程和相关系数为：

$$\text{As}\quad H=188.947\times C+12.766\quad r=0.999\,6$$

$$\text{Hg}\quad H=395.317\times C-3.366\,7\quad r=0.999\,9$$

式中，C——As 或 Hg 的浓度，μg/L；

H——荧光强度值；

r——相关系数。

以样品全程空白值的 3 倍标准偏差（n=11）所对应的质量浓度为检出限，本方法对砷和汞的检出限分别为 0.02 μg/L 和 0.01 μg/L。以称样量 0.5 g，定容 25 ml 计算得出土壤中砷的检出限为 0.005 mg/kg，汞的检出限为 0.002 5 mg/kg，完全满足土壤中砷、汞测试的要求。

2.4 准确性及精密度实验

用一系列土壤标准物质参考样对方法准确性进行了考查，结果如表 3 所示，本方法测得均值在允许误差范围内，结果可靠，方法准确性高。将每个样品在一个工作日内重复分析 6 次，用结果的相对标准偏差（RSD%）来考察方法的精密度。结果发现本方法测定砷和汞的相对标准偏差分别为 0.9%～3.1%和 1.5%～3.4%，表明本方法均具有良好的重现性。

表 3 准确性和精密度试验

标准物质	元素	标准值/（mg/kg）	测定均值/（mg/kg）	相对标准偏差/%（n=6）RSD
GSBZ 50011-88（ESS-1）	As	10.7±0.8	10.51	3.1
	Hg	0.016±0.003	0.015	2.4
GSBZ 50014-88（ESS-4）	As	11.4±0.7	11.17	2.6
	Hg	0.021±0.004	0.020	3.4
GBW07402（GSS-2）	As	13.7±1.8	13.87	0.9
	Hg	0.015±0.004	0.014	2.5
GBW07403（GSS-3）	As	4.4±0.9	4.37	2.9
	Hg	0.060±0.006	0.062	1.5
GBW07407（GSS-7）	As	4.8±1.9	4.58	2.7
	Hg	0.061±0.008	0.065	3.1

2.5 样品分析

按分析步骤，对微波消解后的样品进行了测定，并进行了加标回收试验，结果如下表 4 所示，砷和汞的加标回收率分别在 94%～102%和 92%～96%之间，证明本方法可用于实际样品分析。

表 4 回收率试验

样品序号	元素	样品测得值/（mg/kg）	加入量/（mg/kg）	测的总量/（mg/kg）	回收率/%
土壤样品 1	As	10.4	10.0	20.1	97
	Hg	0.089	0.100	0.181	92
土壤样品 2	As	13.9	20.0	32.7	94
	Hg	0.097	0.200	0.289	96
土壤样品 3	As	11.8	10.0	22.0	102
	Hg	0.108	0.200	0.298	95
土壤样品 4	As	18.4	20.0	37.6	96
	Hg	0.124	0.100	0.216	92

3 结论

用微波消解土壤样品，然后用双光道原子荧光光谱仪同时测定消解液中的砷、汞。本方法操作简便、样品污染少，重现性好，一次消解后可同时测定砷、汞。用土壤标准样品按优化分析程序进行的分析表明：本方法精密度、相对标准偏差、加标回收率均能满足实验要求，为进行土壤中痕量砷、汞分析提供了一种可供选择的方法。

参考文献

[1] 熊伟. 氢化物-原子荧光法测定土壤中痕量汞. 光谱学与光谱分析，2001，21（3）.

[2] 时岚，叶国英. 流动注射-氢化物发生-原子荧光光谱法测定土壤中铅. 环境监测管理与技术，2006，18（3）.

[3] 许建华，田锋，等. 微波消解-原子荧光法测定土壤中汞、砷、硒. 环境监测管理与技术，2007，19（4）.

[4] 赵振平，张怀成，等. 王水消解蒸气发生-原子荧光光谱法测定土壤中的砷、锑和汞. 中国环境监测，2004，20（1）.

[5] 汪再娟，等. 微波消化骨中钙、镁、磷、钾、钠、铁、锌和氟的测定. 光谱学与光谱分析，2001，21（3）.

[6] 韩恒斌，等. 氢化物-无色散原子荧光法测定河水和废水中砷（Ⅲ）、砷（Ⅴ）、锑（Ⅲ）、锑（Ⅴ）、硒（Ⅳ）、硒（Ⅵ）. 环境化学，1985（4）.

[7] H J M. 鲍恩，著. 崔仙舟，王中柱，译. 元素的环境化学. 北京：科学出版社，1986.

此文章刊登于《四川环境》2010 年第 6 期

火焰原子吸收光谱法测定地表水和废水中钴

李文霞[1] 陈任翔[2] 贺丰炎[2] 刘可[2]
（1.张家界市环境保护监测站，张家界 427000;
2.湘潭市环境保护监测站，湘潭 411104）

摘　要： 建立火焰原子吸收光谱法测定水和废水中钴，通过对水样的前处理、仪器分析条件的优化试验以及检出限、精密度、准确度和回收率等试验，进一步完善环境监测分析并使之标准化，本方法的检出限（3S/N）为 0.01 mg/L，精密度为 0.6%～16%，准确度为−0.3%（1.01±0.05 mg/L）、加标回收率为 90%～104%，满足环境监测技术规范、环境管理、环境评价系的需求。

关键词： 火焰原子吸收火光谱法；水和废水；钴；方法标准化

Determination of Cobalt in Surface Water and Waste Water by FAAS

Li Wenxia[1] Chen Renxiang[2] He Fengyan[2] Liu ke[2]
（1.Zhangjiajie Environmental Monitoring Station Zhangjiajie 427000;
2. Xiangtan Environmental Monitoring Station Xiangtan 411104）

Abstract: This article through front processes to water sample, the instrumental analysis condition optimized experiment, By testing to detection limit, accuracy and returns-ratio, establishes in the flame atom absorption method determination the cobalt in the water and waste water, further consummates the environmental monitoring analysis and causes it standardization, The detection limit is 0.01 mg/L, the RSD is 0.6%～16% and the recoveties is 90%～104%, the method satisfies the environmental monitoring technology standard and the environment management demand

Key words: FAAS; water and waste water; cobalt; method standardized

钴是人体和植物所必需的微量元素之一，在人体内钴主要通过形成维生素 B_{12} 发挥生物学作用及生理功能。此外钴对铁的代谢、血红白合成、细胞发育及酶的功能等均有重要生理作用[1]。天然水中钴含量很低，一般为小于 1 μg/L，这样的浓度对人体和动植物不会产生毒害作用；工业废水常含高浓度的钴超过 0.1 mg/L 以上对农作物产生毒害作用[1]。我国环保部门所规定的《水和废水监测分析方法》中钴的测定方法有无火焰原子吸收光谱法、等离子发射光谱法和分光光度法，无火焰原子吸收光谱法、等离子发射光谱法因价格昂贵，二、三级环境监测站的仪器配置率仍较低；而分光光度法样品干扰因素较多，前处理过程复杂，需对样品富集，手续烦琐，相对误差较大。因上述三种方法都为 B 类方法，且在《水和废水监测分析方法》中没有无火火焰原子吸收光谱法的具体技术规范；又因《地表水环境质量标准》中规定钴的质量标准为 1.0 mg/L，火焰原子吸收光谱法的检出限能满足水和废水中钴的分析测定[2]。因此工作通过对水样的前处理、仪器分析条件的优化试验、方法的检出限、精密度、准确度和回收率等试验，在试验条件下测量水和废水中的钴满足环境管理的需求，为火焰原子吸收光谱法测定水和废水中钴的分析方法标准化做一些基础工作。

1 试验部分

1.1 主要仪器与试剂

Z-5000 原子吸收分光光度计（日本日立公司）；EG 微控数显电热扳）；钴空心阴极灯；

钴标准使用液：国家环境标准样品研究所浓标液用 1%（*V*/*V*）的硝酸逐级稀释至 25.0 mg/L；

钴质控水样（GSBZ 50030-94-03602）：1.01±0.05 mg/L；

硝酸、盐酸、高氯酸均为优级纯试剂；试验用水为超纯水电阻率为 18MΩ/cm。

1.2 试验方法

根据《地表水环境质量标准》和环境监测技术的要求，对地表水采集后自然沉降 30 min，取上层非沉降部分加硝酸酸化至 0.2%（*V*/*V*）直接喷样测定[2]；对复杂混浊的废水样品，取摇匀样品 100 ml 加 5 ml 浓硝酸于电热板上加热消解至 10 ml 左右，再加 5 ml 硝酸和 2 ml 高氯酸继续消解至近干，用 0.2%（*V*/*V*）硝酸定容待测，并同时进行空白试验。废水样品保存用硝酸或盐酸酸化 pH＜2。

2 结果与讨论

2.1 仪器工作条件优化试验

配制 0.50 mg/L 的标准溶液 250 ml，因钴在 240.7 nm 附近有其他干扰峰，必须选择通带宽度 0.2 nm 才能与其分开，否则会产生谱干扰，使灵敏度大大降低。选用乙炔流量、燃烧器高度、灯电流三个因素作做仪器分析条件优化试验，以钴的吸光度作评价。试验结果表明：影响试验的主次因素依次为乙炔流量、燃烧器高度、灯电流。灯电流过低，导致光源输出不稳，影响精密度。Z-5000 原子吸收分光光度计通过优化选择仪器最佳试验条件如下：测定波长：240.7 nm；光谱通带：0.2 nm；灯电流：12 mA；燃烧器高度：7.5 mm；乙炔流量：2.1 L/min。

2.2 干扰及消除

因本方法的选择性高，常见阴、阳离子和浓度对测试没有影响，适用地表水和废水中钴的测定。水样按 1.2 样品前处理方式消解即可喷样测定。

2.3 标准工作曲线

分别移取 25.0 mg/L 钴标准工作溶液 0.0 ml、0.20 ml、0.40 ml、0.60 ml、0.80 ml、1.00 ml 于 50 ml 容量瓶中，用 0.2%（*V*/*V*）硝酸水定容（可保存 3 个月以上），在优化的仪器工作条件下测定标准溶液。标准工作溶液的浓度为 0.0 mg/L、0.10 mg/L、0.20 mg/L、0.30 mg/L、0.40 mg/L、0.50 mg/L。线性回归方程为 $A=0.060\,6\times C+0.000\,1$，相关系数 r 大于 0.999，每批样品分析都应同时制作标准曲线[3][4]。

2.4 方法的检出限

在仪器最佳条件下，对全程序空白样品 20 次平行测定，求得空白值的标准偏差 s 为 0.000 18 abs，以国际纯粹和应用化学联合会（IUPAC）对检出限作出的规定[5]，取 K=3，置信水平为 90%，测得方法的最低检出限为 0.01 mg/L。

2.5 精密度试验

取不同地点地表水、不同厂家废水、质控水样共 7 份，按试验方法对样品进行前处理，在仪器最佳条件下平行测定 6 次，结果见表 1，地表水相对标准偏差为 2%～16%，废水相对标准偏差小于 2.3%，质控水样的相对标准偏差为 0.6%，满足《水和废水监测分析方法》中实验室质控指标体系的要求。

2.6 准确度试验

用标准样品钴质控水样：1.01±0.05 mg/L（国家环境标准样品研究所）测定 6 次，测定值在±1 S 范围之内，准确度满足要求；取地表水和废水样共 6 个各 100 ml 做加标回收率实验（废水加标量为样品的 0.5～2 倍），加标回收率在 86%～104%，结果见表 1，满足《水和废水监测分析方法》中实验室质控指标体系的要求。

表 1 方法的精密度和回收率（n=6）

样品名称（n=6）	测定值 ρ /mg/L	标准加入量 ρ /mg/L	测定总量 ρ /mg/L	相对标准偏差（RSD）/%	回收率/%
湘江水 1#	0.012	0.05	0.055	16	86.6
湘江水 2#	0.012	0.10	0.105	6	93
湘江水 3#	0.012	0.20	0.208	2	98
化工废水 1#	0.308	0.60	0.933	1.3	104
化工废水 2#	0.353	0.40	0.750	2.3	99
化工废水 3#	0.505	0.25	0.750	1.6	98
质控水样（1.01±0.05）	1.007	—	—	0.6	—

表 2 3 种分析方法检出限、精密度、准确度比较

分析方法	检出限 ρ /mg/L	RSD/%	准确度/%	回收率/%
火焰原子吸收光谱法（FAAS）	0.01	0.6～16	−0.3	90～104
等离子发射光谱法（ICP-AES）[1]	0.005	2.7	−1.0	94.0
5-Cl-PADAB 分光光度法[1]	0.02	0.2～23	—	80～120

通过对 3 种不同方法的比较（见表 2），火焰原子吸收光谱法测定地表水和工业废水中的钴相比 5-Cl-PADAB 分光光度法和 ICP-AES 法试剂简单、操作流程简便、干扰因素少，前处理简单，能较大程度提高工作效率；火焰原子吸收光谱法测定地表水和工业废水中的钴检出限、精密度、回收率优于 5-Cl-PADAB 分光光度法；满足地表水和工业废水评价体系的要求，值得作为环保部门方法标准在地表水和工业废水监测分析中推广应用。

参考文献

[1] 国家环保总局水和废水监测分析方法编委会. 水和废水监测分析方法. 4 版，北京：中国环境科学出版社，2002，297：341-344.

[2] 地表水环境质量标准. GB 3838—2002 国家环境保护总局 2002.

[3] 长江水环境化学元素研究系列专著编辑委员会. 水环境化学元素研究方法. 湖北：湖北科学技术出版社，1992：75.

[4] 陈任翔，李山红，刘可，等. 微波消解火焰原子吸收光谱法测定土壤中钴. 理化检验-化学分册，2009，45（4）：404-405.

[5] 中国环境监测总站环境水质监测质量保证手册编写组. 环境水质监测质量保证手册. 2 版. 北京：化学工业出版社，1994：228-229.

此文章刊登于《理化检验：化学分册》2010 年第 10 期

原子荧光法测定环境水样中的锑

李山红　陈任翔　贺丰炎　李玉琼　喻新和
（湘潭市环境保护监测站，湘潭　411104）

摘　要：利用氢化物发生-原子荧光分析技术（HG-AFS）对环境水样包括地表水、地下水、废水中的锑进行分析方法探究。通过一系列正交实验，优化出 AFS-830 原子荧光光度仪分析测定锑的最佳实验条件，方法的精密度为 1.2%～8.6%、回收率为 88%～112%、检出限为 0.2μg/L、线性关系 *r* 大于 0.999。实验结果表明：应用优化的仪器条件测定锑能够满足环境水样的分析要求。

关键词：原子荧光法；正交实验；环境水样；锑

Abstract：This article optimizes AFS method conditions such as lamp current，negatiVe ressure，carrier gas flow and shielding gas flow through the orthogonal experiment. The detection limit is 0.2 g/L，the RSD is 1.2%～8.6%，the recoVeties is 88%～112%，the method linear is bigger than 0.999．The result shows that；the method could be used f10r detection of Stibium in enVironment waters sample.

Key words：AFS　orthogonal；experiment；environment sample；stibium

锑为银白色金属。在自然界中主要以 Sb^{3+}、Sb^{5+}、Sb^{3-}形式存在，负三价锑的氢化物毒性剧烈，在自然界中不稳定，易氧化分解为金属和水。而 Sb^{3+}和 Sb^{5+}在弱酸至中性介质易水解沉淀，所以在天然水中锑的浓度极低。水中锑的污染主要来自选矿、冶金、电镀、制药、铅字印刷、皮革等行业废水。我国 GB 3838—2002《地表水环境质量标准》表 3 集中式生活饮用水地表水源地特定项目标准限值中规定锑的标准限值为 5μg/L[1]。因此准确测定环境水样中的锑含量、科学判断是否受到污染，对采取有效的环境保护措施，保护人们赖以生存的水环境具有重要意义。《水和废水监测分析方法》中规定的方法 5-Br-PADAP 分光光度法分析手续烦琐、方法的检出限为 0.05 mg/L；火焰原子吸收法操作虽然简便，但检出限为 0.2 mg/L，不能满足环境水样中低浓度锑的监测分析。目前我国自主生产、具有独立知识产权的 AFS-830 原子荧光光度仪是一款性能稳定、价格适中、可进行多元素分析的仪器，利用其原理测定环境水样中的锑，能够满足一机多用，实现资源利用最大化，对节约仪器设备投资具有一定的意义，是适应我国国情、特别是经济不发达地区的。通过设计正交实验对 AFS-830 分光光度计的灯电流、负高压、载气流量和屏蔽气流量等仪器条件进行优化，方法具有科学合理、简便易行的特点，精密度、准确度、检出限、线性关系等技术参数能够满足环境水样的分析要求。

1 试验部分

1.1 主要仪器与试剂

AFS-830 双道原子荧光光度计（北京吉天仪器有限公司）；锑空心阴极灯（有色冶金研究院）；硝酸、盐酸、高氯酸、氢氧化钠均为优级纯；2%硼氢化钾溶液：称取 5 g 氢氧化钠溶于 500 ml 蒸馏水中，再称 20 g 硼氢化钾加入，用玻璃棒搅拌至溶解后，稀释至 1 000 ml。此溶液现用现配；10%硫脲溶液：称取 10 g 硫脲微热溶解于 100 ml 蒸馏水中；盐酸溶液（1+1）：取 500 ml 盐酸，用纯水稀释到 1 L；盐酸溶液（5%）：取 50.0 ml 盐酸，用纯水稀释到 1 L；锑标准贮备溶液 100 mg/L；购于国家环境标准样品研究所；锑标准使用液 0.050 mg/L：取 100 mg/L 锑标准贮备液，用 1 mol/LHCl 溶液逐级稀释至 0.050 mg/L 为使用液；氩气：纯度大于 99.99%；试验所有实验用水为超纯水：18MΩ/cm。

1.2 方法原理

在水样消解处理后加入硫脲，把锑还原成三价，在酸性介质中加入硼氢化钾溶液，三价锑形成锑化氢，由载气（氩气）直接导入石英管原子化器中，进而在氩氢火焰中原子化。基态原子受锑空心阴极灯光源的激发，产生原子荧光，通过检测原子荧光的相对强度，利用荧光强度与溶液中的锑含量呈正比的关系，计算样品溶液中锑的含量。

2 试验步骤

2.1 仪器条件优化试验

配制 5 μg/L 的锑标准溶液作仪器条件优化实验。不同的元素其原子化火焰高度不一，原子化器的高度关系到火焰焰心是否与检测器对准，从而对荧光值和精密度产生较大影响，故原子化器高度的条件单独进行优化。A、B 通道，取空白水样在原子化器高度分别为 7 cm、8 cm、9 cm 时进行多次试验（n=3）（见表 1），为提高方法的精密度和灵敏度，试验选用 A 通道、原子化器高度为 9 cm 最佳。

其他仪器条件的优化采用正交试验法进行。仪器条件优化试验选用灯电流、负高压、载气流量和屏蔽气流量 4 个因素作四因素三水平正交实验（见表 2），以锑的荧光值作评价结果（见表 3）（n=3）。试验结果 R 值表明：影响实验的主次因素依次为负高压、屏蔽气流量、灯电流、载气流量。加大负高压可提高仪器的响应值，但同时空白值也会大幅升高，且稳定性变差；屏蔽气流量过大，导致待测元素原子化不稳，影响精密度；加大灯电流也可提高仪器响应值和方法灵敏度，但过高的灯电流影响空心阴极灯的寿命；载气流量的影响较小，选择较小的载气流量有利于提高方法的灵敏度和精密度。因此 A：FS-830 双道原子荧光光度计通过优化选择仪器最佳试验条件如下：原子化器高度：9 mm；灯电流：80 mA；负高压：270V；载气流量：400 ml/min；屏蔽气流量：800 ml/min；不同类型仪器的最佳条件可能不一致，可通过正交法得出。

2.2 样品的前处理

清洁的地表水和地下水可直接取样。较脏水样预处理：取 50 ml 水样于 100 ml 锥形瓶中，加入新配制的 HN03-HC104（1+1）5 ml，于电热板上加热至冒白烟后，取下冷却，再加 5 ml HCl（1+1）加热黄褐色烟冒尽，冷却后用水转移到 50 ml 容量瓶中定容摇匀。直接取水样或经消解处理水样 0～10 ml 于 25 ml 比色管中，用超纯水定容到 10 ml 刻度，加 1.0 ml

浓盐酸，再加入 1.0 ml0%硫脲溶液，

表 1 原子化器高度试验结果表

原子化器高度/mm	7		8		9	
	A 道	B 道	A 道	B 道	A 道	B 道
空白水样荧光平均值（*n*=3）	54	168	70	192	110	240

表 2 正交试验因素水平表

因素水平	A 灯电流/mA	B 负高压/V	C 载气流量/（ml/m）	D 屏蔽气流量/（ml/m）
1	60	250	300	800
2	70	260	400	900
3	80	270	500	1000

表 3 四因素三水平正交试验数据列表

因素实验号	灯电流/mA	负高压/V	载气/（ml/m）	屏蔽气/（ml/m）	荧光值/abs	RSD（*n*=3）/%
1	60	250	300	800	158	4.2
2	60	260	400	900	188	3.2
3	60	270	500	1 000	106	2.4
4	70	250	400	1000	151	2.9
5	70	260	500	800	358	1.3
6	70	270	300	900	737	1.7
7	80	250	500	900	147	3.6
8	80	260	300	1 000	280	5.1
9	80	270	400	800	1 146	3.4
K1	452	456	1 175	1 662		
K2	1 246	826	1 485	1 072		
K3	1 573	1 989	611	437		
k1	151	152	392	554		
k2	415	275	495	357		
k3	524	663	204	146		
R	373	511	291	408	A383C2D1	

反应 20～30 min 后待测。（载流酸度和还原剂的浓度对实验有影响，此条件是引用、参照日常工作分析砷的条件，取 10%的盐酸和 1%的硫脲为佳，对保证方法的精密度和检出限有利。）

2.3 干扰及消除

该方法存在的主要干扰元素是高含量的 Cu^{2+}、Co^{2+}、Ni^{2+}、Ag^{2+}、Hg^{2+}以及形成氢化物元素之间的互相影响等。一般的水样中，这些元素的含量在本方法的测定条件下，不会产生干扰。其他常见的阴阳离子没有干扰。

2.4 标准系列的绘制

分别准确移取 0.050 mg/L 锑标准工作溶液 0.0 ml，0.50 ml，1.00 ml，2.00 ml，3.00 ml，

4.00 ml 于 25 ml 比色管中，用超纯水定容至 10 ml，以下按 2.2 步骤处理样品，用优化的仪器条件测定标准溶液。标准系列为 0.00 μg/L，2.50 μg/L，5.00 μg/L，10.0 μg/L，15.0 μg/L，20.0 μg/L。经空白校正后作各标准吸光度对相应浓度回归，经多次试验（n=3）曲线回归方程 A=（118～124）×C+（−54～−41），相关系数 r 大于 0.999，每次样品分析都应同步制作标准曲线。

2.5 方法的检出限

在仪器最佳条件下，对全程序空白样品 11 次平行测定，求得空白值的标准偏差 s 为 6.24，以国际纯粹和应用化学联合会（IUPAC）对检出限作出的规定[3]，取 K=3，置信水平为 90%，测得方法的检出限为 0.2 μg/L。

2.6 精密度试验

取不同地点地表水、不同厂家废水、质控水样共 7 份，按 2.2 方式对样品进行前处理，分别在仪表 4 方法的精密度表 5 方法的回收率器最佳条件下平行测定 6 次（见表 4），地表水相对标准偏差为 1.3%～8.6%，废水相对标准偏差为 1.2%～3.7%，质控水样的相对标准偏差小于 2.5%，满足《水和废水监测分析方法》[4]中实验室质控指标体系的要求。

2.7 回收率试验

另取地表水和废水样共 6 个做加标回收率实验，加标回收率为 88%～112%（见表 5），满足《水和废水监测分析方法》中实验室质控指标体系的要求[4]。

3 结论

原子荧光法测定锑的方法试剂简单、操作流程简便、干扰因素少，前处理简便，能较大程度提高工作效率；通过对水样的前处理、仪器分析条件的优化试验以及检出限、精密度、准确度和回收率等试验，建立原子荧光测定水和废水中锑的方法。方法检出限为 0.000 2 mg/L，精密度为 1.2%～8.6%，加标回收率为 88%～112%，满足环保重点城市监测饮用水水源特定项目锑的分析要求。

参考文献

[1] GB 3838—2002 地表水质量标准.

[2] 集中式生活饮用水地表水源地特定项目分析方法，中国环境监测总站.

[3] 中国环境监测总站环境水质监测质量保证手册编写组.环境水质监测质量保证手册. 2 版. 北京：化学工业出版社，1994.

[4] 国家环保总局水和废水监测分析方法编委会. 水和废水监测分析方法. 4 版. 北京：中国环境科学出版社，2002.

此文章刊登于《现代仪器》2011 年第 3 期

石耳中微量元素的测定

张佳　申学军
（邵阳市环境保护监测站，邵阳 422000）

摘　要：用原子吸收法和原子荧光测定了洞口石耳中微量元素的含量。结果表明，洞口石耳中含有丰富的微量无素铁、钙、锌、硒等，为进一步开发和利用洞口石耳提供了参考。

关键词：石耳；微量元素；原子吸收法；原子荧光法

石耳，因其形似耳，并生长在悬崖峭壁阴湿石缝中而得名。石耳在中国历史上早已被发现，分布于中国南方一些大山的石崖上，如浙江的天台山、江西的庐山、安徽的黄山等均有分布[1]，石耳也是邵阳洞口县的稀有特产。因其含有高蛋白和多种微量元素，是一种稀有的名贵山珍，是营养价值较高的滋补食品，又是一种奇特的药品。石耳性味甘平，具有清肺热、养胃阴、滋肾水、益气活血、补脑强心的功效；对肺热咳嗽、肺燥干咳、胃肠有热、便秘下血、头晕耳鸣、月经不调、冠心病、高血压等均有良好的疗效；对身体虚弱、病后体弱的滋补效果最佳[2]。近代研究石耳有明显的抗癌作用，水溶性的石耳多糖具有高度的抗癌活性，能抑制癌细胞的生长，防止癌细胞的扩散。中药中的微量元素与其疗效有很密切的相关性，所以中药微量元素的测定，无论从中医药学还是营养卫生学的角度而言，都显得及其重要[3]。本实验测定了洞口石耳中铁、钙、锌、铜、锰、铅、钴、镍、铬、硒、锡、砷、汞的含量，为进一步利用和综合开发洞口石耳提供了参考。

1 材料与方法

1.1 仪器与试剂

Z-2000 型原子吸收分光光度计（日本日立公司）；AFS-8330 型原子荧光仪（北京吉天仪器有限公司）；101-1A 型电热恒温鼓风干燥箱（上海东星建材试验设备有限公司）；JRY-D350-D 型电子控温石墨电热板（湖南金蓉园仪器设备公司）；优级纯硝酸、高氯酸、盐酸、双氧水（国药集团化学试剂有限公司），分析纯的抗坏血酸（国药集团化学试剂有限公司）；分析纯的硫脲（天津市科密欧化学试剂有限公司）、分析纯的硼氢化钾（天津市石英钟厂霸州市化工分厂）；18.3Ω 去离子水；18.3Ω 去离子水；100 mg/L 铁、钙、锌、铜、锰、铅、钴、镍、铬、硒、锡、砷、汞标准溶液（国家标准物质研究院）。

1.2 仪器工作条件

通过改变实验条件，考察了洞口石耳中待测元素的仪器工作条件，并进行了优化选择。见表 1、表 2。

表 1 原子吸收测定分析条件

元素	波长/nm	光谱带宽/nm	灯电流/mA
Fe	248.3	0.2	12.5
Ca	422.7	2.6	10.0
Zn	213.8	1.3	7.0
Cu	324.7	1.3	7.0
Mn	279.5	0.2	7.5
Pb	283.3	1.3	4.0
Co	238.9	0.2	14
Ni	232.0	0.2	12.5
Cr	357.9	0.7	7.5

表 2 原子荧光测定分析条件

元素	负高压/V	灯电流/mA	原子化高度/mm	原子化温度/℃	载气流量/（ml/min）
Se	270	80	8	200	300
Sn	260	70	8	200	300
As	270	60	8	200	300
Hg	280	20	10	200	400

2 方法与结果

2.1 样品预处理

2011 年 4 月 6 日，将采自洞口县罗溪乡山区山崖石峰之上的石耳用自来水洗去沙土，再用去离子水漂洗 2 次，除去表面的浮灰和杂质，晾干后置于烘箱中于 105℃烘干 2 h，用玛瑙研钵研至全部过 0.1 mm 筛后装入广口硬质玻璃瓶中，放入干燥器里备用。

2.2 样品消化

称取样品 2.500 0 g 左右于 100 ml 三角烧瓶中，加入 20 ml 浓 HNO_3，瓶上插入一小漏斗，在电热板上低温消化至近干，冷却后，再加 8 ml $HClO_4$，6 mlH_2O_2 继续加热，待溶液冒大量白烟蒸发至近干时停止（试样溶液清亮无色或者呈淡黄色，否则，需要再加硝酸继续消解）。待溶液冷却后，将其无损失地转移到 100 ml 容量瓶中，用去离子水定容至刻度，摇匀备用。同时制备一个空白溶液。

2.3 标准曲线

依表 2 的线性范围建立标准曲线，分别以标准溶液吸光度和荧光值（y）对应的浓度（x）进行线性回归，得待测组分的回归方程及相关系数（见表 3）。

表 3 原子吸收标准曲线回归方程

元素	线性范围/（mg/L）	回归方程	相关系数
Fe	0.20～5.00	y=0.041 2x+0.000 5	0.999 8
Ca	0.25～3.00	y=0.022 3x−0.000 8	0.999 9
Zn	0.10～1.20	y=0.225 7x−0.004 1	0.999 6
Cu	0.10～1.20	y=0.028 5x−0.002 9	0.999 7

元素	线性范围/（mg/L）	回归方程	相关系数
Mn	0.20～5.00	y=0.062 3x+0.008 5	0.999 9
Pb	0.20～2.00	y=0.009 5x+0.000 2	0.999 9
Co	0.20～4.00	y=0.097 6x+0.008 8	0.999 7
Ni	0.20～2.50	y=0.031 9x+0.000 9	0.999 9
Cr	0.50～4.00	y=0.001 8x+0.000 3	0.999 4

表 4 原子荧光法的标准曲线回归方程

元素	线性范围/（μg/L）	回归方程	相关系数
Se	1.00～20.00	y=76.710 4x+7.650 8	0.999 9
Sn			
As	1.00～20.00	y=121.339 7x+6.359 5	0.999 9
Hg			

2.4 样品中部分微量元素的测定

按表 1 所列的工作条件，用原子吸收法测定样品溶液中铜、锌、锰、铁、钙、镁的含量，溶液保持 1%的硝酸的酸性。溶液浓度超出曲线线性范围时需要适当稀释。

按表 2 所列的工作条件，用原子荧光法测定样品溶液中的砷、硒、锑的含量，测定砷、硒、锑的溶液先加 5%盐酸，再加 1%硫脲+1%抗坏血酸；2%硼氢化钾溶液：称取 4.0 g 硼氢化钾于 0.5%的氢氧化钾溶液中，用蒸馏水定容至 200 ml，冰箱中保存可用 7d。5%（V/V）盐酸载流溶液。溶液浓度超出曲线线性范围的需要适当稀释。

所测得样品中部分微量元素的质量分数如表 5 所示。

2.5 重复性实验

按表 1 所示的工作条件，分别测定待测溶液中的相应微量元素的浓度，连续做 3 个平行样，样品溶液浓度的 RSD 的范围为：0.82%～4.33%，测定的重复性良好。见表 3。

2.6 回收率实验

取适当消化后的样品溶液，加入一定量的相应元素的标准溶液，按表 1 所示的工作条件，分别测定待测溶液中相应微量元素的浓度，连续做 3 个平行样，计算回收率，加标回收率的范围为：95.8%～104.6%，能很好地满足质量控制的要求（见表 5）。

表 5 石耳中样品测定结果（按干质量计）、精密度及加标回收率

元素	质量分数/（mg/kg）	RSD/%	加标回收率/%
Fe	0.305	2.65	99.7
Ca	7.003	4.33	104.6
Zn	0.037	0.82	102.3
Cu	0.016	2.86	95.8
Mn	0.066	1.21	98.7
Pb			
Co			
Ni			
Cr			

元素	质量分数/（mg/kg）	RSD/%	加标回收率/%
Se			
Sn			
As			
Hg			

3 讨论

由表 5 可知，洞口石耳中含有丰富的对人体有益的 Fe、Ca、Zn、Se 等微量元素。

Fe 是人体造血所必需的主要微量元素，Fe 参与血红蛋白和肌红蛋白、细胞色素氧化酶、过氧化氢酶、过氧化酶的合成，并与乙酰辅酶 A、琥珀酸脱氢酶、细胞色素还原酶的活性密切相关。百合具有养血安神、治疗气虚、血少、心悸之功效，可能与石耳中含有大量的 Fe 元素有关[4]。Ca 可加强大脑皮层的抑制过程，调节兴奋和抑制过程的平衡失调，还有消炎、消肿抗过敏作用，以及解毒作用，并与高血压呈负相关[5]。Zn 与生长发育、代谢、内分泌和神经功能有密切的关系，还能为细胞释放能量、延缓衰老。有研究表明，肺痨病（西医称肺结核）患者头发和血清中的 Zn 含量低于正常人[6]，龙牙百合中含有丰富的 Zn，可以起到润肺的功效。Se 是动物的必需微量元素，能参与构成谷胱甘肽过氧化酶（GSH-PX）[7]，GSH-PX 能消除脂质过氧化物的毒性作用，防止细胞和亚细胞膜受到破坏；硒可促进脂类及其脂溶性物质的消化吸收作用，与肌肉的生长发育和动物的繁殖密切相关；硒能有效提高机体的体液免疫和细胞免疫功能，与维生素 E（VE）在体内起着复杂的补偿和协调作用，两者是动物机体内抗氧化的两条防御途径，存在着协同增效的作用，硒也是维持胰腺正常生理功能所必需的微量元素。中草药的微量元素含量是中药质量的一个重要基础数据。因此，研究石耳中微量元素的含量及其特点对进一步综合开发和利用洞口石耳提供了参考。

参考文献

[1] 江苏新医学院. 中药大辞典. 上海：上海科学技术出版社，1997：582.

[2] 解一山. 山蔬第一珍品石耳. 医食参考，2009（3）：50.

[3] 丁航，揭新明，梁统，等. 不同产地侧柏中微量元素的测定分析. 广东微量元素科学，2002，9（12）：38.

[4] 赵凤泽，沈刚哲，姜英子. 中药微量元素的研究近况及展望. 广东微量元素科学，2002，9（3）：24.

[5] 刘伟明，冷红霞，朱志国，等. 光谱学和光谱分析，2001，21（3）：397.

[6] 王新平. 光谱学和光谱实验分析. 2005，25（2）：293.

[7] 杨凤. 动物营养学. 2 版. 北京：中国农业出版社，1993.

此文章刊登于《广东微量元素科学》2011 年第 9 期

ICP-OES 测定电路板制造废水中的铜、镍、锡

龙加洪　许雄飞　康晓宇　吴银菊　谭菊　朱奕
（长沙市环境监测中心站，长沙　410001）

摘　要：建立了电感耦合等离子体发射光谱法测定电路板制造废水中铜、镍和锡的方法，研究了消解方法及分析谱线的选择。该方法与国标原子吸收法比较结果无显著性差异。方法应用于不同浓度电路板制造废水的测定，铜、镍、锡的方法检出限分别为 0.006 mg/L、0.005 mg/L、0.008 mg/L，加标回收率分别为 91.6%～103%、93.0%～105%、92.6%～102%，相对标准偏差分别为 0.7%～2.6%、1.5%～4.5%、1.1%～3.2%。

关键词：电感耦合等离子体发射光谱法；铜；镍；锡；电路板制造废水

Simultaneous determination of Cu、Ni and Sn in wastewater of the manufactory of circuit board by ICP-OES

Long Jiahong　Xu Xiongfei　Kang Xiaoyu　Wu Yinju　Tan Ju　Zhu Yi
（Changsha Environmental Monitoring Centre，Changsha　410001）

Abstract：A method was developed for the simultaneous determination of Cu、Ni and Sn in wastewater of the manufactory of circuit board by ICP-OES. The methods of digestion were studied，and analytical wavelength was optimized. The distinctiones of this method and National Standards are little. The method was applied to different concentration wastewater of the manufactory of circuit board，the detection limits of Cu、Ni and Sn were respectively 0.006 mg/L、0.005 mg/L and 0.008 mg/L.The recoveries were respectively 91.6%～103%、93.0%～105% and 92.6%～102%，with relative standard deviations of 0.7%～2.6%、1.5%～4.5% and 1.1%～3.2%.

Key words：ICP-OES；Cu；Ni；Sn；Wastewater of the manufactory of circuit board

随着我国电子工业的高速发展以及发达国家的产业转移，电路板制造废水已经成为我国继有色冶炼以外的主要重金属废水污染源之一，且成分复杂，建立一套对电路板废水主要重金属的分析方法十分必要。铜（Cu）、镍（Ni）、锡（Sn）是电路板制造工业中应用最普遍的金属，经过冲压、钻孔、酸洗、蚀刻、电镀等工艺，产生含铜、镍、锡浓度较高的废水。废水中铜和镍的检测通常使用火焰原子吸收法[1,2]，该方法测定铜干扰较少，但测定镍却存在较为严重的谱线干扰，且各元素的线性范围都较窄，而废水中各元素的浓度高低不同，给实际操作带来了麻烦。

锡尚未有废水的标准分析方法可依，不便于环境监督部门对含锡废水的监测。采用电

感耦合等离子体发射光谱法[3-6]（ICP-OES 法），既可以同时测定多元素，又可选择不同的谱线得到不同的检测范围和灵敏度，给重金属监测带来便利。本文根据电路板制造废水的特点，研究了消解方法及分析谱线的选择，建立了一套简便快捷同时测定电路板制造废水中铜、镍、锡的分析方法，取得了较好的效果。

1 实验部分

1.1 主要仪器及试剂

等离子体发射光谱仪：ICP6300 电感耦合等离子体发射光谱仪，美国 Thermo scientific 公司；

铜标液：1 000 mg/L，1% HNO_3 介质，国家标准物质研究中心；

镍标液：1 000 mg/L，1% HNO_3 介质，国家标准物质研究中心；

锡标液：500 mg/L，20% HCl 介质，国家钢铁材料测试中心钢铁研究总院；

所有实验用水均使用超纯水。

1.2 仪器设置

ICP6300 主要仪器参数设置如表 1 所示。

表 1 ICP6300 主要仪器参数设置

参数	设置	参数	设置
观测方式	水平	中心管	2.0 mm
泵转速	50r/min	炬管定位	Duo
雾化器	标准同心圆雾化器	RF 正向功率	1150W
雾化器载气流量	0.7L/min	辅助气流量	0.5L/min
雾化室	标准玻璃旋流同心雾化室	积分时间	高波段 5 s，低波段 15 s

1.3 测定方法

1.3.1 校准曲线的绘制

为使多元素同时测定，将铜、镍、锡的标准溶液稀释配成混合标样，混标以 5%的 HNO_3 为介质。铜的标准系列浓度分别为 0 mg/L、0.20 mg/L、2.00 mg/L、10.0 mg/L、30.0 mg/L、100.0 mg/L，镍的分别为 0 mg/L、0.01 mg/L、0.10 mg/L、0.50 mg/L、1.50 mg/L、5.00 mg/L，锡的分别为 0 mg/L、0.01 mg/L、0.10 mg/L、0.50 mg/L、1.50 mg/L、5.00 mg/L。

1.3.2 样品的预处理[7]

取 100 ml 的均匀样品，加入（1+1）硝酸 5 ml 置于电热板上缓慢加热至近干，反复进行这一过程，直到试样溶液颜色变浅或稳定。取下冷却，加入少量水继续加热溶解残渣，再次冷却后用超纯水定容至 100 ml，使溶液保持 5%的硝酸酸度，同时做空白试验。

1.3.3 样品的测定

待 ICP 仪稳定后，将标准系列、空白样品以及预处理好的水样，在仪器最佳工作参数条件下，先后进样分析，以扣除背景法修正干扰。

2 结果与讨论

2.1 消解溶液的选择

电路板制造工业包括基板制作、内层制作、压合、机械钻孔、通孔电镀、外层制作、抗焊印刷、电镀镍金、冲压成型等工序，产生非络合废水、络合废水、脱膜显影废液、非络合酸碱含铜废水，废水含有强酸碱、悬浮物、有机物等杂质。因此，在消解电路板制造废水样品时，应注意溶解废水悬浮颗粒物中的重金属元素，彻底破坏生产工艺中产生的有机杂质，并将消解后的酸度保持一致。本方法选择硝酸溶解样品，初步去除有机物，如有机物过多，再加入适量双氧水去除。消解样品至近干，使原液中的酸减至最少，加 5%硝酸定容至刻度，确保样品中的酸度基本保持一致。

2.2 谱线的干扰及谱线的选择

为了充分考虑本方法涉及被测元素的灵敏度、线性范围、背景干扰等因素，本实验根据仪器提供的波长谱线资料，每个元素均选择 3 条谱线进行谱图分析（见表 2）。由于电镀废水中的铜浓度过高，最强线线性范围窄，故铜未选用最强线 324.7 nm；因为水样中存在钙元素（327.4 nm）干扰，故也未选用第二强度线 327.3 nm；最终确定 224.7 nm 分析线，既有较宽的线性范围又有合适的灵敏度，同时背景干扰小。镍由于电镀废水中有较强的铜（221.5 nm）干扰，故未选用最强线 221.6 nm；因为灵敏度过低，也未选第三强度线 341.1 nm；最终选择 231.6 nm 分析线有恰当的灵敏度和较低的干扰。锡的干扰较小，综合考虑，选最灵敏线 189.9 nm。

表 2 各元素谱线选择

元素		Cu	Ni	Sn
选择谱线（按强度高低顺序）	1	324.7	221.6	189.9
	2	327.3	231.6	283.9
	3	224.7	341.4	242.9
分析线确定		224.7	231.6	189.9

2.3 校准曲线及方法检出限

校准曲线和方法检出限是检查仪器性能和方法可行性的重要指标[8]。根据 1.2 的分析条件，各元素在标准曲线范围内呈良好的线性关系。依据国际纯粹和应用化学联合会（IUPAC）的规定，按照 2.2 选择的谱线，取 20 次平行测定空白溶液的结果，按空白溶液标准偏差的 3 倍计算出各元素的检出限。各元素的校准曲线方程和检出限详见表 3。

表 3 校准曲线及方法检出限

元素	线形范围 R/（mg/L）	标准曲线回归方程	相关系数	检出限 ρ/（mg/L）
Cu	0.20～100.0	y=2 619.4x+0.24	0.999 7	0.006
Ni	0.01～5.00	y=2 988.6x−1.42	0.999 9	0.005
Sn	0.01～5.00	y=752.9x+0.37	0.999 9	0.008

2.4 样品的精密度和加标回收率试验

分别向电路板制造企业各工艺流程废水样品中添加合适浓度水平的金属标准溶液，进行加标回收试验，每个浓度平行 7 份，并计算相对标准偏差（结果见表 4）。由表 4 可知：铜元素的平均回收率在 91.6%～103%，相对标准偏差在 0.7%～2.6%；镍元素的平均回收率 93.0%～105%在，相对标准偏差在 1.5%～4.5%；锡元素的平均回收率在 92.6%～102%，相对标准偏差在 1.1%～3.2%。从试验结果可以看出，该方法适用于电路板制造废水中铜、镍、锡的检测分析，能满足环境监测技术规范[9]的要求。

表 4 样品测定的加标回收率和精密度（n=7）

样品	元素	样品原含量 ρ/（mg/L）	加标量 ρ/（mg/L）	加标后总量平均值 ρ/（mg/L）	RSD/%	回收率/%
非络合废水	Cu	29.68	20.0	47.99	2.3	91.6
	Ni	3.461	2.00	5.495	4.5	101.7
	Sn	2.139	2.00	4.053	1.1	95.7
络合废水	Cu	17.25	10.0	27.20	0.7	99.5
	Ni	0.235	0.200	0.445	1.5	105.0
	Sn	0.662	1.00	1.675	1.3	101.3
脱膜显影废液	Cu	2.710	4.00	6.427	0.9	92.9
	Ni	0.012	0.200	0.198	1.6	93.0
	Sn	0.064	0.500	0.527	1.7	92.6
非络合酸碱含铜废水	Cu	79.18	20.0	98.15	0.8	94.8
	Ni	1.557	1.00	2.543	1.9	98.6
	Sn	1.959	0.500	2.468	1.8	101.8
生产污水处理站废水	Cu	0.298	0.500	0.811	2.6	102.6
	Ni	0.008	0.200	0.212	2.6	102.0
	Sn	0.012	0.200	0.208	3.2	98.0

2.5 与国标方法的比较

用本方法分别对电路板制造不同工艺废水的铜、镍进行试验，测定结果与国标火焰原子吸收法进行比较（锡由于无国标法所以未作比对），从表 5 可看出，两种方法测定结果没有显著性差异。但国标法需要单元素逐个测定，且需进行不同比例的稀释。ICP-OES 法可多元素同时测定，且不需稀释，减少稀释带来的误差，操作更加简便快捷。

表 5 方法比对实验结果

元素	试验方法	非络合废水		络合废水		非络合酸碱含铜废水	
		测定结果 ρ/（mg/L）	RSD/%	测定结果 ρ/（mg/L）	RSD/%	测定结果 ρ/（mg/L）	RSD/%
Cu	GB/T 7475—1987	30.0	4.5	17.1	3.6	61.2	5.6
	本法	29.68	2.5	17.25	0.8	59.18	2.3
Ni	GB/T 11912—1989	3.54	3.8	0.24	4.2	1.49	2.8
	本法	3.405	1.2	0.226	1.5	1.557	0.6

3 结论

铜、镍、锡等元素的电感耦合等离子体发射光谱法的分析方法，具有以下特点：

（1）电感耦合等离子体发射光谱法与一般的原子吸收法相比可提供更宽的线性范围、更快的分析速度、更广的分析范围、较高的分析精密度，且可供选择的波长多，每个元素都有多条可供测定的、灵敏度不同的特征波长谱线，因此ICP-OES适用于超微量成分到常量成分的同时测定。

（2）应用本研究建立的方法对电路板制造各环节废水的金属元素进行测定，能达到环境监测技术规范的要求，也可拓展为对其他废水的测定，同时锡的测定方法可弥补废水环境监测中无锡标准分析方法的不足。

参考文献

[1] 国家环境保护局，国家技术监督局. 水质-铜、锌、铅、镉的测定-原子吸收分光光度法[S]（GB/T 7475—1987）. 北京：中国标准出版社，1987：1-4.

[2] 国家环境保护局，国家技术监督局. 水质-镍的测定-火焰原子吸收分光光度法[S]（GB/T 11912—1989）. 北京：中国标准出版社，1989，1-2.

[3] 鲁丹，阮毅. 电感耦合等离子体原子发射光谱法测定工业废水中铅、镉、铬和砷[J] .理学检验：化学分册，2007，43（12）：1022-1023.

[4] 彭青枝，鲁西亚，陈玲玲. 电感耦合等离子体原子发射光谱法同时测定复混肥料中有效磷和钾[J]. 分析实验室，2010，29（10）：37-39.

[5] 潘亮.以DDTP为化学改进剂，低温电热蒸发ICP - OES测定环境样品中的钴和镍[J]. 分析实验室，2006，25（8）：45-49.

[6] 赵亚男，韩瑜，吴江峰. ICP AES分析技术的应用研究进展[J] .广东微量元素科学，2010，17（5）：19-24.

[7] 国家环境保护总局《水和废水监测分析方法》编委会. 水和废水监测分析方法（第4版）[M]. 北京：中国环境科学出版社，2002：291-298.

[8] 陈伟珍，杨桂珍，杨建男等. 微波消解与ICP-AES联用测定水中的重金属. 中国卫生检验杂志，2006，16（1）：53-63.

[9] 国家环境保护总局. 地表水和污水监测技术规范[S]. HJ/T 91—2002. 北京：中国环境科学出版社，2002：27-47.

此文章刊登于《光谱实验室》2012年第4期

HG-AFS 法测定土壤样中硒的不确定度评定

简红霞[1] 刘梯楼[2]

（1. 邵阳市环境保护监测站，邵阳 422000；

2. 邵阳市医学高等专科学校，邵阳 422000）

摘 要：目的：对测量土壤样品中硒的不确定度进行评定。方法：采用氢化物发生-原子荧光光谱（HG-AFS）法对土壤样品中的硒进行测定，根据《测量不确定度评定与表示》对其不确定度进行分析。结果：其测量不确定度主要来源于标准溶液配制、曲线拟合、样品制备、重复测量，并得出标准不确定度和扩展不确定度。结论：当土壤中硒的含量为 0.642 mg/kg 时，其扩展不确定度为 0.036 mg/kg（k=2）。

关键词：HG-AFS；不确定度；硒；土壤

Uncertainty Evaluation of Determination of Selenium in Soil by HG-AFS

Jian Hongxia Liu Tilou

（Shaoyang Environmental Monitoring Station，Shaoyang 422000）

Abstract：[Objective] Uncertainty evaluation of measurement of selenium in soil. [Method] Selenium in soil samples were measured by using Hydride Generation Atomic Fluorescence Spectrometry（HG-AFS），The uncertainty was been analysed according to《Evaluation and Expression of Uncertainty in Measurement》. [Result] The impacts of major source of measurement uncertainty were preparation of standard solution，curve fitting，samples preparation and measurement repeatability，and the standard and expanded uncertainty were gained. [Conclusion] When the selenium content is 0.642 mg/kg in soil，the expanded uncertainty is 0.036 mg/kg（k=2）.

Key words：HG-AFS；uncertainty；selenium；soil

氢化物发生-原子荧光光谱（HG-AFS）法是目前卫生、环保、地质、冶金等行业广泛运用的一种化学分析方法[1]，它具有灵敏度高，测量范围宽、分析速度快、重现性好等优点。

不确定度的评定是对检测数据客观真实性的评价，是国家资质认定评审准则对实验室的要求[2]。国家标准 GB/T 27025—2008《检测和校准实验室能力的通用要求》在技术要求方面强化了评定测量不确定度，指出在必要时，要对测量结果的不确定度进行评定。通过评定不确定度可以找出影响测量结果的主要因素，对不确定度进行评估，从而提高分析测试结果的质量。本文根据《测量不确定度评定和表示》[3]对 HG-AFS 法测定土壤样品中硒的不确定度进行分析。

1 材料与方法

1.1 仪器和主要试剂

AFS-8330 型原子荧光分光光度计和高性能特种空心阴极硒灯（北京吉天仪器有限公司）。硒标准溶液（国家环保部标准样品研究所）；盐酸、硝酸、氢氧化钾均为优级纯（国家医药集团上海化学试剂有限公司）；硼氢化钾为分析纯（国家医药集团上海化学试剂有限公司）；Milli-Q 超纯水机。

1.2 仪器工作参数

光电倍增管负高压 270V，硒灯总电流 80 mA，原子化器高度 8 mm，原子化器温度 200℃，载气流量 400 ml/min，屏蔽气流量 800 ml/min，读数时间 6 s，延迟时间 1 s，测量方式 Std.Curve，读数方式 Peak.Area，载流 5% HCl(*V*/*V*)，还原剂 2%KBH_4 溶解在 0.5% KOH 中。

1.3 采样和样品保存

将采集的土壤样品（一般不少于 500 g）混匀后用四分法缩分至约 100 g。缩分后的土样经风干（自然风干或冷冻干燥）后，除去土样中石子和动植物残体等异物，用木棒（或玛瑙碾压），过 2 mm 尼龙筛，混匀，用玛瑙辗钵将通过 2 mm 尼龙筛土样研磨至全部通过 100 目尼龙筛，混匀后置于广口玻璃瓶中备用。

1.4 样品预处理

准确称取样品 0.205 0 g 左右于 25 ml 比色管中，加入新配制的（1+1）王水 10 ml，充分摇散管中样品，于水浴锅中加热 2 h（期间将比色管逐个取出摇动 2 次）。取出比色管，待完全冷却后，用 5%的盐酸溶液定容至刻度，充分摇匀，静置 4 h 后，取上清液上机测定。同样步骤制备空白溶液。

1.5 数学模型

试样中硒的质量分数计算表达式：

$$\omega(\text{Se}) = \frac{C \times V \times 10^{-3} \times n}{m}$$

式中，ω(Se) —— 试样中硒的质量分数，mg/kg；

C —— 标准曲线上查出的硒的质量浓度，mg/L；

V —— 定容体积，ml；

m —— 试样质量，干重，g；

n —— 稀释因子。

1.6 测试结果

在优化的仪器工作参数下，依次对六个平行样和四个加标回收样进行测定，结果见表 1。

表 1 测试结果

编号	1	2	3	4	5	6	7	8	9	10
称样量/g	0.204 8	0.204 7	0.206 3	0.204 6	0.204 9	0.204 7	0.204 9	0.205 1	0.205 3	0.205 5
加标量/ μg	—	—	—	—	—	—	0.2	0.2	0.3	0.3

编号	1	2	3	4	5	6	7	8	9	10
荧光强度值 I_f	117.42	117.10	117.26	117.09	117.22	116.86	302.29	286.76	379.68	379.51
校正后浓度/（μg/L）	5.274	5.260	5.266	5.259	5.265	5.248	13.576	12.879	17.267	17.260
Se 含量/μg	0.131 8	0.131 5	0.131 6	0.131 5	0.131 6	0.131 2	0.339 4	0.322 0	0.431 7	0.431 5
加标回收率/%	—	—	—	—	—	—	103.93	95.21	100.05	99.99

1.7 不确定度的主要来源

由测定过程和数学模型分析，测定土壤样品中硒含量的不确定度主要来源于标准物质配制、标准曲线拟合、样品制备、重复测量等原因引入的不确定度。

2 标准不确定度的评定

2.1 标准物质的不确定度

2.1.1 标准溶液的不确定度

所用的硒标准溶液来自国家环保部标准样品研究所，浓度为 100 mg/L，不确定度为 0.5%，按均匀分布属 B 类，不确定度 U_{rel}（标液）=0.5%/$\sqrt{3}$=0.289%。

2.1.2 标准工作液配制引入的不确定度

将硒标准溶液 100 mg/L 用 10 ml 大肚吸管吸取 10 ml 于 100 ml 容量瓶中，加 5 ml 优级纯盐酸，18.3MΩ 超纯水定容到刻度，摇匀，得到 10 mg/L 标准储备溶液，同样步骤逐级稀释成 1 mg/L、0.1 mg/L 标准溶液，再用 10 ml 刻度吸管分别吸取 0.5 ml、1.0 ml、2.0 ml、4.0 ml、5.0 ml、10.0 ml 硒标准溶液 0.1 mg/L 于 50 ml 容量瓶中，配制成 1.0 μg/L、2.0 μg/L、4.0 μg/L、8.0 μg/L、10.0 μg/L、20.0 μg/L 标准工作溶液。因此，标准溶液引入的不确定度分别由 10 ml 大肚吸管、100 ml 容量瓶、10 ml 刻度吸管和 50 ml 容量瓶组成。玻璃量器的不确定度分别由它们的校准误差、吸取溶液时的估读误差及实际使用温度的差异引起，按照常用玻璃量器检定规程（JJG 196—1990）的要求，均有相应的最大量允许差[4]，按照矩形分布，$K=\sqrt{3}$，由此估算出硒的标准溶液配制引入的不确定度，见表 2。

表 2 配制硒标准溶液引入的不确定度

玻璃量器（A 级）	最大允许差/ml	不确定度分量/ml			标准不确定度/ml	相对标准不确定度
		容积	读数	温度		
10 ml 单标线吸管	0.02	0.011 55	0.002 9	0.006 06	0.013 36	0.001 34
100 ml 容量瓶	0.10	0.057 74	0.002 9	0.060 62	0.083 76	0.000 84
10 ml 单标线吸管	0.02	0.011 55	0.002 9	0.006 06	0.013 36	0.001 34
100 ml 容量瓶	0.10	0.057 74	0.002 9	0.060 62	0.083 76	0.000 84
10 ml 单标线吸管	0.02	0.011 55	0.002 9	0.006 06	0.013 36	0.001 34
100 ml 容量瓶	0.10	0.057 74	0.002 9	0.060 62	0.083 76	0.000 84
10 ml 分度吸管	0.02	0.011 55	0.002 9	0.006 06	0.013 36	0.001 34
50 ml 容量瓶	0.05	0.028 87	0.002 9	0.030 31	0.041 95	0.000 84

由表 2 得出，配制硒标准工作液使用玻璃量具引入的不确定度合成相对标准不确定度

$$U_{rel}(校准)=\sqrt{0.001\,34^2+0.000\,84^2+0.001\,34^2+0.000\,84^2+0.001\,34^2+0.000\,84^2+0.001\,34^2+0.000\,84^2}$$

$$=0.316\%$$

由标准溶液的配制引入的相对标准不确定度分量合成标准溶液的相对标准不确定度：

$$U_{rel}(sta)=\sqrt{U_{rel}{}^2(标液)+U_{rel}{}^2(校准)}=\sqrt{(0.289\%)^2+(0.316\%)^2}=0.428\%$$

2.2 标准曲线拟合的不确定度

2.2.1 工作曲线拟合的不确定度

采用 6 个浓度水平的硒标准溶液，用最小二乘法进行拟合，得到直线方程和其相关系数，结果见表 3。

表 3 硒标准溶液质量浓度—荧光强度值结果

C_{Se}/（μg/L）	荧光值/y	工作曲线回归算出的荧光值 bC+a	[y–（bC+a）]^2
1.00	22.13	21.27	0.739 6
2.00	40.03	43.36	11.088 9
4.00	87.55	87.52	0.000 9
8.00	175.88	175.84	0.001 6
10.00	222.66	220.01	7.022 5
20.00	439.76	440.82	1.123 6

注：I_f=22.081 4 C–0.806 6，r=0.999 9。

本实验对样品溶液进行了 6 次平行测定，结果见表 1，由直线方程求得平均质量浓度 C_0=5.26 μg/L，则由标准曲线引入的 C_0 的不确定度：

$$U(C_0)=\frac{S_{(y)}}{b}\sqrt{\frac{1}{p}+\frac{1}{n}+\frac{(C_0-\overline{C})^2}{S_{cc}}}=0.060\ 2\ \mu g/L$$

式中，标准溶液荧光值的残差的标准差 $S_{(y)}=\sqrt{\frac{\sum_{j=1}^{n}[y_j-(a+bC_j)]^2}{n-2}}$=2.235 μg/L；标准溶液平均浓度：$\overline{C}=\frac{\sum_{j=1}^{n}C_j}{n}=7.500$ μg/L；标准溶液质量浓度的残差的平方和：$S_{cc}=\sum_{j=1}^{n}(C_j-\overline{C})^2=249.50$（μg/L）^{2}；$n$：标准溶液的测量次数，本列为 6；$p$：$C_0$ 的测量次数，本列为 6；b：工作曲线的斜率，b=22.081 4。

$$U_{rel}(C_0)=\frac{U(C_0)}{C_0}=\frac{0.060\ 2\ \mu g/L}{5.26\ \mu g/L}=1.144\%$$

2.2.2 分析仪器测量的不确定度

仪器重复性测量不确定度按《JJF 1059—1999》[3]4.1 节计算，测量数据呈正态分布，属 A 类评定。

（1）空白测量重复性不确定度$U_{重}\left(\overline{X_0}\right)=S\left(\overline{X_0}\right)/\sqrt{p}$，$p$ 为测量次数。由于$S\left(\overline{X_0}\right)$均为零，所以，空白测量重复性不确定度可忽略。

（2）荧光值的量化误差引入的不确定度该原子荧光光度仪的分辨率为 I_f 为 0.01，则

$$U_{\rm rel}(荧光值)=\frac{0.01}{2\sqrt{3}\times y}=(1.753\times10^{-3})\%$$

（3）分析仪器引入的不确定度

该原子荧光光度仪的 RSD 为 0.01%，则$U_{\rm rel}（测量）=\dfrac{0.01\%}{\sqrt{6}}=(4.082\times10^{-3})\%$

分析仪器测量引入的不确定度

$$U_{\rm rel}（仪器）=\sqrt{U_{\rm rel}^{\ 2}（荧光值）+U_{\rm rel}^{\ 2}（测量）}=\sqrt{[(1.753\times10^{-3})\%]^2+[(4.082\times10^{-3})\%]^2}$$

$$=(4.442\times10^{-3})\%$$

标准曲线拟合引入的不确定度

$$U_{\rm rel}(C)=\sqrt{U_{\rm rel}^{\ 2}(C_0)+U_{\rm rel}^{\ 2}(仪器)}=\sqrt{(1.144\%)^2+[(4.442\times10^{-3})\%]^2}=1.144\%$$

2.3 样品制备过程中引入的不确定度

2.3.1 取样

本实验按照《DZ/T 0130—2002》规定，加工至 100 目混合均匀，随机取样，由此引入的不确定度可忽略不计。

2.3..2 称重

样品质量的称量范围为 0.205 0 g 左右，样品称量的次数为 6 次，称量次数较少，采用极差法计算不确定度：

$$U(m)=S(\omega)=\frac{R}{C}=\frac{0.2063-0.2046}{2.53}=6.719\times10^{-4}\ \mathrm{g}$$

式中，R——极差值；

C——极差系数。

$$U_{\rm rel}(m)=\frac{U(m)}{m}=\frac{6.719\times10^{-4}}{0.205\ 0}=0.328\%$$

2.3.3 消解回收率

由于样品消解不完全或消解过程导致硒的损失或污染及消化液转移过程中的损失等，将使土壤中的硒不能 100%测定到，本法测定硒的加标回收率为 95.21%～103.93%，样品回收率的不确定度按 JJF 1059—1999《测量不确定度评定与表示》[3]5.8 节计算：

b_+=（103.93−100）%=3.93%；

b_-=（100−95.21）%=4.79%

$$U_{\rm rel}(rec)=\sqrt{\frac{(b_+ + b_-)^2}{12}}=\sqrt{\frac{(3.93\%+4.79\%)^2}{12}}=2.517\%$$

2.3.4 定容体积

消解液使用 25 ml 比色管定容，根据 JJG 196—1990 玻璃量具检定规程，其最大容量允许差 0.03 ml，取矩形分布考虑：

$$U(V_{25定})=\frac{0.03}{\sqrt{3}}=0.017\,3\text{ ml};\quad U_{\text{rel}}(V_{25定})=\frac{U(V_{25定})}{V_{25定}}=\frac{0.017\,3}{25}=0.069\,2\%$$

2.3.5 温度

玻璃量具在 20℃校准，室间温度变化为 20±5℃，水的膨胀系数为 2.1×10^{-4}℃$^{-1}$（玻璃的体积膨胀系数相对于水的可忽略不计），计算 25 ml 比色管的标准不确定度，视温度变化属于矩形分布：

$$U(V_{25温度})=\frac{25\times5\times2.1\times10^{-4}}{\sqrt{3}}=0.015\,2\text{ ml};\quad U_{\text{rel}}(V_{25温度})=\frac{U(V_{25温度})}{V_{定25}}=\frac{0.015\,2}{25}=0.060\,8\%$$

从上述评定可知，样品制备过程中引入的不确定度如下：

$$U_{\text{rel}}(pre)=\sqrt{U_{rel}{}^{2}(m)+U_{rel}(rec)^{2}+U_{rel}{}^{2}(V_{25定})+U_{rel}{}^{2}(V_{25温度})}$$

$$=\sqrt{(0.328\%)^{2}+(2.517\%)^{2}+(0.069\,2\%)^{2}+(0.060\,8\%)^{2}}=2.540\%$$

2.4 重复性实验引入的不确定度

在重复性条件下，对样品进行了 6 次独立测试，硒的含量见表 1，硒的质量分数分别为 0.643 6 mg/kg 、 0.642 4 mg/kg 、 0.638 4 mg/kg 、 0.642 7 mg/kg 、 0.642 3 mg/kg 、 0.640 9 mg/kg，硒的质量分数的算术平均值：

$$\overline{\omega}=\frac{\sum_{j=1}^{n}\omega_i}{n}=\frac{0.6436+0.6424+0.6384+0.6427+0.6423+0.6409}{6}=0.642\text{ mg/kg}$$

单次测量的不确定度：

$$U(\omega_i)=S(\omega_i)=\sqrt{\frac{\sum_{j=1}^{n}(\omega_i-\overline{\omega})^2}{n-1}}=0.00187\text{ mg/kg}$$

算术平均值的不确定度：

$$U(\overline{\omega})=\frac{S(\omega_i)}{\sqrt{n}}=\frac{0.00187}{\sqrt{6}}=7.634\times10^{-4}\text{ mg/kg};\quad U_{rel}(\overline{\omega})=\frac{U(\overline{\omega})}{\overline{\omega}}=\frac{7.634\times10^{-4}}{0.642}=0.119\%$$

2.5 合成标准不确定度及扩展不确定度

由于各分量的不确定度来源彼此独立不相关，各标准不确定度合成土壤样品中硒含量结果的相对合成标准不确定度为：

$$U_{\text{rel}}(\omega Se)=\sqrt{U_{\text{rel}}{}^{2}(sta)+U_{\text{rel}}{}^{2}(C)+U_{\text{rel}}{}^{2}(pre)+U_{\text{rel}}{}^{2}(\overline{\omega})}$$

$$=\sqrt{(0.428\%)^{2}+(1.144\%)^{2}+(2.540\%)^{2}+(0.119\%)^{2}}=2.821\%$$

则合成标准不确定度为

$$U(\omega\text{Se})=\frac{C\times V\times 10^{-3}\times n}{m}\times U_{\text{rel}}(\omega\text{Se})=\frac{5.26\times 25.0\times 10^{-3}\times 1\times 2.821\%}{0.205\,0}=0.018\,\text{mg/kg}$$

置信概率 P 为 95%时，取包含因子 K=2，则扩展不确定度为

$$U_{\text{Se}}=KU(\omega\text{Se})=2\times 0.018=0.036\,\text{mg/kg}$$

3 结论

该方法 6 次测得土壤样品中硒的含量为：$\omega\text{Se}=(0.642\pm 0.036)\,\text{mg/kg}$，$K$=2，$P$=95%。

参考文献

[1] 李连仲. 岩石矿物分析. 3 版. 北京：地质出版社，1991.

[2] 中国实验室国家认可委员会编. 化学分析中不确定度的评估指南. 北京：中国计量出版社，2002.

[3] 测量不确定度评定与表示. JJF 1059—1999.

[4] 常用玻璃量器. JJG 196—1996.

此文章刊登于《安徽农业科学》2012 年第 7 期

土壤重金属含量测定不同消解方法比较研究

龙加洪　谭菊　吴银菊　朱奕　许雄飞
（长沙市环境监测中心站，长沙 410001）

摘　要：消解是影响土壤重金属测定结果准确性的关键步骤。比较电热板消解、微波消解和全自动石墨消解三种消解方法的操作流程，同时对不同类型土壤样品中 Cu、Zn、Pb、Cd、Cr、Ni 6 种元素含量进行对比测定，结果表明：电热板消解设备简单，但步骤繁锁，操作不当容易造成组分损失；微波消解速度快，测定结果精密性和准确性较好，但仍需人工赶酸程序且罐位少，不适合大批量样品分析；全自动石墨消解不仅测定结果精密性和准确性较好，而且自动化程度高，可实现无人值守，大大节省人力，尤其适合大批量样品的分析。

关键词：电热板消解；微波消解；全自动石墨消解；土壤；重金属

A Comparative Study on the Detection of Heavy Metal in Soil with Different Digestion Methods

Long Jiahong
（Changsha Environmental Monitoring Centre，Changsha　410001）

Abstract：Digestion method is the key step to affect the results accuracy of detection of heavy metal in soil. Comparing operating procedures of electricity-plate digestion，microwave digestion and automated sample digestion，while detecting Cu、Zn、Pb、Cd、Cr and Ni in different soil samples with three digestion methods，results show that the instruments of electricity-plate digestion is simple，but the complicated operating procedures make the components in soil lost. Microwave digestion is rapid and accurate，but this method is not suitable for determination of a large number soil samples due to few row of the instrument and dispelling the acid by operator. Automated sample digestion is convenient，precise，accurate and highly automated for determination of a large number soil samples.

Key words：electricity-plate digestion；microwave digestion；Automatic graphite dissolves；soil；heavy metal

随着工业、农业的不断发展，产生了大量废渣、废水。由于固体废物的随意倾倒和堆放，有害废水的任意排放以及农药的大量使用等原因，土壤中污染物的种类和浓度呈现日益上升趋势。土壤环境问题中，重金属污染具有多源性、隐蔽性、长期性，污染后果严重，在环境污染调查与评价研究中是重要的污染调查评价对象，被各国列入优先控制污染物名单[1-2]。近年来，环保部先后组织了全国土壤污染状况调查和农村土壤环境质量监督监测，可见国家对土壤环境问题的重视。因此，面对不断增加的土壤重金属监测任务，如何快速、准确地分析出其含量，以此来判断出土壤的污染程度尤为重要[3-5]。在土壤重金属测定的过程中，消解是关键。不同的消解方法，操作难度不同，消解效果有时也不同[6-8]。本文采用电热板消解、微波消解和全自动石墨消解 3 种消解方式对土壤样品进行消解，通过比较各种消解方法的操作简便程度，以及分析 3 种消解方法对 Cu、Zn、Pb、Cd、Cr、Ni 6 种重金属元素测定结果的影响，为土壤样品重金属测定中消解方法的选择提供参考依据。

1 实验方法与内容

1.1 主要仪器和试剂

微波消解仪：ETHOS 1，意大利 MileStone 公司；

高温石墨电热板：EH45B，北京莱伯泰科仪器有限公司；

全自动石墨消解仪：DEENA Ⅱ，美国 Thomas Cain 公司；

原子吸收仪：AA240Duo，美国 Varian 公司；

Cu、Zn、Pb、Cd、Cr、Ni 标准溶液 1 000 mg/L，国家环境保护部标准样品研究所；

环境土壤标准样品：ESS-3，中国环境监测总站；

所有实验用水均为超纯水，所有实验用酸均为优级纯。

1.2 土壤样品的制备

将采集的土壤样品（不少于 500 g）混匀后用四分法缩分至约 100 g。缩分后的土样经风干（自然风干或冷冻干燥）后，除去土样中石子和动植物残体等异物，用木棒（或玛瑙棒）研压，通过 2 mm 尼龙筛（除去 2 mm 以上的砂砾），混匀。用玛瑙研钵将通过 2 mm 尼龙筛的土样研磨至全部通过 100 目（孔径 0.149 mm）尼龙筛，混匀后备用。

1.3 土壤样品的消解

1.3.1 电热板消解法

准确称取 0.5 g（精确至 0.000 2 g）试样于 50 ml 聚四氟乙烯坩埚中，用水润湿后加入 10 ml 盐酸，于电热板上低温加热，使样品初步分解，待蒸发至约 3 ml，稍冷后加入 5 ml 硝酸、5 ml 氢氟酸、3 ml 高氯酸，加盖，于电热板上中温加热约 1 h，然后开盖振摇加热飞硅。当加热至冒浓厚高氯酸白烟时，加盖分解黑色有机碳化物。待坩埚壁上的黑色有机物消失后，开盖，驱赶白烟并蒸至内容物呈黏稠状（视消解情况，可补加 3 ml 硝酸、3 ml 氢氟酸、1 ml 高氯酸，重复以上消解过程）。取下坩埚稍冷，加入 1 ml 硝酸溶液，温热溶解可溶性残渣，全量转移至 50 ml 容量瓶中，冷却后用水定容至标线，摇匀。

1.3.2 微波消解法

准确称取 0.5 g（精确至 0.000 2 g）试样于微波消解罐中，用少量水润湿后加入 5 ml 硝酸、3 ml 氢氟酸、1 ml 双氧水，按照一定升温程序进行消解（见表 1），冷却后将溶液转移至 50 ml 聚四氟乙烯坩埚中，并于电热板 150℃加热，驱赶白烟并蒸至内容物呈黏稠状。取下坩埚稍冷，加入 1 ml 硝酸溶液，温热溶解可溶性残渣，全量转移至 50 ml 容量瓶中，冷却后定容至标线，摇匀。

表 1 微波消解程序

步骤	温度/℃	时长/min	功率/kW
1	180	10	1.5
2	210	20	1.5

1.3.3 全自动石墨消解法

准确称取 0.5 g（精确至 0.000 2 g）试样于全自动石墨消解特氟龙消解管内，用少量水润湿后，按表 2 程序消解样品。

表 2 全自动石墨消解程序

步骤	设定程序	步骤	设定程序
1	加入 10 ml 硝酸	2	加入 10 ml 盐酸
3	振摇 10 s	4	150℃温度下加热 90 min
5	冷却 30 min	6	加入 5 ml 氢氟酸
7	加入 3 ml 高氯酸	8	振摇 10 s
9	150℃温度下加热 40 min	10	加入 1 ml 硝酸
11	加蒸馏水 5 ml	12	150℃温度下加热 20 min
13	冷却 30 min	14	用蒸馏水定容至 50 ml
15	振摇 30 s		

1.4 样品的测定[9-12]

将处理好的消解液按照标准方法，采用原子吸收分别对 Cu、Zn、Pb、Cd、Cr、Ni 进行测定分析，并根据标准曲线计算出试样含量。

2 结果与讨论

2.1 3 种消解方法的操作流程比较

通过比较可知（见表 3），电热板消解法的优点是仪器设备简单，可一次性分析较多样品，应用广泛；但其缺点也很明显，耗时较长，整个过程需人工操作，敞开式消解、高温及产生的大量酸雾对操作者和环境带来危害，且消解过程易受外界干扰和操作者水平的限制。微波消解的优点是耗时短、用酸量少，对人及环境的危害较小；缺点是没有实现全自动化，样品微波消解后仍须赶酸定容，且一次性消解的样品量较少，不适合大批量样品的分析。全自动石墨消解的优点是耗时短，整个消解过程全自动完成，无须人值守，既节省了人力又避免了酸雾对实验人员的危害，且适合大批量样品的分析；缺点是用酸量较多，仪器较昂贵。

表 3 3 种消解方法的操作流程比较

比较内容	电热板消解法	微波消解法	全自动石墨消解法
消解酸种类	HCl- HNO_3- HF-$HClO_4$	HNO_3- HF-H_2O_2	HCl- HNO_3- HF-$HClO_4$
酸用量	多	较少	较多
一次性消解样品个数	20 个左右	10 个	60 个

比较内容	电热板消解法	微波消解法	全自动石墨消解法
消解耗时量	5 h	微波程序加冷却 1.5 h，赶酸及定容约 2 h，共计 3.5 h	4 h
自动化程度	无自动化，整个过程均需人工完成	半自动，微波程序和冷却过程自动完成，赶酸及定容与电热板消解相同	整个过程全自动化，无人值守
对工作人员的影响	很大，酸雾危害人体呼吸道，高温操作易烫伤	赶酸过程产生少量酸雾，对人影响较小	有酸雾产生，但对操作人员基本无影响

2.2 3 种消解方法的准确度及精密度比较

按电热板消解法、微波消解法、全自动石墨消解法 3 种方法，分别称取标准土壤样品 GSBZ 50013—88（ESS-3）各 5 份，按照 1.3 所述的方法进行消解试验，测定结果见表 4，可以看出：

（1）3 种方法对 Cu、Zn、Pb 和 Ni 都有很好的消解效果。

（2）Cd 由于含量较低，3 种方法精密度都相对较差，准确性也有不在标准范围的情况。

（3）Cr 受酸及温度影响较大，电热板消解易挥发损失，结果低于标准下限 27.6%～16.5%，且精密性较差；微波消解法的准确性和精密性最好；全自动石墨消解较微波消解稍差，但也能控制在标准限值范围内。

表 4　3 种消解方法的准确度及精密度比较

元素		Cu	Zn	Pb	Cd	Cr	Ni
标准值/（μg/g）		29.4±1.6	89.3±4.0	33.3±1.3	0.044±0.014	98.0±7.1	33.7±1.3
电热板消解法	测定值	28.5～30.5	88.5～92.5	32.3～34.0	0.041～0.063	65.8～75.9	33.5～34.6
	RSD/%	2.5	4.7	3.6	6.8	7.8	3.9
微波消解法	测定值	28.8～30.7	87.5～91.7	32.5～33.8	0.042～0.060	93.2～97.8	32.8～34.6
	RSD/%	2.4	3.2	1.7	5.4	3.6	3.6
全自动石墨消解法	测定值	28.6～29.8	86.8～92.8	32.6～34.1	0.039～0.059	89.2～94.2	32.9～34.3
	RSD/%	1.8	4.1	3.3	5.9	5.2	2.8

2.3 实际土壤样品的测定及加标回收率计算

采用 3 种消解方法对不同类型的土壤进行消解分析，每个样品平行测定 3 份。测定结果（见表 5）表明：Cu、Zn、Pb、Ni 的测定值平行性较好；Cd 的测定值结果差别略大；Cr 的测定结果微波消解和全自动石墨消解的测定值较接近，而电热板消解的测定值偏低结果就低很多；同时对农田土进行加标实验，平行加标 3 份，加标回收率的测定情况（见表 6）和实际样品及标准样品测定的偏差情况较吻合。

表 5　实际土壤样品测定结果　　单位：μg/g

样品	消解方法	Cu	Zn	Pb	Cd	Cr	Ni
农田土	电热板消解法	32.6	101	37.2	0.346	71.8	25.2
	微波消解法	31.5	104	38.5	0.366	98.2	26.5
	全自动石墨消解法	32.9	99.8	37.4	0.318	96.5	26.4

样品	消解方法	Cu	Zn	Pb	Cd	Cr	Ni
菜地土	电热板消解法	39.4	124	33.1	0.203	72.8	27.3
	微波消解法	38.2	128	34.5	0.238	97.1	28.1
	全自动石墨消解法	39.7	131	32.8	0.253	91.8	27.0
林地土	电热板消解法	29.7	73.7	19.8	0.054	58.6	21.5
	微波消解法	29.8	75.2	20.5	0.041	82.4	22.8
	全自动石墨消解法	28.8	72.9	20.6	0.060	79.8	20.9

表 6 农田土壤样品加标回收实验

元素	消解方法	加标前测定值/μg	加标量/μg	加标后测定值/μg	回收/μg	回收率/%
Cu	电热板消解法	16.3	30.0	45.1	28.8	96.0
	微波消解法	15.7	30.0	45.2	29.5	98.3
	全自动石墨消解法	16.4	30.0	47.3	30.9	103.0
Zn	电热板消解法	50.5	30.0	82.5	32.0	106.7
	微波消解法	52.0	30.0	82.9	30.9	103.0
	全自动石墨消解法	49.9	30.0	81.6	31.7	105.7
Pb	电热板消解法	18.6	30.0	46.8	28.2	94.0
	微波消解法	19.2	30.0	49.6	30.4	101.3
	全自动石墨消解法	18.7	30.0	47.7	29.0	96.7
Cd	电热板消解法	0.173	0.100	0.264	0.091	91.0
	微波消解法	0.183	0.100	0.281	0.098	98.0
	全自动石墨消解法	0.159	0.100	0.252	0.093	93.0
Cr	电热板消解法	35.9	30.0	58.4	22.5	75.0
	微波消解法	49.1	30.0	78.1	29.0	96.7
	全自动石墨消解法	48.2	30.0	75.7	27.5	91.7
Ni	电热板消解法	12.6	30.0	40.7	28.1	93.7
	微波消解法	13.2	30.0	42.1	28.9	96.3
	全自动石墨消解法	13.2	30.0	44.3	31.1	103.7

3 结论

通过操作流程比较和一系列对比实验可见，电热板加热消解法设备简单，成本低廉，但耗时较长，操作烦琐，产生的大量酸雾对操作者带来危害，人工操作不当容易造成组分损失，尤其 Cr 元素不易控制。微波消解法测定样品准确度高，精密性好，酸消耗量小，且操作较方便，能大大缩短消解时间，不足之处是依然置于电热板上加热赶酸，且消解罐位少，不太适合大批量样品分析。全自动石墨消解可实现加酸、加热控温、冷却定容等步骤全部自动完成，无人值守，大大节省了人力，且产生的酸雾不会对操作者构成危害，尤其适合大批量样品的分析。全自动石墨消解是程序控制所有步骤，避免了人工操作不当带来的影响，因此精密度和准确性也较好。

参考文献

[1] A. Moller，H. W. Muller，A. Abdullah，et al. Urban soil pollution in Damascus，Syria：concentrations and patterns of heavy metals in the soils of the Damascus Ghouta[J]. Geoderma，2005，124：63-71.

[2] Yuanpeng Wang，Jiyan Shi，Hui Wang，et al. The influence of soil heavy metals pollution on soil microbial biomass，enzyme activity，and community composition near a copper smelter[J]. Ecotoxicology and Environmental Safety，2007，67：75-81.

[3] 陈皓，何瑶，陈玲，等. 土壤重金属监测过程及其质量控制. 中国环境监测，2010，26（5）：40-43.

[4] 中国环境监测总站. 土壤元素的近代分析方法. 北京：中国环境科学出版，1992，64-73.

[5] 杨启霞，韩吉衢，孙海燕. 土壤 Pb、Cd 测定过程中溶样方法的改进. 中国环境监测，2006，22（3）：46-48.

[6] 李海峰，王庆仁，朱永官. 土壤重金属测定两种前处理方法的比较. 环境化学，2006，25（1）：108-109.

[7] 黄智伟，王宪，邱海源，等. 土壤重金属含量的微波法与电热板消解法测定的应用比较. 厦门大学学报：自然科学版，2007，46（Z1）：103-106.

[8] 张芙蕖，蒋晶晶. 三种土壤消解方法的对比研究. 环境科学与管理，2008，33（3）：132-134.

[9] GB/T 17138—1997. 土壤质量-铜、锌的测定-火焰原子吸收分光光度法.

[10] GB/T 17141—1997. 土壤质量-铅、镉的测定-石墨炉原子吸收分光光度法.

[11] HJ 491—2009. 土壤-总铬的测定-火焰原子吸收分光光度法.

[12] GB/T 17139—1997. 土壤质量-镍的测定-火焰原子吸收分光光度法.

此文章刊登于《中国环境监测》2013 年第 1 期

石墨炉原子吸收分光光度法测定地表水中的钼

刘可
（湘潭市环境保护监测站，湘潭 411104）

摘　要：地表水环境质量标准（GB 3838—2002）中要求做地表水中的钼用无火焰原子吸收分光光度法，试验表明：本方法试剂简单，过程简便快速，方法的精密度、准确度、回收率较高，方法的线性 r 大于 0.999，检出限为 2 μg/L，能满足环境水样中钼分析的实际需要。

关键词：石墨炉原子吸收法；正交试验；地表水；钼

Determination of Molybdenum in Water by GAAS

Liu Ke
（Xiangtan Environmental Monitoring Station，Xiangtang 411104）

Abstract：Surface water environment quality standard（GB 3838—2002）asks to be in surface water of Molybdenum by no flame atomic absorption spectrophotometry，experiments show that this method has the advantages of simple process：reagents，simple and fast method，precision，accuracy，recovery rate is higher，the linear r is greater than 0.999，the detection limit is 2 μg/L，can satisfy the environmental analysis of the actual needs of Molybdenum in water samples.

Key words：GAAS；orthogonal test；surface water；Molybdenum

钼是一切固氮植物所必需的营养成分，对植物内维生素 C 的合成、含量与分解具有一定作用。钼也是人体必需的微量元素。天然水中钼的含量为每升数微克。冶金、电子、石油加工、陶瓷和纺织等工业废水中常含钼，废水中钼的含量一般比较低。人和动物体内含钼过多可使钙、磷和铜的代谢受到影响，发生病变。日本规定钼的环境水质标准为 0.07 mg/L。本文阐述了石墨炉原子吸收分光光度法测定环境水样中的钼，以通带宽度、灯电流、灰化温度、原子化温度等条件进行优化试验。通过正交试验优化后的石墨炉法具有较好的检出限、精密度、准确度，满足环境水样对钼的分析要求。

1 试验部分

1.1 仪器与试剂

Z-5000 原子吸收分光光度计（日本日立公司）；

钼空心阴极灯（HL-1 河北衡水宁强光源厂）；

钼标准使用液：浓标准溶液（1 000 mg/L）用 1%（V/V）的硝酸逐级稀释至 1.00 mg/L；

钼质控样品：0.123±0.017 mg/L（GSBZ 50032—94 203803）；

硝酸、盐酸均为优级纯试剂；

实验用水为超纯水（18 MΩ/cm）。

1.2 试验步骤

1.2.1 样品的前处理

根据《地表水环境质量标准》和环境监测技术的要求，对地表水采集后自然沉降 30 分钟，取上层非沉降部分加硝酸酸化至 0.2%（*V/V*）直接取样测定。

1.2.2 仪器条件优化试验

配制 10 μg/L 的标准溶液 100 ml，进样量为 20 μl，选用灯电流、通带宽度、灰化温度、原子化温度四个因素作四因素三水平正交实验以优化仪器分析条件（因素水平表见表 1）。以钼的吸光度作统计分析评价，试验数据见表 2。经统计得出 Z-5000 原子吸收分光光度计测钼的最佳仪器条件为实验 6 号，具体参数见表 3。

表 1　正交试验因素水平表

水平	因素			
	灯电流/mA	通带宽度/nm	灰化温度/℃	原子化温度/℃
1	8	0.2	1 000	2 600
2	10	0.4	1 300	2 700
3	12	1.3	1 600	2 800

表 2　四因素三水平正交试验数据表

因素 实验号	通带宽度/nm	灯电流/mA	灰化温度/℃	原子化温度/℃	吸光度/abs	RSD/%
1	0.2	8	1 000	2 600	0.017 1、0.017 0、0.020 3　均值：0.018 1	11
2	0.2	10	1 300	2 800	0.006 8、0.007 4、0.007 7　均值：0.007 3	7
3	0.2	12	1 600	2 700	0.007 2、0.006 1、0.005 5　均值：0.006 3	15
4	0.4	8	1 300	2 700	0.004 6、0.006 1、0.006 6　均值：0.005 8	18
5	0.4	10	1 600	2 600	0.004 3、0.003 3、0.003 3　均值：0.003 6	17
6	0.4	12	1 000	2 800	0.026 0、0.027 0、0.030 4　均值：0.027 8	9
7	1.3	8	1 600	2 800	0.007 3、0.013 8、0.016 4　均值：0.012 5	38
8	1.3	10	1 300	2 600	0.004 4、0.005 6、0.005 5　均值：0.005 2	14
9	1.3	12	1 000	2 700	0.016 2、0.018 1、0.019 3　均值：0.017 9	9

表 3　Z-5000 原子吸收光度计测定钼的最佳仪器条件

元素	波长/nm	灯电流/mA	通带宽度/nm	灰化温度/℃	原子化温/℃
钼	313.3	12	0.4	1 000	2 800

1.2.3 标准系列的绘制

分别准确移取 1.00 mg/L 钼标准工作溶液 0.00 ml、1.00 ml、2.00 ml、3.00 ml、4.00 ml、5.00 ml 于 100 ml 容量瓶中，用 1%硝酸定容摇匀与样品同时应用最佳仪器条件测试。此标准系列为 0.0 μg/L、10.0 μg/L、20.0 μg/L、30.0 μg/L、40.0 μg/L、50.0 μg/L。在不同时间内以表 3 所示仪器分析条件对标准系列进行测定，曲线回归方程（3 次）$Y=0.002\,76\times C+0.002\,8$，相关系数 r 大于 0.999。

1.2.4 方法的检出限

在如表 3 所示仪器分析条件下，对全程序空白样品 20 次平行测定结果见表 4，求得空白值的标准偏差 s 为 0.001 2，以国际纯粹和应用化学联合会（IUPAC）对检出限作出的规定，取 K=3，置信水平为 90%，测得方法的最低检出限为 2 μg/L。

表 4 全程序空白测定值

全程序空白	测量结果/Abs	SD
0.009 3、0.008 5、0.008 8、0.008 2、0.007 4、0.009 2、0.007 0、0.006 1、0.007 7、0.006 6、0.007 8、0.005 7、0.005 9、0.007 7、0.005 6、0.006 6、0.006 2、0.006 7、0.008 2、0.007 8		0.001 2

1.2.5 精密度试验

取不同地点地表水水样 2 份，按 1.2.1 方式对样品进行前处理后平行测定 6 次结果见表 5，地表水相对标准偏差为小于 5%，满足《水和废水监测分析方法》中实验室质控指标体系的要求。

表 5 精密度试验 单位：μg/L

样品	1 次	2 次	3 次	4 次	5 次	6 次	RSD
水样 1#	21	20	22	22	23	22	1%
水样 2#	4	4	3	3	4	4	1%

1.2.6 准确度试验

用钼质控水样：0.123±0.017 mg/L（国家环境标准样品研究所）测定 6 次，测定平均值为 0.130 mg/L，测定值都在±1S 范围之内，相对误差为 6%，准确度满足要求。取地表水做加标回收率实验，实验数据见表 6。加标回收率在 91%～98%，满足《水和废水监测分析方法》中实验室质控指标体系的要求。

表 6 加标回收率实验数据

	测定值/（μg/L）	标准加入/（μg/L）	测定总量/（μg/L）	回收率/%
水样 1#	3.7	2.0	5.6	95
水样 1#		4.0	7.6	98
水样 1#		8.0	11	91

2 结论

通过对 Z-5000 石墨炉原子吸收分光光度计测钼仪器条件的优化实验，本方法检出限为 2 μg/L，检出限低于 GB 3838—2002 规定的检出限，回收率均大于 90%，能够满足地表水中钼的测定。

参考文献

[1] 国家环保总局水和废水监测分析方法编委会编. 水和废水监测分析方法. 4 版. 北京：中国环境科学出版社，2002：395.

[2] 陈新民. 火焰原子吸收法测定钼. 中国钼业，2006（1）.

[3] 程滢. 石墨炉原子吸收法直接测定水中钼. 云南环境科学，2006（S1）.

[4] 邓勃. 我国原子吸收光谱分析技术发展 30 年回顾（2）. 分析仪器，2001（04）.

此文章刊登于《环保科技》2013 年第 1 期

烟气中的砷形态分析研究

胡卉
（株洲市环境监测中心站，株洲 412007）

摘　要：本文介绍了烟气中砷形态的分析方法以及应用实例。采用离子色谱+石墨炉原子吸收的方法对 4 种砷系物 As（III）、As（V）、MMA（一甲基砷酸）和 DMA（二甲基砷酸）进行分离分析，它们的检出限分别为：0.10 μg/L、0.15 μg/L、0.12 μg/L 和 0.25 μg/L，加标回收率在 90%～110%，具有较高的灵敏性和准确性。本方法为烟气中砷的形态分析寻找了适合的分析条件，从而促进烟气中砷的形态分析工作的发展。

关键词：离子色谱；石墨炉原子吸收；烟气；砷形态；测定方法

Determination of arsenic species in flue gas by ion-chromatography–atomic absorption spectrometry

Hu Hui

Abstract：This paper introduced an analytical method for the determination of arsenic species in fuel gas by ion-chromatography–atomic absorption spectrometry and application examples. With this method，the detection limits of As（III），As（V），MMA and DMA were 0.10，0.15，0.12，0.25 μg/L，respectively. The recovery of these arsenic speices ranged 90%～110%. Results suggested that the method presented here was suitable for the analysis of arsenic species in flue gas.

Key words：ion-chromatography；graphite furnace atomic absorption；flue gas；arsenic species

在煤燃烧和气化过程中，有毒痕量元素的释放对人类健康和环境造成极大的危害。砷是煤中最易挥发的痕量元素之一，尽管砷在煤中的浓度很低，但是煤消耗量巨大，煤中砷长期排放的积累不仅对燃煤电厂附近产生污染，而且对较为遥远的生物也会产生负面影响[1]。目前，许多研究者对煤中砷的形态和含量、砷在燃烧和气化过程中的富集规律以及砷排放的控制技术等方面进行了初步的研究[2]。

不同形态砷化物的物理化学性质和毒性差异极大。环境中常见的含砷化合物有：亚砷酸 As(III)、砷酸 As(V)、一甲基砷酸(MMA)、二甲基砷酸(DMA)、三甲基胂氧(TMAO)、砷硼烷（AsB）和砷胆碱（AsC)；还有一些由有机基团结合而成的砷糖、砷脂类化合物等[3]。As（III）和 As（V）的存在形态与 pH 和氧化还原条件（Eh）有关。As（V）在好氧条件下存在（Eh ＞ 200 mV），pH 5～8 而 As（III）在还原性条件下常见[4]，不同价态和形态的砷毒性不同，一般以砷化合物的半致死量 LD_{50} 计，其毒性由大到小依次为：AsH_3＞As（III）＞As（V）＞MMA＞DMA＞TMAO＞AsC＞AsB [5]。本文以烟气中砷的四种形态亚砷酸 As（Ⅲ）、砷酸 As（Ⅴ）、一甲基砷酸（MMA）、二甲基砷酸（DMA）为研究对象，主要探讨分离方法，同时对不同炉温下四种形态存在的规律做了一定的研究。

烟气中砷的测定常规方法采用二乙氨基二硫代甲酸银光度法，通过等速采样，将颗粒物从固定污染源中抽取到玻璃纤维滤筒中，再将所采集的样品用混合酸消解处理，通过加入硫酸，硝酸和高氯酸，最后加入 KI、$SnCl_2$，在砷化氢发生装置中，将样品溶液中的 As^{3+} 与氢气还原生成气态氢化物（AsH_3），与溶解在 $CHCl_3$ 中的二乙氨基二硫代甲酸银（Ag·DDC）作用，生成红色单质胶态银，于 510 nm 波长处测定吸光度[6]。该方法较为成熟，结果准确、可靠，设备简单，但是只能用于总砷的测定，氢化物发生-原子荧光分光光谱法也较多用于大气颗粒物中砷的形态分析，但是目前仅限于 As（Ⅲ）和 As（Ⅴ）含量的测定[7]。

研究表明，我国煤中总砷含量均值为 7.79 μg/kg，而烟气中飞灰的总砷含量平均值为 46.9 μg/kg[2]，烟气中砷的存在形态与炉膛温度关系密切，而砷的主要毒性集中在 As（Ⅲ）、As（Ⅴ）、MMA 和 DMA 中[8]。由于不同形态的砷毒性相差甚远，砷总量测定不能反映有关毒性的确切信息。因此，砷的形态分析对于了解砷化物的生态影响及其在环境中迁移转化规律具有重要意义。石墨炉原子吸收以往用于水中砷的形态研究多有报道[9]，但是对于烟气中砷的测定分析的研究则较少。因此，本文拟建立离子色谱分离－石墨炉原子吸收分光光谱法测定烟气中的砷形态的方法，以满足废气环境监测以及相关科研分析的需求。

1　材料与方法

1.1 仪器与试剂

1.1.1 试剂

本实验所用试剂除特别说明外，均为分析纯。砷的标准溶液（100 mg/L），国家环保局标物所；六水合一甲基砷酸钠和二甲基砷酸钠分别购自 ChemService（美国）和 Fluka（德国）。分析用水由超纯水机（国之源 SZ150-W）湖南科尔顿水务有限公司制备。

1.1.2 仪器

Z-2000 原子吸收分光光度计，日立公司；阴离子交换柱：戴安 AS19 阴离子交换色谱柱（美国戴安）用于砷系物的分离；IonPac CS12A 阳离子交换色谱柱（美国戴安）用于除去样品中的阳离子；带 20 μl 进样管的 9725（i）六通进样阀（美国 Rheodyne）用于引入样品；15 W 紫外灯（德国 Heraeus）用于 DMA 的消解；KQ-500DB 数控超声震荡仪，山东甄城华鲁仪器公司；pH 计，上海雷磁仪器公司。

1.1.3 系统装置

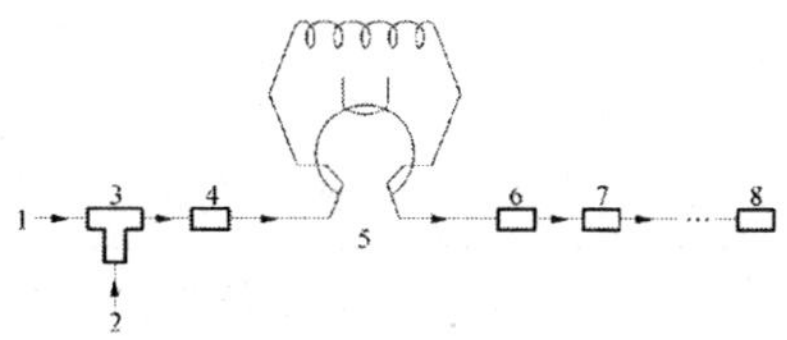

图 1　系统装置图

1—流动相，1 mmol/L KH_2PO_4，pH 6.0，流速 1 ml/min；2—流动相，15 mmol/L KH_2PO_4，pH 6.0，流速 1 ml/min；3—三通阀；4—蠕动泵；5—六通进样阀，带 20 μl 进样环；6—阳离子交换柱；7—阴离子交换柱；8—Z-2000 原子吸收分光光度计

1.2 烟气分离测定

采集烟气样品于玻璃纤维滤筒中[10]，混合酸消解处理后，定容至 100 ml[11]。离子色谱仪设定梯度洗脱程序，前 1 min 以 1 mmol/L KH_2PO_4 作为流动相，后 6 min 转换到 15 mmol/L KH_2PO_4 作流动相在流路的出口用烧杯接样，4 种形态砷化合物可完全分离并以 As（Ⅲ）、DMA、MMA 和 As（Ⅴ）的次序流出色谱柱[12]。根据离子色谱的峰行图按照不同的时间分别收集四种形态的砷系物。

分别移取 10.00 ml 分离出来的 DMA 和 MMA 溶液，加入 10.00 ml 20 g/L $K_2S_2O_8$ 溶液，在封闭环境中用 254 nm 紫外光照射 1 min。反应完成后转移到 100 ml 容量瓶中，加入 5.00 ml 浓盐酸，去离子水定容。静置 15 min 后进行原子吸收测量。

移取分离出来的 10.00 mlAs（Ⅴ）溶液至 50 ml 容量瓶，加 2.50 ml 浓盐酸，去离子水定容，15 min 后进行原子吸收测量，As（Ⅲ）溶液直接进行原子吸收分析。

1.3 仪器条件

各个处理好的样品加载在原子吸收石墨炉的进样器上，原子吸收选择波长为 193.7 nm，石墨炉设置条件为：120℃干燥 5 s，以 900℃灰化 10 s，2700℃原子化 7 s，分别测定四种形态的砷系物。

2 实验结果

2.1 工作曲线和检出限

在前述实验条件下，建立的 As（Ⅲ）、As（Ⅴ）、MMA 和 DMA 工作曲线的线性相关系数分别为 0.999 1、0.999 5、0.999 4 和 0.999 1；配置 2 μg/L4 种砷形态的混合标液，进样 500 μl，测量各峰高，平行 7 次，以 3 倍相对标准偏差计算的 4 种砷系物的检出限（n=8）依次为：0.10 μg/L、0.15 μg/L、0.12 μg/L 和 0.25 μg/L。可见，所建立的烟气中砷形态分析方法线性好，检出限低，灵敏度高。

2.2 准确度评价

本研究中，分析方法的准确度用烟气消解液加标后测定得到的加标回收率来衡量。4 种形态砷化合物都有良好的加标回收率，其回收率值均在 90%～110%的范围内。这说明该方法具备较好的准确性和精度，有一定的实际应用价值。

2.3 烟气样品中砷的形态分析

不同烟气样品中砷形态分析结果显示（见表 1），为了便于观察，我们采集了不同炉膛温度下的烟气样品，结果表明，在炉膛温度低于 650 K 的条件下，烟气中砷的形态主要以 As（Ⅴ）为主，在 750～800 K 之间，砷的形态在以 As（III）和 As（Ⅴ）为主。随着炉膛温度的上升，烟气中 DMA 比例呈上升趋势。

表 1 烟气样品不同形态砷含量的测定结果

序号	炉膛温度/K	含量/（mg/kg）			
		As（Ⅲ）	DMA	MMA	As（Ⅴ）
样品 1	550	2.50	0.21	1.05	26.8
样品 2	600	0.90	1.15	2.15	32.5
样品 3	600	1.20	0.35	2.04	41.2

序号	炉膛温度/K	含量/（mg/kg）			
		As（Ⅲ）	DMA	MMA	As（Ⅴ）
样品 4	650	0.25	3.24	2.09	42.8
样品 5	750	25.2	4.23	1.15	28.1
样品 6	800	29.2	2.15	0.91	12.5
样品 7	800	12.1	4.25	0.54	12.3
样品 8	850	15.3	5.31	1.09	18.8

3 玻璃纤维滤筒的处理和选择

玻璃纤维滤筒作为采集烟尘的主要装置，其中空白滤筒重金属的含量高是干扰测定结果的重要因素，特别是部分滤筒的铅、砷、汞的含量甚至超过了浓度限值[12]。

目前市面上有若干种国产和进口的玻璃纤维滤筒以及进口石英纤维滤筒。实验前进行了玻璃纤维滤筒的比选工作，将常售的三种国产玻璃滤筒和一种进口玻璃纤维滤筒进行空白试验，混合酸消解后制成 50 ml 空白试液，测定其浓度，结果见表 1。实验结果表明，进口玻璃纤维滤筒空白值远低于国产玻璃纤维滤筒，文献表明，酸洗能降低空白值 11.2%[12]，但是对玻璃纤维滤筒经过酸洗加热后，容易产生变形和硬化，增加采样的阻力。所以建议使用进口玻璃纤维滤筒，如果条件许可，采用石英纤维滤筒是最好的选择。

表 2　空白玻璃纤维滤筒空白值比较表　　单位：mg/L

序号	国产 A	国产 B	国产 C	进口
1	5.82	15.6	1.41	0.038
2	4.73	14.4	1.88	0.065
3	5.87	10.8	1.51	0.042
4	3.53	9.85	1.74	0.094
5	4.94	13.6	1.39	0.037
6	6.45	17.2	2.03	0.081
平均值	4.98	16.3	1.99	0.071

本次试验采用的是进口玻璃纤维滤筒，为了保证结果的准确性，取 6 次空白的平均进行空白值的扣除，最大限度地保证空白扣除后数据的准确率。

4 分离条件选择

根据不同形态砷化合物结构和电性等性质的不同，可选择使用离子对色谱、反相色谱和离子交换色谱等作为砷形态分析的分离手段。由各砷化合物的解离平衡常数 pKa 可知，本研究的 4 种形态砷系物属中强酸或弱酸，且各级解离平衡常数有较大差异。利用这些砷化合物在一定条件下可以阴离子形式存在的性质，选择离子交换色谱可达到分离的目的[2]。

4.1 流动相 pH 值的影响

根据有关文献[7]，对于 4 种形态砷化合物的分离，pH6 是合适的分离条件。在此条件下，As（Ⅲ）几乎不解离；DMA 的一级解离不完全；MMA 一级解离完全，但无二级解离；As（Ⅴ）发生部分二级解离。因此，4 种形态砷化合物可完全分离并以 As（Ⅲ）、DMA、MMA 和 As（Ⅴ）的次序流出色谱柱。在整个实验中流动相的 pH 值均控制在 6.0±0.05 范围内。流动相：10 mmol/L KH_2PO_4，流速 1 ml/min。

4.2 流动相 KH_2PO_4 浓度的影响

流动相 KH_2PO_4 浓度的改变，不影响 4 种砷系物的出峰顺序，但影响 DMA、MMA 和 As（Ⅴ）在阴离子交换柱上的保留时间。KH_2PO_4 浓度越大，这三种砷系物的保留时间越短；反之，保留时间越长。KH_2PO_4 浓度的变化对解离程度大、带电荷多的砷系物的影响尤为显著。

当 KH_2PO_4 浓度为 25 mmol/L 时，4 种砷系物的保留时间过于接近，无法分离；当 KH_2PO_4 浓度为 10 mmol/L 时，MMA 和 As（Ⅴ）的保留时间间距较大，但 As（Ⅴ）离子峰稍宽略有拖尾；当 KH_2PO_4 浓度为 5 mmol/L 时，DMA 和 MMA 仍然无法分离，MMA 和 As（Ⅴ）的色谱峰均有拖尾现象[13]；当 KH_2PO_4 浓度为 2 mmol/L 时，4 种砷系物虽基本达到完全分离，但 As（Ⅲ）和 DMA 的分离效果并不理想，两峰有部分重合，同时 As（Ⅴ）的峰形很差。由此可以看出，低浓度的 KH_2PO_4 有利于 As（Ⅲ）和 DMA 的分离，而较高浓度的 KH_2PO_4 有利于 MMA 和 As（Ⅴ）的分离，采用梯度洗脱可以达到分离目的。综合上述实验结果，设定梯度洗脱程序如下：前 1 min 以 1 mmol/L KH_2PO_4 作为流动相，后 6 min 转换到 15 mmol/L KH_2PO_4 作流动相。此条件下，4 种形态砷系物峰形良好没有拖尾，均得到基线分离。

5 结论

烟气中 As（Ⅲ）、As（Ⅴ）、MMA 和 DMA，可利用阴离子交换色谱在 pH 6.0，1 mmol/L KH_2PO_4、15 mmol/L KH_2PO_4 作流动相，梯度洗脱条件下完成分离。分离得到的各组分用原子吸收测定。测定方法的检出限、回收率和再现性显示，该方法具有检出限低、动态线性范围宽、准确性好、稳定性高的特点，适用于烟气中砷的形态分析。

参考文献

[1] 张建平，王运泉，张汝国，等. 煤及其产物中砷的分布特征. 环境科学研究，1991，12（1）：27-34.

[2] 董丽娴. 溶解性有机质对砷形态及藻类有效性的影响. 上海，同济大学，2008.

[3] 梁淑轩，吴虹，齐学先，等. 氢化物发生-原子荧光光谱法测定大气颗粒物中的砷形态. 河北大学学报（自然科学版），2011，31（1）：42-47.

[4] 代军，陶春元，孙剑奇. 环境样品中砷、硒形态分析研究进展. 广东微量元素科学，2009，16（7）：1-7.

[5] 王泉海，刘迎晖，张军营，等. CaO 对烟气中砷的形态和分布的影响. 环境科学研究，2003，23（4）：549-551.

[6] DuBois M，Gilles KA，Hamilton JK，et al. Colorimetric method for determination of sugars and related substances . Analytical Chemistry. 1956（28）：350-356.

[7] Gray SR，Ritchie CB. Effect of organic polyelectrolyte characteristics on flocstrength . Colloids and Surfaces A：Physicochemical and Engineering Aspects. 2006，273（1-3）：184-188.

[8] 国家环保总局空气和废气监测分析方法编委会.《空气和废气监测分析方法》（增补版 第四版） 中

国环境科学出版社，2008.

[9] 陈甫华，郁建栓，戴树桂. 离子色谱/氢化物发生/原子吸收法测定天然淡水中的 4 种砷形态. 中国环境科学，1996，16（1）：77-80.

[10] Lieve Helsen Sampling technologies and air pollution control devices for gaseous and particulate arsenic：A review Aseanenvironment，2005，25（3）：305-315.

[11] 郎雅娣，梁静，鹿海峰. 测定环境空气中砷及其化合物的方法改进. 中国环境监测，2013，29（2）：104-106.

[12] 黄昌妙. 玻璃纤维滤筒重金属本底值与使用成本分析. 中国资源综合利用，2013，31（4）：47-50.

[13] 顾婕，施伟华，温晓华，等. 砷形态分析方法. 东华大学学报（自然科学版），2009，35（1）：62-67.

此文章刊登于《中国西部科技》2013 年第 12 期

等离子发射光谱法快速测定自然水体中总硬度

张艳[1,2]，周耀明[1,2]，罗岳平[*1,2]，田耘[1,2]，于磊[1,2]，朱瑞瑞[1,2]，林海兰[1,2]
（1.湖南省环境监测中心站，长沙 410014；2.国家环境保护重金属污染监测重点实验室，长沙 410014）

摘　要：采用等离子发射光谱法分别测定水体中钙和镁的含量，然后转换成总硬度值，建立了适用于各种自然水体中总硬度的快速检测方法具有简单快捷、灵敏度高、重现性好、线性范围广、结果准确等优势。钙的检出限可达 0.010 mg/L，加标回收率在 97.7%～102.4%；镁的检出限可达 0.005 mg/L，加标回收率在 97.3%～103.2%。该方法与 EDTA 滴定法比较，差异无统计学意义，钙镁在 0～50 mg/L 的浓度范围内呈良好线性关系，可广泛应用于多种自然水体中总硬度的测定。

关键词：等离子发射光谱；总硬度；钙；镁

Determination of Total Hardness in Natural Water by ICP-AES

ZHhang Yan[1,2]　Zhou Yaoming[1,2]　Luo Yueping[1,2]　Tian Yun[1,2]
Yu Lei[1,2]　Zhu Ruirui[1,2]　Lin Hailan[1,2]
（1.Hunan Province Environmental Monitoring Cerner，Changsha 410014;
2.State Environmental Protection Key Laboratory of Monitoring for heavy metal Pollutants，Changsha 410014）

Abstract: The method of determination of total hardness in natural water had be developed by determining the total content of Ca and Mg separately with ICP-AES，and changing the results to total hardness. By improved the parameter of equipment and the acidity of system，the method had been greatly ameliorate at stability and veracity. Under the optimal experiment conditions，the limit of detection for Ca is 0.010 mg/L，the recovery is 97.7% to 102.4%；as while as the limit of detection for Mg is 0.005 mg/L，the recovery is 97.3% to 103.2%.There's no significant difference between the results of ICP-AES method and EDTA titration；and the ICP –AES method presents to be great linearity in the concentration of 0 to 50 mg/L，is suitable for the total hardness in kinds of natural water.

Key words: ICP-AES；total hardnes；Ca；Mg；natural water

钙和镁广泛地存在于各种类型的天然水体中浓度从每升零点几毫克到数百毫克不等，水质总硬度即以碳酸钙浓度表示的水中钙和镁的浓度总和[1]。总硬度是水质重要的监测指标，硬度过高或过低的水均会对人体健康造成影响；工业用水也对水的硬度有较高的要求，尤其是锅炉作业上。因此快速准确定量测定水质总硬度十分重要[2]。

目前测定水质总硬度的方法主要有EDTA络合滴定法（GB 7477—1987）和原子吸收分光光度法（GB 11905—1989），但两者均存在一定的方法局限性和污染风险性。如采用EDTA络合滴定法测定总硬度，检出限较高，且不适用于含盐量较高的水体，消除铁、铝、钡和正磷酸盐等离子的干扰较困难，操作烦琐，需用到剧毒化学试剂氰化钠和三乙醇胺等，对环境污染较大；采用原子吸收分光光度法测定时，不能同时测定钙和镁浓度，需要加入锶、镧等释放剂消除干扰，且钙的氧化性火焰高度难把握，灵敏度低，容易造成误差。笔者通过大量实验研究，优化实验条件，采用等离子发射光谱法测定水质总硬度，可以克服上述所有方法的缺点，具有检出限低，准确度及精密度高，分析速度快，线性范围广等优点，可广泛应用于多种水体中总硬度的测定[3-5]。

1 试验部分

1.1 试剂

（1）硝酸（GR）。

（2）钙标准物质：1 000 μg/ml。

（3）镁标准物质：1 000 μg/ml。

（4）钙标准溶液：2.53±0.12 mg/L。

（5）镁标准溶液：0.349±0.015 mg/L。

（6）载气：氩气（纯度不低于99.99%）。

（7）实验用水为超纯水。

1.2 仪器和设备

JY-2000-2型电感耦合等离子体发射光谱仪（法国JY公司）。

1.3 实验过程

水样经进样器中的雾化器被雾化，由载气带入等离子体火炬中原子化、电离和激发；待测元素（钙、镁）在激发或电离时可发射出特征光谱，特征光谱的强弱与样品中的元素浓度有关。通过与钙、镁标准液进行比较，即可定量测定样品中钙、镁的含量，进而换算转化成水中总硬度。一般水样不需预处理，如水样中存在大量微小颗粒物，需在采样后尽快用0.45 μm滤膜过滤。样品经过滤，可能有少量钙和镁被滤除。

2 结果与讨论

2.1 实验条件

2.1.1 分析谱线

自然水体的总硬度一般在 100 mg/L 左右，浓度值相对较高。根据对钙、镁元素的数条谱线的背景轮廓、强度值对比，宜选择背景低、信噪比高、干扰小的次灵敏线作为分析线。经过多次对样品溶液的扫描，选择最佳分析线为钙 317.933 nm，镁 279.533 nm。

2.1.2 高频发生器功率

高频发生器功率的选择要同时考虑检出限和干扰效应。实验表明，随着射频功率的增大，温度升高、电子密度增大，谱线强度增强，但背景噪声增强可能更甚，且容易导致炬管熔化。功率较低时，对于降低检出限有时是有利的，但是低功率时干扰效应较严重[6]。综合考虑在不同功率下测定实际样品中钙、镁的灵敏度和稳定性，本实验选择最佳高频功率为 1.0 kW。

2.1.3 冷却气、辅助气和载气流量

冷却气流量主要根据高频功率的大小来选择，高功率时会导致炬管过热，冷却气流量不足会导致炬管熔化。随着辅助气流量的增加，信号强度也随着增加；但当待测样品中组分复杂，背景干扰较强时，辅助气流量过大，燃烧时易在等离子体中产生共熔融现象而破坏热平衡导致烧毁炬管。增大雾化气流量，样品吸入速率增大，入等离子体中的分析物量增大，谱发射光强度值增强；但过大的雾化气流量，将会稀释待测样品，样品在 ICP 通道中平均停留时间缩短，温度降低，电子-离子连续光谱背景降低，分析物发射光强度值也降低，从而直接影响分析结果[7]。经实验研究，本方法的最佳仪器条件见表 1。

表 1 ICP-AES 仪器最佳工作条件

测定条件	钙	镁
工作波长/nm	317.933	279.533
射频功率/kW	1.0	1.0
冷却气流量/（L/min）	15	15
辅助气流量/（L/min）	0.2	0.2
载气流量/（L/min）	0.8	0.8
泵速/（r/min）	20	20
提升量/（ml/min）	2	2
积分时间/s	2	2
重复测量次数	3	3

2.1.4 酸度的选择

为避免钙镁发生絮凝沉降，在待测样品中加入一定量的硝酸，使之为酸性环境。研究结果表明，ICP 最佳的酸度范围为硝酸体积百分数在 10%以内。为减少加酸体积对总体积的影响，本研究中采用 1%的硝酸体系。

2.2 标准曲线及检出限

将钙、镁标准溶液用 1%硝酸配成 0 mg/L、1.0 mg/L、5.0 mg/L、10.0 mg/L、50.0 mg/L 的钙镁混合溶液标准系列，ICP-AES 测定，以峰面积定量。实验结果呈良好线性关系，钙、镁的相关系数均可达 0.999 以上。对超纯水进行连续 10 次测定，参照美国环保署（EPA）标准，计算其标准偏差（δ），以标准偏差（δ）的 3 倍所对应的待测元素浓度表示检出限（mg/L）。本方法钙的检出限为 0.010 mg/L，镁的检出限为 0.005 mg/L。钙、镁标准曲线及检出限的具体情况见表 2。

2.3 准确度和精密度

在最佳分析条件下对钙、镁标准溶液平行测定 6 次，测试方法准确度及精密度。6 次测定结果均在标准溶液的浓度范围内，钙的相对标准偏差为 0.75%，镁的相对标准偏差为 1.07%，该方法具有良好的精密度和准确度，具体情况见表 2。

表 2 ICP-AES 法准确度和精密度情况

分析项目	钙	镁
回归方程	y=24 684x+3 494.9	y=847 106x+140 067
相关系数	r=0.9 997	r=0.9 998
检出限/（mg/L）	0.010	0.005
标液平行测定结果/（mg/L）	2.50 2.52 2.52 2.53 2.55 2.50	0.346 0.350 0.345 0.353 0.352 0.354
标液测定平均值/（mg/L）	2.52	0.350
标准溶液范围/（mg/L）	2.53±0.12	0.349±0.015
标液测定标准偏差 Si	0.019	0.004
标液测定相对标准偏差 RSD/%	0.75	1.07

2.4 回收率试验

分别测定 9 种自然水体的总硬度，并进行加标回收实验，加标量约为钙、镁本底值的 1.0 倍。实验结果表明自然水体中钙的加标回收率为 97.7%～102.4%，镁的加标回收率为 97.3%～103.2%，加标回收效果良好。

表 3 ICP-AES 法加标回收率试验情况

水 样	本底值/（mg/L）		加标量/（mg/L）		回收量/（mg/L）		加标回收率/%	
	钙	镁	钙	镁	钙	镁	钙	镁
自来水 1#	20.4	8.51	20.0	10.0	41.2	19.1	102.0	103.2
自来水 2#	13.7	9.45	10.0	10.0	23.4	20.0	98.7	102.8
自来水 3#	10.6	8.34	10.0	10.0	21.1	17.9	102.4	97.6
地下水 1#	11.4	9.21	10.0	10.0	21.9	18.8	102.3	97.9
地下水 2#	15.9	8.34	10.0	10.0	25.3	18.2	97.7	99.2
地下水 3#	35.4	20.8	30.0	20.0	66.0	39.7	100.9	97.3
水库水 1#	27.8	10.3	20.0	10.0	47.2	19.8	98.7	97.5
水库水 2#	12.1	7.31	10.0	10.0	21.7	17.7	98.2	102.3
水库水 3#	36.3	22.8	30.0	20.0	67.3	43.3	101.5	101.2

2.5 与 EDTA 滴定法比较

本方法测定水中总硬度的计算公式：总硬度（以 $CaCO_3$ 计，mg/L）=（$C_{Ca}/40+C_{Mg}/24$）×100。应用本方法和 EDTA 滴定法同时测定 3 种自然水体，共计 9 种水样中总硬度，其相对偏差均小于 5%，实验结果见表 4。经配对 t 检验，2 种方法差异无统计学意义。

表 4 ICP-AES 法与 EDTA 滴定法比对情况

水样	ICP-AES 法/（mg/L）	EDTA 法/（mg/L）	方法比较相对偏差/%
自来水 1#	86.5	84.4	2.49
自来水 2#	73.6	74.2	−0.81
自来水 3#	61.3	62.4	−1.76
地下水 1#	66.9	65.6	1.98
地下水 2#	74.5	75.8	−1.72

水样	ICP-AES 法/（mg/L）	EDTA 法/（mg/L）	方法比较相对偏差/%
地下水 3#	175.2	169.6	3.30
水库水 1#	112.4	115.6	−2.77
水库水 2#	60.7	59	2.88
水库水 3#	185.8	179.4	3.57

3 结论

通过对仪器条件优化、分析谱线选择、体系酸度的综合研究，本研究确定了采用等离子发射光谱法测定水质中钙、镁含量并计算出水的总硬度的方法。该方法操作简便、准确可靠、精密度高、检出限低、线性范围宽，且试剂消耗小，对环境危害小，可广泛应用于快速测定各种水质中钙、镁离子浓度及总硬度。

参考文献

[1] 王铁晗，陈麓. 生活饮用水总硬度的电感耦合等离子体发射光谱间接测定法. 环境与健康杂志，2007，24（5）：356-357.

[2] 曹爱华，陈建文，林琳. 应用 ICP-AES 技术测定水总硬度的方法研究. 预防医学论坛，2009，10(15)：978-979.

[3] 邓良利，林峥，谯斌宗. ICP - OES 快速测定水中总硬度. 中国卫生检验杂志，2003，13（1）：77-78.

[4] 水质 钙和镁总量的测定 EDTA 滴定法. GB 7477—87.

[5] 水质 钙和镁总量的测定 原子吸收分光光度法. GB 11905—89.

[6] 宋金华. ICP-AES 法测定氟钽酸钾中钙镁含量. 稀有金属与硬质合金，2012，40（1）：59-61.

[7] 王明锐，袁友明，陶宁丽. 等离子光谱法测定钙镁磷肥中有效磷含量. 现代农业科技，2012，1（7）：16-21.

此文章刊登于《环境科学与管理》2014 年第 5 期

固相萃取—原子荧光光谱法测定土壤中的砷

邓立群
（湖南省衡阳市环境监测站，衡阳 421000）

摘 要：采用硝酸-氢氟酸-盐酸体系微波消解土壤并结合 On-Guard II H 柱去除消解液中重金属，原子荧光光谱法测定土壤中的砷。本方法前处理操作过程简单、省时、省力、酸用量少，砷的加标回收率为 94.4%～105.6%，能够满足环境监测分析的要求。

关键词：砷；土壤；微波消解；固相萃取；原子荧光光谱法

Solid phase extraction- Determination of arsenic in soil by Atomic Fluorescence Spectrometry

Deng Liqun
（Hengyang city environmental monitoring station，Hengyang 421000）

Abstract：using nitric acid hydrofluoric acid hydrochloric acid system microwave digestion combined with On-Guard II H column to remove heavy metals in digestion solution，determination of arsenic in soil by atomic fluorescence spectrometry. This method has the advantages of simple operation process，time saving，labor saving，acid dosage，the recovery of arsenic rate is 94.4% ～ 105.6%，can meet the requirements of environmental monitoring and analysis.

Key words：soil；arsenic；microwave digestion；solid phase extraction；Atomic Fluorescence Spectrometry

砷是人体非必需元素，元素砷的毒性较低而砷的化合物均有剧毒。一般情况下，土壤、水、空气和植物都含有微量的砷，对人体不会构成危害，如其含量超标，对人体的危害极大，因此对环境中特别是农作物土壤中砷的监测是有必要的[1]。砷的分析测定常用银盐法、比色法、分光光度法、原子荧光光谱法，传统的测定方法比较烦琐，分析时间长，测定结果不稳定，而原子荧光光谱法测定砷具有很高的灵敏度，应用日益广泛，但土壤样品中某些共存金属元素对砷的测定有较严重干扰[2]。笔者在参考有关文献的基础上，研究了采用微波消解土壤样品[3]，On-Guard II H 柱过滤去除消解液中金属元素，原子荧光光谱法测定土壤中的砷。该方法消解速度快、用酸量少、消解液不易受沾污，避免了测定元素的挥发损失，测定结果准确，灵敏度相对较高，且重现性好。

1 试验过程

1.1 仪器和试剂

AFS810 型原子荧光分光光度计；砷特种空心阴极灯；On-Guard II H 柱；Milestone 微波消解仪；载气：高纯氩气。

硝酸、氢氟酸、盐酸、硼氢化钾、氢氧化钠、硫脲：均为优级纯；砷标准贮备溶液：100 μg/ml，使用时用盐酸（5+95）溶液稀释至所需要浓度；10%硫脲溶液；1.0%硼氢化钾和 0.1%氢氧化钠混合再生液；5%盐酸载流液；ESS-1 环境标准物质：（10.7±0.8） μg/g、ESS-2 环境标准物质：（10.0±1.0） μg/g 中国环境监测总站；GSS-2 土壤标准参考样：13.7±1.8 μg/g、GSS-3 土壤标准参考样：4.4±0.9 μg/g、GSS-7 土壤标准参考样：4.8±1.9 μg/g、GSS-8 土壤标准参考样：12.7±1.7 μg/g；试验用水均为二次去离子水。

1.2 仪器工作条件

灯电流：60 mA；负高压：300V；原子化器高度：8 mm；载气流量：400 ml/min；屏蔽气流量：1 000 ml/min，微波消解程序见表 1。

表 1 微波消解程序

消解步骤	时间/min	压力/MPa	功率/kw	温度/℃
1	6	5.072	6	120
2	6	8.11	6	150
3	6	16.2	6	200
4	8	20.3	6	210

1.3 样品处理

将采集的土壤样品去除杂物后混匀后按参照《土壤环境监测技术》（HJ/T 166—2004）进行保存和制备。称取土壤样品 0.200 0 g 左右于消解罐中，加少量水湿润，加入硝酸 4 ml、氢氟酸 2 ml、盐酸 4 ml 旋紧盖子，放入微波消解炉中，按微波消解程序消解。冷却后置于电热板上赶酸，蒸发至近干，冷却，转移至 50 ml 比色管中，并用少量去离子水洗涤消解罐数次，洗涤液一并转入比色管，加放 2 ml 10%硫脲溶液，用盐酸（5+95）溶液定容，消解液中砷还原成三价砷，消解液再经 On-Guard II H 柱过滤后待测。

按样品处理步骤的操作条件消解样品和空白样品，测定样品和空白样品过滤后的消解液，测定的样品的荧光强度减去空白样品的荧光强度后由标准曲线得出样品砷的浓度。

2 结果与讨论

2.1 标准曲线及检出限

吸取浓度为 100 μg/L 的砷使用液 1.00 ml、2.00 ml、4.00 ml、8.00 ml、10.0 ml 加入 100 ml 容量瓶中，用 5%盐酸稀释至刻度后混匀，溶液中砷浓度分别为 1.00 μg/L、2.00 μg/L、4.00 μg/L、8.00 μg/L、10.0 μg/L。按 1.2 仪器工作条件，输入有关参数及标准曲线浓度，仪器预热 30 min 后测定，按仪器操作步骤进行。在此测量条件下，砷的质量浓度在 1.00～10.0 μg/L 范围内呈线性，线性回归方程 Y=194.785X+33.993，相关系数 r=0.999 8。

对全程序空白样品连续测定 15 次，取最后 11 次测定的荧光强度值统计空白测定的标准偏差 SD 为 1.712 μg/L，以公式 L（检出限）$=\kappa S/K$ 计算，式中 $\kappa=3$、K 为方法灵敏度（既标准曲线斜率）。计算出砷的检出限为 0.03 μg/L。对于 0.2 g 土壤样品，砷最低检出限为 0.008 μg/g。

2.2 消解消解条件优化

本实验考察了硝酸-过氧化氢、硝酸-氢氟酸-盐酸、硝酸-氢氟酸-过氧化氢等消解体系对试验的影响，经试验，采用硝酸-氢氟酸-盐酸体系消解样品效果较好。取约 0.2 g 土壤样品，微波法消解需加人硝酸 4 ml、氢氟酸 2 ml、盐酸 4 ml，消解耗时约 24 min，冷却后在电热板上的赶酸耗时约 40 min。而采用电热板消解，共需加入硝酸 15 ml、氢氟酸 5 ml、高氯酸 3 ml，消解耗时超过 8 h。由此可见，采用微波消解，比传统的电热板消解节约了试剂和时间。

在微波消解程序中，步骤 3 的温度设计较为重要，温度过低或保持时间过短都会造成测定结果的精密度和准确度较差。试验表明，当该步骤温度设置小于 190℃，土壤标准样品的测定值比标准值偏低；设置为 200℃时，样品消解后清亮无残渣，消解彻底，测定值较准确。

在土壤消解过程中会产生过量酸，会对原子荧光光谱仪测定有影响。因此在消解后，必须将剩余的酸赶走，赶酸不彻底会对测试产生干扰，严重影响试验效果，使实验结果产生误差。

2.3 共存离子的影响

在原子荧光光谱法测定过程中，样品中共存元素会对测定结果产生干扰，有文献[2–3]报道多种共存元素会对原子荧光光谱法测定产生干扰。在分析过程中，消解液中碱金属、碱土金属对砷的测定无干扰，而过渡金属、贵金属及能形成氢化物的元素对砷的测定均会产生不同程度的干扰。On-Guard II H 柱过滤去除消解液中金属元素是一个包括液相和固相的物理固相萃取过程。在固相萃取中，H 柱固相对金属元素的吸附力比溶解金属的溶剂更大。当消解液通过吸附剂时，金属元素浓缩在其表面，被测物质通过吸附剂，从而避免了样品中某些共存金属元素对砷的测定干扰。

本文考察了 On-Guard II H 柱对土壤中常规元素干扰的消除效果，结果表明，在实验条件下 On-Guard II H 柱能完全去除消解液中重金属，对测定无明显干扰。

2.4 精密度和准确度试验

取 ESS-2 土壤标准参考样，按试验方法消解样品和空白样品，测得的土壤浓度为 9.83 μg/g，在定值范围内。分别称取 ESS-1 土壤标准参考样 1 份和 GSS-2、GSS-3、GSS-7、GSS-8 土壤样品 1 份（均为 0.200 0 g），按试验方法进行加标回收试验和精密度试验，结果见表 2。

表 2　精密度与回收率的测定结果（n=5）

样品	加标量/（μg/g）	样品量/（μg/g）	测定总量/（μg/g）	回收率/%	RSD/%
1	10.7	13.7	23.8	94.4	7.28
2	10.7	4.4	14.8	97.2	5.61
3	10.7	4.8	16.1	105.6	5.39
4	10.7	12.7	23.7	102.8	6.05

由表 2 可见，土壤砷微波消解过滤后的溶液测定的结果重现性较好，测定结果在标准值范围内，砷相对标准偏差范围小于 8%，加标回收率为 94.4%～105.6%，该方法准确度和精密度良好，符合分析要求。

本文采用微波消解仪消解土壤，On-Guard II H 柱过滤去除消解液中金属元素，原子荧光光谱法测定土壤中的砷。实验表明本方法与传统的电热板消解法相比，操作简便快捷、时间短、用酸少，消解液经 On-Guard II H 柱过滤后能消除土壤样品中某些共存金属元素对原子荧光光谱测定过程中的干扰，可适合于土壤中微量砷的测定。

参考文献

[1] 国家环境保护总局《水和废水监测分析方法》编委会. 水和废水监测分析方法. 4 版. 北京：中国环境科学出版社，2002：341.

[2] 郭小伟，李立. 氢化物-原子吸收和原子荧光法中的干扰及其消除. 分析化学；1986，14（2）：151-158.

[3] 杨启霞，孙海燕，秦绍燕. 微波消解原子吸收光谱法测定土壤中的铅、镉. 环境科学与技术，2005，28（5）：47-48.

此文章刊登于《环境科学导刊》2014 年第 5 期

混合基体改进剂—平台石墨炉测定地表水中的铊

卢水平[1,2,3] 罗岳平[2,3] 张艳*[2,3] 马铭[1] 朱日龙[2,3] 于磊[2,3]
（1. 湖南师范大学，长沙 410081；
2. 湖南省环境监测中心站，长沙 410019；
3. 国家环境保护重金属污染监测重点实验室，长沙 410019）

摘 要：通过研究混合基体改进剂的使用和石墨管类型的选择对测定结果的改善效果，建立了适用于地表水中重金属铊的石墨炉原子吸收方法。研究结果表明，使用 $Pd(NO_3)_2/Mg(NO_3)_2$ 混合基体改进剂和平台石墨管，铊的检出限可达到 0.02 μg/L，线性相关系数为 0.999 8，加标回收率在 98.0%～110.0%。使用该方法测得的结果与 ICP-MS 法比较，无统计学差异。改进后的方法具有简单快捷、灵敏度高、重现性好、线性范围广、结果准确等优势，易于推广使用。

关键词：基体改进剂；平台石墨管；石墨炉原子吸收法；地表水；铊

Determination of Thallium in Surface Water with Mixing Matrix Modifier-Platform Graphite Furnace Method

Lu Shuiping[1,2,3] Luo Yueping[2,3] Zhang Yan[2,3] Ma Ming[1] Zhu Rilong[2,3] Yu Lei[2,3]
（1. Hunan Normal University，Changsha 410000；
2. Hunan Province Environmental Monitoring Centre，Changsha 410019；
3. State Environmental Protection Key Laboratory of Monitoring for Heavy Metal Pollutants，Changsha 410019）

Abstract: A novel method for the determination of thallium in surface water was developed by means of platform graphite furnace atomic absorption spectrometry. The use of matrix modifiers and the graphite tube types to the improvement of thallium determination were explored. The results showed that more sensitive determination results were obtained by adding mixed matrix modifiers $Pd(NO_3)_2/Mg(NO_3)_2$ and using platform graphite tube. The linear range was from 0 to 50.0 μg/L with 0.999 8 of the linear correlation coefficient of the standard curve and the limit of detection was 0.02 μg/L. The recovery of the spiked water samples were from 98.0% to 110.0%. The determination results are no significant difference compared with that obtained from expensive ICP-MS method. The developed method is simple，fast，sensitive，accurate，and suitable for the determination of thallium in surface water.

Key words: matrix modifiers；platform graphite tube；graphite furnace atomic absorption spectrometry；surface water；thallium

引言

铊是一种典型的分散元素，被广泛应用于国防、航天、电子、通信、卫生等重金属领域，作为高新技术支撑材料的必需组成部分[1]，铊的市场需求量与日俱增。同时，铊作为一种高毒性的重金属元素，被WHO列为重点限制清单中的危险废物之一，具有极强的蓄积性，其毒性远超过Cd、Cu、Pb等[2-9]。目前，铊已被我国列入优先控制的污染物名单，是国家集中式生活饮用水、地表水源地特定项目和生活饮用水水质的非常规监测指标。

铊的分析方法主要有分光光度法[10]、电化学分析法[11]、电感耦合等离子体质谱法（ICP-MS）[12,13]、原子吸收光谱法[2]等。分光光度法准确度和精密度较高，但其选择性较差、灵敏度较低，有时需使用大量的有机试剂，不仅影响回收率，还会对操作人员和环境造成危害；电化学分析法成本低廉、灵敏度高、仪器操作简单，但其干扰因素较多，且重现性和选择性较差，从而使该方法的推广使用受到了较大程度的阻碍；ICP-MS 法是目前较成熟的分析技术，具有分析速度快、检出限低、动态线性范围宽等优点，但其设备昂贵及运行费用高而难以普及；相比之下，石墨炉原子吸收法具有取样量少、操作简便、灵敏度高及配备程度高等优点，但存在基体干扰严重等问题。为提高原子吸收法测定地表水中铊的灵敏度和精密度，特别是防止基体干扰，本文对混合基体改进剂的使用和石墨管类型的选择等关键技术进行研究，从而改善地表水中痕量铊的测定效果，且满足监测需求。

1 试验部分

1.1 仪器与试剂

石墨炉原子吸收分光光度计（瓦里安 AA240Z）；铊空心阴极灯（瓦里安）；电感耦合等离子质谱仪（赛默飞世尔 X-2）；离心机（Anke TDL-40B）。

硝酸（GR）：ρ（HNO_3）=1.42 g/ml。

铊标准储备液：1 000 μg/L（国家标准物质研究中心）。

铊标准样品：29.8±3 μg/L（国家标准物质研究中心）。

铁溶液（4 mg/ml，AR）：将 14.28 g 硫酸铁（AR）用去离子水稀释至 1 000 ml。

$Pd(NO_3)_2$（0.3%）/$Mg(NO_3)_2$（0.2%）混合溶液：称取 0.3 g $Pd(NO_3)_2$（GR），加 1 ml 浓硝酸（GR）溶解；称取 0.2 g $Mg(NO_3)_2$（GR），用去离子水溶解。将两种溶液混合，用去离子水定容至 100 ml。

（1+9）氨水（AR）；溴水（AR）；氩气（纯度不低于 99.99%）；实验用水均为超纯水。

1.2 试验方法

按照 GB/T 5750.6—2006[14]方法对水样进行前处理。若水样中含有悬浮物，应以 0.45 μm 孔径的滤膜过滤；若水样澄清，直接进行共沉淀，即准确移取 500 ml 或适量水样于 1 000 ml 烧杯中，用浓硝酸溶液酸化至 pH=2，加 0.5～2.0 ml 溴水，使水样呈黄色，且 1 min 内不褪色，再加入 10 ml 铁溶液，在磁力搅拌下，滴加氨水使 pH＞7，产生沉淀后放置过夜。次日，小心移去上清液，沉淀液分数次移入离心管，在 3 500 rpm 下离心数分钟后取出离心管，用吸管吸去上层清液，然后加 1 ml 硝酸溶液（1+1）溶解沉淀，并用去离子水洗涤烧杯，最后稀释至 10 ml，混匀，待测。

1.3 仪器条件

本研究使用的是瓦里安 AA240Z 分析仪，其工作条件为：测定波长 276.8 nm，狭缝 0.5 nm，灯电流 10.0 mA，进样体积 10 μl，基体改进剂 5 μl，其原子化程序详见表 1。

表 1 石墨炉原子化程序

升温程序	温度/℃	保持时间/s	氩气流量/（L/min）
干燥 1	85	5.0	0.3
干燥 2	95	40.0	0.3
干燥 3	120	10.0	0.3
灰化	250	8.0	0.3
原子化	2 200	3.0	0.0
除残	2 200	2.0	0.3

2 试验结果与分析

2.1 基体改进剂的使用

本研究选择 $Pd(NO_3)_2$（0.3%）/$Mg(NO_3)_2$（0.2%）混合溶液作为基体改进剂，在使用普通热解涂层石墨管的条件下考察水样中加入基体改进剂前后测定铊的改善效果，结果详见表 2。

表 2 水样加入基体改进剂前后的测定结果比较

水样中铊的浓度/（μg/L）	吸光度（*A*）	
	未加基体改进剂	加入基体改进剂
5.0	0.009 9	0.014 8
10.0	0.022 1	0.028 1
20.0	0.040 6	0.050 7
50.0	0.072 8	0.133 7

从表 2 可以看出，在各浓度梯度的水样中加入 $Pd(NO_3)_2$/$Mg(NO_3)_2$ 混合基体改进剂后，检测器对铊的响应信号明显增强，背景及噪声干扰减少，吸光度值提高了 1.2～1.8 倍，分析方法的灵敏度明显提高。

铊的化合物的熔、沸点较低，使用石墨炉原子吸收法进行测定时，在干燥、灰化等前处理阶段容易以分子（TlCl、TlF 等）的形式挥发逸失，导致测定结果偏低，且严重干扰基体。本研究选用 $Pd(NO_3)_2$/$Mg(NO_3)_2$ 混合基体改进剂，可以大大提高铊的灰化温度和原子化温度，使基体先蒸发，随后才是待测元素蒸发，相当于起了“分馏”的作用[2]。同时，该混合基体改进剂对吸收信号有很好的延时作用，这就在原子化器中产生了一个近于等温的环境，有助于保持管内温度平衡，提高灵敏度。

2.2 石墨管类型的选择

使用石墨炉原子吸收法测定铊时，石墨管类型对铊的原子化效果有显著影响。本研究在使用 $Pd(NO_3)_2$/$Mg(NO_3)_2$ 混合基体改进剂的情况下，分别试验了普通热解涂层石墨管和平台石墨管对水中铊的测定效果，结果详见表 3。

表 3 普通热解涂层石墨管和平台石墨管对水中铊的测定效果

水样中铊的浓度/（μg/L）	吸光度（*A*）	
	普通热解涂层石墨管	平台石墨管
5.0	0.014 8	0.020 6
10.0	0.028 1	0.042 3
20.0	0.050 7	0.076 0
50.0	0.133 7	0.186 8

从表 3 可以看出，对各浓度梯度的水样，平台石墨管对铊的吸光度几乎是普通热解涂层石墨管的 1.5 倍，即选择平台石墨管作原子化器，铊的测定效果明显优于普通热解涂层石墨管，提高了铊测定的灵敏度和稳定性。平台石墨管适用于中、低温（≤2 400 ℃）原子化元素，其优点是精度好，消除干扰能力强。根据设计，平台石墨管主要是靠石墨管中的热辐射加热，而不是靠传导，因而温度较普通热解涂层石墨管均匀；此外，平台石墨管中间有一个凹陷，用于存放样品，可以避免进样低黏度样品时出现的流散现象，共存物质的干扰和背景吸收的影响也相应较小。因此，选用平台石墨管来提高测定铊的灵敏度是可行的。

2.3 标准曲线及检出限

在上述最优条件下，采用仪器自动配制标准系列。考虑到地表水中铊的含量相对较低，因此配制浓度分别为 0.0 μg/L、2.0 μg/L、5.0 μg/L、10.0 μg/L、20.0 μg/L、50.0 μg/L 的标准曲线，以峰高定量。试验结果表明，标准曲线具有良好的线性关系，相关系数可达 0.999 8 以上，线性回归方程为 $A=0.003\,0\,c+0.003\,2$，详见表 4。对超纯水连续测定 10 次，参照美国环保署（EPA）标准计算其标准偏差（δ），以标准偏差（δ）的 3 倍所对应的待测元素浓度表示检出限，结果为 0.02 μg/L。

表 4 标准曲线的测定结果

浓度 *c*/（μg/L）	0.0	2.0	5.0	10.0	20.0	50.0
吸光度（*A*）	0.003 4	0.009 3	0.017 4	0.035 0	0.063 7	0.155 6

2.4 准确度和精密度

在最优分析条件下对浓度为 29.8±3 μg/L 的铊标准样品平行测定 7 次，测试方法的准确度及精密度，结果详见表 5。

表 5 方法的准确度和精密度（*n*=7）

分析项目	铊的浓度
测定结果/（μg/L）	29.5、29.7、30.0、29.9、29.8、30.1、30.0
平均值/（μg/L）	29.8
相对标准偏差 RSD/%	0.72
相对误差/%	±1.0

由表 5 可知，测定结果均在标准样品的浓度范围内，相对误差为±1.0%，相对标准偏差（RSD）为 0.72%，说明方法的准确度和精密度良好。

2.5 回收率试验

测定实际地表水水样中的铊含量，并在前处理过程中加入约为本底值 1.0 倍的铊标准溶液进行加标回收率实验。结果表明，实际地表水水样中铊的加标回收率在 98.0%～110.0% 详见表 6。

表 6　实际地表水水样中铊的回收率实验结果

水样	本底值/（μg/L）	加标量/（μg/L）	回收量/（μg/L）	加标回收率/%
水样 1	0.057	0.06	0.063 2	103.3
水样 2	0.107	0.10	0.118	110.0
水样 3	0.292	0.20	0.488	98.0

2.6 与 ICP-MS 法比较

使用本方法和 ICP-MS 法同时测定 6 个实际地表水样中铊的含量，相对偏差均小于 6.3%，经 t 检验法检验（置信度为 95%），两种方法无统计学差异，监测结果详见表 7。

表 7　GFAAS 法与 ICP-MS 法的对比

水样	GFAAS/（μg/L）	ICP-MS/（μg/L）	方法间的相对标准偏差/%
水样 1	0.081	0.085	3.4
水样 2	0.115	0.120	3.0
水样 3	0.243	0.254	6.3
水样 4	0.509	0.517	1.1
水样 5	1.097	1.113	1.0
水样 6	4.182	4.267	1.4

3 结论

本文在使用 $Pd(NO_3)_2/Mg(NO_3)_2$ 混合基体改进剂和平台石墨管的基础上，使用石墨炉原子吸收法测定地表水中的铊。结果表明，铊的检出限可低至 0.02 μg/L，且该方法具有检出限较低、分析速度快、结果准确、干扰少等优点，易于推广使用。

参考文献

[1] 刘敬勇，常向阳，涂湘林. 重金属铊污染及防治对策研究进展. 土壤，2007，39（4）：528-535.

[2] 齐剑英，李祥平，刘娟，等. 环境水体中铊的测定方法研究进展. 矿物岩石地球化学通报，2008，27（1）：81-88.

[3] 刘莺，陈先毅，谢灵，等. 石墨炉原子吸收法测定饮用水中铊的探讨. 环境科学与管理，2011，36（8）：133-136.

[4] 贾彦龙，肖唐付，周广柱，等. 水体、土壤和沉积物中铊的化学形态研究进展. 环境化学，2013，32（6）：917-925.

[5] Zhang Lei，Huang Ting，Guo Xing-jia，et al. Separation and Determination of Trace Amounts of Thallium by Nano-TiO2 combined with Microwave Irradiation. Chinese Universities，2010，26（6）：1020-1024.

[6] Volker Kahlenberg，Lukas Perfler，jurgen Konzett，et al. Structural，Spectroscopic，and Computational Studies on Tl4Si5O12: A Microporous Thallium Silicate. Inorganic Chemistry，2013，52（15）：8941-8949.

[7] 陈永亨，张平，吴颖娟，等. 广东北江铊污染的产生原因与污染控制对策. 广州大学学报，2013，12（4）：26-31.

[8] 罗莹华，梁凯，龙来寿. 重金属铊在环境介质中的分布及其迁移行为. 广东微量元素科学，2013，20（1）：55-61.

[9] Hongguo Zhang，Dayu Chen，Senlin Cai，et al. Research on Treating Thallium by Enhanced Coagulation Oxidation Process. Agricultural Science & Technology，2013，14（9）：1322-1324.

[10] 吴惠明，李锦文，陈永亨，等. 桑色素荧光光度法测定铊. 理化检验-化学分册，2007，43（8）：653-654.

[11] 刘娟，王津，陈永亨，等. 铊电化学分析技术的研究进展. 安徽农学通报，2013，19（11）：120-122.

[12] 刘杨，吉钟山，朱醇，等. 电感耦合等离子体质谱法测定铊中毒事件中铊含量. 中国卫生检验杂志，2008，18（1）：49-50.

[13] 曹蕾，徐霞君. ICP-MS 法测定生活饮用水和地表水中的铊元素. 福建分析测试，2012，21（3）：27-29.

[14] 生活饮用水标准检验方法金属指标. GB/T 5750.6—2006（21）.

此文章刊登于《理化检验-化学分册》2014 年第 12 期

电感耦合等离子体质谱法测定地表水中的铊

卢水平[1,2,3] 林海兰[1,2] 朱瑞瑞[1,2] 罗岳平[1,2,3] 朱日龙[1,2] 张艳[1,2] 于磊[1,2]

（1. 湖南省环境监测中心站，长沙 410019;
2. 国家环境保护重金属污染监测重点实验室，长沙 410019;
3. 湖南师范大学化学化工学院，长沙 410081）

摘 要：本研究建立了电感耦合等离子体质谱法（ICP-MS）测定地表水中铊的方法。对仪器工作条件进行了优化，用在线内标校正基体效应的干扰，重点考察了样品测定介质、酸度、共存元素干扰等因素对测定结果的影响。在最佳实验条件下，该方法的检出限可达 0.003 μg/L，线性相关系数不小于 0.999 9，加标回收率为 93%～110%。与传统的原子吸收法相比，该方法不需要富集等烦琐的前处理过程，具有检出限低、快速、精密度和准确度高等优点。

关键词：铊；电感耦合等离子体质谱法；地表水

Determination of Thallium in Surface Water by Using Inductively Coupled Plasma Mass Spectrometry

Lu Shuiping[1,2,3] Lin Hailan[1,2] Zhu Ruirui[1,2] Luo Yueping*[1,2,3]
Zhu Rilong[1,2] Zhang Yan[1,2] Yu Lei[1,2]

（1. Hunan Province Environmental Monitoring Centre，Changsha 410019;
2. State Environmental Protection Key Laboratory of Monitoring for Heavy Metal Pollutants，Changsha 410019;
3. Hunan Normal University Chemical Engineering，Changsha 410000）

Abstract：A new method for determination of thallium in surface water was established by inductively coupled plasma mass spectrometry in this paper. The instrument conditions were optimized，the interference of matrix effects were improved through online internal calibration. The effects of some factors，such as the medium and its acidity of sample、coexisting elements，were explored for the determination of thallium. The limit of detection was 0.003 μg/L and the linear correlation coefficient of the standard curve was 0.999 9 at least. The recovery of the spiked water samples were from 93% to 110% under optimum analytical conditions. Compared to conventional atomic absorption spectrometry，the established method did not require tedious process of enrichment，but had the advantages of low detection limit，fast，high precision and accuracy.

Key words：Thallium；Inductively coupled plasma mass spectrometry；Surface water

前言

铊是一种典型的高毒性重金属元素，其毒性远超过 Hg、Cd、Cu、Pb 等[1-6]，且在生物体内具有极强的蓄积性[7]，对生物体及环境造成持续伤害。一系列铊污染突发事件，如2010年广东北江铊污染事件[8]，2013年广西贺州市贺江合面狮段水体铊污染事件[9]等，使铊的环境危害逐渐暴露出来。实际上，铊早就被我国列入优先控制的污染物名单[10]，只是开展的相关研究较少，未受到足够重视。

预防铊污染提上议事日程后，首先要解决测得出、测得准的问题。目前，水中铊的分析方法主要有分光光度法[11]、原子吸收光谱法[12]、电化学分析法[13]等，采用 ICP-MS 测定水中铊的方法也有报道[14]，但还存在干扰等问题需要深入研究。本文以 ICP-MS 为基本分析工具，研究影响测定地表水中铊的因素，包括测定介质、酸度的选择以及共存元素干扰等，从而建立稳定、可靠的分析方法。

1 实验部分

1.1 仪器设备

电感耦合等离子体质谱仪（赛默飞世尔 X-II）。

1.2 主要试剂

硝酸（GR）：ρ（HNO_3）=1.42 g/ml。

铊标准贮备液：1 000 μg/L（国家标准物质研究中心）。

铊标准样品：0.298±0.03 μg/L、7.45±0.75 μg/L、14.9±1.5 μg/L（国家标准物质研究中心）。

调谐溶液：1.0 μg/L 含 Li、Co、In、U 等混合溶液（含 1% HNO_3）。

内标溶液：1.0 μg/L 含 In 和 Rh 的混合标准溶液（含 1% HNO_3）。

氩气（纯度不低于 99.999%），实验用水为超纯水。

1.3 实验步骤

将仪器开机点火之后，预热 30 min，期间用 1.0 μg/L 的质谱调谐液对仪器的各项指标进行调整，使氧化物、双电荷、灵敏度等各项指标均达到仪器的测定要求；然后进行测定方法的编辑，以 1 μg/L 的 ^{115}In 和 ^{103}Rh 作为在线混合内标，依次测定试剂空白、标准系列、待测样品溶液。

2 结果与讨论

2.1 仪器条件

使用 1.0 μg/L 的质谱调谐液调整仪器，使 ICP-MS 仪器的各项指标均达到测定要求，工作参数详见表 1。

表 1 ICP-MS 的工作参数

名称	参数	名称	参数
等离子体功率	1 372 W	雾化器温度	4 ℃
冷却气	13.02 L/min	辅助气	0.8 L/min

名称	参数	名称	参数
雾化气	0.81 L/min	重复次数	3 次
扫描次数	120 次	蠕动泵转速	30 r/min
计数模式	脉冲计数	截取锥类型	镍锥
扫描方式	跳峰	采样锥类型	镍锥
同位素	Tl^{205}	采样深度	100 mm

2.2 质谱干扰的消除

由于铊元素的同量异位素和多原子离子干扰极小，可以忽略不计，其质谱干扰主要为基体效应。实验表明，以 1 μg/L 的 ^{115}In 和 ^{103}Rh 作为在线混合内标，能很好地消除样品带来的基体效应，提高了测定的灵敏度和稳定性。

2.3 实验条件优化

2.3.1 介质及酸度的选择

比较 1.0 μg/L 的铊溶液在 HCl 和 HNO_3 介质中的测定效果（平行测定 3 次），结果如图 1 所示。

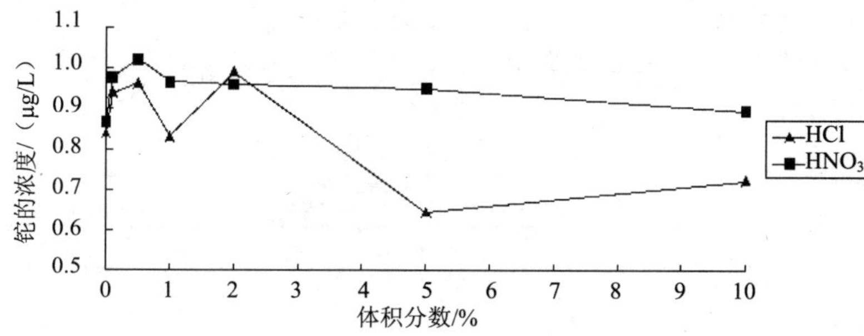

图 1　介质为 HCl 和 HNO_3 的 1.0 μg/L 的铊溶液的测定效果

由图 1 可知，在相同体积分数的 HCl 和 HNO_3 介质中，1.0 μg/L 的铊溶液所测得的结果相差较大。用 HNO_3 作测定介质时，不同浓度的 HNO_3 对铊的测定结果影响不大，准确度和精密度都较高，且 HNO_3 酸度为 0.5%时，测定效果最佳；而用 HCl 作介质时，2%浓度以内对测定结果的影响相对较小，但随着 HCl 体积分数的增大，其对铊的测定起一定的抑制作用。因此，将 0.5% 的 HNO_3 作为地表水中铊的最佳测定介质。

2.3.2 干扰试验

在 1.0 μg/L 的铊标准溶液中加入地表水中常见的共存元素进行单一元素干扰试验，结果表明，10^5 倍的 K、Na、Mg、Ca，10^4 倍的 Ba，5 000 倍的 Cu、Al、Zn、Mn、Pb、Cd，1 000 倍的 Sb、Se、As、V、Ti、Co、Ni、Cr，500 倍的 Li 以及 100 倍的 Sn 对地表水中铊的测定无明显干扰。一般情况下，地表水中这些元素的最大存在量远远低于上述实验量，因此，这些元素对铊的测定不存在干扰。

2.4 校正曲线及检出限

在最优实验条件下，分别对 0.00 μg/L、0.05 μg/L、0.10 μg/L、0.50 μg/L、1.00 μg/L、10.0 μg/L、50.0 μg/L 的标准溶液进行测定，结果表明：标准曲线具有良好的线性关系，相关系数在 0.999 9 以上，线性回归方程为 ICPS=25 294 c−1 675.1。对 0.05 μg/L 的铊溶液连

续测定 11 次，以 3 倍标准偏差（δ）表示该方法的检出限，即为 0.003 μg/L，比郭彦娟等[15]报道的文献中所得的检出限（0.006 μg/L）还要低。

2.5 准确度

在最优实验条件下，对浓度分别为 0.298±0.03、7.45±0.75、14.9±1.5 μg/L 的 3 个铊标准样品分别平行测定 6 次，结果见表 2。

表 2 方法的准确度

分析项目	铊标准样品 1	铊标准样品 2	铊标准样品 3
平均值/（μg/L）	0.284	7.38	14.5
真值/（μg/L）	0.298	7.45	14.9
相对误差/%	-4.7	-0.9	-2.5

结果表明，测定结果均在标准样品的允许范围内，相对误差分别为−4.7%、−0.9%、−2.5%。

2.6 精密度

对浓度分别为 0.05 μg/L、1.0、10.0 μg/L、25.0 μg/L 的铊溶液进行测定。实验结果（见表 3）表明，4 个样品的相对标准偏差分别为 2.08%、1.07%、0.68%、0.85%，表现出良好的精密度。

表 3　方法的精密度结果

测定次数	样品浓度/（μg/L）			
	0.05	1.0	10.0	25.0
1	0.049	0.95	9.36	25.16
2	0.048	0.95	9.37	25.05
3	0.048	0.93	9.44	25.13
4	0.047	0.96	9.49	25.40
5	0.048	0.96	9.51	25.62
6	0.047	0.95	9.47	25.37
平均值/（μg/L）	0.048	0.95	9.44	25.29
标准偏差/（μg/L）	0.001	0.01	0.06	0.22
相对标准偏差 RSD/%	2.08	1.07	0.68	0.85

2.7 加标回收率实验

对实际地表水水样中的铊含量进行测定，再加入约为本底值 1.0 倍的铊标准溶液进行加标回收率实验，结果见表 4。

表 4　实际地表水水样中铊的回收率实验结果（n=3）

水样	本底值/（μg/L）	加标量/（μg/L）	测定值/（μg/L）	加标回收率/%
水样 1	0.014	0.020	0.036	110
水样 2	0.083	0.100	0.183	100
水样 3	0.094	0.100	0.187	93

3 小结

实验结果表明，ICP-MS 测定地表水中铊的检出限为 0.003 μg/L，该方法相对于传统的石墨炉原子吸收法而言，不仅操作简单，还能获得更低的检出限以及更高的精密度和准确度，适用于地表水中痕量和超痕量铊的监测。

参考文献

[1] Zhang Lei，Huang Ting，Guo Xing-jia，et al. Separation and Determination of Trace Amounts of Thallium by Nano-TiO_2 combined with Microwave Irradiation [J]. Chinese Universities，2010，26（6）：1020-1024.

[2] 邓红梅，陈永亨，刘涛，等. 铊在土壤-植物系统中的迁移积累. 环境化学，2013，32（9）：1749-1757.

[3] Hongguo Zhang，Dayu Chen，Senlin Cai，et al. Research on Treating Thallium by Enhanced Coagulation Oxidation Process. Agricultural Science & Technology，2013，14（9）：1322-1324.

[4] 刘莺，陈先毅，谢灵，等. 石墨炉原子吸收法测定饮用水中铊的探讨. 环境科学与管理，2011，36（8）：133-136.

[5] Zitko V. Toxicity and pollution potential of thallium. Science of the Total Environment，1975，4: 185-192.

[6] Peter A L John，Viraraghavan T. Thallium：a review of public health and environmental concerns. Environment international，2005，31（4）：493-501.

[7] 刘杨，吉钟山，朱醇，等. 电感耦合等离子体质谱法测定铊中毒事件中铊含量. 中国卫生检验杂志，2008，18（1）：49-50.

[8] 陈永亨，张平，吴颖娟，等. 广东北江铊污染的产生原因与污染控制对策. 广州大学学报（自然科学版），2013，12（4）：26-30.

[9] 张建宁，郑家荣，翁维满，等. 广西贺江水污染除铊和镉应急水处理技术. 水处理技术与设备，2013，6：18-20.

[10] 孟亚军，张克荣，郑波. 快速石墨炉原子吸收光谱法测定尿铊. 理化检验（化学分册），2007，43（5）：364-366.

[11] 吴惠明，李锦文，陈永亨，等. 桑色素荧光光度法测定铊. 理化检验（化学分册），2007，43（8）：653-654，657.

[12] 齐剑英，李祥平，刘娟，等. 环境水体中铊的测定方法研究进展. 矿物岩石地球化学通报，2008，27（1）：81-88.

[13] 刘娟，王津，陈永亨，等. 铊电化学分析技术的研究进展. 安徽农学通报，2013，19（11）：120-122.

[14] 曹蕾，徐霞君. ICP-MS 法测定生活饮用水和地表水中的铊元素. 福建分析测试，2012，21（3）：27-29.

[15] 郭彦娟. 电感耦合等离子质谱法测定水中铊的方法验证. 仪器表征与分析监测，2013，4：36-38.

此文章刊登于《环境科学与管理》2014 年第 12 期

微波酸溶/石墨炉原子吸收分光光度法测定土壤和沉积物中铍

林海兰[1,2] 甘杰[1,2] 于磊[1,2] 朱日龙[1,2,3] 田耘[1,2] 罗岳平[1,2]
（1. 湖南省环境监测中心站，长沙 410014；
2. 国家环境保护重金属污染监测重点实验室，长沙 410014；
3. 北京师范大学水科学研究院，北京 100875）

摘　要：本文旨在提出一种微波酸溶/石墨炉原子吸收分光光度法测定土壤和沉积物中铍的方法。文中优化了仪器工作条件、阐述了校准曲线的绘制情况、讨论了土壤和沉积物的前处理过程（包括微波升温程序及消解体系的选择）以及考察了共存元素的干扰情况。实验表明，该方法具有前处理简单、无须基体改进剂、再现性好等优点。在最优的实验条件下，当取样量为 0.200 0 g，定容体积为 25 ml，该方法测定土壤铍的方法检出限为 0.004 9 mg/kg，方法测定下限为 0.020 mg/kg。该方法用于测定土壤标样和实际样品，不管是实验室内的方法比对，还是实验室间的方法验证，都获得较好的准确度和精密度。

关键词：微波酸溶；石墨炉原子吸收分光光度法；土壤和沉积物；铍

Determination of Beryllium in soil and sediment by GFAAS with Microwave Acid Soluble

Lin Hailan[1,2] GAN Jie[1,2] Yu Lei[1,2] Zhu Rilong[1,2,3] Tian Yun[1,2]
Luo Yueping[1,2]
（1. Hunan Province Environmental Monitoring Cerner，Changsha 410014;
2. State Environmental Protection Key Laboratory of Monitoring for heavy metal Pollutants，Changsha 410014;
3. Beijing Normal University，Beijing 100875）

Abstract: A method for determination of beryllium in soils and sediments by microwave acid soluble/graphite furnace atomic absorption is described. In this paper，the working conditions of the instrument are optimized，the drawing of calibration curve is expounded，the pretreatment process of soil and sediments（including microwave heating process and the selection of digestion system）is discussed，and the interference of coexisting elements is examined. The method is fast and simple，without matrix modifier，and has high repeatability. Under the optimal experimental conditions，the detection limit was 0.004 9 mg/kg（sample quantity 0.200 0 g，sample volume 25 ml），and the determining lower limit was 0.020 mg/kg. This method is used to measure the standard sample and actual sample，whether in the laboratory，or between laboratories，had good accuracy and precision.

Key words: microwave acid soluble; graphite furnace atomic absorption spectrophotometry; soil and sediment; beryllium

引言

自然界中的铍，因其比重小（1.84 g/m^3）而被列为轻金属，铍在地壳中的含量极少，只有百万分之五左右，是一种稀有金属，主要存在于绿柱石矿（硅酸铝铍）中。其在惯性导航、光学导航、导弹、卫星、宇宙飞船和飞机等方面的应用，已部分取代了铝、镁、钛和钢；尤其在生产轻型结构材料方面，铍已占有非常重要的地位。随着尖端科学技术的发展，铍的应用领域正日益扩大。同时，铍及其化合物具有强烈的毒性及其致癌作用，进入人体后几乎全部被吸收，浓度高时会致死。即使是极少量也会由于局部刺激而伤害皮肤、黏膜，使结膜、角膜发生炎症，引起肺气肿、肺炎等。鉴于铍的毒性极大而持续作用又强，即使是痕量也会使人中毒，因此，铍被列入供水行业 2000 年科技进步规划中的水分析项目，同时也被美国 EPA 列为重要致癌物之一，属于美国优先控制污染物，其检测具有重要意义。

土壤是构成生态系统的基本要素之一，是国家最重要的自然资源之一，也是人类赖以生存的物质基础。土壤环境状况不仅直接影响到国民经济发展，而且直接关系到农产品安全和人体健康。湖南作为有色金属之乡，部分地区曾进行过铍的冶炼和加工工业，其土壤可能存在不同程度的铍污染。在世界范围内，冶炼和加工铍的工厂及其周围环境内，就曾发生多起铍中毒事件。

目前，我国对铍的环境监测研究主要集中在水环境和大气环境方面，以文献报道为主，主要涉及分光光度法[1]、石墨炉原子吸收法（GFAA）[2–4]、电感耦合等离子体发射光谱仪（ICP-AES）[5]、电感耦合等离子体质谱法（ICP-MS）[6–7]等检测方法。此外，也有部分文献报道，利用酸消解[8]/微波消解[9]前处理技术用于环境监测研究。国内现有的与铍相关的环境监测分析标准只有水质方面的，包括采用铬菁 R 分光光度法[10]和 GFAA 法[11]测定水质中的铍，以及生活饮用水卫生标准方面[12]对重金属的监测。国内对土壤/固废中铍的研究甚少[13]。

而国外对于铍的研究比较多，水质、大气、土壤和固废等环境介质都有相关的标准，以 EPA 标准为主。主要涉及的标准方法有火焰原子吸收（FLAA）[14–17]、GFAA[17–19]、电感耦合等离子体（ICP）[16,20]、ICP-AES[21–22]、ICP-MS[23–25]以及酸消解[26–30]、微波酸溶 [31–32]等前处理技术。酸消解和微波酸溶技术采用的酸主要包括盐酸、硝酸、硫酸、高氯酸、氢氟酸等单酸或混酸。

石墨炉原子吸收光谱法测定铍具有灵敏度高、成本适合的优点。刘珂等[2]采用 GFAA 法成功地测定了河水中的铍，张萍等[33]采用微波消解/GFAA 法测定了土壤中的痕量铍。本文拟采用微波酸溶/GFAA 法测定土壤中痕量铍，以此建立相关的分析方法。

1 实验部分

1.1 仪器和设备

石墨炉原子吸收分光光度计（瓦里安，240Z）；铍空心阴极灯；热解涂层石墨管（不能用普通石墨管代替）；微波消解装置；电热板：具有温控功能。

1.2 试剂及材料

盐酸：ρ（HCl）=1.19 g/ml，优级纯；硝酸：ρ（HNO_3）=1.42 g/ml，优级纯；氢氟酸：ρ（HF）=1.49 g/ml，优级纯；高氯酸：ρ（$HClO_4$）=1.68 g/ml，优级纯。

铍标准贮备液：ρ（Be）=1 000 mg/L，环境标样所。以 1%的 HNO_3 逐级稀释成 4.0 μg/L 的标准使用液备用。

1.3 方法原理

土壤样品采用硝酸/盐酸/氢氟酸混合酸体系，经微波消解后，注入石墨炉原子化器中，经过预设的干燥、灰化和原子化程序升温，铍化合物形成的铍基态原子对 234.9 nm 产生吸收，其吸收强度在一定范围内与铍浓度成正比，将试样的吸光度与标准溶液的吸光度进行比较，测定试液中铍的浓度，从而计算出土壤中铍的含量。

1.4 试样的采集、制备及前处理

1.4.1 试样采集及制备

参照《土壤环境监测技术规范》（HJ/T 166—2004）进行采集、风干、粗磨、细磨至过孔径 0.15 mm（100 目）筛。

1.4.2 前处理

称取 100 目土壤样品干重 0.1～0.2 g，精确至 0.000 1 g。置于微波消解罐内，加 5.0 ml 浓硝酸、2.0 ml 氢氟酸和 2.0 ml 盐酸，按照一定消解条件（见表 1）进行消解，消解完后冷却至室温，将消解液转移至 50 ml 聚四氟乙烯烧杯中电热板加热赶酸，温度控制在 210℃，蒸至溶液呈黏稠状（注意防止烧干）。取下烧杯稍冷，加入 0.5 ml 浓硝酸，温热溶解可溶性残渣，转移至 50.0 ml 比色管中，冷却至室温后用超纯水定容至标线，摇匀。静置过夜，取上清液稀释适当倍数再上机测试。

表 1 微波消解升温程序

步骤	升温时间/min	温度/℃	保持时间/min
1	7	室温～150	3
2	5	150～210	20

2 结果与讨论

2.1 仪器工作条件

根据仪器说明书的要求选择测量条件，本标准采用的仪器条件为：测定波长，234.9 nm；狭缝，1.0 nm；灯电流，5.0 mA，升温程序及氩气流量设置见表 2。

表 2　石墨炉原子吸收分光光度计工作条件

升温程序	温度/℃	时间/s	流量/（L/min）
1	85	5.0	3.0
2	95	40.0	3.0
3	120	10.0	3.0
4	1 000	5.0	3.0
5	1 000	1.0	3.0
6	1 000	2.0	0
7	2 300	0.7	0
8	2 300	2.0	0
9	2 300	2.0	3.0

注：1～3 步为干燥阶段；4～6 步为灰化阶段；7～8 步为原子化阶段；9 步为除残阶段。

2.2 校准曲线

2.2.1 铍的校准曲线的配制

用铍标准使用液作为母液，设定标准曲线系列铍为 0.00、0.40、0.80、1.60、2.40、3.20、4.40 μg/L。

2.2.2 校准曲线的绘制

按照仪器参考测量条件（6.1）由低到高顺次测定标准溶液系列的吸光度。以铍浓度为横坐标，吸光度为纵坐标，绘制标准曲线。每次分析样品时使用新标准使用液绘制标准曲线。

表 3 为用 4 μg/L 铍标准溶液做母液，采用仪器自动配制系列标样模式，按仪器程序依次进样，得到不同浓度铍的信号值（吸光度）得到的校准曲线（连续测定 8 天）。

表 3 说明，进行样品分析时，随试剂变化等实验条件或仪器条件（石墨管的使用程度）变化时，同一浓度的铍标准溶液的吸光度都有所不同，导致其校准曲线也有所差异，所以测试样品前都需要重新绘制校准曲线，其保证测量的准确性。校准曲线线性一般为 $r>0.995$。

表 6　铍元素校准曲线绘制

序号		空白	标样 1	标样 2	标样 3	标样 4	标样 5	标样 6
1	含量/(μg/L)	0	0.4	0.8	1.6	2.4	3.2	4.4
	吸光度	0.009 3	0.064 5	0.127	0.250 7	0.395 4	0.519 2	0.645 5
	线性曲线	r=0.996 9			Abs=0.151 35×C+0.018 56			
2	含量/(μg/L)	0	0.4	0.8	1.6	2.4	3.2	4.4
	吸光度	0.009 0	0.072 7	0.136 4	0.27	0.419 7	0.526 7	0.657 7
	线性曲线	r=0.995 8			Abs=0.153 29×C+0.026 32			
3	含量/(μg/L)	0	0.4	0.8	1.6	2.4	3.2	4.4
	吸光度	0.009 3	0.051 1	0.092	0.178 9	0.261 1	0.351 2	0.470 4
	线性曲线	r=0.999 8			Abs=0.106 57×C+0.015 05			
4	含量/(μg/L)	0	0.4	0.8	1.6	2.4	3.2	4.4
	吸光度	0.005 5	0.076 3	0.127 8	0.232 3	0.324	0.418 3	0.531 3
	线性曲线	r=0.997 0			Abs=0.118 94×C+0.027 59			

序号		空白	标样 1	标样 2	标样 3	标样 4	标样 5	标样 6
5	含量/(μg/L)	0	0.4	0.8	1.6	2.4	3.2	4.4
	吸光度	0.009 1	0.056 8	0.099 1	0.182 6	0.273 2	0.356 8	0.488 1
	线性曲线	r=0.999 9			Abs=0.108 34×C+0.011 29			
6	含量/(μg/L)	0	0.4	0.8	1.6	2.4	3.2	4.4
	吸光度	0.009 0	0.064 6	0.116 5	0.205 7	0.293 9	0.360 3	0.470 1
	线性曲线	r=0.999 6			Abs=0.104 35×C+0.009 12			
7	含量/(μg/L)	0	0.4	0.8	1.6	2.4	3.2	4.4
	吸光度	0.009 9	0.054 1	0.102 2	0.189 9	0.262 8	0.347 9	0.443 7
	线性曲线	r=0.997 5			Abs=0.100 73×C+0.025 76			
8	含量/(μg/L)	0	0.4	0.8	1.6	2.4	3.2	4.4
	吸光度	0.008 5	0.042 1	0.079 1	0.163 9	0.223 5	0.302 8	0.401 1
	线性曲线	r=0.999 1			Abs=0.091 13×C+0.015 07			

2.3 微波升温程序的优化

选择合适的微波升温程序有利于土壤铍的消解。本方法依据作者所在重点实验室以往消解土壤的经验及相关文献报道，选择四种微波升温程序（见表 4）来进行比较。

表 4 微波消解升温程序

程序	步骤	升温时间/min	温度/℃	保持时间/min
A	1	10	室温～210	20
B	1	7	室温～150	3
	2	5	150～210	20
C	1	10	室温～190	20
D	1	7	室温～120	3
	2	10	120～180	15

通过考察表 2 所述的 5 种微波升温程序对土壤标准样品 GSS-3 和 GSS-5 的准确度和精密度来选择合适的微波升温程序。其结果见表 5。

表 5 不同微波升温程序对土壤标样测定结果的影响

平行号		程序 A		程序 B		程序 C		程序 D	
		GSS-3	GSS-5	GSS-3	GSS-5	GSS-3	GSS-5	GSS-3	GSS-5
测定结果/(mg/kg)	1	1.53	1.89	1.52	1.80	1.41	1.95	1.23	1.80
	2	1.24	1.79	1.42	1.95	1.33	2.15	1.17	1.74
	3	1.31	1.94	1.35	1.84	1.35	1.78	1.28	1.90
	4	1.32	1.76	1.39	2.08	1.34	1.78	1.41	1.74
	5	1.32	1.84	1.53	1.97	1.36	1.77	1.27	1.88
平均值		1.34	1.84	1.44	1.93	1.36	1.89	1.27	1.81
相对误差/%		−4.0	−7.80	3.0	−3.6	−3.0	−5.7	−9.1	−9.4
标准偏差		0.11	0.07	0.08	0.11	0.03	0.17	0.09	0.08
相对标准偏差/%		7.8	4.0	5.5	5.8	2.3	8.8	7.0	4.2

注：GSS-3 和 GSS-5 有证标准物质的浓度分别为 1.4±0.2 mg/kg 和 2.0±0.4 mg/kg。

从实验结果来看，采用表 5 所述的四种微波升温程序对土壤标准样品进行微波消解处理得到的测定值都能保持在质控范围之内，程序 B 表现出更好的精密度和准确度。这表明，微波消解土壤铍温度保持在 190～210 ℃比较好，消解温度越低，土壤铍消解不够完全，所得结果有所偏低（微波程序 D）。本标准参照程序 B 过程对土壤铍进行消解。

2.4 消解体系的优化

利用土壤标准样品，对消解技术进行选择和优化，确定最优的样品前处理方法和条件。目前，土壤中重金属元素消解方法主要有 3 种：电热板消解；密封容器消解；微波酸溶消解。其中微波酸溶消解技术由于具有消解完全快速、试剂消耗量少、低空白、低能耗、降低分析人员劳动强度等优点，已成为一项公认的，优势突出的土壤中重金属预处理手段（有大量文献和材料支撑）。由于本项目任务指定为微波酸溶作为前处理手段，故本标准不对三种消解方法进行实验比较，只对微波酸溶消解体系用到的酸的类型和用量进行选择和优化。国际上，美国 EPA METHOD 3052“沉积物、淤泥、土壤和油的微波酸溶标准方法”采用硝酸-氢氟酸或硝酸-盐酸-氢氟酸体系的微波溶样技术；我们实验室以往一直采用硝酸-氢氟酸-高氯酸体系的微波溶样技术。现通过评价土壤标准样品的精密度和准确性来考察这三种微波酸溶消解体系对测定土壤铍的影响。

采用的 3 种消解体系及对土壤标准样品（GSS-3 和 GSS-5）的消解状态如下：

2.4.1 硝酸/高氯酸/氢氟酸混酸消解体系

0.2 g（精确到 0.000 2 g）标样或样品，加入 5 ml 硝酸+3 ml 氢氟酸+ 1 ml 高氯酸进行微波消解。同样程序微波消解后，GSS-3（平行五样）消解很完全，为黄绿色透明样；GSS-5（平行五样）消解后有少许红色残渣。

2.4.2 硝酸/氢氟酸混酸消解体系

0.2 g（精确到 0.000 2 g）标样或样品，加入 5 ml 硝酸+3 ml 氢氟酸进行微波消解。同样程序微波消解后，GSS-3（平行五样）消解也很完全，为黄绿色透明样；GSS-5（平行五样）消解后同样有少许红色残渣，但是残渣比消解体系 A 略少。

2.4.3 硝酸/盐酸/氢氟酸混酸消解体系

0.2 g（精确到 0.000 2 g）标样或样品，加入 5 ml 硝酸+2 ml 盐酸+2 ml 氢氟酸进行微波消解。用这种消解方式 GSS-3/GSS-5 都能消解完全，消解液均为透明澄清。

同一消解体系，同一个样品平行 5 次。经相同程序（见表 3 中程序 B）消解，冷却后将溶液转移至 50 ml 聚四氟乙烯烧杯中于电热板上加热赶酸，温度控制在 210 ℃，蒸至溶液呈黏稠状（注意防止烧干）。取下烧杯稍冷，加入 0.5 ml 硝酸（5.3.2），温热溶解可溶性残渣，转移至 25 ml 容量瓶中，冷却后用去离子水定容至标线，摇匀。静置过夜，取上清液稀释 10 倍再进行测试，测定结果见表 6。

从表 6 可以看出，实验中比较的 3 种消解体系中，硝酸/盐酸/氢氟酸混酸消解体系处理土壤铍能获得最好的准确度和精密度，说明其消解得更完全。故本标准采用硝酸/盐酸/氢氟酸混酸消解体系来处理土壤铍。在实际操作过程中，可以根据土壤的性质，适当调整酸的用量，保证土壤消解完全。

表 6 不同消解体系对土壤标样测定结果的影响 单位：mg/kg

消解体系	平行号		有证标准物质	
			GSS-3	GSS-5
硝酸+高氯酸+氢氟酸	测定结果	1	1.45	1.70
		2	1.33	1.52
		3	1.54	1.74
		4	1.33	1.47
		5	1.46	1.56
	平均值		1.42	1.58
	有证标准物质浓度		1.4±0.2	2.0±0.4
	相对误差/%		1.4	-21.0
	标准偏差		0.09	0.12
	相对标准偏差/%		6.4	7.4
硝酸+氢氟酸	测定结果	1	1.48	1.99
		2	1.43	1.75
		3	1.38	1.78
		4	1.67	1.83
		5	1.34	1.74
	平均值		1.46	1.82
	有证标准物质浓度		1.4±0.2	2.0±0.4
	相对误差/%		4.3	-9.0
	标准偏差		0.13	0.10
	相对标准偏差/%		8.8	5.6
硝酸+盐酸+氢氟酸	测定结果	1	1.52	1.80
		2	1.42	1.95
		3	1.35	1.84
		4	1.39	2.08
		5	1.53	1.97
	平均值		1.44	1.93
	有证标准物质浓度		1.4±0.2	2.0±0.4
	相对误差/%		3.0	-3.6
	标准偏差		0.08	0.11
	相对标准偏差/%		5.5	5.8

2.5 干扰消除

本方法采用塞曼法可消除背景干扰；对于共存离子干扰，1 μg/L 的铍消解溶液中，下列浓度以内的共存离子的存在对铍的测定不产生干扰：Pb（Ⅱ）75 mg/L、Cd（Ⅱ）7.5 mg/L、Zn（Ⅱ）7.5 mg/L、Cu（Ⅱ）35.5 mg/L、V（Ⅵ）20 mg/L、Cr（Ⅲ）1 mg/L、As（Ⅲ）0.85 mg/L；其他常见阴阳离子未见干扰。一般的土壤样品中杂质元素最大存在量远远低于上述量，因此这些元素对铍的测定无影响。

2.6 方法检出限和测定下限

准确吸取 7.50 μl 浓度为 10 mg/L 的铍标准贮备液于微波炉消解罐中（平行 7 个样），采用硝酸/盐酸/氢氟酸混酸消解体系，按照样品分析步骤和仪器测定条件进行测定（样品消解后赶酸定容到 25 ml，摇匀，静置过液，取上清液稀释 10 倍再上机进行测试）。上机测定结果见表 10。根据 7 次测定结果的标准偏差 S 计算方法检出限，并以 4 倍的检出限作为方法的测定下限。

表 7 方法检出限测试数据

	测定值/（μg/L）
1	0.270
2	0.303
3	0.275
4	0.282
5	0.279
6	0.269
7	0.267
平均值/（μg/L）	0.278
标准偏差/（μg/L）	0.012
相对标准偏差/%	4.4
检出限/（μg/L）	0.039

实验表明（见表 7），当取样量为 0.200 0 g，定容体积为 25 ml，该方法测定土壤铍的方法检出限为 0.004 9 mg/kg，方法测定下限为 0.020 mg/kg。

2.7 精密度和准确度

2.7.1 方法精密度及准确度测试

使用优质热解涂层石墨管（不能用普通石墨管代替），采用硝酸/盐酸/氢氟酸混酸消解体系对土壤进行微波消解，方法精密度和准确度能满足方法特性指标要求，测定结果见表 8 和表 9。从表 8 和表 9 可以看出，本方法用于测定土壤标样（GSS-1～GSS-5）中铍的相对误差范围为−16.5%～10.8%；相对标准偏差范围为 1.4%～4.9%。

表 8 土壤中铍准确度测定结果

平行号	GSS-1	GSS-2	GSS-3	GSS-4	GSS-5
1	2.70	1.78	1.35	1.45	1.80
2	2.65	1.89	1.53	1.55	1.81
3	2.83	1.75	1.43	1.61	1.80
4	2.79	1.82	1.46	1.46	1.84
5	2.73	1.94	1.45	1.57	1.86
6	2.92	1.79	1.53	1.63	1.84
平均值/（mg/kg）	2.77	1.83	1.46	1.55	1.83
保证值/（mg/kg）	2.5±0.3	1.8±0.2	1.4±0.2	1.85±0.34	2.0±0.4
相对误差/%	10.8	1.6	4.1	−16.5	−8.8

表 9 土壤中铍精密度测定结果

平行号	GSS-1	GSS-2	GSS-3	GSS-4	GSS-5	土壤实际样品
1	2.70	1.78	1.35	1.45	1.80	3.02
2	2.65	1.89	1.53	1.55	1.81	3.04
3	2.83	1.75	1.43	1.61	1.80	3.09
4	2.79	1.82	1.46	1.46	1.84	3.14
5	2.73	1.94	1.45	1.57	1.86	2.88
6	2.92	1.79	1.53	1.63	1.84	3.10
平均值/（mg/kg）	2.77	1.83	1.46	1.55	1.83	3.05
标准偏差	0.10	0.07	0.07	0.08	0.03	0.09
相对标准偏差	3.5	4.0	4.6	4.9	1.4	3.0

2.7.2 实际样品加标测试数据

采用硝酸/盐酸/氢氟酸混酸消解体系对实际土壤样品进行加标测试。测试过程：称取0.15～0.20 g（精确至 0.000 1 g）土壤实际样品，加入一定量的水标样。相同微波升温控制程序对样品进行消解，赶酸，定容，测定。同一消解体系，3 个未加标样品，3 个加标 1 样品，3 个加标 2 样品，1 个空白样品。测定结果见表 10。

表 10 实际样品加标回收结果测定

	平行号	原测定值/（mg/kg）	加标 1/（mg/kg）	加标 1 回收率/%	加标 2/（mg/kg）	加标 2 回收率/%
样品5615	1	2.94	3.97	77.2	5.35	90.4
	2	2.94	3.98	78.0	5.73	104.6
	3	2.64	3.81	87.8	5.26	98.2
	平均值	2.84	3.92		5.45	
	标准偏差	0.17	0.10		0.25	
	相对标准偏差/%	6.1	2.4		4.6	
	平均加标回收率/%		81.0		97.8	
样品2	1	1.67	2.81	114.0	3.71	102.0
	2	1.65	2.68	103.0	3.60	97.5
	3	1.63	2.54	91.0	3.44	90.5
	平均值	1.65	2.68		3.58	
	标准偏差	0.02	0.14		0.14	
	相对标准偏差/%	1.2	5.0		3.8	
	平均加标回收率/%		102.7		96.7	
样品13-1	1	0.27	1.48	90.8	3.12	106.9
	2	0.29	1.55	94.5	3.38	115.9
	3	0.32	1.81	111.8	3.38	114.8
	平均值	0.29	1.61		3.29	
	标准偏差	0.03	0.17		0.15	
	相对标准偏差/%	8.6	10.8		4.6	
	平均加标回收率/%		99.0		112.5	

注：样品 5615 和样品 13-1：加标 1 的加标量为 4/3 mg/kg；加标 2 的加标量为 8/3 mg/kg；样品 2：加标 1 的加标量为 1.0 mg/kg；加标 2 的加标量为 2.0 mg/kg。

从表 10 可以看出，本标准方法用于实际土壤中铍的测定加标回收率在 77.2%～115.9%，其测定相对标准偏差在 1.2%～10.8%，表现出较高的准确度和精密度。

2.7.3 方法验证

为了验证本研究方法在不同实验室间的适用性情况，我们找了 6 家实验室进行了方法验证试验。6 家实验室测定结果表明：

（1）检出限：本标准土壤中铍的检出限（当取样量为 0.200 0 g，定容体积为 25 ml）为 0.009 mg/kg，测定下限为 0.036 mg/kg。

（2）精密度：6 家实验室对土壤标准样品（GSS-3）和实际样品 5615 进行测定，实验室内相对标准偏差范围分别为 1.9%～11.2%和 1.7%～7.8%；实验室间相对标准偏差范围分别为 7.5%和 6.1%。重复性限 *r* 分别为 0.29 mg/kg 和 0.34 mg/kg；再现性限 *R* 分别为 0.39 mg/kg 和 0.59 mg/kg。

（3）准确度：6 家实验室对土壤标准样品（GSS-3）进行测定，相对误差为-3.2%～10.7%；相对误差的平均值为−1.4±14.6%。

方法的检出限、精密度和准确度统计结果均能满足方法特性指标要求。

参考文献

[1] Lang Hua，Zhao Xinping（梁华，赵新萍）. Physical Testing and Chemical Analysispart B：Chemical Analysis（理化检验-分析手册），2007，43（9）：790-791.

[2] Liu Ke，Xu Hui，Li Jinsong（刘轲，徐慧，李劲松）. Chemical Analysis and Meterage（化学分析计量学），2001，10（5）：31-32.

[3] Shao Jianfeng（邵剑锋）. China Water & Wastewater（中国给水排水）. 2002，18（5）：87-88

[4] Yi Haiyan，Gao Shouquan，Chen Shuyi（易海艳，高寿泉，陈淑怡）. China Occup aton Medicine（中国职业医学），2006，33（6）：456-457.

[5] Xing Peizhi，Liao Lei（邢培志，廖磊）. Chinese Journal of Health Laboratory Technology（中国卫生检验杂志），2005，15（2）：177-179.

[6] Yao Lin，Wang Zhiwei（姚琳，王志伟）. Chinese Journal of Spectroscopy Laboratory（光谱实验室），2011，28（4）：1852-1855.

[7] Chen Xi，Ding Liang，He Gongli，etal（陈曦，丁亮，何公理等）. Spectroscopyand Spectral Analysis（光谱学与光谱分析），2011，31（7）：1942-1945.

[8] Wang Qing（王卿）.Land and Resources in Shandong Province（山东国土资源），2005，21（9）：52-54.

[9] XU Man（徐嫚）. Chengshi Jianshe yu Shangye Wangdian（城市建设与商业网点），2009，42：255-257

[10] HJ/T 58—2000. 水质 铍的测定 铬菁 R 分光光度法.

[11] HJ/T 59—2000. 水质 铍的测定 石墨炉原子吸收分光光度.

[12] GB/T 5750.6—2006. 生活饮用水标准检验方法 金属指标.

[13] Wang Luning，Ning Jun（王鲁宁，宁军）. Chinese Journal of Spectroscopy Laboratory（光谱实验室），2006，23（3）：483-484.

[14] EPA method 210.1. Beryllium by Flame AA.

[15] EPA method 7000B. Flame Atomic Absorption Spectrophotometry.

[16] EPA method 3005A. Acid Digestion of Waters for Total Recoverable or Dissolved Metals for Analysis by FLAA or ICP Spectroscopy.

[17] EPA method IO-3.2. Determination of Metals in Ambient Particulate Matter Using Atomic Absorption（AA）Spectroscopy.

[18] EPA method 210.2. Aluminum by Graphite Furnace AA.

[19] EPA method 7010. Graphite Furnace Atomic Absorption Spectrophotometry.

[20] EPA method IO-3.4. Determination of Metals in Ambient Particulate Matter Using Inductively Coupled Plasma（ICP）Spectroscopy.

[21] EPA method 200.7. determination of metals and trace elements in water and wastes by inductively coupled plasma-atomic emission spectrometry revision.

[22] EPA method 6010B/C. Inductively Coupled Plasma-Atomic Emission Spectrometry.

[23] EPA method 200.8. Metals in Waters by ICP-MS.

[24] EPA method 6020A/6020. Inductively Coupled Plasma-Mass Spectrometry.

[25] EPA method IO-3.5. Determination of Metals in Ambient Particulate Matter using Inductively Coupled Plasma/Mass Spectrometry（ICP/MS）.

[26] EPA method 3020A. Acid Digestion of Aqueous Samples and Extracts for Total Metals for Analysis by GFAA Spectroscopy.

[27] EPA method 3031. Acid Digestion of Oils for Metals Analysis by Atomic Absorption or ICP Spectrometry.

[28] EPA method 3040A. Dissolution Procedure for Oils，Greases，or Waxes.

[29] EPA method 3050B. Acid Digestion of Sediments，Sludges，and Soils.

[30] EPA method 3010A. Acid Digestion of Aqueous Samples and Extracts for Total Metals for Analysis by FLAA or ICP Spectroscopy.

[31] EPA method 3015A/3015. Microwave Assisted Acid Digestion of Aqueous Samples and Extracts.

[32] EPA method 3051A/3051. Microwave Assisted Acid Digestion of Sediments，Sludges，Soils，and Oils.

[33] Zhang Ping，He Hui（张萍，贺惠）. Chinese Journal of Spectroscopy Laboratory（光谱实验室），2002，19（2）：143-14.

此文章刊登于《光谱学与光谱分析》2015 年

电感耦合等离子体原子发射光谱法检测废水中的铊

易颖[1,3] 朱瑞瑞[1] 卢水平[1,2,3] 朱日龙[1,3] 林海兰[1,3]
张艳[1,3] 罗岳平[1,3]* 于磊[1,3] 朱奕[4]
（1. 湖南省环境监测中心站，长沙 410019；
2. 湖南师范大学化工学院，长沙 410081；
3. 国家环境保护重金属污染监测重点实验室，长沙 410019；
4. 长沙市环境监测中心站，长沙 410001）

摘　要：本文通过研究电感耦合等离子体原子发射光谱仪（ICP-AES）测定铊的最佳分析条件，以及分析测定波长、介质及其酸度、共存元素干扰等因素对废水中铊测定结果的影响，建立了检测废水中铊含量的 ICP-AES 分析方法。实验结果表明，用 ICP-AES 检测废水中铊的最优波长为 190.8 nm，次优波长为 377.5 nm；最佳测定介质为 0.5%的 HNO_3；除 100 倍的 Ca^{2+}对废水中铊的测定有一定干扰外，其他常见共存元素无明显影响。使用该方法检测废水中铊的检出限为 22 μg/L，线性相关系数 0.999 9，实际废水样品的加标回收率在 102.8%～104.6%。

关键词：电感耦合等离子体原子发射光谱法；废水；铊

Determination of Thallium in waste water with Inductively Coupled Plasma Atomic Emission Spectrometry

Yi Ying[1,3] Lu Shuiping[1,2,3] Zhu Rilong[1,3] Lin Hailan[1,3]
Zhang Yan[1,3] Yu Lei[1,3] Zhu Yi[4]
（1. Hunan Province Environmental Monitoring Centre，Changsha 410019;
2. College of Chemical Industry Engineering，Hunan Normal University，Changsha 410081;
3. State Environmental Protection Key Laboratory of Monitoring for Heavy Meatal Pollutants，Changsha 410019;
4. Changsha Environmental Monitoring Centre，Changsha 410001）

Abstract: A new method was developed for determination of thallium in waste water with the Inductively coupled plasma atomic emission spectrometry（ICP-AES）by studying the optimum analytical conditions，studying the interference effect of wavelength，medium and its acidity，coexisting elements. The results showed that optimal wavelength was 190.8 nm，suboptimal wavelength was 377.5 nm；the optimal measure medium was 0.5% HNO_3 Except 100 Ca^{2+}，common coexisting elements，Calcium of 100，had no interference on determination of thallium in waste water. The limit of detection was 22 μg/L，the linear correlation coefficient of the standard curve was 0.999 9 and the recovery of the spiked water samples was from 102.8% to 104.6%.

Key words: Inductively coupled plasma atomic emission spectrometry；Waste water；Thallium

1 引言

铊是一种稀散的重金属元素，一般伴生在铅、锌、铁、锡、铜等金属的硫矿中[1-4]，主要通过含铊矿石的开发利用、冶炼尘埃沉降、硫矿物区的废物排放、印染行业的废物排放等途径进入水环境[5,6]。矿坑废水和冶炼工业排放废水中常含较高浓度的铊[7]，使附近河流、湖泊、地下水中的铊含量异常增高。如南华砷铊矿矿坑水中铊含量 26.6～26.9 μg/L；流经加拿大某矿区手，河水中的铊含量 1～80 μg/L；英国某硫化物混合矿区尾砂水中铊的含量为 110 μg/L；贵州黔西南矿区地下水中铊含量高达 13～1 966 μg/L，地表水中也有 1.9～8.1 μg/L[8]。

近几年来，有关铊的环境问题和健康危害越来越受到社会关注。准确分析是开展其他研究的基础，因此，应优先开发铊的检测方法。目前检测铊的常用方法包括分光光度法、石墨炉原子吸收法、电感耦合等离子体质谱法以及电化学分析法等，电感耦合等离子体发射光谱仪（ICP-AES）是分析废水中铊的有效技术，但相关报道较少，本文开展相关实验研究，建议优化方法。分光光度法准确度和精密度较高，但其选择性较差、灵敏度较低，有时需使用大量有机试剂，不仅影响回收率，还会对操作人员和环境造成危害；石墨炉原子吸收法灵敏度高、取样量少，但操作过程烦琐，且基体干扰较为严重，往往需要辅以一些基体改进剂或分离富集手段；电感耦合等离子体质谱法具有分析速度快、检出限低、动态线性范围宽等优点，但其成本昂贵；ICP-AES 法具有分析速度快、准确度较高、测定范围广等优点，但其灵敏度较低（同石墨炉原子吸收法和电感耦合等离子体质谱法相比），适合废水样品的测定。

2 实验部分

2.1 仪器与试剂

电感耦合等离子体-原子发射光谱仪（热电 ICP 6300）。

硝酸（GR）：ρ（HNO_3）=1.42 g/ml；1 000 μg/L 的铊标准溶液，国家标准物质研究中心；149±15 μg/L 的铊标准样品，国家标准物质研究中心；74.5±7.5 μg/L 的铊标准样品，国家标准物质研究中心；氩气（纯度不低于 99.999%）；实验用水为超纯水。

2.2 废水样品的前处理

对清澈的废水样，直接用 ICP-AES 上机检测。

若废水样品混浊，则要进行消解处理：先将废水样品摇匀，然后将取 25～50 ml 小烧杯中，加入 1 ml 浓硝酸，再置于石墨炉消解器上进行消解，待小烧杯中的溶液剩余 10 ml 左右时，将小烧杯取下，冷却后，将入容量瓶定容即可。

3 结果与讨论

3.1 仪器条件优化

3.1.1 仪器工作条件

反复实验 ICP-AES 的冲洗泵速、分析泵速、RF 功率、辅助气与雾化器气体流量等因素，确定最佳仪器工作条件，详见表 1。

表 1 仪器最佳工作条件

名称	参数
冲洗泵速/rpm	40～100
分析泵速/rpm	40～60
RF 功率/W	950～1 350
辅助气流量/（L/min）	0.5
雾化器气体流量/（L/min）	0.7
分析最大积分时间/s	短波 15，长波 5，全谱 30

3.1.2 测定波长的选择

铊的发射谱线主要有 190.8 nm、276.787 nm、351.9 nm 和 377.5 nm 等。使用 1.0 mg/L 的铊溶液在不同波长下，平行测定四次，结果详见表 2。

表 2 1.0 mg/L 铊溶液在不同波长下的测定结果 单位：mg/L

测定次数	190.8 nm	276.787 nm	351.9 nm	377.5 nm
1	1.004	0.989	0.766	1.002
2	1.000	0.972	0.758	1.022
3	1.004	0.988	0.745	0.999
4	0.996	0.961	0.739	0.983

从表 2 可知，铊在 351.9 nm 处的测定结果最差，而在 190.8 nm 处的测定结果与参考值最接近。综合考虑灵敏度、谱线干扰，准确度和精密度等因素，190.8 nm 为本研究所用仪器的最佳测定波长，377.5 nm 为次优波长。

3.2 实验条件优化

3.2.1 介质的选择

用 ICP-AES 测定废水中铊的含量，使用的介质不同，测定结果相差较大。在 1.0 mg/L 的铊溶液中分别加入相同量的盐酸和硝酸，分别试验这两种介质对废水中铊的影响效果，结果详见图 1。

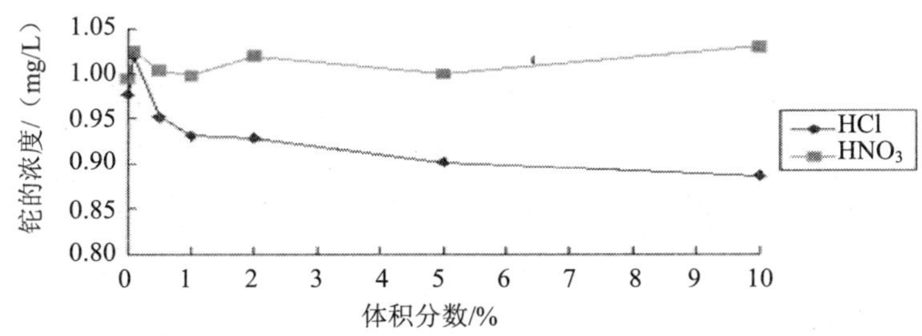

图 1 1.0 mg/L 的铊溶液中分别加入 HCl 和 HNO_3 后的测定效果

由图 1 可知，在 1.0 mg/L 的铊溶液中分别加入相同量的 HCl 和 HNO_3 后，HCl 对测定结果的影响超过 HNO_3。在 HNO_3 浓度，从 0% 增大到 10%的过程中，铊的测定结果基本上在 1.0 mg/L 附近波动，曲线比较平稳；而以 HCl 为介质，曲线呈明显下降趋势，铊的测定值最后稳定在 0.85～0.9 mg/L 范围内。由此可见 HNO_3 是测定废水中铊含量的最佳介质。

3.2.2 酸度的选择

为确定酸度是否对用 ICP-AES 测定废水中的铊有影响，在上述优化条件的基础上，对含 HNO_3 体积分数分别为 0.0%、0.1%、0.5%、1.0%、2.0%、5.0%、10.0%的 1.0 mg/L 的铊溶液进行测定，结果详见表 3。

表 3 不同酸度的 HNO_3 对 1.0 mg/L 的铊溶液的测定效果

HNO_3 的含量/%	0.0	0.1	0.5	1.0	2.0	5.0	10.0
铊的浓度/（mg/L）	0.995	1.025	1.004	1.032	0.961	1.041	0.932

根据表 3 的测定结果，HNO_3 体积分数为 0.5%时，铊溶液的测定值与真值最接近，相对误差最小；而 1.0% HNO_3 处的测定值最大，为 1.032 mg/L。综合准确度、精密度、对仪器的腐蚀程度等因素分析，0.5%的 HNO_3 是最佳酸度。

3.2.3 干扰试验

对采集到的几家污染企业的排放废水进行定性扫描，结果发现废水中主要含有 K、Mg、Ba、Ca、Fe、Mn、Pb、Cd、Zn、Cr、Ni、Cu、As、Se、Sn、Sb、V、Ti、Co、Al、Li 等杂质元素，据此在 1.0 mg/L 的铊标准溶液中加入这些杂质元素进行单一元素的干扰试验，考察各杂质元素对测定结果的干扰情况，结果详见表 4。

表 4 干扰实验结果

干扰元素及含量/（mg/L）		铊的浓度/（mg/L）
K	0.1	1.032
	1.0	1.012
	10	1.025
	100	0.942
Mg	0.1	1.011
	1.0	1.014
	10	1.008
	100	0.925
Ba	0.1	1.047
	1.0	1.024
	10	1.007
	100	0.979
Ca	0.1	0.998
	1.0	0.994
	10	1.009
	100	0.591
Se	0.01	1.008
	0.1	1.026
	0.5	0.998
	1.0	0.993

干扰元素及含量/（mg/L）		铊的浓度/（mg/L）
Sn	0.01	0.994
	0.1	1.016
	0.5	0.998
	1.0	0.984
Sb	0.01	1.019
	0.1	1.013
	0.5	1.001
	1.0	1.023
As	0.01	1.014
	0.1	1.013
	0.5	1.023
	1.0	1.014
V	0.01	0.998
	0.1	1.009
	1.0	1.007
Ti	0.01	1.023
	0.1	1.013
	1.0	1.013
Co	0.01	1.017
	0.1	1.021
	1.0	1.019
Cr	0.01	0.948
	0.1	0.935
	1.0	0.938
Ni	0.01	0.922
	0.1	0.956
	1.0	0.955
Pb	0.05	1.018
	0.5	1.026
	5.0	1.036
Mn	0.05	1.013
	0.5	1.010
	5.0	1.004
Zn	0.05	0.970
	0.5	0.964
	5.0	0.941
Cd	0.05	0.947
	0.5	0.953
	5.0	0.953
Fe	0.05	1.034
	0.5	1.025
	5.0	1.020

干扰元素及含量/（mg/L）		铊的浓度/（mg/L）
Cu	0.05	0.997
	0.5	1.029
	5.0	1.029
Al	0.05	1.015
	0.5	1.011
	5.0	1.024
Li	0.05	1.002
	0.5	1.024
	5.0	0.985

实验结果表明，100 倍内的 K、Mg、Ba，5 倍内的 Pb、Mn、Zn、Cd、Fe、Cu、Al、Li 以及 1 倍内的 As、Se、Sn、Sb、V、Ti、Co、Cr、Ni 对废水中铊的测定结果无明显干扰；而 100 倍的 Ca 对废水中铊的测定有干扰。

3.3 校正曲线的绘制及检出限

在上述最优条件下，配制铊浓度分别为 0.0 mg/L、0.1 mg/L、0.1 mg/L、1.0 mg/L、5.0 mg/L 的标准溶液，在选定的仪器操作条件下对标准系列进行测定。结果表明，标准曲线具有良好的线性关系，线性回归方程为 I=754.66 c+10.189，相关系数在 0.999 9 以上，详见表 5。对 0.1 mg/L 的铊溶液连续测定 11 次，参照美国环保署（EPA）标准计算其标准偏差（δ），以标准偏差（δ）的 3.14 倍所对应的浓度表示检出限，结果为 22 μg/L。

表 5　铊的校正曲线

铊的浓度/（mg/L）	0.0	0.1	0.5	1.0	5.0
I 值	0.07	76.91	387.70	788.00	3 779.00

3.4 准确度

在最优实验条件下，对浓度分别为 74.5±7.5 μg/L 和 149±15 μg/L 的铊标准样品平行测定 7 次。结果表明，测定结果均在标准溶液的浓度范围内，相对标准偏差分别为 6.7% 和 6.4%，详见表 6。

表 6　方法的准确度

分析项目	铊标准样品 1	铊标准样品 2
平行测定结果/（μg/L）	79.7，78.5，79.5，79.6，80.5，79.7，79.3	158.1，158.6，158.3，158.7，158.8，159.9，157.5
平均值/（μg/L）	79.5	158.5
真值/（μg/L）	74.5	149
相对误差/%	6.7	6.4

3.5 精密度

对不同浓度的废水样品进行测定，结果表明，4 个废水样品的相对标准偏差分别为 0.70%、0.24%、0.14%、0.25%，表明该方法具有良好的精密度，结果详见表 7。

表 7 方法的精密度结果

测定次数	样品浓度/（mg/L）			
1	0.096	0.956	2.332	4.007
2	0.095	0.957	2.331	4.016
3	0.095	0.959	2.330	4.004
4	0.096	0.957	2.328	4.002
5	0.096	0.952	2.336	3.992
6	0.095	0.956	2.327	4.001
7	0.094	0.954	2.326	3.986
平均值/（mg/L）	0.095	0.956	2.330	4.001
相对偏差/（mg/L）	0.001	0.002	0.003	0.010
相对标准偏差 RSD/%	0.70	0.24	0.14	0.25

3.6 加标回收率实验

对铊浓度分别为 0.1 mg/L 和 1.0 mg/L 的实际废水样品进行测定，再加入约为本底值 1.0 倍的铊标准溶液进行加标回收率实验。结果表明，实际废水样品中铊的加标回收率在 102.8%～104.6%，详见表 8。

表 8 废水样品中铊的回收率实验结果

水样	本底值/（mg/L）	加标量/（mg/L）	回收量/（mg/L）	加标回收率/%
水样 1	0.1	0.100	0.198	102.8
水样 2	1.0	1.000	2.002	104.6

4 小结

本文建立 ICP-AES 测定废水中铊含量的分析方法。用 ICP-AES 测定废水中铊的最优波长为 190.8 nm，次优波长为 377.5 nm；最佳测定介质为 0.5%的 HNO_3；除 100 倍的 Ca 外，其他共存元素对废水中铊的测定无明显干扰。使用该方法检测废水中的铊的检出限为 22 μg/L，线性相关系数在 0.999 9 以上，实际废水样品的加标回收率在 102.8%～104.6%。

参考文献

[1] 沈如龙. 金属铊盐的中毒及其检验. 微量元素与健康研究，2013，30（2）：68-69.

[2] 刘娟，王津，陈永亨，等. 大气溶胶中铊污染问题的研究进展. 有色冶金设计与研究，2013，34（3）：79-81.

[3] 韩天玮，黄卓尔，周树杰，等. 沉淀处理地表水中痕量铊. 广州环境科学，2011，26（1）：23-24.

[4] 张宝贵，张忠，胡静，等. 铊中毒及铊在生态系中迁移径迹. 地球与环境，2009，37（2）：131-135.

[5] Choudhary V R，Jana S K. Highly active and low moisture sensitive supported thallium oxide catalysts for friedel-crafts-type benzylation and acylation reactions：strong thallium oxide-supportinteractions[J]. Journal of Catalysis，2001，201（2）：225-235.

[6] Karski S，Witonska I. Thallium as an additi ve modifying the selectivity of Pd/SiO2 catalysts [J]. Kinetics and Catalysis，2004，45（2）：256-259.

[7] 凌亮，周勤，蔡展航，等. 饮用水水源突发性铊污染应急处理试验研究. 安全与环境学报，2012，12（4）：76-80.

[8] Xiao Tangfu，Dan Boyle，Jayanta Guha，Alain Rouleau，Hong Yetang，Zheng Baoshan. Groundwater-related thallium transfer processes and their impacts on the ecosystem：southwest Guizhou Province，China[J]. Applied Geochemistry，2003（18）：675-691.

[9] 吴惠明，李锦文，陈永亨，等. 桑色素荧光光度法测定铊. 理化检验-化学分册，2007，43（8）：653-654.

[10] 齐剑英，李祥平，刘娟，等. 环境水体中铊的测定方法研究进展. 矿物岩石地球化学通报，2008，27（1）：81-88.

[11] 曹蕾，徐霞君. ICP-MS 法测定生活饮用水和地表水中的铊元素. 福建分析测试，2012，21（3）：27-29.

[12] 刘娟，王津，陈永亨，等. 铊电化学分析技术的研究进展. 安徽农学通报，2013，19（11）：120-122.

此文章刊登于《环境监测管理与技术》2015 年第 1 期

分光光度法（硫脲还原法）测定矿石及冶金渣中钼含量

韩湘才 廖海波 杨喆
（衡阳市环境监测站，衡阳 421001）

摘　要： Mo^{5+}与硫氰化物作用，生成红色的络合物，颜色深浅与 Mo^{5+}含量呈线性正相关，借此进行钼的比色测定。Cu^{2+}和 Fe^{3+}同时存在，对钼的硫氰化物生成有催化作用。此时，Cu^{2+}与硫脲生成无色络合物，Fe^{3+}在 Cu^{2+}的催化下，被硫脲还原为 Fe^{2+}。Fe^{3+}在 Cu^{2+}对钼的红色络合物无干扰。方法用于矿石和冶金废渣样品分析，测定值得相对标准偏差（n=6）分别为 0.19%～8.6%，回收率在 95%～105%。实验结果显示该方法：灵敏度高、定性和定量准确等特点。此方法解决 Fe^{3+}和 Cu^{2+}在分析比色时干扰问题。此方法的原理为 $2MoO_4^{2-}+2\ CS(NH_2)_2+10\ CNS^-+10H^+=2[MoO(CNS)_5]^{2-}+2\ CS(N_2H_3)+6H_2O$

关键词： 分光光度法；钼的测定；硫脲还原法

Spectrophotometry（Thiourea Reduction）Determination of Molybdenum in Ores and Metallurgical Slags

Han Xiangcai　Liao Haibo　Yang Zhe
（Heng yang Environmental Monitoring Centre，Heng yang　421001）

Abstract: Mo^{6+} is thiourea is reduced to Mo^{5+} in sulfuric acid solution，Mo^{5+} and thiocyanate，to form a red complex，the color depth is linear positive correlation with the content of Mo5+，colorimetric determination of molybdenum to. Cu^{2+} and Fe^{3+} exist at the same time，thiocyanate on Mo generation catalysis. At this time，Cu^{2+} and thiourea generates colorless complex，Fe^{3+} under the catalysis of Cu^{2+} is reduced to Fe^{2+}，thiourea. Fe^{3+} in the Cu^{2+} red complex of molybdenum without interference. Method for analysis of mineral and metallurgical slag samples，determination of worth relative standard deviation（n=6）were between 0.19%～8.6%，the recovery rate was 95%～105%. Experimental results show that this method has high sensitivity，accurate qualitative and quantitative characteristics. The solution of Fe^{3+} and Cu^{2+} in the analysis of interference with colorimetry. The principle of this method is $2MoO_4^{2-}+2\ CS(NH_2)_2+10\ CNS^-+10H^+=2[MoO(CNS)_5]^{2-}+2\ CS(N_2H_3)+6H_2O$

Key words: determination of thiourea reduction；method of molybdenum；spectrophotometry

钼是 1788 年被发现的一种过渡金属元素，但是直到 20 世纪 50 年代，钼才被确认为是一种与一切生命活动有关的必需微量元素。钼作为过渡金属元素，其原子序数为 42，相对原子质量为 95.94，位于元素周期表的第 5 周期第ⅣB 族。无论动植物，钼元素都是必须的微量元素，对于植物，它为固氮植物提供营养的来源，对于人类钼被称为“心脏的保护剂”对于前者钼与其氮素的代谢密切相关，对植物的光合作用起到促进作用。同时如果植物体内缺少钼，还会影响其体内硝酸的还原，对植物造成一定的危害。对于人类来说，钼在人体内主要参与一些酶的合成，同时钼还与一些疾病有关，比如心血管病和癌症。因此，钼对于任何有生命的物质都是重要的，成年人每天摄取的钼量为 360 μg，食物是人体摄取钼元素的主要来源，虽然人体内的钼含量相对于自身的体重来说少之又少，但是它的作用是不可低估的[1-4]。

该文对样品中钼的分析方法和原理进行了较为系统的论述，在硫酸介质中 Mo^{6+}被硫脲还原为 Mo^{5+}，Mo^{5+}与硫氰化物作用，生成络合物。用分光光度比色法测定矿石及冶金渣样品中的钼，为研究者进行钼新分析方法的开发和标准化提供了借鉴。

1 试验部分

1.1 主要仪器与试剂

钼标准储备液：称取在干燥器内干燥 24 h 的 MoO_3（优级纯）6.001 4 g 于 250 ml 烧杯中，加少许 NaOH 溶液，用水溶解后，移入 1 L 容量瓶中，用一级去离子水定溶，此溶液中含钼 4 mg/ml。

钼标准使用液：取储备液 20 ml，定溶于 500 ml，此溶液中含钼 160 μg/ml；再取此使用液 25 ml 定溶于 200 ml，此钼标准溶液含钼 20 μg/ml。

混合溶液：（H_2SO_4+ $CuSO_4$）：在 H_2SO_4（1+1）溶液中加入 0.5 克 $CuSO_4$，用水稀释到 1 L。

试剂均为优级纯，所用水为二次去离子水（电阻 $\frac{18\Omega}{}$ cm）。

1.2 试验方法

称取 0.5 g（精确至 0.1 mg）试样于 50 ml 聚四氟乙烯坩埚中，用水润湿后加入 10 ml 浓盐酸，于通风橱内的电热板上 50℃加热，使样品初步分解，待蒸发至剩 3 ml 左右时，然后加入 5 ml 浓硝酸，5 ml 氢氟酸，加盖后于电热板上加热至约 120～130℃，加热时间 0.5～1 h，开盖冷却加入 2 ml 高氯酸，再加盖 150～160℃加热 1 h 左右，然后开盖，驱赶白烟并蒸至内熔物呈不流动状态的液珠状（趁热观察）。视消解情况，可再补加 3 ml 浓硝酸，3 ml 氢氟酸、1 ml 高氯酸，重复以上消解过程。取下坩埚稍冷，加入 1 ml 硝酸溶液，温热溶解可溶性残渣，加入 15 ml NaOH 溶液（150 g/L），加热煮沸 2 min，冷却后，过滤于 50 ml 容量瓶中，冷却后用水定容至标线，摇匀。

1.3 校准曲线溶液的制备

吸取 0 ml、0.5 ml、1.0 ml、2.0 ml、3.0 ml、5.0 ml、7.0 ml 钼标准溶液分别置于 50 ml 比色管中，加水稀释至 25 ml，滴加 1 滴酚酞指示剂，用 H_2SO_4（1+1）将试剂中和至红色消失，加入 10 ml 混合液（H_2SO_4+ $CuSO_4$），加入 1 ml 酒石酸（200 g/L）溶液，摇匀、冷却至室温，放置 5 min；准确加入 5 ml 硫氰酸钠（20%）溶液，晃动比色管，加入 5 ml 硫脲（50 g/L）溶液，将试液用去离子水稀释至刻度，摇匀、放置 10 min，用 1 cm 比色皿与 T6 紫外可见分光光度计 460 nm 处比色测定。

1.4 样品测定

在选定的仪器工作条件下测量，根据钼元素工作曲线溶液的浓度和对应信号强度值，以待测元素浓度为横坐标，测得的强度为纵坐标绘制校准曲线，再测样品溶液的信号强度，根据校准曲线求得待测样品中钼元素含量。

2 结果与讨论

2.1 比色测定波长选择

取 5.0 ml 浓度为 20 μg/ml 钼标准溶液，与 50 ml 比色管中，显色步骤按钼工作曲线方法，测定该显色液在不同波长条件下的吸光值，结果如图 1 所示，从图 1 可看出，最佳吸收波长为 460 nm。

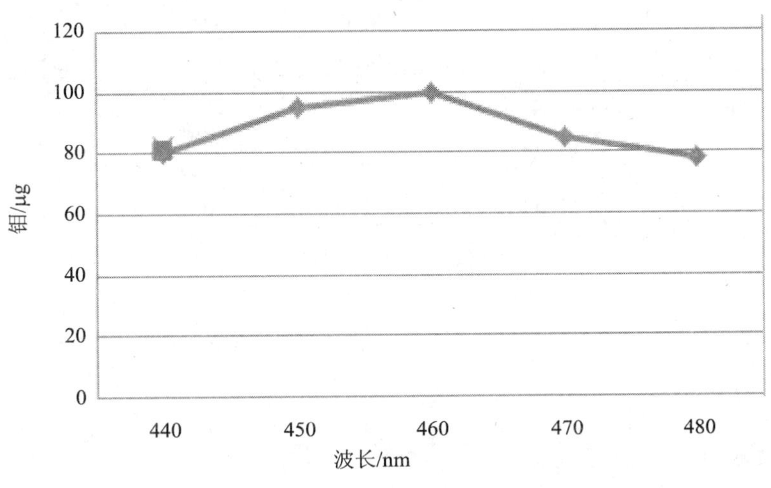

图 1 测定波长选测试验

2.2 硫氰酸钠加入量的选择

硫氰酸钠溶液是有色液，用量需适宜，从表 1 可以看出，硫氰酸钠溶液加入量不同，结果不相同。试验证明，在试液中硫氰酸钠加入量为 2.0%，结果最佳。

表 1 硫氰酸钠加入量试验

序号	钼含量/μg	NaCNS 用量（1.5%）		NaCNS 用量（2.0%）		NaCNS 用量（2.5%）	
		测定结果/μg	回收率/%	测定结果/μg	回收率/%	测定结果/μg	回收率/%
1	100	88	88.0	96	96.0	94	94.0
2	100	82	82.0	102	102.0	90	90.0
3	100	83	83.0	100	100.0	93	93.0
4	100	85	85.0	98	98.0	91	91.0

2.3 干扰试验

分光光度法（硫脲还原法）测定钼含量 时，试样中含硅量高时，在消解时可加入适量氢氟酸；在酸性介质中，加入适量酒石酸可掩蔽试液中 Cr^{3+}、W^{5+}、Ti^{4+}、Sn^{4+}。

2.4 标准曲线及检出限

按试验方法测定 0 mg/L、0.5 mg/L、1.0 mg/L、1.5 mg/L、2.0 mg/L、2.5 mg/L、3.0 mg/L 钼标准曲线并绘制标准曲线，结果表明：钼的质量浓度在 2 mg/L 以内吸光度呈线性关系，线性回归方程为 y=0.535 5x，相关系数为 0.999 7。检测限（3S/N）为 0.4 μg/L。

2.5 精密度试验

按试验方法对矿石及冶金渣样品进行处理，并在仪器工作条件下测定钼，同时做加标回收试验，结果见表 2。

表 2 样品分析结果（n=6）

样品	推荐值/%	测定值/%	加标量/%	测定总量/%	回收率/%	RSD/%
选冶矿样 1	5.26	5.24	0.20	5.45	105	0.19
选冶矿样 2	3.67	3.72	0.20	3.91	95.0	0.68
选冶矿样 3	1.08	1.21	0.10	1.31	100	5.7
选冶矿样 4	2.78	2.74	0.20	2.93	95.0	0.72
冶金渣样 1	0.25	0.21	0.050	0.261	102	8.6
冶金渣样 2	0.16	0.19	0.050	0.242	104	8.6
冶金渣样 3	0.015	0.013	0.050	0.062	98.0	7.1

由表 2 可知钼的加标回收率较高，精密度较好，方法可用于矿石及冶金渣中钼含量的测定。

参考文献

[1] 国家环保局. 水和废水监测分析方法. 4 版. 北京：中国环境科学出版社，2002.

[2] 何崇. 维生素和微量元素的科学应用. 上海：上海中医药大学出版社，2003.

[3] 马昆山，徐欣. 生命的能源-微量元素与维生素. 济南：山东大学出版社，2008,12.

[4] 赵喜田，卢广业. 碘与生命. 石家庄：河北科学技术出版社，1999.

[5] 倪亚明，颜崇淮，张敬，等. 微量元素与营养健康. 上海：同济大学出版社，2009，5.

[6] 朱丽，孙宝莲，李海燕，等. 硫氰酸盐光度法测定加压氧化钼精矿萃取液中的钼.中国无机分析化学，2011（4）：47-49.

[7] 王夕云，陈志霞，范世华. 顺序注射催化光度法测定环境水样中痕量钼. 中国无机分析化学，2011，1（3）：27-31.

[8] 杜米芳. 电感耦合等离子体发射光谱法快速测定钼铁合金中的钼. 岩矿测试，2010（1）.

[9] 徐志昌，张萍助. 浸剂提高钼浸取率研究. 中国钼业，2007（4）.

有机物监测分析

吹扫捕集和气相色谱—质联用测定水中 26 种挥发性有机物

瞿白露　许雄飞　王燕　吴银菊
（长沙市环境监测中心站，长沙 410001）

摘　要：建立了吹扫捕集和气相质谱联用技术对地表水中的 26 种挥发性有机污染物进行同时测定的分析方法。实验结果在 2.0~50.0 μg/L 范围内线性良好，相关系数均＞0.99，检出限在 0.08～0.91 μg/L 范围内。方法的平均回收率为 87.33%～116.68%，RSD（n=6）均小于 5%。方法前处理简单快速，采用内标法定量准确度高，重复性好，适用于清洁水中挥发性有机物的同时测定。

关键词：吹扫捕集；气相色谱—质谱联用；挥发性有机物

Determination of 26 Kinds of Volatile Organic Compounds in Water by Purge-trap and GC-MS

Qu Bailu　Xu Xiongfei　Wang Yan　Wu Yinju
（Changsha Environmental and Monitoring Central Station，Changsha　410001）

Abstract: A method was established using purge and trap-gas chromatography spectrometry for the simultaneous determination of 26 kinds of Volatile organic compounds（VOCs）in water.Sample was extracted by purge and trap technology，analyzed by gas chromatography and detected by Mass detector. Good linear correlation coefficient of 26 kinds of VOCs between were obtained.The average recover（n=6）and relative standard deviation（RSD）were between 87.33%～116.68% and lower than 5%.The detection limit of 26 kinds of VOCs were between 0.08～0.91 μg/L. The method is simple pre-treatment，good repeatability.It could be used for the simultaneous determination of VOCs in surface water.

Key words: purge and trap；gas chromatography-mass spectrograph；volatile organic compounds

挥发性有机污染物（VOCs）是指沸点在 200℃以下，分子量范围 16～250 u，蒸气压大于 13.33Pa（20℃）的一类有机化合物[1]。挥发性有机物广泛存在于水、空气和食物中，有些组分已被动物实验和人群流行病学证实为人类致癌物[2]。由于环境样品中的挥发性有机化合物浓度较低，一般在 μg/L 到 ng/L 水平，所以在分析和检测之前对样品进行前处理是非常必要的[3]。目前常用的方法有液-液萃取法、静态顶空法、闭路气提法、吹扫捕集法、固相微萃取法等。相对来说吹扫捕集法灵敏度大，精密度大，重复性好，检测限低、富集率高、不消耗有机试剂，操作简单被广泛应用于环境有机化学分析中。国内已有文献[4–6]利用吹扫捕集气相质谱联用测定了水体中挥发性有机物，但同时测定多种挥发性有机物中含低响应值和极易挥发的，比如氯乙烯、环氧氯丙烷等未见报道。本文利用吹扫捕集气相色谱-质谱联用（GC-MS）同时测定了 26 种挥发性有机物，其中包括相对低灵敏度的氯乙烯和环氧氯丙烷，采用选择离子扫描内标法定量，取得了令人满意的结果。

1 实验部分

1.1 仪器与试剂

TEKMAR Stratum Purge & Trap 配 AQUATEK 70 自动进样器；40 ml 带硅胶垫螺旋盖的玻璃瓶；Agilent 7890A-5975 C 气相质谱联用仪；DB-5MS 毛细管柱（60 m×0.25 mm×0.25 μm）；屈臣氏纯净水；甲醇，色谱纯；24 种标准溶液和丙烯腈乙苯混合标，100 μg/ml；氟苯作为内标，2.0 mg/ml；上述试剂均为美国 Accu Standard。

1.2 仪器条件

吹扫捕集条件：吹扫气为高纯氦气，流量为 40 ml/min，吹扫温度 30℃，吹扫时间 11 min，脱附温度 190℃，脱附时间 2 min，烘烤温度 220℃，烘烤时间 10 min。

色谱条件：进样品温度为 250℃，分流比为 1：10，载气（99．999%高纯氦气），流速 0.9 ml/min；程序升温，起始温度为 45℃保持 7 min，以 5℃每分钟升温至 160℃后保持 5 min，以 50℃每分钟升温至 220℃保持 8 min。

质谱条件：EI 源，电子能量 70eV，质量范围 20～550u，质谱检测器采用选择离子扫描方式，扫描速度 2.91 s/次，离子源温度 230℃，四极杆温度 150℃，溶剂延迟 5 min。

1.3 实验方法

采集的地表水样直接转移至 40 ml 带硅胶垫螺旋盖的玻璃瓶中，放置于自动进样器中。5 ml 水样自动吸入，同时将固定浓度内标将吸入吹扫管与水样一同进入吹扫捕集系统，氦气将脱吸附的有机物载入到气相色谱-质谱仪内按照设定的仪器条件进行处理分析。

2 结果与讨论

2.1 校准曲线、定量计算与检出限

将 100 μg/ml 26 种混合标分别用微量注射器注入适量体积 100 ml 容量瓶中，配制成 0.0 μg/L、2.0 μg/L、5.0 μg/L、10.0 μg/L、20.0 μg/L、40.0 μg/L、50.0 μg/L 标准液，用纯净水定容转而移至 40 ml 带硅胶垫螺旋盖的玻璃瓶中，在“1.3”实验条件下分析。用全扫描方式确定各组分特征离子与辅助离子，采用选择离子色谱图对组分进行定量分析。以各组分与内标物定量离子的峰面积之比为纵坐标，各组分与内标物浓度之比为横坐标作出曲线，各 VOCs 组分在 2.0～50.0 μg/L 浓度范围内线性关系良好，相关系数均在 0.99 以上。取 7 个 0.3 μg/L 的标准样品进行平行测定，计算每种化合物的相对标准偏差，方法的最低检出限（MDL）为：$MDL=St_{(n-1,\ 0.99)}$。其中 S 为标准偏差（μg/L），$t_{(n-1,\ 0.99)}$ 为置信度 99%，自由度为（n−1）时的斯图登特值，结果见表 1。

2.2 方法的精密度

在空白纯净水中加入挥发性有机物混合标储备液，配制成浓度为 20.0 μg/L 的标准溶液，再按照方法中仪器条件分别测定 6 次，测定结果计算得出精密度，由表 1 可知，用吹扫捕集作为样品前处理气相色谱—质谱联用的方法测定挥发性有机物，能得到较好的精密度，其相对标准偏差（RSD）均小于 5.0%。

表 1　26 种挥发性组分的保留时间、标准限值、检出限、精密度和加标回收率

化合物	保留时间/(t/min)	标准限值 w/(mg/L)	检出限 w/（μg/L）	精密度/%	加标回收率/%
氯乙烯	5.91	0.005	0.55	4.43	116.68
1,1-二氯乙烯	8.53	0.03	0.33	3.24	105.51
丙烯腈	8.71	0.1	0.28	3.49	100.28
二氯甲烷	9.10	0.02	0.25	3.45	97.37
反 1,2-二氯乙烯	10.35	0.05	0.08	3.35	102.73
1,3-氯丁二烯	11.44	0.002	0.34	1.45	94.60
顺-1,2-二氯乙烯	12.18	0.05	0.29	2.11	97.20
三氯甲烷	12.97	0.06	0.16	1.77	95.44
1,2-二氯乙烷	14.52	0.03	0.26	1.71	87.33
苯	15.04	0.01	0.26	1.83	98.35
四氯化碳	15.10	0.002	0.23	3.58	98.73
三氯乙烯	17.04	0.07	0.29	3.20	95.88
环氧氯丙烷	18.06	0.02	0.91	4.02	90.38
甲苯	20.73	0.7	0.29	3.50	95.73
四氯乙烯	22.83	0.04	0.35	3.13	103.03
氯苯	24.93	0.3	0.29	2.19	97.05
乙苯	25.50	0.3	0.14	0.96	103.12
对二甲苯	25.89	0.5	0.39	1.59	92.29
间二甲苯	25.89	0.5	0.39	1.59	92.29
苯乙烯	26.98	0.02	0.19	3.29	94.69
邻二甲苯	27.05	0.5	0.19	2.04	95.60
三溴甲烷	27.24	0.1	0.15	1.47	92.03
异丙苯	28.40	0.25	0.27	2.60	94.51
1,4-二氯苯	32.87	0.30	0.40	4.18	100.39
1,2-二氯苯	33.91	1.00	0.30	4.65	98.49
六氯丁二烯	40.19	0.000 6	0.30	1.63	100.48

2.3 加标回收率

在实际样品中加入 20.0 μg/L 的挥发性有机物标准溶液，分别对原样与加标样品按实验设定的条件分别分析 6 次。方法的加样回收率在 87.33%～116.68%，表明方法的回收率满足分析要求。

2.4 挥发性组分的总离子流图

混标与内标物的总离子流图见图 1。由图可知在设定的吹扫捕集和气相色谱质谱条件下，26 种挥发性成分和内标物的峰形与分离度都较好。但其中苯与四氯化碳的峰有重合，对、间二甲苯不能完全分离。本文采用的扫描方法为选择离子扫描法，在定量时苯与四氯化碳的定量离子不同分别为 78 和 117，所以虽峰未分开但可以很好的进行定量。GB 3838—2002 中对水体中二甲苯总量规定了限值，并未将邻、对、间二甲苯分开进行规定，故对、

间二甲苯峰位置有重叠对监测计算结果没有造成影响。

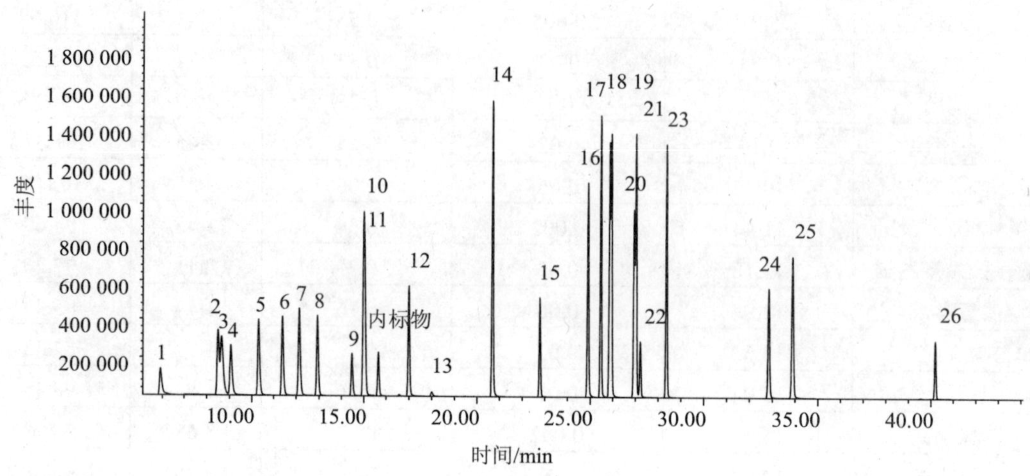

1—氯乙烯；2—1,1-二氯乙烯；3—丙烯腈；4—二氯甲烷；5—反 1,2-二氯乙烯；6—1,3-氯丁二烯；7—顺-1,2-二氯乙烯；8—三氯甲烷；9—1,2-二氯乙烷；10—苯；11—四氯化碳；12—三氯乙烯；13—环氧氯丙烷；14—甲苯；15—四氯乙烯；16—氯苯；17 —乙苯；18、19—对、间二甲苯；20—苯乙烯；21—邻二甲苯；22—三溴甲烷；23—异丙苯；24—1,4-二氯苯；25—1,2-二氯苯；26—六氯丁二烯

图 1 26 种挥发性有机物和内标物总离子流图

2.5 实际水样的测定

采用本方法对湘江河 9 个采样点的地表水进行分析测定，结果表明各点地表水中均检出、1,2-二氯乙烷，结果低于 GB 3838—2002《地表水环境质量标准》中的标准，没有超标。

3 讨论

VOCs 实验的空白样品瓶在加入纯净水后立即密封，不要暴露在敞口环境中，否则空白中会检测出痕量的卤代烃等挥发性有机物。氯乙烯极易挥发，标液使用一段时间后，响应值会逐渐减小，因此在配标时即开即上机测试为佳，若有需要必须放入冷冻柜中储存，保存期限根据上机后观察氯乙烯峰面积响应值决定。环氧氯丙烷的灵敏度较低，本文采用 35℃下吹扫，可以适当提高灵敏度和响应值。也可以使用加 NaCl 的方法，但容易造成盐析使吹扫管受到污染，因此要注意保持清洁。

吹扫捕集气相色谱质谱联用测定地表水中 26 种挥发性有机物，样品无须萃取，无溶剂再污染，直接进样，省略了样品前处理过程，减少了样品中目标化合物的损失，实验结果可靠，操作简单快捷，并采用质谱的 SIM 模式检测，排除了非目标化合物的干扰。实验结果表明，26 种 VOCs 分离情况良好，6 次平均加标回收率在 87.33%～116.68%，方法的最低检出限为 0.08～0.91 μg/L，相对标准偏差均小于 5%，方法灵敏度和准确度高，由于可同时测定水中多种挥发性有机物，大大节约了时间，提高了效率，对工作的开展提供了更好的平台。本方法的研究对于实施我国 GB 3838—2002《地表水环境质量标准》具有促进作用。

参考文献

[1] 王维国，李重九，李玉兰，等. 有机质谱应用——在环境、农业和法庭科学中的应用. 北京：工业出版社，2006：32.

[2] 庄静. 水中有机污染物对人体潜在危害及预防对策. 环境与健康杂志，2001，18（3）：187-189.

[3] 梁汉昌. 痕量物质分析气相色谱法. 北京：中国石化出版社，2000：129-131.

[4] 傅晓春. 吹扫一捕集/气相色谱法测定水中挥发性有机物. 干旱环境监测，2009，23（4）：209-213.

[5] 孙晓慧，吕怡兵，潘菏芳，等. 吹扫捕集/气相色谱/质谱法测定水体中 54 种常见挥发性有机物的研究. 环境污染与防治，2009，31（11）：58-61.

[6] 张岚，蒋兰，鄂学礼，等. 饮用水中痕量挥发性有机物吹扫捕集-气质联用测定法.环境与健康杂志，2008，25（5）：431-432.

此文章刊登于《广州化学》2010 年第 4 期

气相色谱法测定水中环氧氯丙烷的方法比较研究

王燕　许雄飞　丁庆云
（长沙市环境监测中心站，长沙 410001）

摘　要：通过顶空-气相色谱法与液液萃取法测定水中环氧氯丙烷的方法比较研究，结果表明两种方法均能满足地表水环境质量标准的检测要求。但静态顶空法在检出限、回归曲线相关系数、样品加标回收率、相对标准偏差等方面均优于液-液萃取法，且静态顶空法操作简便、快捷，方法准确可靠、灵敏度高、重现性好，在水环境分析监测中具有实用性。

关键词：环氧氯丙烷；顶空法；液-液萃取法

Comparison of determining epichlorohydrin in the waters by gas chromatography

Wang Yan　Xu Xiongfei　Ding Qingyun
(Changsha Envivonmental Manitoring Gentre，Changshan　410001)

Abstract：Study on the way of top-balance to determine epichlorohydrin，and compared to the liquid-liquid extraction .The results show that，the two pre-treatment methods meet the demand of environmental quality standard for surface water.But the way of top-balance is better than liquid-liquid extraction in the limits of detection，the linear correlation coefficient，the range of average recovery and the relative standard deviation.It is more simple，rapid，accurate and credible，and it has a high sensitivity.So，the way of top-balance is practical in water monitoring.

Key words：epichlorohydrin；top-balance；liquid-liquid extraction

环氧氯丙烷又名表氯醇，是一种重要的有机化工原料和精细化工产品，化学性质活泼[1]。它无色有刺激性气味，可造成人体中枢神经系统损伤[2]，属中等毒性有机物。其主要用于树脂制造业，现已成为我国水质监测优先控制的污染物之一[3]。2008 年 4 月 28 日国家环保部通知，要求每月对《地表水环境质量标准》表 3 集中式生活饮用水地表水源地特定项目 1～35 项进行监测分析，环氧氯丙烷位列其中。测定环氧氯丙烷的国标方法[4]为二氯甲烷液-液萃取、浓缩气相色谱法，该方法灵敏度高，但液-液萃取法加标回收率低，操作烦琐，工作量大，且引入了有机溶剂，对环境有二次污染。Maw-Rong 等[5]用气质联用法测定环氧氯丙烷中间体，现国内也有报道气质联用分析环氧氯丙烷[3][6]，但由于气质联用仪价钱较贵，难以普遍推广。本文采用静态顶空法对地表水中的环氧氯丙烷进行处理，自动进样，用毛细管柱气相色谱法测定。同时在方法检出限和加标回收率方面，对静态顶空及液-液萃取[7]、浓缩两种样品前处理方法进行比较。实验结果表明，两种方法灵敏度和准确度均可满足地表水环境质量标准[8]规定的分析要求。相对来说，静态顶空法具有操作方便快捷的优点，在水环境监测分析中实用性强。

1 试验部分

1.1 试验材料

1.1.1 试剂与仪器

试剂：二氯甲烷（色谱纯）；环氧氯丙烷标液（国家标物中心，浓度 993 μg/ml）；

载气：高纯氮（99.999%）；辅助气体：氢气、空气；

仪器：气相色谱仪（具氢火焰离子化检测器）岛津 GC-17A；

色谱柱 suplco-wax：30 m×0.53 mm×1.0 μm；

顶空自动进样器 Perkin Elmer TurboMatrix 40；氮吹仪 TTL-DCⅡ型；

分液漏斗：250 ml；注射器：10 μl，50 μl；

采样瓶：VOC 专用瓶，500 ml 具聚四氟乙烯薄膜，螺旋口瓶塞的细口玻璃瓶。

1.2 样品分析

1.2.1 静态顶空自动进样法

用 40 ml VOC 专用瓶采集，采集方法为采满并加盖。带回实验室取 10.00 ml 注入顶空瓶加盖密封，待测。

顶空分析条件：传输压力 89.5 kPa，传输温度 142℃，炉温 60℃，加热时间 10 min，进样体积 0.19 ml。静态顶空法取 10.00 ml 样品注入顶空瓶，自动进样。

色谱条件：汽化室温度 150℃；柱温：初始温度 40℃，保持 4 min，以 30℃/min 升至 150℃，保持 2 min；检测器（FID）250℃；柱前压 N_2：50 kPa；H_2：55 kPa；Air：50 kPa。色谱图见图 1。

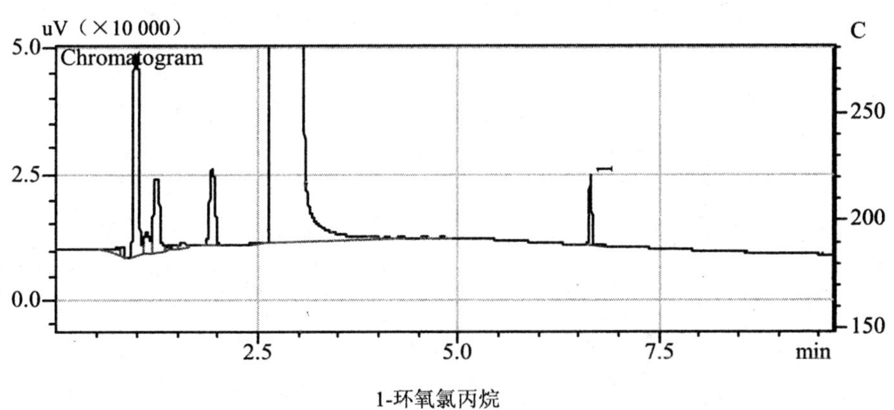

1-环氧氯丙烷

图 1 静态顶空法测定环氧氯丙烷色谱图

1.2.2 液-液萃取法

将水样注入采样瓶中，采满并加盖，待测。

取 250 ml 样品用色谱纯二氯甲烷萃取后，经脱水并浓缩至 1 ml。取 1 μl 萃取浓缩液用具有氢火焰离子化检测器的气相色谱仪测定[4]，色谱条件同 1.2.1。色谱图见图 2。

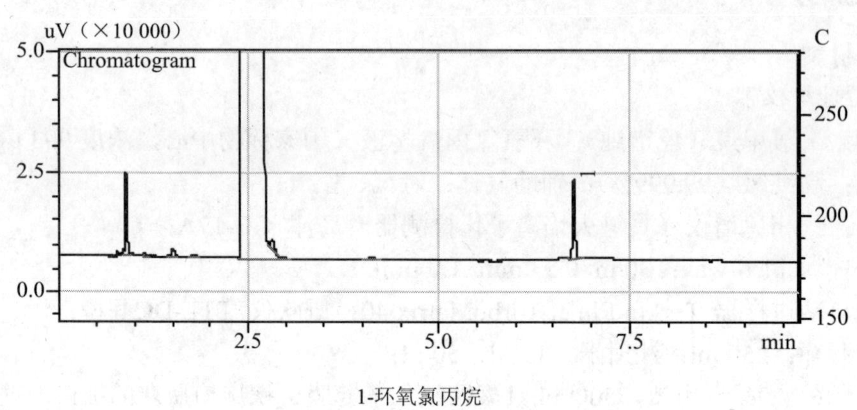

1-环氧氯丙烷

图 2 液液萃取法测定环氧氯丙烷色谱图

2 结果与讨论

2.1 标样配制及曲线绘制

分别取环氧氯丙烷标液（993 μg/ml）1 μl、2 μl、5 μl、10 μl、20 μl、30 μl、50 μl 于盛有 10.00 ml 纯水的顶空瓶中，其浓度为 0.099 3 mg/L、0.198 6 mg/L、0.496 5 mg/L、0.993 0 mg/L、1.986 mg/L、2.979 mg/L、4.965 mg/L。在 1.2.1 所述条件下自动进样，绘制静态顶空气相色谱法标准曲线，相关系数 r 为 0.999 6。

分别取环氧氯丙烷标液（993 μg/ml）2 μl、5 μl、10 μl、20 μl、30 μl、50 μl 于 1.00 ml 二氯甲烷中，其浓度为 1.986 mg/L、4.965 mg/L、9.930 mg/L、19.86 mg/L、29.79 mg/L、49.65 mg/L。绘制液-液萃取标准曲线，相关系数 r 为 0.999 1。

由相关系数 r 看出，两种方法的线性良好，均可达到环境水样的监测分析要求。

2.2 方法检出限和空白加标回收

液-液萃取法是现行国标方法，其检出限为 0.02 mg/L[6]。静态顶空法检出限（MDL）是通过在同一顶空色谱条件下，重复 7 次测定低浓度的环氧氯丙烷标样，计算其标准偏差 SD，MDL=3SD，测算结果为 0.006 mg/L。完全满足地表水环境质量标准规定限值 0.02 mg/L。

空白加标实验中，对加标量为 19.86 ng 的标样进行分析，液-液萃取法回收率为 83%，静态顶空法回收率为 98%。

2.3 方法精密度及样品加标回收率

湘江是长沙的主要饮用水水源地，采集湘江某点位的水样，分别采用静态顶空法和液-液萃取法进行测定。结果表明，地表水未检出环氧氯丙烷。在上述地表水样品中各自加入 4.965 μg 和 49.65 μg 的环氧氯丙烷标液，比价其样品加标回收率及相对标准偏差，结果见表 1。

如表 1 所示，静态顶空法样品的平行性，相对标准偏差及加标回收率结果优于液-液萃取法。原因是，静态顶空法为直接取样注入顶空瓶再自动进样，其间影响因素主要是样品是否具有代表性、注入顶空瓶的取样误差、自动进样误差；而液-液萃取法则还涉及萃取效率带来的误差、浓缩溶剂时目标物的损失、定容误差几个方面。相对而言，静态顶空法前处理步骤少、样品完整性好、目标物损失少。

表 1 方法精密度和加标回收率

样品名称	样品测量值/（mg/L）		加标量/μg	加标测量值/μg		相对标准偏差/%		平均回收量/μg，平均回收率/%	
	顶空	液-液萃取		顶空	液-液萃取	顶空	液-液萃取	顶空	液-液萃取
地表水 1	未检出	未检出	4.965	5.136	3.321	1.8	6.6	5.178 104	3.066 65
				5.033	2.877				
				5.171	2.966				
				5.318	3.298				
				5.234	2.869				
			49.65	47.23	34.07	2.1	5.7	4.697 94	35.78 73
				48.37	38.67				
				46.03	35.42				
				47.56	37.53				
				45.64	33.21				

3 结论

通过上述分析，两种前处理方法均能满足地表水环境质量标准的监测要求。但是，传统的液-液萃取法不仅操作程序烦琐、费时费力，加标回收率较差，还需要使用有机试剂，这不利于环境保护且危害分析者的健康。静态顶空法不必使用有机溶剂，防止了分析过程中的二次环境污染。自动顶空进样，操作简便快捷，顺应了当前省时省力，对环境污染少的前处理发展要求，是环保、健康、实用的分析手段，具有较好的推广性。

参考文献

[1] 孙晓玲，吴天祥. 环氧氯代烃在药物合成中的应用. 精细化工中间体，2004，34（6）：13-17.

[2] 唐励文，等. 饮用水中环氧氯丙烷分析方法的研究. 分析试验室，2008，27（5）：145-146.

[3] 巢猛，等. 气相色谱-质谱联用法测定水中的环氧氯丙烷方法初探. 净水技术，2008，27（5）：64-65，68 .

[4] GB/T 5750.8—2006. 生活饮用水标准检验方法.

[5] 贾朝辉，等. 气相色谱同时测定环氧氯丙烷及中间体. 精细化工中间体，2008，38（3）：68-70.

[6] Maw-Rong L，Tzu-Chun C，Dou J P.Determination of 1，3-dichloro-2-propanol and 3-chloro-1，2-propandiolin soy sauce by headspace derivatization solid-phase microextraction combined with gas

chromatography–mass spectrometry[J].Analytica Chimica Acta，2007，591：167-172.

[7] 王敏荣，等. 水中环氧氯丙烷的毛细管气相色谱测定法. 环境与健康杂志，2005，22（5）：211-212.

[8] GB 3838—2002. 地表水环境质量标准.

此文章刊登于《中国环境监测》2010年第5期

毛细管柱气相色谱法快速测定水中 11 种痕量氯苯类化合物

何立志　阳智敏　周春义
（湖南省湘潭市环境保护监测站，湘潭　411104）

摘　要：采用毛细管柱气相色谱定量法同时测定水中 11 种痕量氯苯类化合物的方法。石油醚萃取富集水中氯苯类化合物，用电子捕获检测器检测，整个分析过程只需 25 min，检出限可达 0.001～0.01 μg/L，均都低于 GB/T 5 750.8—2006，每种化合物的回收率在 80%～105%，相对标准偏差为 1.5%～4.5%。

关键词：毛细管柱气相色谱；氯苯类；定量分析

Fast Analysis of 1 1 Trace Chlorobenzene Compounds in Water by Capillary Gas Chromatography

He Lizhi　Yang Zhimin　Zhou Chunyi
（Xiangtan Environmental Protection Monitoring Station，Xiangtan　411104）

Abstract： A method for the determination of 11 chlorobenzene compounds in water had been estab-lished by petroleum-ether extraction，capillary gas chromatography with electron capture detector. The Nhole procedure was just 25 min，and the minimum detection limits reach 0.001～0.01 μg/L and Nere lowerthan those of GB/T 5 750.8—2006. The recoveries of every compounds was between 80%and 105%.The relative standard deviation ranged from 1.5% to 4.5%. Themethod can been used to the de-termination of chlorobenzene compounds in water.

Key words： capillary gas chromatography；chlorobenzene compounds；quantitative analysis

氯苯类化合物（chlorobenzenes，CBs）是化工、医药、制革、电子等行业广泛应用的化工原料、有机合成中间体和有机溶剂[1]，理化性质稳定，不易分解，在水中溶解度小，溶于醇、醚、苯等多种有机溶剂，是一类疏水及持久性有机污染物，容易在含脂肪丰富的组织中蓄积，大多具有致癌、致畸、致突变性[2]。氯苯类化合物对人体的危害主要是二氯苯、三氯苯、四氯苯和六氯苯。二氯苯、三氯苯和六氯苯被列为美国环境保护局优先监测物，也是我国优先监测物。《地表水环境质量标准》（GB 3838—2002）[3]对二氯苯、三氯苯、四氯苯、六氯苯都作出了限量规定。水中氯苯类化合物的分析测定显得日益重要。《水和废水监测分析方法》（第 4 版）[4]和《生活饮用水卫生规范》[5]中均列出了氯苯类化合物的测定方法，但因使用填充柱，柱效低，分离效果差，分析时间长，如 GB 5 750.8—2006

整个分析过程长达 45 min，《水和废水监测分析方法》（第 4 版）分析时间超过 50 min。有报道[6]，采用固相萃取方法测定水中痕量氯苯类化合物，但仅测定 8 种目标组分，而且使用填充柱，分离效果不理想。

今采用强极性毛细管柱 DB-FFAP 对 11 种氯苯类化合物分离测定，方法简便快速，灵敏度高，能满足饮用水、地表水的监测要求。

1 试验部分

1.1 仪器与试剂

Agilent6890 N 气相色谱仪，Ni63 电子捕获检测器（ECD），Agilent7683 自动进样器，GC-solution 色谱工作站（Agilent）。1,2-二氯苯、1,3-二氯苯、1,4-二氯苯、1,3,5-三氯苯、1，2,4-三氯苯、1,2,3-三氯苯、1,2,4,5-四氯苯、1,2,3,4-四氯苯、1,2,3,5-四氯苯、五氯苯、六氯苯标准储备液：010 g/L，国家标准物质研究中心。异辛烷（色谱纯）；石油醚（农残级）。

1.2 气相色谱条件色谱柱

DB-FFAP（60 m×0.32 mm×0.5 μm）；柱温程序：100℃保持 3 min，以 5℃/min 速率升温到 160℃保持 6 min，以 20℃/min 速率升温至 240℃；载气为高纯氮；进样口温度为 280℃；分流比为 1∶1；柱流速：1.5Ml/min；检测器温度为 300℃。

1.3 试验方法

（1）水样富集：取水样 20 ml 于分液漏斗中，用 2 ml 石油醚萃取，取上层萃取液约 1.0 ml，进行气相色谱分析，用电子捕获检测器检测检测分析。以保留时间定性，采用标准曲线法定量。

（2）标准曲线：各 0.1 g/L 氯苯类化合物标准液分别取 0.05、0.10、0.15、0.20、0.25 ml，用异辛烷配制成不同浓度系列的氯苯类标准使用液，分别取 2.0 L，气相色谱进行测定。

2 结果与讨论

2.1 分离效果

按气相色谱条件对混合标准溶液分析。结果表明 11 种氯苯类化合物均得到较好的分离，全程分离时间 25 min，分离效果见图 1。组分出峰顺序及保留时间：间二氯苯（6.722 min）、对二氯苯（6.957 min）、邻二氯苯（7.495 min）、1,3,5-三氯苯（7.717 min）、1,2,4-三氯苯（9.311 min）、1,2,3-三氯苯（10.640 min）、1,2,3,5-四氯苯（11.444 min）、1，2,4,5-四氯苯（11.595 min）、1,2,3,4-四氯苯（13.809 min）、五氯苯（15.653 min）、六氯苯（20.239 min）。

由图 1 可以看出，氯苯类化合物色谱峰峰形比较尖锐，柱效较果比较好；四氯苯的两种同分异构体保留时间比较靠近，展开其分离度计算，根据分离度计算公式：$Rs=2\times(t_2-t_1)/(Y_1+Y_2)$ 得，1,2,3,5-四氯苯、1,2,4,5-四氯苯分离度 $Rs=2.8>1.5$（1,2,3,5-四氯苯 $t_1=11.444$，$Y_1=0.051\,9$；1,2,4,5-四氯苯 $t_2=11.595$，$Y_2=0.054\,7$），分离效果理想。依据 EPA8270 方法，在选择可替代填充柱的毛细管柱时发现，在低极性和中等极性的 DB-1 和 DB-17 柱上，1,2,3,5-四氯苯和 1,2,4,5-四氯苯分不开，保留时间基本一致，而强极性 DB-FFAP 可以将这 11 种化合物在选定的条件下完全分离，硝基苯类化合物与硝基氯苯类化合物均不干扰分析，定量准确。

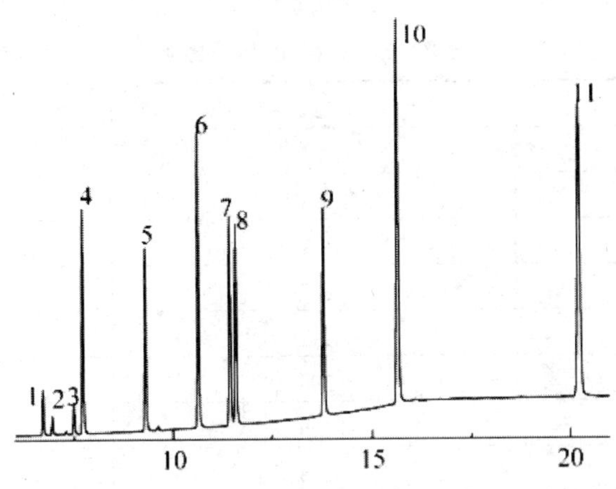

图 1　氯苯类化合物在毛细管色谱柱上的标准色谱

2.2 标准曲线

按气相色谱条件对系列氯苯类标准溶液进行测定，各化合物线性回归方程和相关系数见表 1。

表 1　线性回归方程和相关系数

化合物	回归方程	相关系数
对二氯苯	y=8.50x+4.70	r=0.998
邻二氯苯	y=1.38x−23.84	r=0.997
间二氯苯	y=1.91x+27.99	r=0.997
1,3,5-三氯苯	y=13.32x+32.29	r=0.999
1,2,4-三氯苯	y=9.58 x+44.51	r=0.999
1,2,3-三氯苯	y=17.11 x+6.32	r=0.999
1,2,3,5-四氯苯	y=26.48 x+58.41	r=0.999
1,2,4,5-四氯苯	y=15.60 x+28.03	r=0.999
1,2,4,5-四氯苯	y=33.60 x+10.60	r=0.999
五氯苯	y=53.26 x+15.49	r=0.999
六氯苯	y=60.22 x+50.24	r=0.999

2.3 方法的精密度和检出限

按气相色谱条件对氯苯类浓度为 0.005 mg/L，间二氯苯、对二氯苯、邻二氯苯、1,3,5-三氯苯、1,2,4-三氯苯、1,2,3-三氯苯、1,2,3,5-四氯苯、1,2,4,5-四氯苯、1,2,3,4-四氯苯、五氯苯、六氯苯的混合标准溶液重复实验 7 次，结果见表 2。样品稀释后气相色谱分析，以仪器恰能产生与噪声相区别的响应信号时（一般为噪声的 2 倍以上），所对应物质最小量作为该方法的检出限。其检出限见表 2。

表 2　方法精密度和检出限

化合物	RSD/%	检出限/（mg/L）
邻二氯苯	4.5	7×10^{-5}
对二氯苯	2.1	1×10^{-6}
间二氯苯	2.2	1×10^{-6}
1,2,3-三氯苯	3.3	1×10^{-6}
1,2,4-三氯苯	3.2	1×10^{-6}
1,3,5-三氯苯	2.8	1×10^{-5}
1,2,3,4-四氯苯	3.5	1×10^{-6}
1,2,3,5-四氯苯	2.4	5×10^{-6}
1,2,4,5-四氯苯	1.5	5×10^{-6}
五氯苯	3.8	1×10^{-5}
六氯苯	4.0	1×10^{-7}

表 3　石油醚萃取不同浓度加标水样的回收率

化合物	低浓度		中浓度		高浓度	
	加标浓度/（mg/L）	回收率/%	加标浓度/（mg/L）	回收率/%	加标浓度/（mg/L）	回收率/%
邻二氯苯	1×10^{-3}	85.5	3.5×10^{-3}	90.8	20×10^{-3}	95.5
对二氯苯	5×10^{-5}	98.5	2.5×10^{-4}	100.5	1×10^{-3}	99.5
间二氯苯	5×10^{-5}	99.5	2.5×10^{-4}	102.5	1×10^{-3}	101.5
1,2,3-三氯苯	5×10^{-5}	96.8	2.5×10^{-4}	98.7	1×10^{-3}	97.5
1,2,4-三氯苯	5×10^{-5}	97.9	2.5×10^{-4}	99.8	1×10^{-3}	95.4
1,3,5-三氯苯	5×10^{-5}	96.8	2.5×10^{-4}	99.5	1×10^{-3}	102.5
1,2,3,4-四氯苯	5×10^{-5}	98.4	2.5×10^{-4}	101.5	1×10^{-3}	95.8
1,2,3,5-四氯苯	5×10^{-5}	99.6	2.5×10^{-4}	99.9	1×10^{-3}	102.2
1,2,4,5-四氯苯	5×10^{-5}	97.5	2.5×10^{-4}	98.3	1×10^{-3}	95.6
五氯苯	5×10^{-4}	95.6	1×10^{-3}	99.2	2.5×10^{-3}	101.8
六氯苯	5×10^{-4}	98.5	1×10^{-3}	99.5	2.5×10^{-3}	100.5

2.4 回收率的试验

取水样各 20 ml，测定后，加入不同浓度的混合标准溶液，按照方法进行样品处理与测定，回收率结果见表 3。各化合物的加标回收率在 80%～105%之间。

参考文献

[1] 李玉梅，陆光华．氯代苯类化合物对江水细菌的毒性及 QSAR 研究．环境科学研究，2005，18（6）：116-119．

[2] 舒月红，贾晓珊．CTMAB 一膨润土从水中吸附氯苯化合物的机理一吸附动力学与热力学．环境科学

学报，2005，25（11）：1530-1536.

[3] 地表水环境质量标准. GB 3838—2002.

[4] 魏复盛，寇洪茹，洪水皆，等. 水和废水监测分析方法（第四版）. 北京：中国环境科学出版社，2002：594-598.

[5] 生活饮用水标准检验方法. GB/T 5750—2006.

[6] 周志航，陈建军，方治，等. 水中痕量氯苯类化合物的富集及测定. 色谱，1997，15（2）：176-177.

此文章刊登于《广东化工》2010年第11期

毛细管柱—气相色谱法测定水样中硝基苯类化合物残留量

何立志[1]　罗娟[2]　罗蓉[1]
（1. 湘潭市环境保护监测站，湘潭　411104;
2. 湖南科技大学化学化工学院，湘潭　411104）

摘　要：提出了 HP-5 毛细管柱分离气相色谱法测定水样中峭基苯类化合物残留量的方法。利用苯萃取富集水样中硝基苯类化合物，所得萃取液用作气相色谱刚定，电子捕获检测器检测。在优化的试验条件下，10 种硝基苯类化合物在 28 min 内能够很好地分离，方法的检出限（ZS/N）在 1.0×10^{-3}~7.0×10^{-1} μg/L，相对标准偏差（n=7）在 1.5%～4.5%。方法用于地表水和废水样中峭基苯类化合物测定，加标回收率在 80.2%～104.5%。

关键词：气相色谱法；毛细管柱；峭基苯类化合物；水样

GC Determination of Residual Amounts of Nitrobenzenes in Water with CaPillary Chromatographic Column

He Lizhi[1]　Luo Juan[2]　Luo Rong[1]
（1. Xiangtan Environmental Protection Monitoring Station，Xiangtan　411104;
2. Dept. of Chem. and Chem. Eng，Hunan University of Science and Technology，Xiangtan　411104）

Abstract: Gas chromatography with capillary column（HP-5）was applied to the determination of resid-ual amounts of nitrobenzenes in water. The sample was extracted with benzene and the extract wasused for GC analysis with electron capture detector. Ten nitrobenzenes were separated satisfactorilyand determined within 28 min.Values of detection limit（2S/N）and RSD'S（n=7）of 10 nitrobenzene compounds found were in the ranges of 1.0×10^{-3}～7.0×10^{-2} μg/L and 1.5%～4.5% respectively.The pro-posed method was used in determlnatlOns ot nltrObenzene compounds in samples ot surtace water and waste water.giving values of recovery ranged from 80.2%to 104.5%.

Key words: GC-MS；capillary chromatographic column；nitrobenzenes；water

常见硝基苯类化合物有硝基苯、硝基氯苯、二硝基苯、二硝基甲苯、三硝基甲苯等。该类化合物难溶于水，属有毒污染物，是染料合成、油漆、涂料、塑料、医药及农药制造等的中间体，其中硝基苯属持久毒性有机污染物。而氯代硝基苯是一种能导致突变、引发癌症、导致畸形的化学物质，在印染、农药等行业作为中间体，在生产过程中往往因转化不彻底而残留并随废物排放[1]，从而造成地表水和地下水污染。此外，硝基苯同系物对动、植物的影响也很大。地表水环境质量标准 GB 3838—2002 中规定集中式生活饮用水水源硝基类化合物应作特定分析项目进行监测[2]。地表水中硝基苯的标准限值为 0.017 mg/L，2,4-二硝基甲苯为 0.000 3 mg/L，硝基氯苯为 0.05 mg/L，2,4-二硝基氯苯为 0.5 mg/L，二硝基苯为 0.5 mg/L，2,4,6-三硝基甲苯为 0.5 mg/L。但是现有的分析方法有很大的局限性[3]，需研究新的检测方法。

毛细管柱-气相色谱法在有机污染物分析方面具有分析速率快、分辨率高、分离度好等优点，用于废水中微量硝基苯测定已有不少报道[4−5]，但能够满足地表水环境质量标准中规定集中式生活饮用水要求，同时快速测定水中 10 种硝基苯类化合物的方法并不多见。本工作用毛细管柱-气相色谱法测定水中 10 种硝基苯类化合物。

1 试验部分

1.1 仪器与试剂

Agilent 6890N 气相色谱仪，电子捕获检测器（ECD）；B：F-Z000A 型氮吹仪；干燥柱：干燥管中加入 5.0 g 处理过的无水硫酸钠，使用前分别用 10 ml 的苯淋洗以净化干燥柱。

标准溶液：硝基苯、邻硝基氯苯、间硝基氯苯、对硝基氯苯、2,4-二硝基甲苯、2,4-二硝基氯苯、2,4,6-三硝基甲苯用甲醇配成 1.000 g/L。

二硝基苯类标准溶液：称取硝基苯类标准物质，于 25 ml 容量瓶中，用少量甲醇溶解，用甲醇稀释至刻度，配成硝基苯类质量浓度为 1.000 g/L 储备溶液。使用时用甲醇配成 10.0 mg/L 标准溶液。

无水硫酸钠：400℃烘 4 h，冷却后装瓶，于干燥器中保存。

苯为农残级，甲醇为色谱纯。

1.2 气相色谱条件

HP-5 色谱柱（30 m×0.32 mm，0.25 μm）；升温程序：100℃保持 3 min，以 5℃/min 速率升温至 160℃，保持 6 min；以 20℃/min，速率升温至 240℃，载气为高纯氮；进样口温度为 280℃，分流比为 1∶1，柱流量为 1.5 ml/min，检测器温度为 300℃。

1.3 试验方法

水样富集：取水样 200 ml 于分液漏斗中，用苯 20 ml 萃取，萃取液经过干燥柱，收集流出液至接受管中，用氮吹仪浓缩至 1.0 ml。移取试样溶液 2.0 μl 注入气相色谱中，用电子捕获检测器检测。以保留时间定性，采用标准曲线法定量。

标准曲线：移取 10.0 mg/L 硝基苯标准溶液 0.1 ml，0.3 ml，0.7 ml，1 ml，2 ml；10.0 mg/L 2,4,6-三硝基甲苯标准溶液 0.05 ml，0.1 ml，0.15 ml，0.2 ml，0.25 ml；10 mg/L 其他硝基苯类标准溶液 0.005 ml，0.01 ml，0.02 ml，0.05 ml，0.1 ml 于 10 ml 甲醇中，配制成硝基苯类标准溶液，进样 2.0 L，在气相色谱条件下进行测定。

2 结果与讨论

2.1 分离效果

按气相色谱条件对混合标准溶液进行测定。结果表明：10 种硝基苯类化合物均得到较好分离，全程分离时间为 28 min，分离效果见图 1。

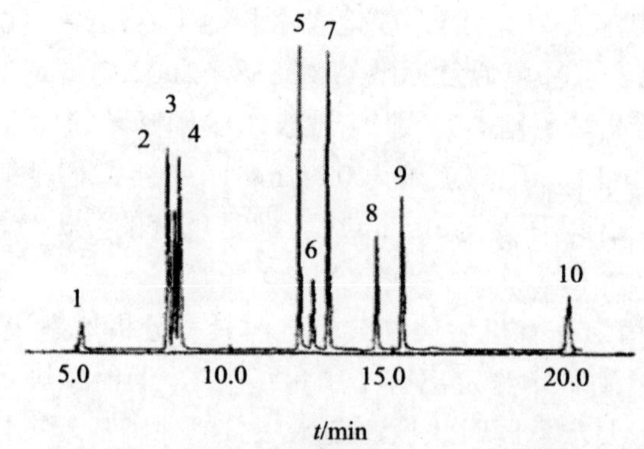

1—硝基苯；2—间硝基氯苯；3—对硝基氯苯；4—邻硝基氯苯；5—对二硝基苯；6—间二硝基苯；7—邻二硝基苯；8—2,4-二硝基甲苯；9—2,4-二硝基氯苯；10—2,4,6-三硝基甲苯

图 1 硝基苯类化合物在毛细管色谱柱上的标准色谱图

图 1 可以看出：硝基苯类化合物色谱峰峰形比较尖锐，柱效效果比较好；硝基氯苯的 3 种同分异构体保留时间比较靠近，有必要展开其分离度，通过计算可知：其分离度都大于 1.5，分离效果理想，见图 2。

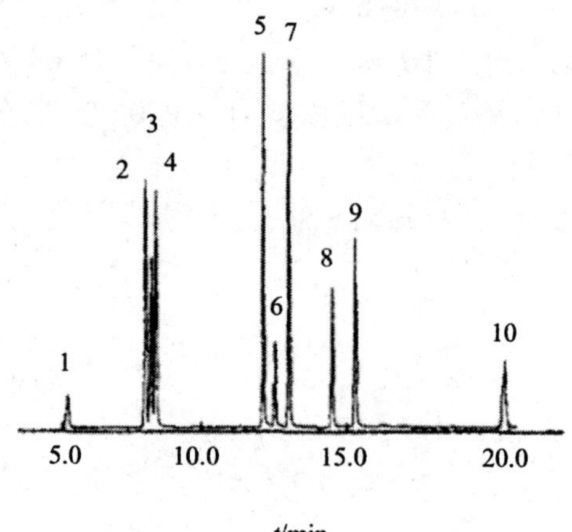

1—间硝基氯苯；2—对硝基氯苯；3—邻硝基氯苯

图 2 3 种硝基氯苯同分异构体色谱图

2.2 溶液 pH 值的选择

取硝基苯类混合标准溶液，用盐酸、氢氧化钠溶液调节 pH 值，再分别用 20 ml 苯萃取 10 min。结果表明：硝基苯类化合物各组分受溶液 pH 值的影响较不明显。

2.3 标准曲线和检出限

按气相色谱条件对硝基苯类标准溶液系列进行测定，各硝基苯类化合物线性回归方程和相关系数见表 1。样品稀释后按气相色谱条件进行测定，方法的检出限（2S/N）见表 1。

表 1 线性回归方程、相关系数及检出限

化合物	线性回归方程	相关系数	检出限/（μg/L）
硝基苯	y=6.9ρ+56.7	0.998	7.0×10^{-2}
对硝基氯苯	y=124.2ρ−2.0	0.995	1.0×10^{-3}
间硝基氯苯	y=61.2ρ+80.2	0.999	1.0×10^{-3}
邻硝基氯苯	y=45.3ρ+233.7	0.997	1.0×10^{-3}
对二硝基苯	y=125.7ρ−61.3	0.999	1.0×10^{-3}
间二硝基苯	y=41.1ρ−89.3	0.999	1.0×10^{-2}
邻二硝基苯	y=169.9ρ−28.1	0.997	1.0×10^{-3}
2,4-二硝基甲苯	y=82.0ρ−28.1	0.999	5.0×10^{-3}
2,4-二硝基氯苯	y=86.6ρ−23.6	0.998	5.0×10^{-3}
2,4,6-三硝基甲苯	y=12.2ρ−19.1	0.996	5.0×10^{-2}

2.4 方法的精密度

按气相色谱条件对 0.1 mg/L，硝基苯，0.010 mg/L 的邻硝基氯苯、间硝基氯苯、对硝基氯苯、邻二硝基苯、间二硝基苯、对二硝基苯、2,4-二硝基甲苯、2,4-二硝基氯苯，0.05 mg/L 2,4,6-三硝基甲苯的混合标准溶液重复测定 7 次，相对标准偏差在 1.5%～4.5%范围内。

2.5 水样分析

用中速滤纸过滤废水样，滤液用蒸馏水稀释 1 000 倍，按地表水的方式进行前处理，在气相色谱条件下进行测定，结果见图 3 及表 2。

图 3 可以看出：废水成分复杂，杂质峰多，但均不干扰硝基苯类化合物测定。

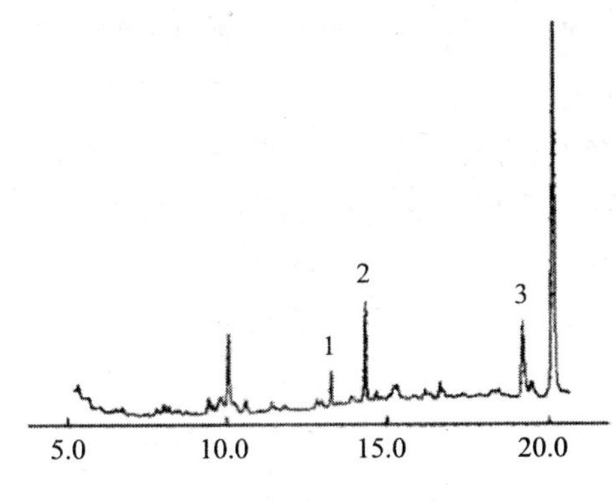

1—邻二硝基苯；2—2,4-二硝基甲苯；3—2,4,6-三硝基甲苯

图 3 废水样品的色谱图

表 2 废水样分析结果

样号	邻二硝基苯	2,4-二硝基甲苯	2,4,6-三硝基甲苯
1	3.96	7.41	27.4
2	3.91	7.38	27.8
3	3.95	7.46	27.1

2.6 回收试验

取水样各 20 ml，加入不同量的混合标准溶液，按试验方法进行样品处理与测定，回收率结果见表 3。各硝基苯类化合物的加标回收率在 80.2%～104.5%。

表 3 回收试验结果

化合物	低含量		中含量		高含量	
	标准加入量/（mg/L）	回收率/%	标准加入量/（mg/L）	回收率/%	标准加入量/（mg/L）	回收率/%
硝基苯	1.0×10^{-3}	80.2	3.5×10^{-3}	86.5	20.0×10^{-3}	84.5
邻硝基氯苯	5.0×10^{-5}	98.5	2.5×10^{-4}	102.5	1.0×10^{-3}	99.5
间硝基氯苯	5.0×10^{-5}	99.5	2.5×10^{-4}	104.5	1.0×10^{-3}	101.5
对硝基氯苯	5.0×10^{-5}	96.8	2.5×10^{-4}	98.7	1.0×10^{-3}	97.5
邻二硝基苯	5.0×10^{-5}	97.9	2.5×10^{-4}	99.8	1.0×10^{-3}	95.4
间二硝基苯	5.0×10^{-5}	96.8	2.5×10^{-4}	99.5	1.0×10^{-3}	102.5
对二硝基苯	5.0×10^{-5}	98.4	2.5×10^{-4}	101.5	1.0×10^{-3}	95.8
2,4-二硝基甲苯	5.0×10^{-5}	99.6	2.5×10^{-4}	99.9	1.0×10^{-3}	102.2
2,4-二硝基氯苯	5.0×10^{-5}	97.5	2.5×10^{-4}	98.3	1.0×10^{-3}	95.6
2,4,6-三硝基甲苯	5.0×10^{-4}	95.6	1.0×10^{-3}	99.2	2.5×10^{-3}	101.8

参考文献

[1] 石青，刘天化，周景文，等．化学品毒性法规环境数据手册．北京：中国环境科学出版社，1992：389-39．

[2] GB 3838—2 002.地表水环境质量标准．

[3] GB 13194—1 991. 水质硝基苯、硝基甲苯、硝基氯苯、二硝基甲苯的测定气相色谱法．

[4] LEWALTERJ，ELLRICH D. Nitroaromatic corn-pounds（nitrobenzene，p-nitrotoluene，p-nitroehloroben-zene，2.6-dinitrotoluene，0-dinitrobenzene，1-nitronaphtha-lene，2-nitronaphthalene，4-nitro- biphenyl）[J]．Anal Haz-ard Subst Biol-mater，1991，3：207-215．

[5] HARRISON I，HIGGOJJ，TJELL JC，et a1．Deter-mination of organic pollutants in small samplesofgroundwaters by Iiquid-liquid extraerion and capillarygas chromatog[J]．J Chromatogr，1994，688（12）：18 -1- 88．

此文章刊登于《理化检验一化学分册》2010 年第 12 期

吹扫捕集—气相色谱法测定水中的乙醛和丙烯醛

许雄飞　彭利　王燕　禹文峰　欧阳姗　李晶
（长沙市环境监测中心站，长沙　410001）

摘　要：建立了吹扫捕集-气相色谱法测定水样中乙醛和丙烯醛的方法，并对吹扫捕集测试条件进行优化，考察了吹扫温度和吹扫时间对吹扫捕集效率和方法检出限的影响。在50℃下，吹扫时间为20 min时，该方法乙醛和丙烯醛的检出限分别为0.001 2 mg/L、0.000 6 mg/L，相对标准偏差分别为3.5%～6.9%、2.9%～5.8%，加标回收率分别为91.6%～108%、92.0%～105%。与GB 3838—2002推荐使用的分析方法相比较，该方法具有操作简便、灵敏度高、重复性好、基本上不消耗有机溶剂等特点，可满足地表水和废水中乙醛和丙烯醛的测定要求。

关键词：吹扫捕集；气相色谱；乙醛；丙烯醛；水和废水

Determination of Acetaldehyde and Acrolein in Water by Purge and Trap Gas Chromatography

Xu Xiongfei　Peng Li　Wang Yan　Yu Wenfeng　Ouyang Shan　Li Jing
(Changsha Environmental Monitoring Centre，Changsha　410001)

Abstract：A method for determination of acetaldehyde and acrolein was established based on purge and trap gas Chromatography. Optimize condition of purge and trap. The effects of purge temperature and purge time on the trap efficiency and detection limits were investigated. When the sample was purged under 50 degrees temperature with 20 min，the detection limits of acetaldehyde and acrolein were 0.001 2 mg/L、0.000 6 mg/L respectively. The relative standard derivation was separately in a range of 3.5%～6.9%、2.9%～5.8%，the recovery of the method was 91.6%～108%、92.0%～105%. By comparing with the GB 3838—2002 recommend analysis method，this method takes advantages of easy to operation，high sensitivity，good repeatability，few usage of organic solvent which can meet the requirements for the determination of acetaldehyde and acrolein in surface's water and waster water.

Key words：Purge and trap；Gas Chromatograph；Acetaldehyde；Acrolein；Water and wastewater

乙醛（CH_3CHO）为无色易挥发液体，在常温常压下能放出刺激性蒸气，为微毒物质，对中枢神经的抑制作用比甲醛强，对人的毒副作用主要是刺激皮肤、黏膜和由呼吸道吸入蒸汽对人的神经、肝脏等器官造成危害[1]。丙烯醛（CH_2CHCHO）为无色透明易挥发性液体，有特殊辛辣气味，属于高毒类物质，吸入后对眼睛和呼吸道产生严重的刺激，并且对肺和支气管上皮细胞造成损害。

乙醛和丙烯醛在工业上有广泛的应用，地表水中乙醛、丙烯醛主要来源于合成树脂、合成橡胶、制革、纤维、造纸、制药等工业排放废水的污染[2]。在我国地表水环境质量标准的饮用水水源地特定项目中包含了对乙醛和丙烯醛的控制标准[3]。测定乙醛和丙烯醛推荐使用的分析方法为填充柱气相色谱法[3-4]，这种方法是直接大体积进水样分析，容易造成固定液流失，分离效果差，影响定性、定量结果，且乙醛的方法检测限为 0.24 mg/L，远高于集中式生活饮用水地表水源地乙醛标准限值（0.05 mg/L），不能满足监测要求。有文献在使用顶空进样[5]、直接进样[6-7]毛细管气相色谱法上对乙醛和丙烯醛的检测方法进行改进。本文采用吹扫捕集进样，毛细管柱分离，火焰离子化检测器测定水样中的乙醛和丙烯醛，分离效果好，灵敏度高，精密性好，方法简便快捷，尤其在检出限和去除水蒸气对色谱干扰方面有较大的改进，可以同时满足水样中乙醛和丙烯醛测定。

1 实验部分

1.1 主要仪器及试剂

气相色谱仪：Agilent7890A 型，带 FID 检测器，美国安捷伦公司；

吹扫捕集仪：TEKMAR3100 型，带 5 ml 气密进样针，Tenax 捕集管，美国 TEMAR 公司；

乙醛标液：99.5%，美国 Chemservice 公司；

丙烯醛标液：100 mg/L，丙酮溶剂，德国 Dr.公司。

1.2 分析条件

吹扫捕集条件：吹脱气为氮气，吹脱温度 50℃，吹脱时间 20 min，吹干时间 2 min，解吸温度 220℃，解吸时间 4 min，烘烤温度 230℃，烘烤时间 10 min。

色谱分析条件：（1）色谱柱：DB-FFAP 毛细柱 30 m ×0.32 mm ×0. 5 μm，柱温 40℃，保持 6 min，以 10℃/min 的速度升温至 90℃，以 30℃/min 的速度升温至 180℃保持 3 min。（2）进样口：温度 200 ℃，载气（高纯 N_2），恒压 100 kPa，分流比 5∶1。（3）检测器：温度 250 ℃，氢气 30 ml/min，空气 400 ml/min，尾吹气（高纯 N_2）30 ml/min。

标准溶液色谱峰如图 1 所示。

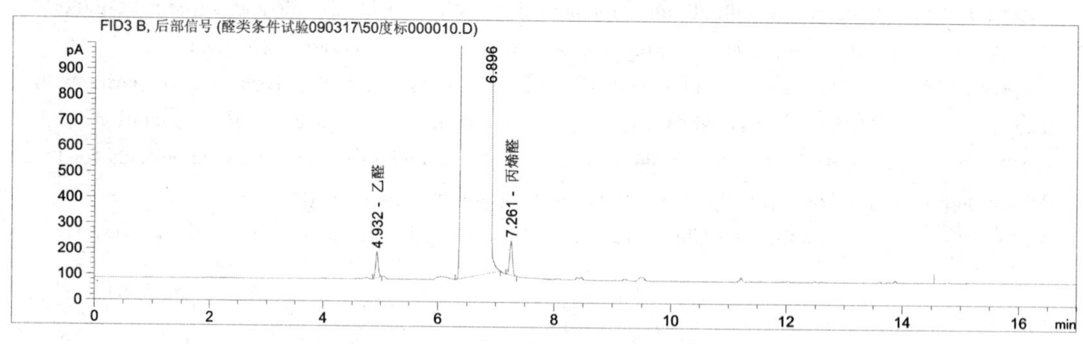

图 1 乙醛、丙烯醛气相色谱图

1.3 测定方法

1.3.1 标准溶液的配制

乙醛贮备液[8]：加约 9 ml 纯水至 10 ml 具磨口玻璃塞的容量瓶中，称重，准确至 0.1 mg。立即加入多滴 99.5%乙醛至容量瓶中，再称重。用纯水稀释至刻度。计算水样中乙醛浓度。

摇匀后将该贮备液转入具聚四氟乙烯密封垫旋塞的瓶中保存。

丙烯醛贮备液：直接使用市购 100 mg/L 标液。临用时，再根据实验情况配制合适的标准使用液。

1.3.2 校准曲线的绘制

取 8 个 10 ml 容量瓶，将乙醛和丙烯醛的标准溶液稀释配成混合标样，乙醛的浓度分别为 0、0.012 mg/L、0.024 mg/L、0.048 mg/L、0.120 mg/L、0.240 mg/L、0.480 mg/L、1.200 mg/L，丙烯醛浓度分别为 0、0.010 mg/L、0.020 mg/L、0.040 mg/L、0.100 mg/L、0.200 mg/L、0.500 mg/L、1.000 mg/L。用气密性注射器取出 5 ml 样品，注入吹脱管中，进行吹扫捕集进样，气相色谱分析。

1.3.3 样品的测定

用磨口玻璃瓶采集水样，装满，尽快分析。移取 5 ml 采集的水样至吹扫捕集仪的吹扫管中，按校准曲线绘制法的分析步骤测定。以保留时间定性，外标法定量。

2 结果与讨论

2.1 吹扫时间的选择[9]

保持吹扫温度为 20℃不变，对同一浓度的标准样品分别用 5 min、10 min、12 min、15 min、20 min、30 min 进行吹扫时间试验，测定结果如图 2 所示，乙醛和丙烯醛色谱峰面积随吹扫时间的延长成明显上升趋势，20 min 后上升趋势有所减缓。由于乙醛、丙烯醛水溶性相对较大，吹脱较困难，在吹扫时间内，待测组分只有一部分被吹脱出来。这种情况下，延长吹扫时间，虽然有利于提高测定的灵敏度，但吹扫时间太长，分析周期延长。所以实际测定时应根据样品中被测组分的浓度以及气相色谱仪的灵敏度来确定适当的吹扫时间。综合考虑，本实验选用的吹扫时间为 20 min。

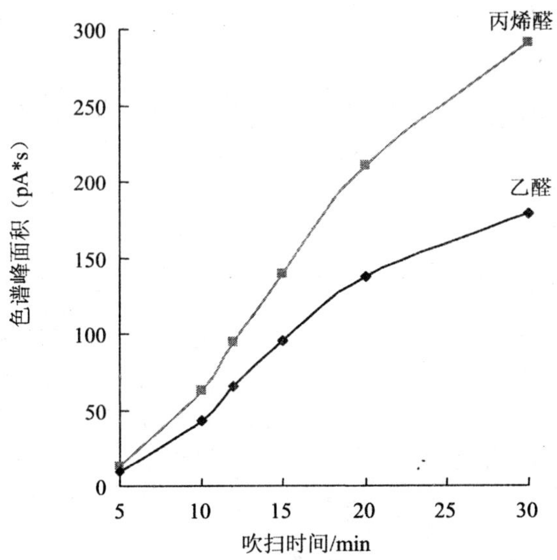

图 2 吹扫时间对色谱峰面积的影响

2.2 吹扫温度的选择

一般提高吹扫温度，样品中有机物分子的挥发扩散速率会加快，有利于被测物的吹脱，从而提高被测物的吹扫捕集效率。本文考察了吹扫温度对吹扫捕集效率的影响，测定同一浓度的标准样品，控制吹扫管中样品温度分别为 20℃、30℃、40℃、50℃、60℃，吹扫时间为 20 min，进行试验。结果表明，随着样品温度的升高，色谱峰面积迅速增大，图 3 给出了色谱峰面积随吹扫温度的变化情况。从图 3 曲线的变化趋势可见，乙醛在试验的温度范围内，峰面积几乎随温度呈线性上升；而丙烯醛峰面积在 50℃以前呈线性上升状态，继续提高温度对丙烯醛的吹扫效率提高影响较小。随温度升高色谱峰面积不断增大，但温度过高带出的水蒸气量增加，不利于待测组分在捕集管中的捕集，且过多的水蒸气对色谱检测器产生影响。因此，本实验选定吹扫温度为 50℃。

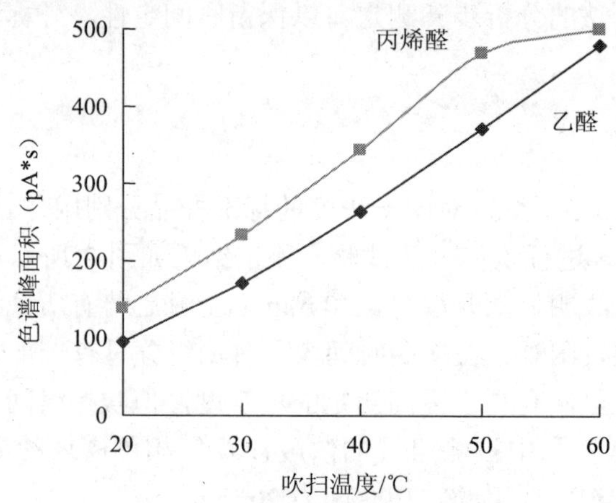

图 3　吹扫温度对色谱峰面积的影响

2.3 校准曲线和检测限

按所选实验方法，乙醛在 0.012～1.200 mg/L 质量浓度范围内线性关系良好，线性回归方程为：$y=-2.295+392.31x$，$r=0.9995$；丙烯醛在 0.010～1.000 mg/L 质量浓度范围内线性关系良好，线性回归方程为：$y=-1.731+588.52x$，$r=0.9997$。乙醛的检出限为 0.001 2 mg/L，丙烯醛的检出限为 0.000 6 mg/L。本方法两种组分乙醛和丙烯醛的检出限均远低于 GB 3838—2002 中推荐使用的分析方法的检出限 0.24 mg/L 和 0.019 mg/L。如分析高含量样品，可适当改变条件如减短吹扫时间、降低吹扫温度，以得到更宽的检测范围。

2.4 方法的精密度及样品加标回收率

用本方法对实际水样进行测定，然后进行加标回收试验。在水样中分别加入乙醛和丙烯醛的混合标准溶液，每个浓度平行处理 6 份，进样分析结果如表 1 所示。乙醛和丙烯醛的相对标准偏差分别为 3.5%～6.9%、2.9%～5.8%，加标回收率分别为 91.6%～108%、92.0%～105%。

表 1 样品测定的精密度和加标回收率

组分名称	样品	本底值/（mg/L）	添加浓度/（mg/L）	测得平均浓度/（mg/L）	平均回收率/%	RSD/%
乙醛	地表水 1	ND	0.050	0.054	108	6.9
	地表水 2	ND	0.100	0.102	102	5.1
	废水 1	0.232	0.200	0.424	96.0	4.4
	废水 2	0.592	0.500	1.050	91.6	3.5
丙烯醛	地表水 1	ND	0.100	0.105	105	5.8
	地表水 2	ND	0.200	0.195	97.5	4.6
	废水 1	0.178	0.200	0.364	93.0	2.9
	废水 2	0.421	0.500	0.881	92.0	4.1

注：ND 表示未检出。

3 结论

用吹扫捕集-气相色谱法测定水样中的乙醛和丙烯醛具有回收率高、精密度好和测定线性范围宽的优点，又有操作简单、快捷、基本上不消耗有机溶剂等特点，且能大大提高检测的灵敏度。该方法乙醛的检出限为 0.001 2 mg/L，丙烯醛的检出限为 0.000 6 mg/L。既能测定地表水，达到地表水环境质量标准 GB 3838－2002 表 3 中集中式生活饮用水地表水源地特定项目标准限值（乙醛 0.05 mg/L、丙烯醛 0.1 mg/L）的要求；适当改变条件，调整吹扫时间和温度，又能测定高含量的废水。这是一种可以值得推广的分析方法。

参考文献

[1] 崔九思．大气污染检测方法. 2 版．北京：化学工业出版社，1996．

[2] 陈亚妍．生活饮用水检验规范注解．北京：科学技术出版社，2001．

[3] GB 3838－2002. 地表水环境质量标准．

[4] GB/T 5750.10－2006. 生活饮用水标准检验方法．

[5] 胡恩宇，杨丽莉，母应锋，等．直接进样毛细管气相色谱法测定水中乙醛和丙烯醛．化学分析计量，2008，18（11）：61-62．

[6] 缪建洋，李丽，陆海滨，等．顶空气相色谱法测定地表水中的乙醛．环境监测管理与技术，2005，17（3）：32-33．

[7] 张霞，齐力汇，孟祥萍，等．气相色谱法同定水中乙醛、丙烯醛．中国公共卫生，2002，18（11）：1381-1383．

[8] 国家环境保护总局《水和废水监测分析方法》编委会．水和废水监测分析方法. 4 版．北京：中国环境科学出版社，2002．

[9] 张丽萍，张占恩．吹扫捕集-GC -MS 测定废水中的硝基氯苯．环境污染与防治，2007，29（4）：306-308．

此文章刊登于《环境科学与技术》2010 年第 1 期

饮用水水源中丙烯醛分析方法改进

黄卫 万群 周泓 连花 符哲
（岳阳市环境监测中心，岳阳 41400）

摘 要：气相色谱法分析丙烯醛进样方式由直接进样改为吹扫捕集进样，色谱柱由极性柱改为中等极性柱，并对改进后的方法进行验证，方法的线性相关系数 0.999 1，平均回收率 91.0%~100.6%，RSD 为 4.3%，最低检出限 0.000 5 mg/L，改进后的方法可有效保护色谱柱，并解决了检出限高于地表水标准这一难题，且方法简单易行，各技术参数均可满足对饮用水水源的监测要求。

关键词：气相色谱；吹扫捕集；丙烯醛；饮用水水源

Improvement of Analysis Method of Acrolein in Drinking Water Sources

Abstract：Gas Chromatographic Analysis of acrolein sampling method changed from direct injection into the purge and trap sampling，the polarity column was replaced by a medium polarity one，and we verified this improved method， Linear correlation coefficient of this method is 0.999 1，detection limit is 0.000 5 mg/L，recovery rate is 91.0%～100.6%，and relative standard devition is equal to 4.3%. The improved method can effectively protect the column，and resolved the difficult problem that the detection limit is higher than the surface water standards，and the method is simple，the technical parameters can meet the requirements for drinking water sources monitoring.

Key Words：GC；Purge-and-Trap；Acrolein；Drinking Water Sources

丙烯醛为无色或浅黄色液体，有窒息性刺激气味，其蒸汽有强烈的催泪作用[1]，不稳定，易被氧化，接触空气成为丙烯酸，放置易聚合而变为无定型的固体。丙烯醛常用于生产农药杀虫剂（吡虫啉）、医药抗肿瘤药（二溴丙醛）、饲料添加剂（蛋氨酸）、杀菌剂（戊二醛）以及有机合成的中间体[2]。因丙烯醛在工业中的广泛应用，产生和残留的废弃物会对环境水体产生污染，在地表水环境质量标准的特定项目中对集中式饮用水水源地要求监测丙烯醛。由于丙烯醛的不稳定性，测定水体中丙烯醛含量是有机污染物分析中的一个难题。本文选择吹扫捕集气相色谱法分析丙烯醛，对常规方法进行了改进，并对改进方法进行了验证，改进后的方法检出限低，线性好，回收率高，精密度高，操作稳定、简单，完全可满足对饮用水水源的监测要求。

1 实验部分

1.1 仪器与试剂

GC-2010 型气相色谱仪：配备氢火焰离子化检测器，日本岛津公司；

Eclip se 4660 吹扫捕集自动进样仪：美国 OI 公司；

色谱柱：VB-624；60 m×0.32 mm×1.8 μm；

丙稀醛贮备液：100 mg/L，丙酮介质。

1.2 分析条件

吹扫-捕集条件：吹脱气（高纯氮气），流速：35 ml/min；吹扫管体积：5 ml；吹扫管座温度 40℃；样品温度 35℃；吹扫时间 10 min；脱附时间 1 min，脱附温度 200℃；烘焙时间 12 min，烘焙温度 220℃。

色谱条件：载气为高纯氮（＞99.999%），柱流量：0.50 ml/min；进样口温度：200℃；检测器温度：280℃；氢气流速：47 ml/min；空气流速：500 ml/min；尾吹气流速：30 ml/min；色谱柱温度：50℃；分流比：10∶1。

1.3 水样的预处理和测定

用玻璃瓶采集样品，样品充满瓶子，并加盖瓶塞。采集水样后应尽快分析，用气密性注射器准确取水样 5 ml，注入吹扫管中，吹扫捕集后再导入 GC 进行分析。

2 结果与讨论

2.1 测定方法的选择

丙烯醛在水中有一定的溶解度，不适合用溶剂萃取方法，对丙烯醛的测定推荐的标准方法为大体积进样填充柱气相色谱法[3,4,5]，但是大体积进样会造成固定液流失，影响色谱柱的寿命，并污染检测器，且色谱峰型差，柱效低，影响定性、定量结果。而利用顶空气相色谱法，其方法检出限较高，无法满足地表水监测标准，仪器灵敏度高时，检出限与标准相同[6]。有文献报道[7]用气-质联用法，但成本相对较高，对配置低的地市环境监测站并不具备条件。也有研究表明[8]通过衍生化后的高效液相色谱法测定丙烯醛具有较高的灵敏度，但其方法极其繁锁。本研究选择吹扫捕集进样可有效保护色谱柱，并大大降低检出限，且方法简单易行，可满足对饮用水水源的监测要求。

2.2 色谱柱的选择

按丙烯醛的性质，一般选择强极性、大口径、膜较厚的色谱柱，用此类色谱柱峰型好，柱效高，但出峰在溶剂（丙酮）之后，当采用吹扫捕集分析样品时，溶剂峰变大变宽，很容易覆盖丙稀醛的峰，且丙稀醛的纯物质很难购买，性质极其不稳定，很难保存，一般选择贮备液配标，因此需选择出峰在溶剂峰之前，柱效好，分离好，稳定性好的色谱柱。经比较，选择 VB-624 60 m×0.32 mm×1.8 μm 色谱柱符合分析要求。VB-624 柱色谱图见图 1。

2.3 标准工作曲线

用丙酮中丙稀醛贮备液 100 mg/L 配成浓度为 0.010 mg/L、0.020 mg/L、0.050 mg/L、0.080 mg/L、0.100 mg/L 的标准系列。在上述色谱条件下，吹扫捕集进样分析，建立校正曲线，经线性回归得到方程为：$Y=1.719\times10^{-6}X-0.000\,1$；相关系数为 0.999 1。

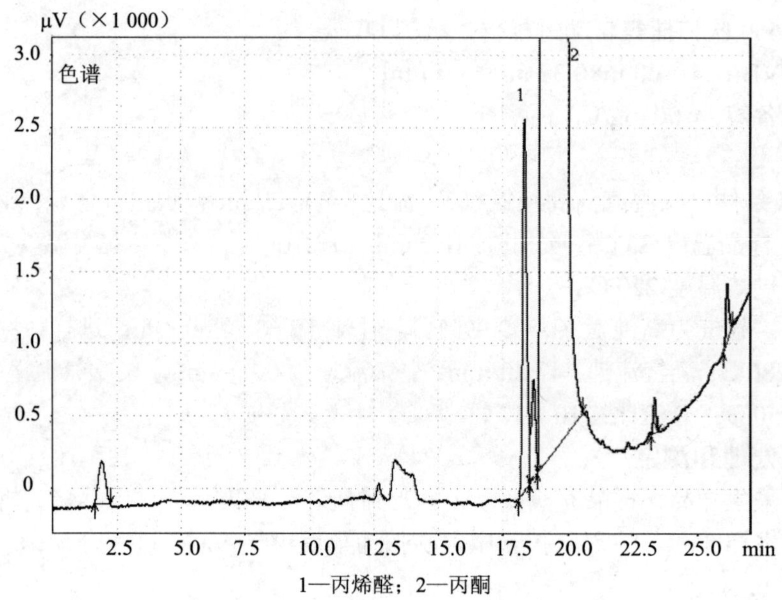

图 1 丙烯醛 VB-624 柱色谱图

2.4 方法精密度和回收率

将标准溶液添加到地表水样品中，分别配制浓度为 0.010 mg/L、0.050 mg/L 和 0.100 mg/L 的模拟样品，重复分析 5 次，以考查方法的精密度和准确性，结果见表 1。

表 1 方法的精密度和回收率

加标浓度/（mg/L）	实测定平均浓度/（mg/L）	相对标准偏差/%	平均回收率/%
0.010 0	0.009 1	5.2	91.0
0.050 0	0.050 3	4.3	100.6
0.100 0	0.097 6	2.8	97.6

2.5 检出限

以基线噪声 3 倍峰高所对应水样浓度为方法的最低检出限，实验结果表明，本方法测定水中丙烯醛的最低检出限为 0.000 5 mg/L，此检出限远低于地表水环境质量标准 0.1 mg/L。

3 结语

本文通过对饮用水水源中丙烯醛分析方法改进及方法验证，方法的线性、检出限、精密度、回收率均满足监测要求，将该方法用于岳阳市饮用水水源地水质常规监测，效果良好。

参考文献

[1] 唐洪，王坤，陈炳灿，等．气相色谱法同时测定工作场所中丙烯醛、丙烯酸和甲苯．中国卫生检验杂志，2004，15（9）：1068-1069.

[2] 刘颖，胡万胜，潘洪志. 气相色谱法测定香烟中丙烯醛的研究. 化学与黏合，2005，27（5）：323-324.
[3] 胡恩宇，杨丽莉，母应锋，等. 直接进样毛细管气相色谱法测定水中乙醛和丙烯醛.化学分析计量，2008，17（4）：61-62.
[4] GB 3838—2002. 地表水环境质量标准.
[5] GB/T 5 750.10—2006. 生活饮用水卫生标准生活饮用水标准检验方法.
[6] 韩长绵，王敬贤，闵守祥. 顶空气相色谱法测定水中丙烯醛. 环境科学与技术，1999，4：45-47.
[7] 高珏，顾光华. 气相色谱法测定废水中的丙烯醛. 中国环境监测，1999，15（4）：29-31.
[8] 张秀丽，李东方，杨红. 输配水管材浸泡液中甲醛、乙醛、丙烯醛测定. 中国公共卫生，2004（2）：231-232.
[9] 胡冠久. 浅谈环境有机物监测发展趋势. 环境监测管理与技术，2010，3：18.
[10] 王荟，李娟，章勇. 吹扫捕集-气相色谱/质谱联用法测定地表水中氯丁二烯. 环境监测管理与技术，2010，1：41

此文章刊登于《环境监测管理与技术》2011 年第 1 期

吹扫捕集—GC/MS 联用法测定饮用水水源水中 48 种 VOCs

胡华勇　胡军　黄懿　罗岳平
（湖南省环境监测中心站，长沙　410014）

摘　要：本文采用程序升温吹扫捕集—气相色谱质谱联用法测定饮用水水源水中 48 种挥发性有机物 VOCs，得到各 VOCs 水样平均加标回收率为 94%～97%，相对标准偏差为 0.10%～4.7%，方法具有较好的准确度，精密度和低检出限。并且结果表明，目标 VOCs 在 0.02～0.5 μg/ml 浓度范围内有较好的线性关系，线性相关系数 R^2 ＞ 0.99。该方法步骤少，操作简便、选择余地大，综合考虑分析速度、成本等因素，能保证数据质量，方法易于推广，应用范围广。

关键词：挥发性有机物；吹扫捕集；气相色谱/质谱联用法

Determination of 48 Kinds of Volatile Organic Compounds in Drinking source water By Purge and Trap-GC/MS

Hu Huayong　Hu Jun　Huang Yi　Luo Yueping
（Environmental Monitoring of Hunan Changsha ，Changsha　410014）

Abstract： In this paper，48 volatile organic compounds VOCs in drinking source water was detected by temperature-programmed purge and trap gas chromatography-mass spectrometry （GC/MS）.The recovery rate of added water samples was from 94% to 97%. Relative standard deviation was from 0.10% to 4.7%.The method has good accuracy，precision and low detection limit. And the results showed that the target VOCs in the 0.02～0.5 μg/ml concentration range with a good linear relationship，linear correlation coefficient R^2＞ 0.99. The method has advantages of high sensitivity，less interference，less steps，great choicet，easy and simple operation.Considering the analysis speed，cost and other factors，to ensure data quality，the method is easy to promote the wide range of application.

Key words： Volatile Organic Compounds；Purge and Trap；GC/MS

1 前言

挥发性有机化合物（volatile organic compounds）的英文缩写为 VOC。世界卫生组织（WHO，1989）对挥发性有机化合物（VOC）的定义为：熔点低于室温而沸点在 50～260℃的挥发性有机化合物的总称。研究结果证明，某些 VOC 即使在低浓度下，也可能对生态环境和人类健康造成严重，甚至是不可逆的影响。饮用水中挥发性有机物的浓度含量一般在痕量水平，要准确测定其含量需要富集预处理，常用的富集方法有静态顶空法、固体吸附解析法、吹扫捕集法、固相微萃取法等[1–5]。其中，1974 年 Bellar 和 Lichtenberg 提出吹扫捕集法以来[6]，由于其有富集效率高和污染少，操作简便等优点，得到了快速应用和发展。由于 GC/MS 具备灵敏度高、定性准确、多组分可同时检测等优点，在多组分有机物同时检测中得到了广泛的应用。本文利用吹扫捕集装置对地表水或饮用水中挥发性有机物进行吹扫富集，再用 GC/MS 定量分析水样中 48 种挥发性有机物，取得了较好的结果。

2 实验

2.1 水质中挥发性有机物分析方法研究

2.1.1 试剂和材料

正己烷为色谱纯（Tedia，USA）；VOCs 标样购自美国色谱科公司；实验用水为超纯水（18.2 MΩ.cm）；DB-5 石英毛细管气相色谱柱（60 m×0.32 μm i.d.×0.5 μm film thickness）；5 ml 吹扫捕集进样针。

2.1.2 仪器设备

美国安捷仑公司 6890/5973 N GC-MS，TAKEMARK 吹扫捕集仪。

2.1.3 水样采集

用水样荡洗玻璃采样瓶 3 次，缓慢将水样倒入采样瓶滴加盐酸使水 pH<2（如有余氯，应加入相当于所采水样重量 0.5%的抗坏血酸），尽量减少搅动而引起挥发性有机物逸出，并避免将空气气泡引入采样瓶，将样品置于 4 ℃冰柜中保存，采样 14 d 内分析。

2.1.4 挥发性有机物的前处理

采用吹扫捕集法对各挥发性有机物进行样品的前处理，具体方法如下：将水样注入吹扫瓶，在室温下，以 40 ml/min 流量的氦气吹脱 11.0 min，于 180 ℃解析柱头捕集所吸附的待测物，再以 30 ml/min 流量的氦气反冲捕集器 4 min 后，进行 GC-MS 分析。

2.1.5 挥发性有机物的定性分析

采用 GC-MS 对各挥发性有机物进行分析，经条件实验，分析条件如下：以氦气为载气，流量 1.0 ml/min；DB-5MS 毛细管柱；自动不分流进样，进样量 1 μl；进样口温度 280℃，检测器温度 300℃；柱温程序采用程序升温法，初温 36℃，5.8 min 后以 6℃/min 升温至 120℃，保持 2 min，再以 4 ℃/min 升温至 180℃，保持 0.1 min；离子化方式（EI）；离子化能量为 70 eV；离子化电流 300 μA；电子倍增电压 1 776 V。

各挥发性有机物的色谱图如图 1 所示，目标化合物按保留时间见表 1。

表 1 目标化合物保留时间一览表

序号	目标化合物	保留时间/s	备注
1	二氯甲烷	5.65	1
2	1,1-二氯乙烯	6.05	2
3	1,1-二氯乙烷	6.89	3
4	1,1-二氯乙烯（反，正）	7.28	4
5	2,2-二氯丙烷	8.40	5
6	溴氯甲烷	8.41	6
7	氯 仿	8.57	7
8	1,1,1-三氯乙烷	8.74	8

序号	目标化合物	保留时间/s	备注
9	1,2-二氯乙烷	9.54	9
10	苯	9.82	10
11	三氯乙烯	10.14	11
12	二溴甲烷	11.60	12
13	二氯溴甲烷	11.77	13
14	1,1-二氯丙烯	12.11	14
15	1,3-二氯丙烯（顺，反）	13.12	15
16	甲苯	14.16	16
17	1,1,2-三氯乙烷	14.22	17
18	1,3-二氯丙烷	14.59	18
19	二溴氯甲烷	14.92	19
20	四氯乙烯	15.56	20
21	1,2-二溴乙烷	15.70	21
22	氯苯	15.93	22
23	1,1,1,2-四氯乙烷	17.21	23
24	乙苯	17.40	24
25	对-二甲苯	17.67	25
26	邻-二甲苯	17.97	26
27	苯乙烯	18.02	27
28	间-二甲苯	18.74	28
29	三溴甲烷	18.79	29
30	1,1,2,2-四氯乙烷	18.86	30
31	异丙苯	19.60	31
32	1,2,3-三氯丙烷	19.84	32
33	溴苯	20.21	33
34	2-氯甲苯	20.84	34
35	4-氯甲苯	21.09	35
36	1,2,4-三甲苯	21.37	36
37	正丁基苯	22.30	37
38	1,3,5-三甲苯	22.40	38
39	1,3-二氯苯	23.01	39
40	1,4-二氯苯	23.36	40
41	异丙基甲苯	23.57	41
42	1,2-二氯苯	24.14	42
43	叔丁基苯	24.81	43
44	1,2,4-三氯苯	26.31	44
45	1,2-二溴-3-氯丙烷	29.84	45
46	萘	30.34	46
47	六氯丁二烯	30.99	47
48	1,2,3-三氯苯	31.15	48

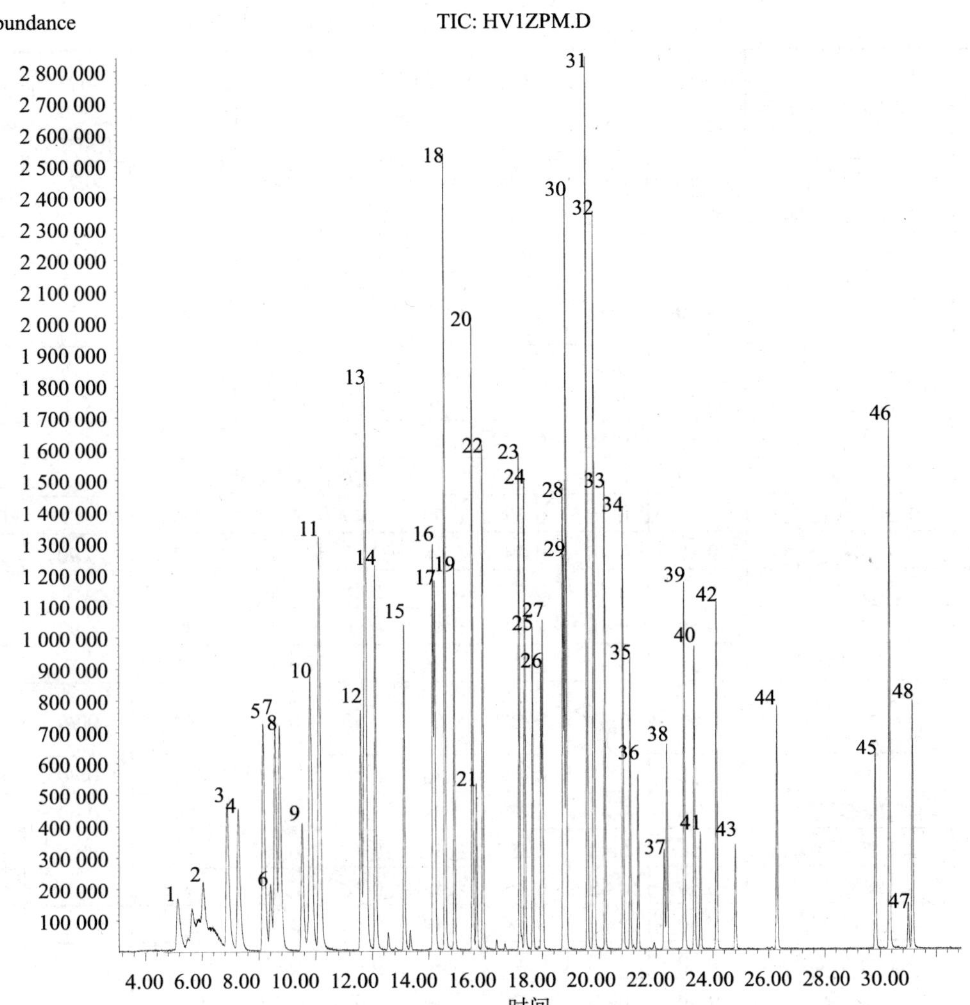

图 1 VOC 目标化合物总离子流图

2.1.6 挥发性有机物的定量分析

（1）标准曲线。

用外标法对目标化合物 VOC 进行定量分析，配制浓度分别为 20 μg/L、50 μg/L、100 μg/L、200 μg/L、500 μg/L 的目标化合物标准样品各 50 ml，采用 GC/MS 对各浓度标准样品分别测定后，根据检测的峰面积，绘制浓度—峰面积标准曲线。结果表明，目标化合物在 20～500 μg/L 浓度范围内有较好的线性关系，线性相关系数 R^2＞0.99。

（2）检出限、精密度与加标回收率。

不断降低标准浓度进行测定，以信噪比 S/N≥2 或 3 计，即目标物峰面积（或峰高）达到噪声能产生的峰面积（或峰高）的 2～3 倍时目标物的进样量即为检出限。对 5 份相同浓度的加标水样进行分析，考察方法的精密度和加标回收率，结果见表 2，各 VOCs 水样平均加标回收率为 94%～97%，相对标准偏差为 0.10%～4.7%，方法具有较好的准确度和精密度。

表 2 水样中挥发性有机物加标回收率、相对标准偏差和检出限

序号	挥发性有机物名称	加标量/（μg/ml）	测定浓度/（μg/ml）					平均回收率/%	相对标准偏差 RSD/%	检出限/（μg/ml）
			1	2	3	4	5			
1	二氯甲烷	0.50	0.48	0.49	0.48	0.47	0.48	96	0.70	0.008
2	1,1-二氯乙烯	0.50	0.48	0.47	0.48	0.47	0.48	95	0.50	0.008
3	1,1-二氯乙烷	0.50	0.47	0.49	0.45	0.47	0.47	94	0.10	0.007
4	1,2-二氯乙烯（正、反）	0.50	0.48	0.48	0.48	0.48	0.48	96	0.52	0.008 2
5	2,2-二氯丙烷	0.50	0.48	0.49	0.48	0.50	0.48	96	1.1	0.008 4
6	溴氯甲烷	0.50	0.48	0.48	0.46	0.49	0.47	96	1.1	0.008 5
7	氯仿	0.50	0.48	0.49	0.48	0.46	0.48	96	1.1	0.008 7
8	1,1,1-三氯乙烷	0.50	0.47	0.48	0.47	0.50	0.48	96	1.2	0.009 5
9	1,2-二氯乙烷	0.50	0.48	0.49	0.50	0.47	0.47	96	1.3	0.009 8
10	苯	0.50	0.48	0.49	0.48	0.50	0.48	97	0.90	0.010
11	三氯乙烯	0.50	0.46	0.47	0.47	0.48	0.49	95	1.1	0.012
12	二溴甲烷	0.50	0.48	0.48	0.48	0.50	0.48	97	0.90	0.010
13	二氯溴甲烷	0.50	0.48	0.49	0.46	0.48	0.46	97	1.9	0.012
14	1,3-二氯丙烯（顺、反）	0.50	0.48	0.49	0.48	0.50	0.48	97	0.90	0.013
15	甲苯	0.50	0.48	0.47	0.46	0.46	0.47	94	0.80	0.014
16	1,1,2-三氯乙烷	0.50	0.48	0.48	0.48	0.50	0.48	97	0.90	0.015
17	1,3-二氯丙烷	0.50	0.48	0.49	0.47	0.47	0.48	96	0.80	0.015
18	二溴氯甲烷	0.50	0.48	0.46	0.48	0.48	0.48	95	9.5	0.010
19	四氯乙烯	0.50	0.47	0.48	0.47	0.50	0.48	96	1.2	0.020
20	1,2-二溴乙烷	0.50	0.48	0.49	0.48	0.47	0.48	96	8.4	0.008
21	氯苯	0.50	0.49	0.48	0.46	0.47	0.48	95	1.1	0.006
22	1,1,1,2-四氯乙烷	0.50	0.45	0.49	0.48	0.50	0.47	96	1.9	0.008
23	乙苯	0.50	0.48	0.49	0.46	0.50	0.48	96	1.5	0.007 8
24	间-二甲苯	0.50	0.46	0.49	0.48	0.46	0.48	95	3.1	0.005
25	邻二甲苯	0.50	0.48	0.47	0.47	0.48	0.46	94	0.80	0.007
26	苯乙烯	0.50	0.47	0.49	0.48	0.47	0.48	96	0.80	0.008
27	对-二甲苯	0.50	0.48	0.48	0.48	0.50	0.45	96	1.8	0.008
28	三溴甲烷	0.50	0.48	0.49	0.47	0.46	0.48	95	1.4	0.015
29	1,1,2,2-四氯乙烷	0.50	0.48	0.47	0.48	0.50	0.48	96	1.1	0.020
30	（正、异）丙苯	0.50	0.47	0.49	0.46	0.50	0.47	96	1.6	0.011
31	1,2,3-三氯丙烷	0.50	0.48	0.47	0.48	0.47	0.48	95	0.50	0.006
32	溴苯	0.50	0.48	0.49	5.0	0.46	0.48	96	1.5	0.006
33	2-氯甲苯	0.50	0.49	0.47	0.48	0.47	0.46	95	1.1	0.006
34	4-氯甲苯	0.50	0.48	0.49	0.48	0.50	0.48	97	0.90	0.010
35	1,2,4-三甲苯	0.50	0.47	0.49	0.47	0.48	0.48	96	0.80	0.014
36	正丁基苯	0.50	0.48	0.49	0.48	0.47	0.49	96	0.80	0.025
37	1,3,5-三甲苯	0.50	0.48	0.49	0.48	0.50	0.48	97	0.90	0.020
38	1,4-二氯苯	0.50	0.46	0.49	0.48	0.47	0.48	95	1.1	0.009

序号	挥发性有机物名称	加标量/（μg/ml）	测定浓度/（μg/ml）					平均回收率/%	相对标准偏差RSD/%	检出限/（μg/ml）
			1	2	3	4	5			
39	仲丁基苯	0.50	0.48	0.46	0.48	0.50	0.47	96	1.1	0.025
40	1,3-二氯苯	0.50	0.48	0.49	0.48	0.48	0.48	96	4.7	0.010
41	异丙基甲苯	0.50	0.48	0.48	0.48	0.47	0.46	95	0.90	0.020
42	1,2-二氯苯	0.50	0.46	0.49	0.48	0.48	0.48	96	1.1	0.010
43	叔丁基苯	0.50	0.48	0.46	0.48	0.50	0.48	96	1.1	0.020
44	1,2-二溴-3-氯丙烷苯	0.50	0.48	0.49	0.48	0.50	0.47	97	1.1	0.023
45	1,2,4-三氯	0.50	0.48	0.49	0.48	0.49	0.48	97	0.50	0.010
46	萘	0.50	0.47	0.46	0.48	0.48	0.48	95	2.8	0.011
47	六氯丁二烯	0.50	0.48	0.49	0.47	0.50	0.49	97	1.1	0.000 03
48	1,2,3-三氯苯	0.50	0.48	0.48	0.48	0.47	0.48	96	0.70	0.010

3 样品分析

分别采集 8 个饮用水水源水编号为（1、2、3、4、5、6、7、8）。用本系统方法进行分析，得到的定量结果列于表 3。

表 3　水样的测定结果　　单位：μg/L

序号	VOC 化合物名称	1	2	3	4	5	6	7	8
1	二氯甲烷	10 L	10 L	10 L	10 L	10 L	10 L	10 L	10 L
2	1,1-二氯乙烯	10 L	10 L	10 L	10 L	10 L	10 L	10 L	10 L
3	1,1-二氯乙烷	10 L	10 L	10 L	10 L	10 L	10 L	10 L	10 L
4	1,2-二氯乙烯（正、反）	8.2 L	8.2 L	8.2 L	8.2 L	8.2 L	8.2 L	8.2 L	8.2 L
5	2,2-二氯丙烷	8.4 L	8.4 L	8.4 L	8.4 L	8.4 L	8.4 L	8.4 L	8.4 L
6	溴氯甲烷	8.5 L	8.4 L	8.4 L	8.4 L	8.4 L	8.4 L	8.4 L	8.4 L
7	氯仿	8.7 L	8.5 L	8.5 L	8.5 L	8.5 L	8.5 L	8.5 L	8.5 L
8	1,1,1-三氯乙烷	9.5 L	8.7 L	8.7 L	8.7 L	8.7 L	8.7 L	8.7 L	8.7 L
9	1,2-二氯乙烷	9.8 L	9.5 L	9.5 L	9.5 L	9.5 L	9.5 L	9.5 L	9.5 L
10	苯	10 L	9.8 L	9.8 L	9.8 L	9.8 L	9.8 L	9.8 L	9.8 L
11	三氯乙烯	12 L	12 L	12 L	12 L	12 L	12 L	12 L	12 L
12	二溴甲烷	10 L	10 L	10 L	10 L	10 L	10 L	10 L	10 L
13	二氯溴甲烷	12 L	12 L	12 L	12 L	12 L	12 L	12 L	12 L
14	1,3-二氯丙烯（顺、反）	13 L	13 L	13 L	13 L	13 L	13 L	13 L	13 L
15	甲苯	14 L	14 L	14 L	14 L	14 L	14 L	14 L	14 L
16	1,1,2-三氯乙烷	15 L	15 L	15 L	15 L	15 L	15 L	15 L	15 L
17	1,3-二氯丙烷	15 L	15 L	15 L	15 L	15 L	15 L	15 L	15 L
18	二溴氯甲烷	10 L	10 L	10 L	10 L	10 L	10 L	10 L	10 L
19	四氯乙烯	20 L	20 L	20 L	20 L	20 L	20 L	20 L	20 L

序号	VOC 化合物名称	1	2	3	4	5	6	7	8
20	1,2-二溴乙烷	8.0 L	8.0 L	8.0 L	8.0 L	8.0 L	8.0 L	8.0 L	8.0 L
21	氯苯	6.0 L	6.0 L	6.0 L	6.0 L	6.0 L	6.0 L	6.0 L	6.0 L
22	1,1,1,2-四氯乙烷	8.0 L	8.0 L	8.0 L	8.0 L	8.0 L	8.0 L	8.0 L	8.0 L
23	乙苯	7.8 L	7.8 L	7.8 L	7.8 L	7.8 L	7.8 L	7.8 L	7.8 L
24	间-二甲苯	5.0 L	5.0 L	5.0 L	5.0 L	5.0 L	5.0 L	5.0 L	5.0 L
25	邻二甲苯	7.0 L	7.0	7.0 L	7.0 L	7.0 L	7.0 L	7.0 L	7.0 L
26	苯乙烯	8.0 L	8.0 L	8.0 L	8.0 L	8.0 L	8.0 L	8.0 L	8.0 L
27	对-二甲苯	8.0 L	8.0 L	8.0 L	8.0 L	8.0 L	8.0 L	8.0 L	8.0 L
28	三溴甲烷	15 L	15 L	15 L	15 L	15 L	15 L	15 L	15 L
29	1,1,2,2-四氯乙烷	20 L	20 L	20 L	20 L	20 L	20 L	20 L	20 L
30	（正、异）丙苯	11 L	11 L	11 L	11 L	11 L	11 L	11 L	11 L
31	1,2,3-三氯丙烷	6.0 L	6.0 L	6.0 L	6.0 L	6.0 L	6.0 L	6.0 L	6.0 L
32	溴苯	6.0 L	6.0 L	6.0 L	6.0 L	6.0 L	6.0 L	6.0 L	6.0 L
33	2-氯甲苯	6.0 L	6.0 L	6.0 L	6.0 L	6.0 L	6.0 L	6.0 L	6.0 L
34	4-氯甲苯	10 L	10 L	10 L	10 L	10 L	10 L	10 L	10 L
35	1,2,4-三甲苯	14 L	14 L	14 L	14 L	14 L	14 L	14 L	14 L
36	正丁基苯	25 L	25 L	25 L	25 L	25 L	25 L	25 L	25 L
37	1,3,5-三甲苯	20 L	20 L	20 L	20 L	20 L	20 L	20 L	20 L
38	1,4-二氯苯	9.0 L	9.0 L	9.0 L	9.0 L	9.0 L	9.0 L	9.0 L	9.0 L
39	仲丁基苯	25 L	25 L	25 L	25 L	25 L	25 L	25 L	25 L
40	1,3-二氯苯	10 L	10 L	10 L	10 L	10 L	10 L	10 L	10 L
41	异丙基甲苯	20 L	20 L	20 L	20 L	20 L	20 L	20 L	20 L
42	1,2-二氯苯	10 L	10 L	10 L	10 L	10 L	10 L	10 L	10 L
43	叔丁基苯	20 L	20 L	20 L	20 L	20 L	20 L	20 L	20 L
44	1,2-二溴-3-氯丙烷苯	23 L	23 L	23 L	23 L	23 L	23 L	23 L	23 L
45	1,2,4-三氯	10 L	10 L	10 L	10 L	10 L	10 L	10 L	10 L
46	萘	11 L	11 L	11 L	11 L	11 L	11 L	11 L	11 L
47	六氯丁二烯	0.03 L	0.03 L	0.03 L	0.03 L	0.03 L	0.03 L	0.03 L	0.03 L
48	1,2,3-三氯苯	10 L	10 L	10 L	10 L	10 L	10 L	10 L	10 L

注：L：表示低于检出限。

4 结论

（1）运用本文所述方法测定水源地水质中挥发性有机物，得到各 VOCs 水样平均加标回收率为 94%~97%，相对标准偏差为 0.10%~4.7%，方法具有较好的准确度和精密度。并且结果表明，目标 VOCs 在 0.02～0.5 μg/ml 浓度范围内有较好的线性关系，线性相关系数 R^2 ＞ 0.99。方法步骤相对较少，操作简便、选择余地大，综合考虑分析速度、成本等因素，能保证数据质量，方法易于推广，适用多数环境监测系统的应用。

（2）8 个饮用水水源地挥发性有机物的检测结果虽均为未检出，但地表水源有机物来源十分广泛，对有机污染物的防治不可掉以轻心，水污染防治是一项历时长、耗资大的系统工程，要本着“持之以恒，标本兼治”的原则，只有对水污染进行综合治理，将饮用水水源的保护提高到一个战略的高度，才能确保广大市民的饮水安全。

参考文献

[1] 国家环保局. 水和废水监测分析方法. 北京：中国环境科学出版社，1989：376-378.

[2] 汪澍，王凌云. 吹扫捕集-GC/MS 联用测量水中挥发性卤代烃. 皮革科学与工程，2007，17（4）：57-60.

[3] 何桂英. 吹扫捕集与气相色谱-质谱联用测定水体中的芳烃化合物. 光谱实验室，2005，22（3），502-505.

[4] T. A. Bellar，J. J. Lichtenberg，J. Am. Water Work Assoc[M]. 1974，66：739.

[5] 陈云霞，游静，梁冰，王国俊. 分析化学. 1999，10：1186.

[6] Bellax T A，Liehtenberg J J. J Am Water Work Assoe[M]. 1974：66：739.

此文章刊登于《环境科学与管理》2011 年第 2 期

SPME-GC 同时测定地表水环境质量标准特定项目中硝基苯类和氯苯类化合物

黄卫 万群 符哲 连花 周泓 刘小艳
（洞庭湖生态环境监测中心，岳阳 414000）

摘 要：针对地表水特定项目有机物中硝基苯类和氯苯类的测定，采用固相微萃取（SPME）前处理技术，用毛细管色谱柱进行色谱分离，用 ECD 检测器进行测定。SPME 富集效率高达 118～1 352 倍；检出限为 0.000 04～0.05 μg/L；方法的线性相关系数为 0.996 3～0.999 9；RSD 为 2.0%～11.0%；加标回收率为 87.0%～108%；所有技术参数均可满足地表水环境质量标准。该方法简单、快捷、无污染、省时、省力，具有较好的推广性。

关键词：SPME；气相色谱；硝基苯类；氯苯类；地表水

Simultaneously Determination of Nitrobenzene and Chlorobenzenes compounds in specific project of Surface Water Environmental Quality Standard by SPME-GC

Huang Wei Wan Qun Fu Zhe Lian Hua Zhou Hong Liu Xiaoyan
(Dongting Lake Eco-Environment Monitoring Center，Yueyang 414000)

Abstract: Determine the Nitrobenzene and Chlorobenzenes of special organic matter in surface water with Solid-phase micro-extraction（SPME）pre-processing technology，separate with capillary column chromatography and ECD detector to determine. Enrichment efficiency of Solid Phase Micro Extraction efficiency reach up to 118 ～ 1 352 times; the detection limit is 0.000 04 ～ 0.05 μg/L; linear correlation coefficient of the method is 0.996 3 ～ 0.999 9; RSD is 2.0%～ 11.0%; recovery is 87.0%～108%; all the technical parameters can meet the surface water environmental quality standards. The method is simple，quick，no pollution，saving time and effort，and has good promotional.

Key words: Solid-phase micro-extraction（SPME）; GC; Nitrobenzene; Chlorobenzenes; Surface water

《地表水环境质量标准》（GB 3838—2002）[1]表 3 集中式生活饮用水地表水源地 80 个特定项目前 35 项有 10 项硝基苯类和 10 项氯苯类化合物。根据国家环保部《关于印发〈2008 年全国环境监测工作计划〉的通知》的文件要求国家环保重点城市 2008 年 7 月前具备 35 项监测能力。分析硝基苯、氯苯类的方法很多，标准方法[2]是将硝基苯类，氯苯类分开测定，其前处理方法为液液萃取或固相萃取。液-液萃取的萃取溶剂主要是石油醚和苯，用溶剂对水样中各组分进行提取、浓缩，萃取液经净化后用 ECD 进行色谱分析。此前处理方法麻烦、费时，需要使用大量毒性大的有机溶剂，对操作人员有害，且容易污染环境。另外，硝基苯类和氯苯类分开测定会导致重复操作，造成人力、物力、时间的浪费。SPME技术集萃取、富集和解析于一体，具有无溶剂、可直接进样、操作简便快捷、灵敏度高的特点，克服了传统的样品前处理方法的缺陷[3-11]。关于SPME-毛细管柱气相色谱法分析水中硝基苯类和氯苯类化合物，也有文献曾进行过探讨[12]，但只探讨了部分项目，未对地表水环境质量标准中的硝基苯类和氯苯类进行合理整合。本文提出了一套完整的用SPME-毛细管柱气相色谱分析地表水环境质量标准特定项目前35项10项硝基苯类和10项氯苯类化合物的方法，方法富集效率高达118～1 352倍，检出限低至0.000 04～0.05 μg/L，方法的线性好，精密度好，回收率高，所有技术参数均能满足地表水监测要求。

1 实验部分

1.1 仪器与试剂

气相色谱仪：GC-2010型，带ECD检测器，日本岛津公司；色谱柱：：HP-50$^+$毛细管色谱柱（60 m×0.32 mm，0.25 μm），美国安捷伦公司；SPME装置：涂有65 μm 聚二甲基硅氧烷/二乙烯苯（PDMS/DVB）萃取头及手柄，美国SEPELCO公司；磁力控温搅拌器。

标准样品：1,4-二氯苯、硝基苯、1,2,4-三氯苯、间硝基氯苯、邻硝基氯苯、1,2,3,4-四氯苯、2,4-二硝基甲苯、2,4-二硝基氯苯，浓度均为1 000 mg/L，溶剂为甲醇，由国家环保部标样研究所提供。对二硝基苯、间二硝基苯、邻二硝基苯，浓度为 10 mg/L；六氯苯、2,4,6-三硝基甲苯、1,2-二氯苯、对硝基氯苯、1,3,5-三氯苯、1,2,4,5-四氯苯、1,2,3,5-四氯苯，浓度均 100 mg/L；六氯丁二烯、1,2,3-三氯苯，浓度为 2 000 mg/L，溶剂均为甲醇，由德国Augsburg公司提供。实验所用水均为法国依云纯净水。

1.2 样品前处理

取样品于20 ml样品瓶中，盛满不留空间并密封，插入65 μm PDMS/DVB萃取头，涂层浸在样品中间位置，加热搅拌20 min后，取出针头，在气相色谱进样口于250℃下直接解析1 min进样进行色谱分离。

1.3 气相色谱条件

载气：高纯氮（纯度大于 99.999）；进样口温度：250℃；检测器温度：320℃；分流进样，分流比10∶1；柱流量：1.0 ml/min；尾吹：30 ml/min；柱温：100℃下，以5℃/min的速度升温至150℃，保持12 min，以40℃/min的速度升温至230℃，保持12 min。

2 结果与讨论

2.1 色谱分离

SPME进样时，部分组分峰型较溶剂进样稍微扩展，改变了分离效果，故需选用较长柱子，本方法选用HP-50$^+$毛细管色谱柱（60 m×0.32 mm，0.25 μm）。标样经SPME后进样，色谱分离见图1。由图1可知，六氯丁二烯与1,2,4-三氯苯，邻硝基氯苯、1,2,3,5-四氯苯与1,2,4,5-四氯苯分离稍差一点，但分离度都大于1.2，其他组分分离效果都很好，峰型对称尖锐。

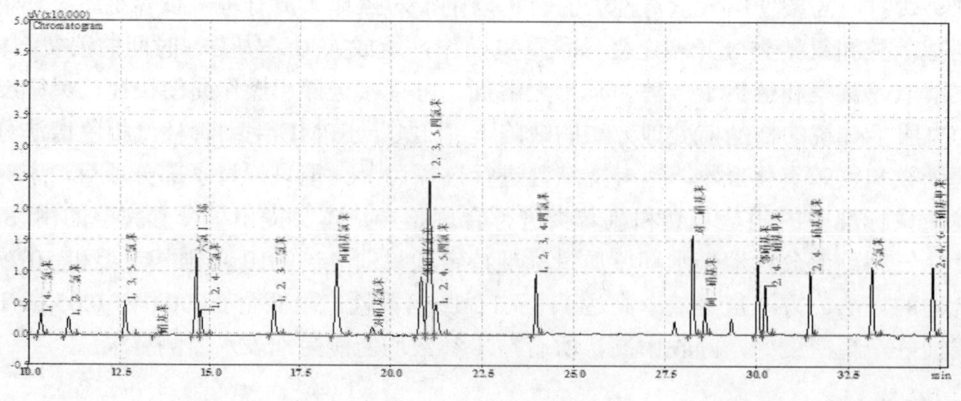

图 1　色谱分离图

2.2 萃取条件选择

2.2.1 SPME 头的选择

选 100 μmPDMS、85 μmPA、65 μm PDMS/DVB 三种类型萃取头在相同条件相同浓度的平行样中试验，65 μm PDMS/DVB 萃取头对所有组份的萃取效率最高，且萃取后色谱分离最好，故选择 65 μm PDMS/DVB 萃取头。

2.2.2 溶液离子强度、pH 值影响

通过查文献[12]并实验，10 种硝基苯类和 10 种氯苯类化合物的富集效率受溶液离子强度、pH 值的影响较小，且萃取加盐的溶液后如不及时清洗萃取头，极易损坏萃取头，故本文未对溶液离子强度和 PH 值进行调节。

2.2.3 萃取时间的选择

SPME 的萃取时间取决于分析物分配平衡所需的时间，一般在 2～30 min 内即可达到相对稳定的动态平衡。本实验用依云水配制 5 份相同浓度的混合溶液，用 65 μm PDMS/DVB 萃取头萃取，萃取时间分别为 10 min、15 min、20 min、25 min、30 min，实验表明硝基苯类和氯苯类化合物在 10～20 min，随萃取时间增加，响应值增大，20 min 以后，响应值变化很小，基本趋于稳定，故选择萃取时间 20 min。选取两类物质中代表化合物六氯苯、2,4,6-三硝基甲苯绘制变化趋势图，见图 2。

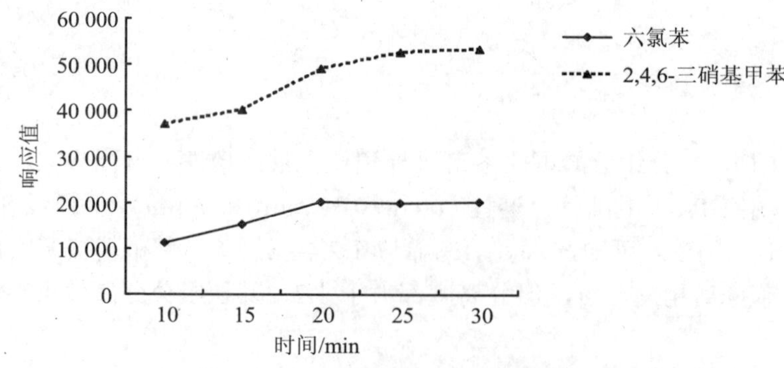

图 2　六氯苯、2,4,6-三硝基甲苯响应值随萃取时间变化图

2.3 SPME 富集效果

用标准样品直接进样分析绘制标准曲线，将经过 SPME 后的标准样品作为被测样品测定其浓度值，并据此计算 SPME 方法对样品的富集效率。结果表明，SPME 对硝基苯类和氯苯类化合物具有较好的富集效率，同时，不同化合物有不同的富集效率。硝基苯类和氯苯类化合物富集效率见表 1。

2.4 方法的线性、精密度、加标回收率、检出限

配制一系列低浓度混合标样，校正工作曲线。平行配制 7 份曲线的中间浓度点标样，萃取 7 次进样，分析方法精密度。以岳阳市城区饮用水水源金凤水库水样为基体作加标回收。以 2 倍基线噪声的响应作为方法的检出限。方法的线性、精密度、加标回收、检出限见表 1。

表 1　方法的富集效率、线性、精密度、加标回收、检出限

组份名称	线性相关系数	RSD/%	加标回收率/%	检出限/（μg/L）	富集效率
1,4-二氯苯	0.999 5	5.9	91.5	0.003	1 049
1,2-二氯苯	0.999 6	4.9	96.7	0.002	991
1,3,5-三氯苯	0.999 6	6.2	92.5	0.000 3	1 020
硝基苯	0.996 3	4.9	101	0.05	417
六氯丁二烯	0.999 6	3.7	92.1	0.000 1	940
1,2,4-三氯苯	0.999 4	2.8	87.0	0.000 3	1 012
1,2,3-三氯苯	0.999 7	5.7	91.2	0.000 2	684
间硝基氯苯	0.999 9	5.2	98.5	0.000 3	1 352
对硝基氯苯	0.999 9	9.3	94.0	0.000 4	1 132
邻硝基氯苯	0.999 7	4.2	101	0.000 3	1 053
1,2,3,5-四氯苯	0.999 8	5.3	92.9	0.000 2	944
1,2,4,5-四氯苯	0.999 6	2.4	94.4	0.000 3	954
1,2,3,4-四氯苯	0.999 0	3.1	92.1	0.000 04	1 099
对二硝基苯	0.998 4	2.7	104	0.000 5	503
间二硝基苯	0.999 3	2.0	106	0.003	118
邻二硝基苯	0.999 6	2.7	107	0.000 5	313
2,4-二硝基甲苯	0.999 9	2.2	103	0.000 5	942
2,4-二硝基氯苯	0.999 1	2.4	105	0.000 3	1 210
六氯苯	0.999 8	11.0	94.0	0.000 1	749
2,4,6-三硝基甲苯	0.998 8	2.1	108	0.001	762

注：加标回收时，本底均未检出。

3　结论

本方法选择萃取头 65 μm PDMS/DVB，萃取时间 20 min，方法简单快捷、无污染，富集效率高，可达 118～1 352 倍；检出限低，0.000 04～0.05 μg/L；方法的线性好，相关系数 0.996 3～0.999 9；精密度好，RSD 2.0%～11.0%；回收率高，87.0%～108%。该方法能满足地表水环境质量标准的分析要求。

参考文献

[1] GB 3838—2002. 地表水环境质量标准.

[2] 魏复盛. 水和废水监测分析方法. 4 版. 北京：中国环境出版社，2002：552-555，542-548.

[3] 刘俊亭. 新一代萃取分离技术-SPME. 色谱，1997（2）：118-119.

[4] 杨红斌，王若苹. SPME-毛细管气相色谱法快速分析水中有机氯农药. 中国环境监测，2000，16（特刊）：91-93.

[5] 杨红斌，王若苹. SPME-毛细管气相色谱法快速同步分析水中挥发性卤代烃及氯苯类化合物. 中国环境监测，2000，16（4）：23-26.

[6] 王若苹，杨红斌. SPME-毛细管气相色谱法快速分析水中苯系物. 现代科学仪器，2002，83（3）：45-47.

[7] Arthur C L，Killam L M. 用 SPME 分析地下水中取代苯化合物. Environ Sci Technol，1992，26（5）：979-983.

[8] Arthur C L，Potter D W. SPME 用于水的直接分析理论和实践. 现代科学仪器，1995，（2）：56-57.

[9] Eisert R，Levsen K. SPME2GC 水中有机物的新分析方法. J Chromatogr A，1996，733（1P2）：143-157.

[10] Magdic S，Boy-Boland A. 用 SPME 分析环境试样中的有机磷杀虫剂. J Chromatogr A，1996，736（1-2）：219-228.

[11] Shirey R E. 用 SPME 和窄孔毛细管柱快速分析环境试样. J High Resolut Chromatogr，1995，18（8）：495-499.

[12] 王若苹. SPME-毛细管气相色谱法快速同步分析水中硝基苯及氯苯类化合物. 中国环境监测，2005，21（6）：15-19.

此文章刊登于《中国环境监测》2011 年 3 期

气相色谱质谱法测定饮用水水源中 60 种半挥发性有机物

胡华勇　黄懿　胡军　罗岳平
（湖南省环境监测中心站，长沙　410014）

摘　要：联用气相色谱质谱测定饮用水水源地水中的 60 种半挥发性有机物（SVOCs），结果表明，60 种 SVOCs 的平均加标回收率 88%~96%，相对标准偏差 1.1%~4.8%，具有较好的准确度和精密度。目标 SVOCs 在 0.05～1.0 μg/ml 浓度范围内有较好的线性关系，线性相关系数 R^2 ＞ 0.99。本方法的检出限低，操作简便、分析速度快、具有应用价值，方法易于推广。

关键词：饮用水；半挥发性有机物；气相色谱/质谱联用法

Determination 60 Semi-Volatile Organic Compounds in Water Source By GC/MS

Hu Huayong　Huang Yi　Hu Jun　Luo Yueping
（Environmental Monitoring of Hunan Changsha，Changsha　410014）

Abstract：60 semi-volatile organic compounds（SVOCs）in water source were detected by gas chromatography-mass spectrometry（GC/MS）.The recovery rate of added water samples were 88% ～ 96%.Relative standard deviations were 1.1% ～ 4.8%.The method has good accuracy，precision and low detection limit.The results showed that the target SVOCs in the 0.05～1.0 μg/ml concentration ranges were good linear relationship，with coefficient R^2＞ 0.99. The method was low detection limt，less interference，simple operation，Therefore，it was recommended to determine SVOCs in water.

Key words：Water Source；Semi-Volatile Organic Compounds；GC/MS

1 前言

半挥发性有机化合物（semi-volatile organic compounds）SVOCs 是一类熔点低于室温而沸点在 170～350℃的有机化合物，当进入环境后，会影响人体健康和动、植物的正常生长，干扰或破坏生态平衡。绝大多数有机污染物属 SVOCs 类，在环境中难挥发，并具有毒性大、难降解、生物可累积等特性，水中 SVOCs 的种类繁多，含量相差很大，人体长期接触可能导致癌症、胎儿畸形和生长发育迟缓等。然而，有关水中 SVOCs 的检测技术相对落后，制约了环境化学，环境毒理学等的研究。

本研究探讨在碱性、中性和酸性条件下，用二氯甲烷萃取水中 SVOCs。并经浓缩后，直接用 GC/MS 定量分析水样中的 60 种 SVOCs。同时，用建立的方法采集 8 个饮用水水源地的水样进行了分析。

2 实验

2.1 材料和设备

2.1.1 试剂和材料

二氯甲烷和正己烷均为色谱纯（Tedia，USA）；SVOCs 标样购自美国色谱科公司；实验用水为超纯水（18.2 MΩ/cm）；2 L 分液漏斗；一次性注射器；真空水泵；0.45 μm 混合纤维滤膜；砂芯漏斗；DB-5MS 石英毛细管气相色谱柱（60 m×0.25 μm i.d.×0.5 μm film thickness）；1.5 ml 的气相色谱样品瓶。

2.1.2 仪器设备

美国安捷仑公司 6890/5973 N GC-MS；自动进样器；日本 EYELA 公司 VACUUM CONTROLLER NVC-1000 型旋转蒸发仪；TTL-DCII 型氮吹仪（同泰联科技有限公司）。

2.2.1 分析方法的前处理

用二氯甲烷液液萃取法对样品进行前处理[1-4]。将 1 L 自然沉清的水样移入 2 L 分液漏斗中，加入 30 g NaCl，轻轻振摇至 NaCl 完全溶解。再加入 60 ml 二氯甲烷，液液萃取 10 min，然后静置 10 min，转移有机相；调节水样至 pH＞11，上述萃取过程；调节水样至 pH=7，第三次上述萃取过程；调节水样至 pH＜2，最后一次重复上述萃取过程，合并萃取有机相；用适量（大于 3 g）的无水硫酸钠干燥柱干燥有机萃取相，静置至有机萃取液全部过柱。35～40℃水浴中旋转蒸发浓缩有机相，当样品浓缩至 8～10 ml 时，将蒸发瓶从水浴中取出，室温下继续旋转蒸发，直至样品体积为 2～3 ml。转移浓缩液至氮吹浓缩管，氮吹浓缩至 0.5 ml 左右，加入正己烷 6～8 ml，再氮吹浓缩至 0.5 ml 左右，重复 3 次，最后用正己烷定容至 1 ml，GC-MS 测定。

2.2.2 定性分析

GC-MS 分析条件如下：以氦气为载气，流量 1.0 ml/min；DB-5MS 毛细管柱；自动不分流进样，进样量 1 μl；进样口温度 280 ℃，检测器温度 300 ℃；柱温程序采用程序升温法，初温 90 ℃，3 min 后以 3.5 ℃/min 升温至 180 ℃，保持 5 min，再以 8 ℃/min 升温至 250 ℃，保持 8 min，最后以 10 ℃/min 升温至 315 ℃，保持 18 min；离子化方式（EI）；离子化能量为 70 eV；离子化电流 300 μA；电子倍增电压 1 706 V。60 种 SVOCs 的色谱图如图 1 所示，目标化合物的保留时间见表 1。

表 1 60 种 SVOCs 的保留时间

序号	目标化合物	保留时间/s	备注
1	*N*-亚硝基二甲胺	10.97	1
2	苯酚	11.60	2
3	双-（2-乙己基）醚	12.05	3
4	2-氯萘	12.84	4
5	1,2-二氯苯	13.14	5
6	1,3-二氯苯	13.98	6
7	1,4-二氯苯	14.26	7

序号	目标化合物	保留时间/s	备注
8	2-甲基苯酚	14.78	8
9	双-（2-氯异丙基）醚	14.97	9
10	4-甲基苯酚	15.82	10
11	*N*-亚硝基二-正丙苯	16.07	11
12	六氯乙烷	17.39	12
13	硝基苯	17.95	13
14	异佛尔酮	18.61	14
15	2-硝基苯酚	19.30	15
16	2,4-二甲基苯酚	19.91	16
17	双（2-氯乙氧基）甲烷	20.45	17
18	2,4-二氯苯	20.67	18
19	1,2,4-三氯苯	21.17	19
20	萘	23.71	20
21	4-氯苯胺	24.93	21
22	六氯丁二烯	25.96	22
23	4-氯-3-甲基苯酚	26.76	23
24	2-甲基萘	26.97	24
25	六氯环戊二烯	28.22	25
26	2,4,6-三氯苯酚	28.86	26
27	2,4,5-三氯苯酚	30.24	27
28	2-氯萘	30.69	28
29	2-硝基苯胺	31.30	29
30	邻苯二甲酸二甲酯	32.07	30
31	2,6-二硝基甲苯	32.83	31
32	苊烯	33.53	32
33	3-硝基苯胺	34.33	33
34	二氢苊	34.48	34
35	4-硝基苯酚	36.43	35
36	2,4-二硝基甲苯	37.14	36
37	二苯并呋喃	37.20	37
38	邻苯二甲酸二乙酯	38.21	38
39	芴	40.11	39
40	4-氯二苯基醚	40.38	40
41	4-硝基苯胺	41.36	41
42	偶氮苯	42.42	42
43	4-溴二苯基醚	42.65	43
44	六氯苯	43.40	44
45	五氯苯酚	45.16	45
46	菲	49.40	46
47	咔唑	51.24	47
48	邻苯二甲酸二正丁酯	55.10	48
49	荧蒽	57.60	49
50	芘	57.76	50

序号	目标化合物	保留时间/s	备注
51	丁基苄基邻苯二甲酸酯	59.02	51
52	并[*a*]蒽	59.32	52
53	䓛	60.20	53
54	双（2-乙己基）邻苯二甲酸酯	60.53	54
55	邻苯二甲酸二正辛酯	61.83	55
56	苯并[*b*]荧蒽	63.00	56
57	苯并[*k*]荧蒽	63.17	57
58	苯并[*a*]芘	65.06	58
59	茚并[1,2,3-*cd*]芘	73.98	59
60	二苯并[*a,h*]蒽	74.11	60

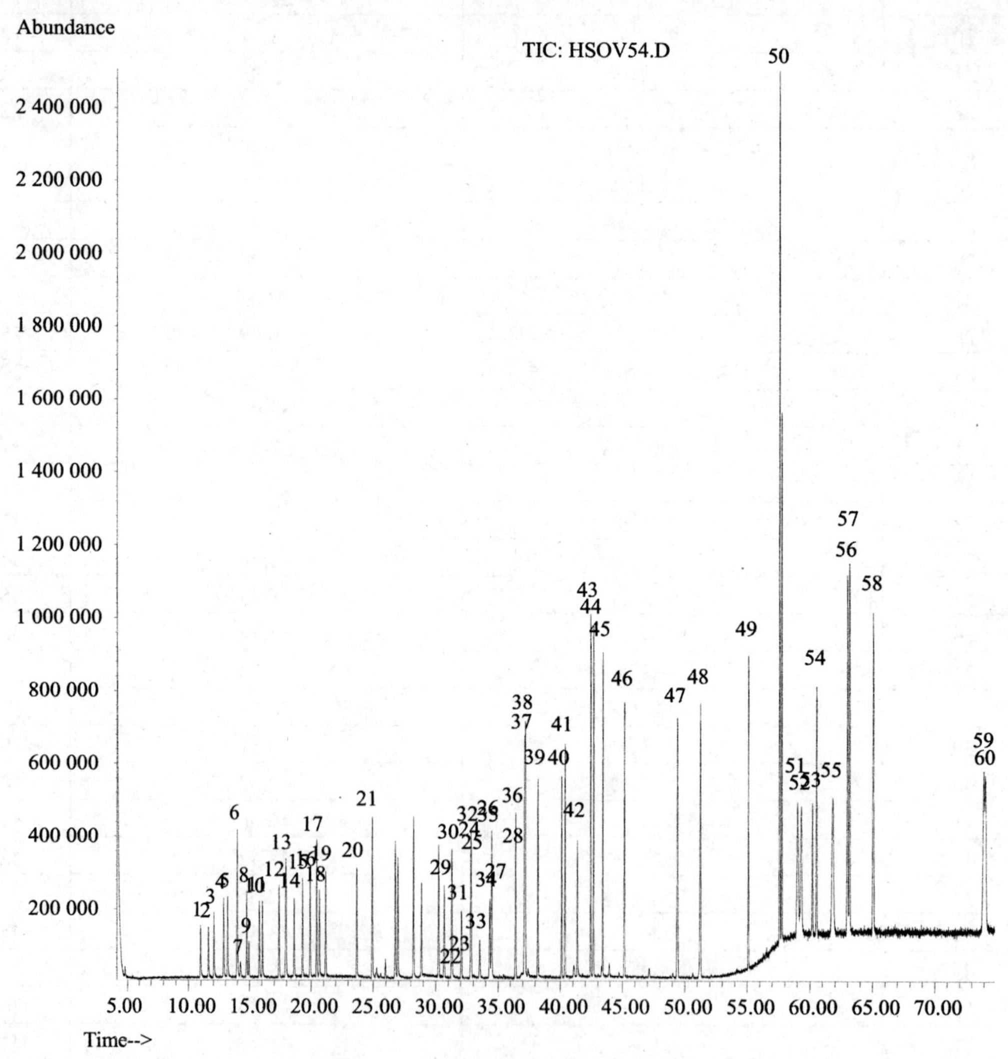

图 1　60 种 SVOCs 总离子流图

2.2.3 定量分析

（1）标准曲线。

用外标法对 60 种 SVOCs 进行定量分析。配制浓度分别为 0.05 μg/ml、0.1 μg/ml、0.2 μg/ml、0.5 μg/ml、1.0 μg/ml 的标准样品各 1 ml，根据检测的峰面积，绘制浓度一峰面积工作曲线。结果表明，目标化合物在 0.05～1.0 μg/ml 浓度范围内有较好的线性关系，曲线拟合度 R^2 ＞ 0.99。

（2）检出限、精密度与加标回收率。

不断降低标准浓度进行测定，以信噪比 S/N≥2 或 3 计，即目标物峰面积（或峰高）达到噪声能产生的峰面积（或峰高）的 2～3 倍时目标物的进样量即为检出限。对 5 份相同浓度的加标水样进行分析，考察方法的精密度和加标回收率，结果见表 2。从中可以看出，各 SVOCs 水样的平均加标回收率为 88%～96%，相对标准偏差 1.1%～4.8%，方法具有较好的准确度和精密度。

表 2　水样中 60 种 SVOCs 加标回收率、相对标准偏差和检出限

序号	半挥发性有机物名称	加标量/（μg/ml）	测定浓度/（μg/ml）					平均回收率/%	相对标准偏差 RSD/%	检出限/（μg/ml）
			1	2	3	4	5			
1	*N*-亚硝基二甲胺	1.0	0.90	0.98	0.92	0.90	0.88	92	4.2	0.020
2	苯酚	1.0	0.88	0.90	0.92	0.96	0.90	91	3.3	0.005
3	双-（2-乙己基）醚	1.0	0.96	0.98	0.90	0.96	0.92	93	3.5	0.005 7
4	2-氯苯酚	1.0	0.92	0.90	0.98	0.86	0.90	91	4.8	0.003 3
5	1,2-二氯苯	1.0	0.96	0.96	0.92	0.96	0.92	91	2.3	0.010
6	1,3-二氯苯	1.0	0.94	0.98	0.88	0.96	0.94	90	4.0	0.010
7	1,4-二氯苯	1.0	0.96	0.98	0.92	0.92	0.88	90	4.2	0.009
8	2-甲基苯酚	1.0	0.90	0.88	0.86	0.96	0.86	89	4.6	0.010
9	双-（2-氯异丙基）醚	1.0	0.90	0.88	0.92	0.88	0.90	90	1.9	0.005 7
10	4-甲基苯酚	1.0	0.88	0.90	0.90	0.86	0.88	88	1.9	0.010
11	*N*-亚硝基二-正丙苯	1.0	0.92	0.90	0.92	0.92	0.90	91	1.2	0.010
12	六氯乙烷	1.0	0.88	0.92	0.92	0.90	0.88	90	2.2	0.001 6
13	硝基苯	1.0	0.90	0.98	0.94	0.96	0.94	94	3.1	0.001 9
14	异佛尔酮	1.0	0.96	0.94	0.92	0.96	0.90	94	2.8	0.002 2
15	2-硝基苯酚	1.0	0.90	0.88	0.90	0.90	0.92	90	1.6	0.003 6
16	2,4-二甲基苯酚	1.0	0.96	0.98	0.92	0.96	0.88	94	4.3	0.002 7
17	双（2-氯乙氧基）甲烷	1.0	0.92	0.94	0.90	0.96	0.90	92	2.8	0.005 3
18	2,4-二氯苯	1.0	0.92	0.92	0.92	0.94	0.90	92	4.5	0.002 7
19	1,2,4-三氯苯	1.0	0.96	0.98	0.90	0.96	0.92	94	3.5	0.010
20	萘	1.0	0.90	0.88	0.92	0.90	0.88	90	1.9	0.001 6
21	4-氯苯胺	1.0	0.96	0.98	0.94	0.96	0.90	95	3.2	0.002
22	六氯丁二烯	1.0	0.88	0.86	0.92	0.86	0.86	88	3.0	0.000 9
23	4-氯-3-甲基苯酚	1.0	0.92	0.94	0.92	0.90	0.88	91	2.5	0.003
24	2-甲基萘	1.0	0.92	0.88	0.88	0.90	0.90	90	1.9	0.012
25	六氯环戊二烯	1.0	0.96	0.98	0.92	0.96	0.88	94	4.3	0.010

序号	半挥发性有机物名称	加标量/（μg/ml）	测定浓度/（μg/ml）					平均回收率/%	相对标准偏差 RSD/%	检出限/（μg/ml）
			1	2	3	4	5			
26	2,4,6-三氯苯酚	1.0	0.90	0.92	0.92	0.92	0.88	91	2.0	0.002 7
27	2,4,5-三氯苯酚	1.0	0.96	0.98	0.90	0.94	0.90	94	3.8	0.010
28	2-氯萘	1.0	0.96	0.98	0.92	0.96	0.88	94	4.3	0.010
29	2-硝基苯胺	1.0	0.92	0.90	0.92	0.94	0.92	92	1.5	0.005
30	邻苯二甲酸二甲酯	1.0	0.96	0.98	0.92	0.96	0.88	94	4.3	0.001 6
31	2,6-二硝基甲苯	1.0	0.94	0.92	0.94	0.96	0.90	93	2.4	0.001 9
32	苊烯	1.0	0.96	0.98	0.92	0.96	0.88	94	4.3	0.002 5
33	3-硝基苯胺	1.0	0.92	0.94	0.92	0.98	0.92	94	2.8	0.050
34	二氢苊	1.0	0.94	0.96	0.90	0.92	0.92	93	2.5	0.002 5
35	4-硝基苯酚	1.0	0.90	0.90	0.92	0.88	0.92	90	1.9	0.002 4
36	2,4-二硝基甲苯	1.0	0.94	0.96	0.94	0.96	0.94	95	1.2	0.005 7
37	二苯并呋喃	1.0	0.96	0.98	0.92	0.96	0.88	94	4.3	0.006 5
38	邻苯二甲酸二乙酯	1.0	0.96	0.98	0.92	0.96	0.94	95	2.4	0.001 6
39	芴	1.0	0.96	0.98	0.92	0.96	0.88	94	4.3	0.000 05
40	4-氯二苯基醚	1.0	0.94	0.96	0.92	0.90	0.88	92	3.4	0.004 2
41	偶氮苯	1.0	0.96	0.96	0.92	0.96	0.92	94	2.3	0.012
42	4-溴二苯基醚	1.0	0.92	0.98	0.92	0.96	0.88	93	4.2	0.001 9
43	六氯苯	1.0	0.96	0.96	0.92	0.98	0.92	95	2.8	0.001 9
44	五氯苯酚	1.0	0.96	0.98	0.92	0.96	0.88	94	4.8	0.003 6
45	菲	1.0	0.96	0.98	0.92	0.94	0.96	95	2.4	0.000 04
46	蒽	1.0	0.96	0.98	0.92	0.96	0.94	95	2.4	0.000 05
47	咔唑	1.0	0.96	0.94	0.92	0.96	0.92	94	2.1	0.000 5
48	邻苯二甲酸二正丁酯	1.0	0.96	0.98	0.92	0.94	0.98	95	2.7	0.002 5
49	荧蒽	1.0	0.96	0.94	0.92	0.96	0.90	94	2.8	0.000 02
50	芘	1.0	0.96	0.94	0.96	0.94	0.94	95	1.1	0.000 09
51	丁基苄基邻苯二甲酸酯	1.0	0.96	0.98	0.92	0.96	0.96	96	2.3	0.002 5
52	并[*a*]蒽	1.0	0.96	0.94	0.92	0.96	0.90	94	2.8	0.000 08
53	䓛	1.0	0.96	0.98	0.92	0.96	0.94	95	2.4	0.000 05
54	双（2-乙己基）邻苯二甲酸酯	1.0	0.96	0.98	0.92	0.96	0.88	94	4.3	0.002 5
55	邻苯二甲酸二正辛酯	1.0	0.96	0.94	0.92	0.96	0.98	95	2.4	0.002 5
56	苯并[*b*]荧蒽	1.0	0.94	0.96	0.94	0.98	0.92	95	2.4	0.000 08
57	苯并[*k*]荧蒽	1.0	0.96	0.98	0.92	0.96	0.94	95	2.4	0.000 02
58	苯并[*a*]芘	1.0	0.98	0.94	0.92	0.94	0.98	95	2.8	0.000 002
59	茚并[1,2,3-*cd*]芘	1.0	0.96	0.98	0.94	0.96	0.96	96	1.5	0.000 05
60	二苯并[*a,h*]蒽	1.0	0.96	0.98	0.92	0.94	0.94	95	2.4	0.000 05

3 实际水样分析

在湖南省内采集 8 个饮用水水源地水样，编号为（1、2、3、4、5、6、7、8）。用前面建立方法进行分析，获得的定量结果详见表 3。从中可以看出，60 种 SVOCs 均未检出，表明湖南省饮用水水源地的 SVOCs 污染较轻。

表 3　8 个饮用水水源地中 60 种 SVOCs 的质量保证和监测数据　　单位：μg/L

序号	SVOC 化合物名称	二氯甲烷	正己烷	现场空白	1	2	3	4	5	6	7	8
1	*N*-亚硝基二甲胺	2.0 L	2.0 L	2.0 L	2.0 L	2.0 L	2.0 L	2.0 L	2.0 L	2.0 L	2.0 L	2.0 L
2	苯酚	5.0 L	5.0 L	5.0 L	5.0 L	5.0 L	5.0 L	5.0 L	5.0 L	5.0 L	5.0 L	5.0 L
3	双-（2-乙己基）醚	5.7 L	5.7 L	5.7 L	5.7 L	5.7 L	5.7 L	5.7 L	5.7 L	5.7 L	5.7 L	5.7 L
4	2-氯苯酚	3.3 L	3.3 L	3.3 L	3.3 L	3.3 L	3.3 L	3.3 L	3.3 L	3.3 L	3.3 L	3.3 L
5	1,2-二氯苯	10 L	10 L	10 L	10 L	10 L	10 L	10 L	10 L	10 L	10 L	10 L
6	1,3-二氯苯	10 L	10 L	10 L	10 L	10 L	10 L	10 L	10 L	10 L	10 L	10 L
7	1,4-二氯苯	9.0 L	9.0 L	9.0 L	9.0 L	9.0 L	9.0 L	9.0 L	9.0 L	9.0 L	9.0 L	9.0 L
8	2-甲基苯酚	10 L	10 L	10 L	10 L	10 L	10 L	10 L	10 L	10 L	10 L	10 L
9	双-（2-氯异丙基）醚	5.7 L	5.7 L	5.7 L	5.7 L	5.7 L	5.7 L	5.7 L	5.7 L	5.7 L	5.7 L	5.7 L
10	4-甲基苯酚	10 L	10 L	10 L	10 L	10 L	10 L	10 L	10 L	10 L	10 L	10 L
11	*N*-亚硝基二-正丙苯	10 L	10 L	10 L	10 L	10 L	10 L	10 L	10 L	10 L	10 L	10 L
12	六氯乙烷	1.6 L	1.6 L	1.6 L	1.6 L	1.6 L	1.6 L	1.6 L	1.6 L	1.6 L	1.6 L	1.6 L
13	硝基苯	1.9 L	1.9 L	1.9 L	1.9 L	1.9 L	1.9 L	1.9 L	1.9 L	1.9 L	1.9 L	1.9 L
14	异佛尔酮	2.2 L	2.2 L	2.2 L	2.2 L	2.2 L	2.2 L	2.2 L	2.2 L	2.2 L	2.2 L	2.2 L
15	2-硝基苯酚	3.6 L	3.6 L	3.6 L	3.6 L	3.6 L	3.6 L	3.6 L	3.6 L	3.6 L	3.6 L	3.6 L
16	2,4-二甲基苯酚	2.7 L	2.7 L	2.7 L	2.7 L	2.7 L	2.7 L	2.7 L	2.7 L	2.7 L	2.7 L	2.7 L
17	双（2-氯乙氧基）甲烷	5.3 L	5.3 L	5.3 L	5.3 L	5.3 L	5.3 L	5.3 L	5.3 L	5.3 L	5.3 L	5.3 L
18	2,4-二氯苯	2.7 L	2.7 L	2.7 L	2.7 L	2.7 L	2.7 L	2.7 L	2.7 L	2.7 L	2.7 L	2.7 L
19	1,2,4-三氯苯	10 L	10 L	10 L	10 L	10 L	10 L	10 L	10 L	10 L	10 L	10 L
20	萘	1.6 L	1.6 L	1.6 L	1.6 L	1.6 L	1.6 L	1.6 L	1.6 L	1.6 L	1.6 L	1.6 L
21	4-氯苯胺	20 L	20 L	20 L	20 L	20 L	20 L	20 L	20 L	20 L	20 L	20 L
22	六氯丁二烯	0.9 L	0.9 L	0.9 L	0.9 L	0.9 L	0.9 L	0.9 L	0.9 L	0.9 L	0.9 L	0.9 L
23	4-氯-3-甲基苯酚	3.0 L	3.0 L	3.0 L	3.0 L	3.0 L	3.0 L	3.0 L	3.0 L	3.0 L	3.0 L	3.0 L
24	2-甲基萘	12 L	12 L	12 L	12 L	12 L	12 L	12 L	12 L	12 L	12 L	12 L
25	六氯环戊二烯	10 L	10 L	10 L	10 L	10 L	10 L	10 L	10 L	10 L	10 L	10 L
26	2,4,6-三氯苯酚	2.7 L	2.7 L	2.7 L	2.7 L	2.7 L	2.7 L	2.7 L	2.7 L	2.7 L	2.7 L	2.7 L
27	2,4,5-三氯苯酚	10 L	10 L	10 L	10 L	10 L	10 L	10 L	10 L	10 L	10 L	10 L
28	2-氯萘	10 L	10 L	10 L	10 L	10 L	10 L	10 L	10 L	10 L	10 L	10 L
29	2-硝基苯胺	5.0 L	5.0 L	5.0 L	5.0 L	5.0 L	5.0 L	5.0 L	5.0 L	5.0 L	5.0 L	5.0 L
30	邻苯二甲酸二甲酯	1.6 L	1.6 L	1.6 L	1.6 L	1.6 L	1.6 L	1.6 L	1.6 L	1.6 L	1.6 L	1.6 L

序号	SVOC化合物名称	二氯甲烷	正己烷	现场空白	1	2	3	4	5	6	7	8
31	2,6-二硝基甲苯	1.9 L	1.9 L	1.9 L	1.9 L	1.9 L	1.9 L	1.9 L	1.9 L	1.9 L	1.9 L	1.9 L
32	苊烯	2.5 L	2.5 L	2.5 L	2.5 L	2.5 L	2.5 L	2.5 L	2.5 L	2.5 L	2.5 L	2.5 L
33	3-硝基苯胺	50 L	50 L	50 L	50 L	50 L	50 L	50 L	50 L	50 L	50 L	50 L
34	二氢苊	2.5 L	2.5 L	2.5 L	2.5 L	2.5 L	2.5 L	2.5 L	2.5 L	2.5 L	2.5 L	2.5 L
35	4-硝基苯酚	2.4 L	2.4 L	2.4 L	2.4 L	2.4 L	2.4 L	2.4 L	2.4 L	2.4 L	2.4 L	2.4 L
36	2,4-二硝基甲苯	5.7 L	5.7 L	5.7 L	5.7 L	5.7 L	5.7 L	5.7 L	5.7 L	5.7 L	5.7 L	5.7 L
37	二苯并呋喃	6.5 L	6.5 L	6.5 L	6.5 L	6.5 L	6.5 L	6.5 L	6.5 L	6.5 L	6.5 L	6.5 L
38	邻苯二甲酸二乙酯	1.6 L	1.6 L	1.6 L	1.6 L	1.6 L	1.6 L	1.6 L	1.6 L	1.6 L	1.6 L	1.6 L
39	芴	2.5 L	2.5 L	2.5 L	2.5 L	2.5 L	2.5 L	2.5 L	2.5 L	2.5 L	2.5 L	0.05 L
40	4-氯二苯基醚	4.2 L	4.2 L	4.2 L	4.2 L	4.2 L	4.2 L	4.2 L	4.2 L	4.2 L	4.2 L	4.2 L
41	偶氮苯	12 L	12 L	12 L	12 L	12 L	12 L	12 L	12 L	12 L	12 L	12 L
42	4-溴二苯基醚	1.9 L	1.9 L	1.9 L	1.9 L	1.9 L	1.9 L	1.9 L	1.9 L	1.9 L	1.9 L	1.9 L
43	六氯苯	1.9 L	1.9 L	1.9 L	1.9 L	1.9 L	1.9 L	1.9 L	1.9 L	1.9 L	1.9 L	1.9 L
44	五氯苯酚	3.6 L	3.6 L	3.6 L	3.6 L	3.6 L	3.6 L	3.6 L	3.6 L	3.6 L	3.6 L	3.6 L
45	菲	5.4 L	5.4 L	5.4 L	5.4 L	5.4 L	5.4 L	5.4 L	5.4 L	5.4 L	5.4 L	0.04 L
46	蒽	2.5 L	2.5 L	2.5 L	2.5 L	2.5 L	2.5 L	2.5 L	2.5 L	2.5 L	2.5 L	0.05 L
47	咔唑	0.5 L	0.5 L	0.5 L	0.5 L	0.5 L	0.5 L	0.5 L	0.5 L	0.5 L	0.5 L	0.5 L
48	邻苯二甲酸二正丁酯	2.5 L	2.5 L	2.5 L	2.5 L	2.5 L	2.5 L	2.5 L	2.5 L	2.5 L	2.5 L	2.5 L
49	荧蒽	2.2 L	2.2 L	2.2 L	2.2 L	2.2 L	2.2 L	2.2 L	2.2 L	2.2 L	2.2 L	0.02 L
50	芘	1.9 L	1.9 L	1.9 L	1.9 L	1.9 L	1.9 L	1.9 L	1.9 L	1.9 L	1.9 L	0.09 L
51	丁基苄基邻苯二甲酸酯	2.5 L	2.5 L	2.5 L	2.5 L	2.5 L	2.5 L	2.5 L	2.5 L	2.5 L	2.5 L	2.5 L
52	并[*a*]蒽	7.8 L	7.8 L	7.8 L	7.8 L	7.8 L	7.8 L	7.8 L	7.8 L	7.8 L	7.8 L	0.08 L
53	䓛	2.5 L	2.5 L	2.5 L	2.5 L	2.5 L	2.5 L	2.5 L	2.5 L	2.5 L	2.5 L	0.05 L
54	双（2-乙己基）邻苯二甲酸酯	2.5 L	2.5 L	2.5 L	2.5 L	2.5 L	2.5 L	2.5 L	2.5 L	2.5 L	2.5 L	2.5 L
55	邻苯二甲酸二正辛酯	2.5 L	2.5 L	2.5 L	2.5 L	2.5 L	2.5 L	2.5 L	2.5 L	2.5 L	2.5 L	2.5 L
56	苯并[*b*[荧蒽	4.8 L	4.8 L	4.8 L	4.8 L	4.8 L	4.8 L	4.8 L	4.8 L	4.8 L	4.8 L	0.08 L
57	苯并[*k*]荧蒽	2.5 L	2.5 L	2.5 L	2.5 L	2.5 L	2.5 L	2.5 L	2.5 L	2.5 L	2.5 L	0.02 L
58	苯并[*a*]芘	2.5 L	2.5 L	2.5 L	2.5 L	2.5 L	2.5 L	2.5 L	2.5 L	2.5 L	2.5 L	2.0×10^{-3} L
59	茚并[1,2,3-*cd*]芘	2.5 L	2.5 L	2.5 L	2.5 L	2.5 L	2.5 L	2.5 L	2.5 L	2.5 L	2.5 L	0.05 L
60	二苯并[*a,h*]蒽	2.5 L	2.5 L	2.5 L	2.5 L	2.5 L	2.5 L	2.5 L	2.5 L	2.5 L	2.5 L	0.05 L

注：L：低于检出限。

4 结论

（1）建立了用 GC-MS 分析水样中 60 种 SVOCs 的方法，方法的平均加标回收率为 88%～96%，相对标准偏差 1.1%～4.8%。目标 SVOCs 在 0.05～1.0 μg/ml 浓度范围内有较好的线性关系，线性相关系数 R^2 > 0.99。本方法操作简便，易于推广，适合在常规工作中应用。

（2）在湖南省内选择 8 个饮用水水源地取样分析结果均无 SVOCs 检出，表明 SVOCs 污染并不严重，但随着工业化进程，SVOCs 进入水源地的风险是存在的，要本着“持之以恒，标本兼治”原则，综合防治饮用水水源地水质污染确保广大市民饮水安全。

参考文献

[1] Villa S, Negrelli C, Finizio A, Flora O, Vighi M. Organochlorine compounds in ice melt water from Italian Alpine rivers. Ecotoxicology & Environmental Safety，2006，63：84-90.

[2] Vassilakis I, Tsipi D, Scoullos M. Determination of variety of chemical classes of pesticides in surface and ground waters by off-line soli-phase extraction，gas chromatography with electron-capture and nitrogen-phosphorous detection，and high-performance liquid chromatography with post-column derivatization and fluorescence detection. J.Chromatogr.A，1998，823：49-58.

[3] Lekkas，T.，Kolokythas，G.，Nikolaou，A.，Kostopoulou，M.，Kotrikla，A.，gatidou，g.，Thomaidis，N.S.，Golfinopoulos，S.，Makri，C.，Babos，D.，Vagi，M.，Stasinakis，A.，Petsas，A.and lekkas，D.F. Evaluation of the pollution of the surface waters of greece from the priority compounds of list Ⅱ，76/464/EEC Directive，and other toxic compounds Environ. Int.，2004，30：995-1007.

[4] Hall，L.W. Jr. Analysis of diazinon monitoring data from the Sacramento and feather River watersheds：1991-2001. Environmental Monitoring and Assessment，2003，86：233-253.

此文章刊登于《冶金分析》2011 年第 6 期

饮用水水源中痕量联苯胺的检测方法

何立志　贺丰炎　黄警萱　喻新和

（湖南省湘潭市环境保护监测站，湘潭　411104）

摘　要：建立了固相萃取高效液相色谱水中联苯胺的检测方法。选择 Waters HLB 固相萃取小柱富集水样，二氯甲烷/丙酮洗脱，以甲醇—水（pH=8，0.02 mol/L 磷酸盐缓冲体系）作为流动相，保留时间为 3.850 min，检测波长 285 nm，0.1~10.0 mg/L 范围内线性关系好，相关系数为 0.999，检出限达到 8×10^{-6} mg/L，相对标准偏差为 4.0%～9.5%，不同浓度样品加标回收率为 80.5%～102.5%。

关键词：联苯胺；固相萃取；高效液相色谱

Detective Method for Trace Benzidine in Drinking Water

He Lizhi　He Fengyan　Huang Jingxuan　Yu Xinhe

（Xiangtan Environmental Protection Monitoring Station，Xiangtan　411104）

Abstract：A method for the determination of trace benzidine in water has been established by solidphase extraction and highperformance liquid chromatography. Enrich sample of water by Waters HLB solid-phase extraction column with dichloromethane/acetone leaching. Benzidine could be totally separated at is ocratic eluti on with methanol—water mobile phase（pH=8，0. 02 mol/L phosphate buffer slution），retention time was 3. 850 min，detection wavelength was maximum absorption of 285 nm，whilefrom 0.1 mg/L to 10. 0 mg/L for benzidine with correlation coefficient was 0. 999. The minimum detection limit reach 8×10^{-6} mg/L. The recovery rate of different concentration of water sample was80.5%～102.5%with the relative standard deviationfrom 4.0% to 9.5%.

Key words：Benzidine；Solid-phase extraction；High performance liquid chromatography

4,4'-二氨基联苯俗称“联苯胺”，是一种重要的染料中间体，可用于制造直接染料、酸性染料、还原染料、冰染染料、硫化染料、活性染料及有机颜料。联苯胺制成的染料约有 250 种以上，其中最重要的是直接黑 EW。联苯胺为国际癌症研究机构第一类致癌物，有强烈的致癌作用。德国明令禁止使用会分解出 20 种致癌芳香胺的偶氮染料着色的消费品，欧盟、日本、美国等也相继效仿[1]。

鉴于联苯胺强烈的毒副作用，地表水环境质量标准 GB 3838—2002 中规定集中式生活饮用水水源地联苯胺应作为特定分析项目进行监测[2]。联苯胺的测试方法很多[1,3−6]，国内多采用气相色谱-质谱联用[6]或者高效液相色谱-质谱联用[6]，但至今还未能形成水质中痕量联苯胺测定的标准分析方法，多数报道的方法检出限刚好达到地表水环境质量标准联苯胺的标准限值[3,5-6]。该文采用固相萃取一高效液相色谱法（HPLC）对水质中痕量联苯胺进行检测。

1 实验部分

1.1 仪器和试剂

SH150-1000 高效液相色谱系统（日本），Su-pelco 固相萃取过滤装置，OasisHLB 固相萃取小柱（500 mg，6 ml，美国），氮吹仪，TU-1901 双光束紫外-可见光分光光度计（北京），10 μl、100 μl、1 ml 气密型注射器。

磷酸二氢钠、磷酸氢二钠为分析纯，甲醇、二氯甲烷、丙酮为 HPLC 级，联苯胺标准物质（5 000 mg/L）。

1.2 色谱分析条件

流动相：$V_{甲醇}$：$V_{水}$（pH=8，0.02 mol/L 磷酸盐缓冲体系）=1：1；VP-ODS 色谱柱（150 mm×4.6 mm×5 μm）；检测器：紫外检测器，工作波长 285 nm；柱温 40℃；进样体积 20 μl。分析样品前应以流量 0.8 ml/mim 的流动相冲洗系统 30 min 以上，检测器预热 30 min 以上，检测器基线稳定后方能进样。

1.3 样品制备

1.3.1 样品的采集和保存

用 1 000 ml 的磨口棕色玻璃瓶采样。采样前，用蒸馏水洗净后于 150℃烘 1 h，用铝箔和棉线扎紧瓶塞密封。取样时应使水样沿瓶壁缓慢注入瓶中，用铝箔和棉线扎紧瓶塞密封。样品采集后应置于冷藏箱运输，在 4℃冰箱中保存，最长保存时间为 24 h，应尽快分析。

1.3.2 样品的预处理

参照《地表水环境质量监测实用分析方法》中联苯胺的预处理方法[6]。Waters HLB 固相萃取小柱预先用 10 ml 甲醇活化，再以 15 ml 二次蒸馏水调整。取 1 000 ml 水样上清液，以 5 ml/min 速度经过 Waters HLB 固相萃取小柱进行富集浓缩，以 10 ml 二氯甲烷/丙酮（体积比 1：1）淋洗液洗脱固相萃取柱，收集洗脱液至浓缩瓶中；将浓缩瓶放在氮吹仪上，用小流量的氮气浓缩到近干，加入色谱纯甲醇，溶剂转换为甲醇，定溶到 1.0 ml，摇匀待色谱分析用。

2 结果与讨论

2.1 紫外吸收波长的选择

有文献报道采用 254 nm 作为检测波长[1,5]，也有文献报道采用 280 nm 作为检测波长[7]。为了确定合理的最佳波长，通过紫外一可见光分光光度计扫描，结果显示联苯胺在紫外波长 285 nm 左右吸收峰最强（见图 1）。高效液相色谱系统紫外检测器（SPD-M20A）有波长变化功能，分析测定联苯胺时采用最大吸收波长 285 nm。

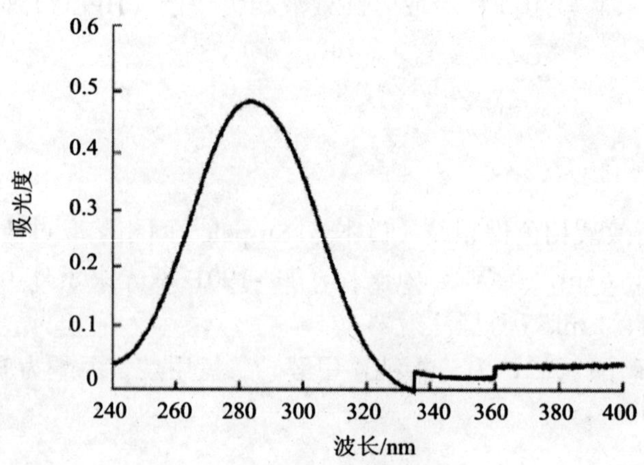

图 1 联苯胺紫外吸收光谱图

2.2 流动相的选择

分别对甲醇-水、甲醇-水（0.05 mol/L 乙酸铵）进行了实验，因联苯胺是二元弱碱性化合物，易与流动相中水产生的少量 H^+结合成盐，与色谱柱之间的相互作用减弱，易洗脱，致使这 2 个体系中联苯胺出峰很快，且易受到甲醇溶剂峰的干扰，分离效果不理想。采用甲醇-水（pH=8，0.02 mol/L 磷酸盐缓冲体系）弱碱性体系下抑制其与 H^+结合成盐，保持其联苯胺分子状态，使其保留时间延长。实验证明，以甲醇-水（pH=8，0.02 mol/L 磷酸盐缓冲体系，$V_{甲醇}$：$V_{水}$=1：1，流量 0.8 ml/mim）作为流动相，有较好的出峰时间（保留时间 3.850 min）和峰形及分离效果（见图 2）。

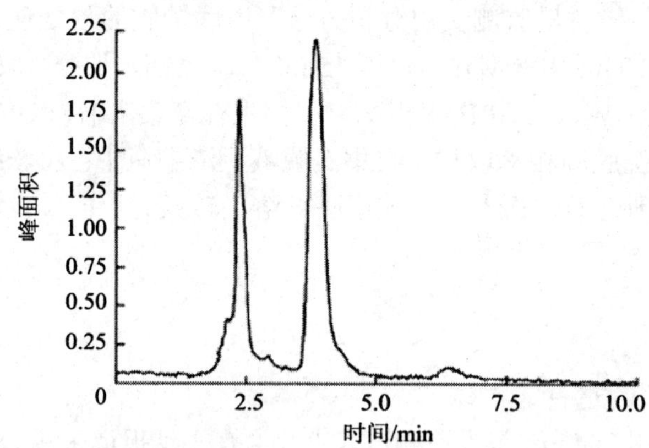

图 2 1.0 mg/L 联苯胺的典型 HPLC 谱图

2.3 标准曲线、回收率、精密度及检出限

用联苯胺标准品与样品同步骤制作浓度分别为 0.1 mg/L、0.2 mg/L、0.4 mg/L、0.8 mg/L、1.0 mg/L、2.0 mg/L、10.0 mg/L 的联苯胺标准工作液，各取 20 μl 注入高效液相色谱仪，在色谱分析条件下依次测定，以相应的峰面积（V，mV·s）对联苯胺进样质量浓度（x，mg/L）进行线性回归计算，当浓度为 0.1～10.0 mg/L 时，回归方程为 y=148 050x+746.76，相关系数为 0.999。样品测定时以保留时间定性，用标准曲线定量。

方法检出限用空白加标的方式进行，将联苯胺加到空白水中配制一个低浓度样，按照样品分析的全部步骤，在信噪比为 3 时，测得固相萃取的检出限为 8×10^{-6} mg/L。

以空白加标浓度 0.1～10.0 μg/L 考察本方法的精密度和准确度，其不同浓度加标水样的回收率和相对标准偏差见表 1。

表 1　不同浓度加标水样的回收率和相对标准偏差（n=10）

化合物	加标浓度/（μg/L）	回收率/%	相对标准偏差/%
联苯胺	0.1	80.5	4.0～9.5
	0.8	93.6	
	10.0	102.5	

2.4　实际水样分析

对湘江饮用水水源地的水样和其加标样分析测定结果（见图 3、图 4）表明，采用固相萃取法可满足色谱分析的需要，且加标回收率较好。

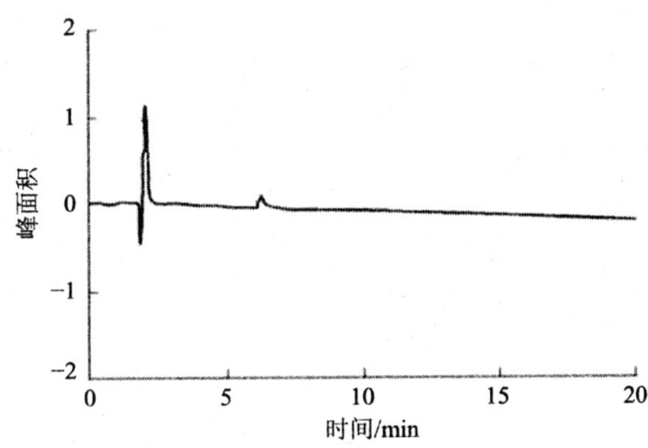

图 3　饮用水水源地水样联苯胺 HPLC 谱图（未检出）

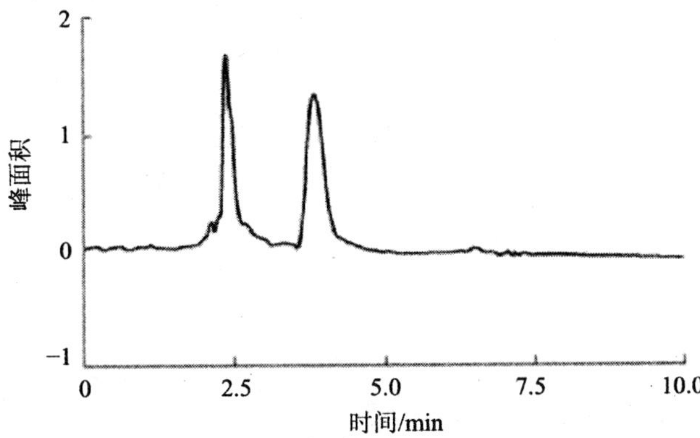

图 4　饮用水水源地水样加标 0.2 mg/L 联苯胺 HPLC 谱图

3 结论

以甲醇-水（pH=8，0.02 mol/L 磷酸盐缓冲体系，$V_{甲醇}$：$V_{水}$=1：1）作为流动相，有较好的出峰时间和峰形及分离效果；以最大吸收峰 285 nm 作为检测波长；采用固相萃取-高效液相色谱法测定水中痕量联苯胺，检出限为 8×10^{-6} mg/L，精密度、加标回收率都达到了《地表水环境质量标准》（GB 3838—2002）中规定的集中式生活饮用水水源地联苯胺的要求，可用于日常环境监测。

参考文献

[1] 史新梅，王氢，吴万年. 高效液相色谱法测定棉布中的联苯胺. 色谱，1999，17（1）：75-76.

[2] GB 3838—2002. 地表水环境质量标准.

[3] 盛学良，胡冠九，张祥志，等. 地表水环境质量 80 个特定项目监测分析方法. 北京：中国环境科学出版社，2009：94-97.

[4] 梁舒萍，赖兴华，叶杰弓虽. 硫酸-甲醛分光光度法测定废水中的联苯胺. 中国环境监测，1997，13（5）：27-29.

[5] 赵淑莉，魏复盛，邹汉法，等. 高效液相色谱法测定废水中苯胺类化合物. 色谱，1997，15（6）：508-511.

[6] 罗毅，李国刚，吕怡兵，等. 地表水环境质量监测实用分析方法. 北京：中国环境科学出版社，2009：179-186.

[7] 杨涛，艾尔肯依不拉音，等. 反相高效液相色谱法同时测定果蔬中 6 种防腐杀菌剂.食品安全与检测，2008（9）：245-247.

此文章刊登于《中国环境监测》2012 年第 4 期

吹扫捕集-气相色谱法测定水中乙醛、丙烯醛和丙烯腈的方法研究

龙加洪

摘　要：建立了吹扫捕集-气相色谱法测定水中乙醛、丙烯醛和丙烯腈的分析方法。进行了吹扫时间和温度的优化，同时对线性范围、方法检出限、精密度、加标回收率和 7 个工作日连续校准等进行实验。结果表明，吹扫捕集气相色谱法测定水中乙醛、丙烯醛和丙烯腈方法简单快捷，灵敏度高，准确性和重现性好，能满足地表水环境质量标准的要求，具有较好的推广性。

关键词：吹扫捕集；气相色谱；乙醛；丙烯醛；丙烯腈；水

Study on Determination of Acetaldehyde，Acrolein and Acrylonitrile in Water by Purge and Trap Gas Chromatography

Abstract：A method for determination of acetaldehyde，acrolein and acrylonitrile was established based on purge and trap gas Chromatography. The conditions of purge temperature and purge time were optimized.The linear range，detection limit，sensitivity and recovery were tested. We can see，this method is simple，rapid，sensitive，accurate and applicable for determination of acetaldehyde，acrolein and acrylonitrile in water. The method can be up to the requirement of environmental quality standards for surface water and worthy of being popularized.

Key words：Purge and trap；Gas Chromatograph；Acetaldehyde；Acrolein；Acrylonitrile；Water

乙醛为易挥发性液体，具有一定的毒性，低浓度时引起眼、鼻及上呼吸道刺激症状和支气管炎，高浓度吸入有麻醉作用[1]。丙烯醛为无色液体，有特殊气味，属于高毒类物质，吸入后对呼吸道产生严重的刺激，并且对肺和支气管上皮细胞造成危害[2]。丙烯腈是一种无色易流动的液体，其蒸气具有高毒性。近年来，应用丙烯腈-丁二烯-苯乙烯共聚物（ABS）材料，在自来水管、水表等涉水产品中广泛采用[3]。乙醛和丙烯醛在工业上有广泛的应用，地表水中乙醛、丙烯醛主要来源于合成树脂、合成橡胶、制革、纤维、造纸、制药等工业排放废水的污染[4]。在我国地表水环境质量标准的饮用水水源地特定项目中包含了对乙醛、丙烯醛和丙烯腈的控制标准[5]。测定乙醛、丙烯醛和丙烯腈推荐使用的分析方法为填充柱气相色谱法[6]，这种直接大体积进水样的分析方法，容易造成固定液流失，分离效果差，影响定性、定量结果，且灵敏度也较低，尤其乙醛的方法检测限为 0.24 mg/L，远高于集中式生活饮用水地表水源地乙醛标准限值（0.05 mg/L），不能满足监测要求。有文献在使用直接进样[7]、顶空进样[8]、吹扫捕集[9,10]毛细管气相色谱法上对乙醛、丙烯醛和丙烯腈的检测方法进行改进。本文采用吹扫捕集进样，毛细管柱分离，火焰离子化检测器测定水样

中的乙醛、丙烯醛，并对该方法进行了系统全面的研究，结果表明：该方法分离效果好，灵敏度高，精密性好，方法简便快捷，尤其在检出限和去除水蒸气对色谱干扰方面有较大的改进，可以同时满足水样中乙醛、丙烯醛和丙烯腈测定。

1 实验部分

1.1 主要仪器及试剂

气相色谱仪：Agilent7890A 型，带 FID 检测器，美国 Agilent 公司；

吹扫捕集仪：TEKMAR9800 型，带自动进样器，Tenax 捕集管，美国 TEKMAR 公司；

乙醛、丙烯醛和丙烯腈混合标样：1 000 mg/L，美国 AccuStandard 公司；

采样瓶：40 ml 棕色玻璃瓶，螺旋盖（带聚四氟乙烯涂层密封垫）；

所有实验用水均为超纯水。

1.2 色谱条件

（1）色谱柱：DB-FFAP 毛细柱 30 m ×0.32 mm ×0.5 μm，柱温 40℃下保持 6 min，10℃/min 的速度升温至 90℃，以 30℃/min 的速度升温至 180℃，保持 3 min。

（2）进样口：温度 250℃，载气（高纯 N_2），恒压 100 kPa，分流比 5∶1。

（3）检测器：温度 250℃，氢气 30 ml/min，空气 400 ml/min，尾吹气（高纯 N_2）30 ml/min。

1.3 吹扫捕集条件

吹扫气为氮气，吹脱时间 20 min，吹扫温度 50℃，吹干时间 2 min，解吸温度 220℃，解吸时间 4 min，烘烤温度 230℃，烘烤时间 10 min。

1.4 测定方法

1.4.1 标准使用液的配制

将 1 000 mg/L 的乙醛、丙烯醛和丙烯腈混合标液，稀释成 100 mg/L 混合标准使用液。

1.4.2 校准曲线的绘制

取 7 个 50 ml 容量瓶，乙醛、丙烯醛和丙烯腈混合标准使用液，配置成浓度分别为 0、0.020 mg/L、0.050 mg/L、0.100 mg/L、0.200 mg/L、0.600 mg/L、1.000 mg/L 的标准曲线系列，编辑自动进样程序，自动移取 5 ml 样品，注入吹脱管中，进行吹扫捕集进样，气相色谱分析。

1.4.3 样品的测定

40 ml 棕色玻璃瓶（带螺旋盖聚及四氟乙烯涂层密封垫）采集水样，装满。按校准曲线绘制法的分析步骤测定，尽快分析。以保留时间定性，外标法定量。

2 结果与讨论

2.1 色谱条件的选择

考虑到目标组分极性较强，且沸点比较低，和丙酮、甲醇等溶剂较难分离，采用极性较强且较长的色谱柱 DB-FFAP。从 40℃低温开始程序升温，并对升温速率进行测试，发现采用 40℃（6 min）下保持 10℃/min 的速度升温至 90℃，以 30℃/min 的速度升温至 180℃，保持 3 min。效果较好，各目标化合物分离完全，响应和峰形达到最佳，色谱图如图 1 所示。

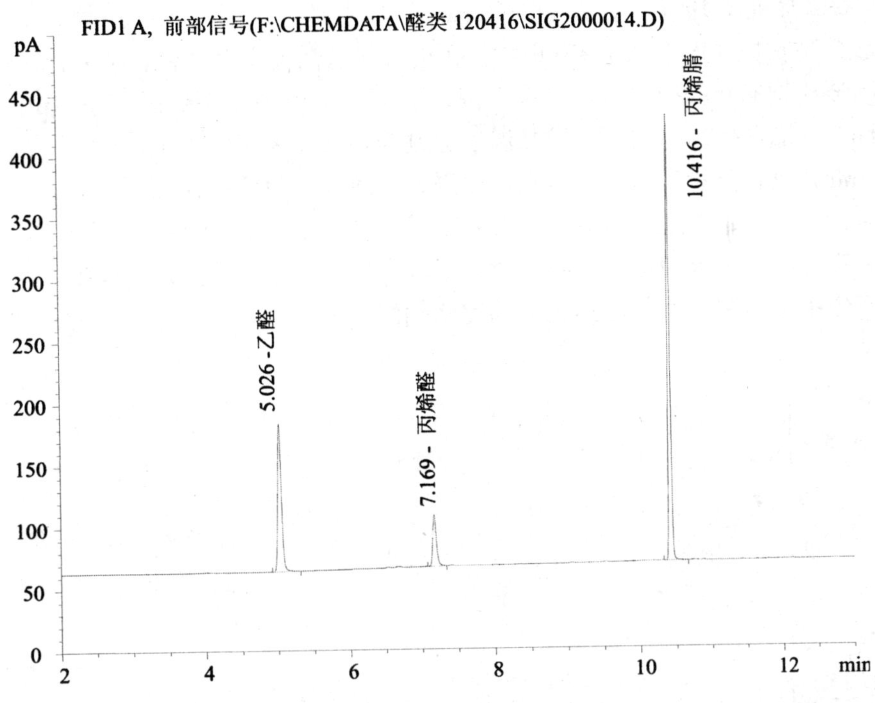

图 1 乙醛、丙烯醛和丙烯腈气相色谱图

2.2 吹扫捕集条件的选择

2.2.1 吹扫时间的选择

保持吹扫温度为 20℃不变，对同一浓度的标准样品分别用 5 min、10 min、12 min、15 min、20 min、30 min 进行吹扫时间试验，测定结果见图 2，乙醛、丙烯醛和丙烯腈的色谱峰面积随吹扫时间的延长成明显上升趋势，20 min 后上升趋势有所减缓。由于乙醛、丙烯醛和丙烯腈水溶性相对较强，吹脱较困难，在吹扫时间内，待测组分只有一部分被吹脱出来，这种情况下，延长吹扫时间，有利于提高测定的灵敏度，但吹扫时间太长，会使分析周期延长，所以实际测定时应根据样品中被测组分的浓度以及气相色谱仪的灵敏度来确定适当的吹扫时间。综合考虑，本实验选用的吹扫时间为 20 min。

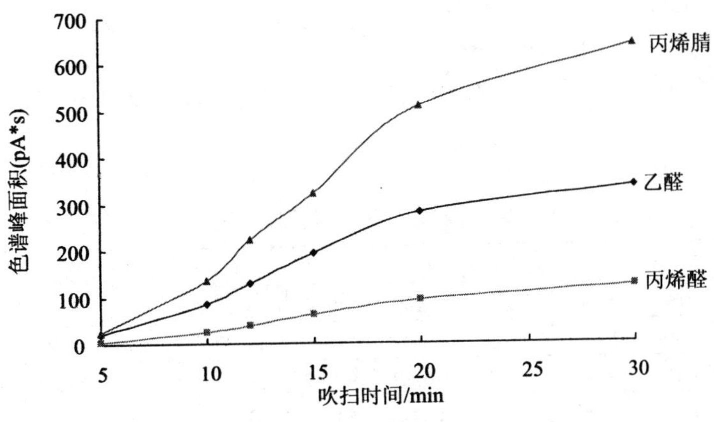

图 2 吹扫时间对色谱峰面积的影响

2.2.2 吹扫温度的选择

一般提高吹扫温度，样品中有机物分子的挥发扩散速率会加快，有利于被测物的吹脱，从而提高被测物的吹扫捕集效率。本文探讨了吹扫温度对吹扫捕集效率的影响，测定同一浓度的标准样品，控制吹扫管中样品温度分别为 20℃、30℃、40℃、50℃、60℃，吹扫时间为 20 min，进行试验。从图 3 可见，乙醛、丙烯醛和丙烯腈的峰面积随吹扫温度几乎呈线性关系上升，而 50℃以上变化趋于平缓。虽然随温度升高色谱峰面积会不断增大，但是温度过高带出的水蒸气增加，不利于待测组分在捕集管中的捕集，且过多的水蒸气对色谱检测器产生不良影响。因此，本实验选定吹扫温度为 50℃。

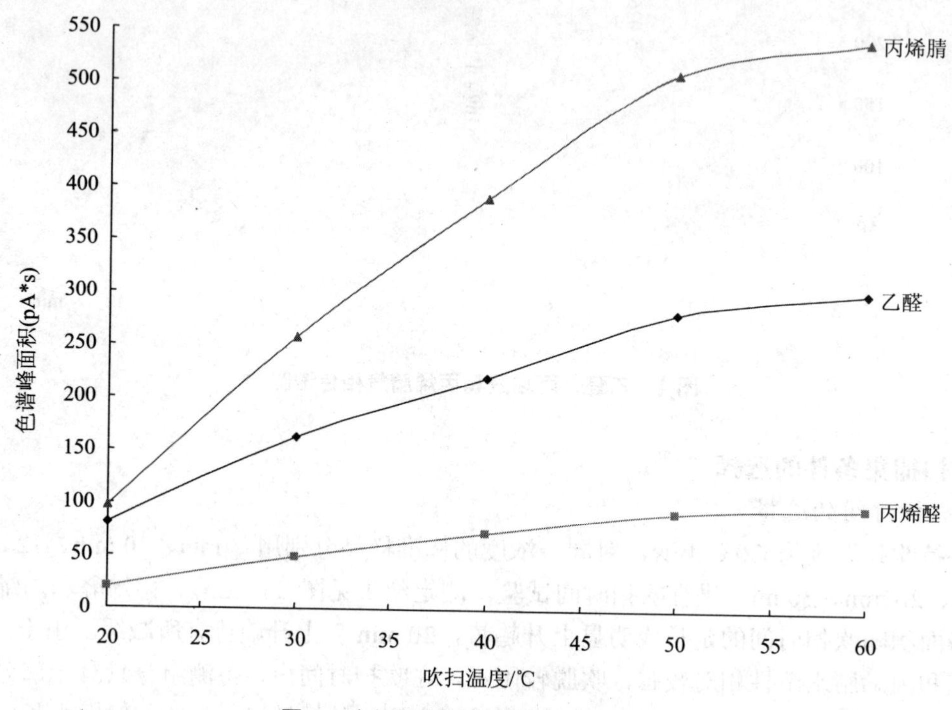

图 3 吹扫温度对色谱峰面积的影响

2.3 标准曲线及线性范围

2.3.1 标准曲线的绘制

配置浓度分别为 0 mg/L、0.020 mg/L、0.050 mg/L、0.100 mg/L、0.200 mg/L、0.600 mg/L、1.000 mg/L 的乙醛和丙烯醛标准工作液系列（此为参考浓度序列）。各浓度相应值与曲线方程见表 1。

表 1 乙醛和丙烯醛标准曲线

组分名称	浓度/（μg/L）							响应值标准曲线
	0	0.020	0.050	0.100	0.200	0.600	1.000	
乙醛	0	12.49	26.70	60.12	100.9	281.5	436.2	Y=460.69X+7.70（r=0.999 7）
丙烯醛	0	3.36	7.88	18.84	33.22	92.97	145.9	Y=145.49X+2.59（r=0.999 1）
丙烯腈	0	18.44	44.41	100.8	184.8	518.3	851.2	Y=848.39X+6.66（r=0.999 8）

2.3.2 线性范围

在 2.3.1 的基础上，增配 1.400 mg/L、2.000 mg/L、4.000 mg/L、6.000 mg/L、10.00 mg/L 的乙醛、丙烯醛和丙烯腈标准系列浓度，以检测其线性范围。结果表明（见图 4）：乙醛、丙烯醛和丙烯腈分别在 0.02～2 mg/L、0.02～6 mg/L、0.02～4 mg/L 的标准溶液浓度范围内，浓度与响应值有良好的线性关系，高于此范围线性关系变差。

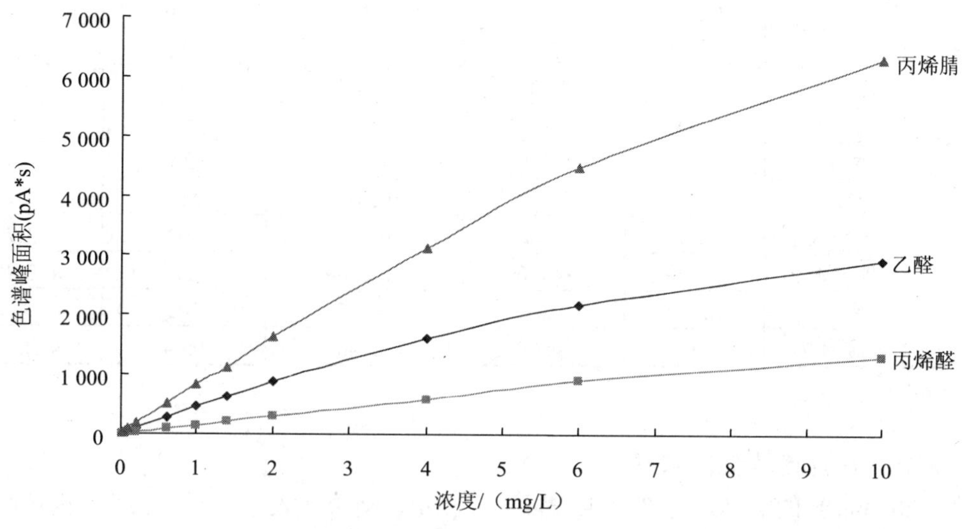

图 4　乙醛、丙烯醛和丙烯腈浓度与响应值关系图

2.4 检出限的测定[11]

依据美国 EPA SW-846 规定方法检测限的计算方法（MDL=3.143δ，δ 重复测定 7 次），按照样品分析的全部步骤，对接近方法检出限的样品进行 7 次平行测定。本实验以 0.050 mg/L 作为检测限测定的浓度，实验及计算结果见表 2。乙醛、丙烯醛和丙烯腈的检出限均远低于地表水环境质量标准 0.05、0.1、0.1 mg/L 的标准限值，能达到环境监测的技术要求。

表 2　方法检出限计算结果（取样体积 5 ml）　单位：mg/L

化合物名称	1	2	3	4	5	6	7	标准偏差	检出限
乙醛	0.049 9	0.049 3	0.047 3	0.048 0	0.051 2	0.048 3	0.048 2	0.001 3	0.005
丙烯醛	0.051 6	0.050 8	0.048 3	0.047 6	0.050 1	0.047 9	0.045 8	0.002 0	0.007
丙烯腈	0.049 8	0.050 2	0.047 5	0.048 9	0.051 0	0.049 3	0.047 9	0.001 2	0.004

2.5 方法的精密度及样品加标回收率

2.5.1 精密度与样品加标回收率

用本方法对实际水样进行测定，然后进行加标回收试验。在水样中分别加入乙醛、丙烯醛和丙烯腈混合标准溶液，每个浓度平行处理 6 份，结果见表 3。乙醛、丙烯醛和丙烯腈的相对标准偏差分别为 1.9%～5.1%、3.1%～6.8%、1.7%～5.6%，加标回收率分别为 92.6%～108%、92.0%～107%、95.3%～105%。

表 3 样品测定的精密度和加标回收率

组分名称	样品	本底值/（mg/L）	添加浓度/（mg/L）	测得平均浓度/（mg/L）	平均回收率/%	RSD/%
乙醛	地表水 1	ND	0.100	0.108	108	1.9
	地表水 2	ND	0.300	0.312	104	5.1
	废水 1	0.232	0.200	0.424	96.0	4.4
	废水 2	0.292	0.500	0.755	92.6	3.5
丙烯醛	地表水 1	ND	0.100	0.109	107	6.8
	地表水 2	ND	0.300	0.295	98.3	4.6
	废水 1	0.178	0.200	0.364	93.0	5.9
	废水 2	0.421	0.500	0.881	92.0	3.1
丙烯腈	地表水 1	ND	0.100	0.102	102	1.7
	地表水 2	ND	0.300	0.286	95.3	3.2
	废水 1	0.115	0.200	0.325	105	5.6
	废水 2	0.266	0.500	0.743	95.4	4.7

注：ND 表示未检出。

2.5.2 7 个工作日连续校准数据

将 0.200 mg/L 的混标进行 7 个工作日连续测定，结果如表 4 所示，乙醛、丙烯醛和丙烯腈的相对标准偏差分别为 7.5%、8.1%、8.1%，该方法具有较好的重现性。

表 4 0.200 mg/L 7 个工作日连续校准数据 单位：mg/L

化合物名称	1	2	3	4	5	6	7	标准偏差	相对标准偏差 RSD/%
乙醛	0.206 9	0.198 7	0.201 7	0.211 9	0.174 4	0.193 2	0.176 2	0.015	7.5
丙烯醛	0.211 9	0.196 0	0.190 6	0.202 5	0.172 4	0.183 1	0.170 2	0.015	8.1
丙烯腈	0.207 3	0.203 4	0.190 7	0.208 0	0.172 1	0.187 5	0.171 8	0.016	8.1

3 结论

用吹扫捕集-气相色谱法测定水样中的乙醛、丙烯醛和丙烯腈回收率高、精密度好和线性范围宽，且操作简单、快捷、无有机溶剂消耗等特点，并能大大提高检测的灵敏度。该方法检出限低，既能测定地表水，达到地表水环境质量标准 GB 3838—2002 中集中式生活饮用水地表水源地特定项目标准限值的要求；适当改变条件，调整吹扫时间和温度，又能测定高含量的废水。这是一种可以值得推广的分析方法。

参考文献

[1] 崔九思．大气污染检测方法. 2 版．北京：化学工业出版社，1996．

[2] 张霞，齐力汇，孟祥萍，等. 气相色谱法同时测定水中乙醛、丙烯醛．中国公共卫生，2002，18（11）：1381-1383.

[3] 宋国良．顶空气相色谱法测定水中的丙烯腈、苯乙烯．浙江科技学院学报，2011，15（增）：19-20.

[4] 陈亚妍．生活饮用水检验规范注解．北京：科学技术出版社，2001．

[5] GB 3838－2002. 地表水环境质量标准．

[6] GB/T 5750.10－2006. 生活饮用水标准检验方法．

[7] 胡恩宇，杨丽莉，母应锋，等．直接进样毛细管气相色谱法测定水中乙醛和丙烯醛．化学分析计量，2008，18（11）：61-62．

[8] 缪建洋，李丽，陆海滨，等．顶空气相色谱法测定地表水中的乙醛．环境监测管理与技术，2005，17（3）：32-33．

[9] 吕桂宾，陈勇，黄龙，等. 吹扫捕集-气相色谱法同时测定水中的乙醛、丙烯醛和甲醛．中国环境监测，2011，27（6）：20-21．

[10] 许雄飞，彭利，王燕，等. 吹扫捕集-气相色谱法同时测定水中的乙醛、丙烯醛．环境科学与技术，2011，34（1）：121-123．

[11] 国家环境保护总局《水和废水监测分析方法》编委会．水和废水监测分析方法. 4 版．北京：中国环境科学出版社，2002．

此文章刊登于《环境科学与管理》2013 年第 2 期

气相色谱—质谱联用测定地表水中氯苯类化合物

王钊 李山红 陈任翔 徐晓宇
（湘潭市环境保护监测站，湘潭 411104）

摘　要：建立了一种气相色谱质谱联用法测定地表水中 12 种氯苯类化合物的方法。水样用石油醚萃取，萃取液经无水硫酸钠脱水后在适宜的色谱条件下进样分析，12 种氯苯类化合物的加标回收率均在 90%～105%，精密度均在 5.0%以下。该方法具有方便、快速、干扰少、灵敏度和选择性高等特点，可用于地表水中氯苯类化合物的测定。

关键词：气质联用；地表水；氯苯类化合物

Gas Chromatography-Mass Spectrometry Determination Of Chlorobenzene Compounds In Surface Water

Wang Zhao　Li Shanhong　Chen Renxiang　Xu Xiaoyu
(Xiangtan Environmental Protection Monitoring Station，Hunan Xiangtan　411104)

Abstract：A gas chromatography and mass spectrometry method of determining 12 kinds of chlorobenzene compounds in ground water was developed. The sample was extracted with mineral ether，and the extraction was injected into the GC system for analysis after dehydration by sodium sulfate anhydrite. The recovery rates of these compounds were between 90.0% and 105% and therelative standard deviations were below 5.0%. The method was precise and fast with high sensitivity，small sample size，simple pretreatment and high selectivity，so it can be used to determine chlorobenzene compounds.

Key words：GC-MS；ground water；chlorobenzene compounds

引言

氯苯类化合物具有较强的气味，其理化性质稳定，不易分解。水中氯苯类化合物主要来源于染料、制药、农药和有机合成等工业污染。不易分解，水中溶解度小，易溶于有机溶剂，对人体的皮肤、结膜和呼吸器官有刺激作用，当它们进入人体后会蓄积，从而抑制神经中枢，严重中毒时会损害肝脏和肾脏[1]。我国对生活饮用水中氯苯类化合物的含量要求也有相应的规定[2]。目前，我国的标准监测方法规定用二硫化碳萃取，ECD 检测器检测，毛细管柱气相色谱法测定水和废水中氯苯类化合物[3−4]。用电子捕获检测器测定含二氯苯、三氯苯、四氯苯、五氯苯及六氯苯响应值较好，但对于含氯苯的响应值却不甚理想。氯苯在 FID 检测器中有较好的响应值，但其他几种氯苯类化合物如五氯苯和六氯苯的响应值却很低，因此，传统方法难以实现在同一检测器上进行 12 种氯苯类的分析[5−12]。本文采用毛细管柱，气相色谱-质谱联用法可实现对 12 种氯苯类化合物同时分析检测。该方法操作简便、速度快、准确度高、灵敏度高，选择性好，可用于地表水中 12 种氯苯类化合物的同时测定。

1 实验部分

1.1 仪器与试剂

气相色谱仪（7890/5975 C 气相色谱质谱联用仪），安捷伦公司；微量注射器（10.0 μl），安捷伦公司；分液漏斗，2 L；石油醚（色谱纯），上海化学试剂厂；无水硫酸钠（分析纯），上海化学试剂厂；12 种氯苯类混合标准品（氯苯、1,4-二氯苯、1,3-二氯苯、1,2-二氯苯、1,3,5-三氯苯、1,2,4-三氯苯、1,2,3-三氯苯、1,2,4,5-四氯苯、1,2,3,5-四氯苯、1,2,3,4-四氯苯、五氯苯、六氯苯的浓度均为 200.0 μg/ml）购于国家环保总局。

1.2 色谱条件

色谱柱：DB-FFAP 毛细管柱（60 m×0.320 mm×0.5 μm）。初始温度 90℃，保持 5 min，以 5℃/min 的速率升至 220℃，保持 5 min；尾吹流量 20 ml/min；进样口温度 180℃；进样方式为分流进样，分流比 5∶1；进样量 1 μl。

质谱条件：传输线温度：220℃。离子源温度：230℃。电离方式：EI 源。离子源电子能量：70eV。质量范围：50～500amu。数据采集方式：选择离子扫描（SIM），质量离子 *m/z* 分别为 78、112、146、180、216、250、284。

1.3 标准溶液的配制

用甲醇将氯苯、1,4-二氯苯、1,3-二氯苯、1,2-二氯苯、1,3,5-三氯苯、1,2,4-三氯苯、1,2,3-三氯苯、1,2,4,5-四氯苯、1,2,3,5-四氯苯、1,2,3,4-四氯苯、五氯苯、六氯苯的混合标准溶液逐级稀释成所需要的浓度。

1.4 样品的处理

采样容器和样品分析用玻璃器皿需用农药残留级丙酮洗涤 3 次，晾干后使用。采样后立即盖紧塞子，将 1 000.0 ml 水样置于 2.0 L 分液漏斗中，加入 20.0 g 氯化钠，用 10.0 ml 移液管准确移取 10.0 ml 石油醚萃取 2 次（每次 5.0 ml）。盖好塞子，放气并振摇 2 min，萃取液经无水硫酸钠脱水，然后浓缩至 1.0 ml，浓缩液进色谱分析。

2 结果与讨论

2.1 色谱分析

在“1.1.2”所述色谱条件下分析 12 种氯苯类混合标准溶液，分离结果如图 1 所示。

可以看出使用 DB-FFAP 型号的极性毛细管柱，在实验采用的色谱条件下对于性质相似的同分异构体如 1,2,3,4-四氯苯、1,2,3,5-四氯苯、1,2,4,5-四氯苯等物质也能实现很好的分离。

2.2 线性试验与检出限

吸取 1 μl 质量浓度为 20.0 μg/L、40.0 μg/L、80.0 μg/L、100.0 μg/L、200.0 μg/L 的混合标准溶液，按照“1.2”色谱条件进行测定。以外标法、峰面积定量，得到相应的回归方程，并按 DL=3*S*/*N* 计算各化合物的方法检出限，结果见表 1。12 种氯苯类的质量浓度在 20.0～200.0 μg/L 时线性关系良好，且检出限符合国家标准对地表水中氯苯类化合物的分析要求。

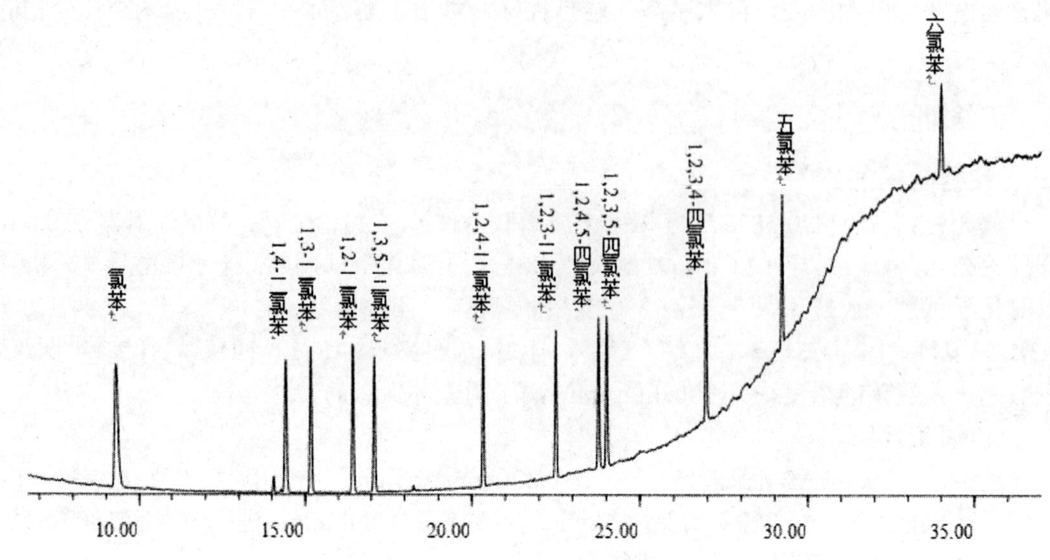

图 1 12 种氯苯类化合物色谱图

表 1 氯苯类化合物回归方程和检出限

名称	保留时间 t/min	回归方程	相关系数 r	方法检出限/（μg/L）
氯苯	9.296	Y=57.6X+59.1	0.999 2	0.63
1,4-二氯苯	14.442	Y=55.9X−88.7	0.999 6	0.43
1,3-二氯苯	15.160	Y=58.2X−89.1	0.999 0	0.43
1,2-二氯苯	16.443	Y=54.7X−83.6	0.999 3	0.38
1,3,5-三氯苯	17.105	Y=46.6X−60.9	0.999 4	0.37
1,2,4-三氯苯	20.361	Y=46.4X−36.5	0.999 5	0.48
1,2,3-三氯苯	22.513	Y=46.4X−84.1	0.999 1	0.59
1,2,4,5-四氯苯	23.782	Y=45.2X−99.2	0.999 5	0.57
1,2,3,5-四氯苯	24.017	Y=46.3X−91.9	0.999 6	0.65
1,2,3,4-四氯苯	26.969	Y=46.1X−80.5	0.999 2	0.63
五氯苯	29.232	Y=44.6X−83.2	0.999 2	0.89
六氯苯	34.019	Y=19.9X−51.3	0.999 0	1.97

2.3 精密度

取 1 000.0 ml 经测定不含该 12 种氯苯类化合物的水样，在其中加入 20.0 g 氯化钠，12 种氯苯类化合物各 20.0 μg，按照上述色谱条件进行 6 次平行测定，其测定结果相对标准偏差见表 2。

表 2 精密度测定

名称	添加量/（μg/L）	测定值/（μg/L）						标准偏差 S/（μg/L）	相对标准偏差/%
氯苯	20.0	19.20	19.79	19.31	19.91	19.82	21.01	0.64	3.2
1,4-二氯苯	20.0	19.91	19.09	19.82	19.73	19.86	20.62	0.49	2.5
1,3-二氯苯	20.0	19.89	19.92	19.10	19.89	19.87	19.91	0.33	1.8
1,2-二氯苯	20.0	19.14	18.89	19.21	19.86	19.55	19.87	0.40	2.1
1,3,5-三氯苯	20.0	19.16	19.29	19.22	19.54	19.85	19.91	0.33	1.7
1,2,4-三氯苯	20.0	19.40	19.69	19.53	19.31	19.39	19.89	0.22	1.1
1,2,3-三氯苯	20.0	19.82	19.09	19.84	19.85	19.34	19.11	0.37	1.9
1,2,4,5-四氯苯	20.0	19.13	19.59	19.48	19.88	19.65	20.03	0.32	1.6
1,2,3,5-四氯苯	20.0	20.10	19.22	19.71	19.81	19.25	19.98	0.37	1.9
1,2,3,4-四氯苯	20.0	19.05	20.16	19.93	19.27	19.65	19.88	0.42	2.1
五氯苯	20.0	20.09	18.88	19.88	18.61	19.75	19.89	0.61	3.1
六氯苯	20.0	19.89	19.77	19.61	19.22	18.94	19.85	0.38	1.9

2.4 回收率试验

取经测定不含有氯苯类化合物的饮用水，添加 12 种氯苯类化合物，摇匀，用“1.1.4”所述的方法处理，进行加标回收试验，结果如表 3 所示：

表 3 加标回收实验

名称	测定值/（μg/L）	加标量 10.0/（μg/L）		加标量 50.0/（μg/L）	
		测定值/（μg/L）	回收率/%	测定值/（μg/L）	回收率/%
氯苯	＜0.63	9.39	93.9	49.31	98.6
1,4-二氯苯	＜0.43	9.59	95.9	49.59	99.2
1,3-二氯苯	＜0.43	9.52	95.2	48.70	97.4
1,2-二氯苯	＜0.38	9.65	96.5	49.32	98.6
1,3,5-三氯苯	＜0.37	10.41	104.1	49.88	99.8
1,2,4-三氯苯	＜0.48	10.15	101.5	50.50	101.0
1,2,3-三氯苯	＜0.59	9.83	98.3	49.71	99.4
1,2,4,5-四氯苯	＜0.57	9.33	93.3	51.11	102.2
1,2,3,5-四氯苯	＜0.65	10.19	101.9	50.62	101.2
1,2,3,4-四氯苯	＜0.63	10.21	102.1	50.44	100.9
五氯苯	＜0.89	10.09	100.9	49.90	99.8
六氯苯	＜1.97	10.32	103.2	50.95	101.9

3 结论

通过对氯苯类化合物色谱条件的选择，确定了分离和测定 12 种氯苯类化合物的适宜分析条件。在选定的条件下，水样中的 12 种氯苯类化合物能得到较好的分离和检测，该方法具有前处理简单、耗用试剂少、灵敏度高、回收率高、重现性和选择性好等特点，可用于地表水中氯苯类化合物的测定。

参考文献

[1] 中国环境优先监测研究课题组. 环境优先污染物. 北京：中国环境科学出版社，1989：7，9，33，36.

[2] 中华人民共和国卫生部. 生活饮用水卫生标准. 北京：中国标准出版社，2006，273-276，359-363.

[3] 国家环保总局. 水和废水监测分析方法. 4 版. 中国环境科学出版社，2003：9.

[4] HJ 621—2011. 水质氯苯类化合物的测定 气相色谱法.

[5] 王玉芬，张肇铭，胡筱敏. 含氯苯类化合物废水处理技术研究进展. 工业安全与环保，2006，32（3）：37-40.

[6] 华勃，陈小辉，蚁焕钿. 气相色谱法测定生活饮用水中氯苯类化合物和溴氰菊酯. 城镇供水，2011，1：55.

[7] 顾东海. 吹扫捕集-气相色谱法测定水中挥发性卤代烃和氯苯类化合物. 环境监测与技术，2002，14（6）：23-25.

[8] 刘斌，徐民，陈山，等. 顶空-毛细管气相色谱法测定水中氯苯类化合物. 黑龙江环境通报，2006，12（4）：55-57.

[9] 王若苹. 固相微萃取-毛细管气相色谱法快速同步分析水中硝基苯类及氯苯类化合物. 中国环境监测，2005，21（6）：15-19.

[10] 向红，吴文辉. 气相色谱法检测水中氯苯类化合物. 净水技术，2002，21（1）：43-45.

[11] 张月琴，吴淑琪，张淑芬. 吹扫捕集-气相色谱法测定水中七种氯苯类化合物. 岩矿测试，2005，24（3）：189-192.

[12] 苏娜，曲健. 毛细管色谱柱分离氯苯类化合物的优化. 环境保护科学，2006，32（5）：39-41.

此文章刊登于《广州化工》2013 年第 20 期

微波萃取—气相色谱/质谱法测定固体废物中的苯胺

刘可　陈任翔　茹赛红

（湘潭市环境保护监测站，湘潭　411104）

摘　要：采用微波萃取作为前处理方法，建立了固体废物中苯胺的气相色谱/质谱分析检测方法。本文对前处理方法中萃取剂、萃取时间、萃取温度的优化做了一系列的实验，得出的样品萃取条件为：萃取剂为二氯甲烷/丙酮（1∶1），萃取温度为 110℃，萃取时间为 30 min。萃取液经弗罗里硅土固相萃取柱净化后进行色谱分析。在此条件下，测得固废中苯胺的相对标准偏差为＜10%，回收率为 85%~107%。

关键词：微波萃取；固体废物；苯胺；气相色谱质谱联用仪

Determination of Aniline in solid waste using microwave extraction – GC MS

Liu Ke　Chen Renxiang　Ru Saihong

（Environmental monitoring station of Xiangtan，Xiangtan　411104）

Abstract: Taking microwave extraction as a pretreatment method，we established a method of Aniline in solid waste using Gas Chromatography/Mass Spectrometry。we had done a series of experiments for ensuring extraction agent，extraction temperature，extraction time in this paper，the optimized conditions for extraction were summaried as follows：dichloromethane and acetone were chosen as extractant and the ratio is 1∶1，extraction temperature is 110℃，extraction time is 30 min. Take extractant after purification with Florisil SPE column for chromatographic analysis. On this condition，the relative standard deviation is ＜10%，the recovery rate was 85%～107%.

Key words: Microwave extraction；Solid waste；Aniline；GC-MS

苯胺是常用于染料制造、印染、橡胶、制药、塑料和油漆等的原料。苯胺可通过呼吸道、消化道摄入人体，亦可通过皮肤吸收进入人体。苯胺对人体具有一定毒害作用，主要是使氧和血红蛋白变为高铁血红蛋白，影响组织细胞供氧而造成内窒息。慢性中毒表现为神经系统症状和血象的变化，某些苯胺类化合物还具有致癌性[1]。苯胺类化合物一般在环境中有残留，因此分析环境样品中的苯胺类化合物是十分重要的。

固体废物是指在生产建设、日常生活和其他活动中产生的污染环境的固态、半固态废弃物质。《中华人民共和国固体废物污染环境防治法》把固体废物分为三大类，工业固体废物、城市生活垃圾和危险废物，本文主要针对工业泥状固体废物做出研究。目前，测定固体废物中苯胺的报道较少，国家标准 GB 5085.3—2007《危险废物鉴别标准 浸出毒性鉴别》固体废物中苯胺的测定前处理方法是索氏提取法[2]，这是一种比较经典的提取方式，提取的效果比较好，但提取的时间较长、消耗溶剂多，操作也是略微的冗长些。因此有必要建立固体废物中苯胺的快速、简便、准确的前处理方法。本文采用了微波萃取固体废物中苯胺的前处理方法，围绕对前处理条件的优化展开讨论。

1 试验部分

1.1 仪器与试剂

7890/5975 C 气相色谱质谱联用仪（美国安捷伦公司）；

HP-5 色谱柱（30 m×250 μm×0.25 μm）；

ETHOS-D 微波消解仪（瑞士 Milestone 公司）；弗罗里硅土固相萃取柱（1000 mg/6 ml）；氮吹仪；

苯胺标准溶液：1 000 μg/ml（国家环境标准样品研究所），溶剂为甲醇；

甲醇、二氯甲烷、丙酮、正己烷等均为色谱纯试剂；无水硫酸钠。

1.2 样品的保存和制备

按照固体废物浸出毒性浸出方法（HJ/T 299—2007）相关规定[3]，样品送入实验室后应尽快分析。若不能立即分析，在 4℃以下密封冷冻或冷藏保存。一般固废样品不需做任何制备处理直接加到萃取罐中，如果样品尺寸过大，需要粉碎到可以过 2.00 mm 的筛子[2]；如果样品为湿样，则要做含水率的测定。因本实验所用的固体废物样品为干样，且样品颗粒尺寸不大，所以采取不做任何制备处理直接加到萃取罐中的方法。

1.3 样品前处理

准确称取 5.0 g 固体废物样品于微波萃取罐中，加 5 g 无水硫酸钠，混合均匀。加入色谱纯丙酮/二氯甲烷（1∶1）20.00 ml，置于微波萃取仪中进行前处理。微波萃取的方法为在 5 min 内从室温升温至 110℃，保持 30 min，冷却，取 1.00 ml 上清液过活化好的弗罗里硅土固相萃取柱，用 5 ml 正己烷/二氯甲烷（4∶1）洗脱后，洗脱液氮吹浓缩至 1.00 ml 进行气相色谱质谱分析。

1.4 仪器条件

气相色谱条件：载气为氦气（纯度 99.999%），载气流量 1 ml/min；进样口温度 250℃，1∶1 分流比，进样量 0.2 μl。柱温程序：初始温度 40℃，保持 1 min，以 20℃/min 速率升温至 240℃。

质谱条件：EI 离子源电子能量 70eV；四极杆温度 150℃；离子源温度 230℃；色谱-质谱接口温度 280℃；选择离子监测模式（SIM）测定。选择离子条件为溶剂延迟 2.00 min，扫描离子 66、93。

1.5 总离子流色谱图

本文采用选择离子监测模式（SIM）定量，是根据苯胺标准溶液的总离子流色谱图来选择定量离子来进行定量。总离子流色谱图及质谱图见图 1。

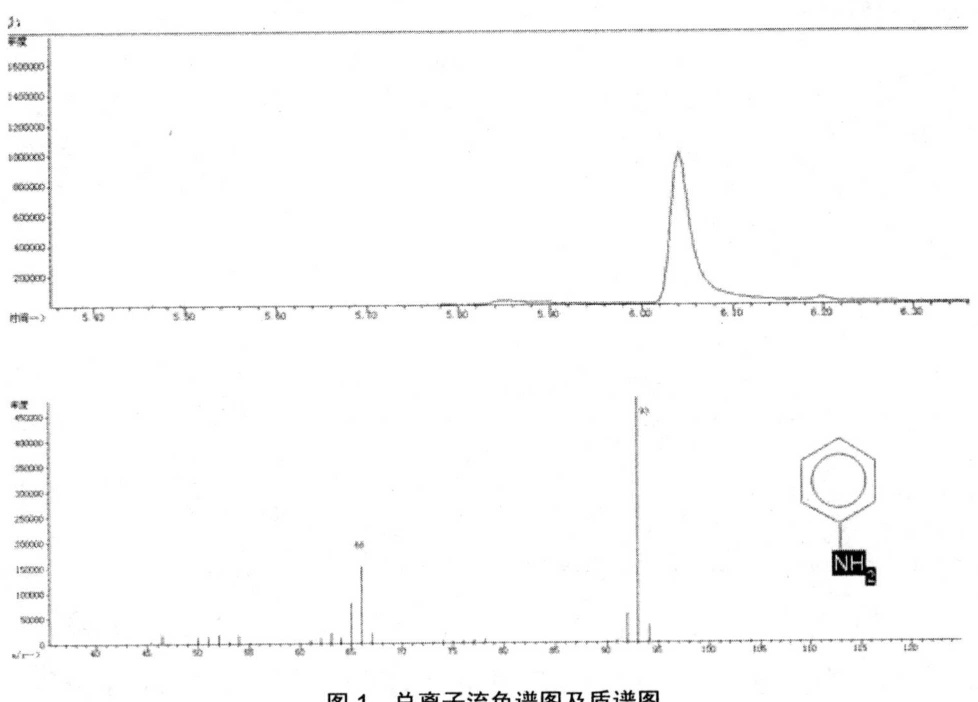

图 1　总离子流色谱图及质谱图

1.6 标准曲线

本研究采用的是外标法定量。取一定量苯胺标准溶液至甲醇中，制备标准曲线，质量浓度范围为 0.1～20 μg/ml。以响应值为纵坐标（y），质量浓度为横坐标（x），绘制标准曲线，结果表明苯胺在该浓度范围内有良好的线性关系，相关系数 r 大于 0.999 0。

2 结果与讨论

2.1 微波萃取溶剂

由于微波加热的吸收体需要微波吸能物质，非极性不吸收微波能[4]，如环己烷、戊烷等溶剂。为了快速加热萃取，用非极性溶剂时要加入一定比例的极性溶剂。选取了二氯甲烷、丙酮/正己烷（1∶1）、丙酮/二氯甲烷（1∶1）萃取溶剂，分别考察其对萃取效率的影响。表明二氯甲烷萃取效率最低，回收率在 30%～60%；丙酮/正己烷（1∶1）萃取效率相对高一点，回收率均在 60%左右；丙酮/二氯甲烷（1∶1）萃取效率最高，回收率达到 86%以上。

2.2 微波萃取温度

在微波密闭容器中，由于内部压力可达到十几个大气压，因此，溶剂沸点比常压下的溶剂沸点高许多。因此用微波萃取可以达到常压下使用同样溶剂达不到的萃取温度，以提高萃取效率而不至于分解待测萃取物[4]。实验选取了 90℃、110℃、130℃ 3 个水平来考察萃取温度对回收率的影响。萃取温度 90℃时苯胺回收率为 71%，萃取温度 110℃时苯胺回收率为 86%，萃取温度 130℃时苯胺回收率与 110℃萃取时相差不大，回收率为 84%。本实验最后选择设置温度为 110℃。

2.3 微波萃取时间

实验选取了 15 min、20 min、30 min、40 min 4 个水平来考察萃取时间对回收率的影响。结果表明，随着萃取时间的延长，萃取效率有所提高，萃取时间达到 30 min 时，萃取效率趋于稳定，回收率在 85%以上，当萃取时间为 40 min 时，回收率与萃取 30 min 相差不大。考虑工作效率、能源节约方面的因素，本实验最后选定萃取时间为 30 min。

2.4 方法的精密度和检出限

用微波萃取的方法处理三个不同类型的固体废物样品来验证方法精密度，按 1.2 和 1.3 的方法，所测结果见表 1。

表 1 微波萃取方法对固体废物样品的测量结果

样品编号	测定值/（μg/g）	RSD/%
1	2.14，2.20，2.38，2.19，2.50，2.68	9.1
2	6.45，6.10，6.97，5.80，7.12，6.72	7.8
3	17.5，19.5，18.8，19.8，20.1，20.6	5.7

色谱分析的最小检测量是指检测器恰能产生噪声相区别的响应信号时所需进入色谱柱的物质的最小量，一般认为恰能辨别的响应信号，最小应为噪声的 3 倍[1]。以称样量为 5.0 g，萃取液体积 20 ml 计，测得方法的最低检出限为 0.02 μg/g。

2.5 方法回收率试验

准确称取三个浓度的固体样品各三份（5.0 g），加 5 g 无水硫酸钠，混合均匀。加入色谱纯丙酮/二氯甲烷（1∶1）20.00 ml，分别加入不同量的苯胺标准液，样品处理同 1.2 和 1.3 步骤，结果见表 2：加标回收率范围为 85%～107%，回收率满足质量控制要求，方法的准确度较好。

表 2 微波萃取法回收率试验

样品编号	测定值 ρ/（μg/ml）	加标量 ρ/（μg/ml）	加标测定值 ρ/（μg/ml）	回收率/%
1	0.587	1.00	1.45	86.3
		5.00	5.04	89.0
		10.0	10.2	96.1
2	1.63	1.00	2.48	85.0
		5.00	6.17	90.8
		10.0	11.4	97.7
3	4.85	1.00	5.87	102
		5.00	10.2	107
		10.0	14.0	91.5

3 结论

实验结果得出微波萃取-气相色谱/质谱法测定固体废物中苯胺的方法具有较高的精密度和准确度，回收率较好，可满足实际需要。

参考文献

[1] 国家环保总局水和废水监测分析方法编委会. 水和废水监测分析方法. 北京：中国环境科学出版社，2002：395.

[2] 危险废物鉴别标准. 浸出毒性鉴别. GB 5 085.3—2007.

[3] 固体废物. 浸出毒性浸出方法. HJ/T 299—2007.

[4] 赵静，马晓国，黄明华. 微波辅助萃取技术及其在环境分析中的应用. 中国环境监测，2008，12（6）：27-32.

此文章刊登于《理化检验》2014 年

液相色谱—质谱法直接进样测定水中丙烯酰胺的基质效应研究

秦迪岚 罗岳平 田耘 朱颖 郭倩 刘荔彬
（湖南省环境监测中心站，国家环境保护重金属污染监测重点实验室，长沙 410019）

摘 要：采用柱后注射法和前处理后添加法评定高效液相色谱-串联质谱法（LC-MS/MS）的基质效应，研究了不同色谱条件对水样丙烯酰胺测定中基质效应的影响，提供了有效削减基质效应的方法，并建立了直接进样测定水中丙烯酰胺的 LC-MS/MS 法。研究表明：流动相溶剂强度、添加剂种类及浓度对 LC-MS/MS 直接进样测定水中丙烯酰胺的基质效应影响显著；通过调节流动相溶剂强度和甲酸含量使丙烯酰胺保留时间与基质效应出现的时间段错开，可避开基质效应；在 10% 甲醇-90%水流动相中添加 0.01%～0.02%甲酸可显著降低基质效应，对水中丙烯酰胺的检出限为 0.03 μg/L，对自来水、地表水及地下水的加标回收率为 96.7%～105%，相对标准偏差为 1.7%～6.4%。建立的 LC-MS/MS 直接进样法简便、快速、灵敏度高、定性定量准确可靠，适合水中丙烯酰胺的超痕量分析。

关键词：高效液相色谱-串联质谱；基质效应；丙烯酰胺；水

Research on the Matrix Effect in Direct-Injection Liquid Chromatography-Mass Spectrometric Determination of Acrylamide in Water

Qin Dilan Luo Yueping Tian Yun Zhu Ying Guo Qian Liu Libin
(Hunan Province Environmental Monitoring Centre, State Environmental Protection Key Laboratory of Monitoring for Heavy Metal Pollutants, Changsha 410019)

Abstract: An optimized direct-injection high performance liquid chromatography-tandem mass spectrometry（LC-MS/MS）method by diminishing the matrix effect has been developed for detection of acrylamide in water. The influence of different chromatographic conditions on the matrix effect was investigated with the post-column infusion method and the addition-after-pretreatment method. The results indicated that chromatographic conditions such as the solvent intensity of mobile phase and the species and content of the additive in mobile phase had dramatic effects on the matrix effect. The matrix effect could be eliminated by adjusting the solvent intensity of mobile phase and formic acid content to separate the acrylamide peak from matrix peaks, such as with a mobile phase consisting of 10% methanol and 90% water containing 0.01%～0.02% formic acid. The detection limit of the optimized direct-injection LC-MS/MS method was 0.03 μg/L. The recoveris and relative standard deviations were 96.7%～105% and 1.7%～6.4%

respectively for acrylamide in real water samples including tap water，suface water and groundwater. This method is simple，rapid，sensitive and accurate for ultra-trace analysis of acrylamide in water.

Key words：high performance liquid chromatography-tandem mass spectrometry；matrix effect；acrylamide；water

丙烯酰胺是一种水溶性的小分子有机物，是合成聚丙烯酰胺的单体，而聚丙烯酰胺广泛应用于水净化、纸浆加工及管道内涂层等领域。丙烯酰胺具有神经毒性、发育毒性及生殖损害作用，国际癌症研究中心（IARC）将其列为人类可能致癌物（IIA）[1]。由于饮水是人类摄入丙烯酰胺的一条重要途径，世界卫生组织（WHO）规定饮用水中丙烯酰胺的最高限量不得超过 1 μg/L[2]，我国的限量更低，规定饮用水及地表水源地中其标准限值为 0.5 μg/L。目前，水中丙烯酰胺的常用检测方法有气相色谱法、气相色谱-质谱法、高效液相色谱法以及高效液相色谱法-串联质谱法等[2–5]。气相色谱法及气相色谱-质谱法需要溴化衍生，步骤烦琐，干扰因素多且方法稳定性差；高效液相色谱法前处理简单，无需衍生化，但灵敏度不够且易受干扰。高效液相色谱-串联质谱法以其前处理简单、抗干扰强、灵敏度高等优点，为实现水中痕量丙烯酰胺的简便、超灵敏、高选择性检测提供了一种强有力的技术手段。

串联质谱以特异性强著称，但越来越多的数据表明，质谱检测同样需要注意避免基质效应[6–8]。LC-MS/MS 的基质效应由共流出的基质与目标物竞争影响接口离子化效率所致，表现为离子抑制或增强作用，是影响 LC-MS/MS 测定准确度及精密度的主要因素。因此，LC-MS/MS 分析时必须考察基质效应[6,9–10]。然而，国内文献的 LC-MS/MS 方法验证中较少考察基质效应[11–13]。由于丙烯酰胺是水溶性的小分子，极性较强，在反相色谱柱上的保留时间较短，极易受到基质效应的影响。因此，抑制基质效应是建立准确可靠的水中丙烯酰胺的 LC-MS/MS 直接进样法的必要前提。

笔者采用柱后注射法和前处理后添加法两种方法从不同角度评定 LC-MS/MS 直接进样测定水中丙烯酰胺的基质效应，考察不同色谱分离条件对自来水、地表水及地下水样品基质效应的影响，最大程度地削减基质效应，从而建立适用于水中痕量丙烯酰胺检测的简便、灵敏、准确及可靠的 LC-MS/MS 直接进样法。

1 实验部分

1.1 仪器与试剂

LC-20A 高效液相色谱仪（SHIMADZU），API 3200 三重四极杆质谱仪（AB SCIEX，配有电喷雾 ESI 离子源）。

丙烯酰胺：Accustandard，1 000 μg/L（溶剂甲醇，编号 M-8032）；超纯水：电阻率为 18.2 MΩ/cm；甲醇：TEDIA 色谱纯；甲酸：ROE 色谱纯；醋酸铵：ROE 色谱纯。

1.2 色谱质谱条件

Shim-pack VP-ODS 色谱柱（150 mm×2.0 mm，4.6 μm）；流动相为 10%甲醇-90%甲酸水溶液（体积分数 0.02%），柱温 40℃，进样量：10 μl，流速 0.3 ml/min。

质谱参数：ESI 正离子模式，采用多反应监测（MRM）方式定量，丙烯酰胺的母离子/子离子为 72.0/55.0，解簇电压（DP）为 30 V，碰撞能量（CE）为 15 V，入口电压（EP）

为 7 V，碰撞出口电压（CXP）为 2.5 V，离子喷雾电压（IS）为 5 500 V，离子源温度（TEM）为 650℃，气帘气流速（CUR）为 137.90 kPa，碰撞气流速（CAD）为 34.48 kPa，雾化气流速（GS1）为 275.80 kPa，辅助气流速（GS2）为 344.75 kPa。

1.3 样品采集与处理

水样用磨口玻璃器皿采集，采样时不留顶上空间和气泡，尽快分析。若不能及时分析，应在 4℃冰箱中保存。

分析时，水样用 0.22 μm 混合纤维素滤膜过滤后直接上机分析。

1.4 基质效应的评定方法

采用柱后注射法和前处理后添加法两种方法评价 LC-MS/MS 的基质效应。柱后注射法是一种动态的方法，将注射泵和接色谱柱的液相系统通过三通接头与质谱连接（见图 1），注射泵以 10 μl/min 的速度恒流注射 20 μg/L 丙烯酰胺标准溶液，不含目标物的水样经过滤后从自动进样器按已定的色谱条件进样，记录丙烯酰胺在整个色谱循环中响应信号的变化，从而判定基质效应出现的时间与影响程度。

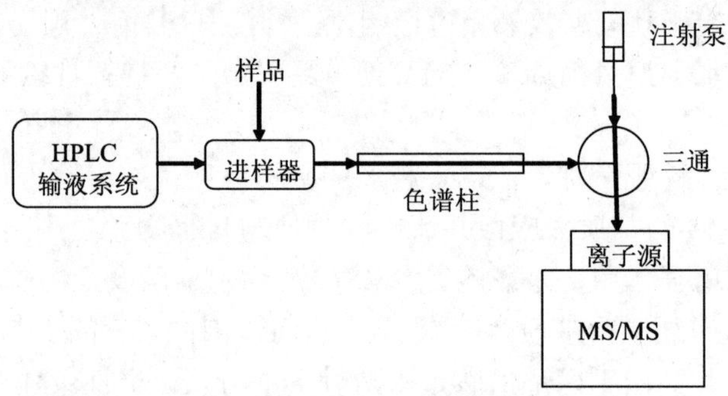

图 1 柱后注射法示意图

前处理后添加法通过比较经前处理后添加目标物的水样与目标物纯标准品溶液的信号峰峰面积来衡量基质效应的大小，其计算公式为：

$$\mathrm{ME}=A_1/A_0\times 100\% \qquad (1)$$

式中，ME —— 基质效应，%；

A_0 —— 目标物纯标准品溶液测得的峰面积；

A_1 —— 水样经前处理后添加相同浓度的目标物测得的峰面积。

当 ME 值大于 100%时，基质效应表现为离子增强，而 ME 值小于 100%时，基质效应表现为离子抑制。

2 结果与讨论

2.1 流动相添加剂种类对于基质效应的影响

首先采用前处理后添加法考察以最常用的甲醇-水作为流动相时 LC-MS/MS 直接进样法测定水中丙烯酰胺基质效应的大小。流动相组成根据文献[14]选择 10%甲醇-90%水；水样选择与人类饮水密切相关的自来水、地表水和地下水三类样品，分别采自分析实验室、湘江株洲段下游饮用水水源地和株洲霞湾港。水样经 0.22 μm 微孔滤膜过滤后，添加 1.00 μg/L 丙烯酰胺，以 LC-MS/MS 直接上机测定，各加标水样的色谱图如图 2a 所示。由图可见，丙烯酰胺的出峰时间在 1.81 min，自来水和地表水样品中丙烯酰胺的峰形较好，但峰面积小于纯水样品，基质效应为 80%；地下水样品在 1.2～3.0 min 呈现出很强的基质效应，并掩盖了丙烯酰胺的峰，无法定量。水环境介质尤其是地下水中存在的大量水溶性无机离子与丙烯酰胺难以在 C18 柱上有效分离，与丙烯酰胺共同流出，影响到电喷雾接口的离子化效率，造成基质干扰。因此，如何抑制基质效应是采用 LC-MS/MS 直接进样测定水环境样品特别是硬度较大的地下水样品中丙烯酰胺的技术瓶颈。

甲酸和醋酸铵是 LC-MS/MS 中常用的流动相添加剂，具有调节流动相 pH、离子强度和改善峰形等作用。在甲醇-水流动相中分别添加醋酸铵和甲酸，比较两种添加剂对改善基质效应的作用。流动相添加 2 mM 醋酸铵后各加标水样的色谱图如图 2b 所示。由图可见，自来水和地表水样品的基质效应为 95%，但峰面积和信噪比分别下降为添加前的 11.9%和 33.3%；地下水样品在 1.5～2.4 min 呈现较强的基质效应，干扰丙烯酰胺峰，仍难以准确定量。由此可见，添加醋酸铵可以抑制洁净的自来水和地表水的基质效应，但无法消除离子强度较大的地下水样品的基质效应，并极大地降低了峰信号。往流动相添加 0.1%甲酸后各加标水样的色谱图如图 2c 所示。由图可见，各样品丙烯酰胺的峰形均很好，峰面积虽下降了 56.5%，但信噪比未下降，基质效应为 96%～109%，表明甲酸的添加显著地抑制了水样的基质效应，后续实验选择甲酸作为流动相添加剂。

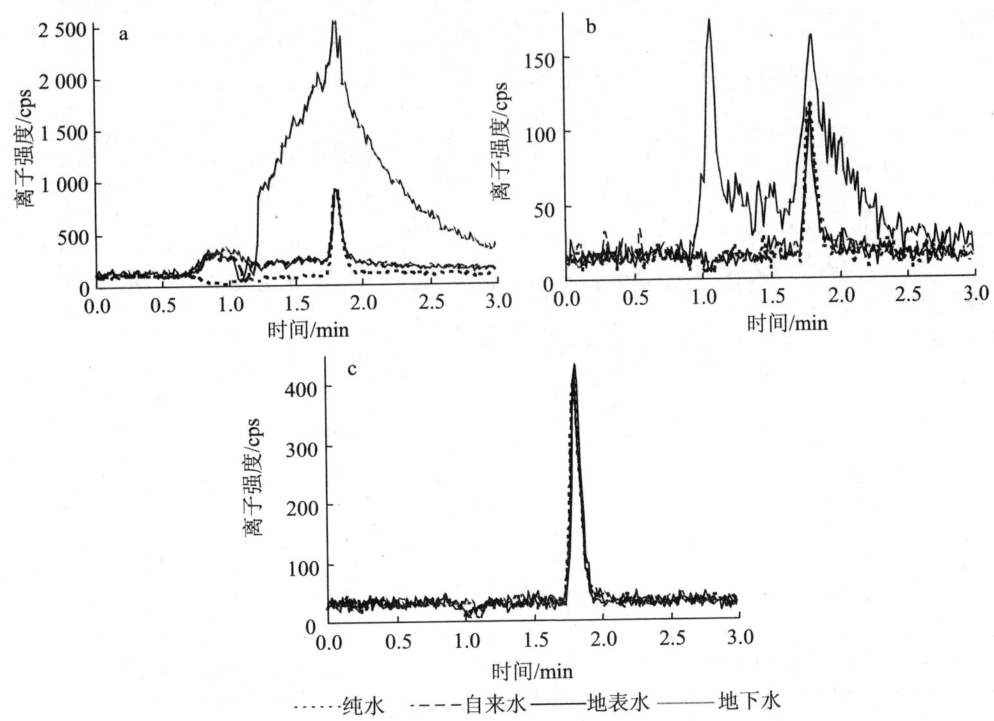

在 10%甲醇-90%水流动相体系中分别添加（a）无；（b）2 mM 醋酸铵；（c）0.1%甲酸。

图 2　采用前处理后添加法比较不同流动相添加剂对水样基质效应的影响

2.2 流动相溶剂强度对于基质效应的影响

流动相溶剂强度影响丙烯酰胺的保留时间，甲醇含量越高，丙烯酰胺的保留时间越短，但对样品中无机离子保留值的影响不大。丙烯酰胺的出峰时间应避开基质效应较强的时间段。首先采用柱后注射法动态分析整个色谱循环的基质效应，各水样丙烯酰胺信号随时间的变化曲线如图3所示。由于注射泵恒速连续泵入等浓度的丙烯酰胺，若无基质效应影响，信号应为一平台；而基质效应为离子增强时，信号将增大；基质效应为离子抑制时，信号将下降。由图3可见，各水样在1.0 min附近出现负峰，由进样所致，为死时间；纯水样品在此后的色谱周期中信号平稳，无基质效应出现；自来水和地表水样品在1.6 min附近出现正峰；而地下水样品在1.5 min和2.0 min附近分别出现2个正峰。依图可推断，当丙烯酰胺保留时间正好位于这些时间段时，将出现较强的基质干扰现象。

采用前处理后添加法定量考察了不同溶剂强度对各水样丙烯酰胺保留时间以及基质效应的影响，并验证基质效应大小与丙烯酰胺保留时间、基质效应发生时间段的相关性，如表1所示。当流动相中甲醇的体积分数为20%时，甲醇含量较高，丙烯酰胺出峰时间较早，为1.6 min，对地表水和自来水样品分析时，恰处基质效应最强的区域（见图3），基质效应为156%；而地下水的基质干扰略低。当甲醇体积分数为5%时，甲醇含量很低，丙烯酰胺出峰时间推迟至2.0 min，地表水和自来水无基质干扰，但对地下水样品分析时，恰处基质效应最强的区域（见图3），基质效应为124%。当甲醇体积分数为10%时，丙烯酰胺出峰时间为1.8 min，地表水和自来水样品无基质干扰，地下水样品的基质效应略微偏高，为109%。由此可见，通过调节流动相甲醇的含量使丙烯酰胺保留时间与基质效应发生时间错开，可减小基质效应的影响。经比较，综合来看，在流动相添加0.1%甲酸的情况下，甲醇体积分数为10%时，对于3种实际水样的整体基质效应最低。

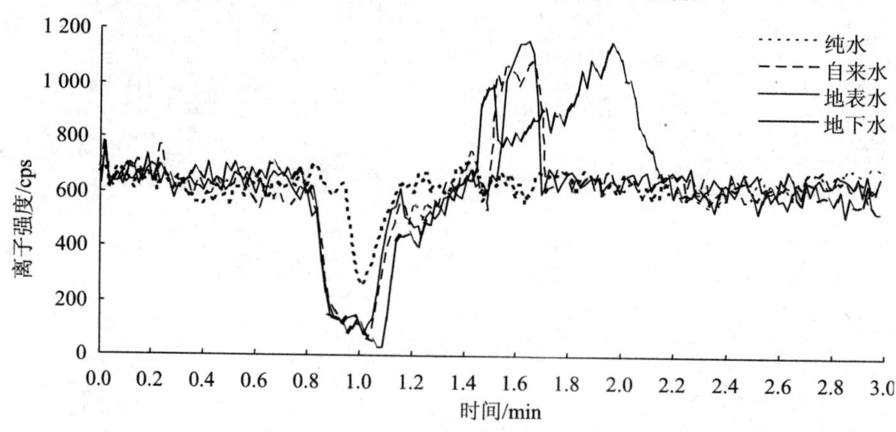

流动相为10%甲醇-90%甲酸水溶液（体积分数0.1%）。

图3　柱后注射法监测水样的基质效应

表1　采用前处理后添加法比较流动相不同甲醇含量对基质效应的影响

流动相组成		保留时间/min	平均峰面积/（×10^3）				ME^d/%		
甲醇含量/%	水含量/%[a]		丙烯酰胺水溶液[b]	自来水[c]	地表水[c]	地下水[c]	自来水	地表水	地下水
20	80	1.60	1.889	2.944	2.953	1.914	155.85	156.33	101.32
10	90	1.81	1.780	1.710	1.775	1.933	96.07	99.72	108.60
5	95	2.03	1.499	1.424	1.464	1.857	95.00	97.67	123.88

注：a含0.1%甲酸；b丙烯酰胺纯标准品水溶液，浓度为1.00 μg/L；c水样经过滤后添加丙烯酰胺浓度为1.00 μg/L；d基质效应，采用式（1）计算。

2.3 甲酸用量对于基质效应和信噪比的影响

在固定流动相甲醇体积分数为 10%的情况下，同时采用柱后注射法和前处理后添加法考察不同甲酸添加量对基质效应的影响。柱后注射法展现了基质效应发生时间段随甲酸用量的变化规律，如图 4 所示。随着甲酸含量从 0.1%减小到 0.01%，各水样基质效应发生的时间段向后推移，当甲酸浓度降至 0.01%～0.02%后，基质效应推移至 2.0 min 后，与丙烯酰胺出峰时间有效错开，最大程度地削减了样品的基质干扰。采用前处理后添加法比较甲酸用量对不同水样基质效应的定量影响，如表 2 所示。当甲酸含量为 0.1%时，地下水样品出现一定的基质干扰；当甲酸含量降至 0.05%时，基质效应推移至 1.8 min 左右，与丙烯酰胺出峰时间重合，各样品基质效应均有增加；随着甲酸浓度降至 0.01%～0.02%，各样品基质效应基本消除；当甲酸的含量为 0.02%时，各样品的基质效应在 97%～100%，干扰最小，后续实验确定甲酸含量为 0.02%。

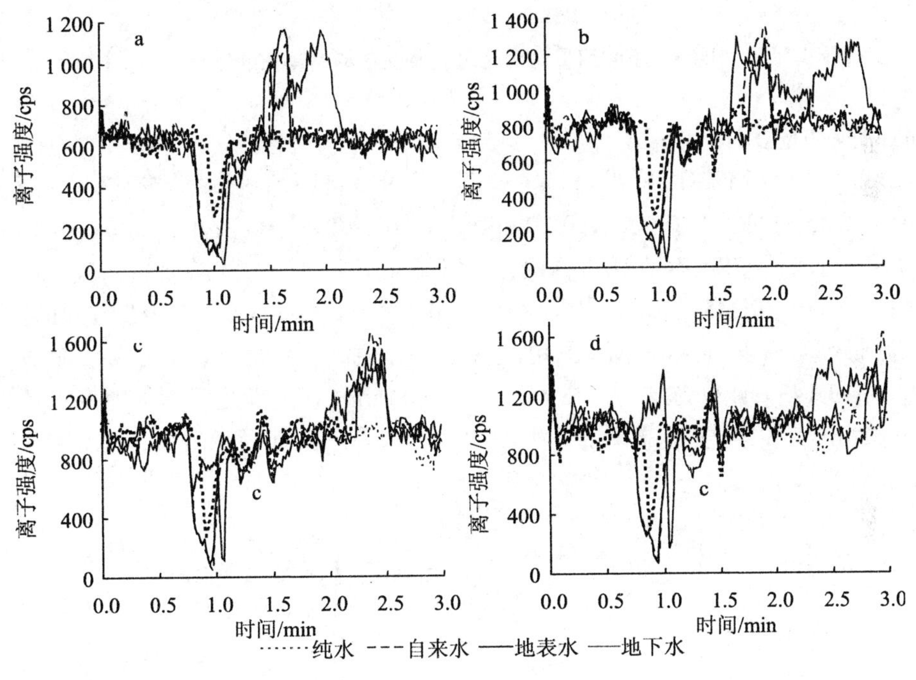

甲酸含量分别为（a）：0.1%；（b）：0.05%；（c）：0.02%；（d）：0.01%。

图 4 采用柱后注射法比较流动相中不同甲酸含量对水样基质效应的影响

表 2 采用前处理后添加法比较不同甲酸含量对基质效应的影响

甲酸含量/%	平均峰面积/（×10³）				ME^c/%		
	丙烯酰胺水溶液 [a]	自来水 [b]	地表水 [b]	地下水 [b]	自来水	地表水	地下水
0.1	1.780	1.710	1.775	1.933	96.07	99.72	108.60
0.05	2.445	2.581	2.484	2.774	105.56	101.60	113.46
0.02	2.565	2.563	2.484	2.571	99.92	96.84	100.23
0.01	2.930	2.863	2.822	2.783	97.71	96.31	94.98

注：a 丙烯酰胺纯标准品水溶液，浓度为 1.00 μg/L；b 水样经过滤后添加丙烯酰胺浓度为 1.00 μg/L；c 基质效应，采用式（1）计算。

甲酸的用量还影响检测灵敏度。由图 5 可见，随着甲酸含量从 0.1%降到 0.01%，峰面积由 1.78×10^3 增加到 2.93×10^3，信噪比由 67 增加到 82。甲酸含量为 0.01%～0.02%时，对提高检测的灵敏度是有利的。

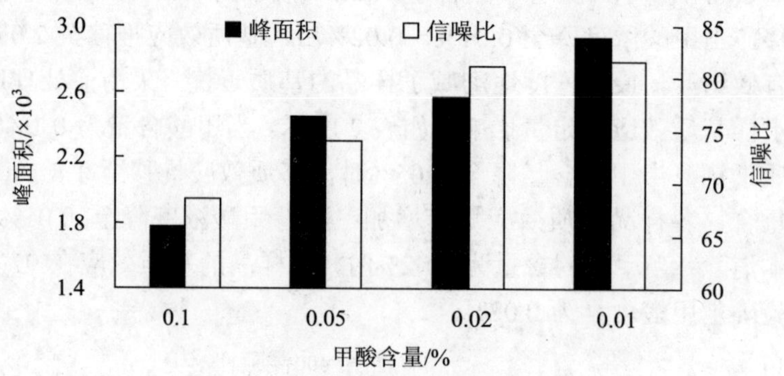

图 5　甲酸用量对丙烯酰胺峰面积和信噪比的影响

2.4 标准曲线和检出限

丙烯酰胺的 LC-MS/MS 标准色谱图如图 6 所示。将丙烯酰胺标准溶液用纯水稀释，配制成浓度为 0.05 μg/L、0.10 μg/L、0.20 μg/L、0.50 μg/L、1.00 μg/L、2.00 μg/L、5.00 μg/L 的标准系列，以 LC-MS/MS 直接进样测定，以峰面积 y 对丙烯酰胺质量浓度 x 绘制标准曲线，回归方程为 $y=4.248x-40.8$，相关系数为 0.999 9。对 0.10 μg/L 的空白加标水样，经 0.22 μm 滤膜过滤后以 LC-MS/MS 测定，重复 7 次，按照 $MDL=S_{t\,(n-1,\ 0.99)}$（在 99%的置信区间，$t_{6,\ 0.99}=3.143$）计算方法检出限，结果为 0.03 μg/L，可满足我国《地表水环境质量标准》（GB 3838—2002）规定的集中式生活饮用水地表水源地丙烯酰胺标准限值的要求。

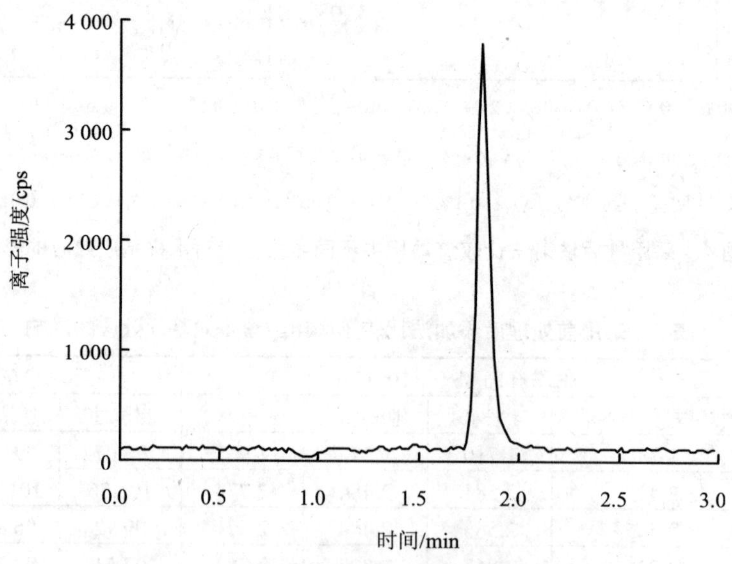

图 6　丙烯酰胺标准色谱图

2.5 方法精密度和准确度

将丙烯酰胺标准溶液加入纯水及实际水样中，添加后丙烯酰胺终浓度分别为0.40 μg/L、1.00 μg/L 和 4.00 μg/L，按实验操作考察丙烯酰胺在纯水与自来水、地表水和地下水等样品中的回收率和精密度，结果如表 3 所示。在纯水介质中，方法的加标回收率为 96.7%～100%，相对标准偏差为 1.9%～5.8%，准确度和精密度均能满足实验要求。该法用于自来水、地表水及地下水等水样测定的加标回收率为 96.8%～105%，相对标准偏差为 1.7%～6.4%，表明方法准确可靠。

表 3 LC-MS/MS 直接进样测定水中丙烯酰胺的准确度与精密度

水样类型	测定值/（μg/L）	加标量/（μg/L）	平行 6 次测定结果/（μg/L）						平均值/（μg/L）	平均回收率/%	RSD/%
纯水	ND	0.40	0.40	0.44	0.37	0.39	0.40	0.41	0.40	100	5.8
		1.00	1.03	0.99	0.92	0.97	1.03	1.00	0.99	99.0	4.2
		4.00	3.96	3.88	3.91	3.74	3.87	3.85	3.87	96.7	1.9
自来水	ND	0.40	0.38	0.42	0.38	0.43	0.38	0.43	0.40	101	6.4
		1.00	1.01	1.08	1.03	1.08	1.02	1.01	1.04	104	3.2
		4.00	3.95	3.72	3.93	3.87	3.85	3.91	3.87	96.8	2.1
地表水	ND	0.40	0.43	0.40	0.42	0.38	0.38	0.42	0.41	101	5.4
		1.00	0.96	1.03	0.96	1.01	1.01	1.02	1.00	99.8	3.1
		4.00	3.91	3.95	3.80	3.85	3.80	3.93	3.87	96.8	1.7
地下水	ND	0.40	0.44	0.44	0.42	0.44	0.42	0.37	0.42	105	6.4
		1.00	0.95	0.94	1.04	1.07	1.05	1.08	1.02	102	6.0
		4.00	4.20	4.12	4.08	4.08	4.24	4.08	4.13	103	1.7

注：ND 表示未检出。

3 结论

采用柱后注射法和前处理后添加法评定 LC-MS/MS 的基质效应，可以判断基质效应在色谱循环中出现的时间段并对基质效应进行定量分析，据此筛选出适合的流动相添加剂并优化色谱分离条件以提高目标物与基质的分离度，可为减小 LC-MS/MS 的基质效应提供解决方案。在优化后的色谱条件下，采用 LC-MS/MS 直接进样测定水样中的丙烯酰胺，方法灵敏度高、准确度高、精密度好、方便快捷，可满足对自来水、地表水及地下水等水样中痕量丙烯酰胺监测的要求。

参考文献

[1] IARC. Monographs on the evaluation of carcinogen risk to humans：some industrial chemicals[M]. 60th ed. Lyon：International Agency for Research on Cancer，1994：389-433.

[2] 杨丽莉，王美飞，胡恩宇，等. 水中丙烯酰胺气相色谱测定方法研究. 中国环境监测，2012，28（1）：46-49.

[3] 张丹，杨坪，谢振伟，等. 柱前衍生-EI 源串联四极杆气质联用测定地表水中的丙烯酰胺. 中国环境监测，2009，25（5）：20-24.

[4] 陈玲，陈皓. 固相萃取-高效液相色谱联用分析水中的痕量丙烯酰胺. 色谱，2003，21（5）：534-534.

[5] 张凌云，刘波，徐荣. 液相色谱-串联质谱法测定饮用水中的丙烯酰胺. 环境化学，2010，29（1）：152-153.

[6] 秦宏兵，顾海东. 超高效液相色谱-串联质谱法测定饮用水水源水中磺胺类抗生素.中国环境监测，2013，29（1）：98-102.

[7] PAGLIA G，D'APOLITO O，GAROFALO D，et al. Development and validation of a LC/MS/MS method for simultaneous quantification of oxcarbazepine and its main metabolites in human serum[J]. Journal of Chromatography B，2007，860（2）：153-159.

[8] VAN DE STEENE J C，MORTIER K A，LAMBERT W E. Tackling matrix effects during development of a liquid chromatographic-electrospray ionisation tandem mass spectrometric analysis of nine basic pharmaceuticals in aqueous environmental samples[J]. Journal of Chromatography A，2006，1123（2）：71-81.

[9] LI S J，JIA J Y，LIU G Y，et al. Improved and simplified LC–ESI-MS/MS method for homocysteine determination in human plasma：Application to the study of cardiovascular diseases[J]. Journal of Chromatography B，2008，870（1）：63-67.

[10] TAVERNIERS I，DE LOOSE M，VAN BOCKSTAELE E. Trends in quality in the analytical laboratory. II. Analytical method validation and quality assurance[J]. TrAC Trends in Analytical Chemistry，2004，23（8）：535-552.

[11] 刘景泰，李振国. 超高效液相色谱-质谱法测定地表水中丁基黄原酸. 中国环境监测，2012，28（5）：76-78.

[12] 茅海琼，杜宇峰，叶文波，等. 超高效液相色谱-串联质谱法快速测定地表水和饮用水中 6 种氨基甲酸酯类农药. 中国环境监测，2011，27（4）：54-56.

[13] 邓力，余轶松，孙静，等. 水中微囊藻毒素的超高效液相色谱-串联质谱法研究.中国环境监测，2011，27（增刊）：3-6.

[14] 孙真，周光宏，徐幸莲，等. 高效液相色谱法测定油炸鸡腿中丙烯酰胺的含量. 食品工业科技，2012，33（22）：67-70.

此文章刊登于《中国环境监测》2015 年

Quantification of Selected Monohydroxy Metabolites of Polycyclic Aromatic Hydrocarbons in Human Urine

Liu LiBin [1] Luo YuePing [1] Bi JunPing [1] Li HaiFang [2] Lin JinMing [2]
(1. Key Laboratory of Monitoring for Heavy Metal Pollutants, Hunan Province Environmental Monitoring Centre, Changsha 410019;
2. Department of Chemistry, Beijing Key Laboratory of Microanalytical Methods and Instrumentation, Tsinghua University, Beijing 100084)

An analytical method was developed to quantitatively determine selected monohydroxy metabolites of polycyclic aromatic hydrocarbons(PAHs)in human urine. The procedure included enzymatic hydrolysis to cleave the conjugated metabolites, solid-phase microextraction enrichment, and gas chromatography-mass spectrometry analysis. The method proved to be sensitive enough to detect the selected PAH metabolites in human urine.

Polycyclic aromatic hydrocarbons, metabolites, human urine, solid-phase microextraction, GC/MS

Polycyclic aromatic hydrocarbons (PAHs) are well known environmental pollutants, and many of them are carcinogenic or cocarcino-genic compounds. PAHs are ubiquitous in the environment, and they are formed during the incomplete combustion of organic material. Humans are mainly exposed to PAHs through occupational exposure, passive and active smoking, ingesting food and water containing PAHs, and inhaling polluted air [1]. Depending on the source of exposure, the uptake of PAHs occurs through inhalation, dermal absorption, or ingestion [2,3].

A useful and direct method for assessing the exposure to and uptake of PAHs by humans is to measure PAH metabolites in urine [4–6]. Methods have been developed to directly measure the concentrations of specific PAH metabolites in urine. Concentrations of PAH metabolites in urine give a more accurate estimate of the amounts of the parent PAHs that have been taken up by an individual than concentrations of parent PAHs in ambient air give. This is because the PAH metabolite concentrations in urine allow the total internal PAH doses from exposure to PAHs through the inhalation, ingestion, and other routes to be estimated [7]. It is often difficult to determine PAH metabolites because they are present at trace concentrations and are difficult to separate. A number of analytical methods, including high-performance liquid chromatography (HPLC) [8–15], liquid chromatography-mass spectrometry [16], liquid chromatography-tandem mass spectrometry [17–20], and gas chromatography-mass spectrometry (GC/MS) [21], have been used to determine PAH metabolites in urine samples to allow the metabolites to be used as biomarkers for PAH exposure and allow the potential effects of PAHs on human health to be investigated. Most methods for analyzing PAH metabolites in urine are similar to the method that was published by Jongeneelen et al. in 1987 [22]. Studies of PAH metabolites that were performed using HPLC and GC/MS have been summarized by Jongeneelen.

Although HPLC and liquid chromatography-mass spectrometry methods have been widely used to analyze PAH metabolites, there is some interest in using GC/MS to determine PAH metabolites. Analytes are generally separated more effectively using GC than using LC, but the sample preparation techniques that have been used in published GC methods are time consuming and require considerable amounts of solvents and other materials [23,24]. Moreover, the separation of PAH metabolites using GC always requires the metabolites to be derivatized before analysis [25–27]. The aim of the work was to develop a simple method for determining selected monohydroxy metabolites of PAHs in human urine without the need to derivatize the metabolites.

1 Experimental

1.1 Chemicals and solvents

Seven target PAH metabolites, 1-hydroxypyrene, 2-hydroxyfluorene, 3-hydroxy-fluorene, 9-hydroxyfluorene, 9-phenanthrol, 1-naphthol, and 2-naphthol, were obtained from Sigma-Aldrich (St Louis, MO, USA). Acetonitrile (chromatographic grade) was obtained from Tedia (Fairfield, OH, USA). A stock standard solution of each PAH metabolite (at a concentration of 1000 mg/L) was prepared in acetonitrile.

β-Glucuronidase/arylsulfatase (type HP-2, from *Helix pomatia*) was purchased from Sigma-Aldrich.

Sodium acetate (analytical grade) was obtained from Beijing Chemical Factory (Beijing, China). Pure (HPLC grade) water was obtained by purifying deionized water using a Milli-Q system (EMD Millipore, Billerica, MA, USA) fitted with a 0.22 μm glass fiber filter.

1.2 Urine sample collection

Male and female chemistry research students (22～32 years old) from Beijing lab provided urine samples. The students were informed of the objectives of the study. The students were divided into two groups, one containing the students (performing complex sample pretreatment and chromatographic analysis on PAHs and so on) that were likely to have been affected by sources of pollution and the other containing the students (performing cell analysis) that did not live near to sources of pollution. The urine specimens were collected just before and just after the traditional Chinese Spring Festival holiday. The samples were collected at 10 a.m., after the volunteers had eaten breakfast, and they were kept at −20℃ until they were analyzed.

1.3 Sample pretreatment

A schematic of the sample pretreatment procedure is shown in Figure 1. A 3 ml aliquot of a urine sample was added to 5 μl of β-glucuronidase/arylsulfatase and 5 ml of 0.1 M sodium acetate buffer (pH 4.97). A magnetic stirring bar that had been carefully cleaned was placed in the sample vial, and the vial was sealed with a crimped cap with a PTFE/silicon septum. The buffered sample was then enzymatically hydrolyzed at 37 °C for about 2 h and stored at -20 °C until it was analyzed.

A fiber coated with an 85 μm thick polyacrylate layer (Shanghai ANPEL Scientific Instrument Co., Shanghai, China) was used for the SPME procedure. The SPME fiber was desorbed for 3 min at 270℃ before each use in an offline GC injector inlet. The SPME procedure was performed by immersing the fiber into the liquid sample (kept at 35℃) for 45 min while the sample was magnetically stirred. The sample was either urine or urine spiked with a standard solution. The fiber was then analyzed by transferring it to the hot GC injection port and allowing the chemicals it had sorbed to desorb for 3 min.

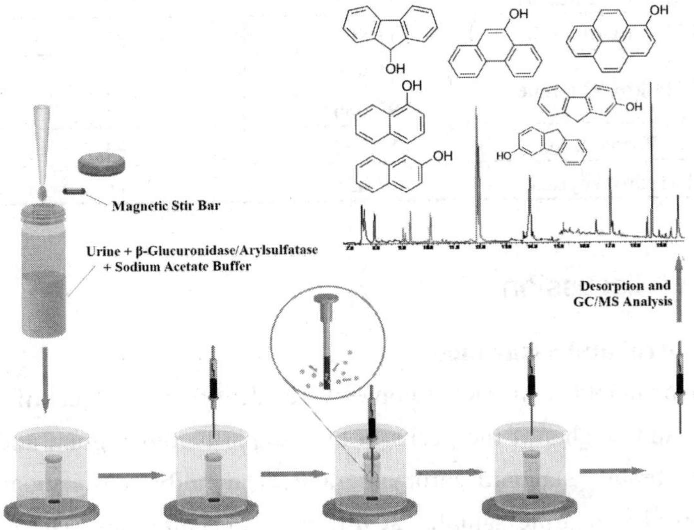

Figure 1 Schematic of the sample pretreatment procedure

Urine was added to β- glucuronidase/arylsulfatase and sodium acetate buffer. The buffered sample was then enzymatically hydrolyzed at 37℃ for about 2 h. Solid phase microextraction (SPME) was then performed by immersing an SPME fiber (coated with a 85 μm thick polyacrylate layer) into the liquid sample (kept at 35℃) for 45 min while the sample was magnetically stirred. The SPME fiber was then analyzed by transferring it to a hot gas chromatograph injection port and allowing the chemicals it had sorbed to desorb for 3 min.

1.4 Optimized GC/MS conditions

The PAH metabolites were determined using a GC/MS QP2010 instrument (Shimadzu, Kyoto, Japan). Separation was achieved using an RTX-5MS fused silica capillary column (30 m long, 0.25 mm i.d., 0.25 μm film thickness; Restek, Bellefonte, PA, USA). The carrier gas was helium. The initial GC oven temperature was 100℃, which was held for 2 min; this then increased to 160℃ (at a rate of 15℃/min) followed by an increase to 295℃ (rate 10℃/min). This final temperature of 295℃ was held for 0.5 min. The split/splitless GC injector was kept at 270℃. The mass spectrometer was operated in electron impact ionization mode, and the ionization energy was 70 eV. The ion source temperature was 250 °C，and the GC–MS interface was kept at 280 °C. The analyses were performed in selected ion monitoring mode. The typical retention times that were found and the m/z ratios of the quantification and confirmation ions for the PAH metabolites are shown in Table 1.

Table 1 Typical retention times that were found and the m/z ratios of the quantification and confirmation ions for the polycyclic aromatic hydrocarbon metabolites

Component		Retention time/min	Quantification ion（*m/z*）	Confirmation ions（*m/z*）
1	1-Naphthol	7.463	144	115，116
2	2-Naphthol	7.565	144	115，116
3	9-Hydroxyfluorene	10.098	182	181，152
4	3-Hydroxyfluorene	11.892	182	181，152
5	2-Hydroxyfluorene	11.966 92.056	182	181，152
6	9-Phenanthrol	13.927	194	165，166
7	1-Hydroxypyrene	17.025	218	189，94

2 Results and discussion

2.1 Quality control and assurance

The PAH metabolites in each sample were identified and quantified by comparing the retention times and heights of the peaks in the sample chromatogram and the PAH metabolite peaks in the calibration standard chromatograms. The calibration standards were seven target metabolites spiked into urine samples at different concentrations. The calibration curves had correlation coefficients of 0.991 9～0.999 8.

The recoveries of PAH metabolites spiked into urine were determined. Three spiked samples were prepared and unspiked samples were also analyzed. The mean concentration in the unspiked samples was subtracted from the mean concentration in the spiked recovery samples, and the recoveries of the target PAH metabolites were 85%～118%.

The limits of detection were defined as the PAH metabolite standard concentration that gave a signal-to-noise ratio≥3 in selected ion monitoring mode. The limits of detection for the seven PAH metabolites were between 0.03 and 0.16 ng/ml.

2.2 Analysis of PAH metabolites in urine

Totalion chromatograms of a spikedurine sample（with a 1 ng/ml PAH metabolite standard added）and the unspiked urine sample are shown in Figure 2. The pretreatment procedure and the GC/MS conditions needed to be optimized as carefully as possible to allow the PAH metabolites to be well separated and have good peak shapes. The PAH metabolite concentrations found in ten different urine specimens provided by research students are shown in Table 2.

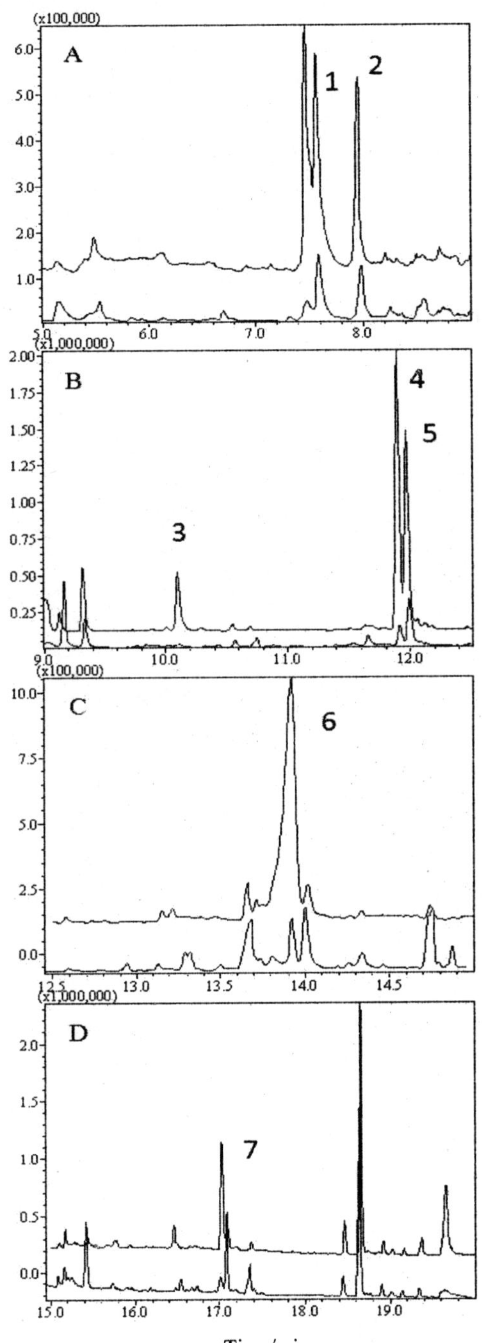

Figure 2 Total ion chromatograms of a spiked urine sample

(with a 1 ng/ml polycyclic aromatic hydrocarbon (PAH) metabolite standard added) (upper chromatogram) and the unspiked urine sample (lower chromatogram). The four sections of the chromatogram (labeled A, B, C, and D) are provided so that all of the PAH metabolites are shown. Peak 1 is 1-naphthol, peak 2 is 2-naphthol, peak 3 is 9-hydroxyfluorene, peak 4 is 3-hydroxyfluorene, peak 5 is 2-hydroxyfluorene, peak 6 is 9-phenanthrol, and peak 7 is 1-hydroxypyrene

Table 2 Polycyclic aromatic hydrocarbon metabolite concentrations in the urine specimens that were analyzed

Target metabolite	Urine specimen									
	No. 1		No. 2		No. 3		No. 4		No. 5	
	before[a]	after[b]	before[a]	after[b]	before[a]	after[b]	before[a]	after[b]	before[a]	after[b]
1-Naphthol	ND[c]	ND[c]	ND[c]	ND[c]	0.11	0.06	ND[c]	ND[c]	0.1	ND[c]
2-Naphthol	0.32	ND[c]	ND[c]	0.05	0.28	0.21	0.07	0.31	0.46	0.42
9-Hydroxyfluorene	ND[c]	ND[c]	ND[c]	ND[c]	0.43	0.95	0.26	ND[c]	ND[c]	0.34
3-Hydroxyfluorene	0.09	ND[c]	ND[c]	ND[c]	0.09	0.08	0.04	0.06	0.07	ND[c]
2-Hydroxyfluorene	0.36	0.11	ND[c]	ND[c]	0.47	0.46	0.09	0.26	0.21	0.22
9-Phenanthrol	0.29	0.22	ND[c]	0.25	0.55	0.51	ND[c]	0.31	0.4	0.31
1-Hydroxypyrene	0.2	ND[c]	ND[c]	ND[c]	0.19	0.15	ND[c]	0.14	0.23	0.57
Target metabolite	Urine specimen									
	No. 6		No. 7		No. 8		No. 9		No. 10	
	before[a]	after[b]	before[a]	after[b]	before[a]	after[b]	before[a]	after[b]	before[a]	after[b]
1-Naphthol	0.1	ND[c]	0.06	ND[c]	ND[c]	ND[c]	ND[c]	ND[c]	ND[c]	0.61
2-Naphthol	0.43	0.07	0.09	0.05	0.22	0.06	0.28	0.12	ND[c]	4.23
9-Hydroxyfluorene	ND[c]	ND[c]	ND[c]	ND[c]	0.28	ND[c]	1.39	ND[c]	ND[c]	0.12
3-Hydroxyfluorene	0.09	ND[c]	ND[c]	ND[c]	ND[c]	ND[c]	0.12	0.05	0.05	0.44
2-Hydroxyfluorene	0.36	ND[c]	0.18	0.14	0.38	0.08	0.71	0.31	0.15	0.81
9-Phenanthrol	0.65	0.2	0.28	0.25	0.18	ND[c]	0.6	0.26	0.34	3.05
1-Hydroxypyrene	0.15	ND[c]	ND[c]	ND[c]	ND[c]	ND[c]	0.15	ND[c]	0.8	1.65

a: before = sample collected before the Spring Festival.

b: after = sample collected after the Spring Festival.

c: ND = not detected.

The data shown in Table 2 are summarized as histograms in Figures 3 and 4. The total PAH metabolite concentrations in the urine samples from three volunteers before and after the Spring Festival are shown in Figures 3. Different concentrations were found in the samples from the three volunteers, but the concentrations were higher in the sample taken before the Spring Festival than in the sample taken after the Spring Festival for all three of the volunteers. This was possibly because Beijing is more seriously polluted than are other cities, and the three students left Beijing to other cities (which air quality index values are lower than Beijing e.g. Taizhou in Jiangsu Province, Qingdao in Shandong Province) for the Spring Festival. The total PAH metabolite concentrations found in the samples provided by the volunteers are shown in Figure 4 with the volunteers divided into two groups, those that were most likely to be affected by sources of pollution and those that lived far from sources of pollution(each column represents the concentration found in one urine specimen). Three of the volunteers were included in the first group (likely to be affected by sources of pollution who performing complex sample pretreatment and chromatographic analysis on PAHs and so on) and four volunteers were in the second group(those living far from sources of pollution, and performing cell analysis). The PAH metabolite concentrations were higher in the samples from all of the volunteers in the first group than in the samples from all of the volunteers in the second group, and the mean PAH metabolite concentrations in the samples from the two groups were very different. One volunteer in the second group was a special case. The PAH metabolite concentrations were lower in the urine samples provided by this volunteer than in the samples provided by any of the other volunteers. This was because this volunteer routinely wore a gas mask to decrease the amounts of pollutants inhaled. We concluded that it is likely to be beneficial to the health of an individual if he or she takes measures to protect against the inhalation of pollutants and spends as much time as possible far away from sources of pollution.

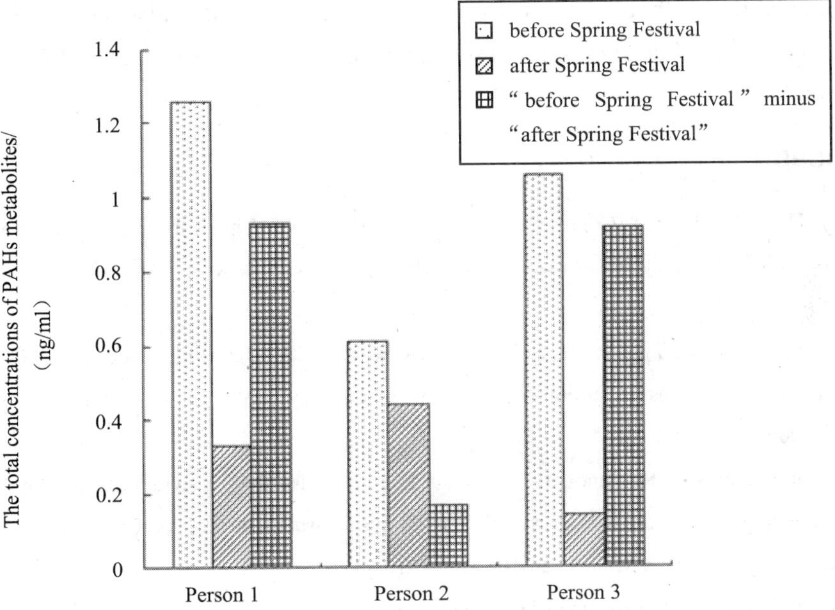

Figure 3 Total polycyclic aromatic hydrocarbon (PAH) metabolite concentrations in urine samples provided before and after the Spring Festival by three volunteers

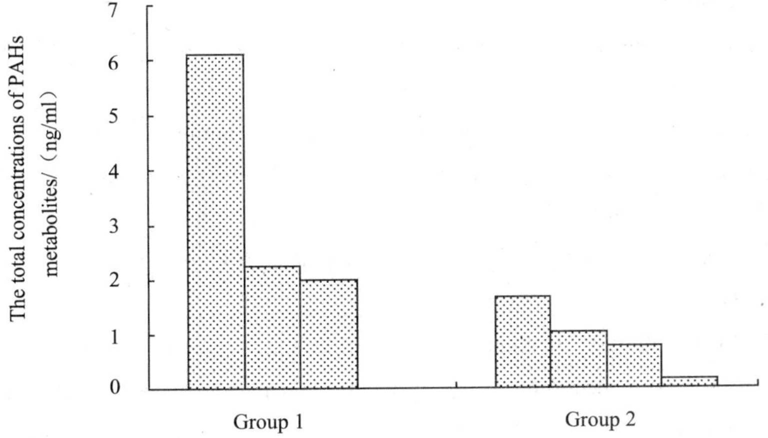

Figure 4 Total polycyclic aromatic hydrocarbon (PAH) metabolite concentrations in the two groups of volunteers. The volunteers in group 1 were likely to be exposed to sources of pollution and the volunteers in group 2 lived far from sources of pollution

3 Conclusions

Measuring PAH metabolites in human urine is the preferred way of determining the recent exposure of an individual to PAHs, especially when multiple exposure routes have to be taken into account. The method presented here, which did not include a derivatization step, allowed hydroxylated PAH metabolites to be selectively enriched from a complex matrix before being analyzed. The limits of detection were sufficient for the PAH metabolites present in human urine to be quantified. The uncomplicated sample handling procedure and the robustness of the method allowed the method to be used for the reliable and rapid analysis of PAH metabolites in human urine. The method may allow other metabolites to be identified in human urine in the future.

References

[1] Liu Y, Hashi Y, Lin JM. Continuous-flow microextraction and gas chromatograp-hicmass spectrometric determi nation ofpoly-cyclic aromatic hydrocarbon compounds in water. Anal Chim Acta, 2007, 585, 294-299.

[2] Li K, Li HF, Maeda T, Lin JM. Solid-phase extraction with C30-bonded silica for analysis of polycyclic aromatic hydrocar-bons in airborne particulate matters by gas chromatography - mass spectrometry. JChromatogr A, 2007, 1154, 74-80.

[3] Li Z, Mulholland JA, Romanoff LC, Pittman EN, Trinidad DA, Lewin MD, Sjödin A. Assessment of non-occupational exposure to polycyclic aromatic hydrocarbons through personal air sampling and urinary biomonitoring. J Environ Monit, 2010, 12: 1110-1118.

[4] Strickland PT, Kang D, Bowman ED, Fitzwilliam A, Downing TE, Rothman N, Groopman JD, Weston A. Identification of 1-hydroxypyrene glucuronide as a major pyrene metabolite in human urine by synchronous fluorescence spectroscopy and gas chromatography-mass spectrometry. Carcinogenesis, 1994, 15: 483-487.

[5] Zhu L, Xu H. Magnetic graphene oxide as adsorbent for the determination of polycyclic aromatic hydrocarbon metabolites in human urine. J Sep Sci, 2014, 37: 2591-2598.

[6] Jacob P, Wilson M, Benowitz N. Determination of phenolic metabolites of polycyclic aromatic hydrocarbons in human urine as their pentafluorobenzyl ether derivatives using liquid chromato graphy-tandem mass spectrometry. Anal Chem, 2007, 79: 587-598.

[7] Jacob J, Seidel A. Biomonitoring of polycyclic aromatic hydrocarbons in human urine. J Chromatogr B, 2002, 778: 31-47.

[8] Hollender J, Koch B, Dott W. Biomonitoring of environmental polycyclic aromatic hydrocarbon exposure by simult aneousmeasurement of urinary phenanthrene, pyrene and benzo[a]pyrene hydroxides. J Chromatogr B, 2000, 739: 225-229.

[9] Kim H, Cho SH, Kang JW, Kim YD, Nan HM, Lee CH, Lee H, Kawamoto T. Urinary 1-hydroxy pyrene and 2-naphthol concentrations in male Koreans. Int Arch Occup Environ Health, 2001, 74: 59-62.

[10] Kuusimaki L, Peltonen Y, Mutanen P, Peltonen K, Savela K. Urinary hydroxy-metabolites of

naphthalene，phenanthrene and pyrene as markers of exposure to diesel exhaust. Int Arch Occup Environ Health，2004，77：23-30.

[11] Schedl M，Wilharm G，Achatz S，Kettrup A，Niessner R，Knopp D. Monitoring polycyclic aromatic hydrocarbon metabolites in human urine：extraction and purification with a sol-gel glass immunosorbent. Anal Chem，2001，73：5669-5676.

[12] Li H，Krieger RI，Li QX. Improved HPLC method for analysis of 1-hydroxy pyrene in human urine specimens of cigarette smokers. Sci Total Environ，2000，257：147-153.

[13] Toriba A，Chetiyanukornkul T，Kizu R，Hayakawa K. Quantification of 2-hydroxy fluorene in human urine by column-switching high performance liquid chromatography with fluorescence detection. Analyst，2003，128：605-610.

[14] Li YP，Li X，Zhou Z. A novel facile method using polyetheretherketone as a solid phase extraction material for fast quantification of urinary monohydroxylated metabolites of polycyclic aromatic hydrocar-bons. RSC Adv，2014，4：39192-39196.

[15] Barbeau D，Maître A，Marques M. Highly sensitive routine method for urinary 3-hydroxybenzo[a]pyrene quantitation using liquid chromatography-fluorescence detection and automated off-line solid phase extraction. Analyst，2011，136：1183-1191.

[16] Ferrari S，Mandel F，Berset JD. Quantitative determination of 1 -hydroxypyrene in bovine urine samples using high-performance liquid chromatography with fluorescence and mass spectrometric detection. Chemosphere，2002，47：173-182.

[17] Li YH，Li AC，Shi HH，Zhou SL，Shou WZ，Jiang XY，Weng ND，Lauterbach JH. The use of chemical derivatization to enhance liquid chromatography/tandem mass spectrometric determination of 1-hydroxy pyrene，a biomarker for polycyclic aromatic hydrocarbons in human urine. Rapid Comm Mass Sp，2005，19：3331-3338.

[18] Li X，Zenobi R. Use of polyetheretherketone as a material for solid phase extraction of hydroxylated metabolites of polycyclic aromatic hydrocarbons in human urine. Anal Chem，2013，85：3526-3531.

[19] Li X，Fang XW，Yu ZQ，Sheng GY，Wu MH，Fu JM，Chen HW. Direct analysis of urinary 1-hydroxypyrene using extractive electrospray ionization ion trap tandem mass spectrometry. Anal Methods，2013，5：2816-2821.

[20] Yao L，Yang J，Liu BZ，Zheng SJ，Wang WM，Zhu XL，Qian XB. Development of a sensitive method for the quantification of urinary 3-hydroxybenzo[a]pyrene by solid phase extraction，dansyl chloride derivatization and liquid chromato graphytandem mass spectrometry detection. Anal Methods，2014，6：6488-6493.

[21] Grimmer G，Jacob J，Dettbarn G，Naujack KW. Determination of urinary metabolites of polycyclic aromatic hydrocarbons（PAH）for the risk assessment of PAH-exposed workers. Int Arch Occup Environ Health，1997，69：231-239.

[22] Jongeneelen FJ，Anzion RB，Henderson PT. Determination of hydroxylated metabolites of polycyclic aromatic hydrocarbons in urine. J Chromatogr，1987，413：227-232.

[23] Grimmer G，Jacob J，Dettbarn G，Naujack KW，Heinrich U. Urinary metabolite profile of PAH as a potential mirror of the genetic disposition for cancer. Exp Toxic Pathol，1995，47：421-427.

[24] Yang WJ，Wang YW，Zhou QF，Tang HR. Analysis of human urine metabolites using SPE and NMR spectroscopy. Sci China Chem，2008，51：218-225.

[25] Smith CJ，Walcott CJ，Huang WL，Maggio V，Grainger J，Patterson DG. Determination of selected monohydroxy metabolites of 2-，3- and 4-ring polycyclic aromatic hydrocarbons in urine by solid-phase microextraction and isotope dilution gas chromatography - mass spectrometry. J Chromatogr B，2002，778：157-164.

[26] Gmeiner G，Krassnig C，Schmid E，Tausch H. Fast screening method for the profile analysis of polycyclic aromatic hydrocarbon metabolites in urine using derivatisation - solid-phase microextraction. J Chromatogr B，1998，705：132-138.

[27] Gmeiner G，Gartner P，Krassnig C，Tausch H. Identification of various urinary metabolites of fluorene using derivatization solid-phase microextraction. J Chromatogr B，2002，766：209-218.

文章被 Science China Chemistry 2015 年接收录用

微波萃取—高效液相色谱法测定空气中苯并[*a*]芘的优化条件探索

王钊　李山红　陈任翔　徐晓宇　刘可
（湘潭市环境保护监测站，湘潭 411104）

摘　要：建立了采用微波萃取前处理，结合配置荧光检测器的高效液相色谱测定空气颗粒物中苯并[*a*]芘的方法。采样后的滤膜被等分为两份，一份用超声萃取处理，将实验结果做为基准。另一份用不同的方法处理。实验采用 SUPELO^{TM} LC-PAH 专用色谱柱（250 mm×4.6 mm，5 μm）分离苯并[*a*]芘，探索了合适的梯度洗脱程序，并选择 427 nm 和 364 nm 作为荧光检测器的发射波长和激发波长，在此波长下目标物有良好的响应值。用优化后的色谱条件检测并比较了水浴加热萃取、超声萃取及微波萃取等不同处理方法对空气样品颗粒物中苯并[*a*]芘萃取效率的大小。籍对萃取剂种类、萃取剂体积、萃取时间及微波的条件等的探讨，筛选出最优化的萃取条件，进一步提高了苯并[*a*]芘的提取效率。结果表明，当选用 20 ml 丙酮/正己烷（1∶1）做为萃取剂，将样品微波萃取 20 min，能取得满意的萃取效果。在此实验条件下，微波萃取效率可比超声萃取效率高 20%以上。该方法简便、快速、安全、检出限低、且灵敏度和选择性高，检出限可达 $5×10^{-3}$ ng/Nm^3，加标回收率在 87.5%～102.2%范围内。可用于空气颗粒物中微量及痕量苯并[*a*]芘的检测。

关键词：微波萃取；苯并[*a*]芘；高效液相色谱；空气

Determination of benzo[*a*]pyrene in air by MAE-HPLC

Wang Zhao　Li Shanhong　Chen Renxiang　Xu Xiaoyu　Liu Ke
（Xiangtan Environmental Protection Monitoring Station，Xiangtan 411104）

Abstract: A method of microwave extraction combined with high performance liquid chromatography（MAE-HPLC）which installed fluorescence detector was developed to detect benzo[*a*]pyrene（BaP）in air particulate matter. Sampling filter membrane was divided into two parts. One was treated with ultrasonic extraction，results as a benchmark，the other treated with different way. SUPELO^{TM} LC-PAH column（250 mm×4.6 mm，5 μm，were designed specifically for analyses of polycyclic aromatic hydrocarbons）was used and an appropriate elution program was explored for separating BaP. 427 nm and 364 nm were selected to be the fluorescence excitation and emission wavelength，which bringing obvious responsive value of target compound. Under the optimization of chromatographic conditions，the extraction efficiency of water bath heating extraction，ultrasonic extraction and microwave extraction was detected and discussed. By researching the types and volumes of extraction solvent，time of extraction，condition of microwave，to find the optimal condition and improve the extraction efficiency of BaP. The results showed satisfactory extraction efficiencies could be obtained after the samples treated with microwave extraction in 20 ml acetone/n-hexane（1∶1）for 20 min. Under the conditions，the extraction efficiency of microwave was 20% more than ultrasonic. This method was simple, fast, safety, with low detection limit, high sensitivity and selectivity. The detection limit of BaP was 5×10^{-3} ng/Nm^3 and the recoveries of standard addition were 87.5%～102.2%. It is a reliable method for the detection of trace amounts of BaP in air particulate matter.

Key words: Microwave extraction; benzo[*a*]pyrene; High performance liquid chromatography; air

苯并[*a*]芘（BaP）是多环芳烃的一种，对人体有强致畸和强致癌作用，属于环境持久性有机污染物[1-2]。BaP 是空气中最常检测的多环芳烃，常被当作多环芳烃含量水平的重要指标[3-4]。它存在于煤焦油、各类炭黑和煤、石油等燃烧产生的烟气、香烟烟雾、汽车尾气中，以及焦化、炼油、沥青、塑料等工业生产的污水中。肉和鱼中的 BaP 含量取决于烹调方法，水果、蔬菜和粮食中的 BaP 含量取决于其来源[5]。空气中的 BaP 主要被吸附在颗粒物表面，尤其是在小于 5 μm 的颗粒上，可以进入肺的深部，导致肺癌[6-7]。这些颗粒可以在空气中悬浮几天到几周，从而形成远距离转移。

目前分离和测定 BaP 的主要方法有荧光分析法[8-9]、气相色谱-质谱法[10-11]、高效液相色谱法[12-14]等，而空气颗粒物中 BaP 的提取方法主要有索氏提取法、超声提取法和快速溶剂萃取法（ASE）等[15]。索氏提取法耗时长，溶剂消耗量大。超声提取法安全性不及微波萃取且提取效率较低。ASE 虽然操作方便且效率较高，但价格昂贵，难以普及。BaP 多个芳香环的特殊结构使其在荧光检测器中有比其他检测器更高的灵敏度和更低的检出限。在本文中，将高效液相色谱与荧光检测器联用，把微波萃取技术用于环境空气颗粒物中苯并[*a*]芘的前处理提取。通过一系列实验的比较，特别是对荧光波长、萃取剂和微波条件的选择，使微波萃取空气颗粒物中 BaP 的效率更高，方法检出限更低。

1 实验部分

1.1 主要仪器与试剂

仪器：日本岛津 Class-VP 高效液相色谱分析系统（配 RF-10AXL 荧光检测器，CTO-10AS VP 柱温箱，LC-20AT 二元梯度泵，SPD-M 20A 二极管阵列检测器，SCL-10A VP 控制系统）；氮吹仪（N-EVAP-12），美国 Organomation 公司；超声清洗仪（SK3200 LH），上海科导超声仪器有限公司；微波消解仪（ETHOS D），意大利 MILESTONE 公司。大气采样器（2031 型），青岛崂山应用技术研究所。

试剂和材料：苯并[*a*]芘标准品（4.12 μg/ml，溶于甲醇）购自国家环保总局；乙腈（色谱纯），美国 Tedia 公司；二氯甲烷（色谱纯），美国 Tedia 公司；正己烷（色谱纯），德国 MERCK 公司；丙酮（色谱纯），德国 MERCK 公司；佛罗里硅土萃取小柱（1.0 g，6 ml），美国安捷伦公司；针孔式尼龙滤膜（0.45 μm），天津津腾实验设备有限公司；超细玻璃纤维滤膜（直径约 8.8 cm，过滤效率≥99.99%），天津东方长泰环保技术有限公司。

1.2 色谱条件

分离柱为美国 SUPELO^{TM} LC-PAH 柱（250 mm×4.6 mm，5 μm）；柱温 40℃；进样量 20 μl；流动相组成：泵 A（5%乙腈/水），泵 B（乙腈）；总流速：0.8 ml/min。荧光检测器的发射波长（λ_{Em}）和激发波长（λ_{Ex}）分别为 427 nm 和 364 nm。苯并[*a*]芘的梯度洗脱程

序见表 1。

表 1 BaP 的梯度洗脱程序

时间/min	溶液组成
0	60%乙腈/40%水
20	100%乙腈
30	100%乙腈
35	60%乙腈/40%水

1.3 标准溶液的配制

用乙腈将苯并[*a*]芘（4.12 μg/ml）稀释成 412 μg/L 中间液，再逐级稀释成所需要的浓度。

1.4 样品采集

所有样品均采用大流量的采样器在同一采样点连续采集，采样流速（约 1.12 m^3/min）和时间相同（24 h），采样条件相近（接近标况）。所采样品的苯并[*a*]芘含量经检测都在同一数量级。所有采样用的超细玻璃纤维滤膜（以下简称滤膜）均在采样前于 350℃马弗炉烘 3 h。

1.5 样品的预处理

先将采样滤膜边缘无尘部分剪去，然后将每张滤膜等分成两份，分别标注为膜 A 和膜 B。膜 A 用超声萃取，膜 B 用微波萃取或水浴加热萃取。

超声萃取步骤：将滤膜剪碎至直径不超过 3 mm 大小并放入 50 ml 试管，准确加入 20 ml 丙酮/正己烷（1∶1），轻轻振摇使滤膜没入溶剂液面以下，超声提取 20 min（超声频率为 59 千赫兹，能量为 100%）。将提取液冷却至室温然后过 0.45 μm 尼龙针孔式滤膜，并用 10 ml 丙酮/正己烷（1∶1）分两次洗涤试管，将洗涤液一并过 0.45 μm 滤膜，氮吹至近干，加入 2 ml 乙腈，再氮吹至近干。最后加入 2 ml 乙腈氮吹并定容至 1.0 ml，上机分析。

微波萃取步骤：将滤膜剪碎至直径不超过 3 mm 大小并放入萃取罐，准确加入 20 ml 丙酮/正己烷（1∶1），轻轻振摇使滤膜没入溶剂液面以下，微波提取 20 min（功率为 500W，温度为 70℃），将提取液冷却至室温并过 0.45 μm 尼龙针孔式滤膜，并用 10 ml 丙酮/正己烷（1∶1）分两次洗涤萃取罐，将洗涤液一并过 0.45 μm 尼龙滤膜，氮吹至近干，加入 2 ml 乙腈，再氮吹至近干。最后加入 2 ml 乙腈氮吹并定容至 1.0 ml，上机分析。

水浴加热萃取步骤：将滤膜剪碎至直径不超过 3 mm 大小并放入 50 ml 试管，准确加入 20 ml 丙酮/正己烷（1∶1），轻轻振摇使滤膜没入溶剂液面以下。40℃水浴提取 20 min，将冷却至室温的提取液过 0.45 μm 尼龙针孔式滤膜，并用 10 ml 丙酮/正己烷（1∶1）分两次洗涤试管，将洗涤液一并过 0.45 μm 尼龙滤膜，氮吹至近干，加入 2 ml 乙腈，再氮吹至近干。最后加入 2 ml 乙腈氮吹并定容至 1.0 ml，上机分析。

2 结果与讨论

为比较不同方法对苯并[*a*]芘的提取效率，我们将提取效率定义为

$$P = \frac{C_B}{C_A} \times 100\%$$

式中，P —— 提取效率；

C_A —— 膜 A 经“1.5”超声萃取后的测定的浓度值；

C_B —— 膜 B 经“1.5”微波萃取或水浴加热萃取后测定的浓度值。

为减小实验的偶然性误差，每个实验用不同的样品重复 3 次。

2.1 色谱分析

在实际样品测定中，样品中可能有少量杂质难以净化完全。此外，BaP 是由 5 个苯环稠合在一起的化合物[16]，极性相对较弱，空气中有一些组分的结构和性质与 BaP 相近，因此选择合适的色谱条件（如色谱柱条件、梯度洗脱程序及荧光检测器激发波长和发射波长）是分离检测 BaP，提高灵敏度和分离度的前提。通过比较试验，本方法最终选择了美国 SUPELO™ LC-PAH 专用色谱柱（250 mm×4.6 mm，5 μm），这种色谱柱专门设计用于美国环保局 610 号方法中列出的重要污染物 PAH（多环芳烃）的分析，柱填料为表面键合 C18 烷基的硅胶。实验结果表明，采用该色谱柱，在“1.2”的洗脱程序下能够有效分离 BaP 与其他干扰成分，分析时间短。

空气中大部分多环芳烃都对荧光有吸收，因此要选择合适的荧光激发波长和发射波长才能保证对 BaP 较高的响应值，同时使其他干扰物质的影响降到最小。本实验依据不同物质对不同荧光检测波长的响应值不同，对检测波长程序进行了多次试验、反复比较和综合考虑，优化筛选出最适宜的检测波长，如“1.2”所示。实验证明，运用该波长程序，对于 BaP 的测定，灵敏度高，检出限低。用于测定空气中的 BaP，可以达到 ng/m^3 级。

在优化后的色谱条件下分析 BaP 标准溶液和实际空气样品，结果如图 1 和图 2 所示。可以看出使用 SUPELO™ LC-PAH 专用色谱柱（250 mm×4.6 mm，5 μm），在实验采用的色谱条件下 BaP 有良好的峰形和响应值，且分离度好，保留时间稳定。

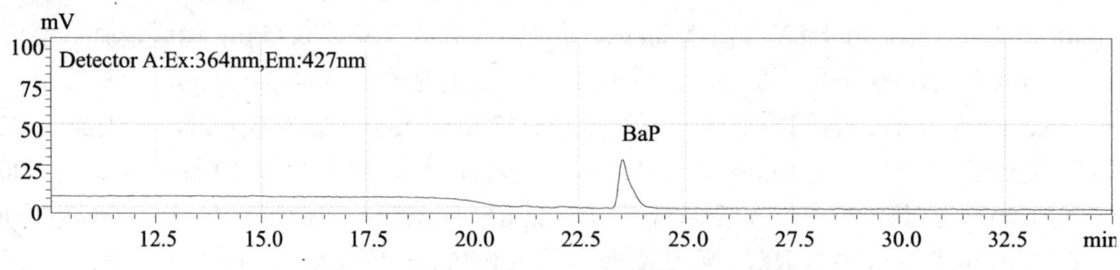

图 1　BaP 标准色谱图

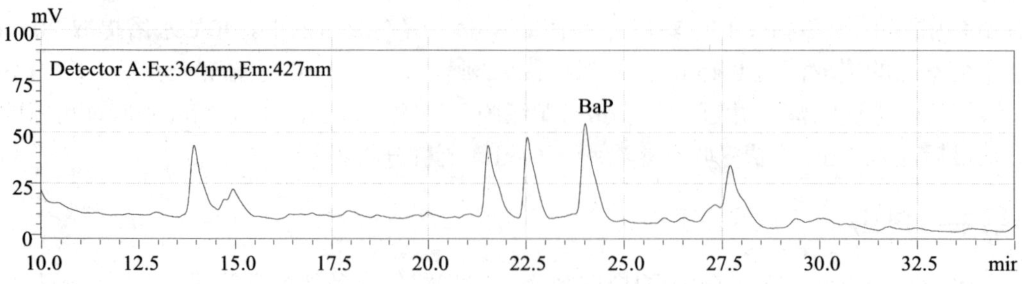

图 2　实际空气样品色谱图

2.2 不同萃取方法对萃取的影响

分别用水浴加热萃取（40℃）、超声萃取和微波萃取来提取采样膜中的 BaP，实验结果如表 2 所示。从表 2 可以看出，同样用 20 ml 丙酮/正己烷（1∶1）来萃取 BaP，微波萃取的效率最高。与其他方法相比，微波萃取是从体系内部选择性加热，加热更均衡更快速，因此萃取效率也更高[17]。

表 2 不同萃取方法对萃取的影响

项目	水浴加热萃取			超声萃取			微波萃取		
C_A/（μg/L）	13.8	25.3	22.2	31.1	17.9	16.0	18.8	25.9	19.6
C_B/（μg/L）	11.4	21.9	18.6	31.1	17.9	16.0	21.8	32.4	23.1
P/%	82.6	86.6	83.8	100.0	100.0	100.0	116.0	125.1	117.9

2.3 不同溶剂种类对萃取的影响

实验分别比较了乙腈、丙酮、二氯甲烷、正己烷、丙酮/正己烷（1∶1）等几种溶剂对萃取结果的影响，从表 3 可以看出，采用丙酮/正己烷（1∶1）混合溶剂萃取时，效果最好。原因可能是由于 BaP 属于弱极性物质，根据相似相溶原理，在上述几种溶剂中，BaP 最易溶解在正己烷中。但因为微波萃取只对极性分子进行选择性加热，因此单纯使用正己烷溶剂萃取时效率并不高。然而如果在正己烷中混入一定比例的丙酮就有利于溶剂的快速升温，从而提高了萃取效率。

表 3 不同溶剂种类对萃取的影响

项目	乙腈			丙酮			二氯甲烷			正己烷			丙酮/正己烷（1∶1）		
C_A/（μg/L）	22.0	35.3	34.4	19.9	37.9	30.8	20.9	25.5	32.6	38.7	32.2	21.0	18.8	25.9	19.6
C_B/（μg/L）	19.0	29.8	30.7	18.2	34.5	28.7	17.9	20.4	25.4	17.7	16.9	11.2	21.8	32.4	23.1
P/%	86.4	84.9	89.2	91.9	91.0	93.2	85.6	80.0	77.9	45.7	52.5	57.1	116.0	125.1	117.9

2.4 溶剂用量对萃取的影响

当处于一定的平衡条件下时，BaP 在固相（采样膜）与液相（溶剂）之间的浓度比是一定的。因此，一般来说，溶剂用量越大，越有利于 BaP 从固相到液相的转移。实验考查了不同溶剂体积对萃取结果的影响，如表 4 所示。从表 4 可以看出，当采用丙酮/正己烷（1∶1）做萃取剂时，萃取剂用量越大，萃取效率越高。萃取效率的增幅随萃取剂体积的增加逐渐变小。从 20 ml 开始，增加萃取剂用量，其萃取效率并没有得到明显的增长，从成本上考虑，本方法决定采用溶剂的体积为 20 ml。

表 4 溶剂用量对萃取的影响

	5 ml（溶液体积）			10 ml（溶液体积）			20 ml（溶液体积）			30 ml（溶液体积）		
C_A/（μg/L）	15.0	23.4	18.9	36.2	15.0	23.4	18.9	36.2	15.0	23.4	18.9	36.2
C_B/（μg/L）	16.9	26.1	21.4	43.0	16.9	26.1	21.4	43.0	16.9	26.1	21.4	43.0
P/%	113.3	111.9	113.2	118.8	113.3	111.9	113.2	118.8	113.3	111.9	113.2	118.8

2.5 溶剂比例对萃取的影响

在实验所采用的混合溶剂中，两种溶剂起着不同的作用，正己烷能够使弱极性的苯并[*a*]芘从颗粒物上转移到溶剂中。而丙酮的加入能够使微波对体系加热，从而加速了转移的过程。但如果正己烷的体积比例太小，苯并[*a*]芘就不能得到有效的萃取，而丙酮的比例太小则会使萃取速度变慢。本实验考察了不同溶剂比对萃取的影响。从表5可以看出，随着正己烷的比例逐渐升高，萃取效率也增大。但当正己烷的比例达50%以上时，萃取效率并没有明显的增加，反而有下降的趋势。因此，本方法采用的溶剂比为丙酮：正己烷=1∶1。

表5 不同溶剂比对萃取的影响

项目	丙酮/正己烷（8∶2）			丙酮/正己烷（6∶4）			丙酮/正己烷（5∶5）			丙酮/正己烷（4∶6）			丙酮/正己烷（2∶8）		
C_A/（μg/L）	22.9	30.8	25.4	25.5	19.0	28.0	18.8	25.9	19.6	40.1	25.7	33.4	20.4	35.1	31.2
C_B/（μg/L）	25.0	33.1	28.3	29.8	22.6	33.5	21.8	32.4	23.1	47.8	32.0	41.1	25.8	41.9	37.4
P/%	109.2	107.5	111.4	116.9	118.9	119.6	116.0	125.1	117.9	119.2	124.5	123.1	126.5	119.4	119.9

2.6 萃取时间对结果的影响

萃取过程就是将BaP从采样滤膜转移到溶剂的过程，同时也是一个逐渐平衡的过程。实验考查了萃取时间对萃取结果的影响。从表6可以看出，当其他条件固定时，萃取时间越长，萃取效率越高，但当时间达20 min时，萃取基本达到平衡。因此本方法最终选择的萃取时间为20 min。

表6 萃取时间对萃取的影响

项目	萃取5 min			萃取10 min			萃取20 min			萃取30 min		
C_A/（μg/L）	17.0	21.6	19.8	14.4	30.3	25.0	18.8	25.9	19.6	30.1	26.8	22.2
C_B/（μg/L）	19.7	25.3	22.9	16.6	36.1	29.5	21.8	32.4	23.1	35.6	33.2	26.5
P/%	115.9	117.1	115.7	115.3	119.1	118.0	116.0	125.1	117.9	118.3	123.8	119.4

2.7 微波条件的选择

微波的条件包括微波加热功率和温度，理论上来说，功率和温度越高越有利于萃取。但由于萃取罐内的环境是密封高压，而溶剂的沸点较低，为了避免温度太高样品焦化损失，方法最终采用的功率为500W，温度为70℃。

2.8 线性试验与检出限

进20.0 μl质量浓度为1.03 μg/L、2.06 μg/L、4.12 μg/L、8.24 μg/L、20.60 μg/L的BaP标准溶液，按照“1.2”色谱条件进行测定。以外标法、峰面积定量，质量浓度为横坐标x，峰面积为纵坐标y，得到相应的回归方程：

$$y=1.44\times10^5x-8.95\times10^3,\quad R=0.999\,7$$

结果表明，当BaP的质量浓度在上述浓度范围内时线性关系良好。按DL=3S/N计算各化合物的方法检出限，结果表明，采用“1.2”色谱条件、“1.4”的样品采集方法和“1.5”

的微波萃取前处理方法时，方法检出限可达 5×10^{-3} ng/Nm^3。

2.9 方法的准确度和精密度

方法的准确度通过做空白加标回收实验来考察。分别在空白滤膜上加入三个质量浓度水平的 BaP 溶液，按照"1.5"的微波萃取方法前处理后再按"1.2"色谱条件进行测定，每个质量浓度水平做 6 次平行实验。测定结果表明 BaP 的回收率在 87.5%～102.2%范围内。

方法的精密度通过对上述三个质量浓度水平平行测定 6 次算得的 RSD 来考察，BaP 平行测定 6 次的 RSD 为 1.4%～5.2%，如表 7 所示。

表 7 回收率和精密度试验结果

样品	浓度/（μg/L）	测定值/（μg/L）						RSD/%	回收率/%
BaP	2.06	1.85	1.81	1.80	1.85	2.03	1.99	5.2	87.5～98.5
	6.18	5.99	5.72	5.75	5.94	6.02	6.11	2.6	92.6～98.9
	16.48	16.25	16.84	16.45	16.41	16.32	16.21	1.4	98.4～102.2

3 结论

微波萃取效率与提取剂种类、用量、提取时间及微波条件等都有关，要获得最佳的萃取效率必须综合考虑所有的影响因素。与其他提取方法相比，微波萃取技术具有快速、高效、提取时间短、低溶剂消耗等优点，对于环境空气中苯并[*a*]芘测定的前处理具有良好的效果。微波萃取在环境监测中，特别是空气样品的监测，具有广泛的应用前景。相信随着研究的不断深入，微波技术必然能在我国环境监测领域得到越来越广泛的应用。

参考文献

[1] Karel Vershueren.Handbook of Environmental Data on Organic Chemicals.（4th ed）.New York：Van Nostrand Reinhold，2001：295-305.

[2] Li Y M，Ban R. Gui zhou. Agric. Sci.（李玉美，班睿.贵州农业科学）2011，39（1）：231-235.

[3] Huang N，Wang B B，Qian Y，Sun X W，Nie J，Duan X L，Zhang J L. Environ. Sus. Dev.（黄楠，王贝贝，钱岩，孙向武，聂静，段小丽，张金良.环境与可持续发展）2011，（1）：1-3.

[4] Mao J，Luo Y M，Teng Y，Li Z G，Wu Y C. Ins. Microbiol.（毛健，骆永明，滕应，李振高，吴宇澄.微生物学报）2008，35（7）：1011-1015.

[5] Wang D，Cao W Q，Wang J. Food. Res. Dev.（王丹，曹维强，王静.食品研究与开发）2006，27（1）：132-135.

[6] Xu D Q，Zhang W L，Wang Y，Zhang W，Tan J S. Chin. Prev. Med.（徐东群，张文丽，王焱，张玮，覃今胜.中国预防医学杂志）2004，5（1）：7-9.

[7] Wang L Q，Li J. Food．Machin．（王力清，黎军．食品与机械）2005，22（4）：44-46.

[8] Li C L，Liang C Q，Chen T H，Zhang W D，Yang H M. Tech. Dev. Chem. Ind.（李春篱，梁春群，陈同欢，张卫东，杨红梅.化工技术与开发）2008，37（2）：39-41.

[9] GB 8971—1988. 空气质量 飘尘中苯并[*a*]芘的测定 乙酰化滤纸层析荧光分光光度法.

[10] Zhang L，Zhang Y T.Chin.J. Anal. Lab.（张莉，张永涛.分析试验室）2008，27：400-402.

[11] Kong W S，Liao E M，Liu W，Zhang C M，Chen Z Y.J. Instrμm. Anal.（孔维松，缪恩铭，刘巍，张承明，陈章玉.分析测试学报）2005，24：363-364.

[12] GB/T 15439—1995. 环境空气苯并[*a*]芘的测定 高效液相色谱法.

[13] HJ/T 40—1999. 固定污染源排气中苯并[*a*]芘的测定 高效液相色谱法.

[14] He Q，Kong X H，Li J H，Zhao J，Zhang Y. J. Instrμm. Anal.（何强，孔祥虹，李建华，赵洁，张莹.分析测试学报）2012，31（6）：710-714.

[15] Bai Y H，Luo Q，Fan H B，Gu N Z M. J. Dong. Guan. Uni. Tech.（白云鹤，罗群，范洪波，古内正美. 东莞理工学院学报）2010，17（1）：67-71.

[16] Li S，Rao Z. Rock & Min. Anal.（李松，饶竹.岩矿测试）2010，19（6）：675-678.

[17] Tan H，Wang S D. J. Nan. Jing. TCM. Uni.（汤淏，王曙东. 南京中医药大学学报）2010，26（4）：319-320.

工业废水中苯系物含量的检测研究

王艳萍[1] 陈楚才[2] 吴玲[3] 杨威[3] 曹忠[3]

（1. 衡阳市环境监测站，衡阳 421001；

2. 湖南省城市供水水质监测网津市监测站，津市 415400；

3. 长沙理工大学 化学与生物工程学院，电力与交通材料保护湖南省重点实验室，长沙 410004）

摘　要：采用气相色谱法对工业废水中的苯系物进行分离分析测定，充分利用岛津 GC-17A 气相色谱仪的仪器性能，实现了全自动化操作过程的测定。采用二硫化碳萃取苯系物，分离简单，萃取效果好。对废水中苯系物的测定具有准确度高、重现性好、灵敏度高等优点，适合工业废水中苯系物的快速准确测定。

关键词：岛津 GC-17A 气相色谱仪；苯系物；工业废水；二硫化碳；萃取

Determination of Benzene Series Substances in Industrial Waste Water

Wang Yanping[1] Chen Chucai[2] Wu Ling[3] Yang Wei[3] Cao Zhong[3]

(1. Hengyang Environmental Monitoring Station, Hengyang 421001;

2. Jinshi Monitoring Station of Water Quality Surveillance Network for Hunan Provincial Municipal Water Supply, Jinshi 421001;

3. Hunan Provincial Key Laboratory of Materials Protection for Electric Power and Transportation, School of Chemistry and Biological Engineering, Changsha University of Science and Technology, Changsha 410004)

Abstract: A method for the determination of benzene series substances in industrial waste water by gas chromatography with a Shimadzu GC-17A was recommended, which take full advantage of the instrument performance and realized the full automation operation process. Extraction of benzene series by using CS_2 was employed with a simple separation and nice extraction effects. The proposed method possessed high accuracy, good reproducibility, and high sensitivity for the determination of benzene series in the waste water samples, indicating that it is suitable for the rapid and accurate determination of benzene series substances in industrial waste water.

Key words: gas chromatography; benzene series; industrial waste water; CS_2; extraction

1 前言

苯系物通常包括苯、甲苯、乙苯、对二甲苯、邻二甲苯、间二甲苯、异丙苯和苯乙烯等化合物[1]，这些苯系物对人体和水生生物都存在一定程度的毒性[2]。其中苯是一种较强的致癌物质，能诱导人体染色体的畸变。甲苯、二甲苯能严重损害人体中枢神经，引起头痛、眩晕、失眠、记忆力下降等症状[3]。因此苯、甲苯、二甲苯常被称作“芳香杀手”。由于苯系物的毒性都比较大，苯、甲苯被列入美国超级基金法规定的317种有毒化学物质名单中；1989年，我国水环境优先控制污染物中6种苯系物也被列为污染中的“黑名单”[4-5]。

目前，国内外检测水中苯系物的方法主要采用的是气相色谱法[6-7]，本文采用岛津GC-17A气相色谱仪定量分析测定工业废水中的苯系物。岛津GC-17A气相色谱仪是日本岛津公司生产的一种新型全数字化的色谱分析仪器，它采用了自动流量控制技术，对柱流量、柱头压力、载气线速度、分流比等参数实行微电脑控制，操作简便，同时该仪器还具备载气自动切换和FID的自动点火功能，特别是FID的再点火功能和熄火时自动关闭氢气的功能，提高了分析操作的安全性。GC-17A具有先进的色谱工作站系统，通过网络传输由CBM执行GC参数设置与数据处理，一台CBM可同时连接4台GC系统，实现了数据传输及处理的网络化。总之，GC-17A气相色谱具有系统操作自动化、信息传输网络化、高准确度和精密度、安全可靠的特点，能适用于环境样品中多种类有机物质的定性、定量分析。本文采用二硫化碳萃取气相色谱法测定工业废水样品中的苯系物，结果满意。

2 实验部分

2.1 仪器及试剂

岛津GC-17A气相色谱仪；宽量程FID检测器；0.53 mm×30 m×1.5 μm SPB™-1石英毛细管色谱柱；1 000 mg/L的甲醇中的苯、甲苯、对二甲苯、邻二甲苯、间二甲苯、异丙苯标准物质（国家环保总局标准样品研究所研制）；5 μl微量注射器；250 ml分液漏斗；分析纯二硫化碳；高纯氮气、空气、氢气。

2.2 色谱柱的老化

将色谱柱一端连接进样口，另一端不接检测器的情况下，以氮气作载气，采取程序升温方式老化色谱柱。老化时设定载气流量为3 ml/min，线速度为20 cm/s，升温时柱箱温度先在室温下稳定15 min，后以15℃/min的速度升温至280℃，在280℃下保留2 h后降至室温。

2.3 色谱分析参数的设置

在操作系统中设置柱箱温度为70℃，汽化室温度为200℃，检测器温度为200℃，载气流速为5.9 ml/min，载气线速度为28 cm/s，总流量为41 ml/min，分流比为1∶6，柱头压力为30 kpa，氮气、空气、氢气的表头压力为50psi。

2.4 苯系物标准溶液的配制

2.4.1 苯系物标准储备液的配制

取1 000 mg/L的6种苯系物标准物质用甲醇做溶剂，定容至50 ml，分别配制成以下浓度的苯系物标准储备液，见表1。

表 1　苯系物标准储备液

组分名称	苯	甲苯	对二甲苯	邻二甲苯	间二甲苯	异丙苯
标准物质取样量/ml	2.0	1.6	1.8	2.0	2.0	2.0
定容体积/ml	50.0	50.0	50.0	50.0	50.0	50.0
储备液组分浓度/（mg/L）	40	32	36	40	40	40

2.4.2 苯系物系列标准混合液的配制

分别取 0.0 ml、0.5 ml、1 ml、2 ml、3 ml 各组分标准储备液于 100 ml 容量瓶中，用纯水稀释至 100 ml，配制成以下浓度的苯系物系列标准混合液，见表 2。

表 2　苯系物标准混合液浓度　　单位：mg/L

编号	1	2	3	4	5
苯	0.00	0.20	0.40	0.80	1.20
甲苯	0.00	0.16	0.32	0.64	0.96
对二甲苯	0.00	0.18	0.36	0.72	1.08
邻二甲苯	0.00	0.20	0.40	0.80	1.20
间二甲苯	0.00	0.20	0.40	0.80	1.20
异丙苯	0.00	0.20	0.40	0.80	1.20

3 结果与讨论

3.1 保留时间的确定

在设置的色谱条件下，分别取 1 μl 各组分标准储备液进样，各组分保留时间见表 3。

表 3　苯系物标准物质保留时间

组分名称	苯	甲苯	对二甲苯	邻二甲苯	间二甲苯	异丙苯
保留时间/min	2.35	3.64	6.48	7.43	6.48	9.11

3.2 标准曲线的绘制

将配制好的苯系物标准溶液分别转移至 250 ml 的分液漏斗中，加入 5 ml 的二硫化碳，振摇 2 min，静置分层后，取 1 μl 萃取液进样分析，色谱图见图 1。绘制标准曲线，结果见表 4 及图 2 和图 3。

表 4　苯系物标准曲线结果表　　信号值：mv

曲线	1	2	3	4	5	RF_1	RF_2	r
苯	419	1 834	3 494	6 532	9 259	1.3×10^{-4}	−0.059	0.999
甲苯	3 627	6 428	9 013	13 463	17 675	6.8×10^{-5}	−0.274	0.997
对，间二甲苯	202	3 728	7 834	15 359	21 123	1.07×10^{-4}	−0.044	0.996
邻二甲苯	0	1 912	4 065	7 980	11 227	1.06×10^{-4}	−0.012	0.998
异丙苯	0	1 474	3 216	6 299	8 544	1.37×10^{-5}	−0.017	0.994

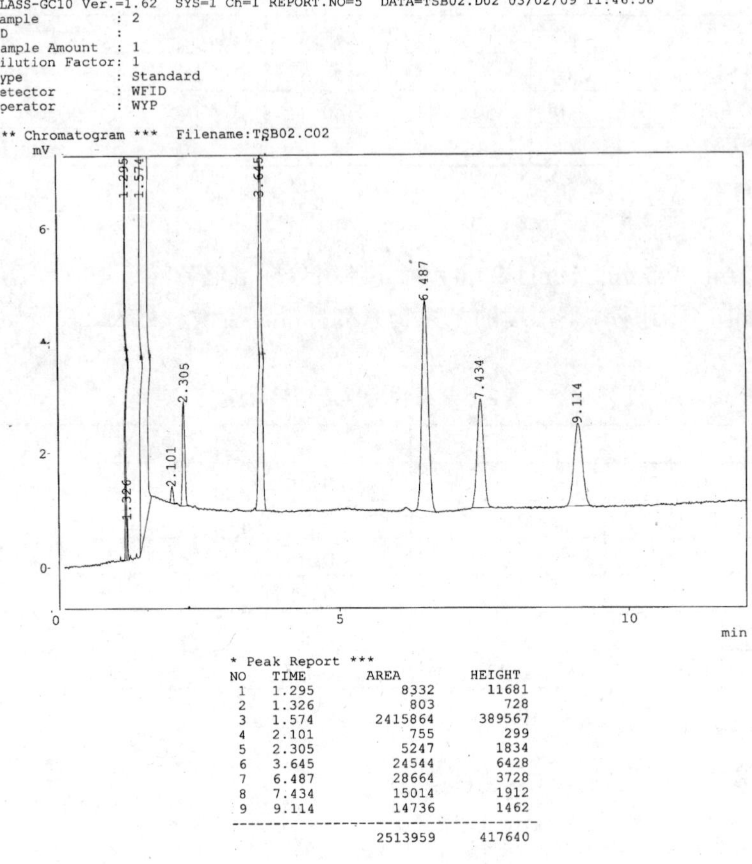

* Peak Report ***

NO	TIME	AREA	HEIGHT
1	1.295	8332	11681
2	1.326	803	728
3	1.574	2415864	389567
4	2.101	755	299
5	2.305	5247	1834
6	3.645	24544	6428
7	6.487	28664	3728
8	7.434	15014	1912
9	9.114	14736	1462
		2513959	417640

图 1　苯系物色谱图

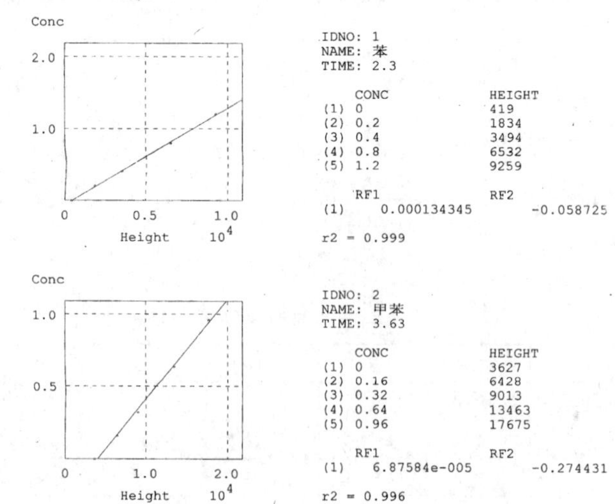

图 2　苯、甲苯的标准曲线

** Calibration Curve Graph **

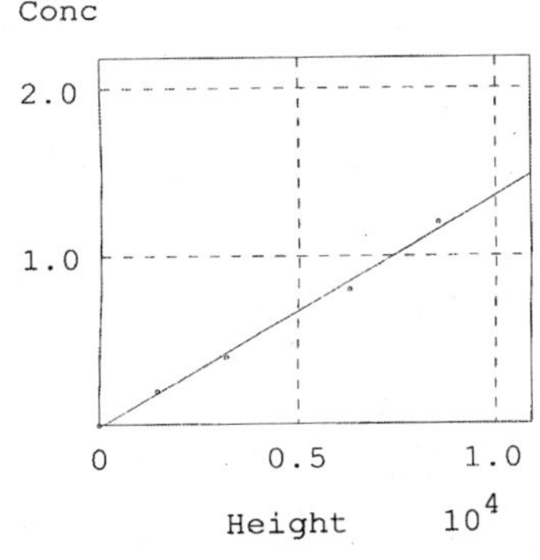

IDNO: 1
NAME: 异丙苯
TIME: 9.12

	CONC	AREA
(1)	0	0
(2)	0.2	1473
(3)	0.4	3216
(4)	0.8	6299
(5)	1.2	8543

	RF1	RF2
(1)	1.37384e-005	-0.0166882

r2 = 0.994

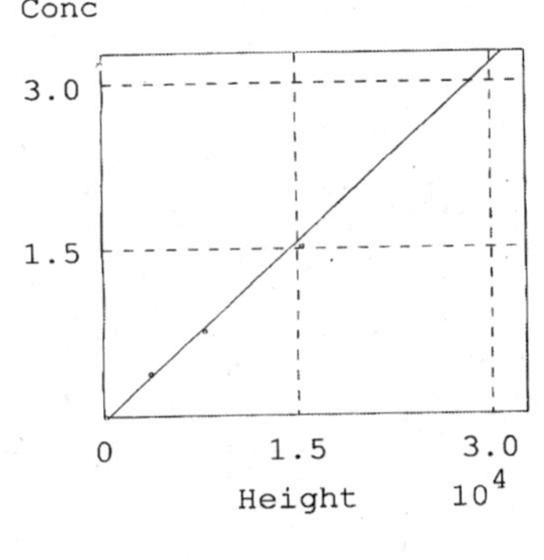

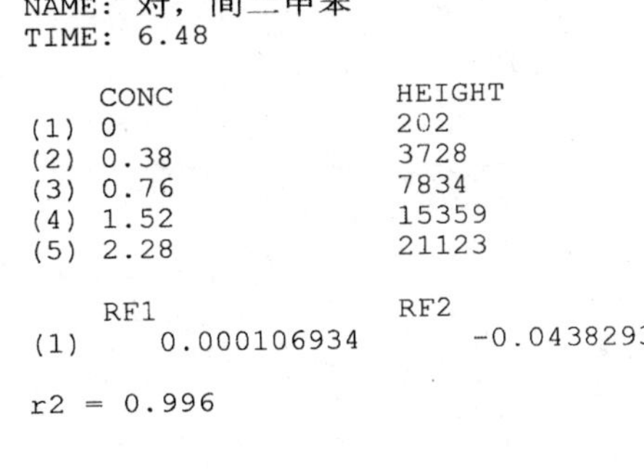
IDNO:, 3
NAME: 对，间二甲苯
TIME: 6.48

	CONC	HEIGHT
(1)	0	202
(2)	0.38	3728
(3)	0.76	7834
(4)	1.52	15359
(5)	2.28	21123

	RF1	RF2
(1)	0.000106934	-0.0438293

r2 = 0.996

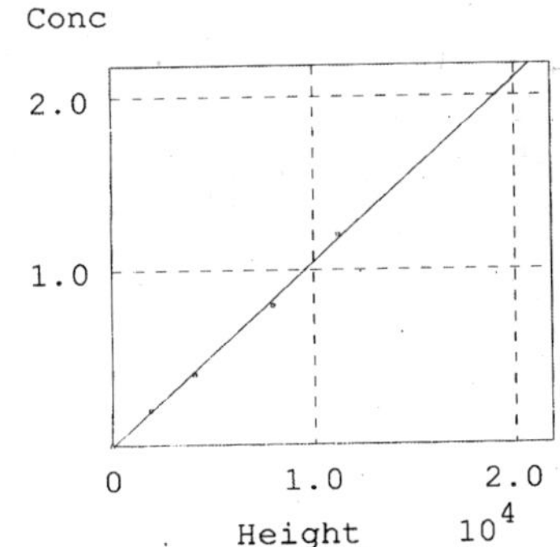

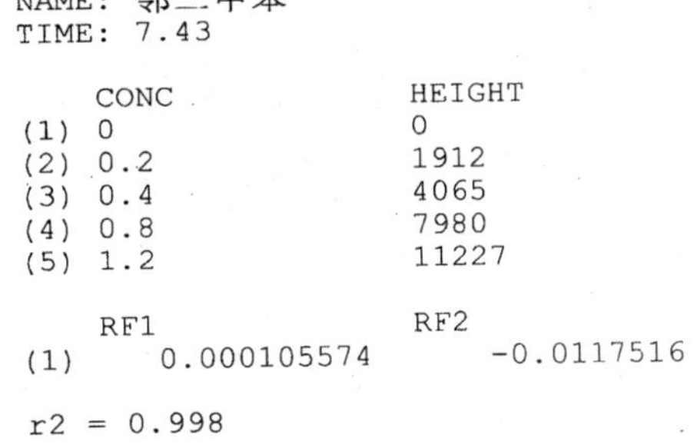
IDNO: 4
NAME: 邻二甲苯
TIME: 7.43

	CONC	HEIGHT
(1)	0	0
(2)	0.2	1912
(3)	0.4	4065
(4)	0.8	7980
(5)	1.2	11227

	RF1	RF2
(1)	0.000105574	-0.0117516

r2 = 0.998

图 3　邻二甲苯、对二甲苯、间二甲苯、异丙苯的标准曲线

3.2.1 精密度

取 100 ml 工业废水样品 5 份置于 250 ml 的分液漏斗中，分别用 5 ml 的二硫化碳萃取后取 1 μl 进样分析，结果见表 5。由表 5 可知，该方法的相对标准偏差小，用于工业废水样品中苯系物测试的精密度好。

表 5　工业废水样品中苯系物测试结果

单位：mg/L

测试值	苯	甲苯	对，间二甲苯	邻二甲苯	异丙苯
第 1 次	0.398	0.317	0.751	0.401	0.403
第 2 次	0.385	0.326	0.780	0.413	0.423
第 3 次	0.395	0.345	0.813	0.426	0.425
第 4 次	0.368	0.309	0.775	0.404	0.414
第 5 次	0.407	0.358	0.811	0.424	0.428
5 次平均值	0.391	0.331	0.786	0.414	0.419
标准偏差	±0.015	±0.020	±0.026	±0.011	±0.010
相对标准偏差/%	3.8	6.1	3.3	2.7	2.4

3.2.2 准确度与加标回收率

取一份 100 ml 工业废水样品 100 ml 于 250 ml 的分液漏斗中，另取一份 100 ml 工业废水样品 100 ml 加入 0.5 标准储备液后于 250 ml 的分液漏斗中，分别用 5 ml 的二硫化碳萃取后取 1 μl 进样分析，结果见表 6。由表 6 可知，该方法的回收率为 86.0%～110%，用于工业废水样品中苯系物测试的准确度好。

表 6　加标回收率测试结果

测试值	苯	甲苯	对，间二甲苯	邻二甲苯	异丙苯
样品测试值/μg	40.9	35.7	81.1	42.4	42.8
加标量/μg	20.0	16.0	38.0	20.0	20.0
加标样品测试值/μg	58.1	49.9	122.9	64.0	64.6
加标回收率/%	86.0	88.8	110	108	109

参考文献

[1] 尚菊红. 长治市地表水及工业废水中苯系物的监测. 环境科学动态，2005（1）：50-53.

[2] 李欣欣，梁学凯，冯国栋，郇延富. 水中苯系物的测定方法. 现代仪器，2007（1）：13-18.

[3] 金芳澄. 气相色谱法测定环境样品中苯系物. 现代科学仪器，1999（5）：61-63.

[4] 胡明涛. 日立 163 型气相色谱仪在环境监测中的应用. 环境工程，1997，15（2）：50-53.

[5] 俞建国，杜文越，周小红. 便携式气相色谱仪测定岩溶地下水中的苯系物. 光谱实验室，2013，30（1）：267-275.

[6] 马栋，廖晓勇，阎秀兰，金京华，涂书新. 工业污染场地土壤苯系物的检测方法比较研究. 环境科学，2011，32（3）：842-847.

[7] Elke K，Jermann E，Begerow J，Dunemann L. Determination of benzene，toluene，ethylbenzene and xylenes in indoor air at environmental levels using diffusivesamplers in combination with headspace solid-phase microextraction and high-resolution gas chromatography-flame ionization detection. J Chromatogr A.，1998，826（2）：191-200.

其他监测分析

离子选择电极法与离子色谱法测定生活饮用水中氟化物的比较

蒋晶 皇甫晓东
（湖南省永州市环境监测站，永州 425000）

摘 要：为比较离子选择电极法和离子色谱法测定水中氟化物是否存在显著性差异，分别使用两种方法测定了永州市两个集中式生活饮用水水源地的地表水中含氟量。并采用 SPSS13.0 软件对两种方法测定结果进行了统计检验。其检验结果显示，两种方法的精密度、准确度和测定结果无显著性差异，均可作为测定生活饮用水中氟含量的方法。

关键词：离子选择电极法；离子色谱法；氟化物

Comparison on Determination of Fluorine Compound in Drinking Water by Ion Selective ElectrodeMethod and Ion Chromatography

Jiang Jing Huangfu Xiaodong
（Yongzhou EnvironmentalMonitoring Station，Yongzhou 425000）

Abstract：To compare the fluoride ion selecting electrode（FISE）methodwith ion chromatography（IC）method fordetermination of F^-，we collected 4 surface-watersamples from 2 areas in drinkingwaterofYongzhou and detected he fluoride conten.t The resultsasmatched datawere tested by SPSS 13.0. The results indicated thattherewere notdistinctive differences in the precision，accuracy and determination results ofFISE and IC. So fluoride content in drinkingwater could be determined by the two method ofFISE and IC.

Key words：ion selective electrodemethod；ion chromatography；fluorine compound

饮用水氟含量是反映饮水型地方性氟中毒病区氟源和环境氟的客观指标，人体中氟含量低于 0.5 mg/L 易患龋齿病；若长期饮用高氟水易患斑齿，严重者发生氟中毒[1−2]。永州市作为湖南省源头水所在地，生活饮用水中含氟量偏高或偏低都直接影响人的身体健康，因此建立快速准确地检测水中微量氟的分析方法对于水环境监测具有重要的现实意义。目前，测定水中氟的方法主要有离子选择电极法、离子色谱法、氟试剂比色法和茜素磺酸锆目视比色法等[3−8]。本文对氟离子选择电极法和离子色谱法分别测定位于湘江流域上永州市两个集中式生活饮用水中氟化物的差异性进行比较，并探讨了其优缺点。

1 实验部分

1.1 仪器

离子色谱法：美国 Dionex ICS-90A 型离子色谱仪，Chromeleon 6.40 色谱工作站，IonPac AS14 分离柱，IonPac AG14 保护柱，AMMS300 抑制器，DS5 电导检测器。天津津腾 GM 0.33A 真空泵过滤系统，0.45 μm 微孔滤膜。色谱条件：淋洗液 3.5 mmol/L Na_2CO_3+ 1.0 mmol/L $NaHCO_3$，流速 1.20 ml/min，再生液 0.032～0.037 mol/L H_2SO_4，进样量 50 μl。离子选择电极法：上海雷磁 PXS-215 离子计，江苏金坛 78-1 型磁力加热搅拌器，氟离子选择电极，饱和甘汞电极。

1.2 试剂

NaF、CH_3COONa、$Na_3C_6H_5O_7 \cdot 2H_2O$、$NaNO_3$、HCl 均为优级纯，总离子强度调节缓冲溶液（TIS AB）、标准储备液及使用液用纯水配置，实验用水电导率＜0.5 μS/cm。

1.3 采样

采集点位于湘江流域上永州市市区集中式饮用水水源地，分别为诸葛庙和曲河的左、右断面，由环境监测人员采集，统一使用 500 ml 聚乙烯塑料瓶，样品采集后放入 4℃冰箱内保存，共采集水样 4 份（1～4#）。

1.4 试验步骤

1.4.1 标准溶液工作曲线的绘制

用氟化物标准使用液和纯水配制标准系列，其氟离子浓度依次为 0.00 mg/L、0.05 mg/L、0.10 mg/L、0.25 mg/L、0.40 mg/L、0.50 mg/L。使用标准系列，按照离子选择电极法和离子色谱法分别求取工作曲线及其相关系数。其中离子选择电极法求取电动势（E）与标准系列氟离子含量（c）对数的直线回归方程，离子色谱法求取峰面积值（S）与标准系列氟离子浓度（c）的直线回归方程。

1.4.2 样品测定

离子选择电极法：准确量取 20.0 ml 水样于 100 ml 烧杯中，再加入 10 ml 总离子强度调节缓冲液，放入搅拌子于电磁搅拌器上搅拌水样溶液，插入氟离子选择电极和饱和甘汞电极，在搅拌下读取平衡电位值（每分钟电位值改变小于 0.5 mV），根据标准使用溶液工作曲线方程计算氟含量。离子色谱法：将标准溶液和水样分别经 0.45 μm 过滤器注入离子色谱仪的进样系统中，通过工作站软件 Chromeleon 自动控制进样分析和采集数据，并进行定量分析。

1.4.3 精密度检验

对水中氟化物标准溶液和 4 份待测水样分别用两种方法各进行 5 次测定，分别求出各水样的氟离子浓度及其标准差和变异系数。对两种方法的精密度进行 F 检验其差异的显著性。

1.4.4 准确度检验

使用两种方法对 4 份待测水样分别进行加标试验，并计算回收率。对两种方法的回收率差值的绝对值分别进行方差分析检验其差异的显著性。

1.4.5 差异性检验

对 4 份待测水样的两种方法的测定结果，进行配对 t 检验，检验其差异的显著性。使用 SPSS13. 0 软件进行统计分析。

2 结果与讨论

2.1 工作曲线

离子选择电极法工作曲线为：E=198. 690−55.27 lg$c$，相关系数 r=0.999 8，如图 1 所示；离子色谱法工作曲线为：S=−0.002 9+0.562 8 c，相关系数 r=0.999 7，如图 2 所示。

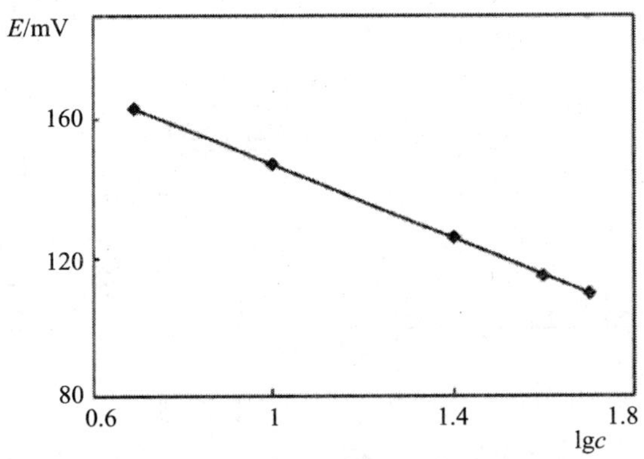

图 1 离子选择电极法工作曲线

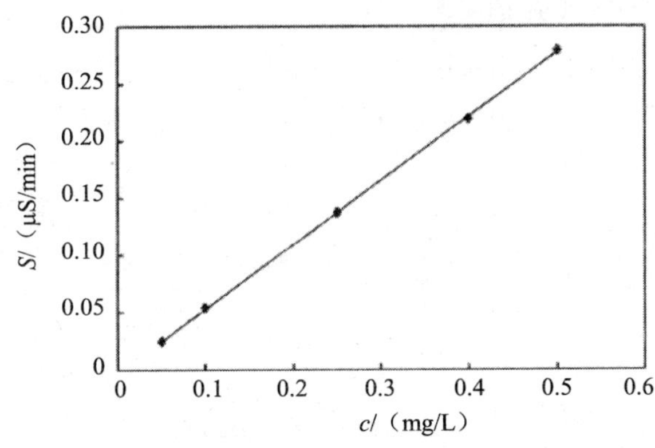

图 2 离子色谱法工作曲线

2.2 精密度检验

使用离子选择电极法和离子色谱法分别对水中氟化物标准溶液（浓度为 1.20 mg/L）进行 5 次测定，其测定结果见表 1。由表可知，其变异系数分别为 1.33%和 1.11%，表明两种方法的测定结果均符合质控要求。对两种方法的精密度进行方差检验法中的 F 检验，其 F=1.41，查 F 分布表得：在 95%的置信水平下 $F_{0.05}$（5，5）=5.05，$F < F_{0.05}$（5，5），表明两种测定方法的精密度无显著差异。

表 1 标准样品测定结果 单位：mg/L

测定方法	1	2	3	4	5	平均值	标准差	变异系数
离子选择电极法	1.19	1.18	1.21	1.19	1.22	1.20	0.016	1.33%
离子色谱法	1.19	1.21	1.20	1.21	1.22	1.21	0.019	1.11%

同样使用两种方法对 4 份水样进行精密度试验，其测定结果见表 2。由表可得，两种方法的变异系数在 0.09% ～1.88%，表明测定结果符合质控要求。

表 2 待测水样精密度测定结果 单位：mg/L

样品编号	测定方法	1	2	3	4	平均值	标准差	变异系数
1#	离子选择电极法	0.122	0.118	0.119	0.121	0.120	0.001 8	1.50%
曲河左	离子色谱法	0.120	0.124	0.122	0.122	0.122	0.001 6	1.31%
2#	离子选择电极法	0.127	0.132	0.132	0.129	0.130	0.002 4	1.85%
曲河右	离子色谱法	0.130	0.130	0.128	0.130	0.130	0.001 2	0.09%
3#	离子选择电极法	0.109	0.12	0.112	0.114	0.112	0.002 1	1.88%
诸葛庙左	离子色谱法	0.115	0.117	0.113	0.115	0.115	0.001 6	1.39%
4#	离子选择电极法	0.108	0.108	0.107	0.107	0.108	0.001 4	1.30%
诸葛庙右	离子色谱法	0.108	0.109	0.110	0.106	0.108	0.001 7	1.57%

2.3 准确度检验

使用两种测定方法将 4 个水样进行加标试验，取样量均为 20 m，1 加标量为 5 μg，其加标回收率结果见表 3。由表可知，加标回收率在 98.4%～102.0%，两种测定方法均完全达到质量控制要求。使用 SPSS13.0 统计软件对两种测定方法的加标回收率进行方差分析，F=0.003，P=0.961；对两种方法的加标回收率与 1#差值的绝对值进行方差分析，F=0.366＜$F_{0.05}$（3，3），P=0.567＞0.05，表明这两种测定方法的准确度无显著性差异。

表 3 待测水样加标回收率测定结果

待测样品	加标回收率/%			
测定方法	1#曲河左	2#曲河左	3#诸葛庙左	4#诸葛庙右
离子选择电极法	99.5	102.0	98.4	99.9
离子色谱法	101.5	99.2	98.8	100.5

2.4 差异性检验

首先计算 4 份待测水样的两种方法测定结果的相关系数，得到相关系数为 0.991 2，说明两种方法测定结果是相关样本，所以必须采用配对 t 检验，检验其差异的显著性。使用 SPSS13.0 软件进行统计分析，统计结果见表 4。

表 4 两种方法测定结果的差异性检验

样本数	差异均值	标准偏差	标准误差	t 值	P 值
4	0.001	0.001 5	0.000 8	1.667	0.194

2.5 两种测定方法优缺点的比较

离子选择电极法测定水中氟化物含量，是比较常用的经典的测定方法，仪器设备简单，多适用于地表水、地下水和工业废水的氟化物，适用范围宽，水样混浊、有颜色时也可测定[3]。但是分析氟离子容易被 pH、金属离子和温度等因素所干扰，且实验过程必须人工操作，人工定量分析。离子色谱法可同时分析水中 F^-、Cl^-、NO^{3-}、SO_2^{4-}等离子的含量，方法简洁、快速、相对干扰较少、检出限低，准确性、重现性和可靠性较好，多用于降雨、地表水、地下水等的氟化物痕量分析。离子色谱法可以实现自动进样，自动进行定性和定量分析，因而，大大地减少了工作量和提高了工作效率。但是离子色谱存在仪器价格较高，普及程度不高等缺点。

3 结论

本实验结果表明，离子选择电极法和离子色谱法测定饮用水中低含量的氟化物，其方法的精密度、准确度和测定结果无显著性差异，均符合相应技术要求，均可作为测定生活饮用水中氟含量的方法。

参考文献

[1] 刘原，林少彬，王倩，等.适宜、安全饮水氟浓度及总摄入量. 卫生研究，1995，24（6）：335-338.

[2] 郑明凯，杨国洲，朱利霞.焦作市地下水高氟区的成因探讨. 环境科学与管理，2007，32（2）：138-141.

[3] 国家环境保护总局.水和废水监测分析方法（第四版增补版）. 北京：中国环境科学出版社，2002，12：187.

此文章刊登于《环境科学与管理》2011 年第 1 期

高氯低碳工业废水中 COD 浓度测定方法探讨

刘利 刘煜竑
（衡阳市环境保护监测站，衡阳 421001）

摘 要：COD（化学需氧量）是废水水质监测中的重要指标及必测项目，其测定方法通常采用《水和废水检测分析方法》（第四版）（GB 111914—89）中的重铬酸钾法，但对于某些 COD 浓度较低而氯离子浓度较高的工业废水，在氯离子影响下上述方法测定误差较大。本文采用三种测定方法进行了实验研究、对比及分析，结果表明采用过量硫酸汞（硫酸汞：氯离子＝10∶1）作为掩蔽剂消除氯离子影响具有测定误差小、方便易操作等优点，完全可用于高氯低碳条件下工业废水中 COD 浓度的测定。

关键词：COD 测定；高氯离子浓度；低 COD 浓度；工业废水

Discussion about COD Determination Methods in High Chlorine Low Carbon Industrial Wastewater

Liu li Liu Yuhong
（Hengyang Environment monitoring station，Hengyang 421001）

Abstract：this paper adopts three determination methods to compared，investigated and analyzed.The results showed that excess mercuric sulfate as masking agent to eliminate the influence of chloride ions.This method has advantages such as small determination error and easy operation，so it can be used to determine the COD concentration of industry wastewater with high chloride concentration and low organic matters concentration.

Key words：COD determination；high chloride concentration；low COD concentration；industry wastewater

研究背景

COD 是表征工业废水中有机物含量的重要指标，通常采用《水和废水检测分析方法》（第四版）（GB 11194—89）中的重铬酸钾法进行测定。该法对于氯离子浓度低于 1 000 mg/L 的样品的测定结果误差较小，但对含氯离子浓度高达 1 000～5 000 mg/L 的某些工业废水而言误差较大，水样中高浓度的氯离子无法被掩蔽剂完全掩蔽，部分将被氧化剂氧化，从而导致测量结果偏高，此外部分氯离子与硫酸银反应生成氯化银沉淀也会导致催化剂中毒，影响测量结果。尤其是高氯离子浓度、低 COD 浓度条件下，氯离子对于测量结果的影响尤为严重。因此，高氯离子浓度、低 COD 浓度工业废水中 COD 浓度的准确测定成为工业废水水质监测中的难题。本文采用过量掩蔽剂快速密闭消解法、氯气矫正法和氯离子表征 COD 法进行分析、比较和研究，以期测量误差小、操作简便的高氯低碳工业废水中 COD 的测定方法[1]。

1 实验部分

测定用标准样品采用葡萄糖和氯化钠配制，样品体积为 50 ml，COD 浓度为 50～400 mg/L，氯离子浓度为 3 000 mg/L、4 000 mg/L、5 000 mg/L 和 6 000 mg/L。方法一：密闭消解法：按《水和废水检测分析方法》（第四版）（GB 111914—89）。方法二：氯气校正法：按《水和废水检测分析方法》（第四版）（GB 111914—89）。方法三：氯离子表征 COD 法。

1.1 氯离子表征 CODCr 曲线

配置 Nacl 溶液，其中氯离子含量为 1 000 mg/L、2 000 mg/L、3 000 mg/L、4 000 mg/L、5 000 mg/L、6 000 mg/L，分别测定 COD_{Cr}，得到氯离子表征 COD_{Cr} 曲线。

1.2 样品测定

测定实际水样时，不加硫酸汞掩蔽氯离子的影响，测得 COD_{Cr} 为总表观 COD_{Cr}。测定水样中氯离子浓度，对应氯离子表征 COD_{Cr} 曲线得到表观 COD_{Cr}。

$$\text{总表观 } COD_{Cr} - \text{氯离子表征 } COD_{Cr} = \text{实际 } COD_{Cr}$$

2 结果分析与比较

2.1 过量掩蔽剂密闭消解法

2.1.1 氯离子影响

对 COD_{Cr}＝250 mg/L，氯离子浓度分别为 0、3 000、4 000、5 000、6 000 mg/L 的标准样品进行测定，掩蔽剂的用量为硫酸汞：氯离子＝10∶1，测定值相对误差为 4%～6.8%，测定结果见表 1[1]。

表 1 硫酸汞对氯离子的掩蔽效果

COD_{Cr} 标准值/（mg/L）	Cl^- 浓度/（mg/L）	硫酸汞量/g	COD_{Cr} 测定值/（mg/L）	相对误差/%
250	0	0	236.6	5.36
	3 000	0.15	240	4
	4 000	0.20	233	6.8
	5 000	0.25	240	4
	6 000	0.30	236.5	5.4

测定 COD_{Cr} 浓度为 50 mg/L、80 mg/L、120 mg/L、200 mg/L、300 mg/L 的标准样品，加入掩蔽剂硫酸汞，比对氯离子浓度为 5 000 mg/L 和 0 mg/L 的测量值，差别较小。由此可见，不稀释水样，保证硫酸汞∶氯离子＝10∶1，可消除氯离子对 COD_{Cr} 干扰。

2.1.2 硫酸亚铁铵浓度影响

COD_{Cr}测定时，用硫酸亚铁铵溶液回滴，硫酸亚铁铵浓度影响滴定效果。硫酸亚铁铵溶液浓度偏低时，滴定颜色渐变，滴定终点不明显。硫酸亚铁铵在 0.04 mg/L 左右，滴定效果较好，滴定终点明显。

2.1.3 COD_{Cr}浓度影响

COD_{Cr}值为 50～400 mg/L，氯离子浓度固定为 5 000 mg/L，含氯样品测定值相对误差在-1.08%～10.3%，如表 2 所示。

表 2 不同 COD_{Cr}测定准确度

COD_{Cr}标准值/（mg/L）	含 Cl^- 5 000/（mg/L）			不含 Cl^-	
	硫酸汞量/g	COD_{Cr}测定值/（mg/L）	相对误差/%	COD_{Cr}测定值/（mg/L）	相对误差/%
50	0.25	58.9	17.9	54.7	9.4
80		82.9	3.6	78.4	2
120		122.7	2.2	124.05	3.37
200		201.78	−0.93	199.42	−0.25
250		247.21	−1.08	246.03	−1.55
300		297.36	−0.84	289.37	−3.38
400		396.88	−0.78	—	—

2.1.4 小结

密闭消解法在 COD_{Cr}＝50～400 mg/L，氯离子浓度 5 000 mg/L 时，基本满足《水和废水监测分析方法》（第四版）水质监测实验室质量控制指标（推荐）（相对偏差≤15%，相对误差≤10%）。

2.2 氯气校正法

2.2.1 方法验证

经过调整 N_2 流量、吹脱时间、Cl_2 吸收效率、硫酸亚铁铵浓度等操作条件后，测定 COD_{Cr}分别为 200 mg/L、250 mg/L、300 mg/L 的标准样品，测定值相对误差为-0.09%～10.75%。

表 3 氯气校正法

COD_{Cr}标准值	Cl^- 5 000/（mg/L）				不含 Cl^-	
	测定值	校正值	实际值	相对误差/%	实际值	相对误差/%
50	100.73	48.36	52.37	4.74	47.76	−4.48
100	146.27	43.17	103.10	3.10	96.64	−3.36
150	194.54	38.25	156.29	4.19	143.12	−4.59
200	255.84	34.34	221.50	10.75	197.072	−1.46
250	283.20	31.00	252.20	0.90	226.0	−9.60
400	424.10	27.50	396.60	−0.09	287.2	−4.30

2.2.2 小结

氯气校正法在 COD_{Cr}＝50～400 mg/L 时，基本满足《水和废水监测分析方法》（第四版）水质监测实验室质量控制指标（推荐）（相对偏差≤15%，相对误差≤10%）。

2.3 氯离子表观 COD_{Cr}

2.3.1 标准曲线绘制和 COD 计算调整

标准曲线见图 1。

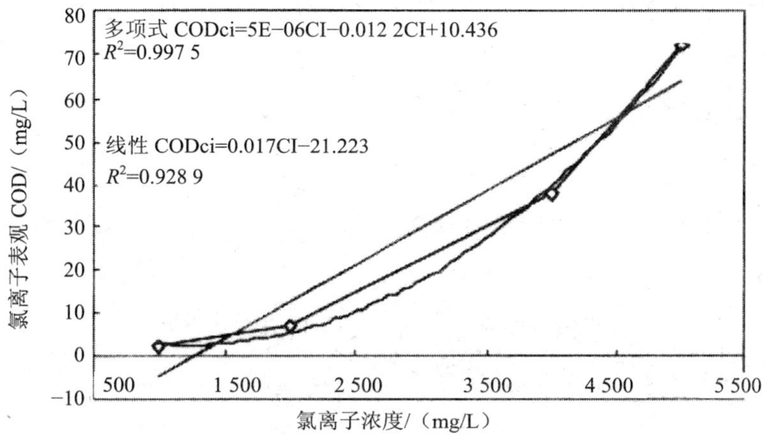

图 1 氯离子表征 COD 标准曲线

从图 1 中可以看出，氯离子所产生的表观 COD 与氯离子的浓度存在一定的线性关系，试验的线性相关系数虽然较差，但仍然在 0.9 以上，也就是说当溶液中氯离子的浓度升高时，其所产生的表观 COD 也随之增大，并产生相应的线性关系。

对于氯离子的表现 COD 大小的估测，可以通过多项式拟合，图 1 中可以看出，拟合多项式的相关系数较好，为 0.997。

经过计算，实际 $_{COD}$ 估算可以采用下式：

$$实际_{COD}=0.8\times COD_{Cr总}$$

其中：COD_{Cr} 总为含有高氯离子条件下的总的表观化学耗氧量。

2.3.2 方法验证

采用测定标准样品对该方法进行验证，结果见表 4。

表 4 测定标准样品准确度

COD_{Cr} 标准值	实际 COD_{Cr}＝0.8×总表观 COD_{Cr}（均值）	相对误差/%
50	88	76
80	104	30
120	136	13

从表 4 来看，该方法测量误差较大，误差范围为 13%～76%。

2.3.3 小结

该方法中，氯离子测定方法为硝酸银滴定法，滴定终点是由黄色变为红色。实验过程中发现，滴定终点不明显。滴定氯离子浓度为 5 000 mg/L 左右的水样时，误差约为 400 mg/L，相对误差小于 10%，虽然能够满足《水和废水监测分析方法》（第四版）水质监测实验室质量控制指标要求，但误差造成的表征 COD_{Cr} 差值较大，约为 20 mg/L。

3 结论

3 种测定方法对配制的标准样品测定结果表明，方法一与方法二受氯离子影响较小，在可接受范围内，而方法三误差较大；方法一与方法二相比，误差范围相近，但方法一操作更简便，误差影响因素少，具有更高的实用价值，完全可用于高氯低碳条件下工业废水中 COD 浓度的测定。

参考文献

[1] 王方园，盛贻林，郑绍成. 高浓度氯离子化工废水中 COD 测定方法比较. 工业水处理，2006（5）：72-74.

此文章刊登于《能源与节能》2012 年第 4 期

氨氮实验室空白偏高的影响因素研究

潘海婷　朱日龙　罗岳平　常佳　易颖　姚富鹏
（湖南省环境监测中心站，长沙　410014）

摘　要：利用排除法对影响氨氮实验室空白测定的各种因素进行了考察。结果表明，固定剂硫酸的添加不会引起空白值偏高。滤纸因含有铵盐会引起空白偏高，但可采取用去离子水浸泡的方法消除。絮凝沉淀过程中应避免将水体 pH 调至 9.0 附近。在水体 pH=9.0 左右，沉淀物颗粒尺寸最小，过滤时渗入滤后液中，影响吸光度；过滤后的滤液 pH 值会降低，导致滤液中重新析出沉淀物，也影响吸光度。

关键词：氨氮；空白值；絮凝沉淀；pH 值；重析出

Investigation on Infection Factors of Ammonia Nitrogen Blank Value on the High Side

Pan Hating　Zhu Rilong　Luo Yueping　Chang Jia　Yi Ying　Yao Fupeng
（Hunan Province Environmental Monitoring Centre，Changsha　410014）

Abstract： The factor that afects determination of ammonia nitrogen blank value in water was investigated through exclusive method. Result shows that no obvious variation was observed for blank value when sulfuric acid was added. Filter paper will cause blank value high due to containation of ammonium salt，and the phenomenon can be eliminated by immersion in deionized water. The value of pH should be avoided being adjusted to ca. 9.0 during flocculating settling step. Particle size of precipitate prepaired at pH=9.0 is the smallest，that can enters into filtrate leading to impaction on absorption value. The value of pH will decrease after filtration causing re-precipitation，then also makes influence on absorption value.

Key words： Ammonia nitrogen；Blank value；Flocculating settling；pH Value；Re-precipitation

1 前言

絮凝沉淀纳氏试剂光度法具有操作简便、灵敏的优点，是国内外环境监测工作中用以测定水和废水中氨氮的标准方法之一，但在实际操作中经常出现空白偏高的情况[1-4]。影响氨氮分析实验室空白的因素非常复杂，国内也有相关研究报道。如多兰·哈布德力和林建国等人就分析了实验用水对空白的影响，发现用新鲜蒸馏水代替无氨水测氨氮，实验空白值和标准曲线与用无氨水的方法无显著差异，并具有较高的精密度和准确度[5,6]。龚颖瑞等研究了掩蔽剂的纯度对实验室空白的影响，认为采用过滤的酒石酸钾钠可以避免不纯引起的空白偏高问题[3]。黄忠民和王彩萍等发现，配制纳氏试剂时 $HgCl_2$ 的用量以及保存温度、时间会影响空白测定结果[4,7]。但也有研究表明，纳氏试剂在低温下保存几天后，两次测得的空白值无明显变化[8]。

根据上述研究，掩蔽剂、实验用水、纳氏试剂等都会影响空白值，但这些影响均有一定的规律可循，可以避免。实际上，大多数情况下的空白偏高是偶然性的。对于同一批掩蔽剂、实验用水、纳氏试剂、固定剂，除有极个别样偏高外，其他水样并没有出现偏高现象；即便是同一个样品，出现空白偏高后，再次测定也有可能不再出现偏高的现象。此外，有研究表明显色反应时间在 10～30 min 范围内，吸光度几乎无变化[9]，而反应温度也基本保持在室温，因此这两个因素也难引起个别样空白偏高。据此推断，实验室空白的影响就只剩固定剂添加量、滤纸、pH 值 3 个因素。本文针对这三个因素对空白测定的影响进行研究，并提出相应的改进措施。

2 实验部分

2.1 仪器与试剂

BP210S 电子天平（德国，赛多利斯公司）；pH213 酸度计（意大利，哈纳）；DR/4000 可见分光光度计（美国，哈希公司）；超纯水器（艾柯公司）；TDL-40B 台式离心机（上海安亭科学仪器厂）；环境扫描电子显微镜（美国，QUANTA 200）。

硫酸为化学纯，NaOH 为优级纯，实验用水为去离子水，玻璃容器均用稀盐酸浸泡过夜。

水体 pH 测定均稳定 3 min 以上。

2.2 溶液配制

不同硫酸浓度的空白样配制：往 100 ml 容量瓶注入约 50 ml 去离子水，再滴入 1 ml 浓硫酸（= 1.84 g/ml），用去离子水稀释至刻度线，作为硫酸贮备液。分别移取 0.5 ml、10.0 ml、50.0 ml、150 ml 硫酸贮备液至 500 ml 容量瓶，用去离子水稀释至刻度线，将容量瓶内溶液分别注入 4 个聚乙烯瓶（约 600 ml），编号依次为 Ⅰ#、Ⅱ#、Ⅲ#、Ⅳ#。

25% NaOH 配制：用电子分析天平称取 25 g NaOH，倒入 100 ml 烧杯中，加入约 50 ml 去离子水，用玻璃棒搅拌至溶解完毕，移至 100 ml 容量瓶中，用去离子水清洗烧杯余液并倒入容量瓶，稀释至刻度线。配好的溶液贮于聚乙烯瓶。

10% $ZnSO_4$ 配制：称取 10 g $ZnSO_4$，倒入 100 ml 烧杯，加入约 50 ml 去离子水，用玻璃棒搅拌至溶解完毕，移至 100 ml 容量瓶中，用去离子水清洗烧杯余液并倒入容量瓶，稀释至刻度线。

3 结果与讨论

3.1 硫酸添加量对氨氮实验空白的影响

模拟现场采样，加入不同量的硫酸，采用絮凝沉淀纳氏试剂光度法测定空白吸光度。同时，为考察采样瓶清洁度对空白测定的影响，将溶液配制好后移至聚乙烯瓶，每个浓度平行配制 3 次，每个样品平行测定 2 次，结果详见表 1。从中可以看出，不同硫酸浓度的空白样，其吸光度没有规律。对任一浓度，其吸光度有可能低也有可能偏高，甚至对同一个样品，平行测定两次的结果相差也很大。

表 1 硫酸添加量对氨氮空白测定的影响

H_2SO_4 浓度/（mol/L）		1.88×10^{-4}		3.76×10^{-3}		1.87×10^{-2}		5.63×10^{-2}	
编号		Ⅰ#		Ⅱ#		Ⅲ#		Ⅳ#	
吸光度（Abs）	1	0.034	0.035	0.041	0.045	0.048	0.049	0.064	0.065
	2	0.047	0.042	0.038	0.044	0.04	0.058	0.052	0.074
	3	0.04	0.066	0.075	0.052	0.106	0.073	0.04	0.067

表 2 硫酸添加量对氨氮空白测定的影响方差分析

方差来源	平方和	自由度	均方	F 统计量	p 值	$F_{0.05}$	显著性
组间	0.001 397	3	0.000 465 8	1.766	0.186 0	3.098	$F<F_{0.05}$
组内	0.005 276	20	0.000 263 8				
总和	0.006 673	23					

对不同硫酸浓度空白样的吸光度进行方差分析（见表 2），$F<F_{0.05}$，表明硫酸浓度添加量的改变不引起空白样吸光度的显著差异。因此，造成这个现象的原因可能是滤纸没有清洗干净、絮凝过程或者容器清洗不干净等。将表 1 中每个编号的样品分别经过过滤或不过滤两种处理后，不经絮凝反应直接加掩蔽剂和纳氏试剂进行比色测定，结果见表 3。从中可以看出，将聚乙烯瓶里的去离子水直接加掩蔽剂和纳氏试剂比色测定，吸光度与试剂空白值（0.025～0.029）相比最高相差 0.01 左右，表明使用清洗过的聚乙烯瓶会引入一定的污染而使空白值偏高。为了避免容器不洁带来的污染，以下的实验均采用烧杯代替。烧杯经过多次清洗并用稀盐酸浸泡过夜。另外，从表 3 还可以看出，经过滤纸过滤的空白吸光度均比不过滤的高，表明用滤纸过滤也会影响空白测定。

表 3 各个硫酸添加量空白样经过不同处理后的吸光度

编号	Ⅰ#-1	Ⅱ#-1	Ⅲ#-1	Ⅳ#-1
过滤	0.038	0.046	0.046	0.046
不过滤	0.033	0.036	0.027	0.033
Δ	0.005	0.01	0.019	0.013

3.2 滤纸过滤对氨氮实验室空白测定的影响

受制作工艺的影响，滤纸中一般都含有铵盐，因而采用滤纸过滤后会导致空白值升高。表 4 的数据表明，滤纸带入的铵盐量较大，因而《水和废水监测分析方法》（第四版）[10]规定要对滤纸进行淋洗。

表 4 淋洗过滤前两次水收集后的空白吸光度

编号	1#	2#	3#	4#	5#	6#
吸光度	0.144	0.100	0.157	0.193	0.189	0.165

鉴于不同滤纸或同批但不同张滤纸之间的铵盐含量差别较大，表 3 反映的从 0.005～

0.019 的不等变化，使用前需对不同批次的滤纸进行抽检，少量多次淋洗。但有些含量较高的滤纸虽多次用水洗涤，仍达不到实验要求，特别容易引入较大的误差，洗的仔细的误差小些，责任心差点的就会造成空白值偏高。因此，有必要改变过滤方式或者洗涤方法。例如，多兰·哈布德力选用经稀 HCl 浸泡并洗净的 0.45 m 醋酸乙酯纤维滤膜过滤水样[5]，纪云峥等采用砂芯漏斗代替滤纸过滤[11]。由于絮凝沉淀为白色粉末或絮状物，具有一定的重量，还可以通过离心进行分离。表 5 为絮凝沉淀后分别采用离心法处理与采用滤纸（淋洗 3 次）过滤的空白吸光度比较。

表 5 絮凝沉淀后采用离心法处理与滤纸过滤的效果比较

项目	1#	2#	3#	4#	5#	6#	7#	8#	9#	10#
絮凝后过滤	0.049	0.041	0.034	0.029	0.039	0.032	0.043	0.029	0.032	0.034
絮凝后离心	0.030	0.042	0.033	0.036	0.030	0.035	0.031	0.034	0.038	0.031

从表 5 可以看出，采用离心法一般可获得比过滤更低的空白值。但是采用离心法，难适应样品数量较多的情况，而且能耗高。本实验室经过反复试验，发现将滤纸事先浸泡在去离子水中可以达到清洗的目的，不但排除了人为干扰，还简化操作，较为实用经济，对比实验结果如表 6 所示。

表 6 不同滤纸处理方式对空白吸光度的影响

处理方法	1 次过滤水	2 次过滤水	3 次过滤水	浸泡 10 min	浸泡 30 min	浸泡 1 h	浸泡 2 h
平行 1	0.08	0.036	0.030	0.029	0.032	0.028	0.028
平行 2	0.059	0.034	0.034	0.031	0.027	0.025	0.027
平行 3	0.061	0.036	0.032	0.031	0.028	0.027	0.028

根据表 6 数据，通过多次过滤洗涤，才基本达到降低滤纸铵盐含量的目的；而采用浸泡方法，只要 10 min 就可以达到过滤 3 次的水平，而浸泡 30 min 后的吸光度基本与试剂空白相接近，表明浸泡法能有效地降低滤纸中铵盐的含量。采用浸泡法时，为了避免折叠困难，可在浸泡前就把滤纸折好。1 000 ml 去离子水浸泡的滤纸数宜控制在 20 张以下。本文后面的实验均改用浸泡法对滤纸进行预处理（浸泡 10～30 min）。

3.3 pH 值对氨氮实验空白的影响

在絮凝过程中改变水体 pH 值，测定空白吸光度，结果见表 7。从中可以看出，pH 值为 9.0 时测得的空白吸光度最高，而小于或者大于这个值时空白吸光度都正常。可以认为，产生空白偏高的主要原因是水体 pH 位于 9.0 附近时引起的。

表 7 絮凝过程 pH 值对空白吸光度的影响

pH 值	5.5	5.9	6.1	6.4	6.7	9.0	11.6
平行 1	0.032	0.034	0.036	0.037	0.036	0.083	0.030
平行 2	0.030	0.044	0.045	0.041	0.033	0.063	0.032
平行 3	0.029	0.043	0.034	0.036	0.036	0.074	0.031
平均值	0.030	0.040	0.038	0.038	0.035	0.073	0.031

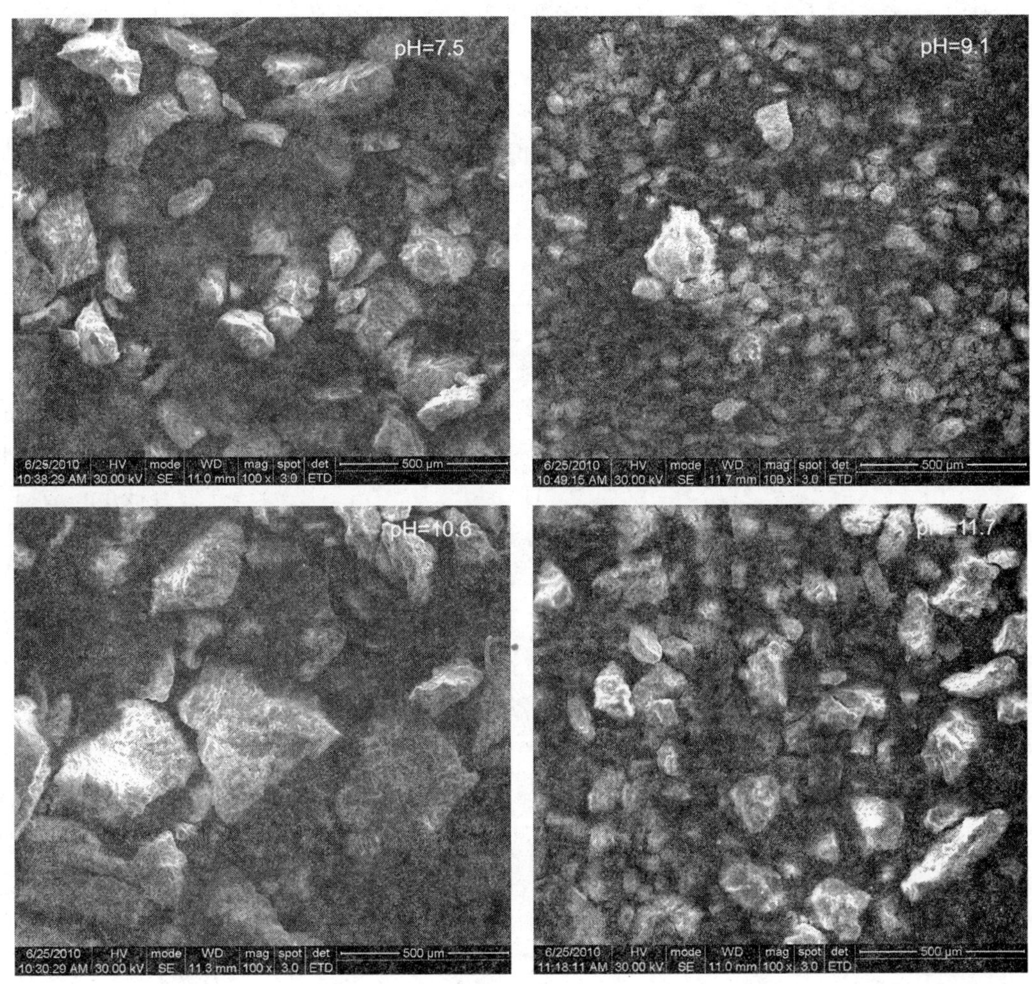

图 1 pH=7.5、9.1、10.6、11.7 时获得的沉淀物，自然风干后的环境扫描电子显微镜图

将水体 pH=7.5、9.1、10.6、11.7 时获得的沉淀物在自然风干后采用环境扫描电子显微镜进行观察（见图 1）。发现颗粒形貌呈岩石状，pH=9.1 附近时的颗粒物尺度最小，大多数在 50 m 以下。Wahab[12]等的研究也表明，锌离子遇碱反应生成的沉淀，尺度随 pH 值的改变而变化，pH=9.0 时沉淀物的尺度最小。采用滤纸过滤时，尺度较小的颗粒物会进入滤后液而影响比色测定，或者堵塞在滤纸孔内导致过滤缓慢。水体 pH=9.0 时，这种现象最明显。

日常分析也发现，样品过滤后，滤液中会重新生成白色沉淀。其原因可能是 $Zn(OH)_2$ 对溶液中的金属离子、悬浮微粒有强烈的吸附作用，为了保持电中性，Zn（OH）$_2$ 的表面双电层相应地吸附一层松散的阴离子（如 OH^-），导致滤液中的 OH^- 流失。表 8 为滤液过滤前、后的 pH 值变化情况。

表 8 去离子水絮凝沉淀过滤前后的 pH 变化

絮凝沉淀过滤前 pH	5.6	6.6	10.3	10.8	11.4	11.6
絮凝沉淀过滤后滤液 pH	4.7	5.4	9.6	10.2	10.9	11.5
ΔpH	0.9	1.2	0.7	0.6	0.5	0.1

将加有 10 ml 10% $ZnSO_4$的去离子水调至不同 pH 值条件下絮凝，滤后水溶液的 pH 均不同程度降低。pH 值小于 6.6 时 pH 增大，大于 10.3 时 pH 减小。因此，pH=9.0 时，pH 有可能出现最大值。在 18～25℃时，$Zn(OH)_2$的溶度积（K_{sp}）为 2.09×10^{-16}[13]，假定离子活度为 1，则完全生成 Zn（OH）$_2$沉淀的 pH 为 8.9。这样，当 pH＞8.9，过量的碱会使部分沉淀转变为锌酸盐。由于过滤后 pH 会降低，滤液中的锌酸盐又会转化成沉淀。pH 值很高时，pH 不大，过滤后只有极少量的锌酸盐转变成沉淀；pH 值很低时（＜8.9），由于滤液中没有锌酸盐，也不会有沉淀物析出，因此 pH=9.0 时沉淀析出量最大。

在分析过程中，偶然将 pH 调至 9.0 附近是引起空白偏高的主要原因。实际操作过程中，样品量大且采用广泛 pH 试纸测定，不可能每次都能调到 pH=10.5 左右。同时，常规分析时，往往滴入 NaOH 就马上用 pH 试纸比色，忽略了 OH^-与 Zn^{2+}反应需要一个过程。事实上，在滴入 NaOH 后，随时间变化，pH 会慢慢变小，变化幅度甚至达到 2 个单位以上，约 3 min 后才稳定。因此，建议调节 pH 值时采用精密试纸测试并静置 3 min 后再测一次，确保水体 pH 值稳定在 10.5 左右。

4 结论

（1）采用絮凝沉淀法测定氨氮时，固定剂硫酸的添加量并不会引起空白值偏高。引起偶然性空白偏高的因素包括容器清洁度、滤纸清洁度以及水体 pH 值等。

（2）滤纸中含有铵盐，未清洗的滤纸，其铵盐吸光度在 0.059～0.193 范围内，但清洗 3 次以后基本接近试剂空白的要求，为 0.031～0.034。

（3）对滤纸的处理建议采用浸泡法，在去离子水中浸泡 30 min 后，吸光度平均值为 0.029，达到试剂空白要求。

（4）絮凝过程中将水体 pH 值调至 9.0 附近会出现较高的空白值，其原因主要有两个，一是 pH=9.0 时生成的沉淀物尺度最小，过滤时进入滤液，提高了吸光度；二是过滤导致滤液 pH 降低，而在 pH=9.0 时 pH 最大，导致滤液重新析出沉淀物，也提高了吸光度。建议实际操作时采用精密试纸测定 pH 值并静置 3 min 后再测一次，确保水体 pH 值稳定在 10.5 左右。

参考文献

[1] 潘本锋，韩润平，鲁雪生，等. 纳氏试剂光度法测定氨氮时样品溶液 pH 值对分析结果的影响. 环境工程，2008，26（1）：71-73.

[2] 张庆军. 纳氏试剂光度法测定水和废水中氨氮关键问题的研究. 环境工程，2009，27（1）：85-88.

[3] 龚颖瑞，李瑞霞，李夏. 氨氮空白过高及其对氨氮测定结果影响的分析. 平顶山工学院学报，2006，15（5）：43-44，61.

[4] 黄忠民，常锋. 纳氏试剂中 $HgCl_2$ 用量的探索实验. 干旱环境监测，1993，7（1）：50-51.

[5] 多兰·哈布德力. 纳氏试剂光度法测定水体中氨氮常见问题与解决办法. 干旱环境监测，2008，22（3）：190-192.

[6] 林建国. 用去离子水替代无氨水测定氨氮的研究. 安徽农业科学，2008，36（9）：3501-3502，3528.

[7] 王彩萍. 纳氏试剂降低氨氮空白值影响因素探讨. 干旱环境监测，2008，22（2）：120-122.

[8] 赵虹. 纳氏试剂光度法测定水中氨氮影响因素分析. 环境研究与监测，2005，18（3）：12-14.

[9] 王文雷. 纳氏试剂比色法测定水体中氨氮影响因素的探讨. 中国环境监测，2009，25（1）：29-32.

[10] 国家环境保护总局. 水和废水监测分析方法[M]. 北京：中国环境科学出版社，2008：278

[11] 纪云峥，唐金楼，任敬旭. 纳氏试剂比色法测定水中氨氮的干扰分析. 分析实验室，2007，26（s）.

[12] Wahab R，Ansari S G，Kim Y S，et al. The role of pH variation on the growth of zinc oxide nanostructures[J]. Applied Surface Science，2009，255（9）：4891-4896.

[13] 周同惠，汪尔康，陆婉珍. 分析化学手册. 第一分册. 北京：化学工业出版社，1997：105

此文章刊登于《中国环境监测》2012 年第 5 期

水中粪大肠菌群测定方法的比较
——酶底物法与多管发酵法

王燕　龙加洪　许雄飞　李晶
（长沙市环境监测中心站，长沙　410001）

摘　要： 用酶底物法与多管发酵法分别检测地表水和污水同组样品。应用 t 检验：成对双样本均值分析的统计方法比较两种检测手段测定结果的相关性。结果表明，酶底物法与多管发酵法用于水中粪大肠菌群检测，测定结果具有强相关性，但统计学意义上有差异。在置信度 95%时此差异能被接受。酶底物法操作简便、快速、结果稳定，满足环境监测技术要求，可用以评价水质微生物污染程度。

关键词： 酶底物法；多管发酵法；粪大肠菌群

Comparison of Detection of Fecal Coliform in Water by Enzyme Substrate Technique and Multiple-tube Fermentation Technique

Wang Yan　Long Jiahong　Xu Xiongfei　Li Jing
（Changsha Environmental Monitoring Centre，Changsha　410001）

Abstract: The detective results were compared among Enzyme substrate technique and Multiple-tube fermentation technique to monitoring Fecal coliform in environmental water samples. The result indicated that the two technique had strong correlation by using t-test method，but there was significant difference. The difference was accepted in the confidence level 95%，And Enzyme substrate technique was fast，easy operating，stable and met the requirements of Environmental monitoring.

Key words: enzyme substrate technique；multiple-tube fermentation；fecal coliform

粪大肠菌群（FC）主要来源于人和温血动物的粪便，其数量直接表明水体受粪便污染的程度[1]，是目前国际上通行的监测水质受粪便污染的指示菌。FC 是综合评价城市污水尤其是生活污水污染的一个必不可少的重要指标[2]。目前我国环境监测部门采用的标准检测方法为膜过滤法（MF）和多管发酵法（MTF）[3]。但这两种方法检测时间相对较长，需 2～3d，且实验步骤烦琐，实验环境要求较高。因此，寻找和选择快速简便的检测方法十分必要。

酶底物法（Enzyme substrate technique）是利用大肠菌群能分解培养液，使之呈黄色，以及大肠埃希氏菌使培养液在波长 366 nm 紫外光下产生荧光的原理来判断水样中是否含有大肠菌群及大肠埃希氏菌[4]。酶底物法检测时间较短，18～24 h 即可同时判断水样中大肠菌群和大肠埃希氏菌的最可能数 MPN（most probable number）值。此法已经在美、日、韩和欧洲许多国家使用[5-7]，且通过美国 EPA 方法认证。由于酶底物法用于水样定量检测时也采用和多管发酵法相同的 MPN 计算方法，因此，本实验研究比较水中粪大肠菌群测定酶底物法与多管发酵法的相关性，以证明酶底物法满足环境监测要求，可用以评价水质微生物污染的程度。

1 实验部分

1.1 仪器设备与试剂材料

1.1.1 仪器设备

培养箱（控温精确±0.5℃）、压力灭菌器、封口机。

1.1.2 试剂材料

试剂：乳糖蛋白胨，EC 肉汤，酶底物法药品：市售美国爱德士生物科技股份有限公司的科立得 TM（Colilert）试剂。

材料：3 mm 接种环，酒精灯，科立得 TM（Colilert）无菌瓶，97 孔定量盘。

1.2 实验步骤

1.2.1 多管发酵法检测粪大肠菌群

步骤参照 GB/T 5750—2007[3]。

1.2.2 酶底物法检测粪大肠菌群（耐热大肠菌群）

通过提高培养温度的方法将自然环境中的大肠菌群与粪便中的大肠菌群区分开，在 44.5℃仍能生长的大肠菌群即为粪大肠菌群。

（1）用无菌样品瓶量取 100 ml 混匀水样（或用无菌水适度稀释的水样），并加入科立得 TM（Colilert）试剂充分摇匀溶解。

（2）把溶解完全的水样倒入无菌培养定量盘（97 孔），并在封口机上封装。把封装好定量盘放入 44.5±1℃恒温培养箱中培养 24 h。

（3）培养 24 h 后，与 97 孔阳性标准比色盘进行比较，对照 IDEXX 公司提供的 MPN 表报出结果。

1.3 统计分析应用软件 Excel

2 结果与讨论

微生物检测方法之间的比较多为检出率、阳性率等的比较，常用的统计方法为单因素方差分析和卡方检验[8]。由于酶底物法和多管发酵法的测定结果呈正态分布，两组方差无明显不同，因此本文采用 t-检验：成对双样本均值分析[8]，用泊松（Pearson）相关系数表述其相关性，考察两种方法统计学意义上的差别。

2.1 地表水、水源水结果比对

取 30 份地表水、水源水样品进行试验，将水样稀释使其 MPN 值控制在 20～350 MPN/100 ml。分别用酶底物法和多管发酵法发进行检测，结果见图 1 和表 1。两方法泊松相关系数为 0.91，方差接近，t=1.70（单尾临界），t=2.04（双尾临界），P=0.001＜0.05。证明两者相关性强，但统计学意义上有差异。

表 1　地表水、水源水检测结果

序号	多管发酵法		酶底物法	序号	多管发酵法		酶底物法
	粪大肠管数	MPN	MPN		粪大肠管数	MPN	MPN
1	5-3-2	140	122.2	16	5-2-1	70	78.3
2	5-3-0	79	53.6	17	5-3-2	140	131.7
3	5-4-1	170	115.3	18	5-2-2	94	88.6
4	5-2-2	94	86.7	19	5-1-2	63	79.5
5	5-2-0	49	35.0	20	5-2-2	94	79.4
6	5-3-3	180	137.4	21	4-3-1	33	26.6
7	5-3-0	79	43.9	22	4-2-0	22	17.6
8	5-2-1	70	65.7	23	5-1-2	63	52.0
9	5-4-0	130	167. 0	24	5-2-1	70	63.8
10	5-3-2	140	115.3	25	5-1-1	46	41.4
11	5-4-0	130	98.3	26	5-1-2	63	58.1
12	5-4-1	170	189.2	27	5-2-0	46	53.5
13	5-4-0	130	107.1	28	5-3-1	110	80.8
14	5-3-3	180	167.4	29	5-3-2	140	101.2
15	5-4-2	220	172.5	30	5-2-1	70	56.7

2.2 处理后污水结果比对

针对污水处理厂有进口水和出口水的区别，环境监测部门主要评价的是处理后的出水指标。因此，取 30 份处理后出口水样品进行试验，将水样稀释使其 MPN 值控制在 20～350 MPN/100 ml。分别用酶底物法和多管发酵法发检测，结果见图 2 和表 2。两方法泊松相关系数为 0.94，方差接近，t=1.70（单尾临界），t=2.05（双尾临界），P=0.012＜0.05。证明两者相关性强，但统计学意义上有差异。

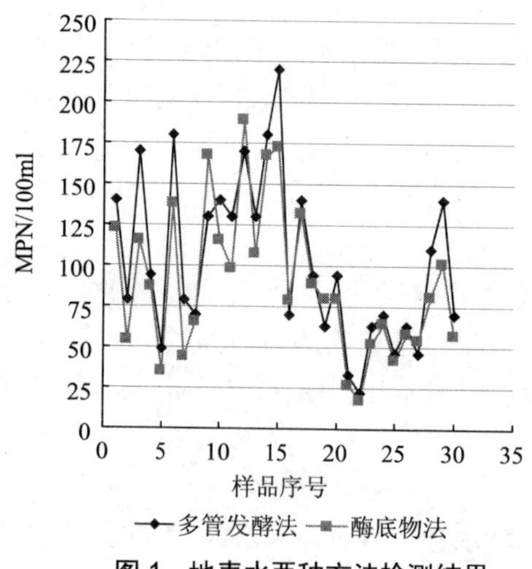

图 1　地表水两种方法检测结果

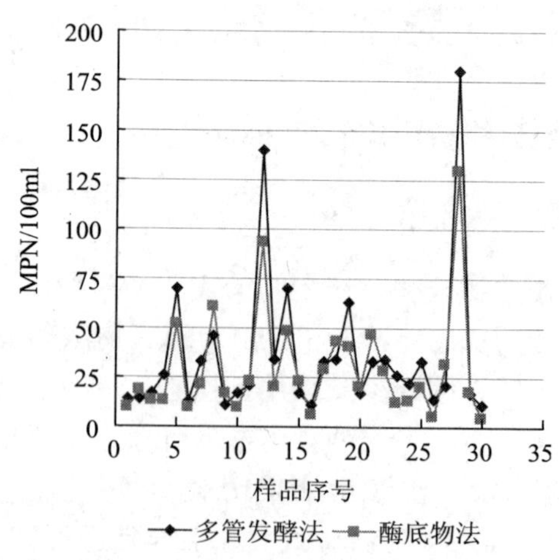

图 2　处理后污水两种方法检测结果

表 2 处理后污水检测结果

序号	多管发酵法		酶底物法	序号	多管发酵法		酶底物法
	粪大肠管数	MPN	MPN		粪大肠管数	MPN	MPN
1	3-1-1	14	9.6	16	3-0-1	11	6.1
2	3-2-0	14	17.9	17	4-3-1	33	29.2
3	3-3-0	17	12.8	18	4-4-0	34	42.8
4	4-2-1	26	13.1	19	5-1-2	63	40.5
5	5-2-1	70	52.0	20	3-2-1	17	20.3
6	4-0-0	13	9.7	21	5-1-0	33	46.8
7	4-3-1	33	21.3	22	4-4-0	34	28.1
8	5-1-1	46	60.8	23	4-2-1	26	11.9
9	3-0-1	11	16.3	24	4-2-0	22	12.8
10	3-3-0	17	9.6	25	4-3-1	33	20.2
11	4-1-1	21	23.0	26	3-1-1	14	5.1
12	5-3-2	140	93.3	27	4-1-1	21	31.2
13	4-4-0	34	20.2	28	5-3-3	180	129.6
14	5-2-1	70	48.1	29	3-2-1	17	17.7
15	3-3-0	17	22.5	30	3-0-1	11	4.0

在用两种方法检测粪大肠菌群时发现，酶底物法和多管发酵法检测结果相关性强，样品浓度在低浓度范围比高浓度范围相关性更好，但统计学意义上有差异。差异来自酶底物法检测结果大部分略低于多管发酵法，这可能是由于酶底物法检测的是大肠埃希氏菌、多管发酵法检测的是粪大肠菌群引起的。在置信度 95%的情况下差异可以被接受，且满足环境监测要求。

3 结论

通过以上实验证明酶底物法和多管发酵法相比结果相关性强，但统计学意义上有差异。在置信度 95%的情况下差异可以被接受的。酶底物法操作简便，检测时效性优于传统的多管发酵法，且可同时检测水中大肠菌群和大肠埃希氏菌的污染状况，能够快速判断水质微生物污染程度，满足环境监测技术要求。因此，酶底物法可以作为评价水质微生物污染的标准方法。

参考文献

[1] 万登榜，丘昌强，马宁，等. 用污染指示菌评价城市水体污染的研究. 水生生物学报，1994，18（4）：341-347.

[2] 金相灿. 中国湖泊环境（第三册）. 北京：海洋出版社，1995：304-317.

[3] 生活饮用水标准检验方法[S].GB/T 5750.2007：13-206.

[4] ISO 17994：Water quality-Criteria for establishing equirelence between microbio-logical methods. First edition，2004.

[5] US EPA.Standard methods for the examination of water and wastewater.20th ed. Washington D C：water Environment Federation，1998.

[6] US EPA.Ambient water quality criteria for bacteria. Washington D C：Environ mental Protection Agency，1986.

[7] GARYPY，DAVDAC.Evaluation of colilert and enterolert defined substrate methodology for wastewater applica tions. Water Environment Research，2002，74（2）：131-135.

[8] Schets FM，Nobel PJH，Strating S，et al. EU drinking water directive reference methods for enumeration of total coliforms and Escherichia coli compared with alternative methods. Letters in Applied Microbiology，2002，34：227-231.

此文章刊登于《环境科学与管理》2013 年第 3 期

废气监测二氧化硫过程中遇到的问题及解决方法

徐庆利 兰国华
（郴州市环境监测站，郴州 423000）

摘 要：废气的温度、含湿量、高负压和干扰气体都会对定电位电解法监测二氧化硫产生干扰，根据不同的干扰原因提出了不同的解决方法，针对含有干扰气体废气的二氧化硫监测应采用非分散红外吸收法以提高二氧化硫检测的准确性。

关键词：二氧化硫；定电位电解；非分散红外吸收；废气

Problems and Solutions in the Monitoring Sulfur Dioxide from Exhaust Gas

Xu Qingli Lan Guohua
（Chenzhou Environmental Monitoring Station，Chenzhou 423000）

Abstract：Temperature、humidity ratio、high negative pressure and interfering gas of the exhaust gas，all of them interfere with constant potential electrolysis monitoring sulfur dioxide. Different solutions are being proposed according to different disturbing causes.And non-dispersive infrared absorption method's being widely adopted to moniter sulfur dioxide is also recommended.

Key words：Sulfur Dioxide；constant potential electrolysis；non-dispersive infrared absor ption；exhaust gas

前言

定电位电解法测定固定污染源废气中二氧化硫是目前常用的测量方法，环保部早在1999年就制定了《定电位电解法二氧化硫测定仪技术条件》（HJ/T 46—1999），并于2000年颁布了《固定污染源排气中二氧化硫的测定定电位电解法》（HJ/T 57—2000）。该法和碘量法、中和滴定法、盐酸副玫瑰苯胺分光光度法相比，定电位电解法有着明显的优势，比如仪器便于携带，可直接测出二氧化硫的浓度，测出范围非常宽，操作和维护都方便等[1,2]，但在实际操作过程中也存在着诸多的因素影响其稳定性和准确性。比如，高温度和高含湿量的烟气进入采样管后水汽冷凝成液态水会吸收 SO_2，导致监测结果偏低[3]；高负压会减缓采样烟气的流量，减缓 SO_2 进入电解池的速率，导致监测结果偏低[4]；不同的气体对 SO_2 的干扰也不尽相同[5-6]，定电位电解法已无法排除复杂多变的烟气干扰。文章就不同的干扰因素对废气中二氧化硫检测影响进行了分析并提出相对应的解决策略，提高废气中二氧化硫检测分析的准确性，解决干扰因素对二氧化硫检测的影响。

1 定电位电解法的工作原理

定点位电解传感器由电解槽、电解液和电极组成。分析过程中，被测气体由抽气系统将烟气从污染源中引入分析系统，通过渗透膜进入电解槽，进行定电位电解分析。被测气体在恒电位工作电极上发生氧化反应（1）[3]，产生极限扩散电流 i，在一定范围内，其大小与二氧化硫浓度成正比，所以二氧化硫浓度可由极限电流 i 来测定。

$$SO_2+H_2O=SO_4^{2-}+4H^++2e^- \tag{1}$$

在整个监测过程中，需确保进入分析系统的烟气组成和烟道里的一致，恒定抽气流速使其不断通过渗透膜，确保进入电解槽被测气体取样的真实可靠，才能确保数据的准确性，否则就会引起误差。

2 定电位电解法测定二氧化硫的干扰因素及解决方法

2.1 温度和含湿量对二氧化硫测定的干扰及解决方法

高温工艺废气在采用湿法脱硫后含湿量往往大于 5%，高温和高含湿量的烟气进入取样管路后，由于温度下降水汽会在取样管路冷凝成液态水，并吸收烟气中的 SO_2，导致进入传感器的 SO_2 浓度降低，监测结果出现负偏差。另外，水蒸汽容易在渗透膜表面凝结，影响其透气性，被测组分不能完全扩散到工作电极上，使测量结果出现负偏差。

在《定电位电解法二氧化硫测定仪技术条件》（HJ/T 46—1999）[7]4.1.3 中明确规定了采样管的制作要求，如图 1 所示。其中 a 型采样管适用于不含水雾的气态污染物的采集，b 型采样管在气体入口处装有斜切口的套管，同时装滤料的滤尘管也进行加热，套管的作用是防止废气中的水滴进入采样管内，滤尘器加热是防止近饱和状态的排气滤料浸湿，影响采样。该方法可极大降低温度过高和湿度过大对定电位电解法测定 SO_2 的影响，提高数据的准确度。

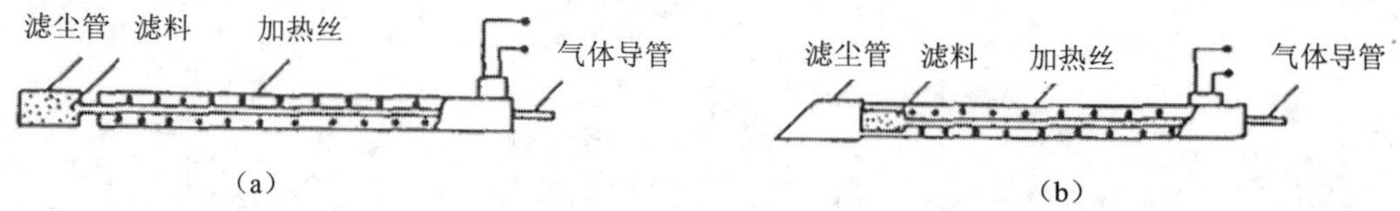

图 1 加热式烟气采样管

建议废气监测设备生产厂家继续制造并推广符合 HJ/T 46—1999 要求的采样管。检测机构在购买定电位电解法测定 SO_2 的设备时要选择配备了加热除湿采样管的装置。

2.2 高负压对二氧化硫的干扰及解决方法

在现场监测中，烟气综合分析仪中采样流量一般设定 1.0～1.4 L/min，如果烟道气体压力出现高负压时，会减缓 SO_2 进入电解池的速率，从而导致监测结果偏低[4]。谢馨[8]模拟高负压研究了不同流量对定电位电解法测定二氧化硫的干扰。结果发现流量在 0.4 L/min 的时候监测结果相对误差最大，监测结果严重偏小，对于低、中、高浓度相对误差分别为 −23.14%、−20.18%和−21.14%；在流量为 1.4 L/min 的时候监测结果相对误差最小。

由此可见，在测量出现高负压烟囱废气情况时，如果烟气流速不能达到设定值，会严重影响结果的准确性。现场监测时可以选择配备大功率的抽气泵或者更换采样地点，在增压风机后端进行取样，从根本上避免流量过小对 SO_2 测量数据造成误差。

2.3 其他气体对二氧化硫的干扰及解决方法

烟气中的二氧化硫会通过渗透膜进入电解槽，渗透膜的主要作用是防止电解液受到污染，影响电解电位发生变化，但渗透膜不能阻挡一些与 SO_2 分子直径相近的气体进入电解槽，如 NO_2、CO、HF、H_2S、NH_3 等。其中 NO_2、CO 电解电位与 SO_2 的电解电位相近，会进行电解，造成正干扰。一般烟气中 NO_2 的浓度不足 10%，对高浓度的 SO_2 的测定影响不大，可以不予考虑[7]。不同浓度的 CO 对定电位电解法测定 SO_2 的干扰程度不同，随着 CO 浓度的升高，对 SO_2 的影响会逐渐增强[5–6]。HF、H_2S、NH_3 能与电解液发生反应，导致 SO_2 电解电位发生改变，从而造成传感器永久性损伤。虽然已知这些气体的干扰，但由于干扰值的非线性和非重复性，电化学仪器无法对干扰值进行有效补偿，将导致监测结果出现较大偏差。

2011 年，环保部发布了《固定污染源废气二氧化硫的测定非分散红外吸收法》（HJ 629—2011），该方法利用 SO_2 气体在 6.82～9 μm 波长的红外光谱中具有选择性吸收作用，在恒定波长 7.3 μm 的红外光通过 SO_2 时，其光通量的衰减和 SO_2 浓度符合郎伯-比尔定律。即：

$$A = k\ c\ d \tag{2}$$

式中，A——吸光度；

k——光被吸收的比例系数；

c——样品浓度；

d——光程，即盛放溶液的液槽的透光厚度。

当 7.3 μm 的平行红外光垂直通过均匀的 SO_2 时，且光程 d 恒定不变，其吸光度 A 与 SO_2 的浓度 c 成正比。

根据量子力学原理，光是由光子所组成，当气体受到红外光束照射时，光子作用于气体分子，该分子选择性地吸收某些频率的光子，发生振动能级和转动能级的跃迁。从宏观上看，表现为透射光的强度变小，这种现象称为吸收，得到的光谱称为红外吸收光谱。由于不同气体分子选择性吸收光子的频率不同，所以非分散红外吸收法测定 SO_2 可完全消除 NO_2、CO、HF、H_2S、NH_3 等气体的干扰，提高监测的准确性，从根本上解决了干扰气体对定电位电解法测定 SO_2 时造成的影响。

3 结论

高温、高湿、高负压和干扰气体都会对定电位电解法监测二氧化硫产生干扰，误导检测结果。高温、高湿废气采用定电位电解法检测二氧化硫时需对采样管添加加热和除湿装置；高负压废气采用定电位电解法检测二氧化硫时需增加大功率抽气泵或者更换采样地点确保采用真实性；针对含有干扰气体废气的二氧化硫监测应采用非分散红外吸收法以提高二氧化硫检测的准确性。在废气二氧化硫监测过程中，针对不同的污染源废气采用不同的监测方法，提高监测数据的准确性，以免出现错误的数据误导企业盲目添加更换环保设施，造成不必要的浪费。

参考文献

[1] 易江，戴天有. 碘量法与定电位电解法测定 SO_2 的比较与讨论. 上海环境科学，1996，15（1）：37-38.

[2] 肖慧鹰，吴任宇. 定电位法测定工业废气中二氧化硫深度技术改进. 江西石油化工，2001，13（1）：43-47.

[3] 固定污染源排气中二氧化硫的测定定电位电解法. HJ/T 57—2000.

[4] 汪楠，王同健，许亮，等. 定电位电解法测定烟道气 SO_2 过程中的干扰和对策. 城市环境与城市生态，2009（22）：8.

[5] 姜汉山，赵辉. 定电位电解法测定烟道内二氧化硫准确性探讨. 辽宁城乡环境科技，2006，26（3）：35-36.

[6] 夏纯洁，苏骐，李泽清，莫建松. 烧结烟气中二氧化硫检测手段的研究. 工业安全与环保，2013，39（12）：65-67.

[7] 定电位电解法二氧化硫测定仪技术条件. HJ/T 46—1999.

[8] 谢馨，贾从峰. 烟道中高负压对二氧化硫测定影响及对策研究. 环境科学与管理，2013，9（38）：133-136.

此文章刊登于《环境保护前沿》2014 年

高氯高铵废水 COD 测定误差及方法适用性分析

王琦[1] 王小毛[2] 吴娟[1] 刘艳[1] 欧伏平[2] 符哲[2] 连花[2]
（1. 岳阳市环境监测中心，岳阳 414000；
2. 湖南省洞庭湖生态环境监测中心，岳阳 414000）

摘　要：以 0.25 mol/L 与 0.025 mol/L 的重铬酸钾法基础方法作比较，通过 Cl^- 干扰影响、Cl^-、NH_4^+ 共存时，NH_4^+ 的干扰影响及实例分析试验，得知：Cl^- 对 0.25 mol/L 与 0.025 mol/L 的重铬酸钾法干扰影响基本一致；Cl^- 浓度≤500 mg/L 时，Hg_2SO_4 的络合较为理想，Cl^- 的干扰影响相对较小，COD 测定结果相对误差≤5.1%；Cl^-、NH_4^+ 共存时，NH_4^+ 对 0.25 mol/L 重铬酸钾法 COD 测定值有较大的干扰影响，且当 NH_4^+ 浓度≤1 500 mg/L 时，其 COD 贡献值与 NH_4^+ 浓度有良好线性关系，并随着 Cl^- 的浓度的增加对应同浓度 NH_4^+ 的贡献值越大；NH_4^+ 干扰影响是 0.25 mol/L 与 0.025 mol/L 重铬酸钾法 COD 测定差异的丰要原因。在目前还没有有效消除 NH_4^+ 干扰方法的情况下，高氯、高铵、低 COD 废水样的测定，宜采用 0.25 mol/L 重铬酸钾法。

关键词：氯离子；铵离子；C0D；重铬酸钾法；干扰影响；误差；适用性

Byung R Kin[1]指出，当废水中同时存在 Cl^-、NH_4^+ 时，NH_4^+ 对 0.25 mol/L 的重铬酸钾法测定 COD 存在干扰影响，但未给出影响程度。在炼油催化剂工业产生的废水中含有高氯、高铵离子，不仅影响废水的生化处理，而且直接影响 COD 测定的准确性。目前氯离子干扰消除常用方法有硫酸汞络合重铬酸钾法[2]及氯气校正法[3]，前者因硫酸汞不能完全络合样品中的氯离子，而产生较大的氯离子干扰影响[4]；氯离子、铵离子共存时，氯气校正法虽然能够有效消除氯离子干扰影响，但本质上仍然是重铬酸钾法，同样不能消除铵离子干扰影响。针对高氯、高铵废水，至今尚未有比较合适的 COD 测定方法。本文以 0.25 mol/L 与 0.025 mol/L 的重铬酸钾法作基础方法比较，通过 Cl^- 干扰影响、Cl^-、NH_4^+ 共存时，NH_4^+ 的干扰影响及实例分析试验，探讨重铬酸钾法测定含高氯、高铵废水中 COD 误差来源及合适的 COD 分析方法。

1　实验部分

1.1　主要仪器和试剂

江苏姜堰市华晨仪器有限公司 HCA-100 型 COD 消解器；锥形瓶，250 ml；酸式滴定管，50 ml。

0.25 mo/L 重铬酸钾标准溶液：称取预先在 120℃烘干 2 h 的基准重铬酸钾 12.258 g 溶于水中，移入 1000 ml 容量瓶中，稀释至标线，摇匀。

0.025 mol/L 重铬酸钾标准溶液：用 0.25 mol/L 重铬酸钾标准溶液配制。

硫酸亚铁铵标准溶液[$(NH_4)_2Fe(SO_4)_2 \cdot 6H_2O \approx 0.1$ mol/L]：称取 39.5 g 硫酸亚铁铵溶于

水中，边搅拌边缓慢加入 20 ml 浓硫酸，冷却后移入 1000 ml 容量瓶中，加水稀释至标线，摇匀。临用前用重铬酸钾标准溶液标定。

试亚铁灵指示液：称取 1.458 g 邻菲啰啉（$C_{12}H_8N_2 \cdot H_2O$，1,10-phenanthroline）、0.695 g 硫酸亚铁（$FeSO_4 \cdot 7H_2O$）溶于水中，稀释至 100 ml，贮于棕色瓶内。

1.2 测定步骤

（1）预先用纳氏试剂法测定废水中铵离子的浓度；用硝酸银滴定法（GB 11896—1989）测定废水中氯离子的浓度，确定样品 COD 测定合适的稀释倍数。

（2）取 20.00 ml 样品于已经提前加入 0.4 g 硫酸汞的 250 ml 磨口的回流锥形瓶中，充分摇匀，分别准确加入 10.00 ml 0.25 mol/L 重铬酸钾标准溶液及数粒洗净的玻璃珠或沸石，连接磨口回流冷凝管，从冷凝管上口慢慢地加入 30 ml 硫酸银溶液，轻轻摇动锥形瓶使溶液混匀，加热回流 2 h（自开始沸腾时计时）。

（3）冷却后，用 90 ml 蒸馏水从上部慢慢冲洗冷凝管，取下锥形瓶。溶液再度冷却后，加 3 滴试亚铁灵指示液，用硫酸亚铁铵标准溶液滴定，溶液的颜色由黄色经蓝绿色至红褐色即为终点，记录硫酸亚铁铵标准溶液的用量。

（4）测定水样的同时，以 20.00 ml 蒸馏水，按同样操作步骤做空白试验。记录滴定空白时硫酸亚铁铵标准溶液的用量。

（5）同稀释水样 0.025 mol/L 重铬酸钾法的测定方法按上述步骤操作。

2 结果与分析

2.1 Cl^-的干扰影响

2.1.1 Cl^-对 0.25 mol/L 与 0.025 mol/L 的重铬酸钾法的干扰影响

根据重铬酸钾法氧化反应及 Cl^-反应的电极电位可知，重铬酸钾可以完全氧化等当量的 Cl^- [5]，即理论上单位浓度（mg/L）的 Cl^-被完全氧化换算成 COD 值为 0.226 mg/L，由此可知，同一样品中 Cl^-对 0.25 mol/L 与 0.025 mol/L 的重铬酸钾法的干扰影响是基本一致的。

2.1.2 硫酸汞的络合率及对应 Cl^-浓度的贡献值

国标法[2]指出，理论上硫酸汞：氯离子=10∶1 时，能达到较好的络合效果，即 20 ml 水样，0.4 g Hg_2SO_4 理论上能络合氯离子 2 000 mg/L。实际分析中发现[6-8]，只有当氯离子浓度低于 500 mg/L 时，Cl^-的络合效果才较为理想，当 Cl^-高于 500 mg/L 时，未被络合的 Cl^-被重铬酸钾氧化而带来较大的误差。为研究 Cl^-带来的误差大小，配制 COD 本底值为 100 mg/L、不同系列浓度 Cl^-的样品，加 Hg_2SO_4 络合，用 0.25 mol/L 重铬酸钾法测定其 COD 值，Hg_2SO_4的络合率及对应的 Cl^-贡献值见表 1。

表 1 中 Cl^-贡献值为样品经硫酸汞络合后 COD 测定值与 COD 本底值之差，由表 1 得知，当样品中 Cl^-浓度≤500 mg/L 时，Hg_2SO_4 的络合效果较为理想，Cl^-的干扰影响相对较小，COD 测定结果相对误差≤5.1%；Cl^-浓度大于 700 mg/L 时，Hg_2SO_4 的络合效果低于 90%，Cl^-的干扰影响较大，COD 测定结果相对误差≥15.8%。

表 1　硫酸汞的络合效率与 cl^- 的贡献值（n=7）

Cl^-浓度/（mg/L）	100	200	400	500	700	800	1000
Cl^-贡献值/（mg/L）	0.3	1.3	3.6	5.1	16.1	20.2	40.2
Hg_2SO_4络合效率/%	98.7	97.2	96.0	95.5	89.8	88.8	82.2
RSD/%	0.3	2.8	3.0	4.6	6.2	9.0	12.1
相对误差/%	0.3	9.3	3.6	5.1	15.8	20.2	40.2

2.2 NH_4^+的干扰影响

Byung R Kin [1]指出，Cl^-和 NH_4^+共存的样品，采用 0.25 mol/L 重铬酸钾时，NH_4^+能够被氧化产生正干扰，但未给出 NH_4^+具体的影响范围值，而采用 0.025 mol/L 重铬酸钾法时，NH_4^+无干扰影响；NH_4^+存在而无 Cl^-的样品，NH_4^+对高低浓度的重铬酸钾法均无干扰影响。

配制 COD 本底值为 100 mg/L、Cl^-浓度分别为 500 mg/L、1000 mg/L 一系列不同浓度 NH_4^+样品，加 Hg_2SO_4 络合，0.25 mol/L 重铬酸钾法测定 COD 值及 NH_4^+贡献值见表 2。

表 2　Cl^-与 NH_4^+共存时，NH_4^+对 COD 的贡献值

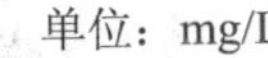
单位：mg/L

NH_4^+		100	500	1 000	1 500	2 000
Cl^-=500	COD 均值	107	122	135	150	152
	NH_4^+贡献值	0.9	16.9	29.9	44.9	46.9
	线性	a=2.58		b=0.025	r=0.972 5	
Cl^-=1 000	COD 均值	147	168	190	209	213
	NH_4^+贡献值	6.8	20.6	49.8	68.8	72.8
	线性	a=5.57		b=0.037	r=0.974 1	

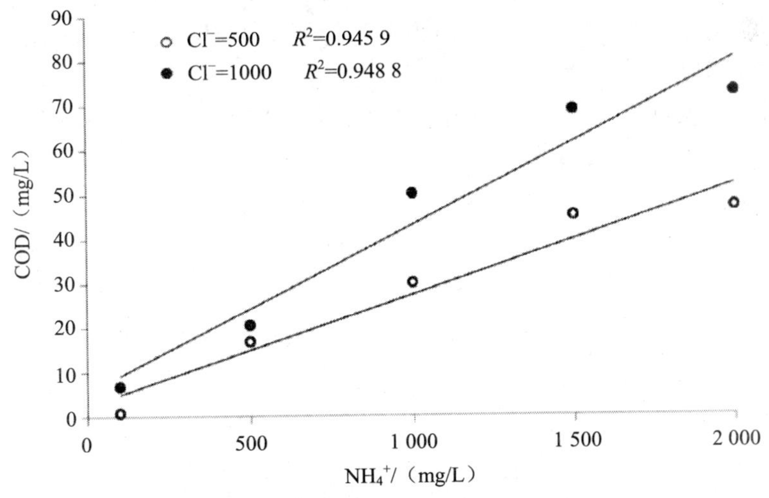

图 1　Cl^-与 NH_4^+共存时，NH_4^+对 COD 值的影响

表 2 中，Cl^-浓度为 500 mg/L、1000 m/L 时，根据表 1，Cl^-对 COD 的贡献值分别为 5.1 mg/L、40.2 mg/L，NH_4^+贡献值为样品 COD 测定值与 COD 本底值和 Cl^-贡献值之差。

由表 2、图 1 知，Cl^-与 NH_4^+共存时，NH_4^+对 0.25 mol/L 重铬酸钾法的干扰影响比较大，当 NH_4^+浓度≤1 500 mg/L 时，随着 NH_4^+浓度的增加，其 COD 贡献值递增，具有良好线性关系，且随 Cl^-浓度的增大对应浓度 NH_4^+贡献值相应增大；当 NH_4^+浓度≥1 500 mg/L 时，其 COD 贡献值递增不明显。

2.3 重铬酸钾法测定误差实例解析

2.3.1　0.25 mol/L 与 0.025 mol/L 重铬酸钾法 COD 测定值及差值

炼油催化剂企业未处理生产废水中 Cl^-、NH_4^+浓度波动较大，某次检测样品 Cl^-、NH_4^+测定浓度分别为 2 040 mg/L、1 800 mg/L，0.25 mol/L 与 0.025 mol/L 重铬酸钾法 COD 测定值及差值见表 3。

表 3　两种浓度重铬酸钾法 COD 测定均值及差值对比

重铬酸钾浓度/（mol/L）	COD 均值	Cl^-贡献值	NH_4^+贡献值
0.25	121	20.4	55.3
0.025	62.6	20.4	0
两法差值	58.4	0	55.3

表 3 中数据为样品稀释 4 倍测定值换算成原样结果值，其中，样品稀释 4 倍时，Cl^-、NH_4^+浓度分别为 512 mg/L、450 mg/L，其 COD 贡献值参照表 1、表 2 中 Cl^-500 mg/L 时对照值和线性计算所得。

2.3.2　Cl^-、NH_4^+干扰影响分析

由表 3 可以看出，Cl^-对两种浓度的重铬酸钾 COD 的贡献值是 20.4 mg/L，NH_4^+对 0.25 mol/L 重铬酸钾法 COD 的贡献值是 55.3 mg/L，因 Cl^-干扰影响对两种浓度的重铬酸钾法测定 COD 值是基本一致的，而 NH_4^+的干扰影响只对 0.25 mol/L 重铬酸钾法有影响，故两法 COD 测定均值差值 58.4 mg/L，主要是 NH_4^+带来的误差所致。同时可以看出 Cl^-、NH_4^+对 0.25 mol/L 的重铬酸钾法 COD 测定值的累计干扰影响高达 75.7 mg/L。

2.3.3 方法的适用性分析

针对高氯、高铵废水样 COD 的测定，0.25 mol/L 重铬酸钾法测定结果误差大，氯气校正法本质上也是 0.25 mol/L 重铬酸钾法，虽然消除了 Cl^-干扰影响，但不能消除 NH_4^+的干扰影响，测定结果仍然较大，相对而言，0.025 mol/L 的重铬酸钾法因 NH_4^+无干扰影响，测定结果误差相对较小，且国标法[2]认同未被络合的 Cl^-其 COD 贡献值计人样品 COD 值，因此，在控制稀释样 Cl^-≤500 mg/L 情况下，比较适用于高氯、高氨、低 COD 废水样的测定。

3　结论

（1）Cl^-的干扰影响对 0.25 mol/L 与 0.025 mol/L 重铬酸钾法是基本一致的。

（2）Hg_2SO_4 的络合效率对 Cl^-的干扰影响起决定性作用，只有控制样品中 Cl^-浓度≤500 mg/L 时，Hg_2SO_4 的络合效果才比较理想，此时 Cl^-的干扰影响较小。

（3）Cl^-与 NH_4^+共存时，NH_4^+对 0.25 mol/L 重铬酸钾法的干扰影响比较大，其影响值当 NH_4^+浓度≤1 500 mg/L 时，与 NH_4^+浓度有良好的线性关系，且随着 Cl^-、浓度的增大，

对应同浓度 NH_4^+贡献值相应增大。

（4）0.25 mol/L 与 0.025 mol/L 浓度重铬酸钾法测定 COD 值差异来源主要是 NH_4^+的干扰影响。

（5）高氯、高铵、低 COD 值的废水样，在目前还没有有效消除 NH_4^+干扰方法的情况下，宜采用 0.025 mol/L 重铬酸钾法。

参考文献

[1] Byung R Kin．Effect of ammonia on COD analysis．Journsl．WPCF，1989，51（5）：614-617.

[2] GB 11914—1989. 水质化学需氧量的测定重铬酸盐法.

[3] HJ/T 70—2001. 化学需氧量的测定氯气校正法.

[4] 刘毅．氯离子对化学需氧量测定的影响．氯碱工业，2004（6）：42.

[5] 魏复盛．水和废水监测分析方法指南. 北京：中国环境科学出版社，1997.

[6] 张月，简淼夫．COD 测定中氯离子干扰的消除方法. 工业用水与废水，2004，35（4）：55-57，72.

[7] 姚佳莹．测定高氯废水 COD_{Cr} 的方法探讨．环境科学与管理，2011，36（3）：94-99.

[8] 王小毛. 重铬酸钾法测定炼油废水 COD 的适用性分析. 中国环境管理干部学院学报，2013，23（4）：55-57.

此文章刊登于《环境研究与监测》2014 年第 1 期

改进分光光度法测定水体中痕量碘化物

张艳[1,2] 田耘[1,2] 毕军平[1,2] 罗岳平[1,2] 谢沙[1,2]
（1. 湖南省环境监测中心站，长沙 410014；
2. 国家环境保护重金属污染监测重点实验室，长沙 410014）

摘　要：采用改进的分光光度法建立了水体中低浓度碘化物测定的新方法。创新性的采用亚砷酸-硫酸-氯化钠的混酸体系和硫酸亚铁铵-硫氰酸钾混合显色剂对传统方法的催化反应和显色反应过程进行改进，使碘化物分光光度法的前处理步骤由 7 步简化到 3 步。并通过优化混酸及显色剂的配比与用量、反应温度等确定了最佳实验条件，极大提高了方法的操作性、可控性和重现性，降低了不确定度。该方法操作简单快捷、灵敏度高、重现性好、结果准确，检出限可达到 0.1 μg/L，加标回收率在 97%～105%之间，可广泛应用于多种自然水体中碘化物的测定。

关键词：碘化物；改进；分光光度法；痕量

Determination of Iodide in Water by Improved Spectrophotometry

Zhang Yan[1,2] Tian Yun[1,2] Bi Junping[1,2] Luo Yueping[1,2] Xie Sha[1,2]
（1. Hunan Province Environmental Monitoring Cerner，Changsha 410014;
2. State Environmental Protection Key Laboratory of Monitoring for heavy metal Pollutants，Changsha 410014）

Abstract: An improved method of spectrophotometry had been developed for the determination of trace iodide in water. By optimizing reaction time and the innovative using of mixed acid which were constituted by arsenious acid、sulfuric acid and sulfuric acid，as while as the mixed chromogenic agent which were constituted by ammonium ferrous sulfate and potassium rhodanate to instead of traditional chemical reagent，the method had been greatly ameliorate at stability and veracity. Under the optimal experiment conditions，the limit of detection for iodide was 0.1 μg/L，the linear calibration curve ranged from 0.0 to 50 μg/L，the recovery was 97% to 105%，and was anti-jamming to multi-ion in natural water. The proposed method was proved to be suitable for the trace iodide in natural water.

Key words: iodide；improved；spectrophotometry；trace

碘是人体必需的微量营养素之一。碘缺乏可造成地方性甲状腺以及以呆、小、聋、哑、瘫为特征的地方性克丁病；碘化物含量过高时，也可引起高碘甲状腺肿[1]。目前，痕量碘的测定方法主要有分光光度法、色谱法和差示脉冲极谱法等，其中催化比色法为推荐方法[2–5]。催化比色法的基本原理为，在酸性条件下，碘离子对亚砷酸与硫酸铈的氧化还原反应具有催化能力，且此作用与碘离子存在量呈非线性比例。在间隔一定时间后，加入硫酸亚铁铵以终止反应。残存的高铈离子与亚铁反应，成正比例的生成高铁离子，后者与硫氰酸钾生成稳定的红色络合物[6]。

但是传统分光法步骤复杂，温度和反应时间对结果影响极大，准确度、精密度并不能满足痕量分析要求[7-8]。在对实验条件进行改进后，创新性的采用亚砷酸-硫酸-氯化钠的混酸体系和硫酸亚铁铵-硫氰酸钾混合显色剂对传统方法的催化反应和显色反应过程进行改进，使碘化物分光光度法的操作步骤由 7 步简化到 3 步。建立的方法不仅能应用于地下水、饮用水和较清洁的地表水源中痕量碘化物含量的测定，还可应用于其他含高浓度碘化物的废水、海水等水体的常规测定和野外应急测定，具有良好的应用前景。

1 试验部分

1.1 试剂

（1）20%氯化钠溶液（GR）。

（2）亚砷酸溶液：称取 4.96 g 三氧化二砷（GR）于少量水中，加 0.2 ml 浓硫酸（AR）使溶解，稀释至 1 L。

（3）（1+3）硫酸溶液（AR）。

（4）混酸溶液：将 1.1，1.2，1.3 按一定比例混合，现用现配。

（5）硫酸铈铵溶液：称取 13.38 g 硫酸铈铵（$Ce(NH_4)_4(SO_4)_4 \cdot 4H_2O$，GR）溶于水，加 44 ml 浓硫酸（AR），稀释至 1 L。

（6）硫酸亚铁铵溶液：称取 1.50 g 硫酸亚铁铵（$Fe(NH_4)_2(SO_4)_2 \cdot 6H_2O$，GR）溶于含 0.6 ml 浓硫酸的 100 ml 水中，当天配制。

（7）硫氰酸钾溶液：称取 4 g 硫氰酸钾（KSCN，AR）溶于 100 ml 水中。

（8）混合显色剂；将 1.6、1.7 按一定比例混合，现用现配。

（9）碘化钾标准贮备液：称取 0.645 0 g 碘化钾（GR）溶于水，移入 500 ml 容量瓶中，稀释至标线，碘离子浓度 1.00 mg/ml。

（10）碘化钾标准使用液：分取上述碘化钾标准贮备液，逐级稀释至碘离子浓度为 0.010 μg/ml 的标准使用液，现配现用。

（11）实验用水为二次蒸馏水。

1.2 仪器和设备

（1）秒表。

（2）分光光度计 CARy 100。

（3）恒温水浴锅 HH-4。

1.3 试验方法

取 10.0 ml 水样（或分取适量，加无碘水至 10.0 ml）于 25 ml 比色管中，加入 2.50 ml 混酸溶液，混匀。置于恒温水浴中 10 min，待温度达到平衡后，每隔 30 s（以秒表计）分别加入 1.00 ml 硫酸铈铵酸液。放回水浴中，经 15 min 后取出，按原顺序每隔 30 s 加入 2.00 ml 混合显色剂，混匀。放置 15 min 后，以水为参比，用光程长 10 mm 比色皿，继续按顺序每隔 30 s，测量吸光度。

2 结果与讨论

2.1 比色波长

在全波长范围内扫描，选择碘离子-铈盐-亚铁离子络合物的最大吸收波长，510 nm 为比色波长。

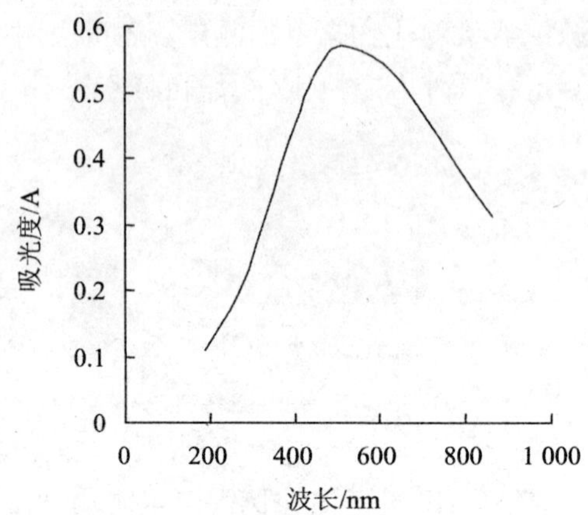

图 1　碘化物特征波长扫描图

2.2 混酸配比及用量

实验研究发现，NaCl 含量在 0.6%～1.0%，可降低显著碘的非催化反应；但随着加入量的增加，$\lg A_0/A$ 值逐渐减小，方法灵敏度下降。亚砷酸加入量较低时，$\lg A_0/A$ 值较低，随着加入量增加，亚砷酸浓度达到 0.5 mmol/L 时，$\lg A_0/A$ 值逐渐增大至趋于稳定。体系中（1+3）硫酸浓度达到 1%～5%，$\lg A_0/A$ 值稳定增大；但随着加入量的增加，$\lg A_0/A$ 反而减小。通过正交试验优化混酸的配比及用量，混酸体积配比为氯化钠（1.1）∶亚砷酸（1.2）∶硫酸（1.3）=2∶1∶2，混酸的用量为 2.50 ml。

2.3 混合显色剂配比及用量

硫酸亚铁铵与体系中过量的硫酸铈铵溶液反应，生成正比例的高铁离子，再与硫氰酸钾生成稳定的红色络合物。经试验研究确定混合显色剂体积配比为硫酸亚铁铵（1.6）∶硫氰酸钾（1.7）=2∶1，混合显色剂的用量为 2.00 ml。

2.4 温度影响

经实验研究，水浴温度在 20～40℃，该方法的碘化物均呈现出良好的线性反应，择优选取 30℃±0.5℃为最合适温度。

2.5 标准曲线

配制成浓度为 0.00 μg/L、0.40 μg/L、1.20 μg/L、2.00 μg/L、2.80 μg/L、4.00 μg/L 的系列标准溶液，分光光度计进行测定，以吸光值对应的 $\lg A_0/A$ 值为纵坐标，碘离子浓度为横坐标绘制工作曲线。碘离子浓度与 $\lg A_0/A$ 值呈非常好的线性关系，相关系数可达 0.999 以上。该方法的校准曲线见图 2。

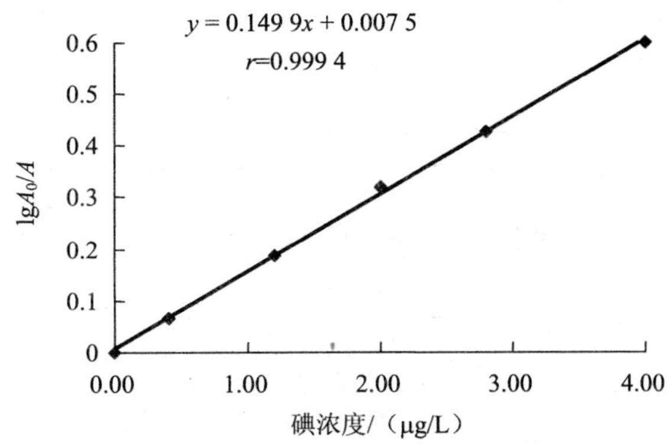

图 2 校准曲线图及相关系数

2.6 精密度-加标回收测试

在最佳分析条件下对浓度为 0.60 μg/L、1.50 μg/L、3.00 μg/L 的碘离子标准样品和多种天然水样分别平行测定 6 次，测试方法精密度。另外对各待测样品分别加入原有浓度 0.5 倍、1.0 倍、2.0 倍的量进行加标回收实验。精密度实验和加标回收率实验的结果见表 1，方法的相对标准偏差在 3.6%～5.9%，加标回收率在 97.0%～104.7%，该方法具有良好的精密度和准确度。

表 1 精密度和加标回收实验结果一览表

测定项目		0.60 μg/L 标准样品	1.50 μg/L 标准样品	3.00 μg/L 标准样品	河流水体	湖库水体	地下水
平均值 $\bar{x}_i$ /μg		0.61	1.54	3.10	0.55	0.82	0.93
标准偏差 S_i/μg		0.001 5	0.001 9	0.002 8	0.002 3	0.001 7	0.002 1
相对标准偏差 RSD/%		5.9	4.9	3.6	4.3	3.8	4.1
加标回收率/%	0.5 倍	99.8	104.3	103.2	104.7	102.4	102.6
	1.0 倍	99.4	98.6	102.8	102.1	99.7	101.5
	2.0 倍	100.2	97.0	98.4	97.9	98.2	99.4

2.7 方法检出限

以二次蒸馏水代替水样，以相同操作步骤进行空白测定。连续 7 次的空白溶液测定，按照空白标准偏差的 3.14 倍计算本方法碘的检测限为 0.1 μg/L。

3 结论

本文创新性的采用亚砷酸-硫酸-氯化钠的混酸体系和硫酸亚铁铵-硫氰酸钾混合显色剂对传统方法的催化反应和显色反应过程进行改进，建立了自然水体中低浓度碘化物测定的新方法。该方法操作简单快捷、灵敏度高、重现性好、结果准确，方法的检出限可达到 0.1 μg/L，适用于多种自然水体中碘化物含量的测定。并通过优化混酸及显色剂的配比与用量、反应温度等实验确定了最佳实验条件，极大提高了方法的操作性、可控性和重现性，降低了不确定度和干扰，标准曲线线性相关系数提高到三个 9 以上。

参考文献

[1] 李吉学，朱忠和，朱世民. 表面活性剂增敏阴极溶出伏安法测定痕量的碘. 分析试验室，1994，13（1）：67-69.

[2] 地下水质检验方法. DZ/T 0064.55—93.

[3] 王福军，雷军，董宝琴，等. 顶空毛细管气相色谱法测定水中碘化物. 色谱，2005，23（3）：326.

[4] 刘敬东. 火焰原子吸收光谱法测定水中微量碘. 理化检验-化学分册，1998，34（5）：227.

[5] 邓莲芬. 气相色谱-电子捕获检测器法（GC-ECD）测定食品中的碘化物. 中国卫生检验杂志，2008，18（8）：1551-1552.

[6] 王清华，陈莉丽，张小红. 生活饮用水中碘化物的测定. 预防医学论坛，2005，11（5）：551-552.

[7] 曹海兰. 天然饮用矿泉水中碘化物测定方法的改进. 现代预防医学，2007，34（17）：3351-3352.

[8] 张爱霞，刘楠，武和平.衍生化法测定尿中碘化物. 实用预防医学，2009，16（2）：550-551.

此文章刊登于《理化检验-化学分册》2014 年第 9 期

应急与在线监测

空气质量自动监测中测量不确定度的应用

傅鹏

（长沙市环境监测中心站，长沙 410001）

摘　要：根据测量原理建立数学模型，分析各种不确定分量的来源，评定标准不确定度，确定合成不确定度和扩展不确定度。通过不确定影响分量的分析，找出最大不确定分量，重点控制其分量，可保证测量的准确性和精度，也可通过重新评估显著性不确定分量，找出方法存在的不足和问题，提出控制不确定分量的步骤和方法，改善测量方法和手段提高测量准确性和精度。

关键词：不确定度；自动监测；测量；控制

Application on Ambient Air Auto Monitoring System With Deterring Uncertainty

Fu Peng

（Changsha Environmental Monitoring Station，Changsha 410001）

Abstract： The mathematic model is established on deterring theory.And all kinds of uncertainty sources are analyzed to asses standard uncertainty and expand uncertainty.The max uncertainty quantity is found out to control the key uncertainty for making sure of accuracy.It also can find out existing problems and point out some methods to contral uncertainty by evaluating distinct uncertainty.

Key words： Uncertainty；Automatic monitoring；Determination；Contral

测量不确定度的概念在测量历史上相对较新，其应用具有广泛性和实用性。本文通过对二氧化硫仪器测量不确定度的评定分析，阐述测量不确定度在环境空气质量自动监测领域中应用。

1　仪器工作原理

二氧化硫监测原理基于紫外灯发出的紫外光通过滤光片，激发二氧化硫分子使其处于激发态，在二氧化氯分子从激发态衰减回基态时发出荧光，光学滤波器选择，再经光电倍增管放大，测定荧光强度，从而可求出二氧化硫的浓度。[1]

2　技术规定

2.1 试验方法

自动监测方法不确度的评定，是利用环境监测总站标准物质研究所提供的标准气体作量值传递基准，通过动态气体校准仪使零气和标气混合稀释后，配制出一定浓度的二氧化硫气体经采样管路输送到监测仪器中，通过仪器测量直接显示气体的浓度。该点为监测仪器跨度的标点校准点，试验利用校准标点进行监测方法的不确定度评定。监测仪器的示值误差、标气流量和零气流量不确定的测试采用重复性试验的方法评定。

2.2 试验仪器

（1）环境监测总站标准物质研究所提供的标准气体（气体编号 0109750，浓度 51.2 μmol/mol），标气纯度不确定度：2%。

（2）动态气体校准仪（型号 Gascal-1000）。

（3）二氧化硫自动监测仪器（型号 ML9850 型）。

（4）流量计（型号 DCL-MH　DCL-L）。

2.3 试验要求

标准气体在产品合格证书规定的有效期内。进行不确定度评定前首先对动态气体校准仪的标气质量流量计和零气质量流量计，用高于此质量流量计一个等级的标准流量计进行流量校准，校准用流量计必需是经过计量部门校准或认可的流量计，以保证流量的准确性在进行不确定度评定前对监测仪进行多点校准，检查监测仪器的性能是否达到监测方法规定的要求。自动监测仪器对环境条件有一定的要求，为保证监测仪器达到环境条件的要求，测试仪器放置在有空调的房间中进行。环境温度控制在 25℃±5℃，湿度控制在＜80 的条件中。

2.4 数学模型

根据监测仪器和动态气体校准仪的工作原理，得到数学模型。

$$y=C_0\times\frac{Q_x}{Q_0+Q_x}\times F_s\times \mathrm{rep}+\triangle$$

式中，y——被测气体浓度，ppb；

Q_x——标气流量，ml/min；

Q_0——零气流量，ml/min；

C_0——标气浓度，mol/mol；

rep——仪器示值的重复性；

F_s——跨度的精度，ppb；

△——仪器的漂移，ppb。

3　不确定度来源的确定和分析

自动监测中不确定度主要来自标气浓度的不确定度，动态气体校准仪流量误差，测量仪器的测量精度，仪器示值的重现性，仪器漂移导致的不确定度。

4　不确定度的评定

4.1 不确定度传播律通过不确定影响量的分析

知道不确定度的来源，依此可确定不确定度的传播律，见下式：

$$u_r=\sqrt{u_r^2(_{C0})+u_r^2(_Q)+u_r^2(_{FS})+u_r^2(_{rep})+u_r^2(_\Delta)}$$

4.2 标准不确定度评定

4.2.1 标气浓度标准不确定度评定

标气合格证书提供的标气参数。

标气纯度的标准不确定度 2%。

标气纯度不确定度分布按均匀分布处理，均匀发布的 $k=\sqrt{3}$

$$u_{r\,(C0)}=\frac{0.02}{\sqrt{3}}=0.011\ 5=1.15\%$$

4.2.2 质量流量计标准不确定度评定

质量流量计不确定度包括标气流量的不确定度和零气流量的不确定度两个分量。

$$u_{r\,(Q)}=\sqrt{\left[\frac{\partial y}{\partial Q0}\right]^2 u_r^2(_{Q0})+\left[\frac{\partial y}{\partial Qx}\right]u_r^2(_{QX})}$$

$$\text{偏导数}\ C_{QX}=\frac{\partial y}{\partial Qx}=\frac{Q_0}{(Q_0+Qx)^2}\times C_0$$

$$\text{偏导数}\ C_{Q0}=\frac{\partial y}{\partial Q0}=\frac{Qx}{(Q_0+Qx)^2}\times C_0$$

式中，流量的确定根据配制出浓度 400ppb 的标准气体计算得到，标气的控制流量为 24.7 ml/min，零气流量控制流为 3 000 ml/min，不确定度的评定采用标准流量计重复测量流量得到。

Q_0——3 000 ml/min；

Q_x——24.7 ml/min；

C_0——512 000ppb。

$$S_{(Qx)}=\sqrt{\frac{\sum_{k=1}^{n}(X_k-\overline{X})^2}{n-1}}\quad S_{\overline{(QX)}}=\frac{S_{(QX)}}{\sqrt{n}}$$

不确定度评定测量结果见表 1、表 2。

表 1　标气流量计不确定度评定结果表

序号	标准流量计流量/（ml/min）	序号	标准流量计流量/（ml/min）
1	24.65	6	24.66
2	24.71	7	24.70
3	24.68	8	24.71
4	24.69	9	24.67
5	24.68	10	24.69
平均值 Q_x：24.68		标准偏差 $S_{(Qx)}$：0.020	
平均值标准偏差 $S_{\overline{(QX)}}$：0.006 3		相对标准偏差：$u_{r\,(Qx)}$ 0.000 255	
C_{Qx}：16.79		$C_{Qx}^2u_r(_{Qx})^2$：0.000 018 3	
$C_{Qx}u_r(_{Qx})$：0.004 3（0.42%）			

表 2 零气流计不确定度评定结果表

序号	标准流量计流量/（ml/min）	序号	标准流量计流量/（ml/min）
1	3 008	6	3 019
2	3 025	7	3 016
3	3 021	8	3 015
4	3 018	9	3 014
5	3 015	10	3 020
平均值 Q_o： 3 017.1		标准偏差 $S_{(Qo)}$：4.629	
平均值标准偏差 $S_{\overline{(Qo)}}$：1.464		相对标准偏差：u_r（$_{Q0}$）0.000 488	
C_{Q0}： 0.138		$C_{Q0}{}^2u_r$（Q_0）^{2}：0.000 000 004	
$C_{Q0}u_r$（$_{Q0}$）： 0.000 067（0.006 7%）			

$$u_{r(Q)}=\sqrt{\left[\frac{\partial y}{\partial Q0}\right]^2 u_r^2(_{Q0})+\left[\frac{\partial y}{\partial Qx}\right]u_r^2(_{QX})}=\sqrt{0.000\ 018\ 3+0.000\ 000\ 004}=0.004\ 3=0.43\%$$

4.2.3 仪器示值误差标准不确定度评定

监测仪器 80%跨度精度误差为：1%。

精度误差不确定度分布按均匀分布处理，均匀发布的 $k=\sqrt{3}$ 。

$$u_r（_{FS}）=\frac{0.01}{\sqrt{3}}=0.005\ 8=0.58\%$$

4.2.4 仪器示值重复性标准不确定度评定

示值重复性不确定度的评定采用重复测量 80%跨度标点浓度即 400ppb 的响应值得到，测定利用两台相同型号的仪器进行合并样本的标准差测量，不确定度评定测量结果见表 3。

表 3 仪器示值重复性标准不确定度评定结果表

序号	仪器响应值/ppb	序号	仪器响应值/ppb
1	401	1	400
2	400	2	401
3	399	3	399
4	399	4	399
5	400	5	401
6	401	6	401
7	402	7	402
8	401	8	401
9	400	9	402
10	399	10	400
平均值	400.2	平均值	400.6
标准偏差	1.033	标准偏差	1.075
平均值标准偏差	0.327	平均值标准偏差	0.340
合并样本标准偏差	1.054		
合并样本平均值标准偏差	0.334		
合并样本相对标准偏差	0.000 84（0.084%）		

示值重复性不确定度 $u_{r(\mathrm{rep})}$=0.084%。

4.2.5 仪器漂移标准不确定度评定

仪器漂移不确定度包括标点漂移不确定度和零点漂移不确定度。

监测仪器提供的漂移参数。80%跨度标点漂移：0.5% 零点漂移：0.2%。

$$u_{r(\triangle)}=\sqrt{u_r^2(_{\text{标漂}})+u_r^2(_{\text{零漂}})}$$

标点漂移不确定度分布按均匀分布处理，均匀发布的 $k=\sqrt{3}$

$$u_r(\text{标漂})=\frac{0.005}{\sqrt{3}}=0.002\,9=0.29\%$$

零点漂移不确定度分布按均匀分布处理，均匀发布的 $k=\sqrt{3}$

$$u_r(_{\text{零漂}})=\frac{0.002}{\sqrt{3}}=0.001\,2=0.12\%$$

$$u_{r(\triangle)}=\sqrt{u_r^2(_{\text{标漂}})+u_r^2(_{\text{零漂}})}=\sqrt{(0.29\%)^2+(0.12\%)^2}=0.31\%$$

5 合成标准不确定度

$$u_r=\sqrt{u_r^2(_{C0})+u_r^2(_{Q})+u_r^2(_{FS})+u_r^2(_{rep})+u_r^2(_{\triangle})}$$

$$=\sqrt{0.011\,5^2+0.004\,3^2+0.005\,8^2+0.000\,84^2+0.003\,1^2}=1.40$$

6 扩展不确定度

取 k=2 时[2]，则二氧化硫仪器的扩展不确定为：

$$U=2\times1.40\%=2.8\%\approx3\%$$

7 重新评估显著性不确定度分量

利用统计分析的方法直观地反映各不确定度分量所占总不确定量的比例，提醒操作者注意和控制对象，保证监测仪器工作在最佳状态，提高检测数据的质量和数据的可靠性。[3]

7.1 不确定度分量的统计分析

将计算出来的各分量的不确定度，输入统计图表中得到各不确定度统计结果，统计结果见图 1。

从统计分析图可知，不确定度影响分量大小排序依次为 $u_{r(C0)}$、$u_{r(FS)}$、$u_{r(Q)}$、$u_{r(\triangle)}$、$u_{r(\mathrm{rep})}$。标气纯度和仪器测量精度是检测方法中两个最大来源的不确定度，是检测中重点控制的不确定度影响量。

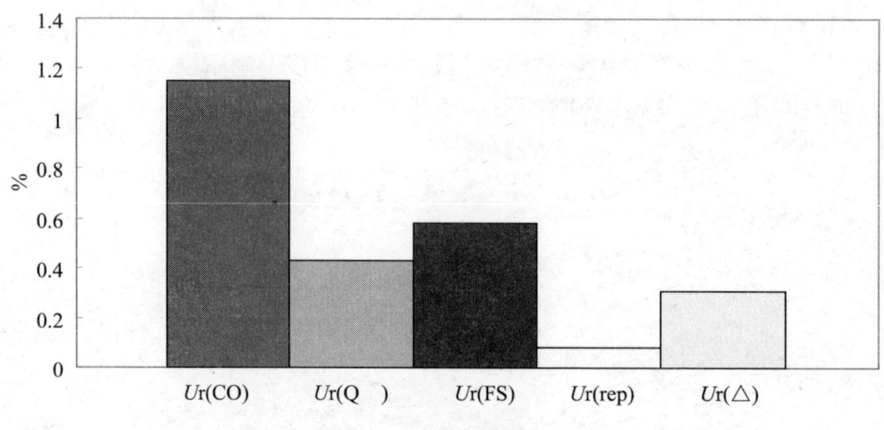

图 1 各不确定度分统计直方图

7.2 显著性不确定度分量分析

目前国内最好的二氧化硫标准气体纯度的不确定度是 2%，作为用户，我们只有保证标准气体在有效期内使用，减少不确定度的来源。

影响漂移和仪器测量精度的主要因素有环境温度、电源电压、电磁干扰、制冷器件、光电倍增管等。目前自动站房安装有空调和稳压电源，这两个影响因素基本可排除，除此之外还应从以下几方面，控制监测仪器、减少不稳定因素的来源、减少外界电磁干扰。站房建设应远离电磁干扰，对已存在电磁干扰的环境采取屏蔽措施，避免干扰定期校准仪器。定期对监测仪器进行校零、校标和多点校准，及时纠正仪器的漂移和精度误差，保持良好工作状态。性能审核是对仪器性能进行全面综合的审核，发现仪器存在性能方面的缺陷，保证仪器整体性达到方法规定的要求定时更换易损部件。制冷器是仪器的重要部件，同时又是易损部件，当制冷器损坏或制冷性能不佳时都会造成监测仪器的零点和标点发生严重漂移，造成检测精度达不到要求，及时更换有故障的部件，是减少不确定度来源的重要措施。光电倍增管检测仪器的关键部件，它的好坏直接影响仪器的漂移和检测精度，定期检查和更换也是减少不确定度来源的重要措施。

质量流量控制器的不确定度主要是标气流量控制器的影响，在校准仪器的过程中，通过控制标气流量，使其在流量控制器线性最佳位置（一般在质量流量计测量范围的中间为宜），可以减少不确定度来源。

8 结论

通过不确定度评定，评出了目前影响自动监测不确定量的主要因素，在此基础上制定空气质量自动监测的控制方法，保证测量结果的准确性和精度，提高了空气自动监测质量的水平。同时为以后不断提高监测数据的准确性和精度，逐步控制不确定分量的方法和步骤，改善测量方法和手段提供帮助。

参考文献

[1] 魏复盛，滕恩江，池靖，等. 空气和废气监测分析方法. 北京：中国环境科学出版社，2003：257-261.

[2] 施昌彦，刘风，王以铭，等. 测量不确定度评定与表示指南. 北京：中国计量出版社，2000：53-55.

[3] 汪铁华. 校准—理论与实践. 北京：中国计量出版社，2000：228-234.

此文章刊登于《新疆环境保护》2010 年第 3 期

一氧化碳自动监测系统中不确定度的评定

朱舟　傅鹏
（长沙市环境监测中心站，长沙　410001）

摘　要：根据监测原理建立数学模型，通过一系列的测量和计算，一氧化碳自动监测系统中不确定度影响分量大小排序依次为 $u_{r(CO)}=u_{r(FS)}>u_{r(\triangle)}>u_{r(\mathrm{rep})}>u_{r(Q)}$。不确定度评定，评出了目前影响自动监测不确定量的主要因素，在此基础上制定空气质量自动监测的控制方法，确保测量结果的准确性和精度，提高了空气自动监测质量的水平。同时为以后逐步控制不确定分量的方法和步骤，改善测量方法和手段提供帮助。

关键词：不确定度评定；一氧化碳；自动监测

A Discuss on Uncertainty Evaluation of Carbon Monoxide Auto Monitoring System

Zhu Zhou　Fu Peng
（ChangSha Environmental Monitoring Station，Changsha　410001）

Abstract：The mathematic model is established on monitoring principle. Throught a series of measure and count，it is concluded the contribution of uncertainty sources is ranked as $u_{r(CO)}=u_{r(FS)}>u_{r(\triangle)}>u_{r(\mathrm{rep})}>u_{r(Q)}$ in carbon monoxide auto monitoring system. When we find the max uncertainty quantity， we can control the key uncertainty for making sure of accuracy. It also can find out existing problems and point out some methods to contral uncertainty by evaluating distinct uncertainty.

Key words：Uncertainty Evaluation；Carbon Monoxide；Automatic monitoring

一切测量结果都不可避免地具有不确定性，评定不确定度，用以表示对给定数值的怀疑。不确定度评定区间是真值存在区域的估计，它表明测量结果的可信赖程度或可靠性，是测量结果的定量表征。不确定度越小，测量数据的质量越好。本文通过对一氧化碳自动监测仪器不确定度的评定分析，阐述不确定度在环境空气质量自动监测领域中应用。

1 工作原理

一氧化碳自动监测系统采用气非分散红外吸收法 [1]，该法是基于一氧化碳对以 4.5 μm 为中心波段的红外辐射具有选择性吸收，在一定浓度范围内，其吸收程度与一氧化碳浓度呈线性关系，根据吸收值确定样品中一氧化碳浓度。

2 技术方法

2.1 试验方法

自动监测方法不确定度的评定，是利用环境监测总站标准物质研究所提供的标准气体作量值传递基准，通过动态气体校准仪使零气和标气混合稀释后，配制出一定浓度的一氧化碳气体经采样管路输送到监测仪器中，通过仪器测量直接显示气体的浓度。该点为监测仪器跨度的标点校准点，试验利用校准标点进行监测方法的不确定度评定。监测仪器的示值误差、标气流量和零气流量不确定的测试采用重复性试验的方法评定。

2.2 试验仪器

（1）环境监测总站标准物质研究所提供的标准气体（气体编号 0512059，浓度 1 690 μmol/mol），标气纯度不确定度：1%。

（2）动态气体校准仪（型号 Gascal-1000）。

（3）二氧化硫自动监测仪器（型号 EC9830 型）。

（4）流量计（型号 DCL-MH　DCL-L）。

2.3 试验要求

标准气体在产品合格证书规定的有效期内；进行不确定度评定前首先对动态气体校准仪的标气质量流量计和零气质量流量计，用高于此质量流量计一个等级的标准流量计进行流量校准，校准用流量计必须是经过计量部门校准或认可的流量计，以保证流量的准确性；在进行不确定度评定前对监测仪进行多点校准，检查监测仪器的性能是否达到监测方法规定的要求；自动监测仪器对环境条件有一定的要求，为保证监测仪器达到环境条件的要求，测试仪器放置在有空调的房间中进行：环境温度控制在 25℃±5℃，湿度控制在 80%以下。

2.4 数学模型

根据监测仪器和动态气体校准仪的工作原理，得到数学模型。

$$y=C_0\times\frac{Q_x}{Q_0+Q_x}\times F_s\times \mathrm{rep}+\triangle \tag{1}$$

式中，y——被测气体浓度，ppm；

Q_x——标气流量，ml/min；

Q_0——零气流量，ml/min；

C_0——标气浓度，mol/mol；

rep——仪器示值的重复性；

F_s——跨度的精度，ppm；

△——仪器的漂移，ppbm。

3 不确定度来源

一氧化碳自动监测中不确定度主要来自标气浓度的不确定度，动态气体校准仪流量误差，测量仪器的测量精度，仪器示值的重现性，仪器漂移导致的不确定度。

4 不确定度的评定

4.1 不确定度传播律

通过不确定影响量的分析，知道不确定度的来源，可确定不确定度的传播律：

$$u^2_{\ r} = u^2_{r(CO)} + u^2_{r(Q0)} + u_r{}^2_{\ (Qx)} + u^2_{r(Fs)} + u^2_{r(rep)} + u^2_{r(\ )} \tag{2}$$

4.2 标准不确定度评定

4.2.1 标气浓度标准不确定度评定

标气纯度的标准不确定度为 1%，标气纯度不确定度分布按均匀分布处理，均匀发布的 $k=\sqrt{3}$。

$$u_{r(CO)} = \frac{0.01}{\sqrt{3}} = 0.005\,8 = 0.58\%$$

4.2.2 质量流量计标准不确定度评定

质量流量计不确定度包括标气流量的不确定度和零气流量的不确定度两个分量。

$$u_{r\ (Q)} = \sqrt{\left[\frac{\partial y}{\partial Q0}\right]^2 u_r^2(_{Q0}) + \left[\frac{\partial y}{\partial Qx}\right]^2 u_r^2(_{QX})} \tag{3}$$

$$偏导数\ C_{Qx} = \frac{\partial y}{\partial Qx} = \frac{Q0}{(Q0+Qx)^2} \times C_0 \tag{4}$$

$$偏导数\ C_{Q0} = \frac{\partial y}{\partial Q0} = -\frac{Qx}{(Q0+Qx)^2} \times C_0 \tag{5}$$

Q_0——3 000 ml/min；Q_x——28.7 ml/min；C_0——1 690ppm。

式中，根据配制出浓度 16 000 ppb 的标准气体可以计算得到标气的控制流量为 28.7 ml/min，不确定度的评定采用标准流量计重复测量流量得到。

由式（4）、式（5）分别算出 C_{QX}=0.553，C_{Q0}=−5.29×10^−3^。

测量均值标准差为：

$$S_{\overline{(Q)}} = \sqrt{\frac{\sum_{k=1}^{n}(X_k - \overline{X})^2}{n(n-1)}} \tag{6}$$

则其不确定度为：

$$u_r = \frac{S}{\overline{\overline{X}}} \tag{7}$$

测量结果见表 1、表 2：

表 1 标气流量计测量结果表

序号	标准流量计流量/（ml/min）	序号	标准流量计流量/（ml/min）
1	28.65	6	28.66
2	28.75	7	28.70
3	28.68	8	28.73
4	28.69	9	28.67
5	28.63	10	28.64

平均值$\overline{Qx}$=28.68，由公式（6）可计算出$S_{\overline{(QX)}}$=1.22×10^{-2}。

由公式（7）计算出u_r（Q_x）=4.25×10^{-4}，则$C_{Qx}u_{r(Qx)}$=2.35×10^{-4}。

表 2　零气流计测量结果表

序号	标准流量计流量/（ml/min）	序号	标准流量计流量/（ml/min）
1	3 008	6	3 019
2	3 025	7	3 016
3	3 021	8	3 015
4	3 018	9	3 014
5	3 015	10	3 020

平均值$\overline{Q_0}$=3 017.1，由公式（6）可计算出$S_{\overline{(Q_0)}}$=1.464。

由公式（7）计算出u_r（Q_0）= 4.85×10^{-4}，则$C_{Q_0}u_{r(Q_0)}$=−2.57×10^{-6}。

由公式 3，得出质量流量计标准不确定度：

$$_{r(Q)}=\sqrt{\left[\frac{\partial y}{\partial Q0}\right]^2 u_r^2(_{Q0})+\left[\frac{\partial y}{\partial Qx}\right]^2 u_r^2(_{QX})}=\sqrt{(0.000\ 235)^2+(-0.000\ 002\ 57)^2}=0.000\ 235$$

$$u_{r(Q)}\approx 0.024\%$$

4.2.3 仪器示值误差标准不确定度评定

监测仪器 80%跨度精度误差为：1%。

精度误差不确定度分布按均匀分布处理，均匀发布的 $k=\sqrt{3}$。

$$u_{r(FS)}=\frac{0.01}{\sqrt{3}}=0.005\ 8=0.58\%$$

4.2.4 仪器示值重复性标准不确定度评定

示值重复性不确定度的评定采用重复测量 80%跨度标点浓度即 16ppm 的响应值得到，测定利用两台相同型号的仪器进行合并样本的标准差测量，见表 3。

表 3　仪器示值重复性标准不确定度评定结果表

序号	仪器响应值/ppm	序号	仪器响应值/ppm
1	16.03	1	16.02
2	16.04	2	16.05
3	15.97	3	16.01
4	15.98	4	15.97
5	16.00	5	15.99
6	16.04	6	16.04
7	16.06	7	16.06
8	16.05	8	16.03
9	16.00	9	16.02
10	15.95	10	16.00

序号	仪器响应值/ppm	序号	仪器响应值/ppm
平均值	16.012	平均值	16.019
平均值标准偏差	9.247	平均值标准偏差	8.750
相对标准偏差	5.78×10^{-4}	相对标准偏差	5.46×10^{-4}
合并样本相对标准偏差		5.6×10^{-4}	

因此，示值重复性不确定度 $u_{r\,(\mathrm{rep})} = 5.6\times10^{-4}$=0.056%。

4.2.5 仪器漂移标准不确定度评定

仪器漂移不确定度包括标点漂移不确定度和零点漂移不确定度。监测仪器提供的漂移参数。80%跨度标点漂移：0.5% 零点漂移：0.5%。

$$u_{r\,(\triangle)}=\sqrt{u_r^2(_{标漂})+u_r^2(_{零漂})}$$

标点漂移不确定度分布按均匀分布处理，均匀发布的 $k=\sqrt{3}$。

$$u_r\,(_{标漂})=\frac{0.005}{\sqrt{3}}=0.002\,9$$

零点漂移不确定度分布按均匀分布处理，均匀发布的 $k=\sqrt{3}$。

$$u_r\,(_{零漂})=\frac{0.002}{\sqrt{3}}=0.002\,9$$

$$u_{r\,(\triangle)}=\sqrt{u_r^2(_{标漂})+u_r^2(_{零漂})}=\sqrt{(0.002\,9)^2+(0.002\,9)^2}=0.004\,1=0.41\%$$

5 合成标准不确定度

$$u_r=\sqrt{u_r^2(_{C0})+u_r^2(_{Q})+u_r^2(_{FS})+u_r^2(_{rep})+u_r^2(_{\triangle})}$$

$$=\sqrt{0.005\,8^2+0.000\,24^2+0.005\,8^2+0.000\,56^2+0.004\,1^2}$$

$$=0.009\,2$$

6 扩展不确定度

取 k=2 时[2]，则一氧化碳自动监测的扩展不确定为：

$$U=2\times0.009\,2=1.84\%\approx2\%$$

7 结论

（1）利用统计分析的方法直观地反映各不确定度分量所占总不确定量的比例，提醒操作者注意和控制对象，保证监测仪器工作在最佳状态，提高检测数据的质量和数据的可靠性[3]。从统计结果可知，不确定度影响分量大小排序依次为 $u_{r\,(C0)}=u_{r\,(FS)}>u_{r\,(\triangle)}>u_{r\,(\mathrm{rep})}>u_{r\,(Q)}$。标气纯度和仪器测量精度是监测方法中最大的不确定来源，其次是仪器漂移，而仪器示值的重现性和动态气体校准仪流量误差产生不确定很小。

（2）目前国内最好的一氧化碳标准气体纯度的不确定度是 1%，作为用户，我们只有保证标准气体在有效期内使用，减少不确定度的来源。

（3）仪器测量精度和影响漂移的主要因素有环境温度、电源电压、电磁干扰、制冷器件、光电倍增管等。目前自动站房安装有空调和稳压电源，这两个影响因素基本可排除，除此之外还应从以下几方面，控制监测仪器，减少不稳定因素的来源，减少外界电磁干扰。站房建设应远离电磁干扰，对已存在电磁干扰的环境采取屏蔽措施，避免干扰定期校准仪器。定期对监测仪器进行校零、校标和多点校准，及时纠正仪器的漂移和精度误差，保持良好工作状态。性能审核是对仪器性能进行全面综合的审核，发现仪器存在性能方面的缺陷，保证仪器整体性达到方法规定的要求定时更换易损部件。

（4）质量流量控制器的不确定度主要是标气流量控制器的影响，在校准仪器的过程中，通过控制标气流量，使其在流量控制器线性最佳位置，（一般在质量流量计测量范围的中间为宜），可以减少不确定度来源。

参考文献

[1] 魏复盛，滕恩江，池靖，等. 空气和废气监测分析方法. 北京：中国环境科学出版社，2003：142-145.

[2] 施昌彦，刘风，王以铭，等. 测量不确定度评定与表示指南. 北京：中国计量出版社，2000：53-55.

[3] 汪铁华. 校准—理论与实践. 北京：中国计量出版社，2000：228-234.

此文章刊登于《环保科技》2012 年第 4 期

水库型河流锰污染应急监测技术研究

罗岳平 田耘 毕军平 邢宏霖 李建钊 朱日龙 黄钟霆
（湖南省环境监测中心站，国家环境保护重金属污染监测重点实验室，长沙 410019）

摘 要：以贵州和湖南的跨省锰污染事故为例，详细阐述了该污染事故开展应急监测的全过程，并就水库型河流锰污染事故应急监测方案、分析技术选择、监测力量配置、质量控制等内容进行探讨，最后总结了本次应急监测的技术和管理经验。

关键词：应急监测；锰；环境污染事故；水库型河流

Research on Emergency Monitoring Technology of Manganese Environmental Pollution Accident for Reservoir-typed River

Luo Yueping Tian Yun Bi Junping Xing Honglin Li Jianzhao Zhu Rilong Huang Zhongtin
(Hunan Environmental Monitoring Center Station，State Environmental Protection Key Laboratory of Monitoring for Heavy Metal Pollutants，ChangSha 410019)

Abstract: The whole process of manganese emergency monitoring in transboundary pollution accident between Guizhou and Hunan provinces was comprehensively described in this paper. The manganese emergency monitoring plan，the selection of analytical technology，the monitoring personnel organization and quality control were discussed in detail. Finally，the techno- and management experience of this emergency monitoring were summarized.

Key words: emergency monitoring technology；manganese；environmental pollutionacci dent；reservoir-typed River

锰是人体和植物生长所必需的微量营养元素之一，但摄入过量会产生毒害作用，严重时干扰机体生理功能及代谢[1]。湘黔两省涉锰企业较多，生产过程中积累的锰通过各种途径排入地表水后，对下游城镇的饮用水安全构成潜在威胁。

锰等重金属元素具有难降解的特点。污染事件发生后，进入地表水的重金属元素，以一定比例分配到水体、悬浮物、底泥和生物体中[2,3]。其中，水体中的重金属元素随着水流由上游向下游运输，逐渐被水流稀释或发生吸附、沉降等作用，浓度越来越低。有鉴于此，重金属污染事件发生后，应在事故发生地下游选择合适的河道，开展应急监测，跟踪污染团扩散，并在恰当时机采取最优的处置措施。

1 锰污染事件发生

2012 年 11 月，贵州省万山特区某锰业公司渣库导洪管破裂，渣库内的大量锰渣排入锦江河，受污染水体随即流入湖南省境内，形成跨省污染事件。因为该污染事件正好发生在社会政治生活敏感期，地方政府出于维稳考虑，提前下达了停止供水通知，使事故影响面扩大。

2 事故河流基本情况

锦江河发源于贵州省梵净山南麓，属沅水一级支流，途经贵州省铜仁地区后，流入湖南省怀化市麻阳县境内。锦江河湖南段全长 157 km，在怀化市辰溪县汇入沅江。该河流湖南段梯级开发充分，沿途共建有水电站 6 个，是典型的水库型河流，水情复杂。同时，该河流又是沿岸群众的主要饮用和灌溉水源，共有大小饮用水水源地 4 个。

3 应急监测响应

本次污染事件发生后，当地政府按程序逐级上报，环保部、住建部和省、市、县有关负责人迅速赶赴现场组织应急处置，并就地成立了应急指挥中心。

应急监测受到高度重视。迅速启动后，因为缺少各种基础信息，特别是不清楚污染团的推进速度，制订的第一个应急监测方案具有普查性质，也就是沿河道较密集布点，调查敏感点是否受到污染，甚至借此发现污染团所在位置。

根据第一轮普查结果，污染物已流入第一级水电站，且仍位于库区内。在锁定污染团所在位置后，立即调整应急监测方案，即在第一级水电站出水口按 1 次/h 的频次加密监测，监视污染团何时通过第一级水电站。同时，按 1 次/h 的频次加密监测入境断面，分析污染来源是否已切断，再调度力量，按离电站大坝 2 km、5 km、10 km 和 15 km 的距离采样分析，为判断污染团在第一级水电站库区内的大致位置和估算污染物总量提供依据。对第一级水电站以下的监测点位，暂按 4 次/h 的频次监测本底值，一旦污染物流出第一级水电站，则第二级水电站出水的监测频次提高到 1 次/h。

几轮监测结束后，对数据进行了会商，提出应急监测方案动态调整原则：

（1）以污染团为中心点，向前预测受到影响的断面，向后跟踪污染何时消失，牢牢锁住污染团首尾所在位置；

（2）对即将受到污染的敏感断面，提前将监测频次提高到 1 次/h，下游紧邻敏感断面 1 次/2 h，再下游 1 次/4 h，依次启动，确保用最少的消耗获得最有价值的监测数据，保存监测力量；

（3）对污染团已经流过的敏感断面，视浓度下降速度逐渐降低监测频次，先 1 次/2 h，再降至 1 次/4 h，最后上午 9 点 1 次，下午 4 点 1 次，稳定达标 1～2 天后终止监测；

（4）鉴于复杂的气候和水利条件，入境断面水质达标后仍按 1 次/4 小时的频次监测，防止污染物再次入境；

（5）提前勘察下游敏感断面，确定良好的水样采集点，在污染团到达前能随时启动应急监测。

本次应急监测在 197 km 长的河段上共布设断面 20 个，详见图 1。采用滚动启动应急监测模式，共获得有效应急监测数据 3 250 个。

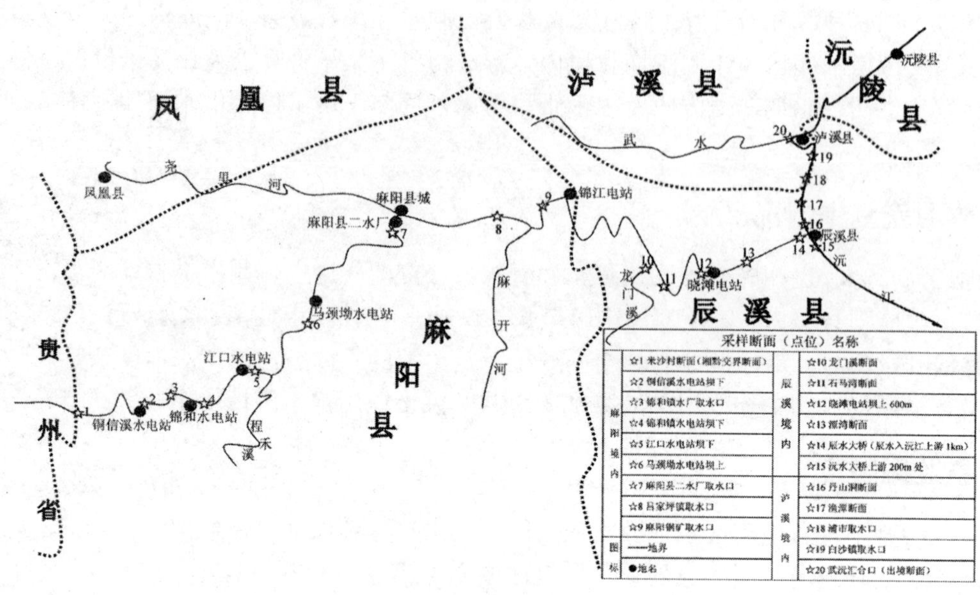

图 1 应急监测点位布设示意图（麻阳、辰溪、泸溪）

本次应急监测的污染来源是锰渣外泄，在监测特征污染物锰的同时，初期加测氨氮、六价铬以及汞等指标。结果表明，氨氮存在一定程度的超标，而六价铬和汞虽有检出，但都不超标。据此，确定每 4 h 监测 1 次氨氮，六价铬和汞每天监测 1 次。在应急监测中后期，主要污染物确定后，这些指标未再测。

4 应急监测力量的科学配置

应急监测开展过程中都不同程度存在过度监测现象。为了不错过有价值的监测信息，适当加密（含点位和频次）监测是有必要的。在本次应急监测河段，山路崎岖，路幅窄，将水样从入境断面运送到县城实验室，白天往返将近 4 h，晚上时间更长，且存在不安全因素。指挥部果断决定，在入境断面和县城之间的中心集镇建立临时实验室，从邻县拆卸一台原子吸收仪，连夜运送，并与仪器厂商联系，派专人赴现场安装调试。正是由于设计了合理的工作半径，保证采集的水样能就近送检，使分析结果的时效性很强，满足了应急管理的需要。

本次应急监测布设的监测点位较多，单纯依靠环保系统的力量不能承担全部工作任务。指挥部协商后决定，从县直各部门抽调车辆，由乡镇安排骨干人员承担起运送水样的任务，流水线作业。分工明确后，从采样到实验室分析运转顺畅，应急监测数据出报及时。实践证明，样品流转速度是应急监测成败的关键，组织社会力量来完成是行之有效的手段。

5 加强应急监测的全程序质控

应急状态下，重要的决策完全依靠监测数据。各种会商会上，监测数据被反复分析，真正用于指导应急处置。保证应急监测数据准确是最重要的政治和技术任务，为此，必须加强对应急监测的全程序质控。

本次应急监测共测定平行样品 825 组，合格率 100%；全程序空白样品 73 个；加标回收样品 16 个，合格率 93.8%；实验室间比对（包括仪器比对、人员比对）11 组样品，合格率 100%；质控样测定次数 451 次，合格率 100%；留样复测 6 组，合格率 100%。监测数据准确性高，能清楚地判断污染团的移动态势。

6 应急监测结果分析

本次应急监测每 10 km 左右就布设了一个监测点位，主要依据流域开发特征、自然水利条件、是否存在敏感保护水体等因素确定。

入省境断面锰超标持续的时间并不长，但超标倍数最高达 60 多倍，表明锰污染团在上游移动速度较快，扩散作用不充分，仍具有点源污染特征。但进入水电站库区后，受水利阻滞的影响，污染团逐渐发生扩散、沉降等作用，需较长时间才能渐次通过各梯级开发水电站。而进入下游后，因污染团已扩散成带状，通过时间同样较长，详见图 2 和图 3。

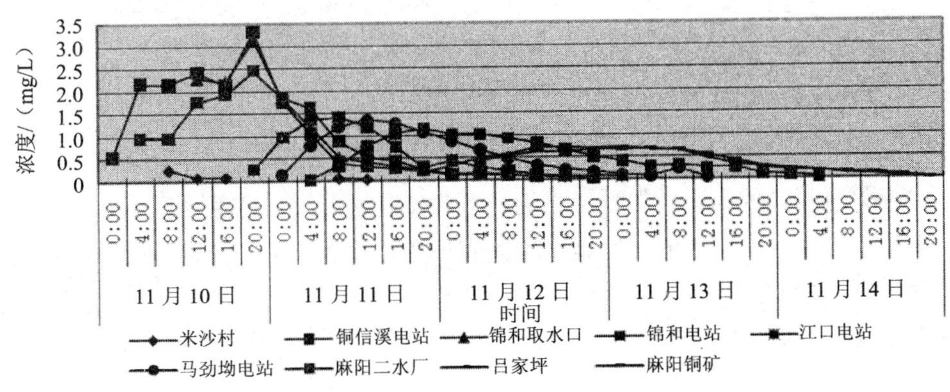

图 2 锦江麻阳段各监测断面锰浓度变化图

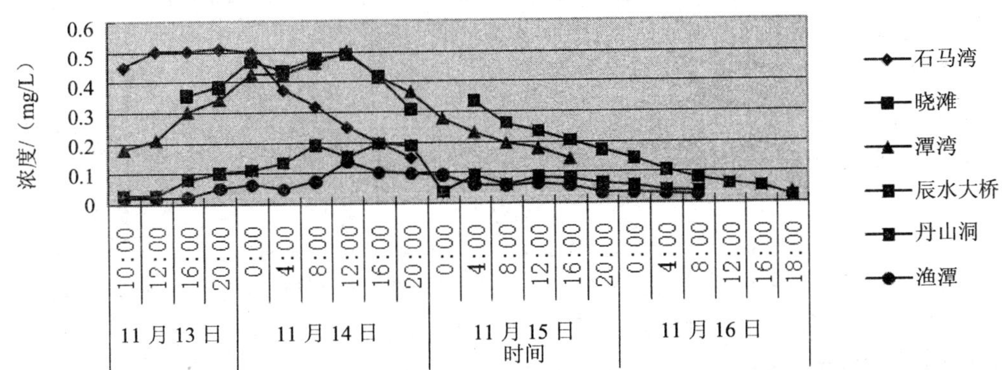

图 3 锦江辰溪段各监测断面锰浓度变化图

在丹山洞断面，锦江与沅江干流汇合。为充分发挥沅江干流水体的稀释作用，在汇合处采取了工程措施，也就是在汇入口筑软体坝，提高两条河流汇合后的混合水平。在汇合口下游 100 m 处取样分析，左、中、右断面的锰浓度比较接近，表明工程措施达到了预期效果。

关键监测点位的锰最高超标倍数详见图 4。从图中可以看出，污染团经过沉降、稀释等作用后，逐渐具有扁平特征，即超标峰值下降，而平面距离拉长。

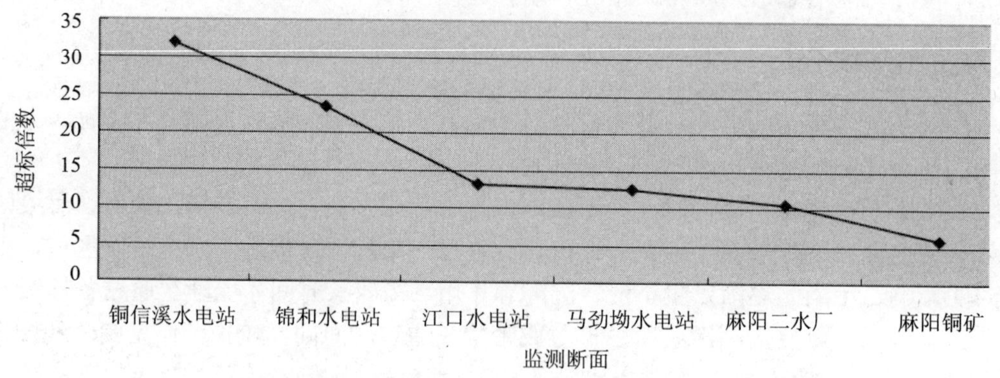

图 4 锦江湖南段关键监测点位最高超标倍数变化图

7 管理和技术经验总结

本次应急监测涉及面广，但反应迅速，分析准确，基本上做到了 1 h 出一组数据，从而将污染团首尾牢牢锁定，成为成功开展应急监测的典范。

7.1 用协同作战的理念开展应急监测

对大型应急监测，必须在启动之初就做好打大战、打硬仗的准备。一般情况下，混乱发生在应急监测开始后的 1～2 天时间内。其时，监测方案难确定，人员没有进入状态，应急监测技术要摸索。相反，步入正轨后，主要是调配好力量，保证能打持久战。

在本次应急监测过程中，从县（市、区）站抽调一批技术骨干充实现场采样和实验室分析力量，采取三班倒的制度，保证应急监测的连续性。正因为上下联动，左右协同，各项工作有条不紊，展现了较强的工作实力，取得了较好的成效。

7.2 动员最广泛的社会力量支持应急监测

应急处置是一项系统工程，应急监测也要建立最广泛的统一战线，获得有效力量的支持[4]。应急监测过程中，样品采集、实验室分析等工作的技术含量较高，应由环保或相关专业人员承担。但对水样运送环节，尽管人力消耗大、成本高、需要时间长，技术含量却不高。因此对应急监测全过程，应仔细区分技术和非技术单元。环保专业人员主要承担技术性工作，而非技术性单元可安排社会力量承担，只要保证全体参与人员的无缝对接，就能避免应急监测由环保部门单打独斗、疲惫不堪的被动局面。

7.3 分析技术和仪器设备是应急监测时效性的重要保证

应急监测的核心在现场和实验室分析。各级环境监测机构一定要加强分析技术练兵和贮备，关键时刻测得出、测得准。应急监测状态下，合理的工作半径是提高数据时效性的重要前提条件。对应急监测任务重的省、市，建设流动实验室是完全有必要的。应急监测启动后，首先立足于依托当地环境监测实验室，同时，将流动实验室布局到合适位置，均衡送样、分析等任务。

7.4 不断创新应急监测理念和手段

应急监测特别需要宏观把握。管理对监测数据的需求是无止境的，指挥人员一定要知实情，善谋局，牢牢把握关键控制点，保证核心决策参考数据一个不少，可有可无的数据尽量少，从而节省监测资源。

切实加强对应急监测数据的综合分析，一是编好短信模板，24 h 不间断地在第一时间报出监测数据，方便随时掌握情况；二是定期编快报，进行阶段性总结；三是精心准备每日会商材料，做好趋势分析。只有汇报条理清楚，结论可靠，判断科学，才会赢得认同，减少行政干预。

应急监测充满挑战和智慧。其中，设备和技术是基础，而清醒的决策至关重要。每一次应急监测都是精神风貌和技术实力的展示，要作为亮点工程来抓，不断积累经验，确保应对从容。

参考文献

[1] 荆俊杰，谢吉民. 微量元素锰污染对人体的危害. 广东微量元素科学，2008，15（2）：7-9.

[2] 王艳，黄玉明. 我国水环境中重金属污染行为和相关效应的研究进展. 癌变、畸变、突变，2007，19（3）：198 -218.

[3] 王小庆. 水环境条件对重金属迁移转化的影响. 洛阳工业高等专科学校学报，2006，16（1）：3-4.

[4] 刘耀龙，陈振楼，毕春娟，等. 中国突发性环境污染事故应急监测研究. 环境科学与技术，2008，12（31）：117-120.

此文章刊登于《环境监控与预警》2013 年第 5 期

大型河流大面积死鱼应急监测案例分析研究

罗岳平[1] 李建钊[1] 邢宏霖[1] 田 耘[1] 朱日龙[1,2] 黄钟霆[1] 郭倩[1] 吕明[1]
（1. 湖南省环境监测中心站，国家环境保护重金属污染监测重点实验室，长沙 410019;
2. 北京师范大学水科学研究院，北京 100875）

摘 要：以湖南湘江干流大面积死鱼突发环境事件为例，详细阐述了该事件开展应急监测的全过程，并就河流大面积死鱼突发环境事件应急监测方案、监测指标确定、原因分析等内容进行探讨。溶解氧低是死鱼的主要原因，而大体量低溶解氧污染团的形成与持续高温干旱天气、暴雨以及特殊的开闸放水方式有关。所分析的案例为死鱼事件应急监测工作提供借鉴和参考。

关键词：大面积死鱼；突发环境事件；应急监测；原因分析

Research on Emergency Monitoring Technology of Large-area Dead Fish Accident for Large Rivers

Luo Yueping[1] Li Jianzhao[1] Xing Honglin[1] Tian Yun[1] Zhu Rilong[1,2] Huang Zhongting[1] Guo Qian[1] Lv Ming[1]
（1. Hunan Environmental Monitoring Center Station，State Environmental Protection Key Laboratory of Monitoring for Heavy Metal Pollutants，Changsha 410019;
2. College of Water Sciences，Beijing Normal University，Beijing 100875）

Abstract：The whole process of emergency monitoring in abrupt environment affairs of large-area dead fish accident for large rivers was comprehensively described in this paper. The dead fish emergency monitoring plan，the selection of analytical technology，determination of monitoring factors and cause analysis were discussed in detail. It is found that low dissolved oxygen is the main cause of dead fish，and the formation of low-pollution group was attributed to sustained high temperatures and dry weather，heavy rains and drainage way. Finally，the technology and management experience of this emergency monitoring were summarized.

Key words：large-area dead fish；abrupt environment affairs；reservoir-typed River；cause analysis

1 前言

近年来，国内对各类水污染事件应急监测案例报道较多，如危险化学品运输型[1,2]、非法排污型[3]、地震型[4]等，但对由排污和自然现象混合因素导致的死鱼事件应急监测案例报道很少[5,6]。湘江是湖南境内最大的河流，为长江主要支流之一。早在 1983 年就有报道在湘江的株州段连续两次发生大量死鱼约十多万斤[7]，近几年也不断在湘江流域出现过死鱼现象。每次死鱼事件发生时，湖南省、市两级环境监测机构都会第一时间赶赴现场，开展应急监测。本文通过对近期湘江流域发生的死鱼事件应急监测案例进行分析，理顺突发性死鱼事件应急监测思路，为日后的死鱼事件应急监测工作提供借鉴和参考。

2 应急监测基本情况与初步判断

死鱼事故是环境监测监理中经常遇到的环境问题，由于缺乏相应的监测调查方法，加之报案不及时，使事故的处理往往难以令人满意[8]。由于死鱼事故具有突发性的特点，因此有关环境监测部门必须做好一切准备工作，以保证随时可赴现场监测调查，取样分析。

2013 年 8 月 19 日，湘江衡阳段江面出现鱼浮头和死亡现象，经媒体报道后，引发群众疑虑和恐慌。大面积死鱼事件发生后，当地环保局立即按程序上报。考虑到湘江河水的流动性强，死鱼现象可能很快蔓延到下游城市，湖南省环保厅接到报告后，第一时间启动应急响应，有序开展污染源排查、水质应急监测和信息发布等工作。湖南省环境监测中心站接到开展应急监测的指令后，立即与当地环保部门取得联系，初步了解事件基本情况，同时安排专人调取事发地的水系图和交通图。多方协商后，向衡阳、株洲、湘潭三市环境监测站下达了开展应急监测第一期方案。

有关人员赶到最先报告死鱼的现场后，立即采集水样，并利用快速监测仪器对溶解氧及重金属进行测定。与此同时，水样将送往实验室开展 pH，溶解氧，高锰酸盐指数，氨氮，铜、铅、镉、砷、铬、汞等重金属元素，有机物等的定量或定性分析。现场和实验室分析结果都表明，除溶解氧值偏低外，其余各项指标均达到地表水 III 类水质标准。据此，初步认定低溶解氧是导致湘江流域大面积死鱼的主要原因。

在第一次监测过程中发现，湘江衡阳、株洲、湘潭段水体中的溶解氧已偏低。由此判断，低溶解氧水团已扩散，应该立即调整应急监测方案。随即指挥部要求衡阳、株洲、湘潭对出入境断面及敏感断面按 2 小时 1 次的频次加密监测，下游的长沙、岳阳做好应急监测准备，在发现低溶解氧水团抵达本市入境断面后，立即启动加密监测。

本次应急监测在 340 km 长的河段上共布设断面 25 个，详见附图 1。采用滚动启动应急监测方式，共获得有效应急监测数据 642 个。

3 应急监测指标的确定

确定导致河鱼大面积死亡的原因是社会各方面都关注的。环保部门立即对事发地周边的企业进行排查，但因为附近企业不多，而且未发现偷排现象，因此，初步排除了工业污染来源。

鉴于湖南是有色金属之乡，镉、砷等重金属污染时有发生，环境监测机构首先采用 ICP-MS 对水样主要重金属元素进行分析，结果表明：所有分析的重金属元素的含量都低于《地表水环境质量标准》（GB 3838—2002）III 类标准限值，确证了无涉重金属企业偷排的现场排查结果。此外，从理论上分析，重金属污染也不会导致水体溶解氧降低，且绝大多数重金属的急性毒性很低。基本确定本次湘江大面积死鱼与重金属污染无关。

湖南工业企业以涉重金属为主，报备的有机物种类不多。有机物分析能力较强的湘潭市站，取水样用 GC-MS 进行全扫描和选择离子监测（SIM），疑似丙酮肟有检出，立即送样到湖南省环境监测中心站和长沙市环境监测中心站进行实验室比对分析，但结果未重现。此外，长沙市环境监测中心站在污染水团主体区域多次采样分析有机物，均未发现特征峰。由此判断，水体溶解氧下降不是有机物污染导致的。

在没有发现特异性的重金属或有机污染物的情况下，为合理配置监测资源，后续应急监测只现场分析溶解氧含量。

4 应急监测结果与讨论

本次应急监测平均每 15 km 左右就布设一个监测点位，主要依据流域开发特征、自然水利条件、是否存在敏感保护水体等因素确定。2013 年 8 月 19 日，启动应急监测后，事发地上下游衡阳市和株洲市重要监控断面的溶解氧含量情况详见表 1。

表 1 启动应急监测后重要监控断面的溶解氧含量

地区名称	断面名称	监测时间		溶解氧含量/（mg/L）
衡阳市	大浦	8 月 19 日	14：00	3.9
	大源渡坝上左		15：30	3.8
	熬州左		17：00	3.8
株洲市	王拾万老街		14：40	2.3
	堂市码头		15：10	0.8
	昭陵码头		15：50	0.6
	马家河上游		14：40	2.3

从表 1 可以看出，应急监测启动后，低溶解氧污染团主体已离开衡阳市境，主要集中在株洲境内的王拾万老街断面至马家河上游断面，长约 50 km。

低溶解氧污染团推进速度很快，20 日 20：40 左右抵达长沙市重要的饮用水水源地控制断面猴子石断面，该断面溶解氧在经历 2 mg/L 左右的极低值后逐步上升，到 21 日 13 点前后，水中溶解氧恢复到正常水平。猴子石断面的溶解氧含量变化情况详见图 1。

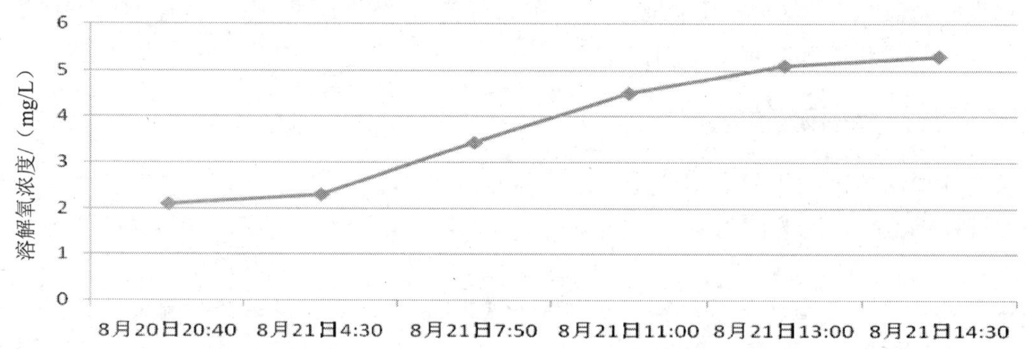

图 1 长沙市猴子石断面溶解氧的变化趋势图

在长沙市三汊矶断面进行的监测比较完整，基本上记录了低溶解氧污染团通过该断面的全过程，详见图 2。

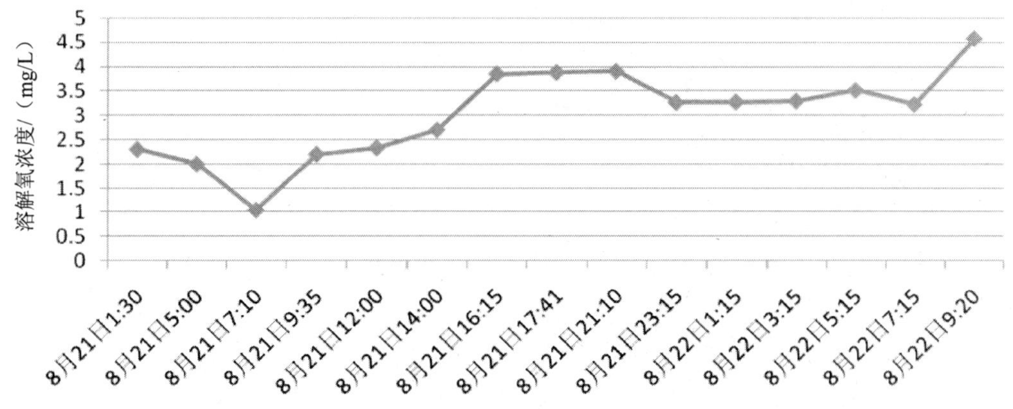

图 2　长沙市三汊矶断面溶解氧的变化趋势图

本次低溶解氧污染团的影响范围广，以长沙市为例，8 月 21 日开展 34 次同步监测，结果详见图 3。从图中可以看出，5 点开展同步监测时，从猴子石断面到长沙枢纽坝前断面，水中的溶解氧水平都低于 3 mg/L，受影响河段长达 30 km。其时，低溶解氧污染团主体正位于五一桥断面处。8 点、11 点和 13 点的监测数据表明，从上游的猴子石断面到下游的长沙枢纽坝前，溶解氧含量沿程降低，三个时刻的监测数据的规律非常吻合，即污染团流过后，溶解氧开始恢复，含量越来越高。到了 13 点，猴子石断面的溶解氧含量恢复到 5 mg/L 以上，达到《地表水环境质量标准》（GB 3838—2002）III 类标准限值以上，基本上不会发生死鱼现象了。

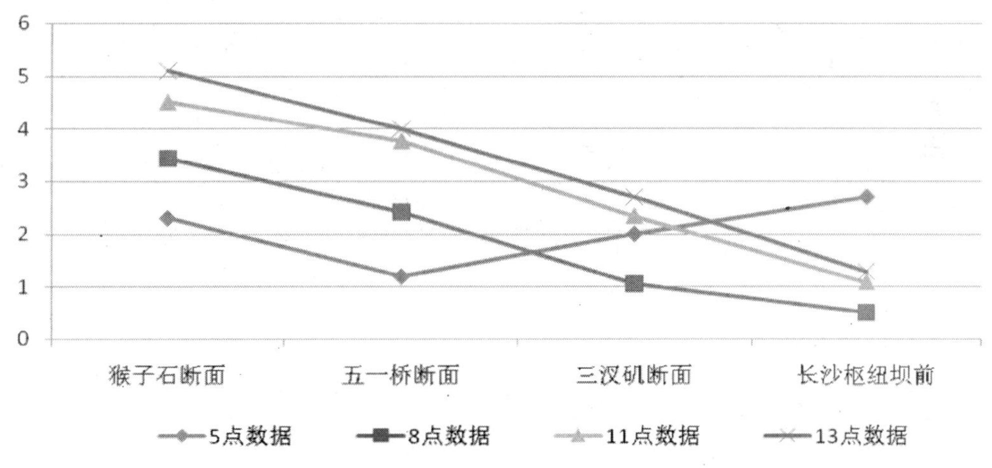

图 3　8 月 21 日长沙市各断面同步监测溶解氧结果

长沙航电综合枢纽部分蓄水，坝前水质或说其对水质污染事件的影响方式引人关注，其溶解氧浓度变化情况详见图 4。

从图中可以看出，8 月 21 日 12：30，低溶解氧污染团抵达坝前，含量不及 1.5 mg/L，但因为大坝未截流，污染团很快就流走了，未发生长时间水力停留情况，但溶解氧含量恢复速度很慢。由此可见，对水库型河流，当污染发生时，开闸泄水至关重要，以免污染团阻滞、混合，导致坝前水质大面积恶化。

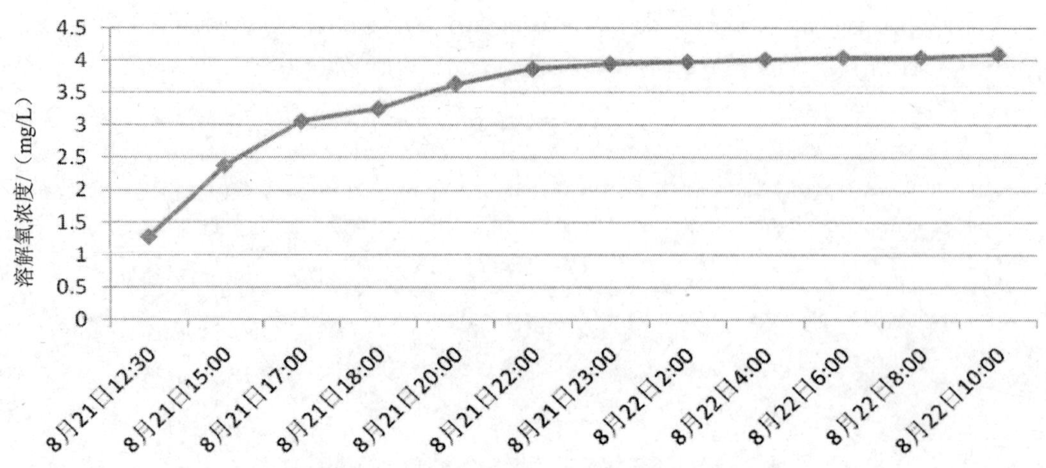

图 4 长沙枢纽坝前断面水中溶解氧的变化趋势图

低溶解氧污染团抵达岳阳市樟树港断面后，因为水面开阔，且有洞庭湖水的顶托作用和稀释作用，水体溶解氧含量虽下降，但未出现低于 3 mg/L 的极端低值，因而未出现上游那种大面积死鱼现象。该断面溶解氧的含量变化情况详见图 5。

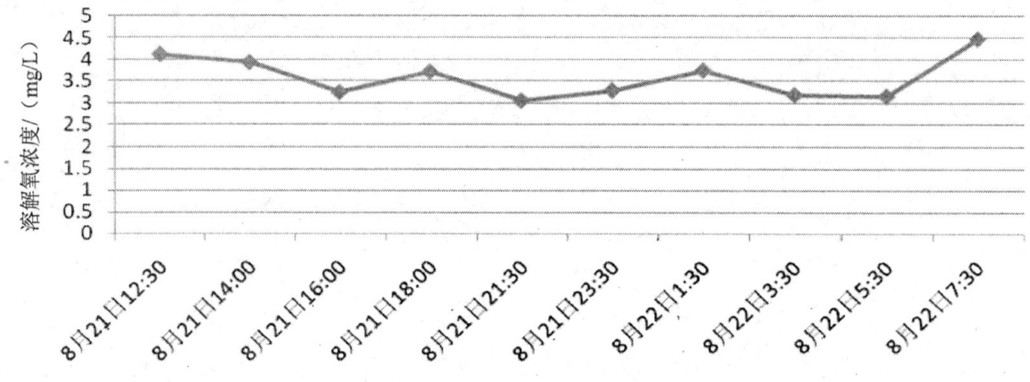

图 5 岳阳市樟树港断面溶解氧的变化趋势图

5 死鱼原因分析

应急监测启动之初，一度怀疑存在人工投药毒鱼或企业偷排等违法行为，但随着监测进展，无重金属和有毒有机物检出，并且从理论上分析，中毒死鱼一般只发生在小段区域，没有哪种重金属或有机物有如此强大的耗氧能力，少量投加后导致这么长距离河段整体缺氧。经会商，一致认为缺氧是死鱼的主要原因，但缺氧不是化学污染导致的，要从气候、水体特征等方面进行分析。

死鱼事件发生之前，湘江流域已持续高温干旱，特别是衡阳市，抗旱任务极为艰巨，大面积水稻绝收。因为沿程缺水，河床裸露面积大，流水也浅，导致有机质腐烂快，河床内蕴藏着大量耗氧性物质。而事发地衡阳大源渡水电站，持续高温干旱时下泄生态流量，但无来水补充，水位下降，库区内水体的理化、生物生态等均相应发生改变。8 月 16 日受台风“尤特”影响，上游地区大量降雨，洪水进入库区后，水电站立即开闸放水，底层在高温下形成的强还原性水体冲入河床，并激起积累在河床上的耗氧性有机腐殖质，两者混合的结果，形成较长的缺氧带，在溶解氧低于 3 mg/L 的情况下，发生死鱼现象。从气象条件分析，事件发生时天气闷热，气压低，大气边界层高度低，不利于空气与水体及时交换 O_2。此种天气条件易造成水中溶解氧偏低。

经历持续高温干旱后，湘江河水较浅，缺氧水团以整体推进式向前流动，推进过程中下游的稀释作用不是很强，这也是低于 3 mg/L 溶解氧的水团主体能一直从衡阳流至长沙而不散的主要原因。低溶解氧污染团流过处，因为体量大，鱼冲不出去，无可幸免地发生死亡。因此，从衡阳到长沙，沿程都可观察到死鱼现象。

6 结论

应急监测的核心是锁定污染团首层，并且准确分析污染物成分。湘江流域大面积死鱼事件，在湖南省环境监测中心站的统一指挥下，上下游协同监测，发现溶解氧低是主要原因。在低溶解氧污染团中，未检出导致溶解氧下降的重金属或有机污染物。持续高温干旱天气，以及特殊的开闸放水方式，是形成大体量低溶解氧污染团的最大诱因。缺氧鱼不能冲破低溶解氧污染团，因而污染团流过处，发生死鱼现象。

参考文献

[1] 宋祖华，喻义勇，付寅，等. 南京某地甲苯槽罐车，燃烧事故应急监测案例分析与思考. 环境监控与预警，2012，4（4）：13-15.

[2] 林明锋. 谈公路运输突发性环境污染事故应急监测. 北方环境，2013，25（6）：160-162.

[3] 多克辛，徐广华，陈静. 河流砷污染事件的应急监测响应与思考. 环境监控与预警，2009，1（1）：14-17.

[4] 尹建，徐建军，邹玉林，等. 汶川大地震环境应急监测回顾与思考. 中国环境监测，2010，26（2）：30-33.

[5] 尤素荔. 突发性污染死鱼事件应急监测. 海峡科学，2007（10）.

[6] 陈鸿展，张清华. 突发性死鱼事件应急监测案例分析及实施要求. 广州环境科学，2011，26（2）：19-21.

[7] 陆强国. 死鱼事故与监测的关系——从桃江螺碧水库死鱼事故的分析看及时监测的重要性. 湖南水产，1984（2）.

[8] 王国祥. 死鱼事故监测调查规程探讨. 环境监测管理与技术，1996，8（1）.

附图 1 应急监测断面布设图

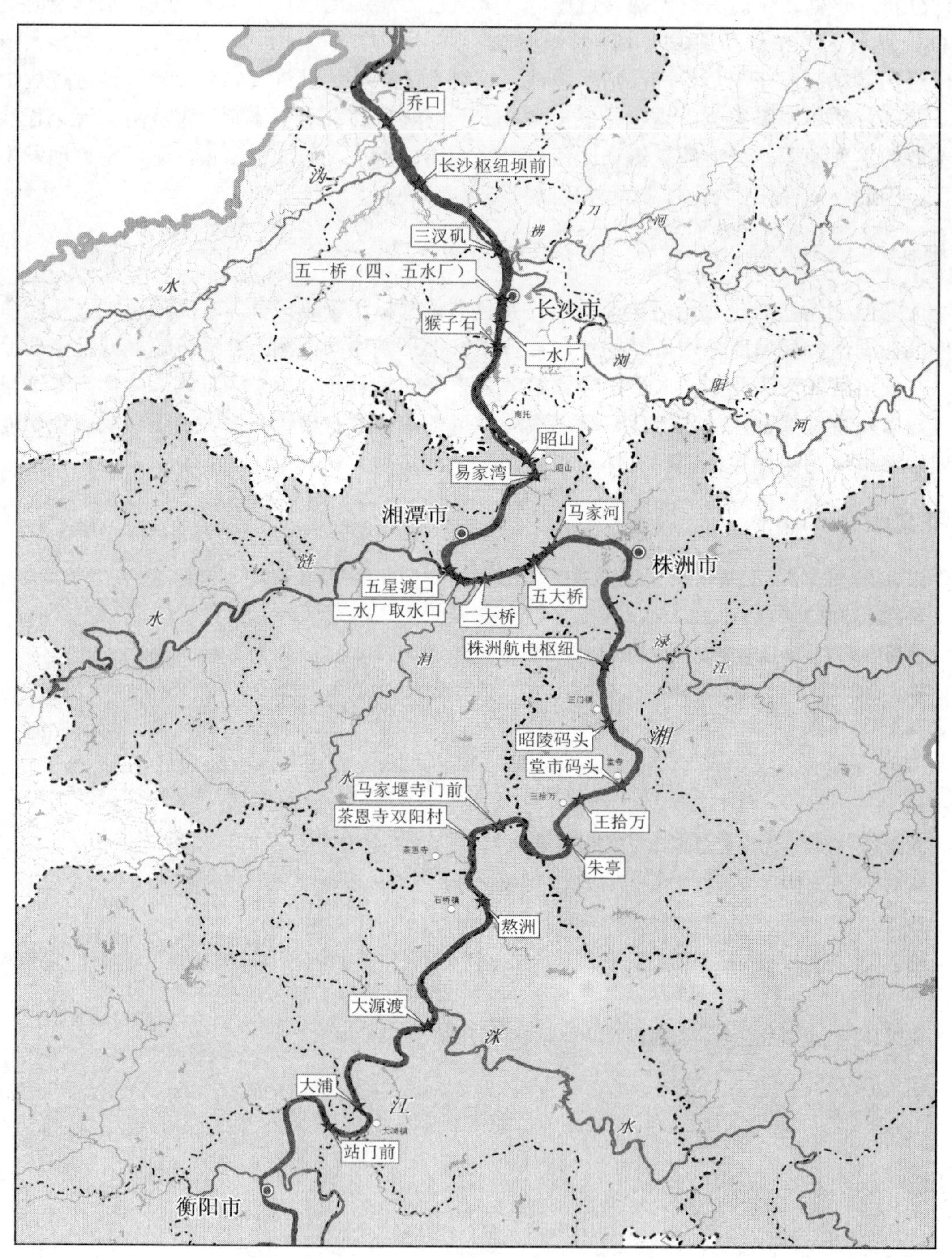

此文章刊登于《环境科学与管理》2014 年第 3 期

河流型铊污染的应急监测

卢水平[1,2,3] 张艳[1,2] 马铭[3] 罗岳平[2,3] 邹辉[1,2] 甘杰[1,2] 刑宏霖[1,2]
(1. 湖南省环境监测中心站，长沙 410019;
2. 国家环境保护重金属污染监测重点实验室，长沙 410019;
3. 湖南师范大学化学化工学院，长沙 410081)

摘 要：本文以某河流发生的铊浓度异常事件为例，详细阐述了该事件从发现到完成应急监测的全过程。本次铊污染被发现是分析技术发展的结果。通过应急监测，锁定了环境污染范围，并确定了排放铊的主要污染企业。根据应急监测结果，铅锌冶炼、钢铁等行业是减排铊的责任主体。论文还对如何优化环境监测资源的利用进行了讨论。

关键词：铊；污染；应急监测；水质

Emergency Monitoring of Thallium Pollution in River

Lu Shuiping[1,2,3] Zhang Yan[1,2] Ma Ming[3] Luo Yueping[1,2,3] Zou Hui[1,2]
Gan Jie[1,2] Xing Honglin[1,2]
(1. Hunan Province Environmental Monitoring Centre，Changsha 410019;
2. State Environmental Protection Key Laboratory of Monitoring for Heavy Metal Pollutants，Changsha 410019;
3. Hunan Normal University Chemical Engineering，Changsha 410000)

Abstract：The whole process of emergency monitoring on thallium concentration abnormal event in a river was comprehensively described in this paper. The thallium contamination was detected as a result of chemical analysis technological development. Thallium pollution areas and major discharge enterprises were determined by emergency monitoring. Based on the results of emergency monitoring，lead and zinc smelting、iron and steel and other industries were the main responsibilities of thallium emissions. Optimization the use of environmental monitoring resources was also discussed in this paper.

Keyword：thallium；pollution；emergency monitoring；water quality

1 引言

铊是一种稀散的重金属元素，一般伴生在铅、锌、铁、锡、铜等金属的硫矿中[1,2,3]。我国铊资源丰富，在有色金属矿的采选和冶炼、火力发电、各种含铊材料和药剂的制造与使用过程中，铊以废气、废水或废渣[4]等多种形式排入地表地球化学环境中，并通过生物地球化学循环最终进入生物体内，造成对生物体的伤害。

铊不是人体必需元素，且可以通过血液分布到全身各组织器官，易透过血脑屏障[5]，对人体产生危害。铊中毒最明显的症状是头发脱落[6,7]。此外，铊还能诱导基因突变，具有高致畸、致癌性[8,9]。由于铊和钾具有相同的电荷和相似的离子半径，植物体摄入的铊可以替代钾参与植物的生理过程，从而影响营养物质在植物体内的正常运输以及生长代谢，对植物造成损害[10]。

有关铊污染的报道并不少见，尤其是广东、广西两江的铊污染事件[11,12]，持续时间长，涉及面广，受到社会广泛关注。从理论上分析，铊与镉均为地壳矿藏常见伴生元素，污染应具有广泛性，只是目前的常规监测暂未将其列入监测范围，使铊的环境污染问题尚未完全暴露出来。本文以湖南省某流域出现的铊污染为例，分析相关应急监测技术，并提出以后的工作建议。

2 铊污染的发现

通过能力建设，湖南省环境监测中心站（以下简称“湖南省站”）配备了电感耦合等离子体质谱仪（ICP-MS），使多种重金属元素同时检测成为可能[13]。为加强对该设备的开发和利用力度，湖南省站计划逐步使每种重点关注的重金属元素都能用石墨炉原子吸收法（GFAAS）和 ICP-MS 法同时进行检测，而且结果可比。

2.1 ICP-MS 法测铊分析方法验证

在铊的 ICP-MS 法未开发之前，湖南省站和省内各市级站均使用《生活饮用水标准检验方法金属指标》(GB/T 5 750.6—2006）规定的 GFAAS 法对地表水中的铊含量进行检测。大量实验数据表明，该 GFAAS 法存在检出限偏高等缺点，不能检出低浓度水样中的铊。而三个实验室用 ICP-MS 法对实际水样和标准溶液（29.8±0.3 μg/L）中铊含量的比对分析结果表明，该方法的检出限很低，且实验室间的分析误差在允许范围内（＜ 10%），据此判断，ICP-MS 法分析铊的技术是可靠、成熟的，有关分析结果详见表 1。

表 1 实验室间铊的监测结果比对 单位：μg/L

样品编号	湖南省站	湖南省质监局	郴州市站
1	0.277	0.280	0.275
2	0.122	0.115	0.117
3	0.152	0.165	0.170
现场空白	ND	ND	ND
标准溶液（29.8±0.3 μg/L）	29.9	30.1	29.7

2.2 铊污染的发现

用 ICP-MS 法测定铊的技术稳定后，湖南省站从某流域的 5 个不同断面采集实际水样用 GFAAS 和 ICP-MS 两种方法同时进行分析。这些断面性质涵盖了上游背景断面（1a)、污染源废水汇入口（2a)、下游削减断面（3a 和 4a)、饮用水水源地（5a）等，监测结果详见表 2。

表 2　某河流 5 个监测断面铊的监测结果

单位：μg/L

分析方法 \ 监测断面	1a	2a	3a	4a	5a
ICP-MS	ND	0.163	0.128	0.186	0.145
GFAAS	ND	ND	ND	ND	ND

备注：表中的 ND 表示未检出；GFAAS 法的检出限为 2 μg/L，ICP-MS 法的检出限为 0.01 μg/L。

由表 2 的监测结果可知，除上游背景断面外，在该河流所设其他 4 个监测断面的铊浓度都超标，疑似在该流域存在较大面积的铊污染。

为了进一步确认铊污染事实，湖南省站又在该河流的干流布设了 20 个监测断面，同步取样后用 ICP-MS 法进行监测，结果详见图 1。

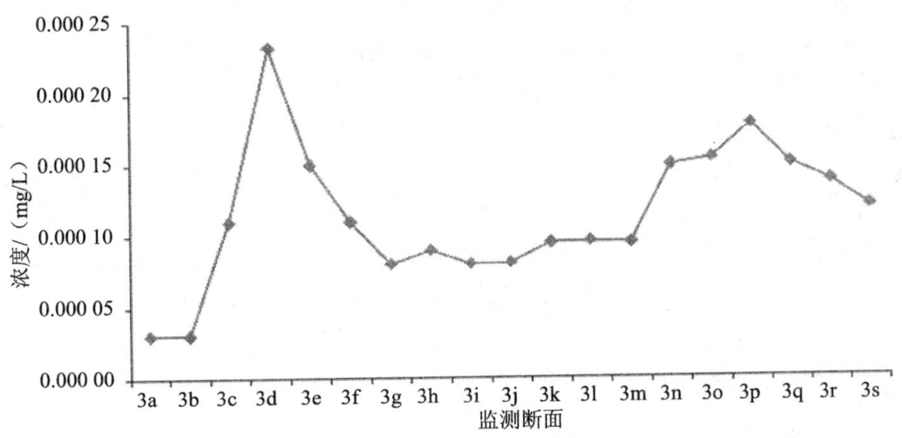

图 1　干流铊浓度的沿程变化趋势图

从图中可以看出，超标断面的数量较多，且部分断面的铊浓度较高，表明该流域确实存在铊污染，且涉及范围广。此外，铊的浓度高值都出现在预计的废水汇入口下游，指示工业企业排放废水是铊污染的主要来源。

3 应急监测响应

综合分析获得的各种信息，在确定该流域存在铊污染的事实后，行政管理部门迅速启动了应急程序。紧急会商后，指挥部结合专家意见，认为本次铊污染是全流域性质的，因此，需要对上下游的监测断面进行同步采样分析。在锁定重点区域后，在其范围内进一步加密监测，同时对附近支流和涉重金属企业进行污染源排查，从而确定主要污染来源。此外，要求立即采取有效措施，迅速将地表水中的铊浓度降下来。

3.1 铊应急分析方法的统一

大量实验数据表明，GB/T 5 750.6—2006 规定的石墨炉原子吸收法，因存在前处理过程复杂、加标回收率偏低、分析方法检出限偏高等问题，不适宜检测地表水中的痕量以及超痕量铊。指挥部决定，应急监测统一采用 ICP-MS 法检测地表水及废水中的铊。

3.2 水样监测模式

应急监测启动时，全省环境监测系统可使用的ICP-MS仅2台。指挥部研究后，明确要求各市级站主要负责采样和送样，分析工作集中在拥有ICP-MS的湖南省站和郴州市站完成。这两个实验室虽然分析任务重，但可保证技术的一致性，从而使应急监测数据的准确性得到了保证。

根据分析经验和开始时的对比实验结果，地表水水样采集后不做任何前处理，24 h内送达指定实验室进行分析；废水样品则要求现场加硝酸溶液，调节pH＜2，带回实验室消解后再上机分析，其保存时间可较长，但也要求尽快完成分析。

3.3 铊的环境质量和污染源监测

3.3.1 铊的环境质量监测

应急监测启动后，沿河各市站密切配合，按照方案要求采集了大量的地表水和废水样品，并及时送检，从而保证了在第一时间获得铊浓度变化的数据，既有利于了解水中铊污染的走势，也为评价管理、治理成效提供了依据。铊的环境质量监测，既包括周期性的上下游同步监测，也采取重点断面加密监测的形式。

3.3.2 铊的污染源排查监测

对沿河相关企业排放的废水进行监测，结果表明，在铅锌、金银冶炼、钢铁等行业排放的废水中都检出了较高浓度的铊，由此反映环境质量的铊超标是有来源的，并不是高背景值所致。因此，排查污染来源并切断输入河流的途径对控制铊污染至关重要。有鉴于此，组织分析人员对沿岸的铅锌采选、铅锌冶炼、钢铁、化工、颜料制造、电镀、火电、电解锰、铁合金冶炼、电池制造、废纸造纸等14个行业的疑似涉铊企业全面开展污染源排查工作，排查企业的分布情况详见表3。

表3 污染企业排查分布

行业名称	调查企业数量	实行整治的企业数量
铅锌行业	14	4
钢铁	4	1
玻璃制造	2	1
电镀	2	1
化工	5	1
颜料制造	4	1
电解锰	2	0
污水处理站	6	1
火电	2	0
电池制造	1	0
铁合金冶炼	1	0
废纸造纸	1	0
无机盐制造	2	0
电池制造	1	0

4 铊应急监测结果与分析

4.1 地表水中铊的监测结果

在应急监测初期，沿河各市站按 4 次/天的频次采样监测。当铊浓度降到《地表水环境质量标准》（GB 3838—2002）中集中式生活饮用水地表水源地特定项目标准限值（0.1 μg/L）[14]以下，污染得到控制后，地表水采样频次逐渐降为 1 次/天，最后按 1 次/周的频次持续监测。在该河流上、中、下游各选一个典型断面，分析其在应急监测期内的浓度变化情况，结果详见图 2。

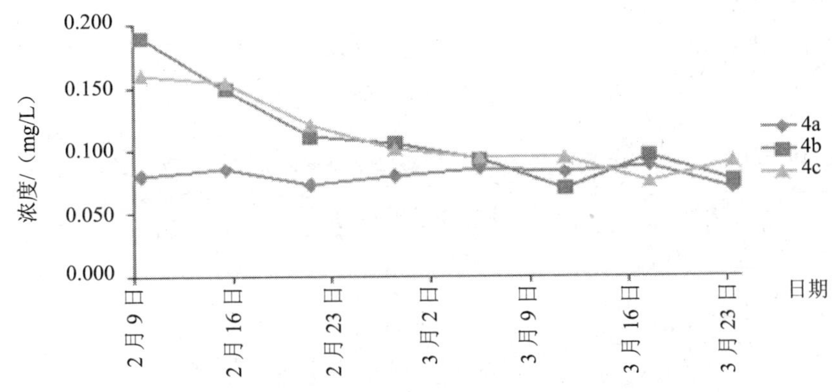

图 2 典型断面铊的浓度在应急监测期内的变化趋势

由图 2 可以看出，上游 4a 断面在整个监测期内均未出现铊超标现象；位于中、下游的 4b 和 4c 断面在应急监测初期，铊最高超标 0.9 倍；随着对涉铊企业进行停产整治，河流铊污染明显减轻，各监测断面的铊浓度持续下降，大概在整治半个月后，河水中的铊含量达到安全水平。此后，河水中的铊虽仍有检出，但均稳定在地表水标准限值 0.1 μg/L 以内，表明铊的环境安全隐患得到了有效控制。

4.2 纳污沟（渠）中铊的监测结果

在该河流两岸分布有较多的涉铊企业，这些企业排放的废水通过纳污沟（渠）汇入干流。选择一条典型的纳污渠，分别在纳污渠汇入口干流上游 50 m 处的 5a 断面、纳污渠汇入口处的 5b 断面和汇入口干流下游水质充分混合段处的 5 c 断面进行采样，监测结果详见表 4。

从表 4 可以看出，5a 断面的铊监测结果均达标，表明纳污渠汇入口上游干流水质未受到铊污染；5b 断面由于周边涉铊企业排放废水汇入纳污渠，致使铊浓度很高，相对于地表水标准限值 0.1 μg/L 最高超标 158 倍；但纳污渠水量并不大，污水汇入干流并充分混合后，在 5 c 断面处测得的铊浓度值明显下降，虽仍有检出，但都达标。

企业排放废水是纳污渠水中铊超标的根本原因。3 月 3 日强制关闭了该纳污渠附近的几家涉铊企业后，纳污渠水中的铊浓度应声而降。此后，虽然恢复了企业生产，但要求采取防治措施，使铊排放得到有效控制，无论是纳污渠还是干流，其水质中铊的浓度都比较安全。

表 4 典型纳污渠中铊的监测结果

单位：μg/L

日期	5a	5b	5 c
20140219	0.093	15.9	1.10
20140225	0.087	12.7	0.45
20140303	0.077	8.80	0.23
20140309	0.072	0.42	0.059
20140315	0.037	0.094	0.080

备注：2014 年 3 月 3 日后的数据为关闭了该纳污渠附近的涉铊企业后测得。

4.3 污染企业的铊排放情况

根据排查结果，铅锌行业排放废水中的铊浓度最高，其次是钢铁、化工等行业。表 5 列举了有代表性的 3 家铅锌采选企业和 3 家冶炼企业排放废水中铊的浓度。

表 5 铅锌行业铊排放情况

行业类别	企业代号	铊排放浓度范围/(mg/L)	最高超标倍数	行业内排名
铅锌采选	6a	0.000 34～0.029 7	296	1
	6b	0.000 35～0.009 1	90	2
	6 c	0.000 03～0.003 0	29	3
铅锌冶炼	6d	0.004 10～0.466	4 659	1
	6e	0.003 2～0.273	2729	2
	6f	0.004 1～0.044 5	444	3

由表 5 可知，铅锌冶炼排放的铊含量超过采选企业。同为铅锌行业，因为产品类型、生产工艺、清洁生产水平、污染防治措施和治理效果等方面的差异，企业的铊排放水平相差也是比较大的。

5 技术总结

本次铊应急监测，从确认存在污染到有效防控污染，反应迅速，措施得力。可以总结的经验很多，主要有以下几个方面。

5.1 必须继续加强环境监测工作

环境监测是环保工作的重要基础。没有强大的监测能力，不能准确识别环境问题，就不能掌握环保工作的主动，甚至失去行动的方向。因此，环境监测工作只能加强，不能削弱。要进一步加大环境监测能力建设，使环境监测系统的设备精良，人才数量和质量与工作任务匹配。

5.2 动态调整环境监测内容

环境监测系统目前开展的常规监测中，点位/断面和指标相对固定，消耗大量的人力、物力和财力，但发现的环境质量问题却很少。在污染物排放状况变化不大的情况下，宜灵活执行监测豁免制度，也就是对已经稳定达标的点位/断面适当降低监测频次，每 2 个月甚至每季度监测一次，将节省的监测资源投入到对突出环境问题的调查、核查中。没有有效产出的监测是对监测资源的极大浪费，挤占了开展研究性监测的精力。为破除过度监测与监测不足并存的被动局面，应从简单、低价值监测业务中解脱出来，对真正的环境安全隐患进行监视性监测。特别是提高监测行为的主动性，扩大常规监测的覆盖面，同时盯紧风险区域，才能不断发现新问题，为环境监管提供工作线索。

5.3 持续发展环境监测技术

本次铊应急监测源于环境监测技术的发展，也是环保认识不断走向深入的结果。一个可能的事实是，某些重金属以及有较大使用量的有机物，存在于各种环境介质中，只是受监测手段的限制而暂未被关注，其危害处于潜伏状态。这就要求环境监测系统必须始终重视技术进步，掌握新仪器的应用，不断开发新的分析项目，将更多的污染物纳入监测范围，使环境安全评价更客观、全面、准确。

5.4 充分发挥环境监测在部门联动中的作用

应急状态下，环境监测数据是判断此次铊污染事态发展、确定应急方案的主要依据，各方面都高度关注监测数据的准确性、及时性。可以说，对每一个应急监测数据都是持挑剔的态度。被聚焦的环境监测工作人员：一是平时要练就过硬技术，保证关键时刻测得快且准；二是高效运转质量管理和监督体系，保证监测业务流转顺畅，充分发挥团队协作精神，共同为监测质量把关；三是组建应急状态下的监测信息内、外发布网络，确保监测信息在第一时间为需要的部门获悉，以利于会商或分头行动。

应急监测数据经常决定于一个地方应急资源的配置，牵一发而动全身，要以高度的政治敏感性，科学监测，快启动，缓制动，按合理的节奏贯穿应急处置全过程。

5.5 应急监测重点服务于污染处置

应急处置既要迅速切断污染源，又要妥善处理已进入环境中的污染物。有些情况下，污染源处于隐蔽状态，这就要充分发挥应急监测的侦察兵作用，迅速锁定目标，并全面展开监察行动。对已进入环境中的污染物，应急处置是否适当，要用监测数据开展效果评价。由此可见，污染处置高度依赖于监测工作，只有污染物的排放途径被彻底切断，且进入环境中的污染物的不利影响已完全消除后，应急监测才能宣告结束。

本次铊应急处置，行政管理部门决策果断、正确，一是加强对地表水、饮用水水源地水质的监视性监测，确保饮用水安全；二是加强对涉铊企业的监控，并采取停产、限产等措施使环境中的铊浓度迅速下降到安全水平；三是督促企业进行技术改造，提高清洁生产水平。通过多管齐下，本次铊污染在一定时期内得到了有效控制，成为重金属污染应急处置的成功范例。总而言之，切断污染来源是根本，没有排放就没有污染；加强应急监测是关键，及时获得监测数据就掌握了工作的主动性；强化企业的污染防控主体责任是确保环境安全的核心，如果污染企业都能做到排污行为自律，被动应急就会越来越少。

参考文献

[1] 刘娟，王津，陈永亨，等. 大气气溶胶中铊污染问题的研究进展. 有色冶金设计与研究，2013，34（3）：79-81.

[2] 张宝贵，张忠，胡静，等. 铊中毒及铊在生态系中迁移径迹. 地球与环境，2009，37（2）：131-135.

[3] 沈如龙. 金属铊盐的中毒及其检验. 微量元素与健康研究，2013，30（2）：68-69.

[4] 刘志宏，李鸿飞，李启厚，等. 铊在有色冶炼过程中的行为、危害及防治. 四川有色金属，2007，（4）：2-7，22.

[5] 邱玲玲，宋治，陈茹，等. 急性铊中毒研究进展. 国际病理科学与临床杂志，2013，33（1）：87-92.

[6] 邱泽武，彭晓波. 急性铊中毒的诊断与治疗. 中国临床医生，2012，40（8）：15-17.

[7] 戴华，郑相宇，卢开聪. 铊污染的危害特性及防治. 广东化工，2011，38（7）：108-109.

[8] 曹蕾，徐霞君. ICP-MS 法测定生活饮用水和地表水中的铊元素. 福建分析测试，2012，21（3）：27-29.

[9] 李汉帆，朱建如，付洁. 铊的毒性及对人体的危害. 中国公共卫生管理，2007，23（1）：77-79.

[10] 万顺利，马明海，徐圣友，等. 水体中铊的污染治理技术研究进展. 水处理技术，2014，40（2）：15-19.

[11] 陈永亨，张平，吴颖娟，等. 广东北江铊污染的产生原因与污染控制对策. 广州大学学报，2013，12（4）：26-30.

[12] 张建宁，郑家荣，翁维满，等. 广西贺江水污染除铊和镉应急水处理技术. 水处理技术与设备，2013，6：18-20.

[13] 齐剑英，李祥平，刘娟，等. 环境水体中铊的测定方法研究进展. 矿物岩石地球化学通报，2008，27（1）：81-88.

[14] 地表水环境质量标准. GB 3838—2002.

此文章刊登于《四川环境》2014 年第 5 期